Services Web

en J2EE et .NET

Conception et implémentations

Services Web

en J2EE et .NET

Conception et implémentations

Libero Maesano

Christian Bernard

Xavier Le Galles

EYROLLES

ÉDITIONS EYROLLES
61, bd Saint-Germain
75240 Paris Cedex 05
www.editions-eyrolles.com

Mise en page : TyPAO
Dépôt légal : septembre 2003
N° d'éditeur : 6890
Imprimé en France

À Isabella et Ariele-Paolo

À Catherine et Guillaume

À Florence

Remerciements

Nous avons eu, au cours de la rédaction de cet ouvrage, des échanges fructueux avec Florian Doyon, Guillaume Dauvergne et Lionel Roche : leurs avis techniques pointus, toujours accompagnés d'encouragements sympathiques, nous ont été bien utiles. Évidemment, la responsabilité du contenu de l'ouvrage, et des erreurs éventuelles que l'on pourra y trouver, incombe uniquement aux auteurs !

Les discussions amicales avec Érik Bukk sur les applications possibles de la technologie et son impact sur les systèmes d'information nous ont permis de bénéficier de sa compétence et de son expérience pour conforter ou adapter notre point de vue.

Claude Amenc a dès le début encouragé moralement notre projet et œuvré pour le développement des services Web lorsque la signification du terme était encore inconnue de la plupart des décideurs.

Muriel Shan Sei Fan, des Éditions Eyrolles, a été un éditeur (devrait-on dire *éditrice* ?) enthousiaste et volontaire. Elle nous a soutenus sans faille tout au long de la tâche, qui s'est finalement révélée d'une ampleur supérieure aux prévisions. En plus du professionnalisme, toute l'équipe d'Eyrolles, et notamment Muriel, Anne Garcia et Sophie Hincelin, a fait preuve de beaucoup de gentillesse et de patience avec des auteurs pas toujours à l'heure.

Enfin, nos familles ont supporté stoïquement les soirées, dimanches et vacances que nous avons passés sur les claviers : cet ouvrage leur est dédié.

Christian Bernard
Xavier Legalles
Libero Maesano

Table des matières

Avant-propos XXI

CHAPITRE 1

Introduction 1

    L'architecture orientée services 3

    Les technologies des services Web 4

    Les plates-formes opérationnelles 8

    L'infrastructure des services Web 10

    L'étude de cas 14

PREMIÈRE PARTIE

L'architecture orientée services 17

CHAPITRE 2

Le contrat de service 19

    La relation de service 19

        Les éléments du service 20

        Les rôles de client et de prestataire 23

    Le contrat de service 25

        Les éléments du contrat 26

        Acteurs humains et agents logiciels 27

    Identification des parties, description des fonctions et de l'interface ... 29

    Identification des parties 30

    Description des fonctions du service 31

        Quel modèle de service ? 31

Le modèle d'implémentation 32

Le modèle fonctionnel 34

Description de l'interface du service 37

L'interface abstraite 38

Protocoles de conversation et processus métier abstraits 42

L'implémentation de l'interface 44

L'interface concrète 45

La liaison 48

Désignation des ports de réception 49

Chaînes d'acheminement (routing) 50

CHAPITRE 3

La qualité de service 51

La qualité de service 51

Périmètre de la prestation 54

Qualité de fonctionnement 55

Sécurité 56

Robustesse 59

Gestion du service 77

Gestion du changement 78

La gestion du contrat 79

Les termes de l'échange 79

Services payants 80

Services troqués 81

Services mixtes 81

Conclusions 81

Le contrat est un modèle 81

Modèle descriptif et modèle directif 82

Architecture orientée services et services Web 84

Spécifications d'interface et contrats types 93

CHAPITRE 4

Architectures dynamiques 95

Conception d'architectures orientées services 95

L'approche par agrégation de services 96

L'approche par dissémination de services 98

Combinaison des approches 102

Les architectures orientées services dynamiques 102

Niveau de configuration dynamique 104

Relation entre degré de couplage et niveau de configuration dynamique . 104

Le cycle de mise en œuvre d'une relation de service 105

Les niveaux de configuration dynamique 109

La configuration dynamique niveau 1 110

La configuration dynamique niveau 2 111

La configuration dynamique niveau 3 115

Intermédiation à l'exécution 119

Négociation 121

Conclusion 123

DEUXIÈME PARTIE

Technologies des services Web 127

CHAPITRE 5

Fondations des services Web – Les protocoles Internet ... 129

URI, URL, URN 129

Syntaxe d'un URI 130

URN 132

MIME 132

Description d'un message MIME 132

HTTP 1.1 133

Présentation générale 134

Description d'un message HTTP 135

Exemple de dialogue 141

SMTP 143

Transmission d'un message 144

Description du message 144

Commandes SMTP 145

Les protocoles SSL et TLS 146

Introduction à la sécurité 146

Présentation générale 147

Les méthodes de chiffrement (cipher) 148

Le protocole de négociation (handshake) 149

Annexe   150

Le modèle de référence OSI de l'ISO   150

Le modèle d'architecture réseau TCP/IP   153

Les spécifications de standards Internet (RFC)   156

Définition de termes et organisation de la communauté Internet   156

CHAPITRE 6

Fondations des services Web – Les technologies XML   159

XML 1.0   159

Rappel des règles de base   159

Un document XML   160

XML namespaces   162

L'attribut xmlns ou xmlns: 162

Xlink   163

Un peu de vocabulaire   163

La syntaxe Xlink   164

XML Base   166

L'attribut xml:base   166

XPath   167

Les expressions XPath   167

XML Schema   171

Description d'un schéma XML   172

Les composants de déclaration   173

Les composants de définition   175

Les définitions complémentaires   180

L'interface DOM   181

Le noyau DOM2 XML   183

Les analyseurs syntaxiques XML   191

CHAPITRE 7

Échanger avec un service – Format du message   193

Objets, services, documents   193

XML-RPC   194

SOAP   195

Les principes du protocole SOAP 1.1   201

La structure de la spécification SOAP 1.1 202

Les bases de SOAP 1.1 204

SOAP 1.1 et XML 206

La structure du message SOAP 1.1 207

L'enveloppe 208

L'en-tête 209

Le corps 218

La gestion des erreurs en SOAP 1.1 218

Le traitement du message en erreur 219

Le signalement de l'erreur 220

L'élément erreur (SOAP-ENV:fault) 222

Les types d'erreurs 225

CHAPITRE 8

Échanger avec un service – Codage des données 231

Le style de codage dans les messages SOAP 232

Représentation littérale 232

Représentation codée explicite 233

Représentation codée implicite 234

Stratégies de codage 234

Les objectifs du style de codage SOAP 1.1 235

Typage dynamique 236

Sérialisation de structures partagées et circulaires 236

Les bases du style de codage SOAP 1.1 236

Le modèle de données du style de codage SOAP 1.1 238

Les valeurs et les types simples 239

Les valeurs simples pluriréférencées 242

Les valeurs et les types composites 245

Les pièces jointes 253

Le paquet SOAP 254

Libellés et références 255

Résolution des références 262

Conclusion 263

CHAPITRE 9

Échanger avec un service – Liaison et styles d'échange .. 265

La liaison SOAP/HTTP 266

Le message à sens unique SOAP sur HTTP 268

La requête/réponse SOAP sur HTTP 268

Le message d'erreur SOAP sur HTTP 269

La requête HTTP pour SOAP 270

La réponse HTTP pour SOAP 272

La consommation du message et la gestion des erreurs 274

L'appel de procédure distante (RPC) en SOAP 283

L'appel bloquant de procédure distante à exécution synchrone 284

La dynamique de l'appel bloquant de procédure distante
à exécution synchrone 285

La mise en œuvre du style RPC avec SOAP 288

Conclusion 297

CHAPITRE 10

Décrire un service avec WSDL 299

Précurseurs 300

Principaux concepts 301

Structure d'un document WSDL 302

Exemple de document WSDL 303

Noms et liens entre fragments de documents 307

Éléments de définition 310

Liaisons standards 319

WSDL dans le « monde réel » 331

Outils et ressources 332

Outil WSDL Dynamic Test Client de IONA Technologies 332

Service Web de vérification WSDL GotDotNet 336

Conclusion : instrumentalisation de la gestion des documents WSDL .. 340

Sites de référence 341

Outils 341

Documents 341

CHAPITRE 11

Découvrir un service avec UDDI 343

Les précurseurs 343

Sun Microsystems Jini 343
Hewlett-Packard e-Speak 344

UDDI 1.0 et 2.0 345

La pile de protocoles 346
Les structures de données 347
L'accès à l'annuaire 348
L'interface de programmation (API) 349
Les URL d'accès aux implémentations IBM et Microsoft 350
Les nouveautés introduites par UDDI 2.0 352

La recherche d'un service 354

Les éléments de syntaxe communs 355
La fonction find_binding 355
La fonction find_business 358
La fonction find_relatedBusinesses 374
La fonction find_service 376
La fonction find_tModel 379
La fonction get_bindingDetail 382
La fonction get_businessDetail 384
La fonction get_businessDetailExt 386
La fonction get_serviceDetail 388
La fonction get_tModelDetail 391

CHAPITRE 12

Publier un service 395

La publication et la réplication 395

La publication d'un service 396

Les fonctions d'authentification 398
Les fonctions de création et de mise à jour 402
Les fonctions de suppression 416
Les fonctions de gestion des assertions 425

Les modalités d'utilisation des annuaires 436

Le modèle d'invocation 436
La convention d'appel 437
L'utilisation des taxonomies de classification et d'identification 438
La correspondance entre WSDL et UDDI 439

Les implémentations d'annuaires UDDI   440
L'annuaire public UBR   440
Les implémentations disponibles de l'annuaire public   441
Les annuaires privés   444
Les annuaires de tests   447

Les nouveautés introduites par UDDI 3.0   448

Conclusion   449

TROISIÈME PARTIE

Les plates-formes opérationnelles   451

CHAPITRE 13

Principes de mise en œuvre   453
Les plates-formes   453
.NET   454
J2EE   456
Le choix d'une plate-forme   457
Primauté du concept de service   457
Interopérabilité plutôt que portabilité   458
Support du concept de service   459
La description (WSDL) d'un service comme pivot   459
Description en tant que spécification   459
Description en tant que documentation   460
Méthodes de développement   461
WSDL dans la pratique   463
Transformer un composant en service   463
Générer un proxy-service à partir d'une description   480
Générer un squelette de service à partir d'une description   484
Générer un client de test à partir d'une description   490
Conclusion   496

CHAPITRE 14

Les plates-formes Java   497
Principaux acteurs   497
IBM : l'initiateur   498
Hewlett-Packard : le visionnaire   498

Sun Microsystems : un retard inexplicable 499
La communauté Open Source : accélérer le mouvement 500
Les start-ups : des opportunités à saisir 500

L'implémentation SOAP de référence : Apache SOAP4J 501
Analyseur syntaxique XML Xerces 501
Container Servlets/JSP Tomcat 501
Serveur SOAP Axis 502

L'offre d'IBM : Dynamic e-business 502
Année 2001 : annonces de nouveaux produits 502
WebSphere Application Server 4.0 et 5.0 503
Eclipse et WebSphere Studio (Application Developer et Site Developer) . . . 504
Année 2002 : nouvelles spécifications et nouveaux produits 504

Les efforts de normalisation de la communauté Java 505

L'offre de SUN Microsystems : SUN ONE 507
Implémentations de référence des JSR 507
JAX Pack 508
Java Web Services Development Pack (WSDP) 509
Java Web Services Tutorial 509

L'offre de BEA systems 510
WebLogic 6.1 et 7.0 510
WebLogic Workshop 511
Ressources développeur 512

L'offre de Hewlett-Packard : Netaction 512
Netaction : renaissance de e-Speak 512
HP Web Services 2.0 513
HP Web Services Registry 2.0 514
HP Web Services Transactions 1.0 (HP WST) 514
HP Middleware : arrêt partiel de l'activité 514

L'offre de IONA Technologies 515

L'offre de Novell 516
Composer : le serveur d'intégration 517
Workbench : l'environnement de développement intégré 517
JBroker : l'environnement d'exécution 518

L'offre d'Oracle 518

Les autres technologies Java 519
The Mind Electric Glue et Gaia 520
Cape Clear : CapeConnect et CapeStudio 521

Systinet WASP Server for Java et WASP UDDI 522

Bowstreet Business Web Factory 524

Collaxa Web Service Orchestration Server 524

PolarLake Web Services Express 524

AltoWeb Application Platform 525

Sonic XQ 526

Les prochaines évolutions 526

Projet Gaia (The Mind Electric) 526

Projet Globus (globus.org) 527

Projet OGSA (globus.org) 527

Sites de référence et ressources 528

Apache 528

BEA-WebGain 528

Borland 528

Cape Clear 528

Divers éditeurs 528

IBM 529

IONA 529

Globus Project 529

Hewlett-Packard 530

JCP 530

Novell (ex-SilverStream) 530

Oracle 530

PolarLake 530

Sun Microsystems 531

Systinet (ex-Idoox) 531

The Mind Electric 531

CHAPITRE 15

La plate-forme .NET 533

Le framework .NET 535

Le CLR (Common Language Runtime) 536

La librairie objet (Framework Class Library) 542

Les langages du framework et C# 548

ASP.NET 550

Le développement de services Web avec Microsoft .NET 569

La génération d'un service Web 569

La génération d'un proxy en C# 580

Guide de développement 584

WSE (Web Service Enhancements) 1.0 pour Microsoft.NET 592

.NET MyServices 597

CHAPITRE 16

Les implémentations sur le poste de travail 599

Le behavior Internet Explorer 600

Utilisation du behavior WebService 600

Services Web en ECMAScript avec Mozilla 606

Utilisation de l'API SOAP 606

Utiliser Microsoft Office XP en tant que client SOAP 613

Découverte d'un service Web 613

Implémentation du service Web 615

Description détaillée du Web Services Toolkit 2.0 617

Macromedia Flash 619

Schéma d'implémentation d'un service Web 620

Conclusion 622

Applications Web grand public 623

Applications d'entreprise (étendue) 623

Le retour sur investissement 624

CHAPITRE 17

Le défi de l'interopérabilité 625

Les tests d'interopérabilité SOAP 626

SOAP Builders Round I 627

SOAP Builders Round II 629

Les tests d'interopérabilité WSDL (et compléments SOAP) 631

SOAP Builders Round III 631

SOAP Builders Round IV 632

SOAP Builders Round V 632

Les tests d'interopérabilité UDDI 633

Les tests d'interopérabilité globaux 634

Le consortium industriel WS-I 634

Objectif de l'organisation 634

Organisation et groupes de travail 636

Introduction du concept de profil 636

Vers une interopérabilité généralisée 640

Ressources 640

    Sites Internet (points d'accès, tests et résultats) 640

    Mailing-lists 641

    Documents 642

QUATRIÈME PARTIE

L'infrastructure des services Web 645

CHAPITRE 18

Fiabilité des échanges 647

  Les enjeux 649

    La sémantique opérationnelle des échanges 651

    L'échange fiable 652

    Un problème d'architecture de spécifications 654

  HTTPR 656

    Les relations entre HTTPR et HTTP 656

    L'identification des serveurs et des canaux 659

    Les transactions et les agents HTTPR 660

    Le format de l'entité HTTPR 661

    Les commandes HTTPR 663

    Les transactions internes aux agents HTTPR 667

    Les relations entre HTTPR et le protocole de messagerie fiable 670

    Quelques schémas d'applications d'HTTPR 672

    Conclusion 681

  WS-Reliability 681

    Présentation générale 681

    Le modèle 683

    Les messages et leur structure 686

    La liaison SOAP WS-Reliability/HTTP 690

    Conclusion 691

  Avantages et inconvénients des deux approches 691

CHAPITRE 19

Gestion de la sécurité 693

  L'architecture et la roadmap de la sécurité pour les services Web .. 699

    L'infrastructure de sécurité pour les services Web 701

L'architecture des spécifications de sécurité 703
Le développement de l'infrastructure de sécurité des services Web 706

WSS-Core 709

XML Signature 710
XML Encryption 711
L'entrée de l'en-tête Security 714
Les jetons de sécurité 715
Les références aux jetons de sécurité 716
La signature 717
Le chiffrement 718

La gestion de la sécurité avec WSE .NET 719

La gestion des certificats X.509 720
L'authentification 721
La signature 726
Le chiffrement 728

Un exemple d'interopérabilité en J2EE et .NET 730

Serveur .NET 731
Client .NET 735
Client et serveur Java 743
Fonctionnement de l'exemple 753
Exemple d'un message SOAP signé 754

Conclusion 757

Références 757

Documents 757
Ressources 758
Implémentations 758

CHAPITRE 20 759

La gestion des transactions 759

La gestion d'état 760

Les processus métier 761
L'infrastructure de gestion de transactions 762

Les limites de la gestion transactionnelle 764

La viabilité 764
La confiance 765

Les activités 766

**Les technologies de services Web appliquées aux transactions
et activités** 768

Business Transaction Protocol 768
WS-Coordination et WS-Transaction 770

Les protocoles de métacoordination   774
   Le protocole d'activation   774
   Le protocole de registration   779
   Le rôle « générique » de coordinateur   782

Les protocoles de coordination spécifiques   783

Le protocole de coordination des transactions   783
   Le protocole bilatéral de terminaison   786
   Le protocole bilatéral de terminaison avec acquittement   787
   Le protocole bilatéral de confirmation en deux étapes   787
   Le protocole bilatéral d'étape zéro   791
   Le protocole bilatéral de notification d'issue   792
   Les relations entre les protocoles   792

Le protocole de coordination des activités   795
   La création d'un contexte de coordination d'activité   797
   Les protocoles bilatéraux   797
   Le pilotage d'une tâche transactionnelle   802

Conclusion   804

CHAPITRE 21

Gestion des processus métier   807

Spécifications initiales   809

Nouvelles spécifications   810

Effervescence dans le monde du BPM   811

Services Web, processus métier, orchestration et chorégraphie   813
   Processus métier   813
   Orchestration   814
   Chorégraphie   814
   Positionnement des spécifications   815
   Modélisation de la gestion des processus métier   815

Principales spécifications en présence   817
   BPEL4WS   817
   BPML   823
   WSCI   825
   WSCL   827
   WSFL   831
   XLANG   831

Vers une entreprise toujours plus étendue   832

Sites de référence et ressources 833

Documents 833

Ressources 834

Organisations 835

Spécifications 835

Éditeurs 836

Produits 837

Outils 837

CINQUIÈME PARTIE

Études de cas 839

CHAPITRE 22

Scénarios d'architectures – Implémentation des clients . . . 841

Scénario n°1 (architecture statique – implémentation Java) 843

Système existant 843

Nouveau système 845

Implémentation 845

Constat 862

Scénario n°2 (architecture dynamique – implémentation Java) 863

Évolution 864

Nouveau système 864

Implémentation 865

Constat 874

Scénario n°3 (architecture dynamique – implémentation .NET) 875

Évolution 876

Nouveau système 876

Implémentation 876

Constat 880

Scénario n°4 (architecture en processus métier) 880

Évolution 881

Nouveau système 881

Implémentation 881

Constat 897

Conclusion 898

CHAPITRE 23

Architecture statique – Implémentation des services Java   901

Implémentation   901

Produits utilisés   901

Apache Tomcat 4.1.12   902

Sun Microsystems SDK Standard Edition 1.4.1   902

Apache SOAP 2.3.1   902

Sun Microsystems JavaMail 1.2   902

Sun Microsystems JavaBeans Activation Framework 1.0.2   903

Apache Axis 1.0   903

Microsoft behavior WebService 1.0.1.1120   903

Paramétrage des produits   903

Développement   907

Application Web de SW-Voyages   908

Partie serveur de l'application Web de SW-Voyages   908

Applications Web des partenaires de SW-Voyages   918

Partie serveur de l'application Web des partenaires de SW-Voyages   919

CHAPITRE 24

Architecture dynamique (UDDI) – Implémentation Java   925

Implémentation   925

Produits utilisés   925

The Mind Electric GLUE Professional 3.1   926

Paramétrage des produits   926

Développement   936

Publication des modèles et services à destination de l'annuaire UDDI . .   936

Application Web de SW-Voyages   949

Partie serveur de l'application Web de SW-Voyages   950

Applications Web des partenaires de SW-Voyages   954

Partie serveur de l'application Web des partenaires de SW-Voyages   954

CHAPITRE 25

Architecture dynamique (UDDI) – Implémentation .NET   955

Implémentation   955

Produits utilisés   955

Microsoft Internet Information Server (IIS) 5.0   956

Microsoft Visual Studio.NET 7.0 956

Microsoft UDDI.NET SDK 1.76 bêta 956

Paramétrage des produits 956

Développement 957

Application Web de SW-Voyages 957

Migration de l'application Web de SW-Voyages vers le framework .NET 957

Applications Web des partenaires de SW-Voyages 973

Partie serveur de l'application Web des partenaires de SW-Voyages 973

CHAPITRE 26

Architecture en processus métier (BPEL) 975

Implémentation 975

Produits utilisés 976

Apache Tomcat 4.1.12 976

Collaxa BPEL Orchestration Server 2.0 bêta 4 976

Microsoft behavior WebService 1.0.1.1120 977

Sun Microsystems SDK Standard Edition 1.4.1 977

Paramétrage du serveur Collaxa 977

Développement 978

Orchestration du processus de réservation 978

Application Web de SW-Voyages 982

Partie serveur de l'application Web de SW-Voyages 984

Applications Web des partenaires de SW-Voyages 1004

Partie serveur de l'application Web des partenaires de SW-Voyages 1005

Conclusion 1015

Sixième partie

Conclusion 1017

Les services 1020

L'agrégation de services 1021

La question de l'infrastructure 1024

Le contrat de service 1025

La pratique 1029

SEPTIÈME PARTIE

Annexe   1031

    Glossaire   1033

Index   1041

Avant-propos

Quel est l'objectif de l'ouvrage ?

La première ambition de cet ouvrage est de fournir au lecteur une présentation approfondie des technologies de services Web et de leurs implémentations en J2EE et .Net. L'ouvrage couvre les technologies de base (SOAP, WSDL, UDDI), les technologies d'infrastructure (l'échange fiable, la sécurité, les transactions) et la gestion des processus métier.

La présentation est à la fois théorique et pratique. D'un côté, les spécifications sont expliquées et commentées en détail. L'idée est d'essayer de faire comprendre la logique architecturale qui lie l'ensemble, mais aussi les raisons des différents choix techniques effectués par les auteurs des spécifications : ces choix sont parfois de l'ordre du détail mais ils ont des conséquences importantes sur la mise en œuvre des services Web.

D'un autre côté, l'ouvrage présente la mise en œuvre des technologies de services Web dans différents langages de programmation (essentiellement Java et C#, mais aussi Visual Basic, Ecmascript, Jscript et Flash) et sur différentes plates-formes et outils (essentiellement J2EE et .Net, mais aussi Internet Explorer, Mozilla, Office XP, Flash). La présentation est *toujours* agrémentée d'exemples et la dernière partie de l'ouvrage décrit une étude de cas, au contenu fonctionnel intuitif, déclinée en plusieurs variantes en termes d'architecture technique et d'implémentation, qui démontrent les différentes facettes et usages des technologies de services Web.

Tous les logiciels des exemples et de l'étude de cas sont exécutables et les codes source sont disponibles en téléchargement libre sur le site des Éditions Eyrolles (*http://www.editions-eyrolles.com*).

L'ouvrage ne présente pas systématiquement, pour chaque « brique » de la technologie des services Web, plusieurs implémentations concurrentes disponibles (J2EE, .Net, autre plate-forme). Cependant, maintenir une position de neutralité en traitant des plates-formes d'implémentation a été une de nos principales préoccupations et nous avons essayé de garder, dans la mesure du possible, un équilibre entre les implémentations sur les différentes plates-formes. Par exemple, pour l'interface programmatique UDDI, c'est l'implémentation en Java qui est présentée, tandis que l'implémentation de la sécurité est présentée essentiellement en .Net (C#).

L'avantage (et l'objectif) essentiel des technologies de services Web étant l'interopérabilité, nous l'avons démontré dans maints cas par la mise en œuvre de plusieurs exemples et de variantes de l'étude de cas sur des plates-formes mixtes. L'interopérabilité empiriquement vérifiable est aussi une démonstration concrète du découplage entre une architecture de services Web et son implémentation logicielle, cette dernière étant banalisée et interchangeable.

La deuxième ambition de cet ouvrage est de présenter concrètement les technologies de services Web comme le support d'élection du modèle émergent de l'*architecture orientée services*.

Nous sommes convaincus que les technologies des services Web vont devenir un vecteur de changement et d'automation des processus métier intra et interentreprises. Elles vont aussi changer les pratiques et le positionnement des professionnels de l'informatique, à l'intérieur des organisations et sur le marché.

Nous ne nous hasardons pas à traiter les conséquences socio-économiques de l'adoption de la technologie qui fait l'objet de cet ouvrage. En revanche, nous essayons de montrer, par la pratique, l'architecture orientée services comme un nouveau paradigme qui implique un changement d'approche de la part des informaticiens : changement dans la relation avec les utilisateurs mais aussi changement dans la manière de penser, concevoir, développer, déployer et exploiter les logiciels et les systèmes répartis.

Pour mettre en évidence le nouveau paradigme, la première partie de l'ouvrage est consacrée à une présentation circonstanciée du modèle de l'architecture orientée services. La deuxième partie présente les technologies de base (SOAP, WSDL, UDDI). La troisième partie expose les différentes plates-formes d'implémentation (J2EE, .Net, autre). La quatrième partie approfondit les spécifications et les implémentations des technologies d'infrastructure (fiabilité de l'échange, sécurité, gestion des transactions) ainsi que la mise en œuvre des processus métier par des langages de scénario (BPEL…). La cinquième partie présente l'étude de cas (un service d'agence de voyages implémenté par agrégation de différents services de réservation), décliné en plusieurs variantes : d'une architecture quasi-statique à la mise en œuvre en processus métier BPEL, en passant par des architectures dynamiques avec UDDI. Une description plus détaillée du contenu de l'ouvrage, chapitre par chapitre, est donnée au chapitre 1.

À qui s'adresse cet ouvrage ?

Cet ouvrage s'adresse :

- aux *développeurs* d'applications, et plus particulièrement à ceux qui utilisent les environnements J2EE et .Net ;
- aux *architectes* des systèmes d'information, qui souhaitent comprendre les concepts clés de l'architecture orientée services (AOS) et de sa mise en œuvre ;
- aux *décideurs*, *consultants*, *chefs de projets* et *spécialistes de l'intégration*, qui ont besoin d'étendre leur capacité d'intervention vers l'urbanisation du SI de l'entreprise et la prise en charge de services à valeur ajoutée ;
- aux *étudiants* des écoles d'ingénieurs et universitaires, qui recherchent une référence sur ce type d'architectures.

1

Introduction

La première difficulté à laquelle on se heurte lorsqu'on aborde le vaste sujet des technologies de services Web est d'ordre terminologique. Un exemple, désormais bien connu, du désordre terminologique est le vrai faux acronyme SOAP, qui signifierait « Simple Object Access Protocol », alors qu'il désigne un protocole d'échange entre applications réparties – où il n'est nulle part question d'accéder à des « objets ». Le débat a finalement été tranché par le W3C, qui a d'autorité supprimé la forme développée du terme « SOAP », dont il a simplement fait un nom propre.

Les difficultés commencent, à vrai dire, avec le terme même de « service Web » (*Web service*) : George Colony, fondateur et CEO de Forrester Research Inc., dans sa conférence du 10 mars 2003 au ICT World Forum (*http://idg.net/ic_1211529_9677_1-5041.html*) dit à propos des services Web qu'il n'est absolument pas question de « services » ni de « Web », mais que la dénomination la plus appropriée serait celle de « *middleware* Internet » qui permet de connecter les applications des entreprises à celles de leurs clients et partenaires.

Il est vrai que le terme de « service » est galvaudé, que le terme « Web » évoque les *sites* Web, et que les deux termes juxtaposés font penser à des *services* pour le public et les professionnels, pourvus par des *sites* Web, ce qui est déroutant par rapport au concept de services Web. Tous ceux qui, comme les auteurs, ont animé des conférences et des présentations sur le sujet peuvent témoigner de la difficulté à articuler les messages les plus simples en raison de l'usage détourné de ces termes. Par exemple, il faut rappeler sans cesse le fait que cette technologie préside à l'échange direct des applications entre elles *sans* la participation ni l'intermédiation des utilisateurs.

Cela dit, même si la proposition de George Colony a l'avantage d'être claire, nous ne sommes pas entièrement d'accords avec lui sur deux points :

- Le terme de *middleware* doit être manié avec précaution, car il évoque le déploiement dans une architecture répartie d'un ensemble de composants technologiques cohérents, éléments du même produit. Or, il n'y a pas de produit à déployer, mais plutôt des spécifications de *langages de description* (comme WSDL) et de *protocoles d'interaction* (comme SOAP) que chacun peut implémenter, dans son environnement technique, par des composants logiciels standards ou bien spécifiques, propriétaires ou bien ouverts. C'est la conformité aux spécifications de ces composants qui permet l'*interopérabilité* des applications, objectif primaire de la technologie des services Web, et le *middleware* en question, autant qu'on puisse l'appeler ainsi, est donc mis en œuvre par l'interaction dynamique de composants d'origines diverses et d'implémentations hétérogènes.

• À l'inverse, le terme de « service », bien que souvent employé dans des acceptions plus précises, reste pertinent et important. L'utilisation de ce terme permet de rattacher la technologie des services Web à l'*architecture orientée services*. L'architecture orientée services est un concept et une approche de mise en œuvre des architectures réparties centrée sur la notion de *relation de service* entre applications et sur la formalisation de cette relation dans un *contrat*. L'architecture orientée services est en principe un concept indépendant de la technologie des services Web, mais cette dernière représente désormais son plus important moyen d'implémentation et fournit la base technologique pour sa diffusion sur une échelle jamais expérimentée auparavant. Le langage WSDL (Web Services Description Language) en est la technologie pivot qui représente le noyau extensible d'un langage de formalisation de contrats de service entre applications.

Ces précisions faites, en conformité avec un usage désormais assez répandu, nous continuerons à appeler les technologies présentées dans cet ouvrage, *technologies de services Web* en sachant que le terme va rapidement se banaliser comme un nom propre (si ce n'est pas déjà fait). Par ailleurs, nous utiliserons aussi le terme de *service Web* pour désigner une application qui joue le rôle de prestataire dans une relation de service et est mise en œuvre sur la base de la technologie des services Web.

Cet ouvrage tente de présenter un panorama large et organisé de ces technologies et de leurs implémentations en J2EE et .Net, tout en offrant un approfondissement des problèmes fondamentaux posés par leur déploiement et leur évolution, avec à la clé des exemples d'application et une étude de cas dont l'implémentation est déclinée en plusieurs variantes.

L'ouvrage, outre cette introduction et une conclusion est organisé en vingt-cinq chapitres regroupés en cinq parties. La première partie (chapitres 2, 3 et 4) traite de l'architecture orientée services. La deuxième partie (chapitres 5, 6, 7, 8, 9, 10, 11 et 12), après un rappel des technologies Internet et XML, introduit les technologies clés SOAP, WSDL et UDDI. La troisième partie (chapitres 13, 14, 15, 16 et 17) présente les plates-formes d'implémentation J2EE et .Net, ainsi que les composants disponibles sur le poste de travail et traite les problèmes d'interopérabilité. La quatrième partie (chapitres 18, 19, 20 et 21) introduit les technologies d'infrastructure qui garantissent l'échange fiable, la gestion de la sécurité et la gestion des transactions, ainsi que la gestion des processus métier. La cinquième et dernière partie (chapitres 22, 23, 24, 25 et 26) décline une étude de cas en plusieurs architectures à configuration statique et dynamique, sur plate-forme Java et .Net, ainsi que l'application du langage de scénarios de processus métier BPEL.

Nous pensons que la matière traitée est suffisante pour donner au lecteur une vision à la fois large et approfondie de l'architecture orientée services et de la technologie des services Web. Par ailleurs, le développement de la technologie des services Web avance à grands pas et touche des domaines et des sujets qui ne sont pas traités dans cet ouvrage pour des questions d'espace et d'unité d'œuvre. Le chapitre de conclusion évoque les axes centraux de consolidation et de développement futur des services Web, et quelques idées d'exploration sur des sujets non traités.

L'architecture orientée services

Nous avons pris le parti de considérer que la déclinaison du concept d'architecture orientée services (chapitres 2, 3 et 4) était le meilleur moyen pour introduire le cadre conceptuel et la terminologie utilisé dans la suite de l'ouvrage. La technologie des services Web est donc présentée comme *le* moyen d'implémentation des architectures orientées services. La **première partie** fournit la clé de lecture qui permet de comprendre la position et le rôle fonctionnel des différents modules technologiques présentés dans la deuxième et la quatrième partie, ainsi que des implémentations présentées en troisième partie.

Le **chapitre 2** introduit le concept d'architecture orientée services. Il introduit la *relation de service* et les rôles de *clients* et de *prestataires* joués par les applications participantes. Il est important de noter que nous avons choisi le terme « prestataire » pour marquer une différence avec la terminologie des architectures client/serveur, qui ne sont qu'une forme spécifique et limitée des architectures client/prestataire. Il introduit également la notion de *contrat*, lequel formalise les engagements du prestataire et éventuellement du client dans la réalisation de la prestation de services.

Un contrat est un document organisé en plusieurs parties, dont les plus importantes sont :

- la description des *fonctions* du service ;
- la description de l'*interface* du service ;
- la description de la *qualité* du service.

Le chapitre 2 présente les fonctions et l'interface dans le contrat de service. Il faut bien noter la différence entre les fonctions et l'interface du service : la description des fonctions est une description abstraite de la prestation de services, tandis que l'interface est une description des mécanismes et des protocoles de communication avec le prestataire de services. Naturellement, la compréhension du lien entre l'interface et les fonctions d'un service est capitale. Le problème de la formalisation de ce lien n'a pas encore de solution satisfaisante aujourd'hui, tout au moins à l'échelle où ce problème est posé par la diffusion des technologies des services Web.

Si la description fonctionnelle est abstraite et indépendante de l'implémentation du prestataire, la description de l'interface s'étend jusqu'aux détails concrets comme les protocoles de transport des messages et les adresses des ports de réception.

Le **chapitre 3** traite de la qualité de service, c'est-à-dire de l'ensemble des propriétés opérationnelles (non fonctionnelles) d'un service : performance, accessibilité, fiabilité, disponibilité, continuité, sécurité, exactitude, précision... La formalisation et la prise en charge explicite d'engagements de qualité de service est de façon générale encore insuffisamment, voire pas du tout, traitée dans le cadre des technologies des services Web. La qualité de service va prendre une importance croissante avec la diffusion d'architectures orientées services de plus en plus larges et dynamiques. Les engagements de qualité de service vont constituer un facteur de différentiation importante entre les prestataires fournissant le même service du point de vue fonctionnel.

Le chapitre 3 se termine par une discussion des relations entre le contrat de service et la mise en œuvre concrète des applications clientes et prestataires agissant en conformité avec le contrat. Il établit notamment la relation entre les différentes parties du contrat et les langages et protocoles des technologies de services Web. Par ailleurs, lors de la présentation (dans les chapitres 2, 3 et 4) de chaque élément du contrat, qu'il soit fonctionnel, d'interface ou opérationnel, l'ouvrage renvoie systématiquement à la technologie de services Web censée décrire formellement l'engagement contractuel ou bien le mettre en œuvre.

Le **chapitre 4** traite des architectures orientées services à *configuration dynamique*. Pour introduire le sujet, il présente tout d'abord deux « figures » de la démarche de conception et de mise en œuvre de l'architecture orientée services :

- l'*agrégation* de services ;

- la *dissémination* de services.

L'agrégation est la réalisation d'un service qui intègre, pour réaliser sa prestation, les résultats des prestations d'autres services. La dissémination est, à l'inverse, la mise en œuvre sous forme de services modulaires des fonctions d'une application monolithique. La conception d'une architecture orientée services est en général le résultat de la combinaison de ces deux démarches.

L'aspect dynamique de la configuration de l'architecture n'est ni secondaire ni accessoire, mais bien au cœur même du concept d'architecture orientée services (ce qui n'empêche pas par ailleurs de mettre en œuvre des architectures orientées services totalement statiques). Dans une architecture dynamique, les services qui la composent, les applications prestataires qui interviennent, ainsi qu'un certain nombre de propriétés opérationnelles des prestations de services ne sont pas définis *avant* sa mise en place, mais sont composés, configurés, établis, voire négociés, au moment de l'exécution. Ce processus peut être itératif : il est possible de reconfigurer une architecture dynamique à la volée lors de son fonctionnement normal, ou bien à l'occasion d'un dysfonctionnement.

Avec les technologies de services Web disponibles actuellement, on peut notamment établir des architectures dans lesquelles les applications participantes peuvent choisir dynamiquement les services « abstraits » qu'elles consomment, les prestataires de ces services, les ports d'accès de ces prestataires. L'étude de cas présenté dans la cinquième partie articule la même application répartie en plusieurs scénarios d'architectures douées de niveaux différents de capacité de configuration dynamique.

Les technologies des services Web

La **deuxième partie** (chapitres 5, 6, 7, 8, 9, 10, 11 et 12), après un rappel des bases et des fondements (les protocoles Internet et le langage XML) présente les trois technologies clés des services Web : SOAP, WSDL et UDDI.

Il est évident que, sans Internet, l'ensemble des technologies de services Web ne serait encore qu'un autre standard de *middleware*, un nouveau concurrent de DCOM ou de CORBA. À l'inverse, certains fournisseurs qui ont un parc important de produits propriétaires installés prétendent que, sur des réseaux locaux ou propriétaires, il est possible de déployer des architectures de services Web qui n'utilisent pas de protocoles de communication Internet, mais des *middlewares* patrimoniaux. Cette « mouvance » définit un service Web comme une application dont l'interface est décrite par un document WSDL, indépendamment de la technologie de *middleware* utilisée pour interagir avec elle. En revanche, le déploiement de ces mêmes architectures sur Internet impose l'utilisation de protocoles Internet et notamment d'HTTP, qui se détache aujourd'hui comme le premier protocole de transport pour la communication avec les services Web. Le **chapitre 5** rappelle les fondamentaux des concepts et protocoles Internet (URI et URL, HTTP, SMTP, MIME, SSL, TLS) ainsi que le modèle de référence en sept couches OSI de l'International Standard Organisation.

Le **chapitre 6** est un rappel indispensable de ce que sont XML et les technologies connexes comme XML Namespaces, Xlink, Xpath, XML Base, XML Schema et DOM. Les technologies XML constituent une véritable fondation pour les technologies de services Web : XML est à la base du format de message SOAP et du langage de description WSDL.

XML Namespaces et XML Schema sont particulièrement utilisées par les services Web. XML Namespaces est l'outil de gestion des versions et permet de gérer sans conflit l'assemblage et l'extension de technologies et d'applications d'origines différentes. Quant à XML Schema, il est spécifié d'emblée comme seul outil de définition de formats XML dans les services Web. Les DTD n'ont pas cours dans le monde des services Web : il est même explicitement interdit, par exemple, de véhiculer une DTD comme partie d'un message SOAP.

Ces rappels sont faits avec le simple objectif d'épargner au lecteur, qui a déjà une certaine familiarité avec la matière, la nécessité de quitter l'ouvrage pour un rappel rapide ou un renseignement ponctuel et ne remplacent en aucun cas les ouvrages spécialisés sur le sujet.

SOAP, qui est l'objet des chapitres 7, 8 et 9, va inévitablement devenir *le* protocole d'échange utilisé pour communiquer avec les services Web, bien qu'en principe il ne soit pas le seul protocole admis. Le **chapitre 7** introduit les fondamentaux du protocole (le format de message, le message d'erreur, le style d'échange « message à sens unique ») et présente en outre rapidement la problématique des chaînes d'acheminement (*routing*) : en fait, SOAP est basiquement conçu pour permettre d'interposer entre l'expéditeur et le destinataire une chaîne d'intermédiaires qui sont, potentiellement, des fournisseurs de services annexes comme la sécurité et la non-répudiation. L'utilisation d'une chaîne d'acheminement reste une possibilité qui peut être mise en œuvre comme une extension « propriétaire » du protocole SOAP (c'est l'option choisie par Microsoft avec la spécification WS-Routing) en attendant une spécification du mécanisme qui puisse aspirer au statut de standard.

La démarche mise en œuvre pour les chaînes d'acheminement est typique de l'approche courante du développement des spécifications des technologies de services Web :

• les spécifications de base (SOAP, WSDL) contiennent un mécanisme standard d'extension ;

• les promoteurs d'une technologie de niveau « supérieur » (par exemple la fiabilité des échanges, la sécurité, les transactions) utilisent les mécanismes standards d'extension pour proposer des spécifications : dans cette phase, on peut assister à la parution de plusieurs propositions concurrentes ;

• un acteur institutionnel (W3C, OASIS) est saisi de la tâche de bâtir une norme unifiée sur la base d'une ou plusieurs propositions concurrentes.

La troisième étape n'est évidemment pas automatique, mais résulte des négociations conduites « en coulisses » entre les acteurs technologiques majeurs.

Le **chapitre 8** présente le sujet très controversé du *codage des données* dans un message SOAP. Le sujet est complexe pour plusieurs raisons que nous analysons en détail dans ce chapitre :

• les principaux langages de programmations manipulent des structures de données partagées et circulaires (par exemple des graphes d'objets) ;

- pour pouvoir transférer ces structures, il faut un mécanisme pour les *sérialiser* dans un fragment XML, partie d'un message SOAP ;

- la représentation linéaire de ces structures ne peut pas être définie par l'utilisation standard d'XML Schema.

La spécification SOAP 1.1 propose un mécanisme de codage dont le résultat peut être validé par un analyseur syntaxique XML standard mais demande la mise en œuvre d'un mécanisme spécifique capable de reconstruire la structure partagée ou circulaire en mémoire. La discussion dans la communauté est très vive : l'organisme de validation d'interopérabilité des implémentations des technologies des services Web (WS-I) interdit, pour cause de défaut d'interopérabilité, l'utilisation du mécanisme de sérialisation (dit style de codage SOAP) car il n'est pas mis en œuvre de façon homogène, et dans la spécification SOAP 1.2 (qui n'est pas encore adoptée comme recommandation par le W3C) la mise en œuvre du style de codage est considérée comme optionnelle. Le codage permettant la sérialisation/désérialisation de structures partagées ou circulaires est cependant nécessaire pour « coller » aux applications patrimoniales des interfaces de services Web sans modifier leurs API (Application Programming Interface), car ces dernières présentent parfois des invocations de méthodes et des procédures véhiculant « par valeur » des structures de ce type.

Le chapitre 8 présente par ailleurs la spécification contenue dans la note W3C *SOAP Messages with Attachments* qui permet d'inclure dans la même requête ou réponse HTTP un message SOAP et des objets binaires (images, documents pdf, documents Word…) considérés comme des pièces jointes, tout en permettant de référencer ces pièces de l'intérieur du message. Nous ne présentons pas la spécification concurrente (DIME) d'origine Microsoft, qui est postérieure mais semble rester confinée dans le monde Microsoft.

Le **chapitre 9** décrit plus en détail les styles d'échange propres au protocole SOAP. En fait, SOAP propose deux styles d'échange : le *message à sens unique* et la *requête/réponse*. Le deuxième style ne peut être mis en œuvre que sur un protocole de transport bidirectionnel comme HTTP, à savoir sur un protocole de transport qui se charge lui-même de la corrélation entre la requête et la réponse. La corrélation entre messages transférés par des protocoles unidirectionnels (comme SMTP) peut bien entendu être réalisée, mais via des extensions, à savoir l'utilisation d'identifiants de messages contenus dans l'en-tête.

Le chapitre 9 décrit la *liaison* SOAP/HTTP, c'est-à-dire l'ensemble des règles qu'il faut respecter pour transférer correctement des messages SOAP via le protocole HTTP. La présentation de la liaison permet également d'introduire la problématique de l'asynchronisme dans l'envoi et le traitement des messages.

Le style d'échange requête/réponse en SOAP se décline en deux variantes : le style *document* et le style *rpc*. Dans le style document, la requête et la réponse SOAP n'ont pas une structure différente de celle d'un message SOAP standard. En style rpc, la requête et la réponse ont une structure particulière qui permet d'utiliser le message et le protocole SOAP pour sérialiser l'appel et le retour d'appel de procédure distante. Le style rpc est notamment indispensable pour exposer comme interface de service Web l'API d'une application patrimoniale avec un minimum d'effort.

Le **chapitre 10** présente WSDL (Web Services Description Language). WSDL est l'outil pivot de la technologie des services Web car il permet véritablement de donner une description d'un service Web indépendante de sa technologie d'implémentation. Les traits principaux du langage sont présentés via l'exemple d'un des services Web les plus populaires : l'accès programmatique par SOAP au moteur de recherche Google (*http://www.google.com/apis*).

Un document WSDL joue le rôle d'embryon de contrat de service et représente donc le document de référence pour les équipes côté « client » et côté « prestataire ». Il joue en outre un rôle technique pivot car il peut être :

• généré automatiquement à partir d'une application par des outils souvent intégrés aux environnements de développement ; dans ce cas, la formalisation du service dérive directement de la conception de l'interface d'une application ;

• ou bien être l'input de la génération de *proxies* et de *skeletons*, à savoir de code qui, intégré avec le code applicatif, permet à une application de jouer respectivement le rôle de client et de prestataire de services.

Le chapitre 10 présente quelques outils disponibles pour effectuer ces deux opérations. Ces outils sont bien sûr décrits plus avant dans les chapitres de la troisième partie de l'ouvrage et leur utilisation est montrée en détail dans l'étude de cas en cinquième partie.

Les **chapitres 11 et 12** présentent UDDI (*Universal Description, Discovery and Integration*), la spécification d'un service d'annuaire expressément dédié à la découverte et à la publication de services Web. UDDI est également réalisé comme un service Web (l'interface est décrite en WSDL et l'accès aux annuaires publics et privés est mis en œuvre en SOAP sur HTTP).

UDDI n'est pas seulement une spécification d'annuaire accompagnée de quelques implémentations (qui peuvent être utilisées pour mettre en œuvre ce que l'on appelle des *annuaires privés*, à l'intérieur d'une entreprise ou d'une communauté de partenaires) : c'est aussi le support d'un système réparti d'annuaires publics répliqués qui permettent la publication et la découverte de services sur Internet. Ce système réparti appelé UBR (UDDI Business Registry) est mis en œuvre par un groupe de fournisseurs, dont Microsoft et IBM, qui étaient parmi les promoteurs de la spécification.

La spécification UDDI distingue deux parties de l'interface d'accès : l'interface en lecture (*inquiry*) qui permet la recherche et la découverte de services Web, et l'interface de mise à jour (*publication*) qui permet la mise à jour de l'annuaire avec l'ajout de nouveaux services et la modification de services existants. Le chapitre 11 présente, via des exemples concrets d'interaction avec l'UBR réalisés en code exécutable Java, les primitives de recherche et de lecture. Le chapitre 12, illustre, toujours au moyen d'exemples d'interaction avec l'UBR, les primitives de publication. Dans l'étude de cas (cinquième partie), deux architectures dynamiques différentes (Java et .NET) sont illustrées à l'aide d'un annuaire UDDI privé. Le code source de tous les exemples des chapitres 11 et 12 est disponible en téléchargement libre sur le site d'accompagnement du livre, à l'URL *http://www.editions-eyrolles.com*.

L'annuaire UDDI offre aujourd'hui (version 2.0 et suivantes) la possibilité de définir des relations complexes entre prestataires de services (par exemple de type organisationnel ou de partenariat) ainsi que des possibilités de catégorisation et d'indexation des services et des prestataires en cohérence avec les différentes taxinomies et les divers systèmes de codification utilisés couramment par les entreprises dans les différents secteurs économiques.

Les plates-formes opérationnelles

La **troisième partie** (chapitres 13, 14, 15, 16 et 17) est consacrée à la description d'un certain nombre d'implémentations de technologies de services Web. En fait, nous présentons les différentes plates-formes Java/J2EE (chapitre 14) et la plate-forme Microsoft .Net (chapitre 15), ainsi qu'un certain nombre d'implémentations sur le poste de travail qui permettent à des applications locales, éventuellement téléchargées à la volée, de jouer le rôle de client de services Web (chapitre 16). Ces présentations sont précédées du chapitre 13 qui résume les principes de la démarche de développement des éléments d'une architecture de services Web (les clients, les prestataires), et suivies du chapitre 17, lequel traite du problème de l'interopérabilité effective entre implémentations hétérogènes.

Les principes de mise en œuvre des éléments d'une architecture de services Web (**chapitre 13**) sont indépendants des environnements de développement et d'exploitation choisis. Il est parfois surprenant de constater la fondamentale homogénéité de la démarche, que l'on soit en Java, .Net ou même sur d'autres environnements plus périphériques. Cette démarche varie selon la perspective dans laquelle on se situe : le chapitre 13 décrit les différentes méthodes de développement qui peuvent être appliquées selon que l'on se place du point de vue du prestataire d'un service ou de celui du client de ce service. La fin du chapitre présente quelques-unes de ces méthodes et montre qu'en fait la mise en œuvre des éléments d'une architecture de services se réduit à la combinaison d'un nombre restreint de tâches unitaires :

- la transformation d'un composant applicatif existant en un service, avec génération WSDL à la clé ;

- la génération d'un proxy à partir d'une description WSDL d'un service, à intégrer dans le client du service ;

- la génération d'un squelette (*skeleton*) de prestataire, toujours à partir d'une description WSDL d'un service ;

- la génération d'un client de test d'un service, toujours à partir d'une description WSDL.

De cette liste de tâches se dégage encore une fois le rôle primordial joué par la description WSDL, véritable pivot de toute action de développement. Les schémas de ces différentes tâches ne sont pas seulement décrits, mais sont mis en œuvre sur des exemples, à l'aide de différents outils de développement, en environnements .Net et J2EE.

Le **chapitre 14** présente les environnements Java/J2EE. Il débute par une description des produits de l'organisation Apache, c'est-à-dire de l'implémentation Java SOAP4J qui est considérée comme la référence *de facto*, ainsi que d'outils complémentaires tels Xerces et Tomcat, et du nouveau serveur de référence Axis.

En raison de la richesse et de l'hétérogénéité de l'offre Java, nous avons pris le parti de donner dans le chapitre 14 un large panorama des acteurs du monde Java et de l'évolution de leurs offres :

- IBM et BEA jouent dans la catégorie des acteurs ayant déjà une présence établie dans les systèmes informatiques des entreprises, avec des composants qui se situent dans le prolongement direct des offres respectives de serveurs d'applications (WebSphere, WebLogic).

- Tandis qu'IBM peut se targuer d'avoir été, avec Microsoft, à l'origine de la technologie des services Web et de rester aujourd'hui un acteur majeur avec WebSphere, Hewlett-Packard joue le rôle surprenant du visionnaire (l'offre e-Speak, qui correspondait à des services Web avant les services Web, était remarquablement cohérente et développée) qui abandonne le marché des outils de développement et des serveurs d'applications pour se concentrer sur ses compétences en administration de systèmes répartis et les appliquer aux besoins du naissant *Web Services Management*.

• Sun Microsystems conduit des actions sur différents niveaux, comme la normalisation des implémentations du monde Java dont elle a la maîtrise via le mécanisme des JSR, qui doit tenir compte du standard de fait SOAP4J de Apache, et la mise à jour de l'offre SUN ONE.

À côté de ces acteurs historiques, et d'autres comme Oracle, Novell ou IONA Technologies qui ont un rôle pour l'instant moins marqué (sauf IONA qui voit son offre sur les services Web comme le prolongement naturel de sa maîtrise de la technologie CORBA et propose un outillage assez complet), un certain nombre d'acteurs totalement nouveaux (The Mind Electric, Cape Clear, Systinet, Bowstreet, Collaxa, PolarLake, AltoWeb, Sonic Software) se sont positionnés avec des produits intéressants. En fin de chapitre, une liste complète de sites de référence et de ressources est proposée au lecteur.

Le **chapitre 15** décrit, avec un niveau de détail important, l'environnement d'exécution Microsoft .Net, l'environnement de développement Visual Studio et la mise en œuvre des technologies des services Web dans ces environnements. Contrairement à l'environnement Java, préexistant à la parution des technologies de services Web, .Net est né en même temps, Microsoft ayant comme objectif explicite de rendre le maniement d'XML et la mise en place de services Web à la portée d'un processus de développement « sans peine ». L'intégration entre .Net, Visual Studio, le langage XML et les technologies des services Web est effectivement très poussée. Ce chapitre présente les différents éléments de l'environnement, à commencer par le CLR (Common Language Runtime) et les librairies d'objets de base, en passant par le langage C#, ASP .Net et les Web Forms pour terminer sur la génération assistée d'un service Web et d'un proxy en C#.

Le **chapitre 16** présente des technologies de différentes origines qui permettent de développer des applications sur le poste de travail. La cible de ce type d'applications est particulièrement large : plusieurs analystes, partant du constat des limitations sévères quant à la puissance et l'ergonomie que les technologies navigateur et HTML imposent aux interfaces homme/machine, font la prévision de l'arrivée d'une nouvelle génération de logiciels et d'applications sur le poste client capables de dépasser ces limitations. La possibilité d'exécuter dans le cadre d'un navigateur (Internet Explorer ou Mozilla) du code téléchargeable (en JavaScript ou Ecmascript) qui met en œuvre l'interaction avec les services Web via SOAP ouvre des perspectives très intéressantes pour une nouvelle génération d'applications.

De même, la possibilité de programmer en Visual Basic des logiciels bureautiques (tels qu'MS Word XP ou MS Excel XP), pour qu'ils puissent accéder directement à des services Web distants, change les perspectives de développement d'applications dans des domaines importants comme la gestion documentaire ou la gestion financière. L'utilisateur n'a pas à quitter son environnement de travail habituel pour interagir avec les applications et les bases de données de l'entreprise : c'est « de l'intérieur » de ses outils qu'il peut ramener des données sur le poste de travail, les visualiser sous la forme habituelle d'un texte ou d'un tableur et éventuellement sauvegarder sur les serveurs d'entreprise le résultat de son travail local simplement par un bouton d'interface. Le chapitre présente un exemple concret et détaillé de programmation d'Excel XP en Visual Basic (cette dernière application permet d'interroger le service Web Google et de produire les résultats d'une recherche dans un tableau Excel). Le chapitre se termine par un exemple d'utilisation du composant de services Web de Macromedia Flash qui montre comment une animation locale peut se nourrir de données récupérées périodiquement auprès de services Web distants.

Le code-source de tous les exemples du chapitre 16 est disponible en téléchargement libre sur le site d'accompagnement du livre, à l'adresse *http://www.editions-eyrolles.com*.

La troisième partie est close par le **chapitre 17**, qui porte sur les moyens que la communauté de développement des services Web se donne pour tester l'interopérabilité *effective* entre implémentations hétérogènes et sur les résultats obtenus par cette démarche. Le problème de l'interopérabilité est bien le paradoxe des technologies des services Web : d'un côté elle est l'objectif principal et de l'autre un défi qu'il faut relever sans cesse. Ce qui est remarquable et nouveau (par rapport, par exemple, à la démarche de l'OMG sur CORBA et l'OMA), est que la communauté des développeurs s'est préoccupée de l'interopérabilité effective des implémentations dès le début et a mis en place des organisations, des démarches et des outils pour promouvoir, améliorer, contrôler et tester le niveau *effectif* d'interopérabilité.

Il faut noter que cette activité est non seulement bien différenciée de l'activité de spécification, mais aussi du contrôle de conformité des implémentations par rapport aux spécifications. En fait, elle ne porte pas de jugement sur la conformité aux spécifications des implémentations prises séparément, mais constate leur capacité à interopérer entre elles (en appliquant, par exemple, à chaque couple d'implémentation le même cas de test et en dressant la matrice des résultats). Du coup, cette activité produit également une critique empirique des spécifications lorsqu'un élément de ces spécifications est l'objet d'échecs répétés d'interopérabilité. La communauté de développement s'est donc dotée de plusieurs batteries de test sur les différentes technologies (SOAP, WSDL), effectue ces tests par *rounds* et en publie les résultats. Une organisation exclusivement dédiée à promouvoir, tester et contrôler l'interopérabilité a été créée par les principaux acteurs (WS-I). Le chapitre présente l'avancement de ces travaux et leurs résultats.

L'infrastructure des services Web

La **quatrième partie** de l'ouvrage reprend le tableau général de l'architecture des technologies des services Web tel que laissé à la fin de la troisième partie, où nous avons présenté la première « couche » (le protocole d'échange SOAP, le langage de description WSDL et le service d'annuaire UDDI).

La question que les utilisateurs se posent est la suivante : la disponibilité d'implémentations fiables de la première couche constitue-t-elle une condition suffisante à la mise en place d'architectures de services Web suffisamment performantes et robustes pour prendre en charge les processus métier par lesquels l'entreprise coopère avec ses clients et partenaires ? La réponse à la question n'est pas immédiate et nous conduit à nuancer nos propos.

Avec la vague Internet, l'entreprise a commencé par se *présenter* sur le Web (site institutionnel statique), puis elle a appris à *communiquer* sur le Web (site à gestion dynamique de contenu) et enfin à rendre accessible une partie de ses processus opérationnels via le Web (sites « transactionnels », sites de commerce électronique, sites B2B ou *business to business*). Ce sont évidemment ces dernières applications, surtout dans le domaine du B2B, qui sont les plus concernées par la technologie des services Web. L'idée est simple : doubler l'accès actuel au processus de la part d'un utilisateur professionnel (appartenant à une organisation cliente ou partenaire) au moyen d'un navigateur, par un accès par programme via une interface de service Web. Cette « doublure » est-elle réalisable avec les technologies de la première couche ?

En fait, tout ce qu'un utilisateur fait manuellement à l'aide d'un navigateur peut être réalisé par un programme via une interface de service Web : il n'y a aucune dégradation de sécurité. L'utilisation de SSL/TLS se fait dans les deux cas exactement de la même manière et le danger de la saturation des appels qui conduit au *denial of service* n'est pas plus fort pour un *service* Web que pour un *site* Web. Les fonctions offertes par le service peuvent être, en première instance, exactement les mêmes que celles offertes par le site. Les outils disponibles, pour peu que l'application dispose d'une API utilisable, permettent la génération quasi-automatique du service et de sa description WSDL (qui peut être utilisée par les clients potentiels pour une génération pratiquement automatique des proxyservices). L'opération de création, pour un site Web donné, d'un service Web iso-fonctionnel, peut être effectuée (s'il n'y a pas de problèmes cachés) avec un effort quasiment nul.

La difficulté doit être cherchée plutôt du côté « client », dans la maîtrise de la « défaillance partielle » propre à toute architecture répartie, à commencer par la plus simple qui est le client/serveur traditionnel. Le « client » d'un site Web, derrière un navigateur, est un acteur humain : son intelligence est sollicitée non pas lorsqu'il remplit banalement un formulaire (un programme serait certainement plus rapide et précis) mais lorsqu'il est confronté à des situations d'erreur, d'attente indéfinie, d'incertitude. Le client d'un service Web, derrière le proxy, est un programme applicatif qui, s'il veut remplacer parfaitement l'utilisateur, doit être capable d'une performance comparable lorsque les choses ne se déroulent pas comme attendu. Une stratégie réaliste serait de soigner autant que possible la capacité de prendre en compte les défaillances du service et du réseau de la part du client, mais aussi de rendre facile l'intervention « manuelle » de l'utilisateur dans les cas, que l'on espère rares, d'erreur et de défaillance que l'on ne sait pas traiter entièrement par programme. L'utilisateur n'est plus un maillon de la chaîne de traitements, qui est automatisée, mais agit plutôt au niveau du paramétrage, de la surveillance et de la réparation du processus. Par ailleurs, dans les cas de doublure d'un site Web, une interface homme/machine avec l'application pour laquelle on a produit une interface de service Web existe déjà…

Les applications accessibles par navigateur Web sont une cible importante des technologies des services Web, mais elles ne représentent pas la seule cible. Ces technologies ont pour ambition de s'attaquer aux processus et aux applications stratégiques et, par agrégation et dissémination, de créer la possibilité de nouvelles combinaisons, de nouveaux processus automatisés, qui comprennent des dizaines, des centaines (voire plus) d'applications réparties, qui interagissent entre elles sans intervention humaine dans leur fonctionnement normal (qui inclut le contrôle et le traitement d'une dose de défaillances partielles).

Les technologies de services Web peuvent prendre en charge le véritable système nerveux de l'activité de production, de circulation, d'échange et de consommation des biens et des services. Pour mettre en œuvre des architectures en adéquation avec ce projet, les technologies sur lesquelles reposent les services Web (SOAP/WSDL/UDDI) sont nécessaires mais ne sont certainement pas suffisantes.

Il est indispensable de construire, sur la couche de base, des technologies d'infrastructure qui prennent en charge au moins trois fonctions clés :

- la fiabilité de l'échange ;

- la gestion de la sécurité ;

- la gestion des transactions.

Il faut rappeler qu'une technologie d'infrastructure, dans le cadre des services Web, est toujours bâtie selon la même méthode : par la spécification d'un *protocole*, avec sa syntaxe (le format des messages échangés et des assertions qui sont intégrées dans des documents, par exemple WSDL), et un ensemble de règles qui fixent l'interprétation et le traitement de ces messages et assertions. La mise en œuvre, par des implémentations différentes, du protocole en conformité avec les spécifications garantit en principe l'interopérabilité de ces implémentations.

La gestion de la fiabilité de l'échange (présentée **chapitre 18**) se trouve dans une situation paradoxale. Les technologies de services Web ont comme première cible la communication entre applications, garantie de l'interopérabilité : après avoir défini un protocole d'échange (SOAP), un langage de description des interfaces (WSDL) et un service d'annuaire (UDDI), on aurait pu s'attendre à un effort immédiat pour mettre, autant que possible, les applications communicantes à l'abri des défaillances du réseau et des participants à l'échange. Il n'en est rien car deux autres sujets ont retenu pratiquement toute l'attention de la communauté : la sécurité et les langages pour définir les scénarios des processus métier répartis. Les deux sujets sont certainement très importants, mais le fait est que la gestion de l'échange fiable a été étonnamment sous-estimée, voire considéré comme accessoire. Nous pensons que la sous-estimation de cette fonction d'infrastructure est une des causes du faible taux d'adoption des services Web car elle joue un rôle fondamental.

L'objectif de la gestion de l'échange fiable est pourtant simple à énoncer : donner aux applications participantes à l'échange l'assurance qu'un message est transmis une et une seule fois dans la séquence d'émission, ou que si ce n'est pas le cas l'émetteur a un compte rendu fiable de l'échec de la transmission. Il est évident que la programmation des applications qui dialoguent dans un tel contexte est facilitée car elle ne doit pas prendre en compte les situations d'incertitude sur la transmission du message.

La gestion de l'échange fiable (chapitre 18) est donc traitée, par la force des choses, de façon un peu académique puisque aucune solution n'est réellement disponible. Nous présentons la technologie HTTPR d'origine IBM, qui a le mérite d'avoir été proposée tout au début de l'essor des services Web, mais qui n'a pas encore dépassé le stade de prototype. L'idée est de « fiabiliser » HTTP et donc de rendre la gestion de la fiabilité transparente au niveau SOAP (le message SOAP ne sait pas s'il voyage sur un « canal » fiabilisé ou non).

La technologie HTTPR est une technologie élégante, mais qui reste marginale et destinée, selon l'intention même des auteurs, à des usages spécifiques. Ce n'est que depuis le début de l'année 2003 que le sujet commence à recevoir l'attention qu'il mérite, d'abord avec la proposition de spécification WS-Reliability (9 janvier 2003) par Sun Microsystems et d'autres partenaires. Nous présentons cette spécification qui a comme objet la fiabilisation du message à sens unique SOAP par une extension standard du protocole.

Le 13 mars 2003, IBM, BEA, Microsoft et TIBCO ont proposé une nouvelle spécification WS-Reliable-Messaging (*http://msdn.microsoft.com/library/default.asp?url=/library/en-us/dnglobspec/html/ws-reliablemessaging.asp*) accompagnée d'un livre blanc et d'une *roadmap*. Cette spécification est parue trop tard pour que nous puissions la traiter dans cet ouvrage mais nous pouvons constater qu'avec l'engagement des deux acteurs historiques (IBM et Microsoft), la problématique de la fiabilité de l'échange a désormais trouvé sa place dans l'architecture des technologies des services Web.

Le **chapitre 19** présente l'infrastructure de gestion de la sécurité. C'est sans doute le sujet d'infrastructure sur lequel les travaux de spécification et d'implémentation ont fait le plus de progrès, sur la base il est vrai d'un travail préexistant assez avancé. En fait, le W3C propose des technologies essentielles pour la gestion de la sécurité des services Web (XML Signature, XML Encryption) et l'OASIS propose SAML (Security Assertion Markup Language), *framework* d'échange d'informations (assertions) de sécurité au format XML qui peuvent être encapsulées dans des messages SOAP.

La gestion de la sécurité touche les exigences classiques d'authentification et d'autorisation des acteurs et agents logiciels impliqués dans les échanges ainsi que la confidentialité, l'intégrité et la non-répudiation de ces mêmes échanges.

Le 27 juin 2002, Microsoft, IBM et VeriSign ont soumis les spécifications WS-Security à la communauté OASIS. BEA, Cisco, Intel, Iona, Novell, RSA, SAP et Sun Microsystem ont immédiatement manifesté leur disponibilité pour travailler dans le comité technique OASIS. La gestion de la sécurité est le seul des trois sujets d'infrastructure sur lequel les travaux de spécification avancent sur une unique roadmap, avec la participation des acteurs les plus importants impliqués dans le développement des technologies des services Web. L'approche choisie intègre des mécanismes patrimoniaux largement utilisés comme les certificats X.509 et les tickets Kerberos.

Le **chapitre 20** présente l'infrastructure de gestion des transactions. Sur ce sujet, deux spécifications se côtoient :

- BTP (*Business Transaction Protocol*), proposé initialement par BEA avec d'autres partenaires (dont Oracle et Hewlett-Packard) et géré, depuis mars 2001 par un comité technique OASIS ;

- le tandem WS-Coordination/WS-Transaction, (9 août 2002), proposé par IBM, Microsoft et BEA, qui n'a pas encore été confié à un organisme de standardisation.

BTP compte un certain nombre d'implémentations disponibles. WS-Coordination et WS-Transaction sont plus récentes et, de plus, coordonnées avec BPEL4WS (Business Process Execution Language for Web Services), langage destiné à spécifier des scénarios de processus métier promu par les mêmes sociétés. La présence de BEA dans cette deuxième initiative, ainsi que d'autres signes comme le fait que Collaxa, éditeur d'une des premières implémentations de BTP et aujourd'hui auteur d'une des premières implémentations de WS-Coordination/WS-Transaction, ne prend plus en charge le moteur BTP dans la nouvelle version de son serveur d'applications suggèrent que BTP n'est qu'une étape vers le standard de gestion des transactions pour les services Web, qui va se concrétiser dans l'évolution de WS-Coordination et WS-Transaction.

Le **chapitre 21** effectue un tour d'horizon des nombreuses spécifications qui traitent de la gestion des processus métier. Ce domaine est actuellement l'objet de nombreux bouleversements et plusieurs nouvelles spécifications sont apparues dans les derniers mois. Celles-ci touchent aux aspects de description des interactions entre les services Web qui participent aux processus et de l'ordre temporel de ces interactions, décrites en termes de messages et de traitements métier associés à l'émission ou à la réception de ces messages (orchestration). Ces spécifications traitent en outre de la manière de décrire l'interface publique des processus métier implémentés par les moteurs d'orchestration (chorégraphie). Le chapitre dresse un rapide panorama des acteurs importants dans ce domaine et des principales spécifications en présence : BPEL4WS (mis en œuvre, avec WS-Coordination et WS-Transaction sur la base du moteur Collaxa, dans une variante de l'étude de cas présentée chapitre 26), BPML, WSCI et WSCL.

Les langages de définition de scénarios de processus métier, qui facilitent l'orchestration de dizaines, voire de centaines (et même plus) de services Web vont prendre de plus en plus d'importance en tant qu'outils de maîtrise de la complexité des architectures réparties de demain.

L'étude de cas

L'étude de cas est le sujet de la cinquième et dernière partie de l'ouvrage (chapitres 22, 23, 24, 25 et 26). Il s'agit de la mise en œuvre d'une architecture orientée services sur la base des technologies de services Web, qui prend en charge un processus métier d'organisation de voyages (réservation de places d'avion, de chambres d'hôtel, de voitures de location).

L'ensemble du code source des scénarios d'architecture de l'étude de cas peuvent être téléchargés librement sur le site d'accompagnement du livre, à l'adresse *http://www.editions-eyrolles.com*.

Nous avons choisi de simplifier au maximum, du point de vue fonctionnel, le processus, dont la complexité est vraiment très inférieure à celle des véritables systèmes de réservation centralisés (GDS ou Global Distribution System) comme Amadeus, Sabre, Galileo, WorldSpan. L'avantage est que le contenu fonctionnel, à ce niveau de simplification, est compréhensible de façon intuitive par toute personne ayant eu une expérience, même minimale, de ce type de voyage et le lecteur peut donc se concentrer sur l'objet de l'étude de cas, qui est l'architecture technique sous-jacente. Le contenu fonctionnel est présenté **chapitre 22**.

C'est un exemple d'*agrégation* de services de réservation de places d'avion, de chambres d'hôtel et de voitures de location, de la part d'un service d'une agence de voyages. Il s'agit donc d'une architecture à trois niveaux : un système « client final » accède à un service d'une agence de voyages qui agrège les services de réservation dans le but de constituer une réservation de voyages globale. Il est important de noter que l'application répartie, dans la variante la plus simple, comporte en fait au minimum cinq agents logiciels actifs : l'agent client (mis en œuvre comme un client SOAP dans un navigateur Internet Explorer, présenté chapitre 22), l'agent serveur de l'agence de voyages et un agent pour chaque système de réservation sectoriel (avion, hôtel, voiture).

Ce schéma est décliné d'abord dans une architecture complètement statique, à savoir totalement configurée *avant* exécution (**chapitre 23**). L'agrégation de services est mise en œuvre directement par le code applicatif Java du système de l'agence de voyages. Une telle approche est voisine de celle des architectures B2B, qui connectent de façon prédéterminée une entreprise avec ses clients et ses partenaires. Les serveurs de cette première architecture sont tous implémentés en Java par l'utilisation du *toolkit* Apache SOAP 2.3.1.

Le **chapitre 24** présente une architecture dynamique. L'idée est que d'une part les services de réservation sectoriels sont normalisés par des organismes professionnels (fictifs) dans des documents WSDL standards et que, d'autre part, une pluralité de prestataires de ces services sont accessibles en ligne. Le port d'accès au service de chacun de ces prestataires est, lui aussi, déterminé à l'exécution.

L'architecture dynamique fait donc intervenir un annuaire de services UDDI, qui permet la découverte dynamique des prestataires et de leurs ports d'accès. La mise en œuvre du processus d'organisation du voyage est donc précédée par un processus de configuration dynamique de l'architecture (choix des prestataires et de leurs ports d'accès).

Le choix dynamique des prestataires, de leurs ports et à la limite des services est un point d'application privilégié de l'intelligence du service agrégeant, c'est-à-dire de sa capacité de prise en charge des préférences du client et de mise en œuvre de règles de gestion, qui peuvent devenir extrêmement sophistiquées (car elles représentent l'expertise métier de l'agence de voyages). On peut imaginer que les prestataires mettent en œuvre le même service minimal, décrit par le document WSDL standardisé par l'organisation interprofessionnelle. À ce service minimal, chaque prestataire peut ajouter des services annexes qui font sa valeur ajoutée. Le prestataire peut en outre se distinguer par le niveau de qualité de service sur lequel il s'engage. Nous n'avons pas poussé l'exemple aussi loin : le choix des prestataires et des points d'accès est fait au hasard (l'expertise métier de l'agence de voyages n'est pas le sujet de l'ouvrage) et il faut rappeler que les engagements de niveau de qualité de service ne font pas encore l'objet d'un langage d'assertions normalisé. La mise en œuvre de la configuration dynamique de l'architecture est, comme pour le processus métier d'organisation du voyage, le résultat de l'exécution d'un code applicatif Java intégré dans le système de l'agence.

Le **chapitre 25** met en œuvre exactement la même architecture, mais avec comme variante la ré-implémentation du service agrégeant en technologie Microsoft .Net (C#). Il s'agit d'un exercice intéressant au moins à deux titres. D'abord, cela permet de vérifier, que, dans certaines limites d'utilisation de la technologie des services Web, l'interopérabilité est effective et la technologie d'implémentation d'un service à partir de la formalisation de son contrat (le document WSDL) est interchangeable et, à la limite, banalisée. Ensuite, cela nous permet de comparer concrètement deux implémentations du même service, de tous les points de vue. Il reste entendu que le but de l'ouvrage n'est pas de trancher entre J2EE et .Net, mais au contraire de montrer que finalement, avec les services Web et, peut être, pour la première fois dans l'histoire de l'informatique, le choix de la technologie d'implémentation, qui reste un choix important et doit être pesé avec soin, n'est plus structurant ni irréversible par rapport à la mise en œuvre du service (il peut l'être, évidemment, pour d'autres raisons, surtout organisationnelles). On peut noter en passant que les microarchitectures respectives du service en Java/J2EE et en C#/.Net sont vraiment très proches et que le passage de l'une à l'autre est concrètement très simple à effectuer.

Le dernier chapitre (**chapitre 26**) reprend l'architecture statique du chapitre 23 mais la revisite en intégrant une gestion transactionnelle du processus métier de réservation et l'usage d'un langage de définition de scénario (BPEL). Cette gestion est destinée à suppléer aux faiblesses de l'architecture initiale qui ne s'appuie que sur des implémentations des spécifications de base des technologies des services Web. La nouvelle architecture fait appel à l'une des premières implémentations des spécifications BPEL4WS, WS-Coordination et WS-Transaction, matérialisée par le serveur BPEL Orchestration Server de la société Collaxa. Le fonctionnement de l'architecture qui en résulte est en mode « document » et asynchrone : les applications participantes s'échangent des documents et utilisent les interactions successives (par polling ou par callback) pour récupérer les résultats des traitements déclenchés. Cette dernière variante est plus didactique que réaliste (les quatre applications participantes doivent fonctionner sur des machines installées avec le même moteur Collaxa pour bénéficier des fonctionnalités de messagerie asynchrone, de coordination et de gestion de transactions), mais donne une très bonne idée de l'orientation adoptée ces six derniers mois par les principaux acteurs des technologies des services Web dans le domaine de l'infrastructure de gestion des processus métier et des transactions.

Première partie

L'architecture orientée services

Le contrat de service

La relation de service

L'architecture orientée services (AOS) est le terme utilisé pour désigner un *modèle* d'architecture pour l'exécution d'applications logicielles réparties.

Ce modèle d'architecture prend forme au cours de l'activité pluriannuelle de spécification des architectures de systèmes répartis, développée dans des contextes aussi variés que ceux de :

- l'Open Group (Distributed Computing Environment ou DCE) ;
- l'Object Management Group (Object Management Architecture/Common Object Request Broker Architecture ou OMA/CORBA) ;
- l'éditeur de logiciels Microsoft (Distributed Component Object Model ou DCOM).

Les deux derniers modèles (CORBA et DCOM) relèvent de l'architecture par composants logiciels répartis plutôt que de l'architecture orientée services, et le terme « service » est généralement absent de leur terminologie (sauf, par exemple, dans CORBA où l'on parle de services CORBA à propos de fonctions offertes par la plate-forme de *middleware* aux composants applicatifs).

L'activité des composants est qualifiée incidemment d'activité de prestation de services pour les autres composants de l'architecture, mais le concept de composant logiciel est primaire (de « première classe ») alors que le concept de service est secondaire et dépendant de celui de composant.

Les préoccupations essentielles de ces modèles sont :

- la standardisation du mécanisme d'invocation de traitements distants (DCE, CORBA, DCOM) ;
- la transparence de la localisation des composants dans un système réparti (CORBA, DCOM).

Des travaux plus récents, comme ceux réalisés autour de Jini (Sun Microsystems), Biztalk (Microsoft) et surtout e-Speak (Hewlett-Packard), première plate-forme orientée services bâtie sur les technologies

XML, ont permis l'émergence du concept de *service* qui offre un degré d'indépendance par rapport au concept de composant logiciel.

Par ailleurs, l'émergence des technologies de services Web consolide un modèle d'architecture dans laquelle le concept de service joue le rôle primaire alors que le concept de composant logiciel (qui met en œuvre le service) est réduit à un rôle dépendant, banalisé et interchangeable. En outre, le concept même de middleware disparaît de l'architecture : les applications réparties n'ont pas besoin d'un système de middleware réparti commun pour communiquer, mais seulement de mettre en œuvre des protocoles et des technologies de communication interopérables sur Internet.

Documents sur l'architecture orientée services

Le terme anglais correspondant d'architecture orientée services est *Service Oriented Architecture* (SOA). Avec l'essor des services Web, ce terme apparaît à nouveau dans la littérature. Voici une liste d'URL sur le sujet :

– http://www.sun.com/jini ;

– http://www-4.ibm.com/software/solutions/webservices/pdf/roadmap.pdf ;

– http://www-106.ibm.com/developerworks/webservices/library/ws-arc1 ;

– http://www-106.ibm.com/developerworks/webservices/library/ws-arc2 ;

– http://www-106.ibm.com/developerworks/webservices/library/w-ovr ;

– http://www.talkingblocks.com/resources.htm ;

– http://msdn.microsoft.com/architecture ;

– http://www.w3.org/TR/ws-arch.

Les éléments du service

Une application logicielle qui exerce une activité dont les résultats sont directement ou indirectement exploitables par d'autres applications, éventuellement réparties sur un réseau, joue le rôle de *prestataire de services*. L'ensemble des résultats exploitables de l'activité est appelé *prestation de services*, et les applications qui en bénéficient jouent le rôle de *client du service*. Les termes « prestataire » et « client » correspondent à des rôles interprétés par les applications dans la relation de service. Une application peut être en même temps prestataire de plusieurs services distincts et cliente de différents services.

Une prestation de services réside dans l'ensemble des résultats de l'activité de l'application prestataire, qui peuvent être classés en trois groupes (voir figure 2-1) :

• *Informations* : l'application prestataire effectue pour le compte du client des traitements dont les résultats sont communiqués au client. Ce groupe comprend les applications à haute intensité de calcul (exemple : la mise en œuvre de modèles d'analyse numérique) aussi bien que les applications qui effectuent des recherches et des agrégations de données stockées sur des bases.

• *États* : l'application prestataire gère les états et les changements d'état, représentés par des ensembles de données (exemple : une base de données de gestion). Les états peuvent être volatiles, persistants (s'appuyant sur des données stockées sur mémoire secondaire) et durables (non seulement persistants, mais aussi capables de survivre à des défaillances de l'application prestataire et de son infrastructure, y compris de sa mémoire secondaire). Un changement d'état est en principe toujours réversible, mais il faut que l'application soit conçue et mise en œuvre à cet effet.

- *Effets de bord* : l'application prestataire effectue des interactions avec l'environnement, c'est-à-dire avec un ensemble de dispositifs qui permettent l'entrée et la sortie de données du système (exemple : l'impression d'une facture). Les effets de bords sont, à l'inverse des changements d'état, irréversibles par définition.

Un sous-ensemble important des effets de bord est constitué par les interactions directes entre le prestataire et le client. Lesdites interactions constituent le support d'actes de communication (exemple : la requête contenant une sélection multicritère suivie d'une réponse contenant les résultats). L'ensemble des actes de communication échangés entre le client et le prestataire est appelé *interface de service*.

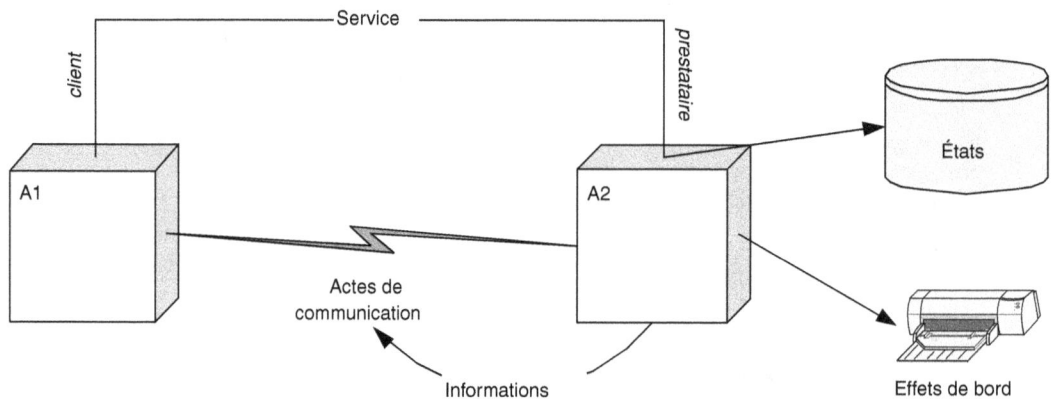

Figure 2-1

Les éléments d'une prestation de service.

Plusieurs exemples peuvent clarifier les concepts de service, prestataire et client :

1. Un service d'archivage de fichiers gère un système de stockage de fichiers sur mémoire secondaire. L'acte de communication utilisé par un client pour demander l'archivage d'un fichier est une requête qui présente le fichier à archiver en pièce jointe. Le prestataire du service, à partir de la réception de la requête, exécute une tâche qui produit comme résultats : le stockage du fichier dans la base d'archivage (changement d'état), puis la production d'une réponse à l'intention du client, laquelle a comme contenu un identifiant unique dans la base d'archivage du fichier archivé (information via un acte de communication).

2. Un service d'interrogation de données marketing restitue de l'information marketing en réponse à des requêtes de sélection multicritères. Le prestataire du service, à partir de la réception de la requête de la part du client, (« Combien de ménagères de moins de cinquante ans dans le département de la Somme ? ») exécute la tâche qui consiste à interpréter les critères de la requête, rechercher et/ou calculer le paquet des données qui répondent aux critères reçus et émettre une réponse adressée au client qui a comme contenu ledit paquet (information via un acte de communication).

3. Un service de diffusion audio en continu gère la diffusion multicanal de musique numérique. L'acte de communication de la part du client du service consiste à envoyer le flux des données qui représente la musique à diffuser. Cet acte de communication ne demande pas de réponse. La tâche du prestataire du service est la réception, la transformation du flux d'entrée dans les formats prévus et la retransmission sur les canaux de diffusion (effet de bord).

4. Un service de publication d'informations boursières communique aux abonnés les valeurs d'un ensemble de titres, ainsi que des statistiques, à intervalles réguliers. Le client du service est à l'écoute des actes de communication du prestataire du service, émis à intervalles réguliers, dont le contenu est ledit ensemble de valeurs. Le client du service ne donne pas d'accusé de réception. La tâche du prestataire est de rassembler à chaque intervalle l'ensemble des valeurs et d'accomplir ensuite l'acte de communication à l'intention des clients abonnés.

5. Un service de gestion de liste noire notifie en temps réel à une application les identifiants des usagers qui ne sont plus autorisés à accéder à ladite application. La tâche du prestataire est de réagir en temps réel à chaque événement de passage en liste noire (qui lui est communiqué, par exemple, par un administrateur système via une interface homme/machine), de notifier immédiatement l'information horodatée à l'application cliente et de récupérer l'accusé de réception. Si l'application cliente ne restitue pas d'accusé de réception dans un laps de temps paramétrable, le prestataire émet à nouveau la même notification.

Ces exemples mettent en valeur plusieurs caractéristiques du concept de service :

• Les actes de communication sont utilisés pour mettre en œuvre le service (préparer les conditions de la prestation) ou bien font partie directement du déroulement de la prestation de services :

 – la prestation comprend en général l'échange d'actes de communication (exemples 1, 2, 3, 4, 5), des calculs (exemples 2 et 4), des changements d'état de ressources (exemples 1, 5) et des effets de bord (exemples 1, 3) ;

 – la prestation peut être constituée seulement d'actes de communication (exemples 2, 4, 5), sans changement d'état des ressources, ni effets de bord.

• L'initiative de l'échange des actes de communication peut venir soit du client soit du prestataire :

 – l'initiative vient du client dans les exemples 1, 2, et 3 ;

 – l'initiative vient du prestataire dans les exemples 4 et 5.

• Les liens entre actes de communication, informations produites, états et effets de bord sont de différents types :

 – La prestation réside dans la production d'informations, de changements d'état, d'effets de bord déclenchés par la réception d'un acte de communication émis par le client (1, 2, 3) qui véhicule la requête de prestation (ce mode de fonctionnement est propre aux architectures dites client/serveur).

– La prestation réside dans un acte de communication issu du prestataire et déclenché comme résultat d'un traitement effectué par l'application prestataire, ce traitement pouvant être déclenché par un événement approprié (4, 5).

Les concepts de service, prestataire et client de l'architecture orientée services sont donc très généraux, bien plus que les concepts de serveur et de client dans l'architecture client/serveur traditionnelle (appelée aussi, de façon plus appropriée, architecture maître/esclave) qui constitue une spécialisation restrictive du modèle de l'architecture orientée services :

• Le concept de serveur (esclave) est une spécialisation du concept de prestataire de services. La prestation d'un serveur correspond à l'exécution d'une procédure (qui exécute des calculs, des changements d'état, des effets de bord) déclenchée par un acte de communication (invocation de la procédure) de la part du client (maître).

• Le seul type d'échange admis dans l'architecture client/serveur est généralement l'appel de procédure distante (Remote Procedure Call ou RPC) dans le sens client-à-serveur. Cet échange, bidirectionnel synchrone, enchaîne, suite à l'invocation de la part du client (maître), l'exécution d'une procédure dans l'espace de travail du serveur (esclave), le retour du compte rendu de l'exécution et, éventuellement, des informations produites par l'exécution de la procédure.

Parmi les exemples listés ci-dessus, seuls les exemples 1 et 2 se rapprochent du modèle classique client/serveur. Les exemples 3, 4 et 5 sont considérés plus proches du modèle dit *peer-to-peer*.

Les rôles de client et de prestataire

Une difficulté importante que l'on rencontre dans la maîtrise du modèle de l'architecture orientée services est la compréhension de la nature des *rôles* que sont ceux de client et de prestataire de services. En effet, ce modèle s'applique, au-delà des architectures client/serveur, aux architectures réparties peer-to-peer, c'est-à-dire à des architectures réparties dans lesquelles il n'y a pas a priori de limitation de rôles pour les applications constituantes.

Une application qui fait partie d'une architecture orientée services peut être impliquée dans plusieurs relations de services et interpréter en même temps plusieurs rôles de client et plusieurs rôles de prestataire. Une architecture orientée services est donc une *fédération de services* (voir figure 2-2), à savoir une architecture d'applications réparties qui participent à un réseau d'*échange de services*.

Il est bien évident que l'échange de services peut être circulaire : dans l'exemple de la figure 2-3, l'application A1 joue en même temps le rôle de client du service SA (exemple : un service d'achat en ligne) et le rôle de prestataire du service SB (exemple : un service de suivi de factures des achats effectués via le service SA) vis-à-vis de l'application A2, qui, à son tour, joue les rôles symétriques.

Nous appellerons par la suite une application qui a la capacité d'interpréter au moins le rôle de prestataire ou de client d'au moins une relation de service, une *application orientée services*.

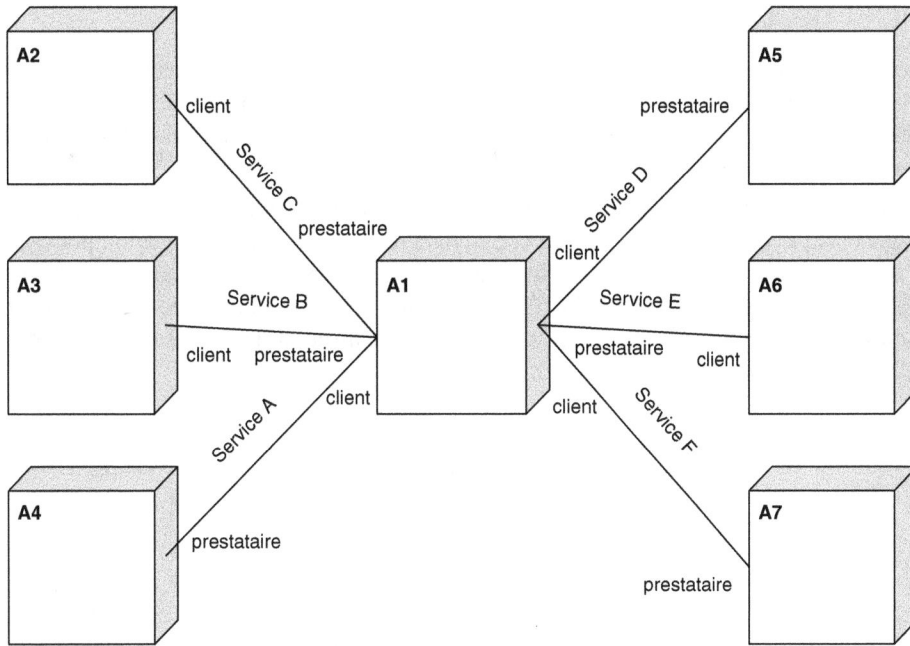

Figure 2-2

Une fédération de services.

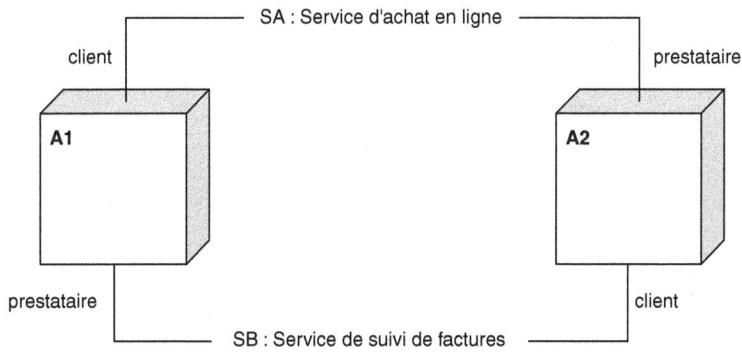

Figure 2-3

Échange circulaire de services.

Le contrat de service

Le concept de service qui est véhiculé par le modèle de l'architecture orientée services se veut indépendant de la mise en œuvre des applications constituantes. Cette indépendance n'existe que s'il est possible de décrire (donc définir et découvrir) la relation de service indépendamment des implémentations des applications.

La description d'une relation de service est formalisée par un *contrat de service*. Ce contrat décrit les engagements réciproques du prestataire et du client du service. Toute application pouvant satisfaire les engagements du prestataire (et, réciproquement toute application pouvant satisfaire les engagements du client) peut interpréter le rôle de prestataire (et, réciproquement, le rôle du client). Lorsqu'un contrat régente une relation de service, la réalisation de la prestation de services réside dans l'exécution du contrat.

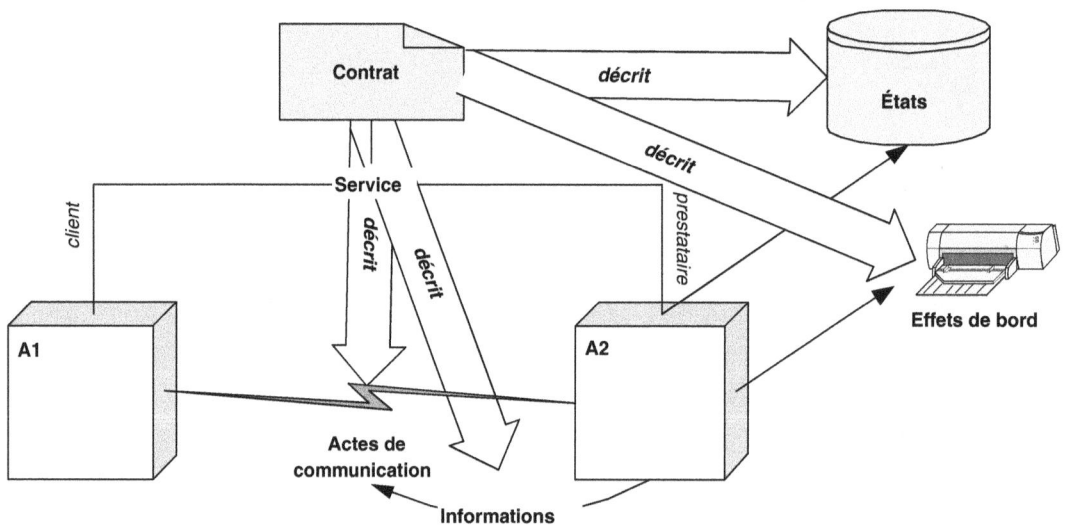

Figure 2-4

Le contrat formalise la relation de service.

Un contrat de service, dans le monde des relations professionnelles, est un document comportant plusieurs parties et dont les éléments terminaux sont généralement appelés *articles* et *clauses*. Le contrat de service contient des articles et des clauses consacrés à des sujets tels que :

- l'identification des parties contractantes ;

- la description de la prestation objet du contrat ;

- les modalités d'exécution du contrat ;

- les modalités d'interaction entre les parties.

Il est aussi courant que le contrat de service décrive les actions à entreprendre en cas de défaillance d'un des contractants ou d'impossibilité de réalisation de la prestation.

Les éléments du contrat

Les éléments du contrat de service sont organisés en six thèmes majeurs :

- l'identification des parties ;
- la description des fonctions du service ;
- la description de l'interface du service ;
- la description de la qualité du service ;
- la description du cycle de vie du service et du contrat ;
- la description des termes de l'échange.

L'arborescence de la figure 2-5 représente l'ensemble des éléments du contrat de service classés par thèmes. Un contrat de service contient, idéalement, des articles et des clauses pour chacun des éléments.

Figure 2-5
Classification des éléments du contrat de service.

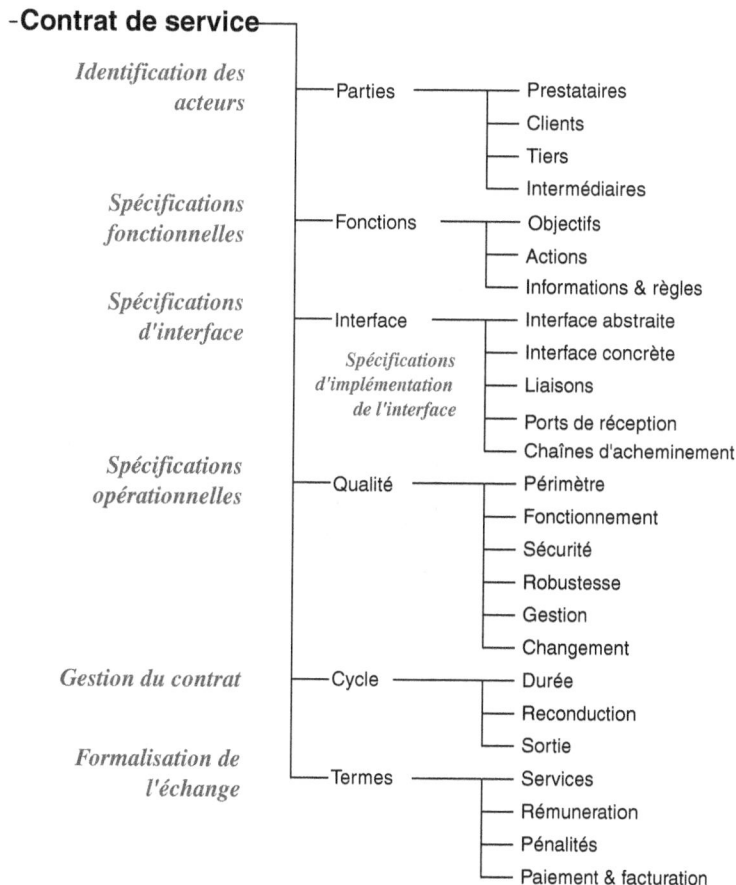

Acteurs humains et agents logiciels

Le contrat de service du modèle de l'architecture orientée services s'inspire directement du modèle des contrats professionnels de service. Il s'agit d'un document qui, par contenu ou référence, développe l'ensemble des points permettant de décrire et donc de définir la relation de service.

Les éléments du contrat sont « produits » et « consommés » par les *acteurs humains* et par les *agents logiciels* impliqués dans les différentes phases des cycles de vie du contrat et de la prestation de service, dans les rôles de clients, prestataires ainsi que dans des rôles de tiers ou d'intermédiaires.

L'ensemble des acteurs humains et agents logiciels, impliqués dans un contrat de service du côté client et du coté prestataire, est présenté figure 2-6. Dans la suite de cet ouvrage, les termes « client » et « prestataire » (et aussi les termes « tiers » et « intermédiaire ») seront souvent surchargés, à savoir utilisés pour désigner sans distinction les acteurs humains et/ou les agents logiciels impliqués, le contexte permettant de lever l'ambiguïté.

Pour le contrat de service, le choix d'un format universel et extensible de structuration de documents comme XML s'impose, pour satisfaire les deux contraintes principales qui pèsent sur le contrat de service :

- Le contrat de service doit être, en même temps, lisible par des acteurs humains et exploitable (généré, interprété, agrégé, décomposé, indexé, mémorisé, etc.) par des agents logiciels.

- Le contrat de service doit être tout aussi facilement extensible, c'est-à-dire adaptable à l'évolution des services, des architectures et des technologies, et capable d'accueillir les nouveaux formalismes propres à de nouveaux types d'engagements.

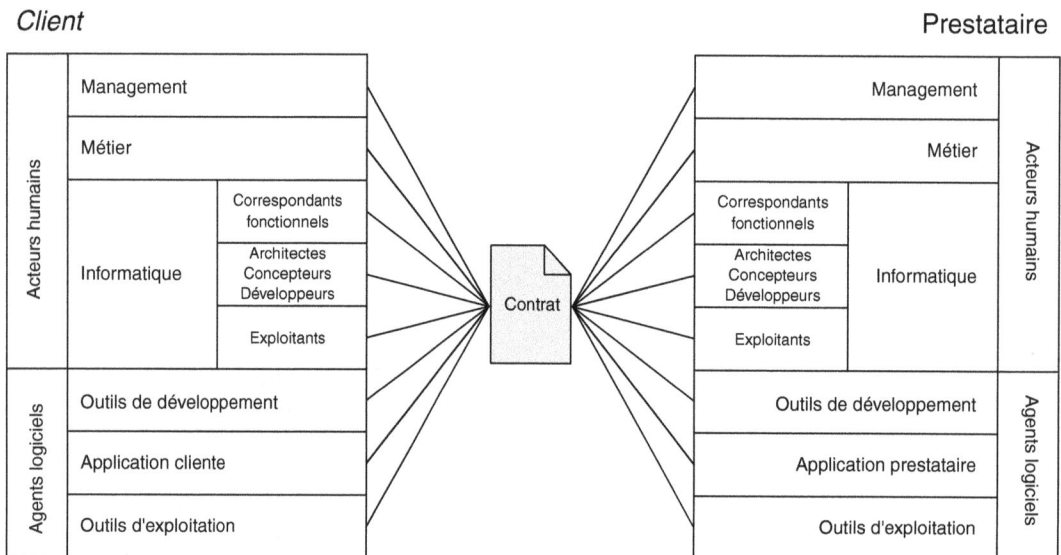

Figure 2-6

Producteurs et consommateurs du contrat.

Les structures de direction (*management*) respectives du client et du prestataire sont intéressées par les aspects juridiques et financiers du contrat, tandis que les *professionnels métier* s'intéressent plutôt à la formalisation des aspects métier, et notamment à la sémantique du service.

Les différentes équipes de *professionnels de l'informatique* (correspondants fonctionnels, concepteurs, exploitants) ont la charge de l'essentiel du contrat de service qui, tel qu'il est défini dans cet ouvrage, porte une connotation fortement technique.

Des parties du contrat de service peuvent être produites et consommées par les *agents logiciels* impliqués dans la mise en œuvre au sens large du contrat de service. Les *environnements de développement* (outils d'édition, générateurs de code, compilateurs, etc.) mettent en œuvre essentiellement deux fonctions :

- la génération, à partir d'éléments contractuels, de code garantissant la liaison, via l'interface de service, entre l'application cliente et l'application prestataire. Le code est intégré dans l'application cliente (*stub* ou *proxy*) et l'application prestataire (*skeleton*). Le propre de l'approche AOS est que ces deux opérations sont effectuées de façon totalement indépendante ;

- la production d'éléments contractuels et opérationnels (l'interface de service et les éléments techniques de liaison) à partir d'un code existant par rétro-ingénierie. Cette technique permet notamment d'exposer comme un service tout ou partie des points d'entrée et de l'activité d'une application existante.

Les applications clientes peuvent consommer des éléments contractuels en exécution, notamment pour configurer dynamiquement la liaison avec des prestataires. Les applications clientes et prestataires peuvent aussi produire des éléments contractuels à l'exécution : certaines caractéristiques de la relation de service peuvent ne pas être complètement définies dans le contrat, mais peuvent faire l'objet de négociation entre les deux applications lors de l'exécution du contrat. Les infrastructures des applications impliquées dans la relation de service (les serveurs d'applications, par exemple) peuvent aussi exploiter le contrat de service pour un paramétrage automatique de certaines caractéristiques opérationnelles de l'exécution.

Les outils d'exploitation peuvent exercer une fonction de pilotage du service et de surveillance par rapport à la tenue des engagements de service, de la part du client comme du prestataire.

Identification des parties, description des fonctions et de l'interface

La figure 2-7 présente le détail de l'identification des parties, de la description des fonctions et de la description de l'interface.

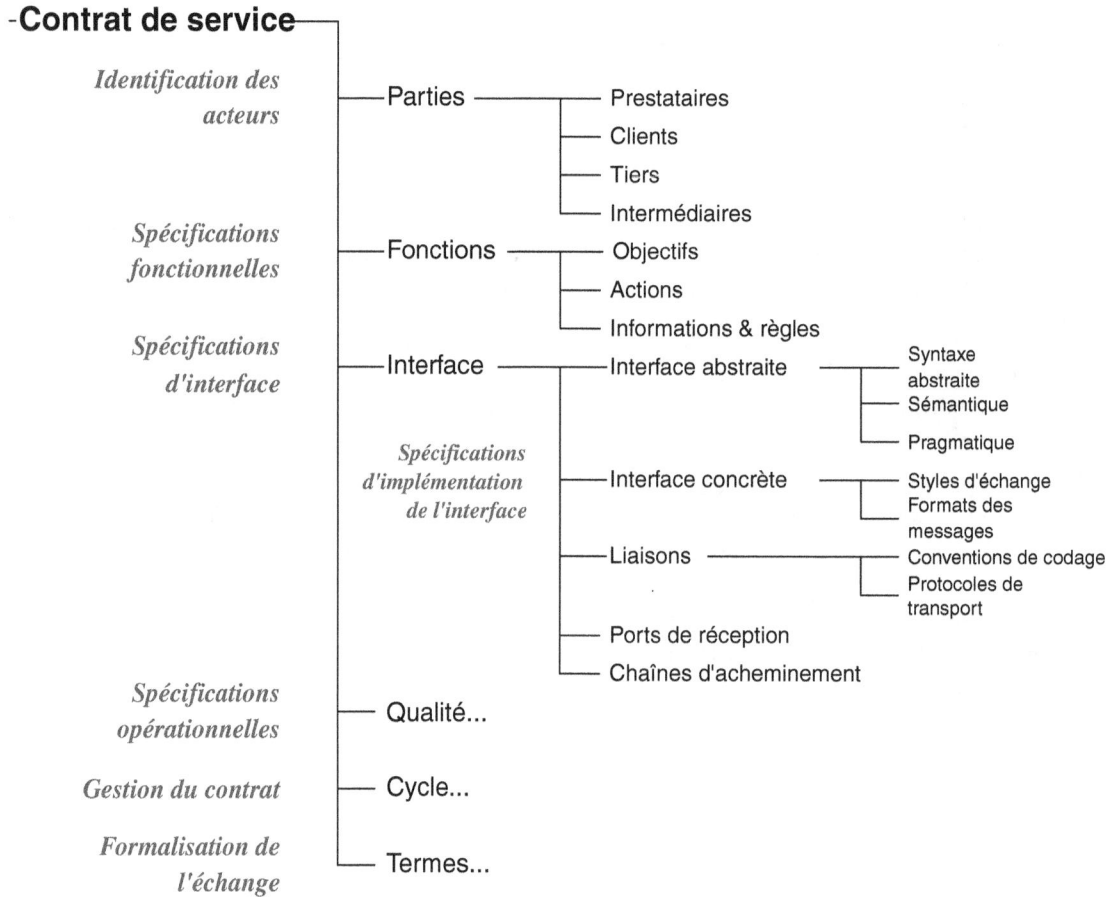

Contrat de service

Identification des acteurs	Parties	Prestataires Clients Tiers Intermédiaires	
Spécifications fonctionnelles	Fonctions	Objectifs Actions Informations & règles	
Spécifications d'interface	Interface	Interface abstraite	Syntaxe abstraite Sémantique Pragmatique
		Interface concrète	Styles d'échange Formats des messages
Spécifications d'implémentation de l'interface		Liaisons	Conventions de codage Protocoles de transport
		Ports de réception	
		Chaînes d'acheminement	
Spécifications opérationnelles	Qualité...		
Gestion du contrat	Cycle...		
Formalisation de l'échange	Termes...		

Figure 2-7

Détails du contrat de service.

Identification des parties

Le contrat de service identifie les parties contractantes, c'est-à-dire les organisations et les individus qui agissent en tant que prestataires et clients du service objet du contrat. L'identification du prestataire est en général nécessaire, alors que les clients peuvent rester anonymes.

UDDI et ebXML

UDDI (Universal Description, Discovery and Integration ; *http://www.uddi.org*), un consortium promu par IBM, Microsoft et Ariba, propose les spécifications d'un service d'annuaire pour services Web. Aujourd'hui à la version 3, les spécifications ont été transférées en juillet 2002 à l'OASIS (juillet 2002) *http://www.oasis-open.org*) pour standardisation.

Les spécifications UDDI sont présentées dans les chapitres 11 et 12.

OASIS ebXML (*http://www.ebxml.org*) propose le concept de CPP (Collaboration Protocol Profile) qui organise des informations propres aux participants d'un processus métier, ainsi que des informations d'interface, d'implémentation de l'interface et de qualité de service.

Des relations de service simples n'impliquent qu'un client et qu'un prestataire. D'autres relations plus complexes demandent la présence d'autres applications dont les services annexes sont nécessaires à la réalisation de la prestation du service primaire objet du contrat. Un exemple de service annexe est le service d'authentification, qui est nécessaire à la réalisation d'une prestation sécurisée.

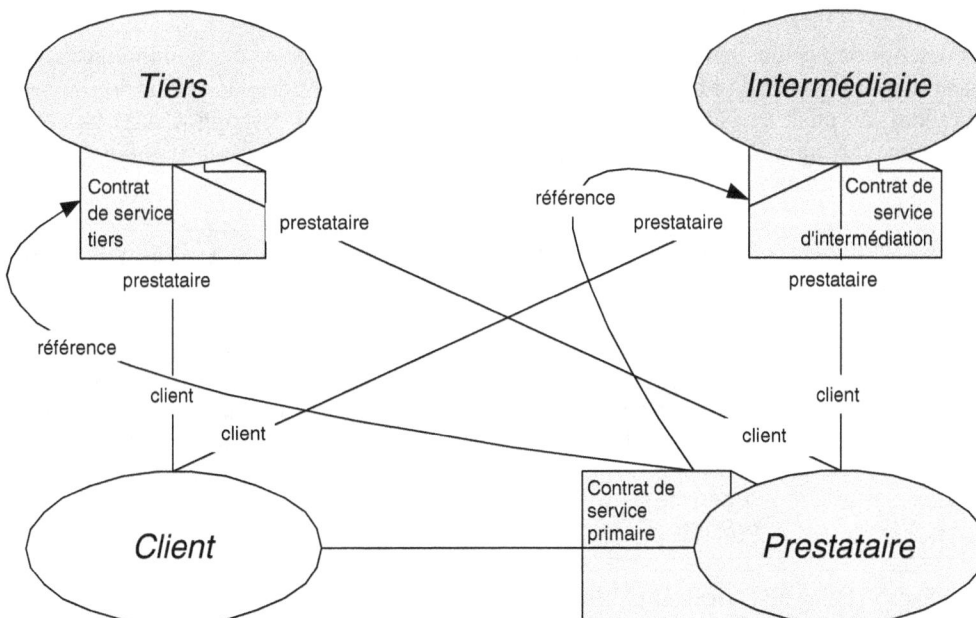

Figure 2-8

Relations entre client, prestataire, tiers et intermédiaire.

Le contrat de service mentionne l'organisation prestataire du service d'authentification, dont le client et le prestataire du service primaire sont clients. Ces applications jouent un rôle de *tiers* par rapport au client et au prestataire de la relation de service primaire objet du contrat.

D'autres applications jouent le rôle d'*intermédiaire* entre le client et le prestataire. Les types de services d'intermédiation sont très diversifiés, et certains sont « transparents » par rapport au contrat : il n'est donc pas nécessaire que les intermédiaires en question soient désignés dans le contrat. Dans le chapitre sur les architectures dynamiques, nous évoquerons quelques services d'intermédiation remarquables.

Dans une AOS, les tiers et les intermédiaires ont toujours un rôle de prestataire de services vis-à-vis du client et du prestataire du service primaire. Le contrat du service fait référence aux contrats de service tiers et d'intermédiation impliqués dans la relation de service primaire (voir figure 2-8).

Description des fonctions du service

Quel modèle de service ?

La définition des fonctions du service est la définition de l'*objet* du contrat (en termes de description de la *sémantique* du service), c'est-à-dire ce que l'application prestataire *fait* (en termes de restitution d'information, de gestion d'états, de gestion des effets de bord, d'échange d'actes de communication) et ce que les données qu'elle échange *signifient*.

Nous allons présenter la définition des fonctions de service à travers un exemple : le « service de correction d'orthographe française ».

La description des fonctions du service de correction d'orthographe est une description du comportement du « correcteur d'orthographe » (terme raccourci pour désigner le prestataire du service en question), du point de vue des clients de cette prestation. Cette description dans un contrat doit permettre de prédire et d'expliquer efficacement le comportement du prestataire. Il s'agit donc d'un modèle de son comportement.

La modélisation du comportement d'un système informatique peut être effectuée à plusieurs niveaux :

« La complexité des systèmes d'ordinateurs est mieux maîtrisée lorsque ces systèmes sont organisés à des niveaux différents. L'analyse de chaque niveau facilite la compréhension des fonctions du système. La progression du niveau le plus primitif vers les niveaux plus élevés est accomplie par la création d'une série d'abstractions. Chaque abstraction supprime des détails non nécessaires [...] » « [...] Chaque système, à chaque niveau, est caractérisé par un ensemble de composants et par un ensemble de modes de combinaison de ces composants dans des structures. Le comportement du système est formellement décrit à partir du comportement des composants et de leurs combinaisons [...] » « [...] Chaque niveau [...] est caractérisé par un langage distinct pour représenter le système (les composants, les modes de combinaison, les lois de comportement) ». (D.P Siewiorek, C.G. Bell, A. Newell, *Computer Structures: Principles and Examples*, McGraw-Hill, 1982 ; traduction de l'auteur).

Quelle description du correcteur d'orthographe nous permet d'expliquer et de prédire son comportement ? Quel est le « langage » adapté pour représenter le système au niveau du contrat de service ?

Une réponse possible est la description du correcteur d'orthographe au *niveau implémentation*, par une description technique de l'application logicielle qui le met en œuvre (*modèle d'implémentation*).

Le modèle d'implémentation

Le modèle d'implémentation est une *description systémique*. Le correcteur d'orthographe est modélisé comme un système qui :

1. reçoit une chaîne de caractères en entrée et la représente en mémoire sous forme d'une structure de données ;

2. soumet cette structure à un algorithme de comparaison à d'autres structures, lesquelles sont soit contenues dans une base de données chargée en mémoire, soit générées à la volée ;

3. lorsqu'il ne trouve pas une structure « égale », l'algorithme cherche dans la base (et/ou génère) des structures « voisines » (selon un certain calcul de « voisinage ») ;

4. restitue ces structures sous forme de chaînes de caractères.

Une description de ce type, plus précise et plus détaillée par rapport à celle qui est esquissée rapidement précédemment (avec le détail des structures de données, des algorithmes, de l'architecture des programmes) nous permet d'expliquer et de prédire efficacement le comportement du système. Elle constitue un modèle d'implémentation et est donc exploitable par le concepteur du logiciel de correction d'orthographe.

Le modèle d'implémentation du logiciel qui interprète le rôle du prestataire peut-il être utilisé en tant que description de ses fonctions dans le contrat de service ? En théorie, oui, car cette description peut être suffisamment précise pour constituer un engagement contractuel. En pratique, la présence d'une telle description dans le contrat soulève des problèmes d'exploitation :

• pour les organisations contractantes, clientes et prestataires du service de correction d'orthographe ;

• pour les concepteurs des applications clientes et prestataires ;

• pour les applications clientes et prestataires en exécution.

Le contrat vu par les contractants

Ce qui intéresse les professionnels métier clients est le fait que l'on puisse soumettre à l'application prestataire des mots de la langue française, auxquels l'application prestataire applique les règles de l'orthographe française et renvoie une liste en réponse à ces soumissions ou en cas d'erreur, etc.

Qui plus est, un système logiciel qui utilise des structures de données différentes, des algorithmes différents, un langage de programmation différent, bref, qui met en œuvre un modèle d'implémentation totalement différent, pourrait parfaitement faire l'affaire.

Il faut donc une description précise, mais qui utilise le langage propre au problème posé, à savoir l'orthographe de la langue française. Les professionnels métier clients ne sont pas, a priori, intéressés par le modèle d'implémentation du système car ils n'ont pas à le mettre en œuvre ni à le développer.

Ce qui intéresse les professionnels métier prestataires est le fait de pouvoir mettre en évidence les fonctions offertes par l'application qu'ils mettent en œuvre et le niveau de qualité opérationnelle du service proposé.

En revanche, la publication du modèle d'implémentation peut :

- d'un côté engendrer la violation d'un secret de fabrication (par exemple, des algorithmes particulièrement efficaces) ;

- et de l'autre poser un obstacle à tout changement du modèle d'implémentation, puisque l'application cliente pourrait baser sa propre implémentation sur le modèle du prestataire publié (qui devient, par le simple fait de la publication, un engagement du prestataire).

Le contrat vu par les concepteurs des applications

Le concepteur de l'application cliente du correcteur d'orthographe est intéressé par :

- la description identique à celle qui est destinée au contractant, qui lui permet de valider fonctionnellement l'utilisation du service dans son programme client ;

- les détails techniques de l'interface entre l'application qu'il doit mettre en œuvre et l'application prestataire (par exemple le fait que les mots du français sont échangés sous forme de chaîne de caractères, avec un certain format d'encodage, etc.). Ces informations techniques précises sur l'interface lui permettent de communiquer avec un système dont il ignore a priori l'architecture et la technologie d'implémentation.

Si le concepteur de l'application cliente est intéressé par l'implémentation du canal d'interaction, en revanche, il n'est pas intéressé par l'implémentation de l'application prestataire. En conformité à un principe d'occultation (*information hiding*), il est préférable que le client ne connaisse pas cette implémentation car il pourrait être tenté d'introduire dans son application, même inconsciemment, des choix de mise en œuvre dépendants de l'implémentation d'une application prestataire spécifique. Certes, cette connaissance offre un intérêt technique (par exemple, pour améliorer les performances) et applicatif (par exemple, pour exploiter directement un comportement applicatif du prestataire), mais cette démarche introduit aussi un couplage fort avec le prestataire. Ce couplage pourrait par la suite empêcher le remplacement du prestataire par un autre qui proposerait les mêmes fonctions et les mêmes interfaces mais une meilleure qualité de service (plus de fiabilité, de performance, de disponibilité…) via un modèle d'implémentation totalement différent.

Ce principe d'occultation vaut aussi pour le concepteur de l'application prestataire, au-delà de l'exigence du secret de fabrication, car la publication du modèle d'implémentation limite les modifications du modèle, puisqu'il expose son application à des utilisations qui s'appuient non seulement sur les fonctions du service, mais aussi sur la particularité de leur mise en œuvre dans un modèle d'implémentation donné.

Le contrat vu par les applications en exécution

À l'exécution, l'application cliente peut utiliser les informations d'une description de service, exploitables par programme, à des fins diverses de découverte, de recherche, de vérification, etc. En supposant que l'application cliente soit capable de faire de la découverte dynamique d'applications prestataires (par exemple pour trouver un service de correction d'orthographe), elle aura besoin, pour conduire ses recherches, d'une description fonctionnelle du service rendu ainsi que d'une spécification d'interface d'interaction.

À l'exécution, l'application prestataire peut, de façon symétrique, utiliser une description fonctionnelle, exploitable par programme, pour la communiquer (ou communiquer ses modifications) à des intermédiaires et à des clients potentiels.

Le modèle fonctionnel

La présence du modèle d'implémentation de l'application prestataire dans le contrat de service constitue un engagement contractuel qui renforce le degré de couplage de l'architecture, aussi bien entre le contrat et la mise en œuvre du prestataire, qu'entre l'application cliente et l'application prestataire.

Pour rédiger le contrat de service, nous avons besoin d'une description du correcteur d'orthographe à un niveau différent de celui du modèle d'implémentation : le *niveau fonctionnel*.

Le *modèle fonctionnel* du correcteur d'orthographe est, comme le modèle d'implémentation, une description systémique. Le correcteur d'orthographe est décrit comme un système constitué par les composants suivants :

- des *objectifs* : l'objectif est de détecter les mots qui n'appartiennent pas au lexique français et, si le cas se produit, de proposer des mots du lexique français qui ressemblent aux mots détectés ;

- des *moyens d'interaction* (*actions*) avec l'environnement : c'est-à-dire des actes de communication avec les clients, comme réceptionner les mots à corriger et émettre la liste de mots de remplacement à proposer ;

- des *connaissances* : c'est-à-dire des informations et des règles métier qui lui permettent d'accomplir efficacement sa tâche : le lexique français, les règles d'orthographe, un critère général de ressemblance entre une suite quelconque de caractères et les mots du lexique français, etc.

Ces composants fonctionnels interagissent selon une règle générale de comportement dont la description concise est la suivante : le système utilise les *informations* et les *règles* en sa possession pour sélectionner les *actions* lui permettant d'atteindre ses *objectifs*.

Le principe de rationalité

Un agent logiciel, et en général un système, peut être décrit en termes d'objectifs, de moyens d'interactions, d'informations et de règles, organisés selon le *principe de rationalité* (utiliser les informations et les règles pour sélectionner les moyens appropriés permettant d'atteindre les objectifs). Le système est donc décrit comme un *agent rationnel*, dont le niveau d'intelligence dépend de la « qualité » des informations et des règles en sa possession. Cette démarche a été explicitement proposée par A. Newell, dans sa conférence historique de 1980 à l'American Association of Artificial Intelligence (reproduite dans A. Newell, *The knowledge level*, Artificial Intelligence, 18, 1982).

Le modèle fonctionnel permet d'expliquer le comportement d'un agent logiciel prestataire de services tout aussi bien que le modèle d'implémentation. L'application qui met en œuvre le service de correction d'orthographe, produit sa *prestation* parce qu'elle est équipée de *moyens d'interaction*, d'*informations* et de *règles*, qu'elle utilise pour attendre ses *objectifs*. C'est, d'ailleurs, la description que nous avons tendance à donner lorsque nous essayons d'expliquer à un utilisateur n'ayant aucune compétence informatique le comportement du correcteur d'orthographe intégré dans son logiciel de traitement de texte.

Les modèles fonctionnels, comme les modèles d'implémentation, sont des descriptions *systémiques*, dans le sens qu'ils décrivent le correcteur d'orthographe comme un *système* doté d'une *structure* et d'un *comportement* qui réalise une *fonction*.

Il existe une différence fondamentale entre les deux modèles : le modèle d'implémentation est construit à partir de structures de données, programmes, algorithmes, etc., c'est-à-dire à partir de la structure interne de l'application en tant qu'agent logiciel. Le modèle fonctionnel est construit, quant à lui, à partir du lexique français, des règles d'orthographe, etc., c'est-à-dire des entités propres au monde de l'orthographe française sans aucune mention à la structure interne de l'application.

Il s'agit d'une différence de niveau de description : la première description se situe au niveau implémentation et trouve sa place dans un document de conception du logiciel. La deuxième description se situe au niveau fonctionnel et est contenue dans la section de *définition des fonctions* du contrat de service (voir figure 2-9).

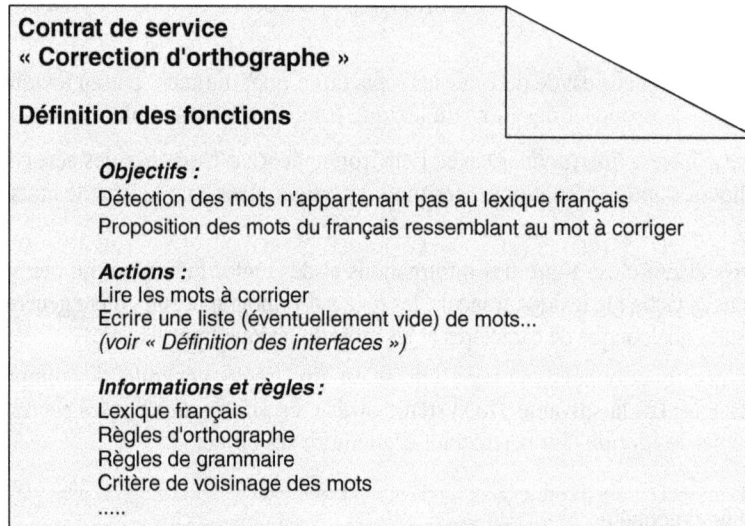

Figure 2-9
Définition des fonctions du contrat de service « correction d'orthographe ».

Un modèle partiel

Il faut bien comprendre que la définition des fonctions du contrat de service n'est pas un modèle fonctionnel complet de l'application prestataire, mais seulement de son rôle en tant que prestataire de service. L'incomplétude touche la *largeur* et la *profondeur* du modèle.

D'abord, l'application qui joue le rôle de prestataire du service (de correction d'orthographe, par exemple) peut interpréter d'autres rôles de prestataire pour d'autres services (comme la vérification grammaticale, le dictionnaire des synonymes et des antonymes, etc.), chacun de ces services ayant son propre modèle fonctionnel, éventuellement corrélé aux autres. L'activité de service réelle de l'application peut donc être plus large que celle décrite dans un contrat de service.

L'incomplétude du modèle fonctionnel du contrat peut aussi être plus fondamentale : certains objectifs, certaines règles et informations, qui entrent en jeu lors de la prestation du service, peuvent constituer des secrets de fabrication de l'application prestataire que l'on ne souhaite rendre publiques ni aux applications prestataires concurrentes ni aux applications clientes, surtout lorsqu'une relation commerciale est en jeu (par exemple, une agence de voyages qui offre un service de cotation de voyages en ligne peut ne pas souhaiter la publication de ses règles de calcul de cotation). Les règles en question, tout en faisant partie du modèle fonctionnel de l'application, ne font donc pas partie du modèle fonctionnel du service.

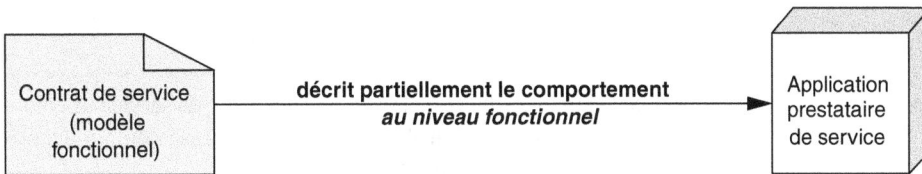

Figure 2-10

Relation entre le modèle fonctionnel du service et le comportement du prestataire.

Boîte noire

En conclusion, nous pouvons rappeler la règle qui dicte que dans une AOS où les relations de service qui lient les applications participantes sont régies par des contrats de service, les prestations objet des contrats doivent impérativement être décrites au niveau fonctionnel, et qu'il est incorrect d'inclure les modèles d'implémentation des applications prestataires dans les contrats de service. L'implémentation de l'application prestataire est donc une *boîte noire* par rapport au contrat de service, sauf pour ce qui touche l'implémentation de la communication.

RDF et Web sémantique

L'activité Semantic Web du W3C (*http://www.w3.org/2001/sw*), parrainée directement par « l'inventeur du Web » et actuel directeur du W3C, Tim Berners-Lee, rassemble des chercheurs en intelligence artificielle avec des experts réseau et Internet et affronte la problématique de la description des ressources Web au niveau sémantique par un formalisme exploitable par programme. Un produit de cette activité est le langage RDF (Resource Description Framework), formalisme XML utilisable pour représenter des métadonnées sur les ressources Web. Les descriptions RDF des ressources Web sont exploitables par des logiciels intelligents, pour la recherche, la découverte, la catégorisation, l'échange, et l'exploitation desdites ressources.

Le langage de description RDF est un langage de représentation très général. Il a été utilisé au départ pour être appliqué à des ressources de type document, et permet de publier effectivement des informations contractuelles comme l'auteur, la date de publication, le copyright, des informations de publication, etc. Des projets spécialisés, comme PRISM (Publishing Requirements for Industry Standard Metadata), développent des spécifications de métadonnées pour la description de documents propres à différents secteurs industriels.

Dans le cadre du programme DAML (DARPA Agent Markup Language, *http://www.daml.org/services*), un groupe de travail a développé une ontologie des services (à savoir une description formelle des termes utilisés et des relations entre ces termes) appelée DAML-S, qui va permettre de mettre en œuvre des descriptions de services Web au niveau fonctionnel en utilisant RDF et les technologies Semantic Web.

Par ailleurs, nous avons évoqué la possibilité que les fonctions publiées dans le contrat de service ne soient qu'une partie des fonctions mises en œuvre par l'application prestataire. D'autres fonctions peuvent être publiées dans d'autres contrats pour lesquels l'application joue également le rôle de prestataire. Dans tous les cas, la description fonctionnelle complète de l'application, en termes d'objectifs, d'actions, d'informations et de règles, à savoir son cœur métier, constitue également une boîte noire pour les clients et les autres prestataires de services. Plus précisément, certaines parties du modèle fonctionnel sont publiées dans les contrats de service (avec différents niveaux de visibilité), alors que d'autres parties restent cachées aux clients et aux autres prestataires.

Description de l'interface du service

Bien que l'on puisse imaginer des cas dans lesquels le client et le prestataire du service ne communiquent pas directement, ou d'autres cas limites dans lesquels il n'y a pas besoin de communication directe, en général le client et le prestataire du service communiquent :

- pour construire la liaison, instrumenter le contrat, se synchroniser, invoquer ou contrôler la prestation de services ;

- parce que l'échange d'actes de communication fait partie intégrante de la réalisation de la prestation de service.

La description de l'interface du service est donc d'abord la description des actes de communication entre le client et le prestataire dans le cadre de la réalisation de la prestation de services (interface abstraite).

Une architecture orientée services se caractérise par le fait que les interfaces de service constituent les seuls moyens de communication entre agents participants :

- Si la réalisation d'une prestation de services demande une communication directe entre le client et le prestataire, cette communication doit obligatoirement s'effectuer via l'échange d'actes de communication définis dans l'interface du service.

- Deux applications participantes d'une AOS ne peuvent communiquer directement que dans le cadre d'une ou de plusieurs relations de service.

La description de l'interface du service s'articule en deux parties :

- la description de l'interface abstraite ;

- la description de l'implémentation de l'interface (interface concrète et liaisons).

Entre la description de l'interface abstraite et la description de l'implémentation de l'interface, il existe la même différence de niveau que celle que l'on retrouve entre le modèle fonctionnel et le modèle d'implémentation de l'application prestataire de services.

Le modèle d'implémentation de l'application ne doit pas figurer dans le contrat de service, sauf pour ce qui touche l'implémentation de l'interface de service. Le modèle d'implémentation de l'interface doit obligatoirement figurer dans le contrat, car ce dernier doit fournir toutes les informations permettant la réalisation de la prestation, notamment expliciter les technologies qui mettent en œuvre la communication entre le client et le prestataire. La mise en œuvre d'une certaine implémentation de l'interface de communication décrite dans le contrat constitue donc un engagement de la part du prestataire qui permet la réalisation effective de l'interaction avec les clients qui maîtrisent cette implémentation. L'implémentation de l'application prestataire de services se présente donc au client comme une boîte noire avec une interface transparente (voir figure 2-11).

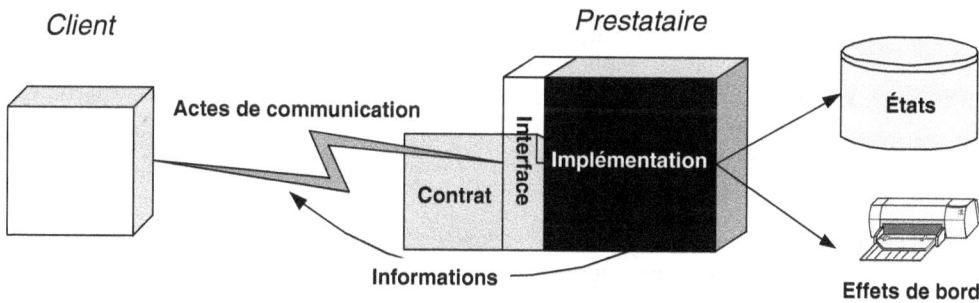

Figure 2-11

Le prestataire est une boîte noire avec une interface transparente.

La désignation des adresses de communication figure sur le contrat car elle constitue également un engagement qui permet la réalisation effective du service. Il n'est pas nécessaire que les adresses figurent « en dur » dans le contrat de service, mais elles doivent être repérables à partir du contrat, via un mécanisme ou des liens explicites (les adresses de communication peuvent être découvertes sur un annuaire en ligne, qui, lui, doit être repérable à partir du contrat).

L'interface abstraite

L'interface abstraite est l'ensemble des actes de communication entre le prestataire et le client du service, indépendamment des moyens mis en œuvre pour accomplir physiquement ces actes.

La description de l'interface abstraite comprend :

- la *syntaxe abstraite* des actes de communication, qui est la description de la structure et des éléments de l'acte de communication ;

- la *sémantique* des actes de communication, qui est la description des actions accomplies au moyen des actes de communication par leur émetteur ;

- la *pragmatique* des actes de communication, qui est la description des effets obtenus par l'émission des actes sur le récepteur et sur l'environnement.

Syntaxe abstraite

La syntaxe abstraite d'un acte de communication est une description de sa structure abstraite, à savoir des éléments qui composent l'acte sans entrer dans une description précise (syntaxe concrète) des éléments.

Chaque type d'acte de communication est systématiquement caractérisé par les éléments suivants :

- le (nom du) type de l'acte ;

- la description abstraite du contenu de l'acte ;

- la direction de l'acte (client-à-prestataire ou prestataire-à-client).

La syntaxe abstraite fixe une partie des conditions de succès d'un acte de communication : un acte mal formé n'est pas accompli.

Sémantique

La sémantique d'un acte de communication est une description de l'action effectuée par l'émetteur de l'acte au moyen de son accomplissement. Dans une AOS dont les applications constituantes entrent en communication seulement dans le cadre des relations de service, les actes de communication qu'elles s'échangent ont un sens uniquement dans le cadre de ces relations de service : les actes de communication participent à la préparation, à l'instrumentation, au contrôle, à la gestion et à la réalisation des prestations de services.

La sémantique d'un acte de communication est donc l'association entre le type de l'acte et l'action que l'émetteur accomplit. Il faut bien comprendre que, même s'il n'y a pas de relation évidente entre émetteurs et clients ou entre récepteurs et prestataires, la sémantique des actes de communication est toujours définie dans le cadre des fonctions du service rendu par le prestataire. Par exemple : si l'émetteur est le client, l'acte peut être une requête d'exécution d'une prestation de services ; si l'émetteur est le prestataire, l'acte peut être un accusé de réception couplé à la promesse d'effectuer une certaine prestation, un compte rendu d'action, un rapport d'information à destination du client, etc.

La sémantique fixe la deuxième partie des conditions de succès de l'acte de communication, c'est-à-dire les conditions sémantiques de succès, au-delà de la vérification syntaxique que l'acte soit bien formé.

Les conditions sémantiques de succès de l'acte de communication sont remplies si :

- l'émetteur a la capacité, le pouvoir, le droit et l'autorisation de produire et d'émettre l'acte de communication ;

- le récepteur a la capacité, le pouvoir, le droit, l'autorisation de réceptionner, d'analyser et d'évaluer l'acte de communication ainsi que d'accomplir ses effets pragmatiques (voir section suivante) ;

- l'acte est transmis dans un contexte et dans un environnement où il est correct et pertinent.

Pragmatique

La pragmatique des actes de communication est, en général, la description des effets intentionnels sur le récepteur de l'acte de communication, à savoir la modification de ses croyances (changements d'état) et le déclenchement d'actions (effets de bord) comme conséquence de l'acte.

La pragmatique est donc l'association entre l'acte de communication (émis par le client ou le prestataire) et les conséquences de cet acte sur le récepteur (prestataire ou client) dans le cadre strict des fonctions du service (production d'informations, gestion d'états, gestion des effets de bord, dont les actes de communication enchaînés). Comme pour la sémantique, il s'agit d'associer l'acte avec ses conséquences sur le récepteur en termes de préparation, d'instrumentation, de contrôle, de gestion et de réalisation de la prestation de services.

La pragmatique de l'acte décrit donc un ensemble d'engagements du récepteur (qu'il soit prestataire ou client) par rapport aux fonctions du service : pour le prestataire, les engagements sont en relation avec la réalisation de la prestation de services, tandis que pour le client, elles sont en relation avec l'utilisation correcte du service.

Dans le cadre d'un contrat de service, et contrairement à la sémantique, la symétrie entre clients et prestataires n'est pas maintenue pour la pragmatique des actes de communication.

En fait, les changements d'état et les effets de bord cités doivent faire partie de la prestation de services, ou avoir une fonction instrumentale à l'accomplissement de la prestation de services. La conséquence pratique est que la pragmatique des actes de communication est obligatoirement décrite dans le contrat de service lorsque le récepteur de l'acte est le prestataire. Lorsque le récepteur est le client, la pragmatique de l'acte est contractuellement décrite seulement lorsqu'elle constitue un engagement du client, nécessaire au bon déroulement de la prestation de services.

Pour reprendre l'exemple du correcteur d'orthographe, la pragmatique de l'acte de communication client-à-prestataire qui consiste à soumettre un mot pour vérification d'orthographe doit être décrite de façon précise. Un des éléments de cette pragmatique est l'acte de communication de réponse que le correcteur émet à l'intention de son client, pour lui communiquer le résultat de ses investigations. Aucun effet pragmatique n'est décrit contractuellement pour cet acte de communication : l'application cliente n'a aucun engagement sur les conséquences de sa réception (par exemple, l'application cliente peut reposer la même question cent fois – sauf ce qui peut être explicitement stipulé dans les clauses sur les limites de la prestation).

Une partie de la pragmatique du client/récepteur peut être explicitement formalisée dans les conversations et les processus métier (voir plus loin), lorsque certains changements d'état et effets de bord produits par le client sont nécessaires au bon déroulement de la prestation de services. Cependant, un service bien conçu oblige le prestataire à prévoir des réactions appropriées dans le cas où l'effet pragmatique de son acte n'est pas mis en œuvre par le client/récepteur (dissymétrie fondamentale de la relation de service).

La pragmatique fixe les conditions de satisfaction de l'acte, c'est-à-dire les conditions qui permettent de tester si l'effet pragmatique (les changements d'état et les effets de bord) d'un acte de communication bien réussi (qui a rempli ses conditions de succès) s'est achevé correctement et complètement.

Une partie importante de la pragmatique décrit le traitement des situations d'erreur, et donc les conséquences des actes qui ne remplissent pas les conditions de succès ou de satisfaction.

Mis à part les erreurs de transmission, qui concernent l'infrastructure de communication, ces situations d'erreur sont de plusieurs types :

- l'acte est mal formé ou corrompu ;
- l'acte est bien formé, mais son contenu est sémantiquement défaillant ;
- l'émetteur n'a pas la capacité, le pouvoir, le droit ou l'autorisation d'émettre l'acte de communication, par ailleurs correct d'un point de vue syntaxique et sémantique ;
- le récepteur n'a pas la capacité, le droit, ni l'autorisation de réceptionner l'acte et de produire son effet pragmatique ;
- l'acte n'est pas correct ou pertinent dans le contexte et dans l'environnement où il est transmis ;
- l'acte de communication est correctement effectué (en ce qui concerne la syntaxe et la sémantique) par un émetteur autorisé et recevable par le récepteur ; le contexte de transmission est correct et pertinent ; l'acte remplit donc toutes les conditions de succès ; l'effet pragmatique de l'acte (changements d'état, effets de bord) ne s'est pas produit par défaillance du récepteur (l'acte ne remplit pas les conditions de satisfaction).

Le prestataire/récepteur d'un service bien conçu couvre avec des réactions appropriées (par exemple : des messages d'erreur pertinents et détaillés) la plus grande partie des situations d'erreur envisageables (non seulement les plus courantes). La prise en compte large et pertinente des situations d'erreur est un facteur essentiel pour la qualité du service.

Les actes de langage ou de communication

Le philosophe anglais J.L. Austin (J.L. Austin, *How to do things with words*, Oxford University Press, 1962) est considéré comme le père de la théorie des actes de langage (actes de discours, actes de communication), théorie reprise par le philosophe américain J.R. Searle (J.R. Searle, *Speech Acts*, Cambridge University Press, 1969). Cette théorie a eu une certaine influence en informatique (T. Winograd & F. Flores, *Understanding Computers and Cognition*, Ablex Publishing Corporation, 1986).

Le philosophe J.R. Searle partage les actes de communication en cinq groupes :

– assertifs : l'acte consiste à représenter son contenu comme étant actuel ou vrai ;

– engageants : l'acte réside dans l'engagement de l'émetteur d'accomplir l'action représentée par le contenu de l'acte ;

– directifs : le but de l'acte est que le récepteur accomplisse l'action représentée par le contenu de l'acte ;

– déclaratifs : l'accomplissement de l'acte coïncide avec l'accomplissement de l'action représentée par le contenu de l'acte ;

– expressifs : l'accomplissement de l'acte est la manifestation d'un état de l'émetteur de l'acte, représenté par son contenu.

Exemples :

– un acte assertif est celui qui véhicule une information produite par le prestataire ;

– un acte engageant est un accusé de réception de la part du prestataire d'une requête de la part du client ;

– un acte directif est, par exemple, un appel de procédure distante ;

– un acte déclaratif est, par exemple, la livraison d'un certificat par une autorité de certification ;

– un acte expressif est un message qui véhicule un état d'erreur de l'émetteur.

Plusieurs langages d'actes de communication entre agents logiciels distribués ont été mis en œuvre.

Les plus importants sont :

– KQML (Knowledge Query Manipulation Language), DARPA Knowledge Sharing Effort, *http://www.cs.umbc.edu/kqml/kqmlspec/spec.html* ;

– ACL (Agent Communication Language), Foundation for Intelligent Physical Agents (FIPA), *http://www.fipa.org/specs/fipa00037/PC00037E.html*.

La sémantique et la pragmatique de l'interface de communication d'un service peuvent être exprimées par la correspondance entre les opérations WSDL et les processus DAML-S. Les spécifications DAML-S décrivent en détail comment formuler cette correspondance.

Protocoles de conversation et processus métier abstraits

Les échanges d'actes de communication peuvent être formalisés par la définition de *protocoles de conversation*. Un protocole de conversation est un échange contractuel d'actes de communication entre deux ou plusieurs agents et exprime donc une partie de la pragmatique (les conséquences attendues) des actes de communication.

Le récepteur d'un acte de communication s'engage non seulement à effectuer certaines actions, toujours relatives aux fonctions du service, mais aussi à enchaîner dès la réception de l'acte de communication l'émission d'actes prévus par le protocole.

Le protocole est représenté par une machine à états finis, chaque état pouvant admettre un nombre fini d'actes de communication. Une conversation est donc une correspondance (état, acte)-à-état. L'article du contrat sur la pragmatique précise les protocoles de conversation dans lesquels s'insèrent les actes de communication de l'interface de service. Lorsque la prestation de services implique des protocoles de conversation, le prestataire et le client s'engagent à suivre ces protocoles, et le prestataire s'engage à traiter les situations d'erreur (qui par ailleurs sont prévues dans une machine à états bien conçue).

Les protocoles de conversation constituent une partie de la description des *processus métier abstraits* (publique).

La description d'un processus métier abstrait est la description d'un enchaînement :

- d'actes de communication ;

- de changements d'état ;

- d'effets de bord ;

qui relèvent d'une ou plusieurs prestations de services qu'un ou plusieurs prestataires de services pourvoient à un ou plusieurs clients.

Le processus métier abstrait décrit donc l'interaction entre deux ou plusieurs agents logiciels, interprétant les rôles de prestataires et de clients d'un ou plusieurs services. Il décrit de manière explicite :

- les règles et protocoles de *communication*, c'est-à-dire les interfaces et les protocoles de conversation entre agents dans leurs rôles de clients et de prestataires des services impliqués dans le déroulement du processus métier ;

- les règles et protocoles de *coopération*, qui constitue l'ensemble coordonné de prestations (changements d'état et effets de bord) effectuées par les prestataires des différents services concourant à la mise en œuvre du processus et du résultat global ;

- les règles et protocoles de *coordination*, à savoir l'enchaînement des actes de communication, des changements d'état et des effets de bord produits par chaque agent dans le déroulement du processus.

Les descriptions des processus métier abstraits sont des éléments contractuels référencés par les contrats des services dont les prestations sont impliquées dans le déroulement des processus eux-mêmes. Un processus métier abstrait peut impliquer plusieurs services, plusieurs clients et prestataires et donc faire référence à plusieurs contrats. À l'inverse, un service peut être impliqué dans plusieurs processus métier.

Traditionnellement, les langages de *workflow* ne font pas la différence entre description de la communication, coopération et coordination entre applications réparties et enchaînement de tâches qui réalisent l'activité de chacune des applications participantes.

Dans le cadre des architectures orientées services, il convient de faire la distinction entre la description du *processus abstrait* (publique), que nous avons évoquée précédemment, et la description du *processus exécutable* (privée), qui décrit l'enchaînement des tâches dans chaque application participant au processus abstrait. Le processus abstrait fait l'objet de références croisées avec les contrats de service, alors que les processus exécutables relèvent plutôt du modèle d'implémentation propre à chaque application participante et ne sont pas cités dans les contrats de service.

Langages de définition de conversations et de processus métier

Voici une liste de langages de spécification de conversations et de processus métier qui ont été développés dans le cadre de la mouvance des technologies de services Web (ou technologies corrélées) :

– WSCL (Web Services Conversation Language 1.0, W3C Note 14 March 2002, *http://www.w3.org/TR/wscl10*) proposé Hewlett-Packard à l'attention du W3C ;

– BPSS (Business Process Modeling Specification Schema, *http://www.ebxml.org/specs/ebBPSS.pdf*), promu par OASIS ebXML ;

– BPML (Business Process Modeling Language, *http://www.bpmi.org*), qui est le résultat du travail de BPMI ou Business Process Modeling Initiaitive ;

– WSCI (Web Services Choreography Interface, http://wwws.sun.com/software/xml/developers/wsci) est proposé par BEA, Intalio, SAP, Sun Microsytems ;

– BPEL4WS (Business Process Execution Language for Web Services, Version 1.0, 31 July 2002, *http://www.ibm.com/developerworks/library/ws-bpel*), proposé par IBM, Microsoft et BEA.

Ces langages, les éventuels kits de développement et moteurs d'exécution sont présentés dans le chapitre 21.

Un exemple

L'acte de communication *archive-document* permet d'interagir avec une application prestataire du service d'archivage de documents.

- syntaxe abstraite/éléments caractéristiques de l'acte de communication :

  - type : archive-document ;

  - contenu : le document à archiver ;

  - direction : client-à-prestataire ;

- sémantique (action accomplie par l'émetteur) : acte « directif » correspondant à une demande d'insertion du contenu de l'acte (le document) dans le système d'archivage ;

- pragmatique/effets sur le récepteur (le prestataire) de la réception de l'acte :

  - production de l'acte de communication : *accusé-réception-demande-archivage* de la part du prestataire (acte « assertif/engageant » : assertion de la réception de la démande *archive-document*, du document à archiver et promesse d'archivage du document de la part du prestataire) ;

- changement d'état de la base d'archivage (l'archivage du document contenu de l'acte construit un nouvel état durable de la base d'archivage comprenant le document nouvellement archivé) ;

- production de l'acte de communication : *informe-archivage-document-réussi* de la part du prestataire (acte « assertif » : le document est archivé).

La description de la pragmatique de l'acte donné ci-dessus est simplifiée et ne rend pas compte des situations d'erreur de l'acte et de ses effets, telles que :

- erreurs de syntaxe : acte de communication mal formé, document corrompu, etc. ;

- erreurs de sémantique : l'émetteur n'a pas le droit de formuler la demande, la taille du document est supérieure au maximum consenti, etc. ;

- erreurs de pragmatique : échec de l'opération d'archivage, etc.

La description de l'acte présenté précédemment est abstraite à double titre :

- La référence au modèle fonctionnel du service (la sauvegarde dans la mémoire d'archivage, la gestion du journal) est effectuée au niveau fonctionnel, donc indépendante des technologies mises en œuvre pour implémenter les fonctions du service et notamment la fonction de stockage.

- La description de l'acte de communication est indépendante des technologies qui prennent en charge son accomplissement effectif (le format des messages, le protocole d'échange, les techniques d'encodage de données, le protocole de transport, le médium, etc.).

L'implémentation de l'interface

La description de l'implémentation de l'interface comprend quatre parties :

- l'interface concrète ;

- les liaisons ;

- les ports de réception ;

- les chaînes d'acheminement.

Les actes de communication sont accomplis par le biais de la transmission de messages ayant des formats définis, transmission effectuée dans le cadre de différents styles d'échange spécifiés (interface concrète). Une interface abstraite peut être implémentée par plusieurs interfaces concrètes (différents styles d'échange, différents formats des messages).

Une interface concrète est mise en œuvre sur une infrastructure de communication (liaison). L'infrastructure de communication est constituée d'une convention de codage du contenu du message et d'un protocole de transport. Une interface concrète peut être mise en œuvre via plusieurs infrastructures de communication (plusieurs conventions de codage, plusieurs protocoles de transport).

Une infrastructure de communication permet de communiquer avec un ou plusieurs ports de réception des messages.

Un message est émis par une application expéditrice et transmis sur l'infrastructure de communication pour être reçu par une application destinataire. Entre ces deux agents, le message peut passer par plusieurs agents intermédiaires qui forment une chaîne d'acheminement. Chaque agent intermédiaire est récepteur du message émis par l'agent précédent, et émetteur du message pour l'agent suivant dans la chaîne, l'expéditeur étant le premier émetteur et le destinataire le dernier récepteur.

L'interface concrète

En général, à chaque acte de communication peut correspondre un ou plusieurs types de messages avec leur propre style d'échange et de format.

Un message est une unité d'information transmise par une application expéditrice à une application destinataire dans le cadre de l'accomplissement d'un acte de communication. Pour être analysé et compris, un message doit être hautement structuré et autosuffisant, à savoir contenir ou référencer toute information nécessaire à son analyse, compréhension et interprétation.

Lorsque le « nom » du type d'acte de communication est encodé dans le contenu du message, l'acte de communication est un *acte performatif*, c'est-à-dire un acte qui nomme explicitement dans son contenu l'action accomplie en l'effectuant.

Actes performatifs

La philosophie du langage définit comme acte performatif un acte de communication dans lequel est présent un verbe performatif à la première personne du présent : « je demande… », « j'ordonne… », « je promets… », qui nomme l'acte accompli (une demande, un ordre, une promesse). Le contenu du message qui véhicule l'acte contient, en plus, *les arguments* du performatif (l'objet de la demande, de l'ordre, de la promesse, etc.).

Le message d'invocation du RPC met en œuvre un acte performatif car le nom de l'acte est explicitement codé dans le message (en suivant une certaine convention). La description de l'effet pragmatique d'un acte performatif peut être classée sous son nom. D'autres modes de communication sont basés sur l'interprétation du contenu du message par des règles d'appariement. Dans ce cas, la classification des effets pragmatiques est plus complexe.

Styles d'échange

Du point de vue de l'émetteur, la transmission d'un message consiste généralement à accomplir deux opérations :

- ouverture d'une connexion au port de réception du récepteur ;

- envoi du message sur le port de réception en utilisant la connexion ouverte.

Différents styles d'échange de messages sont mis en œuvre dans les architectures réparties et sont adaptés à des usages différents. Les styles d'échange décrits plus bas forment une liste non exhaustive, mais représentative des usages les plus courants.

Message à sens unique

Le style basique d'échange de messages est le *message à sens unique* (unidirectionnel) : l'émetteur ouvre la connexion avec le port de réception, envoie le message sur le port et ferme la connexion. En fait, l'émetteur ne reste pas en attente, sur la connexion ouverte, d'un message du récepteur interprétable comme réponse ou accusé de réception. Le message à sens unique est adapté à des applications comme la notification périodique d'informations.

Requête/réponse

La *requête/réponse* fait partie des styles d'échange les plus courants. L'expéditeur ouvre une connexion au port de réception, envoie le message et reste en attente sur la connexion d'un message de réponse de la part du récepteur. À la réception de la réponse, la connexion est fermée. Le message de réponse peut se limiter à un *accusé de réception*, peut véhiculer le *compte rendu d'un traitement*, des *informations résultat d'une interrogation*, ou un *message d'erreur*. Attention : le protocole est *synchrone* du point de vue de la connexion (l'émetteur ne peut pas envoyer un autre message sur la connexion ouverte avant d'avoir reçu la réponse), mais il n'est pas nécessairement *bloquant* du point de vue de la ligne d'exécution (*thread*) de l'émetteur, qui n'est pas obligé de suspendre son exécution en attendant la réponse.

L'*appel synchrone de procédure distante* (RPC synchrone) est un cas particulier de requête/réponse. L'appel correspond à l'invocation d'une procédure (pour les langages « par objets » à l'invocation d'une méthode sur un objet distant) avec ses arguments, et la réponse correspond au compte rendu de l'invocation avec éventuellement des données résultat.

Séquence de messages (streaming)

L'émetteur ouvre une connexion avec le port de réception, envoie plusieurs messages en séquence sur le port de réception du destinataire. À la fin de la séquence, il envoie un message spécial qui, par convention, signifie la fin de la séquence et ferme la connexion. Ce style est utilisé pour diffuser de l'information en continu (à contenu visuel ou audio, par exemple), parfois à plusieurs destinataires en même temps (*broadcasting*).

Requête/réponse multiple

La requête/réponse multiple est une combinaison des styles requête/réponse et séquence de messages. L'émetteur ouvre une connexion sur le port de réception, envoie un message et reste en attente sur la connexion d'une séquence de messages de réponse dont le dernier élément est un message spécial signifiant par convention la fin de la séquence.

Format du message

Le format des messages décrit la syntaxe détaillée (concrète) des types de message mettant en œuvre les actes de communication. La structure du message propre au protocole d'échange SOAP 1.1 est présentée figure 2-12.

La distinction *en-tête/corps* dans la structure du message sert à distinguer la partie fonctionnelle (le corps), qui représente le contenu de l'acte de communication, de la partie opérationnelle (l'en-tête), qui véhicule des informations destinées à l'infrastructure de traitement des messages (figure 2-13).

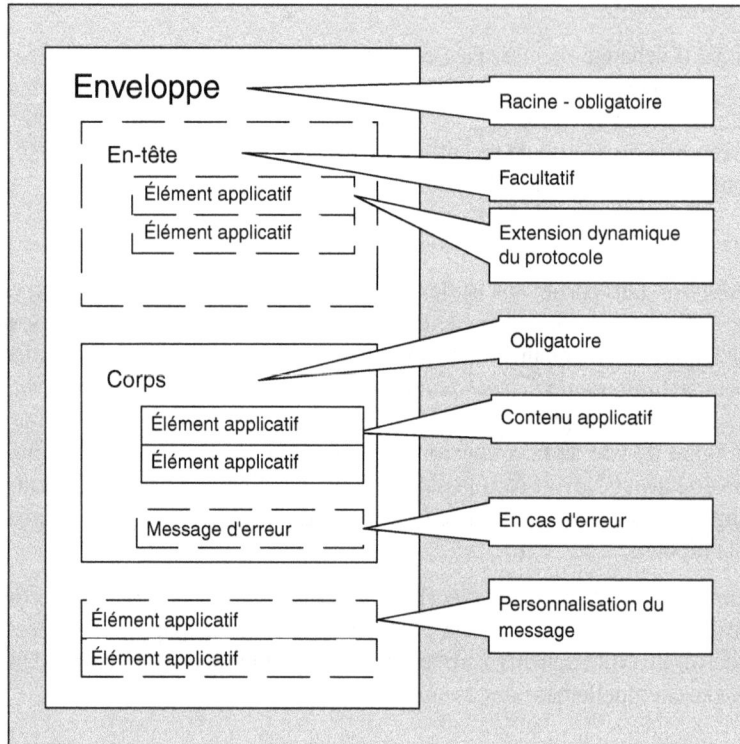

Figure 2-12

Format du message SOAP 1.1.

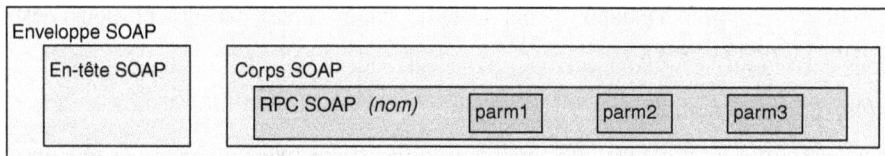

Figure 2-13

Une enveloppe SOAP qui véhicule la représentation SOAP d'un RPC.

La liaison

Codage des contenus

Les applications orientées services sont mises en œuvre par des programmes implémentés à l'aide de différents langages de programmation. Le contenu des messages échangés est fabriqué avant l'émission du message par une transformation des structures de données du programme et à la réception par la transformation inverse.

La présence d'une convention de codage facilite la construction/interprétation du message. Une convention de codage du contenu des messages définit :

- un *système pivot de types de données simples et complexes*, indépendant des langages de programmation ;

- une *convention pour coder les données* de ces types dans les messages (codage de valeurs des types de base, sérialisation de structures de données en arborescence ou en graphe, codage physique de la chaîne de bits, etc.).

Il est nécessaire par la suite de mettre en œuvre pour chaque langage de programmation la correspondance entre le système de types pivot et le système de types du langage. Cela permet de faciliter la production et la consommation du message en sauvegardant le principe d'occultation réciproque des informations d'implémentation des applications participant à l'échange.

Pour obtenir la même facilité de production et de consommation de messages sans système de types pivot, il faudrait définir la correspondance des types pour chaque couple de langages de programmation (soit $N(N-1)/2$ correspondances à la place de N) ; cette approche imposerait en outre que l'émetteur connaisse le langage de programmation du récepteur, en violation du principe d'occultation de l'implémentation des participants à l'échange.

Protocoles de transport

Les messages sont transmis de l'émetteur au récepteur au moyen d'un protocole de transport des trames sur le réseau qui relie les applications. Le même type de message peut être transmis au moyen de plusieurs protocoles de transport différents. Le contrat de service fixe le ou les protocoles de transport utilisés pour chaque type de message.

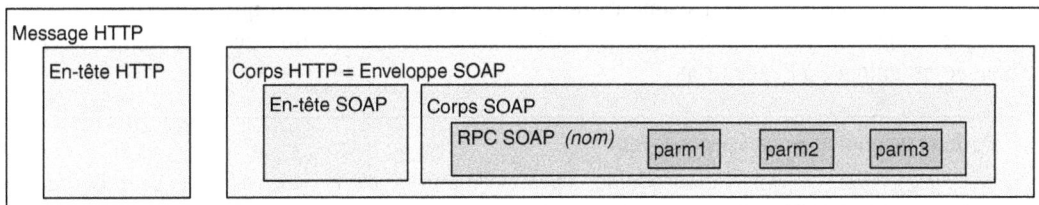

Figure 2-14

Une requête HTTP qui transporte l'invocation d'un RPC SOAP.

> **Messages et technologies de services Web**
>
> Les technologies de services Web s'attaquent particulièrement à la définition du format de message, des conventions d'encodage et des protocoles de transport.
>
> SOAP spécifie l'utilisation de documents XML comme messages. La spécification SOAP (SOAP 1.1) établit :
>
> – une grammaire pour définir le format et la structure de messages (en termes de documents XML) ;
>
> – une convention qui doit traiter les différentes parties du message et si le traitement est obligatoire ou optionnel ;
>
> – une représentation codée pour véhiculer des données atomiques et des structures de données propres à plusieurs langages de programmation dans les messages (style de codage) ;
>
> – un ensemble de consignes (liaison) pour transporter les messages sur le protocole de transport HTTP ;
>
> – une représentation de la requête et de la réponse d'un appel de procédure distante (RPC) ;
>
> – un ensemble de consignes supplémentaires pour transporter des messages avec des documents hétérogènes en pièces jointes.
>
> La présentation de la spécification SOAP 1.1 fait l'objet des chapitres 7, 8 et 9.
>
> Les protocoles Internet et, notamment, HTTP sont rappelés chapitre 5.
>
> Le système de types pivot qui aujourd'hui s'impose (il a été adopté par SOAP) est le système XML Datatypes, défini dans la norme XML Schema. Un rappel de la norme XML Schema est effectué au chapitre 6.
>
> Le langage WSDL (WSDL 1.1) permet de spécifier non seulement l'interface abstraite, mais aussi le format de message, les conventions de codage et les protocoles de transport. Les éléments de définition de l'implémentation de l'interface sont contenus dans l'élément `binding` (liaison).

Désignation des ports de réception

La désignation des adresses des ports de réception du prestataire fait partie du contrat de service. Bien évidemment, à la place de la désignation de ces adresses « en dur » dans le contrat, celui-ci peut se limiter à énoncer le mécanisme d'indirection qui permet de découvrir ces adresses au moment de la réalisation de la prestation (par exemple, le contrat peut désigner un annuaire accessible qui publie les adresses de communication, au lieu de désigner les adresses elles-mêmes).

Lorsque les échanges sont à l'initiative exclusive du client, comme dans les architectures client/serveur traditionnelles, le contrat de service doit désigner le ou les points d'accès du prestataire, mais il est inutile et donc redondant de désigner le point d'accès du client. À l'inverse, si tout ou partie des actes de communication définis sont à l'initiative du prestataire, il faut que l'adresse du client soit désignée dans le contrat, ou repérable à partir du contrat, au même titre que celle du prestataire, ou bien communiquée à l'exécution.

> **Ports et technologies de services Web**
>
> Le langage WSDL 1.1 permet de spécifier les adresses de communication via les éléments `port`. Chaque port établit une association entre une liaison (et donc, implicitement une interface) et une seule adresse de communication, toujours sous format URI.
>
> Les ports de communication des services peuvent être indiqués directement dans un annuaire UDDI, avec la référence au document WSDL décrivant l'interface de service du port.

Chaînes d'acheminement (routing)

Les architectures réparties, qui mettent en œuvre des applications réellement exploitables, implémentent des chaînes d'acheminement complexes. Les messages sont acheminés de l'expéditeur au destinataire en passant par une chaîne d'intermédiaires qui jouent des rôles de prestataires de services secondaires : de sécurité, de non-répudiation, d'audit, etc.

Les informations nécessaires à l'acheminement des messages de la part des intermédiaires sont normalement contenues dans l'en-tête, le corps du message étant destiné au destinataire.

Le concept d'intermédiaire dans une chaîne d'acheminement est en fait une spécialisation du concept d'intermédiaire entre clients et prestataires d'un service, dont la fonction est à la base de la mise en œuvre d'une architecture dynamique de services (voir le chapitre suivant).

La chaîne d'acheminement, dont les principes sont détaillés dans le contrat, peut être une chaîne totalement dynamique (le chemin du message est construit dynamiquement pendant la transmission du message).

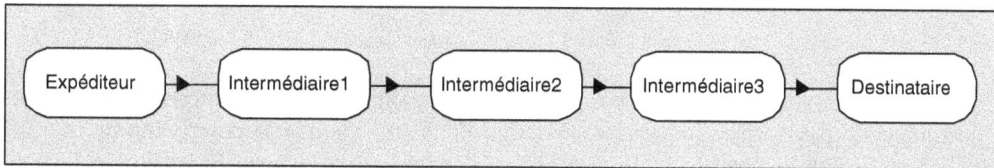

Figure 2-15

Une chaîne d'acheminement.

Chaînes d'acheminement et technologies de services Web

La spécification SOAP prévoit le passage d'un message dans une chaîne d'acheminement d'intermédiaires entre l'expéditeur et le destinataire. Le contenu du corps SOAP ne peut être consommé que par le destinataire, alors que les contenus de l'en-tête SOAP sont destinés à être consommés par les intermédiaires dans la chaîne d'acheminement.

OASIS ebXML Message Service Specification Version 2.0 spécifie des directives d'acheminement des messages dans une chaîne d'intermédiaires sous formes d'éléments et d'attributs à inclure dans l'en-tête d'un message SOAP.

WS-Routing *http://msdn.microsoft.com/ws/2001/10/Routing* est une spécification de directives d'acheminement (statiques et dynamiques) à intégrer dans un en-tête SOAP proposé par Microsoft. Elle est complétée par WS-Referral, qui permet de gérer des tables d'acheminement.

Nous avons présenté dans ce chapitre les principes de l'architecture orientée services et le concept de contrat de service. Nous avons aussi décrit les articles du contrat qui touchent l'identification des parties ainsi que la description des fonctions et de l'interface du service. Dans le prochain chapitre, nous allons compléter la description des articles du contrat (la qualité de service, la gestion du cycle du service et la formalisation de l'échange) et nous allons établir un état de lieux général des technologies de services Web, en relation avec la mise en œuvre d'architectures orientées services.

3

La qualité de service

Le contrat de service ne se limite pas à la description des fonctions et interfaces de services ni à l'identification des parties impliquées. D'autres éléments, tels que la description de la qualité de service, de la gestion du cycle de vie et des termes de l'échange, viennent compléter le document.

La figure 3-1 présente la liste détaillée des éléments de description de la qualité de service, de la gestion du cycle de vie ainsi que des termes de l'échange.

Le présent chapitre décrit ces éléments contractuels et esquisse la relation entre le modèle de l'architecture orientée services, qui repose sur la notion de contrat, et les technologies de services Web.

La qualité de service

La *qualité de service* est un ensemble de propriétés opérationnelles du service que l'on doit constater dans la réalisation de la prestation. Formalisées dans le contrat, ces propriétés représentent un ensemble d'exigences concernant la mise en œuvre du service et constituent donc un *engagement de niveau de service* (Service Level Agreement ou SLA). Ces propriétés peuvent être réparties en six groupes :

1. Le *périmètre de la prestation* : les propriétés rattachées précisent des informations complémentaires par rapport aux fonctions du service, comme l'indication sur le caractère optionnel de certaines prestations, les exclusions explicites, la conformité aux normes et aux standards techniques et métier ainsi que les limites d'exploitation de la prestation de la part du client, notamment celles de sa capacité à pourvoir les résultats de la prestation à des tiers.

2. La *qualité de fonctionnement* : c'est un ensemble de propriétés opérationnelles qui caractérisent la réalisation des fonctions du service.

3. La *sécurité* : l'ensemble des exigences de sécurité sur la prestation de service.

4. La *robustesse* : l'ensemble de propriétés qui caractérisent la capacité de résistance aux défaillances de la part du prestataire ainsi que sa capacité de prise en compte des défaillances lorsqu'elles se vérifient.

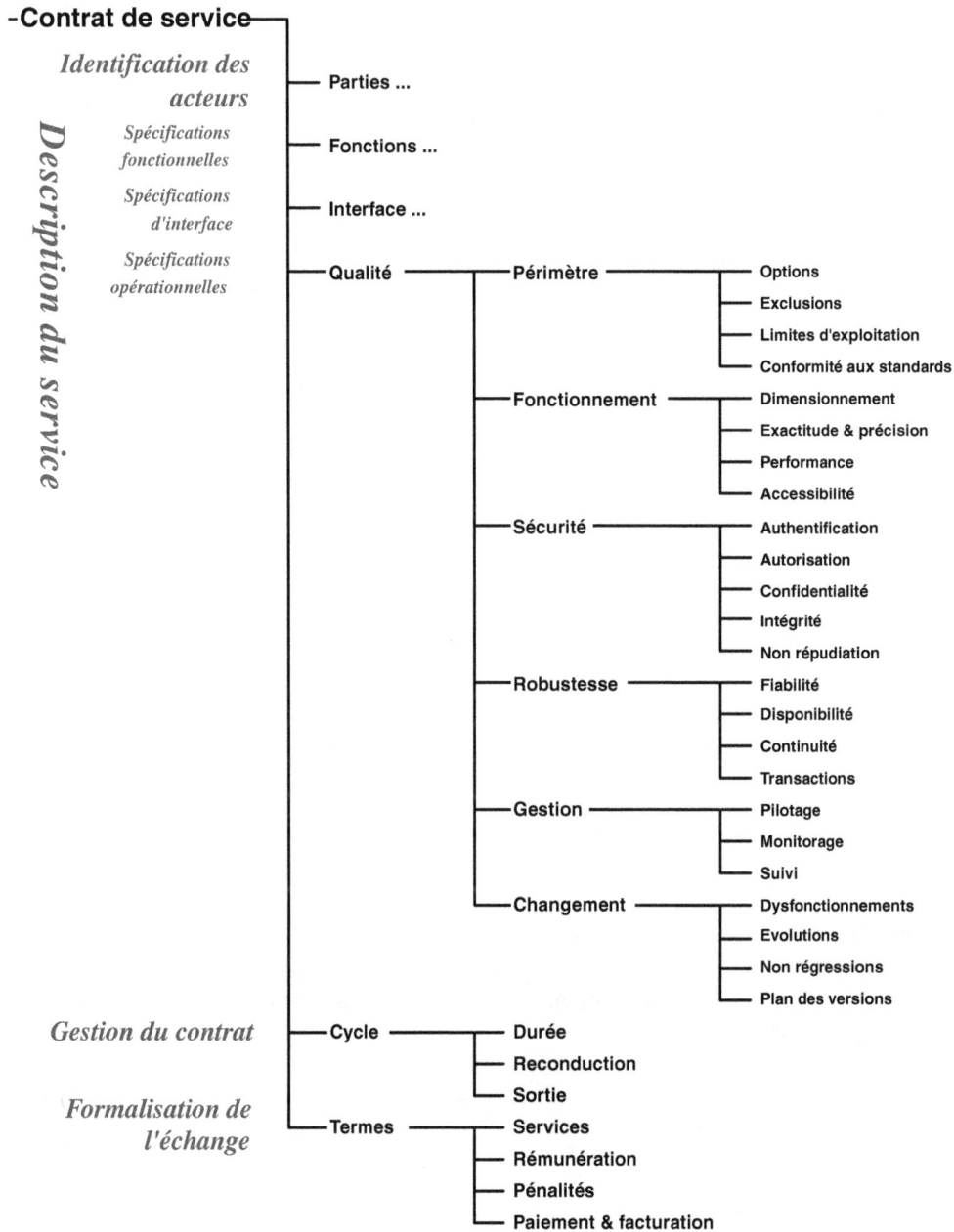

-Contrat de service-

Identification des acteurs

Spécifications fonctionnelles

Spécifications d'interface

Spécifications opérationnelles

Description du service

— Parties ...

— Fonctions ...

— Interface ...

— Qualité

— Périmètre
- Options
- Exclusions
- Limites d'exploitation
- Conformité aux standards

— Fonctionnement
- Dimensionnement
- Exactitude & précision
- Performance
- Accessibilité

— Sécurité
- Authentification
- Autorisation
- Confidentialité
- Intégrité
- Non répudiation

— Robustesse
- Fiabilité
- Disponibilité
- Continuité
- Transactions

— Gestion
- Pilotage
- Monitorage
- Suivi

— Changement
- Dysfonctionnements
- Evolutions
- Non régressions
- Plan des versions

Gestion du contrat

— Cycle
- Durée
- Reconduction
- Sortie

Formalisation de l'échange

— Termes
- Services
- Rémunération
- Pénalités
- Paiement & facturation

Figure 3-1

Détails du contrat de service.

5. La *gestion du service* : la disponibilité des fonctions et des interfaces génériques et/ou spécifiques de gestion explicite du cycle de vie, de pilotage, de monitorage et de suivi de la prestation de service.

6. La *gestion du changement* : les fonctions et les protocoles, éventuellement automatisés, de gestion de changement (gestion de dysfonctionnements, des évolutions, de mise à disposition de nouvelles versions du logiciel prestataire).

La qualité de service est une partie essentielle du contrat de service et du modèle de l'architecture orientée services. Nous avons vu que, en conformité aux principes d'indépendance du contrat de l'implémentation et d'occultation de cette dernière, il est interdit d'inclure le modèle d'implémentation du prestataire dans le contrat de service, sauf pour le modèle d'implémentation de l'interface. En revanche, les spécifications des contraintes techniques sur l'accomplissement de la prestation ont une place très importante dans le contrat. Elles spécifient les caractéristiques opérationnelles du comportement attendu du prestataire en termes de propriétés techniques « abstraites », à savoir des propriétés techniques de la prestation de services qui peuvent être énoncées et comprises sans connaissance du modèle d'implémentation spécifique de l'application prestataire du service.

Certains paramètres de la qualité de service peuvent être également négociés entre le client et le prestataire au moment de l'instrumentation de la relation de service en exécution. Dans ce cas, le contrat, au lieu d'établir des valeurs explicites pour ces paramètres, les déclare négociables et indique le protocole de négociation à suivre pour déterminer les valeurs à l'instrumentation de la relation de service (un exemple de protocole de négociation est présenté dans le chapitre suivant).

La qualité de service est :

• un terrain de compétition entre prestataires qui offrent des services exhibant le même modèle fonctionnel et la même interface ;

• l'objet d'observation et de suivi de la prestation de la part des clients et de tiers, ainsi que de notation des prestataires par des tiers indépendants jouant le rôle d'organismes d'évaluation et de notation.

Technologies de services Web et qualité de service

Hormis pour ce qui a trait à la sécurité et à la gestion de transactions (et qui est très important par ailleurs), les technologies de services Web ne proposent pas encore de formalisme pour publier dans le contrat de service les engagements de qualité de service exploitables par les utilisateurs (développeurs, exploitants, etc.) et par les applications (paramétrage dynamique des délais d'attente, par exemple).

IBM a évoqué dans des travaux désormais datés (*Web Services Flow Language* ou WSFL, *Version 1.0*) le développement à venir de WSEL (Web Services Endpoint Language), langage qui devrait permettre de préciser certaines caractéristiques du prestataire (Endpoint) et notamment certains engagements de qualité de service rendu. À la date de rédaction de cet ouvrage, il n'y a pas de résultats publiés de ces travaux.

Des éléments de qualité de service, portant sur la sécurité et la fiabilité de l'échange peuvent être inscrits dans les CPP (Collaborative Protocol Profile) des participants à l'échange, faire l'objet d'une négociation et d'un accord consigné dans le CPA (Collaboration Protocol Agreement). Les CPP et CPA sont spécifiés par OASIS ebXML (ebXML *Collaboration Protocol Profile and Agreement Specification, Version 1.0*).

Périmètre de la prestation

Limites de la prestation

La partie du contrat sur le périmètre de la prestation précise les limites de la prestation qui ne sont pas clairement établies par le modèle fonctionnel du service. Il s'agit de préciser le caractère *optionnel* de certaines fonctions (par exemple, les types de documents sur lesquels un service de recherche plein texte opère), de préciser explicitement les *exclusions* (la redondance sur les exclusions par rapport au modèle fonctionnel apporte parfois de la clarté supplémentaire).

Droits et obligations du client

Un article important est dédié aux *droits* et aux *obligations* du client de la prestation. Nous pouvons imaginer un service qui met à disposition de ses clients directs des objets (comme des photos ou des images), à titre onéreux, mais qui interdit à ces mêmes clients certaines exploitations de ces objets, comme la cession, le transfert, la location, la mise à disposition, la communication à des tiers, ainsi que la cession des droits. À l'inverse, si le service opère sous un régime de *libre service* (par dérivation de « logiciel libre »), le contrat pourra interdire aux clients l'exploitation commerciale de ces mêmes objets ou obligera ses clients opérant comme des prestataires à les mettre à disposition de leurs propres clients dans les mêmes conditions de libre service (par référence à la licence logiciel libre GPL et à ses variantes). Cette liasse de droits et obligations est typiquement corrélée aux conditions commerciales d'exploitation du service (voir plus loin la section « Termes de l'échange »). Il est facile de prévoir que l'émergence d'une économie de services numériques facilitera le développement et la multiplication de formes contractuelles et commerciales adaptées.

Conformité aux normes et aux standards

La conformité aux normes et aux standards techniques et métier fait partie du contrat de service. Les technologies de services Web, spécifiées par des organismes techniques de normalisation et de standardisation, sont typiquement des normes et standards techniques. Pour les technologies de services Web, les trois organismes les plus importants sont W3C, WS-I et OASIS ; ils seront présentés plus loin dans ce chapitre.

Les normes et standards métier sont généralement dictés par des organismes de standardisation et des organisations professionnelles des différents secteurs de l'activité économique et professionnelle.

Un point extrêmement important est la gestion des versions et la configuration de ces normes et standards qui sont par définition évolutifs. Au-delà de la gestion des versions pour chaque norme et/ou standard, la gestion correcte et précise des configurations de liasses cohérentes et interopérables de normes et de standards, devient, du fait que chacun a son niveau de version, un défi crucial pour assurer concrètement l'interopérabilite des applications orientées services.

Gestion des versions et profiles

Les technologies de services Web utilisent les *vocabulaires XML* (*XML Namespaces*) pour déclarer et faire référence aux normes et standards (et à leurs versions).

WS-I, un consortium dont le but est de vérifier et de valider l'interopérabilité des normes, des standards et des implémentations des technologies de services Web, a adopté comme méthode de travail la définition des profils (*profile*), à savoir des liasses de technologies de services Web, chacune à un certain niveau de version, et de vérifier et valider l'interopérabilité de chaque profil. Le profil de base 1.0 (*Basic Profile 1.0*) comprend SOAP 1.1, WSDL 1.1, UDDI 2.0.

Qualité de fonctionnement

La qualité de fonctionnement touche des caractéristiques techniques opérationnelles de la prestation de services lorsqu'elle est « en service », qui sont le dimensionnement, l'exactitude et la précision, la performance et l'accessibilité.

Dimensionnement

Le dimensionnement est un ensemble de *caractéristiques chiffrées* des fonctions du service. Il s'agit notamment de deux types d'informations quantitatives :

- les mesures de type *nombre d'objets manipulés* (par exemple : le nombre maximal de documents archivés par client d'un service d'archivage ou le nombre maximal de requêtes par seconde) ;

- les mesures de type *taille d'objets manipulés* (par exemple : taille maximale du fichier à archiver, pièce jointe du message de demande d'archivage).

En général, les caractéristiques chiffrées formalisées dans le contrat sont des valeurs de frontière, comme les valeurs maximales et/ou minimales, la taille maximale et/ou minimale, qui représentent les *limites de la prestation*.

La formalisation des caractéristiques chiffrées des fonctions du service permet à l'application cliente d'éviter, autant que possible, de découvrir et d'être confrontée aux limites de la prestation à l'exécution, sous forme d'une situation d'échec ou d'erreur dans la réalisation du service.

Exactitude et précision

L'exactitude et la précision de la prestation de services sont aussi des caractéristiques chiffrées du système directement liées au modèle fonctionnel. Elles sont pertinentes par rapport à certains services de type « informationnel » :

- l'exactitude est une mesure de la déviation de la valeur véhiculée par le prestataire par rapport à la valeur théorique exacte (*erreur standard*) ;

- la précision est la mesure de la « finesse » de la valeur (exemple : nombre de chiffres décimaux, fréquence de mise à jour d'une valeur, etc.).

Performance

La performance touche deux types de mesures :

- les mesures de *délai* : (par exemple : temps de réponse d'une requête) valeurs minimales, moyennes, maximales, variances et autres mesures statistiques ;

- les mesures de *débit* : (par exemple : nombre de requêtes traitées par unité de temps) valeurs minimales, moyennes, maximales, variances et autres mesures statistiques.

Les engagements de performance (valeurs statistiques) sont différents des engagements de dimensionnement (valeurs absolues). La tenue des engagements sur des valeurs statistiques de performance doit être validée par des services annexes de monitorage et de suivi.

La formalisation des engagements de performance dans le contrat a une autre conséquence pratique : l'application cliente peut utiliser ces engagements pour paramétrer de façon réaliste ses délais d'attente maximaux (*timeout*).

Accessibilité

L'accessibilité est une propriété qui représente la capacité d'une application prestataire de services à réaliser effectivement la prestation quand elle est « en service ». L'accessibilité est en fait définie comme la probabilité d'obtenir avec succès la prestation à un instant T.

Attention, il ne s'agit pas d'une mesure de *disponibilité* du prestataire : lorsque le prestataire est indisponible, il est évidemment inaccessible, mais l'accessibilité se mesure relativement aux situations de disponibilité. À un instant donné, une application prestataire peut être disponible mais inaccessible, typiquement à cause d'une attaque de *DOS* (Denial of Service), dans lequel l'application prestataire de services est submergée d'appels. À l'origine de l'attaque, il peut y avoir soit un client agissant par malveillance, erreur ou contamination, en violation aux engagements du contrat (qui peut prévoir, par exemple, un débit maximal de requêtes émises par un client), soit un « intrus » qui usurpe l'identité d'un client.

L'accessibilité est liée à la *gestion des priorités*. Le contrat peut établir explicitement des niveaux de priorité, avec des débits et des délais garantis pour chaque niveau.

Le contrat peut contenir également des engagements d'accessibilité au service lorsque le prestataire est « en surcharge » : il s'agit soit de privilégier toujours les clients à priorité élevée, soit d'éviter de situations de famine pour les clients à basse priorité en dédiant par exemple un canal de traitement qui garantit que des requêtes non prioritaires seront malgré tout traitées dans un délai raisonnable même en situation de surcharge.

L'accessibilité est généralement garantie par des techniques de reconfiguration à l'exécution du prestataire de services comme l'*équilibrage de charge* et de la *montée en charge dynamique* (l'engagement et la capacité de mobiliser dynamiquement des nouvelles ressources de la part du prestataire au-delà d'un certain délai de réponse).

Sécurité

Le contrat de service formalise les exigences de sécurité de la prestation de services. Dans une architecture orientée services, les différentes fonctions de sécurité sont mises en œuvre par l'adoption de protocoles et de technologies standards. Le volet sécurité des technologies de services Web est traité dans le chapitre 19 de cet ouvrage. Nous rappelons ici les fonctions majeures de sécurité qui peuvent être formalisées dans un contrat de service, éventuellement par une simple référence auxdits protocoles et technologies standards : *authentification, autorisation, confidentialité, intégrité* et *non-répudiation*.

Authentification

L'authentification fait référence à la capacité d'établir la confiance en l'identité des agents logiciels et des acteurs humains participants à la réalisation d'une prestation de services. L'authentification est généralement réciproque : le client doit pouvoir authentifier le prestataire et, réciproquement, le prestataire doit pouvoir authentifier le client.

Plus généralement, lorsque plusieurs applications sont impliquées dans une prestation de services, l'authentification peut être requise pour chacun des agents vis-à-vis des autres. Les techniques d'authentification utilisées dans les architectures distribuées d'aujourd'hui sont basées sur un certain nombre de standards, de protocoles et de technologies (architectures à clés publiques, certificats, etc.) qui sont connues et maîtrisées et dont l'usage est en voie de normalisation pour les technologies de services Web.

L'article *Authentification* du contrat précise les règles et les protocoles d'authentification des parties (acteurs humains et des agents logiciels) impliquées comme prestataires, clients, tiers et intermédiaires dans la relation de service.

Autorisation

L'accès à un service est généralement filtré par des autorisations, attribuées au client dûment identifié et authentifié sur la base de ses droits. Le contrôle d'accès peut regarder les fonctions du service, les actes de communication et les adresses de communication (ports de réception).

La notion de *liste de contrôle d'accès* (*Access Control List*) est centrale. Une liste de contrôle d'accès est une liste de paires (identifiant, droits). Pour chaque client, désigné par son identifiant, une liste de droits donne les prestations de services, les actes de communication, les adresses de communication auxquelles il a le droit d'accéder. Lorsque l'accès est demandé, une autorisation est généralement donnée sur la base des droits, en sachant qu'elle peut être niée en exécution même en présence du droit correspondant, et cela pour des raisons contextuelles (exemple : gestion d'une liste noire dynamique).

Un degré ultérieur de souplesse dans la gestion des droits d'accès et des autorisations peut être introduit avec la notion de *profil* ou de *groupe*. La liste de contrôle d'accès peut être constituée de couples (profil, droits). Un client peut présenter un ou plusieurs profils, et la liasse des droits du client est donc calculée comme la fermeture transitive des relations (client, profils) et (profil, droits).

Confidentialité

La confidentialité touche généralement deux sujets :

- Les échanges de messages : il s'agit de la protection, vis-à-vis d'observateurs externes non autorisés, du contenu de l'échange et, à la limite, de son existence.
- Le contenu des messages, de façon différenciée et indépendamment de l'échange. L'exemple classique est celui d'un service postal qui assure une prestation de non-répudiation (envoi recommandé) et donc interprète un rôle d'intermédiaire entre une application expéditrice et une application destinataire du message. Le service postal n'a pas le droit lire le contenu du message : le message est donc encrypté et seul le destinataire possède la clé de déchiffrement. En revanche, le service postal est responsable de l'identification et authentification du destinataire.

La gestion de la confidentialité du message est plus complexe dans les architectures orientées services, puisqu'un message peut transiter par un nombre important d'intermédiaires (chaîne d'acheminement) avant d'atteindre le destinataire. Dans ce cadre, les différentes parties du contenu du message ne peuvent être décryptées que par les différentes applications (jouant les rôles d'intermédiaires et le rôle de destinataire) auxquelles ces parties sont adressées.

Il ne faut pas oublier que, dans certains cas, l'existence même de la relation de service entre deux applications peut être considérée comme confidentielle.

Intégrité

L'intégrité du message et de son contenu peut être protégée des agents indélicats, des erreurs de transmission ou de contamination. Les moyens permettant de valider l'intégrité du message reposent sur les mécanismes d'authentification et de *signature*, qui permettent de détecter toute tentative de corruption.

Il est important de noter l'inversion de la charge de la preuve sur la signature électronique par rapport à son homologue papier. En général, si une signature électronique est vérifiée et identifie le possesseur de la clé privée qui a été utilisée pour créer la signature, c'est au possesseur de cette clé de prouver que la signature n'est pas la sienne, car l'on considère qu'il est impossible de signer sans connaissance du secret.

Non-répudiation

Une exigence importante, lorsque les échanges ont une valeur contractuelle, est la non-répudiation des actes de communication : non seulement l'émetteur et les récepteurs d'un message sont identifiés et authentifiés, mais l'émission et la réception du message sont tracées et ne peuvent pas être niées par la suite.

De façon générale, la non-répudiation est l'apport de la preuve d'un certain nombre d'événements, comme l'approbation du message de la part d'un acteur pourvu de l'autorité nécessaire, ainsi que l'émission, la soumission au mécanisme de transport, le transport, la réception et la prise en compte du message.

Les mécanismes de non-répudiation reposent sur des mécanismes de signature, et donc sur l'inversion de la charge de la preuve.

La non-répudiation est généralement obtenue par l'utilisation d'intermédiaires dans l'échange de messages. Ces intermédiaires offrent différents services, notamment l'horodatage, la gestion du journal et l'acheminement des messages échangés.

Services de sécurité

La sécurité en général et chaque fonction particulière (authentification, autorisation, confidentialité, intégrité et non-répudiation) font intervenir, dans une architecture orientée services, au-delà de la relation de base client/prestataire, d'autres acteurs et agents logiciels qui jouent des rôles divers de *tiers* (tiers de confiance, *autorité de certification*, agent d'intermédiation, etc.) vis-à-vis du couple client/prestataire. La mise en œuvre de propriétés de sécurité du service complexifie donc une architecture orientée services, tout en garantissant ses propriétés fondamentales, car lesdits tiers interprètent les rôles de *prestataires de services de sécurité* vis-à-vis des applications jouant les rôles de prestataires et de clients du service primaire à sécuriser.

WS-Security

La sécurité est un sujet très important et en plein développement dans le contexte des technologies de services Web. Il est présenté chapitre 19.

Une architecture générale de sécurité, qui comprend aussi une *road map*, a été proposée par IBM, Microsoft et VeriSign. La première brique de l'architecture, première étape de la *road map* : *Web Services Security (WS-Security) Version 1.0* , a été publiée le 5 avril 2002.

Le 27 juin 2002, Microsoft, IBM et VeriSign ont soumis les spécifications WS-Security à la communauté OASIS. BEA, Cisco, Intel, Iona, Novell, RSA, SAP et Sun Microsystem ont immédiatement manifesté leur disponibilité à travailler dans le comité technique OASIS (*http://www.oasis-open.org/committees/wss*).

Le W3C propose des technologies essentielles pour la gestion de la sécurité des services Web :

– XML Signature (*http://www.w3.org/Signature*) ;

– XML Encryption (*http://www.w3.org/Encryption/2001*) ;

– XKMS- XML Key Management (*http://www.w3.org/2001/XKMS*).

XML Signature spécifie le format et les règles de traitement des signatures XML. Les signatures XML permettent de faire bénéficier les échanges basés sur le format XML des propriétés d'authentification des parties, de contrôle d'intégrité des messages et de non-répudiation des échanges. La signature est organisée dans un élément `signature`, qui contient des informations sur les données signées, la valeur de la signature et la clé de chiffrement.

XML Encryption est une spécification de gestion du *chiffrement* sélectif (de tout ou partie) d'un document XML (un élément, des données caractères). Les données chiffrées sont-elles aussi présentées sous format XML. C'est donc un outil destiné à garantir la confidentialité des informations véhiculées par un document XML non seulement dans la phase de transport (fonction assurée par SSL ou TSL) mais aussi lorsqu'elles sont gérées et stockées par les applications.

XKMS est une technologie basée sur l'infrastructure à clé publique. C'est un protocole d'interaction avec un tiers de confiance sur les opérations de gestion de sécurité comme la gestion des clés, des certificats, des signatures, du chiffrement. La spécification est organisée en deux parties :

- X-KISS (XML Key Information Service Specification) permet de déléguer à un tiers de confiance les opérations associées à une clé publique (décodage d'une signature , etc.) ;

- X-KRSS (XML Key Registration Service Specification) permet d'interagir avec un tiers de confiance pour la gestion des clés.

OASIS SAML (Security Assertion Markup Language) est un *framework* d'échange d'informations (assertions, requêtes, réponses), de sécurité (authentifications, autorisations), basé sur un langage d'assertions en format XML. Les assertions peuvent être encapsulées dans des messages SOAP. SOAP est également utilisé pour véhiculer les requêtes et les réponses aux « autorités » SAML, tiers de confiance qui émettent les assertions SAML (*http://www.oasis-open.org/committees/security*).

OASIS ebXML propose par ailleurs dans ses spécifications du service de messagerie (ebXML *Message Service Specification Version 2.0*) des mécanismes de gestion de l'authentification des parties et d'intégrité du message. Il utilise les spécifications W3C XML Signature.

Robustesse

La robustesse, ou résistance aux défaillances, est l'ensemble de propriétés opérationnelles du service qui définissent :

• d'un côté, les taux d'exposition aux défaillances (*fiabilité, disponibilité*) du prestataire ;

• d'un autre côté, les propriétés du comportement du prestataire face aux défaillances et à la concurrence d'accès aux ressources (gestion de la *continuité*, gestion des *transactions*).

Tandis que les articles du contrat sur la qualité du fonctionnement formalisent les propriétés opérationnelles de la prestation « en service », les articles sur la robustesse formalisent la problématique globale du « hors service », avec l'exception notable de la gestion des transactions, laquelle est une fonction globale qui traite aussi bien certaines propriétés du fonctionnement de la prestation que des propriétés de robustesse.

Le but est non seulement de s'engager sur une limitation dans le temps et dans l'espace des situations hors service, mais également de garantir la minimisation de la portée temporelle et spatiale des conséquences dommageables des situations hors service qui vont inévitablement se produire.

Fiabilité

La fiabilité est une propriété opérationnelle du service qui touche trois sujets différents :

• la fiabilité des échanges ;

• la fiabilité fonctionnelle du service ;

• la fiabilité des serveurs.

Fiabilité des échanges

Nous avons vu que la communication entre applications orientées services est mise en œuvre par l'*échange de messages*. Un message est émis par une application *expéditrice* et transmis sur une *infrastructure d'échange* pour être reçu par une application *destinataire*.

La transmission d'un message d'un émetteur à un récepteur s'articule en deux opérations :

• l'ouverture d'une connexion sur un port de réception ;

• l'envoi du message sur le port de réception ;

et donc peut échouer pour deux raisons principales :

• la défaillance de la connexion ;

• la défaillance du point d'accès (port de réception).

En outre, la transmission du message peut être rendue incertaine pour deux raisons :

• les délais de transmission peuvent engendrer des temps de latence imprédictibles ;

• l'ordre de réception des messages en séquence peut être différent de l'ordre d'émission.

La fiabilité de la transmission est la probabilité de transmission d'un message dans son intégrité, éventuellement dans la séquence d'émission, éventuellement sans répétition (exactement une fois). Un protocole de transport peut assurer un certain niveau de fiabilité de la transmission.

La solution générale au problème de fiabilité de la transmission est la constitution de *files persistantes de messages*, l'*accusé de réception* et la *relance de l'émission* sur échec supposé de la transmission. La gestion de la file des messages permet la relance de l'émission, tandis que la persistance de la file sur mémoire secondaire est à la base de la capacité de relance de l'émission de la part de l'émetteur après arrêt et reprise. À cause de l'incertitude des délais de transmission, l'émetteur peut considérer qu'un message émis n'est pas parvenu au récepteur alors que c'est le cas : l'envoi multiple est donc possible et le récepteur doit être en mesure de gérer la réception de plusieurs copies du même message.

Une solution à ce problème est l'*idempotence* des messages, à savoir la garantie que la réception de plusieurs copies du même message a le même effet que la réception d'une seule copie.

L'idempotence des messages est traitée à un niveau différent de celui de l'idempotence des actes de communication. Au niveau fonctionnel, un acte de communication est idempotent si son effet pragmatique est le même qu'il soit effectué une ou plusieurs fois dans un certain contexte spatial et temporel. Au niveau implémentation, le message qui véhicule un acte de communication idempotent peut ne pas être idempotent. Concrètement, l'idempotence du message ne mettra jamais à l'epreuve l'idempotence de l'acte de communication, car, par définition d'idempotence du message, la répétition de la transmission du message (au niveau échange) donne lieu à un seul acte de communication (au niveau fonctionnel). C'est justement lorsque l'acte de communication n'est pas idempotent qu'il y a intérêt à traiter l'idempotence au niveau message pour assurer que l'acte ne soit reçu qu'une fois.

L'identifiant de chaque message appartenant à une séquence de messages doit être un *ordinal*. Le récepteur doit non seulement se rendre compte de trous dans la séquence de réception mais aussi reconnaître des messages hors séquence, si ce n'est que pour leur consacrer un traitement particulier, voire les ignorer. Par exemple, en réception d'une séquence de messages audio, le récepteur doit :

- s'accommoder de la qualité de la séquence avec trous qu'il a reçue ;

- ne pas « jouer » un message éventuellement reçu hors séquence.

Une infrastructure d'échange est dite *totalement fiable* si elle garantit :

- la livraison des messages au récepteur exactement une fois dans le respect strict de l'ordre d'émission ;

- ou bien un compte rendu fiable de l'échec de livraison pour l'émetteur.

L'obtention d'un niveau de fiabilité totale engage l'émetteur aussi bien que le récepteur du message. L'émetteur doit être capable de relancer l'émission du message jusqu'à la certitude de réception ou à l'expiration du délai maximal de relance. Il doit également garantir que cette capacité puisse survivre aux défaillances qui provoquent l'interruption de son fonctionnement.

Le récepteur s'engage à traiter le message qu'il a reçu et à faire en sorte que cette capacité à traiter le message survive aux défaillances (toutes ou partie) qui provoquent l'interruption de son fonctionnement.

Une infrastructure de communication totalement fiable met en œuvre une gestion transactionnelle de files de messages persistantes en émission (chez l'émetteur) et en réception (chez le récepteur), ainsi que des processus indépendants de transfert entre les deux files d'attente.

Certaines applications nécessitent la fiabilité totale de transmission, tandis que d'autres tolèrent des niveaux moindres de fiabilité. L'infrastructure d'échange peut se limiter à garantir la livraison du message :

- au plus une fois (par exemple, pour des messages non idempotents et non critiques) ;

- au moins une fois (pour des messages idempotents et critiques) ;

- sans garantie de cohérence avec l'ordre d'émission.

La fiabilité des échanges est un sujet d'infrastructure, mais le niveau applicatif n'est pas à l'abri des conséquences des défaillances et du caractère imprédictible des temps de latence de la transmission. Moins le niveau de fiabilité de l'infrastructure est élevé, plus le traitement des défaillances et du temps de latence doit être pris en charge au niveau applicatif.

Technologies de services Web et échange fiable

La gestion de la fiabilité des échanges pour les services Web est traitée chapitre 18.

Les auteurs de cet ouvrage estiment que les efforts mis sur le sujet par la communauté des technologies de services Web n'est pas à la hauteur des enjeux qui sont aussi importants que ceux ayant trait à la sécurité. Plusieurs fournisseurs de technologies de services Web (IBM, Microsoft) disposent de composants techniques éprouvés, qu'ils proposent comme solutions propriétaires par définition non interopérables. Mais l'interopérabilité est cruciale sur ce sujet et ne peut être obtenue que par la normalisation d'un protocole d'échange standard qui met en œuvre la coordination nécessaire à la réalisation d'un échange fiable, indépendant des implémentations des interlocuteurs.

OASIS ebXML propose un protocole d'échange fiable comme fonctionnalité additionnelle dans sa spécification d'un service de messagerie basé sur SOAP 1.1 (OASIS ebXML *Message Service Specification, Version 2.0*). Les paramètres de qualité de service de l'échange fiable comme le nombre maximal d'essai de transmission, le délai maximal d'attente d'accusé de réception, etc. sont consignés dans le CPP (Collaborative Protocol Profile) des participants à l'échange fiable et peuvent faire l'objet d'une négociation et d'un accord consigné dans le CPA (Collaboration Protocol Agreement).

IBM a proposé une spécification de fiabilisation du protocole HTTP V1.1 : A. Banks et al., *HTTPR Specification – Draft Proposal, Version 1.0,* 13th July 2001 (*http://www-106.ibm.com/developerworks/webservices/library/ws-phtt/httprspecV2.pdf*), comme protocole de transport pour SOAP. Avec une fiabilisation au niveau du protocole de transport, la programmation applicative se simplifie car le traitement et la reprise des situations d'erreur sont effectués directement au niveau transport.

Les fournisseurs de technologies d'échanges fiables spécialisées ou propriétaires (JMS ou Java Messaging System, IBM MQSeries, Microsoft MSMQ) proposent la mise en œuvre de SOAP 1.1 sur ces technologies utilisées comme protocoles de transport.

La situation d'impasse se débloque en début 2003. Le 9 janvier un groupement formé par Fujitsu Limited, Oracle Corp., Sonic Software Corp., Hitachi Ltd., NEC Corp. et Sun Microsystems propose la spécification WS-Reliability (*http://www.sonicsoftware.com/docs/ws_reliability.pdf*). Le 13 mars, IBM, BEA, Microsoft et TIBCO proposent une nouvelle spécification, concurrente de WS-Reliability : WS-ReliableMessaging (*http://msdn.microsoft.com/library/default.asp?url=/library/en-us/dnglobspec/html/ws-reliablemessaging.asp*). Nous pouvons désormais considérer que la gestion de l'échange fiable fait maintenant partie des sujets abordés par les spécifications des technologies de services Web.

Fiabilité fonctionnelle

La fiabilité fonctionnelle est une caractéristique opérationnelle du service directement liée à la définition de ses fonctions. Elle est une mesure de la conformité entre l'implémentation des fonctions du service de la part du prestataire et leur définition dans le contrat.

La fiabilité fonctionnelle peut être définie comme la probabilité d'exécution fonctionnellement correcte d'une prestation de services. Elle se mesure statistiquement en nombre de prestations fonctionnellement correctes par rapport au nombre de prestations totales dans un laps de temps donné (complément du nombre d'anomalies fonctionnelles révélées dans le même laps de temps).

La fiabilité fonctionnelle est en relation étroite avec le niveau de test et de qualification de l'application prestataire du service. Une application prestataire largement utilisée et opérationnelle depuis longtemps présente sans doute un niveau de fiabilité fonctionnelle supérieur à celui d'une autre application n'ayant pas la même maturité.

Si le contrat de service inclut l'article sur les services secondaires de gestion des dysfonctionnements (voir la section Gestion du changement), l'application cliente peut, par exemple, signaler en ligne et en temps réel des défaillances fonctionnelles dont elle se rend compte. L'administrateur peut alors consulter en ligne la liste des dysfonctionnements décelés et non encore corrigés. Cette liste est publiée et mise à jour par le prestataire avec le plan des versions comprenant les corrections de ces dysfonctionnements.

Fiabilité des serveurs

La fiabilité des serveurs est une mesure de durée de service ininterrompu. La fiabilité des serveurs est fonction inverse du nombre de défaillances matérielles et logicielles qui provoquent l'interruption du service dans un laps de temps. Sous certaines hypothèses, largement acceptables pour les architectures orientées services, la fiabilité se mesure en termes de *mean time to failure* (MTTF), c'est-à-dire le temps moyen de fonctionnement non interrompu du serveur.

Disponibilité

La disponibilité est la propriété qui représente la capacité d'une application prestataire de services à être *en service*, à savoir être active et prête à pourvoir le service détaillé dans le contrat. La disponibilité se mesure comme la probabilité d'un prestataire d'être en service.

Il existe une relation évidente entre disponibilité et fiabilité. L'indisponibilité d'un service est la somme des temps d'arrêt constatés pour chaque interruption de la prestation sur un laps de temps donné. Elle est donc fonction du nombre d'interruptions et des délais de rétablissement du service en cas d'interruption (*time-to-repair*, à savoir le temps qu'il faut pour rétablir la disponibilité d'un service en cas de défaillance).

Pour améliorer la disponibilité, il faut augmenter la fiabilité (diminuer le nombre d'interruptions) et diminuer le temps de rétablissement du service. Sous certaines hypothèses, largement acceptables pour les applications orientées services, la disponibilité est fonction du rapport entre le *mean time to failure* (MTTF), le *temps moyen de continuité du service* et le *mean time to repair* (MTTR), le *temps moyen de rétablissement du service*. La disponibilité (A) est donc définie comme :

$$A = MTTF / (MTTF + MTTR)$$

Le tableau suivant présente une classification des systèmes par niveau de gestion de la disponibilité de service.

Classification par niveaux de disponibilité de service

Niveau de gestion de la disponibilité de service	Classe du système	Disponibilité	Indisponibilité à l'année	Indisponibilité à la semaine
Non géré	1	= 90%	< 52 560 minutes	< 1008 minutes
Géré	2	= 99%	< 5 256 minutes	< 101,08 minutes
Bien géré	3	= 99,9%	< 526 minutes	< 10,11 minutes
Tolérant aux pannes	4	= 99,99%	< 53 minutes	< 1,01 minutes
Haute disponibilité	5	= 99,999%	< 5 minutes	< 0,1 minutes
Très haute disponibilité	6	= 99,9999%	< 0,5 minutes	< 0,01 minutes
Très très haute disponibilité	7	= 99,99999%	< 0,05 minutes	< 0,001 minutes

Continuité

La continuité de service précise les modalités de gestion des *arrêts* et des *reprises* de la prestation de service.

Nous distinguons quatre niveaux de gestion d'arrêt du service, correspondant à quatre niveaux de capacité de configuration dynamique du prestataire :

- gestion d'arrêt niveau 0 ;
- gestion d'arrêt niveau 1 (*try on failure*) ;
- gestion d'arrêt niveau 2 (*notification*) ;
- gestion d'arrêt niveau 3 (*fail over*).

La mise en œuvre successive des différents niveaux de gestion d'arrêt demande un niveau croissant de capacité de l'application prestataire à configurer dynamiquement les éléments de la prestation à pourvoir, et, réciproquement, un niveau décroissant de capacité du client à configurer dynamiquement les éléments d'utilisation de la prestation. Une discussion générale sur les capacités de configuration dynamique des architectures orientées services est présentée dans le chapitre 4.

La gestion de la reprise est en relation avec certaines caractéristiques fonctionnelles et opérationnelles du service, et notamment son caractère *stateful* ou *stateless*, c'est-à-dire avec ou sans état.

Gestion d'arrêt

Gestion d'arrêt niveau 0

Au niveau 0 il n'y a pas de gestion d'arrêt. Le service est disponible ou non et, en cours d'utilisation, son indisponibilité est révélée par une erreur de fonctionnement de la prestation ou le silence du prestataire. La charge de la continuité de service repose entièrement sur l'application cliente, qui doit déceler l'interruption de service et rechercher éventuellement des prestataires de remplacement.

Gestion d'arrêt niveau 1 (try on failure)

Au niveau minimal de gestion de la continuité, le prestataire s'engage à mettre en œuvre un serveur de remplacement dans un certain délai (qui peut être réduit à zéro par une configuration redondante). Si les serveurs sont redondants, la continuité de service est assurée, au prix éventuel d'une dégradation temporaire d'autres paramètres du niveau du service (sa performance, par exemple).

La présence de ce type d'engagement de continuité comme clause du contrat autorise l'application cliente à mettre en place une stratégie dite *try on failure*. Cette stratégie consiste à rechercher, en cas de défaillance du serveur auquel le client est lié en cours d'utilisation du service, un autre serveur fournissant un service équivalent, via la découverte sur un annuaire ou par d'autres moyens.

Cette stratégie partage la charge de reconfiguration dynamique de la relation de service entre le client et le prestataire, avec un effort important côté client (qui doit rechercher un nouveau point d'accès et instrumenter à nouveau la relation de service).

Gestion d'arrêt niveau 2 (notification)

Un autre mode de gestion de la discontinuité est la *notification* de la part du prestataire au client de l'arrêt (programmé ou impromptu) du serveur, avec communication du point d'accès (port de réception) du serveur de remplacement.

La gestion de la notification de discontinuité demande la mise en œuvre de la part du prestataire et du client d'une interface et éventuellement d'un protocole de conversation spécifique. La notification ne fonctionne que pour des arrêts programmés ou pressentis (qui peuvent aussi être programmés dynamiquement suite à une situation de dégradation irréversible du serveur). Le mode *try on failure* peut fonctionner comme stratégie complémentaire pour les arrêts impromptus.

Cette stratégie partage la charge de reconfiguration dynamique de la relation de service entre le client et le prestataire, avec un effort important côté prestataire (le client doit simplement instrumenter à nouveau la relation de service avec les nouveaux points d'accès fournis par le prestataire).

Gestion d'arrêt niveau 3 (fail over)

Le niveau le plus élevé d'engagement de continuité de service est l'engagement de *fail over*, c'est-à-dire de remplacement automatique et transparent du serveur, qui ne demande aucune action spécifique de la part du client.

La charge de la reconfiguration dynamique de la relation de service repose entièrement sur le prestataire.

Gestion de la reprise

Le problème de la gestion de la reprise (après l'arrêt) se pose différemment selon les caractéristiques fonctionnelles et opérationnelles de la prestation de services. Une première distinction est celle des services avec ou sans gestion d'état (*stateful* ou *stateless*).

Un service est dit *stateless* si la prestation de service est faite d'unités de travail atomiques et indépendantes les unes des autres (exemple : le service consiste à répondre à des requêtes unitaires de nature informationnelle comme des sélections multicritères).

Un service est dit *stateful* s'il consiste à exécuter une tâche produisant des informations, des changements d'état et des effets de bord pilotés par un dialogue long entre client et prestataire.

Un service *stateless* est fait de prestations unitaires qui n'ont aucune relation entre elles. Un service *stateful* est fait de prestations complexes qui nécessitent de la part du prestataire la gestion d'un contexte d'interaction.

Service stateless

Il n'y a pas de gestion de reprise à proprement parler, séparée de la gestion de la fiabilité des échanges, pour un service *stateless*. Les différents niveaux de gestion des arrêts peuvent être mis en œuvre, avec, pour les niveaux 1 et 2, des consignes particulières pour les prestations en réalisation au moment de l'arrêt impromptu.

Service stateful

La gestion de la continuité d'un service *stateful* concerne la gestion de la tâche effectuée par le prestataire pour la réalisation du service et, éventuellement, des conversations ou sessions qui ont été interrompues par l'arrêt impromptu du service. Nous faisons une distinction entre une *conversation*, qui est tenue par un protocole de conversation établi, et une *session*, qui est un échange libre d'actes de communication dans lequel les interlocuteurs gardent et éventuellement s'échangent les contextes applicatifs respectifs.

Pour l'arrêt programmé, s'il n'y a pas d'engagement de *fail over*, un serveur peut se désengager du service en terminant normalement son activité et les conversations/sessions en cours, et en refusant toute tentative d'engager une nouvelle conversation/session, après avoir éventuellement notifié aux clients son arrêt et le serveur de remplacement.

La gestion des arrêts impromptus se traduit, en cas de *fail over*, par la capacité pour le serveur de secours de récupérer de façon transparente pour les clients les états d'avancement de la tâche et donc d'éventuelles conversations/sessions en cours. Cela implique d'abord la persistance des états, des tâches et des conversations/sessions sur des mémoires de masse partagées entre le serveur primaire et le serveur de secours (éventuellement redondantes pour obtenir la durabilité) ou la gestion doublée de la prestation avec le serveur de secours qui duplique les traitements du serveur primaire.

Si le serveur de secours n'a pas accès, d'une façon ou d'une autre, aux états d'avancement persistants des tâches et des conversations/sessions, ces dernières sont perdues ou en échec (comme dans le cas des transactions dynamiques, voir plus loin la section Gestion des transactions).

Le serveur de secours peut ne pas offrir un service de remplacement transparent : il y a donc bel et bien arrêt du service. En revanche, s'il a accès aux états d'avancement persistants des tâches et des conversations/sessions, il peut offrir la fonction de *reprise à chaud*. Après redémarrage, les tâches et les sessions/conversations en cours sont reprises à leur point d'interruption ou au dernier point de reprise proche du point d'interruption.

Pour être capable de bénéficier de la fonction de reprise à chaud, le client doit à son tour garder les contextes des sessions interrompues (ou être prêt à les recevoir du serveur, s'il pourvoit ce service annexe) et donc être capable de reprendre la conversation/session au point d'interruption ou, à l'inverse, arrêter brutalement la session en cours et en réinitialiser une autre. Par ailleurs, le prestataire peut, pour des raisons de sécurité et de sûreté du service après un arrêt « en catastrophe », effectuer une *reprise à froid* de l'activité, sans conservation des contextes des tâches et sessions/conversations actives avant l'arrêt, ce qui équivaut au démarrage d'un serveur de secours ne gérant pas la continuité de service.

Gestion des transactions

La prestation de service est un ensemble de résultats (informations, états, effets de bord) de l'activité d'une application prestataire, directement ou indirectement exploitables par une application cliente.

La gestion de transactions touche directement la qualité de ces résultats, et notamment la véracité et la cohérence des informations ainsi que la cohérence, la persistance et la durabilité des états, qui peuvent être compromises par :

- les *défaillances* du prestataire de service lors de la production desdits résultats ;
- la *concurrence d'accès* de la part de plusieurs clients aux informations, états et effets de bord gérés par le prestataire.

Avec la mise en œuvre de la gestion des transactions, le service s'organise sous forme d'unités de prestation appelées *transactions*. Les transactions ont certaines caractéristiques techniques qui permettent à la prestation de service de présenter divers degrés de tolérance aux défaillances et divers niveaux de gestion de la concurrence des prestations. Il est important de savoir que la tolérance aux défaillances et la gestion de la concurrence ont un impact majeur sur une caractéristique critique du *comportement au niveau fonctionnel* du prestataire : la *cohérence fonctionnelle* des informations, des états et des effets de bord.

Bien entendu, la cohérence fonctionnelle doit être avant tout assurée par le modèle fonctionnel (les règles de gestion métier) et son implémentation (la traduction correcte de ces règles dans un code exécutable). Aucune cohérence fonctionnelle ne peut être garantie par un modèle fonctionnel incohérent ou mal implémenté : il s'agit d'une condition nécessaire. Mais la cohérence du modèle fonctionnel et de son implémentation n'est pas une condition suffisante pour garantir la cohérence fonctionnelle du comportement du prestataire à cause des problèmes qui peuvent surgir des défaillances du prestataire et de la concurrence d'accès au service.

Même dans un monde idéal, dans lequel il n'y aurait aucune défaillance des composants matériels et logiciels, ni du prestataire ni du client, la problématique de la gestion des transactions se poserait car le partage des ressources, et donc la concurrence d'accès, peut être une caractéristique primaire et recherchée des fonctions du service (par exemple lorsqu'elles gèrent l'allocation concurrente et « en temps réel » de ressources physiques limitées, comme des places sur un avion). La gestion des transactions garantit, dans une certaine mesure, que le comportement fonctionnel du prestataire de service reste cohérent même en présence de ses propres défaillances et de la concurrence d'accès au service.

Une transaction est une unité de prestation de service qui possède les caractéristiques suivantes :

- L'*atomicité* : l'ensemble des changements d'état des différentes ressources, effectués dans une transaction, constitue une transition atomique (tout ou rien), elle est exécutée entièrement ou bien elle n'a pas lieu. Sont visibles, à l'extérieur de la transaction, seulement l'état initial et l'état final : les états intermédiaires sont témporaires et inaccessibles. Malheureusement, les effets de bord ont comme caractéristique l'*irréversibilité*, mais les systèmes de gestion de transaction offrent des instruments permettant de gérer au mieux l'irréversibilité des effets de bord exécutés dans le cadre d'une transaction.

- L'*isolation* : la transition d'état a lieu en isolation totale, sans interférence avec d'autres transactions portant sur les mêmes ressources et sollicitées par d'autres clients. Pour obtenir l'isolation de la transaction, les ressources impliquées doivent être verrouillées, à savoir rendues partiellement ou totalement inaccessibles aux autres transactions concurrentes pendant la durée de la transaction.

- La *durabilité* : le changement d'état des ressources, effet d'une transaction correctement exécutée et terminée, est durable, il doit donc survivre à toute défaillance et indisponibilité du prestataire assurant le service. La seule façon de changer cet état durable est l'exécution autorisée et correcte d'une nouvelle transaction.

Précision sur la cohérence fonctionnelle

L'ensemble des propriétés d'une transaction est appelé en anglais ACID, acronyme d'Atomicity, Consistency, Isolation et Durability. Nous faisons la distinction entre les propriétés opérationnelles (comme l'atomicité, l'isolation et la durabilité) et la cohérence (*consistency*) des états gérés, qui est une propriété fonctionnelle. Les propriétés opérationnelles sont assurées par des mécanismes techniques tandis que la cohérence doit être prise en change par les règles de gestion.

Des systèmes évolués de gestion transactionnelle peuvent apporter des outils de support au maintien de la cohérence fonctionnelle, comme l'engagement à déclencher automatiquement, dans le cadre d'une transaction, toutes les règles de gestion dont les conditions de déclenchement s'apparient avec un événement métier. Ces systèmes sont évidemment non responsables de la qualité fonctionnelle et de la complétude logique des règles déclenchées.

La problématique de la gestion de transactions se pose pour les applications orientées services à deux niveaux, que voici :

- les *transactions centralisées* : un prestataire assure le caractère transactionnel de l'unité de prestation que le client lui demande d'exécuter par simple requête, éventuellement par agrégation (transparente pour le client) d'autres services (voir figure 3-2) ;

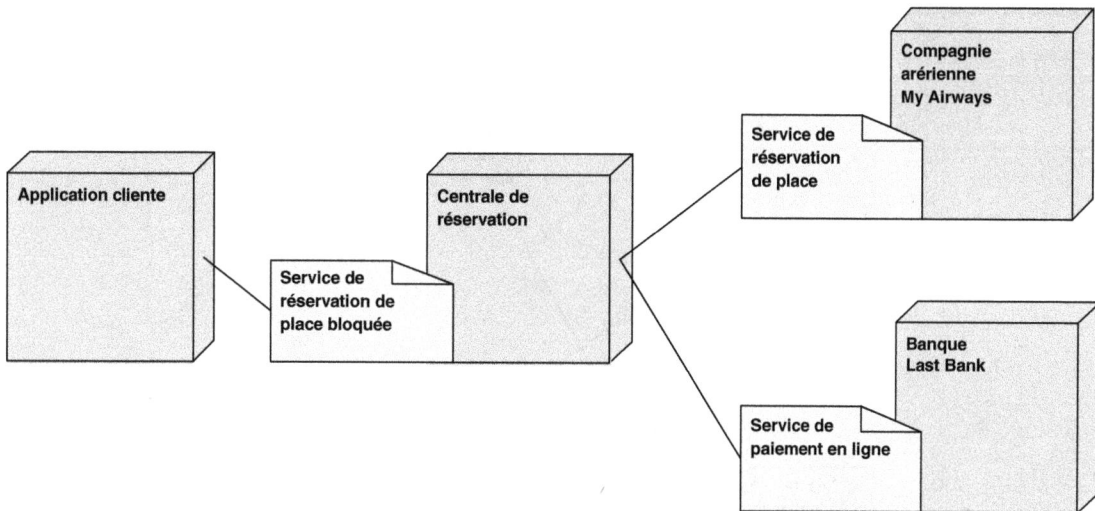

Figure 3-2

Le prestataire du service agrégé est coordinateur de la transaction répartie.

- les *transactions réparties* : l'unité de travail transactionnel résulte des activités coordonnées de plusieurs prestataires (voir figure 3-3).

Il est important de noter que les transactions réparties sont une technique de mise en œuvre de *services agrégés*, à savoir de services qui résultent de l'agrégation d'autres services. La figure 3-2 illustre le cas d'un prestataire de service (la centrale de réservation) qui pourvoit un service agrégé de réservation de places bloquées avec paiement immédiat et qui, pour ce faire, coordonne une transaction répartie auprès d'autres prestataires de services de réservation et de paiement. L'application cliente a un seul interlocuteur qui se charge de garantir les propriétés transactionnelles (atomicité, consistance, isolation et durabilité) de l'unité de prestation qui comprend la réservation de place et le paiement.

Le client invoque une unité de prestation transactionnelle auprès du prestataire (la centrale de réservation), mais il peut tout à fait ignorer que le prestataire réalise la prestation en solitaire ou que cette prestation est le résultat d'une agrégation de services. L'agrégation de services sera analysée plus en détail dans le chapitre 4.

En revanche, le client peut interagir directement avec plusieurs prestataires de services mais souhaiter traiter l'ensemble des prestations comme une transaction. Dans ce cas, un prestataire de services techniques (le *coordinateur*) se charge de mettre en œuvre le protocole qui garantit les propriétés transactionnelles de l'ensemble de ces prestations : la réservation de place et le paiement constituent une unité de prestation atomique, consistante, isolée et durable.

La figure 3-3 illustre l'utilisation d'un service technique de coordination de transactions réparties.

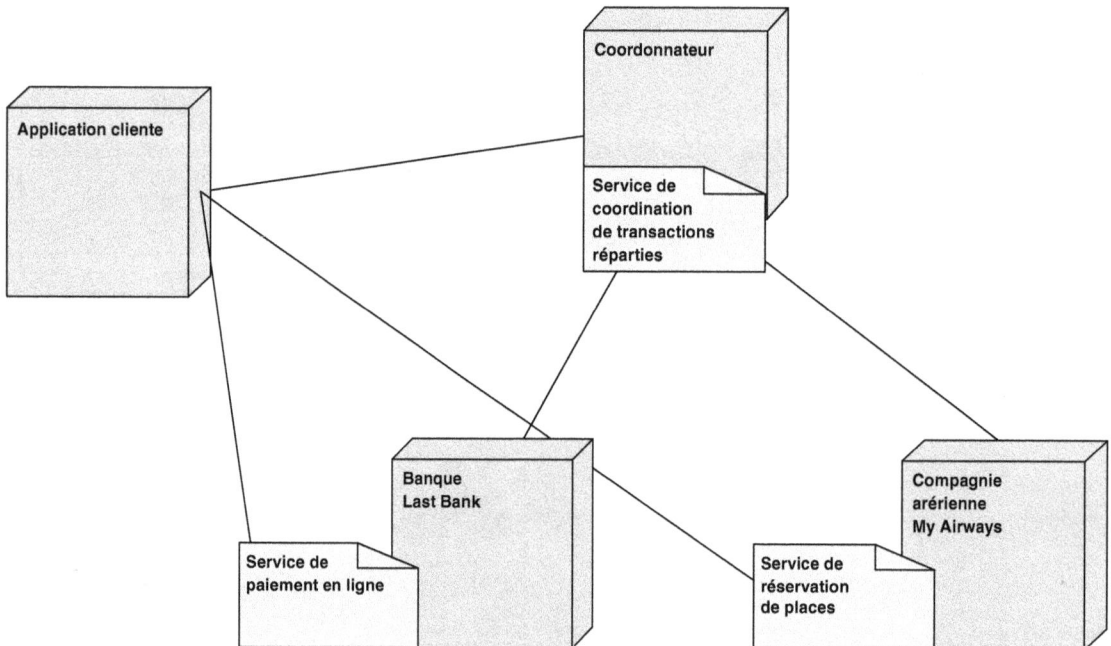

Figure 3-3

Le client et les prestataires s'appuient sur un prestataire de services de coordination d'applications réparties.

Les transactions centralisées

Dans le contrat de service, le prestataire s'engage sur tout ou partie des propriétés transactionnelles de certaines unités de prestation. Ces unités de prestation sont le résultat de tâches accomplies par le prestataire sur requête explicite du client.

Il y a deux types d'interactions possibles avec un prestataire qui pourvoit des services transactionnels centralisés :

- les *transactions implicites* (ou *statiques*) ;
- les *transactions explicites* (ou *dynamiques*).

Transactions implicites (statiques)

Dans l'approche des transactions implicites, une requête de la part du client déclenche le démarrage d'une unité de prestation qui est exécutée comme une transaction par le prestataire. L'unité de prestation invoquée :

- soit se termine par un *succès*,
- soit s'interrompt ou se termine par un *échec* (l'interruption étant équivalente à l'échec).

Le succès veut dire que l'unité de prestation s'est entièrement déroulée (atomicité), dans des bonnes conditions d'isolation, et que ses effets sont durables (à savoir que les états produits ne peuvent être changés que par d'autres transactions successives invoquées par les ayants droit).

L'échec du traitement transactionnel signifie que, du point de vue du client et par rapport aux états gérés par le prestataire, il ne s'est rien passé (sauf inscription dans le journal).

Le prestataire répond donc à la requête soit par un compte rendu de succès, enrichi éventuellement de données métier rassemblées et/ou calculées par la transaction, soit par un compte rendu d'échec.

Des clauses du contrat de service peuvent expliciter les propriétés transactionnelles de l'effet pragmatique d'un acte de communication.

Transactions explicites (dynamiques)

L'approche des transactions explicites permet au client de piloter lui-même la composition et le déroulement de l'unité de prestation à l'exécution (*transactions dynamiques*). La transaction explicite impose la mise en œuvre dans l'interface client/prestataire d'un protocole de conversation (*protocole de confirmation en une étape*) qui ne sera pas détaillé dans ce chapitre, mais qui comporte idéalement au moins trois actes de communication permettant le pilotage d'une tâche transactionnelle :

- *start* : par cet acte, le client demande le début d'une unité de prestation qui doit être gérée comme une transaction par le prestataire. Le prestataire, par un compte rendu de succès, marque son acceptation à démarrer l'unité de prestation transactionnelle.

- *commit* : le client demande la fin de l'unité de prestation et sa *confirmation* comme transaction. Si le prestataire retourne un compte rendu de succès, tous les traitements invoqués ou provoqués par le client entre *start* et *commit* font partie de l'unité de prestation gérée comme une transaction. Un compte rendu d'échec rapporte l'échec de la transaction pour des raisons propres au prestataire : dans ce cas, c'est comme si l'ensemble des traitements invoqués ou provoqués par le client et effectués par le prestataire entre *start* et *commit* n'avait pas eu lieu (sauf inscription sur des journaux).

- *rollback* : le client demande l'*annulation* de la transaction, à savoir la fin de l'unité de prestation et l'effacement de toutes les conséquences des traitements invoqués ou provoqués par le client et exécutés par le prestataire après le *start* (à l'exception des inscriptions dans les journaux). Un compte rendu d'erreur du *rollback* peut plonger le client dans l'incertitude : l'effacement de toutes les conséquences des traitements invoqués ou provoqués depuis le *start* a-t-il été effectué ou non ?

Une variante de ce protocole est le *start* implicite : le client ouvre une session transactionnelle avec le prestataire et est d'emblée placé dans une unité de prestation transactionnelle dynamique : tous les traitements qu'il invoque auprès du prestataire sont placés dans une transaction qui se termine par une confirmation ou une annulation explicite. Ces primitives marquent aussi implicitement le *start* de l'unité de prestation transactionnelle suivante, et cela jusqu'à la clôture de la session.

Dans le fonctionnement par transaction explicite, le protocole de confirmation en une étape fait partie de l'interface du service. Les actes de communication techniques du protocole de confirmation en une étape (*start, commit, rollback*) sont indépendants de la spécialisation métier du service.

La présence, dans l'interface du service, du protocole de confirmation en une étape, demande de préciser, pour chaque acte de communication réalisé sur initiative du client, si celui-ci peut s'inscrire dans le déroulement d'une transaction, à savoir entre un *start* et un *commit*, et donc si le prestataire s'engage à traiter les changements d'état de ressources provoqués par de tels actes dans le cadre d'une gestion transactionnelle. Un service dont chaque prestation peut s'exécuter dans le cadre d'une transaction est dit *service transactionnel*.

En résumé, les prestations de service organisées sous régime transactionnel par le prestataire sont généralement invoquées par le client (même si elles peuvent être déclenchées par d'autres moyens, par exemple sur des sollicitations de l'environnement). Le client, alors, invoque la prestation trans-actionnelle via une seule requête (transaction implicite) ou la pilote par une succession de requêtes encadrées par des primitives de gestion de la transaction (*start*, *commit*, *rollback*).

Niveau d'isolation des lectures

Les prestations de services d'interrogation de bases d'informations constituent une des sources principales de charge des systèmes et un goulot d'étranglement pour la performance. Notamment, les interrogations pour l'aide à la décision et pour la constitution de rapports peuvent déclencher des recherches sophistiquées et la consultation de beaucoup de données.

Les verrous posés sur les données concernées, pour donner une vision cohérente (un état) de ces mêmes données, aggravent le déficit de performance, car ils provoquent la mise en séquence des mises à jour.

Généralement, trois niveaux de verrouillage des lectures (niveaux d'isolation) sont adoptés :

- niveau 1 : *aucun verrouillage* (lectures « sales ») ;
- niveau 2 : *stabilité du curseur* ;
- niveau 3 : *isolation parfaite*.

Le niveau d'isolation 3 satisfait toutes les caractéristiques de la gestion transactionnelle : les verrous sont posés les uns après les autres et sont levés seulement au *commit*. Le niveau 3 applique donc le principe de *verrouillage en deux phases* qui veut que dans une transaction aucun verrou ne soit levé avant que tous les verrous n'aient été posés. Les verrous sont posés au fur et à mesure des lectures et ils sont levés tous ensemble à la confirmation de la transaction : les informations retournées représentent un état cohérent.

Le niveau d'isolation 1 ne pose aucun verrou : il ne garantit donc ni la cohérence ni la véracité des informations car l'interrogation peut lire des valeurs incohérentes entre elles et non validées, lesquelles, peut-être, n'atteindront jamais l'état de confirmation (cela dépend de la technique de mise en œuvre de la base). Cette situation est tolérable lorsque ni la véracité ni la cohérence des données indivi-duelles ne sont réellement importantes : les variations des données sont faibles et l'interrogation donne une vue d'ensemble. Cette approche est évidemment très avantageuse pour la performance car :

- la gestion des verrous est coûteuse en soi ;
- la pose des verrous met en séquence les transactions de lecture avec les transactions de modification.

Le niveau d'isolation 2 correspond à une stratégie intermédiaire : le verrou en lecture est posé sur la donnée seulement pendant le temps de la lecture (le curseur est donc stable et la donnée lue a été validée), mais il est levé immédiatement après. Le principe du verrouillage en deux phases n'est pas respecté. De ce fait, l'ensemble de données ainsi obtenu peut être incohérent, mais les données prises séparément ont été vraies à un certain instant. Cette stratégie est bonne pour la performance (presque aussi bonne que le niveau 1), sans le défaut majeur du niveau 1 qui est le risque sur la véracité des données.

Pour chaque requête d'interrogation, le contrat peut spécifier le niveau de verrouillage offert (qui peut être aussi un paramètre de la requête).

Gestion des transactions et fiabilité des échanges

Qu'il travaille en transaction explicite ou implicite, après chaque invocation, le client entre dans un état d'attente a priori indéfini, géré par un *délai d'attente maximal* (*timeout*). Si la réponse est reçue avant la fin de la période d'attente, le client prend connaissance du succès ou de l'échec de l'exécution de la transaction entière (transaction implicite) ou de l'opération faisant partie de la transaction (transaction explicite). Compte tenu des caractéristiques de la gestion transactionnelle citées ci-dessus, le client est dans un état de certitude sur le résultat de cette exécution. En revanche, si le délai d'attente maximal est dépassé sans réception de la réponse, le client entre dans un état d'incertitude sur l'état des ressources gérées par le prestataire.

Même dans le cas simple de transaction implicite invoquée par un appel synchrone de procédure distante, le dépassement du délai d'attente de réponse plonge le client dans un état d'incertitude. L'incertitude peut toucher :

- la réussite ou non de la transmission de l'invocation du client au prestataire ;
- la prise en compte ou non par le prestataire de l'unité de prestation à réaliser ;
- le succès (confirmation) ou l'échec (annulation) de la transaction ;
- le déclenchement ou non de la transmission du retour de la part du prestataire ;
- la réussite ou non de la transmission du retour du prestataire au client.

En résumé, dans les cas de dépassement du délai maximal d'attente de réponse, l'appelant peut être dans l'incertitude la plus totale sur l'exécution de la prestation invoquée car il ne sait pas si le dépassement du délai d'attente est dû simplement à un temps de latence excessif ou si une défaillance s'est produite dans la chaîne (il ne connaît pas non plus le « lieu » où la défaillance se serait produite).

Le traitement exhaustif de la part du client, au niveau applicatif, de tous les scénarios de défaillance et de temps de latence possibles impose une conception logicielle d'une très grande complexité. La solution alternative du problème est l'utilisation de technologies d'échange fiable. La *fiabilité des échanges*, que nous avons évoquée dans la section Fiabilité, prend tout son sens lorsqu'elle est couplée avec la gestion des transactions.

Un service transactionnel qui gère des files d'attente des messages en entrée et en sortie, traite l'ensemble des opérations (prélever la requête de la file d'entrée, traiter la requête transactionnelle, poser la réponse dans la file de sortie) comme une *transaction imbriquée*. Il faut en effet pouvoir distinguer :

- les échecs techniques : de la transaction d'extraction de la file d'entrée, de la transaction applicative imbriquée, de la transaction d'insertion dans la file de sortie ; ces échecs techniques demandant une annulation de la transaction globale, à la fin de laquelle la requête est encore dans la file d'entrée ;
- l'échec applicatif (violation des règles de gestion) de la transaction applicative imbriquée, qui demande son annulation ; la transaction globale continue car il faut insérer dans la file de sortie le compte rendu d'échec de la transaction applicative.

Les transactions réparties

La confirmation en deux étapes

La garantie des propriétés transactionnelles d'une unité de prestation qui comprend des tâches exécutées par plusieurs applications réparties peut être obtenue au moyen de protocoles connus et mis en œuvre dans les systèmes transactionnels et les systèmes de gestion de bases de données du marché. Le plus populaire de ces protocoles est la *confirmation en deux étapes* (Two-phase commit).

Two-phase commit

Le protocole de confirmation en deux étapes (two-phase commit ou 2PC) a été introduit par plusieurs moniteurs transactionnels du marché et finalement normalisé par les consortiums OSI (Open System Interconnection) et X/Open.

X/Open a défini le *X/Open Distributed Transaction Processing standard*. Le standard propose une architecture sur la base d'un *transaction manager* et plusieurs *resource managers*, un protocole de coordination entre les *transaction manager*, les *resource managers* et les applications impliquées, ainsi qu'une API (XA interface).

Le protocole de confirmation en deux étapes introduit une distinction entre :

- une première étape de *préparation à la confirmation* de la transaction répartie (*prepare-to-commit*) ;
- une deuxième étape de *confirmation* proprement dite (*commit*), ou d'*annulation* (*rollback*).

Ces deux étapes sont orchestrées par un *coordinateur* (une application participante qui fait office de prestataire de services de coordination) qui, pour le compte du client, coordonne l'exécution des tâches de plusieurs prestataires de services intervenant dans la transaction répartie (voir figure 3-3). Sur demande du client, lorsque l'unité de prestation est à sa fin et s'est déroulée correctement, le coordinateur effectue les tâches suivantes :

- il invoque successivement auprès de tous les participants *prepare-to-commit* ;
- lorsqu'il a reçu les comptes rendus de succès de la part de tous les participants, il invoque auprès d'eux *commit* et communique au client le succès de la transaction répartie ;
- si le coordinateur reçoit un compte rendu d'échec de la part d'au moins un des participants, il invoque le *rollback* auprès de tous les participants sans exception, et communique au client l'échec de la transaction.

Sans entrer dans les détails du protocole, l'intégration d'un coordinateur dans une architecture orientée services présente plusieurs problèmes, qui se rapportent tous à la notion de *couplage* entre applications orientées services :

- La présence d'un agent qui interprète le rôle de coordinateur introduit une dose de centralisation à l'architecture. Il faut donc que les participants acceptent que l'une des applications joue ce rôle central. Il n'est pas exclu que, dans le futur, des agents logiciels jouant le rôle de tiers de confiance puissent pourvoir professionnellement le service de coordination de transaction réparties.
- Entre la préparation à la confirmation (*prepare-to-commit*) et la confirmation (*commit*), chaque participant doit maintenir verrouillées les ressources impliquées dans la transaction pour en

garantir l'isolation. Cette période peut être arbitrairement longue, à cause des temps de réponse des applications participantes et des temps de latence. Dans cette période, chaque participant est dans un état d'incertitude : il a accepté le *prepare-to-commit*, il est prêt à accepter l'ordre suivant, qui peut être *commit* ou *rollback*, selon la décision du coordinateur. S'il y a arrêt par défaillance du coordinateur, le participant est bloqué à jamais, ses ressources sont verrouillées et il ne peut ni valider la transaction ni l'annuler. Une intervention manuelle d'un administrateur est nécessaire pour débloquer la situation.

- S'il y a défaillance d'un participant entre *prepare-to-commit* et *commit*, la reprise de ce participant ne peut être effectuée de façon indépendante : c'est le coordinateur qui doit lui communiquer à nouveau la décision qu'il avait prise lorsque le participant était en interruption de service. Cette situation implique un couplage fort entre le coordinateur et chacun des participants (ainsi que la possibilité d'intervention manuelle d'un administrateur).

- Le niveau global de qualité d'un service qui met en œuvre des transactions réparties (la performance, la fiabilité fonctionnelle et opérationnelle, la disponibilité ainsi que d'autres caractéristiques de qualité de service) est pratiquement imposé par la plus faible des applications participantes. Par exemple, le taux de succès technique des transactions réparties qui impliquent un ensemble figé d'applications participantes est par définition inférieur ou égal au taux de succès des transactions chez la plus faible des applications participantes. Cette situation peut être inacceptable par le client comme par les autres prestataires participant à la transaction qui pourvoient un service de niveau de qualité supérieure.

Les contraintes et les problèmes listés ci-dessus peuvent se révéler insupportables pour des applications qui doivent gérer en même temps des ressources critiques à forte concurrence d'accès et un débit élevé de requêtes. L'orientation générale aujourd'hui est que l'application de protocoles synchrones de coordination de transactions, comme la confirmation en deux étapes, n'est pas appropriée aux AOS « faiblement couplées » et dynamiques (qui seront présentées dans le chapitre 4 de cet ouvrage). Des approches plus réalistes affaiblissent une ou plusieurs des propriétés transactionnelles de l'unité de travail répartie (notamment l'atomicité et l'isolation) : elles reposent sur l'approche dite des *transactions compensatoires*.

Les transactions compensatoires

Une transaction compensatoire T^{-1} est censée défaire « logiquement », donc compenser les changements d'état de ressources effectués par la transaction T, garantissant ainsi que le système se retrouve dans un état fonctionnellement cohérent et pertinent.

Attention, l'exécution d'une transaction compensatoire, même immédiatement après la transaction « à compenser » n'est pas une annulation de celle-ci, qui a bien eu lieu entièrement et dont les effets restent durables, l'état des ressources E', après l'exécution réussie de T suivie par l'exécution réussie de T^{-1}, n'est généralement pas identique à l'état des ressources E immédiatement avant l'exécution de T.

En fait, l'exécution réussie de T sur l'état E provoque une transition de l'ensemble des ressources impliquées vers l'état E_1. Si la transaction compensatoire T^{-1} passe immédiatement après T1, et si la compensation a le même effet que l'annulation de la transaction à compenser, l'ensemble de ressources revient à l'état E (figure 3-4).

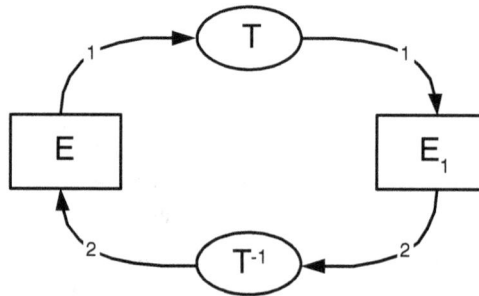

Figure 3-4

Transaction compensatoire qui annule les effets de la transaction à compenser.

Mais E_1 est un état du système généralement accessible aux autres transactions T_1, T_2, T_3, etc. concurrentes de T^{-1}, qui provoquent à leur tour des transitions respectivement vers les états E_2, E_3, E_4. La transaction compensatoire T^{-1} peut intervenir sur n'importe quel état E_N successif de E_1 et produit par la séquence de transactions qui se sont glissées entre T et T^{-1} (figure 3-5). La transaction compensatoire T^{-1} doit donc être conçue pour tenir compte de cette situation.

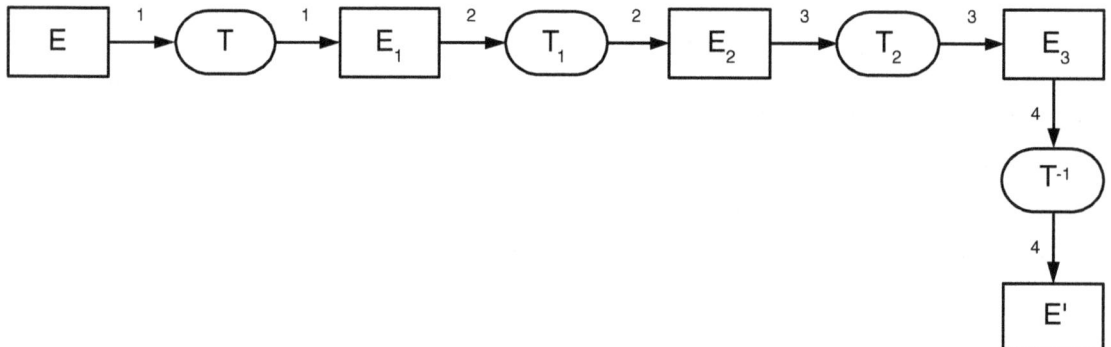

Figure 3-5

Exécution d'une transaction compensatoire dans le cas général.

Un service transactionnel bien conçu doit proposer systématiquement des transactions compensatoires. Les moteurs de gestion des transactions prennent en compte les violations des règles de gestion et les défaillances techniques pour provoquer automatiquement l'annulation de la transaction afin d'assurer la cohérence de l'état des ressources. En revanche, ces serveurs ne peuvent évidemment pas prendre en compte les erreurs du client (les opérations licites et autorisées qui amènent le système dans un état cohérent mais faux, comme celui dans lequel se trouve un compte bancaire après virement d'une somme avec un zéro de trop, résultat d'une faute de frappe). Les transactions compensatoires constituent le seul mécanisme à disposition de l'application cliente (de l'utilisateur final, de l'administrateur) pour corriger ses propres erreurs.

Dans l'interface d'un service transactionnel qui propose des transactions compensatoires, il faut indiquer la relation entre les actes de communication qui déclenchent respectivement une transaction et la transaction compensatoire associée.

La mise en œuvre des transactions réparties par transactions compensatoires affaiblit les caractéristiques transactionnelles des unités de prestation, et notamment leur atomicité, mais permet d'éviter les problèmes de couplage fort qui surgissent avec des protocoles synchrones comme la confirmation en deux étapes.

La figure 3-6 illustre la mise en œuvre de la réservation d'une place bloquée à l'aide des transactions compensatoires. Dans l'exemple, le paiement (R_B) suit la réservation (R_A). Si le paiement échoue, l'application Our Travels déclenche la transaction compensatoire d'annulation (R_A^{-1}).

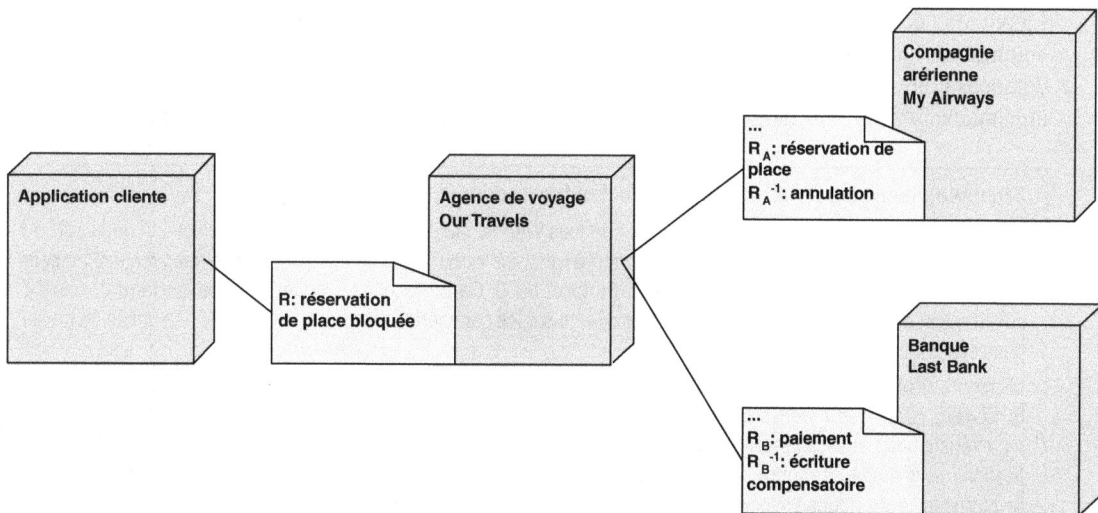

Figure 3-6

Agrégation de services avec transactions compensatoires.

Transactions courtes et transactions longues

L'orientation générale pour une architecture orientée services est donc :

- de garder l'approche de confirmation en deux étapes pour les transactions courtes synchrones, entre application en couplage fort, qui doivent impérativement être traitées en temps réel ;

- de dérouler les autres transactions, surtout les transactions longues asynchrones (qu'il n'est pas impératif de traiter en temps réel) comme des processus métier résultant de l'enchaînement de transactions unitaires.

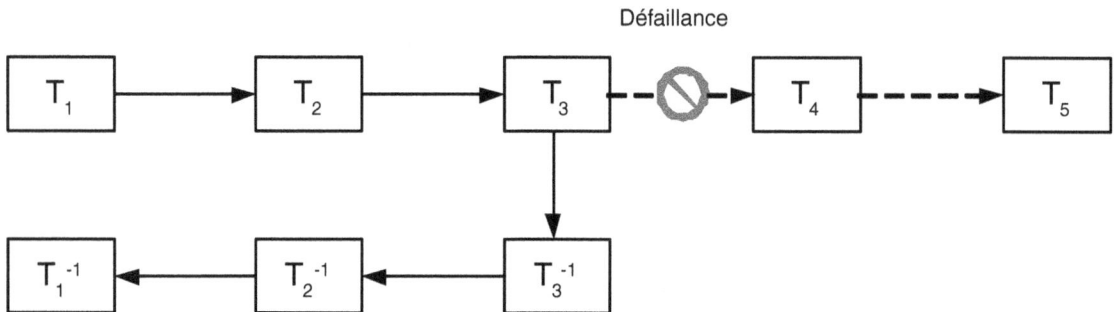

Figure 3-7

Détournement de processus métier par transactions compensatoires.

Dans le deuxième cas de figure, la disponibilité des transactions compensatoires est une condition nécessaire au fonctionnement de l'approche (figure 3-7).

La pratique des transactions compensatoires devient indispensable avec la mise en œuvre de processus automatisés qui impliquent plusieurs services Web. En outre, le déclenchement des transactions compensatoires à partir d'une interface homme/machine permet de réparer manuellement les erreurs et la mauvaise prise en charge des défaillances opérationnelles de ces processus automatisés.

Technologies de services Web et gestion des transactions

La gestion de transactions qui impliquent des services Web fait aujourd'hui l'objet d'une spécification de la part du Business Transaction Technical Committee (*http://www.oasis-open.org/committees/business-transactions*) au sein de l'OASIS. Il s'agit du Business Transaction Protocol V.1.0. Ce protocole est générique comme le protocole de confirmation à deux étapes, mais il est moins exigeant sur les caractéristiques transactionnelles des unités de travail réparties qu'il contrôle.

Microsoft, IBM et BEA ont proposé *WS-Transaction, WS-Coordination*, deux spécifications complémentaires de BPEL4WS (*Business Process Execution Language for Web Services Version 1.0*, 31 juillet 2002) pour traiter les caractéristiques transactionnelles des processus métier organisés en *workflow* de services Web. Ces deux spécifications permettent de mettre en œuvre des transactions courtes synchrones (confirmation en deux étapes) et des transactions longues asynchrones.

Le chapitre 20 de cet ouvrage est dédié à la gestion des transactions pour les services Web et présente *WS-Transaction* et *WS-Coordination* ainsi que le protocole BTP.

Gestion du service

Le déroulement de la prestation de service peut être géré de façon explicite si le prestataire assure des services annexes de gestion du service primaire objet du contrat :

- un service de *gestion du cycle de vie du service* primaire (activation, suspension, redémarrage, arrêt) ;

- un service de *pilotage du service* primaire via la modification dynamique des paramètres de la prestation ;

- un service d'*interrogation sur l'état du service* primaire, éventuellement doublé d'un service de *notification des changements d'état du service* primaire de la part du prestataire, à savoir des événements capables d'influencer le déroulement de la prestation ;

- un service de *journalisation* des activités du service primaire et des services annexes, pour en assurer le suivi.

Les services d'interrogation et de journalisation sont à la base du suivi de la réalisation de la prestation et de sa conformité à l'application du contrat (spécifications fonctionnelles et opérationnelles du service).

Les services secondaires de gestion sont en même temps un sujet extrêmement important pour le développement d'architectures de services professionnels sur le Net, et un sujet difficile à conjuguer avec le caractère décentralisé des architectures orientées services. Certaines fonctions de gestion des services peuvent être mises en œuvre soit directement par le prestataire, soit par des tiers spécialisés, soit par des intermédiaires (le rôle d'annuaire, le rôle d'intermédiaire à valeur ajoutée).

La gestion explicite et dynamique du service est importante surtout pour la gestion de la continuité du service (exemple : notification d'un arrêt de maintenance non programmé) et le choix dynamique des serveurs.

Gestion des services Web

La gestion à l'exécution des services Web (*Web Service Management*) est un sujet sur lequel le travail réalisé dans le cadre des technologies de services Web est encore à l'état embryonnaire, même si des offres commencent déjà à apparaître (*http://www.talkingblocks.com*).

Hewlett Packard (*http://www.hp.com*) et webMethods (*http://www.webmethods.com*) ont publié une proposition de spécification de services de gestion à l'exécution des services Web : *Open Management Interface Specification Version 1.0*.

IBM et *http://www.globus.org* (un acteur logiciel libre des architectures à grille d'ordinateurs) sont à l'origine de l'initiative Open Grid Service Architecture (OGSA), qui se propose d'intégrer dans les architectures à grille des technologies de services Web, sur la base de la notion de *Grid Service*. *Grid Service Specification* est disponible sur *http://www.globus.org/ogsa*. Cette spécification présente des fonctions de gestion du cycle de vie d'un *Grid Service*.

Il est important de noter que le concept de *Grid Service* se situe à un niveau différent du concept de service dans une architecture orientée services. Un *Grid Service* est un processus virtuel qui s'exécute sur une grille d'ordinateurs et qui utilise donc des ressources de calcul, de mémoire vive et de stockage réparties sur la « grille ». C'est donc une notion d'implémentation. Une application orientée services peut être mise en œuvre par un *Grid Service*.

Gestion du changement

La gestion du changement touche le cycle de vie du logiciel du prestataire mettant en œuvre le service : les dysfonctionnements connus, les évolutions demandées et le plan des versions (*road map*) incluant, pour chaque version, les corrections et les évolutions intégrées.

Les *dysfonctionnements* connus du service sont identifiés et les éventuelles solutions de contournement du problème posé sont documentées.

Des mécanismes de signalement d'anomalies à l'exécution peuvent être intégrés au service (un méta-service de gestion d'anomalies, à l'exécution ou en différé) ou offerts par un service tiers spécialisé de signalement d'anomalies à l'exécution. Le service de signalement d'anomalies garde une trace et une statistique des problèmes soulevés.

En revanche, les *demandes d'évolutions* sont présentées par des utilisateurs du service, à savoir par les concepteurs, les développeurs et les exploitants des applications clientes. Elles sont identifiées et éventuellement annotées par des solutions de contournement au même titre que les dysfonctionnements.

Un engagement généralisé de non-régression est totalement irréaliste et il semble difficile qu'il puisse apparaître dans un contrat. En revanche, certains *engagements ponctuels de non-régression* sur des fonctions critiques du service peuvent figurer explicitement dans le contrat.

La solution idéale est que le *plan des versions*, avec la description précise du contenu de chaque version prévue, en termes de solutions de problèmes et des demandes d'évolutions, soit joint au contrat. Les éventuelles régressions (qui ne peuvent pas être exclues a priori) y sont documentées.

La liste des problèmes et des demandes d'évolution, les réponses et les solutions de contournement, ainsi que le plan des versions sont publiés dans un journal qui est édité à une périodicité établie dans le contrat.

Gestion des versions et technologie des services Web

Il n'y a pas aujourd'hui de spécifications ni de technologies pour la gestion dynamique du *versioning* des services Web, à savoir des différents objets impliqués dans le cycle de vie d'un service Web et notamment du contrat de service et des applications prestataires.

La gestion du contrat

Un chapitre autre que celui sur le contrat de service porte sur la gestion du contrat elle-même. Il est de portée plus juridique que technique et son utilisation est donc plutôt réservée aux contractants et à leurs représentants. Il comprend des sujets comme la durée du contrat, les mécanismes éventuels de reconduction du contrat ainsi que les règles de sortie du contrat, pour le client, mais aussi pour le prestataire.

Les règles de sortie du contrat pour le client sont sans doute liées au niveau effectif du service pourvu par le prestataire et notamment au décalage entre le niveau de service constaté et les engagements de qualité de service contenus dans le contrat.

Le niveau de service peut être constaté à partir de la mise à disposition de la part du prestataire de fonctions de gestion du service (voir la section « Gestion du service »), et notamment des fonctions de suivi.

Les termes de l'échange

Le contrat de service peut formaliser un service qui est fourni unilatéralement par le prestataire. Il peut aussi formaliser un service qui fait l'objet (un des termes) d'un échange. Le contrat décrit donc les termes de l'échange entre le client et le prestataire du services.

On peut facilement distinguer, par rapport aux termes de l'échange entre client et prestataire, trois familles de services :

1. Les *services gratuits* : ces services sont concédés à titre gracieux, aucune rémunération, ni en numéraire ni par d'autres moyens n'est prévue. L'article du contrat sur la formalisation de l'échange est vide.

2. Les *services payants* : la rémunération est en *numéraire*. La partie formalisation de l'échange du contrat décrit en détail le mode de rémunération, ainsi que les modalités de paiement et de facturation et les éventuelles pénalités.

3. Les *services troqués* : la prestation de services est exécutée en échange de prestations de services compensatoires et cet échange est formalisé dans le contrat. L'article sur les termes de l'échange contient les références croisées à d'autres contrats de service qui sont exécutés en échange. Des relations de service circulaires peuvent être contractualisées par ce biais.

Services payants

L'article sur les termes de l'échange est la partie financière du contrat qui touche :

- la *rémunération* du service, ses modalités (forfaitaire, à l'unité de prestation, etc.), ses prix ;

- les modalités de *paiement* et de *facturation* du service, qui sont évidemment liées aux modalités de rémunération ;

- les *pénalités*, qui sont bien entendu applicables lorsque certains décalages entre le niveau du service constaté et les engagements de qualité de service contenus dans le contrat sont établis.

Des services annexes de gestion en ligne de la comptabilisation, du paiement et de la facturation (ainsi que des pénalités) peuvent être décrits dans le contrat. Les services annexes sont soit offerts directement par le prestataire du service primaire, soit par un prestataire tiers.

Plusieurs modèles de rémunération de la prestation de services peuvent être envisagés, mais ils sont tous reconductibles aux variantes et/ou aux combinaisons de deux modèles de base :

- le *prix forfaitaire* ;

- le *prix à l'unité de prestation* ;

Le prix forfaitaire est adapté à des usages réguliers et intensifs, avec une charge importante. En revanche, des clients qui font un usage impromptu et épisodique d'un service peuvent préférer le prix à l'unité de prestation.

Le prix à l'unité de prestation nécessite en premier lieu la définition précise de ladite unité de prestation. Il s'agit d'une définition opérationnelle : une unité de prestation doit être toujours identifiable et doit pouvoir être comptabilisée. La définition d'une unité de prestation n'est pas toujours possible, et surtout la comptabilisation des unités consommées peut se révéler une tâche complexe.

Les systèmes de facturation permettant de mettre en œuvre le prix forfaitaire sont relativement simples. En revanche, le prix à l'unité de prestation peut exiger des systèmes sophistiqués de facturation non seulement de la part du prestataire mais aussi de la part du client (par exemple, à l'intérieur d'une organisation pour déterminer, à des fins de refacturation interne, qui consomme le service). Le prestataire peut fournir le service annexe de facturation détaillée.

Le modèle du prix à l'unité de prestation ne pourra s'affirmer qu'avec la mise en œuvre de systèmes sophistiqués de comptabilisation et facturation. Ces systèmes pourront être proposés en tant que *services tiers* par des prestataires spécialisés, déchargeant le prestataire d'un service métier de la charge et de la responsabilité de leur mise en œuvre.

Le prestataire du service métier pourra héberger sa facturation auprès d'un spécialiste de la facturation des services rémunérés à la consommation, capable d'appliquer les règles comptables dictées par plusieurs prestataires de services ou, à l'inverse, imposant ses règles et mécanismes propres de facturation aux prestataires qui veulent s'appuyer sur ses services. Ce service tiers de comptabilisation, paiement, facturation, pourra également agir en qualité de tiers de confiance vis-à-vis des clients et prestataires de services, garantissant la certification et la non-répudiation des prestations effectuées et, à l'inverse, la répudiation des prestations non effectuées.

Un niveau ultérieur de complexité est introduit par la présence, dans le contrat, de pénalités qui sont en général applicables à la non-satisfaction de la part du prestataire des niveaux de qualité de service prévus par le contrat. Comme pour le prix à la prestation, la non-satisfaction du niveau de qualité de service doit être effectivement détectable, quantifiable et mesurable, pour qu'un système de pénalités effectif puisse être mis en œuvre. Le tiers de confiance de facturation peut également se charger de la gestion des pénalités, s'il a la capacité de constater les écarts par rapport au niveau de qualité de service attendu.

La concentration des systèmes de facturation auprès de prestataires de *billing* exhibant des modalités, des règles et des mécanismes clairs et uniformes présente l'avantage de simplifier la gestion pour les clients et les prestataires.

Services troqués

Dans le cas des services troqués, l'article sur la formalisation de l'échange cite la structure du troc et donc référence les contrats qui définissent les services réalisés en échange du service objet du contrat. Par ce biais, une architecture orientée services n'est plus seulement un réseau de relations de services régies par contrat, mais devient en outre un réseau de contrats de services. L'échange de services n'est plus implicite, il est formalisé par contrat.

Services mixtes

Il est toujours possible de concevoir des termes d'échange complexes, qui mélangent des rémunérations en numéraire et d'autres effectuées par échange de services.

Conclusions

Le contrat est un modèle

Il est maintenant possible d'énoncer une définition concise de l'architecture orientée services : une architecture orientée services est une architecture d'applications réparties, liées obligatoirement et exclusivement par des relations de service régies par des contrats. Une prestation de services est un ensemble de résultats, de tâches accomplies par une application prestataire et exploitables par une application cliente (informations, états, effets de bord). Le contrat contient une description du service.

Le contrat de service est produit et consommé par les acteurs humains et les agents logiciels des clients, prestataires, tiers et intermédiaires du service, impliqués dans les différentes étapes des cycles de vie du contrat, du service, des applications prestataires, clients, tiers et intermédiaires.

Les concepteurs, du côté prestataire comme du côté client, sont concernés par les trois sujets majeurs de la description du service : la description des fonctions, de l'interface et de la qualité du service. Ils vont en faire une utilisation symétrique.

Les descriptions des fonctions et de la qualité du service sont des descriptions qui touchent le niveau fonctionnel du comportement de l'agent prestataire de service. La description de la qualité de service donne les caractéristiques opérationnelles abstraites de la prestation de service, à savoir les caractéristiques opérationnelles qui peuvent être énoncées sans connaissance des choix d'implémentation.

La description de l'interface comprend une partie fonctionnelle (les actes de communication) et une partie implémentation (le format des messages, etc.). L'intégration dans le contrat du modèle d'implémentation de l'interface est indispensable pour garantir l'interopérabilité des agents logiciels client, prestataire, tiers et intermédiaire.

Le contrat de service est donc :

- un modèle fonctionnel du service (fonctions, interface, qualité) ;
- un modèle d'implémentation de l'interface du service.

Le contrat de service est un modèle partiel de l'application prestataire du service (voir la figure 3-8) à double titre :

- En tant que modèle fonctionnel, il n'exprime que la « vue » spécifique au service du modèle fonctionnel prestataire. Non seulement l'application prestataire peut réaliser plusieurs services régentés par des contrats différents (dissémination de services), mais certaines parties du modèle fonctionnel constituent des secrets de fabrication du prestataire et en tant que tels ne sont pas publiées dans le contrat de service.
- En tant que modèle d'implémentation, il se limite au modèle d'implémentation de l'interface du service.

Modèle descriptif et modèle directif

Modéliser un système revient à simplifier sa représentation et à formaliser un ensemble de règles qui décrivent de façon intelligible son comportement.

Les modèles des systèmes peuvent être utilisés comme :

- modèles descriptifs ;
- modèles directifs.

Un *modèle descriptif* est le modèle d'un système existant. Son but est d'aider à la compréhension des fonctions, du comportement et de la structure du système. Un modèle descriptif peut constituer la base d'un guide d'utilisation du système.

Un *modèle directif* constitue une *spécification* du système, et représente donc soit un guide à la réalisation, lorsque le système est à bâtir, soit un guide à la validation, lorsqu'il faut confronter son comportement à une référence.

Le contrat de service est utilisé comme modèle fonctionnel descriptif (guide d'utilisation) par le concepteur de l'application cliente, qui doit intégrer la prestation de service dans les traitements qu'il conçoit et met en œuvre dans son application.

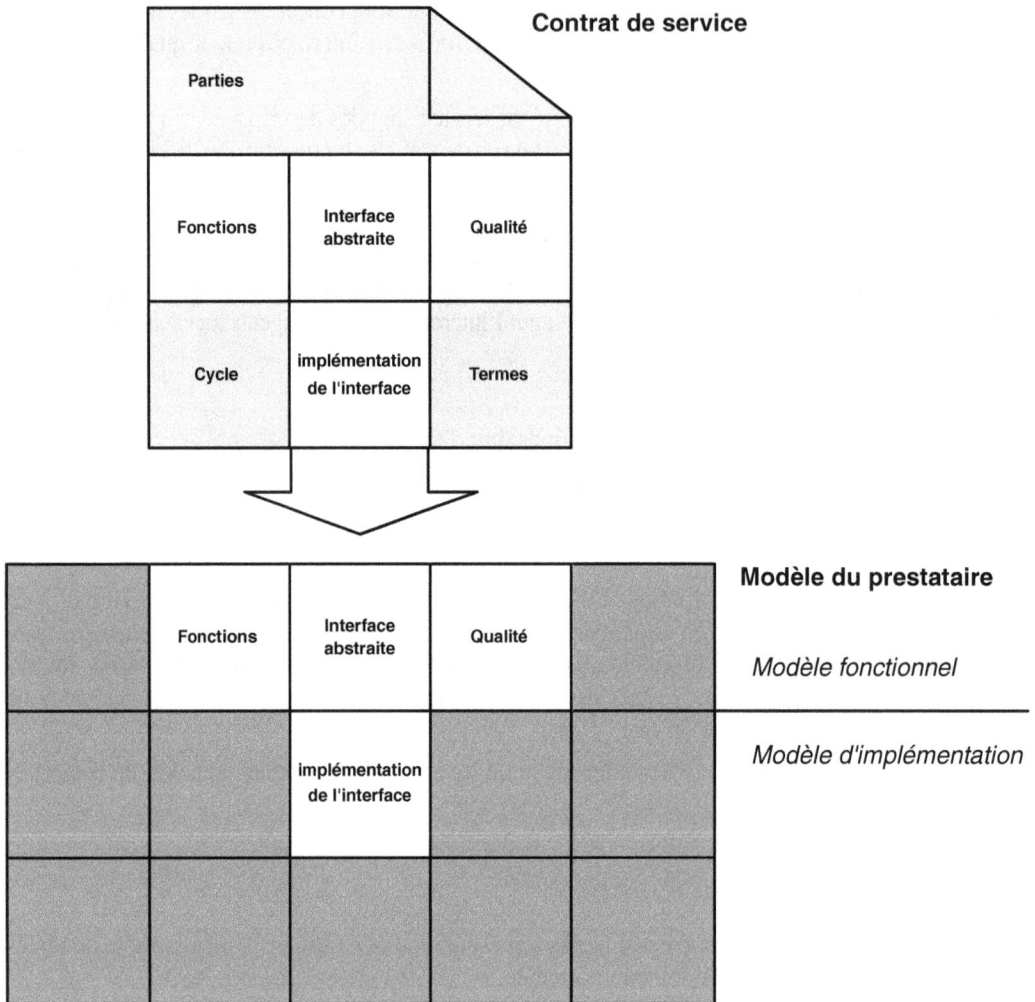

Figure 3-8

Le contrat de service contient un modèle partiel du prestataire.

Le contrat de service est utilisé comme un modèle fonctionnel directif (spécification fonctionnelle, guide d'implémentation) par le concepteur de l'application prestataire, lequel doit développer une application qui doit agir, en tant que prestataire de service, en conformité au contrat de service. L'engagement contractuel sert de guide d'utilisation au client et de spécification d'implémentation au prestataire.

L'activité de conception du logiciel prestataire prend en entrée le contrat de service et produit en sortie un modèle d'implémentation du logiciel et de l'infrastructure. L'activité de développement de l'application prestataire prend en entrée le modèle d'implémentation et produit en sortie un logiciel et une infrastructure. Le logiciel et l'infrastructure engendrent à l'exécution un comportement de prestataire de service de l'application.

La figure 3-9 présente les relations entre modèle fonctionnel, modèle d'implémentation, logiciel et application en exécution.

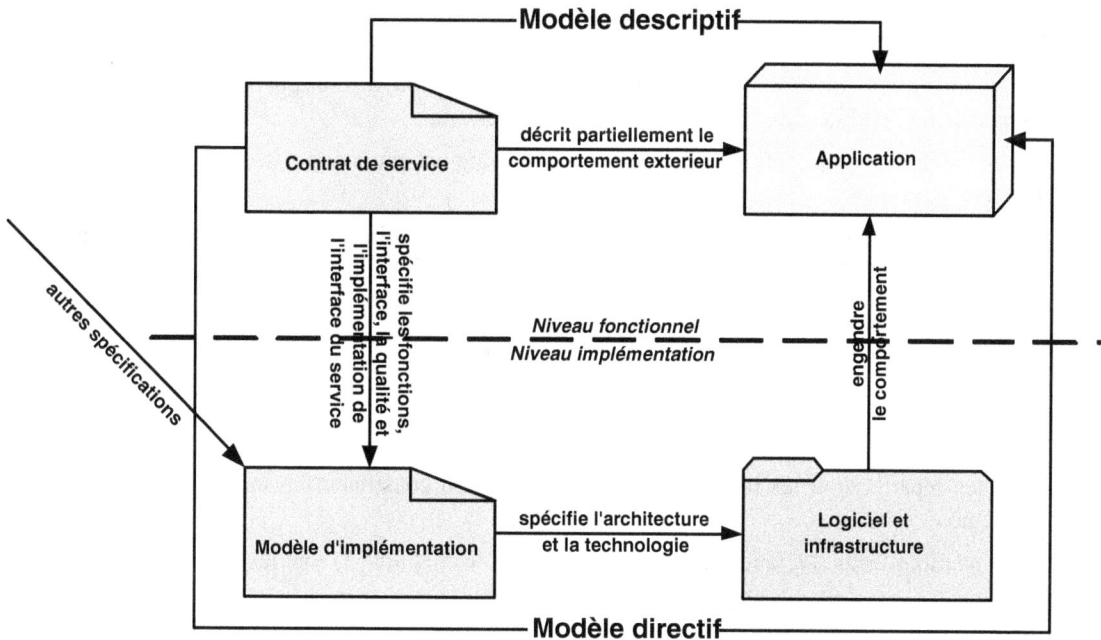

Figure 3-9

Relations entre contrat, modèle d'implémentation, logiciel et application à l'exécution.

Architecture orientée services et services Web

Le terme « technologies de services Web » (au pluriel) désigne un ensemble de technologies en évolution, basées sur des standards ouverts (non propriétaires) et aptes à la mise en œuvre d'architectures orientées services. Il s'agit, à la base, de technologies de communication entre applications réparties, qui garantissent l'interopérabilité de ces applications dont les implémentations sont hétérogènes.

Les technologies de services Web sont issues de la convergence de plusieurs courants :

• les technologies d'intégration d'applications d'entreprise (IAE) ;

• les technologies des objets et composants répartis (CORBA, DCOM) ;

• les technologies d'échange de documents électroniques (EDI) ;

• les technologies World Wide Web, et notamment le URI, HTTP, HTML et XML.

Le terme « service Web » dénote une application qui met en œuvre les technologies de services Web pour communiquer avec les autres applications. Une définition précise de « service Web » est proposée par le groupe de travail WS Architecture de la W3C Web Service Activity :

« Un service Web est une application logicielle, identifiée par un URI, dont les interfaces et les liaisons peuvent être définies, décrites et découvertes sous forme de documents XML. Un service Web met en œuvre l'interaction directe avec d'autres agents logiciels par l'utilisation des messages au format XML, échangés sur des protocoles Internet. » (*Web Services Architecture Requirements*, W3C Working Draft, 19 August 2002 ; traduction de l'auteur)

La relation entre l'émergence des technologies de services Web, du concept de service Web et l'essor du modèle de l'architecture orientée services est très étroite :

- Les concepts sous-jacents des services Web sont fortement marqués par le modèle de l'architecture orientée services.

- Les technologies de services Web permettent de construire, déployer, exploiter, maintenir, administrer des AOS à un niveau de généralité jamais atteint auparavant.

- Les technologies de services Web permettent de mettre en œuvre naturellement les AOS sur Internet.

Le diagramme général des technologies de services Web est présenté figure 3-10. Chaque brique technologique représentée dans le diagramme joue un rôle précis dans une architecture orientée services. L'architecture orientée services est donc une spécification « générique » d'une famille de systèmes répartis dont les technologies de services Web constituent un moyen d'implémentation privilégié.

Les fondations technologiques des services Web (voir le chapitres 5) sont les technologies Internet :

- la notion d'URI (Uniform Resource Identifier) ;

- l'ensemble des protocoles Internet : IP, TCP, HTTP, SMTP, etc.

L'outil technologique fondamental (la base) à la mise en œuvre des technologies de services Web est XML, avec ses outils de support comme XML Schema, XML Namespaces, etc.

La pile des technologies de services Web commence à proprement parler avec les protocoles d'échange. Ces protocoles imposent tous un format de message XML. Le message, accompagné éventuellement de pièces jointes, est transmis sur un protocole de transport Internet.

SOAP est le protocole d'échange le plus répandu, mais il faut préciser qu'il n'est pas un élément imposé dans une architecture de services Web. D'autres protocoles, comme XML-RPC ou la simple inclusion de documents XML dans les corps des requêtes et des réponses HTTP sont considérés comme des technologies de services Web à part entière.

Au niveau description, WSDL (Web Services Description Language) est *le* langage de description des services Web, même s'il n'est pas formellement imposé par l'architecture de référence du W3C. On peut considérer aujourd'hui qu'une description WSDL est nécessaire pour qu'une application puisse revendiquer la qualification de service Web.

Des services Web fonctionnent aujourd'hui par l'utilisation directe de HTTP en tant que protocole de transport et de documents XML en tant que conteneurs de données ayant un format mutuellement accepté par les participants de l'échange.

En revanche, l'architecture de référence des services Web fait explicitement l'hypothèse que les niveaux plus élevés de la « pile » de technologies de services Web se basent sur SOAP et WSDL (*Web Services Architecture, W3C Working Draft 14 November 2002*). Cela veut dire que les services

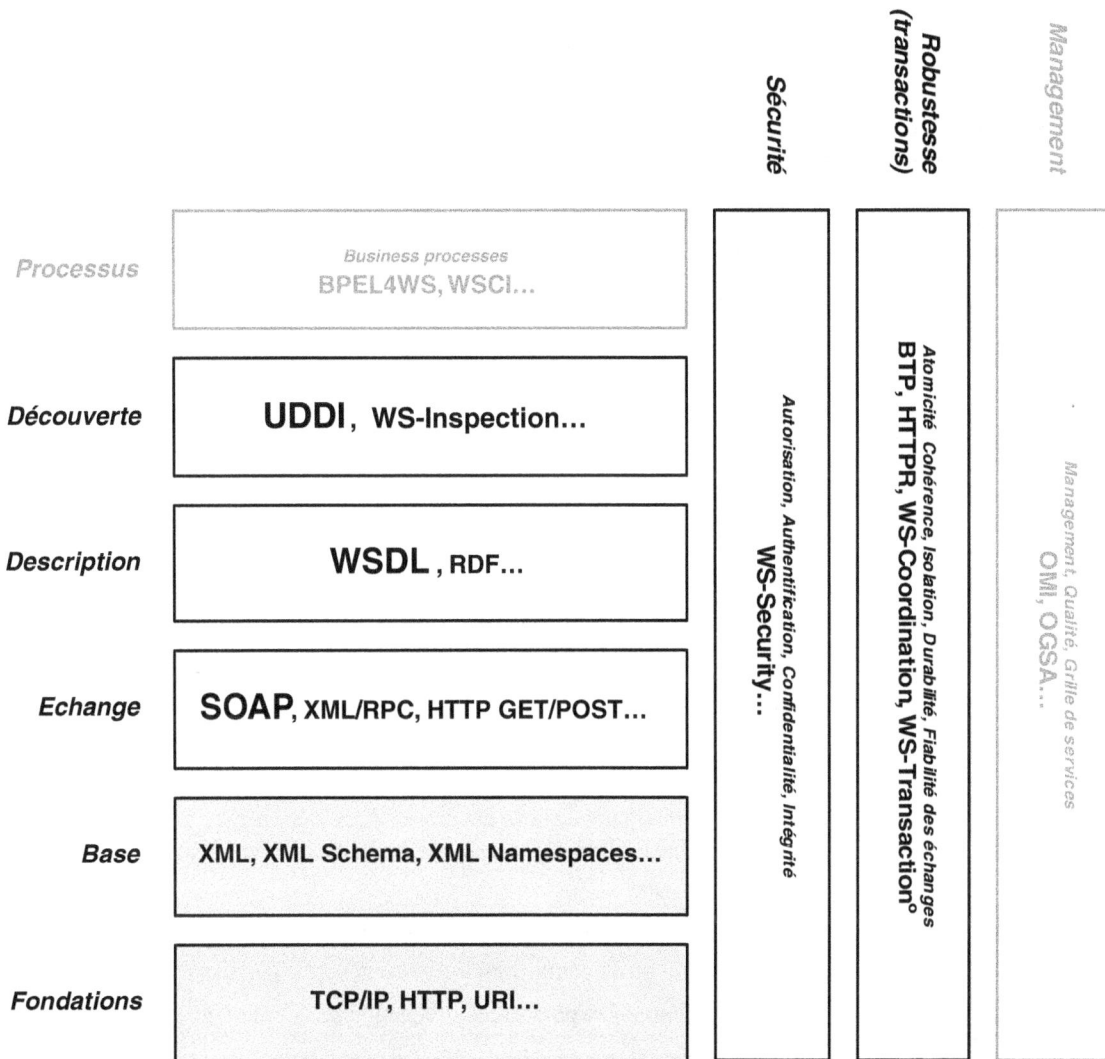

Figure 3-10

Le diagramme des technologies de services Web.

Web qui ne sont pas mis en œuvre avec WSDL sur SOAP ne pourront pas bénéficier des technologies évoluées d'infrastructure (fiabilité des échanges, gestion de la sécurité, gestion des transactions, gestion des processus métier) aujourd'hui en développement.

Les prestataires des services Web, leurs interfaces et leurs points d'accès, peuvent être enregistrés, découverts et localisés via des technologies d'annuaire comme UDDI (Universal Description, Discovery and Integration of Web Services). Autant un standard ouvert (non-propriétaire) sur les annuaires de services Web semble indispensable, surtout pour la mise en œuvre d'architectures dynamiques, autant la technologie UDDI, qui est clairement une technologie de services Web, n'est pas (encore ?) formellement considérée aujourd'hui comme *le* standard des annuaires.

WSDL, SOAP et UDDI constituent l'ensemble des technologies clés de services Web, sur lequel d'autres technologies plus proches de la problématique applicative peuvent être spécifiées et mises en œuvre. À l'heure de la rédaction de cet ouvrage, ces technologies clés sont stables et leur évolution ralentit, tandis que d'autres technologies s'attaquent à la résolution de problèmes spécifiques d'infrastructure : les plus importants sont en gestation et concernent la fiabilité des échanges, la sécurité et la gestion des transactions. Sur des problématiques plus applicatives, comme la coordination des applications réparties pour la mise en œuvre de processus métier, nous sommes encore dans la phase où plusieurs propositions s'affrontent.

Les organisations impliquées

Les organisations impliquées aujourd'hui dans la définition, la vérification et la validation des normes et standards des technologies de services Web sont :

- World Wide Web Consortium (W3C), via son « activité » Web Service Activity (*http://www.w3.org/2002/ws/Web Services*);

- Web Services Interoperability Organization (ou WS-I, *http://www.ws-i.org*);

- Organization for the Advancement of Structured Information Standards (ou OASIS, *http://oasis-open.org*).

W3C Web Service Activity

Il est superflu de présenter le W3C. L'activité Web Services du W3C a été formalisée en janvier 2002 comme une activité de normalisation des technologies de base de services Web (l'échange et la description). C'est le cadre que les initiateurs de la vague des services Web (née à l'extérieur du W3C) ont voulu donner à la poursuite et finalisation des travaux de normalisation et de standardisation des technologies.

L'activité Web Services est organisée en trois groupes de travail (Working Groups ou WG) :

- Architecture WG, qui a comme tâche de définir l'architecture générale des services Web ;

- XML Protocol WG, qui a en charge les protocoles d'échange et notamment la version 1.2 de SOAP ;

- Web Services Description WG, qui a en charge le langage de description des interfaces et des liaisons et notamment la version 1.2 de WSDL (Web Services Description Language).

Web Services Interoperability

WS-I est un consortium créé en janvier 2002. L'objectif de son activité est la vérification et la validation de l'interopérabilité réelle des implémentations des technologies de services Web développées par les éditeurs du marché (qui sont membres de l'organisation). Pour ce faire, WS-I est organisée en trois groupes de travail (Working Groups ou WG) :

- WSBasic Profile WG : la tâche du groupe est de définir la notion de « profil », qui est un ensemble de technologies ayant un niveau de version, qui sont susceptibles de constituer un ensemble cohérent, opérationnel et interopérable. WS-I a défini le profil basique qui est constitué de WSDL 1.1, SOAP 1.1

et UDDI 2.0 (voir figure 3-11). Ce groupe de travail vient de publier en date 8 octobre 2002 le *Basic Profile Version 1.0 – Working Group Draft* (*http://www.ws-i.org/Profiles/Basic/2002-10/BasicProfile-1.0-WGD.htm*) avec cent recommandations pour l'interopérabilité.

- WSBasic Sample Applications and Scenarios WG : la tâche du groupe de travail est de définir et d'instrumenter des applications témoins et des scénarios d'utilisation des technologies du profil basique.

- WS-Testing WG : la tâche du groupe de travail est de définir des outils et des méthodologies de test d'interopérabilité.

Figure 3-11

Le profil basique des technologies de services Web.

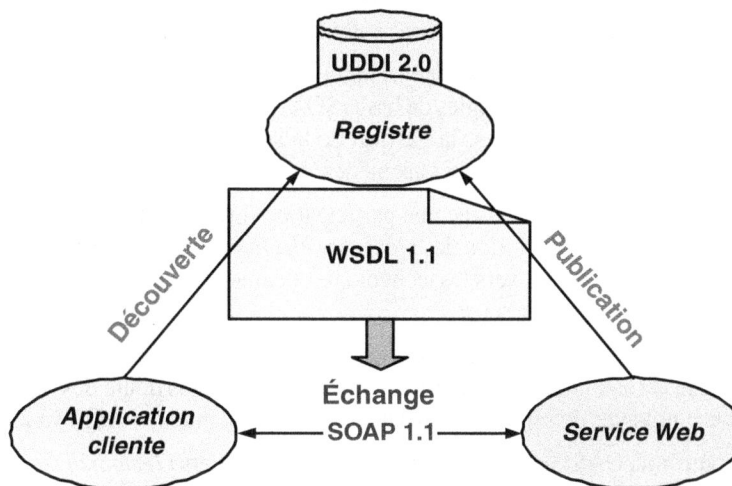

OASIS

OASIS est une organisation internationale qui comprend une présence majoritaire d'utilisateurs. Elle est active depuis plusieurs années dans le domaine de la normalisation en SGML, et ensuite en XML au niveau métier.

L'activité ebXML (*electronic business* XML), conduite en partenariat avec l'ONU (EDIFACT), a comme cible l'échange de données informatisées (EDI) sur la base du format XML.

L'objectif de ebXML est de formaliser les processus métier interentreprises (B2B). Il s'agit de formaliser les processus d'interactions, les formats et la sémantique des documents échangés (de type commande, facture, etc.), les profils des participants à l'échange, ainsi que les accords entre participants pour la mise en œuvre de l'échange. ebXML a par ailleurs formalisé l'infrastructure technique qui rend possible l'échange (un service de messagerie et un annuaire/référentiel de documents).

OASIS ebXML a produit, en complément des documents de *requirements*, d'architecture générale et de glossaire, quatre spécifications :

- ebXML Business Process Specification Schema (*http://www.ebxml.org/specs/ebBPSS.pdf*) ;

- ebXML Collaboration Protocol Profile and Agreement Specification (*http://www.oasis-open.org/ committees/ebxml-cppa/documents/ebcpp-2.0.pdf*) ;
- ebXML Registry Services Specification (*http://www.ebxml.org/specs/ebrs2.pdf*) ;
- ebXML Message Service Specification (*http://www.ebxml.org/specs/ebMS2.pdf*).

ebXML prend en compte aujourd'hui dans ses travaux de normalisation les technologies d'échange et de description de services Web (SOAP, WSDL). Les principaux promoteurs des technologies de services Web lui confient aujourd'hui les processus de normalisation des briques technologiques de niveau plus « élevé » comme l'annuaire UDDI (niveau découverte), ainsi que les briques « transversales » comme la sécurité (WS-Security) et la gestion des transactions (BTP).

La convergence en cours entre les technologies de services Web et les technologies ebXML nous permet de présenter aujourd'hui les relations entre ces deux axes de normalisation de la façon suivante :

- L'axe services Web, poussé par les industriels (IBM, Microsoft, etc.), a mis en œuvre une démarche *bottom-up* : des technologies de base (SOAP, WSDL) via les technologies d'infrastructure (UDDI, la fiabilité des échanges, la gestion de la sécurité, la gestion des transactions), vers le niveau applicatif (gestion des processus métier, etc.).
- L'axe OASIS ebXML, avec une participation forte des utilisateurs, a mis en œuvre une démarche *top-down* : de la définition des processus *electronic business* (BPS), en passant par la définition des contrats (CPP/CPA), vers les technologies de mise en œuvre (le service d'annuaire et de référentiel, le service de messagerie).

La présentation ci-dessus est sommaire mais n'est pas éloignée de la réalité. ebXML a eu le mérite de poser un certain nombre de questions qui trouveront sans doute des réponses dans le développement des technologies de services Web. Dans ce développement, OASIS va jouer un rôle très important.

Aujourd'hui, OASIS est en charge de plusieurs chantiers (*Technical Committees*) de normalisation de technologies de services Web :

- OASIS UDDI Specification TC ;
- XML-Based Security Services TC (SSTC), Security Assertion Markup Language ;
- OASIS Web Services Security TC ;
- OASIS Business Transaction TC ;
- OASIS Web Services for Interactive Applications TC ;
- OASIS Web Services for Remote Portals (WSRP) TC.

Les technologies de services Web dans la mise en œuvre des architectures orientées services

La cible des technologies de services Web est bien les architectures orientées services. Un service Web est naturellement une application orientée services (une application participante d'une architecture orientée services). En revanche, une application orientée services n'est pas forcément un service Web car la définition du W3C met en jeu des contraintes sur quatre technologies clés :

- les technologies d'*identification* des applications ;
- les technologies de *description*, propres aux langages de description des interfaces et des liaisons ;

- les technologies de *message*, propres aux formats des messages et aux protocoles d'échange ;

- les technologies de *transport*, propres aux protocoles de transport impliqués dans les échanges.

Ces quatre technologies forment le *profil technologique* d'une application par rapport à la définition de service Web. Sélon la définition du W3C, une application orientée services peut être qualifiée de service Web si elle exhibe le profil technologique suivant, présenté par le diagramme dans la figure 3-12 :

- *Identification* : le service Web est identifié par un *URI*.

- *Description* : les interfaces et les liaisons d'un service Web sont décrites (et donc peuvent être définies et découvertes) au moyen d'un *langage XML*.

- *Message* : un service Web communique avec les autres agents logiciels au moyen de messages au *format XML*.

- *Transport* : les messages sont transmis via des *protocoles Internet*.

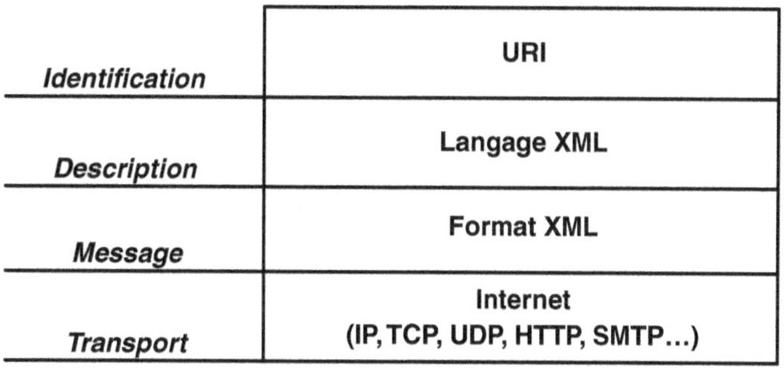

Figure 3-12

Profil technologique
général d'un service Web.

Identification	URI
Description	Langage XML
Message	Format XML
Transport	Internet (IP, TCP, UDP, HTTP, SMTP...)

Un service Web qui s'appuie sur les standards WSDL et SOAP (liaison HTTP) présente le profil technologique illustré par le diagramme de la figure 3-13.

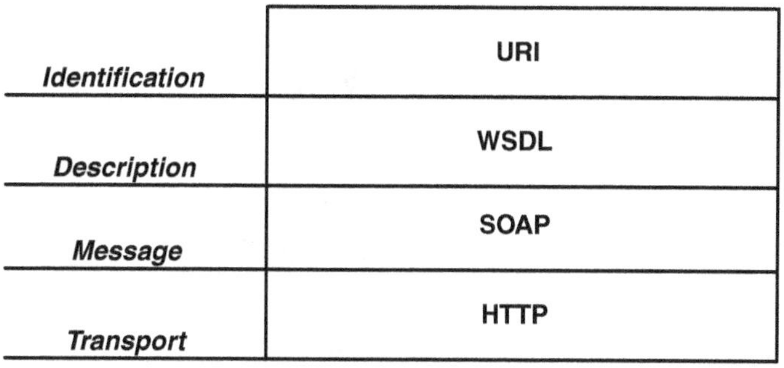

Figure 3-13

Profil technologique
d'un service Web
s'appuyant sur WSDL
et SOAP (liaison HTTP).

Identification	URI
Description	WSDL
Message	SOAP
Transport	HTTP

Plus spécifiquement, le profil basique WS-I (nous ne prenons pas en considération dans ce contexte le niveau découverte UDDI 2.0) est illustré par le diagramme de la figure 3-14.

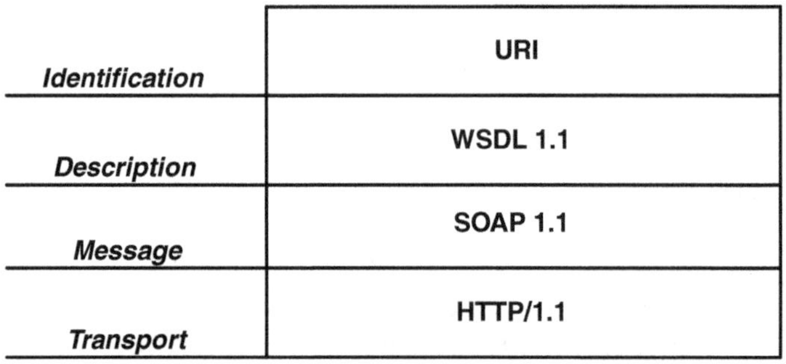

Figure 3-14

Un service Web « basic profile » WS-I.

Identification	URI
Description	WSDL 1.1
Message	SOAP 1.1
Transport	HTTP/1.1

L'application au profil technologique illustré par le diagramme de la figure 3-15 est un service Web, même s'il ne s'appuie pas sur SOAP (il communique via des documents XML au format libre dans le corps de messages HTTP GET/POST).

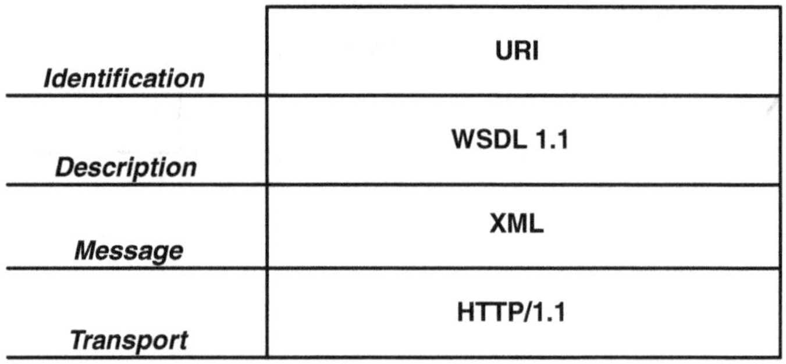

Figure 3-15

Profil technologique d'un service Web utilisant la liaison HTTP GET/POST.

Identification	URI
Description	WSDL 1.1
Message	XML
Transport	HTTP/1.1

Par ailleurs, une application ayant ses interfaces et liaisons décrites en WSDL peut utiliser un format de message SOAP sur un protocole de transport propriétaire comme IBM MQSeries (protocole asynchrone et fiable, basé sur un système de files de messages). L'identification de l'application peut être effectuée soit selon la convention URI, soit par d'autres systèmes d'identification. La définition de service Web ne permet pas de qualifier cette application comme un service Web (voir figure 3-16).

Figure 3-16

Profil technologique d'une application s'appuyant sur un protocole de transport propriétaire.

Identification	URI ou autre ID
Description	WSDL
Message	SOAP
Transport	IBM MQSeries

Une variante est obtenue par l'utilisation de JMS (Java Messaging System) comme système de messagerie. Il s'agit d'un protocole de messages qui peut être considéré comme standard mais qui est dépendant du langage (Java) utilisé, et qui s'impose à l'émetteur comme au récepteur. Il met en œuvre un système de messagerie asynchrone entre applications Java distantes, par l'utilisation du protocole RMI (Remote Method Invocation). IBM propose une mise en œuvre de JMS sur MQSeries (figure 3-17).

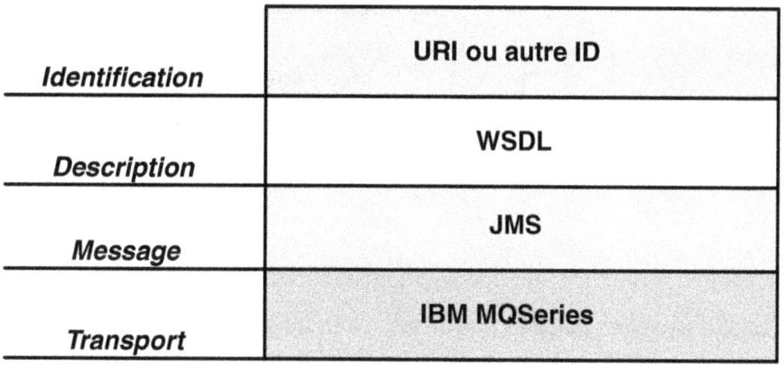

Figure 3-17

Profil d'une application qui utilise un système de messagerie dépendant du langage sur un protocole propriétaire.

Identification	**URI ou autre ID**
Description	**WSDL**
Message	**JMS**
Transport	**IBM MQSeries**

Une approche équivalente dans le monde Microsoft, représentée dans le diagramme figure 3-18, met en œuvre des technologies de description et d'échange de services Web sur un protocole de transport propriétaire, ce qui limite l'interopérabilité aux applications mises en œuvre sur l'environnement MS .NET.

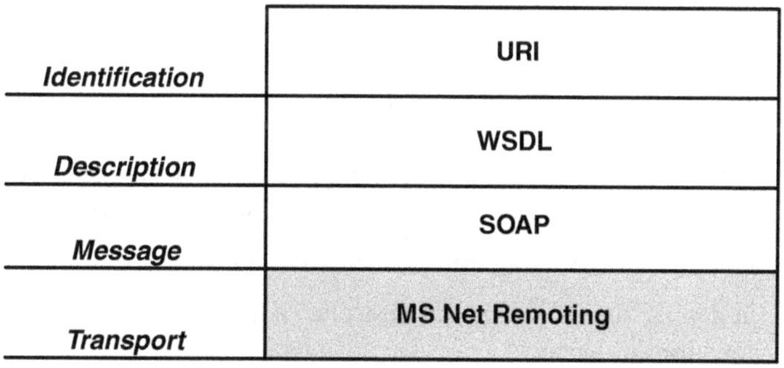

Figure 3-18

Une application qui s'appuie sur le protocole de transport propriétaire Net Remoting.

Identification	**URI**
Description	**WSDL**
Message	**SOAP**
Transport	**MS Net Remoting**

Pour conclure, le diagramme de la figure 3-19 présente une application bâtie sur des technologies issues du monde des standards ouverts (CORBA ou Common Object Request Broker Architecture), mais qui ne peut pas être qualifiée de service Web. À noter que le protocole de transport IIOP (Internet Inter-ORB Protocol) est un protocole standard Internet, adopté par l'IETF, et qui permet donc théoriquement le déploiement sur Internet.

La description de l'interface utilise l'IDL (Interface Definition Language) et l'objet cible de l'invocation de méthode est identifié via un IOR (Interoperable Object Reference). Le message utilise le standard GIOP (General Inter-ORB Protocol) sur IIOP, qui est la mise en œuvre des messages GIOP sur TCP/IP.

Le contenu des messages (les données) est encodé en respectant le format CDR (Common Data Representation).

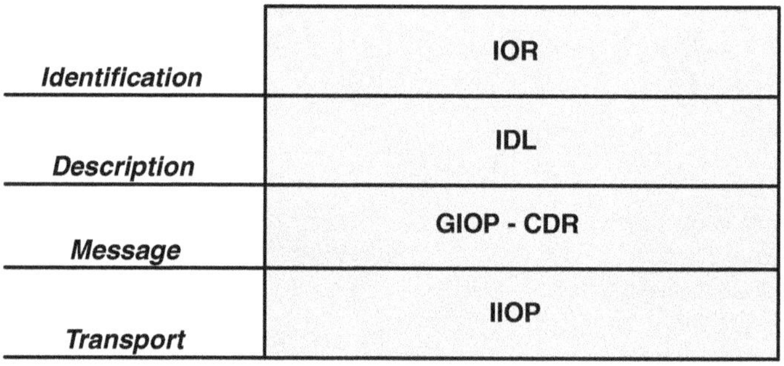

Figure 3-19

Une application en technologie CORBA 2.0 (OMG).

Identification	IOR
Description	IDL
Message	GIOP - CDR
Transport	IIOP

Spécifications d'interface et contrats types

Dans la mise en place des architectures de services Web aujourd'hui, la fonction de contrat est essentiellement portée par le document WSDL. Un document WSDL permet de définir l'implémentation de l'interface, à savoir :

* les styles d'échange ;

* les formats des messages ;

* les conventions de codage ;

* les protocoles de transport ;

* les ports de réception.

Les clauses listées ci-dessus sont suffisantes pour instrumenter le contrat entre le client et le prestataire, et donc pour garantir l'interopérabilité. La définition d'un contrat limité à ces articles et clauses a l'avantage de la simplicité. Mais il a l'inconvénient de délaisser beaucoup de thèmes assez pertinents d'un point de vue contractuel. WSDL prévoit un mécanisme standard d'extension qui sera sans doute de plus en plus utilisé pour traiter au moins une partie de ces thèmes :

* la description des fonctions du service (au niveau fonctionnel) ;

* la description de l'interface abstraite (notamment le lien entre les actes de communication et les fonctions du service) ;

* la description de la qualité du service.

La description des fonctions et de l'interface abstraite du service

L'effort de conception et de rédaction des spécifications fonctionnelles d'un service Web est très important, et parfois hors de la portée des organisations qui participent à la mise en place d'architectures orientées services. Les rédacteurs ne doivent pas oublier que leurs spécifications doivent pouvoir être exploitées par des acteurs humains qui, dans le cas le plus général, ne font pas partie de leur organisation, n'ont pas la même culture et ne parlent pas la même langue. Cette exigence impose un niveau très élevé de qualité et de standardisation de ces spécifications.

La difficulté à établir au cas par cas les spécifications fonctionnelles est un vecteur puissant de mise en place de normes et standards (contrats types) par secteurs métier. Des organisations professionnelles et des organismes de normalisation vont mutualiser la conception et la rédaction des spécifications de services standards pour les différents métiers.

Ces spécifications fonctionnelles, couplées aux spécifications d'interface, vont permettre une réelle interopérabilité au niveau métier (au-delà du niveau technique) entre applications. Les applications vont non seulement s'échanger des messages, mais aussi se comprendre.

Un contrat ainsi établi est un *contrat type*. Le contrat type renvoie explicitement ou implicitement aux spécifications fonctionnelles du service.

La mise en œuvre d'une occurrence d'un service type de la part d'un prestataire se réduit donc à la désignation de la référence au contrat type et des points d'accès. L'annuaire UDDI est particulièrement adapté à cet usage.

La description de la qualité de service

La description de la qualité de service ne présente pas la difficulté de formulation propre aux spécifications fonctionnelles.

On peut prévoir l'essor de langages spécialisés (extensions de WSDL ou autre) pour définir les différents aspects de la qualité de service. Le travail est déjà bien entamé sur deux sujets essentiels comme la sécurité et la gestion des transactions. Comme pour SOAP et WSDL, la spécification des protocoles précède nécessairement la spécification du langage de description. Dans la *road map* de WS-Security, le langage de définition des contraintes de sécurité WS-Policy est en voie de normalisation.

La mise en œuvre et l'utilisation d'un langage de description de la qualité de service, prenant en compte les autres aspects de la qualité (le dimensionnement, la performance, la fiabilité, la disponibilité, l'exactitude et la précision, etc.), et interprétable par programme, va changer en profondeur la façon de concevoir, de réaliser et d'exploiter les services et les applications. Les contrats types peuvent prévoir des niveaux minimaux de qualité de service, au-dessous desquels le contrat n'est pas respecté, et les niveaux plus élevés peuvent faire l'objet d'accords particuliers, d'offres plus évoluées, et constituer l'avantage compétitif d'un prestataire.

Dans ce chapitre, nous avons complété la présentation des articles du contrat de service, rappelé les différents usages du contrat et établi un état des lieux des technologies de services Web en relation avec la mise en place d'architectures orientées services. Dans le prochain chapitre nous allons évoquer les démarches de mise en œuvre des architectures orientées services et présenter les différents modèles d'architecture à configuration dynamique.

4

Architectures dynamiques

Construire une architecture orientée services signifie d'abord concevoir une *architecture en réseau de relations de service*, régentées par des contrats, entre applications réparties.

La construction de l'architecture est un processus qui implique différentes activités :

- la définition de contrats de service et la mise en place des interfaces pour les applications patrimoniales ;
- la conception de nouveaux services, la définition de leurs contrats et la mise en œuvre des applications prestataires ;
- l'évolution des applications patrimoniales et la conception de nouvelles applications capables de tirer parti des nouveaux services disponibles.

Dans ce chapitre, nous ne faisons pas de distinction entre le déploiement de ces architectures en intranet ou sur Internet. Cette distinction a un impact sur les fonctions offertes, sur la structure des droits et des habilitations et sur les moyens pour assurer la sécurité, mais n'est pas vraiment pertinente dans le contexte de la discussion qui suit. En outre, la montée en puissance du concept et de la pratique de l'entreprise étendue (à ses partenaires, clients, fournisseurs) et les nouveaux besoins d'interaction des administrations avec les citoyens et les entreprises rendent obsolète la distinction rigide intranet/Internet.

Conception d'architectures orientées services

Une architecture orientée services peut être conçue par une approche incrémentale, résultat de la combinaison de deux démarches de base :

- l'*agrégation* de services ;
- la *dissémination* de services.

L'approche par agrégation de services

Nous allons présenter l'agrégation de services à travers un exemple, illustré figure 4-1.

Pour l'agence de voyage Our Travels, qui travaille pour des entreprises de dimension internationale, le marché des voyages d'affaires est une composante essentielle de son chiffre d'affaires. Par ailleurs, ses entreprises clientes se dotent de plus en plus d'applications de gestion des missions des collaborateurs, intégrées dans leur système de gestion des frais et des achats. Our Travels constate cette tendance et décide de réfléchir à la constitution d'une offre appropriée de services en ligne.

Un voyage d'affaires est systématiquement constitué de trois éléments, dont certains évidemment optionnels :

• une réservation aérienne ;

• une réservation de chambre d'hôtel ;

• une réservation de voiture.

Les fournisseurs habituels d'Our Travels sont :

• la compagnie aérienne My Airways, qui dessert un nombre important de destinations pour ses clients ;

• la chaîne hôtelière Your Resort, dont les établissements sont présents dans ces destinations ;

• l'entreprise de location de voitures Her Car Rental, elle aussi présente dans ces destinations.

Ces fournisseurs ont choisi de se mettre à l'heure des services Web et proposent des services en ligne directement accessibles aux applications de leurs clients. La direction d'Our Travels décide de constituer un service en ligne de support d'une offre intégrée « Organisation de voyages d'affaires », adaptée aux besoins de ses clients, sur la base d'une architecture orientée services. L'idée est que les applications de gestion de missions des entreprises clientes puissent accéder directement à un service d'organisation de voyages d'affaires.

La direction d'Our Travels confie la conception et le développement de cette nouvelle offre à une équipe mixte, composée d'experts métier et d'informaticiens. Les premières tâches du projet sont :

• la conception et la rédaction d'un brouillon d'un contrat de service « Organisation de voyages d'affaires » pour les applications des entreprises clientes ;

• l'étude et l'expérimentation des services proposés par les fournisseurs, de leurs contrats de service et du fonctionnement concret des services en ligne existants : dans certains cas, une validation de la performance, au sens large, du service et de sa conformité au contrat est nécessaire (il s'agit de services qui ont été mis en place récemment).

Ces deux tâches sont conduites en parallèle, avec des points de synchronisation fréquents. Elles relèvent de deux approches symétriques :

• Approche *outside-in* : cette approche consiste à établir le contrat de service « Organisation de voyages d'affaires » à partir du besoin du marché, sans tenir compte a priori des offres de services nécessaires à sa mise en œuvre. L'approche *outside-in* peut être conduite en utilisant des moyens importants comme un large recueil des besoins des clients potentiels et de leurs applications d'entreprise. L'avantage est que le contrat de service est construit à partir du besoin du marché. L'inconvénient est que les services des prestataires dont Our Travels a besoin peuvent se révéler inadaptés à la mise en œuvre d'un service correspondant au contrat. L'avantage de cette approche est la pertinence, le risque en est la faisabilité.

- Approche *inside-out* : cette approche consiste à étudier en détail et de façon expérimentale les offres de services nécessaires à la mise en œuvre de l'offre « Organisation de voyages d'affaires », après en avoir établi les principes généraux. Le service agrégé est construit expérimentalement par prototypage et le contrat de service est une documentation du résultat. L'avantage de cette démarche est que l'on arrive rapidement au développement d'un prototype et à l'établissement d'un contrat de service qui n'est qu'une description a posteriori des fonctions du prototype réalisé. L'inconvénient est que le service et le contrat peuvent ne pas correspondre au besoin du marché. L'avantage de cette approche est la faisabilité, le risque en est la pertinence.

La démarche *inside-out* est obligatoire lorsque les services des prestataires ne sont pas suffisamment mûrs, leurs contrats incomplets et que le comportement à l'exécution présente des non-conformités.

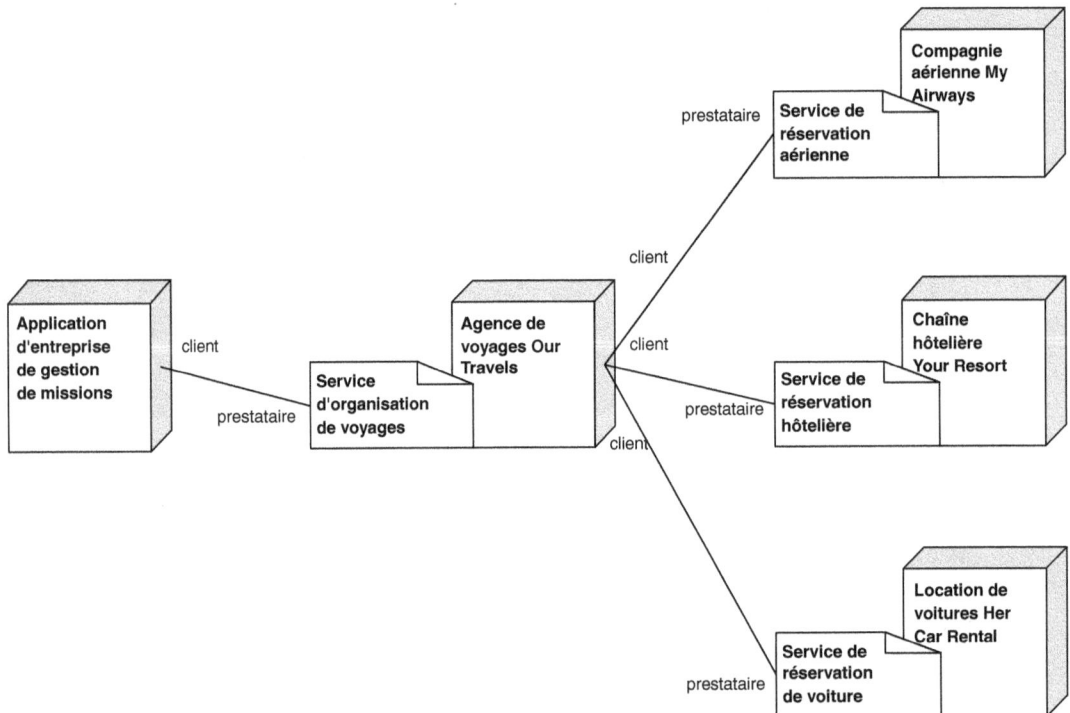

Figure 4-1

Agrégation de services.

Il est généralement conseillé de suivre la méthode d'Our Travels, c'est-à-dire d'entamer et de poursuivre les deux approches en parallèle, avec des échanges intenses et continus entre les deux équipes. Ces échanges sont indispensables pour que les deux approches puissent converger le plus rapidement possible vers un compromis, à savoir un contrat pour un service pertinent et faisable. Conduire en parallèle les approches *outside-in* et *inside-out* permet en outre de raccourcir les délais de mise en œuvre, car le modèle d'implémentation est fait en même temps que le modèle fonctionnel du service, sans pour autant rompre la relation de dépendance entre les deux modèles qui dicte que le modèle fonctionnel est une spécification pour le modèle d'implémentation.

La relation entre les contrats de service (le contrat de service « Organisation de voyages d'affaires » et les contrats de service des fournisseurs d'Our Travels) sont en fait complexes et la double approche esquissée est indispensable pour maîtriser cette complexité. La richesse fonctionnelle et le niveau de qualité du service « Organisation de voyages d'affaires » sont en fait dépendants :

- d'un côté, de la richesse fonctionnelle et du niveau de qualité des services des fournisseurs ;
- de l'autre côté, de la valeur ajoutée d'Our Travels, à savoir de l'« intelligence » des règles de gestion, de recherche et de combinaison mises en œuvre par l'application.

L'architecture d'agrégation de services qu'Our Travels met en œuvre pour la première version de son service d'organisation de voyages d'affaires est *statique* : les services, mais aussi les prestataires sont connus à l'avance. Pour la deuxième version, Our Travels prend acte que plusieurs de ses fournisseurs habituels ainsi que d'autres nouveaux acteurs du marché offrent désormais des services Web comparables à ceux offerts respectivement par My Airways, Your Resort et Her Car Rental. Certains d'entre eux, membres d'organisations professionnelles et d'organismes de normalisation, proposent même des *contrats types* qui, pour certaines parties (fonctions, interfaces et/ou exigences de qualité), sont normalisés par ces organismes et ces organisations professionnelles.

La deuxième version du service d'organisation de voyages d'affaires est beaucoup plus sophistiquée que la première. Sur la base de la requête de l'application cliente, l'application d'Our Travels choisit *à l'exécution* la combinaison optimale de fournisseurs, sur la base :

- des préférences exprimées par le client ;
- des règles de gestion de l'entreprise, dont l'application est éventuellement dépendante de son contexte économique (maximiser la marge de l'entreprise, maximiser la satisfaction du client, etc.) ;
- de la situation réelle (les places disponibles, par exemple) ;
- du contexte technique d'exécution (comme les serveurs en service et accessibles).

L'application est maintenant beaucoup plus complexe et demande plus d'effort en paramétrage, pilotage, maintenance et évolution, mais sa valeur ajoutée pour Our Travels *et* ses clients est indiscutable et concrètement mesurable

L'approche par dissémination de services

Nous allons présenter la dissémination de services par un exemple, illustré figure 4-2.

Une grande entreprise transnationale du secteur de l'industrie culturelle et des services en ligne, Little Brother Inc., a déployé une application intégrée de gestion RZO, qui est utilisée par une grande partie du personnel, réparti en plusieurs départements. Par la mise en place d'un système de gestion des profils, chaque utilisateur perçoit une vue de l'application correspondant à son profil.

D'autres applications, liées à des activités plus opérationnelles du métier de l'entreprise, ont besoin d'accéder aux données et aux traitements gérés par RZO. Cet accès a été réalisé dans le passé par des procédures lourdes, peu performantes et difficiles à exploiter et à maintenir, comme des réplications partielles de la base de données RZO exécutées par des traitements asynchrones d'export/import, et la duplication des règles de gestion dans les applications métier. Les applications métier de Little Brother pourraient gagner en performance et en coût de maintenance en accédant directement aux données et aux traitements mis en œuvre par RZO. Le problème de l'interopérabilité entre applications métier et RZO est posé.

La direction de Little Brother décide de démarrer un programme d'urbanisation du système d'information de l'entreprise, basé sur la mise en œuvre d'une architecture orientée services. L'interopérabilité avec l'application RZO, au cœur de la gestion de l'entreprise, est un des premiers objectifs du programme. Il serait évidemment fâcheux que les exigences d'interopérabilité imposent la refonte complète de l'application RZO : fort heureusement, les technologies et les outils de services Web permettent de bâtir rapidement la « glu » nécessaire à l'accès, de la part des autres applications, aux traitements et aux données gérés par RZO, sans modification de l'application RZO elle-même. Encore faut-il définir les fonctions que l'on veut exposer comme des services et l'interface par laquelle on souhaite les rendre accessibles. En effet, il existe déjà une interface programmatique aux serveurs RZO, utilisée dans le but de récupérer les informations et d'invoquer les traitements nécessaires pour afficher les écrans et traiter les formulaires de saisie de l'interface homme/machine de RZO. La direction donne comme consigne de réutiliser au maximum l'interface programmatique existante et de limiter son évolution au strict nécessaire.

Le périmètre de l'application RZO est très vaste et couvre l'ensemble des fonctions de gestion de l'entreprise. C'est bien le résultat d'une stratégie volontariste de centralisation de toutes les fonctions de gestion dans une seule application, développée dans le cadre d'un grand projet qui s'est déroulé sur plusieurs années. L'intégration présente des avantages, mais aussi des inconvénients lorsque l'on veut utiliser seulement une partie des données et des traitements gérés par RZO. La difficulté n'est pas seulement technique, elle est également conceptuelle : le concepteur de l'application cliente de RZO doit s'approprier et maîtriser une partie importante de la complexité de l'application, y compris pour réutiliser une petite partie de ses données et de ses traitements.

La direction de RZO décide de démarrer la collecte des besoins des applications clientes. Une équipe de spécialistes de l'application RZO et d'experts de la mise en place d'architectures orientées services est constituée. Il s'agit d'un côté de recenser les besoins en données et traitements, et de l'autre de valider leur implémentation en termes de fonctions et d'interfaces RZO disponibles.

Comme dans la démarche d'agrégation des services, deux approches symétriques sont possibles :

• Approche *outside-in* : cette approche consiste à établir les contrats de service à partir du besoin des applications clientes potentielles, sans tenir compte a priori de l'offre des services RZO nécessaires à sa mise en œuvre. L'avantage est que les contrats des services modulaires sont construits à partir du besoin du « marché interne ». L'inconvénient est que les services modulaires ainsi conçus peuvent se révéler difficiles à mettre en œuvre, insuffisamment pris en charges par RZO et redondants. L'avantage de cette approche est la pertinence, l'inconvénient réside dans la faisabilité.

• Approche *inside-out* : cette approche consiste à étudier en détail et de façon expérimentale les possibilités de développer des services modulaires à partir de RZO. L'avantage de cette démarche est que l'on arrive rapidement à la mise en œuvre d'un ensemble de services modulaires.

L'inconvénient est que ces services peuvent se révéler peu maniables et les contrats résultants peuvent ne pas correspondre au besoin du marché interne. L'avantage de cette approche est la faisabilité, la faiblesse possible en est la pertinence.

Comme dans la démarche de l'agrégation, il est conseillé d'entamer et de poursuivre les deux approches en parallèle, avec des échanges intenses et continus entre les deux équipes. Le résultat sera un compromis : la constitution, à partir de l'ensemble des traitements et des API RZO, de services métier cohérents, de taille et de complexité maîtrisables, utiles à d'autres applications. L'idée est que chaque service est autosuffisant : on peut le comprendre et l'utiliser en ignorant les autres. Pour atteindre cet objectif, un certain degré de superposition fonctionnelle entre services est toléré.

La phase de définition des services se termine avec l'identification des cinq services métier listés figure 4-2 à partir des besoins de six applications métier clientes potentielles et des fonctions et interfaces déjà proposées par RZO.

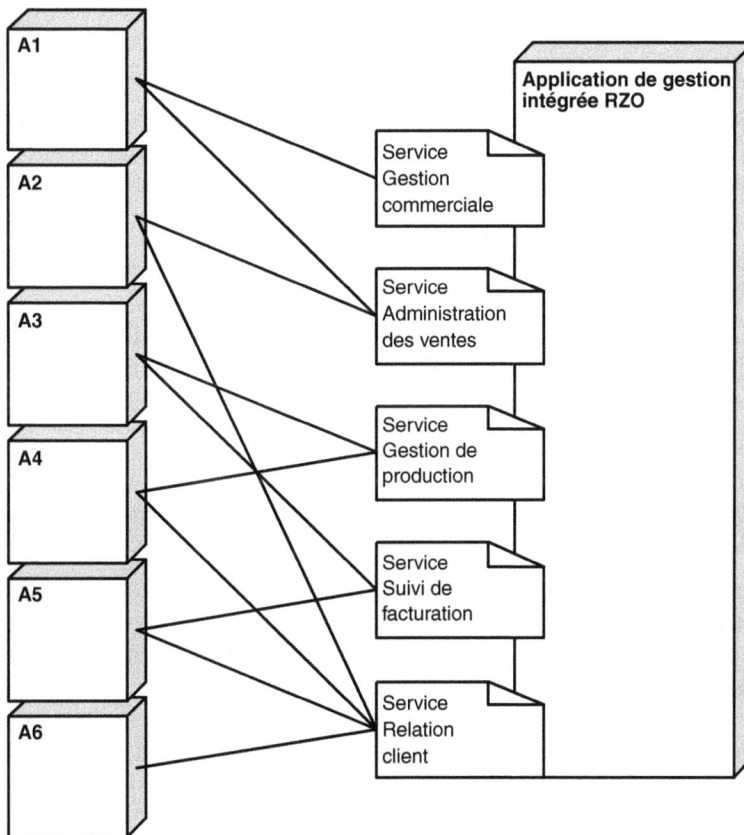

Figure 4-2

Dissémination de services.

Une fois les services identifiés, l'équipe de spécialistes entame une étape de définition et de rédaction des contrats. Cette étape est importante, mais ne présente pas de difficultés majeures, car le modèle fonctionnel du contrat de service est un modèle descriptif, en grande partie une documentation des fonctions existantes. Par ailleurs, les fonctions et les interfaces du service ne sont pas nécessairement isomorphes aux fonctions et interfaces correspondantes de RZO. Un service à valeur ajouté peut encadrer les invocations à RZO par des prétraitements et/ou post-traitements, combiner plusieurs invocations à RZO en une seule requête, et donc exposer à ses clients des fonctions plus sophistiquées et/ou une interface plus simple et homogène. Ce service peut également gérer des sessions de travail ou éventuellement des transactions, si RZO est en mesure de proposer un protocole de confirmation. Cette phase s'accompagne d'un prototypage d'au moins deux de ces services et des évolutions des applications clientes, nécessaires à l'utilisation des services.

Lorsque les contrats des services sont approuvés par les responsables des applications clientes, la phase d'implémentation industrielle peut passer à la vitesse supérieure et se conclure avec le développement des services spécialisés RZO et l'évolution des applications clientes. Les services spécialisés RZO peuvent être mis en œuvre comme des frontaux qui agissent en intermédiaires entre les applications clientes et RZO.

En conclusion, un des premiers objectifs du programme d'urbanisation du système d'information promu par la direction de Little Brother, à savoir l'*interopérabilité* entre applications, a été atteint. En plus, cette interopérabilité a été obtenue par un *couplage faible* des applications d'entreprise :

- non seulement en termes techniques : chaque application cliente n'a aucune « connaissance » de l'implémentation de RZO, et vice-versa (les technologies de services Web utilisés sont totalement non intrusives) ;

- mais aussi en termes fonctionnels : chaque application métier est cliente d'au plus deux services RZO. De même, l'exploitation des données et des traitements RZO de la part des applications clientes demande, de la part du concepteur, la connaissance de ces deux services seulement.

Par ailleurs, un effet induit par la mise en place de services modulaires est que maintenant l'évolution et éventuellement la refonte de RZO peuvent être planifiées avec une démarche incrémentale. Certaines parties de RZO peuvent être remplacées par de nouveaux composants logiciels, sans qu'il soit nécessaire de modifier les applications clientes : l'implémentation change, l'interface reste la même.

Ce scénario est approprié lorsque l'application de gestion intégrée RZO est une application patrimoniale de Little Brother. On peut imaginer un scénario différent. Big Sister Ltd, une compagnie transnationale concurrente de Little Brother, au lieu de développer par ses propres moyens une application de gestion intégrée, a choisi d'installer et de paramétrer le progiciel de gestion intégrée TBQ. TBQ Gmbh, qui commercialise le progiciel éponyme, a prévu le besoin de ses clients et a développé un certain nombre d'interfaces, bâties sur les technologies de services Web, qui mettent à disposition des applications clientes un certain nombre de fonctions TBQ, commercialisés comme des *add-on*. Ces interfaces ne présentent peut être pas une adhérence parfaite aux besoins des applications métier clientes de Big Sister (le progiciel TBQ lui-même, par ailleurs, n'offre pas non plus cette adhérence parfaite), mais ils ont le mérite d'exister et de trancher d'emblée une partie des discussions, qui risqueraient sans cela de se prolonger, sur les « meilleurs » services à spécifier et à mettre en œuvre.

Les architectures orientées services et les technologies de services Web ouvrent de nouvelles perspectives aux éditeurs de progiciels et à leurs utilisateurs. Pour les éditeurs, elles ouvrent des nouveaux marchés avec des efforts limités en recherche et développement (développement de la « glu » autour du progiciel lui-même). Pour les entreprises utilisatrices, elles ouvrent la voie du désenclavement et de l'urbanisation des systèmes d'information.

Combinaison des approches

L'agrégation et la dissémination des services constituent des approches de base de conception et de mise en œuvre d'architectures orientées services. Les architectures orientées services complexe qui vont se déployer dans les années à venir seront sans doute le résultat de la combinaison de ces deux approches.

Il est important d'insister sur le caractère incrémental et étalé dans le temps de telles démarches. Le modèle de l'architecture orientée services se prête parfaitement à l'*urbanisation* des systèmes d'information au sens large (intra et interentreprises), il permet ainsi de planifier dans le temps et dans l'espace la réutilisation et la fin de vie des applications existantes, la refonte des applications, la mise en œuvre de nouvelles applications à valeur ajoutée, tout en garantissant leur interopérabilité.

Les architectures orientées services dynamiques

Une architecture d'*applications réparties faiblement couplées* (ou *architecture faiblement couplée*) est constituée d'un ensemble *décentralisé* d'applications réparties *autonomes*, lesquelles interagissent sur la base de protocoles de communication *asynchrones*, et sont mises en œuvre à l'aide de technologies *ouvertes* et *non intrusives*.

Une architecture répartie est dite *décentralisée* lorsque l'ensemble des applications constituantes n'est pas doté d'une autorité centrale de surveillance, de contrôle et de gestion.

Une application participant à une architecture répartie est dite *autonome* lorsqu'elle exhibe les caractéristiques suivantes :

- son implémentation est indépendante des spécificités de la mise en œuvre des autres applications de l'ensemble (l'architecture logicielle, le langage d'implémentation, le système d'exploitation, la technologie des bases de données), sauf pour la mise en œuvre des interfaces de communication avec les autres applications de l'ensemble ;

- sa participation à l'architecture n'impose pas de choix technologique sur l'implémentation des autres applications de l'ensemble, sauf pour la mise en œuvre des interfaces de communication ;

- sa défaillance ou la défaillance de l'infrastructure de communication avec les autres applications influe naturellement sur l'activité des autres applications, mais n'induit pas directement leur défaillance : sa possibilité peut et doit être prise en compte dans le comportement normal des autres applications ;

- les défaillances des autres applications ou de l'infrastructure de communication avec les autres applications influent évidemment sur le comportement de l'application, mais ne provoquent pas sa défaillance : elles peuvent et doivent être prises en compte dans son comportement normal.

Les protocoles de communication entre applications constituantes d'une architecture faiblement couplée sont généralement *asynchrones*. Un protocole de communication est synchrone si, du point de vue de l'application, la corrélation entre deux ou plusieurs messages n'est pas explicite, au moyen d'identifiants de messages et de références à ces identifiants, mais gérée implicitement par le protocole de transport sous-jacent. L'appel de procédure distante (RPC) est un protocole de communication synchrone : le retour de la procédure distante est directement corrélé par le protocole de transport sous-jacent à l'invocation de la procédure (qui peut être bloquante ou non bloquante pour le fil d'exécution de l'application appelante). Une architecture faiblement couplée met en œuvre la communication asynchrone entre applications constituantes.

Les infrastructures et technologies de communication (formats, protocoles), au niveau fonctionnel et technique, entre applications d'une architecture faiblement couplée, sont :

- *conformes à des standards ouverts* : non-propriétaires, librement disponibles et accessibles ;

- *non intrusives* : non seulement les systèmes participant à l'échange ne sont obligés en aucun cas de connaître les choix de mise en œuvre de leurs interlocuteurs, mais, en outre, aucune installation de technologie dépendante de ces choix n'est demandée préalablement à la mise en œuvre de la communication.

Le relâchement de tout ou partie des contraintes citées (décentralisation, autonomie, asynchronisme…) donne lieu à une augmentation du degré de couplage entre applications d'une architecture répartie.

Une architecture d'applications réparties *fortement couplées* (ou *architecture fortement couplée*) est une architecture :

- dans laquelle une application, éventuellement pilotée par un acteur humain, exerce des fonctions centralisées de surveillance, monitorage, contrôle, gestion ;

- qui est constituée d'applications fortement dépendantes entre elles en termes applicatifs, technologiques, de gestion des défaillances ;

- dans laquelle les applications constituantes communiquent via des protocoles synchrones, mis en œuvre à l'aide de technologies de communication propriétaires et intrusives.

> Une grande partie des architectures réparties installées dans les réseaux locaux des entreprises et des administrations correspondent au modèle d'architecture fortement couplée.

Le *degré de couplage* des architectures réparties évolue sur un continuum qui va du très fortement couplé au très faiblement couplé. Le modèle de l'architecture orientée services permet de modéliser des architectures à n'importe quel degré de couplage.

Il y a une corrélation évidente entre le degré de couplage d'une architecture répartie, le nombre d'applications constituantes et l'infrastructure de communication. Des architectures constituées de dizaines, voire de centaines ou de milliers d'applications réparties sur Internet doivent inévitablement mettre en œuvre un degré de couplage très faible : c'est une condition nécessaire de leur existence et de leur survie.

Les avantages en termes de qualité de service, de configuration dynamique, de facilité de maintenance et d'évolution des architectures faiblement couplées sont évidents. En revanche, leur conception et leur mise en œuvre sont beaucoup plus complexes que celles des architectures fortement couplées, surtout du fait que les caractéristiques opérationnelles (performance, fiabilité, disponibilité, continuité de service, etc.) ne peuvent être totalement gérées en temps réel ni par des couches logicielles techniques ni par des acteurs humains, mais remontent inévitablement au niveau du traitement applicatif.

Niveau de configuration dynamique

Une architecture répartie d'applications est dite *dynamique* (à configuration dynamique) lorsqu'elle n'est pas entièrement configurée en phase de développement ou de déploiement, mais qu'au moins certaines parties sont configurées à la volée et éventuellement reconfigurées à l'exécution.

L'architecture dynamique demande :

- que les informations nécessaires à la configuration dynamique apparaissent dans des documents, qui font office de *contrats*, disponibles à l'exécution ;

- la participation à l'architecture d'*applications tierces et intermédiaires* qui gèrent ces informations et contrats et sont capables de les mettre à disposition des autres applications ;

- des *protocoles de conversation* entre applications qui leur permettent de négocier et de déterminer à l'exécution les valeurs d'un certain nombre de paramètres nécessaires à leur configuration dynamique, si elles ne sont pas disponibles dans les contrats.

Le premier niveau de choix dynamique touche aux *points d'accès* (adresses de communication/ports de réception) des applications participantes de l'architecture. Un niveau plus élevé de configuration dynamique touche certaines caractéristiques de l'*implémentation de l'interface* de communication (formats de messages, conventions d'encodage des données, protocoles de transport, etc.) qui peuvent être déterminées à l'exécution dans une liste finie de variantes possibles. Il se peut également que le choix de la procédure d'*authentification* réciproque entre applications soit effectué à l'exécution. D'autres paramètres de l'architecture (notamment ceux qui touchent au *niveau de qualité de service*, comme, par exemple des délais d'attente) peuvent être négociés à l'exécution, après établissement de la liaison entre applications.

Lorsqu'un service est mis en œuvre par plusieurs applications prestataires « concurrentes », le choix des applications constituantes de l'architecture dynamique (outre leurs points d'accès, l'implémentation de l'interface, etc.) peut être déterminé à l'exécution. Au-delà du choix des applications qui mettent en œuvre le même contrat, le choix du contrat à exécuter peut également être déterminé à l'exécution (et, en cascade, le choix de l'application, de l'implémentation de l'interface, des points d'accès, etc.).

Relation entre degré de couplage et niveau de configuration dynamique

La relation entre degré de couplage et niveau de configuration dynamique des architectures réparties n'est pas linéaire, mais il est évident qu'une architecture faiblement couplée peut atteindre des niveaux élevés de configuration dynamique avec un effort de conception et de développement moindre que celui qui est nécessaire pour atteindre le même résultat dans le cadre d'une architecture fortement couplée.

L'espace à deux dimensions (degré de couplage, niveau de configuration dynamique) est représenté à la figure 4-3. Les applications patrimoniales d'aujourd'hui présentent généralement un niveau de configuration dynamique très faible et un degré de couplage très fort. L'émergence des technologies de services Web est censée apporter un niveau d'interopérabilité très élevé avec un degré de couplage très faible et donc établir les fondations des architectures réparties à haut niveau de configuration dynamique.

En fait, une grande partie des problèmes d'intégration disparaissent avec l'approche de l'architecture orientée services et les technologies de services Web. Le terme même d'*intégration* est inadapté à propos des architectures orientées services et de leur implémentation en services Web, et peut être remplacé par le terme d'*interaction*. Les applications qui composent une architecture orientée services dynamique ne sont pas « intégrées », mais interagissent entre elles – de façon non prédéterminée dans le cas le plus général – selon des modes, protocoles et interfaces répertoriés dans le contrat de manière explicite.

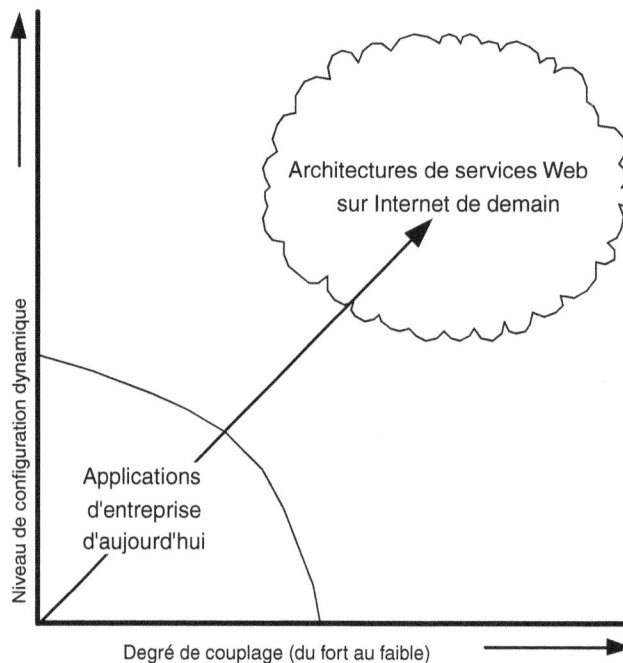

Figure 4-3

Degrés de couplage et niveaux de configuration dynamique.

Le cycle de mise en œuvre d'une relation de service

Les architectures dynamiques permettent aux applications qui les constituent de choisir dynamiquement (à l'exécution) :

- les *points d'accès* des prestataires ;
- les *techniques de liaison* (implémentations des interfaces) avec les prestataires ;
- les *prestataires* des services ;
- les *services* (*contrats*) qu'elles utilisent en tant que clientes.

Le cycle de mise en œuvre d'une relation de service entre deux applications comporte quatre phases :

1. Information.

2. Négociation.

3. Instrumentation.

4. Exécution.

Selon le niveau de configuration dynamique de l'architecture, chacune de ces phases peut être pratiquement vide d'activité ou, à l'inverse, très chargée.

Entre la phase 2 et la phase 3 se situe l'événement ponctuel de *signature* du contrat de service (clôture de l'accord sur le contrat). L'acte de signature peut être explicite ou implicite, la simple continuation de la relation constituant acceptation mutuelle de l'accord. Les acteurs du cycle de mise en œuvre de la relation de service seront dénommés, avant la signature du contrat, *fournisseurs* et *demandeurs* de services, et, après la signature, *prestataires* et *clients* de services. Nous appellerons les phases avant la signature (1 et 2) *phases amont* et les phases après signature (3 et 4) *phases aval* du cycle de mise en œuvre d'une relation de service (voir figure 4-4).

Phases amont			Phases aval	
1. Information	**2. Négociation**	*Signature*	**3. Instrumentation**	**4. Exécution**
Interfaces et protocoles de - enregistrement - découverte - publication - recherche (UDDI, WS-Inspection…)	Protocoles de négociation - qualité de service - termes de l'échange		Protocoles de - identification - authentification - autorisation Génération dynamique de la liaison (WS-Security…)	Protocoles de - administration - sécurité - gestion transactionnelle (WS-Coordination, WS-Transaction, OMI…)

Figure 4-4

Phases du cycle de mise en œuvre de la relation de service.

Les états du contrat

Nous allons distinguer plusieurs états de contrat, qui sont utilisés dans les différentes phases du cycle de mise en œuvre de la relation de service (voir figure 4-5).

Un *contrat exécutable* est un contrat qui contient suffisamment d'informations pour que la prestation qu'il régente soit instrumentée et exécutée. Autrement, un contrat est dit *non exécutable*.

Un *contrat négociable* est un contrat, exécutable ou non, qui comprend des *clauses variables*, objets de négociation, lesquelles deviennent « constantes » à l'aboutissement positif de la phase de négociation. Les clauses variables peuvent être *renseignées* (partiellement ou totalement) ou *non renseignées*. À la convergence de la phase de négociation, un contrat négociable devient *ferme* (il fait l'objet d'une *offre ferme* ou d'une *commande ferme*). Un contrat négociable entièrement renseigné peut être exécutable. Une condition nécessaire pour qu'un contrat passe à l'état ferme est qu'il soit exécutable.

Pour certains éléments contractuels, la négociation peut être reportée à une phase ultérieure, qui démarre dans le cadre du déroulement de la prestation de services. Ces éléments ne sont donc pas fermes : le contrat est cependant exécutable par des applications qui disposent des capacités de négociation appropriées.

Un *contrat ferme* est un contrat non négociable et exécutable.

Un *contrat signé* est un contrat ferme auquel les contractants ont apposé leurs signatures.

Un *contrat type* est un modèle de contrat. Le contrat type peut être établi par une organisation professionnelle ou un organisme de normalisation, lesquels définissent un service standard et indépendant des prestataires. Un contrat type peut également être établi par un prestataire et proposé systématiquement à ses clients.

Un contrat (négociable ou ferme) peut être une *occurrence* d'un contrat type.

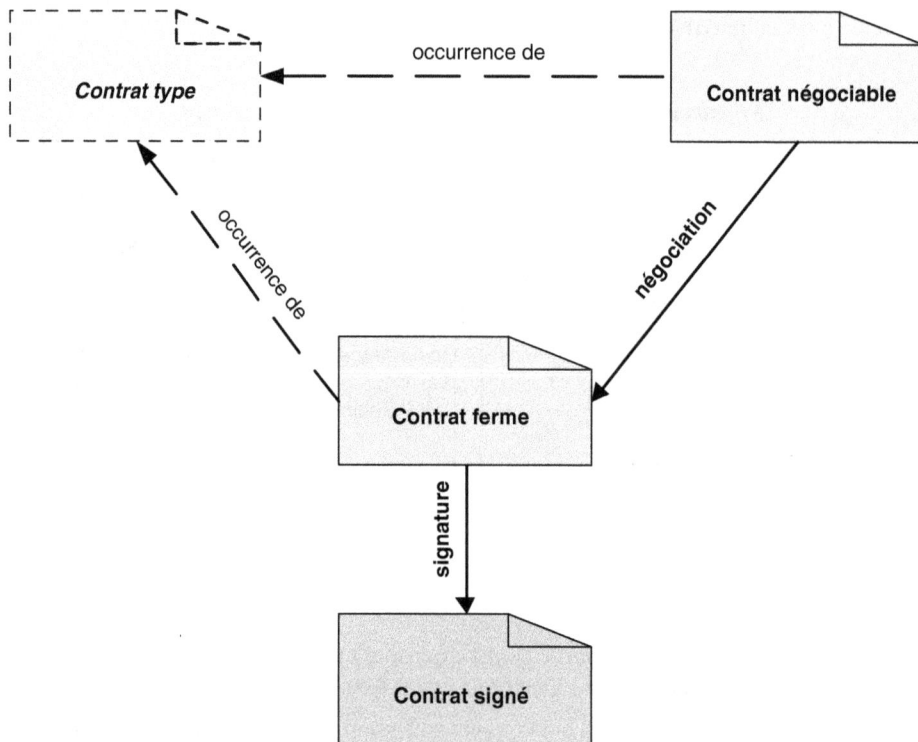

Figure 4-5
États de contrats et contrats types.

Les phases du cycle

Phase 1 : information

Dans la phase 1, les fournisseurs et les demandeurs de services s'échangent, éventuellement via des services d'intermédiation, les informations sur les offres et les demandes de services. La catégorisation et l'indexation des services, des contrats, des fournisseurs et, dans des architectures plus évoluées, des demandeurs de services, sont nécessaires à la recherche d'information.

Phase 2 : négociation

La phase 2 est la phase de négociation du contrat. Les fournisseurs et les demandeurs s'échangent d'abord des intentions et ensuite des engagements, par le biais de protocoles de négociation qui amènent le contrat de l'état négociable à l'état signé (ou, sinon, à l'échec de la négociation). La phase de négociation ne peut être agencée et effectuée que par des applications douées de capacités élevées de résolution de problèmes et de reconfiguration dynamique.

Phase 3 : instrumentation

Entre la phase 2 et la phase 3 se situe l'*acte de signature* du contrat. Cet acte de signature est en même temps la dernière étape de la phase 2 (négociation – clôture de l'accord) et la première étape de la phase 3 (instrumentation – création de la liaison). La signature marque le passage de l'accord sur le contrat à la mise en œuvre de la prestation. L'acte de signature peut être implicite : le passage à l'instrumentation du contrat fait office d'acceptation du contrat.

Après la signature du contrat, la phase 3 est une phase d'établissement de la *liaison* (*binding*) entre le client et le prestataire. La phase d'instrumentation peut aller du simple échange d'adresses de communication à des protocoles plus complexes comprenant des phases d'identification, d'authentification et d'autorisation.

Phase 4 : exécution

La phase 4 est la phase de réalisation de la prestation de services. Si une interface de gestion de service est disponible, cette phase est gérée dans le cadre d'un véritable cycle de vie, avec des protocoles de démarrage, d'arrêt, de suspension et de réactivation de la réalisation du service.

Cycle en spirale

Le cycle de mise en œuvre de la relation de service se déroule selon un modèle en spirale pour les architectures à reconfiguration dynamique (voir figure 4-6). Au cours de la réalisation du service, un nouveau cycle d'information, négociation, instrumentation et exécution peut démarrer lorsque, par exemple, la phase d'exécution intègre des mécanismes de gestion de la continuité du service et de négociation à la volée de niveaux de qualité qui induisent la reconfiguration dynamique de la relation de service.

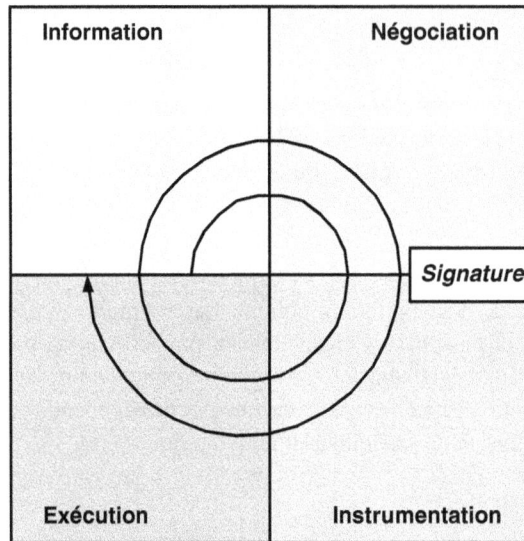

Figure 4-6
Le cycle en spirale des architectures à reconfiguration dynamique.

Les niveaux de configuration dynamique

Nous allons développer trois niveaux de configuration dynamique des architectures orientées services. Ces niveaux sont déterminés surtout par les capacités de configuration dynamique des phases amont du cycle de mise en œuvre de l'architecture orientée services :

- configuration dynamique niveau 1 (*quasi statique*) ;
- configuration dynamique niveau 2 (avec *annuaire*) ;
- configuration dynamique niveau 3 (avec *intermédiaire*).

Nous avons vu que le modèle de l'architecture orientée services repose sur trois concepts de base : le concept de *contrat*, de *client* (*demandeur*) et de *prestataire* (*fournisseur*). Les autres concepts, comme ceux de *tiers* et d'*intermédiaire,* sont reconductibles, eux aussi, à ces concepts de base. Le tiers est un prestataire de services annexes qui peuvent être utilisés par les applications d'une architecture orientée services dans les différentes phases de mise en œuvre d'une relation de service primaire. L'intermédiaire est un prestataire de services d'intermédiation, dont les clients sont des applications orientées services pouvant jouer les rôles de clients et de prestataires d'autres services dits primaires. Les services d'intermédiation peuvent intervenir dans les différentes phases de mise en œuvre de la relation de service primaire.

Les niveaux de configuration dynamique se distinguent par la présence (ou l'absence) de tiers et d'intermédiaires dans les phases 1, 2 et 3 (information, négociation, instrumentation).

Dans la configuration niveau 1, il n'y a ni tiers ni intermédiaires dans les phases d'information, de négociation et d'instrumentation (il peut cependant y avoir des tiers et intermédiaires dans la phase d'exécution, nécessaires à la réalisation de la prestation de services).

Dans la configuration niveau 2, opère un tiers prestataire du service d'*annuaire*, dans la phase 1 (information) et dans la phase 3 (instrumentation).

Dans la configuration niveau 3, opère un *intermédiaire*, prestataire de différents services d'inter-médiation, qui peuvent être impliqués dans les phases 1, 2 et 3 (information, négociation, instrumentation) mais également dans la phase 4 (exécution).

La configuration dynamique niveau 1

Dans la configuration dynamique niveau 1 (quasi statique), les applications « se connaissent » à l'avance (au moins l'application demandeur connaît l'application fournisseur). Se connaître, dans ce contexte, veut dire connaître l'URL d'une ressource racine qui contient les informations ou les renvois nécessaires à la mise en œuvre de la relation de service. L'architecture de niveau 1 se carac-térise par l'absence de tiers et d'intermédiaires (voir figure 4-7). Elle est simple à mettre en œuvre, mais son inconvénient réside dans l'absence presque totale de capacité dynamique (rigidité, manque de robustesse, difficulté de montée en charge, etc.).

Phase 1 : information

Dans une configuration niveau 1, le demandeur connaît le fournisseur de services et le contrat est exposé par le fournisseur comme une ressource dont l'URL est connue ou conventionnelle. Le demandeur effectue une *inspection* :

• pour confirmer que le contrat est bien celui auquel il s'attendait ;

• pour récupérer des informations utiles à l'instrumentation du contrat (par exemple l'adresse du port de réception du fournisseur).

Si le contrat exposé par le fournisseur est ferme (non négociable), le cycle de mise en œuvre passe directement à la phase d'instrumentation du contrat.

Phase 2 : négociation

Cette phase n'est pas vide si le contrat est négociable et si le demandeur et le fournisseur sont en mesure de mettre en œuvre un protocole de négociation et une configuration dynamique de la relation de service.

Phase 3 : instrumentation

Le contrat est instrumenté, c'est-à-dire que la liaison entre le demandeur et le fournisseur, devenus respectivement client et prestataire, est mise en œuvre. Le client valide, dans le contrat, les informations relatives à l'implémentation de l'interface (les conventions d'encodage, les protocoles de transport, les ports de réception) pour l'établissement de la liaison. Le client et le prestataire mettent éventuellement en œuvre un protocole d'authentification réciproque.

Phase 4 : exécution

L'exécution du contrat est la réalisation de la prestation de services. Elle peut éventuellement prévoir le redémarrage du cycle de mise en œuvre, car les conditions de réalisation de la prestation de services peuvent changer dynamiquement.

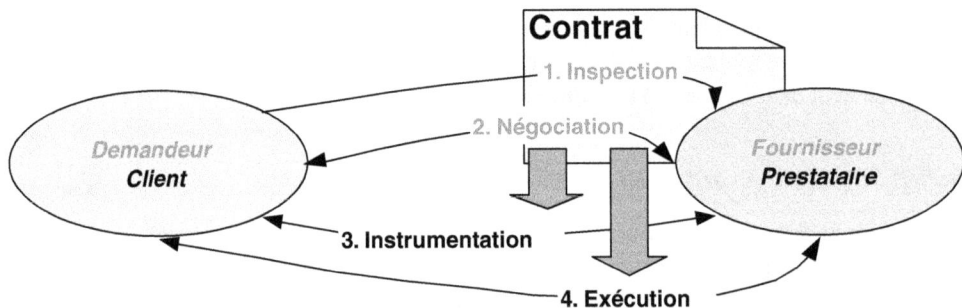

Figure 4-7

Configuration dynamique niveau 1 (quasi statique).

WS-Inspection

IBM et Microsoft ont proposé le langage *Web Services Inspection Language* (WS-Inspection 1.0 ; *http://www-106 .ibm.com/developerworks/webservices/library/ws-wsilspec.html*) qui permet d'inspecter un « site » pour découvrir les services proposés. Le document est accessible par une URL conventionnelle. Le document *WS-Inspection* peut également référencer les informations normalement dispersées dans plusieurs documents WSDL et annuaires UDDI.

Le document WSIL d'un prestataire de services est normalement exposé à une URL conventionnelle de type : *http://www.provider.com/service.wsil*.

La configuration dynamique niveau 2

La configuration dynamique niveau 2 se caractérise par la présence d'au moins un prestataire de services d'intermédiation : le *service d'annuaire* (voir figure 4-9).

L'annuaire

Dans la littérature sur les architectures orientées services, le terme d'*annuaire* a diverses significations et recouvre plusieurs fonctions ou combinaisons de fonctions. Pour clarifier la problématique, nous allons donner une définition idéale du service d'annuaire comme résultat de l'agrégation de trois services de base (voir figure 4-8) :

- le service de *répertoire* des fournisseurs de services avec leurs coordonnées ;
- le service de *référentiel* des contrats de service proposés par les fournisseurs (ainsi que des documents annexes) ;
- le service de *carnet* d'adresses des ports de réception des fournisseurs de services.

L'annuaire des services gère les liens entre le référentiel, le répertoire et le carnet. Toutes ces informations peuvent être organisées et indexées par catégories (métier et techniques) et dotées d'identifiants puisés dans des systèmes de codification. Un service d'annuaire évolué peut gérer une fonction d'*abonnement/notification* : le demandeur s'abonne aux changements de résultat d'une certaine interrogation (exemple : les fournisseurs qui offrent un certain contrat type) et le service lui notifie tout changement (exemple : l'enregistrement d'un nouveau fournisseur proposant le contrat type).

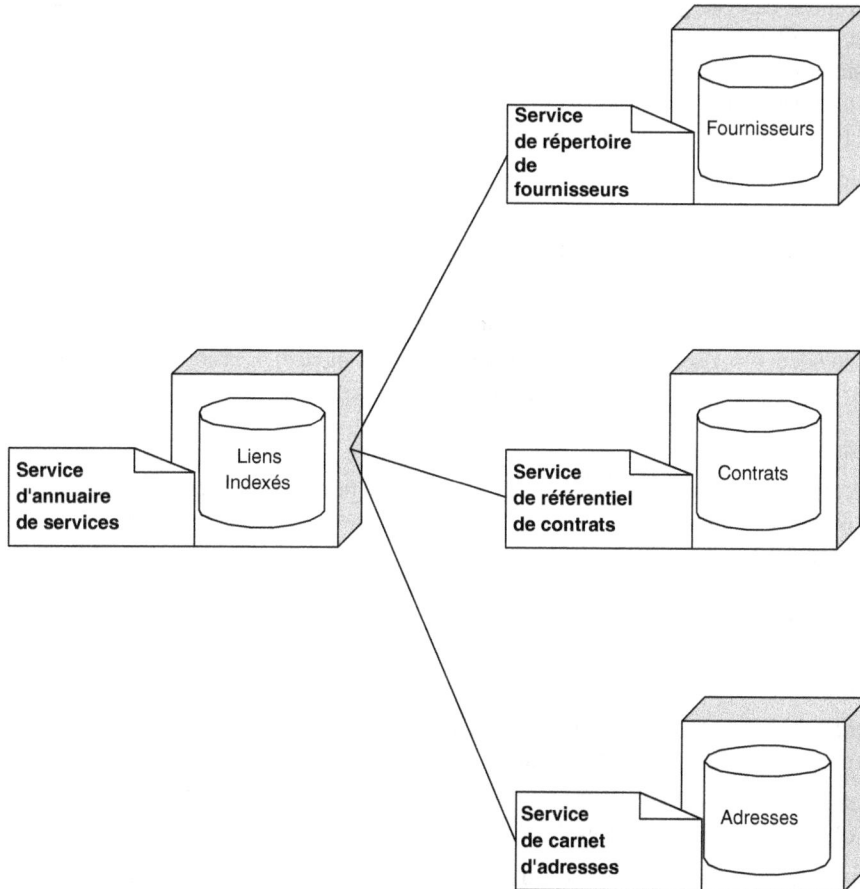

Figure 4-8

L'architecture logique de l'annuaire de services.

Le répertoire des fournisseurs

Le répertoire des fournisseurs gère l'ensemble des informations ayant trait aux fournisseurs (leurs coordonnées, par exemple). Un point important est la gestion des relations organisationnelles : par exemple la gestion des notions de holding, de groupe, de filiale, de département, ainsi que la répartition géographique.

Le référentiel des contrats

Le référentiel de contrats gère les contrats types, les contrats négociables, les contrats fermes, les contrats signés d'une architecture orientée services. Le référentiel des contrats gère également les liens entre ces entités, c'est-à-dire :

- le lien entre un contrat type et ses occurrences ;

- les liens entre les différents « états » (occurrences de contrats négociables, fermes, signés).

Le référentiel des contrats devrait être en mesure de gérer les *versions* et les *configurations* des contrats. Pour les contrats signés, les versions successives correspondent à des *avenants* aux contrats. Des systèmes plus sophistiqués peuvent garder la trace des négociations, avec les différentes versions des contrats négociables produits dans le cadre de la négociation. D'autres systèmes peuvent maintenir toute sorte de liens entre contrats, et notamment :

- les liens entre les contrats « primaires » et les contrats « secondaires » (des services annexes d'intermédiation et de tiers) ;

- les liens circulaires entre les contrats qui régentent des services troqués.

Les fournisseurs de services, et éventuellement les intermédiaires et les tiers, utilisent le service de référentiel des contrats pour publier les contrats types, les contrats négociables et les contrats fermes qu'ils entendent proposer (*enregistrement, publication, annonce*). Les applications clientes recherchent les contrats proposés par les prestataires (*recherche, découverte*).

Le carnet d'adresses

Le carnet d'adresses donne l'ensemble des adresses des points d'accès aux services. Cette information devrait être gérée en temps réel (avec les points d'accès en service et le masquage des points d'accès temporairement hors service).

Accès, catégorisation et codification

La présentation (interface) de l'information d'un annuaire de services est généralement organisée sous forme de pages blanches, pages jaunes et pages vertes :

- les *pages blanches* privilégient l'accès à l'information (les contrats, les points d'accès) *via* les coordonnées au sens large des fournisseurs ;

- les *pages jaunes* présentent les informations (coordonnées des fournisseurs, contrats, points d'accès) indexés par catégories de services, souvent organisées en hiérarchie ;

- les *pages vertes* proposent un accès à partir des informations utiles à la mise en œuvre de la relation de service (les points d'accès et les liaisons en relation à un contrat type, par exemple).

La *classification* et la *catégorisation* des services, des contrats, des fournisseurs et des points d'accès, sont des fonctions importantes de l'annuaire. La classification et la catégorisation sont effectuées au moyen de *taxonomies* et de *codifications*.

La classification et la catégorisation sont indispensables pour réduire les délais de recherche des services, des contrats, des prestataires et des points d'accès. Les taxonomies et codifications sont d'autant plus intéressantes qu'elles deviennent largement acceptées, voir normalisées, et surtout librement disponibles (c'est-à-dire qu'elles ne sont pas assujetties à des formes de propriété intellectuelle qui en limitent la diffusion).

Les pages jaunes représentent en fait une organisation de l'annuaire par classes et catégories (spécialisation métier, géographique, etc.).

Taxonomies et codifications standards

Il existe des taxonomies et des codifications standards, qui sont par exemple applicables aux entrées de l'annuaire UDDI, comme :

– NAICS (ensemble de codes pour les secteurs économiques définis par le gouvernement américain) ;

– UN/SPC (codes produits et services définis par l'ECMA) ;

– les taxonomies géographiques.

D'autres taxonomies peuvent être définies directement par les différents prestataires d'annuaires (Google s'appuie sur une taxonomie définie par le projet dmoz – Open Directory Project, qui prétend fournir une taxonomie générale organisant l'information disponible sur le Web).

Phase 1 : information

Les fournisseurs enregistrent leurs coordonnées, les contrats et contrats types qu'ils proposent, et les adresses des points d'accès dans l'annuaire.

Les demandeurs interrogent l'annuaire pour connaître les fournisseurs, les contrats et les points d'accès des services. Un service d'abonnement aux nouveaux contrats, fournisseurs et aux nouvelles adresses selon plusieurs critères de sélection peut être proposé par l'annuaire.

Phase 2 : négociation

Cette phase est identique à celle de la phase de négociation qui existe dans la configuration dynamique niveau 1. Les demandeurs et les fournisseurs peuvent évidemment conduire plusieurs négociations en parallèle suite aux résultats de la phase 1.

Phase 3 : instrumentation

Le contrat est instrumenté. Le client et le prestataire s'échangent les informations nécessaires à l'établissement de la liaison préalable à l'exécution du contrat.

Phase 4 : exécution

L'exécution du contrat est la réalisation de la prestation de services.

Des changements d'information, pouvant avoir une influence sur la réalisation de la prestation de services, peuvent être récupérés par le client intéressé, soit sur son initiative (par interrogation périodique de l'annuaire), soit sur initiative de l'annuaire, qui les notifie aux clients abonnés (cela implique la capacité du client à recevoir et à traiter des notifications asynchrones de la part de l'annuaire). Par exemple, la fermeture d'un point d'accès de la part du prestataire peut être détectée par le client lors d'une défaillance de communication ou notifiée à l'avance par l'annuaire.

Le cycle de mise en œuvre de la relation de service peut redémarrer pendant le déroulement de la prestation de services, conduisant à la reconfiguration dynamique de cette relation.

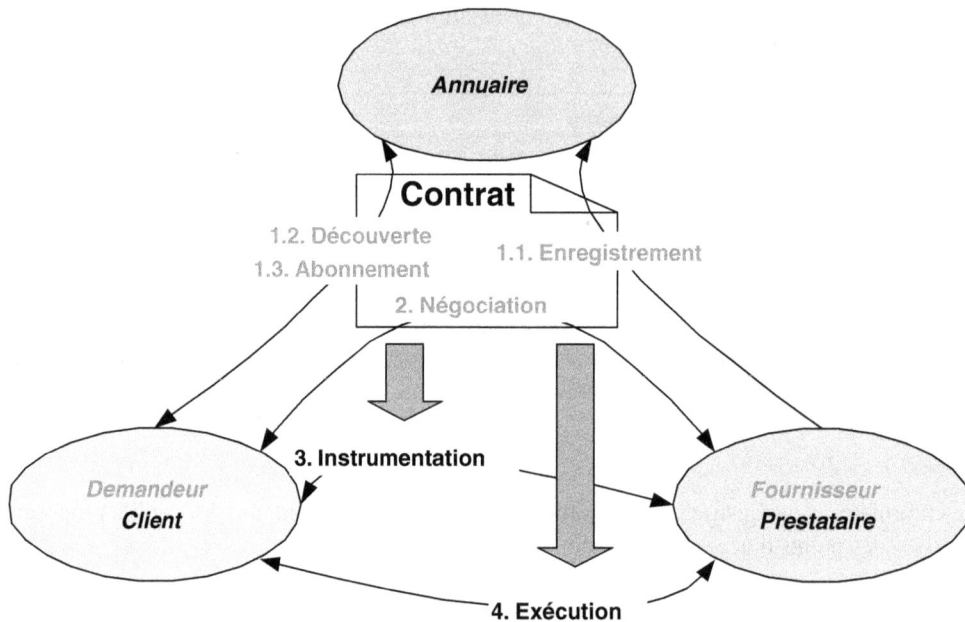

Figure 4-9

Configuration dynamique niveau 2 (dynamique avec annuaire).

La configuration dynamique niveau 3

L'annuaire est un service qui permet un niveau élevé de configuration dynamique de l'architecture. Mais, dans la configuration niveau 2, les positions respectives du demandeur et des fournisseurs ne sont pas symétriques : l'annuaire fonctionne comme une base indexée de services laquelle est renseignée par les fournisseurs et interrogée par les demandeurs, ces derniers pouvant bénéficier d'un service d'abonnement/notification. L'annuaire limite l'information à l'aspect offre de services, car il ne gère que les fournisseurs et leurs cordonnées ainsi que les contrats enregistrés par ces fournisseurs qui représentent en fait des offres de services.

La configuration dynamique niveau 3 fonctionne sur la base d'une architecture d'annuaire symétrique : les demandeurs et les fournisseurs publient leurs coordonnées, leurs ports de réception, les contrats types, les contrats négociables et les contrats fermes. Ces contrats, publiés par les demandeurs et les fournisseurs, représentent respectivement des *demandes* et des *offres* de services (types, négociables, fermes).

L'annuaire UDDI

L'annuaire UDDI offre les services de répertoire et de carnet d'adresses. Il ne pourvoit pas de fonctions avancées de gestion de référentiels de contrat ou de documents annexes. L'annuaire est largement implémenté et présent dans les offres des acteurs principaux (IBM, Microsoft, etc.). Ces implémentations peuvent être utilisées pour la mise en œuvre d'annuaires privés, dont l'accès est limité en intranet ou extranet (voir chapitre 11, Découvrir un service avec UDDI, et le chapitre 12, Publier un service avec UDDI).

Dans un annuaire UDDI, on trouve des objets de quatre types :

– `businessEntity` : organise les informations sur le fournisseur de services ;

– `businessService` : organise les informations sur le service fourni ;

– `bindingTemplate` : organise les informations sur l'instrumentation du service (points d'accès, etc.) ;

– `tModel` : organise les informations sur la description du service (pointeurs vers des documents WSDL, etc.).

Une `businessEntity` peut offrir plusieurs `businessService`, qui à leur tour peuvent présenter chacun plusieurs `bindingTemplate` (structure arborescente). Chaque `bindingTemplate` exhibe un lien vers un `tModel`.

Un annuaire UDDI 2.0 est accessible de la même façon qu'un service Web : l'interface d'accès est décrite par un document WSDL 1.1 et le protocole d'échange est SOAP 1.1. Son interface (API) est essentiellement partagée en une partie enregistrement et une partie recherche et découverte.

IBM, Microsoft et d'autres fournisseurs proposent des annuaires UDDI publics accessibles sur Internet, qui se synchronisent entre eux.

OASIS est désormais en charge de l'évolution des spécifications UDDI. Cette organisation propose par ailleurs une autre spécification d'annuaire et de référentiel : *ebXML Registry Services Specification, version 2.0* (publiée le 6 décembre 2001). Cette spécification définit les interfaces d'accès, la sécurité et le format d'enregistrement des informations. L'annuaire ebXML, dont il existe des implémentations disponibles, gère différentes entités comme les CPP (Collaborative protocol profiles) pour les participants à l'échange, les BPS (Business process specifications) ainsi que des schémas de classification et catégorisation.

Intermédiaire de base

La fonction de base d'intermédiaire dans la configuration dynamique niveau 3 est une fonction d'*annuaire symétrique*, enrichie du côté demandeur : l'intermédiaire gère non seulement les fournisseurs et leurs offres (comme un annuaire classique), mais aussi les demandeurs : leurs coordonnées, leurs demandes de services (des contrats qui représentent des demandes de services), leurs points d'accès.

L'intermédiaire pourvoit différentes fonctions utiles à la mise en relation des demandeurs et des fournisseurs sur la base respective de leurs demandes et de leurs offres.

La fonction de base de l'intermédiaire est l'*appariement* entre demandes et offres (voir figure 4-10).

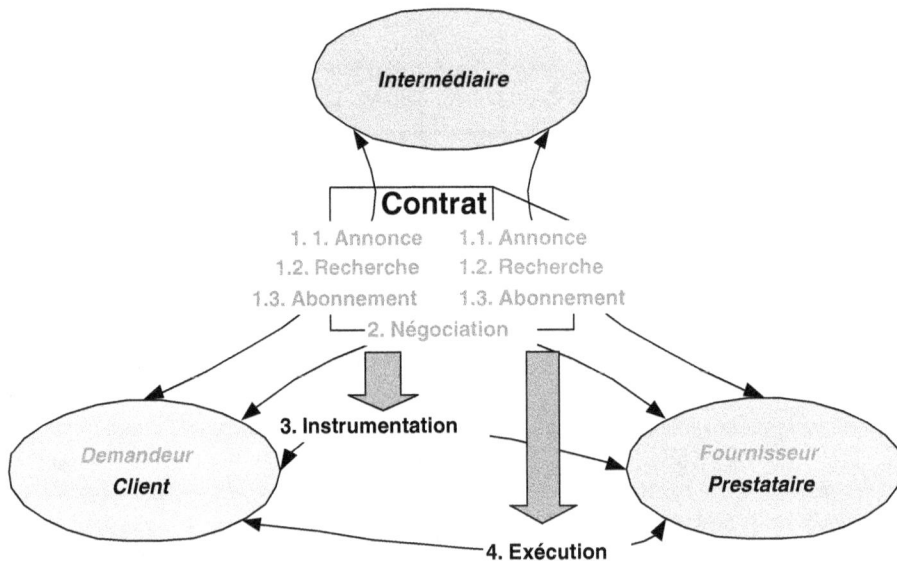

Figure 4-10

Configuration dynamique niveau 3 (dynamique avec intermédiation).

Intermédiaire évolué

La gestion de la publicité et de la discrétion sur les identités (les coordonnées) des fournisseurs et des demandeurs et sur les contrats, offerts et demandés, est la deuxième fonction de l'intermédiaire. Cette gestion peut varier de la publication, sans restriction d'accès, de l'identité et du contrat (offre ou demande), à la discrétion la plus totale sur l'identité et sur le contrat (offre ou demande), en passant par des stratégies intermédiaires (publication de contrats anonymes, publication de demandes et d'offres catégorisées mais sans contrat et ainsi de suite). Lorsqu'il est question d'anonymat, l'intermédiaire opère en tant qu'agent (au nom d'un client ou d'un prestataire) dans les phases amont de la mise en œuvre de la relation de service. La confiance dans l'intermédiaire remplace la confiance dans le demandeur ou le fournisseur anonyme.

Recrutement de clients

C'est une fonction d'intermédiation spécialisée. Le fournisseur fait une *requête de recrutement de clients* sur une offre. L'intermédiaire lui retourne la liste des demandeurs qui ont enregistré une demande qui s'apparie, selon des critères plus ou moins stricts, à l'offre. Les demandeurs en question ont évidemment accepté, lors de l'enregistrement de leur demande, la publication de leur identité avec la demande. Le fournisseur contactera directement les demandeurs pour éventuellement négocier et signer un contrat de service. Des modes de négociation *many-to-one* comme les enchères (dans les différentes formes d'enchères : anglaise, hollandaise, etc.) peuvent être envisagés (voir plus loin la section « Négociation ») s'ils sont appropriés et si l'infrastructure s'y prête. L'intermédiaire peut fournir le service de *teneur de place d'échange*, qui trace les échanges de négociation (garantissant éventuellement la non-répudiation). Les demandeurs ne connaissent préalablement ni l'existence ni l'identité du fournisseur qui prend l'initiative du contact.

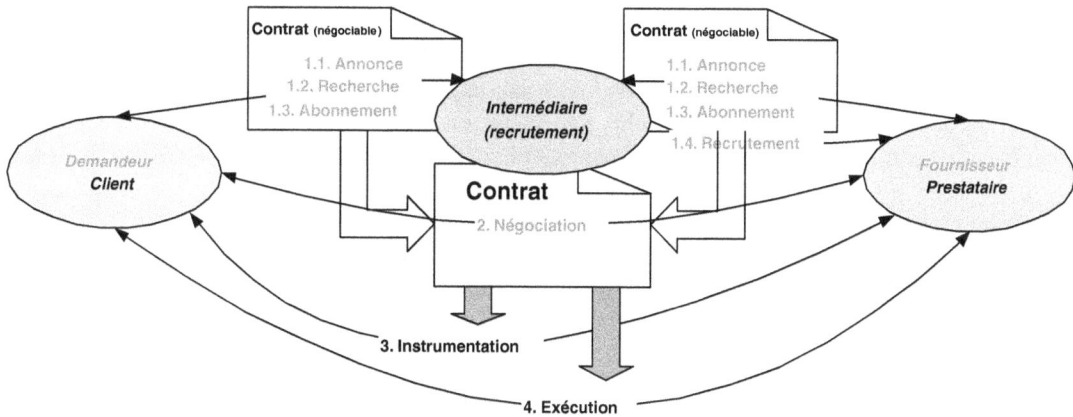

Figure 4-11

Recrutement de clients.

Recommandation de prestataires

C'est une fonction d'intermédiation spécialisée. Le demandeur fait une *requête de recommandation de prestataires* sur une demande. L'intermédiaire lui retourne la liste des fournisseurs qui ont enregistré une offre qui s'apparie, selon des critères plus ou moins stricts, à sa demande. Les fournisseurs en question ont évidemment accepté, lors de l'enregistrement de leur offre, la publication de leur identité. Le demandeur contactera directement les fournisseurs pour éventuellement négocier et signer un ou plusieurs contrats de service. Des modes de négociation *one-to-many* comme le RFP (Request for proposals) peuvent être envisagés (voir plus loin la section « Négociation »). L'intermédiaire peut là aussi fournir le service de *teneur de place d'échange*, tiers de confiance qui trace les échanges de négociation (garantissant éventuellement la non-répudiation). Les fournisseurs ne connaissent a priori ni l'existence ni l'identité du demandeur qui prend l'initiative du contact.

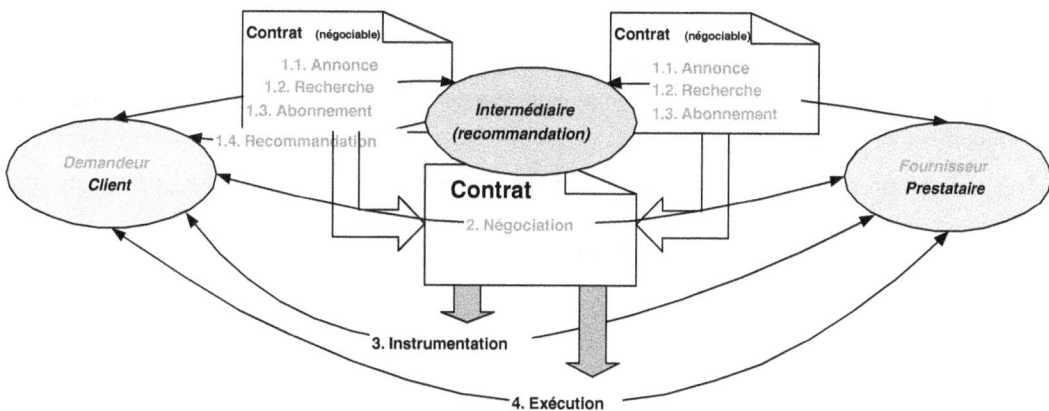

Figure 4-12

Recommandation de prestataires.

Courtier

Le courtier est un intermédiaire évolué qui met en œuvre les fonctions d'intermédiation de base, de recrutement de clients et de recommandation de prestataires, ainsi que, éventuellement, les fonctions de teneur de place d'échange (voir plus loin la section « Le teneur de la place d'échange »). Le service de courtage peut couvrir entièrement les phases amont du cycle de mise en œuvre du service. Le courtier peut notamment conduire directement les négociations des deux côtés (demandeur et fournisseur) et amener les parties à un accord sur un contrat exécutable sans qu'il y ait eu contact direct entre demandeur et fournisseur dans les phases amont. En revanche, son apport se limite à la seule signature – l'instrumentation et l'exécution du service étant accomplis par échange direct entre client et prestataire.

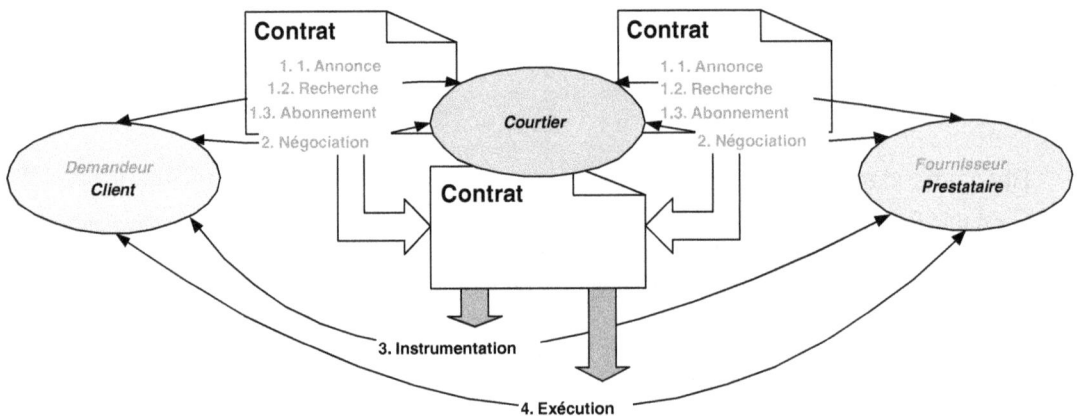

Figure 4-13
Courtier.

Intermédiation à l'exécution

Les intermédiaires que nous avons présentés jusqu'ici participent aux phases amont de la mise en œuvre d'un service. L'instrumentation et l'exécution du service sont directement gérées par le demandeur et le fournisseur, qui deviennent respectivement client et prestataire du service.

Cependant, un intermédiaire peut aussi participer aux phases aval, jusqu'à assurer directement une partie de la prestation. De ce fait, l'intermédiaire à l'exécution peut cacher réciproquement les identités des fournisseurs/prestataires et des demandeurs/clients car il apparaît comme client au prestataire et comme prestataire au client.

En fait, le principe de base de l'intermédiation dans les phases aval est que tout ou partie des actes de communication servant à instrumenter, préparer, gérer et effectuer la prestation de services, qui est toujours fournie par le prestataire, s'effectuent entre le client et l'intermédiaire d'un côté, et l'intermédiaire et le prestataire de l'autre.

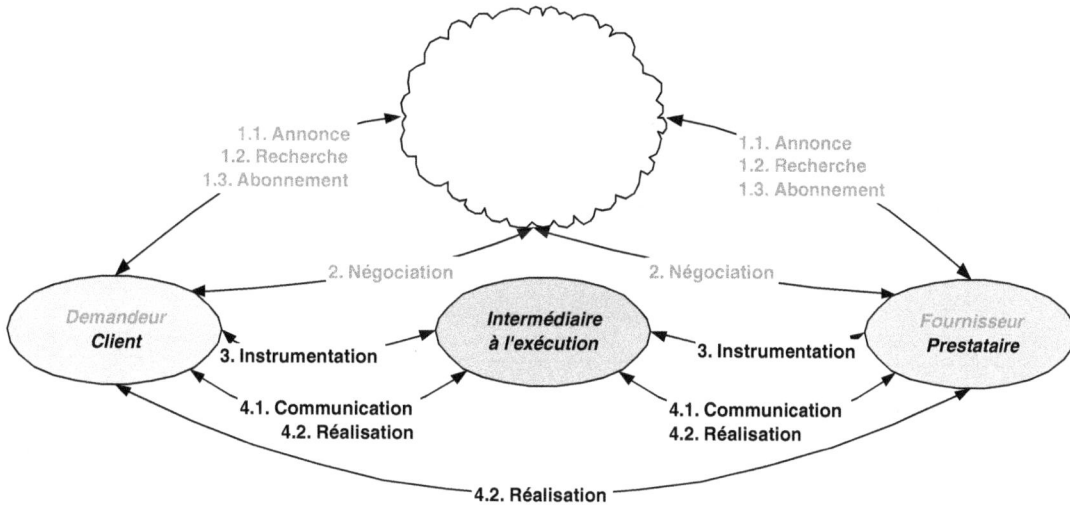

Figure 4-14

Intermédiaire à l'exécution.

Un exemple d'intermédiaire à l'exécution « pur » est le coordinateur du protocole de transaction en deux étapes (voir le chapitre 20, « Gestion des transactions »), qui se charge de coordonner, pour le compte d'une application qui agrège une prestation complexe dans laquelle plusieurs applications interviennent, la confirmation ou l'annulation de la transaction. Ce rôle est « pur » : le coordinateur n'intervient dans la mise en œuvre d'aucune des prestations applicatives qui s'agrègent dans la prestation globale, mais se limite à une tâche de coordination technique.

Dans le cas le plus général, la différence entre intermédiation à l'exécution et agrégation de services (présentée dans la section « Approches de conception d'architectures orientées services ») tend à s'estomper. L'intermédiaire à l'exécution peut mettre en œuvre des stratégies sophistiquées d'agrégation et de configuration dynamique des services, dont la complexité peut être cachée au demandeur/client. La figure 4-15 illustre une architecture dans laquelle la relation entre demandeur/client et intermédiaire est représentative du niveau 1 de configuration dynamique (avec toute la simplicité de mise en œuvre du client qui en découle). À l'exécution, l'intermédiaire évolué peut garantir un niveau de gestion des arrêts et de la continuité de service de type *fail over* (présentée dans le chapitre précédent) via un niveau plus élevé de configuration dynamique de la relation avec les fournisseurs/prestataires.

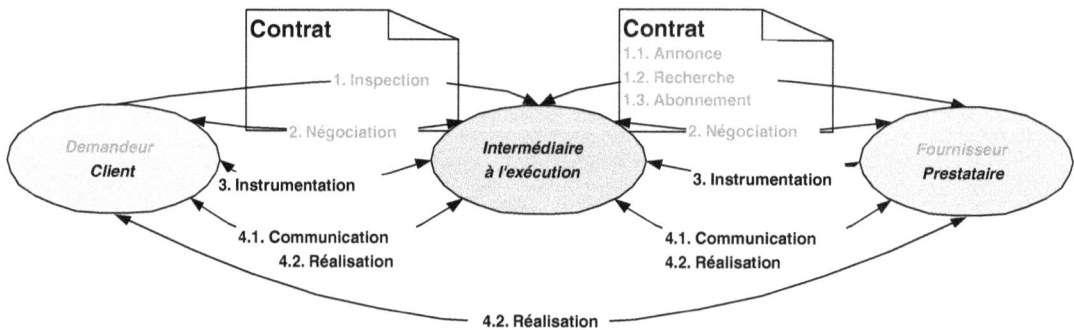

Figure 4-15

Intermédiaire à l'exécution qui rend l'architecture quasi statique pour le client.

Négociation

La réalisation effective de la phase de négociation du cycle de mise en œuvre de la relation de service ajoute une dimension dynamique supplémentaire à l'architecture orientée services.

La négociation aboutit à la finalisation dynamique du contrat et donc à une configuration dynamique de la prestation de services. Pour gérer une activité de négociation, le demandeur/client et le fournisseur/prestataire doivent posséder des capacités sophistiquées telles que :

- la capacité à négocier : cela implique, d'un côté la mise en œuvre de protocoles de négociation et, de l'autre côté, la mise en œuvre de règles et d'heuristiques pour conduire le processus ;

- la capacité à mettre en œuvre une relation de service définie dynamiquement par le résultat de la négociation : cela implique, pour le prestataire, la capacité à reconfigurer dynamiquement la prestation qu'il pourvoit, et pour le client, la capacité à reconfigurer dynamiquement l'utilisation de la prestation.

L'important, en ce qui concerne l'architecture orientée services, est la définition et la mise en place de protocoles normalisés de négociation, qui constituent l'infrastructure qui rend la négociation possible. Le reste, la capacité à négocier et à configurer dynamiquement la production et la consommation de services, appartient aux possibilités et aux capacités des applications impliquées.

La négociation d'un contrat peut impliquer un ou plusieurs demandeurs et un ou plusieurs fournisseurs :

- protocoles *one-to-one* (un demandeur, un fournisseur) ;

- protocoles *one-to-many* (un demandeur, plusieurs fournisseurs) ;

- protocoles *many-to-one* (plusieurs demandeurs, un fournisseur) ;

- protocoles *many-to-many* (plusieurs demandeurs, plusieurs fournisseurs).

Des protocoles « électroniques » de négociation *one-to-one*, *many-to-one* (enchères), *one-to-many* (*request for proposals*), *many-to-many* (marché généralisé) ont fait l'objet d'études et de mises en œuvre diverses et variées, particulièrement avec le développement du commerce électronique. Ces protocoles électroniques ont pour objet des échanges marchands, mais pourraient être adaptés à la négociation des prestations de services informatiques.

Les étapes du processus de négociation

Le but principal d'un protocole de négociation est d'organiser un processus qui aboutit à un accord sur un contrat de service exécutable qui satisfait les parties. Un protocole de négociation sophistiqué est organisé par étapes intermédiaires (*information*, *intention*) et finales (*engagement*, *clôture*), dans lesquelles la sémantique des actes de communication que les interlocuteurs s'échangent évolue dans le sens d'une augmentation du niveau d'engagement sur le contrat objet de la négociation. Chaque étape intermédiaire est optionnelle et peut être sautée : la seule étape nécessaire est l'engagement, dans laquelle soit le fournisseur émet une offre ferme (un contrat ferme), soit le demandeur émet une commande ferme (un contrat ferme). L'interlocuteur ne peut répondre que par une acceptation ou par un refus.

Information

La première étape est une étape d'échange d'*information*. Cette étape se confond avec la phase homonyme du cycle de vie de la mise en œuvre de la relation de service (voir figure 4-4) : dans le contexte du processus de négociation, elle doit être comprise comme une étape d'information spécifique sur les prestations de services susceptibles de faire partie du contrat. En fait, le demandeur communique son intérêt potentiel, en tant que client, pour des services ayant certaines caractéristiques et le fournisseur communique les caractéristiques des services dont il est prestataire. Cette étape est purement informationnelle, il n'y a aucune expression de besoin ou d'engagement concret, ni de la part du fournisseur, ni de la part du demandeur.

Intention

Si le processus de négociation ne s'est pas arrêté avant par la défection d'un des interlocuteurs, il peut passer à l'étape d'expression d'intentions. Les actes de communication que les interlocuteurs s'échangent dans cette étape manifestent l'intention (sans engagement ferme) de mettre en œuvre une relation de service. Le demandeur manifeste l'intention de commander une prestation conforme à un certain contrat, et le fournisseur manifeste l'intention d'effectuer une prestation conforme à un certain contrat plus ou moins proche du premier.

Engagement

Le processus de négociation peut s'arrêter à l'étape d'expression d'intention par défection d'un des interlocuteurs. S'il continue, il entre, tôt ou tard, dans l'étape d'engagement. Les actes que les interlocuteurs s'échangent dans cette étape manifestent l'engagement ferme de l'émetteur par rapport à un contrat exécutable. Il faut bien noter que, dans la phase d'engagement, les actes de communication ont toujours une signification double et conditionnelle : l'engagement de l'émetteur *et* la requête d'engagement au récepteur, en sachant que l'engagement de l'émetteur est conditionné par la réponse du récepteur et que, sans engagement réciproque de ce dernier, il ne constitue plus une obligation pour l'émetteur.

Clôture

L'étape de l'engagement peut comprendre plusieurs échanges de propositions et contre-propositions, mais il arrive un moment ou un des interlocuteurs émet une proposition de contrat qui tolère seulement deux réponses possibles : l'acceptation et donc la clôture de l'accord ou le refus et l'arrêt définitif du processus de négociation.

Avec la clôture du contrat, s'ouvre le passage aux phases aval du cycle de mise en œuvre de la relation de service (instrumentation, exécution).

Le teneur de place d'échange

Le *teneur de place d'échange* (ou *place de marché*) est un prestataire de service de plate-forme et de tiers de confiance pour l'activité de négociation et éventuellement pour certaines activités de suivi de l'exécution du contrat. Les fonctions spécifiques du service tiers de tenue de la place d'échange peuvent être l'authentification des participants à la négociation, la non-répudiation des échanges dans le processus de négociation, l'orchestration de protocoles de négociation qui demandent des services de coordination, comme les enchères, mais aussi le suivi à l'exécution de la tenue de certains engagements contractuels, notamment ceux qui touchent la qualité de service.

Conclusion

Le modèle d'architecture orientée services est un outil conceptuel puissant, car il est fondé sur un nombre réduit de concepts mais s'applique pratiquement à tout type d'architecture répartie. Ce modèle puise ses fondements dans des recherches, des pratiques et des technologies utilisées largement et depuis longtemps en informatique répartie. Il peut se développer et se diffuser grâce à l'essor des technologies de services Web.

Les technologies de services Web disponibles aujourd'hui couvrent les fonctions de base de l'infrastructure nécessaire à la mise en œuvre d'architectures orientées services : notamment le formalisme d'une partie importante (la définition des interfaces) du contrat de service (WSDL), les protocoles d'échange entre applications (SOAP, XML/RPC, etc.), les outils et les mécanismes propres à l'exploitation d'architectures dynamiques (l'annuaire UDDI, les générateurs de *proxies* dans les langages de programmation les plus utilisés…). Les protocoles et les outils d'*infrastructure* nécessaires au déploiement d'applications critiques sur grande échelle, comme la gestion de la sécurité (WS-Security) et la gestion des transactions (WS-Coordination, WS-Transaction, BTP), sont en maturation, en termes de spécification et d'implémentation, tandis que d'autres, comme la fiabilité des échanges (vois le chapitre 18, Fiabilité de l'échange) sont encore en gestation. Le domaine des langages de description des processus métier, outils indispensables pour l'agrégation de services, est en pleine effervescence (voir le chapitre 21, Gestion des processus métier). Le développement des ingrédients technologiques nécessaires à la mise en place d'architectures orientées services progresse donc relativement rapidement, compte tenu de la complexité de la problématique.

Les architectures orientées services, mises en œuvre via les technologies de services Web, vont avoir comme cible privilégiée l'automation de processus métier infra et interorganisations. Ces processus sont aujourd'hui partiellement pris en charge par des systèmes informatiques, mais se déroulent à l'aide d'interventions directes des acteurs humains sur des tâches exécutives situées dans toutes les phases et surtout dans les points d'interaction entre organisations différentes. Avec la mise en place d'architectures orientées services, de plus en plus de tâches exécutives seront prises en charge directement par les applications réparties et les utilisateurs s'orienteront plutôt vers des tâches de conception, de paramétrage, de pilotage, de surveillance et de réparation des processus ainsi automatisés.

La vraie valeur de l'intervention humaine, dans les tâches exécutives les plus banales, pour lesquelles un programme est beaucoup plus rapide et précis, se situe dans la capacité supérieure que nous avons lorsqu'il s'agit de traiter les situations imprévues, d'erreur, d'attente et d'incertitude. Au final, c'est cette capacité humaine qui rend globalement robustes des processus semi-automatisés localement assez peu fiables.

Pour obtenir un niveau comparable de robustesse globale avec des processus métier fortement automatisés, le niveau de robustesse technique et applicative locale (la capacité à traiter les situations d'erreur, d'échec, de défaillance, d'attente et d'incertitude au niveau technique et applicatif, en l'absence d'intervention humaine directe) des applications réparties participantes doit augmenter de façon sensible par rapport au niveau actuel.

Nous savons que les caractéristiques propres aux architectures réparties, qui les différencient des architectures centralisées, sont :

• la possibilité de défaillance partielle et indépendante des éléments constituants, au niveau logiciel et matériel ;

• les temps de latence imprédictibles et la possibilité de défaillance de l'infrastructure matérielle et logicielle de communication ;

• la remontée au niveau de la logique applicative des situations d'erreur, d'échec, de défaillance, d'attente et d'incertitude, ainsi que de leurs conséquences.

Nous pouvons citer un exemple très simple : le programme client qui effectue le choix dynamique d'un prestataire d'un service défini par un contrat type doit tenir compte, dans son choix, non seulement de critères métier, mais aussi de critères techniques comme la disponibilité et l'accessibilité (en temps réel) des prestataires.

Par ailleurs, pour la raison évoquée ci-dessus, les propriétés de qualité de service (performance, accessibilité, fiabilité, disponibilité, continuité, robustesse…) vont prendre une importance excessive comme facteur de compétitivité d'une offre de services Web. Un prestataire peut concevoir et mettre en œuvre un service fonctionnellement parfait, qui répond pertinemment aux besoins des clients et utilisateurs, mais si le serveur n'est pas accessible en temps réel, au moment exact où le client en a besoin, le prestataire ne sera pas choisi, et tout l'effort mis dans la conception et la mise en œuvre fonctionnelle sera rendue vaine par des choix opérationnels malheureux.

La solution automatique de tous les problèmes opérationnels, qui peuvent surgir lors de la prestation de services Web, n'est pas concevable aujourd'hui : les architectures de services Web doivent être conçues de façon à prévoir des canaux et des outils d'intervention efficaces à destination des acteurs humains en charge du paramétrage, du pilotage, de la surveillance et de la réparation des processus métier automatisés. Par exemple, la possibilité de passer « manuellement » des actions et transactions compensatoires doit faire systématiquement partie des spécifications de ces architectures et donc être incluse d'emblée dans les contrats proposés par les applications constituantes.

Par ailleurs, les premiers services Web sont et seront obtenus tout simplement par la mise en place d'interfaces SOAP pour accéder aux mêmes applications déjà accessibles sur le Web via le navigateur (c'est le cas, par exemple, d'un des services Web le plus populaires, celui qui permet d'accéder par programme au moteur de recherche Google). Le service Web s'ajoute au site Web déjà existant comme deuxième canal d'accès à l'application : l'intervention humaine réparatrice est donc en principe déjà possible.

L'alternative à la complication et à la complexification de la logique applicative se trouve dans l'amélioration drastique de la qualité de service obtenue par un saut technologique de l'infrastructure (gestion de la fiabilité des échanges, gestion des transactions, gestion de la sécurité) ainsi que dans la disponibilité à grande échelle de technologies matérielles et logicielles qui permettent la mise en œuvre d'architectures adaptatives, avec une capacité très élevée de reconfiguration dynamique.

Les architectures de grilles d'ordinateurs (Grid computing ; *http://www.globus.org*) représentent une technologie émergente, dont la combinaison avec les technologies de services Web est en marche (Open Grid Services Architecture ; *http://www.globus.org/ogsa*). La technologie des grilles promet de résoudre une partie des problèmes évoqués, via des mécanismes de virtualisation de ressources redondantes de temps de calcul, de mémoires primaires, de capacités de stockage, de connexions réseau. IBM, qui appuie fortement, avec Microsoft et d'autres acteurs du marché, l'activité de Grid computing, a lancé par ailleurs un programme ouvert de recherche, appelé *Autonomic computing* (*http://www.ibm.com/research/autonomic*), dans le but de mettre en œuvre des systèmes répartis capables de se protéger et de se reconfigurer de façon réactive et proactive, et donc de garantir un niveau élevé et continu de qualité de service aux applications. D'autres acteurs technologiques majeurs (Intel, Hewlett-Packard) travaillent sur les mêmes thèmes.

Ces efforts de recherche et de développement donneront certainement des résultats dans les années qui viennent, mais pas dans un futur proche. La mise en œuvre d'applications avec une capacité élevée de prise de décision et de résolution de problèmes en temps réel reste le vrai défi des architectures réparties d'aujourd'hui. Le modèle conceptuel et opératoire de l'architecture orientée services et des technologies de services Web associées est un instrument qui peut aider à remporter ce défi.

Deuxième partie

Technologies des services Web

5

Fondations des services Web – Les protocoles Internet

Ce chapitre présente, dans l'ordre :

- URI, URN, URL, trois sigles qui se rapportent au mécanisme utilisé par le Web pour identifier et/ou localiser une ressource ;

- MIME, technologie permettant de véhiculer des objets de toute sorte sur Internet, très importante dans la mesure où de nombreux autres protocoles l'utilisent, et en particulier SMTP et HTTP ;

- HTTP/1.1, protocole réseau fondamental en tant que tel, qui est en outre le moyen de transport des messages le plus utilisé pour les services Web ;

- SMTP, alternative à HTTP en tant que moyen de transport des services Web.

Quatre sous-chapitres ont été ajoutés en annexe pour appuyer cette présentation :

- le modèle OSI d'ISO qui est utilisé comme référence pour décrire les architectures réseau ;

- le modèle d'architecture réseau TCP/IP ;

- une description du mode de publication des RFC, ces documents qui régissent en grande partie la vie d'Internet et des technologies utilisées ;

- une liste de définitions des acronymes des nombreuses organisations qui participent à la gestion d'Internet et à l'établissement des standards technologiques.

URI, URL, URN

Le Web est une formidable mine d'informations, de documents, de programmes et de services, bref, de ressources en tout genre. Il était primordial de définir un mécanisme permettant aux utilisateurs et aux programmes de nommer et de localiser ces ressources. C'est l'objectif des URI (Uniform

Resource Identifier) définis par un standard Internet (*Draft Standard*) proposé par l'IETF sous la référence RFC2396 (août 1998).

Ce mécanisme d'identification et de localisation est utilisé non seulement par les protocoles de base du Web que sont HTTP, FTP ou Telnet, mais aussi par la plupart des technologies récentes telles que les espaces de noms (*namespaces*) XML, SMIL, ou SVG. Les enjeux sont suffisamment importants pour qu'un groupe de travail du W3C, en coordination avec l'IETF, soit dédié à ce sujet depuis juillet 2000 (*http://www.w3c.org/addressing*).

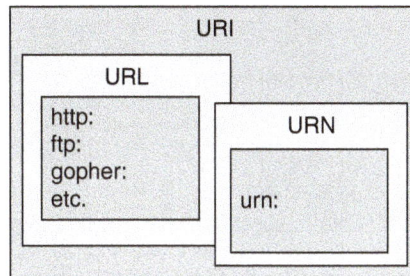

Figure 5-1

URI, URL, URN.

Les URI sont classés en trois groupes (voir figure 5-1) :

- ceux qui permettent de localiser des ressources sur un réseau, appelés URL (Uniform Resource Locator) ;

- ceux qui permettent d'identifier et de nommer des ressources de manière unique et persistante, appelés URN (Uniform Resource Name) ;

- et ceux qui permettent à la fois de localiser et d'identifier une ressource.

Syntaxe d'un URI

Jeu de caractères

Un URI n'utilise qu'un jeu restreint de caractères (chiffres, lettres et quelques symboles) car il doit pouvoir être utilisé tout aussi bien avec des moyens de communication informatisés que non informatisés (papier, etc.). Il est constitué :

- de caractères réservés (« ; », « / », « ? », « : », « @ », « & », « = », « + », « $ », « , ») qui servent de délimiteurs ;

- de chaînes de caractères codés en ASCII US ou à l'aide de séquences d'échappement commençant par le signe « % » (par exemple : « %2D » qui est le caractère « - »).

Composition d'un URI

Un URI est toujours constitué de la manière suivante :

```
<modèle>:<chemin ou partie spécifique du modèle>
```

L'enregistrement de nouveaux modèles ou *scheme* est soumis à une procédure décrite par le RFC2717. La liste des modèles enregistrés est, quant à elle, gérée par l'IANA (*http://www.iana.org/assignments/uri-schemes*). On y trouve notamment :

- `ftp` (RFC1738) ;

- `http` (RFC2616) ;

- `mailto` (RFC2368) ;

- `file` (RFC1738) ;

- etc.

Le modèle ou *scheme* définit l'espace de noms de l'URI et peut donc introduire des restrictions dans la syntaxe ou la sémantique du chemin. En d'autres termes, la syntaxe d'un URI dépend du modèle utilisé.

Il existe néanmoins une syntaxe générique des URI, que voici :

```
<modèle>://<autorité><chemin> ?<requête>
```

Par exemple :

```
ftp://www.monsite.com/pub
http://www.monsite.com/index.htm?param1=1&param2=essai
file:///c:/program%20files/monfichier.txt
```

Les modèles qui impliquent l'utilisation d'un protocole sur IP utilisent la syntaxe suivante pour décrire la partie autorité :

```
<utilisateur>@<hôte>:<port>
```

Cette syntaxe peut se traduire par « utilisateur accède à hôte sur le port IP ». La syntaxe de la partie « utilisateur » peut elle-même comprendre le mot de passe, même si cela est fortement déconseillé puisqu'il est transmis en clair sur le réseau. Les parties « utilisateur » et « port » sont optionnelles.

L'exemple suivant ouvre une connexion FTP sur le site *www.monsite.com* sur le port 8000, login « anonymous », mot de passe « nopwd » :

```
ftp://anonymous:nopwd@www.monsite.com:8000
```

Si un URI doit traduire une hiérarchie, on utilise alors le caractère « / » pour séparer les éléments de la hiérarchie. Cette syntaxe ressemble à celle qui est utilisée sur les systèmes Unix pour les chemins de fichiers, cependant il ne doit pas y avoir d'amalgame : un URI ne désigne pas forcément un fichier, et si c'est le cas, il ne coïncide pas forcément avec le chemin réel du fichier sur le système hôte (il s'agit alors d'un chemin logique).

La syntaxe de la partie « requête » dépend du modèle, mais une forme commune est la suivante :

```
<parametre1>=<valeur>&<parametre2>=<valeur> …
```

URN

Comme nous l'avons dit, un URN a pour objectif de nommer une ressource indépendamment de sa localisation. Un modèle (*scheme*) spécifique a été défini par le RFC2141 et est utilisé en tant que standard pour identifier des ressources sur le Web.

Sa syntaxe est la suivante :

```
urn:<espace de noms><identifiant au sein de l'espace de noms>
```

Par exemple :

```
urn:MonEspace:MonIdentifiant
```

MIME

MIME (Multipurpose Internet Mail Extensions) est un standard Internet (« Draft Standard ») proposé par l'IETF sous les références RFC2045, RFC2046, RFC2047, RFC2048 et RFC2049 (dernières RFC datées de novembre 1996).

Cette spécification a pour objectif :

- de permettre l'échange sur Internet de messages dont le contenu textuel est codé avec un autre jeu de caractères que l'ASCII US sur 7 bits (utilisé historiquement sur le Web) ;
- de définir un ensemble extensible de formats binaires permettant de transporter dans ces messages tout type de contenu non textuel (audio, vidéo, HTML, etc.) ainsi que des contenus mixtes (« multipart ») ;
- de permettre le codage des informations d'en-têtes de ces messages avec un autre jeu de caractères que l'ASCII US.

En d'autres termes, c'est un standard qui permet d'échanger des messages *multimédias* sur Internet entre des systèmes informatiques hétérogènes.

Description d'un message MIME

MIME introduit des lignes d'en-têtes dans les messages :

- une ligne « `MIME-Version: 1.0-` » ;
- une ligne « `Content-Type` » qui précise le format du message ;
- une ligne « `Content-Transfer-Encoding` » qui précise l'encodage de ce type de contenu.

Deux encodages fondamentaux sont utilisés par les messages MIME :

- Quoted-Printable (ou QP), qui permet de coder n'importe quel jeu de caractères sur 7 bits (par souci de compatibilité) ;
- Base64, qui permet de coder n'importe quel fichier binaire.

Ces deux encodages ne sont pas obligatoires mais fortement recommandés.

Le format du message est défini par un type MIME. La définition de ces types est extensible (la liste officielle est disponible à *http://www.isi.edu/in-notes/iana/assignments/media-types/media-types*) et l'implémentation de chacun de ces types est du ressort des applications informatiques. Seuls quelques types de base doivent obligatoirement être pris en charge.

Un type MIME est identifié par un label `type/sous-type; paramètres`, ce qui permet d'organiser les formats d'après des types de base :

- `text`, `image`, `audio`, `video`, `application` ;
- plus deux types composites : `message` et `multipart`.

Cela permet ensuite de décliner ces types de base en fonction des besoins, comme : `image/jpeg` ou `text/xml`.

Dans l'exemple suivant, le message contient du texte, utilise un jeu de caractères ISO-Latin-1 et est codé en QP :

```
MIME-Version: 1.0
…
Content-Type: text/plain; charset=iso-8859-1
Content-Transfer-Encoding: quoted-printable
…
```

Le type `multipart/…` permet de créer des contenus mixtes, c'est-à-dire des messages constitués de plusieurs parties de formats différents. Typiquement, il s'agit d'un message contenant un texte et un fichier attaché. Ce type précise obligatoirement un paramètre `boundary` qui permet de spécifier le séparateur utilisé entre les parties du message.

Le message suivant contient du texte et un fichier attaché :

```
MIME-Version: 1.0
…
Content-Type: multipart/mixed; boundary="monSeparateur"
Ceci est une zone de commentaire du message au format MIME
--monSeparateur
Content-Type: text/plain; charset=iso-8859-1
Content-Transfer-Encoding: 8bit
Ceci est le contenu textuel du message
--monSeparateur
Content-Type: application/octet-stream
Content-Transfer-Encoding: base64
Content-Description: nom du fichier.doc
Content-Disposition: attachment;filename=" nom du fichier.doc "
OM8R4KGxGuEAAAAAAAAAAAAAAAAAAAAAAA
…
--monSeparateur—
```

HTTP 1.1

HTTP (HyperText Transfer Protocol) est un standard Internet (Draft Standard) proposé par l'IETF sous la référence RFC2616 (dernière RFC datée de juin 1999) et utilisé sur le Web depuis 1990.

HTTP est un protocole application générique (couche 7, voir en annexe la section « Le modèle de référence OSI de l'ISO »), qui permet de transférer des messages au format MIME entre un client et un serveur. Il est largement utilisé par de nombreux types de clients (PC, PDA, CD-Rom, etc.), des moyens de transport variés (depuis les réseaux sans fil jusqu'aux liaisons optiques transocéaniques) et sur des architectures plus ou moins complexes composées de passerelles, de hiérarchies de caches, etc.

Présentation générale

Le protocole HTTP utilise un jeu de *requêtes*/*réponses* entre un client, qui initie le dialogue, et un serveur. La communication peut être directe entre les deux acteurs mais elle peut également faire intervenir trois types d'intermédiaires, que voici :

- un *proxy*, c'est-à-dire un agent qui transfère les messages vers le serveur après en avoir réécrit tout ou partie du contenu ;

- une *passerelle*, c'est-à-dire un agent qui agit comme une surcouche pour un serveur sous-jacent utilisant un autre protocole ; cet agent se charge de traduire les messages pour permettre leur transfert vers ce serveur tiers ;

- un *tunnel*, c'est-à-dire un relais qui se charge de transmettre le message entre deux points de connexion sans modification du message (à travers un intermédiaire tel qu'un pare-feu).

En dehors des tunnels, tous les autres intermédiaires peuvent implémenter des fonctions de cache : il s'agit de garder localement une copie de la réponse tant que celle-ci est valide et de retourner cette réponse au client sans interroger à nouveau le serveur (ce qui amène un gain de performance et de trafic réseau).

La connexion établie par le protocole HTTP 1.0 est par défaut volatile : le client ouvre une connexion avec le serveur, envoie une requête et se met en attente de la réponse ; le serveur reçoit la requête, la traite, envoie la réponse et ferme la connexion. Pour garder la connexion ouverte au-delà du traitement de la requête/réponse courante, le client doit explicitement demander le maintien de la connexion (Keep-Alive). À son tour, le serveur doit expliciter sa capacité à maintenir la connexion dans la réponse. En HTTP 1.1, la connexion est persistante par défaut et il faut que le client ou le serveur la ferment explicitement.

En HTTP 1.0, le protocole est synchrone et *half-duplex* : sur une connexion, même persistante, le client envoie une requête et se met en attente de la réponse avant d'envoyer la requête suivante. En HTTP 1.1, les requêtes peuvent être acheminées en séquence (*pipelining*) sur une connexion sans attendre les réponses respectives. Le serveur doit acheminer les réponses dans le même ordre des requêtes : la corrélation requête/réponse est maintenue, dans une connexion, par correspondance de numéro d'ordre.

Le protocole HTTP est à l'origine sans état, c'est-à-dire qu'il est incapable de traiter une succession de réponses/requêtes issues du même client comme un dialogue de session : le client envoie une requête, le serveur y répond, mais il n'y a pas de moyen pour communiquer entre client et serveur des informations sur le contexte du dialogue (l'état de la session). Ce fonctionnement s'est vite avéré problématique pour les sites Internet qui ont souvent besoin de suivre les actions d'un utilisateur au sein d'une session (par exemple, pour une prise de commande). C'est pour cette raison qu'un mécanisme de gestion d'état a été ajouté au protocole dans la RFC2965 (Proposed Standard), il introduit de nouveaux en-têtes (*cookies*) qui permettent d'échanger des données d'état tout au long des échanges entre un client et un serveur.

Enfin, HTTP utilise en général TCP/IP sur le port TCP 80 (par défaut), mais en théorie tout autre protocole peut être utilisé.

Description d'un message HTTP

Un message HTTP est soit la requête d'un client, soit la réponse d'un serveur (ou d'un intermédiaire).

Une requête HTTP 1.1 est composée de :

- une ligne de requête qui précise la méthode utilisée, l'URI auquel s'applique cette méthode et la version du protocole HTTP utilisé ;
- zéro ou plusieurs champs d'en-têtes du type « champ:valeur ». Les en-têtes sont de type *général*, *requête* ou *entité*
- une ligne vide ;
- un corps de message MIME optionnel : la présence ou non de ce contenu dépend de la commande utilisée. La forme de ce corps de message dépend du type et de l'encodage utilisé (champs `Content-Type` et `Content-Encoding`).

Une réponse HTTP 1.1 est composée de :

- une ligne de statut qui précise la version du protocole HTTP utilisé (en général HTTP 1.0), un code réponse numérique et une description textuelle ;
- zéro ou plusieurs champs d'en-têtes du type « champ:valeur ». Les en-têtes sont de type *général*, réponse ou entité ;
- une ligne vide ;
- un corps de message MIME optionnel : la présence ou non de ce contenu dépend de la commande utilisée. La forme de ce corps de message dépend du type et de l'encodage utilisé (champs `Content-Type` et `Content-Encoding`).

L'indication de la version de protocole utilisée est très importante car elle permet la prise en compte d'intermédiaires sur le réseau qui ne prennent pas tous en charge les mêmes versions : la version 1.1 assure une compatibilité ascendante avec la version 1.0.

Tableau 5-1. Méthodes prédéfinies par le protocole HTTP 1.1

Commande	Description
OPTIONS	Demande d'informations. Cette commande accepte « * » comme URL, ce qui signifie que la ressource interrogée est le serveur lui-même.
GET	Demande la restitution d'une entité (de données) identifiée par l'URL.
HEAD	Équivalent à GET mis à part que le serveur ne doit pas retourner de corps de message.
POST	Envoi d'une entité (de données) à l'URL spécifiée. Il s'agit, par exemple, d'annoter une ressource ou de soumettre des données à un programme. La fonction exacte dépend du serveur et de l'URL.
PUT	Envoi d'une entité (de données) à l'URL spécifié : cette URL est l'adresse de l'entité envoyée (qui représente une ressource à créer ou à modifier) et non celle d'une ressource de traitement comme c'est le cas pour POST.
DELETE	Suppression de la ressource située à l'URL spécifié.
TRACE	Permet de visualiser le message exact reçu par le serveur.
CONNECT	Réservé par les serveurs de type proxy pour établir des connexions tunnel SSL.

D'autres commandes peuvent être implémentées par les logiciels HTTP sous forme d'extension. À ce propos, il existe un « cadre » défini pour mettre en œuvre ces extensions (*An HTTP Extension Framework* – RFC2774).

L'exemple suivant ouvre une connexion Telnet sur le port 80 (port par défaut de HTTP) et utilise la commande OPTIONS pour connaître les options du serveur. Si cette commande était passée en HTTP 1.1, nous serions obligés de fournir le champ Host puisque c'est le seul champ obligatoire (dans le cas contraire, le serveur retournerait un code 400) :

```
OPTIONS * HTTP/1.0
  HTTP/1.1 200 OK
  Date: Wed, 31 Jul 2002 09:33:50 GMT
  Server: Apache/1.3.26 (Unix) mod_ssl/2.8.9 OpenSSL/0.9.6d PHP/4.2.2
  Content-Length: 0
  Allow: GET, HEAD, OPTIONS, TRACE
  Connection: close
```

Quelques remarques sur cet exemple :

• la première ligne de réponse est le statut de la réponse ;

• la date est celle à laquelle le serveur a généré la réponse ;

• la ligne Server permet de connaître les caractéristiques techniques du serveur ;

• la réponse ne contient aucune entité (données) ;

• le serveur accepte les commandes GET, HEAD, OPTIONS et TRACE ;

• la connexion est fermée (non persistante) : la prochaine requête nécessitera une nouvelle connexion.

Tableau 5-2. En-têtes HTTP de type général

En-tête	Description
Cache-Control	Définit les directives de gestion de cache qui doivent être respectées par tous les acteurs de la chaîne de requêtes/réponses ; par exemple : Cache-Control: no-cache.
Connection	Permet d'indiquer si la connexion est persistante ou fermée après chaque réponse ; par exemple : Connection:close.
Date	Date et heure à laquelle a été généré le message.
Pragma	Directives spécifiques. La valeur no-cache existe pour des raisons de compatibilité avec HTTP 1.0.
Trailer	Permet d'indiquer les champs d'en-têtes qui seront présents dans le dernier message lors d'un transfert utilisant un codage morcelé (Chunked).
Transfer-Encoding	Précise la méthode d'encodage de l'entité.
Upgrade	Permet au client d'indiquer les protocoles qu'il prend en charge. Si le serveur choisit de changer de protocole, il répond par un code 101 en indiquant le protocole retenu ; par exemple : Upgrade: HTTP/1.1.
Via	Utilisé par les proxies et les passerelles pour indiquer les protocoles intermédiaires utilisés entre le client et le serveur.
Warning	Informations complémentaires permettant d'avertir l'utilisateur sur des transformations de l'entité.

Tableau 5-3. En-têtes HTTP de type requête

En-tête	Description
Accept	Type de contenu MIME accepté par le client (code 406 en cas d'erreur) ; par exemple : Accept: text/*, audio/basic.
Accept-Charset	Jeu de caractères accepté par le client (code 406 en cas d'erreur) ; par exemple : Accept-Charset: iso-8859-1.
Accept-Encoding	Codage de données accepté par le client (code 406 en cas d'erreur) ; par exemple : Accept-Encoding: compress, gzip.
Accept-Language	Langue naturelle acceptée par le client (anglais par défaut) (code 406 en cas d'erreur) ; par exemple : Accept-Language: en-gb, fr.
Authorization	Identification du client auprès du serveur (code 401 en cas d'erreur).
Expect	Permet au client d'indiquer le comportement qu'il attend du serveur.
From	Contient l'adresse e-mail de l'utilisateur du client.
Host	Contient l'adresse du serveur et le port de la ressource demandée. Ce champ est obligatoire pour toute commande HTTP 1.1 (il est optionnel en 1.0) ; par exemple : Host: *www.eyrolles.com*.
If-Match	La commande n'est exécutée que si l'entité associée à la ressource possède un tag équivalent à celui qui est fourni (sinon code 412).
If-Modified-Since	La commande n'est pas exécutée si l'entité associée à la ressource n'a pas été modifiée depuis la date fournie (sinon code 304).
If-None-Match	La commande n'est pas exécutée si une entité associée à la ressource existe ou si une entité ayant un tag équivalent à celui qui est fourni existe (sinon code 412).

Tableau 5-3. En-têtes HTTP de type requête *(suite)*

En-tête	Description
If-Range	Ce champ doit être utilisé avec un champ Range. Il prend comme valeur soit le tag de l'entité, soit sa date de dernière modification. Si le serveur possède une entité inchangée, il renvoie la portion spécifiée, sinon il renvoie l'entité complète.
If-Unmodified-Since	Le serveur ne renvoie l'entité que si elle n'a pas été modifiée depuis la date fournie (sinon code 412).
Max-Forwards	Précise le nombre maximal de transmission qui peuvent être exécutées par des proxies ou des relais dans le cadre d'une commande TRACE ou OPTIONS.
Proxy-Authorization	Identification du client auprès du proxy (code 407 en cas d'erreur).
Range	Détermine une portion d'entité en octets ; par exemple, les cinq cents premiers octets : Range: bytes=0-499.
Referer	Permet au client d'indiquer l'adresse de la ressource depuis laquelle la requête est soumise.
TE	Indique les extensions d'encodage acceptées ; par exemple : TE: trailers.
User-Agent	Informations sur le client, comme le nom et la version du navigateur.

Tableau 5-4. En-têtes HTTP de type réponse

En-tête	Description
Accept-Range	Permet au serveur d'indiquer les conditions de portée pour la ressource ; par exemple : Accept-Range: bytes.
Age	Indique le temps écoulé en secondes depuis la génération de la réponse par le serveur d'origine.
ETag	Définit un tag permettant d'identifier l'entité courante. Cette donnée pourra être utilisée comme élément de comparaison pour établir si deux entités sont équivalentes (contrainte de cache) ; par exemple : ETag: "xyzu", "hjky".
Location	Adresse de la ressource que le client doit utiliser à la place de l'URI initial.
Proxy-Authenticate	Méthode d'authentification utilisée par un proxy; par exemple : Proxy-Authenticate: Basic.
Retry-After	Permet d'indiquer une période de temps après laquelle le service est de nouveau disponible (code 503) ou la redirection peut être exécutée (code 3xx).
Server	Précise quel logiciel et quels sous-produits sont utilisés pour générer la réponse.
Vary	Permet d'indiquer les champs d'en-têtes de requête qui déterminent si un cache peut utiliser la réponse pour de futures requêtes sans validation du serveur.
WWW-Authenticate	Méthode d'authentification utilisée par le serveur ; par exemple : WWW-Authenticate: Basic.

Tableau 5-5. En-têtes HTTP de type entité

En-tête	Description
`Allow`	Liste les commandes acceptées pour cette ressource (code 405 en cas d'erreur) ; par exemple : `Allow: GET, HEAD, PUT`.
`Content-Encoding`	Type d'encodage de l'entité (code 415 en cas d'erreur) ; par exemple : `Content-Encoding: gzip`.
`Content-Language`	Langage naturel de l'entité ; par exemple : `Content-Language: fr`.
`Content-Length`	Taille de l'entité en octets.
`Content-Location`	Précise l'adresse de l'entité lorsque celle-ci est différente de l'adresse demandée.
`Content-MD5`	Code de contrôle d'intégrité du message.
`Content-Range`	Précise (en octets) la portion de l'entité envoyée lorsque celle-ci est partielle (code 416 en cas d'erreur) ; par exemple, les cinq cents premiers octets parmi un total de mille trois cents : `Content-Range: bytes 0-499/1300`.
`Content-Type`	Type MIME de l'entité ; par exemple : `Content-Type: text/html; charset=ISO-8859-1`.
`Expires`	Précise la date et l'heure d'expiration de la réponse.
`Last-modified`	Date de dernière modification de la ressource.

Tableau 5-6. Principaux codes de retour HTTP

Code	Message	Description
10x	Message d'information	Requête reçue, le traitement continue.
101	`SWITCHING PROTOCOL`	Changement de protocole.
20x	Réussite	L'action a été correctement reçue, comprise et acceptée.
200	`OK`	La requête a été accomplie correctement.
201	`CREATED`	Elle suit une commande `POST` et indique la création de la nouvelle ressource à l'URL indiquée.
202	`ACCEPTED`	La requête a été acceptée, mais la procédure qui suit n'a pas été accomplie.
203	`NON-AUTHORITATIVE INFORMATION`	Les méta-informations renvoyées ne sont pas celles du serveur d'origine mais proviennent d'une source tierce.
204	`NO CONTENT`	Le serveur a reçu la requête mais il n'a pas d'entité à renvoyer. Les en-têtes peuvent avoir été mis à jour.
205	`RESET CONTENT`	Le serveur indique au navigateur d'initialiser la page qui a initié la requête (les champs de formulaire).
205	`PARTIAL CONTENT`	Le serveur a répondu partiellement à une requête `GET` (en-tête `Content-Range`).
30x	Redirection	Des actions supplémentaires doivent être exécutées pour compléter la requête.
301	`MOVED PERMANENTLY`	La ressource demandée a été transférée de manière permanente vers une nouvelle URL.
302	`FOUND`	La ressource demandée a été transférée temporairement vers une nouvelle URL.
303	`SEE OTHER`	La réponse à la requête peut être trouvée à une adresse différente et doit être récupérée à l'aide de la commande `GET`.

Tableau 5-6. Principaux codes de retour HTTP *(suite)*

Code	Message	Description
304	NOT MODIFIED	Si le client a effectué une commande GET conditionnelle (en demandant si le document a été modifié) et que la condition n'est pas remplie, le serveur ne renvoie pas de corps de message.
305	USE PROXY	L'accès à la ressource demandée doit se faire à travers le proxy dont l'adresse est fournie.
307	TEMPORARY REDIRECT	La ressource demandée a été transférée temporairement vers une nouvelle URL.
40x	Erreur du client	La requête est incorrecte.
400	BAD REQUEST	La requête est mal formulée du fait d'une erreur de syntaxe.
401	UNAUTHORIZED	Le client doit reformuler sa requête avec les données d'autorisation correctes.
402	PAYMENT REQUIRED	(réservé)
403	FORBIDDEN	L'accès à la ressource est interdit, indépendamment des paramètres d'autorisation.
404	NOT FOUND	Le serveur n'a rien trouvé à l'adresse spécifiée.
405	METHOD NOT ALLOWED	La commande n'est pas acceptée pour la ressource spécifiée.
406	NOT ACCEPTABLE	Les en-têtes de type Accept- ne sont pas cohérents avec la réponse.
407	PROXY AUTHENTIFICATION REQUIRED	Similaire au code 401, à la différence près que l'authentification concerne le proxy.
408	REQUEST TIMEOUT	Le client n'a pas envoyé sa requête dans le temps imparti par le serveur.
409	CONFLICT	La requête n'a pas pu être exécutée en raison d'un conflit avec l'état courant de la ressource.
410	GONE	La ressource n'est plus disponible sur le serveur et aucune redirection n'est connue.
411	LENGTH REQUIRED	L'en-tête Content-Length doit être fourni.
412	PRECONDITION FAILED	Les préconditions fournies dans l'en-tête ne sont pas remplies.
413	REQUEST ENTITY TOO LARGE	L'entité spécifiée dépasse la capacité de traitement du serveur.
414	REQUEST-URI TOO LONG	L'URL spécifiée dépasse la capacité de traitement du serveur.
415	UNSUPPORTED MEDIA TYPE	Le format spécifié n'est pas reconnu par le serveur.
416	REQUESTED RANGE NOT SATISFIABLE	L'en-tête spécifie une plage de valeurs (range) qui dépassent celle de la ressource.
417	EXPECTATION FAILED	L'en-tête spécifie des conditions (expect) qui ne peuvent être satisfaites par le serveur.
50x	Erreur du serveur	Le serveur a échoué dans le traitement de la requête.
500	INTERNAL ERROR	Le serveur a rencontré une condition inattendue qui l'empêche de donner suite à la demande.
501	NOT IMPLEMENTED	Le serveur ne prend pas en charge le service demandé, nécessaire pour satisfaire la demande.

Tableau 5-6. Principaux codes de retour HTTP *(suite)*

Code	Message	Description
502	BAD GATEWAY	Le serveur a reçu une réponse invalide de la part du serveur auquel il essayait d'accéder en agissant comme une passerelle ou un proxy.
503	SERVICE UNAVAILABLE	Le serveur ne peut pas répondre en raison d'une surcharge ou d'une maintenance.
504	GATEWAY TIMEOUT	Le serveur, agissant comme passerelle ou proxy, n'a pas reçu de réponse dans le temps imparti.
505	HTTP VERSION NOT SUPPORTED	La version de HTTP spécifiée n'est pas prise en charge.

Ces codes de retour sont extensibles et à la charge des logiciels HTTP.

Exemple de dialogue

Si nous utilisons un programme « sniffer »[1] qui permet d'analyser les trames HTTP, nous pouvons suivre les requêtes/réponses envoyées par un navigateur pour accéder à la page d'aide du site Internet d'Eyrolles (voir figure 5-2).

La trame 20 (première colonne de gauche) est la suivante :

```
GET /php.accueil/InfoDiverses/aide.php3 HTTP/1.1
Accept: image/gif, image/x-xbitmap, image/jpeg, image/pjpeg, …
Referer: http://www.eyrolles.com
Accept-Language: fr
Accept-Encoding: gzip, deflate
User-Agent: Mozilla/4.0 (compatible; MSIE 6.0; windows NT 5.0; T312461)
Host: www.eyrolles.com
Connection: Keep-Alive
Cookie: xd=4a8fb479a88413cc99ba00c3038f6d73
```

Elle nous indique qu'il s'agit d'une commande GET en HTTP 1.1 vers la page aide.php3 dont le chemin est donné en relatif. L'adresse complète peut-être reconstituée à l'aide du champ Referer: http://www.eyrolles.com (voir le détail du message dans le panneau du milieu). Les autres champs nous donnent plusieurs indications :

- Le navigateur est MS Internet Explorer 6 sous Windows 2000 (User-Agent).

- Le navigateur est configuré pour une audience française (Accept-Language), et prend en charge un certain nombre de formats de fichiers (Accept) : Gif, Bitmap, Jpeg, PowerPoint, Excel et Word.

- La connexion est maintenue dans l'attente de la réponse (Connection: Keep-Alive). Ce mode de fonctionnement est un peu particulier puisqu'il utilise le mécanisme de connexion persistante de HTTP 1.0. En effet, en HTTP 1.1, toutes les connexions sont par défaut persistantes (sauf indication contraire) et l'en-tête Connection: Keep-Alive n'a donc plus de signification.

---

1. Par exemple, le produit Ethereal est gratuit et disponible à *http://www.ethereal.com*.

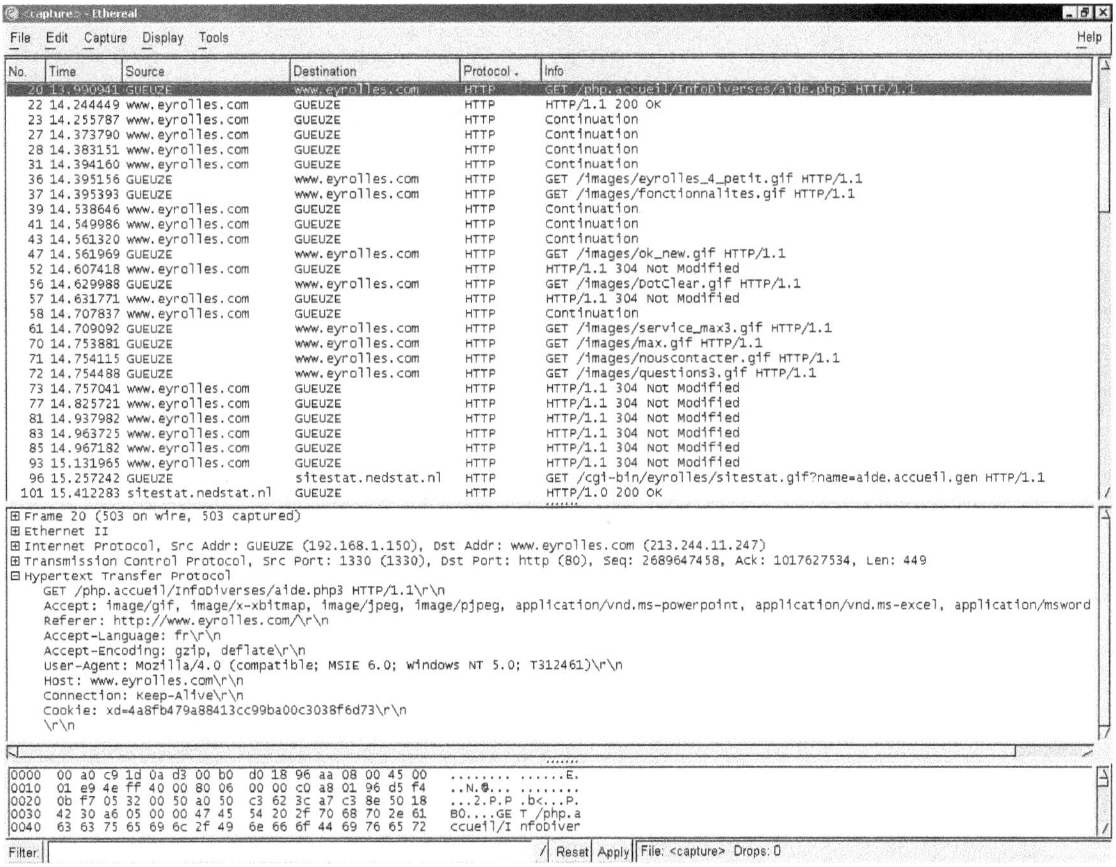

Figure 5-2

Détail du dialogue HTTP navigateur/serveur pour l'accès à la page http://www.eyrolles.com/php.accueil/infodiverses/ aide.php3.

La réponse du serveur est la trame 22 :

```
HTTP/1.1 200 OK
Date: Wed, 31 Jul 2002 09:33:50 GMT
Server: Apache/1.3.26 (Unix) mod_ssl/2.8.9 OpenSSL/0.9.6d PHP/4.2.2
Expires: Thu, 19 Nov 1981 08:52:00 GMT
Cache-Control: no-cache, must-revalidate, post-check=0, pre-check=0
Pragma: no-cache
Keep-Alive: timeout=15, max=100
Connection: Keep-Alive
Transfer-Encoding: chunked
Content-Type: text/html
…
```

Nous pouvons faire deux remarques :

- Les champs Expires (1981 !), Cache-Control et Pragma indiquent tous que la page ne doit pas être mise en cache.

- La connexion est persistante (Keep-Alive), d'autant que le transfert est morcelé (Transfer-Encoding: chunked), c'est-à-dire que le fichier est envoyé en plusieurs trames, ce qui est un mode de fonctionnement courant. L'absence de champ Trailer indique que les trames suivantes n'auront aucun champ d'en-tête mais uniquement un corps de message.

L'entité de type HTML est renvoyée en plusieurs trames consécutives (23, 27, 28, 39, 41, 43 et 58) que le navigateur se charge d'assembler. Cette page HTML contient des références à des images mais pas leur contenu. Le navigateur interroge donc le serveur pour récupérer ces fichiers de dépendance (trames 36, 37, 47, etc.).

La trame 36 est la suivante :

```
GET /images/eyrolles_4_petit.gif HTTP/1.1
Accept: */*
Referer: http://www.eyrolles.com/php.accueil/infodiverses/aide.php3
Accept-Language: fr
Accept-Encoding: gzip, deflate
If-Modified-Since: Thu, 26 Jul 2001 13:54:41 GMT
If-None-Match: "275b4-195d-"b602121"
User-Agent: Mozilla/4.0 (compatible;MSIE 6.0;Windows NT 5.0; T312461)
Host: www.eyrolles.com
Connection: Keep-Alive
```

Ce qui est intéressant dans cette commande GET, c'est qu'il s'agit d'une commande soumise à une condition car le client dispose déjà d'une entité issue de la même ressource : le fichier en question a une date de dernière modification au 26/07/2001 à 13 h 54 et un ETag "275b4-195d-"b602121". Internet Explorer cherche à optimiser les transferts de données en utilisant son cache et en évitant de rapatrier des fichiers qu'il possède déjà.

La réponse du serveur est la trame 52 :

```
HTTP/1.1 304 NOT MODIFIED
Date: Wed, 31 Jul 2002 14:29:21 GMT
Server: Apache/1.3.26 (Unix) mod_ssl/2.8.9 OpenSSL/0.9.6d PHP/4.2.2
Keep-Alive: timeout=15, max=100
Connection: Keep-Alive
ETag: "275b4-195d-"b602121"
```

Elle signifie que cette entité (ce fichier image Gif) n'a pas été modifiée depuis la dernière requête et qu'il n'est donc pas nécessaire de la renvoyer.

SMTP

SMTP (*Simple Mail Transfer Protocol*) est un standard Internet (*Proposed Standard*) proposé par l'IETF sous la référence RFC2821 (dernière RFC de avril 1996).

Cette spécification a pour objectif de définir un protocole application (couche 7, voir en annexe la section « Le modèle de référence OSI de l'ISO ») de transfert de courrier électronique (e-mail) en utilisant un canal de distribution tel que TCP (mais non limité à ce canal). Sa simplicité explique sans doute sa robustesse, il est par ailleurs très largement utilisé aujourd'hui pour la messagerie Internet, associé à POP ou IMAP4 : SMTP se charge du transfert des messages alors que POP (Post Office Protocol) ou IMAP (Internet Mail Access Protocol) permettent à l'utilisateur de gérer sa boîte aux lettres et de récupérer ses messages.

Une fonction importante de SMTP est la possibilité de transférer un message en s'appuyant sur un réseau de serveurs relais et de garantir ainsi sa livraison à travers des environnements de transport différents : LAN, WAN, Internet, etc.

Transmission d'un message

Le transfert d'un message se passe de la manière suivante :

- Un *client* SMTP (tel que MS Outlook Express ou Mozilla), appelé aussi *émetteur* ou MUA (Mail User Agent), envoie un message vers un *serveur* SMTP.

- Si le serveur SMTP en question est le *destinataire* final du message, il stocke ce message dans la boîte aux lettres de l'utilisateur. Souvent, un serveur SMTP est aussi appelé MTA (Mail Transfert Agent).

- Mais si le serveur SMTP n'est pas ce destinataire final, on parle d'un serveur *relais,* puisqu'il se charge de transmettre ce message au serveur de destination finale. Un tel serveur est appelé également *passerelle* (*gateway*) lorsque le transfert se fait entre deux environnements de transport différents.

Il est important de comprendre qu'un même serveur SMTP peut-être amené à jouer le rôle de destinataire final (stockage des messages), d'émetteur et de relais (ou de passerelle).

Un message est toujours envoyé à un destinataire qui est identifié par une adresse du type *partie-locale @domaine*. C'est le nom de domaine de l'adresse qui permet à un serveur émetteur, et aux serveurs relais, de déterminer le serveur destinataire du message grâce à un mécanisme de résolution de noms de domaine (« DNS lookup ») : chaque nom de domaine possède dans les serveurs DNS un enregistrement MX (Mail eXchanger) qui identifie le serveur SMTP responsable de la gestion des messages de ce domaine (ou une passerelle dans des situations plus complexes).

À noter enfin que chaque serveur est responsable de la transmission d'un message et, en cas d'erreur ou de problème, de la notification du problème à l'émetteur.

Description du message

SMTP transporte un objet message composé :

- d'une *enveloppe*, elle-même composée d'une série de champs, dont l'adresse de l'émetteur, une ou plusieurs adresses de destinataires et des données d'extension ;

- d'un *contenu*, composé d'un en-tête et d'un corps de message MIME.

La spécification SMTP ne décrit pas la syntaxe du message qui fait l'objet d'une RFC indépendante (RFC2822), associée bien sûr à celle de MIME.

Commandes SMTP

Le transfert des messages est réalisé lors d'un dialogue entre deux serveurs SMTP : respectivement le client qui émet le message (qui peut être la source du message ou un relais) et le serveur qui le réceptionne (qui peut être le destinataire du message ou un relais).

Ce dialogue s'établit dans le cadre d'une session. Le client envoie ensuite une séquence de commandes qui attendent systématiquement une réponse du serveur pour notifier du succès ou de l'échec de la commande (par exemple : 250 OK).

Une séquence type est la suivante[1] :

1. La commande EHLO (ou HELO) initie le dialogue, identifie le client et lui permet de connaître les extensions SMTP supportées par le serveur.

2. La commande MAIL FROM débute une transaction d'envoi de message en précisant l'adresse de l'émetteur.

3. La commande RCPT TO identifie l'(les)adresse(s) des destinataires.

4. La commande DATA envoie, ligne à ligne, le contenu du message. La fin de la transmission et donc de la transaction est indiquée par une ligne contenant uniquement un caractère « . ». Seuls les messages transmis dans le cadre d'une transaction valide et complète seront traités par le serveur.

5. La commande QUIT termine la session.

Par exemple :

```
  220 mel-rta10.wanadoo.fr ESMTP Service (6.5.007) ready
EHLO www.mondomaine.com
  250-mel-rta10.wanadoo.fr
  250-DSN
  250-8BITMIME
  250-PIPELINING
  250-HELP
  250-ETRN
  250 SIZE 10240000
MAIL FROM:<monadresse@mondomaine.com>
  250 MAIL FROM<monadresse@mondomaine.com> OK
RCPT TO:<tonadresse@tondomaine.com>
  250 RCPT TO:<tonadresse@tondomaine.com> OK
DATA
  354 Start mail input;end with <CRLF>.<CRLF>
Bonjour,
Ceci est mon mail.
  .
  250 Mail accepted
QUIT
  221 mel-rta10.wanadoo.fr QUIT
```

---

1. Il est possible de tester ces commandes et donc d'envoyer un e-mail à l'aide de Telnet sur le port 25 d'un MTA.

D'autres commandes sont définies par SMTP :

- RESET, qui arrête la transaction en cours ;
- VERIFY, qui vérifie l'argument comme étant une adresse de messagerie ;
- EXPAND, qui vérifie que l'argument est une liste de messagerie et retourne le contenu de cette liste ;
- HELP, qui demande une information ;
- NOOP, qui n'a aucune action si ce n'est une réponse du serveur.

Enfin, des extensions SMTP sont possibles : il s'agit de commandes commençant par un caractère « X » et qui dépendent des logiciels serveurs SMTP utilisés. La commande EHLO permet de connaître ces extensions.

Les protocoles SSL et TLS

SSL (Secure Socket Layer) est un protocole qui a pour objectif d'assurer la sécurité des échanges entre un client et un serveur sur le Web (authentification et chiffrement). Il a été développé par la société Netscape qui a d'ailleurs déposé un brevet sur cette technologie en 1997 (n°5657390), même si elle n'a jamais demandé de contrepartie financière. La version 2.0 de SSL date de 1994 (*http://wp.netscape.com/eng/security/SSL_2.html*) : cette version est obsolète, mais elle est pourtant toujours prise en charge par les principaux navigateurs. En 1996, un groupe de travail est créé par l'IETF afin de standardiser un protocole de sécurité pour remplacer SSL. Cette date coïncide avec la publication de la version 3.0 de SSL (Internet Draft disponible à *http://wp.netscape.com/eng/ssl3*), qui est par ailleurs la version la plus récente de ce protocole. Enfin, le groupe de travail de l'IETF a publié en 1999, sous la référence RFC2246 (Proposed Standard), la version 1.0 de TLS (Transport Layer Protocol). Les différences entre SSL v3 et TLS v1 sont mineures et d'ailleurs ce dernier s'identifie lui-même comme la version 3.01 de SSL.

Les principaux navigateurs Internet prennent en charge les trois protocoles : SSL v2, SSL v3 et TLS v1. Mais contrairement à Netscape Navigator et Mozilla, Internet Explorer n'active pas par défaut TLS, qu'il faut donc configurer manuellement. Lorsqu'un navigateur négocie une connexion sécurisée avec un serveur, il cherche d'abord à établir une session TLS, puis dans l'ordre une session SSL v3 et une session SSL v2, en fonction des possibilités du serveur.

Introduction à la sécurité

Les techniques mises en œuvre pour assurer la sécurité des échanges ont pour objectif :

- pour l'émetteur, de crypter ses données et pour le récepteur, de les décrypter ;
- de contrôler l'intégrité des informations reçues ;
- d'authentifier l'émetteur du message ;
- d'obliger l'émetteur à reconnaître l'émission des informations grâce à un mécanisme de non-répudiation.

Le chiffrement/déchiffrement de l'information est réalisé à l'aide d'un algorithme (ou *cipher* en anglais) : l'intérêt de cette technique est que la sûreté du chiffrement ne repose pas sur la méthode de calcul utilisée, qui est connue et publiée, mais sur l'utilisation de chiffres, appelés *clés*, qui permettent à l'algorithme de générer un document crypté, puis de le décrypter. Plus ces clés sont grandes (en nombre de bits), plus il est difficile, voire « impossible », de décrypter un document si l'on ne connaît pas les chiffres qui ont permis sa génération.

Deux types de clés sont utilisés :

- Les clés *symétriques* : comme leur nom l'indique, la même clé est utilisée pour crypter et décrypter les données. Cette technique est rapide et fournit en outre un moyen d'authentification. Elle est néanmoins un peu sensible, puisque toute la sécurité repose sur la connaissance d'une clé que l'émetteur et le récepteur doivent garder secrète.

- Les clés *publiques* (ou asymétriques) : le principe consiste à crypter les données avec une clé publique, c'est-à-dire connue de tout le monde, et de les décrypter avec une clé privée connue uniquement par le récepteur. Les deux clés publique/privée fonctionnent par paire et dans les deux sens puisque, à l'inverse, la clé publique peut décrypter ce qui a été généré à l'aide de la clé privée. Cette technique est plus lourde et n'offre pas de mécanisme d'authentification de l'émetteur. En revanche, elle permet d'authentifier le récepteur qui peut crypter sa signature à l'aide de sa clé privée.

Le contrôle d'intégrité d'un message est réalisé à partir d'une *signature électronique*, elle-même cryptée, et qui est le résultat d'une fonction de hachage.

Une fonction de hachage appliquée à des données fournit un chiffre unique : la moindre altération de ces données modifie obligatoirement le résultat du hachage.

Le résultat d'une fonction de hachage ne permet pas de déterminer les données qui ont permis sa génération.

Un *certificat* est un document électronique qui permet d'identifier une entité, c'est-à-dire un utilisateur, une entreprise, un serveur, etc. Il est associé à la clé publique de l'entité qu'il identifie. Il est également lié à une *autorité de certification* (CA ou Certification Authority) : il s'agit d'une application serveur qui peut être spécifique à une entreprise, ou gérée par une organisation tierce (telle que Verisign : *http://www.verisign.com*). Le rôle de cette autorité est de générer le certificat et de proposer à l'utilisateur qui le reçoit une fonction de validation.

Les certificats, associés aux signatures électroniques, sont utilisés pour authentifier à la fois le client et le serveur dans le cadre d'une connexion SSL, mais aussi des e-mails (S/MIME), du code Java ou JavaScript, etc.

Présentation générale

SSL et TLS sont des protocoles qui se situent à un niveau intermédiaire, entre la couche transport et la couche application. Cette position permet donc a priori à toutes les applications qui s'appuient sur TCP/IP (HTTP, SMTP, Telnet, etc.) d'utiliser les fonctionnalités de SSL/TLS, soit :

- permettre à un serveur de s'authentifier auprès d'un client, c'est-à-dire au client de vérifier l'identité du serveur ;

- optionnellement, permettre au client de s'authentifier auprès du serveur, c'est-à-dire au serveur de vérifier l'identité du client ;

- permettre au client et au serveur de sélectionner un algorithme de chiffrement ;

- permettre aux deux machines d'établir une connexion cryptée pour assurer un haut niveau de confidentialité.

Ces protocoles sont décomposés en deux sous-protocoles :

- le protocole d'enregistrement (*record protocol*), qui définit le format de transmission des données ;

- le protocole de négociation (*handshake protocol*), qui s'appuie sur le protocole d'enregistrement, et qui est chargé d'établir la connexion entre le client et le serveur (authentification, sélection de la méthode de chiffrement, etc.).

Les méthodes de chiffrement (cipher)

Tous les échanges de données réalisés dans le cadre d'une connexion SSL/TLS, y compris les messages initiaux gérés par le protocole de négociation, sont cryptés. Différents algorithmes mathématiques, classés en suites de chiffrement, sont pris en charge par SSL/TLS. Ces algorithmes sont très nombreux mais les principaux sont les suivants :

- DES (Data Encryption Standard), un algorithme de chiffrement à base de clés symétriques créé par IBM en 1977 et utilisé par le gouvernement américain avant AES (FIPS 46-3, ANSI X3.92 et X3.106) ;

- Triple-DES, l'algorithme DES appliqué trois fois ;

- AES (Advanced Encryption Standard) est le nom du projet lancé en 1997 par le NIST pour trouver un remplaçant à DES. En octobre 2000, l'algorithme de chiffrement à base de clés symétriques *Rijndael*, créé par Joan Daemen et Vincent Rijmen, a été retenu et est devenu un standard fédéral américain (FIPS 197) ;

- IDEA (International Data Encryption Algorithm), un algorithme de chiffrement à base de clés symétriques, créé par Xuejia Lai et James Massey et considéré comme très efficace (brevet international détenu par la société Ascom-Tech) ;

- MD5 (Message Digest), un algorithme d'empreinte numérique développé en 1991 par le professeur Ronald Rivest du MIT (RFC1321) ;

- RC2 et RC4 (Ron's Code), qui sont des algorithmes de chiffrement développés par le professeur Ronald Rivest du MIT pour la société RSA Security (brevet international) ;

- RSA, qui est un algorithme à base de clé publique développé en 1977 par Rivest, Shamir et Adleman. Il est utilisé à la fois pour le chiffrement et l'authentification. (brevet US n° 4405829, tombé dans le domaine public depuis septembre 2000) ;

- SHA-1 (Secure Hash Algorithm), un algorithme d'empreinte numérique développé en 1994 et utilisé par le gouvernement américain ;

- SKIPJACK, un algorithme à base de clé symétrique implémenté dans des systèmes matériels compatibles FORTEZZA (tels que la puce Clipper) et utilisé par le gouvernement américain (voir *http://www.ietf.org/proceedings/99nov/I-D/draft-ietf-ipsec-skipjack-cbc-00.txt*).

Projet Capstone

Il est souvent fait allusion à l'usage de ces algorithmes par le gouvernement américain, car en 1987, un projet du nom de « Capstone » fut lancé aux États-Unis afin de travailler autour des problèmes de sécurité de l'information (chiffrement, etc.). Ce projet est à l'origine de la création de deux organisations connues dans ce domaine : la NSA (National Security Agency) et le NIST (National Institute of Standards and Technology) connu également sous le nom de NBS (National Bureau of Standards). Ces organismes poursuivent depuis leurs travaux et influencent en grande partie les évolutions technologiques en matière de sécurité.

Deux algorithmes sont utilisés pour déterminer les clés qui seront utilisées lors de l'échange de données :

- KEA (Key Exchange Algorithm), un algorithme utilisé par le gouvernement américain ;
- RSA Key Exchange (le plus utilisé), un algorithme basé sur l'algorithme RSA.

L'usage de telle ou telle suite de chiffrement dépend de la configuration du client et du serveur : en fonction des suites disponibles, ils chercheront systématiquement à utiliser la méthode la plus puissante.

Tableau 5-7. Suites de chiffrement utilisant l'algorithme RSA Key Exchange

Suite de chiffrement	Description	Niveau	Compatibilité
Triple DES (clé de 168 bits) et authentification SHA-1	Moins rapide que RC4 mais très puissant	Très élevé	SSL v2, v3, TLS
RC4 (clé de 128 bits) et authentification MD5	Méthode rapide	Élevé	SSL v2, v3, TLS
RC2 (clé de 128 bits) et authentification MD5	Moins rapide que RC4	Élevé	SSL v2
RC4 (clé de 56 bits) et authentification SHA-1		Élevé	SSL v3 et TLS
DES (clé de 56 bits) et authentification SHA-1	Moins rapide que RC4	Élevé	SSL v2 et v3, TLS
RC4 (clé de 40 bits) et authentification MD5	Méthode rapide	Autorisé à l'export	SSL v2 et v3, TLS
RC2 (clé de 40 bits) et authentification MD5	Moins rapide que RC4	Autorisé à l'export	SSL v2 et v3, TLS
Pas de chiffrement et authentification MD5		Faible	SSL v2 et v3, TLS

Tableau 5-8. Suites de chiffrement utilisant l'algorithme KEA ou Key Exchange Algorithm (usage interdit en dehors du territoire des États-Unis)

Suite de chiffrement	Description	Niveau	Compatibilité
RC4 (clé de 128 bits) et authentification SHA-1	Méthode rapide	Élevé	SSL v3
RC4 (clé de 80 bits SKIPJACK) et authentification SHA-1	Méthode rapide	Élevé	SSL v3
Pas de chiffrement et authentification SHA-1		Faible	SSL v3

Le protocole de négociation (handshake)

Le protocole de négociation correspond à un échange de messages réalisé entre le serveur et le client lors de l'ouverture d'une session SSL/TLS. Cet échange est primordial puisqu'il permet au serveur de s'identifier grâce aux techniques de clés privées (l'identification du client est optionnelle), de fixer les paramètres de la session et de définir les clés symétriques qui seront utilisées pour le chiffrement/déchiffrement.

Il peut se résumer ainsi :

- Le client envoie au serveur sa version SSL/TLS, ses paramètres de chiffrement et toutes les données nécessaires à l'établissement de la session.

- En retour, le serveur envoie sa version SSL/TLS et ses paramètres de chiffrement ainsi que son certificat. Si cela est nécessaire, il demande au client son certificat pour pouvoir l'authentifier.

- Le client procède aux tests d'authentification : date de validité, contrôle de l'autorité de certification, contrôle de la clé publique, etc. La validité de ces tests détermine si la session peut se poursuivre ou non.

- Le client crée la clé préliminaire (*premaster*), la crypte à l'aide de la clé publique du serveur et la lui transmet. Si le serveur demande l'identification du client, le client lui envoie aussi son certificat.

- Le serveur décrypte les données transmises par le client, notamment la clé préliminaire, à l'aide de sa clé privée. Si cela est nécessaire, le serveur procède aux tests d'authentification : date de validité, contrôle de l'autorité de certification, contrôle de la clé publique, etc. La validité de ces tests détermine si la session peut se poursuivre ou non.

- Le client et le serveur calculent l'un et l'autre une clé principale (*master*) à l'aide de la clé préliminaire. Cette clé principale est utilisée pour calculer les deux clés de sessions symétriques : il y a une clé pour chaque sens de transmission, qui est utilisée à la fois pour crypter et décrypter les données transférées.

- Les deux parties s'informent mutuellement de la fin des opérations et mettent fin au protocole de négociation.

Annexe

Le modèle de référence OSI de l'ISO

Un modèle en 7 couches

La norme internationale OSI (Open System Interconnection - ISO/IEC 7498) établie par l'ISO a pour but de permettre l'interconnexion de réseaux hétérogènes. Le premier objectif de cette norme est de définir un modèle théorique d'architecture valable pour tous les réseaux et basé sur un découpage en 7 couches (voir tableau 5-8).

Tableau 5-9. Les sept couches du modèles OSI.

7	Application	Couches hautes
6	Présentation	
5	Session	
4	Transport	Couches basses
3	Réseau	
2	Liaison	
1	Physique	

Chaque couche doit fournir un service via une interface à la couche située au-dessus en lui épargnant les détails d'implémentation. Les fonctions décrites pour chaque couche ne sont pas toujours implémentées de manière stricte ou peuvent être prises en charge par plusieurs couches.

Même si ce modèle est une référence, il souffre de la concurrence du modèle imposé de facto par TCP/IP : ce dernier est certes très proche mais il est aussi plus simple, et il est surtout le modèle du protocole le plus utilisé au monde grâce à Internet.

La couche physique C1

La couche physique (ISO/IEC 10022) définit :

*   les moyens mécaniques et électriques : connecteurs, topologie (bus, anneau, étoile), la nature et les caractéristiques des supports (paire torsadée, câble coaxial, fibre optique, hertzien...), etc. ;
*   les caractéristiques de la transmission : modulation, portée, puissance en bauds ou en bits, les sens de transmission (*simplex*, *half-duplex* ou *full-duplex*), etc. ;
*   les procédures nécessaires à l'activation, au maintien et à la désactivation de la connexion.

L'unité d'information est le *bit*.

Cette couche est donc du ressort de l'électronique.

La couche liaison C2

La couche liaison (ISO/IEC 8886) définit :

*   les fonctions de détection et de correction d'erreurs ;
*   la structure syntaxique des messages en ajoutant aux données des informations de contrôle (adresse destination + adresse source + contrôle d'erreur) ;
*   la fonction de contrôle de flux.

La couche liaison est découpée en deux sous-couches :

*   MAC (Medium Access Control), qui gère les méthodes d'accès au canal et qui est donc dépendante de la couche physique ;
*   LLC (Logical Link Control), qui assure l'indépendance de la couche réseau vis-à-vis des différentes implémentations MAC (couche physique).

L'unité d'information est la *trame*.

Plusieurs protocoles très connus fonctionnent au niveau de cette couche : Ethernet, Token Ring mais aussi ATM ou PPP.

> MAC est également utilisé comme acronyme pour désigner les adresses des cartes d'interface réseau (Media Access Card) codées sur 4 bits et uniques au monde.

La couche réseau C3

La couche réseau (ISO/IEC 8348) définit trois fonctions :

*   l'adressage, qui permet d'identifier le réseau et les machines du réseau ;

- le routage, qui consiste à déterminer les nœuds intermédiaires les plus adaptés pour acheminer les paquets à destination (à partir de tables de routage). Ce routage est réalisé de proche en proche et non de manière globale ;
- le contrôle de flux, qui assure la performance de la transmission en évitant la congestion du réseau.

L'unité d'information est le *paquet*.

Il existe deux possibilités d'implémentation : en mode connecté, comme X25 ou IPX (Novell), et en mode déconnecté, comme IP. Le mode connecté nécessite l'établissement d'un circuit virtuel entre le nœud de départ et celui d'arrivée (une négociation préalable à l'envoi) alors que le mode déconnecté envoie les paquets sans aucune garantie quant à leur réception par le destinataire. Le mode connecté est plus fiable mais il est beaucoup plus bavard et donc plus lent.

La couche transport C4

La couche transport (ISO/IEC 8072) est particulière dans le sens où elle assure l'interface entre les couches basses et les couches hautes de traitement. Son rôle est de rendre l'utilisation du réseau transparente à l'utilisateur et en particulier de combler l'écart existant entre les services offerts par les couches basses et les services à offrir (requis).

Cinq classes de procédures de transport, notées TP0 à TP4, ont donc été définies pour permettre cette adaptation entre le niveau de la couche réseau (noté selon trois valeurs : préféré, acceptable et inacceptable) et le besoin des applications.

La couche transport définit donc :

- la notion de qualité de service (QoS) ;
- la fonction d'exploitation des services de réseau disponibles pour un transport de bout en bout : identification, sélection, ouverture et libération de la (ou des) connexion(s) ;
- la fonction de fragmentation et de réassemblage des données de la couche session ;
- la fonction de multiplexage (et de démultiplexage).

L'unité d'information est le *message*.

Les protocoles de transport les plus connus sont TCP, UDP ou SPX (Novell).

La couche session C5

La couche session (ISO/IEC 8326) définit :

- l'organisation du dialogue entre applications (l'orchestration du « droit à la parole ») ;
- la synchronisation des échanges ;
- la gestion des points de reprise sur panne.

L'unité d'information est parfois appelée *transaction*.

La couche présentation C6

La couche présentation (ISO/IEC 8822) définit :

- la gestion syntaxique et sémantique des informations transportées : ces informations peuvent être représentées dans une syntaxe abstraite telle que ASN.1 (ISO/IEC 8824), indépendante des systèmes (différences entre processeurs Motorola 68000 et Intel x86, ou codage ASCII et EBCDIC, etc.) ; cette gestion permet d'assurer l'homogénéité des applications entre des systèmes hétérogènes ;

• les services de préconditionnement et de postconditionnement des données, à savoir le chiffrement, la compression, etc.

La couche application C7

La couche application (ISO/IEC 9545) donne aux processus d'application le moyen d'accéder à l'environnement OSI en fournissant tous les services nécessaires, à savoir :

• le transfert d'informations ;

• l'allocation de ressources ;

• le contrôle d'intégrité des données ;

• la synchronisation des applications coopérantes.

Des exemples connus d'implémentation sont HTTP, SMTP, FTP ou encore Telnet.

Le modèle d'architecture réseau TCP/IP

Tableau 5-10. Comparaison des couches du modèle OSI et du modèle TCP/IP

	Modèle TCP/IP	Modèle OSI	
7	Application (Telnet, FTP, etc.)	Application	Couches hautes
6		Présentation	
5		Session	
4	Transport (TCP, UDP, etc.)	Transport	Couches basses
3	Réseau (IP, ARP, ICMP, etc.)	Réseau	
2	Interface réseau (Ethernet, FDDI, etc.)	Liaison	
1		Physique	

Contrairement au modèle OSI, le modèle TCP/IP, appelé aussi modèle Internet, n'est pas un modèle théorique général et il a donc le défaut de ne bien décrire que lui-même et les implémentations réalisées sur TCP et/ou IP.

Ce modèle possède quatre couches (voir tableau 5-10) :

• La couche d'*interface réseau* est constituée à la fois d'un gestionnaire (*driver*) du système d'exploitation et d'une carte d'interface avec le réseau, c'est-à-dire à la fois de moyens mécaniques et électriques et de procédures de traitement. La définition de cette couche est peu contraignante, ce qui a permis de développer de nombreuses implémentations : Ethernet (RFC894), X25 (RFC877), PPP (RFC1353), etc. L'unité d'information est la *trame*.

- La couche *réseau* ou couche internet (avec un « i » minuscule) est équivalente à celle définie par le modèle OSI : elle assure principalement les fonctions d'adressage et de routage. L'unité d'information est le *datagramme*. Plusieurs protocoles implémentent cette couche :

  - IP est bien entendu le principal.

  - ARP (Address Resolution Protocol, RFC826) permet de connaître l'adresse physique MAC d'une carte réseau associée à une adresse logique IP. C'est un mécanisme essentiel pour le fonctionnement du réseau, puisque l'établissement des tables de correspondance entre les adresses physiques et logiques est un préalable à toute transmission.

  - RARP (Reverse Address Resolution Protocol, RFC903, à l'inverse de ARP, permet de connaître une adresse logique IP à partir d'une adresse physique MAC. Ce protocole est utilisé par des stations de travail sans disques durs (par exemple un terminal X).

  - ICMP (Internet Control Message Protocol, RFC792) est un protocole qui est spécialisé dans la transmission de messages d'erreur : il s'agit en effet d'un protocole réseau bien qu'il s'appuie lui-même sur IP. Il est utilisé par les routeurs pour avertir la couche transport d'une erreur de traitement d'un datagramme.

- La couche *transport* est également équivalente à celle du modèle OSI : elle assure une communication de bout en bout sans s'occuper des intermédiaires entre l'émetteur et le destinataire. Elle se charge de la régulation du flux, du découpage et de l'ordonnancement des données ainsi que de la gestion des erreurs. Il existe deux implémentations principales de cette couche :

  - TCP (Transmission Control Protocol), qui est un protocole orienté connexion et fiable (sans erreur). L'unité d'information est le *segment* ;

  - UDP (User Datagram Protocol), qui est un protocole sans connexion mais non fiable. En effet, il ne gère ni la reprise sur erreur, ni l'ordonnancement des paquets, ni le contrôle de flux ou la gestion des accusés de réception. Les avantages d'UDP résident dans sa simplicité et sa rapidité, la fiabilité devant être assurée par le réseau physique lui-même (ce qui est envisageable dans le cas d'un LAN). L'unité d'information est le *datagramme*.

- La couche *application* est assez équivalente à celle du modèle OSI mais elle est située immédiatement après la couche transport (absence des couches présentation et session). Cette couche est implémentée par des protocoles de haut niveau tels que FTP, HTTP, SMTP, etc. L'unité d'information est le *message*.

Lorsqu'une information est transmise par une application, les données traversent chaque couche de haut en bas (de la couche application à la couche physique). Celles-ci ajoutent au passage des données supplémentaires qui leur sont spécifiques sous forme d'en-têtes (ou de remorques). Ce mécanisme est appelé *encapsulation*. Ainsi, une trame Ethernet encapsule un datagramme IP qui encapsule un segment TCP qui encapsule le message de l'application.

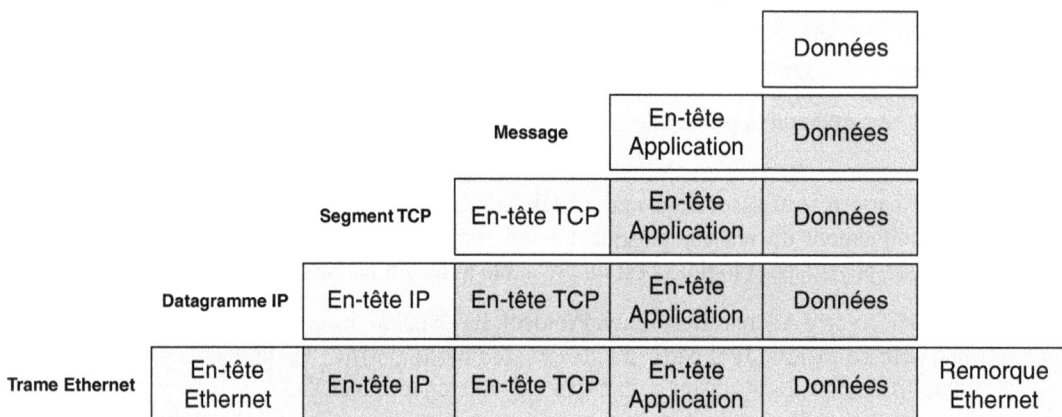

					Données	
				En-tête Application	Données	
			En-tête TCP	En-tête Application	Données	
		En-tête IP	En-tête TCP	En-tête Application	Données	
Trame Ethernet	En-tête Ethernet	En-tête IP	En-tête TCP	En-tête Application	Données	Remorque Ethernet

(Message : En-tête Application + Données ; Segment TCP : En-tête TCP + En-tête Application + Données ; Datagramme IP : En-tête IP + En-tête TCP + En-tête Application + Données)

Figure 5-3

Exemple d'encapsulation des couches d'une trame Ethernet.

La couche transport met en relation différentes applications qui ont besoin d'être identifiées les unes par rapport aux autres de façon à transmettre les messages aux bons programmes (démultiplexage). Cette identification est réalisée à partir d'identifiants appelés numéros de *ports* (codés sur 16 bits). La combinaison d'une adresse IP et d'un port est appelée une *socket*. La combinaison de deux sockets définit complètement une connexion TCP ou UDP puisqu'elle permet de connaître les adresses logiques des machines source et destination ainsi que les ports sur lesquels les applications dialoguent entre elles.

Il existe trois types de numéros de port :

- les numéros d'applications système (appelé *well-known*) compris entre 0 et 1023, comme 23 pour Telnet ou 80 pour HTTP ;

- les numéros d'application serveur (appelé *registered*) compris entre 1024 et 49151, par exemple 4000 pour ICQ et 26000 pour Quake ;

- les numéros privés ou dynamiques compris entre 49152 et 65535.

Les deux premières catégories concernent des numéros officiels enregistrés et gérés par l'IANA (voir la section « Définition de termes et organisation de la communauté Internet »). Ces numéros sont référencés par une application cliente émettrice pour identifier l'application à laquelle elle s'adresse sur le serveur : par exemple un serveur HTTP peut être interrogé (il « écoute ») sur le port 80. En échange, l'application émettrice (le navigateur Internet) fournit le port sur lequel on pourra lui répondre : il s'agit alors d'un numéro supérieur à 1023 que l'application sélectionne parmi les ports disponibles sur la machine (par exemple, le port 1330, comme le montre la figure 5-2). Ces numéros peuvent également être utilisés pour des applications serveurs dans le cadre d'un usage privé ; par exemple pour créer un serveur HTTP de test qui écoute sur le port 8080. Dans ce cas, il est nécessaire d'indiquer explicitement au navigateur Internet de se brancher sur ce port puisque, par défaut, une requête HTTP est dirigée vers le port 80.

Les spécifications de standards Internet (RFC)

Certains standards technologiques fondamentaux d'Internet, tels que MIME ou SMTP, sont gérés par l'IETF et plus précisément par l'IESG et l'IAB (voir la section « Définition de termes et organisation de la communauté Internet »).

Toute spécification d'un standard Internet et chacune de ses versions est publiée dans un document RFC (Request For Comments) : ces documents, introduits en 1969 par ARPANET, constituent le circuit de publication officiel de la communauté Internet. Les RFC ne traitent pas seulement de la définition des standards, ils traitent également de mémos de travail ou de sujets de discussion variés ayant un rapport avec Internet. La publication de ces documents est gérée par le RFC-Editor sous la direction de l'IAB.

Le statut des spécifications standards Internet est résumé régulièrement dans un RFC intitulé « Internet Official Protocol Standards ». Le statut de départ est Internet Draft et certaines spécifications atteignent le statut de standard, ce qui leur vaut d'obtenir un label supplémentaire « STDxxxx » en plus de la dénomination « RFCxxxx ». Il existe plusieurs niveaux de maturité pour une spécification standard qui sont dans l'ordre : Proposed Standard, Draft Standard puis Internet Standard. L'évolution du statut et du niveau d'une spécification est du ressort de l'IESG.

Évidemment, ces standards Internet peuvent s'appuyer à leur tour sur des standards définis par d'autres organismes tels que l'ISO ou l'ANSI.

Définition de termes et organisation de la communauté Internet

- ETSI : le European Telecommunications Standards Institute est une organisation à but non lucratif, chargée de définir les standards des télécommunication pour l'Europe (*http://www.etsi.org*).

- IANA : l'Internet Assigned Numbers Authority est l'organisation qui a précédé l'ICANN (*http://www.iana.org*).

- ICANN : l'Internet Corporation for Assigned Names and Numbers est une organisation à but non lucratif qui est responsable de l'allocation des espaces d'adresses IP, de la définition des paramètres de protocole, du système de gestion des noms de domaine et du système de gestion des serveurs racine (*http://www.icann.org*).

- IAB : l'Internet Architecture Board est un groupe de l'IETF, chargé de définir l'architecture globale d'Internet et les objectifs de l'IETF. Les responsabilités de ce groupe sont très importantes vis-à-vis de la communauté Internet (*http://www.iab.org*).

- IESG : l'Internet Engineering Steering Group est un groupe de l'IETF, constitué des directeurs de services, chargé avec l'IAB de la gestion de l'IETF et de l'approbation des standards (*http://www.ietf.org/iesg.html*).

- IETF : l'Internet Engineering Task Force est une communauté internationale et ouverte de chercheurs, éditeurs, ingénieurs, etc. qui travaillent à l'évolution et au fonctionnement d'Internet (*http://www.ietf.org*). Cette communauté est organisée en services correspondant à différents centres d'intérêts (routage, transport, sécurité, etc.).

- IRTF : l'Internet Research Task Force est une organisation chargée des travaux de recherche sur les protocoles, les applications, l'architecture et les technologies Internet sous la tutelle de l'IAB (*http://www.irtf.org*).

- ISOC : l'Internet Society est une organisation à but non lucratif qui a un rôle de direction et de coordination pour tout ce qui touche aux évolutions d'Internet, garantissant son ouverture, son fonctionnement et sa croissance (*http://www.isoc.org*). Ce rôle n'est rendu possible que parce que ces membres sont composés d'acteurs clé internationaux (des organisations à but non lucratifs, des entreprises, des fondations, des universités, des organisations gouvernementales) qui partagent un même objectif de réussite. L'ISOC est l'organisation mère de l'IETF, l'IRTF et l'IANA.

- RFC-editor : c'est un groupe fondé par l'ISOC et responsable de la publication, de l'indexation et de la relecture finale des RFC (*http://www.rfc-editor.org*)[1].

- W3C : le World Wide Web Consortium est une organisation dont l'objectif est de définir des technologies Internet (appelées recommandations) afin d'assurer l'évolution et l'interopérabilité du Web (*http://www.w3.org*).

---

1. Des traductions françaises sont disponibles à *http://www.rfc-editeur.org*

6

Fondations des services Web – Les technologies XML

XML 1.0

XML (eXtensible Markup Language) est un format universel qui permet de structurer et d'organiser des documents et des données sur le Web. La version 1.0 de cette recommandation a été publiée par le W3C en février 1998 et ce format est devenu depuis incontournable. Ce succès est bien sûr lié au développement d'Internet mais il tient aussi en grande partie aux objectifs initiaux que le groupe de travail s'était fixé et qui tiennent en quelques mots : simple (à construire, à lire, à traiter), précis (pas d'ambiguïté, règles syntaxiques strictes), universel (conforme à Unicode, indépendant de la plateforme logicielle), extensible.

XML est un sous-ensemble, une version simplifiée de SGML, et tout comme lui, c'est un langage à balises générique (*markup language*) : il établit les règles syntaxiques servant à marquer un document et à en dégager la structure mais il ne définit aucun jeu de balises (contrairement à HTML, par exemple). La définition de ces balises et de leur sémantique appartient au concepteur qui construit le document.

Rappel des règles de base

Les règles syntaxiques d'XML sont simples mais strictes, ainsi, un programme qui traite un document XML doit s'arrêter à la première erreur.

On dit d'un document XML qu'il est *bien formé* s'il respecte les règles syntaxiques imposées et ainsi résumées :

- Un document XML doit commencer par une ligne de déclaration ne serait-ce que pour préciser la version d'XML. Exemple :

```
<?xml version="1.0"?>
```

- Les éléments qui composent un document XML doivent être encadrés par une balise ouvrante et une balise fermante. Exemple :

```
<para> Ceci est un paragraphe </para>
```

- Les noms de balises sont sensibles à la casse des caractères. Exemple :

```
<Para> Ceci est correct </Para>
<para> Ceci est incorrect </Para>
```

- Tous les éléments doivent être correctement encadrés entre eux. Exemple :

```
<para> <texte> Ceci est correct </texte> </para>
<para> <texte> Ceci est incorrect </para> </texte>
```

- Un document XML possède toujours une racine qui est définie par la première balise rencontrée dans le traitement. Tous les éléments du document sont encadrés par cette racine. Exemple :

```
<racine>
  <element1>
    <souselement1> Sous élément du premier élément </souselement1>
  </element1>
  <element2> Second élément </element2>
</racine>
```

- Les éléments peuvent être dotés d'attributs. Exemple :

```
<Para monattribut="mavaleur"> Élément avec comme attribut monattribut de valeur
mavaleur</Para>
```

- Les valeurs des attributs doivent toujours être encadrées par des quotes (simples ou doubles). Exemple :

```
<Para date="maintenant"> Ceci est correct </Para>
<Para date=maintenant> Ceci est incorrect </Para>
```

- Les commentaires sont définis par la balise <!-- et -->.

On dit d'un document qu'il est *valide* s'il respecte une certaine description : ces descriptions sont établies par des DTD (Document Type Definition) ou des schémas (documents XML décrivant d'autres documents XML), internes ou externes.

Un document XML

Le corps d'un document XML est constitué d'un ou plusieurs éléments délimités par des balises ouvrantes et fermantes. Ces éléments sont organisés entre eux dans une structure arborescente.

Dans l'exemple suivant :

```
<debut>
  <element1> Premier element </element1>
  <element2> Second element </element2>
</debut>
```

- debut est la racine du document, ;
- element1 et element2 sont les fils de début ;
- debut est le père d'element1 et element2 ;
- element1 et element2 sont frères.

Les éléments possèdent un contenu délimité par les balises. Ce contenu peut être :

- simple s'il s'agit de texte uniquement ;
- mixte si l'élément possède à la fois un contenu simple et d'autres éléments ;
- vide : dans ce cas, la balise ouvrante est aussi fermante. Exemple : `<saut_de_page/>`, qui est équivalent à `<saut_de_page></saut_de_page>`.

> **Remarque**
>
> Tout le contenu d'un élément, c'est-à-dire tout ce qui est entre la balise ouvrante et fermante, est analysé par les programmes à la recherche d'autres éléments. Il existe cependant un moyen d'indiquer que le contenu est simple et ne nécessite pas d'analyse en utilisant une section CDATA. Exemple :
>
> `<texte> <![CDATA[Ceci est un <contenu> simple]]> </texte>`

Le nommage des types d'éléments (c'est-à-dire des balises) doit suivre les règles suivantes :

- Le nom peut contenir des lettres, des chiffres ou tout autre caractère autorisé (voir énumération Unicode dans la spécification : *http://www.w3c.org/TR/2000/REC-xml-20001006 - NT-Name*).
- Le nom ne doit pas commencer par un chiffre ni un caractère de ponctuation.
- Le nom ne doit pas commencer par xml (quelle que soit la casse).
- Le nom ne doit pas contenir d'espaces.

Mis à part ces quelques restrictions, seules les règles de bons sens prévalent pour nommer des éléments (le nom doit être clair, précis et concis).

Un document XML est extensible, ce qui signifie qu'il est possible d'ajouter des éléments XML sans que cela remette en cause le traitement du document, pourvu que les éléments existants demeurent inchangés (auquel cas, il ne s'agit plus d'une extension).

Les éléments XML peuvent posséder des attributs. qui permettent d'ajouter des informations supplémentaires aux éléments. Exemple :

```
<image type="JPEG"> mon image.jpg </image>
```

Il n'y a pas de règle pour déterminer précisément si une information doit être traitée en tant qu'attribut ou en tant qu'élément. Cependant, en général, les attributs sont utilisés en tant que métadonnées, pour qualifier le contenu des éléments. Ce qui est certain, c'est que l'usage des attributs est beaucoup moins souple que celui des éléments : ils sont difficilement extensibles, leur contenu est simple, etc.

XML namespaces

Les espaces de noms XML ou *namespaces* sont une extension de la recommandation XML qui a été publiée en janvier 1999 par le W3C. À l'origine de cette extension, il y a la volonté d'introduire la modularité dans les documents XML et de permettre la réutilisation de tout ou partie des documents existants. Pour atteindre cet objectif, il est nécessaire de doter XML d'un mécanisme permettant d'éviter toute ambiguïté de nommage (problèmes de collisions de noms d'éléments ou d'attributs).

L'attribut xmlns ou xmlns:

Un espace de noms XML identifie une collection de noms qui sont utilisés dans un document XML par les éléments et les attributs.

La déclaration d'un espace de noms XML est réalisée à l'aide de l'attribut réservé xmlns ou d'un attribut spécifique précédé du préfixe xmlns:. La *valeur* de cet attribut, une référence d'URI, est le *nom* de l'espace de noms. Par exemple :

```
<soap-env:Envelope xmlns:soap-env="http://schemas.xmlsoap.org/soap/envelope/">
```

est équivalent à :

```
<Envelope xmlns="http://schemas.xmlsoap.org/soap/envelope/">
```

et déclare l'espace de noms *http://schemas.xmlsoap.org/soap/envelope/*.

Dans le premier exemple, xmlns: non seulement déclare un espace de noms, mais aussi définit un *préfixe*. Tout élément ou attribut dont le nom appartient à l'espace de noms doit être précédé de ce préfixe. Par exemple :

```
<soap-env:Envelope xmlns:soap-env="http://schemas.xmlsoap.org/soap/envelope/"
soap-env:encodingStyle="http://schemas.xmlsoap.org/soap/encoding/">
  <soap-env:Body>
  </soap-env:Body>
</soap-env:Envelope>
```

Attributs et espaces de noms

Il faut noter, dans l'exemple précédent, qu'encodingStyle est un attribut de l'espace de noms *http://schemas .xmlsoap.org/soap/envelope/*.

Bien évidemment, il est possible de définir plusieurs espaces de noms dans un même document ainsi qu'un espace de noms par défaut : les règles de portée sont assez logiques et s'appuient sur la hiérarchie du document. Par exemple :

```
<?xml version="1.0"?>
<!-- définition de l'espace www.eyrolles.com préfixé par pref -->
<pref:livre xmlns:pref="http://www.eyrolles.com/">
  <!-- l'espace de noms par défaut est HTML -->
  <table xmlns="http://www.w3.org/TR/REC-html40">
    <tr>
      <td>
```

```
                <!-- plus d'espace de noms -->
                <titre xmlns="">Ceci est le titre</titre>
                <!-- retour à l'espace par défaut HTML -->
            </td>
            <td>
                <!-- espace de noms www.eyrolles.com -->
                <pref:sujet>les services Web</pref:sujet>
                <!-- retour à l'espace par défaut HTML -->
            </td>
        </tr>
    </table>
</pref:livre>
```

Xlink

XML *Linking Language*(XLink) version 1.0 est une recommandation du W3C publiée en juin 2001. L'objectif de cette spécification est de fournir un mécanisme permettant de créer et de décrire, dans des documents XML, des liens entre des ressources. Ces liens peuvent être unidirectionnels ou des structures plus complexes. Cette recommandation est complémentaire à Xpointer, laquelle fournit un mécanisme de définition d'adresses.

Un peu de vocabulaire

Un lien (*link*) est une relation explicite entre des ressources ou des parties de ressources. Il est rendu explicite par un élément liant (*linking element*), qui est l'élément du document XML qui décrit ce lien. Une utilisation courante des liens est celle des *hyperliens*, qui sont des liens destinés à être présentés à un utilisateur humain.

Une *ressource* est définie comme étant une unité d'information. Elle est identifiée par un URI. Lorsqu'un lien associe un ensemble de ressources, on dit que ces ressources participent (*participate*) au lien.

Un lien *simple* implique une paire de ressources : la ressource de départ (*starting resource*) et la ressource d'arrivée (*ending resource*). Un lien *étendu* implique quant à lui un nombre quelconque de ressources. L'information concernant la manière de traverser une paire de ressources, c'est-à-dire la direction et le comportement, est appelée un *arc*.

Une *ressource locale* est un élément XML qui participe à un lien en ayant un parent ou en étant lui-même un élément liant. Une ressource qui participe à un lien en étant adressée par un URI est considérée comme une ressource distante (*remote*) même si elle se trouve dans le même document que l'élément liant. L'élément HTML A est un lien simple dont la ressource de départ est une ressource locale et dont la ressource d'arrivée est distante.

Un arc qui a une ressource de départ locale et une ressource d'arrivée distante est hors ligne (*outbound*), c'est-à-dire qu'il quitte l'élément liant. L'élément HTML A possède donc un arc hors ligne.

Si la ressource d'arrivée d'un arc est locale mais sa ressource de départ distante, alors l'arc est en ligne (*inbound*). Si aucune des deux ressources n'est locale, il s'agit d'un arc tiers (*third-party*). Enfin, les documents qui contiennent des collections de liens en ligne et/ou de liens tiers se nomment bases de liens (*linkbase*).

Ces derniers concepts sont plus complexes mais néanmoins très puissants : Xlink permet de créer des liens depuis des ressources sans qu'aucune action ne soit nécessaire sur cette ressource (distante), c'est-à-dire sans qu'il ne soit nécessaire de modifier le document contenant cette ressource. C'est le sens des liens *en ligne*. Il est même possible de décrire totalement un lien dans un fichier externe (base de liens) sans qu'aucune des ressources participantes ne fasse partie de ce fichier. C'est le sens des liens *tiers*. Ce principe est très utile lorsque le nombre de ressources est élevé ou lorsque ces ressources sont en lecture seule, ou inaccessibles, et de manière générale lorsqu'il est trop coûteux de modifier ces ressources et plus intéressant de gérer les liens indépendamment.

La syntaxe Xlink

L'usage d'Xlink nécessite dans un premier temps la définition de l'espace de noms *http://www.w3.org/ 1999/xlink*. En général, le préfixe utilisé est `xlink`. Par exemple :

```
<monlien xmlns:xlink=" http://www.w3.org/1999/xlink "> … </monlien>
```

Cet espace de noms identifie un ensemble d'attributs qui permet de définir les liens Xlink. Le principal attribut est `type`, qui permet de définir le type de lien. Il y a, en effet :

- des liens simples (`type="simple"`) qui mettent en relation de façon unidirectionnelle une ressource locale et une ressource éloignée, ce sont typiquement les liens HTML `A` ou `IMG` ;
- des liens étendus (`type="extended"`) qui utilisent pleinement les fonctionnalités de Xlink en permettant la création de liens multidirectionnels, de liens en ligne ou tiers.

Cet attribut permet également de qualifier d'autres éléments qui servent à la déclaration des liens étendus, comme :

- des ressources locales (`type="resource"`) ;
- des ressources éloignées (`type="locator"`) ;
- des règles de traversée (`type="arc"`) ;
- des titres (`type="title"`).

Tableau 6-1. L'usage des attributs Xlink dépend du type d'élément : obligatoire (O) ou facultatif (F).

Attribut/Type	Simple	extended	locator	Arc	Resource	title
Type	O	O	O	O	O	O
Href	F		O			
Role	F	F	F		F	
Arcrole	F			F		
Title	F	F	F	F	F	
Show	F			F		
Actuate	F			F		
Label			F		F	
From				F		
To				F		

La définition de ces attributs est la suivante :

- L'attribut de localisation href permet de définir l'URI de localisation d'une ressource éloignée.

- Les attributs sémantiques role, arcrole et title permettent de définir la signification d'un lien ou d'une ressource. Les attributs role et arcrole ont comme valeur des URI alors que l'attribut title attend une chaîne de caractères.

L'exemple suivant déclare une ressource éloignée en précisant un rôle (qui est un URI), un titre, et en la nommant MDupond.

```
<patron xmlns:xlink="http://www.w3.org/1999/xlink"
  xlink:type="locator"
  xlink:href="http://wwww.masociete.com/salaries/mdupond.xml"
  xlink:role="http://www.masociete.com/direction"
  xlink:title="Michel Dupond"
  xlink:label="MDupond"/>
```

- L'attribut show indique la manière de présenter la ressource d'arrivée du lien. Il peut prendre comme valeur "new" (nouvelle présentation), "replace" (dans la même présentation), "embed" (à la place), "other" (déterminé ailleurs) ou "none" (indéterminé).

- L'attribut actuate indique quand la traversée vers la ressource d'arrivée doit être exécutée. Il peut prendre comme valeur "onLoad" (dès le chargement de la ressource de départ), "onRequest" (à la demande), "other" (déterminé ailleurs) ou "none" (indéterminé).

Dans l'exemple qui suit, ce lien simple est parcouru dès le chargement de la page et le résultat est affiché dans une nouvelle fenêtre :

```
<eyrolles:logo xmlns:eyrolles="http://www.eyrolles.com"
   xmlns:xlink="http://www.w3.org/1999/xlink"
   xlink:type="simple"
   xlink:href="http://www.eyrolles.com/images/eyrolles_4_petit.gif"
   xlink:show="new"
   xlink:actuate="onLoad"/>
```

- Les attributs label, from et to permettent d'identifier les nœuds du document XML. Si une valeur est affectée à from ou to, elle doit correspondre à la valeur affectée à l'attribut label d'un élément locator ou resource.

Dans l'exemple suivant, ce lien étendu définit deux ressources éloignées et un arc entre ces deux ressources :

```
<societe xmlns:xlink="http://www.w3.org/1999/xlink"
   xlink:type="extended"
   xlink:title="Ma société">
   <auteur xmlns:xlink="http://www.w3.org/1999/xlink"
      xlink:type="locator"
      xlink:href="http://www.eyrolles.com/auteurs/lmaesano.xml"
      xlink:role="http://www.eyrolles.com/servicesweb/guru"
      xlink:title="Libero Maesano"
      xlink:label="LMaesano"/>
   <auteur xmlns:xlink="http://www.w3.org/1999/xlink"
      xlink:type="locator"
```

```
        xlink:href="http://www.eyrolles.com/auteurs/xlegalles.xml"
        xlink:role="http://www.eyrolles.com/servicesweb/wizard"
        xlink:title="Xavier Le Galles"
        xlink:label="XLegalles"/>
   <edition xmlns:xlink="http://www.w3.org/1999/xlink"
        xlink:type="arc"
        xlink:from="XLegalles"
        xlink:to="LMaesano"
        xlink:arcrole="http://www.eyrolles.com/co-auteur"
        xlink:title="est co-auteur avec"/>
</societe>
```

Utilisation de certains attributs

La spécification ne définit pas de façon formelle la manière dont les attributs `role`, `arcrole`, `title`, `show` et `actuate` doivent être utilisés.

XML Base

XML Base 1.0 est une recommandation du W3C publiée en juin 2001. Son objectif est de définir dans un document XML un chemin de base permettant d'interpréter de façon relative tous les URI contenus dans le document et implémentés en XLink. L'objectif de cette spécification est équivalent à celui d'HTML Base.

L'attribut xml:base

Le principe de fonctionnement de XML Base est simple. Il consiste à ajouter un attribut `xml:base` à n'importe quel nœud d'un document XML. La valeur de cet attribut est un URI de base utilisé par tous les liens Xlink exprimés dans le nœud. Par exemple :

```
<? XML version="1.0" encoding="ISO-8859-1" ?>
<carnet_adresses xml:base="http://www.monSite.com/commun/"
   xmlns:xlink="http://www.w3.org/1999/xlink">
   <!-- http://www.monSite.com/commun/identite.xml -->
   <titre>Mon carnet
      <link xlink:type="simple" xlink:href="identite.xml">personnel</link>
   </titre>
   <liste xml:base="/adresses/">
      <adresse id="1">
         <nom>
         <!-- http://www.monSite.com/adresses/dupont.xml -->
         <link xlink:type="simple" xlink:href="dupont.xml">Dupont</link>
         </nom>
         <prenom>Bernard</prenom>
         <cp>75014</cp>
      </adresse>
   </liste>
</carnet_adresses>
```

XPath

XML *Path Language* 1.0 (XPath) est une recommandation du W3C publiée en novembre 1999. L'objectif de cette spécification est de fournir un mécanisme permettant d'adresser des parties de document XML, mécanisme utilisé à la fois par XSLT et XPointer. Le nom de cette technologie vient du fait qu'elle utilise des chemins (*path*) équivalents aux URL pour naviguer dans la structure hiérarchique des documents XML.

Par exemple, pour le document XML suivant :

```
<? XML version="1.0" encoding="ISO-8859-1" ?>
<carnet_adresses>
    <adresse id="1">
        <nom>Dupont</nom>
        <prenom>Bernard</prenom>
        <cp>75014</cp>
    </adresse>
    <adresse id="2">
        <nom>Durand</nom>
        <prenom>Paul</prenom>
        <cp>06220</cp>
    </adresse>
    <adresse id="3">
        <nom>Vincent</nom>
        <prenom>Pierre</prenom>
        <cp>21017</cp>
    </adresse>
</carnet_adresses>
```

l'expression XPath suivante sélectionne tous les noms du carnet d'adresses :

```
/carnet_adresses/adresse/nom
```

Les expressions XPath

Les documents XML peuvent être représentés comme des arbres de nœuds appartenant à un des sept types suivants :

- le type racine, qui est utilisé pour la racine du document ;
- le type élément, qui est utilisé pour les éléments d'un document. Le nom d'un élément peut être exprimé en précisant un espace de noms ;
- le type texte, qui est utilisé pour les valeurs d'éléments données caractères (y compris `<![CDATA[…]]>`) ;
- le type attribut, qui est utilisé pour les attributs d'un élément ;
- le type espace de noms, qui est utilisé pour les attributs ou éléments affectés par la déclaration d'un espace de noms (attribut `xmlns` ou préfixé `xmlns:`) ;
- le type instruction, qui est utilisé pour les instructions XML `<? … ?>` (mis à part l'instruction de déclaration XML en-tête qui ne possède pas de noeud) ;
- le type commentaire, qui est utilisé pour les commentaires `<!-- … -->`.

Une expression XPath permet d'obtenir un ensemble de nœuds, de n'importe quel type, du document XML. Cette expression se traduit sous la forme d'un chemin qui peut être :

- absolu s'il commence par un « / », le chemin identifie alors de manière constante un ensemble de nœuds à partir de la racine du document ;
- relatif lorsqu'il ne commence pas par un « / », le résultat dépend alors de l'endroit où l'expression est appliquée lors de la navigation dans l'arbre.

Syntaxe longue

Le chemin est constitué de *marches* séparées par des « / » (barres obliques). Une marche est constituée :

- d'un axe, qui définit la relation entre les nœuds identifiés par la marche et le contexte en cours ;
- d'un test de nœud, qui s'applique aux types et aux noms des nœuds sélectionnés ;
- d'un ou plusieurs prédicats, qui permettent d'affiner la sélection des nœuds.

La syntaxe d'une marche est : `axe::nœud[predicat]`.

L'exemple suivant sélectionne toutes les adresses dont l'`id` est 3 :

```
/child::carnet_adresses/child::adresse[attribute::id="3"]
```

Tableau 6-2. Les valeurs possibles d'un axe.

Axe	Description
Ancestor	Tous les ancêtres (parents, grands-parents, etc., y compris la racine) du nœud courant.
ancestor-or-self	Idem plus le nœud courant.
Attribute	Tous les attributs du nœud courant.
Child	Tous les enfants du nœud courant.
Descendant	Tous les descendants (enfants, petits-enfants, etc.) du nœud courant (sans les nœuds de type attribut ou espace de noms).
descendant-or-self	Idem plus le nœud courant.
Following	Tous les nœuds qui suivent le nœud courant dans l'ordre du document, sauf les nœuds de type attribut ou espace de noms et en dehors des descendants directs.
following-sibling	Tous les nœuds qui suivent le nœud courant dans l'ordre du document et possèdent le même père (pour un type attribut ou espace de noms, le résultat est vide).
Namespace	L'espace de noms du nœud courant.
Parent	Le parent du nœud courant.
Preceding	Tous les nœuds qui précèdent le nœud courant dans l'ordre du document, sauf les nœuds de type attribut ou espace de noms et en dehors des ancêtres directs.
preceding-sibling	Tous les nœuds qui précèdent le nœud courant dans l'ordre du document et possèdent le même père (pour un type attribut ou espace de noms, le résultat est vide).
Self	Le nœud courant uniquement.

Tableau 6-3. Les possibilités de test de nœuds.

Type de test	Valeur	Description
Noms des nœuds	Le nom du nœud exprimé avec ou sans espace de noms.	Retourne les nœuds dont le nom est celui spécifié (et correspondant au type).
	*	Retourne tous les nœuds (correspondant au type).
Types des noeuds	Comment()	Retourne les nœuds de type commentaire.
	Text()	Retourne les nœuds de type texte.
	processing-instruction()	Retourne les nœuds de type instruction (dont le nom peut être spécifié).
	Node()	Retourne tous les nœuds.

Enfin, les prédicats permettent de filtrer l'ensemble des nœuds sélectionnés d'après des expressions. Ces expressions peuvent être combinées entre elles à l'aide de l'opérateur d'union (|).

Tableau 6-4. Construction des expressions de prédicat.

Type d'expression	Valeur	Description
Appels de fonction	Nom de la fonction.	(Voir tableau 6-5).
Ensemble de nœuds	Chemin XPath.	
Expressions booléennes	= ou !=	Égal ou différent.
	<, <=, > ou >=	Inférieur, inférieur ou égal, supérieur ou supérieur ou égal.
	or ou and	Ou ou et logique.
Expressions numériques	+ ou -	Addition ou soustraction.
	*, div ou mod	Multiplier, diviser ou reste de la division.
Expressions régulières	Expression régulière.	Expression régulière appliquée à un nom ou à type de nœud.

Tableau 6-5. Les fonctions prédéfinies applicables aux ensembles de nœuds.

Fonction	Description
count(…)	Retourne le nombre d'éléments de l'ensemble passé en argument.
id(…)	Sélectionne les éléments d'après leur identifiant unique.
last()	Retourne un nombre égal à la taille du contexte défini par l'expression.
local-name(…)	Retourne le nom local (sans espace de noms) du premier nœud de l'ensemble passé en argument. Si l'argument est absent, l'ensemble est déterminé par le contexte.
name(…)	Retourne le nom (y compris l'espace de noms) du premier nœud de l'ensemble passé en argument. Si l'argument est absent, l'ensemble est déterminé par le contexte.
namespace-uri(…)	Retourne l'URI de l'espace de noms du premier nœud de l'ensemble passé en argument. Si l'argument est absent, l'ensemble est déterminé par le contexte.
position()	Retourne un nombre égal à la position du contexte.

Tableau 6-6. Les fonctions de chaînes de caractères prédéfinies.

Fonction	Description
string(…)	Retourne la conversion d'un objet en chaîne de caractères.
concat(…)	Retourne la concaténation des arguments.
starts-with(…)	Renvoie vrai si la chaîne en premier argument commence par la chaîne passée en second argument.
contains(…)	Renvoie vrai si la chaîne en premier argument contient la chaîne passée en second argument.
substring-before(…)	Retourne une sous-chaîne de caractères du premier argument qui précède la première occurrence de la chaîne passée en second argument.
substring-after(…)	Retourne une sous-chaîne de caractères du premier argument qui suit la première occurrence de la chaîne passée en second argument.
substring(…)	Retourne une sous-chaîne de caractères du premier argument qui commence à la position déterminée par le deuxième argument et qui est d'une longueur égale au troisième argument.
string-length(…)	Retourne la longueur de la chaîne de caractères passée en argument. Si l'argument est absent, la chaîne correspond au nom du nœud courant.
normalize-space(…)	Retourne la chaîne de caractères passée en argument après avoir supprimé les espaces de début et de fin et après avoir remplacé les espaces consécutifs par un espace unique. Si l'argument est absent, la chaîne correspond au nom du nœud courant.
translate(…)	Retourne la chaîne de caractères passée en premier argument après avoir remplacé toutes les occurrences de la chaîne passée en deuxième argument par la chaîne passée en troisième argument.

Tableau 6-7. Les fonctions booléennes prédéfinies.

Fonction	Description
boolean(…)	Convertit l'objet passé en argument en booléen vrai si cet objet est : – un nombre différent de 0 ou NaN ; – un ensemble de nœuds non vide ; – une chaîne de caractères de longueur non nulle. Pour les autres types d'objets, le résultat dépend du type d'objet.
not(…)	Retourne la négation booléenne de l'argument.
true()	Retourne vrai.
false()	Retourne faux.
lang(…)	Retourne vrai si la langue du nœud courant est la même (ou une sous langue) que celle passée en argument. La langue est déterminée par l'attribut xml:lang.

Tableau 6-8. Les fonctions numériques prédéfinies.

Fonction	Description
number(…)	Retourne vrai si la langue du nœud courant est la même (ou une sous-langue) que celle passée en argument. La langue est déterminée par l'attribut xml:lang.
number(…)	Convertit l'objet passé en argument en nombre : – valeur mathématique d'une chaîne de caractères ; – 1 pour vrai et 0 pour faux ; – un ensemble de nœuds est d'abord converti en chaîne de caractères par la fonction string() puis en numérique. Pour les autres types d'objets, le résultat dépend du type d'objet. Si l'argument est absent, la conversion s'applique à l'ensemble de nœuds déterminé par le contexte.
sum(…)	Retourne la somme de tous les nœuds de l'ensemble passé en argument (valeur des nœuds convertie en numérique).
floor(…)	Retourne le plus grand nombre entier qui ne soit pas plus grand que l'argument.
ceiling(…)	Retourne le plus petit nombre entier qui ne soit pas plus petit que l'argument.
round(…)	Retourne le nombre entier qui est le plus proche de la valeur passée en argument.

Syntaxe abrégée

Tableau 6-9. Les expressions XPath peuvent être abrégées.

Abréviation	Syntaxe longue
Rien	child::
@	attribute::
.	self::node()
..	parent::node()
//	/descendant-or-self::node()/

Voici quelques exemples :

Exemple	Description
//adresse	Sélectionne tous les éléments de type adresse.
/carnet_adresses/adresse[2]	Sélectionne la seconde adresse.
adresse[@id="3"]	Sélectionne le nœud adresse dont l'id est 3.

XML Schema

XML Schema 1.0 est une recommandation du W3C qui a été publiée en mai 2001. L'objectif de cette spécification est de fournir un mécanisme de description et de validation des documents XML, équivalent à la DTD mais plus expressif, extensible et surtout utilisant lui-même une syntaxe XML et les espaces de noms.

Abréviation et préfixe XSD

On parle aussi d'XML Schema Definition ou XSD. Cette abréviation est souvent utilisée comme préfixe du nom d'espace de noms XML Schema et comme extension des fichiers de schémas.

Globalement, XML Schema permet de créer un modèle de document (un schéma) qui définit :

- les éléments et les attributs qui peuvent apparaître dans le document ;
- l'ordre et l'occurrence des éléments fils ;
- si un élément est vide ou s'il a un contenu ;
- les types de données des éléments et des attributs ;
- les valeurs par défaut des éléments et des attributs.

Description d'un schéma XML

Un schéma XML est d'abord un document XML 1.0 bien formé et valide au regard de ses spécifications, c'est-à-dire soit en utilisant le schéma des schémas, soit la DTD des schémas (respectivement dans les annexes A et G de la recommandation du W3C).

Le vocabulaire (noms d'attributs et d'éléments) est défini dans deux espaces de noms :

- *http://www.w3.org/2001/XMLSchema* : cet espace de noms définit la plus grande partie du vocabulaire d'XML Schema. Pour simplifier la suite de ce chapitre, on utilisera systématiquement le préfixe `xsd:` pour référencer cet espace de noms.

- *http://www.w3.org/2001/XMLSchema-instance* : cet espace de noms définit des attributs qui peuvent être utilisés dans tout document XML (`type`, `null` `schemaLocation` et `noNamespaceSchemaLocation`). Pour simplifier la suite de ce chapitre, on utilisera systématiquement le préfixe `xsi:` pour référencer cet espace de noms.

Le schéma est un modèle qui peut être appliqué à des instances de documents XML. En général, un modèle est fait pour être réutilisé et il est préférable de le confier à un document à part plutôt que de le voir défini dans le corps du document XML auquel il s'applique. Le lien entre le document XML et le schéma est réalisé à partir des attributs `xsi:schemaLocation` ou `xsi:noNamespaceSchemaLocation` qui permettent de référencer l'URL du schéma. Ce lien implique qu'un travail de validation devra être effectué sur l'instance de document par un programme adéquat (voir la section « Les analyseurs syntaxiques XML »).

Un schéma XML peut être réparti dans plusieurs documents. Deux mécanismes d'inclusion sont fournis :

- `<xsd:include>`, qui permet d'inclure un schéma et d'utiliser telles quelles les définitions et les déclarations de ce schéma ;

- `<xsd:redefine>`, qui permet non seulement d'inclure un schéma mais aussi de redéfinir les types de ce schéma par restriction ou extension.

Dans les deux cas, l'attribut `schemaLocation` permet de spécifier l'URL du document à inclure. De plus, ce schéma externe doit posséder le même espace de noms cible que le schéma dans lequel il est inclus.

Ce mécanisme d'inclusion est très important puisqu'il permet la modularité : au fur et à mesure qu'XML Schema prend de l'essor, des bibliothèques de schémas se créent et peuvent être réutilisées par les développeurs et les concepteurs.

En tant que document XML, un schéma possède une racine qui est obligatoirement l'élément `<schema>`. Par exemple :

```
<xsd:schema
    xmlns:xsd="http://www.w3.org/2001/XMLSchema"
    targetNamespace="http://www.eyrolles.com"
    ...
</xsd:schema>
```

Cet élément possède plusieurs attributs spécifiques :

- `targetNamespace`, qui permet de spécifier l'espace de noms cible des éléments et des attributs définis par ce schéma ;
- `attributeFormDefault="qualified"` ou `"unqualified"`, qui permet de préciser si les noms des attributs doivent être qualifiés ou pas à l'aide du nom d'espace de noms cible ;
- `elementFormDefault="qualified"` ou `"unqualified"`, qui permet de préciser si les noms des éléments doivent être qualifiés ou pas à l'aide du nom d'espace de noms cible, etc.

Un schéma XML est constitué d'un ensemble de composants :

- de définition, qui servent à créer de nouveaux types, simples ou complexes, par dérivation de types existants ;
- de déclaration, qui permettent de spécifier les noms et les types de contenus des éléments et des attributs qui pourront être utilisés dans les instances de document XML.

Les composants de déclaration

Les composants de déclaration permettent de définir :

- des éléments grâce à l'élément `<xsd:element>` ;
- des attributs grâce à l'élément `<xsd:attribute>` ;
- des notations grâce à l'élément `<xsd:notation>`.

Les attributs sont identifiés par leur nom (attribut `name`) et ne peuvent être que de types simples. La déclaration comporte d'autres informations utiles :

- `default` indique une valeur par défaut ;
- `fixed` indique une valeur fixe et par défaut ;
- `use` indique si l'attribut est optionnel (`"optional"`), interdit (`"prohibited"`) ou obligatoire (`"required"`).

Par exemple :

```
<xsd:attribute name="pays" type="xsd:NMTOKEN" fixed="FR"/>
```

Les éléments sont identifiés par leur nom (attribut `name`) et peuvent être de n'importe quel type, simple ou complexe. La déclaration comporte d'autres informations utiles :

- `default` indique une valeur par défaut ;
- `fixed` indique une valeur fixe et par défaut ;
- `maxOccurs` précise le nombre d'occurrences maximal de l'élément ;
- `minOccurs` précise le nombre d'occurrences minimal de l'élément (0 signifie optionnel, sinon obligatoire).

Par exemple :

```
<xsd:element name="codePostal" minOccur="1">
   <xsd:simpleType>
      <xsd:restriction base="xsd:string">
         <xsd:pattern value="\d{5}"/>
      </xsd:restriction>
   </xsd:simpleType>
</xsd:element>
```

Un attribut particulier, `substitutionGroup`, permet d'utiliser un mécanisme intéressant de substitution : le principe est de définir un groupe d'éléments pouvant se substituer à un élément global appelé élément de tête. La contrainte est que les groupes de substitution doivent être du même type ou d'un type dérivé de l'élément de tête.

Dans l'exemple suivant, l'élément `codePostalUS` peut être substitué à l'élément de tête `codePostal` partout où celui-ci est utilisé :

```
<xsd:element name="codePostal" type="xsd:string"/>
<xsd:element name="codePostalUS" type="xsd:string" substitutionGroup="codePostal">
```

Si les déclarations sont effectuées directement à l'intérieur de `<xsd:schema>`, elles sont *globales*, sinon (si elles sont déclarées à l'intérieur de types complexes), elles sont *locales*. Ce qui est intéressant avec les déclarations globales, c'est qu'elles peuvent être réutilisées par d'autres déclarations à l'aide de l'attribut `ref`. Par exemple :

```
<xsd:schema
   xmlns:xsd="http://www.w3.org/2001/XMLSchema"
   targetNamespace="http://www.eyrolles.com"
   <xsd:element name="codePostal">
      <xsd:simpleType>
         <xsd:restriction base="xsd:string">
            <xsd:pattern value="\d{5}"/>
         </xsd:restriction>
      </xsd:simpleType>
   </xsd:element>
   <xsd:element name="adresse">
     <xsd:element name="nom" type="xsd:string">
     <xsd:element name="prenom" type="xsd:string">
     <xsd:element name="adresse" type="xsd:string">
     <xsd:element name="CP" ref="codePostal" minOccur="1">
   </xsd:element>
</xsd:schema>
```

Les composants de définition

Les composants de définition permettent de définir des types qui peuvent être réutilisés dans d'autres composants. Les définitions de types sont hiérarchisées dans la mesure où toute définition de type est une extension ou une restriction d'une autre définition de type. La définition du type *ur-type*, dont le nom est anyType, est la racine de cette hiérarchie.

XML Schema permet de définir deux catégories de types, à savoir simples et complexes.

Définition de types simples

Les types simples s'appliquent aux valeurs d'attributs et au contenu textuel d'éléments (qui n'ont pas d'éléments enfant). Un type simple est obligatoirement une restriction d'un type de base simple. XML Schéma fournit un certain nombre de types prédéfinis qui sont utilisés pour créer les types utilisateur (voir figure 6-1).

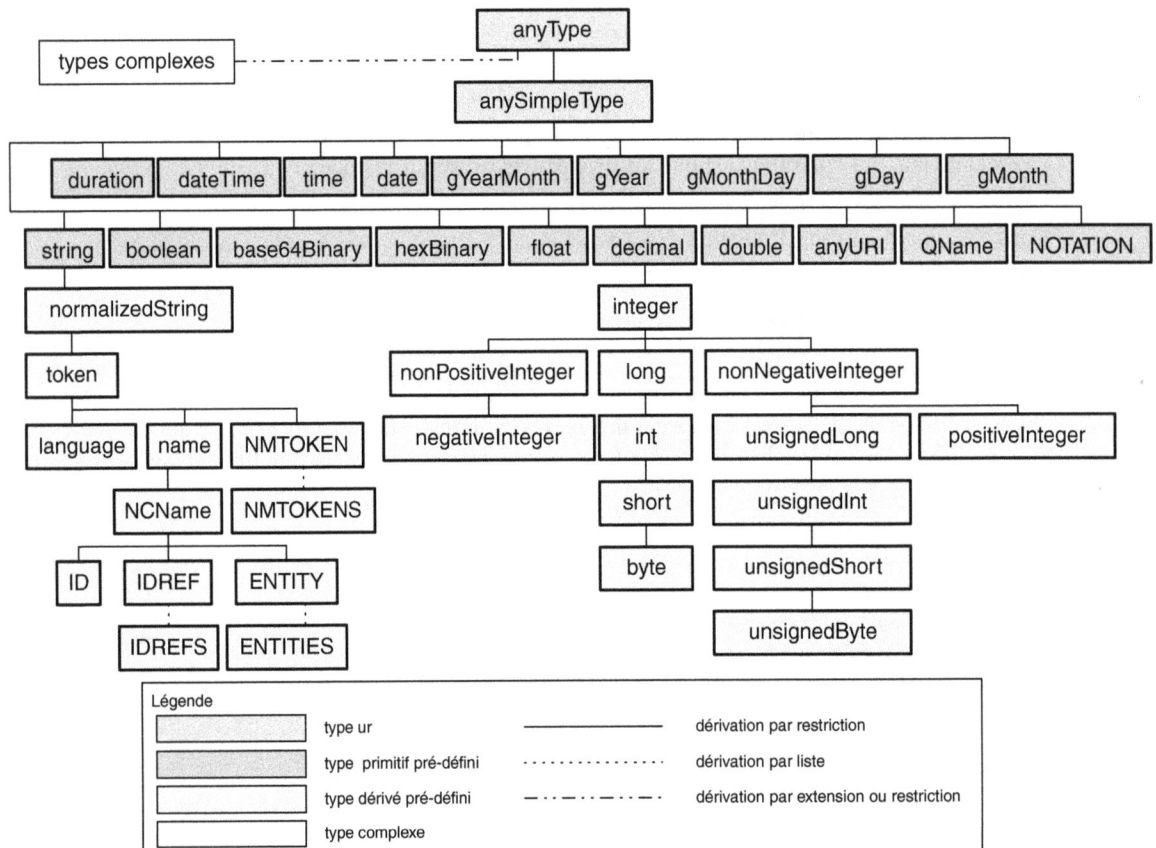

Figure 6-1

La hiérarchie des définitions de types d'XML Schema.

Un type simple est défini à partir de l'élément `<xsd:simpleType>` et identifié par son nom (attribut `name`).

La définition d'un type simple doit contenir des éléments fils qui peuvent être de trois types :

- des éléments de contraintes `<xsd:restriction>` appelées *facettes* ;
- des éléments de liste de valeurs `<xsd:list>` ;
- des éléments d'union de types simples `<xsd:union>`.

Les facettes peuvent être appliquées directement dans la définition du type simple ou indirectement aux éléments de liste et d'union.

Tableau 6-10. Les restrictions ou facettes.

Élément	Description
Enumeration	Définit une liste de valeurs autorisées.
fractionDigits	Définit le nombre de décimales autorisées (supérieur ou égal à zéro).
Length	Définit le nombre exact de caractères ou d'entrées dans une liste (supérieur ou égal à zéro).
MaxExclusive	Définit la valeur numérique maximale (le contenu doit être inférieur).
MaxInclusive	Définit la valeur numérique maximale (le contenu doit être inférieur ou égal).
MaxLength	Définit le nombre maximal de caractères ou d'entrées dans une liste (supérieur ou égal à zéro).
MinExclusive	Définit la valeur numérique minimale (le contenu doit être supérieur).
minInclusive	Définit la valeur numérique minimale (le contenu doit être supérieur ou égal).
MinLength	Définit le nombre minimal de caractères ou d'entrées dans une liste (supérieur ou égal à zéro).
Pattern	Définit une expression régulière qui doit être vérifiée de manière exacte. Prend en charge Unicode et est applicable à tous les types prédéfinis sauf `binary`, `IDREFS`, `ENTITIES` et `NMTOKENS`.
totalDigits	Définit le nombre exact de chiffres.
WhiteSpace	Définit comment les espaces doivent être interprétés (y compris LF, Tab, espace et CR).

Par exemple :

```
<xsd:schema xmlns:xsd=" http://www.w3.org/2001/XMLSchema"
   targetNamespace="http://www.eyrolles.com">
   <xsd:simpleType name="typeCodePostalFR">
      <xsd:restriction base="xsd:string">
         <xsd:pattern value="\d{5}"/>
      </xsd:restriction>
   </xsd:simpleType>
   <xsd:simpleType name="typeTypeAdresse">
      <xsd:restriction base="xsd:string">
         <xsd:enumeration value="Personnel"/>
         <xsd:enumeration value="Professionnel"/>
      </xsd:restriction>
   </xsd:simpleType>
   <xsd:simpleType name="typeTelephone">
      <xsd:restriction base="xsd:string">
         <xsd:length value="11"/>
```

```
            <xsd:pattern value="\d{2}-\d{2}-\d{2}-\d{2}"/>
        </xsd:restriction>
    </xsd:simpleType>
</xsd:schema>
```

Les types liste de valeurs <xsd:list> permettent de compléter les types prédéfinis NMTOKENS, IDREFS et ENTITIES. Ces listes ne peuvent être que des dérivations de types atomiques existants et le séparateur des éléments de la liste est l'espace.

L'exemple suivant définit le type "typePhrase" comme étant une liste de chaînes de caractères (un enchaînement de mots séparés par des espaces) :

```
<xsd:simpleType name="typePhrase">
  <xsd:list itemType="xsd:string"/>
  </xsd:simpleType>
<xsd:element name="phrase" type="typePhrase"/>
```

Les types union <xsd:union> permettent de créer des types composés d'une ou plusieurs instances de types atomiques ou listes. Par exemple :

```
<xsd:schema xmlns:xsd=" http://www.w3.org/2001/XMLSchema"
    targetNamespace="http://www.eyrolles.com">
    <xsd:simpleType name="numDeptCA">
        <xsd:restriction base=xsd:string >
            <xsd:enumeration value="04"/>
            <xsd:enumeration value="05"/>
            <xsd:enumeration value="06"/>
            <xsd:enumeration value="13"/>
            <xsd:enumeration value="83"/>
            <xsd:enumeration value="84"/>
        </xsd:restriction>
    </xsd:simpleType>
    <xsd:simpleType name="strDeptCA">
        <xsd:restriction base=xsd:string >
            <xsd:enumeration value="Alpes de Haute Provence"/>
            <xsd:enumeration value="Hautes Alpes"/>
            <xsd:enumeration value="Alpes Maritimes"/>
            <xsd:enumeration value="Bouches du Rhône"/>
            <xsd:enumeration value="Var"/>
            <xsd:enumeration value="Vaucluse"/>
        </xsd:restriction>
    </xsd:simpleType>
    <xsd:simpleType name="typeDeptCoteAzur" final="#all">
        <xsd:union memberTypes="numDeptCA strDeptCA">
    </xsd:simpleType>
</xsd:schema>
```

Lors de la définition d'un type simple, il est possible d'interdire ou de contraindre la dérivation du type en question grâce à l'attribut final. Dans l'exemple précédent, toute dérivation du type "typeDeptCoteAzur" est interdite.

Définition de types complexes

Un type complexe peut être utilisé uniquement pour typer le contenu d'éléments et ne s'applique pas aux attributs. Il contient à la fois des définitions de types et des déclarations d'éléments et d'attributs afin de permettre la définition de structures complexes.

Un type complexe est défini à partir de l'élément `<xsd:complexType>` et identifié par son nom (attribut `name`). Lors de la définition d'un type complexe, il est possible d'interdire ou de contraindre la dérivation du type en question grâce à l'attribut `final`.

Il y a quatre types d'éléments complexes :

- les éléments vides ;
- les éléments qui contiennent uniquement d'autres éléments ;
- les éléments qui ne contiennent que du contenu littéral (aucun élément) ;
- les éléments mixtes qui ont à la fois des éléments et un contenu littéral.

Chacun de ces quatre types d'éléments complexes peut en outre contenir des déclarations d'attributs.

Pour définir un type complexe qui ne contient que du contenu littéral sans éléments, on utilise l'élément `<xsd:simpleContent>`. Il est obligatoire d'indiquer alors le type de dérivation utilisé, soit grâce à l'élément `<xsd:extension>`, soit grâce à l'élément `<xsd:restriction>`. Par exemple :

```
<xsd:complexType name="typeChaineValide">
  <xsd:simpleContent>
    <xsd:restriction base="xsd:string">
      <xsd:annotation>une chaîne ne doit pas contenir 2 "-"</xsd:annotation>
      <xsd:pattern value="([^-]-?)*"/>
    </xsd:restriction>
  </xsd:simpleContent>
</xsd:complexType>
```

Usage des annotations

On notera dans cet exemple l'usage de l'élément `<xsd:annotation>` qui, comme son nom l'indique, permet d'ajouter des annotations dans les schémas, destinées à la fois aux programmeurs et aux utilisateurs.

Pour définir un type complexe qui ne contient que des éléments, on utilise l'élément `<xsd:complexContent>`. Il est obligatoire d'indiquer alors le type de dérivation utilisé, soit grâce à l'élément `<xsd:extension>`, soit grâce à l'élément `<xsd:restriction>`. Si aucun élément n'est défini pour un tel type, il s'agit alors d'un élément vide de tout contenu.

Les types complexes ayant un contenu mixte sont définis en spécifiant l'attribut `mixed="true"` (élément `<xsd:complexType>`).

Pour les types complexes contenant des éléments (type mixte ou éléments uniquement), il est possible de définir des modèles de contenu à partir d'une combinaison des trois constructions suivantes :

- `<xsd:all>` : définit un ensemble non ordonné d'éléments fils qui doivent apparaître une et une seule fois ;

- `<xsd:choice>` : définit un ensemble d'éléments parmi lesquels un seul devra apparaître ;
- `<xsd:sequence>` : définit un ensemble ordonné d'éléments.

Ces trois modèles de contenu ne peuvent pas être nommés et ne peuvent donc pas être déclarés de manière globale. Pour contourner cette limitation, il faut utiliser une définition de groupe grâce à l'élément `<xsd group>`. Par exemple :

```
<xsd:schema xmlns:xsd=" http://www.w3.org/2001/XMLSchema"
   targetNamespace="http://www.eyrolles.com">
   <!-- definitions de types -->
   …
   <!-- declarations globales -->
   <xsd:element name="nom" type="xsd:string"/>
   <xsd:element name="prenom" type="xsd:string"/>
   <xsd:element name="adresse" type="xsd:string"/>
   <xsd:element name="telephone" type="typeTelephone"/>
   <xsd:element name="CP" type=" typeCodePostalFR"/>
   <!-- definition d'un groupe global -->
   <xsd:group name="groupAdresse">
     <xsd:sequence>
       <xsd:element ref="nom" minOccurs="1" maxOccurs="1"/>
       <xsd:element ref="prenom" minOccurs="1" maxOccurs="1"/>
       <xsd:element ref="adresse" minOccurs="1" maxOccurs="2"/>
       <xsd:element ref="telephone" minOccurs="1" maxOccurs="1"/>
       <xsd:element ref="CP" minOccurs="1" maxOccurs="1"/>
     </xsd:sequence>
   </xsd:group>
   <!-- definition d'un element complexe de type element-only -->
   <xsd:element name="adresse">
     <xsd:complexContent>
       <xsd:group ref="groupAdresse"/>
     </xsd:complexContent>
   </xsd:element>
</xsd:schema>
```

De la même manière, il est possible de définir des groupes d'attributs nommés grâce à l'élément `<xsd:attributeGroup>` qui pourront être réutilisés dans des définitions de types complexes. On appelle les éléments et les groupes utilisés dans la définition d'un élément complexe, des *particules*. Par exemple :

```
<xsd:schema xmlns:xsd=" http://www.w3.org/2001/XMLSchema"
   targetNamespace="http://www.eyrolles.com">
   <!-- definitions de types -->
   …
   <!-- declarations globales -->
   …
   <!-- definition d'un groupe d'elements global -->
   …
   <!-- definition d'un groupe d'attribut global -->
   <xsd:attributeGroup name="attributAdresse">
```

```
      <xsd:attribute ref="xml:lang" use="required"/>
      <xsd:attribute type="typeTypeAdresse" use="required"/>
   </xsd:attributeGroup>
   <!-- definition d'un element complexe de type element-only -->
   <xsd:element name="adresse">
     <xsd:complexContent>
        <xsd:group ref="groupAdresse"/>
     </xsd:complexContent>
     <xsd:attributeGroup ref="attributAdresse"/>
   </xsd:element>
</xsd:schema>
```

Pour permettre une extensibilité maximale des schémas XML, deux éléments sont introduits :

- <xsd:any>, qui permet d'étendre le modèle en autorisant des éléments non définis dans le schéma ;

- <xsd:anyAttribute>, qui permet d'étendre le modèle en autorisant des attributs non définis dans le schéma.

Les définitions complémentaires

XML Schema permet de définir une contrainte d'unicité pour des valeurs d'attributs ou d'éléments. Ce mécanisme s'appuie sur l'élément <xsd:unique> et les éléments fils suivants :

- <xsd:selector>, dont l'attribut xpath permet de spécifier un chemin XPath définissant le périmètre auquel s'applique la contrainte ;

- <xsd:field>, dont l'attribut xpath permet de spécifier un chemin XPath définissant les éléments ou les attributs dont la valeur doit être unique au sein du périmètre précisé par <xsd:selector>.

Reprenons l'exemple XML suivant :

```
<? XML version="1.0" encoding="ISO-8859-1" ?>
<carnet_adresses>
   <adresse id="1">
      <nom>Dupont</nom>
      <prenom>Bernard</prenom>
      <cp>75014</cp>
   </adresse>
   <adresse id="2">
      <nom>Durand</nom>
      <prenom>Paul</prenom>
      <cp>06220</cp>
   </adresse>
   <adresse id="3">
      <nom>Vincent</nom>
      <prenom>Pierre</prenom>
      <cp>21017</cp>
   </adresse>
</carnet_adresses>
```

Si nous voulons indiquer l'unicité de l'élément nom, le schéma doit être défini ainsi :

```
<xsd:unique name="charName">
  <xsd:selector xpath="adresse"/>
  <xsd:field xpath="nom"/>
</xsd:unique>
```

XML Schema fournit également un mécanisme de définition de clé :

- `<xsd:key>` qui en plus du caractère d'unicité, garantit que les valeurs sont obligatoirement renseignées ;

- `<xsd:selector>`, dont l'attribut xpath permet de spécifier un chemin XPath définissant le périmètre auquel s'applique la contrainte de clé ;

- `<xsd:field>`, dont l'attribut xpath permet de spécifier un chemin XPath définissant l'élément ou l'attribut dont la valeur doit être unique et obligatoire (clé) au sein du périmètre précisé par `<xsd:selector>`.

Ce mécanisme est accompagné d'une notion de référence de clé :

- `<xsd:keyref>` dont l'attribut refer permet de spécifier la clé de référence ;

- `<xsd:selector>`, dont l'attribut xpath permet de spécifier un chemin XPath définissant le périmètre auquel s'applique la contrainte de clé de référence ;

- `<xsd:field>`, dont l'attribut xpath permet de spécifier un chemin XPath définissant l'élément ou l'attribut dont la valeur doit être une référence de clé au sein du périmètre précisé par `<xsd:selector>`.

En reprenant l'exemple précédent, la définition de la clé id de l'élément adresse est la suivante :

```
<xsd:unique name="charName">
  <xsd:selector xpath="adresse"/>
  <xsd:field xpath="id"/>
</xsd:unique>
```

L'interface DOM

L'objectif du Document Object Model (DOM) est de fournir une interface de programmation (API) standardisée, indépendante de la plate-forme et des langages, pour accéder et mettre à jour le contenu et la structure de documents HTML et XML. Une telle interface permet par exemple à un programme de script de manipuler une page HTML indépendamment du navigateur.

Il existe plusieurs recommandations :

- DOM Level 1 : recommandation d'octobre 1998 qui se concentre sur les modèles de document XML et HTML, et fournit des fonctionnalités de navigation et de manipulation (voir figure 6-2). Une seconde édition est en cours d'élaboration (statut *Draft* de septembre 2000).

DOM Level 1

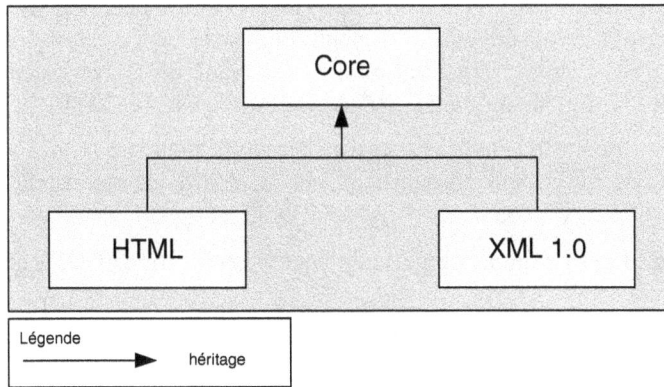

Figure 6-2

Organisation de DOM Level 1.

DOM Level 2

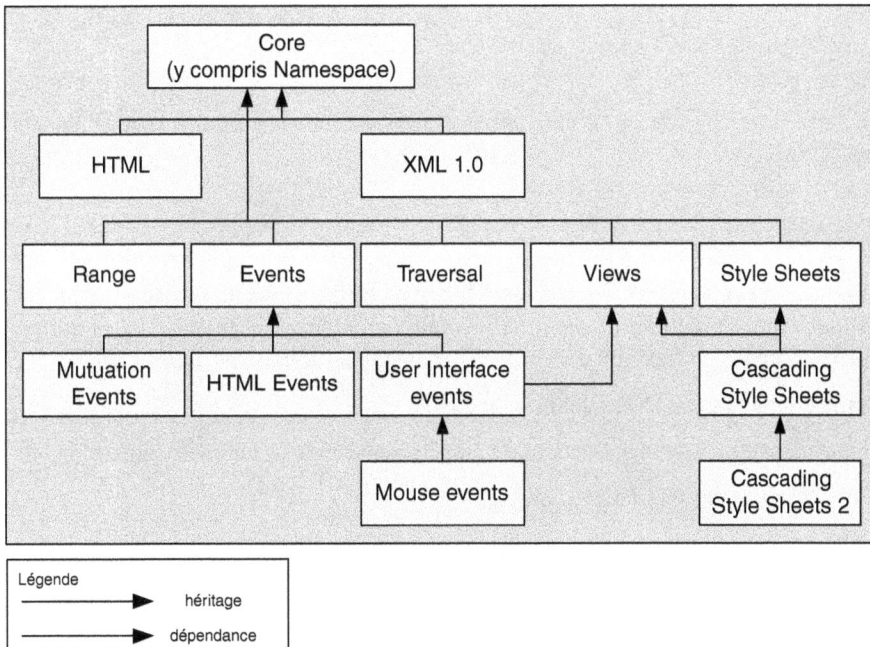

Figure 6-3

Organisation de DOM Level 2.

- DOM Level 2 : recommandation de novembre 2000 qui s'appuie pleinement sur DOM Level 1. Les changements concernent l'ajout d'un modèle objet pour les feuilles de style, d'un modèle événementiel et la prise en charge des espaces de noms. Elle est découpée en cinq sous-recommandations : *Core*, *Views*, *Style*, *Events* et *Traversal-Range* (voir figure 6-3). Une sixième partie est en cours d'acceptation : HTML (statut *Candidate Recommandation* en juin 2002).

- DOM Level 3 : recommandation en cours d'élaboration (statut *Draft*) qui s'appuie pleinement sur DOM Level 2. Les changements concernent l'ajout des modèles de contenu (DTD et Schémas XML), des fonctionnalités de validation, de chargement et de sauvegarde des documents.

Il appartient aux éditeurs d'implémenter ou non ces spécifications DOM, en particulier dans les navigateurs Internet :

- Mozilla 1.0 implémente DOM1, DOM2 (des erreurs sont en cours de correction) et une petite partie de DOM3.

- Microsoft Internet Explorer 6 implémente DOM1.

Implémentations

L'objectif premier de cette recommandation est de permettre l'écriture de programmes génériques qui fonctionnent avec les logiciels de différents éditeurs. En ce qui concerne les navigateurs, les dernières versions implémentent correctement DOM1, mais il faut compter avec les anciennes versions qui sont toujours utilisées sur Internet et qui ne respectent pas pleinement les standards (Netscape 4.x, IE 5+, etc.).

Dans la suite de ce chapitre, nous nous intéresserons uniquement au noyau de DOM utilisé pour les documents XML.

Le noyau DOM2 XML

DOM permet de structurer les documents XML sous forme d'une arborescence de nœuds. Il fournit les méthodes qui permettent de naviguer au sein de cet arbre et les interfaces qui permettent de manipuler les nœuds en fonction de leur type : élément, attribut, texte, etc.

La spécification du noyau DOM définit :

- les interfaces et les objets permettant de représenter et manipuler un document ;

- la sémantique de ces interfaces et objets ;

- les relations et collaborations entre ces interfaces et ces objets.

L'interface DocumentFragment

`DocumentFragment` est un objet `Document` « allégé » utilisé pour représenter des portions d'arborescences avec une implémentation légère. Cet objet est de type `Node`.

Cet objet n'a ni attribut, ni méthode.

L'interface Document

`Document` représente tout le document XML : il s'agit de la racine de l'arborescence. Cet objet est de type `Node`.

Tableau 6-11. Attributs.

Attribut	Description
documentElement	L'élément racine du document.
doctype	La déclaration de la DTD associée au document.
implementation	L'objet DOMimplementation pour ce document.

Tableau 6-12. Méthodes.

Méthode	Description
createAttribute (attributeName)	Crée un nœud Attr (attribut) dont le nom est passé en argument.
createAttributeNS (namespaceURI, qname)	Crée un nœud Attr (attribut) dont le nom et l'espace de noms sont passés en argument (DOM2).
createCDATASection (text)	Crée une CDATASection contenant le texte passé en argument.
createComment (text)	Crée un nœud commentaire contenant le texte passé en argument.
createDocumentFragment()	Crée un objet DocumentFragment vide.
createElement (tagName)	Crée un nœud Element dont le type est passé en argument (balise).
createElementNS (namespaceURI, qname)	Crée un nœud Element dont le type (balise) et l'espace de noms sont passés en argument (DOM2).
createEntityReference (referenceName)	Crée un objet EntityReference dont le nom est passé en argument.
createProcessingInstruction (target,text)	Crée un nœud ProcessingInstruction ayant le nom et les données passés en arguments.
createTextNode (text)	Crée un nœud Text contenant le texte passé en argument.
getElementsByTagName (tagName)	Retourne un objet NodeList (liste de nœuds) composé de tous les éléments (Element) de l'arbre dont le type est passé en argument.
getElementsByTagNameNS (namespaceURI, lname)	Retourne un objet NodeList (liste de nœuds) composé de tous les éléments (Element) de l'arbre dont le type (le nom local) et l'espace de noms sont passés en arguments (DOM2).
getElementsById (id)	Retourne un objet Element dont l'identifiant est passé en argument (DOM2).
importNode (newNode, bool)	Importe un objet Node ainsi que ses nœuds enfants ou non (DOM2).

L'interface Node

Node est le type principal de données de DOM et représente un nœud de l'arborescence.

Tableau 6-13. Les constantes.

Constante	Description
ELEMENT_NODE	Le nœud est un Element.
ATTRIBUTE_NODE	Le nœud est un Attr.
TEXT_NODE	Le nœud est un Text.
CDATA_SECTION_NODE	Le nœud est une CDATASection.
ENTITY_REFERENCE_NODE	Le nœud est une EntityReference.
ENTITY_NODE	Le nœud est une Entity.
PROCESSING_INSTRUCTION_NODE	Le nœud est une ProcessingInstruction.
COMMENT_NODE	Le nœud est un Comment.
DOCUMENT_NODE	Le nœud est un Document.
DOCUMENT_TYPE_NODE	Le nœud est un DocumentType.
DOCUMENT_FRAGMENT_NODE	Le nœud est un DocumentFragment.
NOTATION_NODE	Le nœud est une Notation.

Tableau 6-14. Les attributs nodeName, nodeValue, et attributes ont des valeurs qui varient en fonction des types de nœuds.

Type de noeud	nodeName	nodeValue	attributes
Element	Le type de l'élément (balise).	null	NamedNodeMap
Attr	Le nom de l'attribut.	La valeur de l'attribut.	null
Text	#text	Le contenu textuel du nœud.	null
CDATASection	#cdata-section	Le contenu de la section CDATA.	null
EntityReference	Le nom de l'entité référencée.	null	null
Entity	Le nom de l'entité.	null	null
ProcessingInstruction	La cible.	Tout le contenu excepté la cible.	null
Comment	#comment	Le contenu du commentaire.	null
Document	#document	null	null
DocumentType	Le nom du type de document.	null	null
DocumentFragment	#document-fragment	null	null
Notation	Le nom de la notation.	null	null

Tableau 6-15. Attributs.

Attribut	Description
attributes	L'objet NamedNodeMap qui contient tous les attributs du nœud courant.
childNodes	L'objet NodeList qui contient tous les nœuds fils du nœud courant.
firstChild	Le premier nœud du nœud courant.
lastChild	Le dernier nœud du nœud courant.
localName	Le nom local du nœud courant (DOM2).
namespaceURI	L'URI du nom d'espace de noms du nœud courant (DOM2).
nextSibling	Le nœud suivant qui a le même parent.
nodeName	Le nom du nœud (voir tableau 6-14).
nodeType	Le type du nœud (voir tableau 6-14).
nodeValue	La valeur du nœud (voir tableau 6-14).
ownerDocument	L'objet Document.
parentNode	Le nœud parent.
prefix	Le préfixe du nœud courant (DOM2).
previousSibling	Le nœud précédent qui a le même parent.

Tableau 6-16. Méthodes.

Méthode	Description
appendChild (newChild)	Ajoute le nœud (ou le DocumentFragment) à la fin de la liste des nœuds enfants du nœud courant.
cloneNode (boolean)	Retourne une copie exacte du nœud courant avec ou sans ses enfants (argument).
hasAttributes()	Retourne vrai si le nœud courant a des attributs (DOM2).
hasChildNodes()	Retourne vrai si le nœud courant a des enfants.
insertBefore (newNode,refNode)	Insère le nœud (ou le DocumentFragment) avant le nœud enfant passé en argument.
isSupported (fonction,version)	Teste si la fonction passée en argument est prise en charge par l'implémentation DOM dont la version est passée en argument (DOM2).
normalize()	Normalise l'arbre sous-jacent de l'élément courant en s'assurant qu'il ne peut y avoir de nœuds de type texte consécutifs : les nœuds consécutifs sont remplacés par un nœud unique (DOM2).
removeChild (nodeName)	Supprime le nœud enfant dont le nom est passé en argument.
replaceChild (newNode,oldNode)	Remplace un nœud enfant par un autre.

L'interface NodeList

NodeList est une collection ordonnée de nœuds, indexée à partir de zéro.

Tableau 6-17. Attribut.

Attribut	Description
length	Le nombre d'éléments de la collection.

Tableau 6-18. Méthode.

Méthode	Description
item(index)	Retourne un élément Node de la collection en fonction de sa position.

L'interface NameNodeMap

NameNodeMap est une collection non ordonnée de nœuds adressables par leur nom, indexée à partir de zéro.

Tableau 6-19. Attribut.

Attribut	Description
length	Le nombre d'éléments de la collection.

Tableau 6-20. Méthodes.

Méthode	Description
getNamedItem (name)	Retourne un élément Node de la collection, identifié par son nom.
getNamedItemNS (namespaceURI, lname)	Retourne un élément Node de la collection, identifié par son nom local et son espace de noms (DOM2).
setNamedItem (newNode)	Ajoute un nœud identifié par son nom à la collection.
setNamedItemNS (newNode)	Ajoute un nœud identifié par son nom et son espace de noms à la collection (DOM2).
removeNamedItem (name)	Supprime le nœud de la collection, identifié par son nom.
removeNamedItemNS (namespaceURI, lname)	Supprime le nœud de la collection, identifié par son nom local et son espace de noms (DOM2).
item(index)	Retourne un élément Node de la collection en fonction de sa position.

L'interface CharacterData

CharacterData est une extension de l'interface Node.

Tableau 6-21. Attributs.

Attribut	Description
data	Les données caractères du nœud courant.
length	Le nombre de caractères de l'attribut data.

Tableau 6-22. Méthodes.

Méthode	Description
substringData (offset, count)	Retourne une extraction de la valeur caractère du nœud courant, d'une longueur et à partir d'une position passées en arguments.
appendData (data)	Ajoute une chaîne de caractères à la fin de la valeur du nœud courant.
insertData (offset, data)	Insère une chaîne de caractères dans la valeur du nœud courant, à la position donnée en argument.
deleteData (offset, count)	Supprime une partie de la valeur caractère du nœud courant, à la position et d'une longueur données en arguments.
replaceData (offset, count, data)	Remplace une partie de la valeur caractère du nœud courant, à la position et d'une longueur données en arguments, par une nouvelle chaîne de caractères.

L'interface Attr

Attr est un attribut de l'objet Element. Cet objet est de type Node.

Cette interface n'a pas de méthode.

Tableau 6-23. Attributs.

Attribut	Description
name	Le nom de l'attribut.
specified	Un booléen qui indique si une valeur a été explicitement fournie pour l'attribut courant.
value	La valeur de l'attribut.
ownerElement	Le nœud de type élément auquel appartient cet attribut (DOM2).

L'interface Element

Element est un nœud de type élément. Cet objet est de type Node.

Tableau 6-24. Attribut.

Attribut	Description
tagName	Le nom du nœud (la balise).

Tableau 6-25. Méthodes.

Méthode	Description
getAttribute (attributeName)	Retourne la valeur de l'attribut de l'élément courant dont le nom est donné en argument.
getAttributeNS (namespaceURI, attributeName)	Retourne la valeur de l'attribut de l'élément courant dont le nom et l'espace de noms sont donnés en argument (DOM2).
getAttributeNode (attributeName)	Retourne l'objet Attr qui correspond à l'attribut de l'élément courant dont le nom est donné en argument.
getAttributeNodeNS (namespaceURI, attributeName)	Retourne l'objet Attr qui correspond à l'attribut de l'élément courant dont le nom et l'espace de noms sont donnés en argument (DOM2).
getElementsByTagName (tagName)	Retourne un objet NodeList composé des éléments dont le nom est donné en argument. L'ordre de la liste est celui des éléments dans le document.
getElementsByTagNameNS (namespaceURI, tagName)	Retourne un objet NodeList composé des éléments dont le nom et l'espace de noms sont donnés en arguments. L'ordre de la liste est celui des éléments dans le document (DOM2).
hasAttributes (name)	Retourne vrai si l'élément courant a un attribut dont le nom est donné en argument (DOM2).
hasAttributesNS (namespaceURI, lname)	Retourne vrai si l'élément courant a un attribut dont le nom et l'espace de noms sont donnés en arguments (DOM2).
normalize()	Normalise l'arbre sous-jacent de l'élément courant en s'assurant qu'il ne peut y avoir de nœuds de type texte consécutifs : les nœuds consécutifs sont remplacés par un nœud unique (DOM1).
removeAttribute (attributeName)	Supprime la valeur de l'attribut de l'élément courant dont le nom est donné en argument. Insère une valeur par défaut si elle existe.
removeAttributeNS (namespaceURI, attributeName)	Supprime la valeur de l'attribut de l'élément courant dont le nom et l'espace de noms sont donnés en arguments. Insère une valeur par défaut si elle existe (DOM2).
removeAttributeNode (attributeNode)	Supprime l'attribut de l'élément courant.
setAttribute (attributeName, attributeValue)	Insère un nouvel attribut dans l'élément courant, dont le nom et la valeur sont fournis en arguments.
setAttributeNS (namespaceURI, qname, attributeValue)	Insère un nouvel attribut dans l'élément courant, dont le nom, l'espace de noms et la valeur sont fournis en arguments (DOM2).
setAttributeNode (attributeNode)	Insère l'objet Attr fourni en argument dans l'élément courant.
setAttributeNodeNS (attributeNode)	Insère l'objet Attr fourni en argument dans l'élément courant (DOM2).

L'interface Text

Text est le contenu textuel d'un nœud de type élément ou attribut. Cet objet est de type CharacterData. Cette interface n'a pas d'attribut.

Tableau 6-26. Méthode.

Méthode	Description
splitText (offset)	Crée un nouveau nœud adjacent après avoir découpé le contenu textuel à la position donnée en argument.

L'interface Comment

Comment est le contenu textuel d'un nœud de type élément ou attribut. Cet objet est de type CharacterData. Cette interface n'a ni attribut, ni méthode.

L'interface CDATASection

CDataSection est le contenu textuel d'un nœud de type CDATA. Cet objet est de type Text. Cette interface n'a ni attribut, ni méthode.

L'interface DocumentType

DocumentType est le DTD associé au document. Cet objet est de type Node. Cette interface n'a pas de méthodes.

Tableau 6-27. Attributs.

Attribut	Description
name	Le nom de la DTD.
entities	Un objet NameNodeMap composé des entités générales internes ou externes.
notations	Un objet NameNodeMap composé des notations déclarées dans la DTD.
internalSubset	Le sous-ensemble interne (DOM2).
publicId	L'identificateur public de la DTD (DOM2).
SystemId	L'identificateur système de la DTD (DOM2).

L'interface Notation

Notation est une notation de DTD. Cet objet est de type Node. Cette interface n'a pas de méthode.

Tableau 6-28. Attributs.

Attribut	Description
PublicId	L'identificateur public de la notation.
SystemId	L'identificateur système de la notation.

L'interface Entity

Entity est une entité de DTD. Cet objet est de type Node.

Cette interface n'a pas de méthode.

Tableau 6-29. Attributs.

Attribut	Description
PublicId	L'identificateur public de l'entité.
SystemId	L'identificateur système de l'entité.
notationName	Le nom de la notation associée à l'entité pour les entités qui ne peuvent être contrôlées.

L'interface ProcessingInstruction

ProcessingInstruction est une instruction de traitement. Cet objet est de type Node.

Cette interface n'a pas de méthode.

Tableau 6-30. Attributs.

Attribut	Description
Target	La cible de l'instruction.
Data	Le contenu de l'instruction.

Les analyseurs syntaxiques XML

Les analyseurs syntaxiques (*parsers*) XML sont des programmes capables de parcourir et d'évaluer des documents XML. L'objectif est bien évidemment de fournir au développeur un moyen de manipuler les documents XML par le biais d'une interface de programmation (API). Deux types d'API sont fournis par les analyseurs syntaxiques XML :

- Une API conforme à la spécification DOM (1 ou 2, et à l'avenir 3) du W3C : cette API offre les fonctions de navigation et de manipulation de la structure arborescente du document XML.

- Une API événementielle appelée SAX pour Simple API for XML (*http://www.saxproject.org*) : cette API a été créée au départ pour Java mais elle est maintenant disponible dans la plupart des langages. C'est un standard de facto.

Les différences fondamentales entre ces deux API sont :

- la première s'appuie sur un structure arborescente en mémoire et permet une vision globale du document, alors que la seconde se contente de déclencher des événements (« début document », « début élément paragraphe », « contenu », « fin élément paragraphe », etc.) au fur et à mesure du chargement. La consommation mémoire de SAX est donc bien inférieure.

- la première nécessite un chargement préalable et total du document pour permettre sa manipulation alors que la seconde permet de débuter le traitement immédiatement.

Les analyseurs syntaxiques XML se distinguent aussi en ce qui concerne la fonction de validation des documents XML : l'implémentation de XML Schema 1.0 est très difficile, au point que beaucoup d'analyseurs syntaxiques ne sont compatibles qu'à 99 % avec la recommandation du W3C.

7

Échanger avec un service – Format du message

Objets, services, documents

Le 10 février 1998, le World Wide Web Consortium (W3C) publie une « recommandation » remarquable : Extensible Markup Language (XML) 1.0. Dès sa sortie, XML fait preuve d'une très grande polyvalence, se pliant à des usages qui n'avaient probablement jamais effleuré la fantaisie de ses premiers concepteurs. Il devient rapidement le langage universel de description de données, structurées et non structurées. Aujourd'hui, les initiatives de normalisation en XML des données et des documents propres aux différents secteurs économiques, conduites par les organisations professionnelles et des organismes de normalisation, se comptent par centaines. Dans la lignée des grands standards Internet (IP, TCP, SMTP, HTTP, HTML…), XML devient incontournable.

Tout de suite après la publication de la recommandation, quatre architectes du logiciel : Dave Winer (UserLand Software), Don Box (DevelopMentor), Bob Atkinson et Mohsen Al-Ghosein (collaborateurs de Microsoft) élaborent un protocole d'appel de procédure distante (de type RPC) qui utilise HTTP comme protocole de transport et XML comme format de message. Le résultat du travail est publié par Dave Winer en mars 1998 (à peine un mois après la publication de la norme XML !) sous le nom de XML-RPC. À peu près à la même époque, naissent et se développent dans les laboratoires de R&D plus d'une dizaine d'expériences similaires, souvent dans la mouvance « RPC sur Internet par XML sur HTTP ».

De nombreuses expériences RPC par XML sur HTTP

Une liste, forcément incomplète mais assez nourrie, des spécifications et des mises en œuvre précoces des protocoles d'échange et d'autres travaux préparatoires de la technologie des services Web est accessible sur *http://www .w3.org/2000/03/29-XML-protocol-matrix*.

XML-RPC

Le principe de fonctionnement de XML-RPC (voir *http://www.xmlrpc.com*) est d'inclure :

- dans le contenu associé à un POST (HTTP), une représentation en XML de l'appel de procédure distante ;

- dans la réponse au POST, une représentation en XML du retour de l'appel.

L'appel de procédure distante est encodé comme contenu de type text/xml. Dans l'exemple qui suit, le client RPC invoque sur le serveur *betty.userland.com* la méthode getStateName, avec en argument un entier de quatre chiffres (i4), lequel représente un code postal nord-américain :

```
POST /RPC2 HTTP/1.0
User-Agent: Frontier/5.1.2 (WinNT)
Host: betty.userland.com
Content-Type: text/xml
Content-length: 181
<?xml version="1.0"?>
<methodCall>
   <methodName>examples.getStateName</methodName>
   <params>
      <param>
         <value><i4>41</i4></value>
      </param>
   </params>
</methodCall>
```

La réponse à l'exécution réussie de la procédure est le nom de l'État américain correspondant au code, représenté par une chaîne de caractères, toujours encodé comme contenu de type text/xml :

```
HTTP/1.1 200 OK
Connection: close
Content-Length: 158
Content-Type: text/xml
Date: Fri, 17 Jul 1998 19:55:08 GMT
Server: UserLand Frontier/5.1.2-WinNT
<?xml version="1.0"?>
<methodResponse>
   <params>
      <param>
         <value><string>South Dakota</string></value>
      </param>
   </params>
</methodResponse>
```

XML-RPC est utilisé aujourd'hui par une petite communauté de développeurs qui lui sont restés fidèles. Nous n'allons pas détailler dans cet ouvrage ses principes d'usage, par ailleurs très simples. Cet exemple est présenté seulement pour donner au lecteur une idée du fonctionnement du protocole. Ce qu'il faut retenir est que, derrières les premières initiatives de la mouvance que l'on appelle aujourd'hui « technologie des services Web », on trouve des architectes du logiciel qui veulent pouvoir effectuer des appels de procédures distantes sur Internet.

SOAP

À partir de la publication de XML-RPC, l'activité autour des spécifications et des technologies qui constituent aujourd'hui l'ensemble des « services Web », s'accélère et se diversifie.

XML atteint rapidement une très grande popularité et devient de plus en plus outillé :

- par des analyseurs syntaxiques de plus en plus rapides ;

- par la disponibilité, dans plusieurs langages de programmation, de bibliothèques destinées à la manipulation des documents en mémoire dont l'interface programmatique est conforme au standard DOM (Document Object Model), recommandation W3C du 10 octobre 1998 ;

- par la disponibilité d'outils complémentaires, mais essentiels, comme XSLT.

Par ailleurs, HTTP présente l'énorme avantage d'être universellement accepté et mis en œuvre. Il est notamment plébiscité par une population professionnelle qui tient un rôle clé : les administrateurs réseau. En effet, ceux-ci maîtrisent les techniques et les outils de sécurité et, de toute évidence, réservent un accueil mitigé à l'utilisation, à travers des pare-feu, d'autres protocoles IP (comme Internet Inter-ORB Protocol ou IIOP spécifié par l'OMG et adopté par l'IETF, et comme Remote Method Invocation ou RMI, le protocole utilisé pour la communication entre applications Java réparties).

HTTP est un protocole simple, robuste et adapté au monde ouvert d'Internet. Évidemment, sa facilité d'utilisation et sa diffusion ont pour corollaire l'ouverture, qui est propre au Web « par défaut » et expose n'importe quelle application, au moins, au risque de la saturation des appels (*denial of service*). Par ailleurs, si une solution simple au problème de la confidentialité des échanges est offerte par SSL sur HTTP (HTTPS), les solutions généralisées aux problèmes de sécurité (authentification, autorisation, confidentialité, intégrité, non-répudiation) sont aujourd'hui en développement.

XML-RPC est la source d'inspiration de SOAP (Simple Object Access Protocol), défini par une équipe issue de Microsoft, avec le concours de Dave Winer et Don Box. SOAP 1.0 est présenté sous la forme d'un Internet Draft, en novembre 1999, à l'Internet Engineering Task Force (voir *http://www.scripting.com/misc/soap1.txt*). L'initiative semble rester confinée dans la mouvance Microsoft, mais début 2000 s'opère, sur le marché de la technologie, une dislocation de taille : IBM et sa filiale Lotus Development décident de travailler avec Microsoft afin de développer ensemble la version 1.1 de la spécification SOAP, qui est ensuite consignée comme une note W3C en mai 2000 (voir *http://www.w3.org/TR/SOAP*).

Outre Microsoft, IBM et sa filiale Lotus, un nombre important de sociétés appuient cette soumission parmi lesquelles : Ariba Inc., Commerce One Inc., Compaq Computer Corporation, DevelopMentor Inc., Hewlett Packard Company, IONA Technologies, SAP AG, UserLand Software Inc.). La *W3C note* du 8 mai 2000 : *Simple Object Access Protocol (SOAP) 1.1*, est complétée par une note supplémentaire du 11 décembre 2000 : *SOAP Messages with Attachments*, qui traite de l'inclusion de pièces jointes aux messages SOAP par l'utilisation de la structure multipartie MIME (*multipart*), utilisée sur Internet pour véhiculer des documents hétérogènes (voir *http://www.w3.org/TR/SOAP-attachments*).

Cette évolution permet le véritable démarrage de la technologie des services Web. IBM, un des acteurs majeurs de l'industrie informatique, est déjà fortement engagé dans la normalisation et la mise en œuvre du langage Java, des architectures fondées sur ce langage et notamment de Java 2 Enterprise Edition (J2EE). L'architecture J2EE est clairement destinée à la mise en œuvre de systèmes d'e-business et d'informatique de gestion et constitue le fer de lance technologique d'une coalition hétérogène dont l'objectif stratégique avoué est de contrer l'expansion de Microsoft dans le domaine des technologies logicielles ayant trait aux serveurs.

Maintenant, IBM coopère, avec son concurrent historique Microsoft, sur la définition d'un standard d'échange et d'interopérabilité sur le Web entre applications informatiques, mises en œuvre sur des technologies qui sont, par construction, hétérogènes. La présence d'IBM, qui mise fortement sur la technologie Java, aux côtés de Microsoft, qui va proposer un mois après la nouvelle architecture d'applications .NET – à son tour conçue et présentée comme la réponse de Microsoft à J2EE – crédibilise la promesse d'interopérabilité entre services Web bâtis sur des architectures et des technologies radicalement différentes et concurrentes.

En effet, le simple fait qu'un protocole d'échange interapplications Web repose sur deux standards universellement acceptés, comme XML et HTTP, ne suffit pas pour autant à garantir l'indépendance de ce protocole des technologies mises en œuvre dans les applications qui l'utilisent. SOAP 1.1 permet l'échange entre applications construites sur des technologies hétérogènes, parce qu'il a été conçu pour cela.

Par ailleurs, les propres limites d'interopérabilité du protocole SOAP, qui résultent de dérives propriétaires d'interprétation de spécifications, auxquelles nous consacrons une partie du chapitre 17 de cet ouvrage, montrent bien la difficulté paradoxale à assurer la tenue de l'engagement d'interopérabilité d'une technologie, dont il s'agit là du postulat principal. Ces limites donnent la mesure de la distance qui sépare la publication d'un document de spécification, de sa mise en œuvre à grande échelle.

La différence avec les tentatives passées de normalisation réside dans le fait que la technologie des services Web affiche comme objectif fondamental et pratiquement unique d'assurer l'interopérabilité des applications. L'élargissement du marché des services Web passe donc par la tenue de cette promesse : d'où la nécessité, de la part des fournisseurs de technologies de se protéger contre toute tentation de fermeture et de consacrer un effort important et spécifique pour atteindre l'objectif. La mise en place, en février 2002, de l'initiative Web Service Interoperability (WS-I) de la part d'IBM, Microsoft, BEA, Intel, et autres montre bien l'importance et l'urgence de veiller en permanence à la convergence vers cet objectif pour permettre le décollage du marché des services Web.

SOAP est, à l'origine, l'acronyme de Simple Object Access Protocol, le protocole « simple » d'accès aux objets. Le nom ne correspond pas à l'objet nommé et est même déroutant : SOAP n'est en aucun cas un protocole de dialogue entre objets répartis. Il ne permet pas de s'adresser directement à un objet distant, même s'il peut évidemment être utilisé indirectement pour aboutir à ce résultat.

SOAP n'est donc pas un protocole « objet » : ce choix technique n'est pas un accident, ni le produit de la méconnaissance ou de l'hostilité pour l'approche « objet », mais bien une volonté précise des concepteurs de SOAP, lesquels sont tous des experts des architectures à objets répartis. En fait, la « non-objectivité » de SOAP est un trait indispensable pour garantir les caractéristiques essentielles d'indépendance des implémentations et d'interopérabilité des services Web.

Objets par référence

Pour envoyer un message à un objet distant, l'émetteur doit d'abord connaître l'identifiant unique de cet objet sur le réseau. À partir du moment où la référence à un objet existant dans la mémoire d'un processus sort de l'espace d'adressage du processus pour se diffuser sur un réseau, commence à se poser un ensemble de problèmes dont la solution, par ailleurs techniquement délicate, dépend inéluctablement des caractéristiques du langage utilisé, ainsi que des stratégies des compilateurs et des environnements d'exécution (interpréteurs, gestionnaires de la mémoire) en jeu. En un mot, ils dépendent de la mise en œuvre des interlocuteurs de l'échange.

Par ailleurs, l'exportation de la référence d'un objet en dehors de son espace d'adressage pose des problèmes pratiquement insolubles dans une architecture ouverte. À quel moment libérer la mémoire allouée à un objet, lorsque son identifiant voyage sur le réseau ? À quel moment décider que la rétention de l'identifiant sur le réseau n'est pas un oubli, un abus ou un acte hostile, mais la nécessité d'une transaction longue ? Évidemment, ces questions ont des réponses plus ou moins faciles pour un système dont la répartition sur un réseau local fermé a été imaginée en détail par le concepteur et est strictement contrôlée en exécution par l'administrateur, mais qu'en est-il dans le monde ouvert d'Internet ?

En tout état de cause, même sur un réseau local, dans un monde fermé et contrôlé, ces problèmes et d'autres connexes se sont révélés, dans la pratique, difficilement solubles. La plupart des applications réparties ont été mises en œuvre sur la base d'une approche que nous appelons *service*. Les deux approches se sont affrontées dans la mise en œuvre d'applications reposant sur l'architecture client/serveur :

- L'approche *objet pur* veut que l'application cliente obtienne l'*identifiant technique* (un IOR : Internet Object Reference, dans le monde CORBA/IIOP) de la copie en mémoire du serveur de l'instance de la classe `Contrat`, par exemple, ayant comme valeur de l'attribut `numeroContrat` la valeur 123456 (`numeroContrat` est la clé applicative du contrat). Ensuite, l'application cliente peut appliquer directement à l'objet distant via son identifiant des méthodes comme `obtenirLeNomDuContractant`.

- L'approche *service*, consiste à appeler, sur l'identifiant technique d'une instance de la classe `GestionDesContrats` (*singleton*), « composant » qui fait office de représentant du *service de gestion des contrats* en exécution la méthode `obtenirLeNomDuContractant`, avec comme argument la valeur 23456, *identifiant métier* du contrat en question. Rien n'empêche à l'implémentation de l'application de déléguer la requête à l'instance de l'objet contrat approprié, ou de choisir toute autre organisation alternative. L'identifiant du service (de l'instance singulière de la classe `GestionDesContrats` qui représente le service) est utilisé dans ce contexte comme le point d'entrée du service.

À l'usage, c'est la deuxième approche qui a été largement utilisée dans les applications client/serveur mises en œuvre avec des langages objet. Il est évident qu'appeler cette organisation « architecture d'objets répartis », même si le langage de programmation est « objet », est un abus de langage : il s'agit de la pratique usuelle d'invocation de procédures distantes (RPC ou Remote Procedure Call) entre applications jouant respectivement les rôles de client et de serveur sur deux nœuds distants du réseau. Le fait que les applications impliquées soient ou non mises en œuvre en utilisant des langages objet est transparent par rapport au protocole d'échange.

Remonter de la granularité de déploiement de l'objet `Contrat` à celle du service `Gestion de contrats` simplifie le déploiement et l'exploitation, car cela pose une couche d'abstraction qui cache aux clients de l'application de gestion des contrats la connaissance des détails d'implémentation (par exemple, la gestion des instances de la classe `Contrat`, de leurs identifiants techniques, de la mémoire allouée et de sa libération). Pour ces raisons, une grande partie des applications client/serveur mises en œuvre au moyen de langages objet ont choisi d'exposer comme interlocuteur de l'appel distant une granularité de type « service » plutôt qu'« objet ». Par ailleurs, lorsque le langage d'implémentation n'est pas « objet », l'approche « service » s'impose naturellement.

198

Objets par valeur et documents

La difficulté à traiter les objets par référence dans les architectures réparties est à l'origine des développements effectués pour permettre le passage des objets par valeur. À partir du moment où, pour des raisons de performance, de fiabilité et de robustesse de l'application, il est déconseillé de manipuler un objet distant par une suite d'opérations à granularité fine, il est tentant de transférer l'objet directement afin de le manipuler en local. Par exemple, lorsqu'on négocie un contrat, il semble naturel de transférer entre contractants la copie du contrat, chacun apportant ses modifications, jusqu'à convergence sur un objet commun.

Pour répondre à cette exigence de transfert entre applications réparties, il est indispensable de définir, en plus de la convention de codage de types atomiques (entier, chaînes, etc.) nécessaire pour transférer les valeurs des arguments de l'appel de méthode sur des objets distants, une règle de « sérialisation » de structures complexes.

Ce qui est véhiculé est bien, à première vue, une structure de données et non un objet. Un objet est, par définition, une structure de données et un ensemble de traitements associés. La mise en œuvre effective de l'invocation de méthodes distantes avec passage d'objets par valeur, nécessite au moins deux prérequis :

- que le client et le serveur soient capables d'encoder et de décoder dans un message de requête/réponse la structure de données représentant l'objet passé en argument ;
- que le client et le serveur soient capables de manipuler l'objet reconstruit, à savoir que le code des méthodes de manipulation de l'objet leur soit également accessible.

Ces deux prérequis ne peuvent être entièrement satisfaits qu'à deux conditions :

- Le client et le serveur doivent être mis en œuvre en utilisant le même langage de programmation et le même environnement de compilation et d'exécution de ce langage. C'est seulement à ce prix que le passage d'objets par valeur prend tout son sens.
- Le client et le serveur doivent être capables de partager sur le réseau les codes des méthodes applicables à l'objet.

Ces deux conditions sont plus contraignantes que celles nécessaires à l'invocation de méthodes distantes avec passage d'objets par référence, qui se limitent :

- au codage de l'appel ;
- au codage des identifiants universels des objets ;
- au codage des données atomiques.

Le passage d'objets par référence peut être effectué entre programmes mis en œuvre par des langages de programmation différents (par exemple utilisant le même ORB dans une architecture CORBA).

Le passage d'objets par valeur nécessite l'homogénéité des environnements de mise en œuvre et le partage de code entre le client et le serveur. Sans ces deux conditions, la structure passée est une structure de données, et les procédures d'encodage/décodage et les méthodes de manipulation sont différentes entre client et serveur.

Cette dernière approche est appelée approche *document* : la structure de données dans la requête et la réponse est un « document » qui est encodé, décodé, manipulé de façon indépendante par le client et le serveur. Assurément, le client et le serveur partagent (ou ont l'impression de partager) la sémantique informelle du document (une commande, une facture, etc.) même si les sémantiques opérationnelles sont différentes.

SOAP et l'utilisation de XML pour le contenu des messages vont normaliser l'approche document.

Service Oriented Access Protocol ?

Noah Mendelsohn (Lotus Development Corporation), un des auteurs de la spécification SOAP 1.1, rappelle avec amusement, dans un courrier électronique envoyé à une liste de distribution SOAP (*SOAP@DISCUSS.DEVELOP .COM*), l'embarras de l'équipe de spécification par rapport à l'acronyme hérité de SOAP 1.0 (Simple Object Access Protocol), ainsi que la recherche à rebours d'autres noms étendus plus appropriés, comme « Service Oriented Access Protocol ».

Ce dernier nom étendu nous semble parfait, mais n'a finalement pas été retenu. L'acronyme SOAP a été conservé en gage de continuité avec SOAP 1.1, mais il devient, à partir de SOAP 1.2, un simple nom propre, qui ne garde plus aucune relation de sens avec l'acronyme d'origine. Il est dommage que l'activité Web Services du W3C (voir *http://www.w3.org/2002/ws*), en charge de la normalisation, n'ait pas eu la détermination d'imposer comme nom étendu « Service Oriented Access Protocol », dont la pertinence et la puissance sémantique auraient probablement eu une influence favorable sur la compréhension et la diffusion de la technologie des services Web.

Un protocole d'échange sur le Web doit exhiber au moins trois propriétés pour garantir l'interopérabilité des applications à implémentations hétérogènes :

- Il doit être totalement compatible avec les technologies, les outils et les pratiques courantes sur Internet. Le protocole doit être également évolutif, donc compatible, mais relativement indépendant des technologies et des pratiques du réseau d'aujourd'hui, et capable d'intégrer facilement leurs évolutions.

- Il doit être totalement indépendant des spécificités de mise en œuvre des applications. Notamment, le protocole doit être indépendant des systèmes d'exploitation, des langages de programmation, des environnements d'exécution, des éventuels modèles de composants logiciels utilisés.

- Il doit être « léger » ou, plus précisément, « non intrusif ». Non seulement les implémentations des applications qui participent à l'échange ne sont en aucun cas obligées de connaître les implémentations de leurs interlocuteurs, mais, en plus, aucune installation de technologie dépendante des choix d'implémentation des interlocuteurs ne doit être requise pour correspondre avec eux. Ce qui est nécessaire pour échanger est la technologie logicielle permettant d'encoder, d'émettre, de réceptionner et de décoder des messages qui un format universel et normalisé. Cette technologie est évidemment spécifique, voire propriétaire, pour chaque environnement ou langage d'implémentation, mais reste totalement indépendante des technologies d'implémentation des applications interlocutrices.

SOAP 1.1, ainsi que les travaux en cours sur son successeur SOAP 1.2, satisfont globalement ces exigences. Plus précisément, SOAP 1.1 est aujourd'hui une technologie parfaitement utilisable et largement mise en œuvre.

À la soumission de SOAP 1.1 a suivi l'initialisation, en septembre 2000, d'un groupe de travail du W3C (XML Protocol) qui aujourd'hui se charge de normaliser l'ensemble croissant des technologies d'échange entre applications distribuées reposant sur XML. Ce groupe de travail s'applique, entre autres, à la spécification SOAP 1.2.

En janvier 2002, a démarré au sein du W3C l'activité Web Services, qui couvre désormais l'ensemble des technologies et des protocoles d'interaction d'applications réparties sur le Web. Cette activité absorbe le groupe de travail XML Protocol et continue les travaux de normalisation de SOAP 1.2, et démarre en outre d'autres travaux qui touchent d'autres technologies de services Web, au-delà de l'échange, et notamment le niveau description avec WSDL (Web Services Description Language).

Les ressources sur le site Web du W3C

La spécification SOAP 1.1, détaillée dans le reste du chapitre est publiée dans le document : *Simple Object Access Protocol (SOAP) 1.1 – W3C Note 08 May 2000* ; *http://www.w3.org/TR/SOAP*.

Pour suivre l'activité de la Web Services Activity du W3C : *http://www.w3.org/2002/ws*.

Pour suivre l'évolution des protocoles d'échange : *http://www.w3.org/2000/xp/Group*.

Les documents produits par le groupe de travail sont tous à l'état de *draft* au moment de la rédaction de cet ouvrage. En voici la liste :

– *XML Protocol Requirements* : *http://www.w3.org/TR/xmlp-reqs* ;

– *XML Protocol Usage Scenarios* : *http://www.w3.org/TR/xmlp-scenarios* ;

– *XML Protocol Abstract Model* : *http://www.w3.org/TR/xmlp-am* ;

– *SOAP Version 1.2 Part 1 – Messaging Framework* : *http://www.w3.org/TR/soap12-part1* ;

– *SOAP Version 1.2 Part 2 - Adjuncts* : *http://www.w3.org/TR/soap12-part2* ;

– *SOAP Version 1.2 Part 0 - Primer* : *http://www.w3.org/TR/soap12-part0* ;

– *SOAP Version 1.2 Specification Assertions and Test Collection* :*http://www.w3.org/TR/soap12-testcollection* ;

– *OAP 1.2 Attachment Feature* : *http://www.w3.org/TR/soap12-af* ;

– *SOAP Version 1.2 Email Binding* : *http://www.w3.org/TR/soap12-email*.

Nous allons maintenant présenter SOAP 1.1. Nous soulignerons au fur et à mesure les différences avec SOAP 1.2 (à l'état de *candidate recommandation* au moment de la rédaction de cet ouvrage).

Validation et vérification de l'interopérabilité

L'interopérabilité théorique de SOAP et des autres technologies de services Web ne fait pas de doute. L'interopérabilité pratique demande des activités de validation et de vérification des différentes implémentations. C'est ce qui avait manqué aux implémentations CORBA, et ces activités font partie intégrante de la tâche que se donne le WS-I (Web Services Interoperability Organization), consortium d'industriels et d'utilisateurs.

La méthode adoptée par le WS-I est de travailler par « profils ». Un profil est un ensemble cohérent de technologies de services Web à un certain niveau de version. Dès le démarrage de l'organisation, un profil de base est défini (*Basic Profile*), comprenant les quatre technologies auxquelles est consacrée une grande partie de ce livre : XML Schema 1.0, SOAP 1.1, WSDL 1.1 et UDDI 2.0.

Le 8 octobre 2002, le WS-I a publié *Basic Profile Version 1.0 - Working Group Draft* (*http://www.ws-i.org /Profiles/Basic/2002-10/BasicProfile-1.0-WGD.htm*), un document qui contient cent recommandations permettant de garantir l'interopérabilité de l'usage des technologies de services Web conformes à ce profil de base.

Nous allons voir, au fur et à mesure de la présentation des traits de SOAP 1.1, les préconisations du groupe de travail WS-I.

La logique des recommandations de l'IETF, du W3C et du WS-I

La logique des obligations pour les implémenteurs utilisée dans les documents de spécifications (recommandations) de deux organisations clés pour la technologie des services Web (W3C, WS-I) est la même. Elle reprend celle formalisée dans le document IETF RFC2119 (voir *http://www.ietf.org/rfc/rfc2119.txt*). C'est une logique à cinq niveaux :

– *Obligatoire :* les mots-clés anglais sont *MUST, SHALL, REQUIRED*, dans notre texte nous utiliserons les formes « doit », « il est requis », « obligatoire », etc.

– *Recommandé :* les mots-clés anglais sont *SHOULD, RECOMMENDED*, dans notre texte nous utiliserons les formes « devrait », « recommandé »… Il faut noter que cette force d'obligation n'est pas à confondre avec le terme « recommandation » qui est utilisé pour désigner un document entériné de spécification du W3C ou pour l'une des cent « recommandations » du profil de base WS-I.

– *Optionnel :* les mots-clé anglais sont *MAY, OPTIONAL*, dans notre texte nous utiliserons « peut », « optionnel », « permis », etc.

– *Déconseillé :* les mots-clés anglais sont *SHOULD NOT, NOT RECOMMENDED*, dans notre texte nous utiliserons « ne devrait pas », « déconseillé », etc.

– *Interdit :* les mots-clés anglais sont *MUST NOT, SHALL NOT,* dans notre texte nous utiliserons les formes « ne doit pas », « interdit », etc.

La comparaison avec la logique binaire « licite/illicite » est que ce qui est illicite est interdit, tandis que ce qui est licite peut être obligatoire, recommandé, permis ou déconseillé (avec la nuance qu'il est illicite de ne pas assurer le niveau obligatoire). Un implémenteur doit mettre en œuvre ce qui est obligatoire et ne doit pas implémenter ce qui est interdit. Il est dans le domaine du choix totalement libre pour ce qui est optionnel, et doit évaluer avec soin les conséquences de ne pas faire ce qui est recommandé et de faire ce qui est déconseillé.

Empiriquement, il faut constater que cette logique, qui est sans doute complexe, « lâche » et peut paraître source de problèmes d'interopérabilité, a bien réussi dans la pratique : Internet et le World Wide Web en sont la preuve. Il est trop tôt pour juger de son adéquation à une technologie comme celle des services Web, dont l'objectif est l'automation de l'échange entre systèmes hétérogènes.

Les principes du protocole SOAP 1.1

SOAP 1.1 fournit un mécanisme qui permet d'échanger de l'information structurée et typée entre applications dans un environnement réparti et décentralisé. Il ne véhicule pas de modèle de programmation ou d'implémentation, mais fournit les outils nécessaires pour définir des modèles opérationnels d'échange (*styles d'échange*) aussi diversifiés que les *systèmes de messagerie asynchrone* et l'*appel de procédure distante* (RPC).

SOAP 1.1 spécifie l'utilisation de documents XML comme *messages*. Pour ce faire, il possède un certain nombre de *traits* :

• une grammaire pour définir le format et la structure des messages (en termes de documents XML) ;

• une convention pour désigner les agents logiciels habilités à traiter les différentes parties du message ainsi que le caractère obligatoire ou optionnel du traitement ;

• une représentation codée pour véhiculer les données atomiques et structurées manipulées par les langages de programmation (style de codage) ;

• un ensemble de consignes (liaison « générique ») pour transporter les messages sur le protocole de transport HTTP ;

- une représentation de la requête et de la réponse d'un appel de procédure distante (RPC) ;
- un ensemble de consignes supplémentaires pour transporter des messages accompagnés de documents hétérogènes en pièces jointes.

Tous ces traits font partie de SOAP 1.1, mais sont fonctionnellement modulaires et orthogonaux. Il faut noter que SOAP 1.1 est *redéfinissable*, car il contient les mécanismes nécessaires à la définition de spécifications alternatives pour ces traits, et *extensible*, car il permet de définir et d'ajouter des traits supplémentaires au mécanisme de base.

Nous examinerons dans ce chapitre la grammaire du message et les conventions de traitement, ainsi que le style d'échange par message unidirectionnel, avec éventuellement des intermédiaires dans la chaîne d'acheminement.

La problématique du codage des données, des styles de codage, ainsi que la transmission de documents hétérogènes (objets multimédias) en tant que pièces jointes seront exposées dans le chapitre 8.

Enfin, nous aborderons la problématique des styles d'échange (message à sens unique, requête/réponse, appel de procédure distante), ainsi que la liaison SOAP/HTTP dans le chapitre 9.

La structure de la spécification SOAP 1.1

La structure de la spécification SOAP 1.1 est représentée à la figure 7-1. La spécification peut être organisée sur plusieurs niveaux (*échange, format, contenu, liaison*). Elle prévoit une pluralité de styles d'*échange* possibles, qui reposent tous sur un seul et unique (quoique extensible) *format* de message : le format XML de l'enveloppe SOAP 1.1 et de ses éléments descendants.

Le message à format unique peut héberger un *contenu littéral* (du XML bien formé ou valide par rapport à des schémas XML Schema) ou *codé* (en suivant une pluralité de styles de codage) et faire l'objet d'un ensemble de conventions de liaison (*binding*) avec une pluralité de protocoles de transport. Les parties grisées du diagramme 7-1 constituent l'objet de la spécification SOAP 1.1.

Le format de message constitue le pivot de la spécification. Le message peut être transféré par plusieurs protocoles de transport et dans le cadre de plusieurs styles d'échange entre applications. Certains protocoles de transport peuvent être particulièrement appropriés pour certains styles d'échange. C'est typiquement le cas du style RPC, qui repose sur une spécialisation du format de message, éventuellement sur un style de codage. Le style RPC donne des consignes de liaison particulières qui lient directement le fonctionnement appel/retour du style d'échange RPC avec le fonctionnement requête/réponse du protocole de transport HTTP.

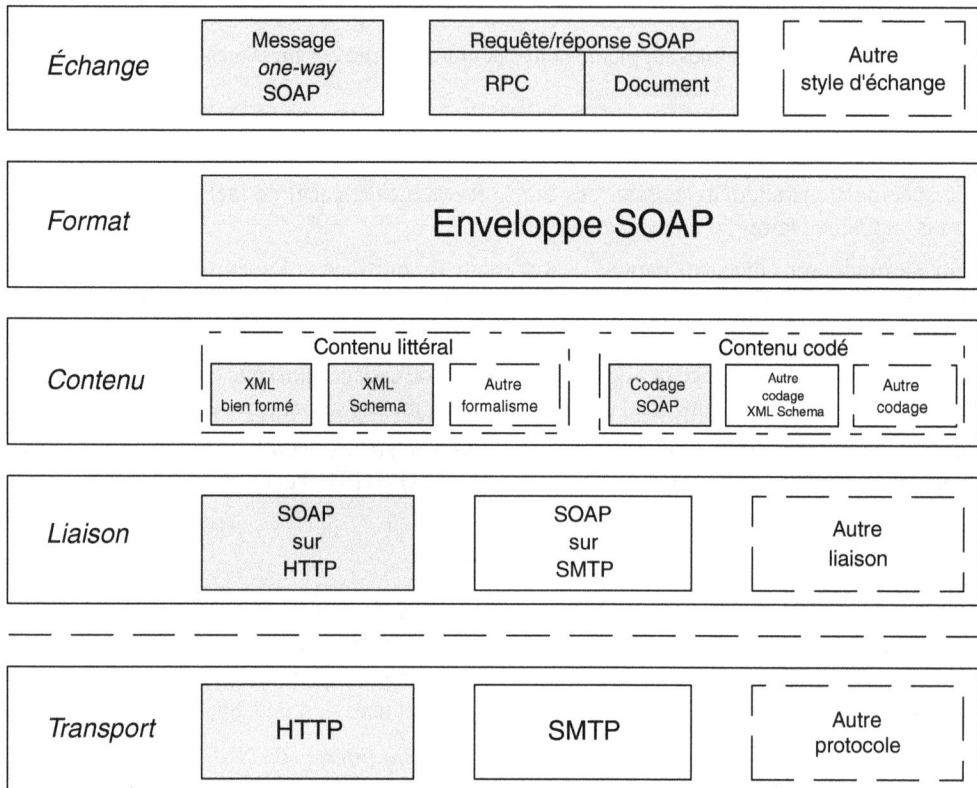

Figure 7-1

Structure de la spécification par niveaux de SOAP 1.1.

Protocole HTTP et couche de transport

Il est un peu abusif de parler de HTTP comme d'un protocole de transport alors que le niveau transport est occupé dans la pile IP par TCP et UDP. Nous continuerons à le faire pour simplifier la présentation, en sachant que, du point de vue SOAP, HTTP est effectivement un moyen de transport de messages.

Les usages standards et étendus de SOAP 1.1 sont présentés figure 7-2.

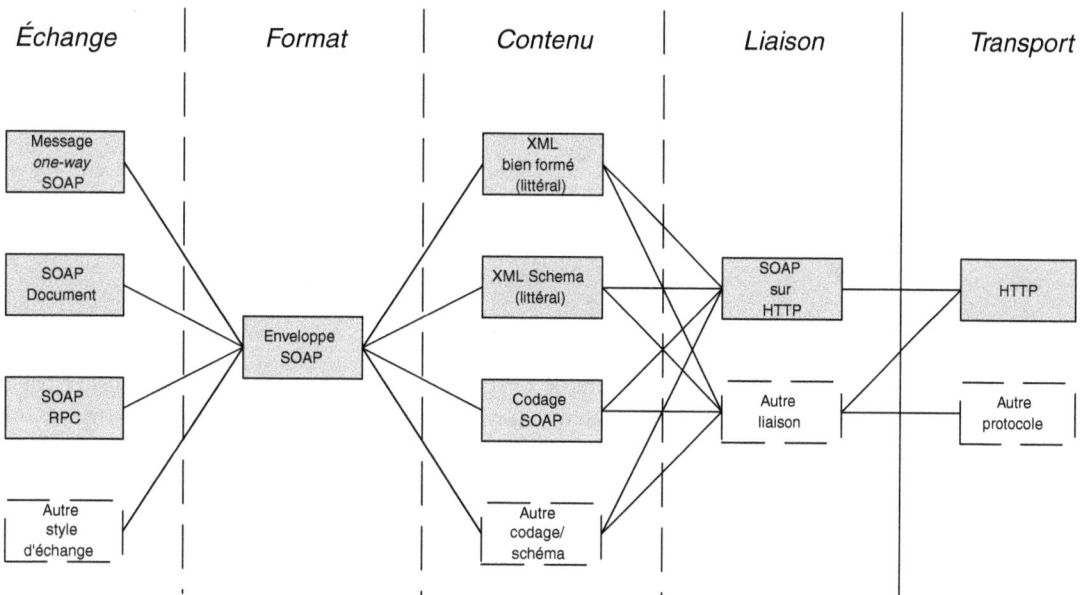

Figure 7-2

Les usages de base et étendus de SOAP 1.1.

Les bases de SOAP 1.1

Nous avons vu que les styles d'échange proposés par SOAP 1.1 sont le message à sens unique et la requête/réponse, avec ses deux variantes document et RPC.

Le message à sens unique est présenté dans ce chapitre, alors que le style requête/réponse (document et RPC) est présenté dans le chapitre 9.

Un message à sens unique SOAP 1.1 part d'un nœud *expéditeur* pour atteindre un nœud *destinataire* (figure 7-3).

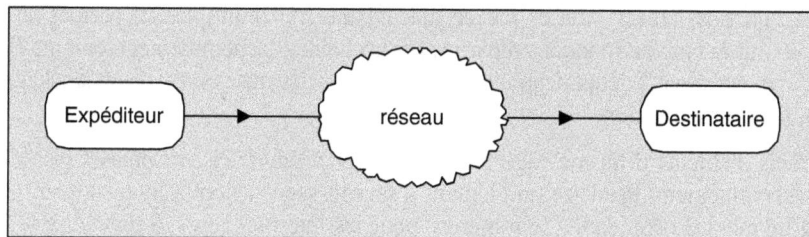

Figure 7-3

Style d'échange message à sens unique.

Voici un exemple de message :

```
<?xml version="1.0" encoding="UTF-8"?>
<Envelope
    xmlns="http://schemas.xmlsoap.org/soap/envelope/">
    <Body>
        <Greeting>
            <text>Ciao !</text>
        </Greeting>
    </Body>
</Envelope>
```

Un message peut être transféré directement de l'expéditeur au destinataire, ou bien transiter par un nombre illimité de nœuds *intermédiaires* qui forment une *chaîne d'acheminement* (figure 7-4). Chaque nœud intermédiaire est *récepteur* du message émis du nœud précédent dans la chaîne et *émetteur* du message pour le nœud suivant. Dans une chaîne d'acheminement, l'expéditeur est le premier émetteur et le destinataire est le dernier récepteur. Un nœud intermédiaire est une application SOAP 1.1 capable de réceptionner et d'émettre des messages SOAP 1.1.

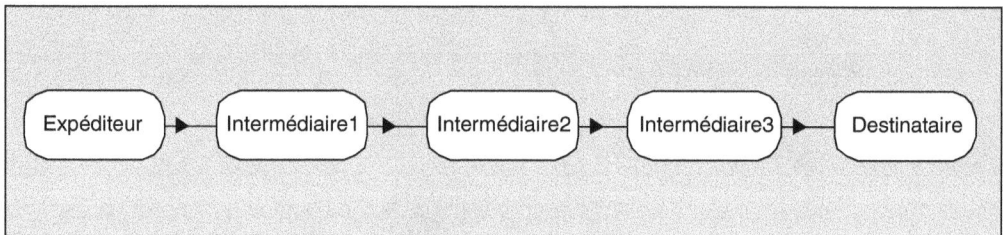

Figure 7-4

Une chaîne d'acheminement.

L'utilité du mécanisme de la chaîne d'acheminement est à la fois technique et fonctionnelle. Du point de vue technique, le mécanisme normalise le rôle et la fonction du *routeur applicatif*. Du point de vue fonctionnel, les possibilités offertes par ce mécanisme sont multiples. Il permet de composer des services tiers sur la base de fonctions réparties sur la chaîne d'acheminement, comme l'annotation des messages, l'abonnement, la confidentialité par chiffrement, la mise en cache ou stockage intermédiaire (*caching*), la non-répudiation.

Les différents éléments d'un message SOAP 1.1 sont *produits* et *consommés* par les nœuds de la chaîne d'acheminement. Produire un élément d'un message revient à le constituer. Consommer un élément d'un message équivaut à le traiter et, pour les intermédiaires, à réémettre le message après avoir supprimé l'élément consommé. Le *producteur* d'un élément d'un message SOAP 1.1 est le nœud (expéditeur ou intermédiaire) qui produit l'élément en question (ainsi que tous ses sous-éléments). Le *consommateur* d'un élément d'un message SOAP 1.1 est le nœud (intermédiaire ou destinataire) qui consomme l'élément en question (ainsi que tous ses sous-éléments).

L'expéditeur du message est le premier producteur du message. Le récepteur du message, qu'il soit intermédiaire ou destinataire, doit exhiber un comportement normalisé, qui peut être résumé ainsi :

1. Il doit examiner le message pour chercher les informations qui lui sont destinées.

2. Parmi les parties du message qui lui sont adressées, il y en a certaines dont la consommation de la part du nœud est obligatoire : si le nœud est « capable » d'effectuer cette consommation, il doit l'effectuer, et s'il n'en est pas « capable », il doit rejeter le message.

3. S'il s'agit d'un intermédiaire, alors il doit supprimer du message les parties qu'il consomme, et il peut ainsi produire des éléments nouveaux, posés dans les endroits du message destinés à cet effet, puis il doit émettre à nouveau le message vers le nœud suivant de la chaîne d'acheminement.

SOAP 1.1 et XML

Le message SOAP 1.1 est un document XML 1.0. Cela implique qu'un document XML 1.0 ne peut pas être inséré tel quel dans un message SOAP 1.1 (un document XML ne peut pas être inséré sans changement dans un autre document XML). La spécification SOAP 1.1 ne confirme pas explicitement si un message SOAP 1.1 doit débuter par la déclaration d'usage :

```
<?xml version="1.0" …?>
```

Recommandations WS-I Basic Profile 1.0 (draft)

La présence de la déclaration XML (`<?xml version="1.0" …?>`) est facultative (R1010). La présence ou l'absence d'une telle déclaration n'a pas d'impact sur l'interopérabilité des implémentations.

Pour cause d'interopérabilité, il est préférable que les messages soient encodés en `UTF-8` ou `UTF-16` (R1012).

La spécification de SOAP 1.1 établit qu'un message SOAP 1.1 :

• ne doit pas contenir de DTD (Document Type Definition), cela essentiellement pour la raison technique que la syntaxe des DTD n'est pas au format XML ;

• ne doit pas contenir d'instructions exécutables, dont la présence est acceptée dans les documents conformes à XML 1.0.

Recommandations WS-I Basic Profile 1.0 (draft)

Le profil de base 1.0 WS-I *(draft)* confirme explicitement les interdictions de DTD et d'instructions exécutables dans un message SOAP (R1008, R1009).

L'utilisation généralisée des vocabulaires XML (XML *Namespaces*) et des noms qualifiés est fortement conseillée par la spécification SOAP 1.1, quoique non obligatoire pour une application qui joue seulement le rôle d'expéditeur de messages. En revanche, les applications qui prétendent jouer le rôle de destinataire doivent être capables de traiter correctement les vocabulaires XML des messages qu'elles reçoivent. Ces applications doivent rejeter les messages qui utilisent les vocabulaires XML de façon incorrecte ou qui utilisent des vocabulaires XML incorrects.

La spécification SOAP 1.1 définit un vocabulaire XML SOAP 1.1 pour les éléments et les attributs propres au format du message. L'identifiant du vocabulaire XML SOAP 1.1 est associé à l'URI `http://schemas.xmlsoap.org/soap/envelope/`.

La déclaration du vocabulaire XML `http://schemas.xmlsoap.org/soap/envelope/` est obligatoire pour tout message SOAP 1.1. Cette déclaration désigne la version de SOAP revendiquée par le message.

Le préfixe associé au vocabulaire XML `http://schemas.xmlsoap.org/soap/envelope/` dans la spécification SOAP 1.1 est `SOAP-ENV`. Le bon usage des vocabulaires XML (lorsqu'un préfixe est utilisé par une spécification dont les éléments sont utilisés dans un document, il est préférable d'utiliser le même préfixe que la spécification) suggère que dans l'élément racine (`SOAP-ENV:Envelope`) de tout message SOAP 1.1 apparaisse la déclaration :

```
xmlns:SOAP-ENV="http://schemas.xmlsoap.org/soap/envelope/"
```

Un message SOAP 1.1 peut intégrer des déclarations de vocabulaires XML applicatifs quelconques.

L'exemple présenté dans le paragraphe précédent, lorsqu'il intègre les déclarations de vocabulaires XML et l'usage des noms qualifiés, prend l'allure suivante (le vocabulaire XML désigné par le préfixe g est un vocabulaire applicatif) :

```xml
<?xml version="1.0" encoding="UTF-8"?>
<SOAP-ENV:Envelope
   xmlns:SOAP-ENV="http://schemas.xmlsoap.org/soap/envelope/">
   <SOAP-ENV:Body>
      <g:Greeting xmlns:g="http://www.greetings.org/greetings/">
         <g:text>Ciao !</g:text>
      </g:Greeting>
   </SOAP-ENV:Body>
</SOAP-ENV:Envelope>
```

L'utilisation des attributs est également normalisée. Il est admis d'introduire des attributs dans les éléments d'un message SOAP 1.1. Ces attributs peuvent être directement intégrés dans les occurrences des éléments d'un message ou peuvent être spécifiés dans un schéma XS ou une DTD accessible aussi bien à l'expéditeur qu'au destinataire. Dans ce cas, les valeurs, par défaut ou fixes, définies dans le schéma XS ou la DTD doivent être prises comme s'elles apparaissaient directement dans les instances. Les attributs `SOAP-ENV:mustUnderstand` et `SOAP-ENV:actor` sont introduits par la spécification SOAP 1.1 et jouent un rôle particulier qui sera examiné par la suite.

La structure du message SOAP 1.1

Un message SOAP 1.1 présente une structure normalisée (voir figure 7-5). Il est toujours constitué d'un élément « document » (racine), à savoir l'*enveloppe* (`SOAP-ENV:Envelope`), qui contient un élément *en-tête* (`SOAP-ENV:Header`) *optionnel* et un élément *corps* (`SOAP-ENV:Body`) *obligatoire*, suivis d'éventuels éléments applicatifs spécifiques.

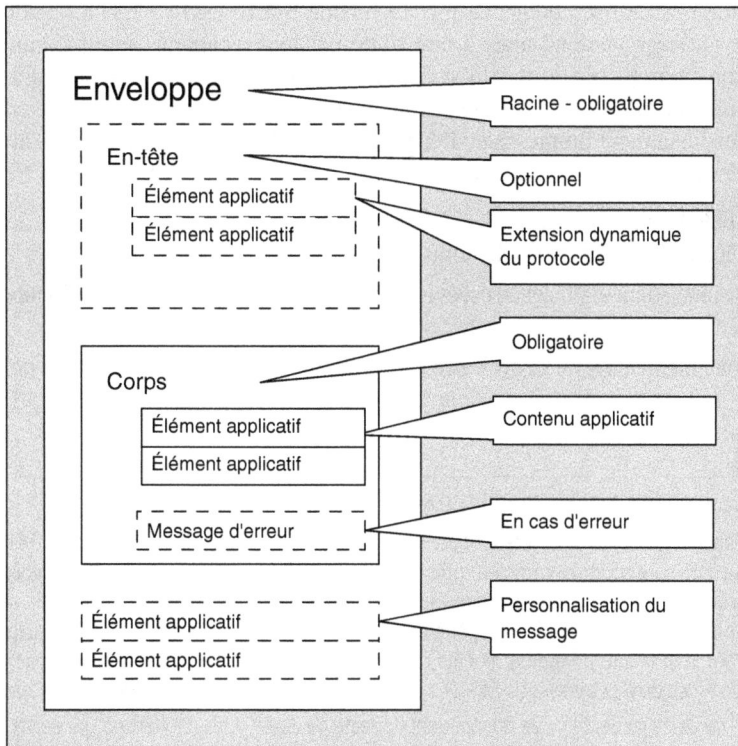

Figure 7-5

La structure du message SOAP 1.1.

L'enveloppe

L'enveloppe est l'élément « document » (racine) de tout message SOAP 1.1.

```
<?xml version="1.0" encoding="UTF-8"?>
<SOAP-ENV:Envelope
    xmlns:SOAP-ENV="http://schemas.xmlsoap.org/soap/envelope/"
…>

    …
</SOAP-ENV:Envelope>
```

Dans l'enveloppe d'un message SOAP 1.1, la présence de la déclaration du vocabulaire XML SOAP 1.1 est obligatoire :

```
xmlns:SOAP-ENV="http://schemas.xmlsoap.org/soap/envelope/"
```

ou, éventuellement :

```
xmlns="http://schemas.xmlsoap.org/soap/envelope/"
```

Cette déclaration est utilisée pour marquer la version SOAP (SOAP 1.1) à laquelle le message fait référence. Le message s'attend ainsi à être traité par tout récepteur (intermédiaire ou destinataire) selon la version du protocole qu'il exhibe. S'il ne présente aucune version du protocole ou affiche une version du protocole différente de SOAP 1.1, un nœud SOAP 1.1 se doit de le rejeter et éventuellement d'envoyer immédiatement un message d'erreur SOAP 1.1. (code d'erreur `SOAP-ENV:VersionMismatch` – la gestion des erreurs sera détaillée dans la section « La gestion des erreurs en SOAP 1.1 »).

L'enveloppe peut contenir :

• d'autres déclarations d'espaces de noms ;

• d'autres attributs, dont la présence est évidemment facultative, mais leur qualification par l'identifiant d'un espace de noms est, en revanche, obligatoire ;

• d'autres sous-éléments dont la présence est facultative, mais leur qualification par l'identifiant d'un espace de noms est obligatoire et leur position est située obligatoirement après l'élément corps (voir figure 7-5).

Recommandations WS-I Basic Profile 1.0 (draft)

Le profil de base 1.0 WS-I (*draft*) établit que, pour cause d'interopérabilité, un nœud SOAP 1.1, s'il reçoit un message dont l'élément document (racine) présente `Envelope` comme nom local mais un vocabulaire XML autre que `http://schemas.xmlsoap.org/soap/envelope/`, ne peut pas se limiter au rejet du message (comme il est établi par la spécification), mais *doit* générer un message d'erreur (R1015). Cette consigne semble un peu abusive car, par la structure même du modèle d'échange de base SOAP 1.1, on ne peut pas prétendre que tout nœud capable de traiter des messages SOAP 1.1 soit en mesure de générer également des messages SOAP 1.1.

Un message *ne doit pas* contenir de descendants directs de `SOAP-ENV:Envelope` qui suivent `SOAP-ENV:Body` (R1011). Pour cause d'interopérabilité, la structure de message SOAP 1.1 doit prévoir seulement deux descendants directs de l'élément racine `SOAP-ENV:Envelope` : l'élément optionnel `SOAP-ENV:Header` et l'élément obligatoire `SOAP-ENV:Body`.

Évolutions SOAP 1.2 (draft)

Le vocabulaire XML SOAP 1.2 est bien sûr différent du vocabulaire XML SOAP 1.1. L'URI du vocabulaire SOAP 1.2 est `http://www.w3.org/2002/06/soap-envelope` et le préfixe utilisé par la spécification est `env`. Le schéma XML Schema pour la structure du message SOAP 1.2 est localisé à l'URL identifiant du vocabulaire SOAP 1.2.

SOAP 1.2 introduit deux autres vocabulaires XML pour des éléments et attributs qui sont utilisés dans le cadre du traitement des erreurs :

- `http://www.w3.org/2002/06/soap-faults` (préfixe utilisé `flt`) pour des éléments de l'en-tête qui détaillent certaines erreurs ;

- `http://www.w3.org/2002/06/soap-upgrade` (préfixe utilisé `upg`) pour des éléments de l'en-tête liés au traitement des erreurs de version du protocole.

SOAP 1.2 ne permet pas la présence d'autres éléments après le corps (la recommandation d'interopérabilité du profil de base 1.0 R1011 devient donc une règle SOAP).

L'en-tête

L'en-tête est un élément optionnel. S'il est présent dans un message SOAP 1.1, il doit être un descendant direct de l'élément enveloppe et placé comme le premier de la séquence des descendants directs.

Il peut contenir plusieurs éléments descendants directs qui sont appelés *entrées de l'en-tête*. Toutes les balises des entrées de l'en-tête doivent être des noms qualifiés.

L'en-tête fournit le mécanisme général et flexible qui permet d'ajouter des traits nouveaux et spécialisés à un message SOAP 1.1. Ces ajouts peuvent être effectués dynamiquement, via l'ajout d'éléments de l'en-tête, de façon décentralisée et modulaire, sans accord préventif des participants à la chaîne d'acheminement, au cours du cycle de transmission d'un message. Deux attributs réservés par la spécification SOAP 1.1 (attributs d'en-tête) permettent d'indiquer :

• le participant à la chaîne d'acheminement qui est le consommateur désigné de l'élément de l'en-tête du message (attribut SOAP-ENV:actor) ;

• si la consommation de l'élément est obligatoire ou facultative pour le consommateur désigné (attribut SOAP-ENV:mustUnderstand).

La spécification SOAP 1.1 considère explicitement que les entrées de l'en-tête sont destinées à la mise en œuvre de couches supérieures et transversales de la technologie des services Web, comme la gestion des chaînes d'acheminement, la gestion des transactions, la gestion de la sécurité, etc.

La spécification recommande l'utilisation systématique des attributs SOAP-ENV:actor et SOAP-ENV:mustUnderstand.

Recommandations WS-I Basic Profile 1.0 (draft)

Le nœud SOAP 1.1 récepteur d'un message SOAP 1.1 doit traiter le message de façon à faire apparaître que la vérification de tous les éléments de l'en-tête qu'il doit obligatoirement traiter précède leur traitement (R1025). En pratique, il faut éviter d'effectuer un quelconque traitement du message si le traitement des éléments de l'en-tête génère une erreur. Le suivi à la lettre de cette recommandation est absolument nécessaire si le traitement du message génère chez le récepteur des changements d'état et des effets de bord.

L'attribut SOAP-ENV:actor

L'attribut SOAP 1.1 SOAP-ENV:actor dans une entrée de l'en-tête est utilisé pour désigner le *consommateur de l'entrée de l'en-tête*. La valeur de l'attribut SOAP-ENV:actor est un URI.

Recommandations WS-I Basic Profile 1.0 (draft)

La valeur de SOAP-ENV:actor est l'objet d'un accord privé entre l'émetteur et le récepteur de l'entrée de l'en-tête qui contient l'attribut (R1026).

L'URI réservé par la spécification SOAP 1.1 http://schemas.xmlsoap.org/soap/actor/next désigne comme consommateur de l'entrée de l'en-tête le premier nœud SOAP 1.1 suivant l'émetteur dans la chaîne d'acheminement.

Évolutions SOAP 1.2 (*draft*)

SOAP 1.2 remplace l'attribut SOAP-ENV:actor par l'attribut env:role avec la même sémantique.

La règle de désignation du consommateur pour les entrées de l'en-tête d'un message SOAP 1.1 est finalement simple :

- Le consommateur désigné d'une entrée de l'en-tête qui contient l'attribut SOAP-ENV:actor, ainsi que de tous ses sous-éléments, est le nœud dont l'URI est la valeur de l'attribut.

- Le consommateur désigné d'une entrée de l'en-tête qui contient l'attribut SOAP-ENV:actor ayant comme valeur l'URI http://schemas.xmlsoap.org/soap/actor/next est le premier nœud suivant l'émetteur du message dans la chaîne d'acheminement.

- Le consommateur désigné d'une entrée de l'en-tête qui ne contient pas d'attribut SOAP-ENV:actor, ainsi que de tous ses sous-éléments, ne peut être que le destinataire du message.

La figure 7-6 présente une chaîne d'acheminement avec un seul intermédiaire : *nice.guy.net* veut envoyer un message à *pretty.girl.net* par l'intermédiaire de *office.postalservice.com*.

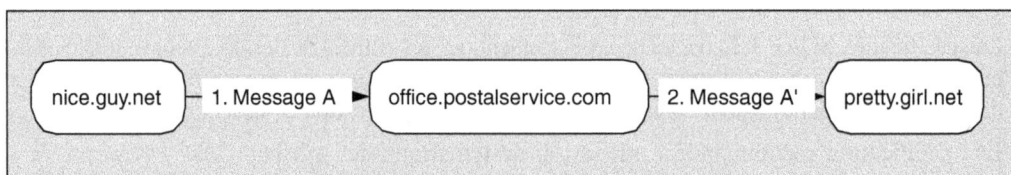

Figure 7-6

Une chaîne d'acheminement avec un seul intermédiaire (I).

La désignation absolue du consommateur

Voici le message A (figure 7-6) émis par *nice.guy.net* à l'intention de *office.postalservice.com* :

```
<?xml version="1.0" encoding="UTF-8"?>
<SOAP-ENV:Envelope
    xmlns:SOAP-ENV="http://schemas.xmlsoap.org/soap/envelope/">
    <SOAP-ENV:Header>
        <pbs:postmark xmlns:pbs="http://www.postalstandards.org/basicservices/"
            SOAP-ENV:actor="http://office.postalservice.com/">
            <pbs:action>http://www.postalstandards.org/send</pbs:action>
            <pbs:sender>
                <pbs:senderURI>http://nice.guy.net/</pbs:senderURI>
            </pbs:sender>
            <pbs:receiver>
                <pbs:receiverURI>http://pretty.girl.net/</pbs:receiverURI>
                <pbs:receiverPort>http://pretty.girl.net/home.asp</pbs:receiverPort>
            </pbs:receiver>
        </pbs:postmark>
    </SOAP-ENV:Header>
    <SOAP-ENV:Body>
        <g:Greeting xmlns:g="http://www.greetings.org/greetings/">
            <g:text>Ciao !</g:text>
        </g:Greeting>
    </SOAP-ENV:Body>
</SOAP-ENV:Envelope>
```

Le message est bien reçu par *office.postalservice.com* qui :

1. parcourt l'en-tête du message ;

2. identifie la valeur de `SOAP-ENV:actor` dans l'entrée `pbs:postmark` comme son propre URI ;

3. note que l'action demandée est l'envoi simple du message (désignée par l'URI `http://www.postalstandards.org/send`) ;

4. note la valeur de l'élément `pbs:receiverPort` ;

5. ignore l'élément `SOAP-ENV:Body` ;

6. construit un nouveau message dans lequel l'entrée `pbs:postmark` est modifiée : l'attribut `SOAP-ENV:actor` et l'élément `pbs:action` sont enlevés, en outre, les éléments `pbs:sender` et `pbs:receiver`, son propre URI ainsi que la date et l'heure de réception du message (à l'heure de Greenwitch, selon le format ISO 8601) sont ajoutés ;

7. envoie le nouveau message sur le port de réception `http://pretty.girl.net/home.asp`.

Voici le message A' (figure 7-6) émis par *office.postalservice.com* à l'intention de *pretty.girl.net* :

```
<?xml version="1.0" encoding="UTF-8"?>
<SOAP-ENV:Envelope
   xmlns:SOAP-ENV="http://schemas.xmlsoap.org/soap/envelope/"
   …>
   <SOAP-ENV:Header>
      <pbs:postmark xmlns:pbs="http://www.postalstandards.org/basicservices/">
         <pbs:postmarker>
            <pbs:postmarkerURI>
               http://office.postalservice.com/
            </pbs:postmarkerURI>
         </pbs:postmarker>
         <pbs:dateTime>2002-06-30T23:59:59</pbs:dateTime>
         <pbs:action>http://www.postalstandards.org/send</pbs:action>
         <pbs:sender>
            <pbs:senderURI>http://nice.guy.net/</pbs:senderURI>
         </pbs:sender>
         <pbs:receiver>
            <pbs:receiverURI>http://pretty.girl.net/</pbs:receiverURI>
            <pbs:receiverPort>http://pretty.girl.net/home.asp</pbs:receiverPort>
         </pbs:receiver>
      </pbs:postmark>
   </SOAP-ENV:Header>
   <SOAP-ENV:Body>
      …
   </SOAP-ENV:Body>
</SOAP-ENV:Envelope>
```

À la réception, *pretty.girl.net* traite non seulement le corps du message, mais aussi les entrées d'en-tête. *pretty.girl.net* prend connaissance de l'identifiant (URI) de l'expéditeur, mais aussi du fait que le petit mot reçu est passé par *office.postalservice.com*, qui l'a horodaté.

La désignation relative du consommateur

En effet, dans cette chaîne d'acheminement, *nice.guy.net* n'a pas besoin de spécifier « en dur » l'URI de l'intermédiaire comme valeur de l'attribut SOAP-ENV:actor : l'URI spécial http://schemas.xmlsoap .org/soap/actor/next peut convenir.

Évolutions SOAP 1.2 (*draft*)

SOAP 1.2 garde la sémantique de la valeur http://schemas.xmlsoap.org/soap/actor/next pour l'attribut SOAP-ENV:actor en SOAP 1.1 par le biais de la valeur http://www.w3.org/2002/06/soap-envelope/role /next *pour l'attribut* role.

SOAP 1.2 introduit deux nouvelles valeurs de role pour les nœuds SOAP 1.2 :

– http://www.w3.org/2002/06/soap-envelope/role/none : aucun nœud SOAP 1.2 n'est autorisé à traiter l'entrée de l'en-tête ;

– http://www.w3.org/2002/06/soap-envelope/role/ultimateReceiver : seul le destinataire est autorisé à traiter l'entrée de l'en-tête.

Le message A (figure 7-6) produit et émis par *nice.guy.net* peut donc être le suivant :

```
<?xml version="1.0" encoding="UTF-8"?>
<SOAP-ENV:Envelope
    xmlns:SOAP-ENV="http://schemas.xmlsoap.org/soap/envelope/"
    …>
    <SOAP-ENV:Header>
        <pbs:postmark xmlns:pbs="http://www.postalstandards.org/basicservices/"
            SOAP-ENV:actor="http://schemas.xmlsoap.org/soap/actor/next">
            …
        </pbs:postmark>
    </SOAP-ENV:Header>
    <SOAP-ENV:Body>
        …
    </SOAP-ENV:Body>
</SOAP-ENV:Envelope>
```

L'avantage de cette approche est évident : le message « ne connaît pas » le service Web qui l'achemine. Une fois le message préparé, *nice.guy.net* peut décider à la dernière minute du fournisseur de services postaux Web qu'il va solliciter pour envoyer son petit mot à *pretty.girl.net*, sur la base de différents critères comme le prix, la qualité de service, etc.

Il est clair que, pour obtenir ce résultat, il faut qu'un certain nombre de fournisseurs de services postaux Web se soient mis d'accord sur le format et sur un traitement des entrées des en-têtes dont le vocabulaire XML est : http://www.postalstandards.org/basicservices/.

L'attribut SOAP-ENV:mustUnderstand

L'attribut SOAP 1.1 SOAP-ENV:mustUnderstand est utilisé pour indiquer que la consommation de l'entrée de l'en-tête par le consommateur potentiel désigné est obligatoire (valeur "1") ou facultative (valeur "0", valeur par défaut).

> **Recommandations WS-I Basic Profile 1.0 (draft)**
>
> En fait, la valeur de `SOAP-ENV:mustUnderstand` est traitée comme étant de type `xs:boolean` (xs est le préfixe pour XML Schema Datatype) et donc son espace lexical est constitué de `0`, `1`, `false`, `true` (R1013).

> **Évolutions SOAP 1.2 (draft)**
>
> En SOAP 1.2, l'attribut `mustUnderstand` persiste et prend « officiellement » le type `xs:boolean`.

La ligne de conduite à tenir par les nœuds participant à une chaîne d'acheminement d'un message SOAP 1.1 est la suivante :

- Le consommateur désigné d'un élément de l'en-tête avec `SOAP-ENV:mustUnderstand="1"` doit consommer l'élément en question. S'il en est « incapable » (le sens de cette « incapacité » sera précisé dans la section consacrée à la gestion des erreurs), il doit rejeter le message.

- Le consommateur désigné d'un élément de l'en-tête avec `SOAP-ENV:mustUnderstand="1"`, qui est « incapable » de consommer le message, doit non seulement le rejeter mais peut décider d'envoyer un message d'erreur à l'émetteur du message qu'il vient de recevoir. Ce traitement ne peut être applicable que si le récepteur est capable d'émettre des messages SOAP 1.1.

- Le consommateur désigné de l'entrée de l'en-tête avec `SOAP-ENV:mustUnderstand="0"` peut consommer ou non cette entrée. S'il décide de ne pas la consommer, il doit réémettre le message tel quel vers le prochain nœud de la chaîne d'acheminement (même si la valeur de `SOAP-ENV:actor` le désigne directement, donc comme consommateur exclusif). Dans ce cas, l'élément en question ne sera consommé par aucun nœud intermédiaire et échouera chez le destinataire, qui, en théorie, n'a pas le droit de le consommer non plus.

> **Recommandations WS-I Basic Profile 1.0 (draft)**
>
> Le profil de base 1.0 WS-I (*draft*) établit que, pour cause d'interopérabilité, un nœud SOAP 1.1, s'il reçoit un message avec une entrée de l'en-tête qu'il doit traiter (`SOAP-ENV:mustUnderstand="1"`) et qu'il ne sait pas traiter, ne peut pas se limiter au rejet du message (comme il est établi par la spécification), mais *doit* générer un message d'erreur avec code `SOAP-ENV:MustUnderstand` (R1027). Cette consigne semble un peu abusive car, par la structure même du modèle d'échange SOAP 1.1, on ne peut pas prétendre que tout nœud capable de consommer des messages SOAP 1.1 soit aussi en mesure d'en produire ou, à l'inverse, que tout nœud capable de produire des messages SOAP soit aussi capable d'en consommer.

Nous allons supposer, par exemple, que *nice.guy.net* veut envoyer toujours le même petit mot à *pretty.girl.net*, mais qu'il souhaite un service d'envoi recommandé (fiabilisé). Il souhaite en fait que le service postal Web utilise un protocole de transport fiabilisé (voir chapitre 18) pour transmettre son message au destinataire. Si le service postal Web n'arrive pas pour une raison quelconque à faire parvenir le message au destinataire, il doit en informer l'expéditeur. L'envoi recommandé est un service normalisé par *www.postalstandards.org* (dont le vocabulaire XML est identifié par `http://www` `.postalstandards.org/smartservices/`, *relatif à la nouvelle version de services postaux*) offert, entre autres, par *office.smartpservice.com*. Par ailleurs, *nice.guy.net* souhaite que le service soit accompli par *office .smartpservice.com*.

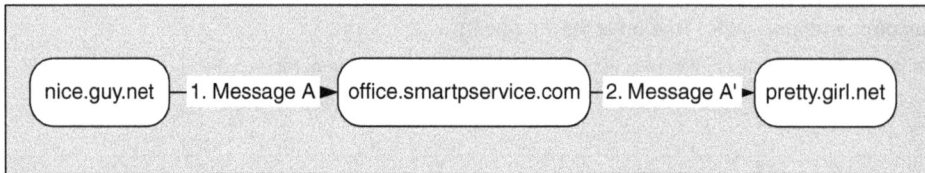

Figure 7-7
Une chaîne d'acheminement avec un seul intermédiaire (II).

Voici le message A dans ce nouveau contexte (figure 7-7, qui se distingue de la figure 7-6 seulement par le nom de l'intermédiaire) :

```
<?xml version="1.0" encoding="UTF-8"?>
<SOAP-ENV:Envelope
   xmlns:SOAP-ENV="http://schemas.xmlsoap.org/soap/envelope/"
   …>
   <SOAP-ENV:Header>
      <pss:postmark xmlns:pss="http://www.postalstandards.org/smartservices/"
         SOAP-ENV:actor="http://office.smartpservice.com/"
         SOAP-ENV:mustUnderstand="1">
         <pss:action>http://www.postalstandards.org/reliableSend</pss:action>
         <pss:id>http://nice.guy.net/letter#000001</pss:id>
         <pss:sender>
            <pss:senderURI>http://nice.guy.net/</pss:senderURI>
            <pss:senderPort>http://nice.guy.net/home.jsp</pss:senderPort>
         </pss:sender>
         <pss:receiver>
            <pss:receiverURI>http://pretty.girl.net/</pss:receiverURI>
            <pss:receiverPort>http://pretty.girl.net/home.asp</pss:receiverPort>
         </pss:receiver>
      </pss:postmark>
   </SOAP-ENV:Header>
   <SOAP-ENV:Body>
      …
   </SOAP-ENV:Body>
</SOAP-ENV:Envelope>
```

Nous notons immédiatement que, pour obtenir un tel service, *nice.guy.net* doit marquer le message avec un identifiant unique à rappeler en cas de problèmes. Il utilise pour cela l'URI `http://nice.guy.net/letter#000001` comme valeur de l'élément `pss:id`.

office.smartpservice.com est effectivement capable d'assurer le service et donc :

1. parcourt l'en-tête du message ;

2. identifie la valeur de `SOAP-ENV:actor` dans l'entrée `pss:postmark` comme son propre URI ;

3. note que l'action demandée est l'envoi recommandé du message (désignée par l'URI `http://www.postalstandards.org/reliableSend`) ;

4. note l'identifiant du message, valeur de l'élément `pss:id` ;

5. note la valeur de l'élément `pss:receiverPort` ;

6. ignore l'élément `SOAP-ENV:Body` ;

7. construit un nouveau message dans lequel l'entrée `pss:postmark` est modifiée : les attributs `SOAP-ENV:actor` et `SOAP-ENV:mustUnderstand`, ainsi que l'élément `pss:action` et `pss:senderPort` sont supprimés. En revanche, les éléments `pss:sender` et `pss:receiver`, son propre URI ainsi que la date et l'heure de réception du message sont ajoutés ;

8. envoie le nouveau message sur le port de réception `http://pretty.girl.net/home.asp` en utilisant son protocole fiabilisé.

Le message A' (figure 7-7), transmis par *office.smartpservice.com* à *pretty.girl.net*, véhiculé par son protocole fiabilisé, est donc le suivant :

```
<?xml version="1.0" encoding="UTF-8"?>
<SOAP-ENV:Envelope
  xmlns:SOAP-ENV="http://schemas.xmlsoap.org/soap/envelope/"
  …>
  <SOAP-ENV:Header>
    <pss:postmark xmlns:pss="http://www.postalstandards.org/smartservices/">
      <pss:postmarker>
        <pss:postmarkerURI>
          http://office.smartpservice.com/
        </pss:postmarkerURI>
      </pss:postmarker>
      <pss:dateTime>2002-06-30T23:59:59</pss:dateTime>
      <pss:action>http://www.postalstandards.org/reliableSend</pss:action>
      <pss:sender>
        <pss:senderURI>http://nice.guy.net/</pss:senderURI>
      </pss:sender>
      <pss:receiver>
        <pss:receiverURI>http://pretty.girl.net/</pss:receiverURI>
        <pss:receiverPort>http://pretty.girl.net/home.asp</pss:receiverPort>
      </pss:receiver>
    </pss:postmark>
  </SOAP-ENV:Header>
  <SOAP-ENV:Body>
    …
  </SOAP-ENV:Body>
</SOAP-ENV:Envelope>
```

Nous allons supposer que, si *office.smartpservice.com* est bien en mesure d'assurer le service d'envoi recommandé, *office.postalservice.com* n'a pas encore mis en œuvre les nouveaux services d'échange fiable (`http://www.postalstandards.org/smartservices/`), spécifiés par l'organisation interprofessionnelle à laquelle il adhère avec *office.smartpservice.com*. Si un message comme le précédent lui était envoyé par *nice.guy.net*, la spécification SOAP 1.1 l'obligerait à rejeter le message et, éventuellement, à retourner un message d'erreur à l'expéditeur.

Il se trouve qu'*office.postalservice.com* est en relation de partenariat avec *office.smartpservice.com*, qui assure le service d'envoi recommandé. En effet, *office.postalservice.com* réachemine les messages à son partenaire en cas de requête d'envoi recommandé.

Une chaîne d'acheminement plus tolérante peut être mise en œuvre selon le schéma de la figure 7-8.

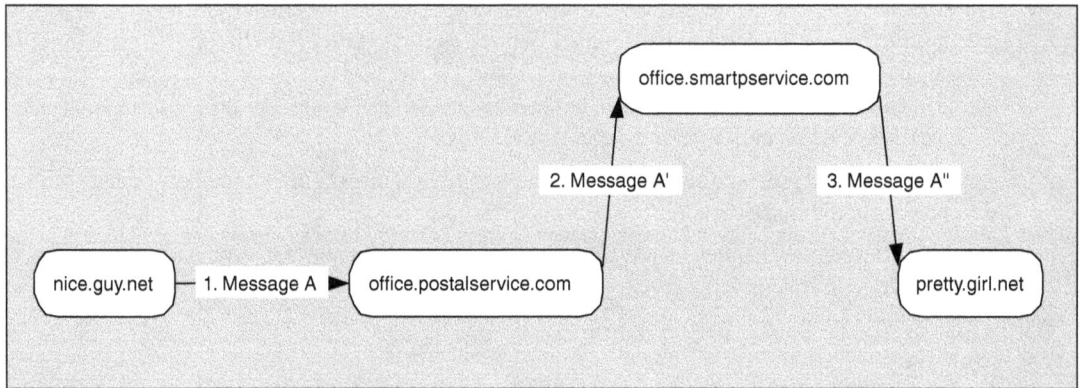

Figure 7-8

Chaîne d'acheminement avec détour.

Pour mettre en œuvre cette chaîne d'acheminement, il faut opérer deux changements :

- faire sauter la contrainte SOAP-ENV:mustUnderstand="1" : il suffit pour cela d'enlever l'attribut SOAP-ENV:mustUnderstand ;
- remplacer comme valeur de SOAP-ENV:actor l'URI http://office.smartpservice.com/ par l'URI générique http://schemas.xmlsoap.org/soap/actor/next.

Voici donc le message émis par *nice.guy.net* à l'intention de *office.postalservice.com* :

```
<?xml version="1.0" encoding="UTF-8"?>
<SOAP-ENV:Envelope
    xmlns:SOAP-ENV="http://schemas.xmlsoap.org/soap/envelope/"
    …>
    <SOAP-ENV:Header>
        <pss:postmark xmlns:pss="http://www.postalstandards.org/smartservices/"
            SOAP-ENV:actor="http://schemas.xmlsoap.org/soap/actor/next">
            <pss:action>http://www.postalstandards.org/reliableSend</pss:action>
            <pss:id>http://nice.guy.net/letter#000001</pss:id>
            <pss:sender>
                <pss:senderURI>http://nice.guy.net/</pss:senderURI>
                <pss:senderPort>http://nice.guy.net/home.jsp</pss:senderPort>
            </pss:sender>
            <pss:receiver>
                <pss:receiverURI>http://pretty.girl.net/</pss:receiverURI>
                <pss:receiverPort>http://pretty.girl.net/home.asp</pss:receiverPort>
            </pss:receiver>
        </pss:postmark>
    </SOAP-ENV:Header>
    <SOAP-ENV:Body>

    </SOAP-ENV:Body>
</SOAP-ENV:Envelope>
```

office.postalservice.com reçoit donc ce message envoyé par *nice.guy.net*. *office.postalservice.com* est destinataire de l'entrée d'en-tête `pss:postmark`, mais il se rend compte qu'il n'est pas capable de traiter cette entrée de l'en-tête qui lui est destinée. Au lieu de rejeter le message et de retourner un message d'erreur à l'expéditeur (il serait forcé d'agir ainsi avec `SOAP-ENV:mustUnderstand="1"` dans l'entrée de l'en-tête), cette fois-ci, il envoie exactement le même message à *office.smartpservice.com* qui se comporte donc exactement comme nous l'avons décrit précédemment.

Le corps

Le corps d'un message SOAP 1.1 est produit par l'expéditeur du message et consommé obligatoirement par le destinataire, indépendamment du nombre de nœuds intermédiaires qui sont susceptibles d'acheminer le message. Il en est de même des éléments facultatifs et « propriétaires » qui suivent le corps.

L'élément corps est obligatoirement présent dans un message SOAP 1.1 comme descendant direct de l'élément enveloppe, suivant immédiatement l'élément en-tête (si présent) et suivi éventuellement par les éléments propriétaires.

L'élément corps peut contenir un ensemble d'éléments descendants, qui peuvent être qualifiés par la référence à un ou plusieurs espaces de noms. Ces éléments sont appelés *entrées du corps*.

Recommandations WS-I Basic Profile 1.0 (draft)

Pour cause d'interopérabilité, les descendants directs de l'élément `SOAP-ENV:Body` *doivent* exhiber des noms qualifiés car l'interprétation de noms non qualifiés est ambiguë (R1014).

L'élément corps peut également contenir un élément SOAP 1.1 *erreur* (`SOAP-ENV:Fault`), qui est défini par la spécification, pour traiter les cas d'erreur.

La spécification SOAP 1.1 suggère de considérer le corps comme sémantiquement équivalent à une entrée de l'en-tête sans attribut `SOAP-ENV:actor` (et donc destinée à la consommation du destinataire) et avec l'attribut `SOAP-ENV:mustUnderstand="1"`. Cela veut dire, entre autres, que si le destinataire n'est pas en mesure de consommer le corps, il doit rejeter le message et, s'il en a la possibilité, il doit retourner un message d'erreur à l'émetteur.

La gestion des erreurs en SOAP 1.1

L'erreur SOAP 1.1 se produit toujours à cause d'une incapacité du nœud récepteur du message SOAP 1.1 à consommer le message ou la partie du message qui lui est destiné. Cette incapacité peut être due :

• soit à un défaut syntaxique ou sémantique du message ;

• soit à une défaillance du nœud récepteur lors du traitement du message.

Le message reçu impliqué dans une situation d'erreur sera appelé *message en erreur (faulty message)*. Un message en erreur est donc soit un message syntaxiquement ou sémantiquement incorrect, soit un message correct dont le traitement a échoué à cause d'une défaillance du nœud récepteur.

> Il est important de souligner que, lorsque l'on se trouve en présence d'une situation d'erreur SOAP 1.1, le niveau transport a fonctionné, au moins partiellement :
>
> - la connexion a pu être établie ;
>
> - la transmission a été effectuée et le message en erreur a été reçu.
>
> Les erreurs de transport ne sont donc pas des erreurs SOAP : elles sont par conséquent traitées au niveau du protocole de transport, même si l'on ne peut pas exclure totalement la propagation de l'erreur de transport, à savoir une corruption sournoise du message SOAP 1.1 lui-même.

La spécification SOAP 1.1 évoque les circonstances dans lesquelles le récepteur d'un message SOAP 1.1 reconnaît une *situation d'erreur* associée au message reçu (message en erreur), ainsi que les circonstances dans lesquelles le récepteur d'un message en erreur signale une situation d'erreur. Ce signalement peut prendre la forme de la transmission d'un *message d'erreur* (*fault message*) à l'intention de l'émetteur de départ. Le *message d'erreur* contient toujours des informations sur la nature de l'erreur à l'intention de l'émetteur du *message en erreur*. La spécification SOAP précise le format et le contenu du message d'erreur.

La gestion des erreurs SOAP 1.1 comprend donc trois étapes distinctes :

1. le traitement du message en erreur par son récepteur ;

2. le signalement de l'erreur et la production et l'émission du message d'erreur corrélé au message en erreur ;

3. la réception du message d'erreur de la part de l'émetteur du message en erreur.

Le traitement du message en erreur

L'incapacité de la part du récepteur à consommer le message en erreur (les parties qui lui sont destinées pour consommation) doit se traduire, dans des cas répertoriés (voir la description des types d'erreurs SOAP 1.1 dans la section « Les types d'erreurs »), par le rejet du message de la part du récepteur ou par l'échec de son traitement.

Cependant, la spécification SOAP 1.1 ne précise pas la sémantique opérationnelle du rejet du message ou de l'échec du traitement. L'émetteur du message en erreur n'est pas autorisé à tirer des conclusions certaines sur le traitement total ou partiel du message en erreur et sur ses conséquences. Il est donc possible que des changements d'état et/ou des effets de bord se soient produits suite au traitement du message en erreur par le récepteur.

> **Recommandations WS-I Basic Profile 1.0 (draft)**
>
> Lorsqu'une situation d'erreur est détectée, suite à un message en erreur reçu par un nœud SOAP 1.1, les exigences d'interopérabilité précisent que le traitement du message en erreur de la part de ce nœud *ne doit pas* aller au-delà des opérations strictement nécessaires au signalement de l'erreur (via un message d'erreur, la levée d'une exception, l'affichage d'une fenêtre sur une console) (R1028).

La situation idéale serait que :

1. Le récepteur du message en erreur complète l'analyse syntaxique et sémantique du message en erreur avant de déclencher tout traitement produisant les changements d'état et les effets de bord conséquences de la consommation du message.

2. Le récepteur mette en œuvre une gestion transactionnelle des traitements produisant les changements d'état et les effets de bord conséquences de la consommation du message. La gestion transactionnelle permet de traiter correctement les cas de défaillance (panne franche) du récepteur.

Le signalement de l'erreur

Le récepteur doit signaler la situation d'erreur conséquente à la réception d'un message en erreur par tous les moyens à sa disposition (levée d'une exception, affichage sur une console utilisateur ou administrateur, production d'un journal de bord, etc.).

Recommandations WS-I Basic Profile 1.0 (*draft*)

Lorsqu'un nœud SOAP 1.1 génère un message d'erreur, il *doit*, si possible, notifier un utilisateur (acteur humain) de l'émission de ce message par tout moyen approprié (R1030).

L'émission d'un message d'erreur à l'intention de l'émetteur du message en erreur est un de ces moyens. La spécification SOAP 1.1 définit les modalités de ce moyen de signalement et laisse à l'implémentation des nœuds SOAP les autres modalités.

Les capacités d'émission et de réception des messages SOAP 1.1

Le récepteur peut être incapable d'émettre des messages SOAP 1.1 (c'est un pur récepteur UDP, par exemple) ou peut être capable d'émettre des messages SOAP 1.1 seulement dans des circonstances particulières (c'est un serveur sur un protocole de transport bidirectionnel comme HTTP, capable de recevoir des requêtes et d'émettre des réponses corrélées : dans ce cas, il peut utiliser la réponse pour véhiculer le message d'erreur).

Le point déterminant est par conséquent la capacité d'émission de messages SOAP 1.1, et donc de messages d'erreur, de la part du récepteur du message en erreur. Nous pouvons distinguer quatre classes de base pour les nœuds SOAP 1.1, par rapport à leurs capacités d'émission/réception de messages SOAP 1.1 :

- *Émetteur SOAP 1.1* est un nœud qui a une capacité d'émission de messages à sens unique SOAP 1.1.

- *Récepteur SOAP 1.1* est un nœud qui a une capacité de réception de messages à sens unique SOAP 1.1.

- *Client SOAP 1.1* est un nœud qui a une capacité d'émission de requêtes SOAP 1.1 et de réception de réponses SOAP 1.1 corrélées aux requêtes émises.

- *Serveur SOAP 1.1* est un nœud qui a une capacité de réception de requêtes SOAP 1.1 et d'émission de réponses SOAP 1.1 corrélées à la requête reçue.

Les capacités d'émission/réception d'un nœud SOAP 1.1 résultent de la combinaison de ces classes de base.

La corrélation entre message en erreur et message d'erreur

La corrélation entre message en erreur et message d'erreur est un élément essentiel du mécanisme de gestion des erreurs SOAP : un message d'erreur est un outil informationnel et ne remplit son rôle que s'il est corrélé de façon non ambiguë au message en erreur qui l'a provoqué.

Par ailleurs, la corrélation directe et implicite entre un message en erreur et un message d'erreur n'est possible qu'entre un client et un serveur SOAP 1.1, dans le style d'échange requête/réponse, lorsque le message en erreur est la requête SOAP. Dans ce cas, le message d'erreur remplace la réponse au message (requête) en erreur et la corrélation est assurée par le style d'échange.

Recommandations WS-I Basic Profile 1.0 (draft)

Lorsqu'une conséquence escomptée du traitement d'un message SOAP 1.1 de la part d'un nœud SOAP 1.1 est la génération d'un message SOAP 1.1 en réponse au premier message (style requête/réponse), et que le message reçu est en erreur, alors le nœud *doit* transmettre le message d'erreur à la place de la réponse (R1029).

En dehors de ce cas précis, la corrélation message en erreur et message d'erreur, comme celle entre les messages dans une « conversation », ne peut être obtenue que par un protocole applicatif permettant de doter chaque message d'un identifiant unique. Cet identifiant est rappelé explicitement chaque fois qu'il faut établir une corrélation avec un autre message.

Par ailleurs, même si dans la spécification, l'émission d'un message d'erreur semble toujours liée au constat préalable d'une erreur, elle n'exclut pas d'émettre un message d'erreur indépendamment d'une situation d'erreur, pour signaler un état (notification de *status*).

La notification de *status* sert à signaler une situation courante (*status*) de défaillance d'un nœud, sur initiative du nœud lui-même. On pourrait imaginer, par exemple, qu'*office.postalservice.com* envoie à ses clients, à son initiative, un message d'erreur sur l'indisponibilité temporaire de ses services et, ensuite, sur le rétablissement du fonctionnement normal.

Le tableau 7-1 résume les attitudes des nœuds par rapport à la réception et au traitement d'un message en erreur et à l'envoi d'un message.

**Tableau 7-1. Résumé des capacités d'émission/réception
d'un message d'erreur par les nœuds SOAP 1.1**

Gestion d'erreur SOAP 1.1 Noeud SOAP 1.1	Capacité de réception message en erreur	Traitement message en erreur	Capacité d'émission message d'erreur corrélé	Capacité d'émission message d'erreur non corrélé (*status*)
Émetteur	NON	(non applicable)	(non applicable)	OUI (émission d'un message d'erreur)
Récepteur	OUI	Rejet message ou échec traitement	NON	NON
Client	OUI (message en erreur dans une réponse)	Rejet message ou échec traitement	OUI (émission d'une requête comprenant un message d'erreur corrélé applicativement à la réponse en erreur reçue)	OUI (émission d'une requête comprenant un message d'erreur)
Serveur	OUI (message en erreur dans une requête explicitement corrélé avec un message d'un échange précédent)	Rejet message ou échec traitement	OUI (inclusion du message d'erreur corrélé dans la réponse au message en erreur)	NON

L'élément erreur (SOAP-ENV:fault)

L'élément *erreur* (`SOAP-ENV:Fault`) du corps d'un message SOAP 1.1 est destiné à véhiculer une information d'erreur ou d'état.

La spécification SOAP 1.1 précise que l'élément erreur est obligatoirement une entrée du corps. Cette entrée peut être présente au plus une fois dans le corps d'un message SOAP 1.1. Elle peut être la seule entrée ou être accompagnée d'autres entrées du corps.

La spécification SOAP 1.1 définit quatre sous-éléments de l'entrée erreur (`SOAP-ENV:Fault`) :

- l'élément code d'erreur (`faultcode`) ;
- l'élément libellé d'erreur (`faultstring`) ;
- l'élément expéditeur du message d'erreur (`faultactor`) ;
- l'élément détail d'erreur (`detail`).

La spécification SOAP 1.1 n'exclut pas la présence d'éléments applicatifs dont les noms appartiennent à des vocabulaires XML applicatifs comme descendants directs de `SOAP-ENV:Fault`.

Recommandations WS-I Basic Profile 1.0 (draft)

Pour cause d'interopérabilité, l'élément `SOAP-ENV:Fault` *ne doit pas* présenter de descendants directs autres que les éléments spécifiés par SOAP 1.1, à savoir `faultcode`, `faultstring`, `faultactor` et `detail` (R1000).

En outre, les noms des descendants directs SOAP 1.1 de `SOAP-ENV:Fault` *doivent* être des noms non qualifiés (sans préfixe) : `faultcode`, `faultstring`, `faultactor` et `detail` (R1001).

L'élément code d'erreur (faultcode)

L'élément code d'erreur (`faultcode`) véhicule une information sur l'erreur rencontrée qui est typiquement destinée à l'exploitation par programme. L'élément `faultcode` est obligatoirement présent dans l'élément `SOAP-ENV:Fault` et sa valeur doit être un nom qualifié.

SOAP 1.1 définit quatre types d'erreurs, chacun désigné par un « code », sous le format d'un nom qualifié par le vocabulaire XML `http://schemas.xmlsoap.org/soap/envelope/`.

Les codes d'erreurs SOAP 1.1 sont :

- `SOAP-ENV:VersionMismatch` : le code signale que le vocabulaire XML des balises de structure (`Envelope`, `Header`, `Body`, `Fault`) du message en erreur n'est pas celui de SOAP 1.1 (`http://schemas.xmlsoap.org/soap/envelope/`) ;

- `SOAP-ENV:MustUnderstand` : le code signale que l'émetteur du message d'erreur a reçu comme message en erreur un message qu'il est obligé de traiter (`SOAP-ENV:mustUnderstand="1"`) et qu'il n'est pas fonctionnellement capable de traiter ;

- `SOAP-ENV:Client` : le code signale que le message en erreur est syntaxiquement et/ou sémantiquement incorrect : soit il est mal formé, soit il ne contient pas l'information appropriée pour être convenablement traité ;

- `SOAP-ENV:Server` : le message en erreur n'a pas pu être traité à cause d'une défaillance technique ou applicative du nœud récepteur : ce dernier code peut également être utilisé pour des notifications de *status*.

Recommandations WS-I Basic Profile 1.0 (draft)

Pour cause d'interopérabilité, la valeur de `faultcode` *doit* être obligatoirement une des quatre valeurs SOAP 1.1. Ni les codes d'erreurs personnalisés (exemple : `myCode:ProcessingError`, où `myCode` désigne un vocabulaire XML de codes d'erreur applicatifs), ni les codes spécialisés (exemple présenté plus haut : `SOAP-ENV:Client.Authentication`) ne sont admis comme valeurs de `faultcode` (R1004).

Les codes d'erreurs SOAP 1.1 peuvent être, selon la spécification, spécialisés par un suffixe (séparé par un point), par exemple : `SOAP-ENV:Client.Authentication`.

Le code d'erreur ci-dessus indique que l'erreur est une erreur SOAP 1.1, de la classe `Client`, avec une spécialité `Authentication`. Le sens de ce code, issu d'un accord privé entre les interlocuteurs, est que l'erreur vient d'un problème d'authentification du nœud émetteur du message en erreur.

Évolutions SOAP 1.2 (draft)

SOAP 1.2 utilise comme nom d'élément `env:Code` à la place de `faultcode`.

L'élément `env:Code` présente une structure arborescente, avec deux sous-éléments : `env:Node` et `env:Role`.

SOAP 1.2 abolit la notation pointée pour les codes d'erreurs. Les codes d'erreurs gardent le format `env:name`, où `env` est le qualificatif du vocabulaire XML SOAP 1.2 `http://www.w3.org/2002/06/soap-envelope` et *name* est la classe d'erreur.

SOAP 1.2 remplace les codes d'erreurs `SOAP-ENV:Client` et `SOAP-ENV:Server` respectivement par `env:Sender` et `env:Receiver`.

SOAP 1.2 introduit un nouveau code d'erreur : `env:DataEncodingUnknown` (en relation avec l'incapacité à décoder le contenu du message).

L'élément libellé d'erreur (faultstring)

L'élément libellé d'erreur (`faultstring`) est typiquement destiné à fournir une explication de l'erreur compréhensible par les acteurs humains (généralement, les concepteurs et les administrateurs des services Web). Il est obligatoirement présent dans l'élément `SOAP-ENV:Fault`.

Recommandations WS-I Basic Profile 1.0 (draft)

L'élément `faultstring` *peut* contenir un attribut `xml:lang`, sans problèmes d'interopérabilité (R1016).

Évolutions SOAP 1.2 (draft)

SOAP 1.2 utilise comme nom d'élément `env:Reason` à la place de `faultstring`.

L'élément expéditeur du message d'erreur (faultactor)

L'élément expéditeur du message d'erreur (`faultactor`) est destiné à fournir des informations sur le nœud expéditeur du message d'erreur. Sa valeur est un URI.

La présence d'un tel élément est obligatoire si l'expéditeur du message d'erreur est un nœud intermédiaire dans la chaîne d'acheminement du message. Si un tel élément est absent, cela veut dire que l'expéditeur du message d'erreur est le destinataire du message en erreur.

L'élément détail d'erreur (detail)

L'élément détail de l'erreur (`detail`) est destiné à fournir de l'information d'origine applicative sur l'erreur survenue. Si l'erreur est survenue lors du traitement du corps du message en erreur, l'élément `detail` est obligatoirement présent dans le message d'erreur. En revanche, l'absence de cet élément indique que l'erreur n'est pas survenue lors du traitement du corps du message en erreur.

Par ailleurs, `detail` ne doit pas être utilisé pour véhiculer de l'information sur les erreurs survenues lors du traitement des entrées de l'en-tête.

L'élément `detail` peut contenir des sous-éléments appelés *entrées du détail*. Chaque entrée du détail est indépendante des autres, possède un nom qualifié, et l'attribut SOAP 1.1 `SOAP-ENV:encodingStyle` peut être utilisé pour indiquer le style de codage des entrées du détail (voir le chapitre 8).

Recommandations WS-I Basic Profile 1.0 (draft)

L'élément `detail` *peut* avoir comme descendants des éléments dont les noms appartiennent à n'importe quel vocabulaire XML applicatif. Il peut avoir notamment comme descendants des éléments aux noms qualifiés (R1002).

Pour cause d'interopérabilité, l'élément `detail` *peut* contenir tout attribut qualifié *sauf* ceux dont le vocabulaire est `http://schemas.xmlsoap.org/soap/envelope/` (R1003) : par exemple la déclaration de style de codage `SOAP-ENV:encodingStyle` n'est pas admise (les limitations à l'usage de cet attribut seront détaillées dans le prochain chapitre).

Les types d'erreurs

Nous allons illustrer l'usage des codes d'erreurs par un exemple dans lequel le message en erreur se présente à un intermédiaire dans la chaîne d'acheminement (voir figure 7-9). En effet, le destinataire du message en erreur A est, dans tous les cas d'erreurs traités, *pretty.girl.net*. Cela nous permet de donner plus de généralité et de complétude à l'exemple. Il faut noter que l'usage de l'élément `faultactor` est obligatoire dans une telle situation car l'expéditeur du message d'erreur n'est pas le destinataire du message en erreur.

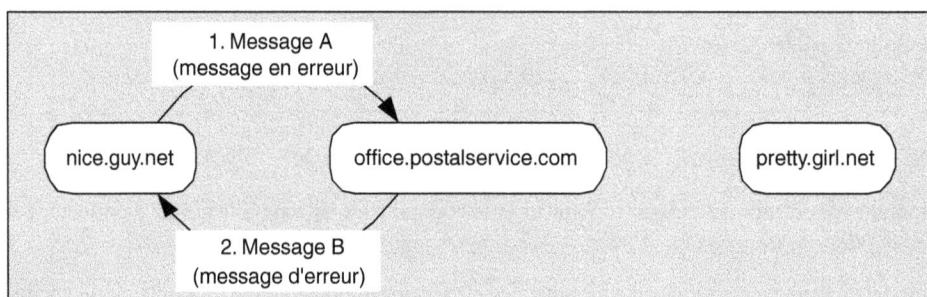

Figure 7-9

La chaîne interrompue par une erreur (I).

Le code SOAP-ENV:VersionMismatch

La valeur `SOAP-ENV:VersionMismatch` de `faultcode` indique que le vocabulaire XML des balises de structure du message en erreur n'est pas `http://schemas.xmlsoap.org/soap/envelope/`. En SOAP 1.1, le vocabulaire `http://schemas.xmlsoap.org/soap/envelope/` est le seul acceptable pour les balises de structure (`Envelope`, `Header`, `Body`, `Fault`) et indique que le message est conforme à la spécification SOAP 1.1.

Dans l'exemple présenté figure 7-9, *nice.guy.net* envoie à *office.postalservice.com* le message A suivant, ayant comme destinataire *pretty.girl.net* :

```
<?xml version="1.0" encoding="UTF-8"?>
<SOAP10:Envelope
   xmlns:SOAP10="urn:schemas-xmlsoap-org:soap.v1">
   <SOAP10:Header>
      ...
   </SOAP10:Header>
   <SOAP10:Body>
      ...
   </SOAP10:Body>
</SOAP10:Envelope>
```

Le vocabulaire XML pour les noms des balises de structure est celui associé à la spécification SOAP 1.0. *office.postalservice.com* est un nœud SOAP 1.1, et réagit donc par le rejet du message A (et donc le refus de l'acheminer vers *pretty.girl.net*) et l'envoi à *nice.guy.net* du message d'erreur B (voir figure 7-9) suivant :

```
<?xml version="1.0" encoding="UTF-8"?>
<SOAP-ENV:Envelope
    xmlns:SOAP-ENV="http://schemas.xmlsoap.org/soap/envelope/">
    <SOAP-ENV:Body>
        <SOAP-ENV:Fault>
            <faultcode>SOAP-ENV:VersionMismatch</faultcode>
            <faultstring>Soap 1.0 is not supported.</faultstring>
            <faultactor>http://office.postalservice.com/</faultactor>
        </SOAP-ENV:Fault>
    </SOAP-ENV:Body>
</SOAP-ENV:Envelope>
```

Le code SOAP-ENV:MustUnderstand

Le code `SOAP-ENV:MustUnderstand` de `faultcode` indique que l'émetteur du message d'erreur a reçu comme message en erreur un message contenant un élément :

- dont il est désigné consommateur (la valeur explicite ou par défaut de `SOAP-ENV:actor` le désigne) ;
- qu'il a l'obligation de traiter (`SOAP-ENV:mustUnderstand="1"`) ;
- et qu'il n'est pas fonctionnellement capable de traiter (il ne « comprend » pas) l'élément en question.

Nous rappelons que si cet élément est :

- une entrée de l'en-tête, le consommateur désigné est soit un nœud dans la chaîne d'acheminement explicitement désigné par `SOAP-ENV:actor`, soit, à défaut de `SOAP-ENV:actor`, le destinataire ;
- le corps (ou un de ses descendants), le consommateur désigné est le destinataire, avec obligation de toujours « comprendre » l'élément (ce qui est équivalent, pour les entrées de l'en-tête, à `SOAP-ENV:mustUnderstand="1"`).

Considérons l'exemple, toujours illustré par la figure 7-9, dans lequel *nice.guy.net* envoie le message A suivant à *office.postalservice.com* (le destinataire est toujours *pretty.girl.net*) :

```
<?xml version="1.0" encoding="UTF-8"?>
<SOAP-ENV:Envelope
    xmlns:SOAP-ENV="http://schemas.xmlsoap.org/soap/envelope/"
    …>
    <SOAP-ENV:Header>
        <pss:postmark xmlns:pss="http://www.postalstandards.org/smartservices/"
            SOAP-ENV:actor="http://office.postalservice.com/"
            SOAP-ENV:mustUnderstand="1">
            <pss:action>http://www.postalstandards.org/reliableSend</pss:action>
            …
        </pss:postmark>
    </SOAP-ENV:Header>
    <SOAP-ENV:Body>
        …
    </SOAP-ENV:Body>
</SOAP-ENV:Envelope>
```

Dans ce message, *nice.guy.net* demande à *office.postalservice.com* de traiter impérativement l'en-tête `pss:postmark`, qualifié par le vocabulaire XML `http://www.postalstandards.org/smartservices/`, qui désigne des prestations de services postaux Web qu'il ne sait pas pourvoir (notamment l'envoi recommandé).

office.postalservice.com rejette le message A (il ne l'achemine pas à *pretty.girl.net*) et envoie à *nice.guy.net* le message d'erreur B (voir figure 7-9) suivant :

```
<?xml version="1.0" encoding="UTF-8"?>
<SOAP-ENV:Envelope
    xmlns:SOAP-ENV="http://schemas.xmlsoap.org/soap/envelope/">
    <SOAP-ENV:Body>
        <SOAP-ENV:Fault>
            <faultcode>SOAP-ENV:MustUnderstand</faultcode>
            <faultstring>Misunderstood header entry</faultstring>
            <faultactor>http://office.postalservice.com/</faultactor>
        </SOAP-ENV:Fault>
    </SOAP-ENV:Body>
</SOAP-ENV:Envelope>
```

> **Évolutions SOAP 1.2 (*draft*)**
>
> SOAP 1.2 définit une nouvelle entrée de l'en-tête Misunderstood pour véhiculer des informations dans le message d'erreur de code SOAP-ENV:MustUnderstand, généré suite à l'incapacité de traiter une entrée de l'en-tête du message en erreur avec SOAP-ENV:mustUnderstand="1".

Le code SOAP-ENV:Client

Le code SOAP-ENV:Client de faultcode indique que soit le message en erreur est mal formé, soit il ne contient pas l'information appropriée pour être convenablement traité (erreur syntaxique ou sémantique).

Dans l'exemple suivant, *nice.guy.net* envoie à *office.postalservice.com* le message A (voir figure 7-9), pour qu'il soit acheminé à *pretty.girl.net* :

```
<?xml version="1.0" encoding="UTF-8"?>
<SOAP-ENV:Envelope
    xmlns:SOAP-ENV="http://schemas.xmlsoap.org/soap/envelope/"
    …>
    <SOAP-ENV:Header>
        <pbs:postmark xmlns:pbs="http://www.postalstandards.org/basicservices/"
            SOAP-ENV:actor="http://office.postalservice.com/">
            <pbs:action>http://www.postalstandards.org/send</pbs:action>
            <pbs:sender>
                <pbs:senderURI>http://nice.guy.net/</pbs:senderURI>
            </pbs:sender>
        </pbs:postmark>
    </SOAP-ENV:Header>
    <SOAP-ENV:Body>
        …
    </SOAP-ENV:Body>
</SOAP-ENV:Envelope>
```

office.postalservice.com ne peut pas pourvoir la prestation `http://www.postalstandards.org/send` car les coordonnées du destinataire :

```
<pbs:receiver>
   <pbs:receiverURI>http://pretty.girl.net/</pbs:receiverURI>
   <pbs:receiverPort>http://pretty.girl.net/home.asp</pbs:receiverPort>
</pbs:receiver>
```

ne sont pas spécifiées dans le message. Il rejette donc le message A et envoie à *nice.guy.net* le message d'erreur B (voir figure 7-9) :

```
<?xml version="1.0" encoding="UTF-8"?>
<SOAP-ENV:Envelope
   xmlns:SOAP-ENV="http://schemas.xmlsoap.org/soap/envelope/">
   <SOAP-ENV:Body>
      <SOAP-ENV:Fault>
         <faultcode>SOAP-ENV:Client</faultcode>
         <faultstring>Missing routing data</faultstring>
         <faultactor>http://office.postalservice.com/</faultactor>
         <detail xmlns:d="http://office.postalservice.com/details">
            <d:reason>Missing last receiver's name and address</d:reason>
         </detail>
      </SOAP-ENV:Fault>
   </SOAP-ENV:Body>
</SOAP-ENV:Envelope>
```

Le code SOAP-ENV:Server

Le code `SOAP-ENV:Server` de `faultcode` indique que le message en erreur n'a pas pu être traité à cause d'une défaillance technique ou applicative du nœud récepteur. La défaillance peut survenir à n'importe quel moment du traitement : si le récepteur estime qu'il est pertinent de corréler la défaillance avec la réception du message en erreur il répond avec un message d'erreur.

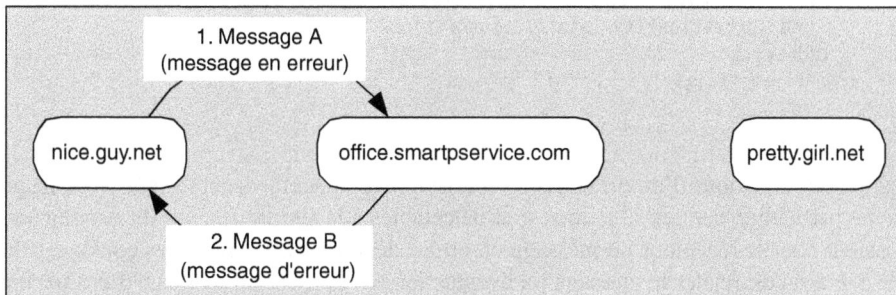

Figure 7-10

La chaîne interrompue par une erreur (II).

Nous allons reconsidérer l'exemple de *nice.guy.net* qui demande un envoi recommandé, par l'intermédiaire de *office.smartpservice.com*, à *pretty.girl.net* (figure 7-10, laquelle se distingue de la figure 7-9 seulement par l'URI de l'intermédiaire).

nice.guy.net transmet le message A (figure 7-10) suivant à *office.smartpservice.com* avec une requête d'envoi recommandé du message à *pretty.girl.net* :

```
<?xml version="1.0" encoding="UTF-8"?>
<SOAP-ENV:Envelope
   xmlns:SOAP-ENV="http://schemas.xmlsoap.org/soap/envelope/"
   …>
   <SOAP-ENV:Header>
      <pss:postmark xmlns:pss="http://www.postalstandards.org/smartservices/"
         SOAP-ENV:actor="http://schemas.xmlsoap.org/soap/actor/next">
         <pss:action>http://www.postalstandards.org/reliableSend</pss:action>

         …
      </pss:postmark>
   </SOAP-ENV:Header>
   <SOAP-ENV:Body>

   …
   </SOAP-ENV:Body>
</SOAP-ENV:Envelope>
```

Le service d'envoi recommandé d'*office.smartpservice.com* est bâti sur une architecture de files persistantes de messages. Le serveur qui doit effectuer le transfert du message vers *pretty.girl.net* est temporairement hors service à cause du débordement de la file d'attente des messages à acheminer. *office.smartpservice.com* rejette le message A et envoie à *nice.guy.net* le message d'erreur B (figure 7-10) suivant :

```
<?xml version="1.0" encoding="UTF-8"?>
<SOAP-ENV:Envelope
   xmlns:SOAP-ENV="http://schemas.xmlsoap.org/soap/envelope/">
   <SOAP-ENV:Body>
      <SOAP-ENV:Fault>
         <faultcode>SOAP-ENV:Server</faultcode>
         <faultstring> Message queue overflow</faultstring>
         <faultactor>http://office.smartpservice.com/</faultactor>
         <detail xmlns:d="http://office.postalservice.com/details">
            <d:suggestion>Try later</d:suggestion>
         </detail>
      </SOAP-ENV:Fault>
   </SOAP-ENV:Body>
</SOAP-ENV:Envelope>
```

La gestion des situations d'erreur de type `VersionMismatch`, `MustUnderstand` et `Client` ne pose pas de problème particulier, car ces situations sont détectables à la simple analyse du message en erreur. Il est possible pour le récepteur du message en erreur de suivre strictement les consignes du profil de base WS-I, à savoir rejeter le message (et éventuellement envoyer un message d'erreur) tout de suite après analyse et avant tout traitement. L'acte de communication véhiculé par le message est en échec et il n'y a pas d'effets de l'acte sur le récepteur, excepté les effets techniques de type inscription dans le journal d'exploitation.

En revanche, la gestion des situations d'erreur de type `Server` peut se révéler beaucoup plus délicate. Dans ces situations, les *conditions de succès* de l'acte de communication sont accomplies et ce sont les *conditions de satisfaction* du même acte qui ne le sont pas. L'exemple ci-dessus ne pose pas de problème particulier car la situation après levée de l'erreur est la même que celle avant l'envoi du message A. Mais dans le cas le plus général, la pragmatique (les effets sur le récepteur) de l'acte de communication véhiculé par le message peut impliquer des changements d'états et des effets de bord qui sont effectués comme conséquences de la réception du message en erreur, mais avant que la situation d'erreur Server se déclare.

Quel est le statut de ces changements d'état et de ces effets de bord après défaillance et reconnaissance de la part du récepteur de la situation d'erreur Server corrélée avec le message en erreur ? La gestion des traitements associés à la réception d'un message comme une unité de travail transactionnelle permet de résoudre le problème. La gestion transactionnelle des traitements associés à la réception des messages ramène la situation de non-satisfaction de l'acte de communication à la situation d'échec du même acte : c'est comme si l'acte n'avait jamais été effectué.

8

Échanger avec un service – Codage des données

Les services Web sont mis en œuvre par des programmes écrits à l'aide de différents langages de programmation. Ces langages manipulent des données atomiques comme les entiers, les flottants, les dates, etc., mais aussi des structures de données plus complexes, formées par composition récursive de données atomiques.

Les données manipulées par les langages de programmation sont toujours typées. Elles le sont forcément dans les langages *statiquement typés*, comme Java, C# ou C++, où chaque variable doit déclarer son type statiquement, c'est-à-dire dans le texte du programme. Une variable ne peut accueillir comme valeur qu'une donnée de son type (ou éventuellement d'un sous-type).

Les données sont également typées dans les langages de programmation *dynamiquement typés*, comme Ecmascript et Smalltalk, où les variables ne déclarent pas de type pour leur valeur et peuvent accueillir des données de tout type. La différence avec les langages statiquement typés est que, dans ces derniers, les erreurs de type, c'est-à-dire l'application incorrecte d'un opérateur ou d'une procédure à une donnée, peuvent être détectées à la compilation du programme.

SOAP 1.1 est censé mettre en œuvre un mécanisme d'échange indépendant des choix d'implémentation des applications, et notamment des langages de programmation. Ce mécanisme repose sur des messages au format XML dotés d'une structure prédéfinie (enveloppe, en-tête, corps, etc.). Pour faciliter l'inté-gration de ce mécanisme avec les applications, notamment avec les applications patrimoniales, il est intéressant de définir des représentations (codage) dans les messages SOAP des données manipulées par ces langages et applications et de mettre en œuvre les règles associées d'encodage et de décodage.

SOAP 1.1 appelle ces représentations et les règles d'encodage/décodage associées des *styles de codage (encoding style)*. À partir de la disponibilité d'un style de codage, des outils d'aide au dévelop-pement de services Web peuvent générer automatiquement la chaîne des traitements, depuis la production du message SOAP de la part de l'émetteur, jusqu'à la consommation du message de la part du récepteur. L'objectif est que le développeur applicatif puisse continuer à travailler dans la représentation de données propre au langage de programmation qu'il utilise, sans se poser de questions au sujet du format et du codage des données dans le message SOAP.

Outre le codage des données, se pose le problème de la transmission de fichiers binaires, qui véhiculent des objets multimédias. Nous verrons qu'il existe une technique d'encodage pour emboîter n'importe quelle chaîne de bits dans un message SOAP. Cette technique présente des inconvénients en termes de performances car elle impose de lourdes tâches d'encodage et de décodage, et provoque une augmentation de la taille de l'objet codé et donc de la charge réseau.

La solution alternative est de transmettre les fichiers binaires sous forme de pièces jointes au message SOAP. Les fichiers sont transmis tels quels, sans étapes d'encodage/décodage ni augmentation de la taille.

Ce chapitre présente la problématique du codage de données dans les messages et l'approche « pièces jointes », laquelle permet la transmission d'objets binaires avec un message SOAP.

Le style de codage dans les messages SOAP

Comment représenter les données typées dans les messages SOAP ? Trois stratégies sont possibles :

- représentation littérale ;
- représentation codée explicite ;
- représentation codée implicite.

Représentation littérale

Avec la représentation littérale, il n'y a pas de codage des données : le contenu XML du message SOAP (corps, entrée de l'en-tête) *est* la donnée véhiculée par le message.

Le producteur du message a la responsabilité de constituer un fragment XML bien formé et éventuellement valide et de le placer à la bonne position dans le message (comme descendant direct du corps ou comme une entrée de l'en-tête).

Le consommateur doit analyser le contenu du message. Il peut accomplir cette tâche à l'aide d'outils standards, disponibles dans plusieurs langages de programmation, comme les analyseurs syntaxiques SAX et DOM. Il peut, par ailleurs, valider le message par rapport à un schéma XML. Le consommateur peut également, avec les outils appropriés, constituer en mémoire une représentation arborescente DOM du document obtenu pour des traitements ultérieurs.

Deux applications qui s'échangent des messages SOAP 1.1 en représentation littérale manipulent directement des fragments de documents XML. On peut surtout s'attendre à l'utilisation de la représentation littérale dans les nouvelles applications mettant en œuvre les services Web.

D'un côté, les organisations professionnelles et les organismes de standardisation conçoivent aujourd'hui des *documents métier type* en format XML. Ces documents ou des fragments de ces documents peuvent être échangés via SOAP, soit dans le corps et les entrées de l'en-tête du message, soit en tant que pièces jointes. Ces documents sont établis et manipulés par des utilisateurs humains via des interfaces homme/machine et, du fait de l'automation des processus métier, par des programmes.

De l'autre côté, des environnements de développement centrés sur une représentation directement XML des données métier et de leur présentation dans les interfaces homme/machine se développent et il est raisonnable de prévoir qu'ils gagneront en popularité et en diffusion, effaçant ainsi les frontières artificielles entre « donnée », « objet » et « document » métier.

La représentation littérale est donc bien adaptée aux nouvelles applications qui utilisent XML et DOM comme format de représentation natif des données métier.

Une initiative OASIS : UBL (Universal Business Language)

UBL est une bibliothèque standard, librement disponible, de documents type métier XML (commande, facture, etc.) qui se positionne comme fédératrice des principales initiatives existantes dans le domaine. L'ambition affichée est qu'UBL devienne le standard international du commerce électronique et des échanges interentreprises.

Le 27 janvier 2003 le Technical Committee UBL d'OASIS (*http://www.oasis-open.org/committees/ubl*) a publié le *draft* de l'*UBL Library Content* (voir *http://oasis-open.org/committees/ubl/lcsc/0p70/UBL0p70.zip*). Ce comité est animé par Jon Bosak (Sun Microsystems), considéré comme l'initiateur d'XML.

Représentation codée explicite

En représentation codée explicite, il existe un accord (tacite ou formalisé) entre les applications qui participent à l'échange. Cet accord définit un *style de codage*, à savoir une correspondance entre, d'un côté, les arbres d'éléments et les données-caractères XML du message SOAP 1.1, et de l'autre, les types atomiques et structurés manipulés par les langages des applications participantes. La référence au style de codage est *explicite* dans le message.

L'outil permettant d'indiquer le style de codage dans le message SOAP 1.1 est l'attribut `SOAP-ENV:encodingStyle`, dont la valeur est une liste d'URI séparés par des espaces. L'attribut `SOAP-ENV:encoding-Style` est utilisé dans les « *revendications* » *de style de codage*.

La déclaration `SOAP-ENV:encodingStyle="`*URI*`"` indique que le style de codage identifié par *URI* est en vigueur dans la partie du message couverte par la portée de la déclaration.

La déclaration `SOAP-ENV:encodingStyle="`*URIX URIY … URIZ*`"` indique que les styles de codage identifiés par *URIX*, *URIY*... *URIZ* sont appliqués à la partie du message couverte par la portée de la déclaration. L'ordre des styles est dans le sens du plus spécifique au moins spécifique : cela signifie que, pour décoder une représentation dans le message, la règle de décodage qui s'applique est la première que l'on trouve dans les styles de la liste parcourue de gauche à droite.

La déclaration `SOAP-ENV:encodingStyle=""` affirme explicitement qu'il n'y a aucune revendication de style de codage dans la partie du message couverte par la portée de la déclaration (cela ne veut pas dire qu'aucun style de codage n'est appliqué).

La portée des revendications de style de codage suit les mêmes règles que les déclarations de vocabulaires XML par défaut (sans préfixe). La déclaration `SOAP-ENV:encodingStyle="`*URIA URIB … URIC*`"` couvre l'arbre d'éléments dont la racine est l'élément dans lequel apparaît la déclaration, moins les parties (sous-arbres) couvertes par les portées :

- d'autres déclarations de type `SOAP-ENV:encodingStyle="`*URIX URIY … URIZ*`"`, qui revendiquent, pour toutes les parties des sous-arbres couvertes par leurs propres portées, d'autres styles de codage ;

- des déclarations de type `SOAP-ENV:encodingStyle=""` qui affirment, pour toutes les parties des sous-arbres couvertes par leurs propres portées, l'absence de revendication de style de codage.

La définition de portée est récursive : les portées des déclarations, dans les sous-arbres où elles sont effectuées, suivent la règle que l'on vient d'énoncer.

Il n'y a pas de revendication de style de codage par défaut. L'absence de déclaration de style de codage signifie que l'émetteur du message ne revendique aucun style de codage (ce qui ne veut pas dire qu'aucun style de codage n'est appliqué au message implicitement).

Représentation codée implicite

En représentation codée implicite, les données sont codées dans le message selon un style de codage, mais celui-ci reste implicite, car le message ne véhicule aucune revendication explicite sur la présence d'un codage dans le message et aucune référence aux règles correspondantes d'encodage/décodage.

Dans un message SOAP 1.1, cela se traduit par l'absence de la déclaration `SOAP-ENV:encodingStyle` ou par la présence de déclarations de type :

```
SOAP-ENV:encodingStyle=""
```

qui affirment explicitement qu'il n'y a aucune revendication explicite de style de codage dans leurs portées respectives.

Stratégies de codage

La spécification SOAP 1.1 ne se limite pas à indiquer les mécanismes qui permettent de revendiquer les styles de codage dans les messages SOAP : elle propose aussi un style de codage, inclus dans la spécification, que nous désignons comme *style de codage SOAP 1.1*.

Avant de présenter le style de codage SOAP 1.1, il est peut être utile de revenir brièvement sur le concept même de style de codage.

Le producteur du message génère une représentation codée des données qu'il manipule et qu'il veut installer dans le message. Le consommateur du message décode la représentation codée pour extraire les données. Ce processus est généralement mis en œuvre à l'aide de deux stratégies générales de codage :

- *Receiver-makes-right* : dans cette approche, la procédure de décodage du consommateur est capable de décoder les représentations codées spécifiques, propres aux différents langages de programmation. Le producteur encode le message dans sa représentation codée spécifique.

- *Représentation universelle* : avec cette méthode, le message est encodé dans une représentation unique pour tous les langages de programmation par l'émetteur et décodé à partir de ce format par le récepteur.

Dans la première approche, pour chacun des N langages participants, il existe une procédure complexe de décodage et N procédures d'encodage/décodage simples, pour un total de N(N+1) procédures. Dans ce cas, le producteur du message ne connaît pas forcément le langage de programmation du consommateur, mais, par exemple, un agent qui agit comme un serveur SOAP (au sens de cible de requêtes qui demandent des réponses) est obligé de connaître les langages de programmation de ses clients pour pouvoir encoder correctement les réponses. Il s'agit là d'une contrainte de couplage non négligeable.

Dans la seconde approche, chaque langage de programmation met en œuvre une procédure d'encodage vers la représentation universelle et une procédure de décodage à partir de cette représentation. Pour N langages de programmation, cela représente un total de 2N procédures. Dans ce cas, le serveur n'a pas besoin de connaître les langages de programmation utilisés par ses clients. Cette approche est évidemment préférable lorsqu'il s'agit de garantir l'interopérabilité entre applications faiblement couplées et mises en œuvre dans des langages de programmations différents.

La représentation universelle demande cependant un effort de conceptualisation important. Pour fonctionner, elle doit être le résultat de la généralisation des différents systèmes de types, atomiques et structurés, et des différents langages de programmation.

Lorsque le même langage de programmation est utilisé chez les deux interlocuteurs de l'échange, une représentation ad hoc des procédures d'encodage/décodage, qui s'adaptent parfaitement aux spécificités du langage, présente un avantage en termes de performance par rapport à la représentation universelle qui peut ne pas être négligeable. C'est ce qui se produit avec la représentation JRMP, utilisée par RMI (Remote Method Invocation), qui permet à des programmes Java distants de s'échanger de façon optimisée des informations sur le réseau (sous forme d'invocations de méthodes sur des objets distants).

Dans le cadre de SOAP 1.1, les deux approches sont en principe viables. On peut imaginer, dans le but d'optimiser les échanges entre applications écrites dans le même langage, un style de codage spécifique à chaque langage de programmation. Un service Web peut publier des interfaces différentes ou, pour la même interface, plusieurs liaisons (*bindings*) avec un style de codage universel et une liaison optimisée pour son langage d'implémentation. Les applications écrites dans le même langage de programmation peuvent dialoguer de façon optimisée avec le service Web en question, sans perte de généralité.

Les objectifs du style de codage SOAP 1.1

L'objectif premier des technologies de services Web est l'interopérabilité des applications : le style de codage proposé par SOAP 1.1 est une *représentation universelle* qui repose sur un système de types des données atomiques et sur une technique de sérialisation de graphes pour les données structurées.

Cette représentation universelle est évidemment indépendante des langages de programmation susceptibles de mettre en œuvre les applications impliquées dans l'échange. La spécification SOAP 1.1 revendique le fait que le système de typage pivot qu'elle propose est issu d'une généralisation des traits communs aux systèmes de typage des langages de programmation les plus répandus.

La spécification SOAP 1.1 précise que le style de codage SOAP 1.1 (celui qui est exposé dans la section 5 de la spécification) est identifié par l'URI http://schemas.xmlsoap.org/soap/encoding/, et que les messages qui adoptent ce style de codage *devraient* le revendiquer explicitement, à savoir indiquer cet usage par la déclaration :

```
SOAP-ENV:encodingStyle="http://schemas.xmlsoap.org/soap/encoding/"
```

En outre, tous les URI dont la chaîne de caractères commence par `http://schemas.xmlsoap.org/soap/encoding/` indiquent par convention la conformité avec le style de codage SOAP 1.1, avec éventuellement des règles plus contraignantes.

Typage dynamique

Un objectif important du style de codage SOAP 1.1 est de permettre à deux applications de s'échanger des données « dynamiquement » typées. Cela signifie qu'une application SOAP consommatrice doit être capable de décoder des données dont les types sont découverts à la volée lorsqu'elle analyse le message, sans connaissance préalable des types de données impliqués dans un échange particulier. Cette fonctionnalité est utile pour permettre l'*échange d'objets par valeur entre programmes écrits dans des langages dynamiquement typés* : le type d'un paramètre passé par valeur dans un appel distant de méthode `Smalltalk` n'est pas prédéterminé et donc doit être reconnu dynamiquement par le récepteur, car celui-il doit reconstruire en mémoire la structure de données appropriée.

Cela permet à deux applications de s'échanger des messages dont le contenu peut être mis en correspondance dynamique avec les données atomiques et structurées manipulées par les langages des applications concernées. Ce fonctionnement est obtenu par l'annotation explicite (directe ou par indirection) des types dans les représentations des données véhiculées dans le message.

Sérialisation de structures partagées et circulaires

Un deuxième objectif du style de codage SOAP 1.1 est d'offrir la capacité de sérialisation de structures de données partagées et circulaires. Cet objectif est atteint par l'introduction dans le codage d'un *mécanisme général de référencement* d'un élément du message vers le contenu d'un autre élément, qui permet d'indiquer que ce contenu est partagé, à savoir qu'il appartient aux deux éléments.

Les bases du style de codage SOAP 1.1

Lors de l'écriture de la première spécification SOAP, la technologie des services Web était à ses débuts et l'objectif primaire de SOAP était principalement d'apporter une meilleure intégration entre les technologies des objets et des composants répartis, comme DCOM, CORBA et RMI, ainsi qu'avec les technologies Internet comme XML et HTTP. L'objectif était de construire un mécanisme de codage des données dans les messages qui reposent sur XML, à la place des différents systèmes de codage binaire utilisés par DCOM, CORBA et RMI (respectivement NDR, CDR et JRMP).

Pour atteindre ce résultat, la technologie XML Schema ne pouvait être utilisée, et cela pour plusieurs raisons :

- lorsque la spécification SOAP 1.1 est sortie sous forme d'une note adressée au W3C, le 8 mai 2000, la spécification XML Schema était encore à l'état de working draft ;
- des types génériques comme les vecteurs (*arrays*) et les structures n'étaient pas dans le périmètre de la spécification ;
- la spécification, en l'état, ne comprenait pas de mécanisme permettant de définir des structures de graphe (partagées et circulaires).

La spécification SOAP 1.1 choisit donc de définir le style de codage SOAP 1.1 (section 5 du document) par le biais de la définition d'un *modèle de données abstrait SOAP 1.1*.

Les *règles de codage SOAP 1.1* se chargent de la correspondance entre le modèle de données SOAP 1.1 et le format de message SOAP 1.1. Le modèle de données SOAP 1.1 est donc le modèle pivot. La correspondance entre chaque langage de programmation et le modèle de données SOAP 1.1 relève de la responsabilité des développeurs des différentes plates-formes.

Lorsque le concept de service Web a commencé à émerger, le problème du langage de description du format de message s'est posé. La technologie des services Web s'est alors appuyée sur la spécification WSDL 1.1, présentée chapitre 10.

Les auteurs de la spécification WSDL ont retenu comme langage par défaut de description des types abstraits de données le système de typage XML Schema : XML Schema Datatypes (XSD). En même temps, le style de codage SOAP 1.1 avait déjà été mis en œuvre sur plusieurs plates-formes et il fallait donc pouvoir le référencer dans la description des interfaces en WSDL.

Le centre du problème est que le métalangage XSD *ne peut pas rendre compte seul* de la sémantique du style de codage SOAP 1.1. En fait, XSD permet de représenter l'information comme un *arbre d'éléments statiquement typés*, alors que le style d'encodage SOAP 1.1 la représente comme un *graphe de structures dynamiquement typées*. La solution optimale de ce problème serait la mise en œuvre d'un mécanisme général de représentation des graphes dans le cadre d'une prochaine version de XML Schema.

La solution retenue par le style de codage SOAP 1.1 consiste à définir les types en XSD dans la partie « interface abstraite » du document WSDL (sous l'élément `types`) et de spécifier l'usage du style de codage SOAP 1.1, éventuellement de façon précise pour chaque message, dans la partie « liaison » (sous l'élément `binding`) via l'attribut `use`. Ainsi, la valeur `literal` de `use` signifie que le schéma XSD dans l'élément WSDL `types` est une spécification concrète du codage des données dans le message, alors que la valeur `encoded` signifie que les éléments du schéma XSD dans l'élément WSDL `types` représentent une spécification abstraite de ce qui va apparaître dans le corps des messages et que la sémantique opérationnelle des structures concrètes (notamment la reconstruction en mémoire de structures partagées et circulaires à partir du « texte » du message) ne peut être comprise qu'avec l'application des règles propres au style de codage (`encodingStyle`).

Il faut noter que lorsque, dans le document WSDL de description de l'interface d'un service, la valeur de `use` est `encoded`, ce service s'attend à ce que les données soient codées dans les messages SOAP suivant le style de codage désigné par la valeur d'`encodingStyle`, et cela indépendamment de la présence ou non de revendications de styles de codage dans les messages (qui ne sont pas obligatoires, mais seulement recommandées).

Schéma XML du style de codage SOAP 1.1 et espaces de noms des exemples

Le style de codage SOAP 1.1, lorsqu'il est utilisé dans les exemples qui suivent, doit être considéré revendiqué par la déclaration d'usage

```
SOAP-ENV:encodingStyle="http://schemas.xmlsoap.org/soap/encoding"
```

Martin Gudgin (Developmentor) a rédigé en 2001 un schéma XML pour le style de codage SOAP 1.1 (qui définit les vecteurs, les structures, les attributs qui mettent en œuvre le mécanisme de référencement, etc.) conforme à la recommandation de XML Schema. Ce schéma est accessible par l'URL *http://schemas.xmlsoap.org/soap/encoding*, qui est également l'identifiant du style de codage SOAP 1.1 et le lien est actif sur la page officielle présentant la note *Simple Object Access Protocol (SOAP) 1.1, W3C Note 08 May 2000* (*http://www.w3.org/TR/SOAP*). Les fragments de schéma repris dans les exemples sont tirés de ce document. Nous appelons ce schéma « schéma de codage SOAP 1.1 ».

Les structures de données propres au style de codage et définies dans le schéma de codage SOAP 1.1 seront préfixées par SOAP-ENC, qui désigne un vocabulaire XML du même nom que le style de codage (http://schemas.xmlsoap.org/soap/encoding).

Les préfixes xs et xsi désignent respectivement http://www.w3.org/2001/XMLSchema et http://www.w3.org/2001/XMLSchema-instance.

Nous utiliserons systématiquement le préfixe tns dans les fragments de schéma XML pour les noms des types, des éléments et des attributs définis dans le schéma. Ce préfixe désigne le vocabulaire XML (targetNamespace) du schéma lui-même.

Dans les fragments de message des exemples les noms définis dans le schéma applicatif seront qualifiés par ens (*example namespace*).

Le modèle de données du style de codage SOAP 1.1

La spécification SOAP 1.1 désigne les *données codées* dans un message sous le terme de *valeurs*. Une valeur peut être une *valeur simple*, en correspondance avec les *données atomiques*, ou bien une *valeur composite* (en correspondance avec les *données structurées*).

Une valeur est toujours représentée dans un message SOAP (en-tête, corps, erreur) comme le *contenu* d'un *élément* XML.

Une *valeur simple* est représentée par les données-caractères du contenu d'un élément « feuille », qui n'a pas de sous-éléments. Une valeur simple est toujours typée. Voici un exemple de valeur simple :

```
<ens:accountcode>0000123456A</ens:accountcode>
```

L'élément dont l'occurrence est présentée ci-dessus est défini dans le schéma ens :

```
<element name="accountcode" type="string"/>
```

Une *valeur composite* est un *agrégat récursif de valeurs simples*, comme :

```
<ens:customer>
  <ens:names>
    <ens:name>Jean</ens:name>
    <ens:name>Charles</ens:name>
    <ens:name>Delarochefoucauld</ens:name>
  </ens:names>
```

```
    <ens:RIB>
       <ens:bankcode>40001</ens:bankcode>
       <ens:positioncode>00987</ens:positioncode>
       <ens:accountcode>0000123456A</ens:accountcode>
       <ens:controlkey>92</ens:controlkey>
    </ens:RIB>
 </ens:customer>
```

Chaque valeur simple agrégée dans une valeur composite est distincte des autres soit par un nom, soit par une position relative, soit par les deux. Le nom associé d'une valeur est appelé *accesseur* : accountcode est l'accesseur de 0000123456A. La *portée* des noms pour les valeurs composantes d'une valeur composite peut être *locale* à la valeur composite (en fait au couple type/valeur composite, comme on le verra par la suite) ou *universelle*, pour tout le message.

Le style de codage SOAP introduit deux sortes de valeurs composites « génériques » :

- la structure SOAP ;
- le vecteur SOAP.

Une *structure SOAP* est une valeur composite dans laquelle le nom de l'accesseur représente sans ambiguïté une et une seule valeur membre :

```
 <ens:RIB>
    <bankcode>40001</bankcode>
    <positioncode>00987</positioncode>
    <accountcode>0000123456A</accountcode>
    <controlkey>92</controlkey>
 </ens:RIB>
```

Un *vecteur SOAP* est une valeur composite dans laquelle deux valeurs membres ne peuvent être différenciées que par leur *position relative*, séquentiellement obtenue à partir du début du vecteur (l'ordinal).

```
 <ens:names>
    <name>Jean</name>
    <name>Charles</name>
    <name>Delarochefoucauld</name>
 </ens:names>
```

Le style de codage SOAP 1.1 accepte des valeurs composites génériques dans lesquelles le même nom d'accesseur peut désigner plusieurs valeurs membres et, à l'inverse, par un mécanisme de référencement que l'on verra par la suite, plusieurs noms d'accesseurs peuvent désigner la même valeur membre.

Chaque valeur est annotée, directement ou indirectement, par un *type*. Un *type simple* est une classe de valeurs simples, comme la classe des entiers, des chaînes de caractères, etc. Un type simple est, soit un type *built-in* de la spécification XML Schema Datatypes (XSD), soit un type dérivé d'un type built-in. Un *type composite* est une classe de *valeurs composites*.

Les valeurs et les types simples

Le style de codage SOAP s'appuie sur le système de typage de données atomiques proposé par la spécification XML Schema.

XML Schema Datatypes (XSD) définit chaque type par un *espace de valeurs* et un *espace lexical*. Par exemple, l'espace de valeurs du type `nonNegativeInteger` est formé par l'ensemble des entiers positifs plus le zéro. Chaque valeur est exprimée par un ou plusieurs *littéraux*, expressions (chaînes de caractères) appartenant à l'espace lexical du type. L'espace lexical d'un type est l'ensemble des littéraux valides pour le type en question : par exemple, l'espace lexical du type `nonNegativeInteger` est constitué des chaînes de caractères formées à partir des caractères 0, 1, 2, 3, 4, 5, 6, 7, 8, 9. Les éléments de l'espace lexical (littéraux) 1, 01, 001, etc. représentent l'élément « 1 » de l'espace des valeurs des entiers non négatifs.

Les types built-in proposés par la spécification XSD sont listés dans le tableau 8-1 (dans lequel nous ne précisons pas les espaces lexicaux, mais seulement les espaces de valeurs).

Tableau 8-1. Les types prédéfinis de XML Schema Datatypes

Type	Type de base	Description de l'espace des valeurs
string	(primitif)	Les séquences finies de caractères qui s'apparient avec la production Char de *XML 1.0 (Second Edition)*. Un caractère est une unité atomique de communication et est la base (*rock-bottom*) de la spécification.
boolean	(primitif)	L'espace de valeur de verité de la logique binaire.
decimal	(primitif)	Les nombres décimaux à précision arbitraire.
float	(primitif)	Les nombres à virgule flottante en simple précision (IEEE 754 - 1985).
double	(primitif)	Les nombres à virgule flottante en double précision (IEEE 754 - 1985).
duration	(primitif)	Les durées en années, mois, jours, heures, minutes, secondes (ISO 8601).
dateTime	(primitif)	Les instants de temps en date et heure du jour (*Combination of date and time of day* - ISO 8601).
time	(primitif)	Les instants de temps en heure du jour (*Time of day* – ISO 8601).
date	(primitif)	Les dates calendaires (*Gregorian calendar date* – ISO 8601).
gYearMonth	(primitif)	Les dates en années et mois (*Gregorian calendar date* – ISO 8601).
gYear	(primitif)	Les dates en années (*Gregorian calendar date* – ISO 8601).
gMonthDay	(primitif)	Les dates en mois et jours (*Gregorian calendar date* – ISO 8601).
gDay	(primitif)	Les dates en jours (*Gregorian calendar date* – ISO 8601).
gMonth	(primitif)	Les dates en mois (*Gregorian calendar date* – ISO 8601).
hexBinary	(primitif)	Les nombres binaires en caractères hexadécimaux.
base64Binary	(primitif)	Les nombres binaires en Base 64 (IETF – RFC 2045).
anyURI	(primitif)	Les URI (IETF – RFC 2396, RFC 2732).
QName	(primitif)	Les noms XML qualifiés (*Namespaces in XML*).
NOTATION	(primitif)	Type de l'attribut NOTATION (XML 1.0).
normalizedString	string	Les chaînes de caractères sans retour chariot, à la ligne ou tab (« normalisées espace »).
token	normalizedString	Les chaînes de caractères « normalisées espace » sans espace en suffixe ou préfixe et sans sous-chaîne de deux espaces ou plus.

Tableau 8-1. Les types prédéfinis de XML Schema Datatypes *(suite)*

Type	Type de base	Description de l'espace des valeurs
language	token	Les identifants de langue (IETF – RFC 1766).
NMTOKEN	token	Type de l'attribut NMTOKEN (XML 1.0).
NMTOKENS	(Liste de) NMTOKEN	Séquences d'occurrences de NMTOKEN séparés par des espaces.
Name	token	Les noms XML (XML 1.0).
NCName	Name	Un nom XML non qualifié par un préfixe représentant un espace de noms.
ID	NCName	Type de l'attribut ID (XML 1.0).
IDREF	NCName	Type de l'attribut IDREF (XML 1.0).
IDREFS	(Liste de) IDREF	Séquences d'occurrences de IDREF séparées par des espaces.
ENTITY	NCName	Type de l'attribut ENTITY (XML 1.0).
ENTITIES	(Liste de) ENTITY	Séquences d'occurrences de ENTITY séparés par des espaces.
integer	decimal	Les entiers.
nonPositiveInteger	integer	Les entiers négatifs et le zéro.
negativeInteger	nonPositiveInteger	Les entiers négatifs.
long	integer	Les entiers compris entre -9223372036854775808 et 9223372036854775807.
int	long	Les entiers compris entre -2147483648 et 2147483647.
short	int	Les entiers compris entre -32768 et 32767.
byte	short	Les entiers compris entre -128 et 127.
nonNegativeInteger	integer	Les entiers positifs et le zéro.
unsignedLong	nonNegativeInteger	Les entiers compris entre 0 et 18446744073709551615 inclus.
unsignedInt	unsignedLong	Les entiers compris entre 0 et 4294967295.
unsignedShort	unsignedInt	Les entiers compris entre 0 et 65535.
unsignedByte	unsignedShort	Les entiers compris entre 0 et 255.
positiveInteger	nonNegativeInteger	Les entiers positifs.

Le typage d'une valeur simple

Nous avons vu qu'une valeur simple est toujours représentée par le contenu données-caractères d'un élément XML. A priori, le type de la valeur est inconnu : la même chaîne de caractères 001 peut être interprétée comme un type nonNegativeInteger ou un type string.

SOAP 1.1 impose l'annotation du typage des valeurs simples dans le message et propose trois approches pour désigner les types :

- le typage implicite, qui correspond au renvoi, par le vocabulaire XML, à un schéma XML Schema, qui contient la définition de l'élément et de son type ;
- le typage explicite, qui entraîne l'utilisation de l'attribut xsi:type dans l'élément accesseur à la valeur (et, comme nous verrons par la suite, SOAP-ENC:arrayType pour le type des éléments d'un vecteur) ;

- le typage non standard, qui correspond au renvoi, par le vocabulaire XML, de l'accesseur à un système de typage différente de XSD.

Le typage implicite (par renvoi à un schéma XSD)

Le renvoi à un schéma XSD se fait par le biais du vocabulaire XML de l'accesseur associé au schéma en question (qui doit désigner l'espace des noms d'un schéma XML) :

```
<ens:accountcode xmlns:ens="http://example.org/schema.xsd">
0000123456A
</ens:accountcode>
```

Dans le schéma, l'élément accountcode est ainsi défini :

```
<xs:element name="accountcode" type="xs:string"/>
```

Le typage explicite

Le type peut aussi être directement désigné via l'attribut xsi:type :

```
<ens:accountcode xsi:type="xs:string">0000123456A</ens:accountcode>
```

Le style de codage SOAP 1.1 admet des *accesseurs polymorphes* (dans le même message), à savoir la réutilisation des accesseurs pour plusieurs données de types différents. La spécification SOAP 1.1 impose dans ce cas l'utilisation de xsi:type sur chaque occurrence de l'accesseur en question. Par exemple :

```
<ens:cost xsi:type="xs:decimal">29.95</ens:cost>
<ens:cost xsi:type="xs:float">29.95</ens:cost>
<ens:cost xsi:type="xs:double">29.95</ens:cost>
```

Le typage non standard

Le type peut encore être indirectement désigné par référence à un système de typage qui ne suit pas la spécification XSD via le vocabulaire XML de l'accesseur :

```
<eens:accountcode
xmlns:eens="http://example.org/NonXMLSchema.nxs">0000123456A</eens:accountcode>
```

http://example.org/NonXMLSchema.nxs est le nom d'un vocabulaire XML associé à un système de schéma différent de XSD.

Les valeurs simples pluriréférencées

Le style de codage SOAP 1.1 propose un *mécanisme généralisé de référencement* qui permet le partage des structures de données à l'intérieur du message. Nous avons vu que lorsqu'une valeur simple est contenue dans une cascade de valeurs composites, elle peut être représentée par son accesseur, ou éventuellement par une cascade d'accesseurs. Cette valeur n'est pas a priori partageable par une autre structure du même message : le constructeur du message est obligé de reproduire une structure syntaxiquement égale.

Voici un exemple :

```
<ens:customer>
   <ens:name>Mathieu Duquesnoy</ens:name>
   <ens:accountcode xsi:type="xs:string">0000123456A</ens:accountcode>
</ens:customer>
<ens:customer>
   <ens:name>Georgette Groseille</ens:name>
   <ens:accountcode xsi:type="xs:string">0000123456A</ens:accountcode>
</ens:customer>
```

Les deux occurrences de la valeur 0000123456A de type built-in xs:string avec accesseur accountcode sont dites *monoréférencées*. Les deux occurrences sont syntaxiquement *égales*. Pour signifier qu'elles sont *identiques*, le style de codage SOAP 1.1 nous fournit les outils nécessaires.

Mécanisme généralisé de référencement SOAP 1.1

Le style de codage SOAP 1.1 propose des mécanismes qui permettent de référencer plusieurs fois une valeur, et donc de la « partager » : la valeur devient *pluriréférencée*. Ces mécanismes reposent tous sur l'utilisation des attributs id et href, dont la définition dans le schéma de codage SOAP 1.1 (SOAP-ENC) est la suivante :

```
<xs:attributeGroup name="commonAttributes">
   <xs:attribute name="id" type="xs:ID"/>
   <xs:attribute name="href" type="xs:anyURI" />
   <xs:anyAttribute namespace="##other" processContents="lax"/>
</xs:attributeGroup>
```

Le schéma associé au style de codage SOAP 1.1 contient :

• des extensions pour tous les types built-in de XSD (voir le tableau des types built-in de XML Schema DataTypes) qui permettent d'utiliser les attributs id et href ;

• les définitions d'éléments qui vont permettre l'utilisation d'accesseurs anonymes (un accesseur anonyme est un élément qui se nomme comme le type de sa valeur).

En guise d'exemple, voici l'extension SOAP 1.1 pour le built-in xs:string :

```
<xs:complexType name="string">
   <xs:simpleContent>
      <xs:extension base="xs:string">
         <xs:attributeGroup ref="tns:commonAttributes"/>
      </xs:extension>
   </xs:simpleContent>
</xs:complexType>
<xs:element name="string" type="tns:string"/>
```

Remarque sur le type `xs:string`

Il est important de noter que le type built-in `xs:string` de XSD ne correspond pas directement aux types `string` de plusieurs langages de programmation ou au type équivalent des bases de données. La spécification XML Schema précise que les valeurs de `xs:string` correspondent aux chaînes de caractères générées par la règle de production Char de *XML 1.0 (Second Edition)*. Cette spécification interdit l'utilisation de certains caractères que plusieurs langages permettent d'utiliser.

Évolutions SOAP 1.2 (draft)

L'attribut SOAP 1.1 `href` de type `xs:anyURI` est appelé `ref` (type `xs:IDREF`) en SOAP 1.2.

Pluriréférence par typage explicite

Les accesseurs typés explicitement par les types étendus SOAP peuvent nommer la même valeur :

```
<ens:customer>
   <ens:name>Mathieu Duquesnoy</ens:name>
   <ens:accountcode xsi:type="xs:string" id="myAccountcode">
      0000123456A
   </ens:accountcode>
</ens:customer>
<ens:customer>
   <ens:name>Georgette Groseille</ens:name>
   <ens:accountcode xsi:type="xs:string" href="#myAccountcode"/>
</ens:customer>
```

La valeur `0000123456A`, dont l'accesseur est `ens:accountcode` possède maintenant un *identifiant* unique dans le message (valeur de l'attribut `id`) `myAccountcode`. Pour ce faire, elle a comme valeur de `xsi:type` le type `SOAP-ENC:string`. Les deux accesseurs `ens:accountcode`, pour partager la valeur `0000123456A`, utilisent les attributs `id` et `href`.

Pluriréférence par typage implicite

Une valeur pluriréférencée peut être indirectement typée, par renvoi à un schéma XSD. Le schéma XSD *http://example.org/schema.xsd*, contient la définition suivante :

```
<xs:element name="accountcode" type="SOAP-ENC:string"/>
```

Dans le message SOAP 1.1, la valeur est désignée par un accesseur appartenant au vocabulaire XML `http://example.org/schema.xsd` (préfixe `ens`) et peut être directement partagée :

```
<ens:customer>
   <ens:name>Mathieu Duquesnoy</ens:name>
   <ens:accountcode id="myAccountcode">0000123456A</ens:accountcode>
</ens:customer>
<ens:customer>
   <ens:name>Georgette Groseille</ens:name>
   <ens:accountcode href="#myAccountcode"/>
</ens:customer>
```

Pluriréférence par accesseur anonyme

Le style de codage SOAP propose une troisième technique pour partager une valeur. Il est possible de placer une valeur typée dans un message avec *accesseur anonyme*, mais avec identifiant et pouvant par conséquent être référencée :

```
<ens:accountcode id="myAccountcode">0000123456A</ens:accountcode>
<ens:customer>
   <ens:name>Mathieu Duquesnoy</ens:name>
   <ens:accountcode href="#myAccountcode"/>
</ens:customer>
<ens:customer>
   <ens:name>Georgette Groseille</ens:name>
   <ens:accountcode href="#myAccountcode"/>
</ens:customer>
```

En fait, tout accesseur ayant le bon type étendu SOAP 1.1 (doté des attributs id et href) peut référencer une occurrence d'une valeur du même type.

Les valeurs et les types composites

Les valeurs simples qui appartiennent à une valeur composite sont toujours codées comme des éléments. Si le nom de l'accesseur est non ambigu (il permet de les distinguer), alors il est codé comme nom de l'élément.

Voici un exemple :

```
<ens:RIB>
   <bankcode>40001</bankcode>
   <positioncode>00987</positioncode>
   <accountcode>0000123456A</accountcode>
   <controlkey>92</controlkey>
</ens:RIB>
```

L'élément précédent est décrit par le schéma suivant :

```
<xs:element name="RIB" type="tns:RIBType"/>
<xs:complexType name="RIBType">
   <xs:sequence>
      <xs:element name="bankcode" type="tns:bankcodeType"/>
      <xs:element name="positioncode" type="tns:positioncodeType"/>
      <xs:element name="accountcode" type="tns:accountcodeType"/>
      <xs:element name="controlkey" type="tns:controlkeyType"/>
   </xs:sequence>
</xs:complexType>
<xs:simpleType name="bankcodeType">
   <xs:restriction base="xs:string">
      <xs:length value="5" fixed="true"/>
   </xs:restriction>
</xs:simpleType>
<xs:simpleType name="positioncodeType">
   <xs:restriction base="xs:string">
```

```
      <xs:length value="5" fixed="true"/>
    </xs:restriction>
  </xs:simpleType>
  <xs:simpleType name="accountcodeType">
    <xs:restriction base="xs:string">
      <xs:length value="11" fixed="true"/>
    </xs:restriction>
  </xs:simpleType>
  <xs:simpleType name="controlkeyType">
    <xs:restriction base="xs:string">
      <xs:length value="2" fixed="true"/>
    </xs:restriction>
  </xs:simpleType>
```

SOAP 1.1 définit deux types complexes génériques correspondant à deux constructions que l'on retrouve communément dans les langages de programmation :

- les structures ;

- les vecteurs.

Structures

Une *structure* est une valeur composite dans laquelle le nom de l'accesseur représente sans ambiguïté la valeur membre. Les accesseurs des valeurs simples ont des noms différents, qui correspondent aux noms des éléments.

Schéma de codage

Voici la définition de la structure générique dans le schéma de codage SOAP 1.1 :

```
<xs:group name="Struct">
  <xs:sequence>
    <xs:any namespace="##any" minOccurs="0"
      maxOccurs="unbounded" processContents="lax"/>
  </xs:sequence>
</xs:group>
```

La définition du type complexe se présente ainsi :

```
<xs:complexType name="Struct">
  <xs:group ref="tns:Struct" minOccurs="0"/>
  <xs:attributeGroup ref="tns:commonAttributes"/>
</xs:complexType>
```

SOAP-ENC:Struct est donc une structure polymorphe. Il faut noter que l'inclusion de commonAttributes dans la définition du type SOAP-ENC:Struct permet de mettre en œuvre le mécanisme généralisé de référencement SOAP 1.1.

Voici l'élément pour l'accesseur anonyme :

```
<xs:element name="Struct" type="tns:Struct"/>
```

Exemples

Un exemple de *structure polymorphe à typage explicite des composants* est détaillé ci-après :

```
<ens:RIB xsi:type="SOAP-ENC:Struct">
   <ens:bankcode xsi:type="xs:string">40001</ens:bankcode>
   <ens:positioncode xsi:type="xs:string">00987</ens:positioncode>
   <ens:accountcode xsi:type="xs:string">0000123456A</ens:accountcode>
   <ens:controlkey xsi:type="xs:string">92</ens:controlkey>
</ens:RIB>
```

Voici le RIB en tant que *structure typée* dont les membres sont des accesseurs pour valeurs pluri-référencées :

```
<xs:element name="RIB" type="tns:RIBStructType"/>
<xs:complexType name="bankcodeType">
   <xs:simpleContent>
      <xs:restriction base="SOAP-ENC:string">
         <xs:minLength value="0"/><xs:maxLength value="5"/>
      </xs:restriction>
   </xs:simpleContent>
</xs:complexType>
<xs:complexType name="positioncodeType">
   <xs:simpleContent>
      <xs:restriction base="SOAP-ENC:string">
         <xs:minLength value="0"/><xs:maxLength value="5"/>
      </xs:restriction>
   </xs:simpleContent>
</xs:complexType>
<xs:complexType name="accountcodeType">
   <xs:simpleContent>
      <xs:restriction base="SOAP-ENC:string">
         <xs:minLength value="0"/><xs:maxLength value="11"/>
      </xs:restriction>
   </xs:simpleContent>
</xs:complexType>
<xs:complexType name="controlkeyType">
   <xs:simpleContent>
      <xs:restriction base="SOAP-ENC:string">
         <xs:minLength value="0"/><xs:maxLength value="2"/>
      </xs:restriction>
   </xs:simpleContent>
</xs:complexType>
<xs:element name="bankcodeType" type="tns:bankcodeType"/>
<xs:element name="positioncodeType" type="tns:positioncodeType"/>
<xs:element name="accountcodeType" type="tns:accountcodeType"/>
<xs:element name="controlkeyType" type="tns:controlkeyType"/>
<xs:group name="RIBTypeGroup">
   <xs:sequence>
      <xs:element name="bankcode" type="tns:bankcodeType"/>
      <xs:element name="positioncode" type="tns:positioncodeType"/>
      <xs:element name="accountcode" type="tns:accountcodeType"/>
```

```
        <xs:element name="controlkey" type="tns:controlkeyType"/>
    </xs:sequence>
</xs:group>
<xs:complexType name="RIBStructType">
    <xs:group ref="tns:RIBTypeGroup" minOccurs="0"/>
    <xs:attributeGroup ref="SOAP-ENC:commonAttributes"/>
</xs:complexType>
```

Pour définir facilement une structure typée, il suffit d'ajouter à la définition de chaque nœud les attributs de référencement id et href. Le fragment de schéma suivant permet différentes formes de partage de valeurs :

```
<ens:customer>
    <ens:name>Mathieu Duquesnoy</ens:name>
    <ens:RIBs>
        <ens:RIB id="MyRIB">
            <bankcode id="MyBankcode">40001</bankcode>
            <positioncode id="MyPositioncode">00987</positioncode>
            <accountcode id="MyAccountcode">0000123456A</accountcode>
            <controlkey id="MyControlkey">92</controlkey>
        </ens:RIB>
        <ens:RIB>
            <bankcode href="#MyBankcode"/>
            <positioncode href="#MyPositioncode"/>
            <accountcode>0000654321B</accountcode>
            <controlkey>29</controlkey>
        </ens:RIB>
    </ens:RIBs>
</ens:customer>
<ens:customer>
    <ens:name>Georgette Groseille</ens:name>
    <ens:RIBs>
        <ens:RIB href="#MyRIB"/>
        <ens:RIB>
            <bankcode href="#MyBankcode"/>
            <positioncode href="#MyPositioncode"/>
            <accountcode>0000123654B</accountcode>
            <controlkey>18</controlkey>
        </ens:RIB>
        <ens:RIB>
            <bankcode href="#MyBankcode"/>
            <positioncode>00789</positioncode>
            <accountcode>0000456321C</accountcode>
            <controlkey>81</controlkey>
        </ens:RIB>
    </ens:RIBs>
</ens:customer>
```

Georgette Groseille et Mathieu Duquesnoy partagent un compte bancaire. Mathieu a ouvert un second compte à la même banque et à la même agence. Georgette a également ouvert un deuxième compte à la même banque et à la même agence, et elle a en outre un troisième compte à la même banque mais auprès d'une autre agence.

Vecteurs

Un *vecteur* (SOAP-ENC:Array) est une valeur composite dans laquelle la position (l'ordinal) représente sans ambiguïté les valeurs membres. Le terme « tableau » est utilisé parfois à la place de vecteur. Une occurrence d'un vecteur SOAP est donc une séquence ordonnée d'éléments, dont les noms ne sont pas signifiants.

Schéma de codage

On trouve tout d'abord le curseur d'un vecteur :

```
<xs:simpleType name="arrayCoordinate">
   <xs:restriction base="xs:string"/>
</xs:simpleType>
```

ensuite les attributs du vecteur :

```
<xs:attribute name="arrayType" type="xs:string"/>
<xs:attribute name="offset" type="tns:arrayCoordinate"/>
<xs:attributeGroup name="arrayAttributes">
   <xs:attribute ref="tns:arrayType"/>
   <xs:attribute ref="tns:offset"/>
</xs:attributeGroup>
```

SOAP-ENC:arrayType désigne le type de l'élément. SOAP-ENC:offset sert à désigner la coordonnée de départ d'un vecteur transmis partiellement (voir plus loin).

Puis vient la structure du vecteur :

```
<xs:group name="Array">
   <xs:sequence>
      <xs:any namespace="##any" minOccurs="0"
         maxOccurs="unbounded" processContents="lax"/>
   </xs:sequence>
</xs:group>
```

suivie de la définition du type SOAP-ENC:Array et de l'accesseur anonyme :

```
<xs:complexType name="Array">
   <xs:group ref="tns:Array" minOccurs="0"/>
   <xs:attributeGroup ref="tns:arrayAttributes"/>
   <xs:attributeGroup ref="tns:commonAttributes"/>
</xs:complexType>
<xs:element name="Array" type="tns:Array"/>
```

SOAP-ENC:Array est donc un vecteur dont les éléments sont typés uniformément par SOAP-ENC:ArrayType. Il faut noter que l'inclusion de commonAttributes dans la définition du type SOAP-ENC:Array permet de mettre en œuvre le mécanisme généralisé de référencement SOAP 1.1.

Viennent enfin les attributs de l'élément du vecteur :

```
<xs:attribute name="position" type="tns:arrayCoordinate"/>
<xs:attributeGroup name="arrayMemberAttributes">
  <xs:attribute ref="tns:position"/>
</xs:attributeGroup>
```

Exemples

Voici un exemple de vecteur SOAP de quatre éléments de type ens:bankcodeType (voir les exemples précédents) :

```
<SOAP-ENC:Array SOAP-ENC:arrayType="ens:bankcodeType[4]">
  <bankcode>40001</bankcode>
  <bankcode>30002</bankcode>
  <bankcode>20003</bankcode>
  <bankcode>10004</bankcode>
</SOAP-ENC:Array>
```

La valeur de SOAP-ENC:arrayType spécifie le type de l'élément du vecteur SOAP ainsi que le nombre de dimensions et la taille (nombre d'éléments) pour chaque dimension. La taille peut être indéterminée, ce qui se traduit par deux crochets juxtaposés ([]). Le type de chaque élément du vecteur peut être de n'importe quel sous-type de SOAP-ENC:arrayType. Voici une représentation alternative du RIB :

```
<SOAP-ENC:Array SOAP-ENC:arrayType="SOAP-ENC:string[4]">
  <item xsi:type="ens:bankcodeType">40001</item>
  <item xsi:type="ens:positioncodeType">00987</item>
  <item xsi:type="ens:accountcodeType">0000123456A</item>
  <item xsi:type="ens:controlkeyType">92</item>
</SOAP-ENC:Array>
```

Les éléments des vecteurs SOAP 1.1 peuvent être des structures ou d'autres valeurs composites :

```
<SOAP-ENC:Array SOAP-ENC:arrayType="ens:RIBStructType[3]">
  <ens:RIB>
    <bankcode>40001</bankcode>
    <positioncode>00987</positioncode>
    <accountcode>0000123456A</accountcode>
    <controlkey>92</controlkey>
  </ens:RIB>
  <ens:RIB>
    <bankcode>40001</bankcode>
    <positioncode>00987</positioncode>
    <accountcode>0000123654B</accountcode>
    <controlkey>18</controlkey>
  </ens:RIB>
  <ens:RIB>
    <bankcode>40001</bankcode>
    <positioncode>00789</positioncode>
    <accountcode>0000456321C</accountcode>
    <controlkey>81</controlkey>
  </ens:RIB>
</SOAP-ENC:Array>
```

Vecteurs de vecteurs

Les éléments d'un vecteur SOAP peuvent être d'autres vecteurs SOAP. Dans l'exemple ci-après, un vecteur SOAP est composé de trois autres vecteurs SOAP, chacun de quatre éléments de type `SOAP-ENC:string` :

```
<SOAP-ENC:Array SOAP-ENC:arrayType="SOAP-ENC:string[4][3]">
   <SOAP-ENC:Array SOAP-ENC:arrayType="SOAP-ENC:string[4]">
      <item>v0e0</item>
      <item>v0e1</item>
      <item>v0e2</item>
      <item>v0e3</item>
   </SOAP-ENC:Array>
   <SOAP-ENC:Array SOAP-ENC:arrayType="SOAP-ENC:string[4]">
      <item>v1e0</item>
      <item>v1e1</item>
      <item>v1e2</item>
      <item>v1e3</item>
   </SOAP-ENC:Array>
   <SOAP-ENC:Array SOAP-ENC:arrayType="SOAP-ENC:string[4]">
      <item>v2e0</item>
      <item>v2e1</item>
      <item>v2e2</item>
      <item>v2e3</item>
   </SOAP-ENC:Array>
</SOAP-ENC:Array>
```

Vecteurs à plusieurs dimensions

Les vecteurs SOAP 1.1 peuvent être à plusieurs dimensions Voici un exemple d'un vecteur SOAP à deux dimensions de 3 * 4 éléments de type `SOAP-ENC:string`, concaténation du code banque et du code agence :

```
<SOAP-ENC:Array SOAP-ENC:arrayType="SOAP-ENC:string[3,4]">
   <item>l0c0</item>
   <item>l0c1</item>
   <item>l0c2</item>
   <item>l0c3</item>
   <item>l1c0</item>
   <item>l1c1</item>
   <item>l1c2</item>
   <item>l1c3</item>
   <item>l2c0</item>
   <item>l2c1</item>
   <item>l2c2</item>
   <item>l2c3</item>
</SOAP-ENC:Array>
```

Attention, un vecteur SOAP 1.1 à deux dimensions de trois lignes pour quatre colonnes n'est pas la même structure qu'un vecteur de trois vecteurs de quatre éléments chacun !

Partage des valeurs

Le partage des valeurs dans les vecteurs SOAP suit la logique générale des valeurs pluriréférencées :

```
<SOAP-ENC:Array SOAP-ENC:arrayType="SOAP-ENC:string[4][3]">
   <SOAP-ENC:Array SOAP-ENC:arrayType="SOAP-ENC:string[4]" id="MyArray">
      <ens:bankcodeType id="MyBankcode">40001</ens:bankcodeType>
      <ens:positioncodeType id="MyPositioncode">00987</ens:positioncodeType>
      <ens:accountcodeType id="MyAccountcode">0000123456A</ens:accountcodeType>
      <ens:controlkeyType id="MyControlkey">92</ens:controlkeyType>
   </SOAP-ENC:Array>
   <SOAP-ENC:Array SOAP-ENC:arrayType="SOAP-ENC:string[4]">
      <ens:bankcodeType href="#MyBankcode"/>
      <ens:positioncodeType href="#MyPositioncode"/>
      <ens:accountcodeType>0000123654B</ens:accountcodeType>
      <ens:controlkeyType>18</ens:controlkeyType>
   </SOAP-ENC:Array>
   <SOAP-ENC:Array SOAP-ENC:arrayType="SOAP-ENC:string[4]" href="#MyArray"/>
</SOAP-ENC:Array>
```

Vecteurs typés

Nous sommes en mesure de déclarer un type de vecteur et un accesseur anonyme dans notre schéma applicatif ens :

```
<xs:complexType name="ArrayOfBankcodesType">
   <xs:complexContent>
      <xs:restriction base="SOAP-ENC:Array">
         <xs:sequence>
            <xs:element name="bankcode"
               type="tns:bankcodeType" maxOccurs="unbounded"/>
         </xs:sequence>
      </xs:restriction>
   </xs:complexContent>
</xs:complexType>
<xs:element name="ArrayOfBankcodes" type="tns:ArrayOfBankcodesType"/>
```

Voici une occurrence conforme au schéma ci-dessus :

```
<ens:ArrayOfBankcodes SOAP-ENC:arrayType="ens:bankcodeType[4]">
   <bankcode>40001</bankcode>
   <bankcode>30002</bankcode>
   <bankcode>20003</bankcode>
   <bankcode>10004</bankcode>
</ens:ArrayOfBankcodes>
```

Vecteurs transmis partiellement

Le style de codage SOAP permet seulement le codage d'une partie de vecteur. Seuls le troisième et le quatrième éléments sont transmis par l'élément ci-après :

```
<SOAP-ENC:Array SOAP-ENC:arrayType="xsd:string[5]" SOAP-ENC:offset="[2]">
   <item>troisieme element</item>
   <item>quatrieme element</item>
</SOAP-ENC:Array>
```

Vecteurs creux

Voici un exemple de vecteur creux (un vecteur de quatre vecteurs à deux dimensions de taille indéterminée) dans lequel sont transmis deux éléments du troisième vecteur :

```
<SOAP-ENC:Array SOAP-ENC:arrayType="xsd:string[,][4]">
   <SOAP-ENC:Array SOAP-ENC:position="[2]" SOAP-ENC:arrayType="xsd:string[10,10]">
      <item SOAP-ENC:position="[2,2]">troisieme ligne, troisieme colonne</item>
      <item SOAP-ENC:position="[7,2]">huitieme ligne, troisieme colonne</item>
   </SOAP-ENC:Array>
</SOAP-ENC:Array>
```

Évolutions SOAP 1.2 (draft)

SOAP 1.2 ne prend plus en charge des vecteurs creux ou transmis partiellement.

Les pièces jointes

Le problème de la transmission avec des messages SOAP d'objets de toute sorte, tels que des GIF, TIFF, PDF, RTF, etc., voire des documents XML « entiers » (qui ne peuvent être véhiculés, en tant que tels, dans le message SOAP), des schémas XML, des DTD, etc., s'est posé pratiquement tout de suite après la parution de la spécification SOAP 1.1.

La spécification prévoit une méthode permettant d'inclure tout objet dans le message SOAP, au prix d'un codage spécifique en objet « opaque », comme une chaîne de bits. Un objet opaque est encodé comme une valeur de type SOAP-ENC:base64, ce dernier étant une restriction de xs:base64Binary, censée employer l'algorithme MIME (IETF – RFC2045) sans restriction de longueur de ligne :

```
<xs:simpleType name="base64">
    <xs:restriction base="xs:base64Binary"/>
</xs:simpleType>
```

Par exemple :

```
<picture xsi:type="SOAP-ENC:base64">
   aG93IG5vDyBicm73biBjb3cNCg==
</picture>
```

Cette méthode a le mérite d'exister, mais s'est rapidement révélée insuffisante, car pénalisante en termes de performance :

- les procédures d'encodage/décodage peuvent être lourdes ;

- la taille de l'objet codé augmente de façon substantielle.

Une première tentative de solution alternative au problème de la transmission d'objets binaires s'est concrétisée par une note adressée au W3C le 11 décembre 2000 : *SOAP Messages with Attachments* (voir : *http://www.w3.org/TR/SOAP-attachments*).

La proposition repose sur deux choix, que l'on peut qualifier de minimalistes, car ils réutilisent largement des normes, standards et technologies existants :

- l'approche « pièces jointes » dans laquelle les objets multimédias à transmettre apparaissent comme des pièces jointes (attachments) à un message SOAP ;
- le mécanisme MIME (Multipurpose Internet Mail Extension) multipartie afin d'emboîter des documents composites, conjugué avec les schémas d'URI pour référencer les parties.

La structure multipartie (Multipart/Related), qui comprend le message SOAP et les pièces jointes, est appelée *paquet SOAP*. Elle ne peut être identifiée comme une entité d'un type particulier car il n'y a aucun nom de type MIME qui permette de la désigner et de l'identifier en tant que telle. Un paquet SOAP est donc une structure Multipart/Related générique (RFC2387) qui peut, évidemment, être transportée par plusieurs protocoles Internet.

Références aux normes et standards utilisés par SOAP Messages with Attachments

– [RFC2387] The MIME Multipart/Related Content-type (*http://www.ietf.org/rfc/rfc2387.txt*) ;

– [RFC2045] Multipurpose Internet Mail Extensions (MIME) Part One: Format of Internet Message Bodies (*http://www .ietf.org/rfc/rfc2045.txt*) ;

– [RFC2111] Content-ID and Message-ID Uniform Resource Locators (*http://www.ietf.org/rfc/rfc2111.txt*) ;

– [RFC2396] Uniform Resource Identifiers (URI): Generic Syntax (*http://www.ietf.org/rfc/rfc2396.txt*) ;

– [RFC2557] MIME Encapsulation of Aggregate Documents, such as HTML (MHTML) (*http://www.ietf.org/rfc/rfc2557.txt*) ;

– XML Base (*http://www.w3.org/TR/xmlbase*).

Le paquet SOAP

Un paquet SOAP est construit en utilisant le type de *medium* Multipart/Related (RFC 2387). Il contient un message SOAP 1.1 (*message primaire*) et d'autres entités additionnelles (les *pièces jointes*) qui sont corrélées au message primaire de plusieurs façons.

Le message primaire est emboîté dans la *racine* du corps de la structure Multipart/Related. La valeur du paramètre type du champ d'en-tête Multipart/Related est text/xml, identique à la valeur du champ d'en-tête Content-Type du message SOAP 1.1 primaire.

Les autres parties MIME sont étiquetées soit par un en-tête MIME Content-ID (structuré en accord avec la RFC2045), soit par un en-tête MIME Content-Location (structuré en accord avec la RFC2557).

Le référencement, de l'intérieur d'un message SOAP vers une pièce jointe, peut être effectué via l'attribut href, défini dans le *style de codage SOAP 1.1*, qui est de type xs:anyURI et est normalement utilisé, en association avec l'attribut id, pour mettre en œuvre le mécanisme de référencement interne au message.

Voici un exemple de paquet SOAP dans lequel le référencement est mis à contribution par l'utilisation simple de Content-ID, et donc d'URI de schéma cid :

```
MIME-Version: 1.0
Content-Type: Multipart/Related;
              boundary="SOAP_Message_with_Attachments_boundary";
              type=text/xml;
```

```
                      start="<LaDivinaCommedia.xml@DanteAlighieri.org>"
...
--SOAP_Message_with_Attachments_boundary
Content-Type: text/xml; charset=UTF-8
Content-ID: <LaDivinaCommedia.xml@DanteAlighieri.org>
...
<?xml version="1.0" encoding="UTF-8"?>
<SOAP-ENV:Envelope
   xmlns:SOAP-ENV="http://schemas.xmlsoap.org/soap/envelope/">
   <SOAP-ENV:Body>
      ...
      <DA:LaDivinaCommedia xmlns:DA="http://Opere.DanteAlighieri.org/">
         <DA:Inferno href="cid:Inferno.pdf@DanteAlighieri.org"/>
         <DA:Purgatorio href="cid:Purgatorio.pdf@DanteAlighieri.org"/>
         <DA:Paradiso href="cid:Paradiso.pdf@DanteAlighieri.org"/>
      </DA:LaDivinaCommedia>
      ...
   </SOAP-ENV:Body>
</SOAP-ENV:Envelope>
--SOAP_Message_with_Attachments_boundary
Content-Type: text/pdf
Content-ID: <Inferno.pdf@DanteAlighieri.org>
...
--SOAP_Message_with_Attachments_boundary
Content-Type: text/pdf
Content-ID: <Purgatorio.pdf@DanteAlighieri.org>
...
--SOAP_Message_with_Attachments_boundary
Content-Type: text/pdf
Content-ID: <Paradiso.pdf@DanteAlighieri.org>
...
```

Libellés et références

Le paquet SOAP présente la structure générale d'un Multipart/Related MIME. Dans ce cadre, régentée par les différentes RFC de l'IETF et indépendamment des technologies de services Web, la spécification *SOAP Messages with Attachments* s'attaque au problème particulier du référencement de l'intérieur du message SOAP primaire vers les pièces jointes du paquet SOAP.

Les ingrédients du système de référencement des pièces jointes sont les *libellés* et les *références*. La spécification *SOAP Messages with Attachments* précise comment :

- calculer un libellé pour chaque pièce jointe ;
- mettre en œuvre les références à chaque pièce jointe ;
- résoudre les références en libellés pour localiser les pièces jointes.

Libellés des pièces jointes

Chaque pièce jointe est une partie MIME qui contient, soit un champ d'en-tête Content-ID, soit un champ d'en-tête Content-Location, soit les deux.

Un libellé d'une pièce jointe est un URI. Il est possible d'attribuer à une pièce jointe un ou deux libellés, qui suivent deux *calculs d'attribution* différents (mais non alternatifs) :

- le calcul utilisant la valeur du champ d'en-tête `Content-ID` ;
- le calcul utilisant la valeur du champ d'en-tête `Content-Location`.

Calcul de libellé utilisant la valeur du champ d'en-tête Content-ID

La valeur du champ `Content-ID` est obtenue à partir d'un URI avec préfixe `cid`, par une transformation syntaxique qui :

- supprime le préfixe `cid` ;
- opère la conversion des caractères *hex-escaped* de type `%hh` aux équivalents ASCII ;
- englobe le résultat par les caractères ‹ et ›.

À l'inverse, l'URI absolu `cid:foo4%25fool@bar.net` est obtenu par transformation (inverse) de la valeur du champ d'en-tête :

```
Content-ID: <foo4%fool@bar.net>
```

Le libellé d'une partie MIME peut donc être l'URI absolu obtenu par transformation à partir de la valeur de son champ d'en-tête `Content-ID`.

Ce schéma d'attribution est utilisé dans l'exemple présenté ci-après :

```
MIME-Version: 1.0
Content-Type: Multipart/Related;…
…
--SOAP_Message_with_Attachments_boundary
Content-Type: text/xml; charset=UTF-8
…
<?xml version="1.0" encoding="UTF-8"?>
<SOAP-ENV:Envelope
xmlns:SOAP-ENV="http://schemas.xmlsoap.org/soap/envelope/">
…
</SOAP-ENV:Envelope>
--SOAP_Message_with_Attachments_boundary
Content-Type: text/pdf
Content-ID: <Inferno.pdf@DanteAlighieri.org>
…
```

Le libellé de la pièce avec champ d'en-tête :

```
Content-ID: <Inferno.pdf@DanteAlighieri.org>
```

est l'URI absolu `cid:Inferno.pdf@DanteAlighieri.org`.

Calcul de libellé utilisant la valeur du champ d'en-tête Content-Location

La valeur du champ `Content-Location` est un URI. Il peut être, soit un *URI absolu*, soit un *URI relatif*.

Un URI relatif implique l'existence d'un *URI base*, lequel est concaténé à l'URI relatif pour obtenir un URI absolu. Le mécanisme d'obtention de l'URI absolu est uniforme et peut être décrit comme :

$$\text{URI absolu} = \text{URI base} + \text{URI relatif}$$

L'URI base pour le calcul du libellé de la pièce jointe est soit :

- l'URI absolu, valeur de l'en-tête Content-Location de l'entité Multipart/Related englobant ;
- soit l'URI absolu par défaut, c'est-à-dire thismessage:/ (RFC2557).

Libellé avec URI absolu dans Content-Location

```
MIME-Version: 1.0
Content-Type: Multipart/Related; …

…
--SOAP_Message_with_Attachments_boundary
Content-Type: text/xml; charset=UTF-8

…
<?xml version="1.0" encoding="UTF-8"?>
<SOAP-ENV:Envelope
xmlns:SOAP-ENV="http://schemas.xmlsoap.org/soap/envelope/">
…
</SOAP-ENV:Envelope>
--SOAP_Message_with_Attachments_boundary
Content-Type: text/pdf
Content-Location: http://Opere.DanteAlighieri.org/LaDivinaCommedia/Inferno.pdf

…
```

Le libellé de la pièce avec champ d'en-tête :

```
Content-Location: http://Opere.DanteAlighieri.org/LaDivinaCommedia/Inferno.pdf
```

est l'URI absolu :

```
http://Opere.DanteAlighieri.org/LaDivinaCommedia/Inferno.pdf
```

Calcul de libellé avec URI relatif (URI base dans l'entité englobant)

```
MIME-Version: 1.0
Content-Type: Multipart/Related;…
Content-Location: http://Opere.DanteAlighieri.org/LaDivinaCommedia/

…
--SOAP_Message_with_Attachments_boundary
Content-Type: text/xml; charset=UTF-8

…
<?xml version="1.0" encoding="UTF-8"?>
<SOAP-ENV:Envelope
xmlns:SOAP-ENV="http://schemas.xmlsoap.org/soap/envelope/">
…
</SOAP-ENV:Envelope>

…
--SOAP_Message_with_Attachments_boundary
Content-Type: text/pdf
Content-Location: Purgatorio.pdf

…
```

Le libellé de la pièce avec champ d'en-tête Content-Location: Purgatorio.pdf est l'URI absolu http://Opere.DanteAlighieri.org/LaDivinaCommedia/Purgatorio.pdf.

Calcul de libellé avec URI relatif (URI base par défaut)

```
MIME-Version: 1.0
Content-Type: Multipart/Related; …

…
--SOAP_Message_with_Attachments_boundary
Content-Type: text/xml; charset=UTF-8

…
<?xml version="1.0" encoding="UTF-8"?>
<SOAP-ENV:Envelope
xmlns:SOAP-ENV="http://schemas.xmlsoap.org/soap/envelope/">

…
</SOAP-ENV:Envelope>

…
--SOAP_Message_with_Attachments_boundary
Content-Type: text/pdf
Content-Location: Paradiso.pdf

…
```

Le libellé de la pièce avec champ d'en-tête `Content-Location: Paradiso.pdf` est l'URI absolu `thismessage:/Paradiso.pdf`.

Références aux pièces jointes

Les références aux pièces jointes, de l'intérieur du message SOAP, sont mises en œuvre par l'utilisation de l'attribut `href`, propre au mécanisme général de référencement du *style de codage SOAP 1.1*. Son usage est étendu par la spécification *SOAP Messages with Attachments* à la gestion des pièces jointes pour référencer les parties MIME du paquet SOAP.

Le processus de résolution des références, à savoir de localisation de la pièce jointe référencée, prévoit donc trois étapes :

1. le calcul des libellés ;
2. le calcul de la référence (RFC2396) ;
3. la résolution de la référence par appariement avec les libellés.

Lorsque la valeur de `href` est un URI absolu, la deuxième étape est déjà accomplie. Lorsque la valeur de `href` est un URI relatif, il est nécessaire d'obtenir un URI base pour pouvoir calculer un URI absolu. La deuxième étape, si elle a lieu, est donc une étape de calcul d'URI absolu.

La troisième étape permet de trouver, par appariement de la référence avec les libellés des pièces jointes, la pièce jointe référencée. Elle sera analysée après exposition du mécanisme de calcul de la référence.

Résolution des références

Ce processus de résolution des références est une copie du mécanisme introduit dans la RFC2557 pour les messages multiparties MIME, qui ont comme racine un document de type MIME `text/html`, et sont utilisés pour véhiculer des pages HTML avec des documents rattachés en pièces jointes.

La RFC2396 définit un processus général de calcul de l'URI absolu. La note *SOAP Messages with Attachments* spécifie comment ce processus général s'applique aux messages SOAP avec pièces jointes. La première étape du calcul de l'URI absolu est la recherche de l'URI base :

1. Il faut chercher d'abord les déclarations de d'URI base dans le message SOAP lui-même. Ces déclarations sont spécifiées au moyen de l'attribut réservé `xml:base`. La portée des déclarations de `xml:base`, ainsi que la concaténation des URI pour obtenir un URI base absolu suit la règle usuelle XML Base.

2. S'il n'y a pas de déclaration dans le message SOAP, il faut chercher la valeur de l'en-tête `Content-Location`, d'abord dans la partie racine (qui englobe immédiatement le message primaire SOAP) de la structure multipartie MIME, et ensuite dans la structure `Multipart/Related`.

3. S'il n'y a toujours pas d'URI base trouvé, celui-ci est établi par défaut à `thismessage:/` (RFC2557).

Référence avec URI absolu dans `href`

```
MIME-Version: 1.0
Content-Type: Multipart/Related;…

…
--SOAP_Message_with_Attachments_boundary
Content-Type: text/xml; charset=UTF-8

…
<?xml version="1.0" encoding="UTF-8"?>
<SOAP-ENV:Envelope
   xmlns:SOAP-ENV="http://schemas.xmlsoap.org/soap/envelope/">
   <SOAP-ENV:Body>

      …
      <DA:LaDivinaCommedia xmlns:DA="http://Opere.DanteAlighieri.org/">
         <DA:Inferno
         href="cid:Inferno.pdf@DanteAlighieri.org"/>
         <DA:Purgatorio
         href="http://Opere.DanteAlighieri.org/LaDivinaCommedia/Purgatorio.pdf"/>

         …
      </DA:LaDivinaCommedia>

      …
   </SOAP-ENV:Body>
</SOAP-ENV:Envelope>
--SOAP_Message_with_Attachments_boundary
…
```

Dans l'exemple, nous présentons deux URI absolus (de schémas différents), valeurs de `href`. Ces deux URI sont des références aux pièces jointes.

Calcul de référence avec URI relatif via l'URI base dans le message

```
MIME-Version: 1.0
Content-Type: Multipart/Related;…

…
--SOAP_Message_with_Attachments_boundary
```

```
Content-Type: text/xml; charset=UTF-8
…
<?xml version="1.0" encoding="UTF-8"?>
<SOAP-ENV:Envelope
   xmlns:SOAP-ENV="http://schemas.xmlsoap.org/soap/envelope/">
   <SOAP-ENV:Body>

      …
      <DA:LaDivinaCommedia xmlns:DA="http://Opere.DanteAlighieri.org/"
         xml:base="http://Opere.DanteAlighieri.org/LaDivinaCommedia/">
         <DA:Inferno href="Inferno.pdf"/>

         …
      </DA:LaDivinaCommedia>

      …
   </SOAP-ENV:Body>
   </SOAP-ENV:Envelope>
   --SOAP_Message_with_Attachments_boundary
      …
```

La référence calculée à partir de href="Inferno.pdf" et de

```
xml:base="http://Opere.DanteAlighieri.org/LaDivinaCommedia/"
```

est l'URI absolu :

```
http://Opere.DanteAlighieri.org/LaDivinaCommedia/Inferno.pdf
```

Calcul de référence avec URI relatif via l'URI base dans l'entité immédiatement englobante

```
MIME-Version: 1.0
Content-Type: Multipart/Related;…
…
--SOAP_Message_with_Attachments_boundary
Content-Type: text/xml; charset=UTF-8
Content-ID: <LaDivinaCommedia.xml@DanteAlighieri.org>
Content-Location: http://Opere.DanteAlighieri.org/LaDivinaCommedia/
<?xml version="1.0" encoding="UTF-8"?>
<SOAP-ENV:Envelope
   xmlns:SOAP-ENV="http://schemas.xmlsoap.org/soap/envelope/">
   <SOAP-ENV:Body>

      …
      <DA:LaDivinaCommedia xmlns:DA="http://Opere.DanteAlighieri.org/">

         …
         <DA:Purgatorio href="Purgatorio.pdf"/>

         …
      </DA:LaDivinaCommedia>

      …
   </SOAP-ENV:Body>
</SOAP-ENV:Envelope>
--SOAP_Message_with_Attachments_boundary
   …
```

La référence calculée à partir de `href="Purgatorio.pdf"` et de

```
Content-Location: http://Opere.DanteAlighieri.org/LaDivinaCommedia/
```

est l'URI absolu :

http://Opere.DanteAlighieri.org/LaDivinaCommedia/Purgatorio.pdf

Calcul de référence avec URI relatif via l'URI base dans l'entité `Multipart/Related`

```
MIME-Version: 1.0
Content-Type: Multipart/Related;…
Content-Location: http://Opere.DanteAlighieri.org/LaDivinaCommedia/

…
--SOAP_Message_with_Attachments_boundary
Content-Type: text/xml; charset=UTF-8

…
<?xml version="1.0" encoding="UTF-8"?>
<SOAP-ENV:Envelope
   xmlns:SOAP-ENV="http://schemas.xmlsoap.org/soap/envelope/">
   <SOAP-ENV:Body>

     …
     <DA:LaDivinaCommedia xmlns:DA="http://Opere.DanteAlighieri.org/">

       …
       <DA:Purgatorio href="Purgatorio.pdf"/>

       …
     </DA:LaDivinaCommedia>

     …
   </SOAP-ENV:Body>
</SOAP-ENV:Envelope>
--SOAP_Message_with_Attachments_boundary
…
```

La référence calculée à partir de `href="Purgatorio.pdf"` et de

```
Content-Location: http://Opere.DanteAlighieri.org/LaDivinaCommedia/
```

est l'URI absolu :

```
http://Opere.DanteAlighieri.org/LaDivinaCommedia/Purgatorio.pdf
```

Calcul de référence avec URI relatif via l'URI base par défaut

```
MIME-Version: 1.0
Content-Type: Multipart/Related;…

…
--SOAP_Message_with_Attachments_boundary
Content-Type: text/xml; charset=UTF-8

…
<?xml version="1.0" encoding="UTF-8"?>
<SOAP-ENV:Envelope
   xmlns:SOAP-ENV="http://schemas.xmlsoap.org/soap/envelope/">
   <SOAP-ENV:Body>

     …
```

```
            <DA:LaDivinaCommedia xmlns:DA="http://Opere.DanteAlighieri.org/opere">

              <DA:Paradiso href="Paradiso.pdf"/>
            </DA:LaDivinaCommedia>
            ...

        </SOAP-ENV:Body>
    </SOAP-ENV:Envelope>
    --SOAP_Message_with_Attachments_boundary
    ...
```

La référence calculée à partir de href="Paradiso.pdf" est l'URI absolu thismessage:/Paradiso.pdf.

Résolution des références

La résolution d'une référence est le processus de localisation de la pièce jointe référencée par *appariement* de la référence avec chaque libellé.

```
MIME-Version: 1.0
Content-Type: Multipart/Related;…
Content-Location: http://Opere.DanteAlighieri.org/LaDivinaCommedia/  ❶
...
--SOAP_Message_with_Attachments_boundary
Content-Type: text/xml; charset=UTF-8

<?xml version="1.0" encoding="UTF-8"?>
<SOAP-ENV:Envelope xmlns:SOAP-ENV="http://schemas.xmlsoap.org/soap/envelope/">
 <SOAP-ENV:Body>
  ...
  <DA:LaDivinaCommedia xmlns:DA="http://Opere.DanteAlighieri.org/">
   <DA:Inferno href="Inferno.pdf"/>  ❷
   <DA:Purgatorio href="http://Opere.DanteAlighieri.org/LaDivinaCommedia/Purgatorio.pdf"/>  ❸
   <DA:Paradiso href="cid:Paradiso.pdf@DanteAlighieri.org"/>  ❹
  </DA:LaDivinaCommedia>
  ...
 </SOAP-ENV:Body>
</SOAP-ENV:Envelope>

--SOAP_Message_with_Attachments_boundary
Content-Type: text/pdf
Content-Location: http://Opere.DanteAlighieri.org/LaDivinaCommedia/Inferno.pdf  ❺
...
--SOAP_Message_with_Attachments_boundary
Content-Type: text/pdf
Content-Location: Purgatorio.pdf  ❻
...
--SOAP_Message_with_Attachments_boundary
Content-Type: text/pdf
Content-ID: Paradiso.pdf@DanteAlighieri.org  ❼
...
```

Figure 8-1

Exemple de référencement des pièces jointes à partir du message SOAP.

La spécification *SOAP Messages with Attachments* ne donne pas d'indications ultérieures sur le processus, excepté :

- si aucun libellé ne correspond à la référence, les règles de résolution standards rattachées aux schémas des URI s'appliquent à la référence irresolue ;
- si deux ou plusieurs pièces jointes exhibent le même libellé, les règles de résolution de conflit de la RFC2557 s'appliquent.

L'appariement des URI (référence et libellé) suit les règles usuelles de la RFC2396, et est normalement dépendant des schémas des URI à comparer. Notamment, un identifiant de *host* comme `http://Opere`
`.DanteAlighieri.org` n'est pas sensible à la casse (s'apparie avec `http://opere.dantealighieri.org`).

L'exemple illustré figure 8-1 présente quelques-unes des différentes possibilités d'attribution de libellés et de référencement des pièces jointes :

- La valeur de `Content-Location` de la structure multi-partie ❶ sert d'URI base.
- La référence ❷ développée est `http://Opere.DanteAlighieri.org/LaDivinaCommedia/Inferno .pdf`, elle est obtenue à partir de la valeur de `href` (URI relatif) et de l'URI base ❶. Sa résolution localise la pièce jointe au libellé ❺.
- La référence ❸ développée est `http://Opere.DanteAlighieri.org/LaDivinaCommedia/Purgatorio`
`.pdf`, valeur de `href`. Sa résolution localise la pièce jointe de libellé ❻.
- La référence ❹ est `cid:Paradiso.pdf@DanteAlighieri.org`, valeur de `href`. Sa résolution localise la pièce jointe de libellé ❼.
- Le libellé ❺ est `http://Opere.DanteAlighieri.org/LaDivinaCommedia/Inferno.pdf`, valeur de `Content-`
`Location`.
- Le libellé ❻ est `http://Opere.DanteAlighieri.org/LaDivinaCommedia/Purgatorio.pdf`, obtenu à partir de la valeur de `Content-Location` et de l'URI Base ❶ de la structure multipartie.
- Le libellé ❼ est `cid:Paradiso.pdf@DanteAlighieri.org` obtenu par transformation de la valeur de `Content-ID`.

Conclusion

Nous avons présenté la problématique du codage des données atomiques et des structures de données manipulées par les langages de programmation dans les messages SOAP, ainsi que le style de codage SOAP 1.1.

Les outils de codage des données dans les messages SOAP jouent un rôle important, notamment pour diminuer l'effort de transformation des applications patrimoniales en services Web.

Les mécanismes de codage sont complexes à manier et dans la réalité engendent des problèmes d'interopérabilité entre applications qui utilisent des implémentations hétérogènes de SOAP 1.1. Le document WS-I *Basic Profile Version 1.0 – (Working Group Draft – Date: 2002/10/08)* pose des limitations importantes, pour cause d'interopérabilité, à l'usage de la représentation codée. Ces limitations, jugées excessivement draconiennes par plusieurs spécialistes, interdisent pratiquement l'usage de la représentation codée SOAP et garantissent seulement l'interopérabilité des représentations littérales.

Recommandations WS-I Basic Profile 1.0 (draft)

– R1005 : un message ne doit contenir d'attributs `SOAP-ENV:encodingStyle` dans aucun des éléments qui appartiennent au vocabulaire `http://schemas.xmlsoap.org/soap/envelope` (et donc dans aucun des éléments enveloppe, corps, en-tête, erreur).

– R1006, R1007 : en outre, un message ne doit contenir d'attributs `SOAP-ENV:encodingStyle` dans aucun descendant direct ou indirect de l'élément corps (`SOAP-ENV:Body`).

Évolutions SOAP 1.2 (draft)

L'URI `http://www.w3.org/2002/06/soap-encoding` désigne le style de codage SOAP 1.2 (*working draft* à la date de rédaction de cet ouvrage) ainsi que le schéma de codage et le vocabulaire XML associé (préfixe `enc`).

Par ailleurs, le support du style de codage SOAP 1.2 est optionnel (ce n'est pas un critère de conformité avec les spécifications).

En fait, la représentation codée SOAP 1.1 peut être appliquée dans les échanges entre applications mises en œuvre sur des implémentations SOAP 1.1 largement utilisées comme celles de Microsoft et d'IBM.

Si l'on regarde la problématique de plus près et si l'on accepte l'usage systématique de XML Schema, la distinction littéral/codé a deux justifications :

• le fait que XML Schema est arrivé à l'état de recommandation après SOAP 1.1 ;

• le fait que XML Schema ne permet pas nativement de définir des graphes et d'autres structures intéressantes pour les langages de programmation (ex. : les hash tables).

Les auteurs de la spécification SOAP ont été obligés de définir un modèle abstrait de données SOAP 1.1, indépendamment de l'utilisation d'un schéma XML Schema, parce qu'ils n'avaient pas d'autres moyens d'assurer un codage efficace de certaines données atomiques et structurées manipulées par les langages de programmation.

XML est en train de devenir le format universel des données, et XML Schema le formalisme universel de description de ces données. Confier à un document XML des vecteurs, des graphes et d'autres structures de données est un besoin qui va au-delà de la construction et de l'interprétation des messages SOAP, et qui devrait être pris en compte nativement par la spécification XML Schema.

9

Échanger avec un service – Liaison et styles d'échange

Une liaison (*binding*) générique SOAP est un ensemble de *consignes* destinées à mettre en œuvre le mécanisme SOAP sur un *protocole réseau* spécifique. La spécification SOAP 1.1 précise la liaison avec le *protocole HTTP* (*liaison SOAP/HTTP*).

SOAP permet de mettre en œuvre plusieurs *styles d'échange* (voir figure 9-1) :

- *Message à sens unique* (*one-way*) : il correspond à l'envoi unidirectionnel d'un message SOAP. C'est le style d'échange de base.

- *Requête/réponse* : ici, l'envoi d'un message de requête est suivi d'un message de réponse corrélé. Ce style est en fait défini implicitement (via la liaison générique SOAP/HTTP). Le style requête/ réponse s'applique notamment à la mise en œuvre de l'*appel de procédure distante* (*RPC* : Remote Procedure Call), pour lequel SOAP 1.1 définit une représentation spécifique. Le style *document* est aussi défini implicitement comme le complément du RPC : il désigne les requêtes/réponses au format standard SOAP qui ne sont pas une représentation explicite de l'appel de procédure distante.

Nous avons présenté le style *message à sens unique* comme le style de base dans le chapitre 7. Dans ce chapitre, nous allons exposer les implications de l'utilisation de ce style, ainsi que celles liées à l'utilisation du style *requête/réponse*, dans le cadre de la liaison SOAP/HTTP. Il s'agit d'un choix structurant car le protocole HTTP est bidirectionnel (par opposition à un protocole comme UDP, qui est unidirectionnel).

Nous présentons les styles d'échange SOAP directement et concrètement sur la liaison SOAP/HTTP pour deux raisons majeures :

- le protocole HTTP est sans aucun doute le plus utilisé, dans les applications pratiques, pour véhiculer les messages SOAP ;

- la liaison SOAP/HTTP est la seule préconisée, pour cause d'interopérabilité, par le consortium WS-I.

Par ailleurs, nous allons étudier le style RPC (Remote Procedure Call), dont la représentation est définie explicitement par la spécification SOAP 1.1.

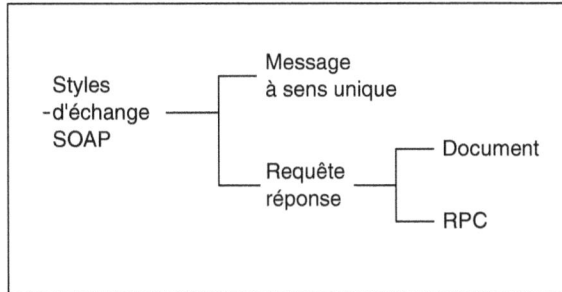

Figure 9-1
Taxinomie des styles d'échange SOAP 1.1.

La liaison SOAP/HTTP

Du point de vue de la définition stricte d'une liaison, SOAP/HTTP est une liaison générique, car elle admet, pour le protocole HTTP, plusieurs formats et codages de données. HTTP est un protocole bidirectionnel synchrone, formé par le couple indissociable requête/réponse HTTP (voir figure 9-2). Du point de vue de SOAP, il joue donc le rôle d'un protocole de transport capable de gérer automatiquement la corrélation entre les deux messages contenus respectivement dans le corps de la requête et le corps de la réponse HTTP.

La mise en œuvre des styles d'échange SOAP pourrait être effectuée avec plusieurs méthodes HTTP. La liaison standard SOAP/HTTP, définie dans la spécification SOAP 1.1, stipule que la seule méthode possible est HTTP POST (sauf en cas d'utilisation du *HTTP Extension Framework* – IETF – RFC2774).

Recommandations WS-I Basic Profile 1.0 (draft)

SOAP 1.1 définit une seule liaison générique SOAP : la liaison SOAP/HTTP. Le profil de base WS-I exige donc l'usage de HTTP (obligatoire) et indique que les messages devraient être envoyés au moyen de la version 1.1 du protocole (R1140).

En revanche, le profil de base WS-I interdit l'utilisation du *HTTP Extension Framework* (RFC2774) qui est permise par la spécification SOAP 1.1 (R1108).

Les recommandations du profil de base permettent l'utilisation pour l'échange de messages du port TCP 80, mais ne le rendent pas obligatoire (R1110).

Le mécanisme des *cookies* HTTP (RFC2965), utilisé pour la gestion des sessions, est permis dans la liaison SOAP/HTTP (R1120), mais il faut savoir qu'un serveur HTTP ne peut pas exiger la gestion des cookies de la part du client (R1121) et doit donc être organisé en conséquence. La conformité avec la RFC2965 est recommandée (R1122).

Évolutions SOAP 1.2 (draft)

SOAP 1.2 interdit l'utilisation du *HTTP Extension Framework* (RFC2774), qui est permise en SOAP 1.1, bien que déconseillée par le profil de base WS-I. Nous ne détaillerons donc pas l'utilisation du *HTTP Extension Framework* dans cet ouvrage.

SOAP 1.2 étend, pour certains usages, la liaison SOAP/HTTP à la méthode HTTP GET. Par exemple, dans le cas d'interrogations idempotentes et sans effets de bord, où l'interrogation peut être entièrement identifiée par l'URI cible de la requête, cet usage, considéré *Web friendly*, est recommandé.

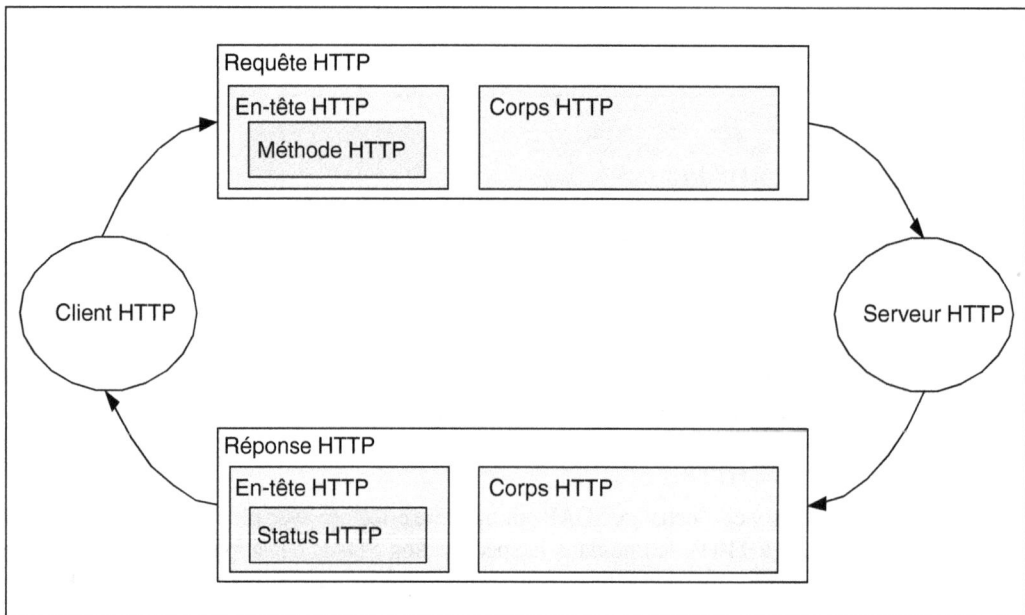

Figure 9-2

Requête/réponse HTTP (sans transfert par tranches).

HTTP 1.1 et transfert en pipe-line

HTTP/1.1 permet la persistance de la connexion et le transfert en pipe-line, c'est-à-dire l'acheminement en séquence (*pipelining*) des requêtes, donc une forme d'asynchronisme (voir le chapitre 5). Sur une connexion persistante (par défaut), il est possible d'envoyer des requêtes en séquence sans attendre les réponses respectives. Le serveur HTTP doit envoyer les réponses sans trous et dans le même ordre.

L'utilité de la connexion persistante se mesure surtout en termes de performance : l'ouverture/fermeture de la connexion est une opération coûteuse qu'il est avantageux de mutualiser.

La faisabilité et l'utilité de l'emploi du pipelining avec SOAP ne sont pas clairement établies à ce jour. En tout état de cause, le pipelining ne pourrait s'appliquer qu'à des requêtes « parallèles » du point de vue applicatif, indépendantes entre elles en termes de changements d'état et d'effets de bord induits.

> **HTTP 1.1 et transfert par tranches**
>
> La fonction de codage pour le transfert par tranches (*chunked transfer coding*) de HTTP permet d'envoyer par tranches successives des messages de taille indéterminée à l'émission. Cette fonction est théoriquement utilisable avec SOAP 1.1.

Le message à sens unique SOAP sur HTTP

Il est possible de mettre en œuvre sur HTTP le style d'échange message à sens unique, qui repose sur le transmission simple d'un message SOAP via la requête HTTP (voir figure 9-3). La réponse à la requête HTTP véhiculant un message à sens unique, en dehors des situations d'erreur, présente un corps HTTP vide de messages SOAP et le contenu de l'en-tête HTTP (code HTTP, autres champs, etc.) transporte les informations usuelles de type « compte rendu » de réception (un accusé de réception en cas de réussite).

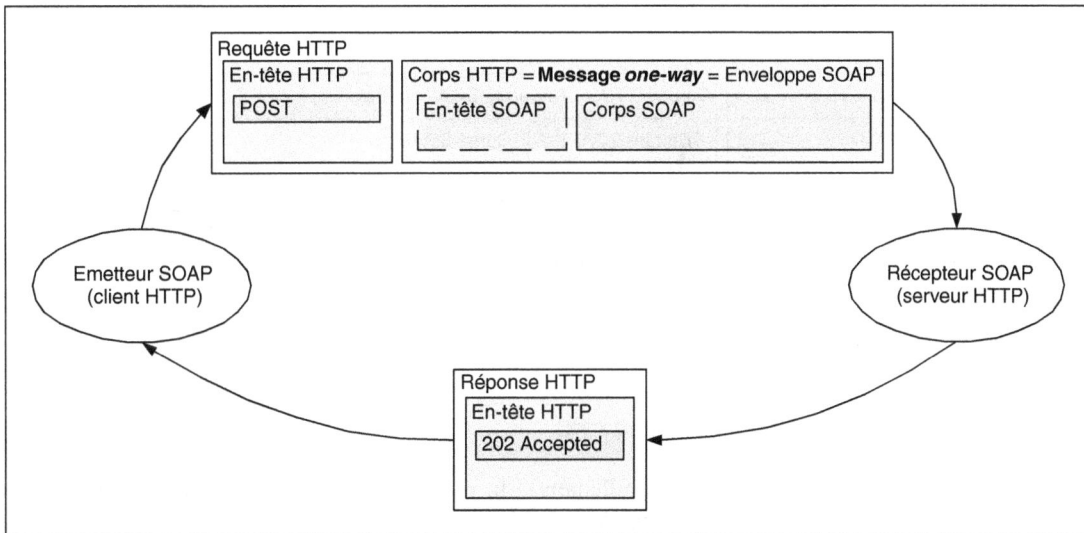

Figure 9-3

Message à sens unique SOAP sur HTTP (avec accusé de réception HTTP).

La requête/réponse SOAP sur HTTP

La liaison SOAP/HTTP s'adapte naturellement au style d'échange de type requête/réponse, qu'il soit RPC ou document (les styles RPC et document sont présentés en détail plus loin dans ce chapitre). La requête et la réponse SOAP sont enchâssées respectivement dans la requête et la réponse HTTP (voir figure 9-4).

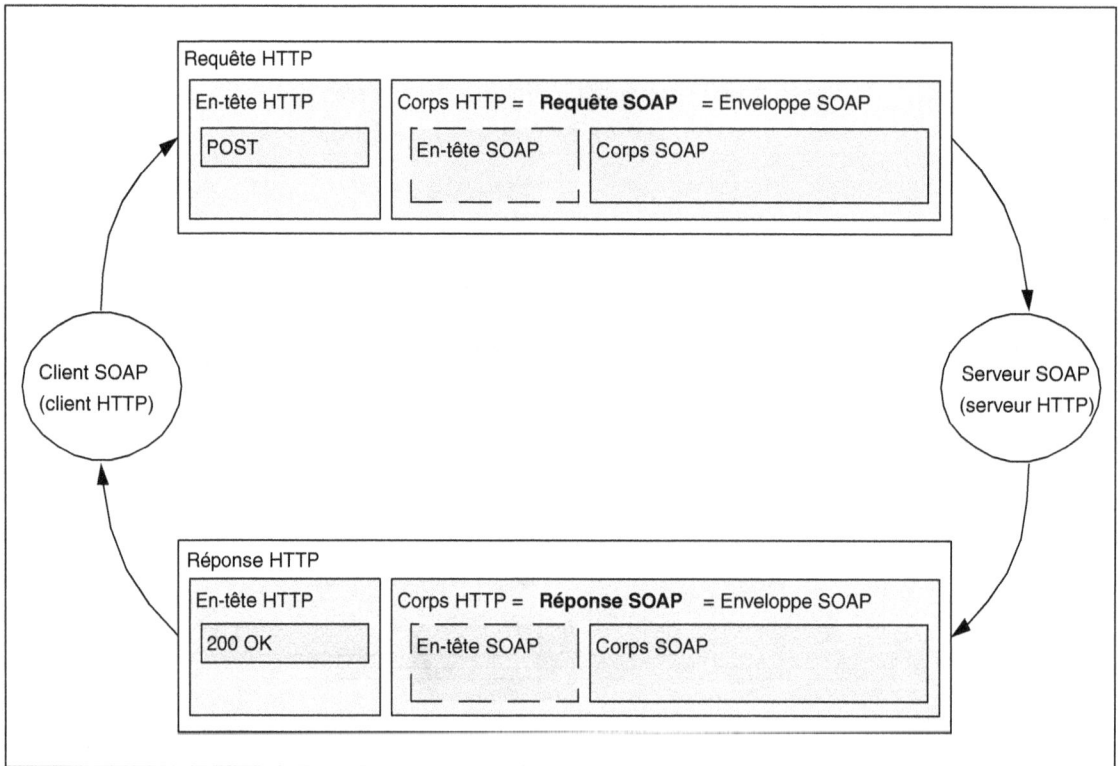

Figure 9-4

Requête/réponse SOAP (RPC ou document) sur HTTP.

Le message d'erreur SOAP sur HTTP

La liaison SOAP/HTTP s'adapte naturellement à la gestion de la corrélation entre le message en erreur SOAP (*faulty message*), que celui-ci soit un message à sens unique ou une requête, et le message d'erreur SOAP (*fault message*). Nous rappelons qu'un message en erreur SOAP n'est pas forcément un message syntaxiquement ou sémantiquement incorrect, mais simplement un message dont le processus de réception/consommation rencontre une situation d'erreur. De même, la spécification SOAP attache à juste titre une importance primordiale à la corrélation entre message en erreur et message d'erreur, quelle que soit la cause de l'erreur.

L'avantage de l'utilisation de HTTP pour le style message à sens unique est qu'il est possible, dans les situations d'erreur SOAP, d'inclure dans la réponse HTTP le message d'erreur SOAP et donc de mettre en œuvre via HTTP la corrélation directe avec le message en erreur (voir figure 9-5).

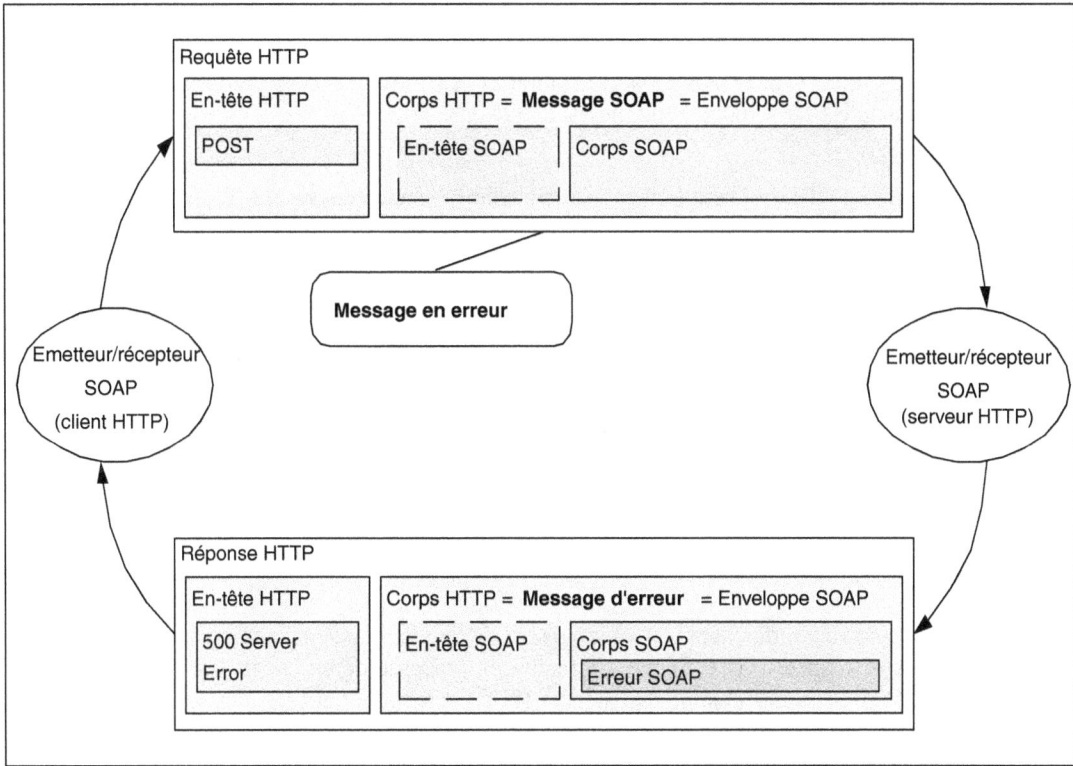

Figure 9-5

Corrélation message SOAP en erreur/message d'erreur SOAP via la liaison SOAP/HTTP.

Nous verrons par la suite que :

- cette approche suppose une forme de synchronisme entre la « consommation » du message et l'envoi de la réponse HTTP ;

- il est déconseillé, pour cause d'interopérabilité par le WS-I, d'inclure un message d'erreur SOAP dans la réponse HTTP d'une requête qui transporte un message à sens unique.

Dans le style d'échange requête/réponse (RPC ou document), lorsque la requête SOAP est en erreur, la réponse HTTP héberge naturellement le message d'erreur SOAP correspondant (voir figure 9-5).

La requête HTTP pour SOAP

SOAP introduit dans HTTP un nouveau champ d'en-tête (SOAPAction) et impose la valeur text/xml pour le champ Content-Type.

Le champ SOAPAction

SOAP introduit dans l'en-tête HTTP POST le nouveau champ de requête `SOAPAction`, pour indiquer le but (*intent*) du message SOAP. La spécification SOAP 1.1 précise que ce champ *doit* être présent dans une requête HTTP véhiculant un message SOAP.

Le champ `SOAPAction` :

- soit contient un URI (qui peut être aussi une chaîne de caractères vide) ;
- soit ne contient aucune valeur (mais le champ est présent quand même).

En voici des exemples :

1. Une valeur d'URI différente de la chaîne vide désigne le but de la requête HTTP SOAP. En fait, cet URI peut être utilisé par un serveur HTTP *proxy* ou une passerelle pour filtrer ou acheminer le message vers l'application concernée.

   ```
   SOAPAction: "HTTP://example.org/account#open"
   SOAPAction: "org.example.account.jar"
   ```

2. La valeur chaîne vide `""` désigne comme « but » de la requête HTTP SOAP l'URI cible de la requête HTTP.

   ```
   SOAPAction: ""
   ```

3. L'absence de valeur du champ `SOAPAction` signifie que le message ne transporte pas d'indication du but de la requête HTTP SOAP. En réalité, la présence de ce champ vide dans une requête HTTP SOAP permet d'identifier la requête HTTP comme un moyen de transport d'un message SOAP sans être obligé d'analyser le contenu du corps de la requête. L'idée d'origine est de faciliter le travail d'acheminement et de filtrage de la part des serveurs HTTP, *proxies* et passerelles. L'utilisation de ce champ en SOAP 1.1 a provoqué des problèmes d'interopérabilité (voir le chapitre 17 « Le défi de l'interopérabilité ») qui sont résolus aujourd'hui. Ce champ disparaît en SOAP 1.2, remplacé par une nouvelle consigne d'utilisation du champ `Content-Type`.

Recommandations WS-I Basic Profile 1.0 (draft)

Une recommandation du profil de base WS-I confirme qu'il est possible de placer comme valeur du champ `SOAPAction` une chaîne de caractères quelconque, y compris la chaîne vide (R1109). En effet, l'information pertinente sur le but du message est contenue dans l'enveloppe SOAP.

Évolutions SOAP 1.2 (draft)

L'en-tête `SOAPAction` a été supprimé dans la liaison SOAP 1.2/HTTP. Par ailleurs, un nouveau code, 427, a été réservé (IANA) pour indiquer que le champ est exigé par le serveur HTTP. L'émission du nouveau code est à la discrétion du serveur HTTP. À la place de `SOAPAction`, et avec la même sémantique, SOAP 1.2 utilise l'attribut `action` du type MIME `application/soap+xml`, qu'il faut obligatoirement utiliser comme valeur de `Content-Type`, à la place de `text/xml` (voir la section suivante).

Le champ Content-Type

La valeur du champ de l'en-tête HTTP `Content-Type` (de type « entité », voir chapitre 5), qui renseigne sur le type MIME de l'entité transportée, *doit* être obligatoirement `text/xml`, pour un message SOAP. À cette valeur suit une valeur de l'attribut `charset` :

```
Content-Type: text/xml; charset="utf-8"
```

Évolutions SOAP 1.2 (draft)

SOAP 1.2 utilise le type MIME `application/soap+xml` à la place de `text/xml` comme valeur de `Content-Type`. L'enregistrement du nouveau type de médium est en cours auprès de l'IETF.

Par ailleurs, le nouveau type `application/soap+xml` prend en charge l'attribut `action` qui est utilisé avec la même sémantique que `SOAPAction` en SOAP 1.1.

En conclusion, une requête ou réponse HTTP transportant un message SOAP est détectée, sans que soit nécessaire d'analyser le contenu de son corps, via le type MIME de son contenu. Le but (*intent*) du message est la valeur (un URI) de l'attribut `action` de la valeur `application/soap+xml` du champ « entité » `Content-Type`.

La réponse HTTP pour SOAP

La réponse HTTP véhicule les codes de retour HTTP. Dans la liaison SOAP/HTTP, les codes *2xx* indiquent que le message SOAP a été reçu. En revanche, le code ne donne pas a priori d'information explicite sur l'issue de la consommation (analyse, évaluation, traitement) du message SOAP.

Recommandations WS-I Basic Profile 1.0 (draft)

Si le contenu de la requête HTTP est mal formé (c'est-à-dire contient un document XML mal formé qui ne peut pas être analysé), la réponse HTTP *devrait* afficher le code HTTP `400 Bad Request` (R1113).

Si la méthode de la requête HTTP n'est pas POST, la réponse HTTP *devrait* afficher le code `405 Method not Allowed` (R1114).

Si la valeur de `Content-Type` de la requête HTTP n'est pas `text/xml`, alors la réponse HTTP *devrait* afficher le code `415 Unsupported Media Type` (R1115).

Les trois codes listés manifestent des erreurs de réception du message SOAP : le message SOAP n'a pas été reçu, donc n'a pas été consommé et ne pourra pas l'être.

Une réponse HTTP qui signale une erreur ou une défaillance différente de celles listées *doit* présenter le code `500 Internal Server Error` (R1106).

Par ailleurs, un message SOAP qui contient seulement un élément `SOAP-ENV:Fault` *doit* être interprété comme un message d'erreur (R1107). Si le contenu de la réponse HTTP est un message d'erreur SOAP, la valeur du code HTTP *devrait* être `500 Internal Server Error` (R1116). La recommandation d'interopérabilité relâche le niveau d'obligation de la spécification SOAP 1.1.

La recommandation du WS-I est que les implémentations devraient examiner systématiquement l'enveloppe SOAP au lieu de se contenter d'examiner le code HTTP, car ce dernier pourrait être changé par l'infrastructure de communication du réseau. En pratique, il est recommandé d'utiliser systématiquement le code 500 dans une réponse qui transporte un message d'erreur SOAP. Le code 500 manifeste donc soit une défaillance du serveur soit un erreur de consommation du message SOAP (le message a été reçu et sa consommation a été interrompue par la levée d'une erreur).

Si le serveur HTTP redirige la requête vers un autre nœud, le profil de base WS-I recommande d'utiliser le code HTTP `307 Temporary Redirect` (R1130).

> **Évolutions SOAP 1.2 (draft)**
>
> Le *draft* SOAP 1.2 fournit une description plus fine de l'utilisation des codes HTTP de type 2*xx*, 3*xx*, 4*xx*.

En cas d'erreur dans le processus de consommation, le serveur HTTP doit retourner le code 500 Internal Server Error. La réponse HTTP doit inclure un message SOAP qui doit contenir un élément erreur comme descendant direct du corps SOAP. Nous allons constater par la suite que cette exigence ne peut être satisfaite que si la consommation du message SOAP est entièrement synchrone avec la requête/réponse HTTP.

La réponse HTTP corrélée à un message à sens unique SOAP

La réponse HTTP à une requête HTTP qui achemine un message à sens unique SOAP qui a été reçu et, éventuellement, consommé sans levée d'erreur SOAP, porte un code HTTP de type 2*xx* et contient un corps HTTP vide.

La réponse HTTP à une requête HTTP véhiculant un message à sens unique SOAP en erreur affiche le code 500 Internal Server Error et *devrait*, selon la spécification, transporter un message d'erreur SOAP dans le corps HTTP. La corrélation entre message à sens unique en erreur et message d'erreur est réalisée par la corrélation requête HTTP/réponse HTTP.

> **Recommandations WS-I Basic Profile 1.0 (draft)**
>
> La réponse HTTP à la requête qui contient un message à sens unique SOAP devrait afficher le code 202 Accepted si aucune erreur ou défaillance n'est détectée avant l'envoi de la réponse (R1112).
>
> Pour les messages à sens unique mis en œuvre su la liaison HTTP, le profil de base interdit, pour cause d'interopérabilité, d'inclure dans la réponse HTTP un message SOAP (R2714). Cette interdiction ne permet donc pas d'utiliser la réponse HTTP pour véhiculer un message d'erreur SOAP corrélé au message à sens unique en erreur contenu dans la requête.

La réponse HTTP corrélée à une requête SOAP

La réponse HTTP corrélée à une requête SOAP reçue, éventuellement analysée, évaluée et traitée avec succès, présente un code HTTP de type 2*xx* et héberge dans le corps HTTP la réponse SOAP.

La réponse HTTP à une requête SOAP en erreur (erreur syntaxique, erreur sémantique, défaillance du consommateur) présente le code HTTP 500 Internal Server Error et transporte dans le corps HTTP un message d'erreur SOAP. La corrélation entre requête SOAP en erreur et message d'erreur est réalisée par la corrélation requête HTTP/réponse HTTP.

> **Recommandations WS-I Basic Profile 1.0 (draft)**
>
> La réponse HTTP à la requête qui véhicule une requête SOAP *devrait* afficher le code 200 OK si aucune erreur ou défaillance n'est détectée avant l'envoi de la réponse (R1111).

La consommation du message et la gestion des erreurs

Au niveau fonctionnel, le message SOAP véhicule un *acte de communication* qui est soumis à des *conditions de succès* et à des *conditions de satisfaction* (voir chapitre 2).

Les conditions de succès sont posées sur la syntaxe et la sémantique du message. Elles sont remplies si le message est :

- syntaxiquement correct ;
- émis par un agent logiciel ayant la capacité, le droit et l'autorisation de le produire et de l'émettre (d'accomplir l'acte de communication) ;
- reçu par un agent logiciel ayant les capacités d'analyse, d'évaluation et de traitement du message (d'accueillir l'acte de communication) ;
- transmis dans un contexte et un environnement dans lesquels l'acte de communication est correct et pertinent.

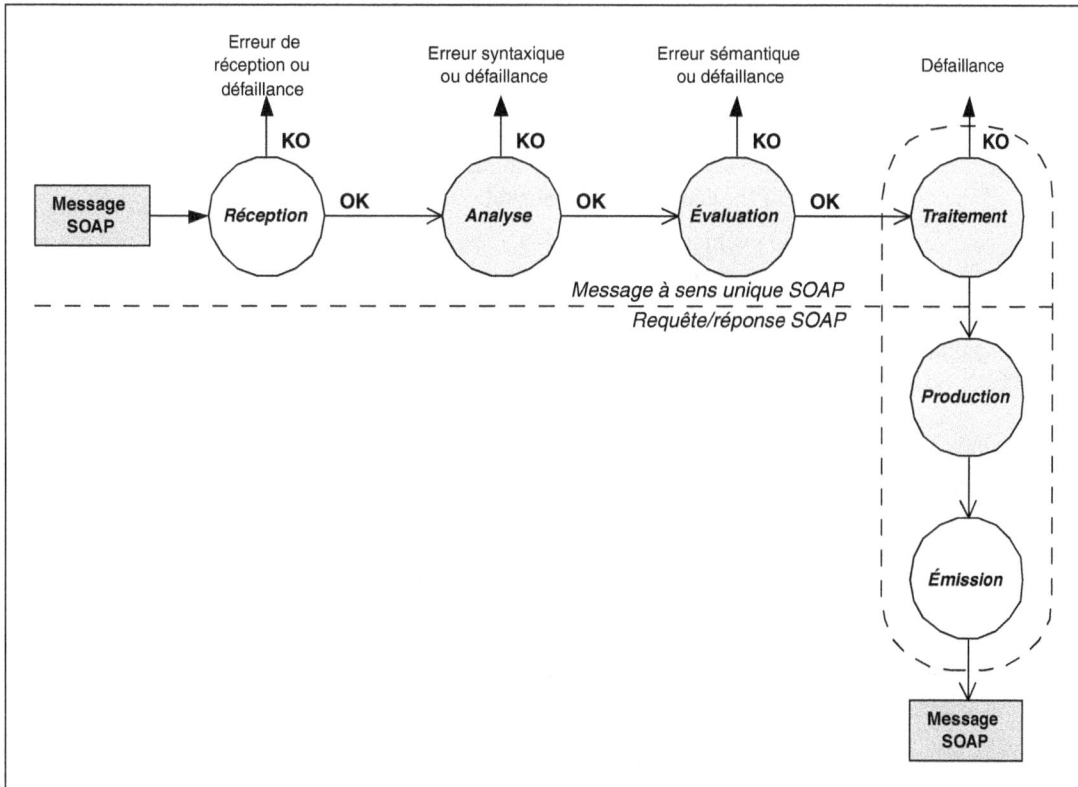

Figure 9-6

Séquence de tâches de consommation d'un message SOAP.

Un acte de communication ayant rempli toutes ses conditions de succès est dit *réussi*, sinon il est dit *manqué*. Un acte de communication réussi est censé opérer un effet pragmatique chez la cible de l'acte, à savoir provoquer les calculs demandés, les transitions d'état attendues et déclencher les actions prévues (effets de bord). Les conditions de satisfaction de l'acte de communication sont remplies lorsque les calculs, les transitions d'état et les actions sont accomplies avec succès. Un acte de communication qui a rempli toutes ses conditions de satisfaction est dit *achevé*, sinon il est dit *inachevé*. Un acte achevé est certainement réussi, alors qu'un acte réussi peut rester inachevé.

L'effet pragmatique de l'acte de communication est mis en œuvre par l'agent logiciel cible au moyen d'un traitement déclenché par la réception d'un message syntaxiquement et sémantiquement correct. Nous appelons *consommation* d'un message SOAP (ou d'une de ses parties), l'activité effectuée par l'agent logiciel destinataire du message suite à la *réception* du message (voir figure 9-6). La spécification SOAP précise que la consommation du corps du message est à la charge du destinataire (le récepteur ultime), alors que la consommation des entrées de l'en-tête peut être à la charge des intermédiaires (voir chapitre 7). Le développement qui suit fait référence à la consommation du corps du message, mais peut être facilement transposé à la consommation des entrées de l'en-tête.

L'activité de consommation se décompose idéalement en trois tâches :

* l'*analyse* syntaxique du message (contrôle syntaxique) ;

* l'*évaluation* sémantique du message (contrôle sémantique) ;

* le *traitement*, qui produit les calculs, les transitions d'état et les effets de bord déclenchés par la réception réussie d'un message syntaxiquement et sémantiquement correct.

Un acte de communication véhiculé par un message est réussi si les tâches d'analyse et d'évaluation se terminent avec succès. Il est achevé après terminaison avec succès du traitement.

Les trois tâches listées s'appliquent aussi bien au message à sens unique qu'à la requête/réponse. L'implémentation de ce dernier style d'échange demande systématiquement la mise en œuvre d'un effet de bord particulier : la *production* et l'*émission* de la réponse SOAP (voir figure 9-6).

La gestion des erreurs

La détection d'une situation d'erreur dans une des tâches de la séquence peut provoquer l'interruption de la séquence et, éventuellement, la production et l'émission d'un message d'erreur SOAP.

Dans la liaison SOAP/HTTP, les tâches de réception et émission (en blanc dans la figure 9-6) sont exécutées par le serveur HTTP tandis que les tâches d'analyse, d'évaluation et de traitement (en gris dans la figure 9-6) sont exécutées par le code technique et applicatif de l'application SOAP.

La détection d'une erreur ou défaillance peut donner lieu à trois types d'actions différentes :

* une réponse HTTP au corps vide avec un code d'erreur ;

* une réponse HTTP 500 contenant un message d'erreur SOAP ;

* tout autre traitement de l'erreur différent des deux actions précédentes.

La première action est déclenchée par l'agent logiciel consommateur et exécutée par le serveur HTTP. La deuxième action est exécutée, toujours à l'initiative de l'agent logiciel consommateur, par le producteur du message SOAP et le serveur HTTP. La troisième action est toujours déclenchée par l'agent consommateur et exécutée en dehors de la chaîne d'exécution propre à la liaison SOAP/HTTP.

L'architecture logicielle du nœud récepteur

Dans l'exposé qui suit, nous allons considérer que les tâches d'analyse, d'évaluation et de traitement sont exécutées en séquence stricte après la réception. En effet, il s'agit d'une abstraction car souvent, dans la réalité des applications, ces trois tâches ne sont pas bien distinctes et l'agent consommateur mélange leurs exécutions. La séparation des tâches d'analyse, d'interprétation et de traitement est une bonne pratique, car il vaut mieux éviter de déclencher des transitions d'état et des effets de bord en tant qu'effet pragmatique d'un message syntaxiquement ou sémantiquement défaillant (correspondant à un acte de communication manqué !).

En d'autres termes, l'analyse syntaxique et l'évaluation sémantique du message devraient être entièrement effectuées et réussies avant le déclenchement chez le consommateur des traitements produisant les transitions d'état et les effets de bord.

Par ailleurs, ce comportement est obtenu par la *gestion transactionnelle* de la consommation du message SOAP. Une erreur sémantique, ou même syntaxique, du message SOAP peut être détectée à la fin du traitement et provoquer de toute façon l'annulation (*rollback*) de la transaction.

La gestion transactionnelle de la consommation du message permet donc de mélanger l'analyse syntaxique, l'interprétation sémantique et la production de transitions d'état. Cette démarche n'est pas applicable aux effets de bord, qui sont irréversibles par définition, et ne peuvent donc pas être annulés. La présence d'effets de bord potentiels du traitement demande donc, même avec la gestion transactionnelle, un ordonnancement averti de ces effets, au moins après tout contrôle syntaxique et sémantique du message.

Recommandations WS-I Basic Profile 1.0 (draft)

Les recommandations du profil de base, que nous avons rappelées tout au long de la présentation de SOAP, imposent, pour cause d'interopérabilité, des mesures fortes sur la gestion de la consommation d'un message SOAP et des erreurs SOAP (voir chapitre 7).

Le profil de base exige que, lorsqu'une situation d'erreur est détectée suite à un message en erreur reçu par un nœud SOAP 1.1, le traitement du message en erreur effectué par ce nœud n'aille pas au-delà des opérations strictement nécessaires au signalement de l'erreur (via un message d'erreur SOAP, la levée d'une exception, l'affichage d'une fenêtre sur une console, ou tout autre moyen disponible dans le contexte et l'environnement de consommation du message).

Le profil de base exige par ailleurs que dans le style d'échange requête/réponse SOAP, lorsqu'une situation d'erreur est détectée suite à une requête en erreur, la réponse contienne un message d'erreur SOAP.

La problématique de l'infrastructure transactionnelle est approfondie dans le chapitre 20 « Gestion des transactions ». Dans le présent chapitre nous ne faisons aucune hypothèse sur la gestion transactionnelle de la tâche de consommation déclenchée par la réception du message. En revanche, nous faisons l'hypothèse que les tâches de consommation du message (analyse, évaluation et traitement) sont exécutées en séquence stricte.

Nous allons présenter, pour le message à sens unique comme pour la requête/réponse, les différentes alternatives de synchronisation et d'ordonnancement des tâches de réception/émission et de consommation et nous allons décrire plus en détail les stratégies les plus utilisées.

Description des tâches

Nous allons décrire de façon sommaire les principales caractéristiques des tâches de réception, d'analyse, d'évaluation et de traitement des messages SOAP, ainsi que la production du message SOAP et d'émission de la réponse HTTP (voir figure 9-6).

La réception

Agent logiciel	Serveur HTTP
Description	Réception de la part du serveur HTTP de la requête HTTP.
Conditions de réussite	La requête HTTP correctement formulée, contenant un document XML bien formé, est correctement reçue par le serveur HTTP non défaillant. Si les conditions de réussite sont remplies, le message est bien reçu et passé avec le contrôle d'exécution à la tâche d'analyse.
Causes d'échec	Les causes d'échec appartiennent à trois catégories : – message physique mal formé (enveloppe HTTP, message SOAP emboîté) ; – défaillance de la connexion ; – défaillance du récepteur. Si un échec se produit, quelle qu'en soit la cause, la séquence est interrompue et une sortie d'erreur est générée.

L'analyse syntaxique

Agent logiciel	Analyseur syntaxique SOAP
Description	Analyse syntaxique du message SOAP (qui, ayant passé l'étape de réception, est un document XML bien formé). Validation par rapport aux différents schémas XML Schema référencés par le message. Pour les messages encodés, analyse de l'application correcte du style de codage.
Conditions de réussite	Les conditions de réussite de la tâche sont réunies si l'enveloppe SOAP reçue est syntaxiquement correcte et conforme à la version de SOAP acceptée par le récepteur/consommateur. Si les conditions de réussite sont satisfaites, le contrôle d'exécution et le message sont passés à la tâche d'évaluation sémantique.
Causes d'échec	Les causes d'échec appartiennent à quatre catégories : – invalidité (non conformité par rapport à un schéma XML Schema) ; – mise en œuvre incorrecte du style de codage revendiqué ; – version SOAP non gérée par le consommateur du message ; – défaillance de l'analyseur. Dans le cas standard, un échec interrompt l'exécution de la séquence et génère une sortie d'erreur. Un analyseur « intelligent », coordonné avec un évaluateur « intelligent », pourrait passer le message avec des erreurs syntaxiques à la tâche d'évaluation, exécutée dans un mode « simulé », dans le but de collecter le maximum d'informations d'analyse et d'évaluation avant l'interruption de l'exécution de la séquence. La séquence est de toute façon interrompue avant la tâche de traitement par une sortie d'erreur.

L'évaluation sémantique

Agent logiciel	Évaluateur sémantique SOAP et applicatif
Description	Évaluation sémantique du message SOAP bien reçu et syntaxiquement correct (sauf cas d'essai d'évaluation sémantique de messages avec des erreurs syntaxiques pour collecte d'informations d'erreur – analyseur et évaluateur intelligents).
	L'évaluation sémantique est une tâche de contrôle essentiellement applicative : elle consiste à appliquer non seulement les règles de contrôle sémantique SOAP, mais aussi toutes les règles de contrôle métier sur le contenu du message.
	Les règles de contrôle sémantique vérifient essentiellement que :
	– le producteur/émetteur du message a les capacités, les droits et les autorisations de production/émission du message ;
	– le récepteur/consommateur a les capacités, les droits et les autorisations de réception/consommation du message ;
	– le message est correct et pertinent dans le contexte et l'environnement de sa transmission.
Conditions de réussite	La condition de réussite de la tâche d'évaluation sémantique est acquise si le message est sémantiquement correct, du point de vue des règles de contrôle sémantique SOAP et des règles de contrôle métier.
	Si les conditions de réussite sont remplies, le message est passé avec le contrôle d'exécution à la tâche de traitement.
Causes d'échec	Les causes d'échec appartiennent à quatre catégories :
	– le message est sémantiquement défaillant ;
	– le producteur/émetteur n'a pas les droits ni les autorisations pour produire et émettre le message ;
	– le récepteur/consommateur n'a pas les capacités, les droits ou les autorisations pour réceptionner et consommer le message ;
	– l'évaluateur sémantique est défaillant.
	L'échec interrompt l'exécution de la séquence et provoque une sortie d'erreur.

Le traitement

Agent logiciel	Application métier traitante
Description	Le traitement est une tâche purement applicative : il s'agit de l'exécution des règles de traitement métier, déclenchées par la réception d'un message syntaxiquement et sémantiquement correct, qui produisent les calculs, les transitions d'état et les effets de bord.
Conditions de réussite	Les conditions de réussite de la tâche sont remplies si les calculs, les transitions d'état et les effets de bord, que la réception du message SOAP syntaxiquement et sémantiquement correct est censée déclencher, sont correctement et complètement effectués.
	Dans le cas de consommation totalement synchrone d'une requête SOAP, lorsque les changements d'état et les effets de bord sont accomplis avec succès, les résultats du traitement et le contrôle d'exécution sont passés aux tâches de production/émission de la réponse SOAP.
Causes d'échec	Elles ne se produisent que sur défaillance de l'application métier traitante.
	La tâche de traitement reçoit en entrée un message syntaxiquement et sémantiquement correct : elle doit donc produire les calculs, les transitions d'état et les effets de bord engendrés par la réception du message. L'échec ne peut être causé que par la défaillance de l'agent logiciel exécutant la tâche (nous considérons la défaillance des ressources matérielles et logicielles utilisées par l'application traitante comme une défaillance de l'agent logiciel).

La production

Agent logiciel	Producteur de message SOAP.
Description	La production correspond à la mise en forme d'un message SOAP (message d'erreur, réponse) avant son émission.

L'émission

Agent logiciel	Serveur HTTP
Description	Production et émission de la réponse HTTP.

Modalités de synchronisation du message SOAP avec la requête/réponse HTTP

Les modalités de synchronisation du message SOAP (à sens unique ou requête) avec la requête/réponse HTTP sont présentées dans le tableau suivant.

Tâche / Modalité	Réception	Analyse	Évaluation	Traitement
Consommation asynchrone	Exécution Production et émission réponse HTTP	Ordonnancement asynchrone	Ordonnancement asynchrone	Ordonnancement asynchrone
Analyse synchrone	Exécution Si erreur, production et émission réponse HTTP	Exécution d'abord Production et émission réponse HTTP (et réponse ou message d'erreur SOAP si nécessaire)	Ordonnancement asynchrone	Ordonnancement asynchrone
Évaluation synchrone	Exécution Si erreur, production et émission réponse HTTP	Exécution Si erreur, production et émission réponse HTTP (éventuellement message d'erreur SOAP)	Exécution d'abord Production et émission réponse HTTP (et réponse ou message d'erreur SOAP si nécessaire)	Ordonnancement asynchrone
Consommation totalement synchrone	Exécution Si erreur, production et émission réponse HTTP	Exécution Si erreur, production et émission réponse HTTP (éventuellement message d'erreur SOAP)	Exécution Si erreur, production et émission réponse HTTP (éventuellement message d'erreur SOAP)	Exécution d'abord Production et émission réponse HTTP (et réponse ou message d'erreur SOAP si nécessaire)

Nous allons maintenant détailler les deux modalités « naturelles » de synchronisation entre la consommation du message SOAP et la requête/réponse HTTP :

- réception synchrone du message à sens unique ;
- consommation totalement synchrone de la requête.

La réception synchrone du message à sens unique SOAP

La modalité de réception synchrone du message à sens unique SOAP sur la liaison SOAP/HTTP prévoit l'émission de la part du serveur HTTP de la réponse HTTP 202 Accepted à la terminaison réussie de la tâche de réception (voir figure 9-7).

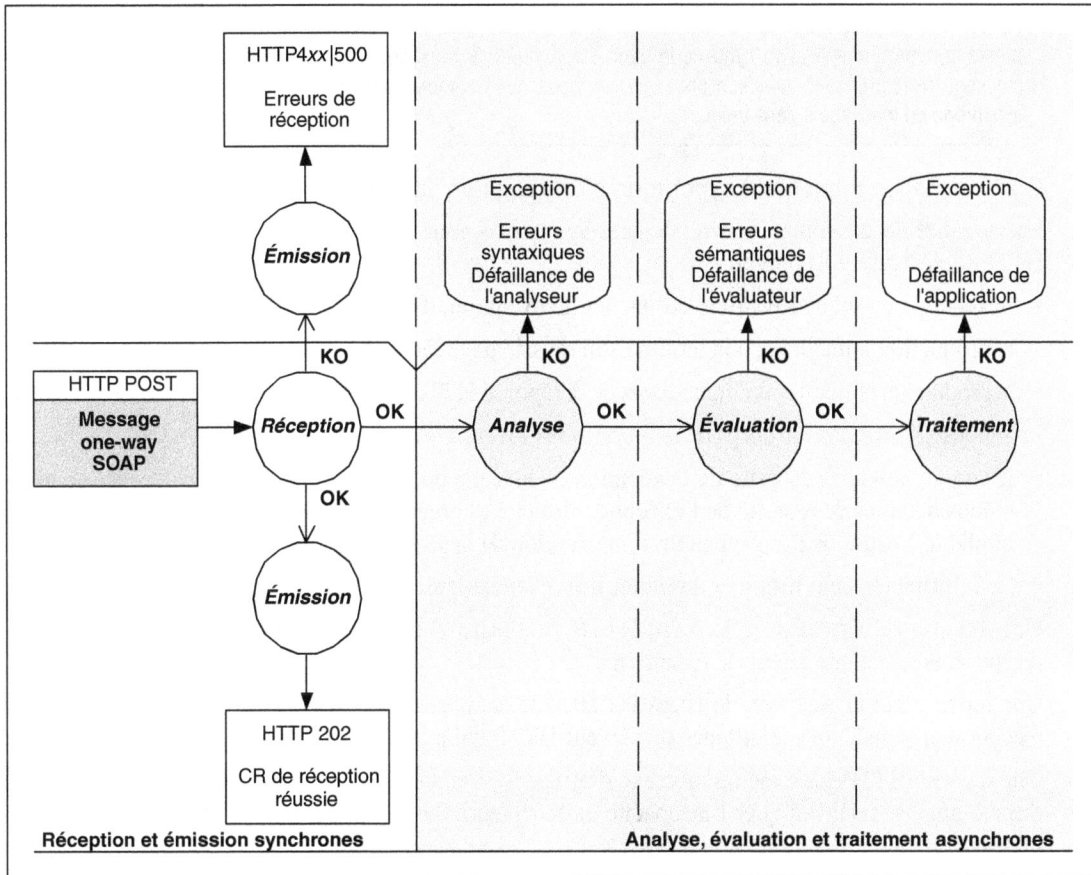

Figure 9-7

Réception synchrone d'un message à sens unique sur la liaison HTTP.

Les tâches d'analyse, d'évaluation et de traitement sont ordonnancées pour exécution asynchrone par rapport à la requête/réponse HTTP. La réponse HTTP est donc un compte rendu de réussite de la réception (accusé de réception), ou bien un compte rendu d'échec de réception (erreur de réception).

En d'autres termes, avec cette modalité de synchronisation, le producteur/émetteur n'a aucun compte rendu synchrone de l'analyse, de l'évaluation ou du traitement du message SOAP.

Une réponse HTTP 4xx est produite par la tâche de réception et relate une erreur de réception (message mal formé, défaillance de la connexion). La défaillance du récepteur, si elle est rattrapée, déclenche une réponse HTTP 500 Internal Server Error.

Une réponse HTTP 500 avec le corps HTTP vide est émise par la tâche de réception et signale une défaillance du serveur HTTP qui a arrêté l'exécution.

Recommandations WS-I Basic Profile 1.0 (draft)

Un nœud émetteur SOAP d'un message à sens unique ne doit pas considérer que l'interaction avec le récepteur est complète avant d'avoir reçu la réponse HTTP 202 Accepted. Cette réponse ne doit en aucun cas être interprétée comme une validation syntaxique et/ou sémantique du message, ou comme un engagement à traiter le message (R2715). C'est la raison pour laquelle nous nous sommes limités à détailler seulement la réception synchrone du message à sens unique.

Consommation totalement synchrone d'une requête SOAP

La modalité de consommation totalement synchrone pour la requête SOAP sur la liaison SOAP/HTTP (voir figure 9-8) prévoit :

- l'exécution en séquence stricte des tâches de réception, d'analyse, d'évaluation et de traitement ;
- la production immédiate, à la terminaison réussie de la tâche de traitement, de la réponse SOAP ;
- la production et l'émission immédiates de la réponse HTTP 200 OK avec la réponse SOAP emboîtée.

La réponse SOAP dans le corps de la réponse HTTP 200 contient généralement :

- le compte rendu de réussite de l'exécution de la tâche de traitement, qui peut inclure les comptes rendus détaillés de réussite de l'exécution des tâches précédentes dans la séquence (généralement implicite à cause de l'engagement d'interruption de la séquence de tâches avant le traitement) ;
- les informations qui résultent du traitement (éventuellement).

Une réponse HTTP 4xx avec le corps HTTP vide (sans message SOAP) est émise par la tâche de réception et relate une erreur de réception.

Une réponse HTTP 500 avec le corps HTTP vide (sans message SOAP) est émise par la tâche de réception et signale une défaillance du serveur HTTP qui a arrêté l'exécution de la séquence.

Une réponse HTTP 500 avec un message d'erreur SOAP SOAP-ENV:VersionMismatch est émise par la tâche d'analyse pour indiquer l'incapacité du récepteur/consommateur à traiter la version SOAP du message.

Une réponse HTTP 500 avec un message d'erreur SOAP SOAP-ENV:Client est émise par la tâche d'analyse ou d'évaluation et décrit une ou plusieurs erreurs syntaxiques ou sémantiques (un analyseur et un évaluateur intelligents essayent d'aller le plus loin possible dans l'analyse et l'évaluation du message).

Une réponse HTTP 500 avec un message d'erreur SOAP SOAP-ENV:MustUnderstand est émise par la tâche d'évaluation et signale l'incapacité, de la part du récepteur/consommateur du message, à consommer effectivement le message (à exécuter les tâches d'évaluation et traitement sur le message reçu).

En conformité avec les spécifications SOAP 1.1, les éléments faultstring et detail de SOAP-ENV:Fault doivent être présents et renseignés lorsque le corps du message SOAP ne peut pas être évalué ou traité. Cette documentation d'erreur n'est pas normalisée et peut faire l'objet d'un accord entre les interlocuteurs.

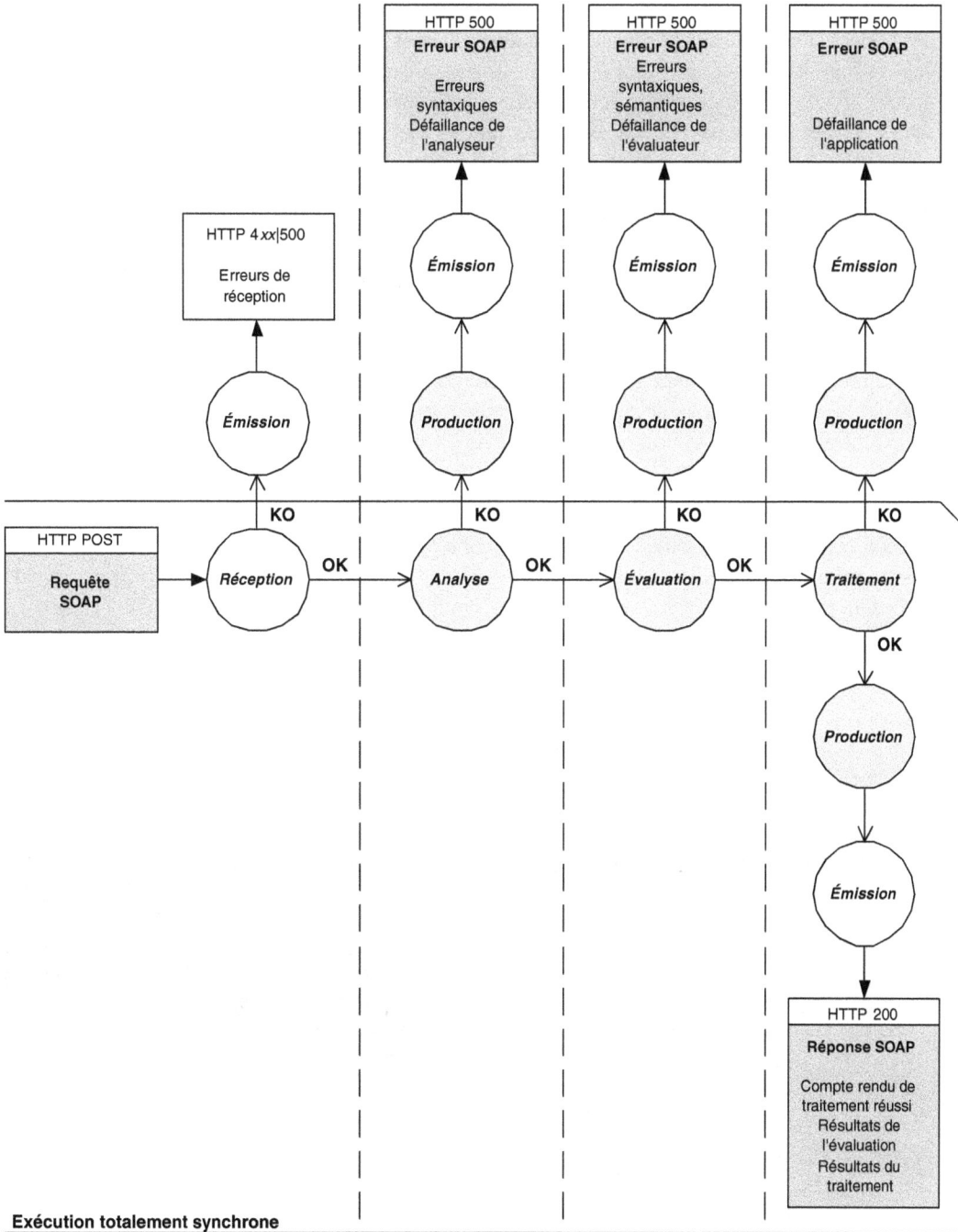

Figure 9-8

Consommation totalement synchrone d'une requête SOAP sur la liaison HTTP.

Une réponse HTTP 500 avec un message d'erreur SOAP code SOAP-ENV:Server peut être émise, soit par la tâche d'analyse, soit par la tâche d'évaluation, soit par la tâche de traitement et relate respectivement une défaillance, soit de l'analyseur, soit de l'évaluateur, soit de l'application traitante. La documentation de la localisation et de la nature de la défaillance (éléments faultstring et detail de SOAP-ENV:Fault) n'est pas normalisée et peut faire l'objet d'un accord entre les interlocuteurs.

L'appel de procédure distante (RPC) en SOAP

Le style d'échange entre applications réparties nommé *appel de procédure distante* (RPC ou Remote Procedure Call) présente de nombreux avantages, qui l'ont rendu populaire auprès des développeurs.

L'avantage essentiel du style d'échange RPC est son caractère intuitif par rapport à des habitudes de programmation généralement acquises. Il permet, dans certaines limites, de présenter le traitement qui peut être effectué par un programme s'exécutant sur un nœud distant du réseau comme équivalent à l'exécution d'une sous-routine dans l'espace de travail local.

Le succès grandissant de la programmation par objets et des architectures à objets répartis a confirmé la popularité du style RPC, qui s'est transformé en *invocation de méthode distante* (RMI ou Remote Method Invocation) : la méthode à exécuter est une procédure identifiée non seulement par son nom et sa signature, mais aussi par le nom de la classe de l'objet (le contexte de résolution du nom de la procédure est relatif à la classe de l'objet cible, compte tenu des règles d'héritage). Pour invoquer la méthode, il est nécessaire de disposer de l'identifiant absolu de l'objet sur lequel la méthode est invoquée.

Implémentations du style RPC

Le style RPC a été normalisé dans le contexte de l'initiative DCE (Distributed Computing Environment) ou encore mis en œuvre dans la réalisation de NFS, le système de fichiers répartis que Sun Microsystems a rendu populaire dans la communauté Unix.

Les mécanismes de RPC sont offerts par un nombre important d'éditeurs de logiciels et de fournisseurs de systèmes d'exploitation. Le modèle le plus utilisé est probablement celui défini par l'OSF (Open Software Foundation) dans le cadre de DCE. L'OMG (Object Management Group) propose dans CORBA (Common Object Request Broker Architecture) un modèle d'appel de procédure distante qui utilise les fonctions du « courtier » (ORB ou Object Request Broker) d'objets répartis. Sun Microsystem propose RMI (Remote Method Invocation), un modèle de RPC intégré dans le langage Java, qui permet d'invoquer une méthode rattachée à un objet résident dans une machine virtuelle Java (processus) différente de celle du programme appelant. RMI utilise aujourd'hui un protocole de transport identique à celui imposé par l'OMG pour assurer l'interopérabilité entre différentes implémentations d'ORB (IIOP ou Internet Inter-ORB Protocol).

Du point de vue du style d'échange entre applications réparties, le style RPC est un cas particulier du style *requête/reponse*.

La requête contient une représentation de l'invocation de la procédure.

La réponse contient :

- soit une représentation du compte rendu de réussite de l'exécution de la procédure, ainsi qu'éventuellement des données résultat de l'exécution de la procédure ;

- soit un compte rendu d'échec, sous forme de message d'erreur.

Le style requête/réponse appelé « document » peut être défini comme le complément du style RPC car il est utilisé par les requêtes/réponses SOAP qui ne transportent pas d'appels/retours RPC.

La déclinaison du style RPC la plus utilisée et la plus simple à programmer est l'*appel bloquant de procédure distante à exécution synchrone*.

L'appel bloquant de procédure distante à exécution synchrone

Dans l'appel bloquant de procédure distante à exécution synchrone, la ligne d'exécution (*thread*) de l'application cliente qui effectue l'appel réalise en fait un appel local à un composant logiciel (appelé *stub* ou *proxy*) et suspend l'exécution en attente du retour de cet appel.

En cas de succès, le stub retourne, après un temps de latence raisonnable, le compte rendu et éventuellement les résultats de l'exécution de la procédure appelée.

En cas d'échec, détectable par le stub, celui-ci, soit retourne un compte rendu d'échec, soit lève une exception qui est rattrapée par le programme appelant. Les cas d'échec comprennent également les dépassements du délai d'attente maximal, qui placent le programme appelant dans une situation d'incertitude.

L'attrait de l'appel bloquant de procédure distante à exécution synchrone tient au fait qu'il réduit, lorsqu'il est réussi et dans certaines situations d'échec, le modèle parallèle et concurrent des traitements répartis au modèle séquentiel/récursif de l'appel de sous-programme.

En ce qui concerne la ligne d'exécution appelante, en cas de réussite ou dans des situations d'erreur imputables à l'appelé, tout se passe, à peu de choses près, comme lors de l'appel d'une procédure locale s'exécutant dans le même espace de travail. Les développeurs habitués à ce type de programmation, à savoir une écrasante majorité, ne sont pas dépaysés.

La différence avec l'appel de procédure local devient explicite lorsque des erreurs se produisent et il est impossible d'occulter le fait que l'appel et le retour de l'appel se sont transformés en messages échangés sur le réseau avec une application s'exécutant sur un autre nœud. Les situations anormales qui peuvent se produire et qui ne rentrent pas dans le canevas de l'appel de procédure locale sont donc de trois types :

- dysfonctionnement ou défaillance de la connexion ;

- dysfonctionnement ou défaillance de l'application distante ;

- temps de latence trop long, au-delà du délai d'attente maximal que peut se permettre la ligne d'exécution (*thread*) appelante.

Le dépassement du délai d'attente maximal (*timeout*) pose problème car le processus appelant peut se trouver dans une situation où il ne sait pas faire la distinction entre un temps de latence trop long et certaines défaillances de la connexion ou de l'application distante.

Ces cas anormaux cassent le mimétisme avec l'appel de procédure distante et ramènent le style RPC à une déclinaison particulière du style d'échange requête/réponse entre applications réparties.

Des variantes du style RPC, plus complexes que le simple appel bloquant de procédure distante à exécution synchrone, sont souvent mises en œuvre, comme :

- l'appel non bloquant : la ligne d'exécution appelante reprend le contrôle d'exécution immédiatement après l'appel et un mécanisme de rendez-vous ou de *call-back* permet de récupérer, le moment venu, le compte rendu et les résultats de l'exécution de la procédure distante ;

- l'exécution partiellement ou totalement asynchrone de la procédure distante, par l'introduction de formes d'asynchronisme comme celles évoquées dans la section précédente.

L'appel non bloquant et l'exécution asynchrone de la procédure distante proposent des modèles de communication entre applications réparties qui s'éloignent de plus en plus de la simplicité intuitive de l'appel local de sous-programme.

La dynamique de l'appel bloquant de procédure distante à exécution synchrone

L'exécution d'un appel bloquant de procédure distante à exécution synchrone repose sur une architecture logicielle qui comprend les composants suivants :

Du côté de l'application cliente :

- Le *programme appelant*, qui lance l'appel de procédure distante comme un appel local vers un composant logiciel appelé stub et suspend l'exécution en attente du retour de l'appel de la part du stub.

- Le composant logiciel nommé *stub* (ou parfois *proxy*), qui peut être considéré comme le représentant local de la procédure distante, du côté client. Ce composant est invoqué par le programme appelant pour générer une représentation linéaire de l'appel qui puisse être emboîtée dans un message transitant sur le réseau (sérialisation). Cette représentation linéaire est passée au composant en charge de l'émission (et de la réception) du message que nous appelons « composant communication » (voir ci-après). Réciproquement, il est sollicité par le composant communication avec la représentation linéaire du retour de l'appel de la procédure distante : cette représentation est transformée en retour de l'appel (désérialisation).

- Un composant *communication*, faisant partie de l'infrastructure d'échange, qui se charge de la production et de l'émission du message dans lequel est emboîtée la représentation linéaire de l'appel. Il se charge également de la réception du message qui incorpore la représentation linéaire du retour de l'appel, ainsi que de l'extraction de cette représentation et de sa transmission au stub.

Du côté de l'application serveur :

- Un composant *communication*, faisant partie de l'infrastructure d'échange, qui se charge de la réception du message/appel, de l'extraction de la représentation linéaire de l'appel, de l'invocation d'un composant appelé *skeleton* avec la représentation linéaire passée en paramètre. Réciproquement, il est chargé de la production et de l'émission du message emboîtant la représentation linéaire du retour de l'appel qui lui est transmise par le skeleton.

- Un composant logiciel nommé *skeleton* (ou parfois *stub*) qui peut être considéré comme le représentant local du programme appelant, du côté serveur. Ce composant a pour tâche de transformer la représentation linéaire de l'appel, reçue de la part du composant communication, en un appel local vers la procédure invoquée (désérialisation). Réciproquement, il est chargé de produire une représentation linéaire (sérialisation) du retour de l'exécution de la procédure et de la transférer au composant communication.

- Le *programme appelé*, qui subit l'appel de procédure locale de la part du skeleton, exécute la procédure et retourne le compte rendu d'exécution et éventuellement les résultats du traitement au skeleton.

Le graphe de séquence d'une RPC

La dynamique de l'appel bloquant de procédure distante est présentée figure 9-9.

Le prétraitement

Le programme appelant, au cours de son exécution, effectue un appel de procédure distante. Cet appel est en fait un appel local au stub. La ligne d'exécution du programme appelant suspend son activité et se met en attente du retour du stub.

La sérialisation

Le stub sérialise l'appel (en génère une représentation linéaire). Cette représentation linéaire comprend la représentation des valeurs des arguments de l'appel, qui est construite selon des règles de codage des types atomiques et structurés des arguments. La sérialisation relative à une signature de méthode ou à une procédure donnée peut être effectuée systématiquement par un stub spécifique (le stub est généré à la compilation à partir de la signature). Elle peut aussi être produite dynamiquement par un stub générique chargé d'interpréter à la volée la description de la signature, qui doit être évidemment accessible à l'exécution. Le stub doit également disposer de l'adresse du port de réception du serveur, qu'il peut connaître statiquement ou qu'il trouve sur un annuaire. Le stub appelle le composant communication en fournissant en paramètre la représentation linéaire de l'appel et l'identifiant/ adresse du serveur, et se met en attente du retour.

L'émission

Côté client, le composant communication emboîte la représentation linéaire de l'appel dans un message qui est transmis, au moyen d'un protocole réseau, à son correspondant sur le serveur.

La réception

Côté serveur, le composant communication est sollicité par la réception du message. Par inspection de certaines parties du message (généralement de l'en-tête), il trouve l'adresse du skeleton correspondant et effectue un appel en passant la représentation linéaire de l'appel en paramètre.

La désérialisation

Le skeleton transforme la représentation linéaire de l'appel en un appel local à la procédure visée (désérialisation).

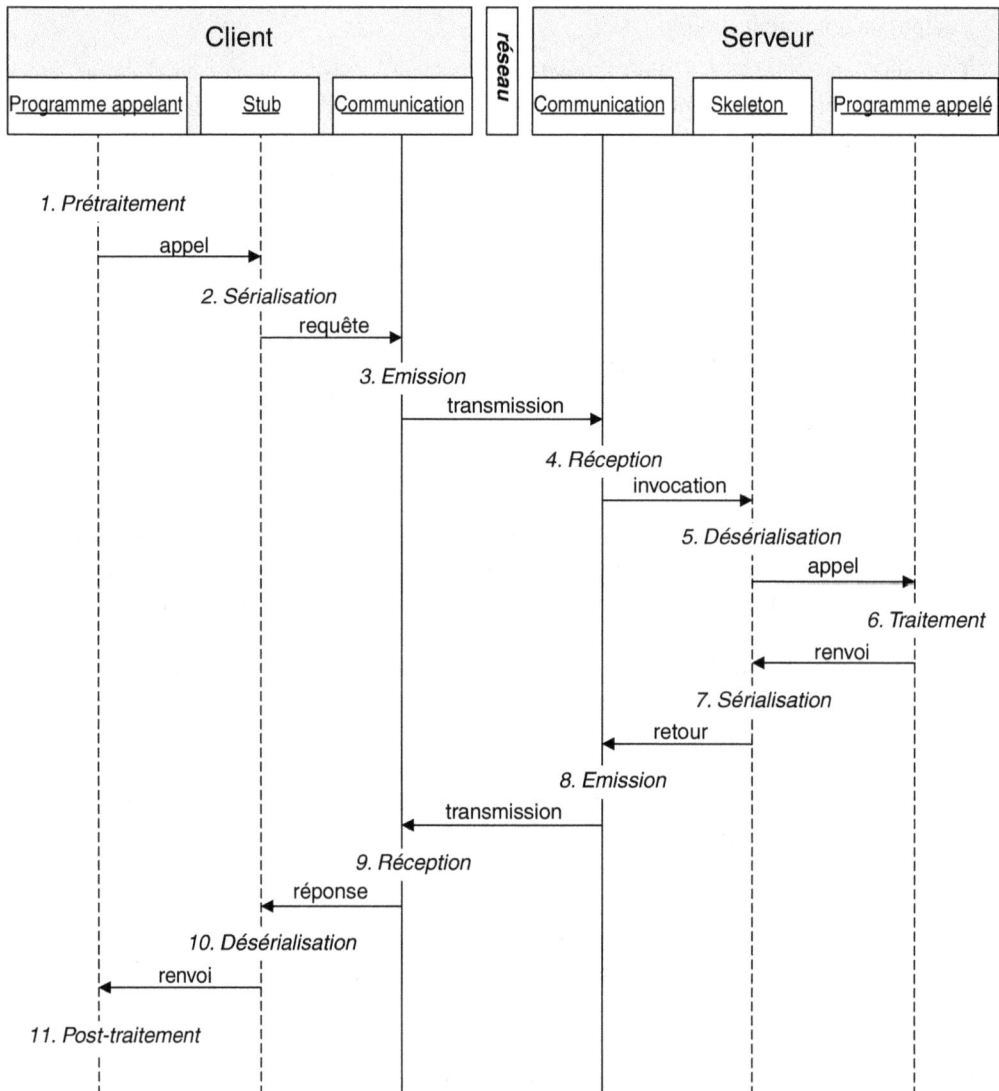

Figure 9-9

Graphe de séquence de l'appel bloquant de procédure distante à exécution synchrone.

Le traitement

La procédure s'exécute et retourne le compte rendu d'exécution avec éventuellement les résultats au skeleton. La procédure peut également produire des exceptions.

La sérialisation

Le skeleton sérialise le compte rendu d'exécution (éventuellement les résultats) ou produit une représentation linéaire (message d'erreur) d'une exception levée par la procédure. Il passe la représentation linéaire au composant communication.

L'émission

Côté serveur, le composant communication emboîte la représentation linéaire du retour d'exécution, réussie ou en erreur, dans un message et transmet le message à son correspondant client.

La réception

Côté client, le composant communication reçoit le message qui transporte le retour de l'appel. Il extrait du message la représentation linéaire du retour qu'il passe au stub en attente de ce retour.

La désérialisation

Le stub transforme la représentation linéaire du retour en un retour d'appel local vers le programme appelant ou bien en levée d'exception (désérialisation). Pour cela, il utilise les règles de décodage des types atomiques et structurés. Si le compte rendu de l'appel est un compte rendu d'échec, il peut lever une exception.

Le post-traitement

Le programme appelant récupère le retour de l'appel au stub ou rattrape l'exception levée et continue son traitement applicatif.

La mise en œuvre du style RPC avec SOAP

La représentation et l'échange d'appels de procédure distante via l'utilisation de XML et des protocoles Internet est l'objectif originel de SOAP. La motivation principale n'est pas la conséquence, selon nous, d'une prédilection pour ce style d'échange entre applications réparties, mais vient de deux constats pragmatiques :

- Une partie très importante des applications patrimoniales, quelle que soit leur technologie d'implémentation, présente une interface « locale » sous forme d'API (Application Programming Interface), c'est-à-dire sous forme de signatures de procédures ou de méthodes : dans ce cas, la mise en œuvre d'un skeleton SOAP suffit pour exposer leur API, la rendre accessible en style RPC et transformer ainsi ces applications en services Web.

- Pour les applications patrimoniales qui ne présentent pas une interface locale sous forme d'API (comme certaines applications TP sur *mainframe*), la mise en œuvre d'une telle interface locale, complétée par la réalisation d'un skeleton SOAP, est le moyen le plus simple pour les transformer en services Web.

SOAP 1.1 définit une représentation linéaire des appels de procédures distantes et des retours d'appels. Cette représentation linéaire peut être utilisée en synergie avec une représentation codée des données atomiques et structurées, valeurs des paramètres d'entrée et de sortie du style RPC, et éventuellement avec le style de codage SOAP 1.1 (voir chapitre 8). Cependant, l'usage du style de codage SOAP 1.1 n'est pas une obligation car la représentation RPC SOAP est volontairement indépendante de tout style de codage.

L'utilisation de SOAP pour la représentation du style RPC est également indépendante, en principe, du protocole utilisé pour l'échange des messages. Dans le cas de l'utilisation de la liaison générique SOAP/HTTP, le style RPC devient une déclinaison très naturelle du style requête/réponse qui s'appuie, lui aussi très naturellement, sur le couple requête/réponse HTTP.

L'utilisation d'autres protocoles de transport, comme SMTP, est toujours possible et des implémentations sont disponibles. Il faut cependant garder à l'esprit que la liaison générique SMTP sur SOAP 1.1 n'est pas définie explicitement dans la spécification. Les *implémentations existantes doivent donc être considérées comme des extensions propriétaires du protocole SOAP 1.1* (même si des notes relatives à ce sujet ont été soumises au W3C). Par ailleurs, la nature nativement asynchrone de SMTP permet de mettre en œuvre facilement des variantes non bloquantes et asynchrones du style RPC.

Pour mettre en œuvre le style RPC en SOAP, il est nécessaire de disposer des informations suivantes :

• l'URI de la cible ;

• le nom de la procédure ou de la méthode ;

• la signature de la procédure ou de la méthode (nécessaire pour composer un appel dynamique) ;

• les paramètres de l'appel et du retour.

Utilisation de l'URI comme identifiant de la cible

La cible d'un appel de procédure distante est l'entité à laquelle l'appel est adressé. La cible se distingue par sa granularité. Elle peut être :

• un objet (une occurrence d'une classe) dans le cas de l'invocation de méthode distante ;

• une application entière, à savoir un processus s'exécutant sur une machine distante dont le nom de la procédure désigne un point d'entrée (*entry-point*).

Le choix, réalisé par la technologie de services Web, a consisté à choisir l'URI comme identifiant universel pour ces deux types de cible. Cela veut dire que, quelle que soit la granularité de la cible, elle se présente toujours comme une ressource Web. Ce choix présente des avantages très importants dont la portée et les conséquences ne sont probablement pas encore complètement identifiées aujourd'hui :

• Il s'agit d'une solution générale et hautement interopérable du problème de l'identifiant universel de la cible de l'appel, dont les solutions n'ont pas toujours été satisfaisantes dans le passé. L'IOR (Interoperability Object Reference) de l'OMG est arrivé tardivement avec CORBA 2, car l'identifiant de l'objet cible a longtemps été considéré comme relevant de l'implémentation propriétaire de l'ORB.

- Il garantit le traitement homogène d'un objet ou d'un processus distant (en fait d'un service) comme une ressource Web, au même titre qu'une page HTML ou un document PDF.

De ce choix découlent des conséquences intéressantes, telles que :

- le fait que l'on puisse insérer dans une page HTML le lien à l'URI de la cible d'une invocation RPC SOAP (et en général d'un message SOAP), mais encore faut-il que le navigateur sache ce qu'il faut faire avec ce lien, et avec le message SOAP renvoyé après avoir cliqué sur le lien ;

- la possibilité que les cibles de l'appel soient créées automatiquement par le serveur et retournées au client (sous forme de données de type `xsd:anyURI`), comme pour la création dynamique d'objets répartis.

Par exemple, le service « Voyages d'affaires », que nous avons décrit dans le chapitre 4, est identifié par un URI, et peut retourner l'URI d'un (dossier de) voyage d'affaires, lequel constituera, après insertion dans une page HTML personnalisée sous forme de lien, la cible directe d'autres invocations RPC appropriées. Il faut noter que ce mode de fonctionnement est très puissant, mais il réintroduit les problèmes, propres à la programmation par objets répartis, de cycle de vie et de portée de l'identifiant.

L'utilisation de l'URI de la cible de l'invocation RPC est déléguée par SOAP à la liaison avec le protocole de transport. Dans la liaison SOAP/HTTP, l'URI de la cible de l'invocation RPC est l'URI de la requête (champ `Host`).

La représentation du style RPC dans le corps SOAP

Les appels et les retours d'appels RPC sont véhiculés sous forme de descendants directs du corps d'un message SOAP 1.1 (`SOAP-ENV:Body`).

L'appel de procédure est représenté par un élément conteneur (*wrapper*), nommé et typé en utilisant le nom de la méthode appelée.

Les paramètres d'entrée de l'appel sont des accesseurs, dont le nom et le type correspondent au nom et au type de chaque paramètre, et constituent des descendants directs du conteneur. Les accesseurs dans le conteneur sont disposés dans le même ordre que les arguments dans la signature de la méthode.

Le retour de l'appel de procédure est représenté lui aussi par un élément conteneur. Le nom de l'élément n'est pas imposé et n'est pas signifiant. La convention d'usage est d'utiliser le nom de la procédure avec en suffixe `Response`.

La valeur de résultat de l'appel n'a pas de nom signifiant, mais représente le premier descendant direct de l'élément conteneur.

Les paramètres de sortie de l'appel sont des accesseurs, dont le nom et le type correspondent au nom et au type de chaque paramètre. Les accesseurs dans l'élément composite sont disposés dans le même ordre que les arguments dans la signature de la procédure ou méthode, après le résultat.

Distinction entre usage littéral et usage codé

Le style d'échange RPC ou document d'une « opération » mise en œuvre par une requête/réponse SOAP est précisé dans un document WSDL (voir chapitre 10) par la valeur de l'attribut `style` de l'élément `soap:operation` (le préfixe `soap` est associé au vocabulaire XML *http://schemas.xmlsoap.org/wsdl/soap*). Les valeurs possibles de l'attribut `style` sont `rpc` (pour le style RPC SOAP) et `document` (pour le style requête/réponse générique).

Par ailleurs, l'indication du type et de la structure concrète d'un message est obtenue par les attributs `type` et `element` de l'élément WSDL `message`, dans la description de l'interface abstraite. Les valeurs de ces attributs sont des noms de types et d'éléments définis dans l'élément `types` du document WSDL. L'élément `types` peut contenir un ou plusieurs schémas XSD (encapsulés par l'élément `xsd:schema`) ou d'autres schémas (définis dans un langage autre que XML Schema).

La relation entre les schémas et la structure du message est complexe et passe également par l'attribut `use` de `soap:body`, qui caractérise la structure du corps SOAP pour une `operation` vehiculée par l'intermédiaire du protocole SOAP. Les valeurs de `use` sont `literal` et `encoded`.

Lorsque la valeur de l'attribut `use` est `literal` (*usage littéral*), les valeurs de `type` ou `element` de `message` définissent la structure concrète du message. L'attribut `encodingStyle` peut être spécifié, mais il n'a qu'une valeur de commentaire de traçabilité : il exprime simplement que le style de codage identifié par sa valeur (par exemple le style de codage SOAP 1.1) a été utilisé pour produire la structure du message concret, mais que finalement il ne faut tenir compte que de la structure produite, qui est entièrement décrite dans l'élément WSDL `types`, et non de la procédure d'encodage (c'est une stratégie qualifiée *sender-makes-right* qui s'applique).

Lorsque la valeur de `use` est `encoded` (*usage codé*), l'attribut `encodingStyle` donne l'identifiant du style de codage qui est appliqué pour générer un message concret (pour le style de codage SOAP 1.1, l'identifiant est l'URI `http://schemas.xmlsoap.org/soap/encoding`). La valeur de `type` de `message` donne une indication d'un type « abstrait », car, pour obtenir le message concret, il est nécessaire d'appliquer les règles de codage propres au style de codage (par opposition à l'usage littéral, où la structure concrète du message est parfaitement indiquée par le schéma). Le récepteur d'un message SOAP, défini avec ces caractéristiques dans l'élément WSDL `service`, est doté d'une procédure de décodage complexe, car il doit être capable d'absorber les différentes variantes du style de codage SOAP 1.1 (dans ce cas, c'est une stratégie qualifiée *receiver-makes-right* qui s'applique).

Il faut bien noter que l'usage littéral de SOAP (valeur `literal` de `use`) englobe les représentations littérales et les représentations codées implicites, voire explicites (voir l'usage de `encodingStyle` évoqué dans la section précédente).

Dans les exemples qui suivent, le préfixe destiné aux types définis dans le style de codage SOAP 1.1 (`http://schemas.xmlsoap.org/soap/encoding`) est `SOAP-ENC`.

Évolutions SOAP 1.2 (draft)

SOAP 1.2 propose un accesseur `result` du vocabulaire XML SOAP/RPC pour désigner dans la réponse l'élément qui transporte le résultat de l'appel RPC, ainsi que des codes d'erreur additionnels (toujours dans l'espace de noms SOAP/RPC).

SOAP 1.2 permet de représenter les requêtes et les réponses non seulement comme des structures, mais aussi comme des vecteurs.

Il faut rappeler que la spécification SOAP 1.2 considère optionnelle l'implémentation du style de codage SOAP 1.2.

Usage littéral pour le style RPC

Voici un exemple de RPC SOAP, en usage littéral, véhiculé par une liaison SOAP/HTTP.

Appel

L'appel RPC :

```
POST /RentACar HTTP/1.1
Host: webserver.carrental.com
Content-Type: text/xml; charset="utf-8"
Content-Length: nnnn
SOAPAction: "http://webserver.carrental.com/RentACar"
<?xml version="1.0" encoding="UTF-8"?>
<SOAP-ENV:Envelope
   xmlns:SOAP-ENV="http://schemas.xmlsoap.org/soap/envelope/">
   <SOAP-ENV:Body>
      <lrac:getLastDailyRate xmlns:lrac="http://rentacar.org/literal">
         <lrac:carClass>A</lrac:carClass>
         <lrac:carMake>Peugeot</lrac:carMake>
      </lrac:getLastDailyRate>
   </SOAP-ENV:Body>
</SOAP-ENV:Envelope>
```

Dans cet exemple :

• La *cible* est désignée par la valeur du champ d'en-tête de la requête HTTP Host.

• Le *but* du message est désigné par la valeur du champ d'en-tête SoapAction.

• L'*invocation* de la procédure est représentée par l'élément composite getLastDailyRate, descendant direct de SOAP-ENV:Body.

• La *procédure* se nomme getLastDailyRate.

• L'invocation de la procédure comporte deux *paramètres* : carClass et carMake.

• Le vocabulaire XML http://rentacar.org/literal est associé au schéma XSD qui définit le schéma de l'appel.

Voici la définition des types des valeurs des paramètres carClass et carMake :

```
<xs:simpleType name="CarClassType">
   <xs:restriction base="xs:string">
      <xs:length value="1" fixed="true"/>
   </xs:restriction>
</xs:simpleType>
<xs:simpleType name="CarMakeType">
   <xs:restriction base="xs:string"/>
</xs:simpleType>
```

Voici le type complexe correspondant à la structure de l'appel :

```
<xs:complexType name="getLastDailyRateType">
   <xs:sequence>
      <xs:element name="carClass" type="tns:CarClassType"/>
      <xs:element name="carMake" type="tns:CarMakeType"/>
   </xs:sequence>
</xs:complexType>
```

Enfin, voici l'élément `getLastDailyRate` :

```
<xs:element name="getLastDailyRate" type="tns:getLastDailyRateType"/>
```

Retour

Le retour d'appel RPC :

```
HTTP/1.1 200 OK
Content-Type: text/xml; charset="utf-8"
Content-Length: nnnn

<?xml version="1.0" encoding="UTF-8"?>
<SOAP-ENV:Envelope
   xmlns:SOAP-ENV="http://schemas.xmlsoap.org/soap/envelope/">
   <SOAP-ENV:Body>
      <lrac:getLastDailyRateResponse xmlns:lrac="http://rentacar.org/literal">
         <lrac:return>26</lrac:return>
         <lrac:currency>Euro</lrac:currency>
         <lrac:carMake>Renault</lrac:carMake>
      </lrac:getLastDailyRateResponse>
   </SOAP-ENV:Body>
</SOAP-ENV:Envelope>
```

Voici les définitions des types des paramètres :

```
<xs:simpleType name="DailyRateType">
   <xs:restriction base="xs:float"/>
</xs:simpleType>
<xs:simpleType name="CurrencyType">
   <xs:restriction base="xs:string">
      <xs:enumeration value="Euro"/>
      <xs:enumeration value="Dollar"/>
      <xs:enumeration value="Yen"/>
   </xs:restriction>
</xs:simpleType>
```

Voici la définition du type et de l'élément « retour d'appel » :

```
<xs:complexType name="getLastDailyRateResponseType">
   <xs:sequence>
      <xs:element name="return" type="tns:DailyRateType"/>
      <xs:element name="currency" type="tns:CurrencyType"/>
      <xs:element name="carMake" type="tns:CarMakeType"/>
   </xs:sequence>
</xs:complexType>
<xs:element name="getLastDailyRateResponse"
   type="tns:getLastDailyRateResponseType"/>
```

Recommandations WS-I Basic Profile 1.0 (draft)

Nous rappelons que le profil de base n'accepte, pour cause d'interopérabilité, que l'usage littéral du style RPC.

Usage littéral avec revendication du style de codage

Voici le même exemple qu'à la section précédente, toujours en usage littéral. Les types sont obtenus par extension/restriction des types du style de codage SOAP 1.1 dont le schéma concret du message est obtenu par les définitions des types et des éléments. Dans ce cas, l'indication du style de codage (SOAP-ENV:encodingStyle), si elle est utilisée, sert simplement de documentation sur la production du message.

Nous présentons seulement l'appel :

```
POST /RentACar HTTP/1.1
Host: webserver.carrental.com
Content-Type: text/xml; charset="utf-8"
Content-Length: nnnn
SOAPAction: "http://webserver.carrental.com/RentACar"

<?xml version="1.0" encoding="UTF-8"?>
<SOAP-ENV:Envelope
  xmlns:SOAP-ENV="http://schemas.xmlsoap.org/soap/envelope/">
  <SOAP-ENV:Body>
    <lrac:getLastDailyRate xmlns:lrac="http://rentacar.org/literal">
      <lrac:carClass>A</lrac:carClass>
      <lrac:carMake>Peugeot</lrac:carMake>
    </lrac:getLastDailyRate>
  </SOAP-ENV:Body>
</SOAP-ENV:Envelope>
```

La cible et le but de l'appel sont précisés de la même façon que dans la section précédente. La structure de l'appel est aussi la même. Seule la revendication de style de codage SOAP 1.1 est ajoutée.

Voici la définition du type des valeurs du paramètre carClass (la définition relative à carMake reste la même que dans l'exemple précédent) :

```
<xs:complexType name="CarClassType">
  <xs:simpleContent>
    <xs:restriction base="SOAP-ENC:string">
      <xs:length value="1" fixed="true"/>
    </xs:restriction>
  </xs:simpleContent>
</xs:complexType>
```

Le type complexe correspondant à la structure de l'appel est une *structure* du style de codage SOAP 1.1 :

```
<xs:complexType name="getLastDailyRateType">
  <xs:complexContent>
    <xs:extension base="SOAP-ENC:Struct">
      <xs:sequence>
        <xs:element name="carClass" type="tns:CarClassType"/>
        <xs:element name="carMake" type="tns:CarMakeType"/>
      </xs:sequence>
    </xs:extension>
  </xs:complexContent>
</xs:complexType>
```

Voici enfin l'élément `getLastDailyRate` :

```
<xs:element name="getLastDailyRate" type="tns:getLastDailyRateType"/>
```

Usage codé

Dans l'exemple qui suit, les types sont obtenus par extension/restriction des types du schéma de codage SOAP 1.1. Bien que les éléments et les types soient parfaitement définis, et que la structure du message soit parfaitement conforme, le message lui-même (dans ce cas la réponse) ne peut pas être « décodé » sans application des règles du schéma de codage SOAP 1.1. Concrètement, il est impossible de reconstruire une structure partagée en mémoire sans l'application des règles de décodage.

Appel

`GetCustomerRIBs` est une interrogation (*query*) qui vise à obtenir tous les RIB des comptes des clients ayant comme nom de famille la valeur de l'argument `lastName` :

```
POST /RentACar HTTP/1.1
Host: webserver.bank.com
Content-Type: text/xml; charset="utf-8"
Content-Length: nnnn
SOAPAction: "http://webserver.bank.com/Account"

<?xml version="1.0" encoding="UTF-8"?>
<SOAP-ENV:Envelope xmlns:SOAP-ENV="http://schemas.xmlsoap.org/soap/envelope/"
    SOAP-ENV:encodingStyle="http://schemas.xmlsoap.org/soap/encoding">
    <SOAP-ENV:Body>
        <eb:getCustomerRIBs xmlns:eb="http://bank.org/encoded">
            <lastName>Tartampion</lastName>
        </eb:getCustomerRIBs>
    </SOAP-ENV:Body>
</SOAP-ENV:Envelope>
```

Retour

Le résultat de l'interrogation (`return`) est un tableau de `customer`, qui est une structure contenant, entre autres, un tableau de `RIB` :

```
HTTP/1.1 200 OK
Content-Type: text/xml; charset="utf-8"
Content-Length: nnnn

<?xml version="1.0" encoding="UTF-8"?>
<SOAP-ENV:Envelope
    xmlns:SOAP-ENV="http://schemas.xmlsoap.org/soap/envelope/"
    SOAP-ENV:encodingStyle="http://schemas.xmlsoap.org/soap/encoding">
    <SOAP-ENV:Body>
        <eb:getCustomerRIBsResponse xmlns:eb="http://bank.org/encoded">
            <return>
                <customer>
                    <firstName>Mathieu</firstName>
                    <lastName>Tartampion</lastName>
                    <RIBs>
                    <RIB id="RIB001">
                        <bankcode>40001</bankcode>
```

```
                <positioncode>00987</positioncode>
                <accountcode>0000123456A</accountcode>
                <controlkey>92</controlkey>
            </RIB>
            <RIB id="RIB002">
                <bankcode>40001</bankcode>
                <positioncode>00789</positioncode>
                <accountcode>0000654321B</accountcode>
                <controlkey>29</controlkey>
            </RIB>
        </RIBs>
      </customer>
      <customer>
        <firstName>Georgette</firstName>
        <lastName>Tartampion</lastName>
        <RIBs>
            <RIB href="#RIB001"/>
            <RIB href="#RIB002"/>
        </RIBs>
      </customer>
    </return>
  </eb:getCustomerRIBsResponse>
 </SOAP-ENV:Body>
</SOAP-ENV:Envelope>
```

Georgette et Mathieu Tartampion partagent deux comptes bancaires. La réponse utilise le mécanisme de référencement du style de codage SOAP 1.1 pour réduire sa taille. Voici la définition du type de RIB :

```
<xs:group name="RIBTypeGroup">
   <xs:sequence>
     <xs:element name="bankcode" type="xs:string"/>
     <xs:element name="positioncode" type="xs:string"/>
     <xs:element name="accountcode" type="xs:string"/>
     <xs:element name="controlkey" type="xs:string"/>
   </xs:sequence>
</xs:group>
<xs:complexType name="RIBStructType">
   <xs:group ref="tns:RIBTypeGroup" minOccurs="0"/>
   <xs:attributeGroup ref="SOAP-ENC:commonAttributes"/>
</xs:complexType>
```

La présence de SOAP-ENC:commonAttributes (id et href), lesquels sont définis dans le schéma du style de codage SOAP 1.1 (voir le chapitre 8), permet de construire une structure de message valide du point de vue syntaxique pour un analyseur XML. En revanche, cette structure ne peut pas être correctement décodée par le récepteur SOAP si elle n'est pas « sémantiquement » interprétée en cohérence avec les règles du style de codage.

Retour d'erreur

Le retour d'erreur d'une invocation RPC est réalisé par un message d'erreur SOAP, sans contraintes particulières, excepté le fait qu'un retour d'erreur ne peut pas contenir de valeur de retour, caractéristique propre à un retour d'appel réussi.

> **Évolutions SOAP 1.2 (draft)**
>
> SOAP 1.2 propose des codes d'erreur additionnels (toujours dans l'espace de noms SOAP/RPC).

Conclusion

Dans les chapitres 7, 8 et 9 nous avons étudié en détail SOAP, le protocole d'échange d'élection pour les services Web.

Dans les premières applications utilisant SOAP, les messages étaient construits « à la main », par un programme directement écrit par le développeur applicatif. Désormais, les outils de développement et les moteurs d'exécution permettent de faire l'économie de cette tâche fastidieuse : le développeur peut se consacrer à d'autres tâches plus nobles, mais aussi autrement plus complexes, comme la conception d'une architecture d'interfaces WSDL et d'une architecture dynamique d'exécution, en attendant que des outils encore plus évolués lui permettent de mettre en œuvre des processus métier sophistiqués impliquant un nombre important de services Web.

SOAP reste cependant la technologie qui permet aux services Web de communiquer entre eux et avec leurs clients. Même si le développeur est aujourd'hui dispensé de sa manipulation directe, il doit être capable de comprendre un journal d'exécution avec la trace des échanges (et il devra l'être encore pendant quelques années). En outre, la compréhension de la « philosophie » SOAP est indispensable pour maîtriser l'architecture générale et les différents « modules » de la technologie des services Web.

10

Décrire un service avec WSDL

Le protocole SOAP permet d'échanger des messages entre différents processus. Mais comment peut-on formaliser les messages que les processus peuvent s'échanger ? De quelle manière sont-ils décrits afin d'être compréhensibles par chacun des processus qui interviennent dans l'échange ? Comment sont-ils transférés via l'Internet ? Existe-t-il des logiciels pour gérer ces descriptions ? Ce sont ces questions qui vont être étudiées dans le présent chapitre.

Une solution à cette problématique a été proposée conjointement le 25 septembre 2000 par les sociétés Ariba, IBM et Microsoft. Ces trois entreprises, dont deux d'entre elles, IBM et Microsoft, étaient déjà à l'origine du protocole de transport SOAP précédemment étudié, ont proposé la spécification WSDL (Web Services Description Language). Cette version 1.0 initiale de la spécification a fait l'objet d'une évolution publiée le 23 janvier 2001 : c'est cette dernière version, la 1.1, qui fait actuellement référence et qui a été soumise à une normalisation le 15 mars 2001, sous forme d'une note, au W3C.

Initiateurs

Allaire, Ariba, BEA, Bowstreet, Commerce One, Compaq, DataChannel, Epicentric, Fujitsu Limited, Hewlett-Packard, IBM, Intel, IONA Technologies, Jamcracker, Microsoft, Oracle, Rogue Wave, SAP, TIBCO Software, VeriSign, Vitria Technology, webMethods, XML Global Technologies et XMLSolutions constituent le groupe des initiateurs de ce projet.

La solution WSDL, proposée par ce groupe de sociétés, répond à la problématique par l'approche de la description d'un *service*. Certains des processus qui participent à l'échange décrivent les types de messages qu'ils savent recevoir et consommer, et éventuellement ceux qu'ils sont susceptibles de produire et d'émettre, en réponse aux messages qu'ils reçoivent. Ces processus se définissent comme des prestataires de services. L'ensemble des messages qu'ils décrivent représente l'*interface* du service dont ils assurent la prestation. Les autres processus, clients de ces prestataires de services, peuvent entrer en communication avec eux sur la base de ces descriptions.

Ainsi, le terme de *service Web* apparaît avec la spécification WSDL. Ce langage permet de décrire des services échangés entre partenaires via l'utilisation de standards Web (protocoles de transport, formats de message).

La suite de ce chapitre s'appuie uniquement sur la version 1.1 de WSDL, la seule version utilisable et complètement implémentée à l'heure de la rédaction de cet ouvrage.

Cependant, le W3C procède actuellement à la conception de la version 1.2 suivante, dont un brouillon (*draft*) a été publié le 24 janvier 2003 (voir *http://www.w3.org/TR/2003/WD-wsdl12-20030124*). Cette standardisation est réalisée dans le cadre du groupe de travail Web Services Description (voir *http://www.w3c.org/2002/ws/desc*), rattaché à l'activité Web Services de l'organisation (voir *http://www.w3c.org/2002/ws*).

Précurseurs

Cette spécification est issue de la maturation de travaux antérieurs menés séparément, notamment par IBM et Microsoft. Parmi ces travaux, on peut plus particulièrement citer les projets :

- NASSL (Network-Accessible Service Specification Language) d'IBM ;
- SCL (SOAP Contract Language) de Microsoft ;
- SDL (Service Descriptor Language) de Microsoft.

Ces entreprises se sont ensuite réunies pour consolider les concepts ainsi expérimentés, afin de mettre au point et proposer une nouvelle spécification commune. Cette spécification s'appuie sur le format XML pour décrire des services réseau sous forme d'ensembles de nœuds de communication d'extrémités (*endpoints*) qui traitent des messages contenant de l'information *orientée document* ou *orientée procédure*. Les interactions (*operations*) et les messages font l'objet d'une description abstraite. Ces derniers sont enfin associés par des liaisons (*bindings*) ou des couplages à des protocoles et à des formats de messages qui sont eux bien concrets.

Ce langage de description de service est maintenu volontairement extensible afin de rendre possible la description de nœuds de communication d'extrémités et des messages échangés entre les nœuds indépendamment des formats de message et des protocoles réseaux utilisés in fine pour communiquer. Le document de spécification décrit cependant les liaisons qui permettent de mettre en œuvre des services Web définis en format WSDL en conjonction avec les protocoles SOAP 1.1 et HTTP GET/POST ainsi que le format de données MIME.

Cette première version de la spécifiaction est présentée comme une étape initiale vers la spécification ultérieure de deux *frameworks* :

- un premier *framework* de composition de services (assemblage et orchestration d'ensembles de services entre nœuds de communication) ;
- un second *framework* de description du comportement de ces mêmes services (règles de séquencement des envois et des réceptions de messages entre nœuds de communication).

Principaux concepts

La spécification introduit quelques concepts essentiels à sa compréhension. Parmi ceux-ci, retenons les notions suivantes :

- les types (*types*) : il s'agit de la définition des types de données qui structurent les messages, celle-ci repose sur un système de typage (tel que les schémas XML, par exemple) ;
- les messages (*messages*) : ils représentent une définition typée abstraite des données échangées entre les nœuds de communication ;
- les opérations (*operations*) : elles définissent la description abstraite d'ensembles cohérents de messages (messages en entrée, messages en sortie) qui forment les unités d'interaction avec le service Web ;
- les types de ports (*port types*) : ils constituent des ensembles abstraits d'opérations prises en charge par un ou plusieurs nœuds de communication ;
- les liaisons (*bindings*) : elles décrivent les protocoles concrets et les formats de message pour chaque type de port ;
- les ports (*ports*) : ce sont les nœuds de communication particuliers, chacun étant défini comme une combinaison entre une liaison et une adresse réseau ;
- les services (*services*) : il s'agit de l'ensemble des ports exposés pour permettre l'accès aux services correspondants.

Les principes de base de cette construction, qui sépare très nettement la conception fonctionnelle d'un service (définition abstraite des interfaces) de son implémentation (liaisons à des formats de message concret et à des protocoles de transport, déploiement sur le réseau), visent à rendre réutilisables :

- les définitions abstraites des messages ;
- les définitions abstraites des types de ports (et des opérations qu'ils regroupent) ;
- les définitions des liaisons associées à des protocoles et à des formats de message concret.

Cette séparation entre les aspects abstraits et concrets d'un service Web ainsi défini est très importante et trouvera son illustration dans les deux chapitres suivants relatifs à la spécification UDDI (Universal, Description, Discovery and Integration).

De cette présentation des principaux concepts de la spécification, il faut retenir qu'elle s'appuie, pour la description des données transportées dans les messages, sur un système de définition de types existants, sans chercher à en introduire un nouveau. En fait, WSDL fait appel en standard à la spécification XML Schema en tant que système de typage canonique, mais prévoit l'utilisation possible d'autres formalismes (extensibilité).

L'association des types de données, des messages et des opérations avec les formats de message et les protocoles de transport est réalisée par un mécanisme de « liaison » (*binding*). Ici encore, nous nous trouvons en présence d'une caractéristique destinée à favoriser l'extensibilité de cette spécification. En standard, WSDL décrit trois liaisons particulières :

- la liaison vers le protocole SOAP 1.1 ;
- la liaison vers le protocole HTTP GET/POST ;
- la liaison vers le format de données MIME.

Bien entendu, ces liaisons ne sont pas exclusives et d'autres liaisons peuvent être conçues et formalisées. Ces liaisons sont décrites via des extensions du langage WSDL. Elles s'appuient sur le noyau du langage WSDL que la spécification définit comme un *framework* de définition de service.

WSDL 1.1 et WS-I Basic Profile 1.0

La première version du profil de base défini par le WS-I (Web Services Interoperability Organization) a adopté la spécification WSDL, et plus particulièrement la version 1.1, pour l'implémentation de la description de services Web mis en œuvre dans une architecture orientée services (voir chapitre 17, « Le défi de l'interopérabilité »).

Les recommandations liées à l'usage de la spécification WSDL sont définies dans la section « Service Description » (voir *http://ws-i.org/Profiles/Basic/2002-10/BasicProfile-1.0-WGD.htm#description*) du *draft* de la version 1.0 du profil de base, daté du 8 octobre 2002.

La portée des différentes recommandations émises est très variable : certaines d'entre elles se bornent à préciser des points de la spécification WSDL, d'autres à mieux séparer les liens avec d'autres spécifications (SOAP et XML Schema notamment) et enfin quelques recommandations rectifient certains exemples présentés dans la spécification WSDL, voire en interdisent certaines possibilités (sur ce sujet, se reporter notamment à la remarque « Mise à l'écart de l'encodage SOAP » du chapitre 17 : cette remarque concerne une recommandation relative à l'encodage des données dans les messages SOAP, mais introduit des implications au niveau WSDL, entre autres sur la liaison WSDL vers le protocole SOAP).

Le profil de base précise qu'une instance de service Web doit être décrite par une description de service WSDL 1.1.

Structure d'un document WSDL

Un document WSDL est tout d'abord un document XML. Il peut être représenté schématiquement (voir figure 10-1).

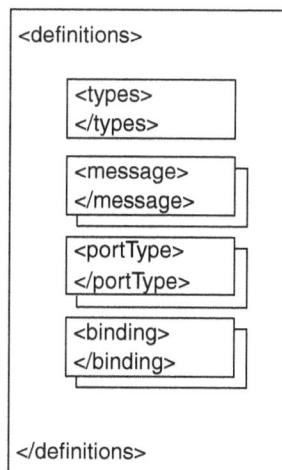

Figure 10-1

Structure générale d'un document WSDL.

Dans cette structure, l'élément racine est l'élément definitions. Cet élément peut comporter un attribut optionnel name : dans l'exemple décrit plus loin dans ce chapitre, ce document est nommé urn:GoogleSearch.

Un document WSDL est constitué d'un ensemble d'éléments définis par la spécification. Selon les options de conception retenues pour décrire le(s) service(s), plusieurs ensembles distincts d'éléments peuvent être utilisés, associés à des espaces de noms distincts (voir tableau 10-1).

Tableau 10-1. Espaces de noms utilisés dans un document WSDL

Préfixe	URI de l'espace de noms	Description
wsdl	*http://schemas.xmlsoap .org/wsdl/*	Spécifie l'espace de noms WSDL du *framework* de définition de service.
soap	*http://schemas.xmlsoap.org/ wsdl/soap/*	Spécifie l'espace de noms WSDL en cas d'utilisation de la liaison WSDL SOAP (voir ci-après la section consacrée à cette liaison).
http	*http://schemas.xmlsoap.org/ wsdl/http/*	Spécifie l'espace de noms WSDL en cas d'utilisation de la liaison WSDL HTTP GET/POST (voir ci-après la section consacrée à cette liaison).
mime	*http://schemas.xmlsoap.org/ wsdl/mime/*	Spécifie l'espace de noms WSDL en cas d'utilisation de la liaison WSDL MIME (voir ci-après la section consacrée à cette liaison).
soapenc	*http://schemas.xmlsoap.org/ soap/encoding/*	Spécifie l'espace de noms d'encodage décrit dans le protocole SOAP 1.1 (voir ci-après la section consacrée à la liaison WSDL SOAP).
soapenv	*http://schemas.xmlsoap.org/ soap/envelope/*	Spécifie l'espace de noms d'enveloppe décrit dans le protocole SOAP 1.1 (voir ci-après la section consacrée à la liaison WSDL SOAP).
xsi	*http://www.w3.org/2000/10/XML Schema-instance*	Spécifie l'espace de noms instance décrit dans la spécification XML Schema (si cette spécification est utilisée pour définir les types de données).
xsd	*http://www.w3.org/2000/10/ XMLSchema*	Spécifie l'espace de noms schéma décrit dans la spécification XML Schema (si cette spécification est utilisée pour définir les types de données).
tns	Divers	Spécifie, par convention, l'espace de noms propre au document WSDL (tns = this namespace). Défini par le concepteur du document.
	Divers	Tout autre URI est considéré comme dépendant du contexte d'utilisation ou du programme utilisateur.

Les espaces de noms décrits dans le tableau ne sont pas toujours présents dans les fichiers WSDL manipulés. En effet, leur présence dépend des liaisons définies dans le document ainsi que du système de typage des données retenu par le concepteur du service Web.

Par exemple, dans le document présenté dans la section suivante, les espaces de noms *http://schemas .xmlsoap.org/wsdl/http/* et *http://schemas.xmlsoap.org/wsdl/mime/* sont absents car les liaisons au protocole HTTP GET/POST et au format de données MIME ne sont pas utilisées par ce service Web ni utilisables pour y accéder.

Exemple de document WSDL

Le document exposé ci-après représente la description d'un nouveau service Web proposé en 2002 par le célèbre moteur de recherche Google (voir *http://www.google.com/apis*). Cet exemple sera utilisé plus loin dans le chapitre pour illustrer différents aspects de la spécification WSDL.

```
<?xml version="1.0"?>
<!-- WSDL description of the Google Web APIs.
     The Google Web APIs are in beta release. All interfaces are subject to
     change as we refine and extend our APIs. Please see the terms of use
     for more information. -->
```

Définitions et espaces de noms utilisés par le service :

```
<definitions name="urn:GoogleSearch"
             targetNamespace="urn:GoogleSearch"
             xmlns:typens="urn:GoogleSearch"
             xmlns:xsd="http://www.w3.org/2001/XMLSchema"
             xmlns:soap="http://schemas.xmlsoap.org/wsdl/soap/"
             xmlns:soapenc="http://schemas.xmlsoap.org/soap/encoding/"
             xmlns:wsdl="http://schemas.xmlsoap.org/wsdl/"
             xmlns="http://schemas.xmlsoap.org/wsdl/">
```

Définition des types de données utilisées dans les messages :

```
<!-- Types for search - result elements, directory categories -->
  <types>
    <xsd:schema xmlns="http://www.w3.org/2001/XMLSchema"
                targetNamespace="urn:GoogleSearch">

      <xsd:complexType name="GoogleSearchResult">
        <xsd:all>
          <xsd:element name="documentFiltering"          type="xsd:boolean"/>
          <xsd:element name="searchComments"             type="xsd:string"/>
          <xsd:element name="estimatedTotalResultsCount" type="xsd:int"/>
          <xsd:element name="estimateIsExact"            type="xsd:boolean"/>
          <xsd:element name="resultElements"             type="typens:ResultElementArray"/>
          <xsd:element name="searchQuery"                type="xsd:string"/>
          <xsd:element name="startIndex"                 type="xsd:int"/>
          <xsd:element name="endIndex"                   type="xsd:int"/>
          <xsd:element name="searchTips"                 type="xsd:string"/>
          <xsd:element name="directoryCategories"        type="typens:DirectoryCategory
                                                         ➥Array"/>
          <xsd:element name="searchTime"                 type="xsd:double"/>
        </xsd:all>
      </xsd:complexType>
      <xsd:complexType name="ResultElement">
        <xsd:all>
          <xsd:element name="summary"                    type="xsd:string"/>
          <xsd:element name="URL"                        type="xsd:string"/>
          <xsd:element name="snippet"                    type="xsd:string"/>
          <xsd:element name="title"                      type="xsd:string"/>
          <xsd:element name="cachedSize"                 type="xsd:string"/>
          <xsd:element name="relatedInformationPresent"  type="xsd:boolean"/>
          <xsd:element name="hostName"                   type="xsd:string"/>
          <xsd:element name="directoryCategory"          type="typens:DirectoryCategory"/>
          <xsd:element name="directoryTitle"             type="xsd:string"/>
        </xsd:all>
```

```
      </xsd:complexType>
        <xsd:complexType name="ResultElementArray">
        <xsd:complexContent>
          <xsd:restriction base="soapenc:Array">
           <xsd:attribute ref="soapenc:arrayType" wsdl:arrayType="typens:ResultElement[]"/>
          </xsd:restriction>
        </xsd:complexContent>
      </xsd:complexType>
      <xsd:complexType name="DirectoryCategoryArray">
        <xsd:complexContent>
          <xsd:restriction base="soapenc:Array">
            <xsd:attribute ref="soapenc:arrayType"
            wsdl:arrayType="typens:DirectoryCategory[]"/>
          </xsd:restriction>
        </xsd:complexContent>
      </xsd:complexType>
      <xsd:complexType name="DirectoryCategory">
        <xsd:all>
          <xsd:element name="fullViewableName"              type="xsd:string"/>
          <xsd:element name="specialEncoding"               type="xsd:string"/>
        </xsd:all>
      </xsd:complexType>
    </xsd:schema>
  </types>
```

Définition des messages mis en œuvre dans les opérations :

```
<!-- Messages for Google Web APIs - cached page, search, spelling. -->

<message name="doGetCachedPage">
  <part name="key"              type="xsd:string"/>
  <part name="url"              type="xsd:string"/>
</message>
<message name="doGetCachedPageResponse">
  <part name="return"          type="xsd:base64Binary"/>
</message>
<message name="doSpellingSuggestion">
  <part name="key"              type="xsd:string"/>
  <part name="phrase"          type="xsd:string"/>
</message>
<message name="doSpellingSuggestionResponse">
  <part name="return"          type="xsd:string"/>
</message>
<message name="doGoogleSearch">
  <part name="key"              type="xsd:string"/>
  <part name="q"                type="xsd:string"/>
  <part name="start"            type="xsd:int"/>
  <part name="maxResults"       type="xsd:int"/>
  <part name="filter"           type="xsd:boolean"/>
  <part name="restrict"         type="xsd:string"/>
  <part name="safeSearch"       type="xsd:boolean"/>
```

```
      <part name="lr"               type="xsd:string"/>
      <part name="ie"               type="xsd:string"/>
      <part name="oe"               type="xsd:string"/>
    </message>
    <message name="doGoogleSearchResponse">
      <part name="return"           type="typens:GoogleSearchResult"/>
    </message>
```

Définition de l'unique type de port et des opérations associées :

```
    <!-- Port for Google Web APIs, "GoogleSearch" -->
    <portType name="GoogleSearchPort">
      <operation name="doGetCachedPage">
        <input message="typens:doGetCachedPage"/>
        <output message="typens:doGetCachedPageResponse"/>
      </operation>
      <operation name="doSpellingSuggestion">
        <input message="typens:doSpellingSuggestion"/>
        <output message="typens:doSpellingSuggestionResponse"/>
      </operation>
      <operation name="doGoogleSearch">
        <input message="typens:doGoogleSearch"/>
        <output message="typens:doGoogleSearchResponse"/>
      </operation>
    </portType>
```

Définition de l'unique liaison vers un protocole de transport, SOAP dans le cas présent :

```
    <!-- Binding for Google Web APIs - RPC, SOAP over HTTP -->
    <binding name="GoogleSearchBinding" type="typens:GoogleSearchPort">
      <soap:binding style="rpc"
                    transport="http://schemas.xmlsoap.org/soap/http"/>
      <operation name="doGetCachedPage">
        <soap:operation soapAction="urn:GoogleSearchAction"/>
        <input>
          <soap:body use="encoded"
                    namespace="urn:GoogleSearch"
                    encodingStyle="http://schemas.xmlsoap.org/soap/encoding/"/>
        </input>
        <output>
          <soap:body use="encoded"
                    namespace="urn:GoogleSearch"
                    encodingStyle="http://schemas.xmlsoap.org/soap/encoding/"/>
        </output>
      </operation>
      <operation name="doSpellingSuggestion">
        <soap:operation soapAction="urn:GoogleSearchAction"/>
        <input>
          <soap:body use="encoded"
                    namespace="urn:GoogleSearch"
                    encodingStyle="http://schemas.xmlsoap.org/soap/encoding/"/>
```

```
      </input>
      <output>
        <soap:body use="encoded"
                   namespace="urn:GoogleSearch"
                   encodingStyle="http://schemas.xmlsoap.org/soap/encoding/"/>
      </output>
    </operation>
    <operation name="doGoogleSearch">
      <soap:operation soapAction="urn:GoogleSearchAction"/>
      <input>
        <soap:body use="encoded"
                   namespace="urn:GoogleSearch"
                   encodingStyle="http://schemas.xmlsoap.org/soap/encoding/"/>
      </input>
      <output>
        <soap:body use="encoded"
                   namespace="urn:GoogleSearch"
                   encodingStyle="http://schemas.xmlsoap.org/soap/encoding/"/>
      </output>
    </operation>
  </binding>
```

Définition du service et de son point d'accès correspondant :

```
  <!-- Endpoint for Google Web APIs -->
  <service name="GoogleSearchService">
    <port name="GoogleSearchPort" binding="typens:GoogleSearchBinding">
      <soap:address location="http://api.google.com/search/beta2"/>
    </port>
  </service>
</definitions>
```

Noms et liens entre fragments de documents

À l'élément racine definitions du document WSDL peut être associé un espace de noms particulier optionnel via l'attribut targetNamespace. Dans notre exemple, cet attribut est fixé à la valeur urn:GoogleSearch. Les générateurs de documents WSDL le fixent généralement à une valeur qui débute par la constante *http://tempuri.org/* par défaut. Le concepteur du document doit ensuite le modifier pour le rendre particulier à ce document. Cet attribut est de type URI et doit être obligatoirement absolu.

Il est possible d'importer un ou plusieurs fragments de documents dans un document WSDL. Cela est réalisé via l'utilisation de la balise import de la manière suivante :

```
<definitions .... >
    <import namespace="uri" location="uri"/>
</definitions>
```

Chacun des fragments importés peut être associé à un espace de noms particulier via l'attribut `name-space`. Tous les éléments de cette collection de définitions peuvent être importés : service, port, message, liaison et type de port.

Chacun de ces éléments peut donc être référencé à l'intérieur du document WSDL. Chaque référence est effectuée en utilisant un nom qualifié. Le mécanisme de résolution des noms qualifiés est similaire à celui de la spécification XML Schema.

Cette faculté d'importation de fragments de définitions est très importante et offre un mécanisme simple de réutilisation de définitions de services. L'exemple de Google n'utilise pas cette possibilité. En revanche, le document de la spécification WSDL fournit un exemple d'importation à trois niveaux (voir la section 2.1.2 : « Authoring Style » : *http://www.w3c.org/TR/2001/NOTE-wsdl-20010315#_style*), tiré de la désormais très médiatique illustration de la cotation d'actions (*Stock Quote Service*) :

- Un premier document est constitué du schéma XML qui décrit les types de données manipulées par les messages associés à ce service : ce document est localisé par l'URL *http://example.com/stock-quote/stockquote.xsd* et son espace de noms propre (attribut `targetNamespace`) est identifié par l'URI *http://example.com/stockquote/schemas*.

- Un second document localisé par l'URL *http://example.com/stockquote/stockquote.wsdl*, dont l'espace de noms propre est *http://example.com/stockquote/definitions*, fournit la définition abstraite d'une opération de recherche de la valeur courante d'une action passée en paramètre (`GetLastTradePrice`). Cette définition s'appuie sur des messages qui manipulent les types de données définis dans le premier document. Le schéma XML est donc importé et son espace de noms *http://example.com/stockquote/schemas* est associé au préfixe `xsd1`, via une déclaration `xmlns` : les données manipulées par les messages définis dans ce second document référencent ainsi les types définis dans le premier document.

- Le troisième document est celui qui permet d'exposer l'implémentation concrète du service. Ce document, localisé par l'URL *http://example.com/stockquote/stockquoteservice.wsdl*, définit d'une part la liaison de l'opération `GetLastTradePrice` décrite dans le second document au protocole de transport SOAP et d'autre part l'adresse Internet d'accès au service. Le second document est donc importé et son espace de noms *http://example.com/stockquote/definitions* est associé au préfixe `defs`, via une déclaration `xmlns` : l'association entre le type de port qui définit l'opération décrite dans le second document et la liaison définie dans le troisième document est réalisée via l'utilisation de l'attribut `type` de l'élément `binding` dont la valeur est ici `StockQuotePortType`.

À l'utilisation, le consommateur final d'un tel service ne doit accéder directement qu'au dernier document qui lui fournit l'adresse d'accès au service. Cependant, les deux premiers documents doivent être disponibles au moment de l'accès à ce service : en cas d'indisponibilité de l'un d'entre eux, la validation du document WSDL ne pourra pas être réalisée et la génération d'un proxy-service dynamique sera tout simplement impossible.

Cette décomposition de la définition d'un service et la souplesse permise en phase de ré-assemblage par l'intermédiaire du mécanisme d'importation offrent de nombreuses possibilités comme nous venons de le voir.

La spécification UDDI, étudiée dans les deux chapitres suivants, fait largement appel à cette capacité. En effet, la définition, la diffusion et la promotion de l'équivalent des deux premiers documents définis précédemment peuvent relever de l'autorité d'une entité de normalisation ou d'un organisme professionnel (les autorités boursières dans notre exemple), tandis que la définition, la diffusion et la promotion du troisième document sont du ressort des entreprises ou associations qui offrent un accès à ce service, comme les banques ou les sites Web de bourse en ligne. Dans le modèle UDDI, les deux premiers documents représentent un « service type » (*tModel*), alors que le troisième document constitue un « modèle de liaison » (*Binding Template*) qui permet de relier le service type abstrait à un « service métier » concret (*Business Service*).

Recommandations WS-I Basic Profile 1.0 (draft)

Recommandation R2001 : une description WSDL ne doit importer une autre description WSDL que par l'usage de la balise import de WSDL.

Recommandation R2002 : une description WSDL ne doit importer une description XML Schema que par l'usage de la balise import de XML Schema.

Recommandation R2003 : une description WSDL ne doit utiliser la balise import de XML Schema qu'à l'intérieur de l'élément schema de l'élément types WSDL.

Recommandation R2004 : une description WSDL n'utilisera pas la balise import de XML Schema pour importer une définition XML Schema incluse dans une autre description WSDL.

Ces quatre recommandations WS-I ont pour objectif de réserver l'usage des différentes balises d'importation dans leurs domaines respectifs de spécification. L'application de ces recommandations fait que les exemples d'importation décrits dans la spécification WSDL que nous venons de voir ne sont plus corrects et doivent être récrits.

L'importation initiale du premier fichier (schéma XML) dans le deuxième fichier (description WSDL abstraite) :

```
<import namespace="http://example.com/stockquote/schemas"
        location="http://example.com/stockquote/stockquote.xsd"/>
```

doit être remplacée par :

```
<types>
  <xsd:schema xmlns:xsd="http://www.w3.org/2001/XMLSchema">
    <xsd:import namespace="http://example.com/stockquote/schemas"
      schemaLocation="http://example.com/stockquote/stockquote.xsd"/>
    </xsd:schema>
</types>
```

En revanche, l'importation initiale du deuxième fichier (description WSDL abstraite) dans le troisième fichier (description WSDL concrète) est toujours correcte et ne nécessite pas de modification :

```
<import namespace="http://example.com/stockquote/definitions"
        location="http://example.com/stockquote/stockquote.wsdl"/>
```

Recommandations WS-I Basic Profile 1.0 (draft)

Recommandation R4002 : la spécification XML autorise l'encodage UTF-8 à incorporer une marque de polarité BOM (Byte Order Mark) Unicode. Un processeur WSDL doit être prêt à l'accepter (voir les problèmes d'interopérabilité exposés dans la section « SOAP Builders Round I » du chapitre 17 : « Le défi de l'interopérabilité »).

Recommandation R2005 : la valeur de l'attribut targetNamespace de l'élément definitions d'une description WSDL importée doit correspondre à la valeur de l'attribut targetNamespace de l'élément import de la description WSDL qui l'importe.

Recommandation R2007 : une description WSDL doit spécifier la valeur de l'attribut location de l'élément import.

Recommandation R2008 : la valeur de l'attribut location de l'élément import doit être comprise comme un guide (*hint*). La raison d'être de cette recommandation est peu claire, notamment par rapport à la précédente recommandation (R2007).

Recommandation R2020 : l'élément documentation peut apparaître sous l'élément import dans une description WSDL.

Recommandation R2021 : l'élément documentation peut apparaître sous l'élément part dans une description WSDL.

Recommandation R2022 : l'élément types doit apparaître comme le premier enfant de l'élément definitions dans une description WSDL, s'il n'y a pas d'élément import, ou immédiatement derrière l'élément import s'il existe.

Recommandation R2023 : dans une description WSDL, les éléments import, s'ils existent, doivent apparaître comme les premiers enfants de l'élément definitions.

Éléments de définition

Chacun des éléments d'une définition WSDL peut être décrit via l'utilisation du sous-élément documentation. Cet élément optionnel, qui peut être constitué par du texte ou d'autres éléments, permet ainsi de documenter la description d'un service.

Les types de données

L'élément types du document WSDL contient la description des types de données manipulées dans les messages.

La spécification XML Schema constitue le système canonique de typage des données de la spécification WSDL. Cependant, cette spécification prévoit l'utilisation possible d'autres systèmes de typage de données. En effet, le schéma XML des documents WSDL définit l'élément types de la manière suivante :

```
<element name="types" type="WSDL (Web Services Description Language):typesType"/>
<complexType name="typesType">
   <complexContent>
      <extension base="WSDL (Web Services Description Language):documented">
         <sequence>
            <any namespace="##other" minOccurs="0" maxOccurs="unbounded"/>
         </sequence>
      </extension>
   </complexContent>
</complexType>
```

Le schéma XML est ici étendu via l'utilisation de l'élément générique `any` auquel est associé un espace de noms `##other` : un élément d'extensibilité WSDL, comparable à l'élément `schema` de la spécification XML Schema, peut donc être introduit sous l'élément WSDL `types` et permettre ainsi d'identifier un système de typage non canonique.

Cet élément `types` est situé directement sous la racine dans la hiérarchie du document WSDL :

```
<definitions .... >
  <types>
    <schema ... />
    ...
  </types>
</definitions>
```

Dans l'exemple Google, le schéma XML définit cinq types de données complexes.

Les schémas XML sont utilisés indépendamment du fait que le format de données utilisé in fine dans les instances de messages soit XML ou non. Dans cette situation, la spécification propose certaines recommandations à respecter pour l'encodage des types abstraits concernés :

- Utiliser des éléments plutôt que des attributs d'élément.

- Ne pas introduire d'éléments ou d'attributs qui entraînent une adhérence au protocole de transport ou au format de données sous-jacent et qui dénaturent l'abstraction nécessaire des messages concernés.

- L'extension du type `Array` défini dans le schéma d'encodage SOAP 1.1 (voir espace de noms *http://schemas.xmlsoap.org/soap/encoding/*) est recommandée pour les types tableau. Ces types doivent être nommés *ArrayOfXXX*, où *XXX* correspond au type des éléments du tableau représenté (`<complexType name="ArrayOfstring">`, par exemple). Le type des éléments du tableau et les dimensions du tableau sont précisés par l'attribut d'encodage SOAP `arrayType`. Cet attribut est redéfini dans l'espace de noms WSDL pour suppléer à un manque de la spécification XML Schema. Pour le tableau de type `string`, on trouvera cet attribut exprimé sous la forme `<attribute ref="soapenc:arrayType" wsdl:arrayType="string[]"/>`, par exemple. Dans l'exemple Google, le type complexe `ResultElementArray` représente un tableau à une dimension d'éléments de type complexe `ResultElement` défini dans l'espace de noms propre au service Web de Google (URN:GoogleSearch). La définition correspondante du type complexe est ainsi codée :

```
<xsd:complexType name="ResultElementArray">
  <xsd:complexContent>
    <xsd:restriction base="soapenc:Array">
      <xsd:attribute ref="soapenc:arrayType" wsdl:arrayType="typens:ResultElement[]"/>
    </xsd:restriction>
  </xsd:complexContent>
</xsd:complexType>
```

- Utiliser le type de données XML Schema `anyType` lorsqu'un champ peut être de type indéterminé.

Recommandations WS-I Basic Profile 1.0 (draft)

Le profil de base exige l'usage d'XML Schema en tant que système de typage des données (il restreint donc les possibilités de WSDL).

Recommandation R2101 : une description WSDL ne doit pas utiliser des références qualifiées (*Qname*) à des types dont l'espace de noms n'est pas importé.

Recommandation R2110 : une description WSDL ne doit pas utiliser l'attribut `soapenc:arrayType`. Cette recommandation contredit ce que la spécification WSDL propose et que nous venons juste d'évoquer ci-avant.

Recommandation R2800 : les descriptions WSDL peuvent utiliser toutes les constructions permises par XML Schema 1.0.

Pour se conformer à la règle 2110, les types de données utilisées par le service GoogleSearch, en lieu et place de la spécification originale de Google, pourraient être importés à partir d'un schéma XML exprimé de la manière suivante :

```xml
<?xml version="1.0"?>
<xsd:schema
     targetNamespace="urn:GoogleSearch"
     xmlns:tns="urn:GoogleSearch"
     xmlns:xsd="http://www.w3.org/2001/XMLSchema">
  <xsd:complexType name="GoogleSearchResult">
    <xsd:all>
       <xsd:element name="documentFiltering"          type="xsd:boolean"/>
       <xsd:element name="searchComments"             type="xsd:string"/>
       <xsd:element name="estimatedTotalResultsCount" type="xsd:int"/>
       <xsd:element name="estimateIsExact"            type="xsd:boolean"/>
       <xsd:element name="resultElements"             type="tns:ResultElementArray"/>
       <xsd:element name="searchQuery"                type="xsd:string"/>
       <xsd:element name="startIndex"                 type="xsd:int"/>
       <xsd:element name="endIndex"                   type="xsd:int"/>
       <xsd:element name="searchTips"                 type="xsd:string"/>
       <xsd:element name="directoryCategories"        type="tns:DirectoryCategoryArray"/>
       <xsd:element name="searchTime"                 type="xsd:double"/>
    </xsd:all>
  </xsd:complexType>
  <xsd:complexType name="ResultElementArray">
    <xsd:sequence>
       <xsd:element ref="tns:ResultElement" maxOccurs="unbounded"/>
    </xsd:sequence>
  </xsd:complexType>
  <xsd:complexType name="ResultElement">
    <xsd:all>
       <xsd:element name="summary" type="xsd:string"/>
       <xsd:element name="URL" type="xsd:string"/>
       <xsd:element name="snippet" type="xsd:string"/>
       <xsd:element name="title" type="xsd:string"/>
       <xsd:element name="cachedSize" type="xsd:string"/>
       <xsd:element name="relatedInformationPresent"type="xsd:boolean"/>
       <xsd:element name="hostName" type="xsd:string"/>
```

```
            <xsd:element name="directoryCategory" type="tns:DirectoryCategory"/>
            <xsd:element name="directoryTitle" type="xsd:string"/>
        </xsd:all>
    </xsd:complexType>
    <xsd:complexType name="DirectoryCategoryArray">
        <xsd:sequence>
            <xsd:element ref="tns:DirectoryCategory" maxOccurs="unbounded"/>
        </xsd:sequence>
    </xsd:complexType>
    <xsd:complexType name="DirectoryCategory">
        <xsd:all>
            <xsd:element name="fullViewableName" type="xsd:string"/>
            <xsd:element name="specialEncoding" type="xsd:string"/>
        </xsd:all>
    </xsd:complexType>
</xsd:schema>
```

Cette manière de faire permet ainsi de remplacer les tableaux SOAP par des tableaux XML Schema et de revenir à une représentation littérale, hors du style de codage SOAP 1.1. Les deux tableaux ResultElementArray et DirectoryCategoryArray, qui faisaient appel à l'attribut soapenc:arrayType, sont maintenant en phase avec la règle R2110 du profil de base WS-I. Il ne reste plus qu'à modifier l'élément types de la description WSDL et à le remplacer par ce nouvel élément qui réalise l'importation du nouveau schéma XML (l'URI du schéma est bien entendu purement fictif) :

```
<types>
    <xsd:schema xmlns:xsd="http://www.w3.org/2001/XMLSchema">
        <xsd:import namespace="urn:GoogleSearch"
            schemaLocation=
                "http://api.google.com/search/beta2/types/GoogleSearch.xsd"/>
    </xsd:schema>
</types>
```

Après cette modification (notons sa conformité à plusieurs des recommandations WS-I étudiées précédemment), le préfixe soapenc peut être retiré de l'élément definitions de la description WSDL, car il n'a plus de raison d'être. Pour être complet, il convient également de réexaminer l'usage des attributs use et encodingStyle dans les liaisons : ils sont eux aussi soumis à des recommandations particulières du WS-I, lesquelles sont présentées plus loin dans ce chapitre.

Les messages

Un message représente une unité logique d'échange d'information. Il est constitué d'un ensemble de parties logiques (*parts*). Chacune de ces parties est associée au type de son contenu, lequel est défini dans l'élément types.

Les éléments message sont situés directement sous l'élément racine du document WSDL :

```
<definitions .... >
    <message name="nmtoken">
        <part name="nmtoken" element="qname"? type="qname"?/>
        ...
    </message>
    ...
</definitions>
```

Le nom d'un message est unique dans l'ensemble des noms des messages définis dans le document.

Les attributs d'une partie de message peuvent être étendus au titre de l'extensibilité de WSDL. La spécification définit uniquement les attributs `name`, `element` et `type` :

- l'attribut `name` est unique parmi les parties du message : la partie `maxResults` du message `doGoogle-Search` par exemple ;

- l'attribut `element` référence un élément de schéma XML par un nom qualifié ;

- l'attribut `type` référence un `simpleType` ou un `complexType` de schéma XML par un nom qualifié : par exemple, la valeur `typens:GoogleSearchResult` de l'attribut `type` du message `GoogleSearchResult` référence le type complexe `GoogleSearchResult` du schéma XML du service Web de Google.

Les parties de message sont utiles pour définir les contenus logiques abstraits d'un message et permettre ainsi de les référencer directement par les éléments de liaison.

Recommandations WS-I Basic Profile 1.0 (draft)

Recommandation R2201 : si l'attribut `style` est fixé à la valeur `document` et si l'attribut `use` est fixé à la valeur `literal` dans une liaison SOAP, alors la description WSDL doit comporter au plus une partie dans l'élément `message` qui constitue l'élément d'extension `soap:body` (voir plus loin la section « L'élément d'extensibilité SOAP body »).

Recommandation R2202 : si l'attribut `style` est fixé à la valeur `rpc` et si l'attribut `use` est fixé à la valeur `literal` dans une liaison SOAP, alors la description WSDL peut ne comporter aucune partie dans l'élément `message` qui constitue l'élément d'extension `soap:body` (voir plus loin la section « L'élément d'extensibilité SOAP body »).

Recommandation R2203 : si l'attribut `style` est fixé à la valeur `rpc` et si l'attribut `use` est fixé à la valeur `literal` dans une liaison SOAP, alors la description WSDL doit utiliser l'attribut `type` pour définir les parties de l'élément `message`.

Recommandation R2204 : si l'attribut `style` est fixé à la valeur `document` et si l'attribut `use` est fixé à la valeur `literal` dans une liaison SOAP, alors la description WSDL doit utiliser l'attribut `element` pour définir les parties de l'élément `message`.

Recommandation R2205 : lorsque, dans une description WSDL, l'attribut `element` est utilisé pour définir une partie d'un élément `message`, la valeur de l'attribut `element` doit référencer une définition d'élément.

Les types de ports

Le type de port définit un ensemble d'opérations abstraites et indique les messages impliqués dans ces opérations. Cet élément se situe comme suit dans la hiérarchie du document WSDL :

```
<definitions .... >
   <portType name="nmtoken">
     <operation name="nmtoken" ... />

     ...
   </portType>
</definitions>
```

Une opération est un ensemble de messages qui constitue une unité d'interaction (*transmission primitive*) avec le service Web. La spécification WSDL prend en charge quatre types d'opérations :

- l'interaction à sens unique ;
- la requête/réponse ;
- la demande de réponse ;
- la notification.

Seules les liaisons vers les deux premiers types d'opérations sont définies par la spécification WSDL.

Interaction à sens unique

L'interaction à sens unique correspond à une situation où le nœud de communication ne fait que réceptionner un message :

```
<operation name="nmtoken">
   <input name="nmtoken"? message="qname"/>
</operation>
```

Interaction de type requête/réponse

L'interaction de type requête/réponse est mise en œuvre lorsque le nœud de communication reçoit un message et renvoie une réponse corrélée. Cette configuration s'exprime ainsi :

```
<operation name="nmtoken" parameterOrder="nmtokens">
   <input name="nmtoken"? message="qname"/>
   <output name="nmtoken"? message="qname"/>
   <fault name="nmtoken" message="qname"/>*
</operation>
```

Cette description de l'opération ne préjuge pas de la méthode de corrélation entre le message input et le message output qui sera utilisée (mise en œuvre d'un protocole de transport synchrone ou asynchrone). Cette méthode sera précisée dans chaque liaison au(x) protocole(s) réel(s) de communication utilisé(s). Les éléments fault optionnels (sens donné au caractère « * » dans la notation utilisée par la spécification WSDL) spécifient le format abstrait des messages d'erreur éventuellement produits par ce type d'interaction.

L'exemple du service Web Google définit un seul type de port nommé GoogleSearchPort qui comprend trois opérations : doGetCachedPage, doSpellingSuggestion et doGoogleSearch, lesquelles prennent toutes en charge des interactions de type requête/réponse.

Interaction de type demande de réponse

Une interaction de type demande de réponse correspond à une situation où le nœud de communication émet un message et attend une réponse à cette requête. Cette configuration peut être décrite ainsi :

```
<operation name="nmtoken" parameterOrder="nmtokens">
   <output name="nmtoken"? message="qname"/>
   <input name="nmtoken"? message="qname"/>
   <fault name="nmtoken" message="qname"/>*
</operation>
```

De même, les considérations sur la méthode de corrélation entre les messages, valables pour les interactions de type requête/réponse, s'appliquent aussi à ce type d'opération : cette particularité sera précisée dans la liaison au(x) protocole(s) réel(s) de communication utilisé(s). Ici encore, des éléments fault optionnels spécifient le format abstrait des messages d'erreur éventuellement produits par ce type d'interaction.

Interaction de type notification

Enfin, une interaction de type notification correspond à une situation dans laquelle le nœud de communication n'émet qu'un message de type output tel que :

```
<operation name="nmtoken">
  <output name="nmtoken"? message="qname"/>
</operation>
```

Nommage et portée des éléments d'une opération

Le nommage des éléments input et output est unique à l'intérieur d'un type de port. La spécification prévoit un nommage par défaut selon les types d'opérations :

- en ce qui concerne les interactions de type sens unique ou notification, les éléments input ou output non nommés explicitement prennent le nom de l'opération qu'ils prennent en charge par défaut ;

- pour ce qui touche aux interactions qui mettent en œuvre des messages input et output (interactions de type requête/réponse ou demande de réponse), les éléments input ou output non nommés explicitement prennent par défaut le nom de l'opération qu'ils prennent en charge, suffixé respectivement par les chaînes de caractères Request, Solicit ou Response.

Quant à la portée des noms d'éléments fault, celle-ci est limitée à une unicité à l'intérieur d'une même opération.

Ordre des paramètres d'un message pour une opération

L'ordre des paramètres dans une opération peut être spécifié de manière optionnelle. Il peut se révéler utile pour des échanges de type RPC (Remote Procedure Call ou, en français, appel de procédure distante) de spécifier la signature de la procédure appelée. Les interactions de type requête/réponse ou demande de réponse peuvent (*may*) donc préciser la liste des noms de paramètres via l'attribut parameterOrder en fournissant l'ensemble ordonné des noms de parties de message séparés par une espace. Cette liste est soumise à quelques règles :

- l'ordre des noms de parties de message doit respecter l'ordre des paramètres de la signature RPC de la procédure ;

- si un nom de partie apparaît à la fois dans un message input et output, il s'agit d'un paramètre de type in/out ;

- si un nom de partie apparaît uniquement dans un message input, il s'agit d'un paramètre de type in ;

- si un nom de partie apparaît uniquement dans un message output, il s'agit d'un paramètre de type out ;

- le résultat de l'appel de la procédure n'est pas fourni dans cette liste.

Cette information est facultative, même pour les échanges de type RPC. Lorsqu'elle est présente, elle ne doit être considérée que comme une donnée indicative (*hint*).

Recommandations WS-I Basic Profile 1.0 (draft)

Recommandation R2301 : l'ordre des parties d'un élément message dans une description WSDL doit correspondre à l'ordre définitif des éléments part dans une instance de message SOAP correspondante (*on the wire*).

Recommandation R2302 : une description WSDL peut utiliser l'attribut parameterOrder d'un élément operation pour spécifier la valeur de retour et les signatures de méthode en tant que guide pour des générateurs de code.

Recommandation R2303 : une description WSDL ne doit pas utiliser d'interactions de type demande de réponse ou notification : ces deux possibilités, pourtant permises par la spécification WSDL, sont donc expressément interdites par l'organisation WS-I.

Recommandation R2304 : toutes les opérations définies dans un type de port doivent être identifiées par des valeurs distinctes de l'attribut name.

Recommandation R2305 : les opérations définies dans un type de port de style rpc doivent comporter au plus un élément part dans l'élément message qui contient le résultat de l'appel. Cet élément part peut cependant représenter un type complexe.

Les liaisons

La description de la relation entre les opérations définies dans un type de port et les protocoles et formats de message qui prendront en charge les échanges ainsi définis est effectuée par l'intermédiaire de la définition d'éléments de liaison. La structure générique de ces éléments de liaison est représentée de la manière suivante :

```
<binding name="nmtoken" type="qname">
    <operation name="nmtoken">
        <input name="nmtoken">
        </input>
        <output name="nmtoken">
        </output>
        <fault name="nmtoken">
        </fault>
    </operation>
</binding>
```

Comme nous l'avons vu précédemment, les éléments input et output sont présents ou non selon le type d'interaction mis en œuvre par l'opération. De même, les éléments fault éventuels ne sont présents que pour les interactions de type requête/réponse ou demande de réponse. Le document WSDL peut spécifier différentes liaisons : aussi l'unicité du nom de liaison est-elle obligatoire. Le lien avec le type de port pris en charge par la liaison est indiqué via l'attribut type de la liaison.

Le nommage d'une opération n'est pas forcément unique. Aussi faut-il préciser également le nom de l'élément input ou output qui en dépend pour identifier l'opération que l'on souhaite utiliser sans ambiguïté. Cela est suffisant car le nommage des éléments input et output est unique à l'intérieur du type de port référencé par la liaison.

À chaque niveau de ce sous-arbre XML peuvent être ajoutés des éléments d'extensibilité qui permettent de préciser finement les interactions entre les éléments descriptifs abstraits et la grammaire prise en charge par les protocoles et formats de message concret.

Deux règles importantes peuvent être retenues :

- une liaison ne peut mettre en œuvre qu'un et un seul protocole ;
- aucun URI ne doit être référencé dans une liaison.

Recommandations WS-I Basic Profile 1.0 (draft)

Recommandation R2401 : une description WSDL ne doit utiliser que la liaison SOAP telle qu'elle est décrite dans la spécification WSDL 1.1 à la section 3 « SOAP Binding » (voir *http://www.w3.org/TR/2001/NOTE-wsdl-20010315#_soap-b*). Lorsque la version 1.2 de WSDL sera disponible et implémentée, elle ne pourra être utilisée dans le cadre de cette version du profil. Dans cette optique, une nouvelle version du profil sera vraisemblablement introduite par le WS-I.

Les ports

Un port définit un nœud de communication, et donc un URI, pour une liaison particulière. Dans un document WSDL, cet élément se décrit ainsi :

```
<port name="nmtoken" binding="qname">
</port>
```

La portée du nommage d'un port s'étend à l'ensemble du document WSDL dans lequel il est décrit. La liaison associée à ce port est repérée via l'attribut `binding` du port. Des éléments d'extensibilité peuvent être ajoutés sous l'élément `port`.

À cet élément s'appliquent également deux règles importantes :

- un port ne doit pas comporter plus d'un URI ;
- aucune information de liaison autre qu'une adresse ne peut être fournie.

Dans notre exemple, le service Web nommé `GoogleSearchService` propose un port nommé `Google-SearchPort`, associé à la liaison nommée `GoogleSearchBinding`. Ce port correspond au point d'accès Internet *http://api.google.com/search/beta2* offert par Google :

```
<service name="GoogleSearchService">
    <port name="GoogleSearchPort" binding="typens:GoogleSearchBinding">
        <soap:address location="http://api.google.com/search/beta2"/>
    </port>
</service>
```

Les services

Un service est matérialisé dans un document WSDL de la manière suivante :

```
<service name="nmtoken">
  <port .... />
</service>
```

Comme pour le port, la portée du nommage d'un service s'étend à l'ensemble du document WSDL.

Un service peut regrouper plusieurs ports. Dans cette situation, les ports ne peuvent communiquer entre eux, c'est-à-dire que la sortie d'un port ne peut constituer l'entrée d'un autre port. Un même type de port peut être desservi par des ports différents, soit du fait d'un URI différent, soit via l'utilisation de liaisons différentes. Dans ce cas, les ports sont considérés comme alternatifs et offrent la même interface abstraite (équivalence sémantique). Cette situation peut se présenter dans une situation où un même service peut être atteint en intranet ou par Internet selon la position occupée par l'application cliente de ce service.

De même qu'il est possible de choisir le port à utiliser en fonction des caractéristiques réseau et des couches de transport, l'application cliente du service peut être amenée à sélectionner le port selon des critères plus abstraits, établis en fonction de la tâche à accomplir. En effet, un service peut fournir un ensemble d'opérations, par l'intermédiaire des regroupements effectués dans les types de ports, plus ou moins cohérent et complet par rapport aux besoins de l'application cliente. De ce fait, ce programme peut être amené à réaliser une analyse de second niveau afin de déterminer le service ou le port à l'intérieur d'un même service apte à couvrir le mieux possible ses besoins.

La mise en œuvre de ports alternatifs

Imaginons, par exemple, la situation d'un visiteur médical qui utilise un système de prise de commandes, soit à l'intérieur des locaux de son entreprise, soit en clientèle ou directement de chez lui avant ou après son circuit de visites. Il devient tout à fait possible d'utiliser une seule et même application qui se connecte *indifféremment* au même service de prise de commandes, quelle que soit sa position géographique et réseau (Internet ou intranet).

Il suffit que cette application soit capable de sélectionner le port adapté en fonction du contexte : dans notre exemple, un accès à partir d'Internet pourra s'effectuer par une liaison qui met en œuvre le protocole SOAP ou HTTP GET/POST.

En revanche, si l'accès est réalisé à partir d'un intranet et que le service de prise de commandes fonctionne sur un serveur d'applications Java, le programme client de l'application peut se connecter par une liaison qui spécifie l'accès via les protocoles Java/RMI ou Corba/IIOP, ou éventuellement de manière asynchrone par l'intermédiaire d'une file d'attente JMS par exemple.

Bien entendu, cette ubiquité trouve ses limites dans celles auxquelles sont soumis les protocoles et les formats de message eux-mêmes sous-jacents.

Liaisons standards

La spécification WSDL décrit deux liaisons standards à des protocoles de transport :

- la liaison avec le protocole SOAP ;
- la liaison avec le protocole HTTP GET/POST.

Elle précise également la liaison au format de message MIME.

Ces protocoles et formats de message ne sont bien entendu pas exclusifs, et peuvent être complétés par d'autres protocoles et formats via le mécanisme d'extension et l'utilisation d'éléments d'extensibilité placés à des positions bien précises du document WSDL comme nous l'avons vu précédemment.

La liaison décrit comment sont associés ces protocoles et formats de message aux abstractions que sont les messages, les opérations et les types de port que nous venons d'étudier. L'utilisation de ces éléments d'extensibilité dans le cadre des liaisons n'est pas exclusive (extension possible dans le cadre de la gestion de la qualité de service, de la coordination et la corrélation de messages, de la gestion de transactions…). Les différents points d'accroche des éléments d'extensibilité dans la structure d'un document WSDL sont prévus par la spécification (voir tableau de la spécification : *http://www.w3.org/TR/2001/NOTE-wsdl-20010315#A3*).

Les éléments d'extensibilité utilisés pour décrire ces liaisons sont spécifiques à chaque technologie liée. Ils sont rattachés à un espace de noms distinct de celui du document. Un élément d'extensibilité n'est par défaut pas obligatoire dans le cadre d'une communication. Dans le cas contraire, cela doit être précisé via le booléen wsdl:required.

Par exemple, le fragment d'élément de liaison suivant exprime le fait que la présence d'un en-tête SOAP spécifique est obligatoire dans le cadre particulier de la communication de ce message (CallbackHeader) :

```
<input>
   <soap:header
      wsdl:required="true"
      message="tns:CallbackHeader"
      part="CallbackHeader"
      use="literal"/>
   <soap:body use="literal"/>
</input>
```

Les éléments d'extensibilité propres à la mise en œuvre de la liaison avec le protocole de transport SOAP vont être décrits dans les sections qui suivent.

La liaison avec le protocole SOAP

Afin d'illustrer le fonctionnement concret de la liaison avec le protocole SOAP, nous allons mettre en œuvre le modèle du service de Google et présenter le résultat de l'interaction avec le port *http://api.google.com/search/beta2*. L'exemple ci-après représente le résultat de l'utilisation de ce service au niveau du protocole HTTP. L'interaction a consisté à émettre une requête doGoogleSearch avec la chaîne de caractères Web Services passée en paramètre. Le nombre maximal d'éléments du résultat renvoyé a été volontairement réduit à 1. La requête est émise à partir du programme client Java de test fourni dans le kit de Google.

Voici le texte (formaté) du message SOAP de requête émis vers le serveur de Google :

```
POST /search/beta2 HTTP/1.0
Host: api.google.com
Content-Type: text/xml; charset=utf-8
Content-Length: 868
SOAPAction: "urn:GoogleSearchAction"

<?xml version='1.0' encoding='UTF-8'?>
<SOAP-ENV:Envelope
   xmlns:SOAP-ENV="http://schemas.xmlsoap.org/soap/envelope/"
   xmlns:xsi="http://www.w3.org/1999/XMLSchema-instance"
   xmlns:xsd="http://www.w3.org/1999/XMLSchema">
   <SOAP-ENV:Body>
```

```
    <ns1:doGoogleSearch
        xmlns:ns1="urn:GoogleSearch"
        SOAP-ENV:encodingStyle="http://schemas.xmlsoap.org/soap/encoding/">
        <key xsi:type="xsd:string">mykey</key>
        <q xsi:type="xsd:string">Web Services</q>
        <start xsi:type="xsd:int">0</start>
        <maxResults xsi:type="xsd:int">1</maxResults>
        <filter xsi:type="xsd:boolean">true</filter>
        <restrict xsi:type="xsd:string"></restrict>
        <safeSearch xsi:type="xsd:boolean">false</safeSearch>
        <lr xsi:type="xsd:string"></lr>
        <ie xsi:type="xsd:string">latin1</ie>
        <oe xsi:type="xsd:string">latin1</oe>
    </ns1:doGoogleSearch>
  </SOAP-ENV:Body>
</SOAP-ENV:Envelope>
```

Et voici le texte (formaté) du message SOAP de réponse renvoyé par le serveur de Google à la requête précédente :

```
HTTP/1.1 200 OK
Date: Tue, 21 May 2002 09:37:05 GMT
Server: e h c a p a
Content-Length: 3806
Connection: close
Content-Type: text/xml; charset=utf-8

<?xml version='1.0' encoding='UTF-8'?>
<SOAP-ENV:Envelope
    xmlns:SOAP-ENV="http://schemas.xmlsoap.org/soap/envelope/"
    xmlns:xsi="http://www.w3.org/1999/XMLSchema-instance"
    xmlns:xsd="http://www.w3.org/1999/XMLSchema">
    <SOAP-ENV:Body>
```

Voici maintenant le message de réponse doGoogleSearchResponse au message de requête doGoogleSearch. Cette réponse comprend un type de données complexe GoogleSearchResult.

```
<ns1:doGoogleSearchResponse
    xmlns:ns1="urn:GoogleSearch"
    SOAP-ENV:encodingStyle="http://schemas.xmlsoap.org/soap/encoding/">
    <return xsi:type="ns1:GoogleSearchResult">
      <documentFiltering xsi:type="xsd:boolean">false</documentFiltering>
      <estimatedTotalResultsCount xsi:type="xsd:int">5480000</estimatedTotalResultsCount>
      <directoryCategories
          xmlns:ns2="http://schemas.xmlsoap.org/soap/encoding/"
          xsi:type="ns2:Array" ns2:arrayType="ns1:DirectoryCategory[1]">
        <item xsi:type="ns1:DirectoryCategory">
          <specialEncoding xsi:type="xsd:string"></specialEncoding>
          <fullViewableNamexsi:type="xsd:string">Top/Computers/Programming
              /Internet/Web_Services
          </fullViewableName>
        </item>
      </directoryCategories>
      <searchTime xsi:type="xsd:double">0.061899</searchTime>
```

Voici le tableau d'éléments du résultat de la recherche. Ce tableau est bien limité à un élément (du type de données complexe `ResultElement`) comme demandé dans les critères de la recherche sur le moteur de Google.

```
<resultElements
    xmlns:ns3="http://schemas.xmlsoap.org/soap/encoding/"
    xsi:type="ns3:Array" ns3:arrayType="ns1:ResultElement[1]">
```

Premier élément du tableau (item de coordonnée 0 du tableau `ResultElement`) :

```
            <item xsi:type="ns1:ResultElement">
                <cachedSize xsi:type="xsd:string">14k</cachedSize>
                <hostName xsi:type="xsd:string"></hostName>
                <snippet xsi:type="xsd:string">
                    &lt;b&gt;...&lt;/b&gt;
                    &lt;b&gt;Web&lt;/b&gt;
                    &lt;b&gt;Services&lt;/b&gt; Activity.
                    &lt;b&gt;...&lt;/b&gt;
                    Working Drafts In Progress. Drafts produced by the
                    &lt;b&gt;Web&lt;/b&gt;
                    &lt;b&gt;Services&lt;/b&gt;&lt;br&gt;
                    Architecture Working Group.
                    &lt;b&gt;Web&lt;/b&gt; &lt;b&gt;Services&lt;/b&gt;
                    Architecture Requirements.
                    &lt;b&gt;...&lt;/b&gt;
                </snippet>
                <directoryCategory xsi:type="ns1:DirectoryCategory">
                    <specialEncoding xsi:type="xsd:string"></specialEncoding>
                    <fullViewableName xsi:type="xsd:string"></fullViewableName>
                </directoryCategory>
                <relatedInformationPresent xsi:type="xsd:boolean">true
                </relatedInformationPresent>
                <directoryTitle xsi:type="xsd:string"></directoryTitle>
                <summary xsi:type="xsd:string"></summary>
                <URL xsi:type="xsd:string">http://www.w3.org/2002/ws/</URL>
                <title xsi:type="xsd:string"
                >&lt;b&gt;Web&lt;/b&gt; &lt;b&gt;Services&lt;/b&gt;</title>
            </item>
        </resultElements>
        <endIndex xsi:type="xsd:int">2</endIndex>
        <searchTips xsi:type="xsd:string"></searchTips>
        <searchComments xsi:type="xsd:string"></searchComments>
        <startIndex xsi:type="xsd:int">1</startIndex>
        <estimateIsExact xsi:type="xsd:boolean">false</estimateIsExact>
        <searchQuery xsi:type="xsd:string">Web Services</searchQuery>
    </return>
  </ns1:doGoogleSearchResponse>
 </SOAP-ENV:Body>
</SOAP-ENV:Envelope>
```

Cet exemple montre la représentation, sous la forme d'instances des messages SOAP de requête et réponse, emboîtés dans une requête/réponse HTTP, d'une interaction telle qu'elle est exprimée dans le modèle WSDL initial de Google.

Si nous reprenons les éléments liaison et service de notre modèle WSDL Google, voici comment sont introduits (en caractères gras) les éléments d'extensibilité qui permettent d'utiliser le protocole de transport SOAP (associés au préfixe soap) et de parvenir au résultat que nous venons d'obtenir.

Définition de l'unique liaison vers un protocole de transport, SOAP dans le cas présent :

```
<!-- Binding for Google Web APIs - RPC, SOAP over HTTP -->
<binding name="GoogleSearchBinding" type="typens:GoogleSearchPort">
    <soap:binding style="rpc"
                  transport="http://schemas.xmlsoap.org/soap/http"/>
    <operation name="doGetCachedPage">
      <soap:operation soapAction="urn:GoogleSearchAction"/>
      <input>
        <soap:body use="encoded"
                   namespace="urn:GoogleSearch"
                   encodingStyle="http://schemas.xmlsoap.org/soap/encoding/"/>
      </input>
      <output>
        <soap:body use="encoded"
                   namespace="urn:GoogleSearch"
                   encodingStyle="http://schemas.xmlsoap.org/soap/encoding/"/>
      </output>
    </operation>
    <operation name="doSpellingSuggestion">
      <soap:operation soapAction="urn:GoogleSearchAction"/>
      <input>
        <soap:body use="encoded"
                   namespace="urn:GoogleSearch"
                   encodingStyle="http://schemas.xmlsoap.org/soap/encoding/"/>
      </input>
      <output>
        <soap:body use="encoded"
                   namespace="urn:GoogleSearch"
                   encodingStyle="http://schemas.xmlsoap.org/soap/encoding/"/>
      </output>
    </operation>
    <operation name="doGoogleSearch">
      <soap:operation soapAction="urn:GoogleSearchAction"/>
      <input>
        <soap:body use="encoded"
                   namespace="urn:GoogleSearch"
                   encodingStyle="http://schemas.xmlsoap.org/soap/encoding/"/>
      </input>
      <output>
        <soap:body use="encoded"
                   namespace="urn:GoogleSearch"
                   encodingStyle="http://schemas.xmlsoap.org/soap/encoding/"/>
```

```
        </output>
      </operation>
    </binding>
```

Définition du service et de son point d'accès correspondant :

```
    <!-- Endpoint for Google Web APIs -->
    <service name="GoogleSearchService">
      <port name="GoogleSearchPort" binding="typens:GoogleSearchBinding">
        <soap:address location="http://api.google.com/search/beta2"/>
      </port>
  </service>
```

Recommandations WS-I Basic Profile 1.0 (draft)

Recommandation R2700 : une description WSDL ne doit utiliser que le protocole SOAP 1.1 lorsqu'une liaison SOAP est mise en œuvre. Notamment, l'usage du protocole SOAP 1.2 n'est pas admis.

L'utilisation de ces différents éléments d'extensibilité SOAP est décrite dans les sections qui suivent.

L'élément d'extensibilité SOAP binding

L'élément binding est obligatoire lorsque l'on utilise une liaison SOAP dans le document WSDL (à ne pas confondre avec l'élément WSDL binding). Celui-ci se présente ainsi dans la structure du document :

```
<definitions .... >
    <binding .... >
        <soap:binding transport="uri" style="rpc|document">
    </binding>
</definitions>
```

C'est cet élément qui a pour fonction de préciser que la liaison du document WSDL est associée au format du protocole SOAP, et plus particulièrement à l'un des éléments Header, Body ou Envelope de la grammaire SOAP. Dans notre exemple Google, seules des associations de type body sont décrites.

L'attribut style s'applique par défaut à l'ensemble des opérations incluses dans la liaison. Si celui-ci n'est pas précisé, il prend la valeur document par défaut. Dans notre exemple, l'ensemble des opérations décrites adoptent le style rpc. Cette codification signifie que les opérations de cette liaison sont, suivant le cas, *orientées RPC* (Remote Procedure Call), c'est-à-dire que les messages associés traitent des paramètres et des valeurs de retour (et sont donc conformes au format RPC de SOAP 1.1 : voir *http://www.w3.org/TR/SOAP/#_Toc478383532*), ou *orientées document*, c'est-à-dire que ces messages traitent des documents (et sont donc conformes au format standard de SOAP 1.1).

L'attribut transport est obligatoire et la valeur de l'URI précise le protocole de transport réel utilisé par SOAP pour la communication. L'URI *http://schemas.xmlsoap.org/soap/http* désigne la liaison au protocole HTTP dans la spécification WSDL. Cependant, cet attribut pourrait préciser une liaison à d'autres protocoles, comme FTP (File Transfer Protocol) ou SMTP (Simple Mail Transfer Protocol) par exemple.

Le service Web Google est donc défini comme étant accessible en style *RPC* via un protocole *SOAP* sur *HTTP*.

Recommandations WS-I Basic Profile 1.0 (draft)

Recommandation R2701 : une description WSDL qui présente un élément de liaison SOAP `binding` doit impérativement utiliser l'attribut `transport` (élimination d'une divergence entre le texte de la spécification WSDL et son schéma XML).

Recommandation R2702 : dans le cadre d'une liaison SOAP, une description WSDL doit impérativement utiliser le protocole HTTP(S) : la valeur de l'attribut transport d'un élément de liaison SOAP `binding` doit être affectée à la valeur *http://schemas.xmlsoap.org/soap/http* exclusivement. HTTP(S) est donc le *seul* protocole de transport accepté dans le cadre de ce profil.

Recommandation R2706 : dans le cadre d'une liaison SOAP, une description WSDL doit spécifier la valeur `literal` pour l'attribut `use`. Cet attribut, optionnel selon le schéma de liaison SOAP, et non décrit ci-avant (voir schéma XML de la spécification), devient donc obligatoire et en outre se limite à l'usage de la représentation littérale.

Recommandation R2707 : cependant, si dans le cadre d'une liaison SOAP, une description WSDL ne spécifie pas la valeur de l'attribut `use`, la valeur de cet attribut sera fixée par défaut à la valeur `literal`. Ceci écarte de fait l'utilisation de différents encodages dont l'encodage SOAP (voir notamment sur ce sujet la polémique introduite sur la problématique des encodages, évoquée dans la remarque « Mise à l'écart de l'encodage SOAP » section 5 du chapitre 17 de cet ouvrage).

Recommandation R2708 : une description WSDL doit comporter au moins une liaison SOAP, compatible avec les recommandations du profil de base WS-I, par type de port (la raison d'être de cette règle n'est pas explicitée).

Recommandation R2709 : une description WSDL peut comporter plus d'une liaison SOAP, compatible avec les recommandations du profil de base WS-I, par type de port.

L'élément d'extensibilité SOAP operation

Cet élément se place de la manière suivante dans la hiérarchie du document WSDL (à ne pas confondre avec l'élément WSDL `operation`) :

```
<definitions .... >
    <binding .... >
        <operation .... >
            <soap:operation soapAction="uri" style="rpc|document">
        </operation>
    </binding>
</definitions>
```

L'attribut `style` prend les mêmes valeurs que celui de l'élément `binding` vu précédemment. Si cette valeur n'est pas spécifiée, l'attribut prend par défaut la valeur de l'attribut `style` défini au niveau de l'élément `binding`.

L'attribut `soapAction` spécifie la valeur de l'en-tête HTTP `SOAPAction`. Cet URI est obligatoire en cas de description d'une liaison du protocole SOAP sur HTTP. En revanche, pour les liaisons SOAP sur d'autres protocoles, il ne doit pas être précisé, et dans ce cas, l'élément `operation` peut (*may*) être omis.

Dans l'instance de requête HTTP de l'exemple Google, l'attribut `soapAction` a reçu la valeur `urn:GoogleSearchAction` pour l'opération `doGoogleSearch`, valeur que l'on retrouve dans l'en-tête HTTP correspondant du message SOAP.

Difficultés d'interopérabilité

Les valeurs prises par les deux attributs `style` et `soapAction` sont importantes et sont souvent à l'origine de difficultés en termes d'interopérabilité entre systèmes hétérogènes (voir à ce sujet la remarque « SOAP ' rpc/encoded ' vs SOAP ' document/literal ' » consacrée à l'utilisation de l'attribut `style` dans le chapitre 17 : « Le défi de l'interopérabilité »).

En effet, d'une manière générale, les implémentations Java fonctionnent par défaut en mode `rpc`, à l'inverse de Microsoft qui s'appuie sur un fonctionnement par défaut en mode `document`. Ceci oblige dans certaines situations à faire des ajustements pour autoriser la communication entre ces environnements.

De même, la codification de la valeur donnée à l'attribut `soapAction` est laissée libre, ce qui, là encore, laisse le champ libre à des interprétations de la part des auteurs d'implémentations SOAP et entraîne donc des difficultés.

Recommandations WS-I Basic Profile 1.0 (draft)

Recommandation R2705 : dans le cadre d'une liaison SOAP, toutes les opérations d'un même type de port doivent posséder un attribut `style` dont la valeur est identique : soit `rpc`, soit `document`. Le mélange est interdit.

Recommandation R2710 : le profil de base décrit la signature d'une instance (*wire signature*) d'opération à l'intérieur d'un type de port via le nom qualifié de l'élément fils du corps du message SOAP (`ns1:doGoogleSearch` dans l'exemple Google). Si celui-ci est vide, ce nom correspond à une chaîne vide. Toutes les opérations d'un type de port donné d'une description WSDL doivent impérativement correspondre à des signatures d'instances uniques. Ceci permet de lever une ambiguïté, évoquée précédemment, relative au fait que l'unicité du nom des opérations n'est pas requise par la spécification WSDL..

Recommandation R2713 : dans le cas où la valeur de l'attribut `soapAction` de l'élément `operation` est vide (c'est-à-dire est égale à `""`), cette description WSDL doit être traitée comme équivalente à une description dans laquelle l'attribut `soapAction` est omis (voir problèmes d'interopérabilité exposés dans la section « SOAP Builders Round I » du chapitre 17). Cette recommandation concerne le comportement d'un processeur WSDL et permet ainsi de contourner la différence sémantique entre ces deux valeurs du point de vue de la spécification SOAP 1.1.

Recommandation R2714 : dans le cadre d'une interaction à sens unique (*one-way*), les instances de services Web ne doivent pas renvoyer de réponses HTTP qui contiennent un message SOAP (pas d'enveloppes retournées).

Recommandation R2715 : dans le cadre d'une interaction à sens unique (*one-way*), les instances de services Web ne doivent pas considérer que la communication est terminée tant qu'un code retour HTTP 202 (*Accepted*) n'a pas été reçu par le client HTTP. De même, la réception de ce code retour ne doit pas être interprétée par l'émetteur comme une reconnaissance de la validité du message ou comme une certitude que le récepteur le traitera.

Recommandation R2716 : l'attribut `namespace` ne doit pas être spécifié dans les éléments `operation` d'une liaison SOAP lorsque l'attribut `style` est fixé à la valeur `document` et l'attribut `use` est fixé à la valeur `literal`. Ceci est valable pour tous les sous-éléments concernés d'un élément `operation`, c'est-à-dire pour les éléments d'extensibilité SOAP `body`, `header`, `headerfault` et `fault` (voir la description de ces éléments ci-après).

Recommandation R2717 : l'attribut `namespace` doit être impérativement spécifié comme un URI absolu dans les éléments `operation` d'une liaison SOAP lorsque l'attribut `style` est fixé à la valeur `rpc` et que l'attribut `use` est fixé à la valeur `literal`. Cela est valable pour tous les sous-éléments concernés d'un élément `operation`, c'est-à-dire pour les éléments d'extensibilité SOAP `body`, `header`, `headerfault` et `fault` (voir la description de ces éléments ci-après).

Recommandation R2718 : dans une description WSDL, la liste des opérations d'un type de port doit correspondre à celle du type de port équivalent dans une description de liaison SOAP.

L'élément d'extensibilité SOAP body

L'objectif de l'élément d'extensibilité body est de décrire la structuration du corps du message SOAP (soapenv:Body). Cet élément d'extensibilité s'utilise pour des messages de style rpc ou document (voir attribut style de l'élément englobant operation). Selon le type de l'opération, la structure du corps SOAP sera différente :

- Si le style est de type document, les parties du message sont intégrées directement dans le corps du message SOAP.

- Si le style est de type rpc, la spécification SOAP (voir section 7.1 « RPC and SOAP Body » : *http://www .w3.org/TR/SOAP/#_Toc478383533*) précise que chacune des parties du message (paramètres et valeur de retour) est englobée dans une structure (*wrapper*) et ordonnée selon l'ordre de la signature de la méthode correspondante. L'élément englobant (*wrapper*) possède un nom identique à celui de l'opération concerné et se trouve rattaché à l'espace de noms précisé par l'attribut namespace (par convention, la chaîne de caractères Response est concaténée au nom du *wrapper* pour les messages de réponse). Chacune des parties possède un accesseur dont le nom est identique à celui du paramètre correspondant de la méthode (pour les messages de réponse, le premier accesseur est celui de la valeur de retour).

Si nous reprenons l'exemple de la réponse HTTP du serveur de Google, l'invocation de l'opération doGoogleSearch, qui utilise le style rpc, induit la génération d'un élément *wrapper* doGoogleSearch-Response dans le corps du message de réponse SOAP. Sous cet élément, l'élément return a été généré et permet ainsi d'accéder au contenu de la réponse (voir partie du même nom dans le message doGoogleSearchResponse du modèle WSDL du service Google).

L'élément body se présente ainsi dans le document WSDL :

```
<definitions .... >
    <binding .... >
        <operation .... >
            <input>
                <soap:body parts="nmtokens" use="literal|encoded"
                           encodingStyle="uri-list" namespace="uri">
            </input>
            <output>
                <soap:body parts="nmtokens" use="literal|encoded"
                           encodingStyle="uri-list" namespace="uri">
            </output>
        </operation>
    </binding>
</definitions>
```

L'attribut parts est optionnel. S'il n'est pas spécifié, toutes les parties du message sont incluses dans le corps du message SOAP. Lorsqu'il est spécifié, il précise quelles parties du message doivent apparaître dans le corps du message SOAP.

Les parties d'un message peuvent être soit des descriptions de schémas concrets, soit des définitions de types abstraits. S'il s'agit de types abstraits, ceux-ci sont « concrétisés » via une sérialisation réalisée selon les règles associées au style d'encodage spécifié.

L'attribut use donne une indication d'utilisation d'un encodage particulier des parties du message ou, au contraire, stipule que celles-ci constituent le schéma concret du message. Si la valeur encoded est spécifiée, cela signifie que chaque partie du message référence un type abstrait. Dans ce cas, la valeur de l'attribut encodingStyle précise le style de codage à appliquer à ces types abstraits afin de produire un message concret.

L'attribut encodingStyle contient une liste d'URI séparés par une espace. Chaque URI correspond à un encodage utilisé dans le message. Les URI sont classés de l'encodage le plus restrictif au moins restrictif, comme pour le paramètre homonyme de la spécification SOAP (voir la section dédiée aux styles de codage dans les messages SOAP du chapitre 8 « Échanger avec un service – Codage des données »).

Les trois opérations de notre exemple Google présentent le même profil pour tous les messages de requête et de réponse : le message complet est inclus dans le corps SOAP (attribut parts absent) et il est encodé (attribut use="encoded") selon le seul style d'encodage SOAP 1.1 (attribut encodingStyle ="http://schemas.xmlsoap.org/soap/encoding/").

L'élément d'extensibilité SOAP fault

L'élément fault permet d'exprimer comment sera codé l'élément detail, enfant de l'élément soapenv:Fault du message d'erreur SOAP.

L'élément fault se place de la manière suivante dans l'arbre du document WSDL :

```
<definitions .... >
   <binding .... >
      <operation .... >
         <fault>
            <soap:fault name="nmtoken" use="literal|encoded"
               encodingStyle="uri-list" namespace="uri">
         </fault>
      </operation>
   </binding>
</definitions>
```

L'attribut name de l'élément soap:fault permet de faire le lien avec l'élément WSDL fault associé à l'opération.

Un message fault ne peut avoir qu'une seule partie (restriction sur l'attribut parts du type soap:body). Les autres attributs (use, encodingStyle et namespace) fonctionnent de la même manière que ceux de l'élément soap:body.

L'exemple Google ne prévoit pas l'usage d'éléments d'extensibilité SOAP fault.

Recommandations WS-I Basic Profile 1.0 (draft)

Recommandation R2721 : dans une description WSDL, les éléments fault d'une description de liaison SOAP doivent spécifier la valeur de l'attribut name (incohérence entre le texte de la spécification WSDL et son schéma XML).

Recommandation R2722 : dans une description WSDL, si un élément fault d'une description de liaison SOAP spécifie la valeur de l'attribut use, celle-ci doit impérativement être égale à literal.

Recommandation R2723 : dans une description WSDL, la spécification de la valeur de l'attribut use dans un élément fault d'une description de liaison SOAP est optionnelle. Si elle n'a pas été spécifiée, elle doit être considérée comme étant égale à literal.

Les éléments d'extensibilité SOAP header et headerfault

Les éléments header et headerfault permettent de décrire l'en-tête du message SOAP (voir partie dédiée à la gestion des erreurs de SOAP 1.1 dans le chapitre 7 « Échanger avec un service – Format du message »).

Des en-têtes, pour des besoins d'extension de WSDL, peuvent être documentés (par défaut, attribut wsdl:required="false") ou rendus obligatoires (attribut wsdl:required="true") dans le cadre d'une communication particulière (voir exemple précédent dans la section « Les liaisons standards »). Ces en-têtes peuvent être directement ajoutés au message SOAP, sans être décrits à ce niveau.

Ces éléments sont positionnés ainsi dans la hiérarchie du document WSDL :

```
<definitions .... >
  <binding .... >
    <operation .... >
      <input>
        <soap:header message="qname" part="nmtoken" use="literal|encoded"
          encodingStyle="uri-list" namespace="uri">
          <soap:headerfault message="qname" part="nmtoken"use="literal|encoded"
            encodingStyle="uri-list"namespace="uri"/>
        </soap:header>
      </input>
      <output>
        <soap:header message="qname" part="nmtoken" use="literal|encoded"
          encodingStyle="uri-list" namespace-"uri">
          <soap:headerfault message="qname" part="nmtoken"use="literal|encoded"
            encodingStyle="uri-list"namespace="uri"/>
        </soap:header>
      </output>
    </operation>
  </binding>
</definitions>
```

Les attributs message et part permettent de référencer la partie de message qui se situe dans l'en-tête SOAP. Le schéma référencé par cette partie de message peut comporter une définition des attributs soap:actor et soap:mustUnderstand lorsque la valeur de l'attribut use est fixée à la constante literal. En revanche, ces définitions ne peuvent être présentes si la valeur de cet attribut est fixée à la constante encoded. Il n'est pas nécessaire que le message référencé soit identique au message qui définit le corps SOAP. Plusieurs éléments header peuvent être définis à l'intérieur d'un élément input ou output.

Les sous-éléments headerfault présentent la même structure que leurs éléments parents header. Plusieurs éléments headerfault (optionnels) peuvent être définis à l'intérieur d'un élément header. Les éléments headerfault ont pour objectif de préciser les éléments header susceptibles de renvoyer des informations au travers du protocole SOAP relatives à des erreurs liées à l'élément header qui englobe l'élément headerfault.

Quant aux attributs use, encodingStyle et namespace, ils fonctionnent de la même manière que ceux de l'élément body vu précédemment.

L'exemple Google ne prévoit pas l'usage d'éléments d'extensibilité SOAP `header` et `headerfault`.

Recommandations WS-I Basic Profile 1.0 (draft)

Recommandation R2719 : dans une description WSDL, la spécification d'éléments `headerfault` dans la description des éléments `input` et `output` d'une opération est optionnelle (incohérence entre le texte de la spécification WSDL et son schéma XML).

Recommandation R2720 : dans une description WSDL, la spécification d'éléments `header` et `headerfault` dans la description des éléments `input` et `output` d'une opération doit être effectuée en affectant une valeur de type `NMTOKEN` à l'attribut `part` (incohérence entre le texte de la spécification WSDL et son schéma XML : le schéma XML déclare un attribut `parts` de type `NMTOKENS`).

L'élément d'extensibilité SOAP address

L'élément est positionné ainsi dans la hiérarchie du document WSDL :

```
<definitions .... >
<binding .... >
    <soap:address location="uri"/>
</binding>
</definitions>
```

Cet élément permet d'affecter une adresse à un port WSDL. Le schéma de l'URI doit bien sûr être en relation avec le protocole de transport spécifié via l'élément `soap:binding`.

Dans le service Google, l'attribut `transport` précise que ce service est fourni par l'intermédiaire du protocole HTTP (`http://schemas.xmlsoap.org/soap/http`). L'URI d'accès au service déclinée dans l'attribut `location` (voir *http://api.google.com/search/beta2*) respecte donc le schéma HTTP.

Un port qui s'appuie sur une liaison SOAP doit obligatoirement fournir une et une seule adresse.

Recommandations WS-I Basic Profile 1.0 (draft)

Recommandation R2711 : une description WSDL peut comporter plusieurs ports dont les attributs `location` de l'élément `address` pointent vers le même URI.

La liaison avec le protocole HTTP GET/POST

L'utilisation d'une liaison au protocole HTTP GET/POST fait l'objet d'une description par la spécification WSDL.

La bonne compréhension des chapitres suivants ne nécessite pas d'explications détaillées sur cette partie de la spécification. Les exemples décrits plus avant dans ce livre exploitent essentiellement la liaison avec le protocole SOAP. Le lecteur pourra se reporter à la section 4 « HTTP GET & POST Binding » (voir *http://www.w3c.org/TR/2001/NOTE-wsdl-20010315#_http*) du document pour étudier cette liaison de manière détaillée.

La liaison avec le format de message MIME

La spécification WSDL prévoit l'utilisation du format de message MIME. Il est en effet possible de lier des types abstraits à des messages concrets de ce type.

Plus particulièrement, la spécification définit les liaisons pour les types MIME suivants :

- le type `multipart/related` ;
- le type `text/xml` ;
- le type `application/x-www-form-urlencoded` ;
- les autres types.

La liste n'est pas exhaustive et les autres types sont gérés en spécifiant la chaîne de caractères qui identifie le type MIME.

Cette partie de la spécification n'est pas nécessaire à la compréhension des chapitres suivants et nous renvoyons le lecteur à la spécification WSDL (section 5 « Mime Binding » : voir *http://www.w3c.org/TR/2001/NOTE-wsdl-20010315#_Toc492291084*) pour une information complète sur ce type de liaison.

WSDL dans le « monde réel »

Nous venons de passer en revue la spécification WSDL qui permet donc de décrire simplement un service Web et la manière dont il est possible d'y accéder. Cet élément de la trilogie SOAP, WSDL et UDDI est extrêmement important car il apporte la brique de base nécessaire à la définition et à la réutilisation des services Web. C'est la présence de WSDL qui permet de qualifier cet ensemble de spécifications de technologies de services Web.

En effet, de nombreuses implémentations de services Web se sont limitées à l'utilisation de la couche de transport SOAP entre les nœuds de communication qui prennent en charge la communication. Cela est suffisant dans une situation où le service en question ne présente qu'un intérêt limité, propre aux deux acteurs qui contrôlent les nœuds de communication concernés. En revanche, si le service Web est destiné à une utilisation dans un cadre plus élargi, il va rapidement devenir fastidieux pour le fournisseur de ce service de décrire et d'informer chaque consommateur potentiel des caractéristiques fonctionnelles et techniques de ce service. Il sera certainement préférable que ce fournisseur concentre ses ressources sur les aspects commerciaux et contractuels de son offre par exemple.

Ainsi, la spécification WSDL joue un rôle pivot dans une architecture de services Web. C'est la présence d'un contrat WSDL qui permet d'affirmer que l'on met en œuvre un service Web. Le seul usage de SOAP dans la communication entre applications réparties ne suffit pas pour qualifier ces applications de services Web. De même, il faut rappeler que le protocole SOAP n'est pas le seul protocole utilisable dans une telle architecture : l'extensibilité WSDL permet de s'appuyer sur des liaisons à d'autres protocoles de transport et à d'autres formats de message et éventuellement de les faire cohabiter via le mécanisme des ports alternatifs.

La couche de description de service WSDL permet donc de publier les caractéristiques fonctionnelles et techniques d'un service Web, éléments importants d'un contrat de service. En effet, pour pouvoir utiliser ou réutiliser un service Web, il faut déjà commencer par faire savoir qu'il existe et donc le publier. Cette publication peut être réalisée à grande échelle, à destination du public le plus large (concepteurs, développeurs, etc.), ou bien dans le cadre d'une communauté d'intérêts communs plus réduite, comme un extranet ou un groupe multisociété par exemple, et enfin dans le cadre très limité d'une entreprise. C'est cette fonction d'information qui est dévolue à la couche WSDL de la trilogie.

Le dernier niveau de la trilogie actuelle est chargé de prendre en compte les canaux de diffusion de ces services. Ce rôle est couvert par les annuaires UDDI, et fait l'objet des deux chapitres suivants. Ces annuaires, privés ou publics, ont pour objectif de faciliter la recherche de services publiés offerts via une grande variété de canaux d'accès et dont les documents au format WSDL ne représentent qu'un seul des canaux possibles (au sens UDDI). Ces annuaires offrent la particularité d'être accessibles par l'intermédiaire d'Internet de deux manières différentes :

- soit par un être humain, à partir d'une interface Web classique ;

- soit de manière automatique, par un processus programmé.

Une analogie certaine peut être effectuée avec les annuaires DNS (Domain Name Service). En effet, de même que les annuaires DNS permettent de retrouver l'adresse IP d'un ordinateur (protocole TCP/IP : Transmission Control Protocol/Internet Protocol) à partir de son nom de domaine, les annuaires UDDI offrent la capacité de retrouver le point d'accès à un service donné à partir du nom du service offert ou du nom de l'entreprise qui offre ce service.

Nous venons de voir comment est imbriquée la spécification WSDL et le rôle central qu'elle joue dans la trilogie SOAP, WSDL et UDDI. Ce rôle a conduit les concepteurs et développeurs de services Web à manipuler en permanence des descriptions de services Web en format WSDL. De fait, les éditeurs de logiciels et d'environnements de développement ou de conception ont rapidement structuré leurs offres autour de la gestion de ces documents WSDL.

Les différents aspects, liés à l'utilisation de WSDL, sont illustrés chapitre 13, lequel traite des principes de mise en œuvre des services Web, des problèmes de plates-formes de développement, de déploiement et d'exécution et enfin du rôle pivot joué par les documents WSDL dans ce type d'architecture.

Outils et ressources

Outre l'offre en matière d'environnements de développement aptes à produire des services Web et les descriptions WSDL associées, d'autres outils, en nombre toujours plus important, sont apparus afin de rendre la vie plus facile aux développeurs et aux concepteurs. La nature de ces outils est de plus en plus diversifiée.

À l'instar des outils de test générés automatiquement à partir du code source d'un service en cours d'écriture, dans les grands environnements de développement tels que Visual Studio .NET de Microsoft ou WebSphere Studio Application Developer d'IBM, apparaissent de plus en plus d'outils équivalents, capables de fonctionner de manière autonome.

Outil WSDL Dynamic Test Client de IONA Technologies

Parmi ceux-ci, nous pouvons citer l'outil WSDL Dynamic Test Client, présent dans le serveur d'intégration et de déploiement de services Web de IONA Technologies, Orbix E2A XMLBus Edition 5.0.3. L'écran figure 10-2 présente la page d'accueil de cet outil.

Dans cet exemple, nous avons fait pointer le champ de saisie de l'adresse du fichier WSDL à traiter vers l'URL du fichier Echo.wsdl généré dans les exemples du chapitre 13 via l'assistant du SOAP Toolkit de Microsoft. La demande de traitement du document WSDL provoque son téléchargement et le déclenchement de son analyse syntaxique par l'outil. Cette analyse permet ensuite de générer dynamiquement la liste des opérations fournies par le service.

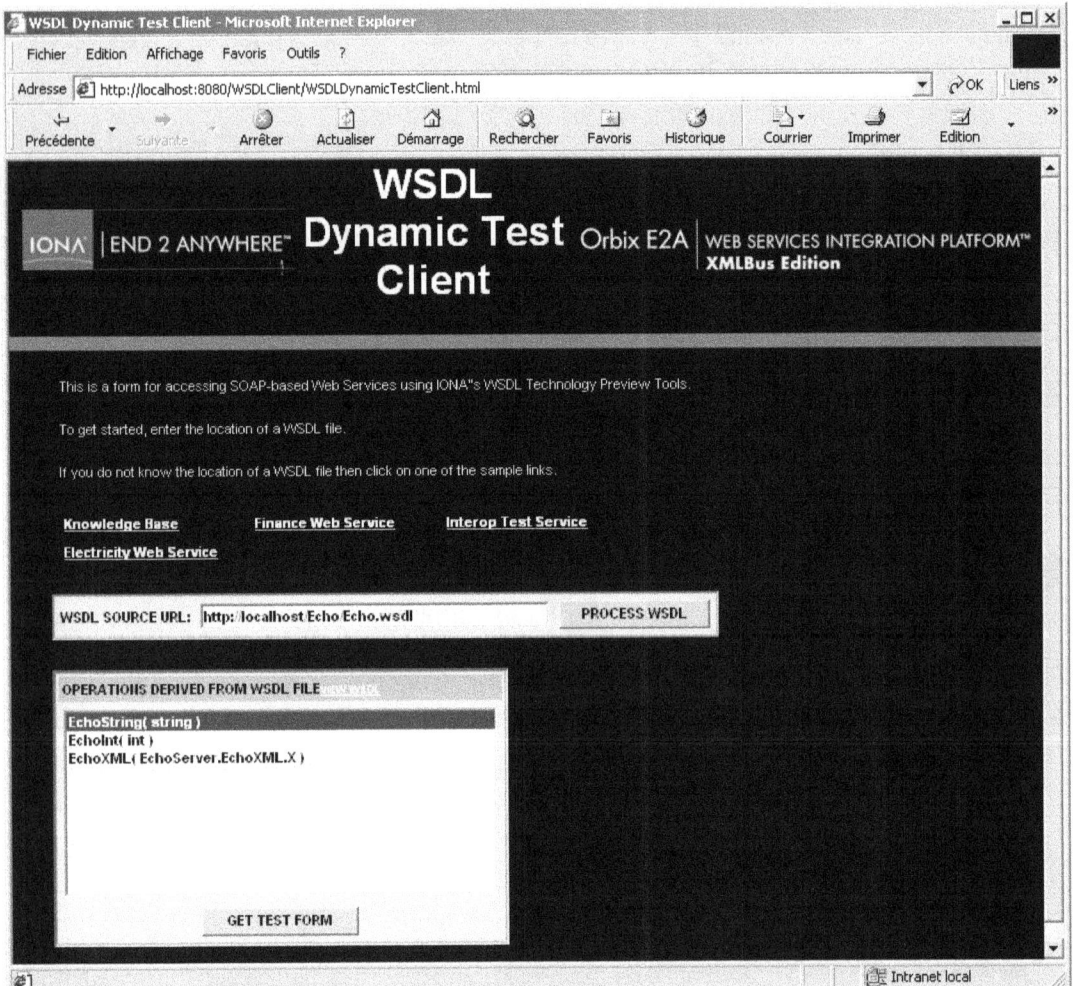

Figure 10-2

Présentation des opérations du service Web Echo par l'assistant de Orbix E2A.

L'utilisateur peut alors sélectionner l'une des opérations possibles et demander la génération automatique d'un formulaire de test. Ce formulaire de test présente la liste des paramètres de l'opération choisie qui peuvent être saisis ou non selon la nature de l'opération. Ensuite, l'utilisateur peut activer l'invocation de l'opération à destination du serveur qui héberge l'implémentation du service présenté.

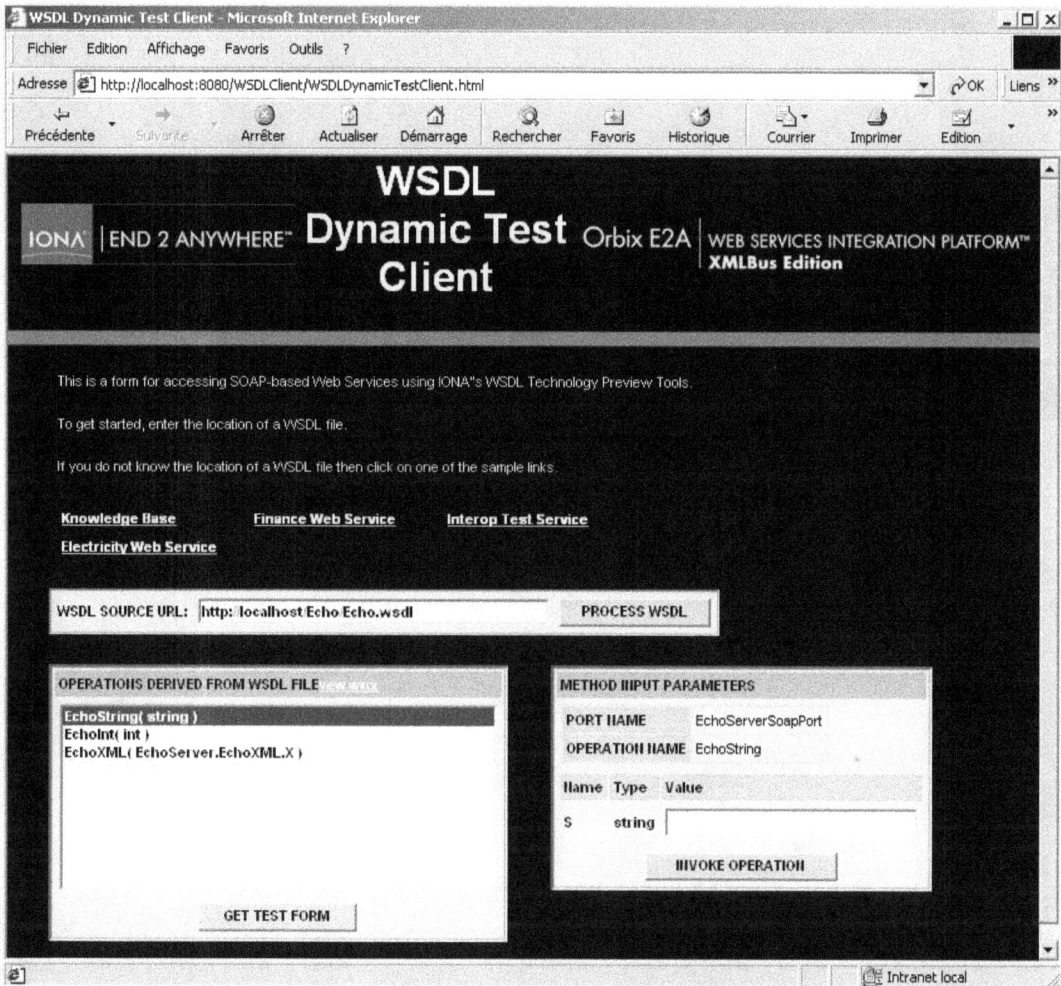

Figure 10-3

Invocation dynamique d'une opération du service Web Echo par l'assistant de Orbix E2A.

L'écran figure 10-4 présente le résultat de l'invocation dynamique de l'opération EchoString. Cet écran affiche le résultat renvoyé par l'activation du service, ici la chaîne de caractères Test saisie par l'utilisateur et renvoyée en écho par le serveur COM, résultat accompagné du message SOAP de requête émis par le serveur Orbix E2A, ainsi que du message SOAP de réponse renvoyé par le serveur Microsoft IIS 5.0.

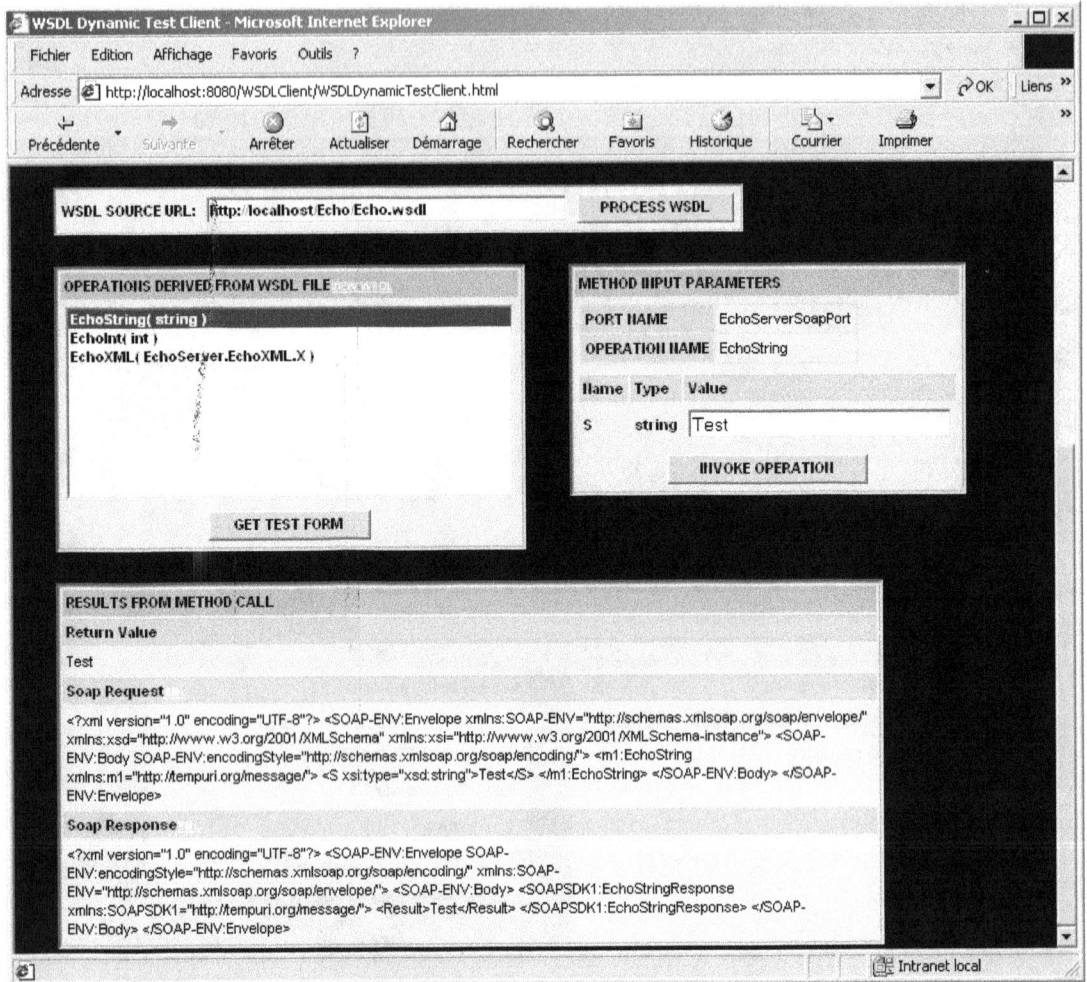

Figure 10-4

Résultat de l'invocation dynamique de l'opération EchoString par l'assistant d'Orbix E2A.

Il faut noter que cet outil est encore très récent et ne prend en charge que les types de données simples. Par exemple, si l'on cherche à invoquer l'opération EchoXML, l'assistant ne sera pas en mesure de le faire. En effet, il ne prend pas encore en charge les données de type binaire base 64, les types complexes et les tableaux.

Nous pouvons également remarquer qu'à travers cet exemple, nous venons de mettre en œuvre, de manière très simple, une interaction entre un serveur Microsoft IIS 5.0 et un serveur d'applications Java, via les protocoles SOAP et HTTP. Le produit XMLBus de IONA Technologies se présente comme un *container* de services Web apte à fonctionner à l'intérieur d'un moteur J2EE, quel qu'il soit, ou de manière autonome. Les serveurs Java compatibles avec cette version sont Orbix E2A, le serveur d'applications de IONA, les serveurs WebLogic 6.1 de BEA, WebSphere 4.0 d'IBM et Tomcat 4.0.3 d'Apache (utilisé dans la version autonome). L'implémentation SOAP utilisée par IONA est celle d'Apache.

Notons que ce même outil est accessible en ligne dans la section du site de IONA dédiée à l'interopérabilité (voir *http://interop.xmlbus.com:7002/WSDLClient/index.html*) et peut être utilisé pour tout document WSDL présent sur Internet, obtenu de manière directe ou via un annuaire UDDI public (pas de possibilité d'*upload* à partir d'un intranet pour l'instant).

Service Web de vérification WSDL GotDotNet

Le site de la communauté GotDotNet, liée au *framework* .NET (*http://www.gotdotnet.com*) de Microsoft, propose un service Web de vérification de documents WSDL et de génération d'un proxy-service C# correspondant si celui-ci est bien formé selon la spécification WSDL 1.1.

Le service accepte les paramètres suivants :

- input :
  - type String : URL du fichier WSDL ;
- output :
  - type String : message d'information généré en cas de succès (balise `<StandardOutput>`) ;
  - type String : message d'information généré en cas d'erreur (balise `<ErrorOutput>`) ;
  - type String : le code source de la classe du proxy-service généré en cas de succès (balise `<Code>`) ;
  - type String : indication sur la cause de l'erreur générée en cas d'erreur (balise `<ErrorHints>`).

Ce service est accessible à *http://www.gotdotnet.com/services/wsdl/wsdlverify.asmx?op=ValidateWSDL*. Si l'on s'en sert, par exemple pour générer le proxy-service C# capable de l'invoquer, il suffit de lui fournir en paramètre l'URL *http://www.gotdotnet.com/services/wsdl/wsdlverify.asmx?WSDL* qui correspond à sa propre description de service WSDL.

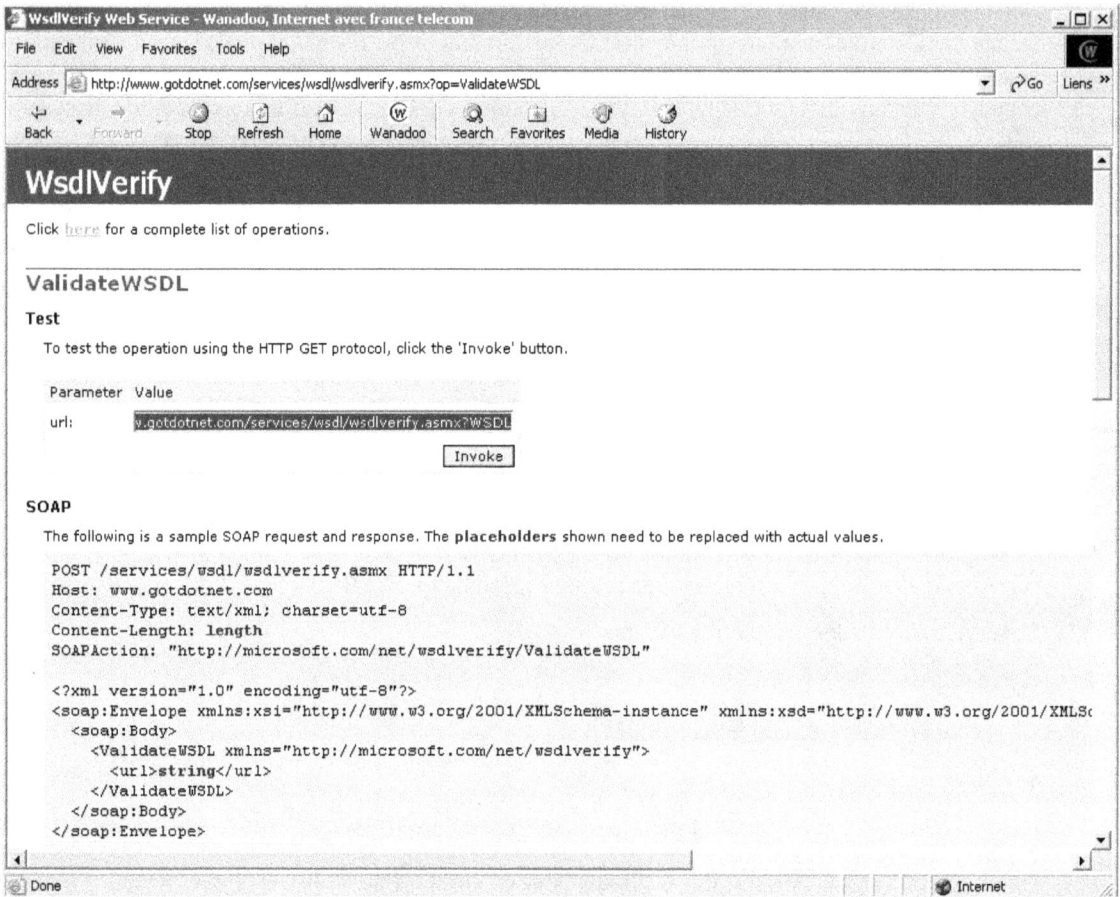

Figure 10-5

Vérification du service Web WsdlVerify de GotDotNet par lui-même.

Par cette action, on récupère donc en retour un document XML qui contient le code source du proxy-service en langage C# correspondant à ce service. Le code source généré est le suivant :

Importation des librairies .NET nécessaires au fonctionnement du proxy-service :

```
//------------------------------------------------------------------------
// <autogenerated>
//      This code was generated by a tool.
//      Runtime Version: 1.0.3705.209
//
//      Changes to this file may cause incorrect behavior and will be lost if
//      the code is regenerated.
// </autogenerated>
//------------------------------------------------------------------------
//
```

```
// This source code was auto-generated by wsdl, Version=1.0.3705.209.
//
using System.Diagnostics;
using System.Xml.Serialization;
using System;
using System.Web.Services.Protocols;
using System.ComponentModel;
using System.Web.Services;
```

Classe WsdlVerify utilisable via le protocole SOAP/HTTP :

```
/// <remarks/>
[System.Diagnostics.DebuggerStepThroughAttribute()]
[System.ComponentModel.DesignerCategoryAttribute("code")]
[System.Web.Services.WebServiceBindingAttribute(Name="WsdlVerifySoap",
Namespace="http://microsoft.com/net/wsdlverify")]
public class WsdlVerify : System.Web.Services.Protocols.SoapHttpClientProtocol {

    /// <remarks/>
    public WsdlVerify() {
        this.Url = "http://www.gotdotnet.com/services/wsdl/wsdlverify.asmx";
    }

    /// <remarks/>
```

Méthode GetServiceHits() du service, invocable de manière synchrone ou asynchrone :

```
[System.Web.Services.Protocols.SoapDocumentMethodAttribute(
"http://microsoft.com/net/wsdlverify/GetServiceHits",
RequestNamespace="http://microsoft.com/net/wsdlverify",
ResponseNamespace="http://microsoft.com/net/wsdlverify",
Use=System.Web.Services.Description.SoapBindingUse.Literal,
ParameterStyle=System.Web.Services.Protocols.SoapParameterStyle.Wrapped)]
    public int GetServiceHits() {
        object[] results = this.Invoke("GetServiceHits", new object[0]);
        return ((int)(results[0]));
    }

    /// <remarks/>
    public System.IAsyncResult BeginGetServiceHits(System.AsyncCallback callback,
    object asyncState) {
    return this.BeginInvoke("GetServiceHits", new object[0], callback,asyncState);
    }

    /// <remarks/>
    public int EndGetServiceHits(System.IAsyncResult asyncResult) {
        object[] results = this.EndInvoke(asyncResult);
        return ((int)(results[0]));
    }

    /// <remarks/>
```

Méthode `ValidateWSDL()` invoquée dans l'interface Web :

```
[System.Web.Services.Protocols.SoapDocumentMethodAttribute(
"http://microsoft.com/net/wsdlverify/ValidateWSDL",
RequestNamespace="http://microsoft.com/net/wsdlverify",
ResponseNamespace="http://microsoft.com/net/wsdlverify",
Use=System.Web.Services.Description.SoapBindingUse.Literal,
ParameterStyle=System.Web.Services.Protocols.SoapParameterStyle.Wrapped)]
    public WsdlResults ValidateWSDL(string url) {
        object[] results = this.Invoke("ValidateWSDL",
                    new object[] {url});
        return ((WsdlResults)(results[0]));
    }

    /// <remarks/>
    public System.IAsyncResult BeginValidateWSDL(string url, System.AsyncCallback callback,
    object asyncState) {
        return this.BeginInvoke("ValidateWSDL",
                    new object[] {url}, callback, asyncState);
    }

    /// <remarks/>
    public WsdlResults EndValidateWSDL(System.IAsyncResult asyncResult) {
        object[] results = this.EndInvoke(asyncResult);
        return ((WsdlResults)(results[0]));
    }
}
```

Classe `WsdlResults` de sérialisation des résultats obtenus par le vérificateur WSDL :

```
/// <remarks/>
[System.Xml.Serialization.XmlTypeAttribute(Namespace="http://microsoft.com/net/wsdlverify")]
public class WsdlResults {

    /// <remarks/>
    public string StandardOutput;

    /// <remarks/>
    public string ErrorOutput;

    /// <remarks/>
    public string Code;

    /// <remarks/>
    public string ErrorHints;
}
```

Ce proxy-service, après compilation, peut être appelé par d'autres programmes comme ce petit programme C# qui fonctionne en mode Console et qui vérifie à nouveau le même fichier WSDL. Les résultats peuvent être affichés dans la fenêtre Debug de Visual Studio .NET.

```
using System;
using System.Diagnostics;
```

```
namespace WsdlVerify {
    class Client {
        [STAThread]
        static void Main(string[] args) {
            String url = "http://www.gotdotnet.com/services/wsdl
                /wsdlverify.asmx?WSDL";
            Debug.WriteLine("about to verify : "+url);
            WsdlVerify verifier = new WsdlVerify();
            WsdlResults results = verifier.ValidateWSDL(url);
            Debug.WriteLine("verifier standard output : "+results.StandardOutput);
            Debug.WriteLine("verifier error output    : "+results.ErrorOutput);
            Debug.WriteLine("verifier code            : "+results.Code);
            Debug.WriteLine("verifier error hints     : "+results.ErrorHints);
        }
    }
}
```

Conclusion : instrumentalisation de la gestion des documents WSDL

Nous venons de voir deux outils parmi de nombreux autres, accessibles en ligne ou non, aux fonctionnalités plus ou moins riches. On s'aperçoit, et la lecture du chapitre 13 « Principes de mise en œuvre » est encore plus édifiante à ce sujet, que les documents WSDL sont et seront de moins en moins manipulés directement par les développeurs ou les concepteurs de services Web. Ceux-ci disparaissent de plus en plus derrière des outils de natures très diversifiées et sont soit générés par d'autres documents, soit sources de génération d'autres documents.

Ce rôle central de WSDL est parfaitement mis en valeur par le *framework* d'invocation de services Web WSIF (Web Services Invocation Framework) d'origine IBM, dont l'évolution est maintenant prise en charge par la communauté Apache. Ce paquetage Java, initialement développé par IBM (voir ressource alphaWorks : *http://www.alphaworks.ibm.com/tech/wsif*), a été donné (voir annonce : *http://www-916 .ibm.com/press/prnews.nsf/print/F6AA1FA152C47FBF85256BE50058CDBA*) le 27 juin 2002 à la communauté Apache, en même temps que le paquetage WSIL4J (implémentation Java de la spécification WSIL ou Web Services Inspection Language). Depuis, la communauté Apache a fait évoluer cette implémentation et une version 2.0 est maintenant téléchargeable à partir du site d'Apache (voir *http://ws.apache.org/wsif*).

Le *framework* WSIF est très intéressant dans la mesure où il offre un moyen de faire abstraction des protocoles de transport utilisés par les services Web, dont SOAP notamment. En effet, la plupart des exemples de mise en œuvre de services Web que l'on peut trouver utilisent directement SOAP et présentent donc les contingences qui lui sont propres. Et cela, même si ces exemples font parfois appel à la description WSDL de ces services, tout au moins pour récupérer l'adresse d'accès à ces services.

Nous avons vu de quelle manière WSDL permet de spécifier abstraitement les opérations d'un service Web et les messages associés, puis comment ces descriptions peuvent être associées à des protocoles de transport et à des formats de message concret. WSIF propose tout simplement d'exploiter cette caractéristique de WSDL et offre au développeur un moyen très intéressant de manipuler les fonctions du service Web sans se préoccuper des protocoles de transport sous-jacents (SOAP, JMS, EJB…). WSIF permet également de faire de l'invocation statique ou dynamique de services Web. Il offre en outre la possibilité de commuter les protocoles utilisés ou les points d'accès à ces services sans aucune recompilation du client.

Cependant, cette disparition annoncée des documents WSDL derrière les outils de conception et de développement n'est que virtuelle et ne saurait faire oublier l'importance de leur rôle pivot dans l'ensemble des spécifications en attente de normalisation qui constituent les fondements des services Web : la trilogie SOAP, WSDL et UDDI. Nous pouvons même aisément prévoir qu'un effort important de réutilisation des standards métier XML, définis ces deux dernières années par de nombreuses organisations, sera mené : ces documents XML seront soit directement intégrés dans les documents WSDL qui les utiliseront sous forme de schémas, soit plus vraisemblablement référencés par des scénarios de conversations ou de processus métier qui les exploiteront dans le cadre des interactions entre les participants de ces échanges (à l'image de ce que propose la spécification WSCL de Hewlett-Packard, par exemple : voir chapitre 21 « Gestion des processus métier »).

Sites de référence

Les différentes références de cette spécification sont localisées de la manière suivante :

* note de référence de la version 1.1 soumise le 15 mars 2001 au W3C : *http://www.w3.org/TR/wsdl* ;
* document de référence de la version 1.1 publié le 23 janvier 2001 et maintenu sur le site de Microsoft : *http://msdn.microsoft.com/xml/general/wsdl.asp* ;
* document de référence de la version 1.0 publié le 25 septembre 2000 et maintenu sur le site d'IBM : *http://www-106.ibm.com/developerworks/library/w-wsdl.html?dwzone=ws* ;
* Web Services Description Working Group du W3C : *http://www.w3.org/2002/ws/desc* ;
* document de référence de la version 1.2 (*Working Draft*) publié le 24 janvier 2003 par le W3C : *http://www.w3.org/TR/wsdl12.*

Outils

* Apache WSIF (Web Services Invocation Framework) : *http://ws.apache.org/wsif* ;
* GotDotNet .NET Webservice Studio : *http://www.gotdotnet.com/team/tools/web_svc* ;
* GotDotNet WSDL Browser : *http://apps.gotdotnet.com/xmltools/WsdlBrowser* ;
* GotDotNet WSDL Verification : *http://www.gotdotnet.com/services/wsdl/wsdlverify.asmx* ;
* IONA Technologies WSDL Dynamic Test Client : *http://interop.xmlbus.com:7002/WSDLClient/index.html* ;
* XMethods WSDL Analyser : *http://www.xmethods.com/ve2/Tools.po.*

Documents

A Busy Developers Guide to WSDL 1.1 : *http://radio.weblogs.com/0101679/stories/2002/02/15/aBusyDevelopersGuideToWsdl11.html.*

Using WSDL in a UDDI Registry 1.08 : *http://www.oasis-open.org/committees/uddi-spec/doc/bp/uddi-spec-tc-bp-using-wsdl-v108-20021110.pdf.*

Découvrir un service avec UDDI

Les chapitres 7, 8 et 9 ont permis de montrer comment échanger des services entre différents processus. La manière de décrire ces services et de formaliser leurs interfaces a ensuite été exposée dans le chapitre 10. Le présent chapitre et le suivant vont illustrer comment publier ces services et les rendre accessibles à une communauté de « consommateurs » de services plus ou moins étendue.

Les précurseurs

Cette question de la publication de services et de la découverte de ces mêmes services avait déjà été abordée par deux précurseurs : Sun Microsystems et Hewlett-Packard.

Sun Microsystems Jini

Dès 1998, Sun Microsystems proposait son architecture de réseau Jini (voir site de référence Jini : *http://www.sun.com/jini*). Cette infrastructure de services offrait une API de publication (*join*) d'un service vers un ou plusieurs services de consultation (*lookup*), accessibles à partir de processus clients via une API de découverte (*discover*). Lorsqu'il était localisé, le service recherché (en pratique, un proxy service Java) était récupéré par le client (*receive*) et utilisé (*use*) directement sans aucune nouvelle interaction avec les services de consultation de l'infrastructure.

Cette architecture est finalement restée relativement confidentielle et n'a pas connu le succès escompté. Diverses raisons permettent d'expliquer ce quasi-désintérêt. L'une d'entre elles est la trop forte adhésion de cette architecture au langage Java. En effet, les services sont publiés sous forme de *proxy-objets Java* et les interactions avec les services de consultation sont réalisées via l'utilisation du protocole propriétaire RMI (Remote Method Invocation). En corollaire, l'utilisation de RMI restreint l'utilisation de cette architecture au domaine intranet, du fait notamment des réticences des administrateurs réseaux à ouvrir des ports spécifiques dans les logiciels pare-feu (*firewalls*).

Cette infrastructure n'en reste pas moins intéressante et vient d'être mise à profit par Macromedia, d'une manière très originale, pour assurer la gestion en cluster de son nouveau serveur d'applications Java JRun 4.0 (voir annonce de disponibilité immédiate du produit : *http://www.macromedia.com/macromedia /proom/pr/2002/jrun4_launch.html*).

Hewlett-Packard e-Speak

Presque simultanément, Hewlett-Packard publiait en 1999 son architecture de services e-Speak (voir site de référence e-Speak : *http://www.e-speak.hp.com*), issue des travaux d'un projet de recherche initié en 1995 aux HP Labs. Cette architecture est la première à avoir formalisé le concept de *service Web*. Une entité commerciale dédiée fut constituée dès 1998 et le produit commercialisé à partir de l'année suivante.

Cette architecture s'appuyait notamment sur l'interopérabilité de service à service via des mécanismes d'enregistrement, de découverte et d'interaction de services Web dynamiques. L'accès aux services Web publiés dans un annuaire de services était possible via deux modèles : le Network Object Model (NOM) ou le Document Exchange Model (DEM). Le Network Object Model permettait de rendre accessibles des systèmes applicatifs patrimoniaux (*legacy systems*), tels que des composants Enterprise JavaBeans (EJB) par exemple, à travers Internet. Le Document Exchange Model autorisait l'échange de documents XML via le Web de manière faiblement couplée. Ces échanges étaient pris en charge par la librairie J-ESI (Java e-Speak Service Interface) via un protocole de messagerie et de transport propriétaire.

La spécification e-Speak faisait appel au concept de « vocabulaires » pour formaliser les aspects métier d'un service. Ces vocabulaires constituent l'équivalent des spécifications XML sectorielles définies actuellement par des organismes de normalisation ou des organisations professionnelles liés à des secteurs industriels verticaux. Par exemple, la notion de contrat e-Speak est équivalente à celle de service type UDDI (voir concept *tModel* plus loin dans ce chapitre).

La plate-forme e-Speak s'appuyait sur la spécification SFS (Services Framework Specification) pour créer, décrire et déployer des services Web. La définition et l'interaction des services Web étaient notamment décrites via le langage CDL (Conversation Definition Language), équivalent au langage WSDL d'aujourd'hui.

Le principal défaut de cette architecture est, tout comme celui de l'architecture de réseau Jini de Sun Microsystems, d'avoir été conçue trop tôt, juste avant l'explosion de la galaxie XML et l'apparition de ses nombreux langages de normalisation dérivés. A contrario, les équipes de Hewlett-Packard, par cette avance considérable acquise dans le domaine des échanges via Internet, bénéficient d'une forte expérience et se sont déjà familiarisés avec les différents concepts formalisés par les nouvelles spécifications apparues depuis 1998 et plus particulièrement UDDI. Ces équipes se sont attelées à une reformulation de l'offre e-Speak, maintenant promue sous le nom de Web Services Platform (voir *http://www.hp.com/go/webservices*).

Cependant, Hewlett-Packard a décidé de se séparer d'une partie du portefeuille de produits de sa division HP Middleware, qui comporte entre autres la plupart des logiciels dédiés au marché émergent des services Web. Cette orientation a été confirmée par l'annonce de l'arrêt des opérations sur le nœud de l'annuaire public UDDI (UBR) exploité par Hewlett-Packard, arrêt fixé à la date du 23 juillet 2002, comme le confirmait le communiqué affiché sur la page d'accueil de l'annuaire UDDI de Hewlett-

Packard, auparavant accessible à l'adresse *https://uddi.hp.com*. Cette décision semble avoir été prise très rapidement, car cet arrêt est intervenu juste après l'annonce par le consortium UDDI du démarrage de l'exploitation en production des nœuds de l'annuaire public en version 2.0 (dont celui de Hewlett-Packard, exploité conjointement avec IBM, Microsoft et SAP au sein de l'UBR).

UDDI 1.0 et 2.0

La constitution du projet UDDI (Universal, Description, Discovery and Integration) a été annoncée le 6 septembre 2000 à San Francisco par un groupe de trente-six sociétés (voir annonce : *http://www.uddi.org/uddipr09062000.html*).

Initiateurs

American Express, Andersen Consulting, Ariba, Bowstreet, Cargill, Clarus, Commerce One, CommerceQuest, Compaq Computer, CrossWorlds Software, Dell Computer, Descartes, Extricity Software, Fujitsu, Great Plains, i2, IBM, Internet Capital Group, Loudcloud, match21, Merrill Lynch & Co, Microsoft, New Era of Networks (NEON), Nortel Networks, NTT Communications, Rational Software, RealNames, Sabre Holdings, SAP, Sun Microsystems, TIBCO Software, Ventro, Versata, VeriSign, VerticalNet et webMethods constituent le noyau initial d'entreprises qui ont annoncées leur soutien et leur collaboration à ce projet.

Les sociétés Ariba, IBM et Microsoft sont plus précisément à l'origine de cette initiative. La collaboration entre ces trois entreprises, dans le cadre de partenariats bilatéraux, en constitue le point de départ, plus particulièrement :

* la collaboration entre Ariba et IBM dans le secteur d'activité du business-to-business (B2B) et des places de marché électroniques (*e-marketplaces*) ;
* la collaboration entre Ariba et Microsoft autour du serveur BizTalk et de la spécification cXML ;
* la collaboration entre Microsoft et IBM autour du langage XML et de la spécification SOAP.

La mise en place de ce projet constitue une réponse à la montée en puissance du commerce électronique et plus spécialement de l'activité business-to-business (B2B) sur Internet. Des besoins grandissants en matière d'intégration de processus métier entre les différents acteurs de ces nouveaux marchés sont apparus et ont induit la nécessité de rechercher des solutions appropriées.

Ce projet doit par ailleurs être replacé dans les perspectives ouvertes par l'apparition d'une nouvelle catégorie d'acteurs dans le paysage Internet : les places de marché électroniques. La référence à UDDI dans le communiqué de presse consacré à l'interopérabilité logicielle publié le 19 septembre 2000 par l'Alliance E-Marketplace (IBM, i2 et Ariba) en est une bonne illustration (voir communiqué : *http://www.ariba.com/company/news.cfm?pressid=407&archive=1*). Dès le départ, le projet est soutenu par des acteurs importants de la normalisation dans ce domaine. C'est le cas, par exemple, du consortium RosettaNet qui annonce, le 25 avril 2001, la publication de ses quatre-vingt-trois processus métier standards PIP (Partner Interface Process) dans l'annuaire public (voir annonce : *http://www.rosettanet.org/rosettanet/Rooms/DisplayPages/LayoutDoc?PressRelease=com.webridge.entity.Entity%5BOID%5B49D79CCA9D39D511BD97009027E33DD8%5D%5D*).

Le site de référence du projet UDDI est localisé à l'adresse *http://www.uddi.org*. Ce site contient l'ensemble des documents de spécification issus des travaux de ce groupe de travail.

Deux documents présentent et introduisent les éléments fondateurs de cette spécification :

- l'_Executive White Paper_, qui introduit les origines et les principes de cette nouvelle spécification (voir _http://www.uddi.org/pubs/UDDI_Executive_White_Paper.pdf_) ;

- le _Technical White Paper_, qui présente les concepts et l'architecture technique générale qui constitueront les fondations des logiciels destinées à implémenter cette spécification (voir _http://www.uddi.org/pubs/Iru_UDDI_Technical_White_Paper.pdf_).

Le document de présentation (voir _http://www.uddi.com/pubs/UDDI_Overview_Presentation.ppt_) du projet UDDI fournit un aperçu global de l'entreprise et du planning de réalisation.

La pile de protocoles

La spécification UDDI définit une architecture de communication et d'interopérabilité de services qui s'appuie sur des couches techniques déjà normalisées ou en voie de normalisation. Cette architecture est matérialisée par la pile d'interopérabilité présentée figure 11-1.

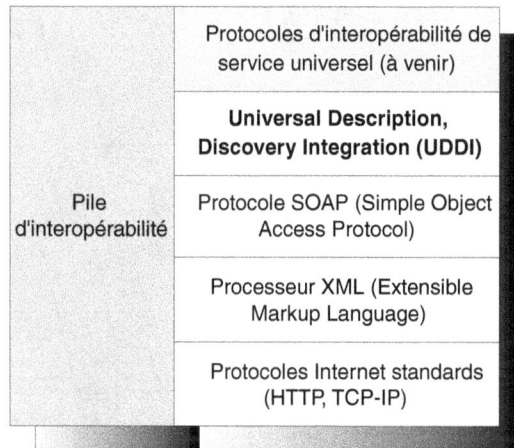

Figure 11-1

Pile d'interopérabilité de l'infrastructure Web vue par le consortium UDDI.

Cette pile d'interopérabilité s'appuie sur l'exploitation des protocoles Internet standards (voir chapitre 5 « Fondations des services Web – Les protocoles Internet »). Les messages échangés, via ces protocoles de transport, utilisent le format XML (voir chapitre 6 « Bases des services Web – Technologies XML »). Un annuaire UDDI est accessible par l'intermédiaire du protocole SOAP (voir chapitre 7 « Échanger avec un service – Format d'échange », chapitre 8 « Échanger avec un service – Mécanismes de codage » et chapitre 9 « Échanger avec un service – Styles d'échange »). L'API UDDI est un service Web décrit au format WSDL (voir chapitre 10 « Décrire un service ») qui permet d'accéder à un annuaire UDDI via l'utilisation du protocole SOAP.

La spécification UDDI prévoit également que d'autres protocoles d'interopérabilité de plus haut niveau, non encore définis à ce jour, s'appuieront sur la couche UDDI pour offrir un niveau de service universel.

Les structures de données

La spécification UDDI organise l'information sur les services Web en trois catégories :

- les *pages blanches* : adresses, contacts et identifiants connus de l'entreprise (au sens large : entreprise commerciale, administration, agence gouvernementale, association, organisation à but non lucratif…) ;

- les *pages jaunes* : catégories industrielles fondées sur des taxonomies standards (produits, entreprises, géographiques) ;

- les *pages vertes* : références techniques sur les services offerts par l'entreprise (références à des spécifications de services Web, références vers différentes ressources).

Le modèle d'information UDDI correspondant, spécifié sous forme de schéma XML, définit cinq types de structures de données. La figure 11-2 décrit les relations entre ces structures :

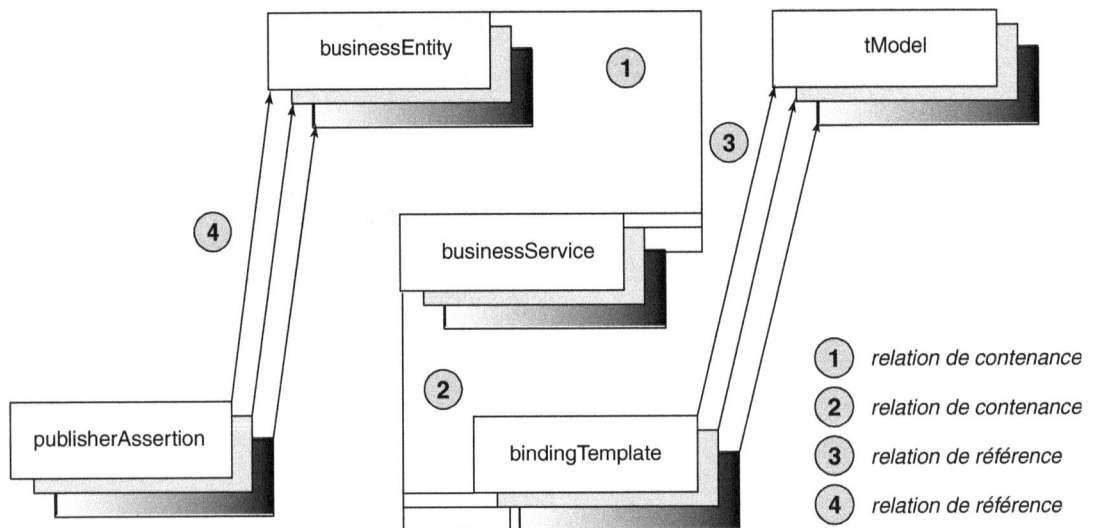

Figure 11-2
Relations entre les principales structures de données UDDI.

Les cinq types structurés, définis par la spécification UDDI 2.0, sont :

- le type entité métier (*Business Entity*) : équivalent des pages blanches (existe depuis UDDI 1.0) ;

- le type service métier (*Business Service*) : équivalent des pages jaunes (existe depuis UDDI 1.0) ;

- le type modèle de liaison (*Binding Template*) : équivalent des pages vertes (existe depuis UDDI 1.0) ;

- le type service type (*tModel*) : descriptions de spécifications de services ou de taxonomies référencées par les modèles de liaison (existe depuis UDDI 1.0) ;

- le type assertion d'administrateur (*Publisher Assertion*) : descriptions de relations entre entités métier, affirmées par l'administrateur (« éditeur ») de l'une des entités métier concernées (nouveau type introduit par UDDI 2.0).

Dans ce schéma, les entités métier et les services types constituent les deux racines du graphe d'objets représentés. Les entités métier sont référencées dans l'annuaire. Elles sont susceptibles d'offrir des services métier qui leur sont propres (0 à n services). Cette offre est matérialisée par la relation de contenance n°1. Les services métier relativement « simples », tels que les services accessibles par des moyens traditionnels comme le téléphone, le fax, etc. sont entièrement décrits par leur propre structure de données. En revanche, des services métier plus élaborés peuvent constituer l'implémentation de services types définis et normalisés par des organismes de normalisation, des syndicats ou des organisations professionnelles, etc. Ces implémentations sont spécifiées par des modèles de liaison (0 à n modèles de liaison) qui décrivent les modalités de l'implémentation réalisée. Ces spécifications sont représentées par la relation de contenance n°2. Les services types implémentés par un service métier particulier sont référencés via les modèles de liaison. Ce lien apparaît à travers le lien de référence n°3. Enfin, les entités métier peuvent être liées selon différentes relations. Ces relations sont représentées sous forme d'assertions exprimées par les administrateurs des entités liées. Ces assertions référencent les entités concernées et sont illustrées par le lien de référence n°4.

Ces différentes structures d'information sont précisément décrites et analysées dans le document de référence de la spécification *UDDI Version 2.03 Data Structure Reference* (voir *http://uddi.org/pubs/ DataStructure-V2.03-Published-20020719.pdf*). L'ancien document de référence des structures d'information UDDI 1.0 peut toujours être consulté (voir *UDDI Data Structure Reference V1.0* : *http://uddi.org/ pubs/DataStructure-V1.00-Published-20020628.pdf*).

L'accès à l'annuaire

L'annuaire UDDI est accessible de deux manières :

- via un navigateur Web qui dialogue avec une *application Web dédiée*, interface spécifique à l'annuaire accédé ;
- ou bien par programme, en utilisant l'*API* (Application Programming Interface) définie par la spécification.

L'API comporte deux groupes de fonctions :

- les fonctions de recherche (*Inquiry API*) : navigation, recherche et consultation des informations de l'annuaire ;
- les fonctions de publication (*Publishing API*) : publication, création, modification ou suppression des informations de l'annuaire.

Il existe d'autres fonctions dans l'API UDDI, mais celles-ci sont plutôt dédiées à l'exploitation de l'annuaire (par exemple, l'API de réplication entre annuaires).

Cette API de programmation est définie en WSDL et utilise le protocole SOAP pour interagir avec l'annuaire. En effet, elle est elle-même définie comme un *service Web*.

Tous les appels de l'API sont synchrones. Le résultat d'une opération effectuée sur l'annuaire est immédiatement retourné.

L'accès à l'annuaire destiné à rechercher des informations est entièrement anonyme. Aucune identification n'est nécessaire pour ce type d'activité. En revanche, toute mise à jour des informations d'un annuaire requiert une phase d'identification et d'autorisation de la personne ou du processus qui se connecte. Toutes les fonctions de publication sont mises en œuvre via l'utilisation du protocole HTTPS.

L'interface de programmation (API)

L'API est donc décomposée en plusieurs sous-ensembles qui regroupent des fonctions homogènes dédiées à des domaines spécifiques.

Ces sous-ensembles sont non seulement eux-mêmes implémentés comme des services Web, mais ils sont de plus autodécrits. Ils sont enregistrés comme des services types (*tModels*) dans une implémentation d'annuaire UDDI. Ces services types peuvent être retrouvés via le nom générique préfixé uddi-org.

Les services types qui correspondent aux deux API précédentes sont respectivement enregistrés sous les références :

- uddi-org:inquiry (clé `uuid:4cd7e4bc-648b-426d-9936-443eaac8ae23`) pour l'API de recherche UDDI 1.0. La description au sens WSDL de ce service est située à l'adresse *http://www.uddi.org/wsdl/inquire_v1.wsdl* ;

- uddi-org:publication (clé `uuid:64c756d1-3374-4e00-ae83-ee12e38fae63`) pour l'API de publication UDDI 1.0. La description au sens WSDL de ce service est située à l'adresse *http://www.uddi.org/wsdl/publish_v1.wsdl* ;

- uddi-org:inquiry_v2 (clé `uuid:ac104dcc-d623-452f-88a7-f8acd94d9b2b`) pour l'API de recherche UDDI 2.0. La description au sens WSDL de ce service est située à l'adresse *http://uddi.org/wsdl/inquire_v2.wsdl* ;

- uddi-org:publication_v2 (clé `uuid:a2f36b65-2d66-4088-abc7-914d0e05eb9e`) pour l'API de publication UDDI 2.0. La description au sens WSDL de ce service est située à l'adresse *http://uddi.org/wsdl/publish_v2.wsdl*.

Si, dans l'une des implémentations de l'annuaire public de référence géré par IBM, Microsoft, NTT Communications et SAP, on effectue une recherche des entités métier qui implémentent ces quatre services types, une liste de deux entités métier est retournée à ce jour : Microsoft UDDI Business Registry Node et SAP AG. Ces sociétés représentent deux des quatre entités métier qui gèrent l'implémentation de référence de la spécification UDDI.

Identification des structures de données UDDI

Les structures de données UDDI sont identifiées par des clés uniques, générées automatiquement par l'annuaire, lors de la première sauvegarde de ces structures. Ces clés sont constituées par des « identifiants universels uniques » (UUID ou Universally Unique Identifier), quelquefois également nommés « identifiants globaux uniques » (GUID ou Globally Unique Identifier).

Ces clés présentent une structure de chaîne standardisée de caractères hexadécimaux, dont l'algorithme de génération très précis permet d'éviter la génération de clés identiques. La structure de la clé, ainsi que l'algorithme de génération, sont standardisés par l'ISO sous le numéro de standard ISO/IEC 11578:1996 (voir *Information technology - Open Systems Interconnection - Remote Procedure Call (RPC)* http://www.iso.ch/iso/en/CatalogueDetailPage.CatalogueDetail?CSNUMBER=2229&ICS1=35&ICS2=100&ICS3=70).

La spécification Opérateur (voir la section « Nouveautés introduites par UDDI 2.0 » plus loin dans ce chapitre) explore de plus près la gestion des clés UUID du point de vue d'un opérateur. Elle référence également le document de travail *UUIDs and GUIDs* de l'IETF (voir *http://ftp.ics.uci.edu/pub/ietf/webdav/uuid-guid/draft-leach-uuids-guids-01.txt*).

Les URL d'accès aux implémentations IBM et Microsoft

Comment accéder à ces implémentations de manière programmatique ? Quel est le point d'accès qui permet de les activer sur Internet ?

La réponse est très simple. Cette première recherche peut être affinée par programme, en utilisant la fonction `find_service` de l'API de recherche par exemple. Une autre alternative consiste à se servir de l'interface Internet proposé par les sites de Microsoft ou d'IBM et à balayer ainsi les services proposés par ces deux entités métier. Il est possible de retrouver de cette manière les services fournis par ces deux opérateurs qui implémentent les API qui nous intéressent.

Par exemple, pour l'entité métier Microsoft UDDI Business Registry Node, si l'on inspecte de plus près le service métier intitulé UDDI Services (clé `bd22c024-5f93-43d0-b09e-eea188f19768`), on peut remarquer la liste des points d'accès (*Access Points*) qui sont utilisables pour ce service. Ce sont ces points d'accès qui doivent être utilisés pour accéder de manière programmatique à l'annuaire UDDI maintenu par Microsoft, plus particulièrement :

- l'adresse *https://uddi.microsoft.com/publish* permet d'accéder à l'annuaire de production par l'API de publication (UDDI 1.0 ou 2.0) ;

- l'adresse *http://uddi.microsoft.com/inquire* autorise l'accès à l'annuaire de production via l'API de recherche (UDDI 1.0 ou 2.0) ;

Curieusement, les points d'accès à l'annuaire de test de Microsoft ne sont plus publiés dans l'annuaire UDDI, mais peuvent être utilisés, ainsi :

- l'adresse *https://test.uddi.microsoft.com/publish* propose un accès à l'annuaire de test via l'API de publication ;

- l'adresse *http://test.uddi.microsoft.com/inquire* offre un accès à l'annuaire de test par l'API de recherche.

Détails sur les adresses proposées par le service de Microsoft

Les adresses qui permettent d'accéder à l'annuaire de test commencent par la chaîne de caractères `test`.

Les adresses d'accès aux annuaires (annuaire de test *et* annuaire de production) font appel au protocole HTTPS comme le prévoit la spécification.

Ce sont les deux adresses qui permettent d'accéder à l'annuaire de production de l'implémentation de référence de Microsoft qui ont été utilisées pour exécuter les exemples suivants afin d'illustrer le comportement des différentes fonctions de l'API de recherche et de l'API de publication.

Si l'on poursuit cette recherche sur les services proposés par l'entité métier IBM Corporation, on peut découvrir deux services métier intéressants :

- le service Publish to the UDDI Business Registry (clé `892d41b0-3aaf-11d5-80dc-002035229c64`) ;

- le service UDDI Business Registry inquiry (clé `892a3470-3aaf-11d5-80dc-002035229c64`).

On peut ici remarquer une différence de choix d'implémentation entre IBM et Microsoft. Microsoft a regroupé l'ensemble des points d'accès à son implémentation sous un seul service métier. En revanche, IBM a choisi de dédoubler ses points d'accès en deux services métier en fonction de la nature de l'API prise en charge (recherche et publication). Ceci montre la souplesse autorisée par le schéma de données de la spécification et la marge de manœuvre laissée aux administrateurs UDDI pour organiser l'offre de services de leur société.

Si l'on observe plus précisément les points d'accès présents à l'intérieur des deux services métier d'IBM, on trouve pour le service Publish to the UDDI Business Registry :

- l'adresse *https://www-3.ibm.com:443/services/uddi/protect/publishapi* qui permet d'accéder à l'annuaire de production par l'API de publication (accès par programme via le protocole SOAP) ;

- l'adresse *https://www.ibm.com/services/uddi/protect/publish* qui autorise l'accès à l'annuaire de production via l'API de publication (accès par navigateur Web) ;

- l'adresse *https://www-3.ibm.com:443/services/uddi/testregistry/protect/publishapi* qui propose un accès à l'annuaire de test via l'API de publication (accès par programme via le protocole SOAP) ;

- l'adresse *https://www.ibm.com/services/uddi/testregistry/protect/publish* qui offre un accès à l'annuaire de test par l'API de publication (accès par navigateur Web).

De même, pour le service UDDI Business Registry inquiry, les points d'accès à l'annuaire proposés sont :

- l'adresse *http://www-3.ibm.com/services/uddi/inquiryapi* qui permet d'accéder à l'annuaire de production par l'API de recherche (accès par programme via le protocole SOAP) ;

- l'adresse *http://www.ibm.com/services/uddi/find* qui autorise l'accès à l'annuaire de production via l'API de recherche (accès par navigateur Web) ;

- l'adresse *http://www-3.ibm.com/services/uddi/testregistry/inquiryapi* propose un accès à l'annuaire de test via l'API de recherche (accès par programme via le protocole SOAP) ;

- l'adresse *http://www.ibm.com/services/uddi/testregistry/find* offre un accès à l'annuaire de test par l'API de recherche (accès par navigateur Web).

À l'analyse, ces deux séries d'adresses montrent qu'IBM a choisi de présenter sous le même service l'ensemble des points d'accès à son implémentation d'annuaire, que ceux-ci permettent d'y accéder de manière programmatique (via le protocole SOAP) ou au moyen de l'interface visuelle Web (via un navigateur Web).

Seules les adresses pour lesquelles a été ajoutée la mention « accès par programme en mode SOAP » peuvent être utilisées pour accéder par programme à l'implémentation de l'annuaire d'IBM, que ce soit à la zone test ou production de l'annuaire.

Si l'on regarde de plus près, on peut observer que Microsoft n'a pas enregistré les points d'accès à son implémentation par l'interface visuelle Web.

Détails sur les adresses proposées par le service d'IBM

Les adresses qui permettent d'accéder à l'annuaire de test comportent une chaîne de caractères /testregistry derrière l'expression /uddi dans l'URL.

À l'instar des adresses fournies par Microsoft, les adresses d'accès aux annuaires (annuaire de test *et* annuaire de production) d'IBM font appel au protocole HTTPS comme le prévoit la spécification.

Les nouveautés introduites par UDDI 2.0

La mise en ligne officielle des premières implémentations UDDI 1.0 de Microsoft et IBM a été réalisée le 2 mai 2001 (voir annonce : *http://www.uddi.org/uddipr05022001.html*). À cette date, les membres de l'UBR (UDDI Business Registry), qui représente les nœuds d'accès à l'annuaire public UDDI, ne sont représentés que par deux opérateurs : IBM et Microsoft.

Dès cette annonce, Hewlett-Packard évoque la signature d'un accord avec les deux premiers opérateurs, afin de devenir membre de l'UBR. La décision de la participation de Hewlett-Packard aux travaux de l'initiative UDDI remonte à la fin de l'année 2000 (voir communiqué : *http://www.hp.com/hpinfo/newsroom/press/26oct00b.htm*).

Cette mise en ligne porte sur des implémentations conformes à la spécification UDDI version 1.0. La même annonce précise que la version 2.0 de la spécification approche de sa complétude et qu'elle est en cours de revue, à cette date, par les membres de la communauté UDDI.

La version 2.0 publique de la spécification UDDI est publiée le 18 juin 2001 (voir annonce : *http://www.uddi.org/uddipr06182001.html*). Les principales évolutions concernent :

*   la prise en compte de structures d'organisation complexes (liens entre entités métier de natures diverses : société mère, filiales, départements, divisions, etc.) ;
*   une meilleure prise en charge de l'internationalisation ;
*   un ajout de schémas supplémentaires de catégorisation et d'identification des structures de données UDDI (entités métier, services métier, services types) ;
*   l'introduction de fonctionnalités de recherche plus riches.

Cette annonce informe également de la réunion de la communauté UDDI à Atlanta, durant la même semaine, afin de définir les besoins de la future version 3.0 de la spécification.

La version 2.0 de la spécification UDDI est matérialisée par l'évolution des documents de référence publiés lors de la mise en ligne de la version 1.0.

Les documents initiaux :

*   *UDDI Programmer's API 1.0* (voir *http://uddi.org/pubs/ProgrammersAPI-V1.01-Published-20020628.pdf*) ;
*   *UDDI Data Structure Reference 1.0* (voir *http://uddi.org/pubs/DataStructure-V1.00-Published-20020628.pdf*) ;

ont été remplacés par les nouvelles versions :

*   *UDDI Version 2.04 API Specification* (voir *http://uddi.org/pubs/ProgrammersAPI-V2.04-Published-20020719.pdf*) ;
*   *UDDI Version 2.03 Data Structure Reference* (voir *http://uddi.org/pubs/DataStructure-V2.03-Published-20020719.pdf*).

La publication de la version 2.0 de la spécification UDDI s'est également traduite par l'apparition de nouveaux documents de spécification :

*   *UDDI Version 2.03 Replication Specification* (voir *http://uddi.org/pubs/Replication-V2.03-Published-20020719.pdf*) : ce document décrit le processus et l'interface de programmation nécessaires à la mise en œuvre de la réplication des annuaires entre opérateurs de sites UDDI ;
*   *UDDI Version 2.01 Operator's Specification* (voir *http://uddi.org/pubs/Operators-V2.01-Published-20020719.pdf*) : ce document établit le comportement attendu et les paramètres de fonctionnement

requis de la part d'un opérateur de site UDDI, que ce soit du point de vue des utilisateurs de la communauté UDDI ou du point de vue des autres opérateurs ;

• *Providing a Taxonomy for Use in UDDI Version 2* (voir *http://www.oasis-open.org/committees/uddi-spec/ doc/tn/uddi-spec-tc-tn-taxonomy-provider-v100-20010717.pdf*).

Spécifications Réplication et Opérateur

Ces deux spécifications sont nouvelles par rapport à la version 1.0 d'UDDI. Elles formalisent le processus de réplication entre opérateurs de nœuds UDDI d'une part, et le comportement attendu d'un opérateur de nœud d'autre part. Ces spécifications relèvent plutôt d'une problématique d'administration et d'exploitation : il n'est pas nécessaire de les connaître pour développer des outils d'accès aux annuaires UDDI.

Ces spécifications ne sont donc pas abordées dans ce chapitre, ni dans le suivant, car elles sortent du cadre de cet ouvrage. Cependant, elles sont bien évidemment importantes pour un concepteur en charge du développement d'une implémentation serveur de UDDI.

L'intention première de la publication de ces spécifications n'était pas de formaliser un processus de réplication entre implémentations UDDI privées. D'ailleurs, les implémentations privées actuelles (IBM, Microsoft, etc.) ne prennent pas en charge cette fonctionnalité. Cependant, il est vraisemblable que l'évolution des architectures UDDI implantées dans les entreprises exigera, tôt ou tard, la prise en charge de cette caractéristique et la vérification de l'interopérabilité entre implémentations hétérogènes.

L'accès aux sites de tests (bêta) de la version 2.0 est possible dès le 19 novembre 2001 (voir annonce : *http://www.uddi.org/uddipr11192001.htm*). Les membres de l'UBR sont maintenant au nombre de quatre : les opérateurs historiques IBM et Microsoft, auxquels se sont joints Hewlett-Packard et SAP. SAP est devenu opérateur de l'UBR un mois auparavant (voir communiqué : *http://www.sap.com/company/ press/press.asp?pressID=629*).

Chacun de ces opérateurs publie une URL d'accès à son propre site de tests. Ceux-ci cohabitent bien entendu avec les sites de « production » UDDI 1.0, tenus par IBM et Microsoft. Au 19 novembre 2001, l'initiative UDDI est déjà soutenue par plus de trois cents entreprises, et plus de sept mille entités métier sont enregistrées dans l'annuaire de production.

Le 20 décembre 2001, Hewlett-Packard, IBM et SAP annoncent leur soutien à l'implémentation cliente Java UDDI4J qui a évolué pour prendre en charge la version UDDI 2.0 (voir annonce *http:// www-124.ibm.com/developerworks/oss/uddi4j*). Cette implémentation de l'API UDDI est utilisée plus loin dans ce chapitre, ainsi que dans le chapitre suivant, pour illustrer le fonctionnement des serveurs UDDI.

UDDI 2.0 et WS-I Basic Profile 1.0

La première version du profil de base défini par le WS-I (Web Services Interoperability Organization) a adopté la spécification UDDI, et plus particulièrement la version 2.0, pour l'implémentation de la fonctionnalité de découverte de services métier dans une architecture orientée services (voir chapitre 17 : « Le défi de l'interopérabilité »).

Les recommandations liées à l'usage de la spécification UDDI sont définies dans la section « Service Discovery » (voir *http://ws-i.org/Profiles/Basic/2002-10/BasicProfile-1.0-WGD.htm#discovery*) de la version de travail, datée du 8 octobre 2002, de la version 1.0 du profil de base. Ces recommandations portent sur des règles de publication à destination d'un annuaire UDDI : elles sont abordées dans le chapitre 12, qui traite de l'API de publication.

La recherche d'un service

L'API de recherche (*Inquiry API*) est présentée en détail dans le document de référence *UDDI Version 2.04 API Specification* (voir *http://uddi.org/pubs/ProgrammersAPI-V2.04-Published-20020719.pdf*).

Cette API comporte neuf fonctions (initialement disponibles en version 1.0) :

- fonction `find_binding` : cette fonction recherche l'existence d'une liaison spécifique à l'intérieur d'un service métier. Elle renvoie un message `bindingDetail`.
- fonction `find_business` : cette fonction recherche l'existence d'information sur une ou plusieurs entités métier. Elle renvoie un message `businessList`.
- fonction `find_service` : cette fonction recherche l'existence de services métier spécifiques à l'intérieur d'une entité métier. Elle renvoie un message `serviceList`.
- fonction `find_tModel` : cette fonction recherche l'existence d'un ou plusieurs services types. Elle renvoie un message `tModelList`.
- fonction `get_bindingDetail` : cette fonction recherche une information complète sur une liaison spécifique à l'intérieur d'un service métier. Elle renvoie un message `bindingDetail`.
- fonction `get_businessDetail` : cette fonction recherche une information complète sur une ou plusieurs entités métier. Elle renvoie un message `businessDetail`.
- fonction `get_businessDetailExt` : cette fonction recherche une information étendue sur une ou plusieurs entités métier. Elle renvoie un message `businessDetailExt`.
- fonction `get_serviceDetail` : cette fonction recherche une information complète sur un service métier spécifique à l'intérieur d'une entité métier. Elle renvoie un message `serviceDetail`.
- fonction `get_tModelDetail` : cette fonction recherche une information complète sur un service type. Elle renvoie un message `tModelDetail`.

La version 2.0 de l'API a ajouté une dixième fonction :

- fonction `find_relatedBusinesses` : cette fonction recherche des entités métier associées à une entité métier donnée. Elle renvoie un message `relatedBusinessesList`.

La mise en œuvre de chacune des fonctions de cette API est illustrée ci-après à l'aide d'un ou de plusieurs exemples. Ces exemples utilisent l'annuaire de production de Microsoft (implémentation UDDI côté serveur : *http://uddi.microsoft.com*). En ce qui concerne la partie cliente UDDI, celle-ci met en œuvre le langage Java et plus particulièrement l'implémentation UDDI4J d'IBM.

Cette implémentation d'UDDI est présente dans l'environnement d'exécution IBM WSTK (Web Services Tool Kit), disponible sur le site d'IBM alphaWorks dédié aux technologies émergentes à l'adresse *http://www.alphaworks.ibm.com/tech/webservicestoolkit*, depuis la version 2.1. Ce paquetage est également disponible séparément sur le site d'IBM developerWorks dédié aux projets Open Source, dans la section des projets Open Source sous licence IBM Public License, à l'adresse *http://oss.software .ibm.com/developerworks/projects/uddi4j*.

Les tests ont été réalisés avec l'implémentation UDDI4J présente dans la version 3.2.2 de la boîte à outils WSTK d'IBM. Cette implémentation prend en charge la version 2.0 de la spécification UDDI. Elle est capable de fonctionner avec plusieurs implémentations du protocole de transport SOAP : Apache Axis, Apache SOAP et Hewlett-Packard SOAP.

Nous avons retenu l'implémentation Apache Axis, déjà présente dans la boîte à outils WSTK d'IBM.

Les éléments de syntaxe communs

Certains attributs ou éléments sont communs à plusieurs fonctions de l'API de recherche. En voici quelques-uns :

- L'attribut maxRows est optionnel et permet de limiter le nombre d'éléments renvoyés dans la liste résultante d'une requête de type find. Si le résultat retourné est incomplet du fait de l'application de cette contrainte (ou d'une limitation spécifique au site de l'opérateur de l'annuaire utilisé), le message renvoyé par la requête contient un attribut truncated dont la valeur est positionnée à true.

- L'élément findQualifiers est une collection de qualificateurs de recherche (ou filtres) qui peuvent être utilisés pour modifier le comportement standard d'une requête de type find. Cet élément est optionnel et peut être mis en œuvre conjointement à d'autres arguments de la requête.

- L'élément tModelBag permet de spécifier une liste de clés de tModels qui peut être utilisée pour modifier le comportement standard d'une requête de type find (sauf find_tModel). Les structures de données tModels sont référencées par les liaisons des services métier, via la structure de données de type bindingTemplate (par l'intermédiaire de sa sous-structure tModelInstanceInfo ; voir figure 11-2). Ainsi, la liste renvoyée par la requête est filtrée et ne comporte que les entités métier, les services métier ou les liaisons qui référencent l'ensemble des clés de tModels passées en paramètre (« et » logique). L'ordre des clés de tModels est indifférent.

- L'élément identifierBag permet de préciser une liste d'identificateurs métier qui correspondent aux entités métier ou services types recherchés : la liste retournée comprend les structures de données identifiées par l'un ou l'autre des identificateurs (« ou » logique).

- L'élément categoryBag permet de spécifier une liste de localisateurs qui déterminent des références catégorielles propres aux entités ou services métier recherchés : la liste renvoyée comporte les structures de données qui sont classées dans chacune des catégories précisées (« et » logique).

La fonction find_binding

La fonction find_binding a pour objectif de rechercher l'existence d'un modèle de liaison spécifique à l'intérieur d'un service métier. Cette fonction renvoie un message bindingDetail, constitué de structures de données de type bindingTemplate.

Syntaxe du message find_binding

La syntaxe de ce message est la suivante :

```
<find_binding serviceKey="uuid_key" [maxRows="nn"] generic="2.0"
   xmlns="urn:uddi-org:api_v2">
   [<findQualifiers/>]
   <tModelBag/>
</find_binding>
```

L'attribut serviceKey détermine la clé du service métier particulier sur lequel porte la recherche de liaisons. Seules les liaisons implémentées par ce service métier sont susceptibles de figurer dans la liste résultante.

Le schéma de la structure de données bindingTemplate, contenue dans le message bindingDetail, se présente ainsi :

```
<element name="bindingTemplate" type="uddi:bindingTemplate" />
<complexType name="bindingTemplate">
   <sequence>
      <element ref="uddi:description" minOccurs="0" maxOccurs="unbounded" />
      <choice>
         <element ref="uddi:accessPoint" />
         <element ref="uddi:hostingRedirector" />
      </choice>
      <element ref="uddi:tModelInstanceDetails" />
   </sequence>
   <attribute name="serviceKey" type="uddi:serviceKey" use="optional" />
   <attribute name="bindingKey" type="uddi:bindingKey" use="required" />
</complexType>
```

L'exemple ci-après illustre la manière d'utiliser les différents éléments du message et comment les associer pour rechercher des modèles de liaison implémentés par un service métier. Afin de trouver des exemples supplémentaires de mise en oeuvre des arguments findQualifiers et tModelBag, le lecteur pourra se référer à la section suivante dans laquelle d'autres utilisations possibles de ces éléments sont décrites.

Rechercher un modèle de liaison

Exemple d'utilisation :

```
import org.uddi4j.client.UDDIProxy;
import org.uddi4j.datatype.binding.BindingTemplate;
import org.uddi4j.response.BindingDetail;
import org.uddi4j.transport.TransportFactory;
import org.uddi4j.util.*;
import java.util.Vector;
public class UDDIFindBinding1 {
    public static void main(String[] args) throws Exception {
```

Le code suivant active l'implémentation du protocole de transport à utiliser par la requête, crée l'instance de proxy-client UDDI et affecte l'adresse de l'annuaire UDDI auquel seront adressées les requêtes de recherche. Cette partie du code est identique dans tous les exemples qui suivent : elle sera donc omise dans les prochaines requêtes.

```
        System.setProperty(TransportFactory.PROPERTY_NAME,
          "org.uddi4j.transport.ApacheAxisTransport");

        UDDIProxy proxy = new UDDIProxy();
        proxy.setInquiryURL("http://uddi.microsoft.com/inquire");

        Vector tbv = new Vector();
```

```
TModelKey tk = new TModelKey("UUID:64C756D1-3374-4E00-AE83-EE12E38FAE63");
tbv.addElement(tk);
TModelBag tb = new TModelBag();
tb.setTModelKeyVector(tbv);

Vector fqv = new Vector();
FindQualifier fq = new FindQualifier(FindQualifier.sortByDateDesc);
fqv.addElement(fq);
FindQualifiers fqs = new FindQualifiers();
fqs.setFindQualifierVector(fqv);

BindingDetail bd = proxy.find_binding(fqs,
    "892d41b0-3aaf-11d5-80dc-002035229c64", tb, 0);

Vector bdv = bd.getBindingTemplateVector();
if (bdv.size() == 0) {
    System.out.println("no binding(s) found");
    System.exit(0);
}

System.out.println(bdv.size()+" binding(s) found\n");
for (int i = 0; i < bdv.size(); i++) {
    BindingTemplate bt = (BindingTemplate)bdv.elementAt(i);
    System.out.println(bt.getDefaultDescriptionString());
    System.out.println(bt.getBindingKey());
    System.out.println("\n");
}
    }
  }
}
```

Cet exemple montre comment récupérer l'ensemble des modèles de liaison qui implémentent le service type uddi-org:publication (clé UUID:64C756D1-3374-4E00-AE83-EE12E38FAE63) via le service métier Publish to the UDDI Business Registry (clé 892d41b0-3aaf-11d5-80dc-002035229c64) proposé par l'entité métier IBM. Cet ensemble de modèles de liaison est renvoyé trié par ordre anti-chronologique de mise à jour.

Les modèles de liaison obtenus correspondent en pratique, l'un à l'implémentation de l'API de publication pour accéder à l'annuaire UDDI de production et l'autre à l'implémentation de cette même API de publication pour accéder à l'annuaire UDDI de test.

Ce programme de recherche restitue le résultat suivant :

```
2 binding(s) found
Publish to UDDI Test registry(SOAP)
8af57780-4584-11d5-bd6c-002035229c64
Publish to UDDI Business Registry(SOAP)
6bda8af0-3aaf-11d5-80dc-002035229c64
```

Utilisation des clés de structures de données

Les clés des structures de données UDDI sont constituées d'identifiants UUID (Universal Unique Identifier) au format *XXXXXXXX-XXXX-XXXX-XXXX-XXXXXXXXXXXX* (8-4-4-4-12) dans lequel chaque caractère est une valeur hexadécimale comprise dans l'ensemble {A-F,a-f,0-9}. Ces identifiants UUID ne sont pas sensibles à la casse : les valeurs minuscules et majuscules des caractères qui constituent ces identifiants sont équivalentes.

Les arguments qui référencent des clés de structures de données doivent être passés sous forme d'une chaîne de caractères qui respecte ce format (tirets compris). Cette règle générale est valable pour toutes les structures de données UDDI, à l'exception des structures de type tModel pour lesquelles la valeur de l'identifiant doit être précédée de la chaîne de caractères uuid: (URI).

La fonction find_business

La fonction find_business permet de rechercher un ou plusieurs éléments de type businessEntity en fonction de différents critères.

Cette fonction renvoie un message businessList. En cas de recherche infructueuse par rapport aux critères de recherche utilisés, la liste renvoyée est vide. Dans le cas contraire, le message businessList retourné est constitué de structures de données de type businessInfo (forme abrégée d'une structure de données businessEntity), incluses dans une collection businessInfos.

Syntaxe du message find_business

La syntaxe de ce message est la suivante :

```
<find_business [maxRows="nn"] generic="2.0" xmlns="urn:uddi-org:api_v2">
    [<findQualifiers/>]
    [<name/> [<name/>]…]
    [<discoveryURLs/>]
    [<identifierBag/>]
    [<categoryBag/>]
    [<tModelBag/>]
</find_business>
```

L'élément name précise un nom complet ou partiel d'entités métier à rechercher : la liste résultante est constituée de toutes les entités dont le nom correspond à cette valeur. La correspondance est évaluée en commençant par la gauche pour les noms partiels (pour une langue qui s'écrit de gauche à droite). Le caractère « % » est utilisé pour les noms partiels. Par défaut, la recherche est effectuée comme si le nom se terminait par le caractère « % » (nom partiel pour une langue qui s'écrit de gauche à droite) et inversement pour une langue qui s'écrit de droite à gauche. Les noms de la collection peuvent être qualifiés avec l'attribut xml:lang (internationalisation). Si la collection comporte plusieurs noms, la liste retournée comprend des entités métier identifiées par l'un ou l'autre des noms (« ou » logique).

L'élément discoveryURLs spécifie une liste d'adresses URL associées aux entités métier recherchées : la liste renvoyée est constituée des entités métier qui correspondent à l'une ou l'autre des adresses URL passées en paramètres (« ou » logique).

Le schéma de la structure de données `businessInfo`, contenue dans le message `businessList`, se présente ainsi :

```
<element name="businessInfo" type="uddi:businessInfo" />
<complexType name="businessInfo">
   <sequence>
     <element ref="uddi:name" maxOccurs="unbounded" />
     <element ref="uddi:description" minOccurs="0" maxOccurs="unbounded" />
     <element ref="uddi:serviceInfos" />
   </sequence>
   <attribute name="businessKey" type="uddi:businessKey" use="required" />
</complexType>
```

Les exemples qui suivent montrent comment utiliser ces différents éléments du message et si nécessaire comment les combiner entre eux pour rechercher des entités métier.

Rechercher des entités métier par le nom

Premier exemple d'utilisation :

```
import org.uddi4j.client.UDDIProxy;
import org.uddi4j.datatype.Name;
import org.uddi4j.response.*;
import org.uddi4j.transport.TransportFactory;
import java.util.Vector;
public class UDDIFindBusiness1 {
   public static void main(String[] args) throws Exception {
...

      Vector names = new Vector();
      names.add(new Name("IBM"));
      BusinessList bl = proxy.find_business(names,
          null, null, null, null, null, 0);
```

Le code suivant est destiné à lister le résultat (noms et clés des entités métier renvoyées) de la requête adressée à l'annuaire UDDI. Cette partie du code est identique dans tous les exemples de recherche d'entités métier qui suivent : elle sera donc omise dans les prochaines requêtes.

```
      BusinessInfos bis = bl.getBusinessInfos();
      if (bis.size() == 0) {
         System.out.println("no business(es) found");
         System.exit(0);
      }

      System.out.println(bis.size()+" business(es) found\n");
      Vector biv = bis.getBusinessInfoVector();
      for (int i = 0; i < biv.size(); i++) {
         BusinessInfo bi = (BusinessInfo)biv.elementAt(i);
         System.out.println(bi.getNameString());
         System.out.println(bi.getBusinessKey());
         System.out.println("\n");
      }
   }
}
```

Cet exemple montre comment récupérer l'ensemble des entités métier dont le nom commence par IBM. Il s'agit du comportement par défaut : la fonction vérifie la correspondance entre la chaîne textuelle fournie et la partie gauche des entrées de l'annuaire (*leftmost match*). Voici le résultat renvoyé à l'utilisation de ce programme :

```
5 business(es) found

IBM Corporation
d2033110-3aaf-11d5-80dc-002035229c64

...
IBM WSTK Tutorial
fdfdbba0-a7d3-11d5-a30a-002035229c64
```

Différences de comportement entre les implémentations des annuaires

Le même programme utilisé pour accéder à l'annuaire de production d'IBM renvoie une liste légèrement différente de celle renvoyée par le site de Microsoft. Celle-ci contient les mêmes entités métier, mais les deux dernières sont inversées.

Normalement, lorsque la recherche n'est pas qualifiée (absence de qualificateurs de recherche dans la requête), la liste résultante est triée de manière ascendante sur le nom, et par date de modification ascendante à l'intérieur du nom.

Il ne faut pas perdre de vue que les deux listes peuvent aussi être différentes du simple fait que l'annuaire est distribué et répliqué à intervalles réguliers. Si une nouvelle entité métier, dont le nom commence par la chaîne de caractères IBM, est créée dans l'implémentation de l'annuaire d'IBM, cette entité métier ne sera présente qu'après la prochaine réplication vers l'implémentation de l'annuaire de Microsoft dans une liste retournée en réponse à une requête identique sur le site de Microsoft.

Si la chaîne textuelle fournie avait été la valeur IBM WSTK, le résultat aurait été :

```
1 business(es) found

IBM WSTK Tutorial
fdfdbba0-a7d3-11d5-a30a-002035229c64
```

Dans cet exemple, on notera la valeur « 0 » utilisée à la ligne :

```
BusinessList bl = proxy.find_business(names, null, null, null, null, null, 0);
```

Cette valeur correspond à l'attribut maxRows de l'élément find_business de la spécification. Lorsque cette valeur est fournie, la taille de la liste retournée est limitée à cette valeur. Si nous avions positionné cette valeur à « 1 », le résultat de ce programme aurait été :

```
1 business(es) found

IBM Corporation
d2033110-3aaf-11d5-80dc-002035229c64
```

Utilisation d'un caractère joker

Le symbole « % » peut être utilisé comme un caractère joker. Il peut remplacer tout ou partie de la chaîne de caractères du critère de recherche.

Lorsque toute la chaîne de caractères du critère de recherche est remplacée par le caractère joker et que l'attribut `maxRows` est fixé à 0, le nombre d'entités métier renvoyées par la fonction est limité par l'implémentation du serveur.

Pour l'annuaire de production de Microsoft, cette limite est fixée à 1 000 entités. Si la valeur de l'attribut `maxRows` est forcée à une valeur supérieure à 1 000 unités, cette valeur n'est pas utilisée par l'annuaire et est abaissée d'autorité à 1 000 unités. Par exemple, si l'on positionne cette valeur à 250 entités, c'est ce dernier nombre qui est pris en compte. Si l'on avait choisi un maximum de 7 500, cette dernière valeur aurait été abaissée d'autorité à 1 000 entités par l'annuaire de Microsoft.

Celui d'IBM ne restitue qu'un maximum de 100 entités. Si la valeur de l'attribut `maxRows` est forcée à une valeur supérieure à 100 unités, c'est cette valeur qui est utilisée pour un maximum possible d'unités non déterminé. Par exemple, si l'on positionne cette valeur à 250 entités, c'est ce dernier nombre qui est pris en compte. Si l'on avait choisi un maximum de 7 500 et que le nombre effectif d'entités retournées est de 6 500, c'est cette dernière valeur qui aurait été utilisée par l'annuaire d'IBM.

Si la valeur maximale autorisée par une implémentation d'annuaire est dépassée, l'attribut `truncated` de l'objet `businessList` renvoyé par la fonction est positionné à la valeur `true`. Cette situation peut être vérifiée via l'utilisation de la méthode `getTruncated()` appliquée à cet objet `businessList`.

Ces différences de comportement entre les implémentations d'annuaires publics de Microsoft et d'IBM sont intéressantes. En effet, la spécification UDDI ne prévoit pas explicitement de limites associées aux volumes de données renvoyés par les requêtes émises. Ces limites sont laissées à l'appréciation des opérateurs des annuaires (*Operator Site Policy*). Il s'agit là, typiquement, d'informations qui ont trait à la qualité du service proposé (voir chapitre 3 : « La qualité de service »). Plus particulièrement, ces données relèvent du domaine des spécifications opérationnelles du service offert. Dans le cas présent, ces seuils ont été identifiés par expérimentation, mais ils peuvent être également publiés dans la documentation du service. Cependant, ces informations, que l'on peut considérer comme des métadonnées d'utilisation du service, pourraient être accessibles de manière programmatique, via une extension WSDL de la description du service (caractéristiques de l'instance de service).

Rechercher des entités métier par le nom qualifié (utilisation de la casse)

Deuxième exemple d'utilisation :

```
import org.uddi4j.client.UDDIProxy;
import org.uddi4j.datatype.Name;
import org.uddi4j.response.*;
import org.uddi4j.transport.TransportFactory;
import org.uddi4j.util.*;
import java.util.Vector;

public class UDDIFindBusiness2 {

    public static void main(String[] args) throws Exception {
    ...
        Vector fqv = new Vector();
        fqv.add(new FindQualifier(FindQualifier.caseSensitiveMatch));
        FindQualifiers fqs = new FindQualifiers();
        fqs.setFindQualifierVector(fqv);
```

```
        Vector names = new Vector();
        names.add(new Name("Ibm"));
        BusinessList bl = proxy.find_business(names,
            null, null, null, null, fqs, 0);
    ...
    }
}
```

Ce deuxième exemple montre comment récupérer l'ensemble des entités métier dont le nom commence *obligatoirement* par Ibm. Ceci altère le comportement par défaut de la fonction qui est insensible à la casse en standard. Voici le résultat renvoyé :

```
no business(es) found
```

Si l'on remplace la valeur de l'argument Ibm par IBM, on retrouve le même résultat que celui obtenu dans le premier exemple.

Rechercher des entités métier par le nom qualifié (épellation exacte)

Troisième exemple d'utilisation :

```
import org.uddi4j.client.UDDIProxy;
import org.uddi4j.datatype.Name;
import org.uddi4j.response.*;
import org.uddi4j.transport.TransportFactory;
import org.uddi4j.util.*;
import java.util.Vector;

public class UDDIFindBusiness3 {

    public static void main(String[] args) throws Exception {
    ...
    Vector fqv = new Vector();
    fqv.add(new FindQualifier(FindQualifier.exactNameMatch));
    FindQualifiers fqs = new FindQualifiers();
    fqs.setFindQualifierVector(fqv);

    Vector names = new Vector();
    names.add(new Name("IBM"));
    BusinessList bl = proxy.find_business(names,
        null, null, null, null, fqs, 0);
    ...
    }
}
```

Ce troisième exemple illustre comment récupérer l'ensemble des entités métier dont le nom est *exactement* IBM. Ceci altère le comportement par défaut de la fonction qui vérifie la correspondance sur la partie gauche des entrées de l'annuaire comme nous l'avons vu dans le premier exemple. Voici le résultat renvoyé :

```
no business(es) found
```

Si l'on remplace la valeur de l'argument IBM par IBM WSTK Tutorial, on obtient le résultat qui suit :

```
1 business(es) found
IBM WSTK Tutorial
fdfdbba0-a7d3-11d5-a30a-002035229c64
```

Si l'on remplace la valeur de l'argument IBM WSTK Tutorial par Ibm WSTK Tutorial, on obtient également le même résultat que ci-avant. Il est bien entendu possible de combiner les qualificateurs de recherche comme le montre l'exemple suivant.

Rechercher des entités métier par le nom qualifié (épellation exacte et utilisation de la casse)

Quatrième exemple d'utilisation :

```
import org.uddi4j.client.UDDIProxy;
import org.uddi4j.datatype.Name;
import org.uddi4j.response.*;
import org.uddi4j.transport.TransportFactory;
import org.uddi4j.util.*;
import java.util.Vector;

public class UDDIFindBusiness4 {

    public static void main(String[] args) throws Exception {
...
        Vector fqv = new Vector();
        fqv.add(new FindQualifier(FindQualifier.exactNameMatch));
        fqv.add(new FindQualifier(FindQualifier.caseSensitiveMatch));
        FindQualifiers fqs = new FindQualifiers();
        fqs.setFindQualifierVector(fqv);

        Vector names = new Vector();
        names.add(new Name("IBM WSTK Tutorial"));
        BusinessList bl = proxy.find_business(names,
            null, null, null, null, fqs, 0);
...
    }
}
```

Dans ce quatrième exemple, les qualificateurs de recherche exactNameMatch et caseSensitiveMatch sont combinés afin de montrer comment récupérer l'ensemble des entités métier dont le nom est *exactement* IBM WSTK Tutorial avec une casse strictement équivalente. Voici le résultat renvoyé :

```
1 business(es) found

IBM WSTK Tutorial
fdfdbba0-a7d3-11d5-a30a-002035229c64
```

Si l'on remplace la valeur de l'argument IBM WSTK Tutorial par Ibm WSTK Tutorial, on obtient le résultat qui suit :

```
no business(es) found
```

Pour classer la liste d'entités métier renvoyées par cette fonction, il est possible d'utiliser d'autres qualificateurs.

Rechercher des entités métier par le nom qualifié (liste triée sur le nom)

Cinquième exemple d'utilisation :

```
import org.uddi4j.client.UDDIProxy;
import org.uddi4j.datatype.Name;
import org.uddi4j.response.*;
import org.uddi4j.transport.TransportFactory;
import org.uddi4j.util.*;
import java.util.Vector;

public class UDDIFindBusiness5 {

    public static void main(String[] args) throws Exception {
...

        Vector fqv = new Vector();
        fqv.add(new FindQualifier(FindQualifier.sortByNameDesc));
        FindQualifiers fqs = new FindQualifiers();
        fqs.setFindQualifierVector(fqv);

        Vector names = new Vector();
        names.add(new Name("IBM"));
        BusinessList bl = proxy.find_business(names,
            null, null, null, null, fqs, 0);

...
    }
}
```

Ce cinquième exemple montre l'utilisation des qualificateurs de recherche sortByNameAsc et sortByNameDesc et leur influence sur l'ordre de restitution des entités métier renvoyées dans la liste. Cet exemple met en œuvre le qualificateur sortByNameDesc. Voici le résultat produit :

```
5 business(es) found

IBM WSTK Tutorial
fdfdbba0-a7d3-11d5-a30a-002035229c64

IBM Web Service Demonstrations
a0ca53e0-cc07-11d6-9d4f-000629dc0a53

IBM VisualAge Smalltalk
ee7fede0-3f07-11d5-98bf-002035229c64

IBM Learning Services Japan Co., Ltd.
756f61b0-a360-11d6-8eba-000629dc0a53

IBM Corporation
d2033110-3aaf-11d5-80dc-002035229c64
```

Si l'on remplace le qualificateur sortByNameDesc par le qualificateur sortByNameAsc, on obtient bien entendu une liste inverse.

Pour classer la liste d'entités métier renvoyées par cette fonction, il est également possible d'utiliser des qualificateurs qui reposent sur la date de la dernière mise à jour des entités métier renvoyées par la liste. Ces qualificateurs sont sortByDateAsc et sortByDateDesc.

En cas d'utilisation combinée, l'ordre de précédence de ces qualificateurs est secondaire par rapport aux qualificateurs sortByNameAsc et sortByNameDesc. Dans ce cas, les entités métier seront triées par date, ascendante ou descendante, à l'intérieur du tri sur le nom.

L'ordre ascendant chronologique présente en début de liste les entités métier dont les dates de la dernière mise à jour sont les plus anciennes. Cet ordre est celui qui est utilisé par défaut par cette fonction.

Rechercher des entités métier par le nom qualifié (liste triée sur la date)

Sixième exemple d'utilisation :

```
import org.uddi4j.client.UDDIProxy;
import org.uddi4j.datatype.Name;
import org.uddi4j.response.*;
import org.uddi4j.transport.TransportFactory;
import org.uddi4j.util.*;
import java.util.Vector;

public class UDDIFindBusiness6 {

    public static void main(String[] args) throws Exception {
...

        Vector fqv = new Vector();
        fqv.add(new FindQualifier(FindQualifier.sortByDateDesc));
        FindQualifiers fqs = new FindQualifiers();
        fqs.setFindQualifierVector(fqv);

        Vector names = new Vector();
        names.add(new Name("IBM"));
        BusinessList bl = proxy.find_business(names,
            null, null, null, null, fqs, 0);

...
    }
}
```

Ce sixième exemple illustre la mise en oeuvre des qualificateurs sortByDateAsc et sortByDateDesc et leur influence sur l'ordre de restitution des entités métier renvoyées dans la liste. Cet exemple met en œuvre le qualificateur sortByDateDesc. L'utilisation de ce programme, *à ce moment précis*, renvoie le résultat suivant :

```
5 business(es) found

IBM Web Service Demonstrations
a0ca53e0-cc07-11d6-9d4f-000629dc0a53

IBM Learning Services Japan Co., Ltd.
756f61b0-a360-11d6-8eba-000629dc0a53

IBM WSTK Tutorial
fdfdbba0-a7d3-11d5-a30a-002035229c64

IBM VisualAge Smalltalk
ee7fede0-3f07-11d5-98bf-002035229c64

IBM Corporation
d2033110-3aaf-11d5-80dc-002035229c64
```

Ce résultat s'interprète de la manière suivante : l'entité métier IBM WSTK Tutorial a été modifiée la dernière fois après l'entité métier IBM VisualAge Smalltalk qui elle-même a fait l'objet de modifications pour la dernière fois après l'entité IBM Corporation (de la date la plus récente à la plus ancienne).

Si l'on remplace le qualificateur sortByDateAsc par le qualificateur sortByDateDesc, on obtient bien entendu une liste strictement inverse à celle qui a été récupérée via la précédente requête.

Résumé de l'ordre des précédences

Utilisation des qualificateurs exactNameMatch et caseSensitiveMatch : combinaison possible et pas d'ordre de précédence entre eux.

Utilisation des qualificateurs sortByNameAsc et sortByNameDesc : qualificateurs exclusifs et pas d'ordre de précédence entre eux.

Utilisation des qualificateurs sortByDateAsc et sortByDateDesc : qualificateurs exclusifs et pas d'ordre de précédence entre eux.

Comparaisons alphabétiques

L'utilisation des qualificateurs exactNameMatch, sortByNameAsc et sortByNameDesc fait appel à un ordre de tri binaire, insensible à la casse sauf si le qualificateur caseSensitiveMatch est utilisé dans la requête.

L'utilisation du nom de l'entité métier en tant que critère de recherche n'est pas la seule possibilité offerte par l'API de recherche. En effet, il est également possible de rechercher des entités métier à partir de valeurs de localisateurs ou repères (*locators*) issues des taxonomies standards de classification (NAICS, UNSPSC, GEO).

Rechercher des entités métier par l'index NAICS (liste triée sur le nom)

Septième exemple d'utilisation :

```java
import org.uddi4j.client.UDDIProxy;
import org.uddi4j.response.*;
import org.uddi4j.transport.TransportFactory;
import org.uddi4j.util.*;
import java.util.Vector;
public class UDDIFindBusiness7 {
    public static void main(String[] args) throws Exception {
...
        Vector cbv = new Vector();
        KeyedReference kr = new KeyedReference("Data Processing Services", "51421");
         kr.setTModelKey("uuid:C0B9FE13-179F-413D-8A5B-5004DB8E5BB2");
        cbv.addElement(kr);
        CategoryBag cb = new CategoryBag();
        cb.setKeyedReferenceVector(cbv);

        Vector fqv = new Vector();
        FindQualifier fq = new FindQualifier(FindQualifier.sortByNameDesc);
        fqv.add(fq);
        FindQualifiers fqs = new FindQualifiers();
        fqs.setFindQualifierVector(fqv);

        BusinessList bl = proxy.find_business(null, null, null, cb, null, fqs, 0);
...
    }
}
```

Ce septième exemple présente l'utilisation du localisateur 51421 de la taxonomie NAICS (North American Industry Classification System), combinée avec la mise en œuvre du qualificateur de recherche sortByNameDesc. Cet exemple présente, *à ce moment précis*, la liste des entités métier enregistrées dans la catégorie Data Processing Services de cette taxonomie, triée par ordre alphabétique descendant. Voici le résultat renvoyé :

```
29 business(es) found

WebCubic, Inc
602b89d0-4bdd-11d6-9b35-000c0e00acdd

...

Arete Systems
f56c7a97-0c4e-4304-916f-2ffef22936ad
```

L'utilisation d'une combinaison de localisateurs est aussi possible. Le prochain exemple met en œuvre un localisateur 51421 (Data Processing Services) de la taxonomie NAICS associé au localisateur 514191 (On-Line Information Services) de cette même taxonomie.

Rechercher des entités métier par l'index NAICS (index combinés et liste triée sur le nom)

Huitième exemple d'utilisation :

```java
import org.uddi4j.client.UDDIProxy;
import org.uddi4j.response.*;
import org.uddi4j.transport.TransportFactory;
import org.uddi4j.util.*;
import java.util.Vector;
public class UDDIFindBusiness8 {
   public static void main(String[] args) throws Exception {
   ...
      Vector cbv = new Vector();
      KeyedReference kr = new KeyedReference("Data Processing Services", "51421");
      kr.setTModelKey("uuid:C0B9FE13-179F-413D-8A5B-5004DB8E5BB2");
      cbv.addElement(kr);
      kr = new KeyedReference("On-Line Information Services", "514191");
      kr.setTModelKey("uuid:C0B9FE13-179F-413D-8A5B-5004DB8E5BB2");
      cbv.addElement(kr);
      CategoryBag cb = new CategoryBag();
      cb.setKeyedReferenceVector(cbv);

      Vector fqv = new Vector();
      FindQualifier fq = new FindQualifier(FindQualifier.sortByNameDesc);
      fqv.add(fq);
      FindQualifiers fqs = new FindQualifiers();
      fqs.setFindQualifierVector(fqv);

      BusinessList bl = proxy.find_business(null, null, null, cb, null, fqs, 0);
   ...
   }
}
```

Ce huitième exemple montre une utilisation du localisateur 51421 de la taxonomie NAICS, associé au localisateur 514191 et combiné avec la mise en œuvre du qualificateur de recherche sortByNameDesc.

La liste des entités métier restituée passe de 29 à 7 entités métier seulement : la composition des deux localisateurs revient à réaliser un « et » logique. Voici le résultat renvoyé après exécution de ce programme :

```
7 business(es) found

Oakley Internet Ltd
cb26aeef-c5b9-4512-a747-828a7380462c

...

Christopher Labs inc.
b57b4625-afdf-4d4c-9dcb-47957405c8ec
```

Si l'on ajoute le qualificateur `orAllKeys` à cette requête, la liste d'entités restituées passe à 98 unités. Ce qualificateur transforme le « et » logique par défaut d'un ensemble `CategoryBag` ou `TmodelBag` en « ou » logique.

Si l'on ajoute le qualificateur `combineCategoryBags` à cette requête, la liste d'entités restituées passe à 9 unités. L'usage de ce qualificateur ajoute les deux entités ci-après aux sept obtenues initialement :

```
Advertor
d10713d0-e75f-45b5-80be-aaf16143a74b

1 PC Network Inc. Polycom Video and Audio Conferencing
820fff8d-443c-487e-a71c-6b03905f4e42
```

La présence du qualificateur `combineCategoryBags` indique au serveur UDDI que la recherche doit combiner les localisateurs de l'entité métier et ceux des services métier qu'elle contient ou référence. Les deux entités ci-avant ne portent pas directement les deux localisateurs NAICS utilisés, mais offrent un service métier référencé par ces localisateurs.

Si l'on ajoute le qualificateur `serviceSubset` à cette requête, la liste d'entités restituées passe à 4 unités. L'usage de ce qualificateur ajoute les deux entités précédentes à deux des sept obtenues initialement :

```
4 business(es) found
IMB Enterprises
128ee500-8437-11d5-a3da-002035229c64

e-Merge Interactive
15fe61f0-fb17-11d5-bca4-002035229c64

Advertor
d10713d0-e75f-45b5-80be-aaf16143a74b

1 PC Network Inc. Polycom Video and Audio Conferencing
820fff8d-443c-487e-a71c-6b03905f4e42
```

Ceci s'explique par la présence du qualificateur `serviceSubset`, lequel indique au serveur UDDI que la recherche doit éliminer les localisateurs de l'entité métier et porter uniquement sur ceux des services métier qu'elle contient ou référence. Les quatre entités ci-avant ne portent pas directement les deux localisateurs NAICS utilisés, mais offrent au moins un service métier référencé par ces localisateurs.

La taxonomie NAICS n'est pas la seule taxonomie qui peut être utilisée pour rechercher un sous-ensemble des entités métier de l'annuaire. La taxonomie UNSPSC (Universal Standard Products and Services Codes), plutôt orientée vers une classification des produits, peut également être mise en œuvre en standard.

Rechercher des entités métier par l'index UNSPSC (liste triée sur le nom)

Neuvième exemple d'utilisation :

```
import org.uddi4j.client.UDDIProxy;
import org.uddi4j.response.*;
import org.uddi4j.transport.TransportFactory;
import org.uddi4j.util.*;
import java.util.Vector;

public class UDDIFindBusiness9 {
    public static void main(String[] args) throws Exception {
...
        Vector cbv = new Vector();
        KeyedReference kr = new KeyedReference(
            "Document management software", "43161801");
        kr.setTModelKey("uuid:DB77450D-9FA8-45D4-A7BC-04411D14E384");
        cbv.addElement(kr);
        CategoryBag cb = new CategoryBag();
        cb.setKeyedReferenceVector(cbv);

        Vector fqv = new Vector();
        FindQualifier fq = new FindQualifier(FindQualifier.sortByNameDesc);
        fqv.add(fq);
        FindQualifiers fqs = new FindQualifiers();
        fqs.setFindQualifierVector(fqv);

        BusinessList bl = proxy.find_business(null, null, null, cb, null, fqs, 0);
...
    }
}
```

Ce neuvième exemple illustre comment utiliser le localisateur 43161801 (Document management software), combiné avec la mise en œuvre du qualificateur de recherche sortByNameDesc. Voici le résultat renvoyé à l'exécution de ce programme :

```
7 business(es) found

XYZFind
c5038e10-3aaf-11d5-80dc-002035229c64
...
Anthony Macauley Associates
4a33fee5-e5d8-4dc5-a9b8-1be3f7f47a15
```

Les localisateurs de différentes taxonomies peuvent être mixés dans une même requête. Cette précédente requête peut par exemple être raffinée en combinant la mise en œuvre du localisateur 43161801 de la taxonomie UNSPSC avec le localisateur 51421 de la taxonomie NAICS.

Rechercher des entités métier par les index NAICS et UNSPSC combinés (liste triée sur le nom)

Dixième exemple d'utilisation :

```
import org.uddi4j.client.UDDIProxy;
import org.uddi4j.response.*;
import org.uddi4j.transport.TransportFactory;
```

```
import org.uddi4j.util.*;
import java.util.Vector;

public class UDDIFindBusiness10 {

   public static void main(String[] args) throws Exception {
...
      Vector cbv = new Vector();
      KeyedReference kr = new KeyedReference("Data Processing Services", "51421");
      kr.setTModelKey("uuid:C0B9FE13-179F-413D-8A5B-5004DB8E5BB2");
      cbv.addElement(kr);
      kr = new KeyedReference("Document management software", "43161801");
      kr.setTModelKey("uuid:DB77450D-9FA8-45D4-A7BC-04411D14E384");
      cbv.addElement(kr);
      CategoryBag cb = new CategoryBag();
      cb.setKeyedReferenceVector(cbv);

      Vector fqv = new Vector();
      FindQualifier fq = new FindQualifier(FindQualifier.sortByNameDesc);
      fqv.add(fq);
      FindQualifiers fqs = new FindQualifiers();
      fqs.setFindQualifierVector(fqv);

      BusinessList bl = proxy.find_business(null, null, null, cb, null, fqs, 0);
...
   }
}
```

Ce dixième exemple illustre comment utiliser le localisateur 43161801 (Document management software) de la taxonomie UNSPSC, associé au localisateur 51421 (Data Processing Services) de la taxonomie NAICS, le tout combiné avec la mise en œuvre du qualificateur de recherche sortByName-Desc. Voici le résultat renvoyé à l'exécution de ce programme :

```
2 business(es) found

IMB Enterprises
128ee500-8437-11d5-a3da-002035229c64

IBM Corporation
d2033110-3aaf-11d5-80dc-002035229c64
```

Un dernier exemple montre le mixage de différentes taxonomies dans une même requête. La spécification prévoit une dernière taxonomie centrée sur la géographie : la taxonomie GEO. Il est possible, par exemple, de récupérer les entités métier associées au localisateur 51421 de la taxonomie NAICS et basées aux États-Unis. Ce dernier critère de recherche est associé au localisateur US de la taxonomie GEO.

Rechercher des entités métier par les index NAICS et GEO combinés (liste triée sur le nom)

Onzième exemple d'utilisation :

```
import org.uddi4j.client.UDDIProxy;
import org.uddi4j.response.*;
import org.uddi4j.transport.TransportFactory;
import org.uddi4j.util.*;
import java.util.Vector;
```

```
public class UDDIFindBusiness11 {

   public static void main(String[] args) throws Exception {
...
      Vector cbv = new Vector();
      KeyedReference kr = new KeyedReference("Data Processing Services", "51421");
      kr.setTModelKey("uuid:C0B9FE13-179F-413D-8A5B-5004DB8E5BB2");
      cbv.addElement(kr);
      kr = new KeyedReference("United States", "US");
      kr.setTModelKey("uuid:4E49A8D6-D5A2-4FC2-93A0-0411D8D19E88");
      cbv.addElement(kr);
      CategoryBag cb = new CategoryBag();
      cb.setKeyedReferenceVector(cbv);

      Vector fqv = new Vector();
      FindQualifier fq = new FindQualifier(FindQualifier.sortByNameDesc);
      fqv.add(fq);
      FindQualifiers fqs = new FindQualifiers();
      fqs.setFindQualifierVector(fqv);

      BusinessList bl = proxy.find_business(null, null, null, cb, null, fqs, 0);
...
   }
}
```

Ce onzième exemple illustre comment utiliser le localisateur 51421 (Data Processing Services) de la taxonomie NAICS, associé au localisateur US (United States) de la taxonomie GEO, le tout combiné avec la mise en œuvre du qualificateur de recherche sortByNameAsc. Voici le résultat renvoyé à l'exécution de ce programme :

```
2 business(es) found

IMB Enterprises
128ee500-8437-11d5-a3da-002035229c64

Data Recovery Services
1e3cec48-5c39-4b64-84b4-9d3af3eda1e4
```

Rechercher des entités métier par l'index D-U-N-S (liste triée sur le nom)

Il existe une autre série de taxonomies qui sont également prises en charge par la spécification UDDI et permettent de retrouver une entreprise à partir d'un identifiant unique. La version 2.0 d'UDDI intègre le support de la taxonomie Dun & Bradstreet D-U-N-S Number (Data Universal Numbering System).

Cette taxonomie repose sur un numéro d'identification d'une entreprise ou d'un établissement unique au niveau mondial. Ce numéro à neuf chiffres est exclusif et est attribué gratuitement par Dun & Bradstreet (voir *http://www.dnb.com*) à toute entreprise présente dans sa base de données. Cette base de données recense les sociétés mères, filiales, sièges sociaux et branches de plus de soixante-six millions d'entreprises dans le monde entier. Ce système d'identification des entreprises, créé en 1962, est devenu une référence mondiale et est déjà reconnu comme un standard dans le domaine des échanges de données électroniques EDI (Electronic Data Interchange). Il est notamment reconnu par la Commission Européenne, l'ISO (International Organization for Standardization) et l'ONU (Organisation des Nations unies).

Douzième exemple d'utilisation :

```
import org.uddi4j.client.UDDIProxy;
import org.uddi4j.response.*;
import org.uddi4j.transport.TransportFactory;
import org.uddi4j.util.*;
import java.util.Vector;

public class UDDIFindBusiness12 {

    public static void main(String[] args) throws Exception {
...
        Vector ibv = new Vector();
        KeyedReference kr = new KeyedReference("", "789388907");
        kr.setTModelKey("uuid:8609C81E-EE1F-4D5A-B202-3EB13AD01823");
        ibv.addElement(kr);
        kr = new KeyedReference("", "007932671");
        kr.setTModelKey("uuid:8609C81E-EE1F-4D5A-B202-3EB13AD01823");
        ibv.addElement(kr);
        IdentifierBag ib = new IdentifierBag();
        ib.setKeyedReferenceVector(ibv);

        Vector fqv = new Vector();
        FindQualifier fq = new FindQualifier(FindQualifier.sortByNameDesc);
        fqv.add(fq);
        FindQualifiers fqs = new FindQualifiers();
        fqs.setFindQualifierVector(fqv);
        BusinessList bl = proxy.find_business(null, null, ib, null, null, fqs, 0);
...
    }
}
```

Ce douzième exemple illustre comment utiliser l'identificateur D-U-N-S 789388907 (qui correspond à la société Optical Image Technology, Inc.) de la taxonomie Dun & Bradstreet D-U-N-S Number, associé à l'identificateur D-U-N-S 007932671 (identificateur de la société Able Consulting, Inc.) de la même taxonomie, le tout combiné avec la mise en œuvre du qualificateur de recherche sortByNameDesc. Voici le résultat renvoyé à l'exécution de ce programme :

```
2 business(es) found

Optical Image Technology, Inc.
03dae1df-c88f-4ee9-b6c8-739004f57e9f

Able Consulting, Inc.
ae5b04e6-bbd7-4881-ab75-3e562c4a85f4
```

La liste restituée par ce programme montre donc que cette combinaison d'identificateurs revient à réaliser un « ou » logique.

La version 2.0 de la spécification UDDI intègre également le support de la taxonomie Thomas Register.

Rechercher des entités métier qui implémentent un service type particulier (liste triée sur le nom)

Il est possible d'effectuer une recherche dont l'objectif consiste à retrouver la liste des entités métier qui implémentent un ou plusieurs services types. Ce type de requête peut être réalisé via l'utilisation des classes TModelBag et TModelKey.

Treizième exemple d'utilisation :

```
import org.uddi4j.client.UDDIProxy;
import org.uddi4j.response.*;
import org.uddi4j.transport.TransportFactory;
import org.uddi4j.util.*;
import java.util.Vector;

public class UDDIFindBusiness13 {

    public static void main(String[] args) throws Exception {
...
        Vector tbv = new Vector();
        TModelKey tk = new TModelKey("uuid:64c756d1-3374-4e00-ae83-ee12e38fae63");
        tbv.addElement(tk);
        tk = new TModelKey("uuid:4cd7e4bc-648b-426d-9936-443eaac8ae23");
        tbv.addElement(tk);
        TModelBag tb = new TModelBag();
        tb.setTModelKeyVector(tbv);

        Vector fqv = new Vector();
        FindQualifier fq = new FindQualifier(FindQualifier.sortByNameDesc);
        fqv.add(fq);
        FindQualifiers fqs = new FindQualifiers();
        fqs.setFindQualifierVector(fqv);

        BusinessList bl = proxy.find_business(null, null, null, null, tb, fqs, 0);
...
    }
}
```

Ce dernier exemple montre comment récupérer la liste des entités métier qui implémentent le service type uddi-org:publication (dont la clé est uuid:64c756d1-3374-4e00-ae83-ee12e38fae63) et le service type uddi-org:inquiry (dont la clé est uuid:4cd7e4bc-648b-426d-9936-443eaac8ae23). L'opération réalisée ici est en fait un « et » logique. Cette requête est combinée avec la mise en œuvre du qualificateur de recherche sortByNameDesc. Voici le résultat renvoyé à l'exécution de ce programme :

```
4 business(es) found

Systinet Inc.
651d547a-edcc-495f-b758-36af04f182cf

SAP AG
a694dcd4-9d88-11d6-91b6-0003479a7335

Microsoft UDDI Business Registry Node
6c068bd0-21f8-40f0-9742-94e60e68d690

IBM Corporation
d2033110-3aaf-11d5-80dc-002035229c64
```

La liste restituée par ce programme présente en fait la liste des sociétés qui offrent une implémentation de deux des API du noyau de la spécification UDDI 1.0, c'est-à-dire de l'API de recherche (*Inquiry API*) et de l'API de publication (*Publishing API*). IBM et Microsoft prennent en charge l'implémentation de référence depuis la version 1.0 de UDDI, et SAP depuis la version 2.0 (compatibilité ascendante) : ces trois sociétés font partie des opérateurs de l'annuaire public UDDI (voir chapitre suivant). Systinet (ex-Idoox) propose également son produit WASP UDDI qui constitue une implémentation d'annuaire UDDI privé, accessible en évaluation sur Internet.

La fonction find_relatedBusinesses

La fonction `find_relatedBusinesses` permet de rechercher une ou plusieurs entités métier associées à une entité métier donnée.

Cette fonction renvoie un message `relatedBusinessesList`. En cas de recherche infructueuse, la liste renvoyée est vide. Dans le cas contraire, le message `relatedBusinessesList` retourné est constitué de structures de données de type `relatedBusinessInfo` incluses dans une collection `relatedBusinessInfos`.

Syntaxe du message find_relatedBusinesses

La syntaxe de ce message est la suivante :

```
<find_relatedBusinesses [maxRows="nn"] generic="2.0"
  xmlns="urn:uddi-org:api_v2">
  [<findQualifiers/>]
  <businessKey/>
  [<keyedReference/>]
</find_relatedBusinesses>
```

L'attribut `businessKey` spécifie la clé de l'entité métier particulière sur laquelle porte la recherche d'entités métier associées.

L'élément `keyedReference` est optionnel et permet de préciser le type d'association entre entités métier à considérer pour produire la liste résultante. Les types d'association permis sont référencés par une taxonomie particulière `uddi-org:relationships` (clé : `uuid:807A2C6A-EE22-470D-ADC7-E0424A337C03`). Les associations autorisées sont :

- *parent-child* : l'entité métier dont la clé est fournie doit être parente de celles qui seront renvoyées dans la liste ;

- *peer-peer* : l'entité métier dont la clé est fournie ne présente pas de lien de parenté avec celles qui seront renvoyées dans la liste ;

- *identity* : l'entité métier dont la clé est fournie représente la même entité que celles qui seront renvoyées dans la liste.

Le schéma de la structure de données `relatedBusinessInfo`, contenue dans le message `relatedBusinessesList`, se présente ainsi :

```
<element name="relatedBusinessInfo" type="uddi:relatedBusinessInfo" />
<complexType name="relatedBusinessInfo">
  <sequence>
    <element ref="uddi:businessKey" />
    <element ref="uddi:name" maxOccurs="unbounded" />
    <element ref="uddi:description" minOccurs="0" maxOccurs="unbounded" />
    <element ref="uddi:sharedRelationships" maxOccurs="2" />
  </sequence>
</complexType>
```

Rechercher des entités métier associées à une entité métier donnée

Exemple d'utilisation :

```
import org.uddi4j.client.UDDIProxy;
import org.uddi4j.datatype.tmodel.TModel;
import org.uddi4j.response.*;
import org.uddi4j.transport.TransportFactory;
import org.uddi4j.util.KeyedReference;
import java.util.Vector;

public class UDDIFindRelatedBusinesses1 {
    public static void main(String[] args) throws Exception {
...
        Vector cbv = new Vector();
        KeyedReference kr = new KeyedReference("peer-peer", "peer-peer");
        kr.setTModelKey(TModel.RELATIONSHIPS_TMODEL_KEY);

        RelatedBusinessesList rbl = proxy.find_relatedBusinesses(
            "ee7a7a30-f67c-11d6-b618-000629dc0a53", kr, null, 0);

        RelatedBusinessInfos rbis = rbl.getRelatedBusinessInfos();
        if (rbis.size() == 0) {
            System.out.println("no related business(es) found");
            System.exit(0);
        }
        System.out.println(rbis.size()+" related business(es) found\n");
        Vector rbiv = rbis.getRelatedBusinessInfoVector();
        for (int i = 0; i < rbiv.size(); i++) {
            RelatedBusinessInfo rbi = (RelatedBusinessInfo)rbiv.elementAt(i);
            System.out.println(rbi.getNameString());
            System.out.println(rbi.getBusinessKey());
            System.out.println("\n");
            SharedRelationships srs = rbi.getSharedRelationships();
            System.out.println("direction : "+srs.getDirection());
            Vector krv = srs.getKeyedReferenceVector();
            System.out.println(krv.size()+" shared relationship(s) found\n");
            for (int j = 0; j < krv.size(); j++) {
                kr = (KeyedReference)krv.elementAt(j);
                System.out.println("name  : "+kr.getKeyName());
                System.out.println("value : "+kr.getKeyValue());
                System.out.println("\n");
            }
        }
    }
}
```

Cet exemple illustre comment récupérer l'ensemble des entités métier associées à l'entité métier WS-I organization (dont la clé est ee7a7a30-f67c-11d6-b618-000629dc0a53), dont le type d'association correspond à une relation de type peer-peer.

Ce programme retourne le résultat suivant :

```
4 related business(es) found
Bowstreet WS-I
```

```
e94f7ad0-0705-11d7-97cf-000629dc0a53

direction : fromKey
1 shared relationship(s) found

name  : peer-peer
value : peer-peer

...
Oracle Sample Web services
46a3f630-d695-11d6-a6b8-000629dc0a53

direction : fromKey
1 shared relationship(s) found

name  : peer-peer
value : peer-peer
```

Ce résultat s'interprète de la manière suivante : l'entité métier WS-I organization est la source (voir direction : fromKey) de quatre relations de type peer-peer (dont seules deux d'entre elles sont représentées ici) avec notamment les entités métier Bowstreet WS-I et Oracle Sample Web services.

La même requête, réalisée avec une KeyedReference qui référence une association de type parent-child, renverra le résultat suivant :

```
no related business(es) found
```

La fonction find_service

La fonction find_service permet de rechercher un ou plusieurs éléments de type businessService en fonction de différents critères.

Cette fonction renvoie un message serviceList. En cas de recherche infructueuse par rapport aux critères de recherche utilisés, la liste renvoyée est vide. Dans le cas contraire, le message serviceList retourné est constitué de structures de données de type serviceInfo incluses dans une collection serviceInfos.

Syntaxe du message find_service

La syntaxe de ce message est la suivante :

```
<find_service [businessKey="uuid_key"] [maxRows="nn"] generic="2.0"
   xmlns="urn:uddi-org:api_v2">
   [<findQualifiers/>]
   [<name/> [<name/>]…]
   [<categoryBag/>]
   [<tModelBag/>]
</find_service>
```

L'attribut businessKey est optionnel et spécifie la clé de l'entité métier particulière sur laquelle porte la recherche de services métier. Seuls les services métier fournis par cette entité métier sont susceptibles de figurer dans la liste résultante. Dans le cas contraire, la recherche porte sur toutes les entités métier de l'annuaire.

L'élément name précise une collection de noms complets ou partiels de services métier à rechercher : la liste résultante est constituée de tous les services dont le nom correspond à cette collection de valeurs. La correspondance est évaluée en commençant par la gauche pour les noms partiels. Les noms peuvent être qualifiés via l'attribut xml:lang.

Le schéma de la structure de données serviceInfo, contenue dans le message serviceList, se présente ainsi :

```
<element name="serviceInfo" type="uddi:serviceInfo" />
<complexType name="serviceInfo">
   <sequence>
      <element ref="uddi:name" minOccurs="0" maxOccurs="unbounded" />
   </sequence>
   <attribute name="serviceKey" type="uddi:serviceKey" use="required" />
   <attribute name="businessKey" type="uddi:businessKey" use="required" />
</complexType>
```

Les exemples qui suivent montrent comment utiliser ces différents éléments du message et, éventuellement, comment les combiner entre eux pour rechercher des services métier. Afin de trouver des exemples supplémentaires de mise en oeuvre des arguments findQualifiers, categoryBag et tModelBag, le lecteur pourra se référer à la section précédente, « La fonction find_business », dans laquelle d'autres utilisations possibles de ces éléments sont décrites.

Rechercher des services métier

Premier exemple d'utilisation :

```java
import org.uddi4j.client.UDDIProxy;
import org.uddi4j.datatype.Name;
import org.uddi4j.response.*;
import org.uddi4j.transport.TransportFactory;
import java.util.Vector;

public class UDDIFindService1 {

   public static void main(String[] args) throws Exception {
...
      Vector names = new Vector();
      names.add(new Name("%"));
      ServiceList sl = proxy.find_service(
         "D2033110-3AAF-11D5-80DC-002035229C64", names, null, null, null, 0);

      ServiceInfos sis = sl.getServiceInfos();
      if (sis.size() == 0) {
         System.out.println("no service(s) found");
         System.exit(0);
      }

      System.out.println(sis.size()+" service(s) found\n");
      Vector siv = sis.getServiceInfoVector();
      for (int i = 0; i < siv.size(); i++) {
         ServiceInfo si = (ServiceInfo)siv.elementAt(i);
         System.out.println(si.getNameString());
         System.out.println(si.getServiceKey());
         System.out.println("\n");
      }
   }
}
```

Ce premier exemple illustre comment récupérer l'ensemble des services métier proposés par l'entité métier IBM Corporation (dont la clé est D2033110-3AAF-11D5-80DC-002035229C64). Il s'agit ici d'une recherche standard, sans filtrage sur le nom des services récupérés, ni utilisation de qualificateurs de recherche.

Ce programme retourne le résultat suivant :

```
10 service(s) found

Buy from IBM
894b5100-3aaf-11d5-80dc-002035229c64

...
UDDI Business Registry inquiry
892a3470-3aaf-11d5-80dc-002035229c64
```

Rechercher des services métier par le nom qualifié (liste triée sur le nom)

Second exemple d'utilisation :

```java
import org.uddi4j.client.UDDIProxy;
import org.uddi4j.datatype.Name;
import org.uddi4j.response.*;
import org.uddi4j.transport.TransportFactory;
import org.uddi4j.util.*;
import java.util.Vector;

public class UDDIFindService2 {

    public static void main(String[] args) throws Exception {
...
        Vector fqv = new Vector();
        FindQualifier fq = new FindQualifier(FindQualifier.sortByNameDesc);
        fqv.addElement(fq);
        FindQualifiers fqs = new FindQualifiers();
        fqs.setFindQualifierVector(fqv);

        Vector names = new Vector();
        names.add(new Name("%registr%"));
        ServiceList sl = proxy.find_service(
            "D2033110-3AAF-11D5-80DC-002035229C64", names, null, null, fqs, 0);
...
    }
}
```

Ce second exemple présente la manière de récupérer l'ensemble des services métier proposés par l'entité métier IBM Corporation (clé D2033110-3AAF-11D5-80DC-002035229C64), dont le nom du service comprend le mot registr. Cet ensemble est renvoyé trié par ordre alphabétique décroissant via la mise en œuvre du qualificateur de recherche sortByNameDesc.

Ce programme retourne le résultat suivant :

```
3 service(s) found

UDDI Business Registry inquiry
892a3470-3aaf-11d5-80dc-002035229c64

...
IBM Personal Systems reseller registration
89307600-3aaf-11d5-80dc-002035229c64
```

L'utilisation des éléments findQualifiers et name comme arguments de cette requête a permis de réduire la liste de dix services métier renvoyée à l'issue de l'exécution du premier exemple à une liste de seulement trois services métier.

La fonction find_tModel

La fonction find_tModel permet de rechercher un ou plusieurs éléments de type tModel en fonction de différents critères.

Cette fonction renvoie un message tModelList. En cas de recherche infructueuse par rapport aux critères de recherche utilisés, la liste renvoyée est vide. Dans le cas contraire, le message tModelList retourné est constitué de structures de données de type tModelInfo incluses dans une collection tModelInfos.

Syntaxe du message find_tModel

La syntaxe de ce message est la suivante :

```
<find_tModel [maxRows="nn"] generic="2.0" xmlns="urn:uddi-org:api_v2">
   [<findQualifiers/>]
   [<name/>]
   [<identifierBag/>]
   [<categoryBag/>]
</find_tModel>
```

L'élément name précise un nom complet ou partiel de services types à rechercher : la liste résultante est constituée de tous les services types dont le nom correspond à cette valeur. La correspondance est évaluée en commençant par la gauche pour les noms partiels.

Le schéma de la structure de données tModelInfo, contenue dans le message tModelList, se présente ainsi :

```
<element name="tModelInfo" type="uddi:tModelInfo" />
<complexType name="tModelInfo">
  <sequence>
     <element ref="uddi:name" />
  </sequence>
  <attribute name="tModelKey" type="uddi:tModelKey" use="required" />
</complexType>
```

Les exemples qui suivent montrent comment utiliser ces différents éléments du message et si nécessaire comment les combiner entre eux pour rechercher des services types. Afin de trouver des exemples supplémentaires de mise en œuvre des arguments findQualifiers, identifierBag et categoryBag, le lecteur pourra se référer à la section dédiée à la fonction find_business dans laquelle d'autres utilisations possibles de ces différents éléments sont décrites.

Rechercher des services type par le nom

Premier exemple d'utilisation :

```
import org.uddi4j.client.UDDIProxy;
import org.uddi4j.response.*;
import org.uddi4j.transport.TransportFactory;
```

```
import java.util.Vector;
public class UDDIFindTModel1 {
    public static void main(String[] args) throws Exception {
    …
        TModelList tl = proxy.find_tModel("uddi-org%", null, null, null, 0 );
        TModelInfos tis = tl.getTModelInfos();
        if (tis.size() == 0) {
            System.out.println("no tmodel(s) found");
            System.exit(0);
        }
        System.out.println(tis.size()+" tmodel(s) found\n");
        Vector tiv = tis.getTModelInfoVector();
        for (int i = 0; i < tiv.size(); i++) {
            TModelInfo ti = (TModelInfo)tiv.elementAt(i);
            System.out.println(ti.getNameString());
            System.out.println(ti.getTModelKey());
            System.out.println("\n");
        }
    }
}
```

Cet exemple montre comment récupérer l'ensemble des services types dont le nom commence par uddi-org. Voici le résultat renvoyé :

```
19 tmodel(s) found

uddi-org:fax
uuid:1a2b00be-6e2c-42f5-875b-56f32686e0e7
…
uddi-org:types
uuid:c1acf26d-9672-4404-9d70-39b756e62ab4
```

La liste restituée par ce programme comporte l'ensemble des services types décrits dans la spécification UDDI, dont la responsabilité incombe à l'organisation UDDI. Cette liste ne comprend pas les services types ntis-gov:naics:1997, unspsc-org:unspsc:3-1, unspsc-org:unspsc, dnb-com:D-U-N-S et thomasregister-com:supplierID qui sont également référencés par la spécification UDDI, mais dont la responsabilité de gestion appartient aux entités métier qui les contrôlent.

Rechercher des services type par le nom qualifié (liste triée sur le nom)

Second exemple d'utilisation :

```
import org.uddi4j.client.UDDIProxy;
import org.uddi4j.response.*;
import org.uddi4j.transport.TransportFactory;
import org.uddi4j.util.*;
import java.util.Vector;

public class UDDIFindTModel2 {

    public static void main(String[] args) throws Exception {
    …
        Vector cbv = new Vector();
        KeyedReference kr = new KeyedReference("types", "identifier");
        kr.setTModelKey("uuid:c1acf26d-9672-4404-9d70-39b756e62ab4");
```

```
            cbv.addElement(kr);
            CategoryBag cb = new CategoryBag();
            cb.setKeyedReferenceVector(cbv);

            Vector fqv = new Vector();
            FindQualifier fq;
            fq = new FindQualifier(FindQualifier.sortByNameDesc);
            fqv.add(fq);
            FindQualifiers fqs = new FindQualifiers();
            fqs.setFindQualifierVector(fqv);

            TModelList tl = proxy.find_tModel(null, cb, null, fqs, 0 );
    …
        }
    }
```

Ce second exemple permet d'extraire la liste des services types qui sont enregistrés dans la catégorie des taxonomies d'identificateurs de recherche. Il met en œuvre le qualificateur sortByNameDesc.

L'utilisation de ce programme produit le résultat suivant :

```
39 tmodel(s) found

WSUI
uuid:5288efd0-5640-11d6-beff-000c0e00acdd

…
Acer TWP Technology CO., ??????????? (Training)
uuid:2c6fc390-0663-11d7-97cf-000629dc0a53
```

Cette requête restitue notamment les services types qui figurent en standard sous forme de taxonomies dans la spécification UDDI et qui permettent d'effectuer des interrogations de l'annuaire par identificateurs de recherche, c'est-à-dire, les taxonomies :

- dnb-com:D-U-N-S (clé uuid:8609c81e-ee1f-4d5a-b202-3eb13ad01823) ;

- thomasregister-com:supplierID (clé uuid:b1b1baf5-2329-43e6-ae13-ba8e97195039).

Dans cette liste, on peut également noter la présence de la taxonomie ntis-gov:sic:1987 qui a été ajoutée aux taxonomies standards sur le site Web UDDI de Microsoft et qui introduit la possibilité d'utiliser une classification des activités par secteurs industriels d'origine nord-américaine : la Standard Industrial Classification (SIC) (voir adresse du site de référence : *http://www.census.gov/epcd/www/sic.html*). Cette classification a depuis été remplacée par la classification North American Industry Classification System (NAICS) établie conjointement par les États-Unis, le Mexique et le Canada.

Une autre taxonomie présente dans ce résultat de requête est également intéressante pour les entités métier localisées aux États-Unis : il s'agit de la taxonomie sec-gov:cik-key qui correspond à la classification Electronic Data Gathering, Analysis and Retrieval System (EDGAR) utilisées par la U.S. Securities and Exchange Commission (SEC), l'équivalent de la Commission des opérations de bourse en France (COB), pour les échanges de documents et déclarations auxquels sont astreintes les entreprises américaines qui sont cotées en bourse (voir adresse du site de référence : *http://www.sec.gov*).

Le mot-clé « identifier »

Le mot-clé « identifier » utilisé dans cette requête provient de la taxonomie uddi-org:types, et il faut savoir qu'il est possible d'effectuer d'autres types de recherches. Le document de référence qui décrit l'API de programmation (voir *http://uddi.org/pubs/ProgrammersAPI-V2.04-Published-20020719.pdf* pour la version 2.0 d'UDDI) précise dans l'annexe I « Utility tModels and Conventions » les autres valeurs possibles. Cette annexe précise d'une manière plus générale les conventions retenues pour l'enregistrement de services types dans l'annuaire et les services utilitaires standards qui sont fournis à cette fin.

La fonction get_bindingDetail

La fonction `get_bindingDetail` permet de récupérer les informations qui détaillent un modèle de liaison. Ces informations pourront ensuite être utilisées pour invoquer l'API métier référencée par cette liaison.

Cette fonction renvoie un message `bindingDetail`, constitué de structures de données de type `bindingTemplate`. Si plusieurs clés de modèles de liaison sont passées en paramètre, le résultat sera renvoyé dans un ordre de clés identique.

Syntaxe du message get_bindingDetail

La syntaxe de ce message est la suivante :

```
<get_bindingDetail generic="2.0" xmlns="urn:uddi-org:api_v2">
    <bindingKey/> [<bindingKey/> …]
</get_bindingDetail>
```

L'élément `bindingKey` fournit une ou plusieurs clés d'instances de modèles de liaison.

Le schéma de la structure de données de type `bindingTemplate` est présenté dans la section dédiée à la fonction `find_binding`.

Les exemples qui suivent montrent comment utiliser cet élément du message pour récupérer un ou plusieurs modèles de liaison.

Rechercher le détail d'un modèle de liaison identifié

Premier exemple d'utilisation :

```
import org.uddi4j.client.UDDIProxy;
import org.uddi4j.datatype.binding.BindingTemplate;
import org.uddi4j.response.BindingDetail;
import org.uddi4j.transport.TransportFactory;
import java.util.Vector;
public class UDDIGetBindingDetail1 {
   public static void main(String[] args) throws Exception {
…
      BindingDetail bd = proxy.get_bindingDetail(
         "6BCC8130-3AAF-11D5-80DC-002035229C64");

      Vector bdv = bd.getBindingTemplateVector();
      if (bdv.size() == 0) {
         System.out.println("no binding(s) found");
```

```
        System.exit(0);
    }

    System.out.println(bdv.size()+" binding(s) found\n");
    for (int i = 0; i < bdv.size(); i++) {
        BindingTemplate bt = (BindingTemplate)bdv.elementAt(i);
        System.out.println(bt.getDefaultDescriptionString());
        System.out.println(bt.getBindingKey());
        System.out.println("\n");
    }
  }
}
```

Ce premier exemple présente la récupération des détails d'un modèle de liaison qui constitue l'une des implémentations de l'API de publication UDDI via le protocole HTTP, implémentation fournie par le service métier Publish to the UDDI Business Registry (clé 6BCC8130-3AAF-11D5-80DC-002035229C64), pris en charge par l'entité métier IBM Corporation. La clé du modèle de liaison que l'on souhaite obtenir doit être obligatoirement précisée. Voici le résultat renvoyé :

```
1 binding(s) found

Publish to UDDI Business Registry (web)
6BCC8130-3AAF-11D5-80DC-002035229C64
```

Le modèle de liaison intitulé Publish to UDDI Business Registry (Web) et restitué par ce programme est l'un des quatre modèles de liaison exposés par ce service métier. À partir de cet objet, il est possible de récupérer tous les détails de l'implémentation et surtout l'URL du point d'accès Internet qui permet d'invoquer ce service.

Rechercher le détail de plusieurs modèles de liaison identifiés

Il est possible de récupérer plusieurs modèles de liaison par un seul accès à l'annuaire UDDI. L'exemple qui suit montre comment procéder à cette opération.

Second exemple d'utilisation :

```
import org.uddi4j.client.UDDIProxy;
import org.uddi4j.datatype.binding.BindingTemplate;
import org.uddi4j.response.BindingDetail;
import org.uddi4j.transport.TransportFactory;
import java.util.Vector;

public class UDDIGetBindingDetail2 {

    public static void main(String[] args) throws Exception {
    ...

        Vector bkv = new Vector();
        bkv.addElement("6BCC8130-3AAF-11D5-80DC-002035229C64");
        bkv.addElement("8AF9BD40-4584-11D5-BD6C-002035229C64");

        BindingDetail bd = proxy.get_bindingDetail(bkv);

    ...
    }
}
```

Cet exemple illustre la récupération simultanée des détails de plusieurs modèles de liaison qui constituent autant d'implémentations de l'API de publication UDDI via le protocole HTTP, implémentations fournies par le service métier `Publish to the UDDI Business Registry` pris en charge par l'entité métier IBM Corporation. Voici le résultat renvoyé :

```
2 binding(s) found

Publish to UDDI Business Registry (web)
6BCC8130-3AAF-11D5-80DC-002035229C64
Publish to UDDI Test Registry (web)
8AF9BD40-4584-11D5-BD6C-002035229C64
```

Les modèles de liaison intitulés Publish to UDDI Business Registry (web) et Publish to UDDI Test Registry (web) et restitués par ce programme constituent deux des quatre modèles de liaison exposés par ce service métier. En pratique, ils correspondent tous deux aux points d'accès aux interfaces Web des annuaires de test et de production UDDI d'IBM. Les deux modèles de liaison ont été restitués dans l'ordre exact des clés passées à la fonction.

La fonction get_businessDetail

La fonction `get_businessDetail` permet de récupérer les informations qui détaillent une ou plusieurs entités métier.

Cette fonction renvoie un message `businessDetail`, constitué de structures de données de type `business Entity`. Si plusieurs clés d'entités métier sont passées en paramètre, le résultat sera renvoyé dans un ordre de clés identique.

Syntaxe du message get_businessDetail

La syntaxe de ce message est la suivante :

```
<get_businessDetail generic="2.0" xmlns="urn:uddi-org:api_v2">
   <businessKey/> [<businessKey/> …]
</get_businessDetail>
```

L'élément `businessKey` fournit une ou plusieurs clés d'instances d'entités métier.

Le schéma de la structure de données `businessEntity`, contenue dans le message `businessDetail`, se présente ainsi :

```
<element name="businessEntity" type="uddi:businessEntity" />
<complexType name="businessEntity">
   <sequence>
     <element ref="uddi:discoveryURLs" minOccurs="0" />
     <element ref="uddi:name" maxOccurs="unbounded" />
     <element ref="uddi:description" minOccurs="0" maxOccurs="unbounded" />
     <element ref="uddi:contacts" minOccurs="0" />
     <element ref="uddi:businessServices" minOccurs="0" />
     <element ref="uddi:identifierBag" minOccurs="0" />
     <element ref="uddi:categoryBag" minOccurs="0" />
   </sequence>
   <attribute name="businessKey" type="uddi:businessKey" use="required" />
   <attribute name="operator" type="string" use="optional" />
   <attribute name="authorizedName" type="string" use="optional" />
</complexType>
```

Les exemples qui suivent montrent comment utiliser cet élément du message pour récupérer une ou plusieurs entités métier en une seule interrogation de l'annuaire.

Rechercher le détail d'une entité métier identifiée

Premier exemple d'utilisation :

```
import org.uddi4j.client.UDDIProxy;
import org.uddi4j.datatype.business.BusinessEntity;
import org.uddi4j.response.BusinessDetail;
import org.uddi4j.transport.TransportFactory;
import java.util.Vector;

public class UDDIGetBusinessDetail1 {

   public static void main(String[] args) throws Exception {
...
      BusinessDetail bd = proxy.get_businessDetail(
         "D2033110-3AAF-11D5-80DC-002035229C64");

      Vector bev = bd.getBusinessEntityVector();
      if (bev.size() == 0) {
         System.out.println("no business(es) found");
         System.exit(0);
      }
      System.out.println(bev.size()+" business(es) found\n");
      for (int i = 0; i < bev.size(); i++) {
         BusinessEntity be = (BusinessEntity)bev.elementAt(i);
         System.out.println(be.getDefaultNameString());
         System.out.println(be.getBusinessKey());
         System.out.println("\n");
      }
   }
}
```

Ce premier exemple illustre la manière de récupérer les détails descriptifs d'une entité métier spécifiée par sa clé, en l'occurrence il s'agit de l'entité métier IBM Corporation. La clé de l'entité métier que l'on cherche à récupérer doit être obligatoirement précisée (clé de l'entité métier IBM Corporation : D2033110-3AAF-11D5-80DC-002035229C64). Voici le résultat renvoyé :

```
1 business(es) found

IBM Corporation
D2033110-3AAF-11D5-80DC-002035229C64
```

Rechercher le détail de plusieurs entités métier identifiées

Il est possible de récupérer plusieurs entités métier par un seul accès à l'annuaire UDDI, l'exemple suivant illustre cette possibilité.

Second exemple d'utilisation :

```
import org.uddi4j.client.UDDIProxy;
import org.uddi4j.datatype.business.BusinessEntity;
import org.uddi4j.response.BusinessDetail;
import org.uddi4j.transport.TransportFactory;
```

```java
import java.util.Vector;
public class UDDIGetBusinessDetail2 {
   public static void main(String[] args) throws Exception {
   …

      Vector bkv = new Vector();
      bkv.addElement("D2033110-3AAF-11D5-80DC-002035229C64");
      bkv.addElement("0076B468-EB27-42E5-AC09-9955CFF462A3");

      BusinessDetail bd = proxy.get_businessDetail(bkv);

   …
   }
}
```

Ce second exemple présente la récupération simultanée des détails de plusieurs entités métier. Voici le résultat renvoyé :

```
2 business(es) found

IBM Corporation
D2033110-3AAF-11D5-80DC-002035229C64

Microsoft Corporation
0076B468-EB27-42E5-AC09-9955CFF462A3
```

Les deux entités métier sont restituées dans l'ordre positionnel des clés passées en paramètre de la fonction.

La fonction get_businessDetailExt

La fonction get_businessDetailExt permet de récupérer les informations étendues qui détaillent une ou plusieurs entités métier.

Cette fonction renvoie un message businessDetailExt, constitué de structures de données de type businessEntityExt. Si plusieurs clés d'entités métier sont passées en paramètre, le résultat sera renvoyé dans un ordre de clés identique.

Les informations retournées par cette fonction sont strictement identiques à celles qui sont restituées par la fonction get_businessDetail précédente. Seules quelques informations complémentaires sont renvoyées lorsque l'entité métier provient d'un opérateur d'annuaire externe via le mécanisme de réplication entre implémentations d'annuaires.

Syntaxe du message get_businessDetailExt

La syntaxe de ce message est la suivante :

```xml
<get_businessDetailExt generic="2.0" xmlns="urn:uddi-org:api_v2">
   <businessKey/> [<businessKey/> …]
</get_businessDetailExt>
```

L'élément businessKey fournit une ou plusieurs clés d'instances d'entités métier.

Le schéma de la structure de données businessEntityExt, contenue dans le message businessDetailExt, se présente ainsi :

```xml
<element name="businessEntityExt" type="uddi:businessEntityExt" />
<complexType name="businessEntityExt">
```

```
  <sequence>
    <element ref="uddi:businessEntity" />
    <any namespace="##other" processContents="strict"
       minOccurs="0" maxOccurs="unbounded" />
  </sequence>
</complexType>
```

Les exemples qui suivent montrent comment utiliser cet élément du message pour récupérer une ou plusieurs entités métier en un seul accès à l'annuaire.

Rechercher le détail étendu d'une entité métier identifiée

Premier exemple d'utilisation :

```java
import org.uddi4j.client.UDDIProxy;
import org.uddi4j.datatype.business.BusinessEntity;
import org.uddi4j.response.*;
import org.uddi4j.transport.TransportFactory;
import java.util.Vector;

public class UDDIGetBusinessDetailExt1 {

  public static void main(String[] args) throws Exception {
...
    BusinessDetailExt bde = proxy.get_businessDetailExt(
       "D2033110-3AAF-11D5-80DC-002035229C64");

    Vector beev = bde.getBusinessEntityExtVector();
    if (beev.size() == 0) {
      System.out.println("no business(es) found");
      System.exit(0);
    }

    System.out.println(beev.size()+" business(es) found\n");
    for (int i = 0; i < beev.size(); i++) {
      BusinessEntityExt bee = (BusinessEntityExt)beev.elementAt(i);
      BusinessEntity be = bee.getBusinessEntity();
      System.out.println(be.getDefaultNameString());
      System.out.println(be.getBusinessKey());
      System.out.println("\n");
    }
  }
}
```

Ce premier exemple illustre la manière de récupérer les détails descriptifs étendus d'une entité métier spécifiée par sa clé, il s'agit en l'occurrence de l'entité métier IBM Corporation. La clé de l'entité métier que l'on cherche à récupérer doit être obligatoirement précisée (clé de l'entité métier IBM Corporation : D2033110-3AAF-11D5-80DC-002035229C64). Voici le résultat renvoyé :

```
1 business(es) found

IBM Corporation
D2033110-3AAF-11D5-80DC-002035229C64
```

Rechercher le détail étendu de plusieurs entités métier identifiées

Il est possible de récupérer les informations étendues de plusieurs entités métier par un seul accès à l'annuaire UDDI, comme le montre l'exemple suivant.

Second exemple d'utilisation :

```java
import org.uddi4j.client.UDDIProxy;
import org.uddi4j.datatype.business.BusinessEntity;
import org.uddi4j.response.BusinessDetailExt;
import org.uddi4j.response.BusinessEntityExt;
import org.uddi4j.transport.TransportFactory;
import java.util.Vector;

public class UDDIGetBusinessDetailExt2 {

    public static void main(String[] args) throws Exception {
...
        Vector bkv = new Vector();
        bkv.addElement("D2033110-3AAF-11D5-80DC-002035229C64");
        bkv.addElement("0076B468-EB27-42E5-AC09-9955CFF462A3");

        BusinessDetailExt bde = proxy.get_businessDetailExt(bkv);
...
    }
}
```

Ce second exemple met en œuvre la récupération simultanée des détails étendus de plusieurs entités métier. Dans cet exemple, on recherche les informations étendues des entités métier IBM Corporation et Microsoft Corporation. Les clés des entités métier que l'on cherche à récupérer doivent être obligatoirement précisées (clé de l'entité IBM Corporation : D2033110-3AAF-11D5-80DC-002035229C64 ; clé de l'entité Microsoft Corporation : 0076B468-EB27-42E5-AC09-9955CFF462A3). Voici le résultat renvoyé :

```
2 business(es) found

IBM Corporation
D2033110-3AAF-11D5-80DC-002035229C64

Microsoft Corporation
0076B468-EB27-42E5-AC09-9955CFF462A3
```

Les deux entités métier sont restituées dans l'ordre positionnel des clés passées en paramètre de la fonction.

La fonction get_serviceDetail

La fonction get_serviceDetail permet de récupérer les informations qui détaillent un ou plusieurs services métier.

Cette fonction renvoie un message serviceDetail, constitué de structures de données de type business Service. Si plusieurs clés de services métier sont passées en paramètre, le résultat sera renvoyé dans un ordre de clés identique.

Syntaxe du message get_serviceDetail

La syntaxe de ce message est la suivante :

```
<get_serviceDetail generic="2.0" xmlns="urn:uddi-org:api_v2" >
```

```
  <serviceKey/> [<serviceKey/> …]
</get_serviceDetail>
```

L'élément serviceKey fournit une ou plusieurs clés d'instances de services métier.

Le schéma de la structure de données businessService, contenue dans le message serviceDetail, se présente ainsi :

```
<element name="businessService" type="uddi:businessService" />
<complexType name="businessService">
   <sequence>
      <element ref="uddi:name" minOccurs="0" maxOccurs="unbounded" />
      <element ref="uddi:description" minOccurs="0" maxOccurs="unbounded" />
      <element ref="uddi:bindingTemplates" minOccurs="0" />
      <element ref="uddi:categoryBag" minOccurs="0" />
   </sequence>
   <attribute name="serviceKey" type="uddi:serviceKey" use="required" />
   <attribute name="businessKey" type="uddi:businessKey" use="optional" />
</complexType>
```

Les exemples qui suivent montrent comment utiliser cet élément du message pour récupérer un ou plusieurs services métier en une seule interrogation de l'annuaire.

Rechercher le détail d'un service métier identifié

Premier exemple d'utilisation :

```
import org.uddi4j.client.UDDIProxy;
import org.uddi4j.datatype.service.BusinessService;
import org.uddi4j.response.ServiceDetail;
import org.uddi4j.transport.TransportFactory;
import java.util.Vector;

public class UDDIGetServiceDetail1 {

   public static void main(String[] args) throws Exception {
...
      ServiceDetail sd = proxy.get_serviceDetail(
         "892d41b0-3aaf-11d5-80dc-002035229c64");

      Vector bsv = sd.getBusinessServiceVector();
      if (bsv.size() == 0) {
         System.out.println("no service(s) found");
         System.exit(0);
      }

      System.out.println(bsv.size()+" service(s) found\n");
      for (int i = 0; i < bsv.size(); i++) {
         BusinessService bs = (BusinessService)bsv.elementAt(i);
         System.out.println(bs.getDefaultNameString());
         System.out.println(bs.getServiceKey());
         System.out.println("\n");
      }
   }
}
```

Ce premier exemple illustre la manière de récupérer les détails descriptifs d'un service métier spécifié par sa clé, en l'occurrence le service métier Publish to the UDDI Business Registry fourni par l'entité métier IBM Corporation. La clé du service métier que l'on cherche à récupérer doit être obligatoirement précisée (clé du service métier Publish to the UDDI Business Registry : 892d41b0-3aaf-11d5-80dc-002035229c64).

L'utilisation de ce programme produit le résultat suivant :

```
1 service(s) found

Publish to the UDDI Business Registry
892d41b0-3aaf-11d5-80dc-002035229c64
```

Rechercher le détail de plusieurs services métier identifiés

Il est également possible de récupérer plusieurs services métier par un seul accès à l'annuaire UDDI, comme le montre l'exemple suivant.

Second exemple d'utilisation :

```java
import org.uddi4j.client.UDDIProxy;
import org.uddi4j.datatype.service.BusinessService;
import org.uddi4j.response.ServiceDetail;
import org.uddi4j.transport.TransportFactory;
import java.util.Vector;

public class UDDIGetServiceDetail2 {
    public static void main(String[] args) throws Exception {
...
        Vector skv = new Vector();
        skv.addElement("892a3470-3aaf-11d5-80dc-002035229c64");
        skv.addElement("892d41b0-3aaf-11d5-80dc-002035229c64");
        skv.addElement("bd22c024-5f93-43d0-b09e-eea188f19768");

        ServiceDetail sd = proxy.get_serviceDetail(skv);
...
    }
}
```

Ce second exemple présente la récupération simultanée des détails de plusieurs services métier. Il s'agit ici d'obtenir les détails des services métier UDDI Business Registry inquiry (clé 892a3470-3aaf-11d5-80dc-002035229c64) et Publish to the UDDI Business Registry (clé 892d41b0-3aaf-11d5-80dc-002035229c64) fournis par l'entité métier IBM Corporation, ainsi que les détails du service métier UDDI Services (clé bd22c024-5f93-43d0-b09e-eea188f19768) exposé par l'entité métier Microsoft UDDI Business Registry Node. Voici le résultat renvoyé :

```
3 service(s) found

UDDI Business Registry inquiry
892a3470-3aaf-11d5-80dc-002035229c64

Publish to the UDDI Business Registry
892d41b0-3aaf-11d5-80dc-002035229c64

UDDI Services
bd22c024-5f93-43d0-b09e-eea188f19768
```

Les trois services métier sont restitués dans l'ordre positionnel des clés passées en paramètres de la fonction.

La fonction get_tModelDetail

La fonction get_tModelDetail permet de récupérer les informations qui détaillent un ou plusieurs services types.

Cette fonction renvoie un message tModelDetail, constitué de structures de données de type tModel. Si plusieurs clés de services types sont passées en paramètre, le résultat sera renvoyé dans un ordre de clés identique.

Syntaxe du message get_tModelDetail

La syntaxe de ce message est la suivante :

```
<get_tModelDetail generic="2.0" xmlns="urn:uddi-org:api_v2" >
    <tModelKey/> [<tModelKey/> …]
</get_tModelDetail>
```

L'élément tModelKey fournit une ou plusieurs clés d'instances de services types.

Le schéma de la structure de données tModel, contenue dans le message tModelDetail, se présente ainsi :

```
<element name="tModel" type="uddi:tModel" />
<complexType name="tModel">
    <sequence>
        <element ref="uddi:name" />
        <element ref="uddi:description" minOccurs="0" maxOccurs="unbounded" />
        <element ref="uddi:overviewDoc" minOccurs="0" />
        <element ref="uddi:identifierBag" minOccurs="0" />
        <element ref="uddi:categoryBag" minOccurs="0" />
    </sequence>
    <attribute name="tModelKey" type="uddi:tModelKey" use="required" />
    <attribute name="operator" type="string" use="optional" />
    <attribute name="authorizedName" type="string" use="optional" />
</complexType>
```

Les exemples qui suivent montrent comment utiliser cet élément du message pour récupérer un ou plusieurs services types en une seule interrogation de l'annuaire.

Rechercher le détail d'un service type identifié

Premier exemple d'utilisation :

```
import org.uddi4j.client.UDDIProxy;
import org.uddi4j.datatype.tmodel.TModel;
import org.uddi4j.response.TModelDetail;
import org.uddi4j.transport.TransportFactory;
import java.util.Vector;

public class UDDIGetTModelDetail1 {

    public static void main(String[] args) throws Exception {

…
```

```
        TModelDetail td = proxy.get_tModelDetail(
          "UUID:4CD7E4BC-648B-426D-9936-443EAAC8AE23");

        Vector tv = td.getTModelVector();
        if (tv.size() == 0) {
          System.out.println("no tmodel(s) found");
          System.exit(0);
        }

        System.out.println(tv.size()+" tmodel(s) found\n");
        for (int i = 0; i < tv.size(); i++) {
          TModel t = (TModel)tv.elementAt(i);
          System.out.println(t.getNameString());
          System.out.println(t.getTModelKey());
          System.out.println("\n");
        }
    }
  }
}
```

Ce premier exemple illustre la manière de récupérer les détails descriptifs d'un service type spécifié par sa clé, en l'occurrence le service type uddi-org:inquiry. La clé du service type que l'on cherche à récupérer doit être obligatoirement précisée (clé du service type uddi-org:inquiry : UUID:4CD7E4BC-648B-426D-9936-443EAAC8AE23). Voici le résultat renvoyé :

```
1 tmodel(s) found

uddi-org:inquiry
UUID:4CD7E4BC-648B-426D-9936-443EAAC8AE23
```

Rechercher le détail de plusieurs services types identifiés

Il est possible de récupérer plusieurs services types par un seul accès à l'annuaire UDDI. L'exemple suivant met en œuvre cette possibilité.

Second exemple d'utilisation :

```
import org.uddi4j.client.UDDIProxy;
import org.uddi4j.datatype.tmodel.TModel;
import org.uddi4j.response.TModelDetail;
import org.uddi4j.transport.TransportFactory;
import java.util.Vector;

public class UDDIGetTModelDetail2 {

  public static void main(String[] args) throws Exception {
  …
      Vector tkv = new Vector();
      tkv.addElement("UUID:4CD7E4BC-648B-426D-9936-443EAAC8AE23");
      tkv.addElement("UUID:64C756D1-3374-4E00-AE83-EE12E38FAE63");

      TModelDetail td = proxy.get_tModelDetail(tkv);
  …
  }
}
```

Ce second exemple présente la récupération simultanée des détails de plusieurs services types. En l'occurrence, il s'agit de récupérer les détails des services types uddi-org:inquiry (clé UUID:4CD7E4BC-648B-426D-9936-443EAAC8AE23) et uddi-org:publication (clé UUID:64C756D1-3374-4E00-AE83-EE12E38FAE63) qui correspondent aux fonctions des API de recherche et de publication UDDI qui sont mises en œuvre à travers ces cas d'utilisation. Voici le résultat renvoyé :

```
2 tmodel(s) found

uddi-org:inquiry
UUID:4CD7E4BC-648B-426D-9936-443EAAC8AE23

uddi-org:publication
UUID:64C756D1-3374-4E00-AE83-EE12E38FAE63
```

Les deux services types sont restitués dans l'ordre positionnel des clés passées en paramètre de la fonction.

Publier un service

Le chapitre 11 a illustré les possibilités de découverte de services introduites par les annuaires UDDI. Nous savons maintenant comment rechercher des entités métier, les relations éventuelles qui existent entre elles, les services métier qu'elles offrent, les services types qu'elles implémentent via leur offre et les modèles de liaison qui permettent d'accéder à ces services métier et de les consommer.

Mais comment toutes ces informations pratiques sont-elles publiées dans ces annuaires ? Quelles sont les fonctions disponibles ? Quelles sont les implémentations d'annuaires UDDI qui existent aujourd'hui ? Comment y accéder ? Quelles sont les évolutions prévues ? Autant de questions auxquelles ce chapitre va tenter de répondre.

La publication et la réplication

Un annuaire UDDI peut être public ou privé (voir la section « Les implémentations d'annuaires UDDI » en fin de chapitre). De manière standard, la spécification prévoit qu'un annuaire sera distribué sur plusieurs sites opérateurs répliqués entre eux. La réplication n'est pas obligatoire, notamment dans un cadre privé, mais est fortement recommandée pour des raisons évidentes de disponibilité. Cette fonctionnalité est bien sûr mise en œuvre par l'annuaire public UDDI, dont les implémentations des opérateurs (IBM, Microsoft, NTT Communications et SAP) se répliquent entre elles.

Cette caractéristique des annuaires UDDI introduit certaines conséquences en matière de publication d'informations. En effet, lorsque l'administrateur UDDI d'une organisation (entreprise, administration, association...) souhaite publier des informations dans un annuaire UDDI, il doit d'abord choisir l'un des opérateurs de l'annuaire et ouvrir un compte auprès de l'opérateur retenu (public ou privé). Ensuite, il pourra interagir avec l'annuaire au moyen d'une interface Web dédiée ou par programme via l'URL du service Web d'accès aux fonctions de publication du site de l'opérateur choisi. Les informations qu'il publiera seront alors automatiquement répliquées vers les autres implémentations de l'annuaire UDDI.

S'il souhaite mettre à jour les informations initialement enregistrées, il ne pourra le faire qu'auprès du site de l'annuaire initialement utilisé, quel que soit le canal d'accès choisi (interface Web ou service Web). Toute tentative de modification, à partir d'une autre implémentation de l'annuaire (gérée par un autre opérateur), sera refusée et un message d'erreur sera retourné. Cela vient du fait que, contrairement au contenu de l'annuaire, les comptes d'accès aux différents sites d'un annuaire ne sont pas eux-mêmes répliqués.

De même, si l'administrateur UDDI d'une organisation ouvre deux comptes d'accès sur deux sites opérateurs d'un même annuaire et enregistre les mêmes informations sur chacun des deux sites, tout se passe comme s'il avait créé des entités métier différentes, des services métier différents, etc. Même si tous les attributs de ces objets sont identiques, les clés générées seront différentes et il lui sera toujours impossible de modifier les informations qui ont été sauvegardées dans une implémentation de l'annuaire via un accès à l'autre implémentation de cet annuaire.

Le principe de fonctionnement peut être résumé ainsi : unicité du point de mise à jour des informations et réplication partout de ces informations. Ce principe est appelé *single-master primary-copy replication* par les spécialistes des bases de données réparties.

La publication d'un service

L'API de publication (*Publishing API*) est présentée en détail dans le document de référence *UDDI Version 2.04 API Specification* (voir *http://uddi.org/pubs/ProgrammersAPI-V2.04-Published-20020719.pdf*).

Cette API comporte seize fonctions, dont onze d'entre elles étaient déjà disponibles en version 1.0. Ces fonctions peuvent être organisées en quatre groupes homogènes.

Le premier groupe comporte les fonctions d'authentification :

- la fonction `get_authToken` demande un jeton d'authentification à l'opérateur de l'annuaire, ce jeton est requis pour toutes les autres fonctions de l'API de publication ;

- la fonction `discard_authToken` demande l'invalidation du jeton préalablement fourni par la fonction `get_authToken` ;

- la fonction `get_registeredInfo` demande un résumé de l'information gérée par un administrateur UDDI (liste des entités métier et des services types administrés par cette personne).

Le deuxième groupe rassemble les fonctions de création et de mise à jour des structures de données UDDI :

- la fonction `save_business` enregistre une nouvelle entité métier ou met à jour une entité métier existante ;

- la fonction `save_service` enregistre un nouveau service métier ou met à jour un service métier spécifique à l'intérieur d'une entité métier ;

- la fonction `save_binding` enregistre une nouvelle liaison ou met à jour une liaison existante spécifique à l'intérieur d'un service métier ;

- la fonction `save_tModel` enregistre un nouveau service type ou met à jour un service type existant.

Les fonctions de suppression des structures de données UDDI constituent le troisième groupe :

- la fonction delete_business supprime des informations enregistrées pour une entité métier ;
- la fonction delete_service supprime un service spécifique à l'intérieur d'une entité métier ;
- la fonction delete_binding supprime une liaison spécifique à l'intérieur d'un service métier ;
- la fonction delete_tModel supprime un service type spécifique. Cette suppression est seulement logique car le service type peut être référencé par ailleurs.

La version 2.0 de l'API a ajouté cinq nouvelles fonctions de gestion des assertions (voir la remarque « Relations entre entités métier » ci-après) qui représentent le quatrième groupe :

- la fonction get_publisherAssertions recherche des assertions relationnelles associées au compte de l'utilisateur ;
- la fonction add_publisherAssertions ajoute des assertions relationnelles à l'ensemble des assertions existantes, associées au compte de l'utilisateur ;
- la fonction set_publisherAssertions affecte des assertions relationnelles, associées au compte de l'utilisateur ;
- la fonction delete_publisherAssertions supprime des assertions relationnelles à un ensemble d'assertions existantes, associées au compte de l'utilisateur ;
- la fonction get_assertionStatusReport demande un rapport sur la situation des assertions relationnelles associées au compte de l'utilisateur.

Relations entre entités métier

La capacité de décrire des relations entre entités métier est nouvelle et a été introduite dans la version 2.0 d'UDDI. Cela est réalisé au moyen d'assertions émises par les administrateurs UDDI (*publishers*) en charge des entités concernées. Une fois validées par les administrateurs respectifs, les relations décrites deviennent visibles et sont accessibles par la fonction find_relatedBusinesses présentée dans le chapitre précédent. Cette double validation permet d'éviter que de fausses assertions émises unilatéralement par un administrateur ne deviennent publiques.

Par exemple, si l'administrateur UDDI de l'entité métier EM_1 souhaite exprimer l'existence d'une relation de type parent-child avec l'entité métier EM_2 (EM_2 est filiale de EM_1), il doit publier l'assertion qui stipule cette relation. Pour autant, cette relation ne devient pas automatiquement visible. Pour qu'elle le devienne, il est indispensable que l'administrateur UDDI de l'entité métier EM_2 (qui peut être le même que celui de l'entité métier EM_1, mais pas nécessairement) publie exactement la même assertion. Après vérification des assertions par le(s) nœud(s) UDDI qui contrôle(nt) le(s) compte(s) administrateur concerné(s), celles-ci sont validées et la relation ainsi exprimée devient visible. En cas de refus de publication par le second administrateur, l'assertion du premier administrateur reste virtuelle et demeure invisible aux utilisateurs de l'annuaire UDDI.

Toutes les fonctions de publication sont sécurisées via l'utilisation du protocole SSL 3.0.

Le fonctionnement de chacune des fonctions de cette API est illustré à l'aide d'un ou plusieurs exemples. Comme les exemples de l'API de recherche, ces exemples utilisent l'annuaire de production de Microsoft (implémentation côté serveur UDDI). En ce qui concerne la partie cliente UDDI, celle-ci met également en œuvre le langage Java et plus particulièrement l'implémentation UDDI4J d'IBM.

Les fonctions d'authentification

Les trois fonctions d'authentification prennent en charge la sécurité des accès en mise à jour des informations d'un annuaire. Toutes les fonctions de publication sont mises en œuvre par des échanges sécurisés (SSL) de messages accompagnés du jeton attribué lors de l'authentification.

La fonction get_authToken

La fonction `get_authToken` permet de demander à l'opérateur de l'annuaire un jeton d'accès afin de pouvoir effectuer des opérations de publication. Il s'agit d'une fonction optionnelle qui peut ne pas être mise en œuvre si l'opérateur de l'annuaire dispose d'un moyen externe de délivrance de jetons d'accès.

Voici la définition WSDL de l'opération :

```
<operation name="get_authToken">
    <input message="tns:get_authToken"/>
    <output message="tns:authToken"/>
    <fault name="error" message="tns:dispositionReport"/>
</operation>
```

Syntaxe des messages

La syntaxe du message `get_authToken` est la suivante :

```
<get_authToken xmlns="urn:uddi-org:api_v2" generic="2.0"
    userID="String" cred="String"/>
```

L'attribut `userID` contient le login du compte d'accès utilisateur à l'annuaire.

L'attribut `cred` contient le mot de passe du compte d'accès utilisateur à l'annuaire.

La syntaxe du message `authToken` est la suivante :

```
<authToken xmlns="urn:uddi-org:api_v2" generic="2.0" operator="String">
    <authInfo>String</authInfo>
</authToken>
```

L'élément `authInfo` contient le jeton utilisé comme élément d'authentification dans tous les appels subséquents aux fonctions de l'API de publication UDDI.

Demander l'acquisition d'un jeton d'authentification

Exemple d'utilisation :

```
import org.uddi4j.client.UDDIProxy;
import org.uddi4j.response.AuthToken;
import org.uddi4j.transport.TransportFactory;
import java.security.Security;
public class UDDIGetAuthToken1 {
    public static void main(String[] args) throws Exception {
```

Le code suivant sélectionne l'implémentation du gestionnaire de protocole HTTPS (implémentation de référence Sun Microsystems) à mettre en œuvre par l'API de publication, puis active l'implémentation du protocole de transport à utiliser par la requête (implémentation Apache Axis), et crée ensuite l'instance de proxy-client UDDI. Enfin, il affecte l'adresse de l'annuaire UDDI à laquelle seront adressées les requêtes de recherche et de publication. Cette partie du code est identique dans tous les exemples qui suivent : elle sera donc omise dans les prochains exemples.

```
System.setProperty("java.protocol.handler.pkgs",
    "com.sun.net.ssl.internal.www.protocol");
Security.addProvider(new com.sun.net.ssl.internal.ssl.Provider());

System.setProperty(TransportFactory.PROPERTY_NAME,
    "org.uddi4j.transport.ApacheAxisTransport");

UDDIProxy proxy = new UDDIProxy();
proxy.setInquiryURL("http://uddi.microsoft.com/inquire");
proxy.setPublishURL("https://uddi.microsoft.com/publish");
```

Le programme demande un jeton d'authentification pour un utilisateur dont le login est user et le mot de passe password :

```
        AuthToken at = proxy.get_authToken("user", "password");
        System.out.println("token = "+at.getAuthInfoString());
    }
}
```

Cet exemple montre comment réaliser l'acquisition d'un jeton d'authentification auprès du site de l'opérateur. La communication avec l'annuaire UDDI est réalisée via le protocole (SOAP sur) HTTPS. Voici le résultat renvoyé à l'utilisation de ce programme :

```
token = 3JPmh1LhHD1FBniJg8iU4Vrp9JDaKyuOTih1AbJ*znV*c!71P587G73I9W7ln13ciNEcdmt1
mOOTAfzw8Zw5wljg$$;3mO5JEgwmGNXDPKc*pA2je92NVTzbj9rKZPRED*R6oFINuSZj8Hd9MtZU26ph
BnV*rUakpTQNs4DD2uIkGMDaX1Kh!7mxx04fyvNA!Av1TAk1pdzrxN13k88APLPT91rGjgRb7CLrKsJL
TqRjW4*gc6mgeyDAqfN8!AWH1j**QuOE$
```

La fonction discard_authToken

La fonction discard_authToken permet de demander à l'opérateur du site de détruire le jeton d'accès à l'annuaire précédemment alloué au demandeur via une fonction get_authToken.

Il s'agit d'un message optionnel qui n'est pas pris en charge si l'opérateur du site ne prend pas non plus en charge la fonction get_authToken ou s'il ne prend pas en charge la gestion des états de session utilisateur.

Une fois cette fonction exécutée, toute autre invocation ultérieure d'une fonction quelconque de l'API de publication associée au même jeton d'accès est rejetée.

Voici la définition WSDL de l'opération :

```
<operation name="discard_authToken">
    <input message="tns:discard_authToken"/>
    <output message="tns:dispositionReport"/>
    <fault name="error" message="tns:dispositionReport"/>
</operation>
```

Syntaxe des messages

La syntaxe du message discard_authToken est la suivante :

```
<discard_authToken xmlns="urn:uddi-org:api_v2" generic="2.0">
    <authInfo>String</authInfo>
</discard_authToken>
```

L'élément `authInfo` contient le jeton d'authentification à invalider.

Cette fonction renvoie un message `dispositionReport` qui fournit simplement le résultat de l'opération. La syntaxe du message en cas de réussite est :

```
<dispositionReport xmlns="urn:uddi-org:api_v2" generic="2.0" operator="String">
   <result errno="0"/>
</dispositionReport>
```

La syntaxe du message en cas d'échec est :

```
<dispositionReport xmlns="urn:uddi-org:api_v2" generic="2.0"
   operator="String" [truncated="true|false"]>
   <result [keyType="keyType"] errno="int">
     [<errInfo errCode="String">String</errInfo>]
   </result>
</dispositionReport>
```

Demander l'annulation d'un jeton d'authentification

Exemple d'utilisation :

```
import org.uddi4j.client.UDDIProxy;
import org.uddi4j.response.*;
import org.uddi4j.transport.TransportFactory;
import java.security.Security;

public class UDDIDiscardAuthToken1 {

   public static void main(String[] args) throws Exception {
...

      AuthToken at = proxy.get_authToken("user", "password");
      System.out.println("token = "+at.getAuthInfoString());

      DispositionReport dr = proxy.discard_authToken(at.getAuthInfo());
      System.out.println("\ntoken discarded : "+dr.success());
   }
}
```

Cet exemple montre comment demander l'annulation du jeton d'authentification préalablement accordé à l'utilisateur `user` par le site de l'opérateur. Voici le résultat renvoyé à l'utilisation de ce programme :

```
token = 3SwQivyFlD7LriLAKBVcC1VsH3uXHmO1eTTE6ZQAGtsTO2*leiYo3!UOSkZB9TPiSvgdW*nx
RJ1IMqF5p8M!oS1A$$;3B9rQn6SHa77zOG15cwh6!xUERHMqFQriJ8JcNiSBJ!DXwV8tvPWcHx2uEJa5
JXYImbV4JAqL!eleerw*uHeGYu8QvflUAgBg!GLTJPO!CFA!M*3xaN35EJwnA*rYYygnGGc*sAfyB7Ot
DbrqmI7EZNmt2VrRRqsYjyzofPy4d1YE$

token discarded : true
```

La fonction get_registeredInfo

La fonction `get_registeredInfo` permet de demander une liste abrégée des entités métier et des services types administrés par la personne qui s'authentifie.

Voici la définition WSDL de l'opération :

```
<operation name="get_registeredInfo">
    <input message="tns:get_registeredInfo"/>
    <output message="tns:registeredInfo"/>
    <fault name="error" message="tns:dispositionReport"/>
</operation>
```

Syntaxe des messages

La syntaxe du message get_registeredInfo est la suivante :

```
<get_registeredInfo xmlns="urn:uddi-org:api_v2" generic="2.0">
    <authInfo>String</authInfo>
</get_registeredInfo>
```

L'élément authInfo contient le jeton d'authentification de l'administrateur.

La syntaxe du message registeredInfo est la suivante :

```
<registeredInfo xmlns="urn:uddi-org:api_v2" generic="2.0" operator="String">
    [<businessInfos/>]
    [<tModelInfos/>)
</registeredInfo>
```

Cette fonction renvoie un message registeredInfo qui contient des listes d'éléments businessInfo et tModelInfo. Chacun de ces éléments donne des informations détaillées sur les entités métier et les services types sous contrôle exclusif de cet administrateur.

Demander la liste des informations gérées

Exemple d'utilisation :

```
import org.uddi4j.client.UDDIProxy;
import org.uddi4j.response.*;
import org.uddi4j.transport.TransportFactory;
import java.security.Security;
import java.util.Vector;

public class UDDIGetRegisteredInfo1 {

    public static void main(String[] args) throws Exception {
...
        AuthToken at = proxy.get_authToken("user", "password");

        RegisteredInfo ri = proxy.get_registeredInfo(at.getAuthInfoString());

        BusinessInfos bis = ri.getBusinessInfos();
        if (bis.size() == 0) {
            System.out.println("no business(es) found");
        }
        else {
```

Production de la liste des entités métier contrôlées par l'utilisateur user :

```
        System.out.println(bis.size()+" business(es) found\n");
        Vector biv = bis.getBusinessInfoVector();
        for (int i = 0; i < biv.size(); i++) {
            BusinessInfo bi = (BusinessInfo)biv.elementAt(i);
```

```
        System.out.println(bi.getNameString());
        System.out.println(bi.getBusinessKey());
        System.out.println("\n");
    }
}
TModelInfos tis = ri.getTModelInfos();
if (tis.size() == 0) {
    System.out.println("no tmodel(s) found");
}
else {
```

Production de la liste des services types contrôlés par l'utilisateur user :

```
        System.out.println(tis.size()+" tmodel(s) found\n");
        Vector tiv = tis.getTModelInfoVector();
        for (int i = 0; i < tiv.size(); i++) {
            TModelInfo ti = (TModelInfo)tiv.elementAt(i);
            System.out.println(ti.getNameString());
            System.out.println(ti.getTModelKey());
            System.out.println("\n");
        }
    }
    proxy.discard_authToken(at.getAuthInfo());
    }
}
```

Cet exemple illustre la récupération des entités métier et des services types contrôlés par la personne qui demande un jeton d'authentification auprès du site de l'opérateur, à partir des coordonnées de son compte utilisateur (user et password). Voici le résultat renvoyé à l'utilisation de ce programme :

```
1 business(es) found

Services Web & compagnie
ba748c9d-73ce-4cd9-85f8-294edddcbbf0

1 tmodel(s) found

servicesweb-compagnie-com:inquiry
uuid:1ec88662-04b6-4231-a47f-39529db6f22c
```

Cette personne dispose du contrôle d'une entité métier dont le nom est Services Web & compagnie (clé ba748c9d-73ce-4cd9-85f8-294edddcbbf0). Elle contrôle également un service type intitulé servicesweb-compagnie-com:inquiry (clé uuid:1ec88662-04b6-4231-a47f-39529db6f22c).

Les fonctions de création et de mise à jour

Les quatre fonctions de création et de mise à jour sont utilisées pour créer ou modifier les instances des quatre principales structures de données gérées par un annuaire UDDI : les entités métier, les services métier, les modèles de liaison et les services types.

La fonction save_business

La fonction save_business permet de demander à l'opérateur du site d'enregistrer ou de modifier une ou plusieurs entités métier en une seule opération.

Pour enregistrer une nouvelle entité métier, il faut simplement laisser l'attribut de la clé vide. Si la clé est fournie, il s'agit d'une modification d'une entité métier existante.

Voici la définition WSDL de l'opération :

```
<operation name="save_business">
  <input message="tns:save_business"/>
  <output message="tns:businessDetail"/>
  <fault name="error" message="tns:dispositionReport"/>
</operation>
```

Syntaxe des messages

La syntaxe du message save_business est la suivante :

```
<save_business generic="2.0" xmlns="urn:uddi-org:api_v2">
  <authInfo>String</authInfo>
  <businessEntity/> [<businessEntity/>…]
</save_business>
```

L'élément authInfo contient le jeton d'authentification.

Les éléments businessEntity représentent des entités métier dans un ordre indifférent.

Cette fonction renvoie un message businessDetail qui reflète le résultat final de l'opération et les informations nouvellement enregistrées dans l'annuaire :

```
<businessDetail generic="2.0" xmlns="urn:uddi-org:api_v2"
  operator="String" [truncated="true|false"]>
  <businessEntity/> [<businessEntity/>…]
</businessDetail>
```

Demander l'enregistrement d'une entité métier

Exemple d'utilisation :

```
import org.uddi4j.client.UDDIProxy;
import org.uddi4j.datatype.Name;
import org.uddi4j.datatype.business.BusinessEntity;
import org.uddi4j.response.*;
import org.uddi4j.transport.TransportFactory;
import java.security.Security;
import java.util.Vector;

public class UDDISaveBusiness1 {
    public static void main(String[] args) throws Exception {
...
        AuthToken at = proxy.get_authToken("user", "password");

        BusinessEntity be = new BusinessEntity("", "service Web & compagnie");

        Vector entities = new Vector();
        entities.addElement(be);

        BusinessDetail bd = proxy.save_business(at.getAuthInfoString(), entities);
        System.out.println("new business saved\n");
```

Après avoir sauvegardé la nouvelle entité, il faut vérifier le résultat à l'aide de la fonction `find_business` :

```
Vector names = new Vector();
names.add(new Name("service Web & compagnie"));
BusinessList bl = proxy.find_business(
   names, null, null, null, null, null, 0);

BusinessInfos bis = bl.getBusinessInfos();
if (bis.size() == 0) {
   System.out.println("no business(es) found");
}
else {
   System.out.println(bis.size()+" business(es) found\n");
   Vector biv = bis.getBusinessInfoVector();
   for (int i = 0; i < biv.size(); i++) {
      BusinessInfo bi = (BusinessInfo)biv.elementAt(i);
      System.out.println(bi.getNameString());
      System.out.println(bi.getBusinessKey());
      System.out.println("\n");
   }
}
proxy.discard_authToken(at.getAuthInfo());
   }
}
```

Cet exemple illustre la création d'une nouvelle entité métier, nommée `Services Web & compagnie`. Ici, la clé de l'entité métier n'est pas spécifiée, ce qui signifie qu'il s'agit d'une création. Mais elle pourrait l'être : en effet, il est possible de réaffecter une clé antérieure, déjà affectée auparavant à cette entité, afin de la modifier ou de la recréer après suppression.

> Afin de ne pas alourdir cet exemple, de nombreuses structures de données dépendantes de l'entité métier ne sont pas mises en œuvre ici : `Contact`, `Email`, `Phone`, `Address`, `Description`, `CategoryBag`, etc. Par ailleurs, plusieurs taxonomies de catégorisation auraient également pu être utilisées dans cet exemple : NAICS, UNSPSC (version 3.01 et 7.3) et GEO.

Voici le résultat renvoyé à l'utilisation de ce programme :

```
new business saved

1 business(es) found

Services Web & compagnie
ba748c9d-73ce-4cd9-85f8-294edddcbbf0
```

Ce programme a permis la création d'une nouvelle entité nommée `Services Web & compagnie`. La clé qui lui a été attribuée par l'annuaire est `ba748c9d-73ce-4cd9-85f8-294edddcbbf0`.

La fonction save_service

La fonction `save_service` permet de demander à l'opérateur du site d'enregistrer ou de modifier un ou plusieurs services métier durant une seule et même opération auprès de l'annuaire.

Le service métier doit référencer l'entité métier dont il dépend et cette entité doit être contrôlée par le même administrateur. Cette fonction peut être également utilisée pour transférer un service d'une entité à une autre ou un modèle de liaison d'un service à un autre.

Voici la définition WSDL de l'opération :

```
<operation name="save_service">
    <input message="tns:save_service"/>
    <output message="tns:serviceDetail"/>
    <fault name="error" message="tns:dispositionReport"/>
</operation>
```

Syntaxe des messages

La syntaxe du message save_service est la suivante :

```
<save_service generic="2.0" xmlns="urn:uddi-org:api_v2" >
    <authInfo>String</authInfo>
    <businessService/> [<businessService/>…]
</save_service>
```

L'élément authInfo contient le jeton d'authentification.

Les éléments businessService représentent les services métier dans un ordre indifférent (sauf en cas de transfert d'un service métier ou d'un modèle de liaison vers une autre entité métier, opération possible via l'utilisation de cette fonction par modification de clés).

Cette fonction renvoie un message serviceDetail qui reflète le résultat final de l'opération et les informations nouvellement enregistrées dans l'annuaire.

```
<serviceDetail generic="2.0" xmlns="urn:uddi-org:api_v2"
    operator="String" [truncated="true|false"]>
    <businessService/> [<businessService/>…]
</serviceDetail>
```

Demander l'enregistrement d'un service métier

Exemple d'utilisation :

```
import org.uddi4j.client.UDDIProxy;
import org.uddi4j.datatype.*;
import org.uddi4j.datatype.service.BusinessService;
import org.uddi4j.datatype.tmodel.TModel;
import org.uddi4j.response.*;
import org.uddi4j.transport.TransportFactory;
import org.uddi4j.util.*;
import java.security.Security;
import java.util.Vector;

public class UDDISaveService1 {

    public static void main(String[] args) throws Exception {
...
```

Au préalable, l'entité métier `Services Web & compagnie` de laquelle dépendra le nouveau service métier qui va être créé par ce programme est récupérée :

```
Vector names = new Vector();
names.add(new Name("service Web & compagnie"));
BusinessList bl = proxy.find_business(
   names, null, null, null, null, null, 0);

BusinessInfos bis = bl.getBusinessInfos();
if (bis.size() == 0) {
   System.out.println("no business(es) found");
   System.exit(0);
}

AuthToken at = proxy.get_authToken("user", "password");

System.out.println(bis.size()+" business(es) found\n");
Vector biv = bis.getBusinessInfoVector();
for (int i = 0; i < biv.size(); i++) {
   BusinessInfo bi = (BusinessInfo)biv.elementAt(i);
   System.out.println(bi.getNameString());
   System.out.println(bi.getBusinessKey());
   System.out.println("\n");
```

Il s'agit ensuite de créer un nouveau service métier nommé `Mon API de recherche UDDI` ; celui-ci est rattaché à l'entité métier `Services Web & compagnie` récupérée auparavant :

```
BusinessService bs = new BusinessService("");
names = new Vector();
names.add(new Name("Mon API de recherche UDDI"));
bs.setNameVector(names);
bs.setBusinessKey(bi.getBusinessKey());

Vector bsdsv = new Vector();
Description bsd = new Description(
   "Mon service d'API de recherche UDDI.");
bsdsv.addElement(bsd);
bs.setDescriptionVector(bsdsv);
```

Le code suivant est destiné à catégoriser le nouveau service métier qui va être créé. Dans le cas présent, le programme fait appel aux taxonomies de classification NAICS, UNSPSC (version 7.3) et GEO :

```
Vector cbv = new Vector();

KeyedReference naics = new KeyedReference("Information", "51");
naics.setTModelKey(TModel.NAICS_TMODEL_KEY);
cbv.addElement(naics);
naics = new KeyedReference(
"Information Services and Data Processing Services", "514");
naics.setTModelKey(TModel.NAICS_TMODEL_KEY);
cbv.addElement(naics);

naics = new KeyedReference("Data Processing Services", "5142");
naics.setTModelKey(TModel.NAICS_TMODEL_KEY);
cbv.addElement(naics);

KeyedReference unspsc = new KeyedReference(
   "Communications and Computer Equipment and Peripherals and Components and
     ➥Supplies", "43.00.00.00.00");
```

```
unspsc.setTModelKey(TModel.UNSPSC_73_TMODEL_KEY);
cbv.addElement(unspsc);
unspsc = new KeyedReference(
   "Internet and intranet software", "43.16.28.00.00");
unspsc.setTModelKey(TModel.UNSPSC_73_TMODEL_KEY);
cbv.addElement(unspsc);

KeyedReference geo = new KeyedReference("France", "FR");
geo.setTModelKey(TModel.ISO_CH_TMODEL_KEY);
cbv.addElement(geo);
geo = new KeyedReference("Ile-De-France", "FR-J");
geo.setTModelKey(TModel.ISO_CH_TMODEL_KEY);
cbv.addElement(geo);
geo = new KeyedReference("Hauts-De-Seine", "FR-92");
geo.setTModelKey(TModel.ISO_CH_TMODEL_KEY);
cbv.addElement(geo);

CategoryBag cb = new CategoryBag();
cb.setKeyedReferenceVector(cbv);
bs.setCategoryBag(cb);
```

Puis la fonction de sauvegarde d'un service métier save_service est invoquée :

```
Vector services = new Vector();
services.add(bs);
ServiceDetail sd = proxy.save_service(at.getAuthInfoString(), services);
System.out.println( "new service saved\n" );
```

Enfin a lieu la vérification du résultat de la fonction de sauvegarde d'un service métier par appel de la fonction de recherche find_service :

```
ServiceList sl = proxy.find_service(
   bi.getBusinessKey(), names, null, null, null, 0);

ServiceInfos sis = sl.getServiceInfos();
if (sis.size() == 0) {
   System.out.println("no service(s) found");
   }
   else {
      System.out.println(sis.size()+" service(s) found\n");
      Vector siv = sis.getServiceInfoVector();
      for (int j = 0; j < siv.size(); j++) {
         ServiceInfo si = (ServiceInfo)siv.elementAt(j);
         System.out.println(si.getNameString());
         System.out.println(si.getServiceKey());
         System.out.println("\n");
      }
   }
}
proxy.discard_authToken(at.getAuthInfo());
   }
}
```

Cet exemple montre comment réaliser l'enregistrement d'un nouveau service métier nommé Mon API de recherche UDDI. Ce nouveau service métier est rattaché à une entité métier existante, dont le nom est Services Web & compagnie, préalablement recherchée par l'appel d'une fonction find_business. Tout comme lors de la création d'une entité métier étudiée dans l'exemple précédent, ou celle d'un service type illustrée plus loin, il est possible d'utiliser plusieurs taxonomies de catégorisation. Les mêmes catégories et valeurs de taxonomies sont utilisées dans cet exemple et dans celui qui présente la création d'un service type, mais cela n'est pas du tout obligatoire (taxonomies de classification NAICS, UNSPSC (version 7.3) et GEO). Voici le résultat renvoyé à l'utilisation de ce programme :

```
1 business(es) found

Services Web & compagnie
ba748c9d-73ce-4cd9-85f8-294edddcbbf0

new service saved

1 service(s) found

Mon API de recherche UDDI
f2e2e98a-551b-45a6-be93-ad13e528f4ed
```

Le résultat de ce programme se traduit par la création d'un nouveau service métier nommé Mon API de recherche UDDI. La clé qui lui a été affectée par l'annuaire est f2e2e98a-551b-45a6-be93-ad13e528f4ed.

Ce nouveau service métier a été rattaché à une entité métier dont le nom est Services Web & compagnie (clé ba748c9d-73ce-4cd9-85f8-294edddcbbf0).

Recommandations WS-I Basic Profile 1.0 (draft)

Recommandation R3001 : si un service métier est décrit par une balise wsdl:service (service décrit en format WSDL) qui se veut conforme au profil de base WS-I, ce service métier doit être catégorisé comme étant conforme, c'est-à-dire que l'élément categoryBag doit être complété par l'ajout d'une keyedReference qui référence la catégorie *http://www.ws-i.org/profiles/base/1.0* de la taxonomie externe ws-i-org:conformsTo.

La fonction save_binding

La fonction save_binding permet d'enregistrer ou de modifier un ou plusieurs modèles de liaison en une seule opération auprès de l'annuaire.

Pour enregistrer un nouveau modèle de liaison, il faut simplement laisser l'attribut de la clé vide. Si la clé est fournie, il s'agit d'une modification d'un modèle de liaison existant.

Voici la définition WSDL de l'opération :

```
<operation name="save_binding">
   <input message="tns:save_binding"/>
   <output message="tns:bindingDetail"/>
   <fault name="error" message="tns:dispositionReport"/>
</operation>
```

Syntaxe des messages

La syntaxe du message save_binding est la suivante :

```
<save_binding generic="2.0" xmlns="urn:uddi-org:api_v2">
   <authInfo>String</authInfo>
   <bindingTemplate/> [<bindingTemplate/>…]
</save_binding>
```

L'élément authInfo contient le jeton d'authentification.

Les éléments bindingTemplate représentent les modèles de liaison dans un ordre indifférent.

Cette fonction renvoie le message bindingDetail qui contient le résultat final de l'opération et les informations nouvellement enregistrées dans l'annuaire.

```
<bindingDetail generic="2.0" xmlns="urn:uddi-org:api_v2"
   operator="operator" [truncated="true|false"]>
   <bindingTemplate/> [<bindingTemplate/>…]
</bindingDetail>
```

Demander l'enregistrement d'un modèle de liaison

Exemple d'utilisation :

```
import org.uddi4j.client.UDDIProxy;
import org.uddi4j.datatype.Description;
import org.uddi4j.datatype.Name;
import org.uddi4j.datatype.binding.*;
import org.uddi4j.response.*;
import org.uddi4j.transport.TransportFactory;
import org.uddi4j.util.*;
import java.security.Security;
import java.util.Vector;

public class UDDISaveBinding1 {

    public static void main(String[] args) throws Exception {
...
```

Le modèle de liaison que nous allons créer référence un service type nommé servicesweb-compagnie-com:inquiry, dont il faut d'abord rechercher la clé :

```
        TModelList tl = proxy.find_tModel(
            "servicesweb-compagnie-com:inquiry", null, null, null, 0 );

        TModelInfos tis = tl.getTModelInfos();
        if (tis.size() == 0) {
            System.out.println("no tmodel(s) found");
            System.exit(0);
        }

        System.out.println(tis.size()+" tmodel(s) found\n");
        TModelInfo ti = null;
        Vector tiv = tis.getTModelInfoVector();
        for (int i = 0; i < tiv.size(); i++) {
            ti = (TModelInfo)tiv.elementAt(i);
            System.out.println(ti.getNameString());
            System.out.println(ti.getTModelKey());
            System.out.println("\n");
        }
```

Le modèle de liaison que nous allons créer référence un service type nommé servicesweb-compagnie-com:inquiry que nous avons localisé, dont l'implémentation est réalisée par un service métier proposé par l'entité métier Services Web & compagnie :

```
Vector names = new Vector();
names.add(new Name("service Web & compagnie"));
BusinessList bl = proxy.find_business(
   names, null, null, null, null, null, 0);

BusinessInfos bis = bl.getBusinessInfos();
if (bis.size() == 0) {
   System.out.println("no business(es) found");
   System.exit(0);
}
```

Afin de pouvoir réaliser la mise à jour souhaitée, il faut auparavant s'enquérir, auprès de l'opérateur du nœud UDDI, d'un jeton d'authentification :

```
AuthToken at = proxy.get_authToken("user", "password");

System.out.println(bis.size()+" business(es) found\n");
Vector biv = bis.getBusinessInfoVector();
for (int i = 0; i < biv.size(); i++) {
   BusinessInfo bi = (BusinessInfo)biv.elementAt(i);
   System.out.println(bi.getNameString());
   System.out.println(bi.getBusinessKey());
   System.out.println("\n");
```

Après avoir localisé l'entité métier, il faut rechercher le service métier Mon API de recherche UDDI proposé par cette entité, qui constitue l'implémentation du service type servicesweb-compagnie-com:inquiry précédemment identifié :

```
names = new Vector();
names.add(new Name("Mon API de recherche UDDI"));
ServiceList sl = proxy.find_service(
   bi.getBusinessKey(), names, null, null, null, 0);

ServiceInfos sis = sl.getServiceInfos();
if (sis.size() == 0) {
   System.out.println("no service(s) found");
}
else {
   System.out.println(sis.size()+" service(s) found\n");
   Vector siv = sis.getServiceInfoVector();
   for (int j = 0; j < siv.size(); j++) {
      ServiceInfo si = (ServiceInfo)siv.elementAt(j);
      System.out.println(si.getNameString());
      System.out.println(si.getServiceKey());
      System.out.println("\n");
```

Le service métier a été trouvé : le modèle de liaison peut alors être créé. Dans le cas présent, le point d'accès à l'implémentation représente une application HTTP dont l'URL fournie est *http://monserveur: 80/mawebapplication/servlet/rpcrouter* : il s'agit en pratique d'une URL typique d'une application Java (servlet) qui utilise une implémentation SOAP Apache (rpcrouter).

```
BindingTemplate bt = new BindingTemplate();
bt.setBindingKey("");
bt.setServiceKey(si.getServiceKey());
```

```
TModelInstanceInfo tmii = new TModelInstanceInfo();
tmii.setTModelKey(ti.getTModelKey());
TModelInstanceDetails tmid = new TModelInstanceDetails();
Vector bttiiv = new Vector();
bttiiv.addElement(tmii);
tmid.setTModelInstanceInfoVector(bttiiv);

bt.setTModelInstanceDetails(tmid);

Vector btdsv = new Vector();
Description btd = new Description(
   "URL de mon instance d'API de recherche UDDI");
btdsv.addElement(btd);
bt.setDescriptionVector(btdsv);

AccessPoint accessPoint = new AccessPoint(
   "http://monserveur:80/mawebapplication/servlet/rpcrouter",
   "HTTP (Hypertext Transfer Protocol)");
bt.setAccessPoint(accessPoint);
```

Ensuite, le nouveau modèle de liaison ainsi créé est sauvegardé :

```
Vector bindings = new Vector();
bindings.add(bt);
BindingDetail bd = proxy.save_binding(
   at.getAuthInfoString(), bindings);
System.out.println( "new binding template saved\n" );
```

Enfin, le résultat de la fonction de sauvegarde d'un modèle de liaison est vérifié à l'aide de l'appel de la fonction de recherche find_binding :

```
TModelBag tb = new TModelBag();
tb.add(new TModelKey(ti.getTModelKey()));
bd = proxy.find_binding(null, si.getServiceKey(), tb, 0);

Vector bdv = bd.getBindingTemplateVector();
if (bdv.size() == 0) {
   System.out.println("no binding(s) found");
}
else {
   System.out.println(bdv.size()+" binding(s) found\n");
   for (int k = 0; k < bdv.size(); k++) {
      bt = (BindingTemplate)bdv.elementAt(k);
      System.out.println(bt.getDefaultDescriptionString());
      System.out.println(bt.getBindingKey());
      System.out.println("\n");
   }
  }
 }
    }
   }
proxy.discard_authToken(at.getAuthInfo());
  }
 }
```

Cet exemple illustre la création d'un modèle de liaison. Le programme commence tout d'abord par rechercher le service type servicesweb-compagnie-com:inquiry, à l'aide de la fonction find_tModel, pour lequel on souhaite créer une référence d'implémentation. Ensuite, il est nécessaire de localiser l'entité métier `Services Web & compagnie`, à l'aide de la fonction `find_business`, dont l'un des services métier constitue une implémentation de ce service type. En cas de succès, un jeton d'authentification est alors demandé auprès de l'opérateur du site par l'intermédiaire de la fonction `get_authToken`. Puis, le programme cherche à récupérer le service métier `Mon API de recherche UDDI`, via la fonction `find_service`, qui implémente le service type en question. Lorsque le service métier a été trouvé, il ne reste plus qu'à créer l'instance du nouveau modèle de liaison, puis à la sauvegarder via la fonction `save_binding` proprement dite. Le programme vérifie alors le résultat de cette création d'un modèle de liaison par l'intermédiaire de la fonction `find_binding`. Finalement, le programme se termine par un appel à la fonction `discard_authToken` afin de libérer le jeton d'authentification préalablement acquis auprès de l'opérateur du nœud UDDI.

Il s'agit bien de la création d'un nouveau modèle de liaison : la valeur de la clé n'est pas fournie. Voici le résultat renvoyé à l'utilisation de ce programme :

```
1 tmodel(s) found

servicesweb-compagnie-com:inquiry
uuid:1ec88662-04b6-4231-a47f-39529db6f22c

1 business(es) found

Services Web & compagnie
ba748c9d-73ce-4cd9-85f8-294edddcbbf0

1 service(s) found

Mon API de recherche UDDI
f2e2e98a-551b-45a6-be93-ad13e528f4ed

new binding template saved

1 binding(s) found

URL de mon instance d'API de recherche UDDI
0496fb69-1484-44cb-bc50-9e109f9feb9b
```

Ce programme a créé un nouveau modèle de liaison nommé `URL de mon instance d'API de recherche UDDI`. La clé qui lui a été affectée par l'annuaire est `0496fb69-1484-44cb-bc50-9e109f9feb9b`.

Ce nouveau modèle de liaison constitue une nouvelle implémentation du service type, dont la clé est `uuid:1ec88662-04b6-4231-a47f-39529db6f22c`, par le service métier nommé `Mon API de recherche UDDI` (clé `f2e2e98a-551b-45a6-be93-ad13e528f4ed`).

Recommandations WS-I Basic Profile 1.0 (draft)

Recommandation R3000 : si un service métier est décrit par une balise `wsdl:service` (service décrit en format WSDL), il faut veiller, lorsque ce service métier est enregistré, à ce que chaque modèle de liaison corresponde à une balise `wsdl:port` et que chaque balise possède son modèle de liaison correspondant. Cette correspondance est établie seulement si, d'un point de vue lexical, la valeur de l'attribut `accessPoint` (bindingTemplate) est identique à celle de l'attribut `location` (`wsdl:port`).

La fonction save_tModel

La fonction `save_tModel` permet de demander à l'opérateur du site d'enregistrer ou de modifier un ou plusieurs services types en une seule opération sur l'annuaire.

Voici la définition WSDL de l'opération :

```
<operation name="save_tModel">
  <input message="tns:save_tModel"/>
  <output message="tns:tModelDetail"/>
  <fault name="error" message="tns:dispositionReport"/>
</operation>
```

Syntaxe des messages

La syntaxe du message save_tModel est la suivante :

```
<save_tModel generic="2.0" xmlns="urn:uddi-org:api_v2">
  <authInfo>String</authInfo>
  <tModel/> [<tModel/>…]
</save_tModel>
```

L'élément authInfo contient le jeton d'authentification.

Les éléments tModel représentent les services types dans un ordre indifférent. S'il s'agit de modifier un service type déjà enregistré, il est nécessaire de fournir sa précédente clé.

Cette fonction renvoie un message tModelDetail, reflet des mises à jour opérées dans l'annuaire.

```
<tModelDetail generic="2.0" xmlns="urn:uddi-org:api_v2"
  operator="String" [truncated="true|false"]>
  <tModel/> [<tModel/>…]
</tModelDetail>
```

Demander l'enregistrement d'un service type

Exemple d'utilisation :

```
import org.uddi4j.client.UDDIProxy;
import org.uddi4j.datatype.*;
import org.uddi4j.datatype.tmodel.TModel;
import org.uddi4j.response.*;
import org.uddi4j.transport.TransportFactory;
import org.uddi4j.util.*;
import java.security.Security;
import java.util.Vector;

public class UDDISaveTModel1 {

    public static void main(String[] args) throws Exception {
    …
        AuthToken at = proxy.get_authToken("user", "password");
```

Il s'agit tout d'abord de créer un nouveau service type nommé servicesweb-compagnie-com:inquiry : ici, il s'agit bien d'une création, car la clé n'est pas fournie.

```
        TModel tm = new TModel("", "servicesweb-compagnie-com:inquiry");

        Vector tmdsv = new Vector();
        Description tmd = new Description(
        "API de recherche UDDI 2.0 - Duplication de la version officielle");
        tmdsv.addElement(tmd);
        tm.setDescriptionVector(tmdsv);
```

```
OverviewURL oURL =
new OverviewURL("http://www.uddi.org/wsdl/inquire_v2.wsdl");
OverviewDoc oDoc = new OverviewDoc();
oDoc.setOverviewURL(oURL);

Vector oddsv = new Vector();
Description odd = new Description(
"Fonctions de l'API de recherche pour interroger un annuaire UDDI.");
oddsv.addElement(odd);
oDoc.setDescriptionVector(oddsv);

tm.setOverviewDoc(oDoc);
```

Le code ci-après est destiné à catégoriser le nouveau service type qui va être créé. Dans le cas présent, le programme fait appel aux taxonomies de classification NAICS, UNSPSC (version 7.3) et GEO :

```
Vector cbv = new Vector();

KeyedReference naics = new KeyedReference("Information", "51");
naics.setTModelKey(TModel.NAICS_TMODEL_KEY);
cbv.addElement(naics);
naics = new KeyedReference(
    "Information Services and Data Processing Services", "514");
naics.setTModelKey(TModel.NAICS_TMODEL_KEY);
cbv.addElement(naics);
naics = new KeyedReference("Data Processing Services", "5142");
naics.setTModelKey(TModel.NAICS_TMODEL_KEY);
cbv.addElement(naics);

KeyedReference unspsc = new KeyedReference(
    "Communications and Computer Equipment and Peripherals and Components and Supplies",
    "43.00.00.00.00");
unspsc.setTModelKey(TModel.UNSPSC_73_TMODEL_KEY);
cbv.addElement(unspsc);
unspsc = new KeyedReference(
    "Internet and intranet software", "43.16.28.00.00");
unspsc.setTModelKey(TModel.UNSPSC_73_TMODEL_KEY);
cbv.addElement(unspsc);

KeyedReference geo = new KeyedReference("France", "FR");
geo.setTModelKey(TModel.ISO_CH_TMODEL_KEY);
cbv.addElement(geo);
geo = new KeyedReference("Ile-De-France", "FR-J");
geo.setTModelKey(TModel.ISO_CH_TMODEL_KEY);
cbv.addElement(geo);
geo = new KeyedReference("Hauts-De-Seine", "FR-92");
geo.setTModelKey(TModel.ISO_CH_TMODEL_KEY);
cbv.addElement(geo);

CategoryBag cb = new CategoryBag();
cb.setKeyedReferenceVector(cbv);
tm.setCategoryBag(cb);
```

La fonction de sauvegarde d'un service type save_tModel est appelée :

```
Vector tModels = new Vector();
tModels.add(tm);
TModelDetail tmId = proxy.save_tModel(at.getAuthInfoString(), tModels);
System.out.println("new tmodel saved\n");
```

Puis la fonction de recherche d'un service type `find_tModel` est appelée afin de vérifier le résultat de la fonction de création :

```
TModelList tl = proxy.find_tModel(
   "servicesweb-compagnie-com:inquiry", null, null, null, 0);

TModelInfos tis = tl.getTModelInfos();
if (tis.size() == 0) {
   System.out.println("no tmodel(s) found");
}
else {
    System.out.println(tis.size()+" tmodel(s) found\n");
    Vector tiv = tis.getTModelInfoVector();
    for (int i = 0; i < tiv.size(); i++) {
       TModelInfo ti = (TModelInfo)tiv.elementAt(i);
       System.out.println(ti.getNameString());
       System.out.println(ti.getTModelKey());
       System.out.println("\n");
    }
  }
  proxy.discard_authToken(at.getAuthInfo());
}
}
```

Cet exemple illustre l'enregistrement d'un nouveau service type nommé `servicesweb-compagnie-com:inquiry` : la clé du service n'est pas fournie. Tout comme cela est possible lors de la création d'une entité métier ou d'un service métier, fonctions que nous avons étudiées dans les exemples précédents, cet exemple utilise plusieurs taxonomies de catégorisation.

Les mêmes catégories et valeurs de taxonomies peuvent être utilisées pour ces différentes structures de données UDDI, mais ceci n'est pas une obligation : les taxonomies doivent être utilisées avec discernement en fonction du spectre couvert par la structure de données considérée. La portée d'une entité métier est différente de celle d'un service métier fourni par cette même entité. Il en est de même pour un service type. La problématique d'utilisation des taxonomies peut s'apparenter à la manière d'effectuer le référencement d'un site Web sur Internet. Voici le résultat renvoyé à l'utilisation de ce programme :

```
new tmodel saved

1 tmodel(s) found

servicesweb-compagnie-com:inquiry
uuid:1ec88662-04b6-4231-a47f-39529db6f22c
```

Ce programme a permis de créer un nouveau service type nommé `servicesweb-compagnie-com:inquiry`. La clé qui lui a été attribuée par l'annuaire est `uuid:1ec88662-04b6-4231-a47f-39529db6f22c`.

Ce service type est maintenant prêt à être référencé par un modèle de liaison.

Avertissement

Cet exemple est essentiellement didactique, mais n'est pas correct sur le fond : nous venons tout simplement de créer une copie totalement officieuse du service type de l'API de recherche UDDI (*Inquiry API*), propriété du consortium UDDI. Cette copie référence le même modèle abstrait que le service type officiel : *http://www.uddi.org/ wsdl/inquire_v2.wsdl*. Ceci ne respecte pas un principe élémentaire de la réutilisation. En effet, dans le domaine des services Web, le modèle abstrait constitue l'unité élémentaire de réutilisation : il est donc inefficace et contre-productif de dupliquer le service type qui référence un tel modèle abstrait.

Recommandations WS-I Basic Profile 1.0 (draft)

Recommandation R3002 : un service Web conforme au profil de base WS-I doit être impérativement décrit en langage WSDL et référencé en tant que tel par le service type qui porte sa définition. Le service type doit donc être enregistré avec un élément `overviewDoc`, lequel doit comporter un élément `overviewURL` qui pointe sur un document WSDL, lui-même conforme au profil de base WS-I (voir document *Best Practices: Using WSDL in a UDDI Registry, Version 1.08* à l'adresse *http://www.oasis-open.org/committees/uddi-spec/doc/bp/uddi-spec-tc-bp-using-wsdl-v108-20021110.htm*).

Recommandation R3003 : un service type conforme au profil de base WS-I doit être impérativement catégorisé comme porteur d'une description de service en langage WSDL, c'est-à-dire que l'élément `categoryBag` doit être complété par l'ajout d'une `keyedReference` qui référence la catégorie `wsdlSpec` de la taxonomie interne `uddi-org:types`.

Recommandation R3004 : un service type conforme au profil de base WS-I doit être impérativement conçu en adéquation par rapport aux éléments `wsdl:binding` qu'il référence, ce qui signifie que l'élément `categoryBag` doit être complété par l'ajout d'une `keyedReference` qui référence la catégorie *http://wwww.ws-i.org/profiles/ base/1.0* de la taxonomie externe `ws-i-org:conformsTo` si la liaison WSDL référencée se déclare elle-même conforme au profil de base WS-I.

Recommandation R3005 : aucune structure UDDI autre qu'un service type ne peut être étiquetée comme conforme au profil de base WS-I (cette recommandation semble cependant être en conflit avec la recommandation R3001 qui prévoit qu'un service métier peut également être étiqueté de cette manière).

Les fonctions de suppression

Les quatre fonctions de suppression permettent de supprimer les instances des quatre principales structures de données UDDI dont nous venons d'aborder les moyens de création ou de mise à jour.

La fonction delete_business

La fonction `delete_business` permet de supprimer une ou plusieurs entités métier en une seule opération.

La définition WSDL de l'opération est la suivante :

```
<operation name="delete_business">
   <input message="tns:delete_business"/>
   <output message="tns:dispositionReport"/>
   <fault name="error" message="tns:dispositionReport"/>
</operation>
```

Syntaxe des messages

La syntaxe du message delete_business est la suivante :

```
<delete_business xmlns="urn:uddi-org:api_v2" generic="2.0">
  <authInfo>String</authInfo>
  <businessKey>String</businessKey>
  [<businessKey>String</businessKey>…]
</delete_business>
```

L'élément authInfo contient le jeton d'authentification.

Les éléments businessKey contiennent les clés des entités métier à supprimer au cours de la même opération.

Cette fonction renvoie un message dispositionReport (voir fonction discard_authToken) qui donne le résultat de l'opération.

Demander la suppression d'une ou plusieurs entités métier

Exemple d'utilisation :

```java
import org.uddi4j.client.UDDIProxy;
import org.uddi4j.datatype.Name;
import org.uddi4j.response.*;
import org.uddi4j.transport.TransportFactory;
import java.security.Security;
import java.util.Vector;

public class UDDIDeleteBusiness1 {

  public static void main(String[] args) throws Exception {
…
    Vector names = new Vector();
    names.add(new Name("service Web & compagnie"));
    BusinessList bl = proxy.find_business(
      names, null, null, null, null, null, 0);

    BusinessInfos bis = bl.getBusinessInfos();
    if (bis.size() == 0) {
      System.out.println("no business(es) found");
      System.exit(0);
    }

    AuthToken at = proxy.get_authToken("user", "password");

    System.out.println(bis.size()+" business(es) found\n");
    Vector biv = bis.getBusinessInfoVector();
    for (int i = 0; i < biv.size(); i++) {
      BusinessInfo bi = (BusinessInfo)biv.elementAt(i);
      System.out.println(bi.getNameString());
      System.out.println(bi.getBusinessKey());
      DispositionReport dr = proxy.delete_business(
        at.getAuthInfoString(), bi.getBusinessKey());
      System.out.println("business deleted : "+dr.success());
      System.out.println("\n");
    }
    proxy.discard_authToken(at.getAuthInfo());
  }
}
```

Cet exemple montre comment supprimer une entité métier nommée `Services Web & compagnie`. Le programme recherche l'existence de l'entité métier qui doit faire l'objet d'une suppression par la fonction `find_business`. En cas de succès, un jeton d'authentification est demandé auprès de l'opérateur du site via la fonction `get_authToken`. Puis, la fonction de suppression proprement dite est activée avec le jeton d'authentification, accompagné de la clé de l'entité métier trouvée, passés en paramètres. Enfin, le programme fait appel à la fonction `discard_authToken` pour libérer le jeton d'authentification préalablement acquis. Voici le résultat renvoyé à l'utilisation de ce programme :

```
1 business(es) found

Services Web & compagnie
ba748c9d-73ce-4cd9-85f8-294edddcbbf0
business deleted : true
```

Par l'intermédiaire de ce programme, l'entité métier `Services Web & compagnie`, dont la clé était `ba748c9d-73ce-4cd9-85f8-294edddcbbf0`, a bien été supprimée.

La fonction delete_service

La fonction `delete_service` est utilisée pour supprimer un ou plusieurs services métier au cours d'une seule et même opération.

La définition WSDL de l'opération est la suivante :

```
<operation name="delete_service">
   <input message="tns:delete_service"/>
   <output message="tns:dispositionReport"/>
   <fault name="error" message="tns:dispositionReport"/>
</operation>
```

Syntaxe des messages

La syntaxe de ce message est la suivante :

```
<delete_service generic="2.0" xmlns="urn:uddi-org:api_v2">
   <authInfo>String</authInfo>
   <serviceKey>String</serviceKey>
   [<serviceKey>String</serviceKey> …]
</delete_service>
```

L'élément `authInfo` contient le jeton d'authentification.

Les éléments `serviceKey` contiennent les clés des services métier à supprimer au cours de la même opération.

Cette fonction renvoie un message `dispositionReport` (voir la section consacrée à la fonction `discard_authToken`) qui donne le résultat de l'opération.

Demander la suppression d'un ou plusieurs services métier

Exemple d'utilisation :

```
import org.uddi4j.client.UDDIProxy;
import org.uddi4j.datatype.Name;
import org.uddi4j.response.*;
```

```
import org.uddi4j.transport.TransportFactory;
import java.security.Security;
import java.util.Vector;

public class UDDIDeleteService1 {

   public static void main(String[] args) throws Exception {
   ...

      Vector names = new Vector();
      names.add(new Name("service Web & compagnie"));
      BusinessList bl = proxy.find_business(
         names, null, null, null, null, null, 0);

      BusinessInfos bis = bl.getBusinessInfos();
      if (bis.size() == 0) {
         System.out.println("no business(es) found");
         System.exit(0);
      }
```

À ce niveau, l'entité métier Services Web & compagnie a été localisée. Un jeton d'authentification est demandé auprès de l'opérateur du nœud UDDI, afin de pouvoir procéder à la suppression du service métier qu'il reste à localiser :

```
AuthToken at = proxy.get_authToken("user", "password");

System.out.println(bis.size()+" business(es) found\n");
Vector biv = bis.getBusinessInfoVector();
for (int i = 0; i < biv.size(); i++) {
   BusinessInfo bi = (BusinessInfo)biv.elementAt(i);
   System.out.println(bi.getNameString());
   System.out.println(bi.getBusinessKey());
   System.out.println("\n");
   names = new Vector();
   names.add(new Name("Mon API de recherche UDDI"));
   ServiceList sl = proxy.find_service(
      bi.getBusinessKey(), names, null, null, null, 0);

   ServiceInfos sis = sl.getServiceInfos();
   if (sis.size() == 0) {
      System.out.println("no service(s) found");
   }
   else {
```

Le service métier à supprimer est localisé : il ne reste plus qu'à demander sa destruction. Une boucle de suppression est réalisée car plusieurs services métier peuvent porter le même nom (l'identifiant d'un service métier est un UUID) et la distinction entre les différences instances est inutile :

```
System.out.println(sis.size()+" service(s) found\n");
Vector siv = sis.getServiceInfoVector();
for (int j = 0; j < siv.size(); j++) {
   ServiceInfo si = (ServiceInfo)siv.elementAt(j);
   System.out.println(si.getNameString());
   System.out.println(si.getServiceKey());
   DispositionReport dr = proxy.delete_service(
      at.getAuthInfoString(), si.getServiceKey());
   System.out.println("service deleted : "+dr.success());
```

```
                System.out.println("\n");
            }
        }
    }
    proxy.discard_authToken(at.getAuthInfo());
  }
}
```

Cet exemple montre comment supprimer un ou plusieurs services métier, dont le nom est `Mon API de recherche UDDI`, implémenté(s) par une entité métier nommée `Services Web & compagnie`. Le programme commence par rechercher l'entité métier censée contrôler le service métier à l'aide de la fonction `find_business`. En cas de succès, un jeton d'authentification est demandé auprès de l'opérateur du site via la fonction `get_authToken`. Puis, le programme recherche l'existence du service métier qui doit faire l'objet d'une suppression par la fonction `find_service`. C'est alors seulement que la fonction de suppression proprement dite est activée avec le jeton d'authentification, accompagné de la clé du service métier trouvée, passés en paramètres. Enfin, le programme fait appel à la fonction `discard_authToken` qui permet de libérer le jeton d'authentification préalablement acquis auprès de l'opérateur du nœud UDDI. Voici le résultat renvoyé à l'utilisation de ce programme :

```
1 business(es) found

Services Web & compagnie
ba748c9d-73ce-4cd9-85f8-294edddcbbf0

1 service(s) found

Mon API de recherche UDDI
f2e2e98a-551b-45a6-be93-ad13e528f4ed
service deleted : true
```

Par l'intermédiaire de ce programme, le service métier nommé `Mon API de recherche UDDI`, dont la clé était `f2e2e98a-551b-45a6-be93-ad13e528f4ed`, a bien été supprimé.

La fonction delete_binding

La fonction `delete_binding` est utilisée pour supprimer un ou plusieurs modèles de liaison.

La définition WSDL de l'opération est la suivante :

```
<operation name="delete_binding">
   <input message="tns:delete_binding"/>
   <output message="tns:dispositionReport"/>
   <fault name="error" message="tns:dispositionReport"/>
</operation>
```

Syntaxe des messages

La syntaxe du message `delete_binding` est la suivante :

```
<delete_binding generic="2.0" xmlns="urn:uddi-org:api_v2">
   <authInfo>String</authInfo>
   <bindingKey>String</bindingKey>
   [<bindingKey>String</bindingKey>...]
</delete_binding>
```

L'élément `authInfo` contient le jeton d'authentification.

Les éléments bindingKey contiennent les clés des modèles de liaison à supprimer au cours de la même opération.

Cette fonction renvoie un message dispositionReport (voir la section consacrée à la fonction discard_authToken) qui donne le résultat de l'opération.

Demander la suppression d'un ou plusieurs modèles de liaison

Exemple d'utilisation :

```
import org.uddi4j.client.UDDIProxy;
import org.uddi4j.datatype.Name;
import org.uddi4j.datatype.binding.BindingTemplate;
import org.uddi4j.response.*;
import org.uddi4j.transport.TransportFactory;
import org.uddi4j.util.*;
import java.security.Security;
import java.util.Vector;

public class UDDIDeleteBinding1 {

    public static void main(String[] args) throws Exception {
...
```

Le programme recherche tout d'abord le service type nommé servicesweb-compagnie-com:inquiry référencé par le(s) modèle(s) de liaison à supprimer :

```
TModelList tl = proxy.find_tModel(
    "servicesweb-compagnie-com:inquiry", null, null, null, 0 );

TModelInfos tis = tl.getTModelInfos();
if (tis.size() == 0) {
    System.out.println("no tmodel(s) found");
    System.exit(0);
}

System.out.println(tis.size()+" tmodel(s) found\n");
TModelInfo ti = null;
Vector tiv = tis.getTModelInfoVector();
for (int i = 0; i < tiv.size(); i++) {
    ti = (TModelInfo)tiv.elementAt(i);
    System.out.println(ti.getNameString());
    System.out.println(ti.getTModelKey());
    System.out.println("\n");
}
```

Lorsque le service type a été trouvé, le programme recherche le service métier Mon API de recherche UDDI, lequel contient le(s) modèle(s) de liaison à supprimer :

```
Vector names = new Vector();
names.add(new Name("Mon API de recherche UDDI"));
ServiceList sl = proxy.find_service(null, names, null, null, null, 0);

ServiceInfos sis = sl.getServiceInfos();
if (sis.size() == 0) {
    System.out.println("no service(s) found");
    System.exit(0);
}
```

À ce niveau, le service métier a été localisé : le programme demande à l'opérateur du nœud UDDI un jeton d'authentification afin d'être en mesure de réaliser la suppression souhaitée, puis recherche le(s) modèle(s) de liaison contenu(s) par le service métier qui référence(nt) le service type servicesweb-compagnie-com:inquiry trouvé précédemment.

```
AuthToken at = proxy.get_authToken("user", "password");

System.out.println(sis.size()+" service(s) found\n");
Vector siv = sis.getServiceInfoVector();
for (int i = 0; i < siv.size(); i++) {
   ServiceInfo si = (ServiceInfo)siv.elementAt(i);
   System.out.println(si.getNameString());
   System.out.println(si.getServiceKey());
   System.out.println("\n");

   TModelBag tb = new TModelBag();
   tb.add(new TModelKey(ti.getTModelKey()));
   BindingDetail bd = proxy.find_binding(null, si.getServiceKey(), tb, 0);

   Vector bdv = bd.getBindingTemplateVector();
   if (bdv.size() == 0) {
      System.out.println("no binding(s) found");
   }
   else {
```

Le service métier contient un ou plusieurs modèles de liaison. Pour supprimer tous les modèles de liaison du service métier, il faut mettre en œuvre une boucle de suppression :

```
      System.out.println(bdv.size()+" binding(s) found\n");
      for (int j = 0; j < bdv.size(); j++) {
         BindingTemplate bt = (BindingTemplate)bdv.elementAt(j);
         System.out.println(bt.getDefaultDescriptionString());
         System.out.println(bt.getBindingKey());
         DispositionReport dr = proxy.delete_binding(
            at.getAuthInfoString(), bt.getBindingKey());
         System.out.println("binding template deleted : "+dr.success());
         System.out.println("\n");
      }
   }
}
proxy.discard_authToken(at.getAuthInfo());
   }
}
```

Cet exemple montre comment supprimer un modèle de liaison. Le programme commence tout d'abord par rechercher le service type nommé servicesweb-compagnie-com:inquiry, à l'aide de la fonction find_tModel, pour lequel on souhaite supprimer toutes les références d'implémentation, matérialisées par un ou plusieurs modèles de liaison. Ensuite, le programme cherche à récupérer le service métier nommé Mon API de recherche UDDI, via la fonction find_service, qui implémente le service type que nous venons de localiser. En cas de succès, un jeton d'authentification est alors demandé auprès de l'opérateur du site par l'intermédiaire de la fonction get_authToken. Il reste ensuite à parcourir la collection des modèles de liaison du service métier qui implémentent le service type duquel on souhaite supprimer les références d'implémentation, à l'aide de la fonction find_binding. Pour chaque occurrence trouvée, la fonction de suppression delete_binding proprement dite est activée avec le jeton d'authentification, accompagné de la clé du modèle de liaison trouvé, passés en paramètres. Enfin, le programme se termine par un appel à la fonction discard_authToken afin de libérer le jeton d'authentification préalablement acquis auprès de l'opérateur du nœud UDDI. Voici le résultat renvoyé à l'utilisation de ce programme :

```
1 tmodel(s) found

servicesweb-compagnie-com:inquiry
uuid:1ec88662-04b6-4231-a47f-39529db6f22c

1 service(s) found

Mon API de recherche UDDI
f2e2e98a-551b-45a6-be93-ad13e528f4ed

1 binding(s) found

URL de mon instance d'API de recherche UDDI
0496fb69-1484-44cb-bc50-9e109f9feb9b
binding template deleted : true
```

En conclusion, par l'intermédiaire de ce programme, le modèle de liaison URL de mon instance d'API de recherche UDDI, dont la clé était 0496fb69-1484-44cb-bc50-9e109f9feb9b, qui matérialisait l'implémentation du service type servicesweb-compagnie-com:inquiry de clé uuid:1ec88662-04b6-4231-a47f-39529db6f22c par le service métier nommé Mon API de recherche UDDI de clé f2e2e98a-551b-45a6-be93-ad13e528f4ed, a bien été supprimé.

La fonction delete_tModel

La fonction delete_tModel a pour objet de supprimer un ou plusieurs services types.

La définition WSDL de l'opération est la suivante :

```
<operation name="delete_tModel">
   <input message="tns:delete_tModel"/>
   <output message="tns:dispositionReport"/>
   <fault name="error" message="tns:dispositionReport"/>
</operation>
```

Syntaxe des messages

La syntaxe du message delete_tModel est la suivante :

```
<delete_tModel generic="2.0" xmlns="urn:uddi-org:api_v2">
   <authInfo>String</authInfo>
   <tModelKey>String</tModelKey>
   [<tModelKey>String</tModelKey> …]
</delete_tModel>
```

L'élément authInfo contient le jeton d'authentification.

Les éléments tModelKey contiennent les clés des services types à supprimer au cours de la même opération.

Cette fonction renvoie un message dispositionReport (voir la section consacrée à la fonction discard_authToken) qui donne le résultat de l'opération.

Demander la suppression d'un ou plusieurs services types

Exemple d'utilisation :

```
import org.uddi4j.client.UDDIProxy;
import org.uddi4j.response.*;
import org.uddi4j.transport.TransportFactory;
import java.security.Security;
import java.util.Vector;

public class UDDIDeleteTModel1 {

    public static void main(String[] args) throws Exception {
...
        TModelList tl = proxy.find_tModel(
            "servicesweb-compagnie-com:inquiry", null, null, null, 0);

        TModelInfos tis = tl.getTModelInfos();
        if (tis.size() == 0) {
            System.out.println("no tmodel(s) found");
            System.exit(0);
        }

        AuthToken at = proxy.get_authToken("user", "password");

        System.out.println(tis.size()+" tmodel(s) found\n");
        Vector tiv = tis.getTModelInfoVector();
        for (int i = 0; i < tiv.size(); i++) {
            TModelInfo ti = (TModelInfo)tiv.elementAt(i);
            System.out.println(ti.getNameString());
            System.out.println(ti.getTModelKey());
            DispositionReport dr = proxy.delete_tModel(
                at.getAuthInfoString(), ti.getTModelKey());
            System.out.println("tmodel deleted : "+dr.success());
            System.out.println("\n");
        }
        proxy.discard_authToken(at.getAuthInfo());
    }
}
```

Cet exemple montre comment supprimer un ou plusieurs services types dont le nom est servicesweb-compagnie-com:inquiry. Le programme commence par rechercher l'existence du service type qui doit faire l'objet d'une suppression à l'aide de la fonction find_tModel. En cas de succès, un jeton d'authentification est demandé auprès de l'opérateur du site via la fonction get_authToken. Puis la fonction de suppression delete_tModel proprement dite est activée avec le jeton d'authentification, accompagné de la clé du service type trouvé, passés en paramètres.

Enfin, le programme utilise la fonction discard_authToken afin de libérer le jeton d'authentification préalablement acquis auprès de l'opérateur du site. Voici le résultat renvoyé à l'utilisation de ce programme :

```
1 tmodel(s) found

servicesweb-compagnie-com:inquiry
uuid:1ec88662-04b6-4231-a47f-39529db6f22c
tmodel deleted : true
```

Par l'intermédiaire de ce programme, le service type `servicesweb-compagnie-com:inquiry`, dont la clé était `uuid:1ec88662-04b6-4231-a47f-39529db6f22c` a bien été supprimé.

Suppression logique des services types

Comme nous l'avons vu précédemment, le modèle d'un annuaire UDDI est constitué de deux catégories d'objets racine : les entités métier et les services types. Les entités métier contiennent des services métier (0 à n) qui eux-mêmes contiennent des modèles de liaison (0 à n). Ce sont ces derniers modèles de liaison qui référencent les services types implémentés par ces services métier.

Que se passe-t-il si l'on cherche à supprimer physiquement un service type ? Il est impossible de faire cela sans rompre l'intégrité référentielle de l'annuaire. Si le service type n'est référencé dans aucune autre structure d'information de l'annuaire, c'est-à-dire des structures de type `categoryBag`, `identifierBag` ou `tModelInstanceInfo`, il n'est pas pour autant physiquement supprimé. Il est seulement supprimé logiquement, c'est-à-dire qu'il est maintenu dans le système de persistance des données de l'annuaire et qu'il est invisible à certaines fonctions de recherche.

Le service type, ainsi masqué, reste visible de son seul propriétaire via la fonction `get_registeredInfo` étudiée plus haut dans ce chapitre. Le service type n'apparaît notamment plus dans les requêtes à destination de l'annuaire effectuées via la fonction `find_tModel`. Les détails du service type restent cependant accessibles à tout utilisateur de l'annuaire par l'intermédiaire de la fonction `get_tModelDetail`. Pour éviter cet accès à des données obsolètes, la spécification UDDI recommande que l'auteur d'un service type le sauvegarde une dernière fois avec des valeurs annulées par la fonction `save_tModel` avant de le supprimer. Évidemment, les services métier qui référençaient le service type annulé deviennent eux-mêmes obsolètes. Il est possible de rendre à nouveau visible un service type masqué en utilisant la fonction `save_tModel`, après avoir pris soin d'affecter la clé du service type masqué au nouveau service type.

Les fonctions de gestion des assertions

Les cinq fonctions de gestion des assertions ont été ajoutées dans la version 2.0 de l'API UDDI et prennent en charge la gestion des instances d'une nouvelle structure de données créée à cette occasion : l'assertion d'administrateur (*publisherAssertion*).

La fonction get_publisherAssertions

La fonction `get_publisherAssertions` permet à l'utilisateur d'obtenir les assertions de sa collection d'assertions existantes (voir la remarque « Relations entre entités métier »).

La définition WSDL de l'opération est la suivante :

```
<operation name="get_publisherAssertions">
   <input message="tns:get_publisherAssertions"/>
   <output message="tns:publisherAssertions"/>
   <fault name="error" message="tns:dispositionReport"/>
</operation>
```

Syntaxe des messages

La syntaxe du message `get_publisherAssertions` est la suivante :

```
<get_publisherAssertions generic="2.0" xmlns="urn:uddi-org:api_v2">
   <authInfo>String</authInfo>
</get_publisherAssertions>
```

L'élément `authInfo` contient le jeton d'authentification.

Cette fonction renvoie un message `publisherAssertions` qui contient une ou plusieurs assertions `publisherAssertion` selon le résultat de la requête :

```
<publisherAssertions xmlns="urn:uddi-org:api_v2" generic="2.0"
   operator="String" authorizedName="String">
   <publisherAssertion>
     <fromKey>String</fromKey>
     <toKey>String</toKey>
     <keyedReference [tModelKey="String"] [keyName="String"] keyValue="String"/>
   </publisherAssertion>
   [<publisherAssertion/> …]
</publisherAssertions>
```

Obtenir la collection des assertions relationnelles

Exemple d'utilisation :

```java
import org.uddi4j.client.UDDIProxy;
import org.uddi4j.datatype.assertion.PublisherAssertion;
import org.uddi4j.response.*;
import org.uddi4j.transport.TransportFactory;
import java.security.Security;
import java.util.Vector;

public class UDDIGetPublisherAssertions1 {
   public static void main(String[] args) throws Exception {
...
      AuthToken at = proxy.get_authToken("user", "password");

      PublisherAssertions pas = proxy.get_publisherAssertions(
         at.getAuthInfoString());

      Vector pav = pas.getPublisherAssertionVector();
      if (pav.size() == 0) {
         System.out.println("no publisher assertion(s) found");
      }
      else {
         System.out.println(pav.size()+" publisher assertion(s) found\n");
         for (int i = 0; i < pav.size(); i++) {
               PublisherAssertion pa = (PublisherAssertion)pav.elementAt(i);
               System.out.println("fromKey : "+pa.getFromKeyString());
               System.out.println("toKey   : "+pa.getToKeyString());
               System.out.println("name    : "+pa.getKeyedReference().getKeyName());
               System.out.println("value   : "+pa.getKeyedReference().getKeyValue());
               System.out.println("\n");
         }
      }
   proxy.discard_authToken(at.getAuthInfo());
  }
}
```

Ce programme illustre comment obtenir la collection des assertions courantes de l'utilisateur `user`. Le résultat présenté ci-après est obtenu après la mise en œuvre de l'exemple utilisé pour montrer l'emploi de la fonction add_publisherAssertions, présentée dans la section suivante : rappelons que cet exemple ajoute l'assertion selon laquelle les entités métier nommées Services Web & compagnie (clé 5a6aee74-60f2-4093-8988-0f5f858dcb8f) et WS-I organization (clé ee7a7a30-f67c-11d6-b618-000629dc0a53) sont liées par une relation nommée Community Member de type peer-peer. Voici le résultat renvoyé à l'utilisation de ce programme :

```
1 publisher assertion(s) found

fromKey : 5a6aee74-60f2-4093-8988-0f5f858dcb8f
toKey   : ee7a7a30-f67c-11d6-b618-000629dc0a53
name    : Community Member
value   : peer-peer
```

La fonction add_publisherAssertions

La fonction add_publisherAssertions a pour objectif de permettre à l'utilisateur d'ajouter une ou plusieurs assertions relationnelles à sa collection d'assertions, qui concernent les entités métier qu'il contrôle ou celles avec lesquelles elles sont en relation (voir la remarque « Relations entre entités métier »).

La définition WSDL de l'opération est la suivante :

```
<operation name="add_publisherAssertions">
   <input message="tns:add_publisherAssertions"/>
   <output message="tns:dispositionReport"/>
   <fault name="error" message="tns:dispositionReport"/>
</operation>
```

Syntaxe des messages

La syntaxe du message add_publisherAssertions est la suivante :

```
<add_publisherAssertions generic="2.0" xmlns="urn:uddi-org:api_v2">
   <authInfo>String</authInfo>
   <publisherAssertion>
     <fromKey>String</fromKey>
     <toKey>String</toKey>
     <keyedReference [tModelKey="String"] [keyName="String"] keyValue="String"/>
   </publisherAssertion>
   [<publisherAssertion/> …]
</add_publisherAssertions>
```

L'élément authInfo contient le jeton d'authentification.

Les éléments publisherAssertion permettent de spécifier une ou plusieurs assertions à ajouter à la collection existante. Une assertion est caractérisée par les clés des entités métier associées (éléments fromKey et toKey) et le sens de la relation exprimée entre ces deux entités via l'élément keyedReference.

Les relations suivantes peuvent être représentées :

- parent-child : les entités métier associées aux éléments fromKey et toKey sont liées par une relation de dépendance ;
- peer-peer : les entités métier associées aux éléments fromKey et toKey sont liées par une relation d'égal à égal ;
- identity : les entités métier associées aux éléments fromKey et toKey sont identiques.

Cette fonction renvoie un message `dispositionReport` (voir la section consacrée à la fonction `discard_authToken`) qui donne le résultat de l'opération.

Demander l'ajout d'une ou plusieurs assertions relationnelles

Exemple d'utilisation :

```java
import org.uddi4j.client.UDDIProxy;
import org.uddi4j.datatype.Name;
import org.uddi4j.datatype.assertion.PublisherAssertion;
import org.uddi4j.datatype.tmodel.TModel;
import org.uddi4j.response.*;
import org.uddi4j.transport.TransportFactory;
import org.uddi4j.util.KeyedReference;
import java.security.Security;
import java.util.Vector;

public class UDDIAddPublisherAssertions1 {

    public static void main(String[] args) throws Exception {
...
```

Le programme recherche tout d'abord les coordonnées des entités métier nommées `Services Web & compagnie` et `WS-I organization` entre lesquelles une relation va être exprimée :

```java
Vector names = new Vector();
names.add(new Name("service Web & compagnie"));
names.add(new Name("WS-I organization"));
BusinessList bl = proxy.find_business(
    names, null, null, null, null, null, 0);

BusinessInfos bis = bl.getBusinessInfos();
if (bis.size() == 0) {
    System.out.println("no business(es) found");
    System.exit(0);
}

System.out.println(bis.size()+" business(es) found\n");
if (bis.size() < 2 || bis.size() > 2) {
    System.out.println("invalid number of business(es) found");
    System.exit(0);
}

Vector biv = bis.getBusinessInfoVector();
for (int i = 0; i < biv.size(); i++) {
    BusinessInfo bi = (BusinessInfo)biv.elementAt(i);
    System.out.println(bi.getNameString());
    System.out.println(bi.getBusinessKey());
    System.out.println("\n");
}
```

Après avoir localisé les entités métier concernées, le programme demande à l'opérateur du nœud UDDI un jeton d'authentification afin d'être en mesure de réaliser la modification souhaitée, puis procède à la création de l'assertion relationnelle proprement dite, en créant une relation nommée `Community Member` de type `peer-peer`, et enfin, demande son ajout dans l'annuaire :

```
        AuthToken at = proxy.get_authToken("user", "password");

        PublisherAssertion pa = new PublisherAssertion();
        pa.setFromKeyString(((BusinessInfo)biv.elementAt(0).getBusinessKey());
        pa.setToKeyString(((BusinessInfo)biv.elementAt(1).getBusinessKey());
        pa.setKeyedReference(new KeyedReference(
            "Community Member", "peer-peer", TModel.RELATIONSHIPS_TMODEL_KEY));
        DispositionReport dr = proxy.add_publisherAssertions(
            at.getAuthInfoString(), pa);
        System.out.println("publisher assertion added : "+dr.success());
        proxy.discard_authToken(at.getAuthInfo());
    }
}
```

Cet exemple permet de déclarer que les entités métier nommées Services Web & compagnie et WS-I organization sont liées par une relation nommée Community Member de type peer-peer. Bien entendu, il s'agit d'une affirmation unilatérale publiée par l'utilisateur user, responsable de l'entité métier Services Web & compagnie, et qui demande à être confirmée ou infirmée par l'utilisateur qui contrôle l'entité métier WS-I organization. Tant que l'assertion n'est pas validée, elle demeure invisible aux autres utilisateurs de l'annuaire et reste dans l'état status:toKey_incomplete comme l'indique le résultat présenté ci-après. Elle n'est notamment pas accessible par la fonction find_relatedBusinesses. Lorsque cette assertion aura été validée, elle passera au statut status:complete. Voici le résultat renvoyé à l'utilisation de ce programme :

```
2 business(es) found

Services Web & compagnie
ba748c9d-73ce-4cd9-85f8-294edddcbbf0

WS-I organization
ee7a7a30-f67c-11d6-b618-000629dc0a53

publisher assertion added : true
```

L'usage de la fonction get_assertionStatusReport (présentée plus loin dans le chapitre) renvoie le statut de cette nouvelle assertion :

```
1 assertion(s) found

fromKey : ba748c9d-73ce-4cd9-85f8-294edddcbbf0
toKey   : ee7a7a30-f67c-11d6-b618-000629dc0a53
name    : Community Member
value   : peer-peer
status:toKey_incomplete
```

La fonction set_publisherAssertions

La fonction set_publisherAssertions permet à l'utilisateur de modifier les assertions de sa collection d'assertions existantes (voir la remarque « Relations entre entités métier »).

La définition WSDL de l'opération est la suivante :

```
<operation name="set_publisherAssertions">
    <input message="tns:set_publisherAssertions"/>
    <output message="tns:publisherAssertions"/>
    <fault name="error" message="tns:dispositionReport"/>
</operation>
```

Syntaxe des messages

La syntaxe du message `set_publisherAssertions` est la suivante :

```
<set_publisherAssertions xmlns="urn:uddi-org:api_v2" generic="2.0">
   <authInfo>String</authInfo>
   <publisherAssertion>
      <fromKey>String</fromKey>
      <toKey>String</toKey>
      <keyedReference [tModelKey="String"] [keyName="String"] keyValue="String"/>
   </publisherAssertion>
   [<publisherAssertion/> …]
</set_publisherAssertions>
```

L'élément `authInfo` contient le jeton d'authentification.

Les éléments `publisherAssertion` permettent de spécifier une ou plusieurs assertions à affecter à la collection existante. Une assertion est caractérisée par les clés des entités métier associées (éléments `fromKey` et `toKey`) et le sens de la relation exprimée entre ces deux entités via l'élément `keyedReference`.

Cette fonction renvoie un message `publisherAssertions` qui contient la nouvelle liste d'assertions (voir la section consacrée à la fonction `get_publisherAssertions`).

Affecter la collection des assertions relationnelles

Exemple d'utilisation :

```java
import org.uddi4j.client.UDDIProxy;
import org.uddi4j.datatype.Name;
import org.uddi4j.datatype.assertion.PublisherAssertion;
import org.uddi4j.datatype.tmodel.TModel;
import org.uddi4j.response.*;
import org.uddi4j.transport.TransportFactory;
import org.uddi4j.util.KeyedReference;
import java.security.Security;
import java.util.Vector;

public class UDDISetPublisherAssertions1 {

   public static void main(String[] args) throws Exception {

...
```

Le programme recherche tout d'abord les coordonnées des entités métier nommées `Services Web & compagnie` et `WS-I organization` entre lesquelles une relation va être établie :

```java
Vector names = new Vector();
names.add(new Name("service Web & compagnie"));
names.add(new Name("WS-I organization"));

BusinessList bl = proxy.find_business(
   names, null, null, null, null, null, 0);
BusinessInfos bis = bl.getBusinessInfos();
if (bis.size() == 0) {
   System.out.println("no business(es) found");
   System.exit(0);
}
```

```
System.out.println(bis.size()+" business(es) found\n");
if (bis.size() < 2 || bis.size() > 2) {
   System.out.println("invalid number of business(es) found");
   System.exit(0);
}

Vector biv = bis.getBusinessInfoVector();
for (int i = 0; i < biv.size(); i++) {
   BusinessInfo bi = (BusinessInfo)biv.elementAt(i);
   System.out.println(bi.getNameString());
   System.out.println(bi.getBusinessKey());
   System.out.println("\n");
}
```

Après avoir localisé les entités métier concernées, le programme demande à l'opérateur du nœud UDDI un jeton d'authentification afin d'être en mesure de réaliser la modification souhaitée. Il procède ensuite à la création de l'assertion relationnelle proprement dite, de type identity, et enfin demande son affectation dans l'annuaire :

```
AuthToken at = proxy.get_authToken("user", "password");

PublisherAssertion pa = new PublisherAssertion();
pa.setFromKeyString(((BusinessInfo)biv.elementAt(0)).getBusinessKey());
pa.setToKeyString(((BusinessInfo)biv.elementAt(1)).getBusinessKey());
pa.setKeyedReference(new KeyedReference(
   "Community Member", "identity", TModel.RELATIONSHIPS_TMODEL_KEY));

PublisherAssertions pas = proxy.set_publisherAssertions(
   at.getAuthInfoString(), pa);

Vector pav = pas.getPublisherAssertionVector();
if (pav.size() == 0) {
   System.out.println("no publisher assertion(s) found");
}
else {
   System.out.println(pav.size()+" publisher assertion(s) found\n");
   for (int i = 0; i < pav.size(); i++) {
      pa = (PublisherAssertion)pav.elementAt(i);
      System.out.println("fromKey : "+pa.getFromKeyString());
      System.out.println("toKey   : "+pa.getToKeyString());
      System.out.println("name    : "+pa.getKeyedReference().getKeyName());
      System.out.println("value   : "+pa.getKeyedReference().getKeyValue());
      System.out.println("\n");
   }
}
proxy.discard_authToken(at.getAuthInfo());
   }
}
```

Ce programme illustre comment affecter la collection des assertions courantes de l'utilisateur user. Le résultat présenté ci-après est obtenu après la mise en œuvre du code de l'exemple utilisé pour montrer l'emploi de la fonction add_publisherAssertions, présentée précédemment : rappelons que cet exemple ajoutait l'assertion selon laquelle les entités métier Services Web & compagnie (clé 5a6aee74-60f2-4093-8988-0f5f858dcb8f) et WS-I organization (clé ee7a7a30-f67c-11d6-b618-000629dc0a53) étaient liées par une relation nommée Community Member, de type peer-peer. Ici, nous avons remplacé cette assertion initiale par une nouvelle assertion, toujours de même nom, mais de type identity au lieu de peer-peer. Au final, la collection contient toujours le même nombre d'éléments. Voici le résultat renvoyé à l'utilisation de ce programme :

```
2 business(es) found

Services Web & compagnie
5a6aee74-60f2-4093-8988-0f5f858dcb8f

WS-I organization
ee7a7a30-f67c-11d6-b618-000629dc0a53

1 publisher assertion(s) found

fromKey : 5a6aee74-60f2-4093-8988-0f5f858dcb8f
toKey   : ee7a7a30-f67c-11d6-b618-000629dc0a53
name    : Community Member
value   : identity
```

Il est également possible de supprimer d'un seul coup l'intégralité des assertions en cours (validées ou en attente de validation) en remplaçant le second paramètre de la fonction set_publisherAssertions par un vecteur vide.

La fonction delete_publisherAssertions

La fonction delete_publisherAssertions a pour objectif de permettre à l'utilisateur de supprimer une ou plusieurs assertions relationnelles de sa collection d'assertions existantes (voir la remarque « Relations entre entités métier »).

La définition WSDL de l'opération est la suivante :

```
<operation name="delete_publisherAssertions">
   <input message="tns:delete_publisherAssertions"/>
   <output message="tns:dispositionReport"/>
   <fault name="error" message="tns:dispositionReport"/>
</operation>
```

Syntaxe des messages

La syntaxe du message delete_publisherAssertions est la suivante :

```
<delete_publisherAssertions xmlns="urn:uddi-org:api_v2" generic="2.0">
    <authInfo>String</authInfo>
    <publisherAssertion>
    <fromKey>String</fromKey>
    <toKey>String</toKey>
    <keyedReference [tModelKey="String"] [keyName="String"] keyValue="String"/>
    </publisherAssertion>
    [<publisherAssertion/> …]
</delete_publisherAssertions>
```

L'élément authInfo contient le jeton d'authentification.

Les éléments publisherAssertion permettent de spécifier une ou plusieurs assertions à supprimer de la collection existante. Une assertion est caractérisée par les clés des entités métier associées (éléments fromKey et toKey) et le sens de la relation exprimée entre ces deux entités via l'élément keyedReference.

Cette fonction renvoie un message `dispositionReport` (voir la section consacrée à la fonction `discard_authToken`) qui donne le résultat de l'opération.

Demander la suppression d'une ou plusieurs assertions relationnelles

Exemple d'utilisation :

```
import org.uddi4j.client.UDDIProxy;
import org.uddi4j.datatype.Name;
import org.uddi4j.datatype.assertion.PublisherAssertion;
import org.uddi4j.datatype.tmodel.TModel;
import org.uddi4j.response.*;
import org.uddi4j.transport.TransportFactory;
import org.uddi4j.util.KeyedReference;
import java.security.Security;
import java.util.Vector;

public class UDDIDeletePublisherAssertions1 {

    public static void main(String[] args) throws Exception {
...
```

Le programme recherche tout d'abord les coordonnées des entités métier `Services Web & compagnie` et `WS-I organization` entre lesquelles une relation exprimée va être supprimée :

```
Vector names = new Vector();
names.add(new Name("service Web & compagnie"));
names.add(new Name("WS-I organization"));
BusinessList bl = proxy.find_business(
    names, null, null, null, null, null, 0);

BusinessInfos bis = bl.getBusinessInfos();
if (bis.size() == 0) {
    System.out.println("no business(es) found");
    System.exit(0);
}

System.out.println(bis.size()+" business(es) found\n");
if (bis.size() < 2 || bis.size() > 2) {
    System.out.println("invalid number of business(es) found");
    System.exit(0);
}

Vector biv = bis.getBusinessInfoVector();
for (int i = 0; i < biv.size(); i++) {
    BusinessInfo bi = (BusinessInfo)biv.elementAt(i);
    System.out.println(bi.getNameString());
    System.out.println(bi.getBusinessKey());
    System.out.println("\n");
}
```

Après avoir localisé les entités métier concernées, le programme demande à l'opérateur du nœud UDDI un jeton d'authentification afin d'être en mesure de réaliser la modification souhaitée. Il procède ensuite à la création de l'assertion relationnelle proprement dite, de type `peer-peer`, et enfin demande sa suppression dans l'annuaire.

```
      AuthToken at = proxy.get_authToken("user", "password");

      PublisherAssertion pa = new PublisherAssertion();
      pa.setFromKeyString(((BusinessInfo)biv.elementAt(0)).getBusinessKey());
      pa.setToKeyString(((BusinessInfo)biv.elementAt(1)).getBusinessKey());
      pa.setKeyedReference(new KeyedReference(
         "Community Member", "peer-peer", TModel.RELATIONSHIPS_TMODEL_KEY));
      DispositionReport dr = proxy.delete_publisherAssertions(
         at.getAuthInfoString(), pa);
      System.out.println("publisher assertion deleted : "+dr.success());
      proxy.discard_authToken(at.getAuthInfo());
   }
}
```

Cet exemple montre comment supprimer l'assertion selon laquelle les entités métier Services Web & compagnie et WS-I organization sont liées par une relation de type peer-peer. Bien entendu, il s'agit d'une affirmation unilatérale publiée par l'utilisateur user, responsable de l'entité métier Services Web & compagnie, qui demande à être confirmée ou infirmée par l'utilisateur qui contrôle l'entité métier WS-I organization seulement si cette assertion était auparavant validée, c'est-à-dire visible de tous les utilisateurs de l'annuaire. Si tel était le cas, la relation entre ces deux entités métier n'est plus accessible par la fonction find_relatedBusinesses. En revanche, si cette assertion n'était pas validée, elle disparaît totalement comme l'indique le résultat présenté ci-après. Voici le résultat renvoyé à l'utilisation de ce programme :

```
2 business(es) found

Services Web & compagnie
ba748c9d-73ce-4cd9-85f8-294edddcbbf0

WS-I organization
ee7a7a30-f67c-11d6-b618-000629dc0a53

publisher assertion deleted : true
```

L'usage de la fonction get_assertionStatusReport (voir section suivante) renvoie la confirmation que cette assertion a bien été supprimée :

```
no assertion(s) found
```

La fonction get_assertionStatusReport

La fonction get_assertionStatusReport permet à l'utilisateur de demander à l'opérateur du site le statut courant des assertions qui concernent les entités métier qu'il contrôle, c'est-à-dire de ses propres assertions, ainsi que des assertions publiées par les autres utilisateurs liées à ses propres entités métier.

La définition WSDL de l'opération est la suivante :

```
<operation name="get_assertionStatusReport">
   <input message="tns:get_assertionStatusReport"/>
   <output message="tns:assertionStatusReport"/>
   <fault name="error" message="tns:dispositionReport"/>
</operation>
```

Syntaxe des messages

La syntaxe du message `get_assertionStatusReport` est la suivante :

```
<get_assertionStatusReport xmlns="urn:uddi-org:api_v2" generic="2.0">
   <authInfo>String</authInfo>
   [<completionStatus>String</completionStatus>]
</get_assertionStatusReport>
```

L'élément `authInfo` contient le jeton d'authentification.

L'élément optionnel `completionStatus` permet de filtrer le contenu du rapport renvoyé par la fonction :

• La valeur `status:complete` permet de ne récupérer que les assertions validées, c'est-à-dire celles pour lesquelles les administrateurs UDDI responsables des entités métier concernées sont d'accord entre eux.

• La valeur `status:toKey_incomplete` permet de ne récupérer que les assertions incomplètes, c'est-à-dire celles dont les administrateurs UDDI responsables des entités métier référencées (par l'élément `toKey` des assertions) n'ont pas publié les assertions correspondantes nécessaires à la validation.

• La valeur `status:fromKey_incomplete` permet de ne récupérer que les assertions incomplètes, c'est-à-dire celles dont les administrateurs UDDI responsables des entités métier référencées (par l'élément `fromKey` des assertions) n'ont pas publié les assertions correspondantes nécessaires à la validation.

Cette fonction renvoie un message `assertionStatusReport` qui fournit la liste des assertions :

```
<assertionStatusReport xmlns="urn:uddi-org:api_v2" generic="2.0">
   <assertionStatusItem completionStatus="String">
      <fromKey>String</fromKey>
      <toKey>String</toKey>
      <keyedReference [tModelKey="String"] [keyName="String"] keyValue="String"/>
      <keysOwned>
         <fromKey>String</fromKey>
         <toKey>String</toKey>
      </keysOwned>
   </assertionStatusItem>
   [<assertionStatusItem/> …]
</assertionStatusReport>
```

Demander le rapport du statut courant des assertions

Exemple d'utilisation :

```java
import org.uddi4j.client.UDDIProxy;
import org.uddi4j.response.*;
import org.uddi4j.transport.TransportFactory;
import java.security.Security;
import java.util.Vector;

public class UDDIGetAssertionStatusReport1 {

   public static void main(String[] args) throws Exception {
...

      AuthToken at = proxy.get_authToken("user", "password");

      AssertionStatusReport asr =
         proxy.get_assertionStatusReport(at.getAuthInfoString(), "");
```

```
        Vector asis = asr.getAssertionStatusItemVector();
        if (asis.size() == 0) {
          System.out.println("no assertion(s) found");
        }
        else {
          System.out.println(asis.size()+" assertion(s) found\n");
          for (int i = 0; i < asis.size(); i++) {
            AssertionStatusItem asi = (AssertionStatusItem)asis.elementAt(i);
            System.out.println(asi.getFromKeyString());
            System.out.println(asi.getToKeyString());
            System.out.println(asi.getCompletionStatus());
            System.out.println("\n");
          }
        }
        proxy.discard_authToken(at.getAuthInfo());
    }
}
```

Cet exemple permet d'obtenir la situation courante des assertions préalablement posées par l'utilisateur user sur le site de l'opérateur ou éventuellement affirmées par d'autres utilisateurs relatives aux entités métier contrôlées par l'utilisateur user, quel que soit le statut de ces assertions. Voici le résultat renvoyé à l'utilisation de ce programme :

```
no assertion(s) found
```

Il n'existe aucune assertion validée, ni aucune assertion en attente de validation, pour l'utilisateur user. La section précédente a montré un exemple d'assertion en attente.

Les modalités d'utilisation des annuaires

La spécification UDDI, outre la description des différentes API, donne également quelques conseils relatifs à la mise en œuvre des annuaires, dont les sections qui suivent donnent un aperçu.

Le modèle d'invocation

La spécification UDDI décrit un modèle d'invocation standard de service Web. Normalement, l'invocation d'un service Web s'effectue à partir d'une structure d'informations de type modèle de liaison (bindingTemplate) gérée dans un système de cache.

De manière générale, la démarche de préparation d'un programme à l'invocation d'un service Web est réalisée via l'utilisation combinée des fonctions de l'API de recherche (qui représentent une implémentation des modèles conceptuels (ou *patterns*) *browse*, *drill-down* et *invocation*), en voici les étapes :

1. La première étape diffère selon le type de service Web recherché :

   – s'il s'agit d'un service particulier proposé par un partenaire identifié, il faut rechercher la business Entity du partenaire fournisseur du service Web ciblé. Ce fournisseur peut être localisé, soit via un navigateur (*browser*) d'annuaire UDDI, soit par l'intermédiaire d'un outil qui met en œuvre l'API de recherche.

– s'il s'agit d'un service banalisé proposé par de nombreux prestataires, il faut rechercher le `tModel` référencé par les implémentations des prestataires fournisseurs du service Web ciblé. Ce service type peut être localisé avec les mêmes outils que l'entité métier.

2. Il faut ensuite localiser le `bindingTemplate` recherché qui correspond à l'implémentation du service Web que l'on souhaite utiliser, soit à l'intérieur de la `businessEntity`, soit parmi les services métier qui implémentent le service type recherché. Ce modèle de liaison peut être localisé avec les mêmes outils que l'entité métier ou le service type.

3. Puis il faut préparer le programme d'accès au service Web selon les spécifications contenues dans le `tModel` associé au `bindingTemplate` localisé (format des messages, types de données, etc.).

4. Enfin, a lieu l'invocation du service Web à partir du `bindingTemplate` préalablement mis en cache.

La convention d'appel

La spécification UDDI définit également une convention d'appel d'un service Web, destinée à prévenir les problèmes de communication et de disponibilité des services et à maintenir ainsi une certaine qualité de service (*retry on failure*). Cette convention d'appel prévoit les actions suivantes :

1. Développer et mettre en place un système de cache des structures de `bindingTemplate` en runtime.

2. Lors de l'appel d'un service Web, utiliser le `bindingTemplate` mis en cache lors d'un précédent appel.

3. En cas d'échec, refaire un appel direct à l'annuaire via la fonction `get_bindingTemplate` avec la clé `bindingKey`.

4. Comparer l'information obtenue avec celle du cache : si elle est différente, refaire l'appel en échec, et s'il se passe bien cette fois, remplacer le `bindingTemplate` en cache par le nouveau.

Cette convention peut permettre d'éliminer des problèmes dus à une modification de la description du service Web (comme un changement de l'URL du point d'accès, par exemple) entre le moment où le `bindingTemplate` a été mis en cache lors d'un appel précédent et le moment où un échec a été constaté lors du dernier appel du service Web.

Si l'appel réitéré, après réactualisation du cache, essuie un nouvel échec, il s'agit vraisemblablement d'un problème plus grave de fonctionnement du service Web : serveur arrêté ou en surcharge, problèmes de réseau, temps de latence excessifs, interface du service modifiée sans préavis... Dans ce cas, l'application cliente doit remonter une exception au processus appelant ou à l'utilisateur. Dans cette configuration, il peut être intéressant d'interfacer le cache avec un système de supervision (de type Hewlett-Packard OpenView, par exemple) pour remonter une alerte applicative au niveau de l'administration du réseau.

La mise en œuvre de cette convention d'appel permet à un prestataire de services :

• de router à chaud le flux des communications vers un nouveau serveur ou un système de secours, via la modification de l'URL fournie dans la donnée `accessPoint` de la structure d'informations `bindingTemplate` ;

• de rediriger à chaud le flux des communications vers un nouveau serveur ou un système de secours, via l'ajout d'une structure de données `hostingRedirector`, laquelle permet la redirection du trafic vers une autre URL fournie dans la donnée `accessPoint` de la nouvelle structure d'informations `bindingTemplate` pointée ;

- de faire des sauvegardes de son système de production sans interrompre complètement son service.

La mise en œuvre de cette convention d'appel permet aussi à une application consommatrice de services :

- de maintenir une continuité apparente de fonctionnement face à des interruptions transitoires (mais non permanentes) des services qu'elle consomme ;

- de permuter l'opérateur d'annuaire car le système de gestion du cache se connecte initialement à un opérateur par défaut, mais en cas de problème, il peut se connecter à un autre opérateur et utiliser ainsi la sécurité offerte par la distribution et la réplication de l'annuaire.

L'utilisation des taxonomies de classification et d'identification

Les services Web peuvent être classés en catégories et recherchés en fonction de certaines informations spécifiques. Ces informations sont issues de systèmes de classification, nommés *taxonomies*, qui permettent de regrouper les services Web en catégories plus ou moins finement définies selon une sémantique propre à la taxonomie mise en œuvre.

Ces taxonomies correspondent à des besoins de classification et des sémantiques d'ordres divers. Elles peuvent correspondre à des nécessités :

- économiques ;

- administratives ;

- géographiques ;

- etc.

Les taxonomies utilisées fonctionnent généralement par imbrications successives des niveaux de classification, un peu à la manière de poupées russes. Il est ainsi possible, par effets de zoom répétés, de descendre d'un niveau très général de classification à un niveau extrêmement détaillé.

Les taxonomies peuvent être utilisées pour rechercher des structures de données de type `businessEntity`, `businessService` ou `tModel`.

De manière standard, la spécification UDDI prévoit l'utilisation possible des taxonomies :

- (NAICS - 1997) North American Industry Classification System (voir site de référence : *http://www .census.gov/epcd/www/naics.html*) ;

- (UNSPSC - 3.1 et 7) Universal Standard Products and Services Codes (voir site de référence : *http:/ /eccma.org/unspsc*) ;

- (GEO) IS0 3166 Geographic Taxonomy (voir site de référence : *http://www.iso.ch*).

Il est également possible d'utiliser d'autres référentiels de classement par identifiants. La spécification propose par exemple les taxonomies :

- Dun & Bradstreet D-U-N-S® Number (voir site de référence : *http://www.dnb.com*) ;

- Thomas Register (voir site de référence : *http://www.thomasregister.com*).

La correspondance entre WSDL et UDDI

Un annuaire UDDI a une portée universelle et n'a pas vocation à référencer uniquement des services Web accessibles de manière programmatique.

En effet, il est possible d'accéder à un `businessService` par plusieurs canaux définis dans les structures de données de type `accessPoint`. Un `accessPoint` précise, par son attribut `URLType`, le canal utilisé par le fournisseur du service pour distribuer ce service et atteindre ses clients. Les canaux standards définis par la spécification sont :

- `mailto` : accès par un canal de courrier électronique ;
- `http` : accès par un canal HTTP standard ;
- `https` : accès par un canal HTTPS sécurisé ;
- `ftp` : accès par un canal FTP ;
- `fax` : accès par un canal fax ;
- `phone` : accès par un canal téléphonique ;
- `other` : autre canal précisé par les données de la structure `tModelInstanceInfo`.

Par ailleurs, un service Web accessible de manière programmatique peut s'appuyer sur une description de type WSDL pour définir l'interface de service à mettre en œuvre. Mais il ne s'agit pas d'une obligation : d'autres systèmes de norme et de description de services peuvent être utilisés via un annuaire UDDI.

Si l'on décide d'utiliser la spécification WSDL, comment combiner le formalisme WSDL et les structures de données UDDI ?

La règle générale à appliquer consiste à :

1. utiliser l'élément `import` de la spécification WSDL ;
2. séparer les éléments de la description d'un service en « définition d'interface de service » (*service interface definition*) et en « définition d'implémentation de service » (*service implementation definition*) ;
3. décrire dans le document WSDL de définition d'interface de service les éléments réutilisables communs à une catégorie de services métier : les formats de messages, les interfaces abstraites (`portType`) et les liaisons de protocoles (`binding`) ;
4. publier le document WSDL de définition d'interface de service dans l'annuaire UDDI ;
5. publier le(s) document(s) WSDL de définition d'implémentation de service, qui référence(nt) le document générique de définition d'interface de service dans l'annuaire UDDI.

Plus précisément, le processus générique d'élaboration d'un service Web est le suivant :

1. Création du document de définition d'interface du service :

   - élaboration, par une organisation industrielle ou un groupe d'entreprises, d'un ensemble de services types ;

   - transcription de ces services types sous forme d'un ou plusieurs documents de définition d'interface de service, c'est-à-dire définition des interfaces des services et des liaisons de protocoles et publication des documents ;

– enregistrement de ces documents sous forme de structures UDDI `tModels` : le champ `overview Doc` référence ce document de *définition d'interface de service*.

2. Implémentation par les développeurs ou les éditeurs de logiciels de ces définitions de standards industriels :

– récupération de la structure UDDI `tModel` précédemment définie par un outil de développement compatible UDDI ;

– génération des proxy-services capables de prendre en charge les définitions d'interfaces et les liaisons par un outil de développement compatible WSDL.

3. Déploiement de la nouvelle implémentation via l'annuaire UDDI (privé ou public) :

– génération de la structure de données `businessService` correspondant au nouveau service par un outil de développement compatible WSDL et UDDI ;

– génération d'une structure de données `bindingTemplate` pour chaque nœud d'accès au service : l'adresse réseau à utiliser est stockée dans une structure de données `accessPoint` et représente le document WSDL de *définition d'implémentation de service* ;

– génération d'une structure de données `tModelInstanceInfo` pour chaque structure `tModel` prise en charge par la structure `bindingTemplate` ;

– génération des éventuels « descripteurs de déploiement » de services, propres à certaines implémentations du protocole SOAP : par exemple, le fichier DeployedServices.ds de l'implémentation SOAP de Apache.

Le document suivant, de la section « Best Practices » du site UDDI, donne un exemple concret de mise en œuvre de cette démarche : *Using WSDL in a UDDI Registry, Version 1.08* (voir *http://www .oasis-open.org/committees/uddi-spec/doc/bp/uddi-spec-tc-bp-using-wsdl-v108-20021110.htm*). Elle est également illustrée dans les chapitres 24 (« Architecture dynamique (UDDI) – Implémentation Java ») et 25 (« Architecture dynamique (UDDI) – Implémentation .NET ») consacrés aux études de cas.

Les implémentations d'annuaires UDDI

Les versions 1.0 et 2.0 de la spécification UDDI ont d'ores et déjà été implémentées dans un certain nombre de produits. Ces implémentations se répartissent en deux catégories : l'annuaire public et les annuaires privés.

L'annuaire public UBR

L'annonce de la constitution du projet UDDI, effectuée le 6 septembre 2000, comporte un volet relatif à la fourniture d'un annuaire public UBR (UDDI Business Registry) qui constitue une implémentation de la spécification UDDI.

Cet annuaire est accessible gratuitement via Internet par tout acteur économique. Il est lui-même implémenté comme un service Web, et il est donc possible d'y accéder de façon programmatique de la même manière que n'importe quel autre service Web.

L'annonce précise que les premières implémentations de l'annuaire seront développées et hébergées par les entreprises initiatrices de la spécification UDDI, c'est-à-dire par les sociétés Ariba, IBM et Microsoft. Ces implémentations seront interopérables entre elles et les données enregistrées par les entreprises utilisatrices seront répliquées entre les différentes implémentations. De futures implémentations interopérables sont également prévues.

En pratique, la première version de l'annuaire public est accessible (bêta tests) depuis le 16 novembre 2000 (voir annonce de Ariba : *http://www.ariba.com/company/news.cfm?pressid=428&archive=1*). Cette même annonce indique que quatre-vingt-quatorze nouvelles entreprises ont adhérées à cette initiative depuis la constitution initiale du projet : au total cent trente entreprises soutiennent le projet à cette date.

Implémentation de Ariba

De fait, l'implémentation d'Ariba n'a jamais été disponible en production. Le site de test initial de Ariba, accessible à l'adresse *https://service.ariba.com/UDDIProcessor.aw*, n'apparaît plus au moment de l'entrée en production officielle de l'annuaire UDDI 1.0, le 2 mai 2001 (voir ci-après).

La mise en ligne officielle des implémentations de Microsoft et IBM est réalisée le 2 mai 2001 (voir annonce : *http://www.uddi.org/uddipr05022001.html*). À cette date, le projet est soutenu par une communauté d'entreprises forte de deux cent soixante membres. Lors de cette communication, l'arrivée de Hewlett-Packard en tant qu'opérateur de l'annuaire public, aux côtés des opérateurs historiques IBM et Microsoft, est également annoncée. La disponibilité de l'implémentation de ce nouvel opérateur est prévue pour la fin de l'année 2001.

La disponibilité des nouvelles implémentations de l'annuaire public qui prennent en charge la version 2.0 de la spécification UDDI a été annoncée le 19 décembre 2001 (voir annonce : *http://www .uddi.org/uddipr11192001.htm*). Ces implémentations sont accessibles en bêta tests auprès des opérateurs IBM et Microsoft, qui assurent en parallèle le maintien des implémentations initiales de la spécification UDDI 1.0. À ces deux opérateurs historiques se sont joints Hewlett-Packard et SAP, afin de proposer leur propre implémentation initiale directement en version 2.0. À cette date, la communauté d'entreprises qui supportent UDDI a dépassé les trois cents membres.

Les implémentations disponibles de l'annuaire public

L'annuaire public est constitué de plusieurs implémentations qui se répliquent entre elles. La version 1.0 de l'annuaire reposait sur les implémentations d'IBM et Microsoft et la version 2.0 a été renforcée par l'arrivée de deux nouveaux partenaires.

Les implémentations accessibles

À l'heure de la rédaction de cet ouvrage, il existe donc quatre implémentations disponibles de l'annuaire public :

- l'implémentation d'IBM (opérateur UBR depuis UDDI 1.0) ;
- l'implémentation de Microsoft (opérateur UBR depuis UDDI 1.0) ;
- l'implémentation de NTT Communications (opérateur UBR depuis UDDI 2.0) ;

- l'implémentation de SAP (opérateur UBR depuis UDDI 2.0).

Ces quatre implémentations sont dédoublées en :

- annuaire public de test (sauf pour NTT Communications) ;

- annuaire public de production.

Arrivée de NTT : extension vers l'Asie

La dernière implémentation ouverte est celle de NTT Communications : elle est disponible depuis le 9 octobre 2002 (voir annonce du lancement : *http://www.ntt.com/release_e/news02/0010/1008.html*). Celle-ci est hébergée par sa filiale NTT/Verio et s'appuie sur une implémentation UDDI d'origine IBM WebSphere et DB2 (voir *http://www.ntt.com/release_e/news02/0007/0717.html*).

Les règles de fonctionnement de ces différentes implémentations sont précisées dans les conditions d'utilisation de ces sites présentées lors de l'ouverture d'un compte d'accès. Les opérateurs de l'annuaire s'engagent notamment à assurer une disponibilité permanente des sites, la réplication des informations entre implémentations et la sauvegarde des contenus.

L'ouverture d'un compte d'accès

L'inscription d'une entreprise et des services offerts par celle-ci passe par l'ouverture préalable d'un compte d'accès auprès de l'un des opérateurs de l'annuaire. L'inscription s'effectue en ligne, soit à partir du site de référence du projet UDDI à l'adresse *http://www.uddi.org/register.html*, soit directement sur le site des différents opérateurs de l'annuaire.

Toutes les opérations autres que celles de recherche et de consultation d'informations dans cet annuaire nécessitent l'utilisation d'un compte d'accès. En pratique, ce compte correspond littéralement à celui d'un administrateur UDDI.

Les comptes d'accès ne sont pas eux-mêmes répliqués entre les différentes implémentations de l'annuaire. Ils sont propres à chacun des opérateurs de l'annuaire et ne permettent pas de modifier des informations relatives à une entité métier gérée par un autre opérateur.

Lors de cette phase d'ouverture de compte d'accès, l'interface Web présente les conditions d'utilisation du site de l'opérateur. Le nouvel utilisateur consultera avec attention les droits et les devoirs qui lui incombent du fait de son inscription.

Des comptes d'accès différenciés

Cette convention présente notamment les deux niveaux de compte qui peuvent être souscrits auprès de l'opérateur :

- le compte de premier niveau, qui nécessite une identification simple, réalisée en ligne : il demande généralement le nom de l'utilisateur du compte, un numéro de téléphone, ainsi qu'une adresse de courrier électronique valide ;

- le compte de second niveau, qui nécessite un contrôle de l'identité de l'utilisateur par l'opérateur du site.

Les possibilités associées à ces deux types de comptes correspondent à des champs d'utilisation différents :

- Le compte de premier niveau est plutôt destiné à être utilisé par des entreprises personnelles (professions libérales…) ou de petites organisations (PME…). Ce niveau de compte est limité à la gestion de :

    – une structure de type `businessEntity` au plus ;

    – quatre structures de type `businessService` au plus ;

    – deux structures de type `bindingTemplate` au plus par structure `businessService` ;

    – cent structures de type `tModel` au plus ;

    – dix structures de type `publisherAssertion` au plus.

- Le compte de second niveau s'adresse aux grandes organisations, aux places de marché ou au fournisseurs de services qui offrent des prestations d'enregistrement pour un grand nombre d'entreprises clientes (*registrars*). Ces comptes ne présentent pas de limitations (sauf éventuellement contractuelles) quant au nombre de structures gérées.

Tout dépassement d'une des limites fixées dans un compte se traduit par le retour d'un message d'erreur (`E_accountLimitExceeded`) lors de l'invocation de la fonction fautive de l'API de publication.

Ces limites s'appliquent aux opérateurs de l'annuaire public. La spécification UDDI prévoit qu'elles peuvent être différentes, voire levées, dans le cadre d'implémentations privées.

Bien entendu, il est possible de débuter par un compte de premier niveau, puis de passer à un compte de second niveau, si besoin est. Une demande expresse en ce sens doit être formulée auprès de l'opérateur gestionnaire du compte de premier niveau.

Les points d'accès aux implémentations

L'ensemble des points d'accès aux implémentations Web et programmatiques des opérateurs de l'UBR sont regroupés dans le tableau 12-1.

Notes relatives aux URL des implémentations des opérateurs de l'UBR

L'implémentation gérée par Hewlett-Packard n'est plus accessible depuis la décision de Hewlett-Packard, prise en juillet 2002, d'arrêt partiel de l'activité de la division HP Middleware (voir chapitre 14 « Les plates-formes Java », section « L'offre de Hewlett-Packard : Netaction »).

L'implémentation d'IBM dispose d'un portail d'accès général Web à l'adresse *http://www-3.ibm.com/services/uddi*.

L'obtention d'un compte d'accès auprès de l'implémentation de NTT Communications n'est possible qu'en langue japonaise.

La société SAP a annoncé son nouveau statut d'opérateur de l'annuaire public, le 4 octobre 2001 (voir annonce *http://www.sap.com/company/press/press.asp?pressID=629*).

Tableau 12-1. URL des implémentations des opérateurs de l'UBR

Opérateur	Accès	Annuaire de production	Annuaire de test
Hewlett-Packard	Navigateur Web	*http://uddi.hp.com*	indisponible
	API de recherche	*http://uddi.hp.com/ubr/inquire*	indisponible
	API de publication	*https://uddi.hp.com/ubr/publish*	indisponible
IBM	Navigateur Web	*https://uddi.ibm.com/ubr/registry.html*	*https://uddi.ibm.com/testregistry/registry.html*
	API de recherche	*http://uddi.ibm.com/ubr/inquiryapi*	*http://uddi.ibm.com/testregistry/inquiryapi*
	API de publication	*https://uddi.ibm.com/ubr/publishapi*	*https://uddi.ibm.com/testregistry/publishapi*
Microsoft	Navigateur Web	*http://uddi.microsoft.com*	*http://test.uddi.microsoft.com*
	API de recherche	*http://uddi.microsoft.com/inquire*	*http://test.uddi.microsoft.com/inquire*
	API de publication	*https://uddi.microsoft.com/publish*	*https://test.uddi.microsoft.com/publish*
NTT Communications	Navigateur Web	*http://www.ntt.com/uddi*	indisponible
	API de recherche	*http://www.uddi.ne.jp/ubr/inquiryapi*	indisponible
	API de publication	*https://www.uddi.ne.jp/ubr/publishapi*	indisponible
SAP	Navigateur Web	*http://uddi.sap.com*	*http://udditest.sap.com*
	API de recherche	*http://uddi.sap.com/UDDI/api/inquiry*	*http://udditest.sap.com/UDDI/api/inquiry*
	API de publication	*https://uddi.sap.com/UDDI/api/publish*	*https://udditest.sap.com/UDDI/api/publish*

Les annuaires privés

Les entreprises initiatrices de la spécification UDDI (Ariba, IBM et Microsoft) ont prévu dès l'origine de mettre à disposition des entreprises un annuaire public distribué et répliqué qui constitue l'implémentation de référence de la spécification. Cet annuaire est donc accessible sur Internet par toute entreprise ou toute personne physique qui le souhaite. L'utilisation de l'annuaire est actuellement totalement gratuite, qu'il soit utilisé en mode consultation et recherche de services ou en mode publication de services.

Cependant, les entreprises ont besoin de l'apport d'autres implémentations d'annuaires qui ne nécessitent pas d'être accessibles via Internet. En effet, les applications Web actuelles et à venir peuvent fonctionner dans le cadre strict de l'entreprise (intranet) ou dans un cercle plus large étendu à des partenaires identifiés (clients, fournisseurs, prestataires de services, etc.) de la société (extranet).

Ces diverses architectures logicielles sont justifiées (et ont des conséquences sur la sécurité des accès, les performances réseau, etc.) pour des raisons que nous ne développerons pas ici. Dans ces différents domaines, toutes les considérations valables aujourd'hui pour les applications Web classiques restent applicables pour les nouveaux logiciels qui tirent profit des services Web.

Simplement, pour couvrir les besoins des applications intranet et extranet, les entreprises ont besoin de disposer d'annuaires UDDI privés qu'elles peuvent contrôler et administrer par leurs propres moyens.

Les implémentations d'UDDI côté serveur

C'est ainsi qu'une nouvelle génération de serveurs commence à apparaître sur le marché. Tout d'abord, les opérateurs des différentes implémentations de l'annuaire public de référence proposent un produit dérivé de leur propre infrastructure. Parmi ces produits, on peut citer :

- IBM WebSphere UDDI Registry, dont la version 1.1.1 est disponible au moment de la rédaction de cet ouvrage (voir *http://www7b.boulder.ibm.com/wsdd/downloads/UDDIregistry.html*). La similitude de l'interface Web avec celle de l'annuaire public d'IBM est frappante. Ce produit, compatible avec la spécification UDDI 2.0, fonctionne sur le serveur d'applications WebSphere Application Server 4.0.3 Advanced Edition et la base de données DB2 7.2 Fix Pack 5 (et ultérieures) et nécessite l'un des systèmes d'exploitation suivants :

  - Windows 2000 (Service Pack 1 ou ultérieurs) ;

  - Windows NT 4.0 (Service Pack 6a ou ultérieurs) ;

  - Linux (Red Hat 7.1 et SuSE 7.1 : noyaux 2.4).

- Microsoft .Net Server Family, actuellement disponible en téléchargement en version Release Candidate 2 (voir *http://www.microsoft.com/windows.netserver/default.mspx*). Cette famille de serveurs, dont le nom de code du projet était Whistler Server, constitue en fait la prochaine génération de serveurs Windows, destinée à prendre la relève de la famille actuelle de serveurs Windows 2000. Cette famille est déclinée en Web Edition, Standard Edition, Enterprise Edition et Datacenter Edition. Ces serveurs prendront en charge de manière native le *framework* .Net et les technologies associées aux services Web (SOAP, WSDL et UDDI). Les trois dernières versions prendront en charge les Enterprise UDDI Services, implémentés en code .NET (voir *http://www.microsoft.com/ windows.netserver/evaluation/overview/dotnet/uddi.mspx*).

- Hewlett-Packard proposait aussi son serveur HP Web Services Registry 2.0 (HP-WSR) (voir *http:// www.hpmiddleware.com/SaISAPI.dll/SaServletEngine.class/products/hp_web_services/registry/default.jsp*), compatible UDDI 2.0. Celui-ci intégrait également la librairie cliente UDDI4J, codéveloppée avec IBM (voir la section « Les implémentations de UDDI du côté client » ci-après), ainsi qu'un navigateur UDDI : le HP Registry Composer. La persistance des données était assurée par les bases de données Oracle 8.1.6, Microsoft SQL Server 2000 et Hypersonic SQL. Cependant, ce produit fait partie de la liste des produits dont la commercialisation est arrêtée par Hewlett-Packard (voir chapitre 14 « Les plates-formes Java », section « HP Middleware : arrêt partiel de l'activité »).

Outre ces acteurs majeurs du monde UDDI, il faut également noter la présence de nouveaux venus spécialisés dans les technologies des services Web. Voici quelques-unes de ces nouvelles sociétés :

- La société Systinet (anciennement Idoox, voir *http://www.systinet.com*) propose sa gamme de produits WASP (Web Applications and Services Platform) qui se décline en WASP Developer, WASP Server et WASP UDDI. Le produit WASP UDDI 4.5 est compatible avec la spécification UDDI 2.0 et implémente une partie des caractéristiques de UDDI 3.0 (voir *http://www.systinet.com/products/ wasp_uddi/overview*). L'annuaire WASP UDDI 4.5 de Systinet est accessible en évaluation en ligne à l'adresse *http://www.systinet.com/uddi/web*.

- La société The Mind Electric (voir *http://www.themindelectric.com*) a élaboré une plate-forme dédiée aux services Web nommée Glue (voir *http://www.themindelectric.com/glue/index.html*). Cette plate-forme, déclinée en deux versions, Glue Standard et Glue Professional, implémente la spécification

UDDI 2.0. Les deux versions implémentent une couche cliente d'accès à un annuaire UDDI. La version Glue Professional implémente un serveur UDDI 2.0, utilisable en développement, qui maintient une persistance des données de l'annuaire au format XML dans le système de fichiers de la machine qui héberge le serveur. La version Glue Standard implémente également un serveur UDDI 2.0, mais il est limité à cinq services Web. Ces deux versions seront prochainement disponibles en version 3.3.

- La société Cape Clear (voir *http://www.capeclear.com*), créée par des ex-employés de IONA Technologies, spécialiste des anciennes technologies CORBA propose un produit très orienté Enterprise JavaBeans (EJB) et CORBA : Cape Clear 4. Ce produit est une plate-forme complète de gestion de services Web qui s'appuie sur un moteur d'exécution XML. À ce titre, il intègre un serveur UDDI, ainsi qu'une librairie d'accès client.

- Oracle propose la plate-forme Oracle9*i*AS Release 2 (voir *http://www.oracle.com/ip/deploy/ias*) qui inclut, via le composant Oracle9*i*AS Containers for J2EE (OC4J), le serveur Oracle9*i*AS UDDI Registry 9.0.3 (voir *http://otn.oracle.com/tech/webservices/htdocs/uddi/content.html*). Ce serveur UDDI prend en charge la spécification UDDI 2.0. La persistance des données est gérée par une base de données Oracle, comme il se doit. Un client de test est accessible en ligne à *http://otn.oracle.com/uddi/ui/searchForm.jsp* (*Inquiry*) et à *http://otn.oracle.com/uddi/ui/publishingBase.jsp* (*Publish*).

- La société Novell (voir *http://www.novell.com*), vient tout juste d'annoncer son nouvel annuaire Nsure UDDI Server (voir *http://www.novell.com/news/press/archive/2002/12/pr02087.html*), qui est construit au-dessus de sa technologie d'annuaire eDirectory. Ce nouveau produit implémente la spécification UDDI 2.0.

- La société Acumen Advanced Technologies (voir *http://www.acumentechnologies.com/site.asp*), a été la première société à proposer un serveur UDDI implémenté au-dessus d'un annuaire LDAP 3.0 : AUDDI-Standard Edition, actuellement disponible en version 1.2.

Nouvelles implémentations ou réutilisation des annuaires LDAP ?

En matière de développement des nouveaux serveurs UDDI, deux courants sont apparus : certains acteurs ont réalisé de nouveaux produits (IBM, Microsoft, etc.) dont la persistance est assurée par des bases de données relationnelles, d'autres ont considéré que les annuaires LDAP étaient suffisamment proches, d'un point de vue conceptuel, des annuaires UDDI pour permettre une capitalisation sur les produits LDAP existants (Novell, Acumen, etc.). Enfin, certains ont préféré une voie médiane qui s'appuie sur les deux technologies : bases de données pour le stockage des structures de données UDDI et LDAP pour la sécurisation des accès (Systinet).

Novell a soumis à l'IETF, en mai 2002, une proposition de schéma de représentation des types de données UDDI dans un annuaire LDAP v3.0 (voir *LDAP Schema for UDDI http://www.ietf.org/internet-drafts/draft-bergeson-uddi-ldap-schema-01.txt*). En décembre 2002, Novell a rendu disponible un nouveau serveur Nsure UDDI Server qui exploite sa technologie d'annuaire eDirectory.

Les implémentations d'UDDI côté client

L'accès à ces différents serveurs est possible via de nombreuses implémentations de la spécification UDDI côté client.

Parmi ces implémentations, on peut citer :

- le SDK UDDI v1.5 for Visual Studio 6 de Microsoft, qui prend en charge l'accès à un annuaire UDDI 1.0 pour les développeurs qui utilisent l'ancienne version de Visual Studio (voir *http://msdn.microsoft.com /downloads/default.asp?URL=/downloads/sample.asp?url=/MSDN-FILES/027/001/893/msdncompositedoc.xml*) ;

- le SDK UDDI .NET v1.76 bêta de Microsoft, qui nécessite le framework .NET 1.0 version 1.0.3705 (inclus dans Visual Studio .NET final release) et prend en charge UDDI 1.0 (voir *http://msdn.microsoft .com/downloads/default.asp?url=/downloads/sample.asp?url=/MSDN-FILES/027/001/814/msdncompositedoc.xml*) ;

- le SDK UDDI .NET v2.0 bêta 1 de Microsoft, qui nécessite le framework .NET 1.0 version 1.0.3705 (inclus dans Visual Studio .NET final release) et prend en charge UDDI 2.0 (voir *http://msdn.microsoft .com/downloads/default.asp?url=/downloads/sample.asp?url=/MSDN-FILES/027/001/874/msdncompositedoc.xml*) ;

- l'Office XP Web Services Toolkit 2.0 de Microsoft, une boîte à outils qui apporte l'accès aux annuaires UDDI à la suite bureautique de Windows XP, directement sous l'éditeur VBA (voir *http://www .microsoft.com/office/developer/webservices/default.asp*) ;

- le paquetage UDDI4J d'IBM, qui est utilisé pour tous les exemples présentés dans ce chapitre, est disponible sur le site d'IBM developerWorks dédié aux projets Open Source, dans la section consacrée aux projets Open Source sous licence IBM Public License, à l'adresse *http://oss.software .ibm.com/developerworks/projects/uddi4j*. Il est également inclus dans divers produits dédiés aux services Web, ainsi que dans les environnements de développement WebSphere Studio Application Developer (dédié aux développeurs d'applications Java) et WebSphere Studio Site Developer (dédié aux développeurs de sites et d'applications Web) ;

- l'environnement d'exécution IBM WSTK (Web Services Toolkit), qui fait aussi appel au paquetage UDDI4J, est disponible sur le site d'IBM alphaWorks dédié aux technologies émergentes à l'adresse *http://www.alphaworks.ibm.com/tech/webservicestoolkit*, il est actuellement téléchargeable en version 3.3.

À côté de ces « poids lourds » de la spécification UDDI, il faut également noter d'autres implémentations disponibles séparément ou incluses dans des produits :

- le paquetage Java Open Source jUDDI (voir *http://www.juddi.org*), initié à l'origine par des membres de la société Bowstreet, qui implémente la version 2.0 d'UDDI ;

- la société Cape Clear (voir *http://www.capeclear.com*), qui à travers son produit Cape Clear 4, offre également une implémentation cliente d'UDDI (« UDDIDirect ») ;

- la société Sun Microsystems (voir *http://java.sun.com/xml/downloads/jaxr.html*), qui à travers son implémentation Java API for XML Registries (JAXR) v1.0_02, offre également une API cliente UDDI, cette implémentation est disponible via la distribution Java Web Services Developer Pack ou Java XML Pack ;

- la société Inspire It (voir *http://www.inspireit.biz*), qui propose une implémentation cliente compatible UDDI 3.0 (voir *http://www.inspireit.biz/products/products.jsp*) : UDDI Client 1.0.

Les annuaires de tests

Le développement des nouvelles générations d'applications Web fondées sur la mise en œuvre de services nécessite également de disposer d'annuaires dédiés aux phases de réalisation et de tests du cycle de développement de cette nouvelle catégorie d'applications.

Comme nous l'avons vu précédemment, les initiateurs de la spécification UDDI ont prévu de dédoubler leurs implémentations respectives de l'annuaire public UDDI afin de fournir l'infrastructure nécessaire aux architectes et aux développeurs pour leur permettre :

• d'évaluer les premiers outils de développement disponibles (au stade alpha ou bêta de développement) ;

• d'évaluer les plates-formes d'implémentation de l'annuaire ;

• de réaliser des développements spécifiques dans le cadre d'une cellule de veille technologique ;

• de réaliser des développements initiaux destinés à passer en production (projets pilotes).

Ces plates-formes de tests sont accessibles avec un compte d'accès comme pour l'annuaire de production. Ce compte d'accès peut être le même que celui qui est utilisé en production, mais pour des raisons pratiques évidentes, il est préférable de les dédoubler.

À la différence des annuaires de production, ces annuaires de tests ne sont pas répliqués entre eux.

A l'instar de l'annuaire public qui offre des zones de production et de test, les infrastructures d'annuaires privés, étudiées précédemment, doivent également pouvoir être dédoublées en zone de production et zone de test (séparation des environnements de production et de développement).

Les nouveautés introduites par UDDI 3.0

L'organisation UDDI avait prévu de délivrer une troisième version de la spécification en décembre 2001, puis de soumettre cette ultime version de la spécification à un organisme de normalisation encore à déterminer (voir support *UDDI Roadmap* de la présentation du projet du 6 septembre 2000 : *http://www.uddi.org/pubs/UDDI_Overview_Presentation.ppt*).

Ce calendrier initial n'a pas été respecté, le communiqué de presse relatif à la mise en ligne des implémentations de la spécification UDDI 2.0 en bêta tests l'a confirmé en annonçant la sortie de la proposition publique (*draft*) de la spécification UDDI 3.0 pour 2002 (voir *http://www.uddi.org/ uddipr11192001.htm*).

L'annonce effective de la publication de la spécification UDDI 3.0 est finalement intervenue le 30 juillet 2002 (voir annonce : *http://www.uddi.org/news/uddi_news_07_30_02.html*). Cette même annonce a également été l'occasion de communiquer le nom de l'organisme de standardisation choisi in fine par la communauté UDDI pour prendre le contrôle de l'évolution de la spécification UDDI : ce choix s'est finalement porté sur l'OASIS.

Cette annonce a été immédiatement suivie, le 6 août 2002, par la publication de la formation du comité technique OASIS UDDI Specification Technical Committee (UDDI-spec), chargé de poursuivre les travaux de la communauté UDDI selon les procédures propres à l'OASIS (voir *http://lists.oasis-open.org/archives/tc-announce/200208/msg00002.html*). Le site d'accueil de ce comité est accessible à *http:// www.oasis-open.org/committees/uddi-spec*.

Lors de sa première réunion, le comité technique a décidé, le 13 septembre 2002, de proposer la candidature de la spécification UDDI 2.0 au statut de standard OASIS. La version 3.0 n'a pas été retenue en raison du manque de recul des membres du comité par rapport à cette dernière version. Cette version n'est pas encore implémentée, notamment par les membres de l'UBR, et quelques implémentations privées partielles commencent seulement à apparaître (Systinet WASP UDDI 4.5, par exemple).

La liste des fonctionnalités d'UDDI 3.0 est publiée dans le document *UDDI Version 3 Features List* (voir *http://uddi.org/pubs/uddi_v3_features.htm*). Parmi celles-ci, nous pouvons relever :

- le maintien des clés entre annuaires : partage de données entre annuaires (notions de topologies d'annuaires, d'annuaires racines et affiliés), transformation des clés au format UUID en format URI selon un schéma identique à celui des noms DNS ;

- la prise en charge de la signature numérique ;

- l'introduction de la notion de politique (ou charte) de gestion d'un annuaire (*policy*) ;

- des améliorations du modèle d'information : catégorisation possible des modèles de liaison, introduction d'une nouvelle structure de données opérationnelles (operationalInfo) qui contient des métadonnées de gestion des autres entités, utilisation possible de plusieurs documents overview Doc au lieu d'un seul, prise en charge de catégorisations plus complexes, extension du modèle d'information UDDI possible via le mécanisme de dérivation d'XML Schema, amélioration des schémas UDDI, amélioration de la prise en charge de l'internationalisation et des langues, modification du fonctionnement des points d'accès et du support des descriptions WSDL ;

- des capacités de recherche étendues : requêtes imbriquées, nouveaux qualificateurs de recherche, alignement de l'usage du caractère joker sur la norme SQL, gestion de pagination pour les grandes listes (*chunking*) ;

- l'introduction d'une API de notification des changements intervenus dans un annuaire ;

- des améliorations dans la gestion d'annuaire : introduction d'une API de transfert de la conservation et de la propriété des informations entre nœuds, amélioration du schéma et de l'API de réplication, amélioration de la validation de taxonomies externes.

La version 3.0 de la spécification UDDI est matérialisée par l'évolution des documents de référence publiés lors de la mise en ligne de la version 2.0.

Les documents de la version 2.0 :

- *UDDI Version 2.04 API Specification* (voir *http://uddi.org/pubs/ProgrammersAPI-V2.04-Published-20020719.pdf*) ;

- *UDDI Version 2.03 Data Structure Reference* (voir *http://uddi.org/pubs/DataStructure-V2.03-Published-20020719.pdf*) ;

- *UDDI Version 2.03 Replication Specification* (voir *http://uddi.org/pubs/Replication-V2.03-Published-20020719.pdf*) ;

- *UDDI Version 2.01 Operator's Specification* (voir *http://uddi.org/pubs/Operators-V2.01-Published-20020719.pdf*) ;

ont été remplacés par l'unique document *UDDI Version 3.0 Published Specification, 19 July 2002* (voir *http://uddi.org/pubs/uddi-v3.00-published-20020719.pdf*).

Conclusion

L'évolution de la spécification UDDI est maintenant passée sous le contrôle de l'OASIS. La spécification UDDI 2.0 est sur le point de devenir un standard OASIS.

La réunion plénière (*Face-to-face Meeting*) du comité technique OASIS qui s'est tenue dans les locaux de SAP America à Philadelphie, les 11 et 12 novembre 2002, a été l'occasion de dresser la liste des thèmes qui devront être abordés dans l'optique de la publication de la future version 4.0 de la spécification UDDI (voir la section 1.12 « Future spec. content Items » des minutes de la réunion : *http://lists.oasis-open.org/archives/uddi-spec/200211/doc00008.doc*). Cette liste est conséquente et montre bien le rôle très important que la spécification UDDI sera amenée à jouer dans le contexte de la pile des protocoles de base des services Web.

Troisième partie

Les plates-formes opérationnelles

13

Principes de mise en œuvre

Quels sont les principes qui doivent guider l'utilisateur dans la mise en œuvre d'une architecture à base de services Web ? Quelles sont les technologies disponibles ? Quelles plates-formes de déploiement faut-il adopter ? Quels environnements de développement faut-il utiliser ? Quels sont les changements introduits dans les architectures de systèmes d'information ? Comment le principe de l'interopérabilité entre plates-formes est-il acquis ? Quelles sont les difficultés qui subsistent ?

Autant de questions auxquelles le présent chapitre et les suivants vont tenter d'apporter des réponses et permettre ainsi d'appréhender les diverses facettes introduites par l'apparition de ces nouvelles technologies.

Les plates-formes

La première remarque que nous pouvons faire à propos de la technologie des services Web consiste à préciser qu'il ne s'agit pas d'une technologie « révolutionnaire », mais plutôt que nous nous trouvons en présence d'une technologie « évolutionnaire », en ce sens qu'elle n'est pas destinée à remplacer une ou plusieurs technologies existantes, mais plutôt à cohabiter et coexister avec les éléments préexistants du patrimoine applicatif des entreprises.

Certes, il devient possible de définir et de mettre au point de nouvelles architectures de services exclusivement fondées sur les différentes composantes technologiques introduites par les services Web (Web Services Generation II), mais dans la pratique, le premier besoin des entreprises reste et restera de protéger l'investissement conséquent déployé au fil des années, voire des décennies pour les plus grandes d'entre elles. De ce fait, ce que recherchent ces entreprises avant tout, ce sont les briques technologiques qui leur permettent de développer de nouvelles extensions, souvent vitales, de leurs systèmes d'information, capables de fonctionner harmonieusement avec les briques antérieures, les fameux systèmes patrimoniaux (*legacy systems*). Elles désirent par ailleurs communiquer plus facilement avec les systèmes d'information de leurs partenaires : clients, fournisseurs, sous-traitants, etc.

Cette activité d' « urbanisation des systèmes d'information » s'est trouvée ralentie ces dernières années du fait de l'absence de technologies capables de relever le défi de la connexion des systèmes d'information entre entités économiques hétérogènes à travers Internet. Bien sûr, une première vague de technologies, essentiellement propriétaires et souvent très coûteuses, a permis d'assurer la prise en compte d'une partie des besoins.

Cependant, l'arrivée d'XML a provoqué un déclic. En effet, outre l'aspect premier de standardisation de documents, la possibilité d'utiliser XML pour communiquer des méta-descriptions (de données, de documents, de procédures…) a ouvert des horizons nouveaux. En fait, des technologies plus anciennes telles que l'EDI (Electronic Data Interchange) et l'EAI (Enterprise Application Integration) sont appelées à être remplacées par une nouvelle vague technologique que certains nomment déjà IAI (Internet Application Integration).

À ce jour, le très grand nombre d'implémentations du protocole de transport SOAP, qui, rappelons-le encore, n'est pas le seul protocole de transport utilisable du point de vue de la spécification WSDL, rend le nombre de plates-formes virtuellement utilisables en tant qu'environnements d'exécution de services Web quasiment illimité. Un petit détour par le site de ressources *SoapWare.org*, qui recense les implémentations SOAP existantes (voir *http://www.soapware.org/directory/4/implementations*), suffit pour se rendre à l'évidence. Cependant, la nécessité de rationaliser le parc applicatif des entreprises, déjà en cours, conduira inévitablement à une montée en puissance d'un nombre limité de plates-formes.

La plupart des analystes s'accordent à penser que deux plates-formes s'arrogeront la plus grosse part du marché dans ce domaine :

- la plate-forme J2EE de Sun et de la communauté JCP, désormais mature ;

- la plate-forme .NET de Microsoft, encore jeune, mais déjà très prometteuse.

Deux études récentes illustrent cette évolution probable. L'étude *North American Developer Survey*, réalisée auprès de huit cents développeurs canadiens et américains, en mars/avril 2002, par Evans Data Corporation (*http://www.evansdata.com*), montre que 28 % d'entre eux utilisent la plate-forme .NET contre 27 % pour la plate-forme J2EE. Par ailleurs, près de la moitié d'entre eux prévoient d'utiliser un mélange d'applications Java et .NET dans leurs sociétés respectives. L'étude *Microsoft Steps Into the Ring - Application Delivery Strategies* du META Group (*http://www.metagroup.com*), publiée en mars 2002, tend à montrer que la part de marché de la plate-forme .NET atteindrait 30 %, tandis que celle de la plate-forme J2EE se stabiliserait à hauteur de 40 % en 2004. La stabilisation entre ces deux plates-formes interviendrait en 2005/2006. Cette évolution des parts de marché serait en grande partie due à la demande en matière de services Web.

.NET

Cette plate-forme technologique constitue le résultat d'un intense effort de spécification de ses composants de base au sein de l'ECMA (European Computer Manufacturers Association). Cette activité, menée dans le cadre des comités techniques de l'ECMA, a abouti à la publication, en décembre 2001 :

- du langage C# (standard ECMA-334), à partir de soumissions de Hewlett-Packard, Intel et Microsoft ;

- de l'infrastructure commune de langages CLI (Common Language Infrastructure), standard ECMA-335.

> **Comité technique 39 (TC39) de l'ECMA**
>
> Les sociétés membres du comité technique 39 (TC39), en charge de la standardisation de ces éléments, étaient : Alcatel, Callscan, Compaq, Hewlett-Packard, IBM, Microsoft, Netscape et Sun Microsystems. D'autres sociétés ont également contribué à cette standardisation, telles Fujitsu Software, Hewlett-Packard, Intel Corporation, ISE, Monash University, OpenWave et Plum Hall.

Ces deux standards ont été soumis au comité ISO/IEC JTC 1 (comité technique des technologies de l'information) et sont à l'état de projets de norme :

- comité JTC 1/SC 22 – Spécification du langage C# : projet ISO/IEC DIS 23270 (voir *http:// www.iso.org/iso/fr/stdsdevelopment/techprog/workprog/TechnicalProgrammeProjectDetailPage.TechnicalProgram-meProjectDetail?csnumber=36768*) ;

- comité JTC 1/SC 22 – Infrastructure commune de langages : projet ISO/IEC DIS 23271 (voir *http://www.iso.org/iso/fr/stdsdevelopment/techprog/workprog/TechnicalProgrammeProjectDetailPage.TechnicalPro-grammeProjectDetail?csnumber=36769*).

Ces standards sont sur le point de devenir des normes ISO (étape publication atteinte le 27 février 2003). Le site de Microsoft regroupe les références associées à ce processus de normalisation, ainsi que les liens des sites miroirs des partenaires engagés dans le processus (voir *http://msdn.microsoft.com/ net/ecma/default.asp*).

Microsoft et Corel ont co-développé une implémentation des constituants de la plate-forme .NET dont les sources sont maintenant téléchargeables, sous le régime de la licence source partagée (Microsoft shared source license : voir *http://www.microsoft.com/resources/sharedsource/default.mspx*). Cette implémentation (nom de code « Rotor ») peut être utilisée à des fins éducatives et de recherche. Elle est opérationnelle sous les systèmes d'exploitation Windows XP, FreeBSD et Mac OS X (voir *http:// msdn.microsoft.com/downloads/default.asp?url=/downloads/sample.asp?url=/MSDN-FILES/027/002/097/msdncom-positedoc.xml*).

D'autres versions portées de Rotor vont fatalement apparaître dans les prochains mois. Déjà, un premier portage vers Linux Red Hat 7.2 et 7.3 est annoncé par Shaun Bangay, professeur associé au département des sciences de l'université de Rhodes en Afrique du Sud. Le code source de ce portage est actuellement hébergé sur la plate-forme d'O'Reilly Network (voir *http://www.oreillynet.com/cs/weblog/ view/wlg/1602*).

À partir de ce socle standardisé, nommé *framework* .NET, Microsoft a construit une offre technologique apte à prendre en charge et à permettre le développement et le déploiement de services Web. Toute la gamme de produits existants est en cours d'évolution afin de prendre en compte l'arrivée des technologies issues de XML et plus particulièrement les services Web et le *framework* .NET. Cette partie de l'offre de Microsoft restera bien entendu la partie commerciale sur laquelle la société appuie sa croissance.

Pour compléter le tableau, il faut également citer les initiatives suscitées par la présente standardisation ECMA et la future normalisation ISO dans le monde de l'Open Source. En effet, ces caractéristiques n'ont pas manqué d'attirer l'attention de certains acteurs dans ce domaine. Des projets tels que

DotGNU (*http://dotgnu.org*) ou Mono (*http://www.go-mono.com*), lancés par la société Ximian (*http://www.ximian.com*), visent à s'approprier les éléments importants de la plate-forme .NET et à produire des implémentations susceptibles de fonctionner sur des configurations autres que Windows, comme Linux, FreeBSD ou Mac OS X, par exemple.

J2EE

Le développement de la plate-forme Java/J2EE, piloté par Sun Microsystems au travers de la communauté JCP (Java Community Process), est maintenant parvenu à un stade de maturité satisfaisant, preuve en est l'espacement de plus en plus important entre les versions majeures de la plate-forme. Cette plate-forme, dont le point d'entrée des ressources est situé à *http://java.sun.com/j2ee*, est maintenant utilisée par une très grande population de développeurs.

Le salon JavaOne 2001 avait été l'occasion pour Sun Microsystems d'annoncer que la prochaine version de la plate-forme J2EE (1.4) intégrerait les implémentations des technologies destinées au support des services Web. Malheureusement, il semble que les développements de cette plate-forme soient plus lents que prévu, comme le montre la très récente disponibilité des paquetages (*packages*) intermédiaires JAX Pack et Java Web Services Development Pack (WSDP), et il est maintenant certain que la nouvelle plate-forme J2EE 1.4 ne sera pas disponible avant l'été 2003. La version 1.4 bêta de ce SDK J2EE est cependant disponible depuis le 6 novembre 2002 (voir *http://java.sun.com/j2ee/download.html#sdk*).

Il semble que le retard initial soit dû au fait que Sun, en dépit du fait que le langage XML ait été co-inventé par l'un de ses ingénieurs, Jon Bosak, n'ait pas cru au succès et au potentiel de cette nouvelle technologie et ait plutôt orienté ses efforts vers la technologie EJB. Ceci s'est traduit dans les faits par une arrivée tardive d'analyseurs syntaxiques XML et XSL dans l'offre de Sun, bien après celle d'IBM et d'autres acteurs dans ce domaine.

Dans la pratique, le support de JAXP dans l'offre de Sun n'est intervenu qu'à partir de la version J2EE 1.3 (voir *roadmap* publiée lors du salon JavaOne 2001 : *http://java.sun.com/javaone/javaone2001/pdfs/2155.pdf*) et de la version J2SE 1.4 sortie au début de l'année 2002. Le support de ces technologies dans J2SE 1.4 est réalisé via le nouveau mécanisme des standards endossés (*endorsed standards*) : voir *http://java.sun.com/j2se/1.4/docs/guide/standards*. La prochaine version de J2SE (version 1.5, nom de code « Tiger »), prévue pour le deuxième semestre de l'année 2003, devrait intégrer une mise à jour de l'API JAXP ainsi que l'apparition des API JAXB et JAX-RPC (voir roadmap publiée lors du salon JavaOne 2002 : *http://servlet.java.sun.com/javaone/resources/content/sf2002/conf/sessions/pdfs/1756.pdf*).

En ce qui concerne la plate-forme J2EE 1.4, le salon JavaOne 2002 n'a pas donné d'indications en termes de date de disponibilité (voir roadmap publiée lors du salon JavaOne 2002 : *http://servlet.java.sun.com/javaone/resources/content/sf2002/conf/sessions/pdfs/3243.pdf*). De la lecture de ce document, il en ressort une information très claire : c'est le rythme d'avancement du paquetage Java Web Services Development Pack (WSDP) qui déterminera la date de disponibilité de J2EE 1.4. En attendant, les développeurs et éditeurs de produits sont invités à patienter en incorporant le nouveau paquetage dans leurs environnements de développement et d'exécution existants si le besoin s'en fait sentir.

Le résultat, de ce qu'il faut bien qualifier de « retard à l'allumage » du moteur XML et technologies dérivées chez Sun, ne s'est pas fait attendre et s'est manifesté par l'apparition de diverses implémentations Java plus ou moins propriétaires des différentes spécifications qui régissent le monde XML, et plus récemment, les évolutions liées à l'apparition des services Web. Ces nouvelles implémentations des spécifications SOAP, WSDL et UDDI ont été le fait de grandes sociétés comme IBM et Hewlett-Packard par exemple, de communautés Open Source comme Apache et de nombreuses start-ups comme The Mind Electric, Systinet, Cape Clear pour n'en citer que quelques-unes.

La conséquence de la situation ainsi créée est que l'entreprise qui s'est déjà investie dans les technologies Java/J2EE et qui souhaite poursuivre dans les nouvelles technologies de services Web est contrainte, soit de différer son investissement, soit de choisir parmi les différentes implémentations disponibles à ce jour, mais susceptibles de disparaître ou d'être rachetées par d'autres acteurs.

C'est ainsi, par exemple, que les deux premiers serveurs d'applications J2EE capables de prendre en charge des services Web, c'est-à-dire WebSphere 4.0 et WebLogic 6.1, ont dû faire appel à des implémentations de composants développés par eux-mêmes ou disponibles auprès de la communauté Open Source. WebSphere s'appuie par exemple sur les analyseurs syntaxiques Xerces et Xalan d'Apache reconditionnés par IBM. WebLogic s'appuie également sur l'analyseur syntaxique Xerces.

Fort heureusement, les implémentations disponibles actuellement sont déjà efficaces et opérationnelles. Par exemple, les produits Glue de The Mind Electric ou CapeConnect de Cape Clear sont capables de fonctionner comme des plates-formes autonomes ou bien de s'intégrer dans des serveurs J2EE de manière très simple, que ceux-ci soient très répandus comme WebLogic et WebSphere ou moins connus. En outre, ils montrent de très bonnes performances en exécution.

Le choix d'une plate-forme

Le choix d'une plate-forme est dicté par la prise en compte de nombreuses considérations liées à la présence ou non d'un parc applicatif préexistant, de choix d'architectures déjà effectués ou non, de la culture technologique de l'entreprise, etc.

Une entreprise déjà fortement engagée dans l'une ou l'autre de ces technologies poursuivra vraisemblablement son évolution dans la même direction. À l'inverse, une société pas encore très engagée pourra être amenée à effectuer des choix. Pour autant, contrairement à la situation qui prévalait dans le passé, ce choix n'est plus aussi cornélien.

Primauté du concept de service

En effet, contrairement à ce que nous avons connu ces dernières années, les conflits « idéologiques » entre les tenants de l'architecture COM/DCOM et ceux de l'architecture CORBA d'abord, et Java/J2EE ensuite, n'intéressent plus grand monde.

L'arrivée des nouvelles technologies de services Web permet de s'abstraire des particularités et autres incompatibilités entre ces deux (ou trois) anciens mondes. Le chapitre 2 (« Le contrat de service ») décrit parfaitement la nouvelle situation : le concept de *service* est passé au premier plan. Le concept de *composant logiciel*, sous-tendu par les architectures COM/DCOM, CORBA ou J2EE, se trouve relégué au second plan et réduit à un rôle *dépendant*, *banalisé* et *interchangeable*.

Il résulte de ce changement que les technologies de production de composants logiciels ne constituent plus des éléments structurants en matière d'architecture de systèmes d'information : l'utilisation de l'une ou l'autre de ces technologies n'est plus qu'un *choix d'implémentation* effectué par le responsable de l'implémentation d'un nouveau service. Il est d'ailleurs symptomatique de constater que les éditeurs spécialisés dans les logiciels de support aux services Web considèrent les applications issues des technologies COM/DCOM, CORBA ou J2EE comme des systèmes patrimoniaux d'entreprise (*legacy systems*).

Interopérabilité plutôt que portabilité

Du coup, ce qui était extrêmement coûteux autrefois, via l'utilisation de ponts CORBA/COM, puis Java/COM, relativement complexes et difficiles à mettre en œuvre, devient aujourd'hui beaucoup plus simple à réaliser. Certes, il existe encore des difficultés à surmonter (voir à ce sujet le chapitre 17 consacré au défi de l'interopérabilité) et des évolutions à réaliser, notamment dans les domaines de la gestion de processus métier complets, des transactions et de la prise en compte des impératifs de sécurité. Le support complet du concept de service n'est donc pas encore acquis.

Malgré tout, nous percevons peu à peu le fait que l'édifice commence à être solide, qu'après les spécifications initiales, les premières normes sont sur le point d'être publiées (W3C, OASIS) et que, les crises des nouvelles technologies aidant, le mouvement va bien dans le sens d'une couverture des besoins réels des entreprises, et non plus dans le sens d'une protection des parcs installés (matériels et logiciels), des positions acquises ou à acquérir et au final d'un manque de concurrence et d'un immobilisme latent.

En effet, les évolutions introduites par les technologies de production de composants logiciels ont permis aux entreprises de se dégager partiellement de l'emprise des éditeurs de logiciels et des fabricants de matériels, notamment du fait de l'accroissement de la *portabilité* des logiciels. Cependant, cette portabilité n'est pas encore totale (difficultés de transfert et d'installation d'une application EJB d'un serveur d'applications J2EE vers un autre, par exemple) et peut être remise en cause à tout instant.

Malheureusement, il apparaît clairement aujourd'hui que la seule prise en compte de cette caractéristique de portabilité est insuffisante pour couvrir les besoins des entreprises et les rendre plus indépendantes de leurs fournisseurs. À la volonté de rationalisation des configurations matérielles et logicielles, voulue par les responsables informatique des sociétés, s'opposent les mouvements de concentration et de fusion des entreprises. De ce fait, la *nature hétérogène* des logiciels (bases de données, langages de programmation, modèles de composants…) et des matériels (parcs installés, systèmes d'exploitation, etc.) à l'intérieur des entreprises impose de trouver d'autres réponses. De même, les besoins d'intégration de processus métier entre entreprises augmentent, et la probabilité que les configurations matérielles et logicielles des entreprises concernées soient homogènes reste faible.

La réponse qui se dessine aujourd'hui consiste à accepter cette situation et à favoriser plutôt l'*interopérabilité* des éléments constitutifs du patrimoine logiciel et matériel existant de l'entreprise. À quoi sert-il d'engloutir des budgets colossaux dans un projet de refonte globale du système d'information, refonte qui sera à reprendre au premier changement dans la situation de l'entreprise (absorption, fusion, etc.) ? Quel sera le retour sur investissement d'un tel projet ?

L'interopérabilité, plus que la portabilité : tel est le credo actuel des entreprises et des éditeurs de logiciels. Interopérabilité dans l'entreprise, mais aussi entre entreprises via Internet, interopérabilité entre langages de programmation (plus de programmes Java qui ne savent dialoguer qu'avec d'autres programmes Java), interopérabilité entre modèles de composants (plus de composants COM qui ne savent interagir qu'avec d'autres composants COM), interopérabilité entre systèmes d'exploitation, etc.

Support du concept de service

Les technologies de services Web favorisent donc cette caractéristique d'interopérabilité entre implémentations (logicielles et matérielles). La portabilité n'est plus un critère structurant dans l'architecture du système d'information, mais un choix d'implémentation. Le concepteur d'un service peut choisir de mettre au point une implémentation de service portable ou non. Du point de vue des clients de ce futur service, cela n'a aucune espèce d'importance. En revanche, ce qui est primordial dans une telle architecture, est que cette implémentation respecte totalement les spécifications et les normes qui régissent les services Web : seul le respect de ces règles garantit l'interopérabilité. D'où l'importance accordée à cette question par les principaux acteurs de ce domaine et la création d'un organisme (WS-I) spécialement chargé d'établir et de veiller au respect des règles d'interopérabilité (voir chapitre 17 : « Le défi de l'interopérabilité »).

Ce qui devient structurant aujourd'hui est donc le support du concept de service. L'élément clé est la prise en compte de cette notion dans l'architecture du système d'information et dans le choix des logiciels qui participent au fonctionnement de ce système. Il convient donc d'être extrêmement vigilant quant au support des nouvelles spécifications par les éditeurs d'environnements d'exécution et de développement. Les chapitres qui suivent dévoilent l'offre technologique des principaux éditeurs qui soutiennent le concept de service Web.

Il faut également noter le rôle grandissant du mouvement Open Source dans le cadre de l'activité bouillonnante suscitée par l'émergence des technologies liées aux services Web. Il suffit, pour s'en rendre compte, d'observer l'intense implication de la communauté Apache, par exemple, à travers ses sous-projets liés aux technologies XML et SOAP (Xalan, Xerces, Axis…), ou bien l'émergence de la communauté Eclipse dans le domaine des environnements de développement, ou bien encore l'apparition de divers projets d'implémentation des spécifications .NET standardisées ou de la spécification UDDI.

La description (WSDL) d'un service comme pivot

Quelle que soit la plate-forme d'exécution retenue, l'important est que celle-ci sache manipuler des documents XML et plus particulièrement WSDL. C'est en effet par eux que passe désormais l'interopérabilité entre systèmes hétérogènes et ce sont ces documents qui permettent le découplage indispensable entre composants, sous-systèmes et systèmes d'information.

L'interface de communication avec un service Web est formellement décrite dans le document WSDL. Ce document constitue donc le pivot de la communication qui pourra s'établir entre le fournisseur du service et le(s) demandeur(s) du service.

Comme nous l'avons vu précédemment dans le fonctionnement d'un annuaire UDDI public ou privé, la référence de la description abstraite du service peut être détenue par une tierce partie. Cependant, ceci n'est pas une obligation. Un service peut être offert et utilisé dans le cadre d'une relation bilatérale, sans que d'autres acteurs interviennent dans cette relation.

Description en tant que spécification

En tant que telle, la description WSDL d'un service peut être vue comme une spécification de ce service. Cette spécification peut relever de différentes natures : technique, fonctionnelle, métier… L'origine de cette spécification peut également être très diversifiée : elle peut provenir d'un acteur économique isolé, d'une entité de normalisation internationale ou nationale, d'un organisme de représentation d'un secteur économique ou associatif, d'une instance méthodologique interne à une entreprise, etc.

Description en tant que documentation

Plus qu'une spécification d'un service Web, le document WSDL constitue également un référentiel documentaire précieux. En effet, il s'agit d'un document qui décrit une interface de système, un peu au même titre que le rôle joué par une classe d'interface dans le *framework* J2EE ou .NET. Sa portée est cependant plus grande, dans la mesure où, non seulement il donne des informations relatives au niveau applicatif et programmatique via la description des messages échangés et des types de données qui interviennent dans la communication, mais aussi et surtout il informe des protocoles de transport pris en charge et des formats de message reconnus.

Il est symptomatique de voir que la simple publication en ligne de tels documents sur des sites portails comme XMethods (*http://www.xmethods.com*) ou SalCentral (*http://www.salcentral.com*) est suffisante pour réaliser les développements nécessaires à l'accès aux services décrits via ces documents. Les sections qui suivent vont illustrer toutes les possibilités ouvertes à travers l'exploitation des documents WSDL par une nouvelle génération d'outils et d'environnements de développement.

IBM a même poussé l'analogie avec la documentation Javadoc en proposant dans son environnement de développement de services Web Services Toolkit, un outil de transformation de document WSDL dans un format HTML proche de celui offert par la plate-forme Java.

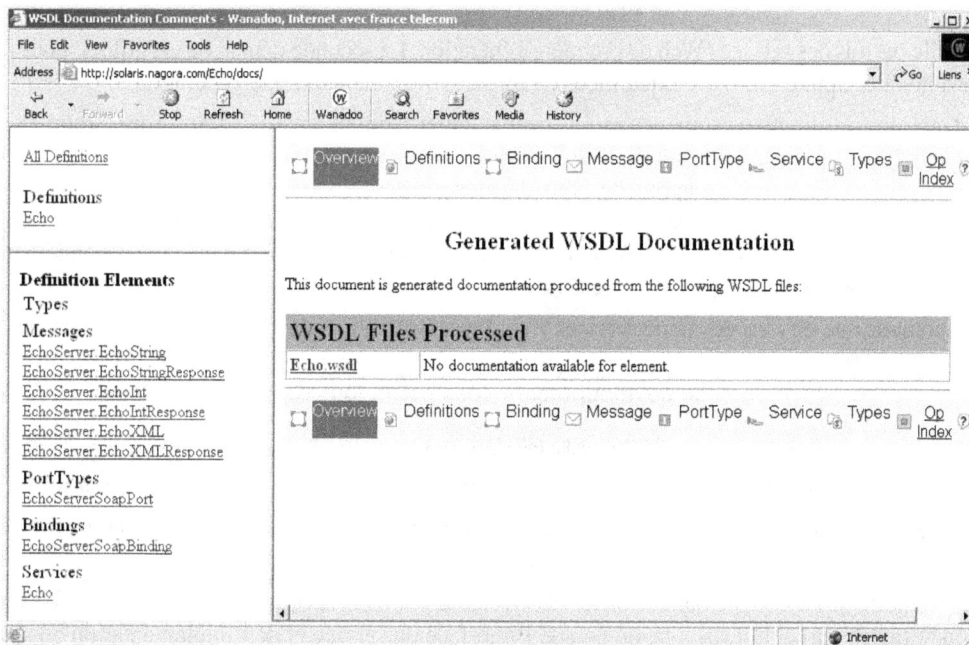

Figure 13-1

Document WSDL du service Web Echo généré par l'outil wsdldoc.bat d'IBM.

Cet outil `wsdldoc.bat` est accessible dans le sous-répertoire `bin` de la boîte à outils WSTK. Il suffit de lui spécifier les paramètres nécessaires, dont la liste des fichiers WSDL à traiter et le répertoire de destination de la documentation générée. Par exemple, si nous utilisons cet assistant en lui passant en paramètre le fichier `Echo.wsdl` généré dans la section « Transformer un composant en service », plus loin dans ce chapitre, par le produit SOAP Toolkit de Microsoft, nous obtenons un ensemble de fichiers au format HTML, dont la page d'index est reproduite figure 13-1.

Une fois ce document généré, l'utilisateur peut naviguer aisément entre les différents éléments du document WSDL d'origine en cliquant simplement sur les liens correspondants : définitions de services, types, messages, liaisons, services types, etc.

Méthodes de développement

En première approximation, la description WSDL d'un service Web peut être produite de deux manières :

- soit à partir d'un élément du patrimoine applicatif existant de l'entreprise (rétroconception à partir d'une classe Java ou C++, d'un composant COM, CORBA ou EJB…), et la description est alors généralement obtenue par introspection du code exécutable ou par inspection des descripteurs de déploiement ;
- soit par production directe à partir d'un éditeur WSDL ou par génération à partir d'un logiciel de conception.

De manière schématique, la première démarche est celle qui est utilisée à des fins d'intégration et/ou de restructuration de systèmes d'information. Elle est mise en œuvre pour produire ce que l'on appelle parfois des services Web de première génération. La seconde démarche est utilisée pour réaliser de nouvelles applications Web qualifiées de services Web de deuxième génération.

En pratique, la situation est un peu moins simple. Peter Brittenham d'IBM Software Group a produit, en mai 2001, un document intitulé *Web Services Development Concepts (WSDC 1.0)*. Ce document décrit plus précisément « l'approche pour développer des services Web, du point de vue du développeur d'un fournisseur de services et du développeur d'un client de ces services ». Le document s'achève en faisant le lien entre les concepts décrits et leur application dans un environnement Java (voir *http://www-3.ibm.com/software/solutions/webservices/pdf/WSDC.pdf*).

Du point de vue du fournisseur de services Web, Peter Brittenham décrit les quatre situations suivantes :

Méthodes de développement vues par le fournisseur de services

	Nouvelle interface de service	Interface de service existante
Nouvelle implémentation	Approche *green field*	Approche *top-down*
Implémentation existante	Approche *bottom-up*	Approche *meet-in-the-middle*

La méthode de développement d'un service Web, du point de vue du fournisseur du service Web, est conditionnée par la préexistence ou non de l'interface du service et de l'implémentation du service :

- L'approche *green field* (que l'on peut traduire par « départ de zéro ») est la situation la plus simple, où rien n'existe et tout est à faire : dans cette situation, le développeur crée l'implémentation du nouveau service Web, à partir de laquelle il génère ensuite l'interface. Dans cette situation, l'interface et l'implémentation sont la propriété du fournisseur du service.

- L'approche *top-down* est utilisée lorsque l'interface du service est déjà définie. Dans cette situation, le développeur produit une nouvelle implémentation de cette interface, éventuellement à l'aide d'un générateur de code. Cette situation est susceptible de se produire lorsque l'interface du service est standardisée par une autorité métier par exemple. Dans ce cas, seule l'implémentation est la propriété du fournisseur du service.

- L'approche *bottom-up* correspond à la situation inverse : ici, c'est l'implémentation du service Web qui existe déjà (il peut s'agir d'une classe Java ou C++, d'un composant COM, CORBA ou EJB, etc.). Dans cette situation, le développeur expose une nouvelle interface, éventuellement à l'aide d'un générateur de code, la plupart du temps par introspection du code exécutable ou par inspection des descripteurs de déploiement. Dans cette situation, l'interface et l'implémentation sont la propriété du fournisseur du service.

- L'approche *meet-in-the-middle* correspond à la situation où l'interface du service existe déjà et où l'application qui sera utilisée pour l'implémenter existe également. Dans cette situation, le développeur doit établir une correspondance entre l'interface de l'application et celle du service : ceci peut être facilité par l'écriture d'une classe d'encapsulation (*wrapper*) de l'implémentation du service existant. Dans ce cas, seule l'implémentation est la propriété du fournisseur du service.

Du point de vue du consommateur de service Web, Peter Brittenham décrit trois situations possibles :

Méthodes de développement vues par le consommateur de service

	Liaison statique	Liaison dynamique
Construction	Liaison statique	Liaison dynamique à la construction
Exécution	n/a	Liaison dynamique à l'exécution

La méthode de développement d'un client du service Web, du point de vue du consommateur du service Web, est conditionnée par la méthode de liaison (statique ou dynamique) au service Web utilisée par le client. La liaison est réalisée via la génération d'un proxy-service à partir de l'interface du service :

- La liaison statique est utilisée lorsqu'une seule implémentation du service est utilisée en exécution. Dans cette situation, la liaison est générée à la construction à partir de la définition de l'implémentation de l'unique service mis en œuvre qui référence l'interface du service à utiliser pour la génération.

- La liaison dynamique à la construction est utilisée lorsque l'interface de service est connue à la construction, mais pas l'application qui implémente cette interface, qui ne sera connue qu'à l'exécution.

- La liaison dynamique à l'exécution est utilisée lorsque l'interface de service n'est connue qu'à l'exécution. Dans ce cas, lorsque l'interface est découverte, le proxy-service est généré et compilé à la volée, puis exécuté dans la foulée.

Comme nous venons de le voir, il n'existe pas une méthode universelle de développement d'un service Web, côté fournisseur ou côté client, mais bien plusieurs méthodes selon la situation dans laquelle nous nous trouvons. Aucune de ces méthodes ne fait appel aux mêmes outils de développement. La suite de ce chapitre illustre certaines des démarches de développement que nous venons de décrire et montre comment peuvent être utilisés certains de ces environnements.

WSDL dans la pratique

En pratique, lorsque le document WSDL ne fait pas l'objet d'un standard ou d'une négociation entre fournisseur et demandeur, le développeur de services Web n'a pas vocation à le rédiger lui-même. La production de ce document est généralement prise en charge via l'utilisation de générateurs qui s'appliquent au service qu'il vient de développer et mettre au point.

Ces générateurs sont en effet capables d'exprimer une description en format WSDL à partir, d'une part d'une implémentation particulière d'un service, écrit par exemple en langage Java ou C#, et d'autre part de directives de génération (telles que, par exemple, l'espace de noms auquel est rattachée l'implémentation du service).

Ces outils sont souvent également couplés à des générateurs de proxy-objets ou proxy-services qui réalisent dans la pratique l'appel réel des implémentations des services décrits ainsi que la récupération du résultat de l'appel de ces services. La génération de ces proxy-services, suivant la plate-forme utilisée, peut être réalisée de manière statique, c'est-à-dire durant la phase de développement du projet Web, ainsi les proxy-services font partie intégrante des livrables de cette phase. Les plates-formes Microsoft .NET ou IBM WSTK (Web Services Tool Kit) offrent cette possibilité. Cette génération peut également être effectuée à la volée, de manière dynamique, au moment même de l'invocation du service. La plate-forme d'exécution est dans ce cas capable de générer automatiquement le proxy-service qui correspond à la description WSDL du service invoqué, puis d'appeler automatiquement le proxy-service ainsi généré. Le produit Glue de la société The Mind Electric prend en charge ce mode de fonctionnement.

Transformer un composant en service

Une première manière de créer un service Web consiste à prendre pour base de travail un composant existant, écrit dans un langage classique et intégré dans une plate-forme d'exécution classique. La technique consiste à analyser les primitives d'appel de ce composant, généralement par introspection ou étude de son descripteur de déploiement, puis à générer à l'aide d'un assistant (*wizard*), le document WSDL qui représentera la future description de service et permettra d'invoquer les primitives du composant que le concepteur du service aura choisi d'exposer.

Nous allons illustrer cette démarche au travers de deux outils qui offrent cette caractéristique :

- le Microsoft SOAP Toolkit ;
- le CapeStudio de Cape Clear.

Microsoft SOAP Toolkit 2.0 SP2 et 3.0

L'un des premiers outils de génération de documents WSDL disponibles est apparu dans le SOAP Toolkit de Microsoft. Celui-ci est destiné à permettre le développement de services Web sur les plates-formes logicielles Windows existantes, c'est-à-dire qui ne disposent pas, de manière native, des capacités offertes par le *framework* .NET. Le SOAP Toolkit est disponible en version 2.0 Service Pack 2 (voir *http://msdn.microsoft.com/code/default.asp?url=/code/sample.asp?url=/msdn-files/027/001/580/msdncomposite-doc.xml*) et une nouvelle version 3.0 plus évoluée est apparue durant l'été 2002 (voir *http://msdn.micro-soft.com/downloads/default.asp?URL=/downloads/sample.asp?url=/msdn-files/027/001/948/msdncompositedoc.xml*).

C'est la version 2.0 Service Pack 2 qui est ici mise en œuvre. Cette version du SOAP Toolkit est compatible avec les plates-formes d'exécution suivantes :

- objets clients SOAP : Windows 98, Windows ME, Windows NT 4.0 Service Pack 6, et Windows 2000 Service Pack 1 ;

- objets serveurs SOAP : Windows 2000 et Windows NT 4.0 Service Pack 6, soit sous forme d'un filtre ISAPI (Internet Server API), soit sous forme de pages ASP (Active Server Pages).

Cet outil, en réalité un assistant de génération graphique, permet de générer et d'exposer les services offerts par des composants COM développés par n'importe quel atelier de développement. L'assistant génère la description WSDL du service ainsi proposé, la description WSML (Web Services Meta Language) propre à Microsoft qui décrit la liaison (*mapping*) entre la description des méthodes du service en format WSDL et l'appel des fonctions équivalentes du composant COM.

Le premier écran affiché par cet outil (voir figure 13-2) permet le nommage du service qui va être créé. Ce nom sera utilisé pour créer les fichiers WSDL et WSML correspondants. Le second champ de saisie est utilisé pour désigner la localisation du composant COM qui constitue l'implémentation du service en cours d'élaboration et qui sera ainsi encapsulé. Ici, le service Web sera nommé Echo et son implémentation est fournie par la dll (Dynamic Link Library), EchoSvcRpcCpp.dll stockée dans le répertoire C:\Program Files\MSSOAP\Samples\Echo\Service\Rpc\CppSrv\ReleaseUMinDependency.

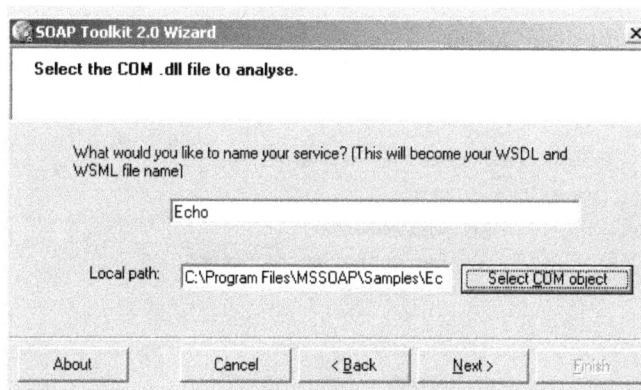

Figure 13-2

Page de sélection du composant COM à encapsuler.

L'écran de l'assistant présenté figure 13-2 propose une liste des méthodes du composant COM parmi lesquelles le concepteur du service Web doit choisir celles qui seront exposées via son service. Ici, les méthodes EchoString, EchoInt et EchoXML ont été sélectionnées.

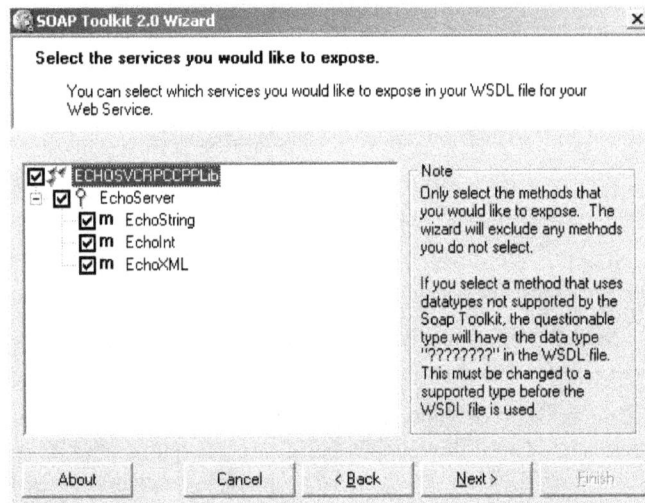

Figure 13-3

Page de sélection des méthodes exposées.

La procédure s'achève par la sélection du type d'objet à l'écoute des requêtes des futurs utilisateurs du service Web (SOAP *listener*) : cet objet peut être soit un filtre ISAPI, soit une page ASP. L'URI d'accès au listener SOAP doit également être fourni dans cet écran. Enfin, le concepteur du service peut sélectionner la version de l'espace de noms de la spécification XML Schema (1999, 2000 ou 2001).

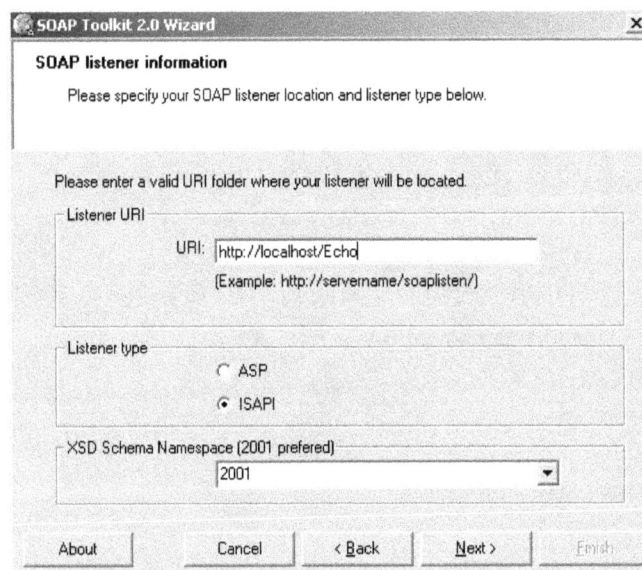

Figure 13-4

Page de localisation du listener SOAP.

Le dernier écran de l'assistant permet de choisir l'encodage à utiliser pour la production du fichier WSDL (UTF-8 ou UTF-16), ainsi que le répertoire où seront stockés les fichiers générés.

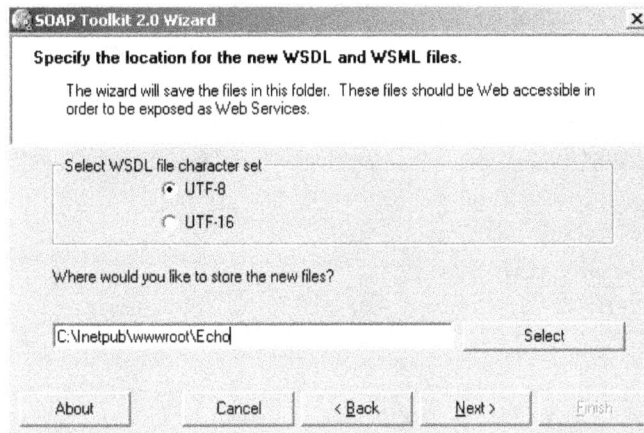

Figure 13-5

Page de localisation des fichiers générés.

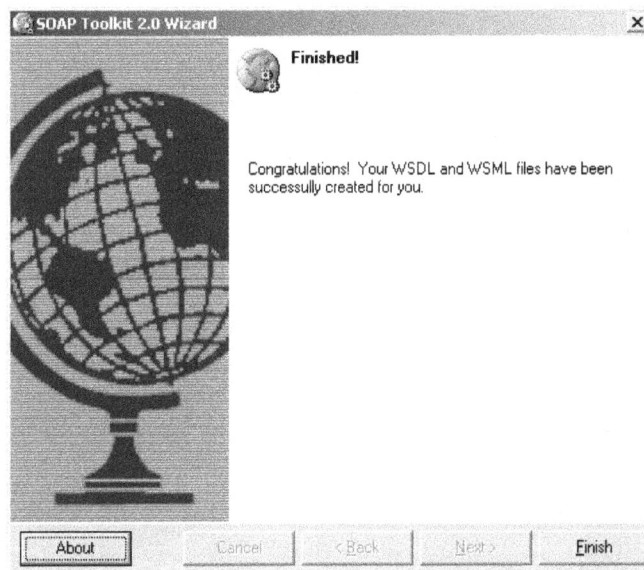

Figure 13-6

Page de confirmation de la génération des fichiers.

Finalement, la mise en œuvre de cet assistant aura permis de rendre accessible cet objet serveur écrit en C++ à partir d'Internet et cela de manière très simple.

Le résultat de l'utilisation de cet assistant est matérialisé par la production de trois fichiers situés dans le répertoire C:\Inetpub\wwwroot\Echo :

- le fichier Echo.asp : constitue le proxy-service ;
- le fichier Echo.wsdl : contient la description du service Web ;
- le fichier Echo.wsml : contient le *mapping* d'accès au serveur COM.

Cet outil graphique de génération de proxy-services est doublé par un outil utilisable en mode ligne de commande ou dans des fichiers de scripts : wsdlstb.exe.

La représentation WSDL ainsi générée, à partir de l'implémentation C++ du serveur, est présentée ci-après.

Déclarations des espaces de noms :

```
<?xml version='1.0' encoding='UTF-8' ?>
<!-- Generated 03/02/02 by Microsoft SOAP Toolkit WSDL File Generator, Version 1.00.623.0 -->
<definitions name ='Echo'
    targetNamespace = 'http://tempuri.org/wsdl/'
    xmlns:wsdlns='http://tempuri.org/wsdl/'
    xmlns:typens='http://tempuri.org/type'
    xmlns:soap='http://schemas.xmlsoap.org/wsdl/soap/'
    xmlns:xsd='http://www.w3.org/2001/XMLSchema'
    xmlns:stk='http://schemas.microsoft.com/soap-toolkit/wsdl-extension'
    xmlns='http://schemas.xmlsoap.org/wsdl/'>
```

Définition des types de données :

```
<types>
  <schema targetNamespace='http://tempuri.org/type'
    xmlns='http://www.w3.org/2001/XMLSchema'
    xmlns:SOAP-ENC='http://schemas.xmlsoap.org/soap/encoding/'
    xmlns:wsdl='http://schemas.xmlsoap.org/wsdl/'
    elementFormDefault='qualified'>
    <complexType  name ='EchoServer.EchoXML.Result'>
      <sequence>
        <any minOccurs='0' maxOccurs='unbounded' namespace='#any'
          processContents='skip'/>
      </sequence>
    </complexType>
    <complexType  name ='EchoServer.EchoXML.X'>
        <sequence>
          <any minOccurs='0' maxOccurs='unbounded' namespace='#any'
            processContents='skip'/
        </sequence>
      </complexType>
    </schema>
  </types>
```

Déclaration des messages :

```
<message name='EchoServer.EchoXML'>
  <part name='X' type='typens:EchoServer.EchoXML.X'/>
</message>
<message name='EchoServer.EchoXMLResponse'>
  <part name='Result' type='typens:EchoServer.EchoXML.Result'/>
```

```
  </message>
<message name='EchoServer.EchoInt'>
  <part name='I' type='xsd:int'/>
</message>
<message name='EchoServer.EchoIntResponse'>
  <part name='Result' type='xsd:int'/>
</message>
<message name='EchoServer.EchoString'>
  <part name='S' type='xsd:string'/>
</message>
<message name='EchoServer.EchoStringResponse'>
  <part name='Result' type='xsd:string'/>
</message>
```

Déclaration de l'ensemble d'opérations prises en charge (*Port Type*) :

```
<portType name='EchoServerSoapPort'>
  <operation name='EchoXML' parameterOrder='X'>
    <input message='wsdlns:EchoServer.EchoXML' />
    <output message='wsdlns:EchoServer.EchoXMLResponse' />
  </operation>
  <operation name='EchoInt' parameterOrder='I'>
    <input message='wsdlns:EchoServer.EchoInt' />
    <output message='wsdlns:EchoServer.EchoIntResponse' />
  </operation>
  <operation name='EchoString' parameterOrder='S'>
    <input message='wsdlns:EchoServer.EchoString' />
    <output message='wsdlns:EchoServer.EchoStringResponse' />
  </operation>
</portType>
```

Définition de la liaison avec le protocole de transport SOAP pour cet ensemble :

```
<binding name='EchoServerSoapBinding' type='wsdlns:EchoServerSoapPort' >
  <stk:binding preferredEncoding='UTF-8'/>
    <soap:binding style='rpc'
      transport='http://schemas.xmlsoap.org/soap/http' />
  <operation name='EchoXML' >
    <soap:operation soapAction='http://tempuri.org/action/EchoServer.EchoXML'
    />
    <input>
      <soap:body use='encoded' namespace='http://tempuri.org/message/'
        encodingStyle='http://schemas.xmlsoap.org/soap/encoding/' />
    </input>
    <output>
      <soap:body use='encoded' namespace='http://tempuri.org/message/'
        encodingStyle='http://schemas.xmlsoap.org/soap/encoding/' />
    </output>
  </operation>
```

```
    <operation name='EchoInt' >
      <soap:operation soapAction='http://tempuri.org/action/EchoServer.EchoInt'
      />
      <input>
        <soap:body use='encoded' namespace='http://tempuri.org/message/'
          encodingStyle='http://schemas.xmlsoap.org/soap/encoding/' />
      </input>
      <output>
        <soap:body use='encoded' namespace='http://tempuri.org/message/'
          encodingStyle='http://schemas.xmlsoap.org/soap/encoding/' />
      </output>
    </operation>
    <operation name='EchoString' >
      <soap:operation
        soapAction='http://tempuri.org/action/EchoServer.EchoString' />
      <input>
        <soap:body use='encoded' namespace='http://tempuri.org/message/'
          encodingStyle='http://schemas.xmlsoap.org/soap/encoding/' />
      </input>
      <output>
        <soap:body use='encoded' namespace='http://tempuri.org/message/'
          encodingStyle='http://schemas.xmlsoap.org/soap/encoding/' />
      </output>
    </operation>
  </binding>
```

Définition du service Web et d'un port accessible par le protocole SOAP :

```
<service name='Echo' >
  <port name='EchoServerSoapPort' binding='wsdlns:EchoServerSoapBinding' >
      <soap:address location='http://myservername/Echo/Echo.ASP' />
  </port>
</service>
</definitions>
```

L'espace de noms par défaut : « http://tempuri.org »

Le document généré utilise des préfixes associés à des espaces de noms dont la valeur (URI) débute par la chaîne de caractères *http://tempuri.org*. Cette chaîne de caractères est générique et produite lors de chaque utilisation du générateur. Il convient bien entendu de retoucher le document WSDL généré afin de rendre ces espaces de noms uniques et appropriés à chacun des services Web ainsi décrits.

Le nouveau document généré par l'utilitaire SOAP Microsoft peut maintenant être appelé directement à partir du programme client EchoCliRpcVb.exe fourni dans l'exemple Echo du toolkit. Ce programme, écrit en Visual Basic récupère le document WSDL à l'adresse fournie par l'utilisateur, effectue une analyse syntaxique du document et réalise l'invocation des méthodes du service, en passant les paramètres fournis via l'interface à destination du serveur qui implémente ce service (ici, le listener SOAP en technologie ASP, généré en même temps que le document WSDL).

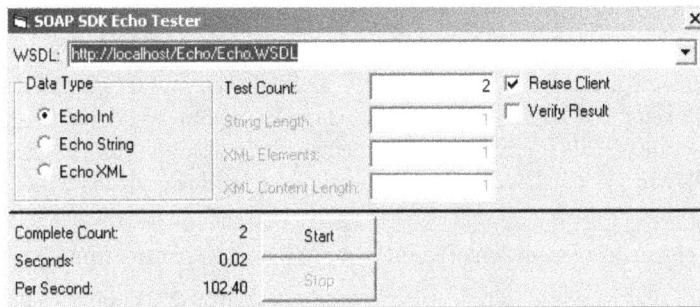

Figure 13-7

Application du client de test au document WSDL généré.

Cape Clear CapeStudio 3.0.1

La société Cape Clear, basée à Dublin et créée en septembre 1999 par d'anciens dirigeants de IONA Technologies, a été l'une des premières entreprises à proposer un environnement d'exécution, Cape-Connect, apte au déploiement de services Web. Cette plate-forme est maintenant complétée par un studio, nommé CapeStudio, dont l'objectif est de permettre la conception, le développement et le déploiement de services Web à partir de composants existants.

La plate-forme de Cape Clear, d'emblée spécialisée dans l'encapsulation de composants CORBA et EJB, du fait de l'origine des créateurs de la société, est désormais capable de déployer des services Web issus de composants Java purs ou COM.

Plus précisément, le générateur WSDL prend en charge les EJB 1.0, 1.1 et 2.0. Il génère également les fichiers WSML propres aux composants COM de Microsoft. Cet outil exploite les fichiers IDL de description d'interfaces des objets CORBA. Pour les composants Java, il peut utiliser un ou plusieurs fichiers JAR qui contiennent les composants. Lorsque les composants Java ou CORBA utilisent des types de données complexes, le générateur produit également un fichier de liaison correspondant (*mapping*). Les différents types de composants ne peuvent pas être mixés dans un même service Web.

Ces produits sont compatibles avec de nombreuses plates-formes d'exécution dont :

- Microsoft Windows NT 4.0 SP6a, Windows 2000 SP1 ou SP2 ;
- Sun Solaris 2.6 et 2.8 ;
- Linux Red Hat 7.2 ;
- Sun JDK 1.3.1_0x ;
- BEA WebLogic Enterprise 5.1 ;
- BEA WebLogic Server 5.1 et 6.1 ;
- IBM WebSphere Application Server 3.5, 4.0 et ultérieures ;
- iPlanet Application Server 6.5 ;
- IONA Orbix 2000 2.0 (C++ and Java) ;
- IONA OrbixWeb 3.2 ;
- Borland VisiBroker 4.5 (Java and C++), etc.

L'offre de Cape Clear vient d'évoluer à nouveau et la version 4 est maintenant disponible (voir *http:// www.capeclear.com/products*).

Nous allons illustrer avec quelle simplicité le CapeStudio permet de générer le fichier WSDL qui correspond à l'exemple d'EJB Transfer inclus dans le produit WebSphere Application Server 4.0 d'IBM. Cet exemple d'EJB implémente deux méthodes de gestion d'un compte, préalablement créé par un autre EJB Account présent dans la démonstration d'IBM. Ces deux méthodes implémentent les fonctions suivantes :

- getBalance permet d'obtenir le solde du compte passé en paramètre ;

- transferFunds réalise le transfert d'un certain montant entre deux comptes passés en paramètres.

L'atelier CapeStudio regroupe toutes les fonctions nécessaires à la gestion de projets, à la conception, au développement, à l'intégration et au déploiement de services Web (voir figure 13-8).

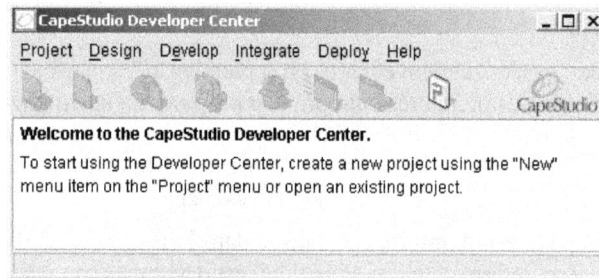

Figure 13-8
Écran d'accueil de CapeStudio.

La première étape consiste à créer, à l'aide du menu Projet, un projet de service Web que nous intitulerons Transfer_WAS.

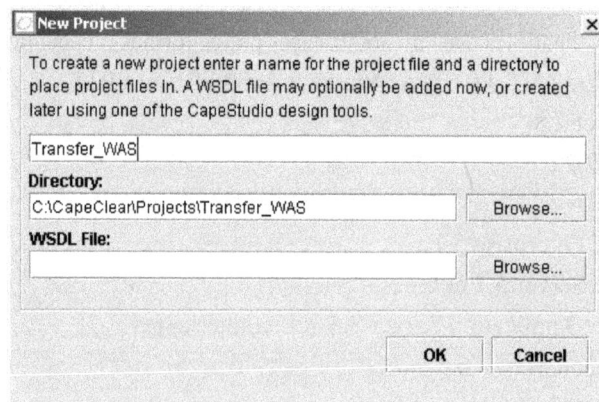

Figure 13-9
Création du projet Transfer_WAS.

Lors de la création d'un projet, il est également possible de préciser d'emblée la localisation d'un fichier WSDL existant.

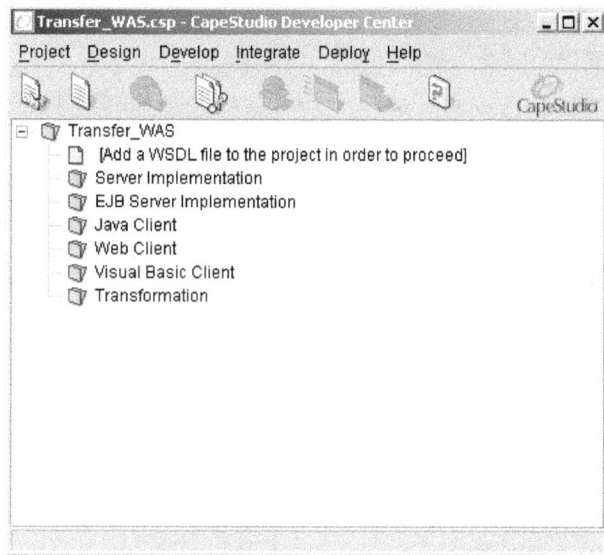

Figure 13-10

Éléments du projet Transfer_WAS.

L'écran figure 13-10 présente les différents éléments d'un projet de service Web sous CapeStudio. Celui-ci est constitué des composants suivants :

• un ou plusieurs documents WSDL ;

• une implémentation serveur du service Web gérée par CapeConnect ;

• une implémentation serveur EJB du service Web gérée par CapeConnect ;

• un client Java de test du service Web ;

• un client Web de test du service Web ;

• un client Visual Basic de test du service Web ;

• un outil de transformation de documents XML (XSLT).

La génération d'un document WSDL à partir d'un composant existant est réalisée via l'utilisation du menu Design/Generate WSDL From Java/J2EE/CORBA... Cette action permet de choisir le type de composant que l'on souhaite encapsuler (EJB, Java ou CORBA). Pour notre exemple, il s'agit d'un composant EJB dont la localisation est précisée par l'intermédiaire du bouton Add. Il est possible de fournir ici plusieurs fichiers d'archives Java (JAR). Dans notre cas, le seul fichier nécessaire est situé dans l'arborescence des exemples de WebSphere Application Server 4.0 : C:\WebSphere\AppServer\installedApps\Samples.ear\AccountAndTransferEJBean.jar.

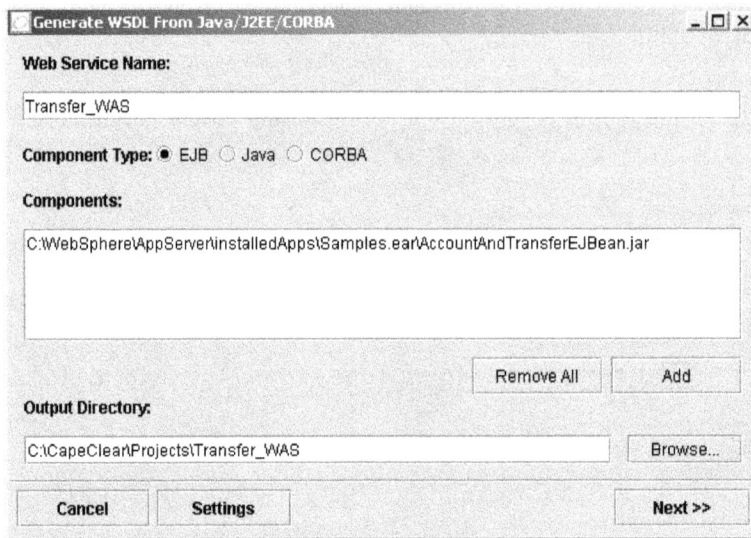

Figure 13-11

Récupération du fichier JAR de WebSphere 4.0.

L'écran figure 13-12 permet de sélectionner les composants EJB que l'on souhaite utiliser pour la phase de génération, ainsi que les interfaces qui doivent être exposées.

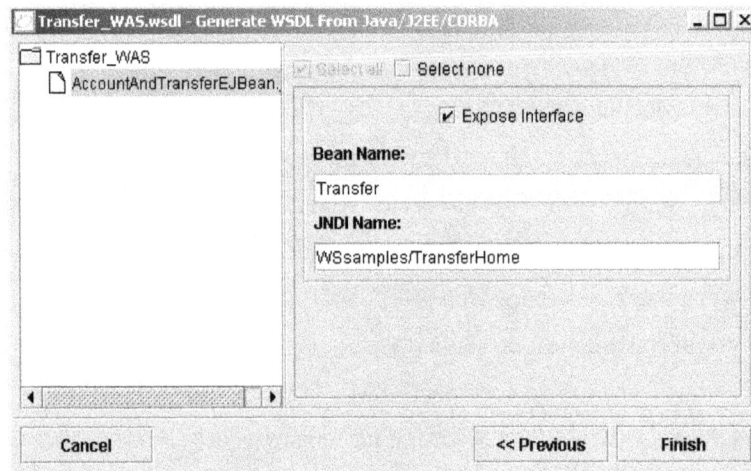

Figure 13-12

Sélection des composants EJB à exposer.

Le nom JNDI est proposé à partir de l'élément `ejb-name` du descripteur de déploiement du composant EJB, sauf pour le serveur WebLogic pour lequel il est récupéré de l'élément `jndi-name` du fichier `weblogic-ejb-jar.xml`. Dans notre exemple, il doit être remplacé par `WSsamples/TransferHome` tel que le précise la commande `dumpNameSpace.bat` de WebSphere. L'étape suivante du processus consiste à assembler les éléments nécessaires au déploiement final du service ainsi constitué (*packaging*). Les éléments qui entrent dans la composition d'un tel assemblage peuvent être :

- le fichier WSDL ;
- un fichier WSML en cas d'encapsulation d'un composant COM ;
- un fichier de mapping de types (extension .map) propres à CapeStudio ;
- des composants Java ;
- des souches CORBA (*stubs*).

Cet assemblage est produit sous la forme d'un fichier WSAR (Web Service Archive). La génération de cette archive est déclenchée par l'utilisation du menu Deploy/Package… Dans notre exemple, seul le fichier WSDL généré est nécessaire au fonctionnement du service Web qui va être déployé.

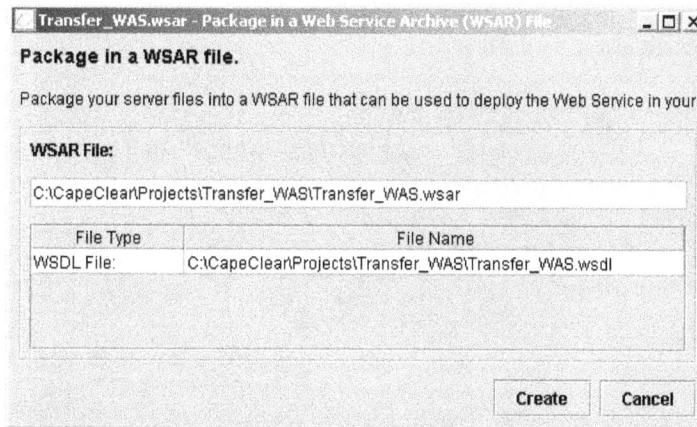

Figure 13-13

Génération de l'archive WSAR du service Web.

Il ne reste plus qu'à publier le nouveau service Web vers la plate-forme d'exécution CapeConnect, en charge de l'exploitation des services Web déployés. Cette publication du service est réalisée via le menu Deploy/Deploy Service…

L'écran suivant permet de spécifier si toutes les interfaces présentes dans le projet doivent être exécutées sur le même serveur ou sur des serveurs différents. Il est possible en effet que certains composants nécessaires au fonctionnement du service Web conçu soient opérationnels sur des plates-formes d'exécution différentes. Cet écran propose également de réaliser un déploiement sécurisé du nouveau service Web.

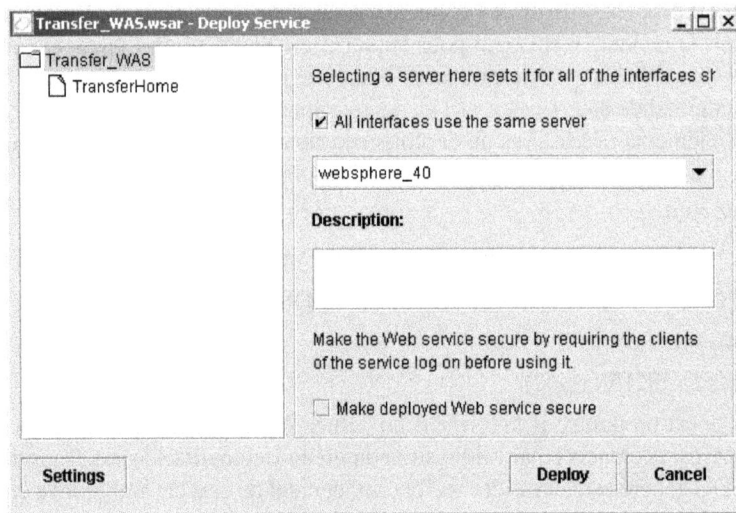

Figure 13-14

Choix du serveur d'exécution du composant EJB.

En cas de publication partielle des fonctions proposées par le service Web, il est possible de sélectionner les ports WSDL correspondants par l'intermédiaire de l'écran représenté figure 13-15.

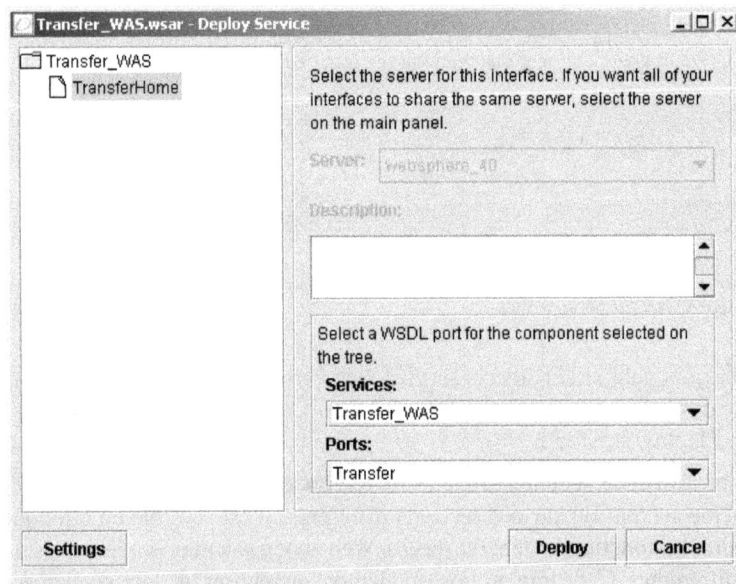

Figure 13-15

Sélection des ports exposés par le service Web.

Une fois le service Web déployé sur la plate-forme CapeConnect, celui-ci peut être immédiatement testé. Après avoir préalablement démarré le serveur WebSphere, il est possible d'effectuer ce test via le menu Deploy/Web Service Tester. Pour cela, il suffit de créer deux comptes avec l'outil de démonstration de WebSphere : par exemple, un compte n°123456 dont le solde est de 12 000 €, et un compte n°654321 crédité de 24 000 €.

Figure 13-16

Création de deux comptes sur le serveur WebSphere.

La bonne exécution, par exemple, de la méthode `transferFunds` du service Web en passant comme paramètres la somme de 4 000 € du compte n°654321 vers le compte n°123456, saisis directement dans le corps de la requête SOAP (à gauche de l'écran), se traduit par le renvoi de la réponse SOAP de confirmation de l'opération ci-après (à droite de l'écran, figure 13-17). L'envoi de la requête s'effectue par le menu Message/Send.

De même, la bonne fin de cette opération de transfert entre comptes peut être contrôlée, toujours par le même outil, en activant la seconde opération exposée par le service Web. Il suffit pour cela d'exécuter la méthode `getBalance` du service Web en passant comme paramètre le compte n°123456, saisi directement dans le corps du message SOAP de requête (à gauche de l'écran, figure 13-17). Le solde du compte est bien maintenant de 16 000 € au lieu des 12 000 € initiaux : voir la valeur du type flottant de retour dans le message SOAP de réponse de l'opération ci-après (à droite de l'écran, figure 13-18).

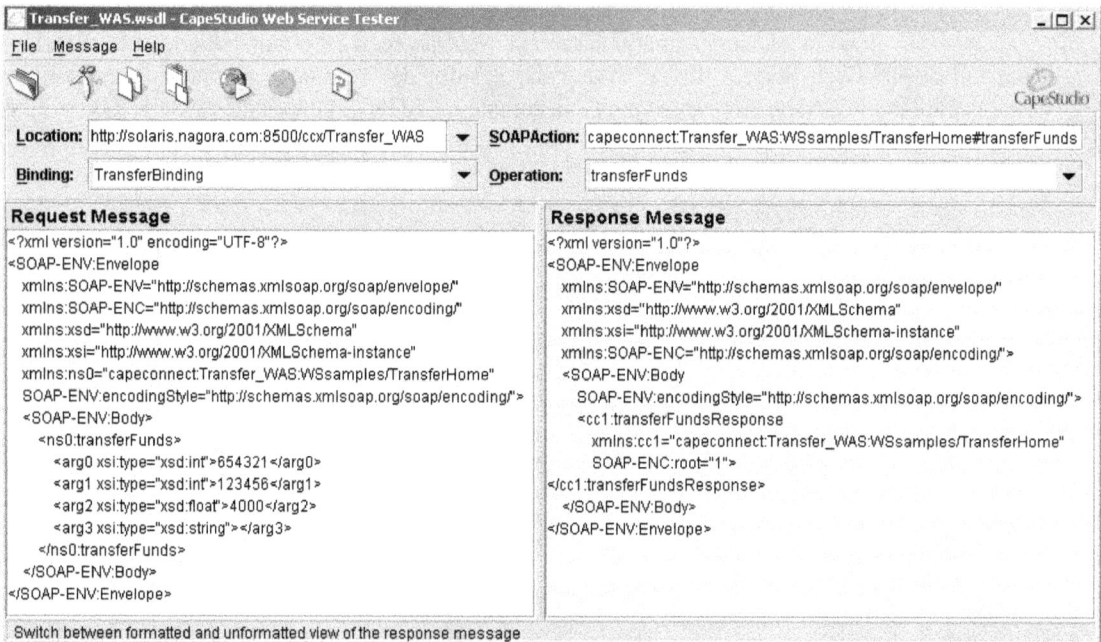

Figure 13-17

Test du transfert de fonds entre deux comptes sur le serveur WebSphere.

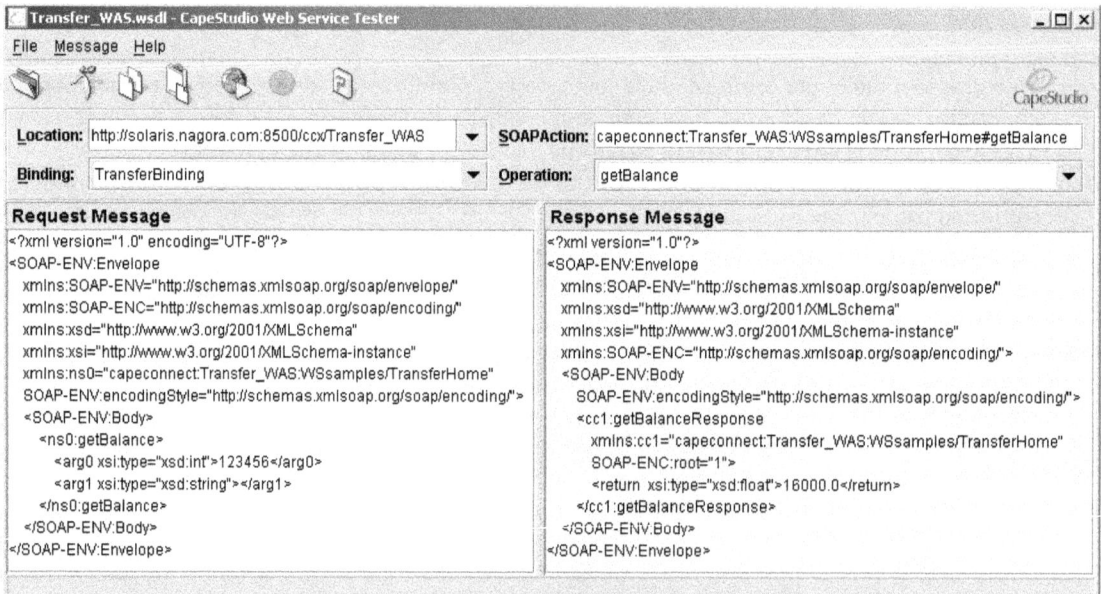

Figure 13-18

Vérification du solde du compte n°123456 à partir de CapeStudio.

Le solde du compte émetteur n°654321, quant à lui, est bien passé d'un montant de 24 000 € à la somme de 20 000 €, comme l'atteste l'écran de vérification suivant (figure 13-19).

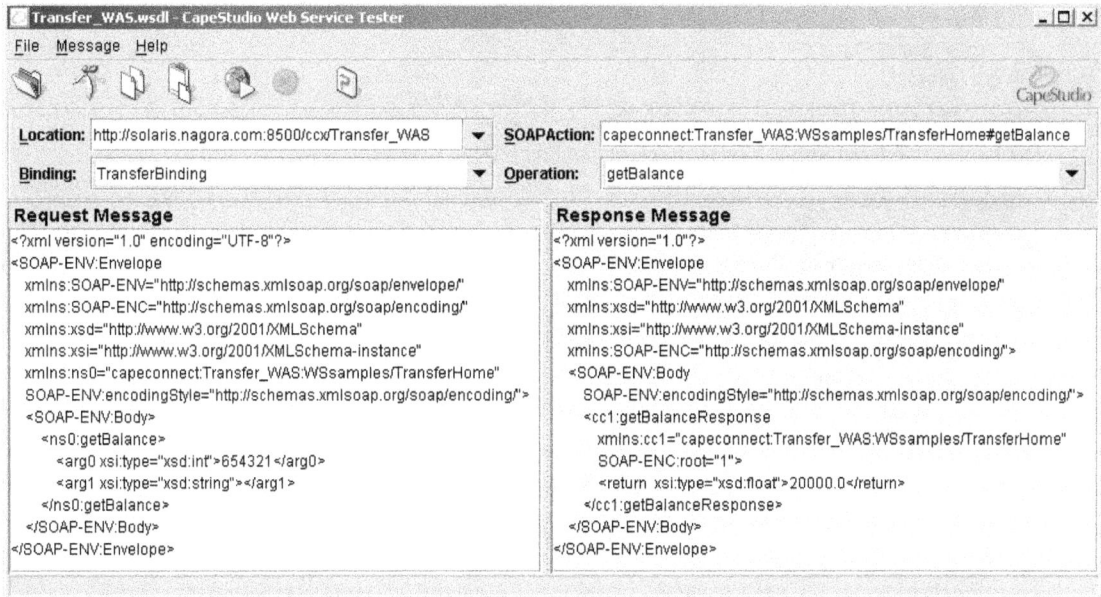

Figure 13-19

Vérification du solde du compte n°654321 à partir de CapeStudio.

Au final, le fichier WSDL ainsi généré par l'outil CapeStudio se présente ainsi.

Déclarations des espaces de noms :

```
<?xml version="1.0" encoding="UTF-8"?>
<definitions
   name="Transfer_WAS"
   targetNamespace="http://www.capeclear.com/Transfer_WAS.wsdl"
   xmlns="http://schemas.xmlsoap.org/wsdl/"
   xmlns:soap="http://schemas.xmlsoap.org/wsdl/soap/"
   xmlns:tns="http://www.capeclear.com/Transfer_WAS.wsdl"
   xmlns:xsd="http://www.w3.org/2001/XMLSchema"
   xmlns:xsd1="http://www.capeclear.com/Transfer_WAS.xsd">
```

Déclaration des messages de requêtes et de réponses :

```
<message name="getBalance">
   <part name="arg0" type="xsd:int"/>
   <part name="arg1" type="xsd:string"/>
</message>
<message name="getBalanceResponse">
   <part name="return" type="xsd:float"/>
```

```
    </message>
    <message name="transferFunds">
       <part name="arg0" type="xsd:int"/>
       <part name="arg1" type="xsd:int"/>
       <part name="arg2" type="xsd:float"/>
       <part name="arg3" type="xsd:string"/>
    </message>
    <message name="transferFundsResponse"/>
```

Déclaration de l'ensemble d'opérations prises en charge (*Port Type*) :

```
    <portType name="Transfer">
       <operation name="getBalance">
          <input message="tns:getBalance"/>
          <output message="tns:getBalanceResponse"/>
       </operation>
       <operation name="transferFunds">
          <input message="tns:transferFunds"/>
          <output message="tns:transferFundsResponse"/>
       </operation>
    </portType>
```

Définition de la liaison avec le protocole de transport SOAP pour cet ensemble :

```
    <binding name="TransferBinding" type="tns:Transfer">
       <soap:binding style="rpc" transport="http://schemas.xmlsoap.org/soap/http"/>
       <operation name="getBalance">
          <soap:operation soapAction=
             "capeconnect:Transfer_WAS:WSsamples/TransferHome#getBalance"/>
          <input>
             <soap:body
                encodingStyle="http://schemas.xmlsoap.org/soap/encoding/"
                namespace="capeconnect:Transfer_WAS:WSsamples/TransferHome"
                use="encoded"/>
          </input>
          <output>
             <soap:body
                encodingStyle="http://schemas.xmlsoap.org/soap/encoding/"
                namespace="capeconnect:Transfer_WAS:WSsamples/TransferHome"
                use="encoded"/>
          </output>
       </operation>
       <operation name="transferFunds">
          <soap:operation soapAction=
             "capeconnect:Transfer_WAS:WSsamples/TransferHome#transferFunds"/>
          <input>
             <soap:body
                encodingStyle="http://schemas.xmlsoap.org/soap/encoding/"
                namespace="capeconnect:Transfer_WAS:WSsamples/TransferHome"
                use="encoded"/>
          </input>
```

```
      <output>
        <soap:body
           encodingStyle="http://schemas.xmlsoap.org/soap/encoding/"
           namespace="capeconnect:Transfer_WAS:WSsamples/TransferHome"
           use="encoded"/>
      </output>
    </operation>
  </binding>
```

Définition du service Web et d'un port accessible par le protocole SOAP :

```
  <service name="Transfer_WAS">
    <documentation>Transfer_WAS</documentation>
    <port binding="tns:TransferBinding" name="Transfer">
      <soap:address location=
         "http://solaris.nagora.com:8500/ccx/Transfer_WAS"/>
    </port>
  </service>
  <!--Created by CapeConnect on Thu Jan 10 20:35:55 CET 2002
  See http://www.capeclear.com for more details-->
</definitions>
```

En conclusion de ces transformations de composants COM et EJB en services, l'information majeure à retenir est que dans ces deux exemples, absolument *aucune* modification des systèmes d'information existants n'a été nécessaire. La réutilisation de composants techniques de natures différentes a été rendue possible *sans intrusion* d'aucune sorte dans l'architecture technique existante.

Nous voyons bien ici que l'objectif premier des promoteurs de ces nouvelles technologies est parfaitement atteint et offre ainsi l'opportunité de *minimiser* les efforts nécessaires à une *meilleure intégration* des différents éléments constituants du *système d'information existant* des entreprises. La conséquence immédiate est, bien sûr, que les investissements informatiques ainsi économisés peuvent être réorientés vers d'autres *priorités stratégiques* de l'entreprise ou bien, pour la première fois depuis longtemps, être réaffectés vers de nouveaux projets informatiques au lieu d'être gelés dans une maintenance coûteuse des systèmes existants.

Générer un proxy-service à partir d'une description

L'utilisation du service Web, décrit par son document WSDL ainsi généré, peut être immédiate, à travers l'invocation dynamique des opérations définies dans le contrat du service. Cependant, il peut être préférable, pour des raisons de performance par exemple, de générer des proxy-services, en charge notamment du traitement de conversion de types de données (marshalling/unmarshalling) ou du support des modèles d'appels synchrones/asynchrones, à partir de la description formelle du service.

Cette fonction est également remplie par la plupart des grandes plates-formes de développement ou par des outils dédiés et autonomes. À partir de l'exemple Echo étudié précédemment, nous allons ici illustrer cette fonctionnalité à l'aide de deux outils différents :

• le générateur du *framework* .NET de Microsoft ;

• les outils du Web Services Toolkit d'IBM.

Microsoft .NET Framework

Le *framework* .NET de Microsoft (voir *http://msdn.microsoft.com/netframework/default.asp*) ne dispose pas d'un assistant graphique comme le SOAP Toolkit (sauf si on utilise le Visual Studio .NET : *http://msdn.microsoft.com/vstudio*), mais il est cependant doté d'un outil de génération en mode commande : le Web Services Description Language tool (wsdl.exe).

Cet utilitaire est capable de générer le proxy-service, pour un client ou un serveur, à partir d'un élément descriptif du service fourni soit sous forme d'une URL, soit sous forme d'un chemin d'accès à l'élément descriptif.

La syntaxe générale de cette commande est la suivante :

```
wsdl [options] {URL | path}
```

L'élément descriptif passé en paramètre peut être soit :

* une description de service WSDL (.wsdl) ;
* une description de schéma (.xsd) ;
* un document de découverte (.disco ou .discomap).

Cet utilitaire accepte de nombreuses options décrites dans le tableau 13-1.

Tableau 13-1. Options de l'outil wsdl.exe du *framework* .NET

Option	Description
/appsettingurlkey:*key* **/urlkey:***key*	Spécifie une clé de configuration à utiliser par défaut pour rechercher la valeur de la propriété URL au moment de la génération du code.
/appsettingbaseurl:*baseurl* **/baseurl:***baseurl*	Spécifie l'URL de base à utiliser lors du calcul du fragment d'URL. Ce fragment d'URL est calculé en convertissant l'URL relative à partir de cette valeur vers l'URL stockée dans le fichier WSDL. Cette option doit être spécifiée conjointement avec la précédente.
/d[omain]:*domain*	Le nom de domaine à utiliser si le serveur nécessite une authentification.
/l[anguage]:*language*	Précise le langage à utiliser pour la génération pour la classe du proxy-service : CS (C# par défaut), VB (Visual Basic) ou JS (JScript). Il peut également s'agir du nom qualifié d'une classe qui implémente la classe System.CodeDom.Compiler.CodeDomProvider du *framework*.
/n[amespace]:*namespace*	Spécifie l'espace de noms à utiliser par la classe de proxy-service générée.
/nologo	Suppression de la bannière Microsoft.
/o[ut]:*filename*	Indique au générateur le nom de fichier à utiliser pour enregistrer le code généré.
/p[assword]:*password*	Le mot de passe à utiliser si le serveur nécessite une authentification.
/protocol:*protocol*	Spécifie le protocole de communication à implémenter : Soap (par défaut), HttpGet, Http-Post ou un protocole particulier spécifié dans le fichier de configuration.
/proxy:*URL*	L'URL du proxy-serveur à utiliser pour les requêtes HTTP. Par défaut, ce sont les réglages proxy du système qui s'appliquent.
/proxydomain:*domain* **/pd:***domain*	Le nom de domaine à préciser si le proxy-serveur à utiliser nécessite une authentification.
/proxypassword:*password* **/pp:***password*	Le mot de passe à préciser si le proxy-serveur à utiliser nécessite une authentification.
/proxyusername:*username* **/pu:***username*	Le nom d'utilisateur à préciser si le proxy-serveur à utiliser nécessite une authentification.

Tableau 13-1. Options de l'outil wsdl.exe du *framework* .NET (suite)

Option	Description
/server	Génère une classe abstraite de proxy-service côté serveur. Par défaut, le proxy-service généré est côté client.
/u[sername]:*username*	Le nom d'utilisateur à préciser si le serveur nécessite une authentification.
/?	Affiche la syntaxe et les options de la commande.

L'application de l'une ou l'autre des deux commandes ci-après sur la description WSDL du service Echo, étudiée précédemment :

```
wsdl /out:C:\Inetpub\wwwroot\Echo\Proxy-Echo.cs /namespace:Echo C:\Inetpub\wwwroot\Echo\Echo.wsdl
wsdl /out:C:\Inetpub\wwwroot\Echo\Proxy-Echo.cs /namespace:Echo http://localhost/Echo/Echo.wsdl
```

produira la génération du proxy-service en langage C# suivant :

```
//------------------------------------------------------------------------------
// <autogenerated>
//     This code was generated by a tool.
//     Runtime Version: 1.0.3705.0
//
//     Changes to this file may cause incorrect behavior and will be lost if
//     the code is regenerated.
// </autogenerated>
//------------------------------------------------------------------------------
//
// This source code was auto-generated by wsdl, Version=1.0.3705.0.
//
```

Définition de l'espace de noms auquel appartient le proxy-service Echo :

```
namespace Echo {
   using System.Diagnostics;
   using System.Xml.Serialization;
   using System;
   using System.Web.Services.Protocols;
   using System.ComponentModel;
   using System.Web.Services;
```

Définition du proxy-service Echo :

```
/// <remarks/>
// CODEGEN: The optional WSDL extension element 'binding' from namespace
'http://schemas.microsoft.com/soap-toolkit/wsdl-extension' was not handled.
[System.Diagnostics.DebuggerStepThroughAttribute()]
[System.ComponentModel.DesignerCategoryAttribute("code")]
[System.Web.Services.WebServiceBindingAttribute(Name="EchoServerSoapBinding",
Namespace="http://tempuri.org/wsdl/")]
public class Echo : System.Web.Services.Protocols.SoapHttpClientProtocol {

   /// <remarks/>
   public Echo() {
     this.Url = "http://myservername/Echo/Echo.ASP";
   }
```

Définition de la méthode EchoXML du proxy-service Echo :

```
/// <remarks/>

[System.Web.Services.Protocols.SoapRpcMethodAttribute("http://tempuri.org/
action/EchoServer.EchoXML", RequestNamespace="http://tempuri.org/message/",
ResponseNamespace="http://tempuri.org/message/")]
[return: System.Xml.Serialization.SoapElementAttribute("Result")]
public object EchoXML(object X) {
    object[] results = this.Invoke("EchoXML", new object[] {X});
    return ((object)(results[0]));
}

/// <remarks/>
public System.IAsyncResult BeginEchoXML(object X, System.AsyncCallback
    callback, object asyncState) {
        return this.BeginInvoke("EchoXML", new object[] {X}, callback,
          asyncState);
}

/// <remarks/>
public object EndEchoXML(System.IAsyncResult asyncResult) {
    object[] results = this.EndInvoke(asyncResult);
    return ((object)(results[0]));
}
```

Définition de la méthode EchoInt du proxy-service Echo :

```
/// <remarks/>

[System.Web.Services.Protocols.SoapRpcMethodAttribute("http://tempuri.org/
action/EchoServer.EchoInt", RequestNamespace="http://tempuri.org/message/",
ResponseNamespace="http://tempuri.org/message/")]
[return: System.Xml.Serialization.SoapElementAttribute("Result")]
public int EchoInt(int I) {
    object[] results = this.Invoke("EchoInt", new object[] {I});
    return ((int)(results[0]));
}

/// <remarks/>
public System.IAsyncResult BeginEchoInt(int I, System.AsyncCallback
    callback, object asyncState) {
        return this.BeginInvoke("EchoInt", new object[] {I}, callback,
          asyncState);
}

/// <remarks/>
public int EndEchoInt(System.IAsyncResult asyncResult) {
    object[] results = this.EndInvoke(asyncResult);
    return ((int)(results[0]));
}
```

Définition de la méthode EchoString du proxy-service Echo :

```
      /// <remarks/>

      System.Web.Services.Protocols.SoapRpcMethodAttribute("http://tempuri.org/
```

```
          action/EchoServer.EchoString",
          RequestNamespace="http://tempuri.org/message/",
          ResponseNamespace="http://tempuri.org/message/")]
      [return: System.Xml.Serialization.SoapElementAttribute("Result")]
      public string EchoString(string S) {
         object[] results = this.Invoke("EchoString", new object[] {S});
         return ((string)(results[0]));
      }

      /// <remarks/>
      public System.IAsyncResult BeginEchoString(string S, System.AsyncCallback
         callback, object asyncState) {
            return this.BeginInvoke("EchoString", new object[] {S}, callback,
               asyncState);
      }

      /// <remarks/>
      public string EndEchoString(System.IAsyncResult asyncResult) {
         object[] results = this.EndInvoke(asyncResult);
         return ((string)(results[0]));
      }
   }
}
```

> Il faut remarquer ici, pour chacune des trois méthodes du proxy-service, la présence de méthodes nommées `BeginEchoXxx` et `EndEchoXxx` associées. Ceci est dû au fait que le *framework* .NET prend en charge à la fois les modèles d'appel synchrone et asynchrone de services.

IBM Web Services Toolkit 3.1

L'environnement de sensibilisation des développeurs aux technologies de services Web produites par IBM dispose également d'un ensemble d'outils qui permettent de manipuler des documents WSDL, de les générer à partir d'une implémentation existante et de générer une implémentation à partir d'une description de service WSDL.

Parmi ces outils, on peut citer :

- l'utilitaire de génération WSDL `java2wsdl` ;
- l'utilitaire de génération Java `wsdl2java` ;
- l'utilitaire de génération de la documentation WSDL `wsdldoc`, vu précédemment.

Ces outils offrent toutes les possibilités de génération envisageables et peuvent être utilisés de manière très simple, en ligne de commande, en dehors d'environnements de développement plus conséquents et parfois moins maniables.

La boîte à outils WSTK (Web Services Toolkit) d'IBM est maintenant disponible en version 3.3 à l'adresse *http://www.alphaworks.ibm.com/tech/webservicestoolkit*.

Générer un squelette de service à partir d'une description

Le pivot que constitue un fichier de description de services Web WSDL peut aussi être mis à contribution pour réaliser la génération d'un squelette d'implémentation de service dans différentes technologies (*skeleton*).

Cape Clear CapeStudio 3.0.1

Si l'on prend comme point de départ le projet Transfer_WAS créé précédemment dans l'environnement CapeStudio, qui ne comporte pour l'instant que le fichier WSDL généré et le fichier archive WSAR de déploiement à destination de la plate-forme d'exécution CapeConnect, il est possible de générer une implémentation de serveur EJB par exemple.

Figure 13-20

*Projet Transfer_WAS
- CapeStudio.*

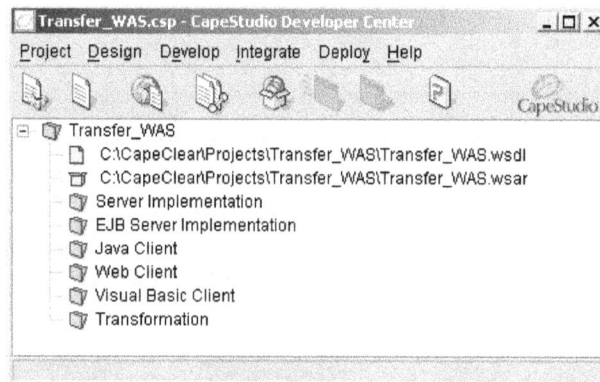

Pour ceci, nous allons utiliser le menu Develop/Generate EJB Server… Il est également possible d'utiliser un autre outil : WSDL Assistant de CapeStudio, qui offre d'autres possibilités comme accéder à partir d'un annuaire UDDI privé de CapeConnect au modèle WSDL préalablement publié par exemple.

Figure 13-21

*Choix des options
de génération
du serveur EJB.*

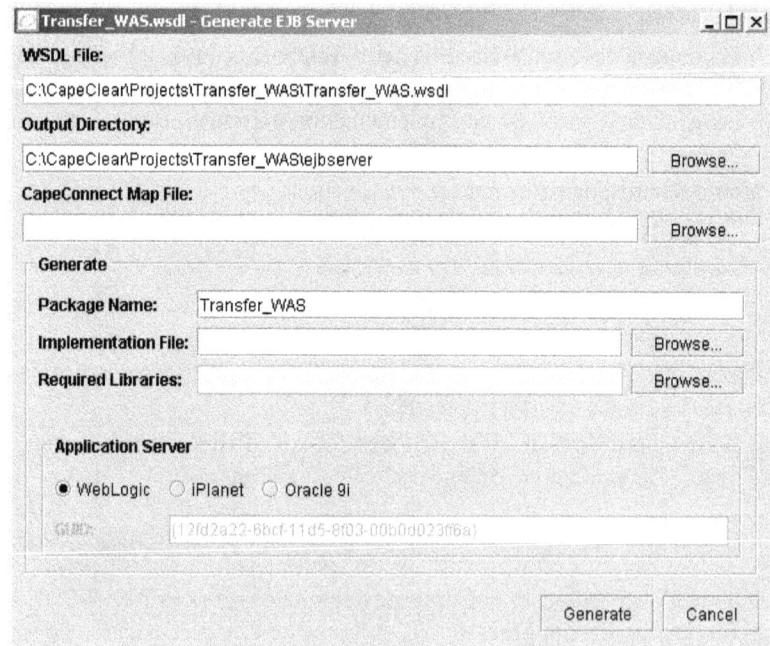

L'écran de génération présente un certain nombre de paramètres par défaut qui peuvent être modifiés et/ou complétés. Ainsi, il est possible de spécifier des librairies requises pour le fonctionnement du serveur EJB ou bien le type de serveur d'application cible et notamment le GUID (Global Unique Identifier) de l'EJB généré si le choix se porte sur un serveur iPlanet.

Dans notre exemple, les options par défaut sont suffisantes et donc maintenues. Après utilisation du bouton Generate, le répertoire de génération (Output Directory) comprend des sous-répertoires qui contiennent l'ensemble des fichiers générés par l'assistant :

- les sources et les classes Java qui correspondent aux standards de la spécification EJB ;
- les fichiers JAR correspondants ;
- le descripteur de déploiement.

Le descripteur de déploiement `ejb-jar.xml` du composant EJB généré par CapeStudio se présente comme suit :

```
<?xml version="1.0"?>
<!DOCTYPE ejb-jar PUBLIC '-//Sun Microsystems, Inc.//DTD Enterprise JavaBeans 1.1//
EN' 'http://java.sun.com/j2ee/dtds/ejb-jar_1_1.dtd'>
<!--
    Generated by Cape Studio WSDL Assistant
    WSDL Assistant Copyright (c) 2001,2002 Cape Clear Software Ltd.
    http://www.capeclear.com/products/capestudio
    File: ejb-jar.xml
    Creation Date: ven., mai. 10, 2002 at 23:31:50 CET
-->
<ejb-jar>
    <description>REPLACE WITH APPROPRIATE DESCRIPTION</description>
    <!--
        Contains the declarations of one or more enterprise beans.
    -->
    <enterprise-beans>

        <!--
            Declares a session bean
        -->
        <session>
            <description>REPLACE WITH APPROPRIATE DESCRIPTION</description>
            <display-name>Transfer_WAS.TransferBinding</display-name>
            <ejb-name>Transfer_WAS.TransferBinding</ejb-name>
            <home>Transfer_WAS.TransferBindingHome</home>
            <remote>Transfer_WAS.TransferBinding</remote>
            <ejb-class>Transfer_WAS.TransferBindingBean</ejb-class>
            <session-type>Stateless</session-type>
            <transaction-type>Container</transaction-type>
        </session>
    </enterprise-beans>
    <!--
        Contains application assembly information.
    -->
```

```
    <assembly-descriptor>
        <container-transaction>
            <method>
                <ejb-name>Transfer_WAS.TransferBinding</ejb-name>
                <method-name>*</method-name>
            </method>
            <trans-attribute>Required</trans-attribute>
        </container-transaction>
    </assembly-descriptor>
</ejb-jar>
```

La classe d'implémentation du serveur EJB (*skeleton*) se présente ainsi :

```java
/**
    Generated by Cape Studio WSDL Assistant
    WSDL Assistant Copyright (c) 2001,2002 Cape Clear Software Ltd.
    http://www.capeclear.com/products/capestudio

    File: TransferBindingServer.java
    Creation Date: ven., mai. 10, 2002 at 23:31:50 CET
*/
package Transfer_WAS;

/**
Skeleton Server Implementation - TransferBindingServer
*/

public class TransferBindingServer
    implements TransferBindingServerInterface {

    public float getBalance(int arg0, java.lang.String arg1)
        throws java.rmi.RemoteException {

        System.out.println("[TransferBindingServer] - getBalance");
        return (float)0.0;
    }

    public void transferFunds(int arg0, int arg1, float arg2,
        java.lang.String arg3) throws java.rmi.RemoteException {

        System.out.println("[TransferBindingServer] - transferFunds");
    }
}
```

Les méthodes de la classe générée ne demandent plus qu'à être complétées pour donner plus de consistance au serveur ainsi produit.

Le session *bean* (*stateless*) EJB généré est le suivant :

```java
/**
    Generated by Cape Studio WSDL Assistant
    WSDL Assistant Copyright (c) 2001,2002 Cape Clear Software Ltd.
    http://www.capeclear.com/products/capestudio

    File: TransferBindingBean.java
    Creation Date: ven., mai. 10, 2002 at 23:31:50 CET
*/
package Transfer_WAS;
```

```
/**
Skeleton Implementation - TransferBindingBean
*/
public class TransferBindingBean
    implements javax.ejb.SessionBean {

    TransferBindingServer _impl = new TransferBindingServer();
    public float getBalance(int arg0, java.lang.String arg1)
        throws java.rmi.RemoteException {

        return _impl.getBalance ( arg0,  arg1 );
    }
    public void transferFunds(int arg0, int arg1, float arg2,
        java.lang.String arg3) throws java.rmi.RemoteException {
    }
    public void ejbCreate() {
    }
    // inherited from javax.ejb.SessionBean
    public void ejbActivate() {
    }
    public void ejbPassivate() {
    }
    public void setSessionContext(javax.ejb.SessionContext ctx) {
    }
    public void ejbRemove() {
    }
}
```

L'interface locale (*Home Interface*) de l'EJB se présente comme suit :

```
/**
    Generated by Cape Studio WSDL Assistant
    WSDL Assistant Copyright (c) 2001,2002 Cape Clear Software Ltd.
    http://www.capeclear.com/products/capestudio

    File: TransferBindingHome.java
    Creation Date: ven., mai. 10, 2002 at 23:31:50 CET
*/
package Transfer_WAS;
/**
Home Interface - TransferBindingHome
*/
public interface TransferBindingHome
    extends javax.ejb.EJBHome {

    public TransferBinding create()
        throws javax.ejb.CreateException, java.rmi.RemoteException;
}
```

L'interface distante (*Remote Interface*) de l'EJB est ainsi généré :

```
/**
    Generated by Cape Studio WSDL Assistant
    WSDL Assistant Copyright (c) 2001,2002 Cape Clear Software Ltd.
    http://www.capeclear.com/products/capestudio

    File: TransferBinding.java
    Creation Date: ven., mai. 10, 2002 at 23:31:50 CET
```

```
*/
package Transfer_WAS;

/**
Remote Interface - TransferBinding
*/
public interface TransferBinding
    extends javax.ejb.EJBObject {

    public float getBalance(int arg0, java.lang.String arg1)
        throws java.rmi.RemoteException;

    public void transferFunds(int arg0, int arg1, float arg2,
        java.lang.String arg3) throws java.rmi.RemoteException;
}
```

Enfin, l'interface du serveur implémentée par le squelette est la suivante :

```
/**
    Generated by Cape Studio WSDL Assistant
    WSDL Assistant Copyright (c) 2001,2002 Cape Clear Software Ltd.
    http://www.capeclear.com/products/capestudio

    File: TransferBindingServerInterface.java
    Creation Date: ven., mai. 10, 2002 at 23:31:50 CET
*/
package Transfer_WAS;

/**
ServerInterfaceInterface - TransferBindingServerInterface
*/
public interface TransferBindingServerInterface {

    public float getBalance(int arg0, java.lang.String arg1)
        throws java.rmi.RemoteException;

    public void transferFunds(int arg0, int arg1, float arg2,
java.lang.String arg3) throws java.rmi.RemoteException;
}
```

Nous disposons maintenant d'un serveur EJB complet qui peut à son tour être déployé et atteint via le service Web précédemment déployé et reconfiguré pour accéder au nouveau serveur EJB.

Figure 13-22

Squelette de serveur EJB généré par CapeStudio.

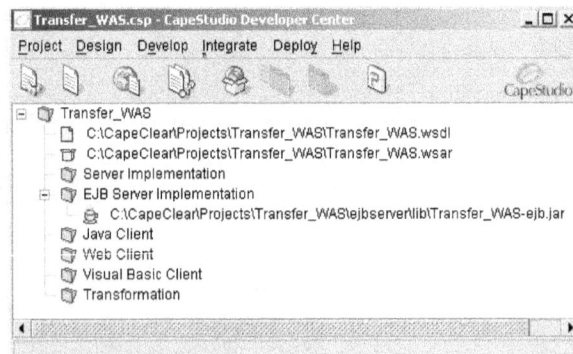

Générer un client de test à partir d'une description

Une dernière possibilité est offerte d'utiliser le fichier WSDL pour générer un client de test du service Web dans différentes technologies.

Nous allons illustrer cette capacité à travers différents outils.

Cape Clear CapeStudio 3.0.1

Avec toujours comme point de départ le projet Transfer_WAS (voir figure 13-20) créé précédemment dans l'environnement CapeStudio, qui ne comporte que le fichier WSDL généré et le fichier archive WSAR de déploiement à destination de la plate-forme d'exécution CapeConnect, il est possible de générer différents clients de test :

- un client Java ;
- un client Web ;
- un client Visual Basic.

Pour générer un client Web par exemple, nous pouvons utiliser le menu Develop/Generate Web Client...

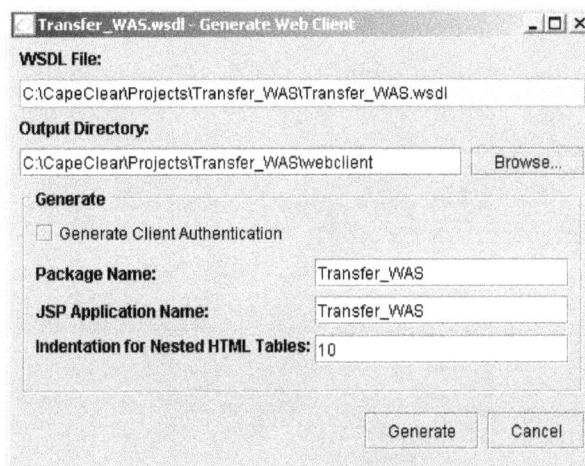

Figure 13-23

Choix des options de génération du client Web de test.

Un clic sur le bouton Generate provoque la génération d'une « mini-application Web » au sens de la spécification JSP (JavaServer Pages) de la plate-forme J2EE.

Pour être utilisée, cette application doit être déployée via le menu Deploy/Deploy Web Client...

Figure 13-24

*Choix des options
de déploiement
du client Web de test.*

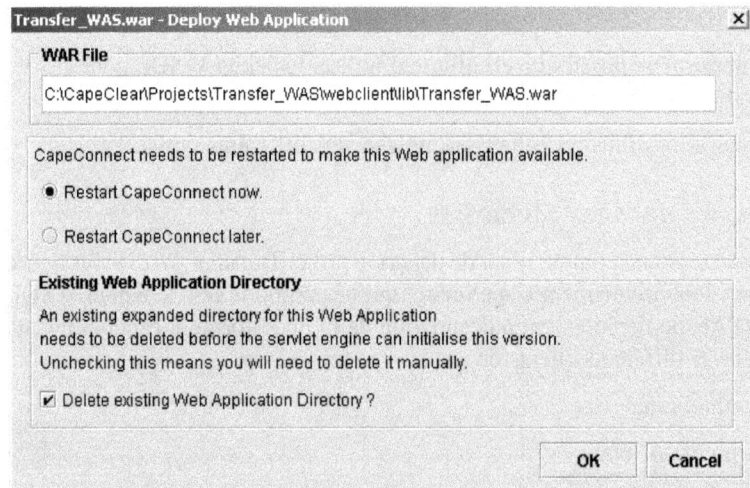

Le déploiement du fichier WAR (Web Archive) du client de test nécessite l'arrêt et le redémarrage de la plate-forme d'exécution CapeConnect, opération qui peut être différée si nécessaire. Une fois le serveur CapeConnect redémarré et le client Web de test installé, celui-ci peut être mis en œuvre via le studio à partir du menu Deploy/Run Web Client.

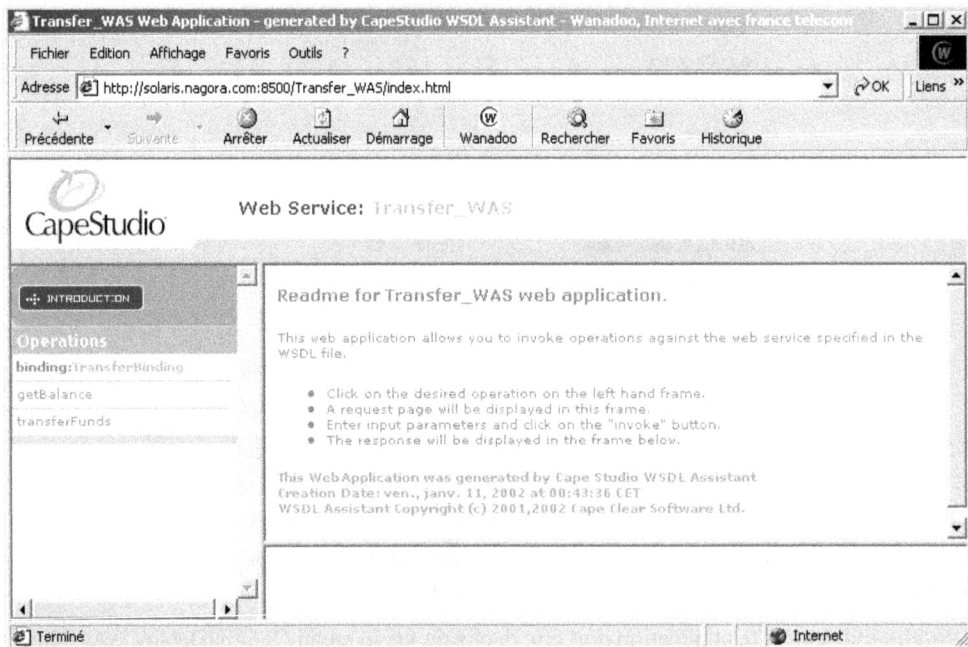

Figure 13-25

Client Web de test généré par l'assistant CapeStudio.

Si l'on cherche à obtenir le solde n°123456 géré par le serveur EJB sur WebSphere, via le service Web précédemment déployé sur le serveur CapeConnect, il suffit d'invoquer la méthode getBalance, de fournir le numéro de compte, puis d'invoquer le service Web.

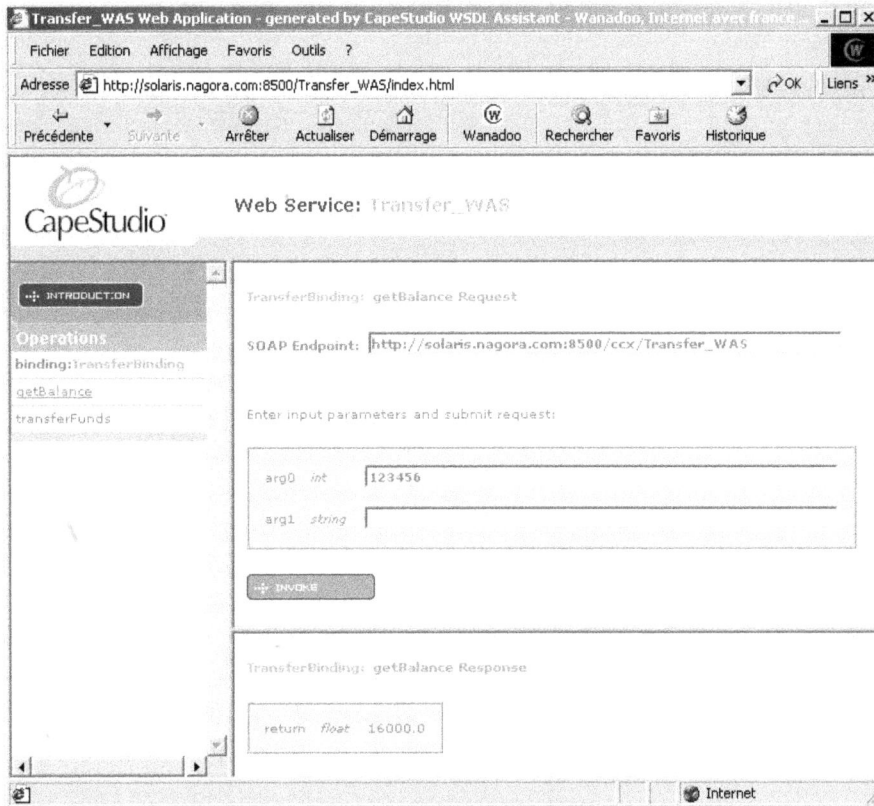

Figure 13-26

Invocation du solde du compte n°123456 de WebSphere via CapeConnect.

Nous obtenons le solde de 16 000 € que nous avions laissé sur ce compte lors du précédent transfert en provenance du compte n°654321 également géré sur le serveur WebSphere. Nous avons maintenant besoin d'effectuer un nouveau transfert de 5 000 € toujours à partir de ce même compte.

Comme on peut le vérifier sur ce dernier écran (figure 13-27), l'opération de transfert entre comptes sur le serveur WebSphere 4.0 s'est bien déroulée.

Nous disposons donc maintenant d'un client de test qui peut être utilisé à tout moment pour vérifier le bon fonctionnement du service Web déployé en frontal sur le serveur CapeConnect ou celui du serveur EJB WebSphere qui opère à l'arrière-plan. Le code généré peut être éventuellement réutilisé dans le cadre de l'application Web susceptible d'utiliser ce nouveau service Web.

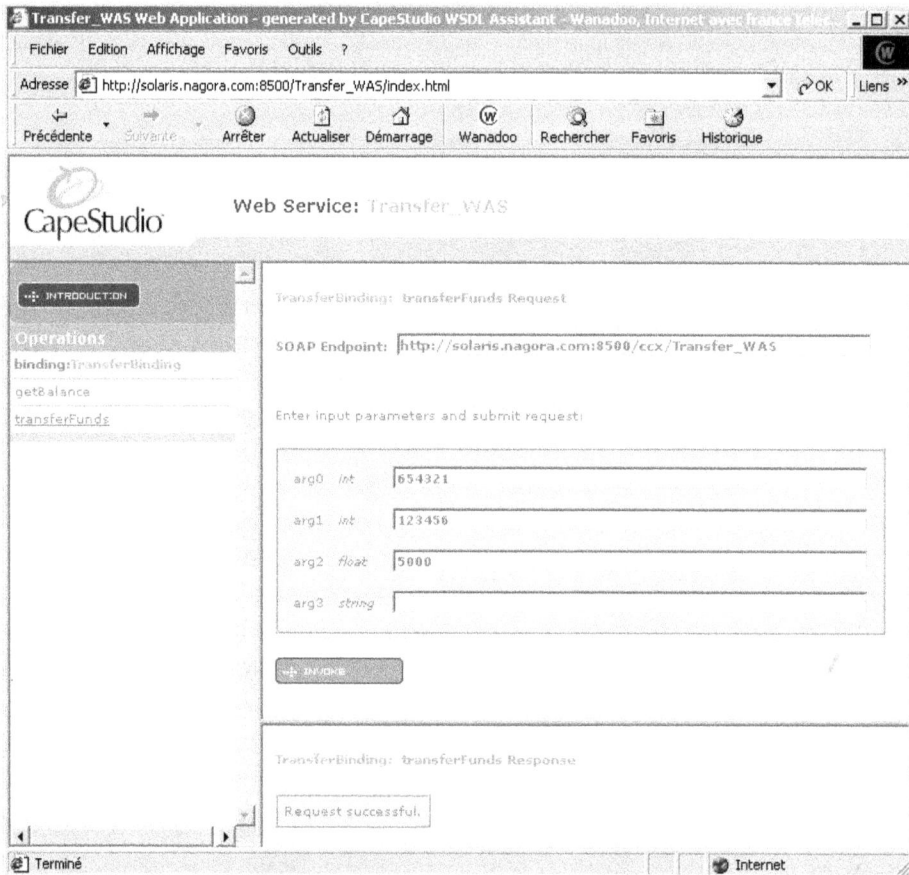

Figure 13-27

Invocation du transfert de compte à compte de WebSphere via CapeConnect.

WebService Browser de GotDotNet

Outre le service Web WsdlVerify de cette même communauté, que nous avons déjà utilisé dans le chapitre 10 « Décrire un Service », et qui aurait pu figurer dans cette section pour sa capacité à générer un proxy-service en langage C#, un autre outil présente des caractéristiques intéressantes et peut être utilisé pour générer un client en VBScript. Il s'agit du WebService Browser, accessible à *http://apps.gotdotnet.com/xmltools/WsdlBrowser*.

L'utilisateur fournit une URL de fichier WSDL. Cette interface Web peut également lire un fichier WSDL localement sur la machine si le navigateur Internet lui en laisse la possibilité. En dernier recours, l'utilisateur peut procéder à un copier/coller pour remonter son fichier WSDL local. Il est ensuite possible d'obtenir une génération de proxy-service en langage VBScript qui peut être immédiatement exécuté, toujours si les droits sont suffisants ou récupéré par une autre opération de copier/coller.

De même, il est possible d'invoquer un service Web sans que sa description WSDL soit visible sur Internet. Il peut être intéressant de tester de l'extérieur du pare-feu local un service Web en cours de développement par exemple. Il faut cependant noter que seules l'analyse syntaxique et la génération de la requête SOAP sont traitées sur le serveur distant, l'invocation proprement dite du service reste locale via une requête POST.

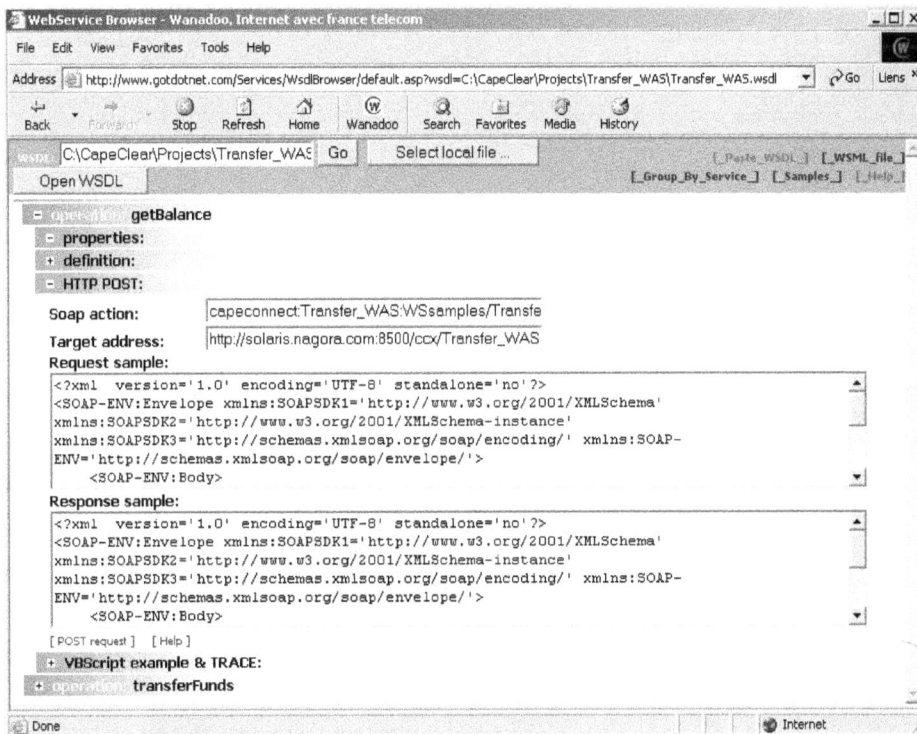

Figure 13-28

Invocation d'un service Web à partir du WebService Browser de GotDotNet.

Si nous reprenons notre exemple précédent d'application de gestion de comptes via des objets EJB sous WebSphere 4.0, exposée sous forme d'un service Web publié sur la plate-forme d'exécution CapeConnect, il est possible, après analyse syntaxique du document WSDL préalablement communiqué à cet outil, d'invoquer le solde du compte n°123456 en modifiant simplement le texte de la requête SOAP (champ Request sample de l'écran de la figure 13-28), puis en cliquant sur le bouton POST request.

Le résultat de cette invocation par l'intermédiaire du protocole SOAP/HTTP est quasi instantané et s'affiche dans la fenêtre du bas : il s'agit bien d'un solde de 21 000 €.

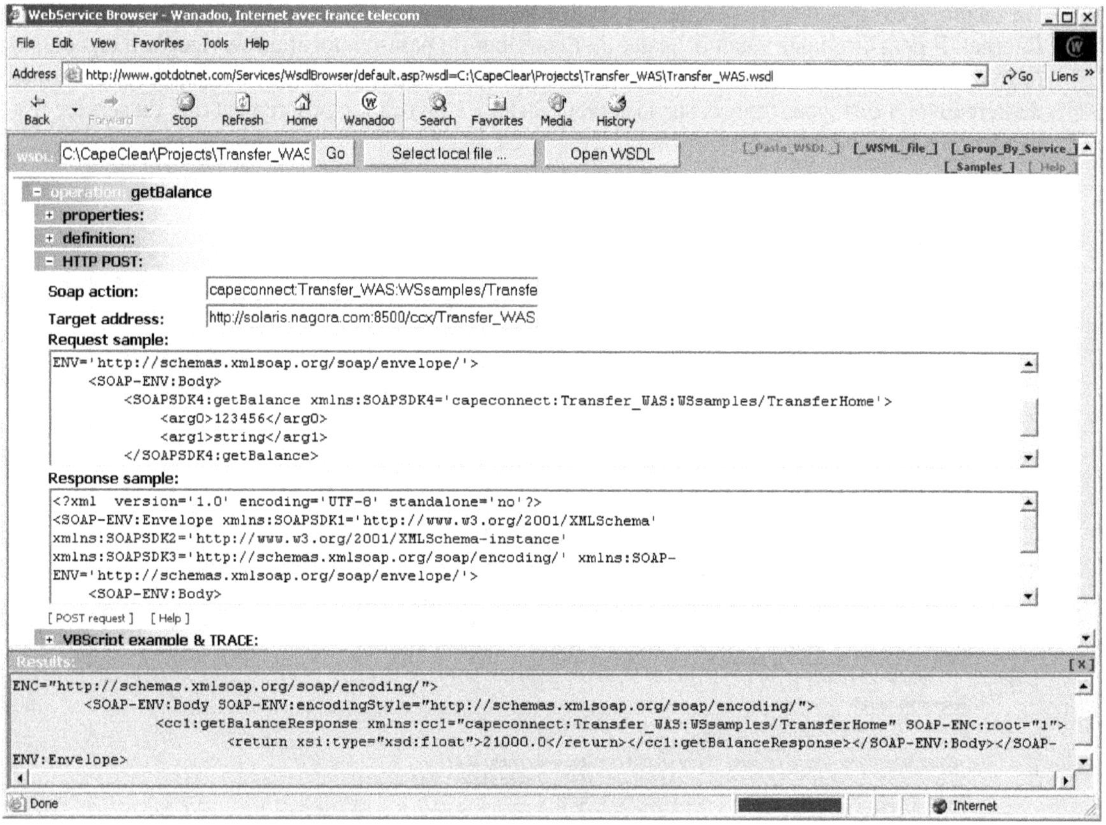

Figure 13-29

Résultat de l'invocation du service Web à partir du WebService Browser de GotDotNet.

Au final, nous avons donc demandé au serveur de GotDotNet, qui est une configuration Microsoft-IIS/5.0 sous Windows 2000 (d'après l'outil de Netcraft : What's that site running ?, *http://uptime.netcraft.com/up/graph*), de préparer une requête SOAP qui permette ensuite au navigateur d'invoquer un serveur Java CapeConnect qui, à son tour a envoyé une requête au serveur EJB WebSphere. Et la réponse finale a été relayée dans l'autre sens très rapidement.

Le proxy-service VBScript ainsi généré se présente ainsi :

```
Dim sc
set sc = CreateObject("MSSOAP.SoapClient")
''sc.ClientProperty("ConnectorProgID") = "MSSOAP.TraceConnector.1"

wsdl = "C:\CapeClear\Projects\Transfer_WAS\Transfer_WAS.wsdl"
sc.mssoapinit wsdl
dim result, v, v0, v1

v0 = "0"
v1 = "string"
```

```
''On Error resume next
v = sc.getBalance(v0, v1)

result = CStr(v)
''result = result + sc.ConnectorProperty("TRACE")
MsgBox result
```

Si la valeur de la variable v0 est remplacée par 123456, on obtient à nouveau le solde du compte n°123456 sur le serveur WebSphere.

Conclusion

Ce chapitre nous a permis d'évaluer le nouveau saut technologique auquel nous devons nous préparer. De nouvelles perspectives sont ouvertes par l'émergence des technologies issues du langage XML et plus particulièrement des services Web.

Pour autant, ces nouvelles technologies, dont les promoteurs cultivent avec opiniâtreté l'indépendance vis-à-vis des plates-formes matérielles et logicielles, des modèles de composants et des langages de programmation, ont pour ambition de permettre une récupération des patrimoines applicatifs des entreprises sans intrusion forte dans ces systèmes opérationnels, comme cela a pu être le cas dans le passé avec les architectures COM/DCOM, CORBA et EJB.

Le choix entre les différentes plates-formes proposées par les éditeurs de systèmes d'exploitation et les constructeurs ne sera plus la première préoccupation des décideurs comme cela reste encore trop souvent le cas aujourd'hui, mais passera au second plan, derrière des décisions guidées par les richesses de l'offre en termes de solutions fonctionnelles et de services proposés par l'une ou l'autre de ces plates-formes.

Cependant, il n'en reste pas moins vrai que, pour faire écho à « l'exubérance des marchés financiers » de ces dernières années, selon la désormais célèbre formule d'Alan Greenspan, l'exubérance simultanée des marchés du traitement de l'information et plus spécialement d'Internet conduit dès aujourd'hui à une nécessité de rationalisation des investissements des entreprises, comme le constatent déjà certains cabinets d'études prospectives et stratégiques.

Dans ces nouvelles conditions de marché, deux plates-formes sont particulièrement susceptibles de rafler la mise : le *framework* Java/J2EE et son challenger .NET. Le potentiel de ces deux environnements est étudié dans les deux prochains chapitres.

Le chapitre suivant fait le point sur les évolutions concernant le navigateur Internet qui, lui aussi, subit la pression des changements introduits par l'émergence des technologies XML.

Enfin, le dernier chapitre de cette partie s'attache à mettre en évidence les difficultés qui subsistent en termes d'interopérabilité du fait de certaines zones d'ombre dans les spécifications, difficultés auxquelles les acteurs majeurs et les principaux auteurs de ces spécifications ont opposé une forte volonté d'organisation via la création récente d'un consortium industriel en charge du respect des spécifications et de l'interopérabilité des implémentations.

Les plates-formes Java

La communauté Java, malgré un retard initial de ses représentants les plus officiels, excepté IBM, participe désormais activement à la définition et à la mise en place des nouvelles infrastructures Internet fondées sur la technologie des services Web. Ce chapitre est destiné à illustrer cette situation et à présenter un panorama des technologies disponibles.

La première partie de ce chapitre est dédiée à l'identification des principaux acteurs qui influencent les efforts de la communauté Java/J2EE dans la production et la commercialisation de nouvelles technologies adaptées à la prise en compte des nouveaux besoins.

Les parties qui suivent sont consacrées à une approche de l'offre marketing et commerciale des principaux éditeurs de produits spécialisés dans la conception, le développement, les tests, le déploiement et l'exploitation de services Web en technologie Java.

Enfin, la dernière partie du chapitre est destinée à donner au lecteur un ensemble de liens vers des sites de références et de ressources qui lui permettront de plonger au cœur de l'offre déjà très vaste proposée aux entreprises qui s'appuient sur la plate-forme Java/J2EE. Cette présentation de l'offre dans l'environnement Java n'est pas exhaustive. Nous sommes ici dans un domaine en ébullition où les éditeurs apparaissent et disparaissent rapidement et où le phénomène de concentration a déjà débuté. Pour un panorama très détaillé de l'offre, se référer aux actualités de sites de ressources spécialisés signalés en fin d'ouvrage.

Principaux acteurs

L'offre technologique disponible dans l'écosystème Java/J2EE est à l'heure actuelle déjà très diversifiée. Cette richesse trouve son origine dans différents événements qui se sont produits dans la (très) courte histoire des services Web :

• implication dès le début d'un des acteurs majeurs de la communauté Java/J2EE : IBM ;

- expérience antérieure des nouveaux concepts mis en avant par ces technologies de la part d'un autre acteur très important de cette même communauté : Hewlett-Packard ;

- hésitations initiales de Sun Microsystems et donc retard important dans l'activité de spécification de la communauté JCP affiliée ;

- forte implication des acteurs de l'Open Source dont la communauté Apache et divers projets SourceForge ;

- apparition de plusieurs start-ups pointues qui s'engouffrent dans la brèche et introduisent des implémentations originales des premières spécifications.

IBM : l'initiateur

Nous avons vu dans les chapitres précédents qu'IBM a participé à l'élaboration des trois spécifications qui constituent le socle normatif des services Web. Parallèlement à cette activité de spécification, IBM a travaillé au développement d'implémentations en Java de ces spécifications. Cette activité s'est traduite par l'apparition des paquetages SOAP4J, WSDL4J et UDDI4J.

Ces différentes implémentations ont rapidement été intégrées dans des boîtes à outils plus conséquentes telles que le WSDL Toolkit (voir *http://www.alphaworks.ibm.com/tech/wsdltoolkit*), un ensemble d'outils permettant de générer du code client et/ou serveur à partir d'un document WSDL, à son tour rapidement absorbé dans une autre plate-forme encore plus importante : le Web Services Toolkit, ou WSTK (voir *http://www.alphaworks.ibm.com/tech/webservicestoolkit*).

Ce dernier ensemble logiciel évolue toujours très régulièrement et intègre des implémentations et de nouvelles spécifications, qui correspondent, soit à des propositions d'origine strictement IBM comme HTTPR (Reliable Hypertext Transfer Protocol) ou WSFL (Web Services Flow Language), soit à des implémentations de spécifications qui sortent du cadre d'IBM comme WS-Security (Web Services Security).

Parallèlement à cette intense activité de recherche et développement, IBM a également procédé à l'élaboration de son futur environnement de développement orienté services Web. Cet environnement, nommé XML and Web Services DE, auparavant disponible sur le site d'alphaWorks (*http://www.alphaworks.ibm.com/tech/wsde*) est aujourd'hui intégré dans les produits commerciaux WebSphere Studio Application Developer (WSAD) et WebSphere Studio Site Developer (WSSD). Les développeurs ont ainsi pu, longtemps avant la sortie officielle de ces produits, se familiariser avec ce nouvel environnement de développement issu des travaux de la communauté Eclipse (voir *http://www.eclipse.org*).

Hewlett-Packard : le visionnaire

Quelque temps avant l'apparition des spécifications SOAP, WSDL et enfin UDDI, Hewlett-Packard proposait déjà un produit, e-Speak, conçu dès 1995 dans les laboratoires HP et commercialisé dès 1999 par une structure commerciale dédiée créée l'année précédente. Il intégrait déjà tous les grands concepts aujourd'hui devenus populaires sous l'appellation de services Web.

Malheureusement, comme tous les produits qui ont été introduits trop tôt sur leur marché, celui-ci n'a pas échappé à la règle générale, et Hewlett-Packard a été contraint de le refondre en s'appuyant sur les nouvelles spécifications plus ouvertes et sur l'implémentation du serveur d'applications Java de Bluestone, racheté dans l'intervalle.

Cependant, cette étape initiale a permis aux équipes de Hewlett-Packard de prendre une énorme avance dans la manipulation de ces nouveaux concepts et de reconfigurer son offre initiale dans une nouvelle offre, laquelle a été conçue très rapidement.

Sun Microsystems : un retard inexplicable

Le chapitre précédent a mis en lumière le retard pris initialement par Sun Microsystems dans la prise en compte de la technologie XML par la plate-forme Java. En effet, l'arrivée de la première implémentation d'un analyseur syntaxique XML (Project X) dans l'offre de Sun, début 1999, était tardive par rapport à celle d'IBM qui disposait déjà d'un analyseur (XML4J) lors de la standardisation d'XML en 1998. C'est d'ailleurs la seconde évolution de ce dernier analyseur, donné par IBM à la communauté Apache fin 1999, qui va être introduite dans le SDK 1.4, via le nouveau mécanisme des « standards endossés ». Signalons qu'entre-temps, l'analyseur de Sun, devenu Crimson a, lui aussi, fait l'objet d'un don à la communauté Apache.

Endorsed Specifications et Endorsed Standards

Les spécifications « endossées » (ou « approuvées ») correspondent à des spécifications réalisées par des groupes extérieurs à la communauté JCP, qui pilote le développement de la plate-forme J2EE depuis 1995. En effet, jusque très récemment (1999), toutes les spécifications relatives à cette plate-forme étaient conçues et publiées par le JCP. Depuis l'année 2000, cela n'était plus possible et il devenait nécessaire de prévoir un mécanisme par lequel une spécification JCP reconnaissait s'appuyer sur une spécification externe officiellement reconnue. Le problème s'est posé justement au sujet du développement de l'analyseur syntaxique Crimson. Celui-ci correspondait à l'implémentation de référence de la JSR 5, finalisée le 21 mars 2000 : Java API for XML Parsing (JAXP) . Cette spécification JCP s'appuyait sur des spécifications du W3C (recommandations *XML 1.0*, *XML Namespaces 1.0* et *Document Object Model Level 1*) ainsi que la spécification *Simple API for XML Parsing* (SAX).

Depuis la sortie du SDK J2SE 1.4 de Sun Microsystems, la notion de standards approuvés (*endorsed standards*) est également apparue. Un standard approuvé correspond à une API Java définie via un autre processus de spécification que le JCP. À cette prise en compte d'implémentations Java extérieures, est associé un mécanisme d'intégration de nouvelles versions de ces implémentations (*override mechanism*) selon un calendrier bien évidemment différent de celui des évolutions du SDK (voir *http://java.sun.com/j2se/1.4/docs/guide/standards*). Cette prise en compte s'effectue notamment par le biais de l'utilisation de la nouvelle propriété système `java.endorsed.dirs` ou, à défaut, le répertoire <java-home>\lib\endorsed (Windows) ou <java-home>/lib/endorsed (Solaris et Linux) du SDK. Par ce mécanisme, il est ainsi possible de prendre en compte de nouvelles versions des analyseurs syntaxiques Xerces ou Xalan de la communauté Apache, par exemple.

Ce retard initial est très étonnant, d'autant que le responsable du groupe de standardisation XML au W3C était un architecte de Sun : Jon Bosak. In fine, ces tergiversations de Sun, quant à la prise en compte d'XML et des technologies dérivées dans la plate-forme Java, ont fini par devenir très visibles et poser des problèmes à d'autres acteurs majeurs de la communauté Java, ce qui s'est traduit par une prolifération d'implémentations propriétaires (voir notamment les produits Xalan et Xerces d'IBM, devenus entre-temps des références et donnés depuis à la communauté Apache). Ce retard initial n'a pu être rattrapé depuis et constitue actuellement un handicap certain dans la prise en charge des services Web par la plate-forme Java, ceux-ci s'appuyant également sur des spécifications dérivées d'XML.

Cependant, en 2002, après avoir été très fortement critiqué pour ses hésitations et sa lenteur, Sun semble avoir pris conscience de la situation et s'être décidé à combler son retard. Cela s'est traduit notamment par la prise en compte de nouvelles JSR dédiées aux services Web par le JCP, très rapidement suivie par l'annonce de nouvelles implémentations de références correspondantes, destinées à être intégrées dans la plate-forme Java, à partir de la version J2EE 1.4 qui devrait être disponible durant l'été 2003.

La communauté Open Source : accélérer le mouvement

Pour mener de front tous ses développements, IBM a largement fait appel à la communauté Open Source.

Après le transfert à la communauté Apache, en 1999, de son analyseur syntaxique XML4J (voir *http:/ /www.alphaworks.ibm.com/tech/xml4j*), devenu depuis Xerces, puis celui du transformateur XSL LotusXSL (voir *http://www.alphaworks.ibm.com/tech/LotusXSL*), devenu Xalan, IBM a aussi annoncé le transfert (voir *http://www-916.ibm.com/press/prnews.nsf/jan/63E751E6E605F071852568F10070DAF8*) vers la communauté Apache, en juin 2000, de l'implémentation SOAP for Java : SOAP4J (voir *http:// www.alphaworks.ibm.com/tech/soap4j*).

Ces différents produits ont continué à évoluer et sont maintenant disponibles sous le régime de la licence Apache. Ils en sont déjà à la deuxième génération : l'analyseur syntaxique XML Xerces 2 est déjà disponible et Axis, le successeur de SOAP4J, est déjà disponible en version 1.0 ou dans le Web Services Toolkit (WSTK) d'IBM depuis la version 2.2 de ce dernier. Axis devrait d'ailleurs faire son apparition dans WebSphere 5.0.

Par ailleurs, IBM poursuit les développements, sous le régime des licences publiques communes ou IBM, de son API Java UDD4J d'accès, côté client, aux annuaires UDDI (voir *http:// oss.software.ibm.com/developerworks/projects/uddi4j*) et de son API WSDL4J de manipulation de documents WSDL (voir *http://www-124.ibm.com/developerworks/projects/wsdl4j*). Cette implémentation est intégrée dans de nombreux produits, dont le Registry Composer de Hewlett-Packard par exemple.

Enfin, nous avons vu le rôle important joué par la communauté Eclipse, dont la création a été suscitée par IBM. Cette communauté a été dotée d'un code source d'origine IBM d'une valeur estimée à quarante millions de dollars. Le travail de cette communauté a permis ensuite à IBM de fournir une nouvelle génération d'environnements de développement, intégrés dans un *framework* d'atelier logiciel générique, en un temps record.

Les start-ups : des opportunités à saisir

De nombreuses sociétés spécialisées se sont créées très rapidement dans la mouvance des services Web. Celles-ci ont été constituées, pour la plupart, par des fondateurs qui œuvraient dans des sociétés dont le domaine d'activité s'exerçait déjà dans les systèmes distribués. L'une de ces entreprises a été notamment très prolifique : il s'agit de IONA Technologies. Deux groupes d'anciens employés ont essaimé pour créer deux sociétés distinctes spécialisées dans les plates-formes de services Web : il s'agit de Cape Clear, basée à Dublin, et de Shinka Technologies, établie à Berlin. IONA Technologies propose elle aussi un produit dédié à ce marché.

Ces nouvelles sociétés ont vu l'opportunité de s'engouffrer dans cette niche appelée à devenir un très grand marché selon les études de divers cabinets de recherche et d'analyse stratégique. Elles ont aussi profité de l'immobilisme de certains acteurs majeurs de la communauté Java/J2EE, allant même jusqu'à développer leurs propres API, comme The Mind Electric l'a fait avec son produit Glue, par exemple.

L'implémentation SOAP de référence : Apache SOAP4J

L'organisation Apache fait évoluer à l'heure actuelle la principale implémentation de SOAP en environnement Java. Cette implémentation est référencée comme un sous-projet du projet XML de l'organisation. Le point d'entrée de ce sous-projet est situé à l'adresse *http://xml.apache.org/soap/index.html*. Cette implémentation remplace l'implémentation SOAP4J (SOAP for Java) d'origine IBM, dont elle est issue, anciennement disponible sur le site alphaWorks d'IBM (*http://www.alphaworks.ibm.com/tech/soap4j*).

Celle-ci est en réalité reprise dans la plupart des configurations de produits de services Web fournis par de nombreux éditeurs. La version actuellement la plus utilisée, téléchargeable depuis mai 2001, est la version 2.2 (voir *http://xml.apache.org/dist/soap*). Une nouvelle version 2.3 est proposée en téléchargement depuis mai 2002 (elle prend en compte la spécification XML Schema 2001 notamment, et comporte de nombreuses améliorations). Cette dernière version, légèrement amendée en 2.3.1, est finalement disponible depuis juin 2002.

Analyseur syntaxique XML Xerces

Cette implémentation est la plupart du temps associée au *parser* XML Xerces de la même organisation. Xerces est également un sous-projet du projet XML de l'organisation Apache, situé à *http://xml.apache.org/xerces-j/index.html*.

Les versions actuellement téléchargeables sont les versions 1.4.4 et 2.2.1 (voir *http://xml.apache.org/dist/xerces-j*). La version 1.4.4 constitue la dernière version de la première génération de l'analyseur syntaxique. La relève est donc en cours avec l'arrivée de la seconde génération et de la version 2.2.1.

Container Servlets/JSP Tomcat

Un certain nombre de produits de services Web proposés sont par ailleurs associés au serveur Servlet/JSP Tomcat d'Apache, conjointement avec le parser Xerces et l'implémentation SOAP d'Apache. Les ressources associées à ce serveur sont accessibles sur le site du projet Jakarta (*http://jakarta.apache.org*).

Ce serveur est en cours d'intégration dans la version 1.4 de la plate-forme Java 2 Enterprise Edition, en tant qu'implémentation de référence des spécifications Servlets et JavaServer Pages, et est également intégrée dans le Web Services Pack de Sun.

Serveur SOAP Axis

Enfin, un nouveau sous-projet XML, nommé Axis, est en cours de développement et la version 1.0 est disponible depuis le 7 octobre 2002. Ce projet se présente comme une suite de l'implémentation actuelle d'Apache (SOAP 2.3.1) : il est également parfois appelé SOAP 3.0.

Cette nouvelle version est une réécriture totale et est conçue autour d'un modèle de *streaming* qui exploite donc plutôt l'API SAX que l'API DOM des analyseurs syntaxiques XML. Il faut également noter la prise en charge de la spécification JMS en tant que protocole de transport utilisable dans la version finale d'Axis 1.0.

Les ressources de ce dernier projet sont accessibles à *http://xml.apache.org/axis/index.html*.

L'offre d'IBM : Dynamic e-business

IBM est historiquement le premier acteur majeur du camp Java à s'être intéressé aux services Web. Son action s'est concrétisée par sa participation au processus de spécification des fondamentaux :

* le protocole (Simple Object Access Protocol) SOAP 1.1 (voir *http://www.w3.org/TR/SOAP* et les chapitres 7, 8 et 9) ;

* le langage de description de services (Web Services Description Language) WSDL 1.1 (voir *http://www.w3.org/TR/wsdl* et chapitre 10) ;

* la spécification de UDDI 1.0 (Universal Description, Discovery and Integration) et 2.0 (voir *http://www.uddi.org* et chapitres 11 et 12).

Parallèlement à cette action initiale de spécification et de normalisation, IBM a travaillé à l'implémentation Java de ce triptyque de spécifications. De nombreuses versions d'implémentations initiales, destinées aux développeurs Java, ont été publiées sur le site d'alphaWorks (voir *http://www.alphaworks.ibm.com*) : XML and Web Services Development Environment, Web Services ToolKit, SOAP for Java, UDDI Registry, Lotus Web Services Enablement Kit, WebSphere SDK for Web Services, etc.

Année 2001 : annonces de nouveaux produits

En matière de produits commerciaux, IBM a procédé à de nombreuses annonces dès le début de l'année 2001. On peut notamment citer :

* L'annonce de la disponibilité de l'environnement de développement WebSphere Technology for Developers (voir *http://www-4.ibm.com/software/webservers/p010314a.html*) effectuée le 14 mars 2001 : il s'agit en fait d'une version WebSphere 4.0 Technology Preview qui introduit la compatibilité J2EE 1.2 et l'intégration UDDI, SOAP et WSDL (disponible depuis le 31 mars 2001 sur plate-forme Windows NT uniquement).

* L'annonce de la prochaine disponibilité de logiciels et de services d'infrastructure de production (voir *http://www-4.ibm.com/software/solutions/webservices/pressrelease.html*) adaptés aux services Web, effectuée le 14 mai 2001 : cette annonce présente les nouveautés suivantes :

  – WebSphere Application Server 4.0 (disponibilité annoncée : juin 2001) ;

– WebSphere Studio Technology Preview for Web services (disponibilité bêta depuis juillet 2001 et release en septembre 2001) : environnement de développement, test et déploiement de services Web ;

– WebSphere Business Integrator (disponibilité non spécifiée) : implémentation de SOAP sur MQSeries ;

– DB2/XML Extender for DB2 7.2 (disponibilité de DB2 7.2) : prise en charge d'UDDI et de SOAP pour permettre l'accès aux données à des applications de services Web ;

– Tivoli Manager for WebSphere Application Server (disponibilité non précisée) ;

– Tivoli Web Services Manager (disponibilité non précisée) ;

– Tivoli SecureWay Policy Director (disponibilité non précisée) ;

– Lotus Web Services Enablement Kit (disponibilité fin deuxième trimestre 2001) ;

– intégration possible de Web Services dans les produits existants : Domino Application Server, Domino Workflow, Knowledge Discovery System, Sametime, LearningSpace.

• L'annonce de la disponibilité de la version 4.0 de WebSphere Application Server effectuée le 30 mai 2001 (voir *http://www-4.ibm.com/software/webservers/appserv/pr_version4.html*) : cette annonce présentait également les nouveaux environnements de développement associés dont WebSphere Application Server Developer Version 4.0, les nouvelles versions de WebSphere Studio et VisualAge for Java et une nouvelle génération d'outils de développement destinés à succéder aux produits WebSphere Studio et VisualAge for Java. Ce nouvel environnement WebSphere Studio Workbench est disponible sous Windows et Linux, en version bêta depuis juillet 2001 via une diffusion initiale par l'intermédiaire du programme PartnerWorld for Developers (*http://www.developer.ibm.com/welcome/wstools/workbench.html*).

WebSphere Application Server 4.0 et 5.0

En matière de disponibilité des produits, le serveur d'applications WebSphere 4.0 est disponible (voir *http://www-4.ibm.com/software/webservers/appserv*) depuis le 30 juin 2001 en version *Advanced Edition* (Single User, Full Configuration ou Developer License). La version *Enterprise Edition* est apparue plus tard. La version *Standard Edition*, présente dans la version WebSphere 3.5, a disparu du catalogue.

Tout comme la version WebSphere 3.5, la version 4.0 fait l'objet de corrections et d'améliorations constantes sous forme de fichiers correctifs unitaires (*e-fixes*) ou d'ensembles de fichiers correctifs (*fixpaks*) téléchargeables. Celle-ci est actuellement disponible en version 4.0.3.

Les développeurs avancés peuvent actuellement accéder à la nouvelle version WebSphere Technology for Developers : il s'agit d'une WebSphere 5.0 Technology Preview (voir *http://www7b. boulder.ibm.com/wsdd/downloads/wstechnology_tech_preview.html*) qui introduit notamment la compatibilité J2EE 1.3 et la prise en compte de l'API JAXP définie par la communauté JCP.

La version 5.0 de WebSphere est disponible depuis le 26 novembre 2002 (voir annonce *http://www-3.ibm. com/software/info1/websphere/index.jsp?tab=news/ibmnews/pr112502&S_TACT=102BBW01&S_CMP=campaign*). Contrairement aux habitudes d'IBM, la disponibilité de cette version a été reportée au-delà de celle des environnements de développement, ce qui n'était pas le cas jusqu'à maintenant (voir ci-après).

Eclipse et WebSphere Studio (Application Developer et Site Developer)

Les versions bêta des produits WebSphere Studio Site Developer et WebSphere Studio Application Developer, issus de la technologie WebSphere Studio Workbench (voir *http://www-4.ibm.com/software/ad/ workbench)* ont été disponibles sur le site PartnerWorld for Developers et téléchargeables en disponibilité générale (toujours en version bêta) sur le site d'IBM dès septembre 2001.

Le document *http://www7b.boulder.ibm.com/wsdd/library/techarticles/0108_studio/studio_beta.html* fournit des précisions sur ces nouveaux environnements et la parenté avec les précédents environnements de développement WebSphere Studio et VisualAge for Java. La version 4.0 de VisualAge for Java ne prend pas en charge les services Web, mais est livrée en *bundle* avec la version bêta de WebSphere Studio Application Developer.

Les informations relatives au produit WebSphere Studio Application Developer (WSAD) sont disponibles à *http://www-3.ibm.com/software/ad/studioappdev.* La version 5.0 de ce produit a été annoncée fin 2002 (voir annonce : *http://www-3.ibm.com/software/ad/studioappdev/about/V5.html)* et est actuellement disponible via le programme Passport Advantage.

Les informations propres au produit WebSphere Studio Site Developer sont accessibles à *http://www-3 .ibm.com/software/ad/studiositedev.*

Année 2002 : nouvelles spécifications et nouveaux produits

Après l'intégration des technologies de base (SOAP, WSDL et UDDI) dans la quasi-intégralité de ses produits, IBM a poursuivi et accéléré ses efforts en 2002, à la fois dans le domaine des spécifications et du côté des implémentations et des produits.

En ce qui concerne les produits, des serveurs d'applications de la version 5.0 de WebSphere sont arrivés sur le marché. Cette nouvelle version illustre de manière plus importante les échanges de plus en plus conséquents qui s'opèrent entre IBM et les communautés Open Source, dont notamment la communauté Apache pour ce qui a trait aux technologies de base : intégration de l'analyseur syntaxique XML de seconde génération Xerces 2 et de l'environnement d'exécution SOAP Axis.

Par ailleurs, la boîte à outils laboratoire Web Services ToolKit, ou WSTK, (voir *http://www.alphaworks .ibm.com/tech/webservicestoolkit)* poursuit ses évolutions et continue à intégrer de nouvelles implémentations et de nouvelles spécifications : intégration du moteur d'exécution SOAP Axis, évolution de UDDI4J 1.0 vers la version 2.0, compatibilité avec Windows XP, etc.

À côté de cet outil maintenant relativement ancien (dix versions depuis juillet 2000 à ce jour), est apparu un nouvel environnement nommé WebSphere SDK for Web Services (WSDK), opérationnel sous les environnements d'exploitation Linux (distributions Red Hat et SuSe) et Windows (2000 et XP). Ce nouvel environnement est destiné à répondre aux profils définis par l'organisation WS-I (pour en savoir plus sur cette organisation, se reporter au chapitre 17 « Le défi de l'interopérabilité »). Il constitue donc la réponse d'IBM à la problématique de l'interopérabilité que ce nouvel organisme prend en charge de manière spécifique. À ce titre, le WSDK évoluera donc en adéquation avec les évolutions des profils définis par le WS-I.

Le WSTK peut s'appuyer sur le noyau du WSDK pour son propre fonctionnement. Tout comme le WSTK, le WSDK est en réalité une boîte à outils qui offre un environnement complet de développement et de tests de services Web, mais il n'est pas utilisable en tant qu'environnement de production.

Pour ce faire, les utilisateurs de ces environnements devront déployer les services Web ainsi produits sur les plates-formes d'exécution adéquates (serveurs d'applications WebSphere 4.0 ou 5.0 par exemple). Les informations relatives au WSDK sont disponibles à l'adresse *http://www-106.ibm.com/ developerworks/webservices/wsdk*.

Au chapitre des spécifications, l'année 2002 a également été marquée par une activité de spécification toujours très intense, notamment par de nombreuses initiatives sur les technologies des couches supérieures (gestion des processus et des conversations : voir chapitre 21) et transversales (sécurité, fiabilité, etc. : voir chapitres 18, 19 et 20).

L'annonce la plus importante a été effectuée le 9 août 2002, en commun avec BEA et Microsoft (voir annonce *http://www.microsoft.com/presspass/press/2002/aug02/08-09BEAPR.asp*). Cette annonce porte sur la production de trois nouvelles spécifications dont l'objectif consiste à permettre la gestion de processus et de transactions, fondés sur des services Web, à l'intérieur d'une entreprise ou entre plusieurs partenaires. Cette annonce introduit donc les nouvelles spécifications suivantes :

- BPEL4WS, ou Business Process Execution Language for Web Services : *http://www-106.ibm.com/developerworks/library/ws-bpel* ;

- WS-Coordination, ou Web Services Coordination : *http://www-106.ibm.com/developerworks/library/ws-coor* ;

- WS-Transaction ou Web Services Transaction : *http://www-106.ibm.com/developerworks/library/ws-transpec*.

Cette annonce a été immédiatement suivie, pour ce qui concerne IBM, de la sortie d'une implémentation de la première des trois spécifications, publiée le même jour sur le site alphaWorks : il s'agit de la technologie Business Process Execution Language for Web Services Java Run Time ou BPWS4J (voir *http://www.alphaworks.ibm.com/tech/bpws4j*). De même, une nouvelle version du WSTK (3.2.1), rapidement remplacée par la version 3.2.2 et téléchargeable depuis cette annonce, intègre des démonstrations qui mettent en œuvre ces trois spécifications.

Les efforts de normalisation de la communauté Java

La communauté Java, à travers le processus JCP (Java Community Process) mis en place par Sun Microsystems, à la suite de deux tentatives avortées de normalisation du langage et de l'environnement d'exécution Java, poursuit ses efforts de normalisation et contrôle ainsi son évolution. Les normes, issues de cette activité JCP, constituent bien entendu des normes de fait (de facto), et non pas de droit (de jure), dans la mesure où elles ne sont pas endossées par une organisation interprofessionnelle prévue à cet effet comme le W3C par exemple.

C'est notamment via ce processus JCP que sont décidées les évolutions des plates-formes de développement JDK (Java Development Kit) et d'exécution JRE (Java Runtime Environment), ainsi que les plans d'évolution (*roadmaps*) associés.

L'arrivée des premières versions des spécifications SOAP, WSDL et UDDI et surtout des premières implémentations propriétaires Java correspondantes s'est traduite par la nécessité de prendre en compte ces évolutions et de mettre en place les processus de spécification nécessaires, afin de préserver l'universalité de la plate-forme Java.

Cette soudaine prise de conscience s'est illustrée par l'annonce simultanée de la constitution de plusieurs demandes de spécification Java JSR (Java Specification Request) destinées à prendre en charge ces évolutions. Ces JSR sont les suivantes :

- JSR109 – *Implementing Enterprise Web Services* : *http://www.jcp.org/jsr/detail/109.jsp* ;

- JSR110 – *Java APIs for WSDL (JWSDL)* : *http://www.jcp.org/jsr/detail/110.jsp* ;

- JSR031 – *JAXB (Java API for XML Binding)* : *http://www.jcp.org/jsr/detail/31.jsp* ;

- JSR067 – *JAXM (Java API for XML Messaging)* : *http://www.jcp.org/jsr/detail/67.jsp* ;

- JSR063 – *JAXP (Java API for XML Processing)* : *http://www.jcp.org/jsr/detail/63.jsp* ;

- JSR093 – *JAXR (Java API for XML Registries)* : *http://www.jcp.org/jsr/detail/93.jsp* ;

- JSR101 – *JAX/RPC (Java API for XML based RPC)* : *http://www.jcp.org/jsr/detail/101.jsp*.

La première JSR (JSR109) constitue plutôt ce que l'on peut appeler une spécification de cadrage : elle a en effet pour objectif de définir le modèle de développement et l'architecture d'exécution nécessaires à l'implémentation des services Web dans le contexte de la plate-forme J2EE. Le groupe de travail en charge de cette spécification est piloté par Jim Knutson d'IBM.

Cette spécification est passée à l'état de document de proposition finale (*Proposed Final Draft*), le 31 août 2002 (voir *ftp://www6.software.ibm.com/software/developer/library/ws-jsr109-proposed.pdf*), et a été acceptée définitivement (*Final Release*), le 15 novembre 2002 (voir *ftp://www-126.ibm.com/pub/jsr109/spec/1.0/websvcs-1_0-fr.pdf*).

Groupe d'experts

La spécification 109, finalement nommée *Java Web Services for J2EE Specification*, a été produite par les membres actifs d'un groupe d'experts, issus des sociétés IBM, Sun Microsystems, Oracle, BEA, Sonic Software, SAP, Hewlett-Packard, SilverStream et IONA Technologies. Par ailleurs, d'autres experts, en provenance des sociétés EDS, Macromedia, Interwoven, Rational Software, Developmentor, interKeel, Borland, Cisco, ATG, WebGain, Sybase, Motorola et WebMethods, se sont associés à ce groupe de travail.

La spécification 109 traite des aspects suivants :

- le schéma général de mise en œuvre des services Web dans le cadre de la plate-forme J2EE ;

- le modèle de programmation côté client ;

- le modèle de programmation côté serveur ;

- les modules de traitement (*handlers*) ;

- les descripteurs de déploiement ;

- le déploiement ;

- la sécurité.

Le document final de la spécification 109 est accompagné d'une implémentation de référence (voir *ftp://www-126.ibm.com/pub/jsr109/ri/1.0/wsee-1_0-lic.zip*) et d'une boîte à outils de compatibilité technologique TCK (Technology Compatibility Kit), destinée à vérifier la compatibilité de l'implémentation d'une tierce partie (voir *ftp://www-126.ibm.com/pub/jsr109/tck/1.0/wseetck-1_0-lic.zip*).

Les six spécifications qui suivent la JSR 109 concernent des API de programmation destinées à être implémentées dans la plate-forme Java selon les règles et le cadre de l'architecture définie par la JSR 109.

Outre ces premières JSR, de nouvelles demandes ont été proposées au JCP, en relation avec les services Web, comme la gestion des pièces jointes SOAP, l'utilisation de métadonnées Java proposée par BEA, etc.

L'offre de SUN Microsystems : SUN ONE

Officiellement, Scott McNealy, CEO de Sun, a annoncé le développement d'une nouvelle architecture orientée services, nommée Sun ONE (Open Net Environment), le 5 février 2001 (voir annonce *http://java.sun.com/features/2001/02/launch.html*). L'objectif de cette nouvelle architecture est de simplifier la création, l'assemblage et le déploiement de « *smart* » *Web services*. Cette future offre de Sun est fondée sur les standards issus des technologies XML : LDAP, UDDI et Java.

Depuis cette annonce initiale, Sun a publié d'autres communiqués qui précisaient le contenu de cette nouvelle offre et les modalités d'apparition et de mise en œuvre des logiciels inclus dans cette offre. De nombreuses annonces ont été effectuées notamment lors des salons JavaOne 2001 et 2002 (intégration des nouveaux paquetages liés aux services Web dans le futur JDK 1.4, sortie des JAX et des Java Web Services Developement packs, etc.).

Le 15 avril 2002, Sun a plus précisément formalisé l'offre Sun ONE en annonçant la fusion de ses différentes lignes de produits (*rebranding*), acquises lors de divers achats réalisés ces dernières années, sous la seule et unique dénomination commerciale Sun ONE (voir *http://www.sun.com/smi/Press/sunflash/2002-04/sunflash.20020415.2.html*). Les marques concernées, c'est-à-dire iPlanet, Forte, StarOffice et Chili !Soft, disparaissent donc au profit de la nouvelle.

Afin de mieux sensibiliser les développeurs à cette nouvelle architecture technique et à l'offre commerciale qui en découle, Sun a regroupé les principaux éléments techniques de son offre, ainsi que la documentation disponible, sous la forme d'un produit, nommé Sun ONE Starter Kit (voir *http://wwws.sun.com/software/sunone/starterkit*). Ce produit, disponible sous forme de supports CD ou DVD, contient la quasi-intégralité des produits de la nouvelle ligne marketing de Sun et permet ainsi d'évaluer les différents logiciels sur des plates-formes Solaris, Windows ou Linux.

Implémentations de référence des JSR

Le développement de la nouvelle plate-forme se déroule sous le contrôle du JCP (Java Community Process : voir *http://www.jcp.org*), qui maîtrise l'évolution de la plate-forme Java (voir la section précédemment, « Les efforts de normalisation de la communauté Java »). Chacune des *Java Specification Requests* donne lieu au développement d'une implémentation correspondante. Les sites de ressources Sun associés à ces JSR sont les suivants :

- JSR031 – *JAXB (Java API for XML Binding)* : *http://java.sun.com/xml/jaxb* ;
- JSR067 – *JAXM (Java API for XML Messaging)* : *http://java.sun.com/xml/jaxm* ;
- JSR063 – *JAXP (Java API for XML Processing)* : *http://java.sun.com/xml/jaxp* ;
- JSR093 – *JAXR (Java API for XML Registries)* : *http://java.sun.com/xml/jaxr* ;
- JSR101 – *JAX/RPC (Java API for XML based RPC)* : *http://java.sun.com/xml/jaxrpc*.

À ce premier jeu de spécifications prises en compte dans la plate-forme Sun ONE initiale est venue s'ajouter la spécification *SOAP with Attachments* : *SAAJ (SOAP with Attachments API for Java)* : *http://java.sun.com/xml/saaj*.

JAX Pack

Pour faciliter l'accès des développeurs à ces nouvelles implémentations, celles-ci ont été regroupées dans un paquetage : le JAX Pack. Ce paquetage est destiné à être réactualisé tous les trimestres et a été disponible en téléchargement pour la première fois durant l'automne 2001. Cette version Java XML Pack Fall 01 FCS Bundle ne comportait que les API JAXM 1.0 et JAXP 1.1.3 et était fonctionnelle sur les JDK 1.3.1_01 et 1.4.

La version suivante, « hiver 2001 », nommée Java XML Pack Winter 01 dev Bundle a introduit deux nouvelles API : JAXR 1.0 et JAX-RPC 1.0. Ces API, complétées par de nouvelles versions des premières API, JAXM 1.0.1 et JAXP 1.2, sont toutes en versions Early Access.

La troisième mouture de ce paquetage, nommée Java XML Pack Spring 02 dev Bundle, consiste en une consolidation de la précédente version et n'introduit ni de nouvelles API, ni de nouvelles versions des API existantes. Celles-ci passent simplement du stade Early Access 1 à Early Access 2. Nous sommes donc toujours en présence d'une version de développement de ce paquetage.

La quatrième version devait introduire la dernière API JAXB. Malheureusement, cette API n'est pas au rendez-vous. La version Java XML Pack Summer 02 Bundle ne comporte toujours que les API précédentes, mais en version définitive : JAXM 1.1, JAXP 1.2, JAXR 1.0_01 et JAX-RPC 1.0. Cette version voit également apparaître la prise en charge de la spécification *SOAP with Attachments* via une nouvelle API *SOAP with Attachments API for Java* (SAAJ) 1.1. Cette quatrième version a été validée avec le serveur Tomcat 4.0.1 et 4.0.3, J2EE 1.3_01 et 1.3.1, J2SE 1.3.1_03, 1.4 et 1.4_01. L'introduction de la dernière API JAXB est ainsi reportée à une version ultérieure du JAX Pack.

Une cinquième version a été publiée durant l'automne 2002. Cependant, celle-ci n'est en réalité qu'une mise à jour de la quatrième version, d'où sa dénomination : Java XML Pack Summer 02 update Bundle. Cette cinquième version a été validée avec le serveur Tomcat 4.0.3, J2EE 1.3.1, J2SE 1.3.1_03, 1.4. L'API JAXB n'est toujours pas présente dans cette version du JAX Pack.

Le JAX Pack peut être téléchargé à l'adresse *http://java.sun.com/xml/downloads/javaxmlpack.html*.

Tableau 14-1. Tableau résumé des versions de Java XML Packs

Pack API	Java XML Pack Fall 01 FCS Bundle	Java XML Pack Winter 01 dev Bundle	Java XML Pack Spring 02 dev Bundle	Java XML Pack Summer 02 Bundle	Java XML Pack Summer 02 update Bundle
JAXB					
JAXM	1.0	1.0.1 (Early Access 1)	1.0.1 (Early Access 2)	1.1	1.1_01
JAXP	1.1.3	1.2 (Early Access 1)	1.2 (Early Access 2)	1.2	1.2.0_01 FCS
JAXR		1.0 (Early Access)	1.0 (Early Access 2)	1.0_01	1.0_02
JAX/RPC		1.0 (Early Access 1)	1.0 (Early Access 2)	1.0	1.0_01 FCS
SAAJ				1.1	1.1_02

Java Web Services Development Pack (WSDP)

Un second paquetage, plus étendu que le JAX Pack, est téléchargeable à partir du site de Sun Microsystems. Le Java Web Services Development Pack (WSDP) est un ensemble logiciel qui apporte aux développeurs l'ensemble des API présentes dans le JAX Pack, ainsi que les éléments d'une plateforme d'exécution complète.

La première version de ce pack Early Access Release 1 comportait les implémentations des quatre API du paquetage JAX Pack au niveau « printemps 2002 », complétées d'une librairie de balises JSP, d'une implémentation d'un annuaire privé UDDI de test, d'un container d'exécution Apache Tomcat, d'une implémentation JSSE (Java Secure Socket Extension) et du gestionnaire d'assemblage Apache Ant.

Une seconde version de ce pack (version 1.0), sortie en juin 2002, réunit les cinq API du JAX Pack au niveau de la quatrième version (Java XML Pack Summer 02 Bundle), toujours accompagnées de la librairie de balises JSTL 1.0 (JSP Standard Tag Library), de l'implémentation d'un annuaire privé UDDI de test Registry Server 1.0_01, du container d'exécution Apache Tomcat 4.1.2 et d'un outil de déploiement d'applications Web (Web Application Deployment Tool).

Une troisième version de ce pack (version 1.0_01), sortie à l'automne 2002, réunit toujours les cinq API du JAX Pack au niveau de la cinquième version (Java XML Pack Summer 02 update Bundle), toujours accompagnées de la librairie de balises JSTL 1.0.1, de l'implémentation de l'annuaire privé UDDI de test Registry Server 1.0_02, du container d'exécution Apache Tomcat 4.1.2 et de l'outil de déploiement d'applications Web, Web Application Deployment Tool.

Le Java Web Services Development Pack peut être téléchargé à l'adresse *http://java.sun.com/webservices/downloads/webservicespack.html*.

Dans la pratique, comme nous l'avons vu auparavant, c'est la vitesse d'évolution de ce dernier pack qui conditionne la sortie de J2EE 1.4.

Java Web Services Tutorial

Afin d'aider les développeurs à utiliser les nouvelles API de la plate-forme Java, et plus particulièrement le Java Web Services Development Pack, Sun a développé un guide dédié à cet usage : le *Java Web Services Tutorial*.

Celui-ci présente les API suivantes :

- Java API for XML Messaging (JAXM) ;
- Java API for XML Processing (JAXP) ;
- Java API for XML Registries (JAXR) ;
- Java API for XML based RPC (JAX/RPC) ;
- Java Servlets ;
- JavaServer Pages ;
- JavaServer Pages Standard Tag Library (JSTL) ;
- gestionnaire d'assemblage Apache Ant ;
- serveur de JSP/Servlets Apache Tomcat.

Le guide de développement *Java Web Services Tutorial* peut être téléchargé à l'adresse *http://java.sun.com/webservices/downloads/webservicestutorial.html*.

L'offre de BEA systems

BEA Systems a réagi tardivement par rapport à l'avancée d'IBM dans le domaine des services Web. BEA n'a pas participé aux différents processus initiaux de spécification.

La première annonce de BEA (voir *http://www.bea.com/press/releases/2001/0226_web_services.shtml*), datée du 26 février 2001, présentait la stratégie et la plate-forme destinée à prendre en charge les services Web et plus particulièrement les spécifications SOAP, WSDL, UDDI, BTP et ebXML. Cette plate-forme initiale s'appuyait sur les produits WebLogic Server, WebLogic Collaborate et WebLogic Process Integrator.

La mise en disponibilité de la version 7.0 du serveur WebLogic de BEA, le 30 avril 2002, a été l'occasion d'une reformulation de l'offre de BEA autour de WebLogic Platform 7.0, disponible depuis fin juin 2002. Cette nouvelle offre regroupe les produits WebLogic Portal 7.0 (environnement de portail), WebLogic Integration 7.0 (services d'intégration) et WebLogic Workshop (environnement de développement).

WebLogic 6.1 et 7.0

La version 6.1 de WebLogic Server est la première à prendre en charge les services Web dans la gamme de BEA Systems : celle-ci est disponible depuis août 2001 (voir annonce *http://www.bea.com/products/weblogic/server/announcing.shtml)* en version certifiée J2EE 1.2 et en version non certifiée J2EE 1.3. Des versions d'évaluation peuvent encore être téléchargées à *http://commerce.beasys.com/downloads/weblogic_server.jsp#wls*.

La version 6.1 de WebLogic a été remplacée par la version 7.0 (voir annonce *http://www.bea.com/press/releases/2002/0430_wls7_now_available.shtml*), disponible depuis le 30 avril 2002. Cette dernière version est certifiée J2EE 1.3. Elle intègre donc une implémentation JAXP 1.1. L'analyseur syntaxique XML utilisé est nouveau, ce n'est plus celui de la communauté Apache (Xerces) utilisé dans la version 6.1. En outre, cette nouvelle version est en avance par rapport à J2EE 1.4 et incorpore déjà une implémentation de la spécification JAX-RPC de la communauté JCP. Une version d'évaluation, valable quatre-vingt-dix jours, peut également être téléchargée à *http://commerce.beasys.com/downloads/weblogic_server.jsp#wls*.

Lors de la manifestation BEA eWorld Europe 2002, qui s'est tenue les 25 et 26 juin 2002 à Paris (voir *http://eu.bea.com/events/eworld2002/index.htm*), BEA a introduit son offre WebLogic Platform 7.0, qui regroupe, outre le serveur d'applications WebLogic 7.0, les produits WebLogic Portal 7.0 (environnement de portail), WebLogic Integration 7.0 (services d'intégration) et WebLogic Workshop (environnement de développement de services Web : voir la section suivante). Cette nouvelle offre de BEA est disponible depuis la fin du mois de juin 2002 (voir annonce *http://www.bea.com/press/releases/2002/0625_platform_ship.shtml*). Une version d'évaluation peut être téléchargée à *http://www.bea.com/products/weblogic/platform/index.shtml*.

WebLogic Workshop

En matière d'environnement de développement, BEA offre un nouveau produit : BEA WebLogic Workshop (voir *http://www.bea.com/products/weblogic/workshop/index.shtml*), spécialement dédié aux applications de type services Web. Ce nouvel environnement prend en charge les spécifications SOAP 1.1, WSDL 1.1, et UDDI 2.0. En ce qui concerne les protocoles de transport, HTTP et JMS sont pris en charge. L'environnement d'exécution (*runtime*) de Workshop se présente comme une application J2EE. Par ailleurs, cet environnement s'appuie sur l'utilisation de fichiers JWS (Java Web Service) qui permettent d'enregistrer des métadonnées relatives au code source Java. Cette gestion de métadonnées est formalisée à travers les travaux de deux groupes de travail qui officient dans le cadre de la communauté JCP : la JSR 175 (A Metadata Facility for the Java Programming Language : voir *http://www.jcp.org/jsr/detail/175.jsp*) et la JSR 181 (Web Services Metadata for the Java Platform : voir *http://www.jcp.org/jsr/detail/181.jsp*).

WebLogic Workshop permet à BEA de combler une lacune en ce qui concerne l'environnement de développement Java associé à son serveur d'applications, à l'instar d'IBM qui proposait VisualAge for Java, remplacé depuis par WebSphere Studio Application Developer, en complément de son serveur d'applications WebSphere.

Jusque récemment, BEA proposait le produit WebGain Studio de la société WebGain (*http://www.webgain.com*), un *spin-off* de BEA, créé en 2000 avec l'aide de Warburg Pincus Ventures. Ce produit a été progressivement créé via l'acquisition et/ou l'intégration de produits existants ou de licences logicielles : rachat du produit VisualCafé (environnement de développement) à Symantec en janvier 2000, achat de Tendril Software et de son produit Structure Builder (modélisation, conception et développement d'EJB), rachat du produit TopLink (*mapping* relationnel/objets) à la société The Object People en avril 2000...

La dernière version de WebGain Studio (7.0), adaptée au développement de services Web Java (qui prend en charge les spécifications SOAP, WSDL et UDDI), était prévue pour une disponibilité simultanée avec la sortie du serveur d'applications WebLogic 7.0 (voir annonce *http://www.prnewswire.com/cgi-bin/micro_stories.pl?ACCT=150980&TICK=WBGN&STORY=/www/story/03-28-2002/0001695662&EDATE=Mar+28,+2002*).

Il semble cependant que BEA ait décidé d'abandonner WebGain Studio au profit du nouvel environnement Workshop développé en interne. De fait, comme le précise la page d'accueil du site Web de la société, WebGain a progressivement stoppé son activité (*winding down*) et revendu ses actifs de propriété intellectuelle. La gamme TopLink a été cédée à Oracle (voir *http://www.oracle.com*), le produit Application Composer à DigiSlice (voir *http://www.digislice.com*) et WebGain Studio à TogetherSoft (voir *http://www.togethersoft.com*). Cette dernière société a été absorbée depuis par Borland. WebGain peut cependant fournir certains de ses produits encore en stock.

Le produit WebLogic Workshop est issu d'un projet dont le nom de code était Cajun. Ce projet est lui-même issu d'une technologie développée par une société créée en février 2000 par d'anciens employés de Microsoft, dont Adam Bosworth, Rod Chavez et Tod Nielsen : Crossgain (*http://www.crossgain.com*). Cette société a été rachetée en juillet 2001 par BEA et se trouve donc directement à l'origine de ce nouvel environnement de développement. Celui-ci est maintenant intégré dans le produit WebLogic Platform 7.0, et une version d'évaluation peut être obtenue à *http://commerce.bea.com/downloads/weblogic_platform.jsp*.

Ressources développeur

Un site de ressources est accessible à *http://developer.bea.com/techtrack/detail.jsp?highlight=webservices* : le Web Services Technology Track. Pour intégrer SOAP à WebLogic 5.1 et 6.0, BEA proposait précédemment en téléchargement un paquetage en version bêta, reposant sur le parser Xerces et l'implémentation SOAP d'Apache, mais la société les a retiré de son site pour les remplacer par un lien direct vers le site Apache (voir *using SOAP with WebLogic 5.1 and/or 6.0*).

L'offre de Hewlett-Packard : Netaction

Hewlett-Packard est l'un des acteurs de la première heure dans le monde des services Web. En effet, c'est dès 1999 que Hewlett-Packard publiait une architecture orientée services nommée e-Speak. C'est en réalité la première architecture à avoir défini le concept de service Web dans son acception actuelle. Toutes les notions évoquées aujourd'hui dans le domaine des services Web étaient déjà présentes dans ce produit.

Malheureusement, cette nouvelle technologie est arrivée trop tôt par rapport à la demande du marché. De surcroît, cette plate-forme s'appuyait sur certains composants propriétaires : par exemple, les échanges étaient pris en charge par la librairie J-ESI (Java e-Speak Service Interface), via un protocole de messagerie et de transport propriétaire.

Netaction : renaissance de e-Speak

L'arrivée des spécifications SOAP, WSDL et UDDI a obligé Hewlett-Packard à réévaluer son offre e-Speak et à la retravailler pour l'adapter aux nouveaux standards de l'offre. Cet aggiornamento s'est traduit par l'apparition du programme HP Netaction. Ce programme s'appuie sur les produits suivants :

- HP Application Server, le serveur d'applications Java de Hewlett-Packard, héritier de l'un des premiers serveurs d'applications Bluestone Sapphire/Web, puis HP Bluestone Total-e-Server (voir *http://www.bluestone.com/SalSAPI.dll/SaServletEngine.class/products/hp-as/default.jsp*) ;

- HP Process Manager, un gestionnaire de processus en technologie J2EE (voir *http://www.ice.hp.com/cyc/af/00/index.html*) ;

- HP Web Services Platform, en réalité le successeur de la technologie e-Speak (voir *http://www.bluestone.com/SalSAPI.dll/SaServletEngine.class/products/hp_web_services/default.jsp*) ;

- HP Total-e-Mobile, une plate-forme de prise en charge des applications mobiles (voir *http://www.bluestone.com/SalSAPI.dll/SaServletEngine.class/products/Total-e-Mobile/default.jsp*) ;

- HP Total-e-Syndication, une plate-forme de syndication de contenus (voir *http://www.bluestone.com/SalSAPI.dll/SaServletEngine.class/products/Total-e-Syndication/default.jsp*) ;

- HP Total-e-Transactions, une plate-forme de gestion transactionnelle (voir *http://www.bluestone.com/SalSAPI.dll/SaServletEngine.class/products/Total-e-Transactions/default.jsp*).

Tous ces produits peuvent être téléchargés pour être évalués à l'adresse *http://www.bluestone.com/Salsapi.dll/SaServletEngine.class/products/forms/downloads.jsp*. Hewlett-Packard a donc stoppé le développement de la plate-forme e-Speak, et a concentré ses ressources sur cette nouvelle offre. Les principales différences entre les plates-formes e-Speak et Web Services de Hewlett-Packard sont explicitées dans le document _hp web services platform: a comparison with hp e-speak_ (voir _http://www.hpmiddleware.com/downloads/pdf/espeak_webservices.pdf_).

HP Web Services 2.0

Parmi les différents composants de cette offre Netaction, c'est donc la plate-forme HP Web Services qui prend en charge le support des technologies de services Web. Cette plate-forme, actuellement en version 2.0 comprend les éléments suivants :

- HP-SOAP 2.0 : le moteur d'exécution SOAP qui intègre également un framework de traitement en mode pipeline de documents XML. Celui-ci s'appuie sur le produit Cocoon2 d'Apache (voir _http://xml.apache.org/cocoon/index.html_) ;
- HP Service Composer : l'outil de développement et de déploiement d'un service Web sur le serveur HP AS 8.0 ;
- HP Registry Composer : cet outil est utilisé pour accéder à des annuaires UDDI. Il permet d'enregistrer et de rechercher des services Web sur n'importe quel annuaire UDDI.

La plate-forme HP Web Services nécessite un JDK 1.3 au minimum pour fonctionner. Elle prend en charge les systèmes d'exploitation suivants :

- HP-UX 11.11 ;
- Windows 2000 ;
- Windows NT 4.0 SP6 ;
- Sun Solaris 8 ;
- Red Hat Linux 7.1.

Les serveurs qui s'appuient sur Apache, ainsi que les _plug-ins_ ISAPI et NSAPI, sont pris en charge. Parmi ceux-ci, on peut retenir :

- Apache 1.3.19 ;
- Microsoft IIS 4.0 et 5.0 ;
- IPlanet.

Différents serveurs d'applications Java sont également pris en compte, dont :

- HP-AS 8.0 ;
- Apache Tomcat ;
- BEA WebLogic 5.1 et 6.1.

Les spécifications prises en charge par la plate-forme de Hewlett-Packard sont SOAP, WSDL, UDDI, JAXM et XML Digital Signatures.

Les implémentations externes utilisées sont les analyseurs syntaxiques XML Xerces et XSL Xalan de la communauté Apache. Hewlett-Packard fait également appel au framework de publication Cocoon2 de la communauté Apache. Enfin, il utilise aussi le paquetage client UDDI4J d'origine IBM pour son produit Registry Composer.

Bien entendu, cette plate-forme est parfaitement intégrée au serveur d'applications Java HP-AS de Hewlett-Packard. Elle est implémentée sous forme de servlets Java. Elle est également capable de fonctionner sous d'autres serveurs d'applications : la documentation disponible montre notamment comment l'installer sous les serveurs Apache Tomcat 3.3 et 4.0.3 ou sous les serveurs BEA WebLogic 5.1 et 6.1.

HP Web Services Registry 2.0

Par ailleurs, Hewlett-Packard a annoncé le 26 octobre 2000 sa participation au projet UDDI (voir annonce de presse : *http://www.hp.com/hpinfo/newsroom/press/26oct00b.htm*). Puis, l'annonce du démarrage en production de l'annuaire métier UDDI 1.0 (UDDI Business Registry) par la communauté UDDI (voir *http://www.uddi.org/uddipr05022001.html*) a informé par la même occasion que Hewlett-Packard deviendrait opérateur de l'annuaire pour la prochaine version 2.0.

Cette participation importante dans l'organisation UDDI s'est traduite par l'arrivée d'une nouvelle implémentation d'annuaire UDDI privé : le produit HP Web Services Registry 2.0 (voir *http://www.bluestone.com/SalSAPI.dll/SaServletEngine.class/products/hp_web_services/registry/default.jsp*). Cet annuaire a été d'emblée disponible en version UDDI 2.0 et peut interopérer avec d'autres annuaires UDDI, privés ou publics.

HP Web Services Transactions 1.0 (HP WST)

Enfin, le 13 mai 2002, Hewlett-Packard a dévoilé la première implémentation commerciale de la spécification du protocole de transactions métier BTP (Business Transaction Protocol) du consortium OASIS. Ce produit se nomme HP Web Services Transactions 1.0 (HP WST) ; voir *http://www.hpmiddleware.com/downloads/pdf/wst_specsheet.pdf*. Il s'intègre bien sûr avec les éléments de la plate-forme HT Web Services, comme le serveur HP-SOAP et le HP Registry Composer, ainsi que le serveur d'applications HP-AS. Cette implémentation de BTP restera vraisemblablement l'une des seules, car la publication des spécifications BPEL4WS, WS-Transaction et WS-Coordination, qui a eu lieu en août 2002, risque d'être fatale à l'évolution de la spécification BTP.

HP Middleware : arrêt partiel de l'activité

Malheureusement, ces produits ont disparu du catalogue de Hewlett-Packard. En effet, suite à la fusion de Hewlett-Packard et Compaq, le groupe a redéfini sa stratégie dans le domaine du logiciel, et plus particulièrement des services Web, en juillet 2002 (voir annonce du 15 juillet : *http://www.bluestone.com/downloads/pdf/HPAS_SunsetCustomerLetter-JUL152002_FINAL.pdf*).

Les principales considérations à l'origine de cette décision sont notamment :

- la consolidation dans le domaine du middleware J2EE (voir parts de marché de BEA et d'IBM) ;
- l'émergence de la plate-forme .NET.

Pour compenser cet arrêt partiel de l'activité de la division HP Middleware, Hewlett-Packard a décidé de s'appuyer sur des partenariats stratégiques, avec des sociétés importantes dans leurs domaines d'activité telles que BEA, Microsoft, Tibco, webMethods, etc. autour des deux plates-formes de référence J2EE et .NET. Par ailleurs, un programme de migration et d'assistance des clients actuels des produits arrêtés vers les produits équivalents de BEA, et notamment le serveur d'applications WebLogic, a été établi et publié dès le 30 juillet 2002 (voir annonce *http://www.bluestone.com/downloads/ pdf/HPAS_SunsetCustomerLetter-JUL302002_FINAL.pdf*).

Les produits concernés par cet arrêt partiel sont :

* HP Application Server ;
* HP Application Server Resilient Edition ;
* HP Web Services Platform ;
* HP Web Services Registry ;
* HP Web Services Transactions ;
* HP Core Services Framework ;
* HP Total-e-Server.

Comme on peut le voir, la quasi-intégralité des produits dédiés à la mise en œuvre des services Web sont concernés par cette décision. Ceci met donc fin aux efforts importants du pionnier Hewlett-Packard dans le domaine des services Web, effectués au travers des programmes e-Speak et NetAction.

Les informations relatives à ce programme de désengagement (programme Sunset) sont accessibles à *http://www.bluestone.com/SalSAPI.dll/SaServletEngine.class/sunset/default.jsp*.

Cependant, Hewlett-Packard n'en abandonne pas pour autant les technologies liées aux services Web. En effet, conscientes du potentiel important de ces nouvelles technologies et de l'impact qu'elles auront dans le domaine du middleware et des infrastructures, les sociétés Hewlett-Packard et webMethods ont proposé une nouvelle spécification, l'OMI (Open Management Interface), une initiative destinée à favoriser la gestion de systèmes qui s'appuient sur l'utilisation de services Web (voir *http://www.oasis-open.org/committees/mgmtprotocol/Docs/OMISpecification_1.0rev1_OASIS.pdf* et annonce à *http://www.openview.hp.com/library/press/2002/april/Press_HTML-137.asp*).

Ainsi, par exemple, une console Hewlett-Packard OpenView sera en mesure de superviser une plate-forme d'intégration webMethods et de remonter des alertes en cas de problème d'exploitation, ou de collecter des informations de mesure dans le cadre de la surveillance de contrats de service SLA (Service Level Agreements).

L'offre de IONA Technologies

IONA Technologies (voir *http://www.iona.com*), fondée en 1991 et basée à Dublin, après avoir été l'un des acteurs majeurs dans l'édition de produits dédiés aux architectures CORBA, s'oriente vers les technologies de services Web. Cette orientation a cependant été plus tardive que celle adoptée par certains de ses employés qui sont à l'origine de nouvelles sociétés spécialisées dans ce domaine dont Cape Clear et Shinka Technologies.

En février 2002, IONA a annoncé son nouveau produit : Orbix E2A Web Services Integration Platform. Ce produit s'ajoute au serveur d'applications de IONA Orbix E2A Application Server Platform.

Le produit Web Services Integration implémente de nombreuses spécifications telles que ebXML, RosettaNet, ainsi que EDI, cXML et xCBL. Il peut offrir une interface, via des connecteurs, avec de nombreuses technologies et de nombreux produits tels que Corba, J2EE, JMS, MQSeries, SAP, Siebel et PeopleSoft.

La plate-forme Web Services Integration est déclinée en deux éditions :

- l'édition XMLBus, une infrastructure complète de gestion de services Web dédiée au développement, au déploiement, à l'intégration et à l'exploitation de ces technologies (voir *http:// www.iona.com/products/webserv-xmlbus.htm*) ;

- l'édition Collaborate Enterprise Integrator, une plate-forme de gestion collaborative qui se positionne de la même façon que WebLogic Collaborate ou WebSphere Business Integrator. Cette édition s'appuie sur les fonctionnalités de l'édition XMLBus (voir *http://www.iona.com/ products/webserv-collaborate.htm*).

L'édition XMLBus prend en charge les spécifications SOAP, WSDL et UDDI. Elle prend également en charge les API *SOAP with Attachments*, JAXR, JAXM, SAML et WSIL.

La dernière version disponible est la version 5.4. Un site développeur dédié est accessible à *http:// www.xmlbus.com*. Il contient également une section liée à la question de l'interopérabilité : le Web Services Interoperability Forum (voir *http://www.xmlbus.com/interop*).

L'offre de Novell

Novell (voir *http://www.novell.com*), toujours à la recherche d'une nouvelle offre de substitution à son célèbre système d'exploitation de réseaux NetWare, après un premier virage vers les technologies Internet à la fin des années 1990, semble maintenant vouloir jouer un rôle important dans le domaine des services Web.

En effet, le 10 juin 2002, Novell a annoncé son intention d'acquérir, pour deux cent douze millions de dollars, la société SilverStream (voir *http://www.silverstream.com*), dont le serveur éponyme est historiquement l'un des premiers serveurs d'applications Java, aux côtés de Bluestone (racheté depuis par Hewlett-Packard) et de Tengah, devenu depuis WebLogic (voir texte de l'annonce : *http:// www.novell.com/news/press/archive/2002/06/pr02045.html*).

Cette acquisition de SilverStream par Novell a été finalisée le 22 juillet 2002 (voir *http://www.silverstream .com/Website/app/en_US/PressReleaseDetail?id=6ea68db8369943dab4e4f3c084d0cb1d*).

La société SilverStream, victime de la course aux parts de marché des serveurs J2EE, déclenchée entre WebSphere et WebLogic au début des années 2000, s'est très vite orientée vers une offre de produits plus verticaux, capables de fonctionner sur son propre serveur d'applications, mais également sur des serveurs d'applications concurrents. Très rapidement, cette offre s'est intéressée aux technologies liées aux services Web.

C'est ainsi que le serveur SilverStream, doté d'une implémentation SOAP, était présent lors de la première confrontation d'interopérabilité, nommée SOAP Builders Round I , qui s'est tenue dans les locaux d'IBM à Raleigh Durham, début 2001 (voir chapitre 17 : « Le défi de l'interopérabilité »). Les résultats de ces premiers tests furent présentés lors du salon NetWorld+Interop de Las Vegas (du 8 au 10 mai 2001).

Cette nouvelle offre de SilverStream, regroupée sous le nom générique d'eXtend, recouvre en pratique un environnement complet de développement, de déploiement et de gestion d'applications Web qui s'appuient sur les standards et spécifications J2EE et services Web. Cette offre s'appuie sur les composants suivants :

- l'environnement de développement intégré (Workbench) ;
- le portail d'applications interactives (Director) ;
- le serveur d'intégration (Composer) ;
- le serveur d'applications J2EE (Application Server) ;
- l'environnement d'exécution de services Web (jBroker).

Cette offre est complétée par un site de ressources, dont une partie, DevCenter, est orientée vers les développeurs (voir *http://devcenter.silverstream.com/DevCenter/DevCenterPortal?PID=DevCenter.html*).

Suite à l'acquisition de SilverStream par Novell, l'offre SilverStream eXtend s'est transmutée en Novell exteNd, dont une version 4.0 a été annoncée le 7 octobre 2002 (voir annonce *http://www.silverstream.com/Website/app/en_US/PressReleaseDetail?id=9e706f1c86cd4f9dbd543106c10b3b29*). Cette dernière version est compatible J2EE 1.3.

Composer : le serveur d'intégration

Le serveur d'intégration exteNd Composer est une application J2EE destinée à faciliter l'intégration des systèmes patrimoniaux des entreprises (*legacy systems*) et à les intégrer dans un système d'automatisation de processus.

Il est ainsi possible de construire et de réutiliser ensuite l'accès à des fonctionnalités existantes sur des systèmes de type grands systèmes (*mainframes* : applications de type 3270, 5250, Telnet ou CICS), des modules SAP, des systèmes transactionnels EDI ou des bases de données.

Le moteur d'exécution du serveur s'appuie sur la spécification Web Services Flow Langage (WSFL) d'IBM et offre un environnement visuel de cartographie de données (*mapping*) et de transformation à base d'interface de type *drag and drop*.

Le déploiement des services et composants développés pour ce serveur peut être effectué sur les serveurs d'applications J2EE cibles Novell (ex-SilverStream), WebSphere et WebLogic.

De même, le serveur d'intégration exteNd Composer dispose de son propre environnement intégré UDDI et est apte à publier les services Web ainsi développés sur un annuaire public ou privé, ou bien à découvrir des services externes.

Les caractéristiques du produit Novell Composer peuvent être consultées à l'adresse *http://www.silverstream.com/Website/app/en_US/Composer*.

Workbench : l'environnement de développement intégré

L'environnement de développement intégré Workbench est un environnement complet de développement J2EE et services Web.

Celui-ci permet de manipuler des objets aussi divers que des services Web, des classes Java, des EJB, des servlets, des documents XML, des pages JSP, des descripteurs de déploiement J2EE, des librairies de balises JSP ou encore des JavaBeans.

L'environnement dispose notamment d'éditeurs XML et XSL.

L'environnement de développement s'appuie sur le moteur d'exécution de services Web jBroker (voir ci-après) de Novell (ex-SilverStream).

Les caractéristiques du produit Novell Workbench sont décrites à l'adresse *http://www.silverstream.com/ Website/app/en_US/Workbench.*

JBroker : l'environnement d'exécution

L'environnement d'exécution jBroker autorise le déploiement et l'exécution de services Web. Il fonctionne de manière intégrée avec l'environnement Workbench.

Celui-ci représente une implémentation de la spécification JCP JAX-RPC 1.0 et est interopérable avec les implémentations SOAP les plus répandues dont Apache SOAP et Microsoft .NET.

Cet environnement est capable de générer des servlets qui peuvent ensuite être déployés dans tout moteur d'exécution Servlets/JSP. Il est bien entendu intégré dans le serveur d'applications Novell (ex-SilverStream).

Il faut remarquer que cet environnement d'exécution SOAP prend en charge également le protocole de transport JMS et les pièces attachées SOAP (*SOAP with attachments*). Il implémente aussi les fonctionnalités d'un courtier d'objets (ORB).

Les caractéristiques du produit Novell jBroker sont accessibles à l'adresse *http://www.silverstream.com/ Website/app/en_US/JBroker.*

L'offre d'Oracle

Oracle (voir *http://www.oracle.com*) est un des acteurs importants du monde Java, demeuré relativement discret depuis l'éclosion des technologies liées aux services Web.

Une première annonce marketing, nommée « Dynamic Services Framework », avait été présentée fin 2001, mais elle n'avait pas réellement été suivie de réalisations concrètes. Il a fallu en réalité attendre l'arrivée des produits de la gamme intégrée Oracle9*i*, durant l'année 2002, pour commencer à disposer de logiciels qui implémentent les spécifications SOAP, WSDL et UDDI. Même la présentation des caractéristiques de la version initiale de Oracle9*i* (mai 2001) ne faisait qu'effleurer la notion de service Web : *http://otn.oracle.com/products/oracle9i/pdf/9i_new_features.pdf.*

Ce décalage peut vraisemblablement s'interpréter comme une conséquence de la mise à jour à laquelle Oracle a dû procéder afin de prendre en charge des applications Java dans son offre. En effet, l'ancienne implémentation Java d'Oracle a été remplacée, durant l'année 2001 (voir annonce : *http:// www.oracle.com/corporate/press/index.html?759347.html*), par une version adaptée du serveur d'applications Orion (voir *http://www.orionserver.com*) d'IronFlare, l'une des implémentations J2EE les plus performantes du moment.

Il semble cependant que cette discrétion initiale soit oubliée avec l'apparition d'une section « Technology Center » dédiée à ces nouvelles technologies sur le site d'Oracle Technology Network (voir *http://otn.oracle.com/tech/webservices/content.html*).

Cette section du site Oracle regroupe toutes les informations nécessaires aux développeurs et aux architectes qui s'intéressent à la manière dont ces technologies ont été intégrées dans les produits Oracle :

- plate-forme de déploiement et d'exécution Oracle9*i*AS Containers for J2EE 9.03 ;
- environnement de développement Oracle9*i* JDeveloper ;
- annuaire UDDI Oracle9*i*AS UDDI Registry 9.03 ;
- publication de scripts PL/SQL sous forme de services Web, etc.

Les autres technologies Java

D'autres alternatives aux grands éditeurs du monde Java et aux communautés Open Source bien établies sont apparues très tôt sur le marché et ont su faire preuve d'un dynamisme et d'une inventivité remarquable. Nombre de ces alternatives sont représentées par de nouvelles sociétés ou par des start-ups. Parmi ces sociétés, on peut citer notamment :

- Cape Clear (*http://www.capeclear.com*), créée en septembre 1999 par d'anciens dirigeants de IONA Technologies, elle propose l'environnement d'exécution CapeConnect et l'environnement de conception, de développement et de déploiement CapeStudio ;
- The Mind Electric (*http://www.themindelectric.com*), fondée en février 2001 par Graham Glass, elle offre deux produits de natures différentes, mais complémentaires : l'environnement de développement et de déploiement de services Web Glue et la plate-forme d'exécution de type grille d'ordinateurs (*grid computing*) orientée services Gaia ;
- Shinka Technologies (*http://www.shinkatech.com*), fondée en 1999 également par des anciens de IONA Technologies, elle présente la plate-forme d'intégration Shinka Business Integration Platform ;
- Systinet (*http://www.systinet.com*), ex-Idoox, fondée en l'an 2000 par l'ancien fondateur de NetBeans, Roman Stanek, elle propose de nombreux produits en technologie Java ou C++ parmi lesquels on peut citer : WASP Server (for Java et for C++), WASP UDDI (Standard et Enterprise Edition), WASP Developer (disponible sous forme de plug-ins pour Sun Forte for Java/NetBeans, Borland JBuilder et Eclipse), WASP Secure Identity ;
- Bowstreet (*http://www.bowstreet.com*) a été créée en 1999 et offre l'une des toutes premières plates-formes dédiées à la prise en charge de services Web : le produit Business Web Factory. Bowstreet s'est également intéressée aux portails Web et propose depuis peu un nouveau produit, Portlet Factory for IBM WebSphere ;
- Collaxa (*http://www.collaxa.com*), fondée fin 2000, par d'anciens responsables des sociétés Netscape, AOL, NetDynamics, NeXT et Electron Economy, s'est spécialisée dans le domaine de l'orchestration de services Web et propose l'une des premières implémentations commerciales de la spécification BPEL4WS, sous la forme de son Web Service Orchestration Server ;
- PolarLake (voir *http://www.polarlake.com*), créée en 2001 à partir d'un projet initié en 1999 par la société XIAM (voir *http://www.xiam.com*), propose des produits centrés sur le monde XML qui incorporent la technologie Dynamic XML Runtime, ainsi que le framework d'assemblage d'applications XML Circuits. Deux produits notamment sont dédiés à la prise en charge des

services Web : la plate-forme de déploiement PolarLake et l'environnement de développement rapide PolarLake Web Services Express ;

- AltoWeb (voir *http://www.altoweb.com*), fondée par Ali Kutay, le premier PDG de BEA, elle offre une plate-forme de développement et de déploiement de services Web appelée AltoWeb Application Platform ;

- Sonic Software (voir *http://www.sonicsoftware.com*), filiale de Progress Software, créée en janvier 2001, spécialiste des systèmes de messagerie Java (JMS), elle offre une plate-forme de déploiement de services Web Sonic XQ, qualifié de « premier bus de services d'entreprise » (ESB ou Enterprise Service Bus), capable de fonctionner sur son serveur de messagerie Sonic MQ.

The Mind Electric Glue et Gaia

The Mind Electric (voir *http://www.themindelectric.com*), entreprise texane (établie à Dallas) fondée en février 2001 par Graham Glass (voir *http://www.themindelectric.com/company/index.html*), conçoit, élabore et distribue des plates-formes d'infrastructure pour applications réparties.

Glue

Son premier produit, Glue (voir *http://www.themindelectric.com/glue/index.html*), 100 % Java, permet de construire, de déployer et d'invoquer des services réseaux locaux et distants. Glue s'appuie sur les standards Internet HTTP, SSL, XML, WML, SOAP, WSDL et UDDI et interopère avec les plates-formes Microsoft .NET, IBM Web Services ToolKit, Apache SOAP ainsi que d'autres plates-formes de services Web compatibles avec SOAP 1.1.

Glue offre les fonctionnalités suivantes : un microserveur Web HTTP et HTTPS, un moteur de servlets compatible Java Servlet 2.2, un générateur WSDL dynamique, un processeur SOAP 1.1, un serveur de persistance XML, un client et un serveur UDDI, un générateur de proxy-services Java, des boîtes à outils HTML et WML, et enfin un langage de script Electric Server Pages, alternatif aux JavaServer Pages. La prise en charge des JavaServer Pages a été introduite dans les dernières versions du produit. En outre, Glue incorpore un nouvel analyseur syntaxique XML DOM Electric XML très rapide et simple à utiliser (voir *http://www.themindelectric.com/exml/index.html*).

Electric XML

La plate-forme Glue a été l'objet de soins importants en matière de performance : selon l'éditeur, l'analyseur syntaxique XML est capable de traiter un message SOAP simple en 0,3 ms. Quant au débit de la plate-forme, il atteint plus de 100 000 messages/s lorsque le service et son client fonctionnent dans la même JVM (Java Virtual Machine) et se maintient à plus de 700 messages/s lorsqu'ils communiquent sur le même réseau local via deux JVM distinctes (performances mesurées par l'éditeur sur un Dell Dimension XPS T600 – Pentium III 600 MHz).

Le produit Glue est actuellement téléchargeable en version 3.2.3 et 3.3b1. L'analyseur syntaxique Electric XML est également disponible séparément en version 6.0.3 et 6.1b1. La version 3.2.3 de Glue prend en charge la spécification Servlets 2.3, une nouvelle console graphique, une interface UDDI graphique et l'intégration JNDI. La version 4.0 intégrera le support des transactions distribuées.

> **Le portail de services Web XMethods et son annuaire UDDI privé**
>
> Il faut signaler que le site portail XMethods utilise depuis peu le serveur UDDI Glue pour permettre aux utilisateurs d'accéder aux services référencés par le site ou de publier leurs propres services (voir *http://www.xmethods.net/ve2/UDDI.po*). Il s'agit donc d'une utilisation d'UDDI en annuaire privé qui permet aux utilisateurs d'XMethods de se passer des anciens formulaires de saisie au profit des outils standards de l'annuaire de The Mind Electric.

Gaia

Par ailleurs, The Mind Electric prévoit d'éditer un second produit, dont le nom de code est Gaia (voir *http://www.themindelectric.com/gaia/index.html*). Ce nouveau produit est présenté comme une alternative aux technologies J2EE et JINI de Sun Microsystems et permettra de combiner dans une nouvelle infrastructure la puissance des services Web et des architectures de grilles d'ordinateurs (*grid computing*). Gaia permettra de gérer des services Web contrôlés par toutes sortes de plates-formes et sera implémentée de manière native en technologies Java et .NET. Ce produit est en projet depuis plusieurs mois, mais n'est pas encore disponible.

Cape Clear : CapeConnect et CapeStudio

Cape Clear (*http://www.capeclear.com*) a été créée en septembre 1999 par d'anciens responsables de IONA Technologies (*http://www.iona.com*), certains d'entre eux en sont également fondateurs. Parmi les fondateurs de Cape Clear et anciens de IONA, on peut citer Annraí O'Toole (ancien CTO ou Chief Technical Officer de IONA), David Clarke, Hugh Grant, John McGuire et Colin Newman.

La société est basée à Dublin pour l'Europe et à Campbell en Californie pour les États-Unis.

CapeConnect

Un an après sa création, en décembre 2000, Cape Clear a distribué la première version de sa plate-forme de déploiement et d'exécution de services Web : CapeConnect One.

Une seconde version, CapeConnect Two, est sortie peu de temps après, en avril 2001, puis une troisième version CapeConnect Three a été disponible en octobre 2001 et a introduit la prise en charge de la spécification UDDI et des serveurs Corba.

La version CapeConnect 3.5 est disponible depuis mars 2002. L'architecture technique du produit est décrite dans le document de présentation *CapeConnect 3.5 Technical Overview* (voir *http://www.capeclear.com/products/whitepapers/CCThreeTechnicalOverview.pdf*).

À l'heure de la rédaction de ces lignes, la version 4.0 est sur le point de sortir. Une version 4.0 bêta peut être téléchargée à l'adresse *http://www.capeclear.com/products/beta*. Les caractéristiques de la plate-forme sont détaillées dans le document *http://www.capeclear.com/products/whitepapers/CapeConnect4_whitepaper.pdf*. Le produit de Cape Clear se rapproche de plus en plus de ce que l'on désigne sous le nom de plate-forme d'intégration EAI. Cette version intègre notamment de nouvelles fonctions d'administration, la prise en charge de nouveaux protocoles de transport comme JMS par exemple, et de nouveaux adaptateurs.

CapeStudio

Parallèlement à la mise au point de cette plate-forme d'exécution, Cape Clear s'est attachée à la production d'un nouvel environnement de conception, développement, déploiement et test de services Web : CapeStudio, dont la première version est sortie en septembre 2001.

La version CapeStudio 3.0 de ce produit est disponible depuis mars 2002.

Le studio évolue également en même temps que la plate-forme CapeConnect et une nouvelle version 4.0 bêta, groupée avec la plate-forme CapeConnect dans l'ensemble CapeClear Product Set, est disponible à la même adresse que celle mentionnée précédemment pour CapeConnect.

La liste des fonctionnalités offertes par ces deux produits est exposée dans le document *http://www.capeclear.com/products/capestudio/features/features_list.pdf*.

CapeScience

Cape Clear a également mis en place un site Internet de support et de ressources dédiées aux architectes et développeurs. Le site de CapeScience est accessible à *http://capescience.capeclear.com*.

En ce qui concerne les implémentations Java utilisées par ses produits, Cape Clear a choisi de développer ses propres librairies et fait appel aux API SOAPDirect et UDDIDirect. Ces produits utilisent également les analyseurs syntaxiques Xerces et Xalan d'Apache.

Systinet WASP Server for Java et WASP UDDI

Systinet (voir *http://www.systinet.com*), initialement créée en mars 2000 sous le nom d'Idoox, a été fondée par Roman Stanek, un ancien responsable de Sun Microsystems. Roman Stanek a été auparavant le fondateur et PDG de NetBeans, avant le rachat de la société par Sun Microsystems en octobre 1999.

L'environnement de développement produit par cette société a ensuite changé de nom pour devenir le produit Forte for Java, puis plus récemment Sun ONE Studio.

La société est établie à Cambridge (Massachusetts) et dispose d'implantations à San Francisco, Londres et Prague.

Idoox a commencé par éditer un premier produit : IdooXoap, qui était en fait une plate-forme d'exécution SOAP. Puis une nouvelle version du produit, nommée WASP 1.0 (Web Applications and Services Platform), est sortie en mars 2001, avant que la société ne devienne Systinet suite à une levée de fonds réalisée en octobre 2001. Puis une version WASP Server 3.0 Server Advanced a été publiée en novembre 2001. Cette version était libre pour le développement et les tests de logiciels.

Enfin, il faut signaler la disponibilité d'un centre de ressources dédié aux développeurs à l'adresse *http://dev.systinet.com*.

WASP Server

WASP Server constitue le produit historique de la société. Il se décline maintenant en deux versions :

- WASP Server for Java ;
- WASP Server for C++.

Ces produits sont aujourd'hui disponibles en version 4.5.

La version C++ s'intègre avec les serveurs Web IIS, Apache et Sun ONE Web Server (ex-iPlanet).

La version Java peut fonctionner en mode autonome (*standalone*) ou être incorporée dans les serveurs d'applications les plus courants tels que WebLogic, WebSphere, Sun ONE Web Server, Orion, JBoss ou Tomcat par exemple.

WASP Server for Java utilise les implémentations JAXM et JAX-RPC de Sun Microsystems. Le produit s'appuie également sur les analyseurs syntaxiques Xerces et Xalan de la communauté Apache.

La version 4.5 de ces produits est disponible (versions C++ et Java téléchargeables à *http://www.systinet .com/products/download_center*).

WASP UDDI

WASP UDDI est le second produit apparu dans le catalogue de Systinet. La version disponible aujourd'hui est également la version 4.5. Il s'agit d'une implémentation d'annuaire UDDI privé qui incorpore la spécification UDDI 2.0. Elle reste aussi compatible avec la spécification UDDI 1.0. Elle incorpore également quelques caractéristiques de UDDI 3.0.

WASP UDDI utilise le moteur d'exécution SOAP WASP Server pour son propre fonctionnement. Le produit est donc opérationnel sur les mêmes serveurs d'applications que ceux qui sont déjà pris en charge par WASP Server.

Le serveur fonctionne avec les bases de données SQL Server, DB2, Oracle, Sybase, Cloudscape et PostgreSQL.

La version 4.5 de l'annuaire WASP UDDI est disponible en téléchargement à l'adresse *http://www.systinet .com/products/download_center*.

WASP OEM Edition

Les produits de la société Systinet semblent rencontrer un certain succès dans le monde des technologies de services Web. Systinet a récemment annoncé des accords d'OEM avec de grands acteurs du logiciel comme Mercator et Interwoven (voir annonce du 15 octobre 2002 : *http://www.systinet.com/ news/latest_news/article&id_ele=24*). La société a donc décidé de mettre en place un programme dédié à ces partenariats OEM et de décliner le produit WASP Server dans une version dédiée à ce type de clientèle.

Les ressources de la version WASP OEM Edition sont accessibles à l'adresse *http://www.systinet.com/ products/wasp_oem/overview*.

WASP Developer

Systinet s'est également attachée très tôt à fournir des outils de développement adaptés à ses platesformes (voir *http://www.systinet.com/products/wasp_developer/overview*). Ces outils se présentent sous la forme de modules enfichables (*plug-ins*) dédiés aux plates-formes de développement les plus importantes du monde Java telles que :

- Borland JBuilder ;
- Sun ONE Studio ;
- Eclipse et IBM WSAD.

Bowstreet Business Web Factory

La société Bowstreet (*http://www.bowstreet.com*), créée en 1999, a été l'un des premiers éditeurs à proposer une plate-forme de développement et d'exécution, apte à prendre en charge les services Web. Cet environnement est proposé par le produit Business Web Factory.

Bowstreet s'est également intéressée aux portails Web et propose depuis le 8 octobre 2002 un nouveau produit : Portlet Factory for IBM WebSphere.

Collaxa Web Service Orchestration Server

Collaxa (*http://www.collaxa.com*), fondée à la fin de l'année 2000, s'est spécialisée dans la gestion des processus métier. Cette société propose un produit, Web Service Orchestration Server (WSOS), dont la première version (1.0) s'appuyait sur une technologie originale baptisée ScenarioBeans, une forme d'abstraction proche de la philosophie des JavaServer Pages. Cette version initiale prenait en charge les spécifications SOAP et WSDL et s'inspirait du protocole BTP. Seul le serveur d'applications BEA WebLogic 6.1 était pris en charge, ainsi que la base de données Oracle8 (et plus).

Une nouvelle version du produit (2.0 bêta) vient d'apparaître au catalogue de Collaxa (voir *http://www.collaxa.com/product.welcome.html*). Cette version est maintenant compatible avec la nouvelle spécification BPEL4WS et les scénarios BPEL. Le nouveau serveur sera capable de fonctionner en grappe (*cluster*). Quatre déclinaisons du produit sont prévues au jour où nous rédigeons cet ouvrage :

- Collaxa for BEA WebLogic ;
- Collaxa for IBM WebSphere ;
- Collaxa for Oracle9*i* ;
- Collaxa for Sun ONE.

Ce produit utilise les analyseurs syntaxiques Xerces et Xalan d'Apache, le moteur d'exécution Apache SOAP, ainsi que la librairie WSDL4J d'IBM.

PolarLake Web Services Express

PolarLake (voir *http://www.polarlake.com*) a été fondée en 2001 à la suite d'un projet initié en 1999 par la société XIAM (voir *http://www.xiam.com*), spécialisée dans les systèmes de messagerie mobile interactifs.

La technologie PolarLake, Enterprise-strength XML Platform for Java, a été initialement développée par XIAM pour accéder au marché de l'intégration dans le monde de la technologie SMS (Short Messaging Service). Le développement de cette plate-forme a été poursuivi au travers de la création d'une nouvelle société, nommée PolarLake, dont l'objectif est d'investir le marché beaucoup plus large de l'intégration de l'entreprise étendue.

PolarLake s'est plus particulièrement spécialisée dans l'édition de produits centrés sur le monde XML, qui intègrent notamment la technologie Dynamic XML Runtime, ainsi que le framework d'assemblage d'applications XML Circuits.

Deux produits sont aptes à prendre en charge des services Web :

- la plate-forme de déploiement PolarLake ;
- l'environnement de développement rapide PolarLake Web Services Express.

Il faut également remarquer la présence de deux autres produits au catalogue de PolarLake susceptibles d'être intéressants dans une optique d'intégration :

- l'intégrateur de bases de données PolarLake Database Integrator : il permet l'intégration de documents XML avec les bases de données relationnelles au niveau données (cartographie de type *mapping*) et au niveau traitement (définition, filtrage, transformation, division) ;
- l'intégrateur de messagerie PolarLake Messaging Integrator : au moment de la rédaction de cet ouvrage, il est en cours de développement, il sera capable d'abstraire le support des systèmes de messagerie IBM WebSphere MQ, TIBCO RendezVous, Microsoft MQ et Spirit-Soft SpiritWave, de même que les protocoles HTTP, FTP et SMTP.

PolarLake est également une société basée à Dublin, et a des bureaux à Londres, Tokyo et New York.

PolarLake

Le produit PolarLake (voir *http://www.polarlake.com/products/polarlake*) est un moteur d'exécution XML. Celui-ci comporte un module de conception, un module de surveillance et une console de gestion. Des modules enfichables (*plug-ins*) dédiés aux plates-formes de développement Java sont disponibles pour :

- Borland JBuilder ;
- Sun ONE Studio.

Le moteur d'exécution PolarLake prend en charge les spécifications SOAP, WSDL et UDDI. Il permet le déploiement dynamique de nouveaux services Web (approche *top-down*) ou l'exposition de services Web qui encapsulent des classes Java et des composants EJB ou COM existants (approche *bottom-up*).

PolarLake fonctionne soit en mode autonome sous Tomcat, soit déployé dans un serveur J2EE tel qu'IBM WebSphere ou BEA WebLogic.

PolarLake Web Services Express (WSE)

Le produit PolarLake Web Services Express (voir *http://www.polarlake.com/products/polarlakewse*) est un environnement de développement et de déploiement rapide de services Web. Celui-ci s'appuie sur les fonctionnalités du serveur XML PolarLake.

Ce produit permet de déployer rapidement un service Web à partir de l'exposition d'un composant existant, via un guide de génération (*wizard*). WSE prend en charge notamment l'interopérabilité avec des clients SOAP .NET et Apache SOAP.

AltoWeb Application Platform

AltoWeb (voir *http://www.altoweb.com*) a été fondée par Ali Kutay, le premier PDG de BEA. Cette société offre une plate-forme de développement et de déploiement de services Web appelée AltoWeb Application Platform (voir *http://www.altoweb.com/products/index.html*).

Cette plate-forme prend en charge les spécifications SOAP, WSDL et UDDI. Elle peut fonctionner de concert avec les serveurs d'applications IBM WebSphere, BEA WebLogic et Tomcat/JBoss ainsi qu'avec les principales bases de données relationnelles : Oracle, SQL Server, DB2 et Sybase.

AltoWeb est basée à Palo Alto en Californie.

Sonic XQ

Sonic Software (voir *http://www.sonicsoftware.com*) est l'une des filiales de Progress Software (voir *http://www.progress.com*), qui vient par ailleurs d'annoncer le rachat d'eXcelon (voir *http://www.exln.com*). Sonic Software a été fondée en janvier 2001 et s'est spécialisée dans les systèmes de messagerie Java (JMS). La société est déjà connue pour son serveur de messagerie Sonic MQ. Ce serveur est par exemple utilisé par le site d'XMethods pour prendre en charge le service Web de partage de données XSpace (voir *http://www.xmethods.com/ve2/XSpace.po*).

Récemment, Sonic Software a proposé une nouvelle plate-forme de déploiement de services Web, nommée Sonic XQ, qualifiée de « premier bus de services d'entreprise » ou ESB (Enterprise Service Bus), capable de fonctionner sur son serveur de messagerie Sonic MQ. Sonic XQ implémente également l'architecture de connecteurs JCA. Elle prend en charge les spécifications SOAP, WSDL et UDDI.

Pour son fonctionnement, Sonic XQ s'appuie sur l'implémentation Apache SOAP, ainsi que sur l'analyseur syntaxique XML Xerces de la communauté Apache.

Sonic Software est également à l'origine de l'introduction d'une fonction d'invocation asynchrone de services Web dans le moteur d'exécution Axis 1.0 de la communauté Apache (voir annonce : *http://www.sonicsoftware.com/news/pressrelease_79963/pritem.ssp*).

Notons enfin que le 9 janvier 2003, Sonic Software, avec d'autres compagnies comme Fujitsu, Hitachi, NEC, Oracle et Sun Microsystems, a publié une spécification de fiabilité des échanges avec les services Web : *WS-Reliability 1.0* (voir *http://www.sonicsoftware.com/news/pressrelease_89565/pritem.ssp*), qui repose sur une extension standard de SOAP 1.1.

Sonic Software est basée à Bedford dans le Massachusetts.

Les prochaines évolutions

Dès à présent, il est possible de percevoir les prochains développements auxquels vont se trouver mêlés les services Web, et plus particulièrement les environnements Java.

En effet, cette nouvelle forme d'architecture de systèmes d'information, en anglais SOA (Service Oriented Architecture), évolue vers un point de confluence avec deux autres types d'architectures et nous allons vraisemblablement assister à un phénomène d'hybridation entre ces différentes technologies. Il s'agit :

- des architectures dites « d'égal à égal » ou de « pair à pair » (*peer-to-peer*), récemment popularisées par le réseau Napster et ses successeurs (bien que cette représentativité soit quelque peu abusive) ;
- des grilles informatiques (*grid computing*).

Cette évolution se manifeste déjà par l'annonce de produits hybrides comme Gaia de The Mind Electric ou bien la spécification OGSA (Open Grid Services Architecture) du projet Globus et son implémentation de référence.

Projet Gaia (The Mind Electric)

Le projet Gaia de la société The Mind Electric (voir *http://www.themindelectric.com/gaia/index.html*) vise à offrir une plate-forme de type grille informatique orientée services. Cette plate-forme prend en charge les problématiques d'équilibrage de charge (*load-balancing*), de gestion de grappes de machines (*clustering*) et de reprises sur incidents (*fail-over*).

Projet Globus (globus.org)

Le projet Globus est un projet de recherche et développement, initié en 1996, essentiellement mené par des chercheurs et universitaires du Laboratoire National Argonne (voir *http://www-fp.mcs.anl.gov/ division/welcome/default.asp*), une émanation du département américain de l'énergie, des universités de Chicago (voir *http://www.cs.uchicago.edu*), de Californie du Sud (University of Southern California Information Sciences Institute : *http://www.isi.edu*) et de l'Illinois Urbana-Champaign (National Center for Supercomputing Applications at the University of Illinois Urbana-Champaign : *http:// www.uiuc.edu*). D'importants partenaires industriels sont associés à ces développements dont IBM, Microsoft, Cisco et la Nasa. Le projet s'est concrétisé par le développement et la mise au point d'une boîte à outils Globus Toolkit (voir *http://www.globus.org/toolkit/default.asp*), essentiellement écrite en langage C et actuellement disponible en version 2.2 sous licence publique Globus Toolkit. Il existe également une première version commerciale de cette boîte à outils, proposée depuis février 2002 par la société canadienne Platform (voir annonce : *http://www.platform.com/newsevents/pressreleases/2002/ globus_19_02_02.asp*).

Projet OGSA (globus.org)

La prochaine évolution de ce projet s'oriente vers une intégration des concepts et des technologies de grilles informatiques et de services Web. Cette évolution, nommée OGSA, a été spécifiée initialement par les membres du projet Globus et par IBM. La dernière évolution de cette spécification *Grid Service Specification* est datée du 5 février 2003 (voir *http://www.gridforum.org/ogsi-wg/drafts/draft-ggf-ogsi-gridservice-11_2003-02-05.pdf*). Cette nouvelle version devrait aboutir en 2003 à la sortie de la version 3.0 du Globus Toolkit. Les informations relatives à cette nouvelle évolution du projet Globus sont disponibles à l'adresse *http://www.globus.org/ogsa*. La nouvelle spécification a été soumise au Global Grid Forum (voir *http://www.gridforum.org*) pour discussion. Sa partie infrastructure sera plus particulièrement prise en charge par le groupe de travail OGSI-WG (Open Grid Services Infrastructure Working Group) : *http://www.gridforum.org/ogsi-wg*. Cette spécification s'appuie sur les spécifications SOAP, WSDL et WSIL (WS-Inspection).

Une première implémentation de référence de la spécification *Grid Service Specification* a été écrite en Java (voir *http://www.globus.org/ogsa/deliverables/prototype.html*). Une autre implémentation en langage C est également prévue. En outre, une intégration plus étroite avec les environnements J2EE et .NET est au programme. Une première démonstration de cette implémentation de référence, qui utilise le moteur d'exécution Axis SOAP de la communauté Apache, couplé à un environnement JSP/ Servlets Tomcat ou à un environnement d'exécution autonome, a été présentée à l'exposition Globus Tutorial de Chicago qui s'est tenue de fin janvier à début février 2002 (voir *http://www.globus.org/about/ events/US_tutorial/index.html*). Une première version publique (OGSI Technology Preview release) peut être téléchargée depuis le 17 mai 2002. Depuis février 2003, la cinquième version est téléchargeable (voir *http://www.globus.org/ogsa/releases/TechPreview/index.html*).

Sites de référence et ressources

Apache

- Analyseur syntaxique XML Xerces 1 : *http://xml.apache.org/xerces-j/index.html*
- Analyseur syntaxique XML Xerces 2 : *http://xml.apache.org/xerces2-j/index.html*
- Analyseur syntaxique XSL Xalan 2 : *http://xml.apache.org/xalan-j/index.html*
- Implémentation SOAP (ex-IBM SOAP4J) : *http://xml.apache.org/soap/index.html*
- Implémentation SOAP Axis : *http://xml.apache.org/axis/index.html*

BEA-WebGain

- BEA Web Services : *http://www.bea.com/products/webservices*
- BEA Web Services Technology Track :
  http://dev2dev.bea.com/techtrack/detail.jsp?forum=4&highlight=webservices
- BEA Workshop : *http://www.bea.com/products/weblogic/workshop*
- WebGain Studio : *http://www.webgain.com/products*

Borland

- Borland Web Services : *http://www.borland.com/webservices*
- Borland Web Services Kit for Java : *http://www.borland.com/jbuilder/webservices*

Cape Clear

- Site de Cape Clear : *http://www.capeclear.com*
- CapeConnect : *http://www.capeclear.com/products/capeconnect*
- CapeStudio : *http://www.capeclear.com/products/capestudio*
- Ressources développeurs CapeScience : *http://www.capescience.com*

Divers éditeurs

- Actional Web Services Management Platform : *http://www.actional.com/products/web_services*
- Epicentric Foundation Server & Builder : *http://www.epicentric.com/solutions/products.jsp*
- Fujitsu Interstage i-Flow : *http://www.i-flow.com*
- Infravio Web Services Management System : *http://www.infravio.com/solutions/wsms.html*
- Instantis SiteWand : *http://www.instantis.com/products/products_home.html*
- Jacada Integrator : *http://www.jacada.com/Products/JacadaIntegrator.htm*
- Killdara Vitiris : *http://www.killdara.com/products/vitiris*

- Liberty Alliance : *http://www.projectliberty.org*
- Talking Blocks Web Services Management System : *http://www.talkingblocks.com/products.htm*

IBM

- Site alphaWorks : *http://www.alphaworks.ibm.com*
- Site developerWorks : *http://www-106.ibm.com/developerworks/webservices*
- SOAP for Java : *http://www.alphaworks.ibm.com/aw.nsf/bios/soap4j*
- WSDL Toolkit : *http://www.alphaworks.ibm.com/tech/wsdltoolkit*
- Web Services Toolkit : *http://www.alphaworks.ibm.com/tech/webservicestoolkit*
- XML and Web Services DE : *http://www.alphaworks.ibm.com/tech/wsde*
- Business Process Execution Language for Web Services Java Run Time (BPWS4J) : *http://www.alphaworks.ibm.com/tech/bpws4j*
- Web Services eXperience Language (WSXL) SDK : *http://www.alphaworks.ibm.com/tech/wsxlsdk*
- Web Services Gateway : *http://www.alphaworks.ibm.com/tech/wsgw*
- Web Services Hosting Technology : *http://www.alphaworks.ibm.com/tech/wsht*
- Web Services Invocation Framework (WSIF) : *http://www.alphaworks.ibm.com/tech/wsif*
- Web Services PMT (Process Management Toolkit) : *http://www.alphaworks.ibm.com/tech/wspmt*
- WebSphere SDK for Web Services : *http://www-106.ibm.com/developerworks/webservices/wsdk*
- WebSphere UDDI Registry : *http://www.alphaworks.ibm.com/tech/UDDIreg*

IONA

- Site général : *http://www.iona.com*
- Orbix E2A XMLBus Edition : *http://www.iona.com/products/webserv-xmlbus.htm*
- Site Développeur XMLBus Edition : *http://www.xmlbus.com*
- XMLBus Edition Web Services Interoperability Forum : *http://www.xmlbus.com/interop*

Globus Project

- The Globus Project : *http://www.globus.org*
- Open Grid Services Architecture (OGSA) : *http://www.globus.org/ogsa*
- Open Grid Service Infrastructure Working Group (OGSI-WG) : *http://www.gridforum.org/ogsi-wg*
- Globus Tutorial January 28 - February 1, 2002 : *http://www.globus.org/about/events/US_tutorial/index.html*
- Globus Tutorial - Globus Toolkit Futures : An Open Grid Services Architecture : *http://www.globus.org/about/events/US_tutorial/slides/Dev-07-DataManagement1.ppt*
- OGSI Technology Preview Release : *http://www.globus.org/ogsa/releases/TechPreview/index.html*

Hewlett-Packard

- hp web services platform 2.0 : *http://www.hpmiddleware.com/SaISAPI.dll/SaServletEngine.class/products/hp_web_services/default.jsp*
- hp web services registry 2.0 : *http://www.bluestone.com/SaISAPI.dll/SaServletEngine.class/products/hp_web_services/registry/default.jsp*
- hp web services transactions 1.0 : *http://www.bluestone.com/SaISAPI.dll/SaServletEngine.class/products/webservices_transactions/default.jsp*

JCP

- Site JCP : *http://www.jcp.org*
- Liste des Java Specification Requests (JSR) : *http://www.jcp.org/jsr/all/index.en.jsp*
- JSR109 – *Implementing Enterprise Web Services* : *http://www.jcp.org/jsr/detail/109.jsp*
- JSR110 – *Java APIs for WSDL (JWSDL)* : *http://www.jcp.org/jsr/detail/110.jsp*
- JSR031 – *JAXB (Java API for XML Binding)* : *http://www.jcp.org/jsr/detail/31.jsp*
- JSR067 – *JAXM (Java API for XML Messaging)* : *http://www.jcp.org/jsr/detail/67.jsp*
- JSR063 – *JAXP (Java API for XML Processing)* : *http://www.jcp.org/jsr/detail/63.jsp*
- JSR093 – *JAXR (Java API for XML Registries)* : *http://www.jcp.org/jsr/detail/93.jsp*
- JSR101 – *JAX/RPC (Java API for XML based RPC)* : *http://www.jcp.org/jsr/detail/101.jsp*

Novell (ex-SilverStream)

- Site général : *http://www.novell.com*
- Site exteNd : *http://www.silverstream.com/Website/app/en_US/Extend*
- Site exteNd Composer : *http://www.silverstream.com/Website/app/en_US/Composer*
- Site exteNd Workbench : *http://www.silverstream.com/Website/app/en_US/Workbench*
- Site exteNd jBroker : *http://www.silverstream.com/Website/app/en_US/JBroker*
- Site DevCenter : *http://devcenter.silverstream.com/DevCenter/DevCenterPortal?PID=DevCenter.html*

Oracle

- Site général : *http://www.oracle.com*
- Site Technology Network : *http://otn.oracle.com*
- Site Web Services Technology Center : *http://otn.oracle.com/tech/webservices/content.html*

PolarLake

- Site général : *http://www.polarlake.com*
- Produit PolarLake : *http://www.polarlake.com/products/polarlake*
- Produit PolarLake Web Services Express : *http://www.polarlake.com/products/polarlakewse*

Sun Microsystems

- Site de référence Sun ONE : *http://wwws.sun.com/software/sunone* (ex-site *http://www.sun.com/software/sunone*)
- Site Dot-Com Builder : *http://dcb.sun.com*
- Site Java Technology & Web Services : *http://java.sun.com/webservices/index.html*
- Site Java Technology & XML : *http://java.sun.com/xml*
- Site JAX Pack : *http://java.sun.com/xml/jaxpack.html*
- Java API for XML-based RPC (JAX-RPC) Home Page : *http://java.sun.com/xml/jaxrpc*
- Java API for XML Messaging (JAXM) Home Page : *http://java.sun.com/xml/jaxm*
- Java API for XML Processing (JAXP) Home Page : *http://java.sun.com/xml/jaxp*
- Java API for XML Registries (JAXR) Home Page : *http://java.sun.com/xml/jaxr*
- Java Architecture for XML Binding (JAXB) Home Page : *http://java.sun.com/xml/jaxb*
- Site Java Web Services Developer Pack (Java WSDP) : *http://java.sun.com/webservices/webservicespack.html*
- Sun ONE Starter Kit : *http://wwws.sun.com/software/sunone/starterkit*

Systinet (ex-Idoox)

- Site général : *http://www.systinet.com*
- Site WASP Developer : *http://www.systinet.com/products/wasp_developer/overview*
- Site WASP Server for Java : *http://www.systinet.com/products/wasp_jserver/overview*
- Site WASP UDDI : *http://www.systinet.com/products/wasp_uddi/overview*
- Site Developers' Corner : *http://dev.systinet.com*

The Mind Electric

- Site général : *http://www.themindelectric.com*
- Site Glue : *http://www.themindelectric.com/glue/index.html*
- Site Gaia : *http://www.themindelectric.com/gaia/index.html*
- Site Electric XML : *http://www.themindelectric.com/exml/index.html*
- Attention au GLOUBIBOULGA , il peut mordre !

15

La plate-forme .NET

Ce chapitre a pour objectif de décrire les technologies des services Web mises en œuvre par Microsoft sur la plate-forme .NET.

Microsoft, nous l'avons vu, joue depuis le départ un rôle très important dans la spécification et la normalisation des technologies des services Web. Mais au-delà de cette contribution, l'implication de Microsoft s'est très vite traduite dans les faits par la mise en œuvre de composants exécutables et d'outils de développement permettant de passer de la théorie à la pratique. Dès mai 2000, un SDK pour Visual Studio 6 est disponible gratuitement et permet aux développeurs Visual Basic ou C++ d'écrire leurs premiers services Web. Ce SDK comprend :

- côté serveur, un *listener* ASP et un utilitaire permettant de créer un document WSDL à partir de tout composant COM ;

- côté client, un contrôle ActiveX spécifique permettant de « consommer » tout service.

La sortie de Visual Studio.NET bêta 2 (version 7) en juin 2001 est encore plus significative : l'IDE offre des outils qui permettent d'atteindre une productivité très importante :

- dans le développement d'un nouveau service ;

- dans la mise en œuvre d'une interface de services Web à partir d'une application existante ;

- dans l'intégration (« consommation ») de services Web, tache rendue aussi simple que l'intégration de composants ActiveX classiques.

En fait, les services Web sont *la* composante essentielle de la stratégie .NET de Microsoft : « De manière assez simple, .NET est la plate-forme de Microsoft dédiée aux services Web XML. (…) La plate-forme .NET de Microsoft comprend une famille de produits bâtis autour d'XML et des standards industriels d'Internet, qui couvre tous les aspects du développement, de la gestion, de l'usage courant ou de l'expérimentation des services Web XML » (traduction de l'auteur, site de Microsoft fin 2002).

Annoncée officiellement en juin 2000, la stratégie .NET de Microsoft est un projet d'une envergure sans doute comparable au développement de Windows dans les années quatre-vingt-dix. Et il faut bien parler de stratégie car il ne s'agit pas de développer un produit ou même une ligne de produits mais d'axer tous les développements de la société vers un objectif global qui correspond à une nouvelle vision de l'informatique distribuée et coopérante (les logiciels deviennent des services). Le projet est ambitieux et fait évidemment couler beaucoup d'encre.

Dans les faits, la stratégie .NET s'articule autour de trois axes (voir figure 15-1) :

- Les produits Serveur d'Entreprise .NET:

    Ils regroupent tous les logiciels serveur de Microsoft : SQL Server 2000, Exchange 2000, BizTalk Server, Commerce Server, etc. Tous ont évolué et prennent ou prendront en charge XML et les services Web.

    Si Exchange et SQL Server sont des logiciels bien connus dans le monde Microsoft, il n'en est pas de même pour BizTalk Server. Pourtant, cet outil occupe une place prépondérante dans ce grand ensemble puisqu'il est dédié aux problèmes d'échanges de données (EDI, XML) et d'orchestration (flux de données y compris à faible couplage).

- Le *framework* .NET et les outils :

    Le framework .NET, que nous allons présenter en détail dans ce chapitre, est la nouvelle plate-forme de développement et d'exécution de Microsoft. Cette plate-forme est par ailleurs la cible principale de la nouvelle version de Visual Studio, l'environnement de développement de Microsoft.

- Les services Web de base regroupés dans le cadre du projet HailStorm :

    Les services Web de base que l'on nomme aussi .NET MyServices, sont constitués d'une gamme de services Web offrant des fonctions essentielles comme l'authentification avec Microsoft Passport ou un carnet d'adresses avec HotMail. Cela est donc la preuve tangible que des services Web peuvent être développés et utilisés par n'importe qui pour répondre à une demande de service.

Hailstorm

Le projet Hailstorm a été officiellement abandonné par Microsoft en avril 2002 (voir la section « .NET MyServices »).

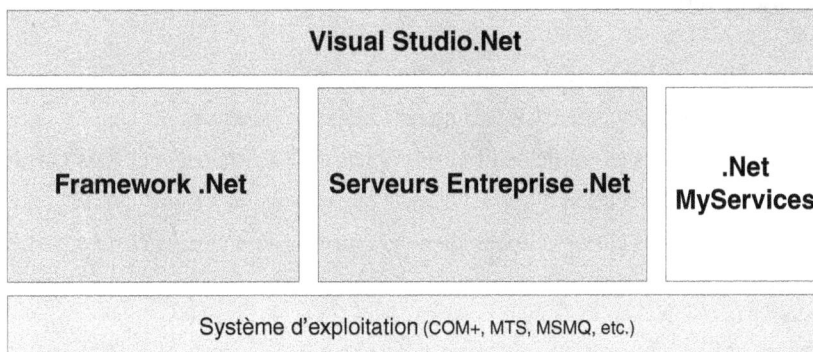

Figure 15-1

L'architecture stratégique .NET de Microsoft.

Le framework .NET

Notre objectif n'est pas de faire une présentation détaillée du framework .NET dans son intégralité, mais d'en décrire les grandes lignes. Les fonctions et les composants qui touchent directement les technologies des services Web seront abordés plus en détail dans les sections suivantes.

Le framework .NET est la nouvelle plate-forme logicielle de Microsoft qui permet de construire, de déployer et d'exécuter des services Web et des applications qui les utilisent (voir figure 15-2). Cette plate-forme est en principe indépendante des outils de développement, même s'il faut reconnaître que Visual Studio .NET est le seul à l'exploiter pleinement (rien ne vous empêche d'utiliser un simple éditeur de texte et d'appeler le compilateur en ligne de commande).

Au-delà de la prise en charge des services Web, la plate-forme est censée répondre à tous les besoins des développeurs, c'est-à-dire qu'elle permet de développer des applications Internet mais aussi des applications classiques s'exécutant sur Windows (ou, en principe, tout système d'exploitation prenant en charge le framework .NET).

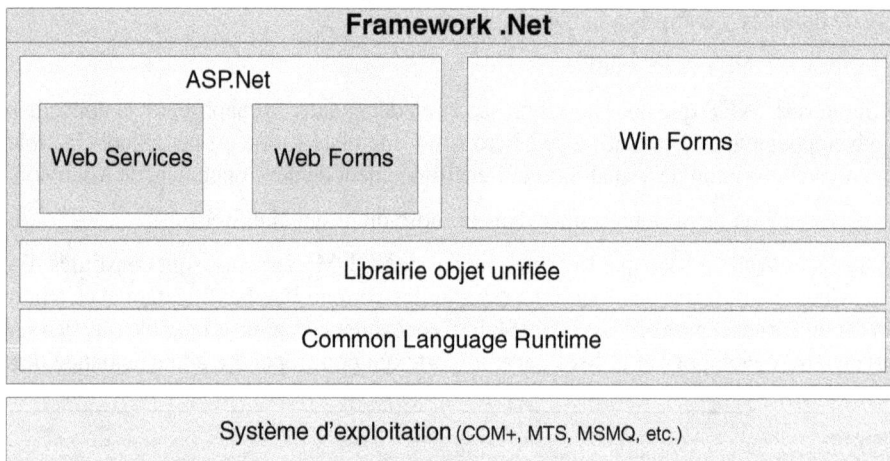

Figure 15-2

Architecture du framework .NET.

Le framework .NET est constitué de quatre composants principaux que nous allons décrire en détail :

- une machine virtuelle appelée CLR (Common Language Runtime) ;
- un ensemble hiérarchisé et unifié de librairies objets (*.NET Framework Class Library*) ;
- un environnement d'exécution d'applications et de services Web (ASP .NET) ;
- un environnement d'exécution d'applications graphiques « natives » (Win Forms).

Processus de normalisation de l'environnement .NET

Voir la section « .NET » du chapitre 13 « Principes de mise en œuvre ».

La librairie objet et, plus généralement, le framework, ont été conçus pour prendre en charge différents scénarios de développement s'appliquant à des objets techniques de différents types :

- des applications en mode console ;
- des applications interprétées en mode script ;
- des application graphiques GUI (*Windows Forms*) ;
- des applications orientées Internet (*Web Forms*) ;
- des services Web ;
- des composants Windows.

Nous allons bien évidemment nous intéresser uniquement aux applications Internet et aux services Web : ces deux types d'applications sont développés et exécutés dans le cadre du nouvel environnement ASP.NET de Microsoft.

Le CLR (Common Language Runtime)

De la même manière qu'il existe une machine virtuelle pour Java ou Smalltalk, les applications .NET disposent d'un moteur d'exécution appelé CLR pour Common Language Runtime (voir figure 15-3).

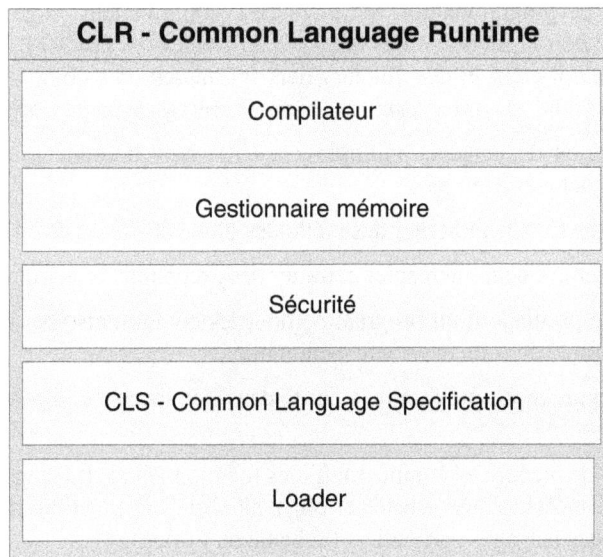

Figure 15-3

L'architecture générale du Common Language Runtime.

Un environnement d'exécution spécifique

Le CLR fournit une couche d'abstraction par rapport au système d'exploitation. Il se charge de gérer l'exécution du code et de fournir des services (voir figure 15-3).

Le code source d'un programme destiné à fonctionner avec le CLR est appelé *managed code* (code géré ou dirigé). Cela signifie simplement que le programme délègue au CLR la responsabilité des tâches telles que le chargement et l'installation du code exécutable, la création d'objets, la gestion automatique de la mémoire (allocation et nettoyage automatique ou *garbage collector*), les appels de méthodes, les fonctions de sécurité, etc.

Le fonctionnement du CLR repose sur des choix techniques tout compte fait assez classiques, quoique jamais appliqués à un projet de cette envergure :

- le code source de l'application est compilé dans un langage intermédiaire qu'on appelle le Microsoft Intermediate Language (MSIL) et qui est indépendant d'une part du langage source et de l'autre de la plate-forme d'exécution ;

- lors du premier appel, le code intermédiaire est traduit à la volée, par un compilateur JIT (Just In Time), en code machine spécifique à l'environnement d'exécution (OS, CPU), puis chargé et installé pour exécution.

Indépendance et interopérabilité des langages

Une spécificité du CLR, qui explique son nom, concerne son indépendance vis-à-vis du langage. La principale différence sensible par rapport à des machines virtuelles monolangage, comme celles sous-jacentes à Java et Smalltalk, est que le CLR fournit des services à des programmes écrits dans différents langages de programmation (en mars 2003, on énumère vingt-quatre langages pris en charge par le CLR ; voir la section « Les langages du framework et C# »). Microsoft fournit Visual Basic, C#, C++, Jscript et J# et des éditeurs tiers fournissent des compilateurs pour Cobol, Perl, Eiffel, Smalltalk, Scheme, etc. (voir *http://msdn.microsoft.com/vstudio/partners/language/default.asp*)

Au-delà de l'utilisation de langages multiples, le CLR rend possible l'*interopérabilité* entre ces langages. En voici quelques exemples :

- une classe écrite en C++ peut hériter des méthodes d'une classe écrite en Visual Basic.NET ;

- une classe écrite en C# peut intercepter et traiter des exceptions issues de code Cobol ;

- le débogage et le profilage d'un programme dont les composants sont écrits dans des langages différents est possible dans un environnement unifié.

Cette véritable intégration de programmes écrits dans des langages différents est rendue possible parce que :

- Le MSIL permet de prendre en compte toutes les fonctionnalités des langages orientés objet (héritage, polymorphisme, etc.) ou non orientés objet, ainsi que des fonctions de bas niveau qui permettent d'optimiser des langages particuliers (Scheme ou Prolog).

- Tous les langages prennent en charge un ensemble de fonctions communes, défini par une spécification appelée Common Language Specification (CLS). Cette spécification permet par exemple à Visual Basic.NET d'être au même niveau fonctionnel que C++ *managed*. Mais la conformité des programmes au CLS est du ressort des développeurs et elle n'est obligatoire que lorsqu'il y a une nécessité d'interopérabilité et d'ouverture.

- Il existe un système de type commun, le Common Type System (CTS), qui définit un système standard de types ainsi que les règles pour créer de nouveaux types dérivés. Ce système non seulement facilite l'implémentation de nombreux langages (du Cobol au C++) mais permet aussi de déléguer la création et la gestion des types de données au CLR.

- Il existe des informations de description, les métadonnées, qui permettent au CLR de prendre connaissance du contenu des programmes en termes de classes, de types, d'héritage, etc. Ces informations ont un format normalisé à l'exécution, indépendant du langage d'implémentation du programme, et peuvent donc être utilisées et manipulées par d'autres programmes, et notamment par les outils de l'environnement de développement.

Les assemblages

Le framework .NET introduit le concept d'*assemblage*, qui élargit la notion de *composant* que l'on trouve dans l'architecture COM+.

Un assemblage regroupe :

- un *manifest* ;
- des métadonnées, qui décrivent en particulier les types définis par l'assemblage ;
- du code MSIL ;
- un ensemble de ressources (facultatif).

Ces éléments peuvent être regroupés dans un fichier unique (un `.exe` ou `.dll`) ou dans des fichiers multiples comme des modules de code compilé (`.netmodule`) ou des fichiers de ressources (`.jpg`, `.bmp`, etc.). Le découpage en plusieurs fichiers peut, par exemple, permettre d'optimiser le téléchargement de l'application puisque le framework ne charge les fichiers (modules ou ressources) que lorsque cela est nécessaire. Ces fichiers ne sont pas liés physiquement mais uniquement de façon logique par le biais du manifest.

Les fonctions d'un assemblage sont les suivantes :

- organiser le code que le CLR peut exécuter via le manifest de description et un point d'entrée unique (`DllMain`, `WinMain` ou `Main`) ;
- définir un périmètre de sécurité à l'intérieur duquel certains contrôles sont effectués ;
- définir des types : la définition d'un type comprend obligatoirement l'assemblage qui l'implémente ;
- définir un espace de références : les métadonnées du manifest décrivent à la fois les types et les ressources que l'assemblage expose, ainsi que les assemblages dont il dépend ;
- définir l'unité à laquelle on peut attribuer un numéro de version à l'exécution ;
- constituer une unité de déploiement.

Enfin, un assemblage peut être :

- statique, à savoir mémorisé sur disque et chargeable à partir de celui-ci ;
- ou bien dynamique, c'est-à-dire créé directement en mémoire grâce à l'API du *framework* (voir la documentation de `System.Reflection`) et immédiatement exécutable.

Les métadonnées et le déploiement

Nous avons parlé à plusieurs reprises des métadonnées : en tant que facteur clé de l'interopérabilité des langages mais aussi dans le cadre des manifests qui permettent la description des assemblages. Une conséquence directe de ces manifests concerne le déploiement. En effet, ces informations de description sont systématiquement ajoutées aux assemblages lors de la compilation : le fichier résultant s'autodécrit, c'est-à-dire qu'il contient à la fois l'implémentation et la définition. De cette manière, plus de fichier IDL comme c'était le cas avec COM ou d'inscription en base de registre : on parle alors de « XCopy-Setup » c'est-à-dire d'installation par simple copie de fichier !

En termes de déploiement, ces métadonnées permettent donc de résoudre un problème majeur lié aux versions des programmes et qui est bien connu des développeurs Windows sous le nom de *DLL Hell*, en français l'enfer des DLL ! En effet, non seulement le CLR est capable de lire les métadonnées pour connaître les dépendances d'une application, mais il peut également exécuter simultanément plusieurs versions d'un même assemblage pour satisfaire aux règles de dépendances définies par plusieurs applications.

En résumé :

- une application .NET s'installe par simple copie de fichiers ;
- l'intégrité du système est garantie puisque chaque application peut disposer de ses propres versions de composants et que les différentes versions peuvent être exécutées simultanément.

Un grand pas en avant a été fait, c'est indéniable. Mais une telle simplicité de déploiement n'est envisageable que s'il existe en parallèle une gestion de la sécurité qui permet de protéger autant que possible un système des assemblages douteux poussés par des développeurs incompétents ou indélicats.

La gestion de la sécurité

La gestion de la sécurité est directement intégrée au CLR et s'effectue à deux niveaux :

- au niveau du code, où il s'agit de contrôler les droits d'accès du code par rapport aux ressources protégées et à certaines opérations du système ;
- au niveau de l'utilisateur, où il s'agit alors de contrôler les droits d'un utilisateur en fonction de son identité et/ou de son profil.

Ce deuxième niveau est très classique : il s'agit d'identifier l'utilisateur à partir de son *login* système ou d'une authentification spécifique, et de lui attribuer des droits en fonction de son identité et de son profil.

Mais ce contrôle peut s'avérer totalement insuffisant car il arrive bien souvent que des utilisateurs exécutent des programmes dont ils ne connaissent pas l'origine (par exemple des pièces attachées reçues par mail). Et quand bien même cette origine est connue, l'utilisateur n'est pas capable de s'assurer de l'intégrité du programme d'origine (qui a pu être modifié par un virus) ou de vérifier l'absence de dysfonctionnements qui pourraient s'avérer particulièrement dommageables.

On comprend donc tout l'intérêt du premier niveau de contrôle qui permet de définir précisément les droits d'un programme, c'est-à-dire les ressources auxquelles le code peut accéder et les opérations qu'il a le droit d'exécuter.

Dans le détail, ce contrôle de sécurité du code permet :

- de définir des permissions qui donnent des droits d'accès à différentes ressources du système ;
- de définir une politique de sécurité qui consiste à associer ces permissions à des programmes ;
- de requérir des permissions pour un programme en précisant lesquelles sont nécessaires pour assurer son fonctionnement, ainsi que d'établir les permissions qu'il serait utile d'avoir et celles qu'il ne doit pas avoir ;
- de déléguer des droits à chaque assemblage chargé, en s'appuyant sur les permissions requises par le programme et les opérations permises par la politique de sécurité ;
- de permettre à un programme de s'assurer que les programmes qui l'appellent disposent de droits spécifiques ;
- de permettre à un programme de s'assurer que les programmes appelants disposent d'une signature électronique (ce qui permet de limiter les appels à ceux d'une société ou d'un site spécifique) ;
- d'imposer des restrictions aux programmes au moment de l'exécution, en effectuant un contrôle au niveau de la pile d'appel.

Ces contraintes doivent être prises en compte par le développeur, qui :

- soit s'assure dès le lancement du programme que les droits nécessaires sont acquis ;
- soit gère les exceptions qui pourraient survenir au cours de l'exécution du fait d'une restriction d'accès.

Les attributs

Le framework .NET introduit une technique de paramétrage et de scripting des applications par annotation : les *attributs*. Nous considérons qu'ils vont se révéler rapidement incontournables dans le cadre du développement de services Web et, de manière générale, dans le cadre du développement des applications.

Les attributs sont des mots-clés placés au niveau des instructions de déclaration qui permettent d'étendre la description des types, des champs, des propriétés, des méthodes, etc.

Le principe n'est pas complètement nouveau, il se rapproche de ce qui est fait en Visual Basic ou en C++ en décrivant une méthode comme étant `public` ou `private`. En revanche, certaines caractéristiques sont radicalement nouvelles :

- les attributs sont une source d'information qui vient s'ajouter et s'associer aux déclarations du code source ;
- il est possible de créer ses propres attributs (en héritant de la classe `System.Attribute`), en plus des attributs prédéfinis ;
- les attributs peuvent être interrogés par l'application durant l'exécution.

Ces attributs sont utilisés par le framework .NET pour de multiples raisons : la sérialisation des objets, la sécurité, les transactions (MTS), mais aussi l'auteur d'un code source, l'espace de noms d'un service Web, etc. Ils sont utilisés à la fois comme éléments de description du code source mais aussi pour modifier le comportement du programme en exécution.

L'exemple le plus frappant est qu'il suffit de placer l'attribut [WebMethod] devant une méthode publique pour l'exposer comme une interface de service Web.

Un exemple d'annotation du code via les attributs est le suivant : il est par exemple possible de créer un attribut HelpAttribute qui permettrait de spécifier pour chaque classe une URL de documentation :

```
[HelpAttribute("HTTP://www.eyrolles.com/MaClassInfo.htm")]
class MaClass
{
}
```

À la compilation, ces attributs sont convertis en MSIL et enregistrés avec les métadonnées. Ils sont alors accessibles. Le CLR et des outils spécifiques peuvent y accéder, ainsi que l'application, à travers le service de Reflection (par exemple avec la méthode GetCustomAttributes() de la classe System.Reflection.MemberInfo)

Lecture dynamique des attributs par les programmes

Les classes de l'espace de noms Reflection, System.Type et System.TypedReference permettent entre autres d'obtenir toutes les caractéristiques des assemblages chargés en mémoire. Parmi les informations disponibles figure la valeur des attributs.

Conclusion

L'approche CLR se distingue sur d'autres plans d'approches que l'on peut considérer comme étant comparables, comme la JVM. Par exemple, la portabilité des applications et du framework .NET ne semble pas être un objectif du CLR. D'abord parce que Microsoft souhaite privilégier ses systèmes d'exploitation : pour le moment, le CLR n'est « portable » que sur les différentes versions de Windows : 9x, Me, NT4, 2000 et XP. Même si l'infrastructure CLI a été normalisée par un organisme indépendant (voir *http://msdn.microsoft.com/net/ecma/*) et si quelques projets de développement de logiciels libres ont démarré en ayant pour objectif de porter le framework .NET sur différentes distributions de Linux, il reste à prouver dans les faits que ces portages seront une alternative *effective* au CLR en environnement Microsoft. Qui plus est, la difficulté ne réside pas tant dans le portage du CLR que dans la compatibilité et la prise en charge de la librairie objet (en particulier pour les classes d'interfaces graphiques de System.Windows.Forms).

En revanche, il est certain qu'une approche similaire à celle de la machine virtuelle permet de simplifier le développement des applications puisque le CLR prend en charge un certain nombre de tâches importantes (comme la gestion de la mémoire) et propose en outre des « services » intéressants aux applications. Il en découle un gain de productivité et de fiabilité majeur (argument qui explique entre autres le succès de Java).

D'autres avantages distinctifs de la CLR sont la simplification radicale du déploiement des applications (voir la section « Les métadonnées et le déploiement ») ainsi qu'une gestion adaptée et souple de la sécurité.

Lorsque tous les postes Windows disposeront (à terme) du CLR, il est possible d'imaginer que le modèle actuel de client léger (c'est-à-dire utilisant un navigateur Internet) puisse être remis en cause et remplacé en tout ou partie par des clients .NET. Il s'agit de la réalisation par d'autres moyens du projet imaginé par Sun avec les applets Java. Mais il nous semble que, du fait que Microsoft maîtrise le poste de travail, ce projet ait plus de chance de réussir.

Évidemment, une grande partie du pilotage et du paramétrage des services et des fonctions du CLR sont pris en charge automatiquement par les outils de développements (IDE, compilateurs) et sont pour ainsi dire transparents pour le développeur.

La librairie objet (Framework Class Library)

La librairie objet du framework .NET est un ensemble de classes, d'interfaces et de types prédéfinis inclus dans le SDK associé au framework. Cette librairie fournit les fondations de toutes les applications développées dans l'environnement .NET.

Le concept de librairie n'est pas nouveau dans l'environnement Microsoft (MFC, ATL, run-time C, Visual Basic, ou encore l'API Win32). Microsoft a su tirer les enseignements du passé et cette nouvelle librairie apporte de nombreuses améliorations :

- Elle offre un modèle de programmation cohérent puisque tous les services sont accessibles à partir d'une librairie orientée objet unifiée ; il n'est plus nécessaire, par exemple, de mélanger des appels à l'API Win32 avec l'utilisation d'objets COM.

- Elle permet d'accéder aux fonctionnalités du CLR (Reflection) ainsi qu'à un ensemble conséquent de services de complexité variable (gain de productivité).

- Elle simplifie le développement en ajoutant une couche d'abstraction conséquente. Tous les services d'infrastructure les plus complexes (*multithreading*, gestion des transactions, etc.) peuvent être mis en œuvre à moindre frais.

La librairie couvre un ensemble très vaste de sujets, comme le montre la figure 15-4, et il est certain que la maîtrise de cette librairie constitue la plus grosse difficulté pour les développeurs qui découvre le framework .NET.

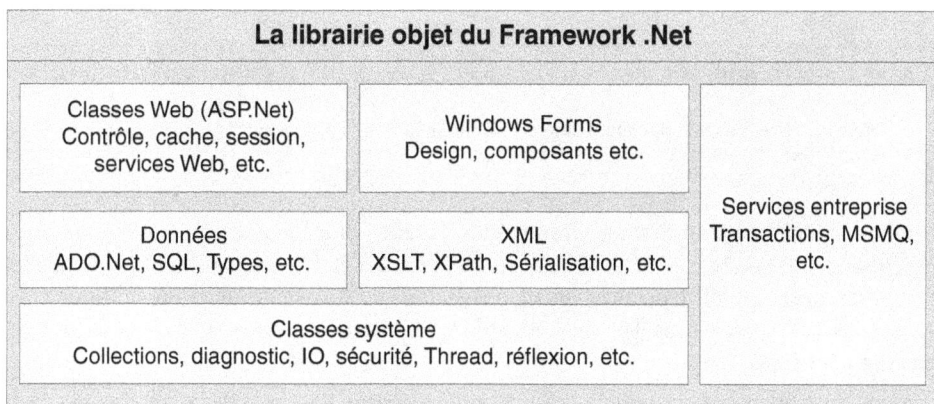

La librairie objet du Framework .Net

Classes Web (ASP.Net) Contrôle, cache, session, services Web, etc.	Windows Forms Design, composants etc.	Services entreprise Transactions, MSMQ, etc.
Données ADO.Net, SQL, Types, etc.	XML XSLT, XPath, Sérialisation, etc.	
Classes système Collections, diagnostic, IO, sécurité, Thread, réflexion, etc.		

Figure 15-4

La structure de librairie du framework .NET.

Les espaces de noms (*namespaces*)

Tous les objets de la librairie, ainsi que tous ceux qui sont développés dans le cadre d'une application sont nommés dans des espaces de noms (ou *namespaces*). Comme leur nom l'indique, ces espaces définissent des contextes de nommage, dans lesquels il ne doit pas y avoir d'ambiguïtés de noms pour les classes, les interfaces et les types qui y sont définis. Ce mécanisme offre beaucoup de souplesse au développeur qui est libre de nommer comme bon lui semble ses propres objets dans son propre espace.

Les espaces de noms permettent d'organiser de manière logique l'ensemble des objets de la librairie, le regroupement étant généralement réalisé par centres d'intérêt. Par exemple :

```
namespace NomDeSociete.Projet //définit l'espace de noms du projet
{
  public class Console // NomDeSociete.Projet.Console
  {
    // (…)
  }
  namespace MonSousEspace // définit un sous-espace de noms dans le projet
  {
    public class MaClasseDansMonSousEspace
    {
      public static void Hello() // méthode Hello()
      {
        // méthode WriteLine() de la classe Console de l'espace System
        System.Console.WriteLine("Hello");
      }
    }
  } // MonSousEspace
} // NomDeSociete.Projet

// Une classe isolée de tout espace de noms
public class MaClasseIsolee
{
  public static void Main()
  {
    NomDeSociete.Projet.MonSousEspace.MaClasseDansMonSousEspace.Hello();
  }
}
```

La convention utilisée pour nommer les espaces de noms et les classes s'appuie sur une syntaxe du type : `[Namespace]+.<Class>`. Ce schéma de noms permet d'établir une hiérarchie logique des espaces (une arborescence) qui offre encore plus de possibilités dans l'organisation de la librairie. Par exemple : `System.Web.Services.WebService` identifie la classe `WebService` dans l'espace de noms `System.Web.Services`.

Attention, cette organisation logique arborescente concerne les contextes de nommage et reste sans rapport avec la hiérarchie des classes du modèle objet ou avec la façon dont les classes sont implémentées dans les assemblages (un assemblage peut regrouper plusieurs espaces de noms, et inversement, un espace de noms peut être implémenté dans plusieurs assemblages). Par exemple, la classe `System.Web.Services.WebService` hérite de la classe `System.ComponentModel.MarshalByValueComponent`.

Il n'y a pas de relation objet avec une classe quelconque de l'espace System.Web mais il y a en revanche des centres d'intérêt communs puisque ce dernier espace regroupe les classes qui permettent de gérer la communication entre une navigateur Internet et un serveur (telle que la classe HttpRequest).

En conclusion, les espaces de noms sont un mécanisme qui permet à la fois d'éviter les ambiguïtés de noms et d'organiser les objets de la librairie par centres d'intérêt.

Recommandation

Microsoft recommande que les espaces de noms créés dans le cadre des applications soient nommés de la manière suivante : NomDeSociété.Technologie.

De manière générale, Microsoft suggère en outre d'utiliser la notation Camel (les noms commencent par une minuscule) pour les variables (exemple : uneVariable) et la notation Pascal (les noms commencent par une majuscule) pour le reste (exemple : MaMethode) ; voir *msdn.microsoft.com/library/en-us/cpgenref/ html/cpconcapitalizationstyles.asp.*

L'organisation de la librairie

Nous venons de voir que la librairie objet était organisée selon une hiérarchie d'espaces de noms. Les principaux espaces de noms du framework .NET sont les suivants :

- Microsoft.Csharp, qui contient les classes gérant la compilation et la génération de code en langage C# ;

- Microsoft.JScript, qui contient les classes gérant la compilation et la génération de code en langage Jscript ;

- Microsoft.VisualBasic, qui contient les classes gérant la compilation et la génération de code en langage Visual Basic ;

- Microsoft.Vsa, qui contient les interfaces permettant d'intégrer dans des applications la prise en charge de Visual Studio pour Applications (VSA) pour le framework .NET (compilation et exécution) ;

- Microsoft.Win32, qui fournit les classes permettant de gérer les événements déclenchés par le système d'exploitation, ainsi que les classes permettant de manipuler la base de registre ;

- System, qui contient les classes fondamentales définissant les types de données, les événements et les gestionnaires d'événements, les interfaces, les attributs et les exceptions, etc.

L'espace de noms System

L'espace System contient la classe Object qui est la racine du modèle objet, c'est-à-dire la classe dont toutes les autres héritent. Cette classe fournit quelques méthodes fondamentales qui seront surchargées par les classes filles :

- Equals(),

- GetType(),

- ToString(), etc.

L'espace System contient environ une centaine de classes. Parmi elles, on trouve celles qui définissent les types de données de base qui correspondent aux types de données primitifs des langages de programmation tels que Byte ou Int32. Il est intéressant de remarquer que le développeur peut déclarer une variable en utilisant :

- soit le mot-clé du langage ;
- soit le type de données du framework.

Par exemple, déclarer System.Int32 monEntier est strictement identique à int monEntier en C# (y compris en temps d'exécution).

Le tableau suivant montre la correspondance entre les types de base du framework et ceux de différents langages mis en œuvre en .NET.

Tableau de correspondance des types

Catégorie	Nom de classe	Description	Type Visual Basic	Type C#	Type C++ (managed)	Type JScript
Entier	Byte	Entier 8 bits non signé.	Byte	Byte	Char	byte
	SByte	Entier 8 bits signé. Non compatible CLS.	N/A.	sbyte	signed char	SByte
	Int16	Entier 16 bits signé.	Short	short	Short	short
	Int32	Entier 32 bits signé.	Integer	Int	int -ou- long	int
	Int64	Entier 64 bits signé.	Long	Long	__int64	long
	UInt16	Entier 16 bits non signé. Non compatible CLS.	N/A.	ushort	unsigned short	UInt16
	UInt32	Entier 32 bits non signé. Non compatible CLS.	N/A.	Uint	unsigned int -ou- unsigned long	UInt32
	UInt64	Entier 64 bits non signé. Non compatible CLS.	N/A.	ulong	unsigned __int64	UInt64
Flottant	Single	Un nombre à virgule flottante simple précision (32 bits).	Single	float	Float	float
	Double	Un nombre à virgule flottante double précision (64 bits).	Double	double	Double	double
Logique	Boolean	Un booléen (vrai ou faux).	Boolean	Bool	Bool	bool

Tableau de correspondance des types *(suite)*

Catégorie	Nom de classe	Description	Type Visual Basic	Type C#	Type C++ (managed)	Type JScript
Autre	Char	Un caractère Unicode (16 bits).	Char	Char	wchar_t	char
	Decimal	Un décimal 96 bits.	Decimal	decimal	Decimal	Decimal
	IntPtr	Un entier signé dont la taille dépend de la plate-forme (32-bits sur une plate-forme 32-bits et 64-bits sur une plate-forme 64-bits).	N/A.	N/A.	N/A.	IntPtr
	UintPtr	Un entier non signé dont la taille dépend de la plate-forme (32 bits sur une plate-forme 32 bits et 64 bits sur une plate-forme 64 bits). Non compatible CLS.	N/A.	N/A.	N/A.	UIntPtr
Classe objet	Object	La racine de la hiérarchie objet.	Object	object	Object*	Object
	String	Une chaîne de caractères Unicode de longueur fixe.	String	string	String*	String

---

Remarque

N/A signifie qu'il n'y a pas de type primitif correspondant. L'utilisation de la classe objet est obligatoire.

L'espace System est à la base d'une arborescence d'espaces qui décrivent aussi bien des concepts fondamentaux de programmation tels que System.Collections (gestion des collections, listes, queues, etc.) ou System.IO (lecture et écriture de fichiers, flux de données, etc.), que des services beaucoup plus complexes tels que System.Data (architecture de gestion des données ADO.NET) ou System.Drawing (fonctions graphiques de base GDI+).

Le tableau ci-après décrit les principaux espaces de noms organisés sous System.

Tableau des espaces de noms

Catégorie	Espace de noms	Description
Modèle de composant	System.CodeDom	Représentation des éléments et de la structure d'un document de code source ; compilation et manipulation du code en question.
	System.ComponentModel	Implémentation de composants y compris en mode design et gestion des licences.
Configuration	System.Configuration	Récupération des données de configuration de l'application.
Données	System.Data	Accès et gestion des données et des sources de données, y compris ADO.NET.
	System.Xml	Prise en charge des standards W3C XML (*parser* XML, transformation XSLT, support Xpath, schémas, etc.).
	System.Xml.Serialization	Sérialisation d'objets en XML (bidirectionnelle).

Tableau des espaces de noms *(suite)*

Catégorie	Espace de noms	Description
Services du framework	`System.Diagnostics`	Interaction avec les processus système, les journaux d'événements et les compteurs de performance.
	`System.DirectoryServices`	Accès à tous les fournisseurs Active Directory : IIS, LDAP, LDS et WinNT.
	`System.Management`	Accès aux informations et aux événements de gestion du système et des périphériques.
	`System.Messaging`	Accès à Microsoft Message Queuing (MSMQ).
	`System.ServiceProcess`	Installation, implémentation et contrôle de services Windows.
	`System.Timers`	Horloge serveur (et non Windows).
Globalisation et localisation	`System.Globalization`	Accès aux informations (paramètres régionaux) permettant de gérer la localisation du code et des ressources.
	`System.Resources`	Gestion de ressources.
Réseau	`System.Net`	Interface de programmation des protocoles réseau courants (sockets, serveurs DNS, couches basses IP, etc.).
Tronc commun	`System.Collections`	Collections variées d'objets, telles que listes, queues, tableaux, etc.
	`System.IO`	Lecture et écriture synchrone et asynchrone de flux de données et de fichiers.
	`System.Text`	Encodage et conversion de caractères, manipulation de chaînes.
	`System.Text.RegularExpressions`	Prise en charge des expressions régulières.
	`System.Threading`	Prise en charge de la programmation multithread et des primitives de synchronisation.
Reflection	`System.Reflection`	Accès aux métadonnées, création dynamique et invocation de types.
Interface graphique GUI	`System.Drawing`	Accès au GDI+ (graphisme 2-D).
	`System.Windows.Forms`	Gestion d'interface utilisateur pour des applications Windows.
Services d'infrastructure du CLR	`System.Runtime.CompilerServices`	Prise en charge pour les compilateurs compatibles avec le CLR.
	`System.Runtime.InteropServices`	Prise en charge d'interopérabilité avec COM, l'API Windows, etc.
	`System.Runtime.Remoting`	Création et configuration d'applications distribuées (protocole binaire sur TCP ou SOAP).
	`System.Runtime.Serialization`	Sérialisation et désérialisation d'objets, y compris encodage binaire et SOAP.
Sécurité du framework .NET Services Web	`System.Security`	Accès au système de sécurité du CLR.
	`System.Security.Cryptography`	Services de cryptographie, y compris encodage et décodage de données, hachage, génération de nombres aléatoires, signatures numériques, etc.
	`System.Web`	Conception et gestion de clients et de serveurs Web. Fournit l'infrastructure de base pour ASP.NET, y compris la prise en charge des Web Forms.
	`System.Web.Services`	Prise en charge des services Web SOAP (client et serveur).

Les langages du framework et C#

Le framework .NET est un environnement multilangage. Qui plus est, tous ces langages peuvent inter-opérer entre eux, et permettent d'accéder à la librairie objet de manière identique. Cette équivalence des langages vis-à-vis de la plate-forme est une grande première dans le monde du développement informatique.

Microsoft prend en charge d'emblée cinq langages :

- Visual Basic.NET, un langage incontournable du fait de sa popularité. Cependant, cette nouvelle version secoue quelque peu la communauté des développeurs car certains trouvent que le langage s'est trop complexifié, alors que d'autres sont satisfaits d'avoir enfin un véritable langage orienté objet ;

- C++, grâce auquel il est maintenant possible d'écrire des programmes en *managed code*, c'est-à-dire gérés par le CLR du framework ;

- Jscript .NET, le Jscript est maintenant compilé ;

- le nouveau langage C# ;

- J#, un langage Java version Microsoft (dont la compatibilité avec l'API Java s'arrête à la version 1.1.4 du JDK).

Un certain nombre d'éditeurs sont d'ores et déjà référencés comme partenaires Microsoft au sein du programme *Visual Studio.NET Integration program* (voir *http://msdn.microsoft.com/vstudio/partners/language/default.asp*) et proposent diverses implémentations de langages. Cette liste permet d'avoir un aperçu de l'étendue des langages pris en charge par le framework :

- APL par Dyadic Systems (voir Dyalog APL/W v 9.0 à *http://www.dyadic.com/*) ;

- COBOL par Fujitsu (voir NetCOBOL à *http://www.netcobol.com/*) ;

- EIFFEL par Interactive Software (voir Eiffel# à *http://dotnet.eiffel.com*) qui propose aussi son propre IDE de développement EiffelStudio ;

- FORTH par DataMan ;

- FORTRAN par Fujitsu/Lahey (voir *http://www.lahey.com*) ou Salford (voir FTN95 for .NET à *http://www.salfordsoftware.co.uk*) ;

- MERCURY par l'université de Melbourne en Australie (voir *http://www.cs.mu.oz.au/mercury*) ;

- MONDRIAN (et HASKELL) par l'université de Massey en Nouvelle-Zélande (voir *http://mondrian-script.com*) ;

- OBERON par ETH Zentrum (voir *http://www.oberon.ethz.ch*) ;

- PASCAL par l'université de Queensland en Australie (voir *http://www.fit.qut.edu.au/plas/component-Pascal*) ou TMT Development (voir *http://www.tmt.com*) ;

- PERL par ActiveState (voir Visual Perl à *http://activestate.com/products/visual_perl*) ;

- PYTHON par ActiveState (voir Visual Python à *http://activestate.com/products/visual_python*) ;

- RPG par ASNA (voir ACR for .NET à *http://www.asna.com/avr_caviar_information.com*) ;

- SCHEME par l'université de Northwestern aux États-Unis (voir Hotdog à *http://rover.cs.nwu.edu/~scheme*) ;

- SMALLSCRIPT (dialect Smalltalk-98) par SmallScript Corp. (voir *http://www.smallscript.net*).

Le choix d'un de ces langages dépend des choix et des habitudes de développement. Dans cette panoplie, deux gagnent rapidement en popularité :

- Visual Basic.NET, qui va hériter de la popularité de Visual Basic ;

- C#, particulièrement poussé par Microsoft, qui a beaucoup investi sur le sujet (toute la librairie objet a été écrite en C#).

Le langage C# est suffisamment proche de C++ et Java pour que beaucoup de développeurs se l'approprient sans trop de difficulté.

Cette proximité mise à part, le langage C# a beaucoup de qualités intrinsèques : c'est un véritable langage objet, simple, précis et productif. Ses qualités, il les tire à la fois de C++ mais aussi des huit années d'expérience Java. Le résultat est donc un condensé du meilleur des deux mondes.

Pour garantir un peu plus son succès, le langage C# a été déposé conjointement par Microsoft, Hewlett Packard et Intel à l'ECMA. Le langage est donc maintenant un standard (au même titre que JavaScript) enregistré depuis décembre 2001 sous la référence ECMA-334.

Les traits du langage C#

Notre objectif n'est pas de décrire en détail le langage C#, mais simplement de faire remarquer que, même si les langages compatibles avec le framework .NET ont un niveau fonctionnel assez équivalent, il subsiste des différences plus ou moins importantes entre eux. C'est le cas du langage C# qui présente certains traits particuliers :

- la surcharge d'opérateurs permet de redéfinir des opérateurs pour de nouveaux types définis (existe aussi en C++) ;

- les propriétés indexées ou indexeurs permettent de créer des classes qui agissent comme des « tableaux virtuels » à l'aide de l'opérateur [] :

```
String s = monInstance[3];
...
public Class monInstance {
  public String this[Int i] {
    get{ // retourne la chaîne en position i}
    set{ // affecte à la valeur en position i}
  }
}
```

- le *boxing* et le *unboxing* permettent respectivement de convertir un type primitif en un objet et inversement (syntaxe du cast) :

```
int valeur = 123;
object o = valeur; // boxing int en objet
int valeur2 = (int) o; // unboxing
```

- la génération automatique de documentation XML à l'aide de la suite de caractères « /// » ;

- la possibilité d'intégrer des extensions C++ de code *unmanaged* (usage de pointeurs par exemple).

ASP.NET

ASP.NET est la nouvelle version d'Active Server Pages (ASP) et fait partie intégrante du framework .NET (voir figure 15-2) . Comme nous allons le voir, cette technologie serveur qui permet de créer des applications Internet dynamiques et des services Web a énormément évolué.

Une évolution nécessaire d'ASP

Le fonctionnement de la précédente version d'ASP était relativement simple : les pages ASP étaient des pages HTML qui contenaient des scripts (Jscript ou VBScript). En réponse à une requête HTTP, le code de ces pages était interprété par un service IIS et la page HTML résultante envoyée au navigateur client. Ces scripts pouvaient faire appel à des composants COM pour accéder à des sources de données (ADO), à des données XML (MSXML), ou à tout composant métier.

Les changements introduits dans ASP.NET par rapport à la précédente version sont majeurs et personne ne s'en plaindra vraiment, car le modèle ASP 3.0 souffrait de nombreuses lacunes :

- les langages de script (VBScript ou Jscript) étaient dynamiquement typés, peu structurés et interprétés ;
- les pages mélangeaient le HTML et le code de script, ce qui ne facilitait pas leur lisibilité et leur maintenance (« code spaghetti ») ;
- la séparation claire des trois niveaux de traitement (présentation, code métier, données) était difficilement maintenable et peu utilisée dans les faits ;
- l'environnement de développement et de mise au point était archaïque et peu puissant.

Certes, la simplicité de cette technologie et sa rapidité de mise en œuvre ont contribué dans un premier temps à son succès. Mais, face à des concurrents comme PHP ou JSP, cette technologie avait besoin d'évoluer, d'autant plus que le développement d'applications Internet dynamiques est devenu un impératif incontournable.

Présentation générale d'ASP.NET

ASP.NET est donc la nouvelle plate-forme unifiée de développement que propose Microsoft pour construire tout type d'application serveur orientée Internet. Cette infrastructure offre aux développeurs deux fonctionnalités principales qui peuvent être combinées entre elles :

- les Web Forms,
- les services Web XML.

Dans les deux cas, les moyens mis en œuvre sont les mêmes et les évolutions par rapport à la précédente version d'ASP sont majeures.

Le fonctionnement d'ASP.NET

Nous allons commencer par expliquer brièvement comment fonctionne une application ASP.NET.

Le CLR a été conçu pour prendre en charge différents scénarios d'applications : depuis une application serveur Internet jusqu'à une application Windows en passant par une application console. Chaque type d'application nécessite un *programme hôte* spécifique qui doit s'occuper de :

1. charger le CLR dans un processus ;
2. créer un domaine d'application dans ce processus ;
3. charger le code utilisateur dans ce domaine.

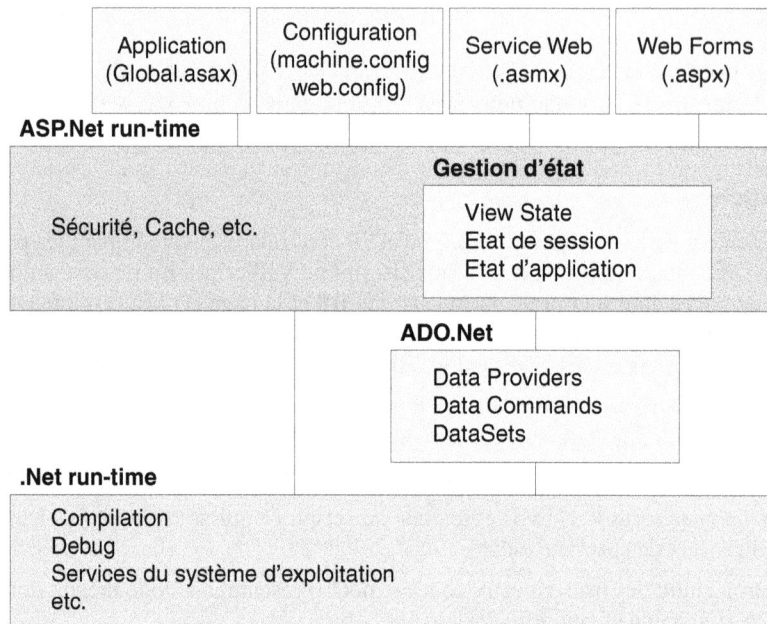

Figure 15-5
Architecture d'ASP.NET.

ASP.NET, tout comme Internet Explorer et le *shell* de Windows, est l'un de ces programmes hôtes fournis par le framework .NET : son rôle consiste donc à charger le CLR dans le processus qui doit traiter la requête Internet puis à créer un domaine d'application pour chaque application Internet qui tourne sur le serveur.

Développement de programmes hôtes

Le SDK du framework .NET fournit une API de développement de programmes hôtes.

Une application .NET

ASP.NET peut héberger des programmes écrits avec n'importe quel langage .NET (Visual Basic.NET, Jscript.NET, C#, etc.) puisqu'un programme ASP.NET est traité par le CLR comme toute application écrite pour le framework.

Bien évidemment, les développeurs ont accès à l'ensemble de la librairie objet du framework, ce qui leur permet de bénéficier de sa richesse intrinsèque, et ils peuvent également bénéficier des développements spécifiques qu'ils ont pu eux-mêmes réaliser.

Un environnement orienté objet

La plate forme ASP.NET est totalement orientée objet et toutes les classes s'inscrivent dans la librairie objet du framework. Une page ASP.NET (extension `.aspx`) ou celle d'un service Web XML (extension .asmx) sont bien des instances de classes qui possèdent des méthodes, des propriétés et même des événements, comme nous le verrons plus loin.

Une architecture n-tiers

Au-delà de la programmation orientée objet, les applications ASP.NET s'inscrivent dans une architecture qui permet de bien séparer les niveaux : le code de présentation (HTML) est bien séparé du code métier (voir la section « Les Web Forms »), lui-même séparé de la couche de données.

L'accès aux données est réalisé par ADO.NET (espace de noms System.Data) qui permet de gérer des sources de données variées telles que SQL Server, OLE DB et XML. Ce modèle de données a été spécialement conçu pour les applications orientées Internet en fournissant une architecture faiblement couplée et en s'appuyant systématiquement sur les standards XML. Ainsi, ADO.NET fournit une classe DataSet qui permet de manipuler des données issues d'origines diverses et déconnectées de leurs sources (mécanisme de synchronisation évolué). Le conteneur de données résultant peut être lu ou enregistré au format XML. Il permet en outre d'appliquer des règles d'intégrité, de gérer des relations et des hiérarchies, l'ensemble étant décrit par un schéma XML.

ADO et ADO.NET

ADO.NET est une évolution d'ADO mais certaines fonctionnalités ne sont par fournies par ADO.NET, comme les curseurs serveur. ADO peut toujours être utilisé par une application .NET, comme tout composant COM.

Des gains de performance

Les gains de performance d'ASP.NET par rapport à ses prédécesseurs sont très importants, d'abord parce que les programmes sont compilés et ensuite parce qu'ASP.NET dispose de fonctions évoluées de gestion de cache :

- au niveau des pages elles-mêmes, par l'utilisation d'une directive @OutputCache (placée dans l'en-tête de la page) ou de la classe HttpCachePolicy (implémentée par la propriété HttpResponse.Cache et donc accessible depuis Page.Response) ;

- au niveau des données manipulées par les programmes, via l'utilisation de la classe Cache de l'espace de noms System.Web.Caching.

La configuration des applications

L'infrastructure de configuration des applications ASP.NET est à la fois simple et efficace, et s'apparente d'une certaine manière aux principes utilisés dans le monde Unix. Elle est simple car elle est réalisée à partir d'un ensemble de fichiers XML bien formés, facilement compréhensibles, et modifiables manuellement avec tout éditeur. Cette infrastructure n'en est pas moins efficace puisque :

- Elle prend en charge de très nombreux paramètres, depuis la gestion des sessions jusqu'à la sécurité, en passant par la gestion des traces.

- Elle permet la prise en charge des paramètres spécifiques de l'application (accessibles depuis une collection statique ConfigurationSettings.AppSettings) comme :

```
<!- fichier web.config.-->
<configuration>
  <appSettings>
```

```
    <add key="Titre" value="Mon application" />
  </appSettings>
</configuration>

// code C#
String title = ConfigurationSettings.AppSettings["Titre"];
```

- Elle peut être étendue pour répondre à des besoins spécifiques en créant de nouvelles sections dans les fichiers de configuration. Ce mécanisme est utilisé par le framework lui-même dans le fichier `machine.config` pour définir les sections des fichiers de configuration `web.config`.

- Elle permet de modifier une grande partie des paramètres de l'application sans recompilation ni redémarrage du serveur IIS (ASP.NET détecte automatiquement les changements et remet immédiatement les nouveaux paramètres en cache) ; ces modifications peuvent pourtant être aussi importantes que le changement du mode de gestion des états de session (voir la section « La gestion d'états »).

- Elle est sécurisée, puisque les fichiers de configuration sont protégés par IIS et inaccessibles depuis un navigateur.

Formalisme

Les fichiers de configuration sont des fichiers XML bien formés et sensibles à la casse des caractères. Il est recommandé d'utiliser la notation Camel pour les balises et les attributs et la notation Pascal pour les valeurs d'attributs.

Les fichiers de configuration sont organisés de manière hiérarchique. Cette hiérarchie détermine l'ordre dans lequel les paramètres sont pris en compte par le framework à l'exécution de chaque application. Il existe trois types de fichiers de configuration :

- `Machine.config` : il s'agit du fichier de configuration du framework.NET. Il est valable pour toutes les applications hébergées par la machine et contient les paramètres du CLR, du système de *remoting* et d'ASP.NET.

- Les fichiers de configuration de la sécurité (`Enterprisesec.config` et `Security.config`), assez complexes, pour lesquels il est recommandé d'utiliser des utilitaires spécifiques : l'outil de configuration du framework .NET (`Mscorcfg.msc`) et l'outil de gestion de la politique de sécurité (`Caspol.exe`). Ces fichiers traitent également le paramétrage global.

- Les fichiers de configuration d'application. Il existe typiquement un fichier par application .NET et pour les applications ASP.NET, il s'agit d'un fichier `Web.config` situé à la racine du répertoire virtuel.

Les fichiers devant agir au plus haut de la hiérarchie de paramétrage doivent être enregistrés dans le répertoire d'installation du *run-time* .NET (exemple : `C:\WINNT\Microsoft.NET\Framework\v1.0.3705\CONFIG`). C'est donc en particulier le cas du fichier `Machine.config`.

Dans un premier temps, le développement d'un nouveau projet ASP.NET ne nécessite la modification que du fichier de configuration de l'application `Web.config`. La modification des autres fichiers n'intervient que dans le cadre d'un paramétrage plus complexe (valable par exemple pour un ensemble de sites Internet) ou la définition globale de la sécurité sur la machine.

Mais cette notion de hiérarchie intervient encore au niveau des fichiers de paramétrage de l'application puisqu'il est possible de définir pour une application ASP.NET plusieurs fichiers Web.config enregistrés dans différents répertoires de l'application : ces fichiers permettent de définir un paramétrage spécifique valable pour les ressources situées dans ce même répertoire et dans ses sous-répertoires. Par exemple, un site Internet disposant d'un espace public et d'un espace privé soumis à une authentification peut disposer de deux fichiers Web.config. La hiérarchie entre ces différents fichiers permet à chaque niveau d'hériter des paramètres du niveau supérieur. Cette hiérarchie est déterminée par ASP.NET en fonction de l'URL utilisée pour accéder à une ressource.

Répertoires virtuels et répertoires physiques

Il est donc recommandé de créer une structure de répertoires virtuels qui soit cohérente avec celle des répertoires physiques. Sinon, il peut être difficile pour un développeur de maîtriser la hiérarchie des fichiers de configuration.

Ce paramétrage spécifique des ressources peut également être réalisé à partir d'un seul fichier Web.Config à l'aide d'une balise spécifique <location>. Exemple :

```
<configuration>
<!- Configuration générale. -->
  <system.web>
    <authentication mode="Forms" >
      <forms name="monSiteAUTH"
        loginUrl="/logon.aspx"
        protection="All"
        timeout="30"
        path="/" />
    </authentification>
  </system.web>

<!- Configuration spécifique du répertoire "Rep1". -->
  <location path="Rep1">
    <system.web>
      <authentication mode="None" />
    </system.web>
  </location>
</configuration>
```

La gestion d'états

La gestion d'états est un mécanisme qui consiste à maintenir des informations pour une page en particulier, ou pour les pages visitées par un client, tout au long d'une séquence de requêtes HTTP. Il existe deux options pour sauvegarder ces informations :

- au niveau du client avec les techniques classiques qui consistent à utiliser des champs cachés, des *cookies* ou des *query strings* ;

- au niveau du serveur avec la gestion d'états d'application, la gestion d'états de session ou l'usage de bases de données.

La gestion d'états au niveau du client

En ce qui concerne la gestion d'états au niveau du client, ASP.NET fournit un mécanisme intéressant appelé View State qui facilite l'usage des champs cachés. Ce mécanisme est d'abord utilisé par le *framework* lui-même pour maintenir automatiquement les propriétés d'une page et les valeurs de ses champs lorsqu'un formulaire effectue des allers-retours client-serveur (*round-trip*). Mais il peut également être utilisé par les développeurs pour sauvegarder volontairement des données.

Ce mécanisme est mis en œuvre grâce à un dictionnaire (classe `StateBag`) exposé par la propriété `ViewState` de la classe `Control` (namespace `System.Web.UI`). Il est donc disponible pour chaque contrôle d'une page ainsi que pour la page elle-même. À l'exécution, le framework se charge automatiquement de transformer chaque dictionnaire en clés hachées sauvegardées dans des contrôles cachés et inversement. Exemple :

```csharp
// code C# dans une page
ViewState["Couleur"] = "rouge";
```

La gestion d'états de session

Dans le cadre des applications Internet, la gestion d'états de session est une fonction très importante car elle est souvent incontournable (par exemple, pour gérer un panier de commande). ASP.NET fournit un mécanisme assez évolué pour cette gestion et sa mise en œuvre.

Rappelons tout d'abord qu'une session est définie comme étant la période de temps durant laquelle un client interagit avec une application Internet (il y a donc une session par client). La gestion d'états de session consiste simplement à pouvoir gérer et maintenir sur le serveur des informations pour chaque session. Ces données sont sauvegardées dans un dictionnaire exposé par la classe `HttpSessionState` (espace de noms `System.Web.SessionState`). Cette classe est par exemple accessible depuis une propriété `Session` de l'objet `Page` :

```csharp
// code C# dans une page ou Global.asax.
Session["DateDebut"] = DateTime.Now;
```

ASP.NET prend en charge trois modes de gestion des données de session :

- Le mode *In-Process* est le plus classique et le plus simple puisque les données de session sont gérées dans le même processus que l'application ASP.NET. Ce traitement est performant et adapté pour des applications non critiques fonctionnant sur un serveur unique.

- Le mode *Out-of-process* est plus complexe puisqu'il consiste à gérer les données de session dans un processus indépendant. Cette mise en œuvre est réalisée grâce à un service Windows `ASPState` fourni avec le SDK du framework .NET. Ce service peut évidemment être déporté sur un serveur indépendant pour centraliser la gestion des sessions d'une ferme de serveurs Internet.

- Le mode *SQL Server* est assez équivalent au précédent mis à part que les données ne sont pas gérées en mémoire mais par Microsoft SQL Server. Un script `InstallSqlState.sql` est fourni avec le SDK du framework .NET qui permet de configurer le SGBD pour cette tâche en créant les tables et les procédures stockées nécessaires dans la base `ASPState`. Ce mode de gestion offre un niveau de disponibilité maximal, d'autant plus que SQL Server peut lui-même être configuré en *cluster*.

Le choix du mode de gestion est réalisé par le biais du fichier de configuration XML `web.config` (ou `machine.config`) de l'application. Non seulement ce paramétrage est simple mais il peut être modifié à tout instant sans qu'il soit nécessaire d'intervenir sur le code source de l'application.

Exemple de configuration *Out-of-process* :

```
<configuration>
  <system.web>
    <sessionstate mode="stateserver"
      timeout="20"
      stateconnectionstring= "tcpip=137.0.0.1:42424" />
  </system.web>
</configuration>
```

Exemple de configuration *SQL Server* :

```
<configuration>
  <system.web>
    <sessionstate mode="sqlserver"
      timeout="20"
      sqlconnectionstring="data source=MaDataSource;
        user id=MonId;
        password=MonPwd" />
  </system.web>
</configuration>
```

Enfin, ASP.NET prend en charge la gestion de sessions même lorsque les clients n'acceptent pas les cookies. Ce mécanisme est assez complexe puisqu'il consiste à intégrer dans toutes les URL l'identification de la session. Et pourtant, il suffit de modifier le fichier de configuration pour le mettre en œuvre :

```
<configuration>
  <system.web>
    <sessionState mode="Inproc"
      cookieless="true"
      timeout="20" />
    </sessionState>
  </system.web>
</configuration>
```

La gestion d'état d'application

La gestion d'état d'application équivaut à gérer des variables globales. Elle doit cependant être utilisée avec précaution car elle nécessite un mécanisme complexe de synchronisation des accès concurrents et ne fonctionne pas dans un environnement multiserveur ou multiprocessus.

La gestion des données est réalisée avec un dictionnaire exposé par la classe `HttpApplicationState` (espace de noms `System.Web`). Cette classe est par exemple accessible depuis une propriété `Application` de l'objet `Page` :

```
// code C# dans une page ou Global.asax.
Application.Lock();
Application["DateDebut"] = DateTime.Now;
Application.UnLock();
```

La sécurité

La gestion de la sécurité est une fonction essentielle dans le développement des applications informatiques en général, et Internet en particulier. Cette gestion est mise en œuvre par un ensemble de moyens qui se situent à différents niveaux de l'architecture :

- IIS (en collaboration avec le système d'exploitation Windows),
- ASP.NET,
- le framework .NET (CLR),
- le système d'exploitation Windows (NTFS).

Évidemment, il n'est pas question ici de dresser un tableau exhaustif de ces moyens mais plutôt de décrire rapidement les possibilités offertes pour gérer les trois fonctions fondamentales que sont :

- la fonction d'authentification,
- la fonction d'autorisation,
- et la fonction d'endossement de personnalité.

Les applications ASP.NET étant des applications .NET à part entière, il est également possible de tirer partie de toutes les fonctions de gestion de la sécurité prises en charge par le framework (voir la section « La gestion de la sécurité »).

L'authentification

Le processus d'authentification consiste à obtenir les éléments d'identification d'un utilisateur, tel qu'un *login* et un mot de passe, et de valider ces éléments auprès d'une autorité : si ces éléments sont valides, l'utilisateur est considéré comme authentifié.

L'authentification peut être réalisée de trois façons par une application ASP.NET :

- Forms : ce mode permet à l'application d'effectuer elle-même le contrôle de validité des éléments d'authentification depuis un fichier de configuration, une base de données ou ADSI (API de l'annuaire Active Directory). Ce contrôle se traduit par l'émission d'un cookie d'authentification qui valide les requêtes suivantes. Les requêtes non validées sont redirigées automatiquement vers une page de *logon*.

- Microsoft Passport : il s'agit d'un service centralisé d'authentification fourni par Microsoft. Il s'appuie sur une mécanique de type Forms, le protocole SSL et un triple encryptage DES des clés. Un SDK spécifique doit être installé, disponible à *http://www.microsoft.com/net/services/passport/*.

- Windows : il s'agit du mode d'authentification classique d'IIS (*basic*, *digest* ou Windows).

Dans les trois cas, un événement `OnAuthenticate` est déclenché dans le fichier `global.asax` et permet au développeur d'implémenter son propre schéma de sécurité en modifiant les objets `WindowsIdentity` (l'utilisateur) et `WindowsPrincipal` (le groupe) au moment de leur création.

Il est important de comprendre que le mode Forms ne peut protéger que les ressources spécifiques à ASP.NET, c'est-à-dire les pages `.aspx`, `.asmx`, etc. Les requêtes qui concernent des ressources Gif, Jpeg ou Html ne sont pas traitées par le serveur ISAPI ASP.NET et ne sont donc pas soumises à une demande d'authentification. Seul le mode Windows d'IIS permet de traiter l'ensemble des requêtes et donc toutes les ressources.

Le mode Forms nécessite plus de développement que le mode Windows qui nécessite peu de code voire pas du tout. Néanmoins, ce développement est facilité par les méthodes statiques que fournit la classe FormsAuthentification (espace de noms System.Web.Security) et peut par exemple se limiter à la page de logon suivante :

```
<%@ Page LANGUAGE="C#" %>
<html>
<head>
<script language="C#" runat=server>
  void SubmitBtn_Click(Object Source, EventArgs E)
  {
    // vérifie l'utilisateur par rapport au fichier web.config.
    if (FormsAuthentication.Authenticate(UserName.Value, UserPwd.Value))
    {
      // redirection sur l'URL initiale et émission du cookie
      FormsAuthentication.RedirectFromLoginPage(UserName.Value, false);
    }
    else
    {
    Msg.Txt="Utilisateur inconnu !";
  }
</script>
</head>

<body>
<form method=post runat=server>
<table>
  <tr>
    <td>Name:</td>
    <td><input type="text" id="UserName" runat=server/>
  </tr>
  <tr>
    <td>Password:</td>
    <td><input type="password" id="UserPwd" runat=server/></td>
</table>
<br>
<input type="submit" OnServerClick="SubmitBtn_Click" runat=server />
<asp:Label id="Msg" ForeColor="red" Font-Name="Verdana" Font-Size="10" runat=server />
</form>
</body>
</html>
```

Une fois de plus, le choix du mode d'authentification est réalisé de manière simple et rapide dans le fichier de configuration (web.config ou machine.config) :

```
<system.web>
  <!-- mode=[Windows|Forms|Passport|None] -->
  <authentication mode="None" />
</system.web>
```

Le fichier de configuration est d'ailleurs largement utilisé pour paramétrer le mode Forms : il permet de spécifier la page de logon, les paramètres utilisés pour la génération et la validation du cookie et, en option, peut contenir la liste des utilisateurs habilités (les mots de passe ne sont pas stockés en clair). Exemple :

```
<system.web>
  <authentication mode="Forms" >
    <forms name="monSiteAUTH"
      loginUrl="/logon.aspx"
      protection="All"
      timeout="30"
      path="/" >
      <credentials passwordFormat="MD5">
        <user name="Kim" password="9611E4F94EC4972D5A537EA28C69F89AD28E5B36"/>
        <user name="Tom" password="BA7157A99DFE9DD70A94D89844A4B4993B10168F"/>
        /credentials>
    </forms>
  </authentification>
</system.web>
```

L'autorisation

Le processus d'autorisation consiste à vérifier que l'utilisateur identifié est autorisé à accéder à une ressource. Cette vérification est effectuée à deux niveaux :

- la vérification du fichier (FileAuthorizationModule) n'est active que lorsque le mode d'authentification utilisé est le mode Windows, il s'agit d'une vérification classique des droits NTFS ;
- la vérification URL (URLAuthorizationModule) est active dès que le fichier de configuration web.config contient une section <authorisation>.

La gestion des autorisations au niveau du fichier de configuration permet d'autoriser ou de refuser à des utilisateurs et/ou à des groupes l'accès complet ou partiel (en spécifiant un verbe HTTP : GET/ HEAD/POST/DEBUG) à des ressources. La hiérarchie des fichiers de configuration ou la section <location> permet d'adapter les autorisations aux ressources d'une application ASP.NET (voir la section « La configuration des applications »). Exemple :

```
<authorization>
<!-- Autorise le groupe Admin et l'utilisateur John -->
  <allow roles="Admin"/>
  <allow users="monDomaine\John" />
<!-- Interdit les utilisateurs anonymes -->
  <deny users="?" />
</authorization>
```

L'endossement de personnalité

Cette fonction permet d'exécuter l'application ASP.NET en utilisant l'identité de l'utilisateur authentifié (y compris pour un utilisateur anonyme), quelle que soit la méthode d'authentification utilisée. Typiquement, il s'agit de laisser à IIS la gestion de l'authentification, et d'appliquer la gestion des droits NTFS de Windows lors de l'exécution de l'application ASP.NET. Cependant, il est également possible d'utiliser cette fonction pour forcer systématiquement l'identité de l'utilisateur qui exécute l'application.

Cette fonction doit être activée (elle ne l'est pas par défaut) par le biais du fichier de configuration. Exemple :

```
<system.web>
  <identity impersonate="true" userName="monDomaine\Franck" password="sesame" />
</system.web>
```

Des fonctions de mise au point évoluées

Une fonction de diagnostic est fournie et permet d'afficher des informations complètes de trace et d'intégrer du code de mise au point dans les programmes. Elle peut être activée à la demande :

- au niveau de chaque page grâce à l'attribut `Trace` de la directive de page `@Page` ;
- ou au niveau de l'application à partir du fichier de configuration `web.config` grâce à l'attribut `debug` de la section `<compilation>`.

Le développeur a la possibilité d'enrichir le journal de diagnostic en incorporant ses propres messages grâce à l'objet `Trace` (disponible comme les objets `Request`, `Response` ou `Context`) ou à l'objet `TraceContext` (disponible à partir de la propriété `Page.Trace` ou `Control.Context`). Ce code n'a pas besoin d'être supprimé lors de la mise en exploitation de l'application. Toutes les informations de diagnostic sont organisées par tables et affichées à la fin des pages renvoyées au client ou optionnellement grâce à un outil spécifique de visualisation de Windows (`trace.axd`).

À un autre niveau, les compteurs de performance de l'objet ASP.NET `System`, disponibles dans l'outil de monitoring système (`PerfMon`), sont dorénavant valables pour chaque application et non plus simplement de manière globale pour un serveur IIS. Ces compteurs sont également accessibles depuis les applications elles-mêmes grâce au composant `PerformanceCounter` (de l'espace de noms `System.Diagnostics`) pour permettre de les modifier ou de les lire.

Les Web Forms

Une fonction très importante d'ASP.NET est de permettre d'associer un traitement serveur (un programme) à des pages qui sont envoyées à un navigateur Internet ou à tout autre périphérique sur le Web. Le développement de sites Web dynamiques n'est pas simple car il nécessite une bonne compréhension de la séparation des rôles entre le client et le serveur, la maîtrise de techniques diverses inhérentes au client, au serveur, aux protocoles, etc. ASP.NET ne dispense pas les développeurs d'une bonne connaissance de ces techniques et de ces spécificités mais il offre avec les Web Forms une couche d'abstraction qui permet de simplifier les développements et à terme de gagner en productivité et en efficacité. Ces gains sont en particulier possibles parce que les Web Forms permettent d'utiliser des techniques de RAD (Rapid Application Development) bien connues des développeurs Visual Basic et mises en œuvre par Visual Studio.NET. Même s'il est possible de développer des Web Forms sans cet outil, cela manque singulièrement de sens vu les performances de développement offertes par l'IDE de Microsoft.

Une instance de Page

De façon basique, pour créer une Web Form, il suffit simplement de remplacer, pour une page HTML, l'extension du fichier par ASPX et de placer le fichier dans un répertoire virtuel d'IIS. Cette simple manipulation change pourtant radicalement la manière dont va être traitée cette page car elle est maintenant devenue un programme. La première fois qu'elle est consultée, ASP.NET :

- génère automatiquement un programme qui implémente une classe héritant de System.Web.UI.Page (ce programme a évidemment comme tâche première de générer le contenu HTML de la page) ;

- compile cette classe et place l'exécutable dans un répertoire spécifique ;

- exécute le programme pour générer une occurrence de la page et le code HTML résultant.

Notons que seule la dernière étape est effectuée pour les requêtes suivantes : le programme est placé dans un cache, ce qui permet d'améliorer nettement les performances de l'application.

En résumé, les Web Forms sont donc des instances d'objets dérivant de la classe Page.

Il est possible de poursuivre cet exemple et d'introduire directement dans la page ASPX du code source C# ou VB.NET qui sera exécuté sur le serveur. Exemple :

```
<%@ Page Language="C#" %>
<html>
  <body>
  <% for (int i=0; i<3; i++) { %>
  <tr><td><%=i%></td></tr>
  <% } %>
  </body>
</html>
```

On reconnaît la syntaxe qui était utilisée par ASP à la fois au niveau de la directive de page (<@Page >) et des tags spécifiques (<% %>) qui permettent d'introduire du code de rendu dans les pages. Le fait de pouvoir intégrer des programmes directement dans les pages est donc toujours d'actualité et ce procédé est tout à fait acceptable dans la mesure où le code concerne des éléments de présentation.

Pourtant, il est de bon usage de ne pas mélanger la présentation avec le reste des programmes qui implémentent la logique de l'application. ASP.NET permet cette séparation :

- les éléments visuels sont contenus dans le fichier ASPX (par exemple : WebForm1.aspx) ;

- les programmes sont déportés dans un fichier indépendant appelé *code behind* (par exemple : WebForm1.aspx.cs en C#).

Visual Studio.NET et WebMatrix

WebMatrix est un IDE léger permettant de développer des applications ASP.Net. Il est distribué gratuitement par Microsoft (*http://www.microsoft.com/france/msdn/info/info.asp?mar=/france/msdn/technologies/technos/asp/info/20021706_aspnet-webmatrix.html*).

Par défaut, Visual Studio.NET travaille toujours avec deux fichiers (ASPX + code behind). Les fonctions RAD ne sont disponibles que dans cette configuration. En revanche, WebMatrix ne travaille qu'avec des fichiers ASPX, d'où un problème de compatibilité, sans doute volontaire, entre les deux IDE.

Ces deux fichiers ne forment qu'une seule et même entité qui est la page elle-même. Cette interdépendance est d'autant plus visible quand on s'intéresse de nouveau au modèle d'exécution et au modèle objet (voir figure 15-6) :

- Le fichier code behind (WebForm1.aspx.cs) hérite de System.Web.UI.Page. Il implémente une classe utilisateur (WebForm1) au sein d'un espace de noms de l'application (WebApplication1).

- À la fin du développement, le programme est compilé dans une DLL (WebApplication1.dll).

- Lors de la première consultation de la page, ASP.NET génère une nouvelle classe dans l'espace de noms ASP (WebForm1_aspx) qui va générer le contenu de la page. Cette classe hérite de la classe code behind implémentée dans le programme compilé.

- ASP.NET compile cette classe de page et place l'exécutable (temporary.dll) dans un répertoire spécifique.

- Ce programme C# demeure dans le répertoire temporaire tant que ses dépendances ne sont pas modifiées (fichier ASPX, code behind, etc.). Il est exécuté à chaque requête HTTP pour instancier la page et générer le code HTML résultant.

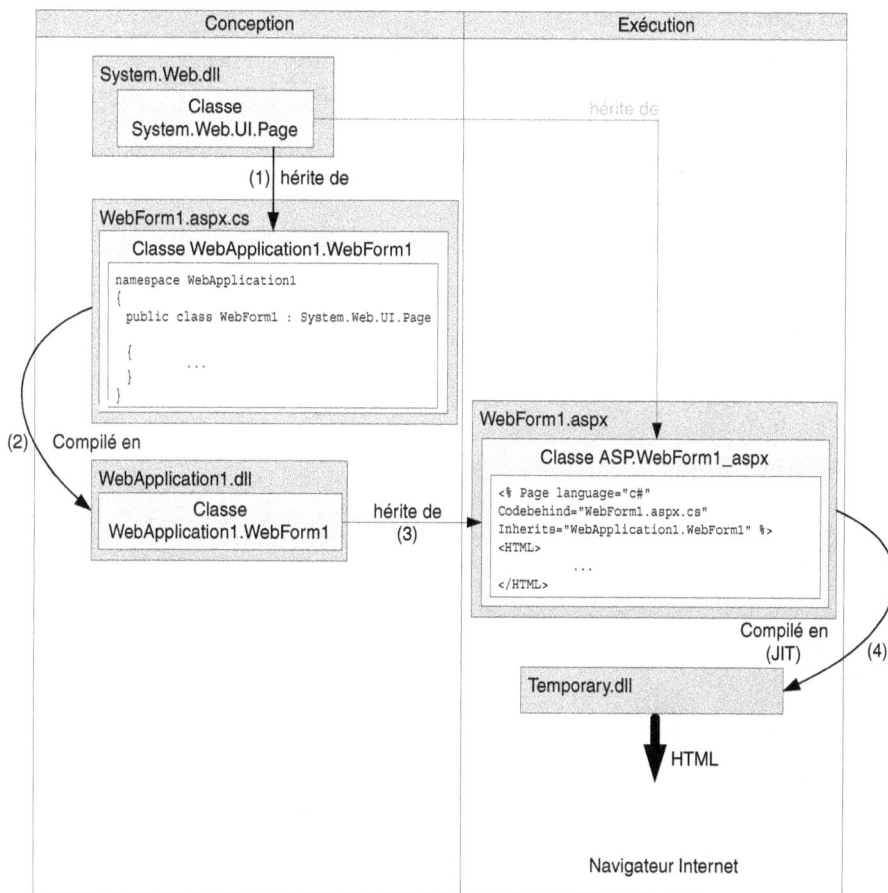

Figure 15-6

Le fonctionnement des Web Forms en développement et à l'exécution.

Description générale

Les éléments d'interface qui composent une Web Form sont de deux types :

- du texte littéral composés d'éléments statiques en HTML, CSS, ECMAScript, etc. ;
- des contrôles serveur.

Le concept de contrôle d'interface n'est pas nouveau puisqu'il est largement utilisé par les outils de RAD et en particulier Visual Basic, mais il n'est pas répandu dans le monde Internet. L'objectif d'ASP.NET est d'introduire une couche d'abstraction pour faciliter et accélérer le développement des interfaces :

- par la prise en charge de multiples navigateurs à partir d'une génération automatique de code HTML adapté ;
- par la simplification de la gestion des échanges client-serveur à partir d'un modèle événementiel ;
- par l'utilisation d'un modèle objet complet qui facilite la manipulation des éléments d'interface, l'accès au contexte HTTP, etc.

La prise en charge multinavigateur

Les contrôles utilisés par les pages sont dits *serveur* car ils sont uniquement exécutés sur le serveur. Le résultat de cette exécution et du traitement global des Web Form sont des pages HTML standards envoyées au client. L'objectif est de prendre en charge tous les navigateurs sur toutes les plates-formes. Pour ce faire, ASP.NET détermine quel navigateur est utilisé par l'utilisateur qui a émis la requête, et le classe selon deux niveaux :

- le niveau avancé (*UpLevel*) pour les navigateurs qui prennent en charge :
  - ECMAScript (JScript et JavaScript) 1.2,
  - HTML 4.0,
  - Microsoft Document Object Model (MSDOM),
  - les feuilles de style (CSS) ;
- le niveau restreint (*DownLevel*) pour les autres navigateurs, qui correspond à un mode HTML 3.2.

Le résultat de cette détection est décrit par l'objet `System.Web.HttpBrowserCapabilities` (accessible depuis `Request.Browser`). En fonction du niveau du navigateur, le code HTML généré par les contrôles diffère (voir la section « Les contrôles de navigation »).

Cette fonctionnalité est fort appréciable lorsque l'on connaît les difficultés inhérentes au développement d'un site Web grand public lié à la prise en charge d'une multitude de combinaisons version navigateur/plate-forme.

Le modèle événementiel

La programmation de l'interface s'appuie sur un modèle événementiel beaucoup plus intuitif et efficace qu'une approche procédurale : sur le serveur, chaque action de l'utilisateur peut être liée à un événement déclencheur de l'exécution d'un programme.

Ce fonctionnement est très efficace du point de vue du développeur mais il peut avoir un effet pervers : celui de déclencher plus de transactions client-serveur que nécessaire. Il est donc conseillé d'analyser attentivement les événements à traiter sur le serveur pour éviter une dégradation des performances. C'est d'ailleurs pour cela que les événements pris en charge par chaque contrôle sont limités aux actions les plus utiles (par exemple : l'événement click est géré sur le serveur mais pas l'événement OnMouseOver qui doit être géré sur le client en ECMAScript).

C'est aussi pour cette raison que certains événements ne déclenchent pas le renvoi (PostBack) immédiat de la page (sauf paramétrage explicite via la propriété booléenne AutoPostBack). Ces événements sont mis en attente jusqu'à ce que la page soit effectivement renvoyée au serveur. Chaque événement est alors traité dans un ordre indéterminé, l'événement ayant déclenché le renvoi de la page (typiquement un clic) étant traité en dernier.

ASP.NET permet au développeur d'enrichir le modèle d'événements. Par ailleurs, certains événements peuvent être traités à la fois côté serveur et côté client (ECMAScript).

Tableau descriptif des événements

Étape	Événement	Description
Initialisation	Page_Init	ASP.NET appelle cet événement et restaure l'état de la page et des contrôles (View State) ainsi que les données de PostBack.
Chargement de la page	Page_Load	Chargement de la page. La propriété de page IsPostBack permet de savoir : - si la page est chargée pour la première fois. Le traitement consiste alors à initialiser, à générer la page, etc. ; - si la page est retournée suite à une action de l'utilisateur. Le traitement consiste alors à traiter cette réponse.
Événements spécifiques	Exemple : Button1_Click	Traitement du code spécifique de l'application lié à des événements. La propriété de page IsValid permet de savoir si l'ensemble des contrôles de validation ont retourné un résultat positif (true).
Déchargement de la page	Page_Unload	Déchargement de la page. Il est recommandé de libérer explicitement les ressources utilisées : fermeture de fichiers, des bases de données, libération des objets, etc.

Les contrôles serveur

Les contrôles serveur sont eux-mêmes de quatre types :

- contrôles HTML serveur,
- contrôles Web serveur,
- contrôles de validation,
- contrôles utilisateurs spécifiques.

Visual Studio.NET

Même s'il est intéressant de connaître la manière dont sont codés ces différents éléments au sein d'une page ASPX, Visual Studio.NET offre des fonctions extrêmement efficaces qui au mieux évitent au développeur de devoir intervenir sur le code de présentation et au pire effectuent tout le travail de génération préliminaire.

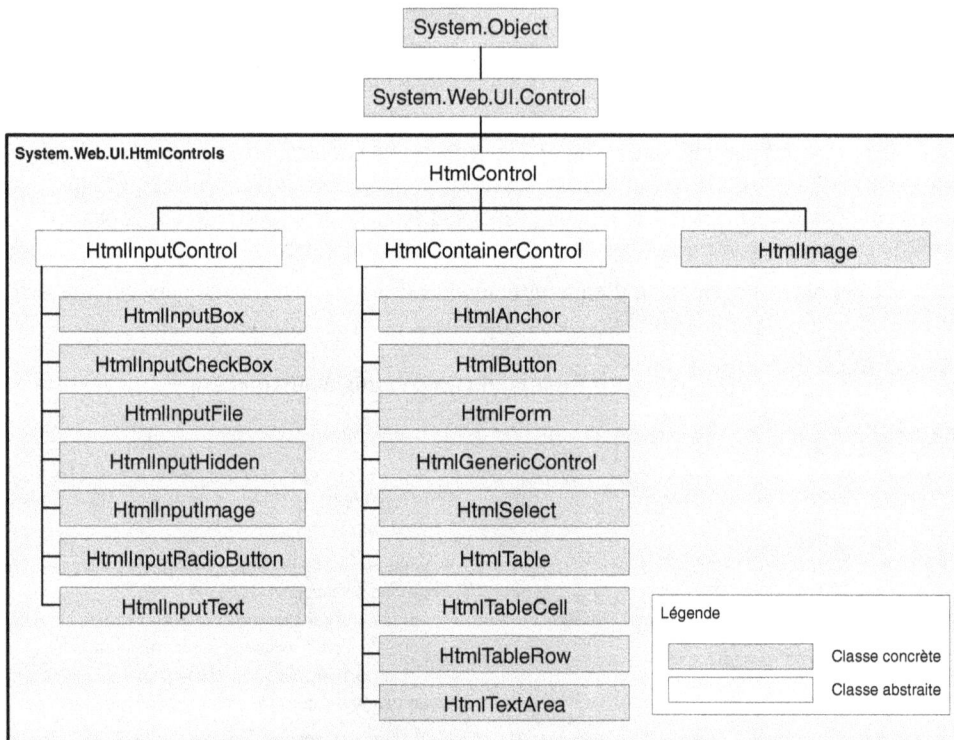

Figure 15-7

Modèle objet des contrôles HTML serveur.

Les contrôles HTML serveur

Le code HTML standard qui compose une page est traité par ASP.NET comme du texte littéral sans aucune signification. Il est en particulier inaccessible aux programmes. Pour permettre aux développeurs d'interagir au niveau du serveur avec ces éléments HTML, ASP.NET introduit la notion de contrôles HTML serveur. .

Ces contrôles se caractérisent de la manière suivante dans les pages ASPX :

- Il s'agit de balises HTML classiques auxquelles est ajouté un attribut `runat="server"`.

- Chaque élément doit disposer d'un attribut `Id` unique qui permet de le référencer dans les programmes.

- Ces éléments doivent obligatoirement être contenus dans une balise HTML `<form (…) runat="server">`.

À chaque balise HTML correspond une classe de l'espace de noms `System.Web.UI.WebControls` (par exemple : la classe `HtmlImage` correspond à la balise HTML `<img>`) qui implémente sous forme de propriétés les attributs des balises HTML.

Lorsque ASP.NET génère la classe correspondant à la page ASPX, il crée des instances d'objets pour chaque élément HTML identifié comme un contrôle, dont le nom est l'Id de la balise. Il est ainsi possible de manipuler ces éléments HTML et toutes leurs propriétés (y compris les styles) depuis les programmes en utilisant ces instances d'objets.

Exemple :

```
// code behind
Message.InnerHtml = "Hello";

...
<!-- page aspx -->
<span id="Message" runat="server"/>
```

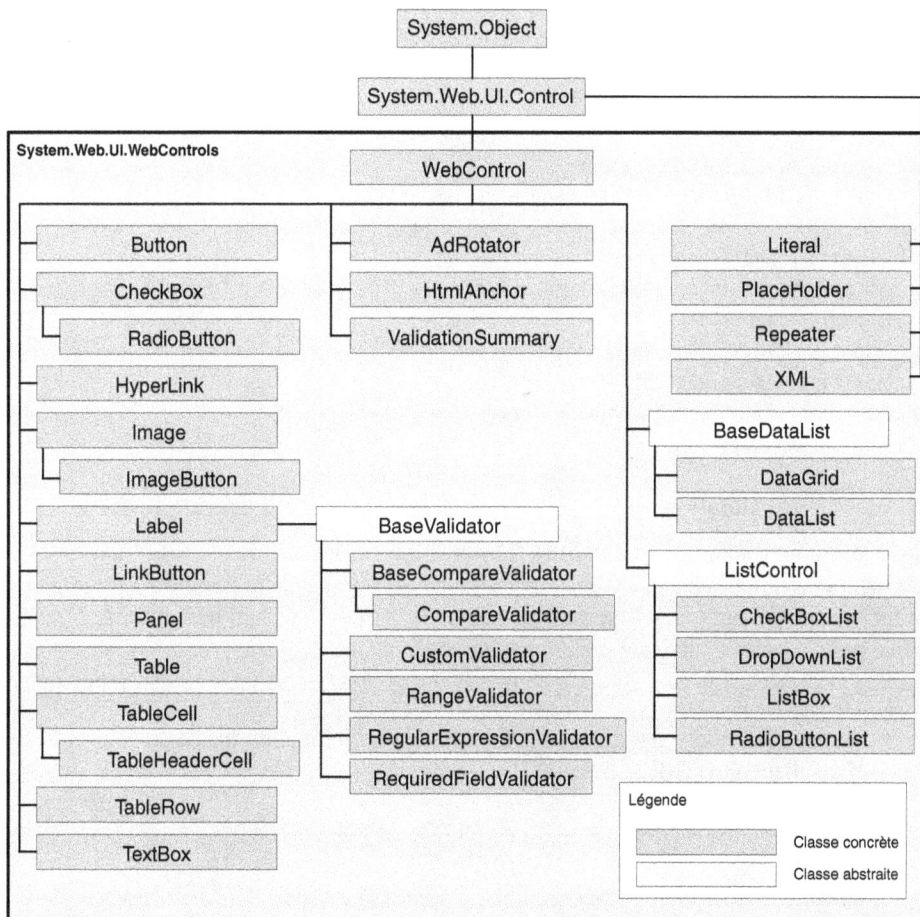

Figure 15-8

Modèle objet des contrôles Web serveur.

Les contrôles Web serveur

Les contrôles Web serveur (classes de l'espace de noms `System.Web.UI.WebControls.WebControl`) se distinguent des contrôles HTML serveur dans le sens où il n'y a pas de correspondance exacte avec les balises HTML. Ces contrôles peuvent être aussi simples qu'un bouton (classe `Button`) mais aussi plus complexes, comme des tables (classe `DataGrid`).

Ces contrôles se caractérisent de la manière suivante dans les pages ASPX :

- Il s'agit de balises XML bien formées qui référencent l'espace de noms ASP (préfixe `<asp:>`) et possèdent obligatoirement un attribut `runat="server"`.

- Chaque élément doit disposer d'un attribut `Id` unique qui permet de le référencer dans les programmes.

- Ces éléments doivent obligatoirement être contenus dans une balise HTML `<form (…) runat="server">`.

Exemple :

```
<!-- Controle Web Server Textbox -->
<asp:textbox id=TextBox1 runat="Server" Text="Hello" />

<!-- Controle Web Server DropDownList -->
<asp:DropDownList id=DropDown1 runat="server">
    <asp:ListItem Value="0">A</asp:ListItem>
    <asp:ListItem Value="1">B</asp:ListItem>
    <asp:ListItem Value="2">C</asp:ListItem>
    <asp:ListItem Value="3">D</asp:ListItem>
</asp:DropDownList>
```

Les contrôles de validation

Comme leur nom l'indique, les contrôles de validation permettent de tester qu'une saisie utilisateur est correcte et d'afficher les messages d'avertissements requis. Cette fonction représente un réel pas en avant car implémenter un tel mécanisme nécessite en temps normal beaucoup de travail. D'autant plus que ces contrôles s'adaptent réellement aux navigateurs :

- en mode avancé, les vérifications sont effectuées sur le client par des scripts (ECMAScript) ;

- en mode restreint, elles sont effectuées de manière traditionnelle par le serveur et le résultat est renvoyé au client en HTML 3.2.

Contrôle serveur

Pour des raisons de sécurité, les vérifications sont systématiquement effectuées sur le serveur même si elles ont déjà été réalisées sur le client.

Mais le développeur n'a pas à se soucier de cette implémentation HTML, il lui suffit juste de placer les contrôles sur la Web Form, de les associer à n'importe quel contrôle serveur de saisie, et de choisir le mode d'affichage des messages d'erreur.

Tableau des contrôles de validation

Type de validation	Contrôle de validation	Description
Entrée requise	RequiredFieldValidator	Vérifie que l'utilisateur n'oublie pas un champ de saisie obligatoire.
Comparaison avec une valeur	CompareValidator	Compare une valeur de saisie avec une constante ou par rapport à la valeur d'une propriété d'un autre contrôle (=, <, >, <=, >=).
Plage de valeurs	RangeValidator	Vérifie qu'une valeur de saisie est comprise entre une borne inférieure et une borne supérieure. Les bornes peuvent être des nombres, des caractères alphabétiques, ou des dates.
Correspondance avec un modèle	RegularExpressionValidator	Vérifie qu'une valeur de saisie correspond à un modèle défini par une expression régulière, c'est-à-dire une séquence de caractères bien définie telle qu'un numéro de téléphone ou un code postal.
Personnalisé	CustomValidator	Vérifie une valeur de saisie à partir d'un programme écrit spécifiquement.

Les contrôles utilisateurs spécifiques

Les contrôles serveur livrés avec le framework ne peuvent pas répondre à tous les besoins de développement. Microsoft suggère quatre stratégies de création de ses propres contrôles :

- pour réutiliser un morceau d'interface utilisateur, il est recommandé de créer un contrôle utilisateur (*User Control*) ;

- pour étendre les fonctionnalités d'un contrôle existant, il est recommandé de créer un contrôle spécialisé qui en hérite et d'étendre ses méthodes et propriétés ;

- pour agréger plusieurs contrôles existants, il est recommandé de créer un contrôle composite (*Composite Control*) ;

- pour créer un nouveau contrôle de toute pièce, il est recommandé de créer un contrôle personnalisé (*Custom Control*).

La démarche de création est propre à chaque type de contrôle :

- Les contrôles utilisateurs ne sont rien d'autre que des Web Forms dont le fichier porte l'extension ASCX, dans lesquelles on a retiré les balises HTML `HTML`, `BODY` et `FORM` et remplacé la directive de page par une directive de contrôle (`@Control`). Le développement d'un tel contrôle commence donc par celui d'une Web Form classique qu'on modifie par la suite.

- Les contrôles spécialisés sont des classes qui dérivent d'une classe des espaces de noms `System.Web.UI.WebControls` ou `System.Web.UI.HtmlControls`.

- Les contrôles composites sont des classes qui dérivent d'une classe des espaces de noms `System.Web.UI.Control` ou `System.Web.UI.WebControls.WebControl`, qui implémentent l'interface `InamingContainer` et spécialisent la méthode `CreateChildControls`.

- Les contrôles personnalisés sont des classes qui dérivent d'une classe de l'espace de noms `System.Web.UI.Control` et qui implémentent une interface de conception (classes de l'espace de noms `System.Web.UI.Design`).

Il existe aussi une différence dans l'utilisation de ces contrôles :

- Les contrôles utilisateurs sont compilés à l'exécution comme les pages ASPX. Leur usage est donc moins confortable avec Visual Studio puisqu'ils n'ont pas de pages de propriétés ni d'interface de conception Wysiwyg. Enfin, ces contrôles doivent être déployés avec chaque application qui les implémentent.

- Les autres contrôles sont des programmes qui offrent exactement le même support de développement que les contrôles serveur fournis avec le framework (intégrés dans la boîte à outils, pages de propriétés, interface Wysiwyg, etc.).

Les Mobile Web Forms

L'objectif des Mobile Web Forms est de permettre le développement d'applications destinées à des périphériques nomades tels que téléphones portables, PDA, Pocket PC, etc. Microsoft a édité pour cela un SDK d'extension pour ASP.NET et Visual Studio.NET qui contient :

- un ensemble de contrôles serveur spécifiques (Mobile Web Forms Controls) qui permettent de générer du WML 1.1 (WAP), du cHTML 1.0 (i-mode Japonais) ou du HTML 3.2 (PDA) ;
- des nouvelles fonctions de détection et de prise en charge de navigateurs et de périphériques ;
- la prise en charge du développement RAD de Visual Studio .NET ;
- des simulateurs permettant de tester les différents navigateurs.

Les applications pour mobiles sont des applications ASP.NET à part entière, qui bénéficient de toutes les fonctions et de tous les services du framework (sécurité, configuration, performances, etc.).

Avec les Mobile Web Forms, la même application peut être utilisée pour plusieurs types de périphériques. Les interfaces générées sont en général suffisamment simples pour que le développeur puisse s'appuyer entièrement sur les contrôles sans avoir à écrire une ligne de cHTML ou de WML.

Le développement de services Web avec Microsoft .NET

Nous allons maintenant présenter les moyens et les stratégies proposées par le framework .NET pour la mise en œuvre de services Web et des applications clientes. Nous nous appuierons sur un exemple trivial d'application qui consiste à additionner deux chiffres.

La génération d'un service Web

La technique la plus rapide pour mettre en œuvre ce service Web est d'utiliser l'implémentation fournie par ASP.NET. Cette implémentation permet de créer rapidement un service en utilisant trois protocoles : SOAP, HTTP-Get et HTTP-Post.

Que ce soit en passant par le *designer* de Visual Studio.NET ou en effectuant le développement sans assistance, la création d'un service Web ASP.NET est à la fois simple et rapide. La couche d'abstraction est suffisante pour que le développeur se concentre sur la logique applicative sans se soucier des détails techniques de SOAP et WSDL.

Abstraction ne veut pas dire boîte noire : il ne s'agit pas de cacher l'implémentation technique mais d'assurer plus de productivité en assistant la génération de code.

La méthode assistée de développement

La méthode la plus simple et la plus rapide pour créer un service Web ASP.NET consiste à utiliser les assistants de l'IDE Visual Studio.NET.

Il faut d'abord commencer par créer un nouveau projet (voir figure 15-9) et choisir un langage de programmation. Nous choisissons dans le cas présent le langage C#, mais les autres langages compatibles .NET peuvent tout aussi bien être utilisés. Parmi les projets types proposés par Visual Studio, nous choisissons ASP.NET Web Service.

Le service Web est appelé `WSCalculatrice` : il est installé sur le serveur IIS local *http://localhost* comme cela est proposé par défaut.

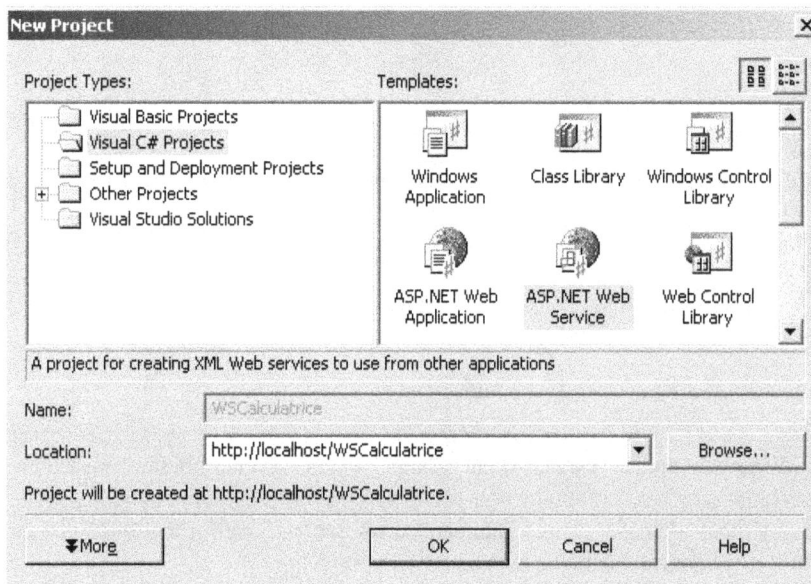

Figure 15-9

Création d'un projet de service Web ASP.NET.

Automatiquement, VisualStudio.NET crée un fichier `Systeme1.asmx` pour le service Web et un fichier code behind `Systeme1.asmx.cs` qui contient le code d'implémentation en C# (voir figure 15-10). Le fichier ASMX est le point d'entrée du service Web : ce fichier doit être interrogé en HTTP pour accéder au service.

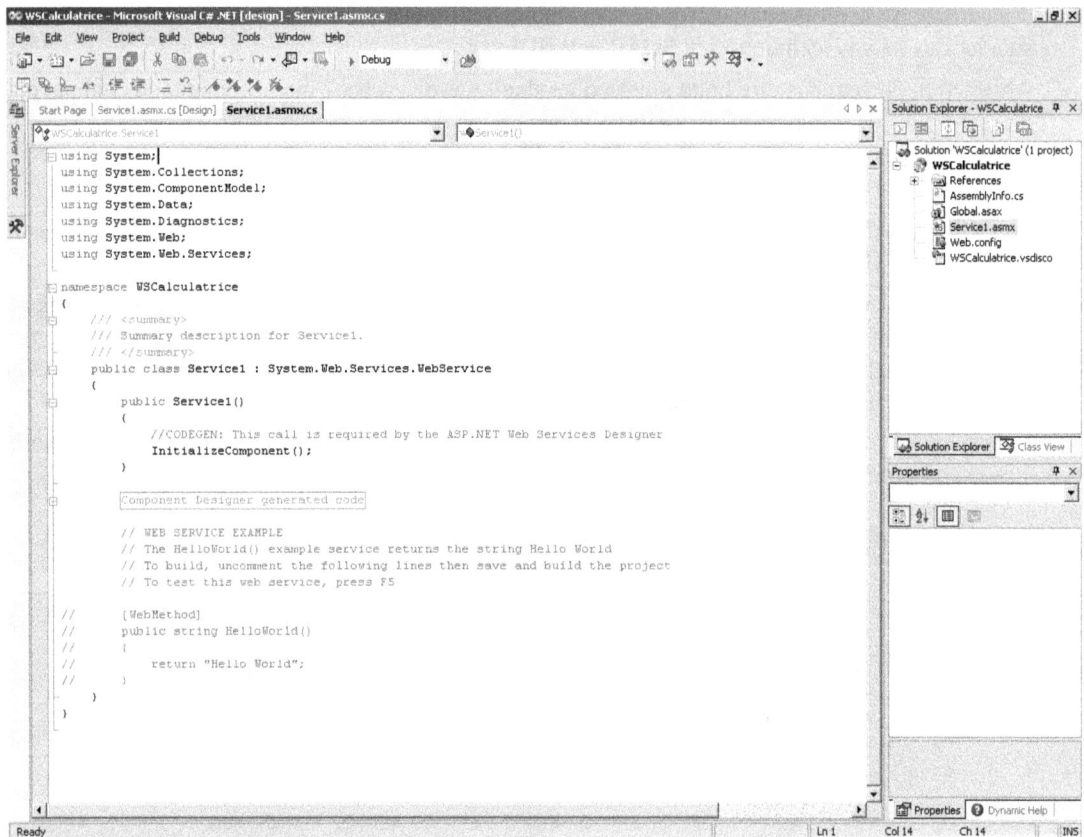

Figure 15-10

Aperçu d'un service Web généré par VisualStudio.NET.

Le fichier d'implémentation C# qui a été généré pour le service contient un exemple de code en commentaire qui explique comment poursuivre le reste du développement : il suffit d'enlever ces commentaires pour disposer immédiatement d'un service Web fonctionnel avec une méthode HelloWorld() qui retourne la chaîne de caractères "Hello World" :

```csharp
[WebMethod]
public string HelloWorld()
{
  return "Hello World";
}
```

Pour implémenter notre exemple, il suffit donc de modifier le code précédent de la manière suivante (voir figure 15-11) :

- la classe Service1 est renommée CCalculatrice (ne pas oublier de modifier du même coup le constructeur, c'est-à-dire la méthode qui porte le même nom que la classe) ;

- la méthode HelloWorld() est renommée Addition() et le code de la méthode est modifié en conséquence.

Commentaires XML

Les commentaires sont ajoutés en XML en utilisant la suite de caractères « /// ». L'IDE se charge de rajouter automatiquement le tag <summary>. Cette fonctionnalité n'existe qu'en C# et permet de générer une documentation XML complète et consultable grâce à des feuilles XSL fournies.

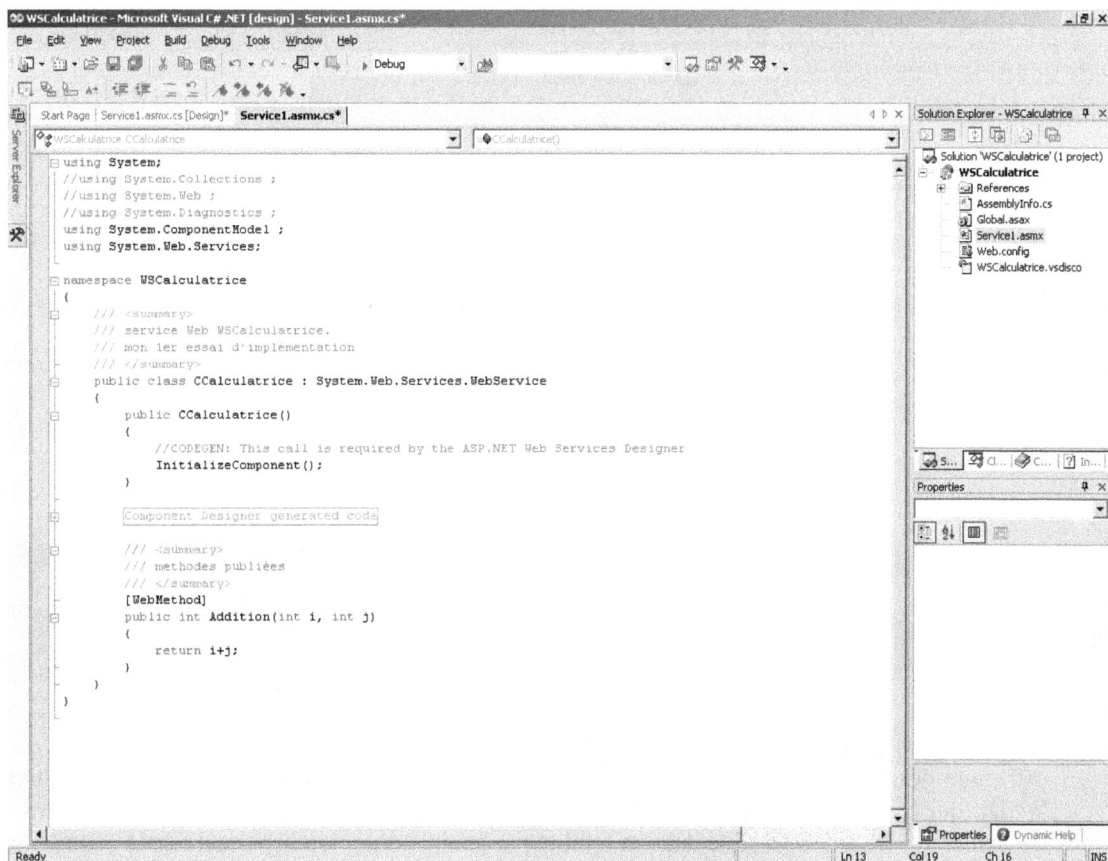

Figure 15-11

Implémentation du service Web.

Le développement est terminé, il ne reste plus qu'à compiler le programme et à l'exécuter. Une instance d'Internet Explorer est automatiquement lancée pour interroger le service à l'adresse *http://localhost/WSCalculatrice/Service1.asmx* (voir figure 15-12) :

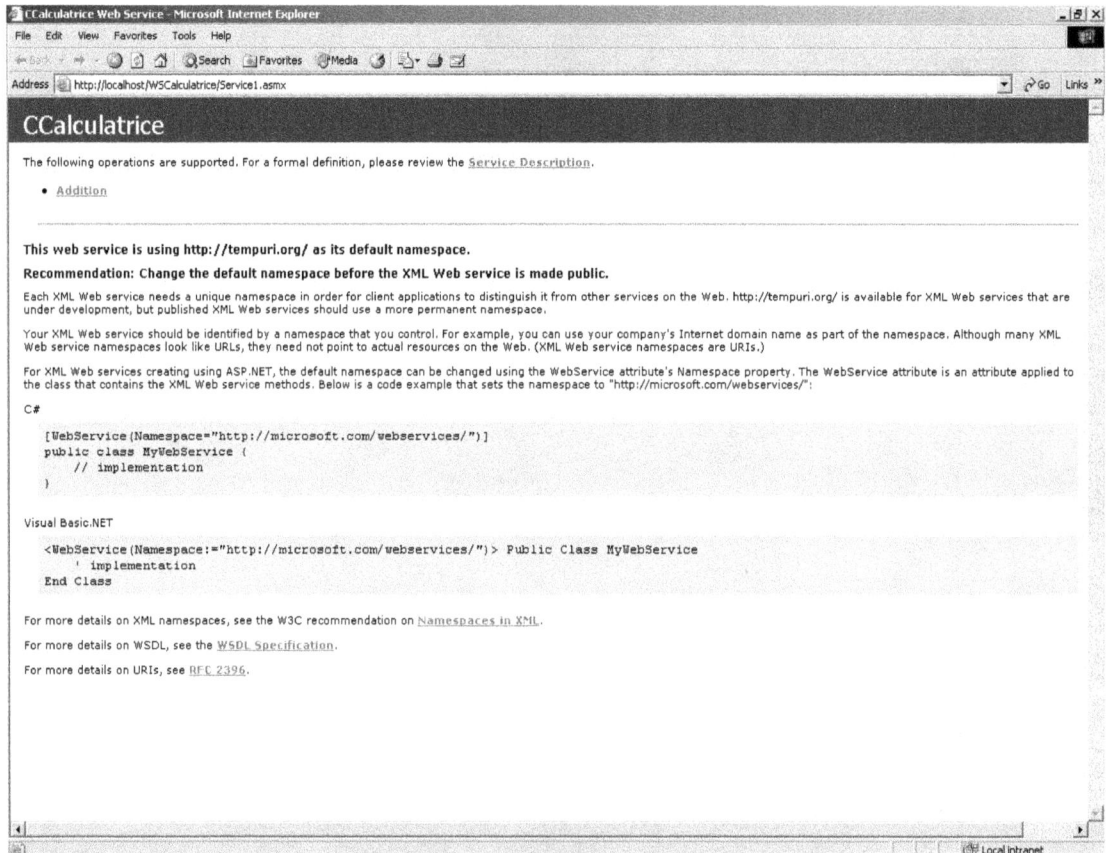

Figure 15-12

Interrogation du service Web sous Internet Explorer.

La génération d'un service Web par ASP.NET inclut systématiquement une page HTML qui offre une description complète du service. On y trouve en particulier les extraits du fichier WSDL qui concernent l'implémentation des trois protocoles SOAP, HTTP-Get et HTTP-Post. Ce fichier WSDL est accessible dans sa totalité par le biais d'un lien hypertexte de la page (voir figure 15-13).

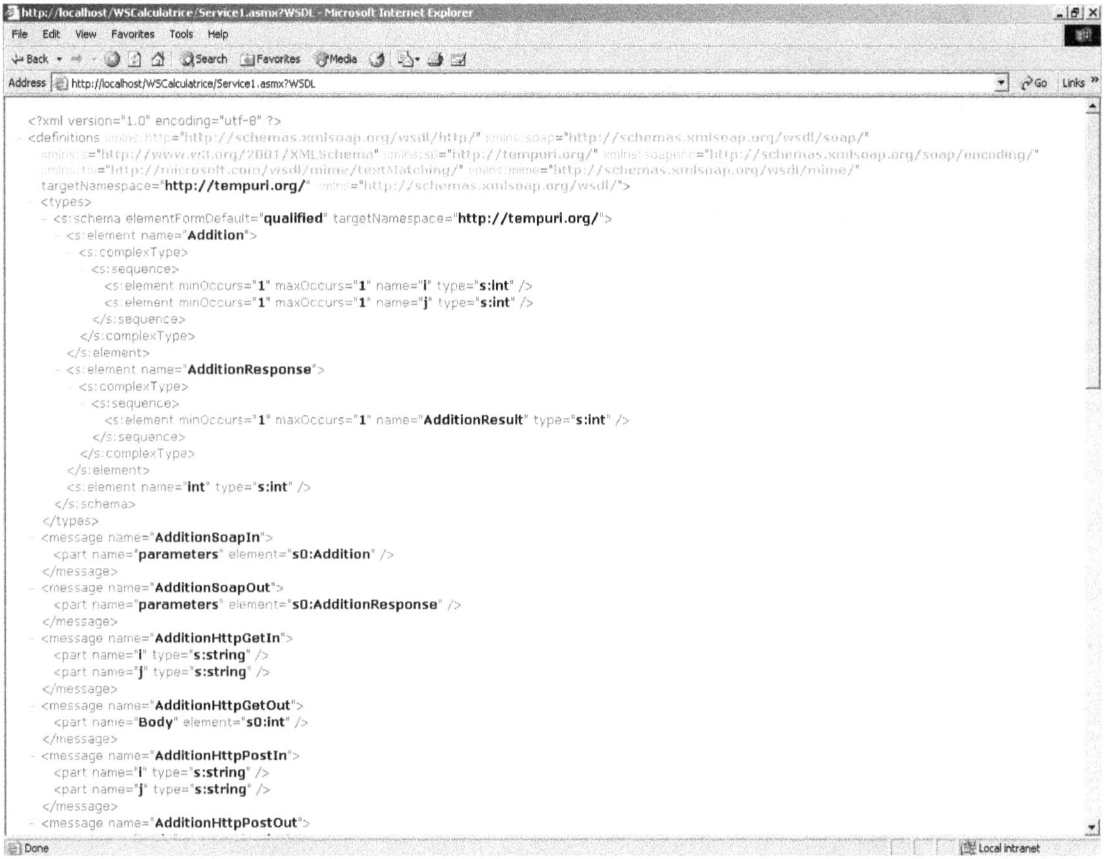

Figure 15-13

Contenu du fichier WSDL du service Web.

L'environnement génère également une page qui permet d'interagir avec le service Web nouvellement créé (voir figure 15-14).

La page d'interaction propose de tester les méthodes du service, en l'occurrence la méthode `Addition()` que nous venons d'implémenter (voir figure 15-14) : un formulaire HTML permet de saisir les deux paramètres i et j de la méthode `Addition()` et de les soumettre grâce au bouton `Invoke`. Ce test n'est réalisable que parce que le protocole HTTP-Get a été implémenté automatiquement, en plus de SOAP. De ce fait, le service peut être interrogé par le biais d'une simple URL en passant les paramètres par paires de valeurs. Le résultat de ce test est un document XML affiché directement par Internet Explorer :

```
<?xml version="1.0" encoding="utf-8"?>
<int xmlns="HTTP://tempuri.org/">8</int>
```

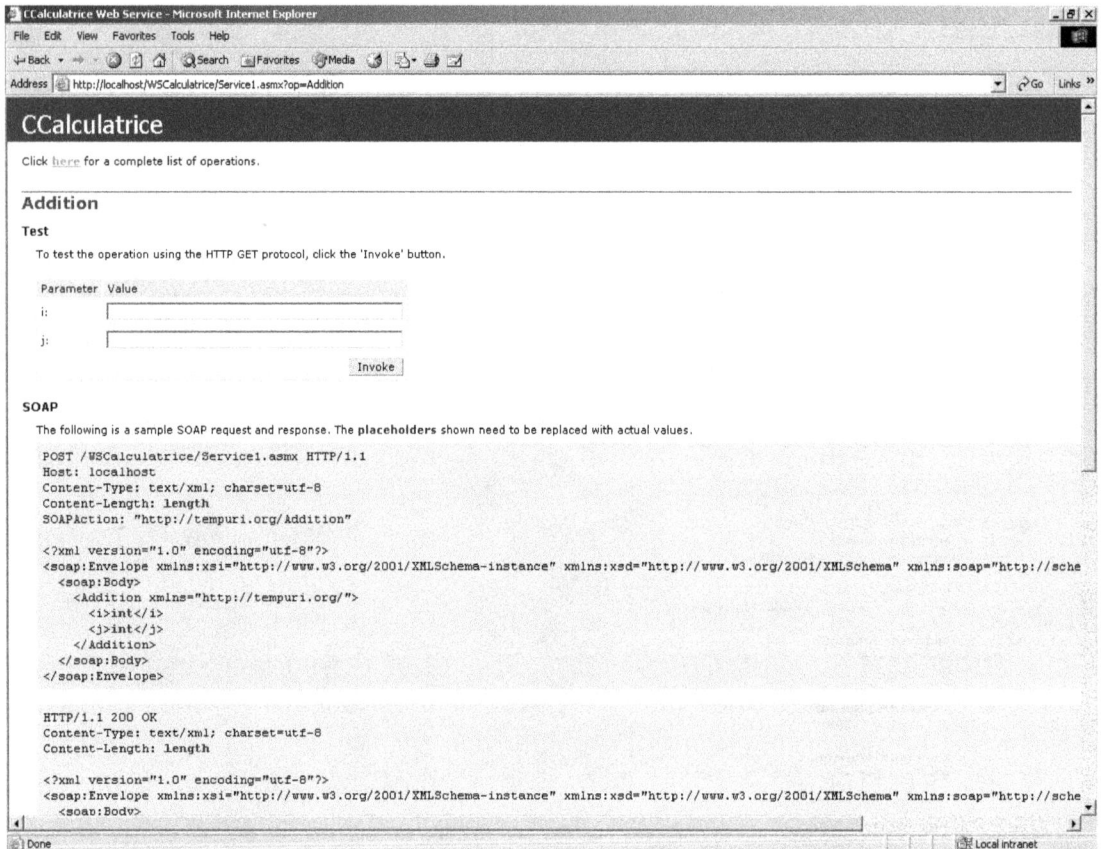

Figure 15-14

Interaction de test avec un service Web.

On note immédiatement que le vocabulaire XML utilisé par ce document est *http://tempuri.org* (à ne pas confondre avec l'espace de noms WSCalculatrice de notre classe C#). Il s'agit en fait d'une valeur par défaut que Visual Studio a affectée au service, et si nous revenons à l'écran principal (figure 15-12), nous pouvons d'ailleurs lire un avertissement à ce sujet. Nous pouvons définir un vocabulaire XML spécifique par le biais de l'attribut [WebService] (voir figure 15-15). Cet attribut et l'attribut [WebMethod] permettent de spécifier un certain nombre de propriétés du service comme le montre l'exemple suivant (nous reviendrons en détail sur ces attributs dans la section « Détail de la création d'un service Web »).

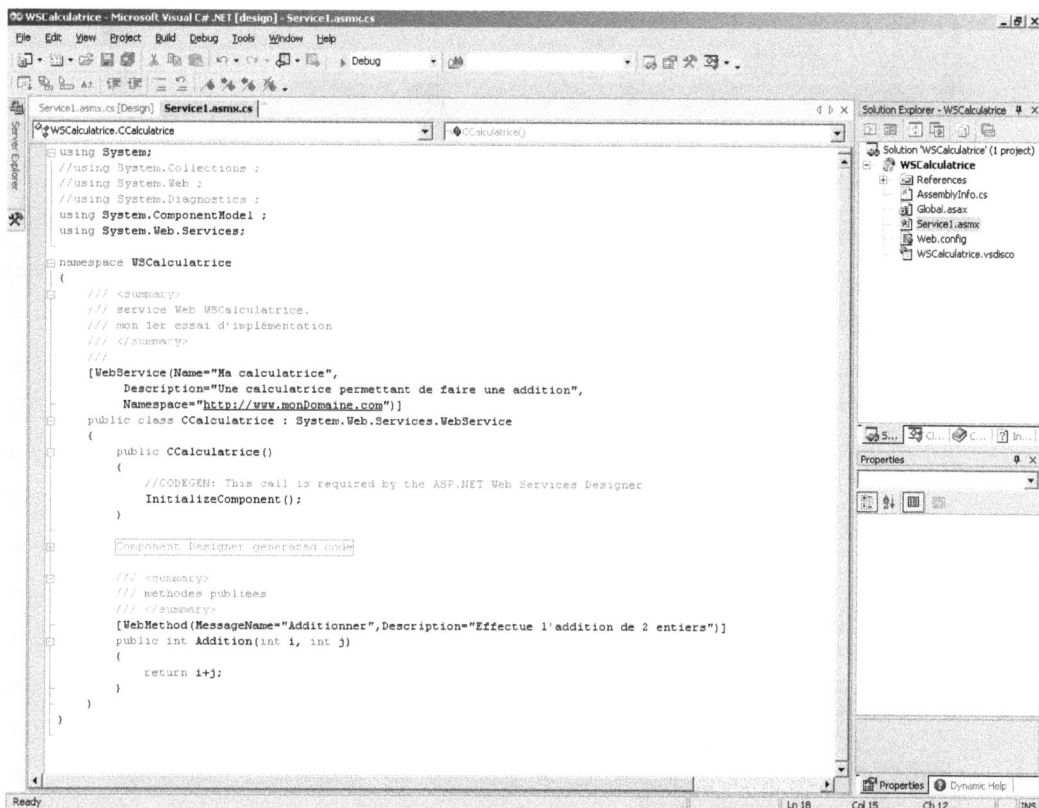

Figure 15-15

Implémentation des attributs [WebMethod] et [WebService].

Un nouveau test permet d'apprécier le résultat tant au niveau de l'écran principal (figure 15-16) où le message d'alerte a disparu que du résultat d'invocation de la méthode (figure 15-17).

Détail de la création d'un service Web

Les assistants sont intéressants pour leurs gains de productivité mais ils donnent souvent l'impression d'avoir affaire à des boîtes noires complexes et mystérieuses. Il est pourtant intéressant de connaître et de comprendre les détails d'implémentation, d'autant que la création d'un service Web en ASP.NET demeure très simple même lorsqu'on ne dispose que d'un éditeur de texte.

La déclaration du service

ASP.NET permet d'accéder à un service Web à partir d'un fichier dont l'extension est .asmx. L'interrogation de ce fichier est assez équivalente à celle d'une page ASPX (voir la section « Une instance de Page ») : la première interrogation du service déclenche la génération d'un code source qui implémente une classe et l'interface du service. Ce code est compilé et le programme résultant est placé dans un répertoire temporaire pour répondre aux requêtes suivantes.

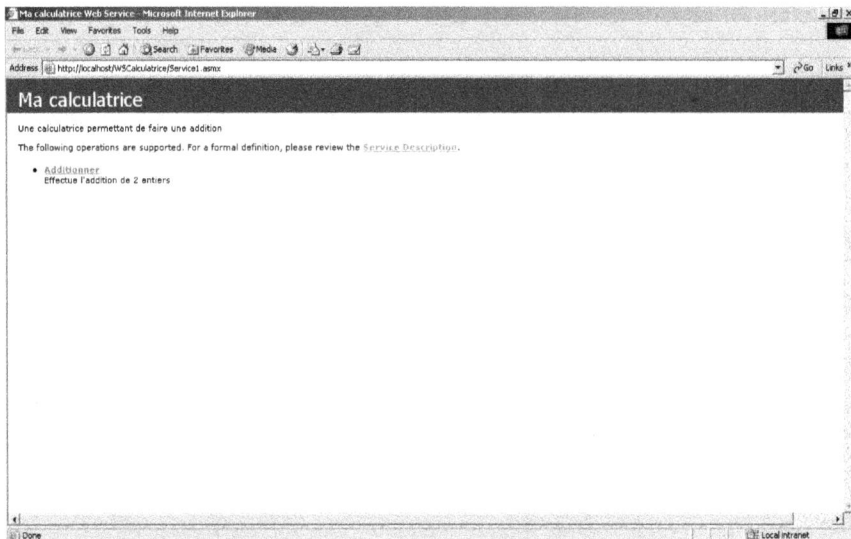

Figure 15-16

Écran principal du service Web.

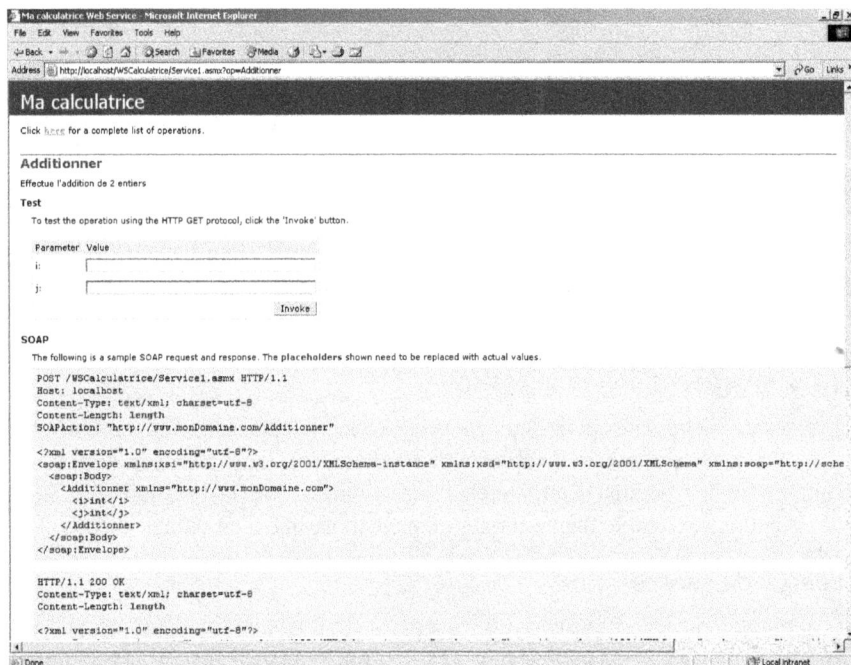

Figure 15-17

Nouvel écran d'interaction avec le service Web.

Le fichier ASMX doit obligatoirement commencer par une directive @WebService :

```
<% @WebService Language="C#" Class="WSCalculatrice.Ccalculatrice" %>
```

Cette directive permet d'indiquer le langage utilisé et la classe qui implémente le service.

Le code de cette classe peut être inclus dans le fichier ASMX comme l'exprime l'exemple précédent ou déporté dans un fichier externe de deux manières :

- dans un programme externe compilé (un assemblage) ;
- dans un fichier de code-behind à la manière des pages ASPX.

L'exemple suivant montre comment utiliser un assemblage MonAssemblage.dll qui doit obligatoirement être enregistré dans un sous-répertoire Bin de l'application Web :

```
<% @WebService Language="C#" Class="WSCalculatrice.Ccalculatrice, MonAssemblage.dll" %>
```

> **Désignation de l'assemblage**
>
> La désignation de l'assemblage n'est pas obligatoire mais elle évite une recherche de la classe d'implémentation dans tous les fichiers du sous-répertoire Bin au moment de l'invocation du service, d'où un gain de performance.

L'utilisation d'un fichier de code-behind est la méthode utilisée dans le chapitre précédent lorsque Visual Studio génère le service. Le fichier Service1.asmx était alors réduit à une ligne unique :

```
<% @WebService Language="C#" Codebehind="Service1.asmx.cs"
Class="WSCalculatrice.CCalculatrice" %>
```

Les deux méthodes sont d'une certaine manière identiques puisque, comme nous l'avons vu en introduction, ASP.NET finira par compiler et générer un assemblage contenant le code du service dès la première interrogation de la page ASMX.

Le développement de la classe qui implémente le service Web peut ensuite débuter. En général, mais c'est optionnel, cette classe dérive de la classe System.Web.Services qui lui permet d'accéder aux objets communs d'ASP.NET qui sont :

- Application et Session, qui permettent de gérer les variables et les états de session ;
- User, qui permet d'accéder à l'identité de l'utilisateur si la demande d'authentification est active ;
- Context, qui permet d'accéder à toutes les informations relatives au dialogue HTTP en cours.

Toujours en option, il est également possible d'utiliser l'attribut [WebService] qui permet de décrire certaines propriétés comme le nom, l'espace de noms ainsi que la description du service. Cette utilisation a été illustrée dans le chapitre précédent et est mise en œuvre de la manière suivante :

```
<% @WebService Language="C#" Class="WSCalculatrice.CCalculatrice" %>

using System.Web.Services;

namespace WSCalculatrice {

  [WebService (Name="Ma Calculatrice",
    Description="Une Calculatrice permettant de faire une addition",
```

```
      Namespace="www.monDomaine.com")]

   public class Ccalculatrice: WebService {
     // définition des méthodes
   }
 }
```

La déclaration des méthodes du service

Une fois la classe du service Web correctement déclarée, il ne reste plus qu'à implémenter ses méthodes. Pour qu'une méthode soit accessible par l'interface du service Web, il faut :

• la déclarer comme étant Public ;

• utiliser l'attribut [WebMethod].

Cet attribut permet d'indiquer au compilateur et au CLR que la méthode implémentée est exposée comme une opération du service Web. Il permet ensuite de préciser certaines caractéristiques de la méthode dont son nom (MessageName) et une description (Description).

Ceci étant fait, le développement est terminé et le service Web est fin prêt pour être déployé et testé.

```
<% @WebService Language="C#" Class="WSCalculatrice.CCalculatrice" %>

using System.Web.Services;

namespace WSCalculatrice {

  [WebService (Name="Ma Calculatrice",
    Description="Une Calculatrice permettant de faire une addition",
    Namespace="www.monDomaine.com")]

  public class CCalculatrice: WebService {
    [WebMethod (MessageName="Additionner",
    Description="Effectue l'addition de 2 entiers")]
    public int Addition(int i, int j) {
      return i+j;
    }
  } //CCalcularice
 }
```

Le déploiement du service

Pour que le déploiement du service soit réalisé, les fichiers d'implémentation du service doivent être copiés dans un répertoire virtuel IIS : c'est, au minimum, une page ASMX mais il peut y avoir aussi, comme nous l'avons vu précédemment, des assemblages (dll copiées dans un sous-répertoire Bin) ou des fichiers de code-behind si le développeur en a spécifiés.

En option, il est possible de rajouter un fichier de configuration XML Web.config, comme c'est le cas pour toute application ASP.NET.

Enfin, il faut permettre la découverte du service Web en créant le fichier WSDL de description. Ce fichier peut-être créé à partir d'un utilitaire fourni dans le SDK du framework .NET : disco.exe. L'exemple suivant génère les fichiers XML de découverte .disco, .wsdl et .discomap de notre service :

```
Disco.exe HTTP://localhost/WSCalculatrice/Service1.asmx
```

La génération d'un proxy en C#

Le proxy est un composant logiciel chargé de transformer les appels du client en messages SOAP, de les envoyer au service et de récupérer les réponses contenant le résultat.

Le développement d'un proxy d'un service Web existant est totalement pris en charge par les assistants de Visual Studio.NET. Nous allons illustrer la démarche par le développement d'une petite application Web ASP.NET qui va nous permettre d'exploiter le service Ma Calculatrice du chapitre précédent.

Même en se passant de Visual Studio .NET, le développement d'un proxy est assisté puisque le SDK propose un utilitaire WSDL.exe en ligne de commande qui permet de générer automatiquement le code source du proxy en C#, en Visual Basic .NET ou en JS.NET, et ceci pour tout service Web existant. (voir chapitre 13 « Principes de mise en œuvre »).

La méthode assistée de développement

Commençons d'abord par créer un nouveau projet C#, en choisissant parmi les modèles proposés. Dans le cas présent, nous allons créer un petit site ASP.NET contenant un formulaire HTML qui permet d'interroger notre service et d'afficher le résultat. Le projet est donc du type « ASP.NET Web Application » (voir figure 15-18).

Le site s'appelle par défaut WebApplication1 et se trouve installé sur le serveur IIS local *http://localhost*.

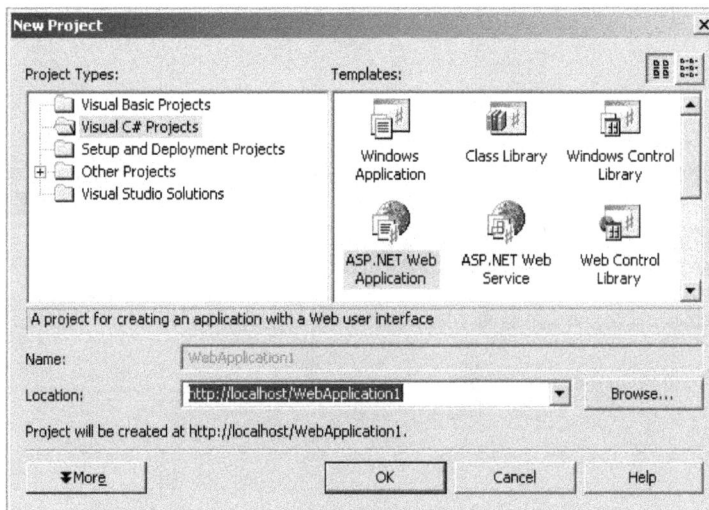

Figure 15-18

Création d'un projet application Web ASP.NET.

Les services Web doivent être inclus dans un projet au même titre que des composants COM ou .NET, à la seule différence qu'il s'agit ici d'ajouter une référence non pas locale mais disponible via Internet (menu « Ajouter une référence Web »).

Les services Web publiés sur les annuaires UDDI sont consultables directement à partir de Visual Studio (figure 15-19). Dès que le service est découvert, Visual Studio affiche les informations fournies par les documents WSDL (voir figure 15-20) ou permet de consulter les documents WSDL eux-mêmes. Lorsque la recherche est terminée, un bouton permet de sélectionner le service Web interrogé et d'en faire une référence du projet.

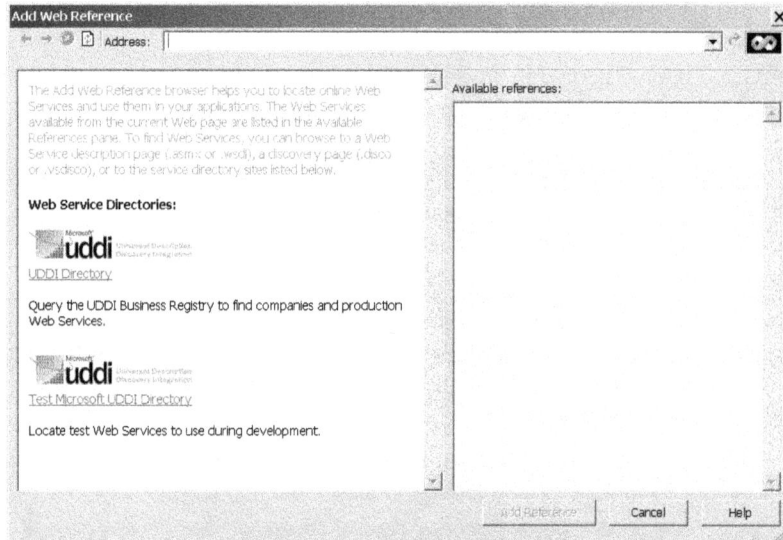

Figure 15-19

Recherche de services Web via les annuaires UDDI à partir de VisualStudio.NET.

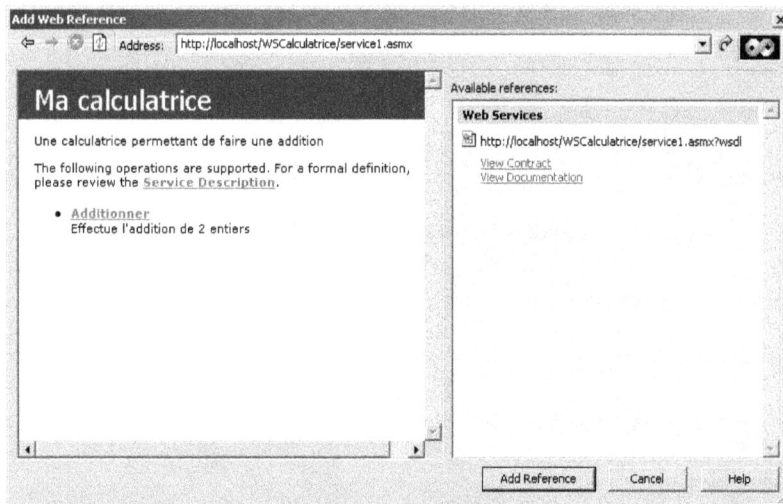

Figure 15-20

Découverte d'un service Web dans VisualStudio.NET.

L'étape suivante consiste à créer rapidement une interface de test (voir figure 15-21). Dans la barre d'outils, nous faisons glisser deux contrôles TextBox, un Button et un Label dont nous changeons le texte en Resultat. Nous ne changeons pas la désignation de ces contrôles qui s'appellent donc respectivement : TextBox1, TextBox2, Button1 et Label1.

Développement RAD

Cette technique de développement rapide n'a rien d'exceptionnel pour des développeurs Visual Basic, mais nul doute que les développeurs C++ ou ASP apprécieront les possibilités offertes par Visual Studio.NET

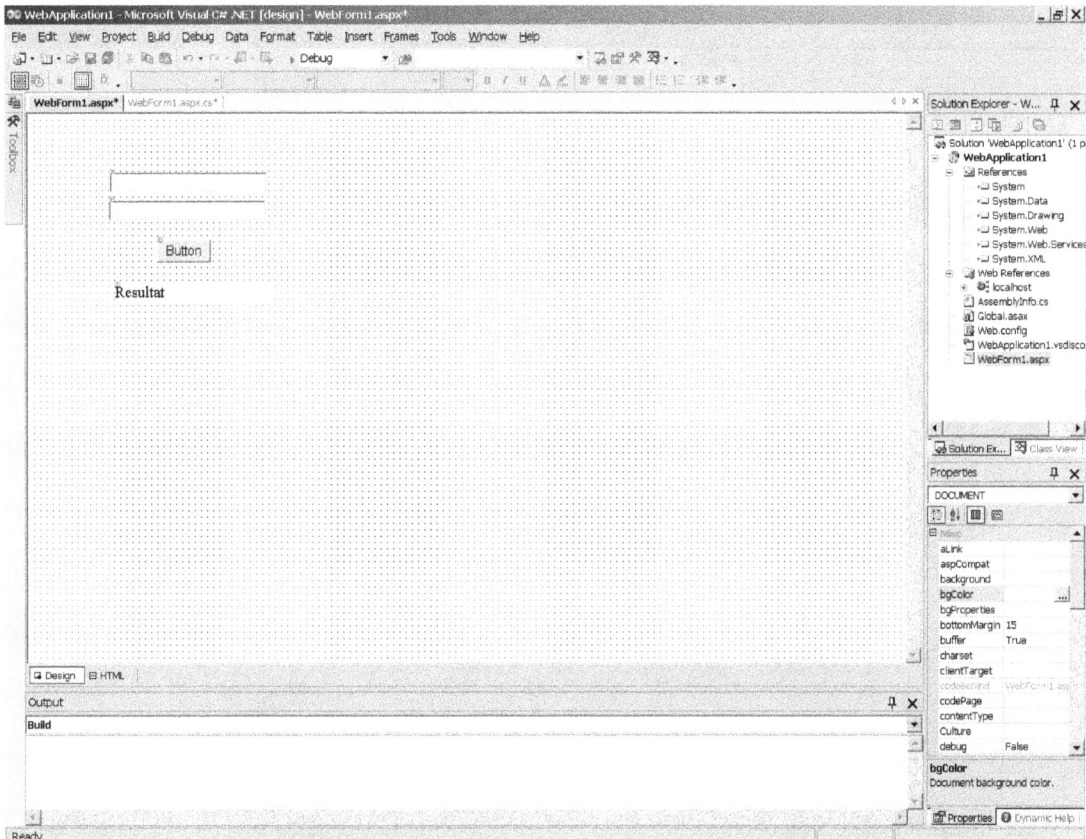

Figure 15-21

Conception d'un formulaire HTML sous VisualStudio.NET.

Un double-clic sur le bouton permet d'atteindre le code de l'événement Click implémenté dans la méthode Button1_Click(). L'objectif de cette action sur le bouton est d'interroger le service Web et nous devons donc d'abord créer une instance de la classe proxy du service :

```
Localhost.Macalculatrice myCalc = new localhost.Macalculatrice();
```

Il ne reste plus ensuite qu'à appeler la méthode `Addition()` du service, méthode exposée par la classe `proxy`. Ceci est d'autant plus facile à réaliser que la fonction `IntelliSense` de l'IDE est active y compris sur les services Web (voir figure 15-22) :

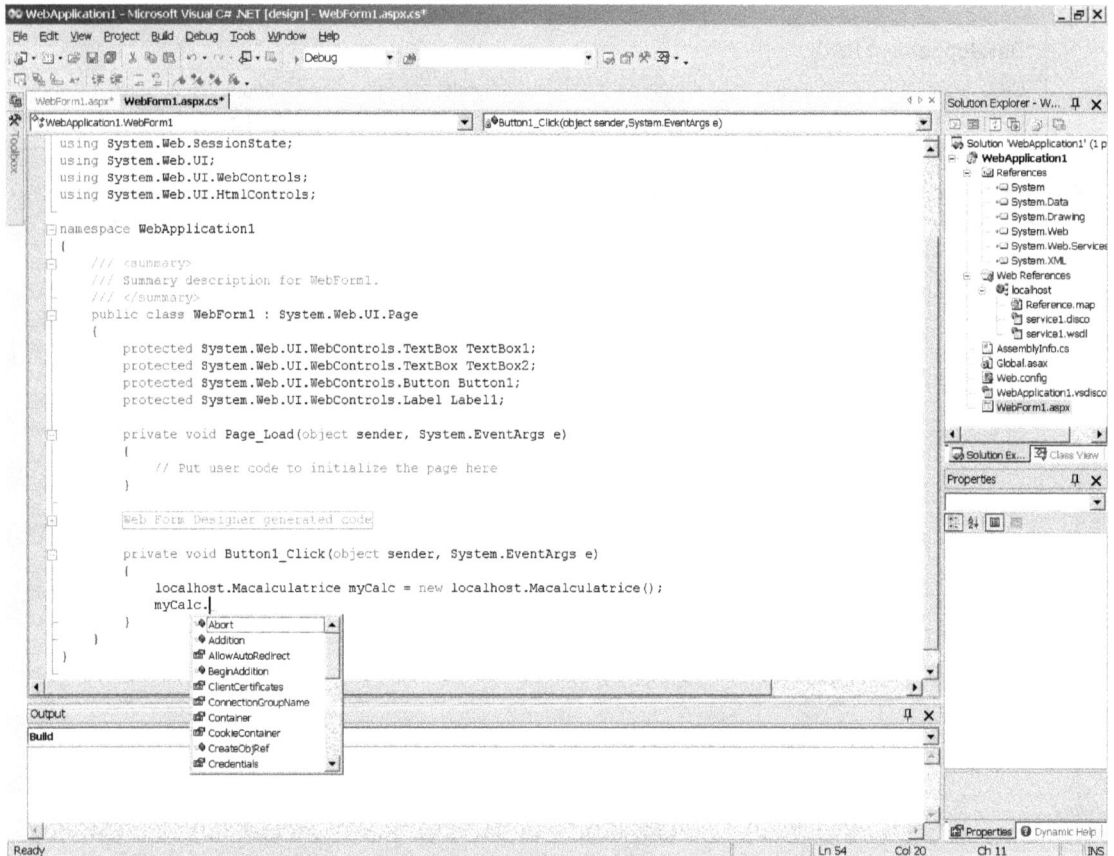

Figure 15-22

Fonction Intellisense sur une méthode de service Web.

Le reste du développement consiste à passer en paramètre de la méthode `Addition()` les deux valeurs saisies dans les contrôles `TextBox`, puis à récupérer le résultat et l'afficher dans le contrôle `Label` comme le montre l'exemple suivant :

```
Private void Button1_Click(object sender, System.EventArgs e)
{
  localhost.Macalcularice myCalc = new localhost.Macalcultatrice();
  int rc = myCalc.Addition(int.Parse(TextBox1.Text), int.Parse(TextBox2.Text));
  Label1.Text = rc.ToString();
}
```

Il suffit ensuite de compiler et d'exécuter le programme pour que Visual Studio lance une instance d'Internet Explorer et affiche le formulaire HTML qui permet d'interroger notre service Web (voir figure 15-23) :

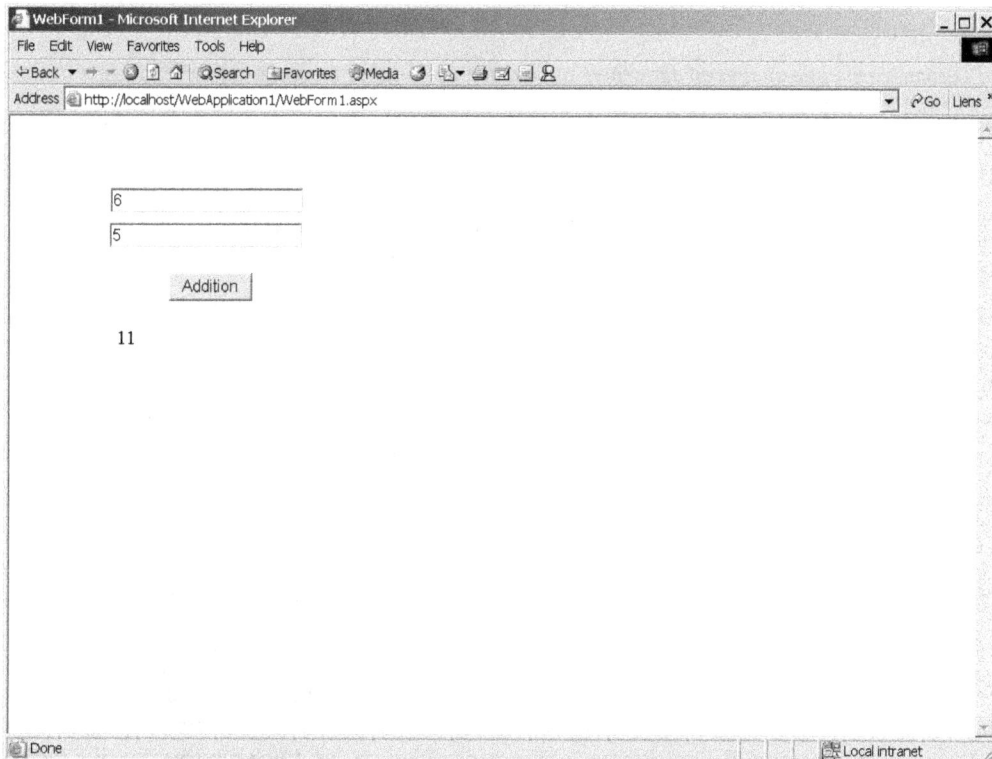

Figure15-23

Exemple de test du service Web depuis notre application Web.

Guide de développement

Dans la section suivante, nous allons détailler plus précisément quelques éléments techniques liés au développement de services Web avec le framework .NET.

La directive @WebService

Cette directive doit obligatoirement être placée au début des fichiers ASMX et possède les attributs suivants :

- Class (obligatoire) est une chaîne de caractères qui permet de déclarer la classe d'implémentation du service Web. Cette classe peut être implémentée dans le fichier ASMX lui-même ou dans un assemblage séparé qui doit, dans ce cas, se trouver dans un sous-répertoire /Bin.

- CodeBehind est une chaîne de caractères qui permet de déclarer le fichier source dans lequel est implémentée la classe du service Web (dans l'hypothèse où celle-ci n'est implémentée ni dans le fichier ASMX, ni dans un assemblage).

- Debug est un booléen qui permet d'indiquer si le service Web est compilé avec les symboles de *debug.*

- Language est une chaîne de caractères qui permet de déclarer au compilateur le langage utilisé dans le fichier ASMX : C#, VB, JS, etc.

L'attribut [WebService]

Cet attribut est optionnel et peut être appliqué à la classe qui implémente le service Web.

Il possède les propriétés suivantes :

- Description, une chaîne de caractères qui permet de préciser un message de description ;

- Name, une chaîne de caractères qui permet de nommer le service ;

- NameSpace, une chaîne de caractères qui permet de préciser l'espace de noms XML du service Web. Il est fortement recommandé de modifier cette propriété puisque sa valeur par défaut est *http://tempuri.org.*

L'attribut [WebMethod]

Cet attribut doit *obligatoirement* être appliqué aux méthodes exposées par le service Web.

Il possède les propriétés suivantes :

- BufferResponse est un booléen qui a par défaut la valeur True. Dans ce cas, la réponse de la méthode est sérialisée dans un *buffer* jusqu'à ce que la réponse soit complète ou le buffer plein. Ce paramétrage permet d'augmenter les performances dans le cas d'une réponse de taille réduite. En revanche, dans le cas d'une réponse trop lourde, il est préférable d'indiquer une valeur False, ce qui a pour effet de retourner les données dans un flux constant (par exemple : sérialiser un gros fichier XML et retourner le résultat ligne après ligne).

- CacheDuration est un entier qui permet d'indiquer le nombre de secondes pendant lesquelles la réponse de la méthode est maintenue en cache. Par défaut, aucun cache n'est utilisé et cette valeur est 0.

- Description est une chaîne de caractères qui permet de préciser un message de description.

- EnableSession est un booléen qui a par défaut la valeur False. Il permet d'indiquer si la gestion d'états de session doit être activée. Si cette gestion est activée, la méthode doit obligatoirement hériter de la classe System.Web.Services.

- MessageName est une chaîne de caractères qui permet de modifier le nom exposé par la méthode (par défaut, le nom de la méthode elle-même).

- `TransactionOption` est un énumérateur dont la valeur est décrite dans le tableau ci-après. Il permet d'indiquer si la méthode s'exécute dans le cadre d'une transaction (MTS).

Tableau des valeurs de TransactionOption

Valeur	Description
Disabled	Indique que la méthode ne s'exécute pas dans le cadre d'une transaction.
NotSupported	Idem.
Supported	Idem.
Required	Indique que la méthode du service Web requière une transaction. Étant donné que les méthodes de services Web ne peuvent participer à une transaction qu'en tant qu'objet racine, une nouvelle transaction est créée.
RequiresNew	Indique que la méthode du service Web requiert la création d'une nouvelle transaction.

Les services d'extension SOAP

Les services d'extension permettent de modifier le contenu du message SOAP. Cela se réalise en intégrant du code spécifique avant et/ou après la sérialisation et la désérialisation d'un message. Cette fonctionnalité permet par exemple d'ajouter un service annexe de cryptage, de compression, de trace, etc.

Pour ajouter un tel service, il est nécessaire de suivre les étapes suivantes :

1. Créer une classe d'extension qui doit hériter de `SoapExtension` (espace de noms `System.Web.Services.Protocols`).

2. Spécialiser la méthode `ChainStream` pour sauvegarder une référence du flux original passé en paramètre et créer un nouveau flux retourné par la méthode (ces flux correspondent respectivement aux flux 1 et flux 2 de la figure 15-24). Ces références serviront dans les traitements ultérieurs à lire les messages SOAP.

3. Initialiser le service en spécialisant les méthodes `GetInitializer` et `Initialize`.

4. Spécialiser la méthode `ProcessMessage` pour implémenter les fonctions du service en fonction des étapes de traitement du message SOAP : `BeforeDeserialize`, `AfterDeserialize`, `BeforeSerialize`, `AfterSerialize`

5. Configurer le service d'extension, soit en créant un attribut de méthode spécifique, c'est-à-dire une classe héritant de `SoapExtensionAttribute`, soit à partir du fichier de configuration pour l'ensemble des méthodes du service Web.

Pour mieux comprendre cette implémentation, il est nécessaire de décrire l'ordre dans lequel sont exécutées les différentes méthodes (voir figure 15-24). Cette exécution est décrite à la fois sur le client et sur le serveur puisque les deux acteurs sont concernés : qui dit extension, dit spécificités qui doivent donc être implémentées à la fois sur le serveur et sur le client. Bien évidemment, le client et le serveur n'utilisent pas obligatoirement les mêmes langages/technologies mais dans notre explication, nous partons du principe que tout peut aussi être développé en .NET.

Lorsqu'un client invoque le service :

- Il appelle une méthode de la classe proxy.

- Une nouvelle instance de l'extension SOAP extension est créée.

- Au premier appel de l'extension SOAP pour ce service Web, la méthode `GetInitializer` est exécutée et le résultat mis en cache.

- La méthode `Initialize` est invoquée.

- La méthode `ChainStream` est invoquée.

- La méthode `ProcessMessage` est invoquée à l'étape `BeforeSerialize`.

- ASP.NET sérialise les arguments de la méthode du service Web en XML.

- La méthode `ProcessMessage` est invoquée à l'étape `AfterSerialize`.

- ASP.NET envoie le message SOAP au serveur Web qui héberge le service Web.

Lorsque le serveur reçoit la réquête :

- ASP.NET reçoit le message SOAP.

- Une nouvelle instance de l'extension SOAP extension est créée.

- Au premier appel de l'extension SOAP pour ce service Web, la méthode `GetInitializer` est exécutée et le résultat mis en cache.

- La méthode `Initialize` est invoquée.

- La méthode `ChainStream` est invoquée.

- La méthode `ProcessMessage` est invoquée à l'étape `BeforeDeserialize`.

- ASP.NET désérialise les arguments dans le message XML.

- La méthode `ProcessMessage` est invoquée à l'étape `AfterDeserialize`.

- ASP.NET crée une nouvelle instance de classe du service Web et invoque la méthode en lui passant les arguments désérialisés. La méthode est executée.

- La méthode `ProcessMessage` est invoquée à l'étape `BeforeSerialize`.

- ASP.NET sérialise la valeur de retour et les paramètres en XML.

- La méthode `ProcessMessage` est invoquée à l'étape `AfterSerialize`.

- ASP.NET envoie le message de réponse SOAP au client.

Enfin, lorsque le client réceptionne la réponse :

- ASP.NET reçoit le message SOAP sur le client.

- La méthode `ProcessMessage` est invoquée à l'étape `BeforeDeserialize`.

- ASP.NET désérialise le message XML.

- La méthode `ProcessMessage` est invoquée à l'étape `AfterDeserialize`.

- ASP.NET passe la valeur de retour et les paramètres à l'instance de classe du proxy.

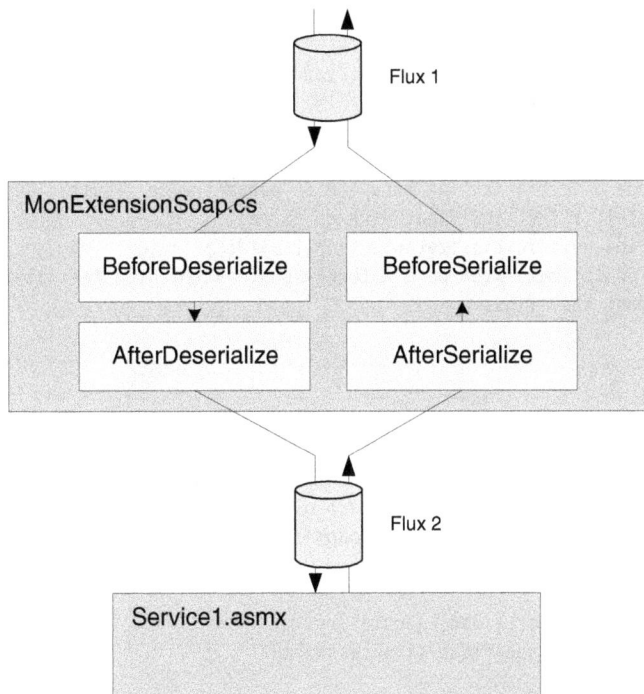

Figure 15-24

Implémentation serveur d'un service d'extension SOAP.

Une implémentation type d'un service d'extension sur le *serveur* est la suivante :

```
using System;
using System.Xml;
using System.Web.Services;
using System.Web.Services.Protocols;

public class MonExtension : SoapExtension {
  Stream oldStream; // flux 1
  Stream newStream; // flux 2


// Si le service d'extension est invoqué par le biais
// d'un attribut spécifique, cette méthode permet de récupérer
// cet attribut et ses paramètres spécifiques.
  public override object GetInitializer(LogicalMethodInfo methodInfo, SoapExtensionAttribute
  ➥attribute) {
    return attribute;
  }
// Si le service d'extension est invoqué par le biais
```

```
// du fichier de configuration web.config, cette méthode permet de
// récupérer le type de la classe du service Web
   public override object GetInitializer(Type t) {
      return typeof(MonExtension);
   }

// Cette méthode d'initialisation récupère en paramètre le résultat de la
// méthode GetInitializer (qui peut être en cache).
   public override void Initialize(object initializer) {
      MonExtensionAttribute attribute = (MonExtensionAttribute) initializer;
      // traitement spécifique
      // (…)
      return;
   }

// Traitement à proprement parler du service d'extension
// en fonction des étapes, la lecture est réalisée depuis oldStream
// et l'écriture s'effectue dans newStream ou inversement.
   public override void ProcessMessage(SoapMessage message) {
      switch (message.Stage) {

         case SoapMessageStage.BeforeSerialize:
            // traitement spécifique si nécessaire
            // (…)
            // Copy(newStream, oldStream)
            break;

         case SoapMessageStage.AfterSerialize:
            // traitement spécifique si nécessaire
            // (…)
            // Copy(newStream, oldStream)
            break;

         case SoapMessageStage.BeforeDeserialize:
            // traitement spécifique si nécessaire
            // (…)
            // Copy(oldStream, newStream)
            break;

         case SoapMessageStage.AfterDeserialize:
            // traitement spécifique si nécessaire
            // (…)
            // Copy(oldStream, newStream)
            break;

         default:
            throw new Exception("étape invalide ");
      }
   }
```

```
// sauvegarde des références de flux pour un usage ultérieur
  public override Stream ChainStream( Stream stream ) {
  oldStream = stream; // flux 1
  newStream = new MemoryStream(); // flux 2
  return newStream;
  }

  // copie de flux
  void Copy(Stream from, Stream to) {
  TextReader reader = new StreamReader(from);
  TextWriter writer = new StreamWriter(to);
  writer.WriteLine(reader.ReadToEnd());
  writer.Flush();
  }
}
```

La configuration d'un tel service d'extension peut être réalisée à partir d'un attribut spécifique de méthode. L'implémentation type d'un tel attribut est la suivante :

```
[AttributeUsage(AttributeTargets.Method)]
public class MonExtensionAttribute : SoapExtensionAttribute {
  private int priority; //obligatoire
  private string maPropriete; // spécifique

  public override Type ExtensionType {
    get { return typeof(EncryptionExtension); }
  }

  public override int Priority {
    get { return priority; }
    set { priority = value; }
  }

  // Implémentation de propriétés spécifiques
  public string MaPropriete {
    get { return maPropriete; }
    set { maPropriete = value; }
  }
}
```

Cet attribut peut ensuite être utilisé sur une méthode en particulier pour déclencher le service d'extension :

```
<@ WebService Language="c#" Class="Test" %>
// (…)
public class Test{
  [WebMethod]
   [MonExtension(MaPropriete="essai")]
  public void MethodeTest() {
    // Implémentation …
  }
}
```

L'autre solution consiste à passer par le fichier `web.config` (ou `machine.config`) mais cette méthode ne permet de paramétrer le service d'extension SOAP qu'au niveau du service Web pour toutes ses méthodes. Exemple :

```
<configuration>
  <system.web>
    <webServices>
      <soapExtensionTypes>
        <add type="MonEspace.MonExtension, monExtension" Priority="1" Group="0" />
      </soapExtensionTypes>
    </webServices>
  </system.web>
</configuration>
```

Le paramètre `Group` permet d'organiser les services d'extension SOAP en trois groupes :

- le groupe de valeur `0` ;
- le groupe des services configurés par le biais d'attributs ;
- le groupe de valeur `1`.

Le groupe 1 a la priorité la plus faible. Au sein de chaque groupe, le paramètre `Priority` permet de fixer un ordre d'exécution, la valeur `0` étant la priorité la plus élevée.

La configuration d'un service Web

Comme toute application ASP.NET, un service Web peut être configuré à partir d'un fichier `web.config`. Celui-ci contient une section spécifique `<webServices>` dont la syntaxe XML est la suivante :

```
<webServices>
  <protocols>
    <add name="protocol name" />
  </protocols>
  <serviceDescriptionFormatExtensionTypes>
    <add type="extension class" />
  </serviceDescriptionFormatExtensionTypes>
  <soapExtensionTypes>
    <add type="type" Priority="0 ou +" Group="groupe 0 ou 1" />
  </soapExtensionTypes>
  <soapExtensionReflectorTypes>
    <add type="type" />
  </soapExtensionReflectorTypes>
  <soapExtensionImporterTypes>
    <add type="type" />
  </soapExtensionImporterTypes>
  <wsdlHelpGenerator href="help generator file"/>
</webServices>
```

L'utilitaire `Disco.exe`

Cet utilitaire permet de générer tous les fichiers de description (`.wsdl`, `.disco`, `.xsd` et `.discomap`) d'un service Web. Il est utilisé en ligne de commande en précisant l'URL du service et des options :

```
Disco.exe <option> <URL>
```

Les paramètres optionnels sont les suivants :

- `/domain:<domaine>` ou `/d:<domaine>` : spécifie le domaine d'authentification requis par le serveur ;
- `/user:<NomUtilisateur>` ou `/u:<NomUtilisateur>` : spécifie le nom d'utilisateur lors de l'authentification par le serveur ;
- `/password:<MotDePasse>` ou `/p:<MotDePasse>` : spécifie le mot de passe d'authentification requis par le serveur ;
- `/nosave` : ne sauvegarde pas sur le disque les documents de découverte (`.wsdl`, `.disco`, `.xsd` et `.discomap`) ;
- `/nologo` : supprime la bannière Microsoft affichée au démarrage ;
- `/out:<NomRepertoire>` ou `/o:<NomRepertoire>` : spécifie le répertoire dans lequel doivent être sauvés les documents. Par défaut, il s'agit du répertoire courant ;
- `/proxy:<URL>` : spécifie l'URL du proxy-serveur qui doit être utilisé pour les requêtes HTTP. Par défaut, la configuration du système est utilisée ;
- `/proxydomain:<domaine>` ou `/pd:<domaine>` : spécifie le domaine d'authentification requis par le proxy-serveur ;
- `/proxypassword:<MotDePasse>` ou `/pp:<MotDePasse>` : spécifie le mot de passe d'authentification requis par le proxy-serveur ;
- `/proxyusername:<NomUtilisateur>` ou `/pu: <NomUtilisateur>` : spécifie le nom d'utilisateur lors de l'authentification par le proxy-serveur ;
- `/?` : affiche l'aide de l'outil.

L'utilitaire WSDL.exe

Cet utilitaire permet de générer le code source du proxy d'un service Web dans un langage pris en charge par le framework .NET. Cet utilitaire est décrit en détail chapitre 13.

WSE (Web Service Enhancements) 1.0 pour Microsoft.NET

Le SDK du framework.NET et Visual Studio.NET ont très vite été dépassés par le développement constant des spécifications relatives aux services Web. En l'occurrence, trois d'entre elles ne sont pas prises en charge par la version originale du framework :

- *WS-Security,*
- *WS-Routing,*
- *WS-Attachments.*

Microsoft était donc obligé de remettre à niveau ses outils de développement et ceci s'est traduit par la publication du WSE *(Web Service Enhancements) 1.0* pour Microsoft.NET.

Dans le détail, le WSE est :

- une extension de la librairie objet du framework (*Framework Class Library*) qui permet à travers la nouvelle classe `SoapContext` d'implémenter les spécifications de WS-Security, DIME (WS-Attachments), et WS-Routing ;
- un service de routage spécifique permettant de construire une architecture de routage des messages SOAP (WS-Routing).

La mise en œuvre de WSE

Une fois le WSE installé, sa mise en œuvre est réalisée de manière différente selon que l'on développe un programme client ou serveur. Dans tous les cas, l'objectif est de pouvoir accéder à un objet de type `SoapContext`.

Le développement client

Pour un client, c'est-à-dire un programme destiné à consommer un service Web, il faut d'abord modifier la classe proxy pour qu'elle hérite de `Web.Services.WebServicesClientProtocol`. Cet héritage ajoute au proxy deux propriétés qui permettent d'accéder à un objet de type `SoapContext` :

- `RequestSoapContext` pour le message SOAP de requête ;
- `ResponseSoapContext` pour le message SOAP de réponse.

Le développement serveur

Côté serveur, la mise en œuvre commence par la modification du fichier XML de configuration `Web.config` du service Web afin d'ajouter un service d'extension SOAP (voir la section « Guide de développement »). Exemple :

```
<configuration>
  <system.web>
    <webServices>
      <soapExtensionTypes>
        <add type="Microsoft.Web.Services.WebServicesExtension,
        Microsoft.Web.Services,Version=1.0.0.0, Culture=neutral,
        PublicKeyToken=31bf3856ad364e35" priority="1" group="0"/>
      </soapExtensionTypes>
    </webServices>
  </system.web>
</configuration>
```

Une fois cette modification réalisée, le programme qui implémente le service Web peut accéder à un objet `HttpSoapContext` dont deux propriétés statiques permettent d'obtenir un objet de type `SoapContext` :

- `RequestContext` pour les messages SOAP de requête ;
- `ResponseContext` pour les messages SOAP de réponse.

WSE et la spécification WS-Security

L'objectif de la spécification WS-Security est de sécuriser l'utilisation des services Web puisque l'utilisation du protocole SSL n'est possible et suffisante que dans des configurations simples où les échanges sont réalisés de point à point. Dans le cadre d'une architecture orientée services plus complexe impliquant une agrégation et une dissémination de plusieurs services Web, il est donc nécessaire d'utiliser d'autres techniques pour garantir :

- l'authentification des parties ;
- le cryptage des informations transmises ;
- le contrôle d'intégrité du message.

Tous ces sujets sont traités en détail chapitre 19.

WSE et la spécification DIME (WS-Attachments)

WS-Attachments (*http://msdn.microsoft.com/library/en-us/dnglobspec/html/wsattachmentsindex.asp*) est une spécification proposée par IBM et Microsoft qui permet à des services Web de transmettre ou de recevoir des documents (binaires, images, fragments XML, etc.) sous forme de pièces attachées. Cette spécification prévoit d'utiliser DIME (Direct Internet Message Encapsulation) – voir *http://msdn.microsoft.com/library/en-us/dnglobspec/html/dimeindex.asp* – comme format de message plutôt que MIME comme le préconise le W3C (voir *http://www.w3c.org/tr/2000/note-soap-attachments-20001211*).

L'objectif est bien évidemment double :

- réduire au maximum le surcoût de poids imposé par les mécanismes de sérialisation ;
- limiter le temps de traitement lié au traitement du message, aux mécanismes de sérialisation/désérialisation et d'allocation mémoire.

DIME permet :

- de séparer le message XML SOAP des pièces attachées en évitant ainsi une étape de sérialisation XML coûteuse ;
- d'intégrer dans un seul message plusieurs pièces de types et de contenus différents (enregistrements DIME) ;
- de scinder ces pièces en plusieurs messages binaires successifs (*chunks*).

L'exemple suivant illustre l'envoi d'un fichier image par un service Web :

```
using Microsoft.Web.Services.Dime;
using Microsoft.Web.Services;
using System.Net;
[WebMethod]
public void TransmetImage()
{
  SoapContext contexteReponse = HttpSoapContext.ResponseContext;
  DimeAttachment pieceAttachee = new DimeAttachment(
       "image/gif", TypeFormatEnum.MediaType,
       @"C:\mes images\test.gif");
  contexteReponse.Attachments.Add(pieceAttachee);
}
```

La mise en oeuvre de DIME par WSE est réalisée par plusieurs classes de l'espace de noms `Web.Services.Dime` :

- `DimeAttachment` spécifie une pièce attachée DIME d'un message SOAP ;
- `DimeAttachmentCollection` est une collection de pièces attachées DIME ;
- `DimeFormatException` est l'exception levée lorsque le format d'un message DIME est invalide ;
- `DimeReader` permet de lire une succession d'enregistrements DIME depuis un flux ;
- `DimeRecord` représente l'en-tête et les données d'un enregistrement DIME ;
- `DimeWriter` permet d'écrire une succession d'enregistrements DIME dans un flux.

WSE et la spécification WS-Routing

WS-Routing (*http://msdn.microsoft.com/library/en-us/dnglobspec/html/wsroutspecindex.asp*) est une spécification proposée par Microsoft qui définit un protocole permettant le routage des messages SOAP (chaînes d'acheminement) quelle que soit la couche de transport (TCP, UDP, HTTP, etc.). Le chemin aller (et retour) emprunté par le message est décrit directement dans l'enveloppe SOAP du message.

La mise en œuvre de WS-Routing par WSE se traduit par un service de routage qui peut être implémenté sur tout serveur Web ASP.NET. Ce service s'appuie sur un fichier de configuration XML (*refferal cache*) qui permet de décrire les règles de routage à appliquer en fonction des adresses des différents services Web (URL).

L'objectif est que le serveur qui héberge le service de routage devienne un point d'entrée unique du point de vue des clients (par exemple pour l'ensemble des services Web d'une entreprise). Le service de routage détermine ensuite précisément à qui doivent être adressées les requêtes reçues et ce de manière transparente pour les clients. De cette manière, il est par exemple possible d'assurer la continuité du service lors de la maintenance d'un serveur physique. Mais les applications de routage peuvent être bien plus complexes puisque WSE permet de développer des services Web spécialisés dans le routage de messages SOAP : il est ainsi possible d'implémenter des règles de routage plus précises, par exemple en fonction du contenu des messages ou de paramètres de qualité de service (temps de réponse, disponibilité, etc.).

La mise en œuvre du service de routage est réalisée en trois étapes :

1. La première étape consiste à modifier le fichier `web.config` afin d'indiquer au service quelles sont les requêtes qui doivent faire l'objet d'un routage. L'exemple suivant permet de traiter toutes les requêtes dont les URL contiennent `service*.asmx` :

```
<configuration>
  <system.web>
    <httpHandlers>
      <add verb="*" path="service*.asmx"
        type="Microsoft.Web.Services.Routing.RoutingHandler,
        Microsoft.Web.Services, Version=1.0.0.0,
        Culture=neutral,
        PublicKeyToken=31bf3856ad364e35" />
    </httpHandlers>
  </system.web>
</configuration>
```

2. La seconde étape consiste à indiquer au service l'emplacement de la table de routage (refferal cache), d'abord en créant une nouvelle section du fichier de configuration :

```
<configuration>
  <configSections>
    <section name="microsoft.web.services"
      type="Microsoft.Web.Services.Configuration.WebServicesConfiguration,
      Microsoft.Web.Services, Version=1.0.0.0, Culture=neutral,
      PublicKeyToken=31bf3856ad364e35" />
  </configSections>
</configuration>
```

Puis en indiquant dans cette section l'emplacement du fichier dans lequel est décrite la table de routage. Exemple :

```
<configuration>
  <microsoft.web.services>
  <referral>
      <cache name="referralCache.config" />
    </referral>
  </microsoft.web.services>
</configuration>
```

3. Enfin, la dernière étape consiste à décrire la table de routage dans un fichier XML dont la syntaxe est la suivante :

```
<?xml version="1.0" ?>
<r:referrals xmlns:r="http://schemas.xmlsoap.org/ws/2001/10/referral">
  <r:ref>
    <r:for>
      <r:exact />|<r:prefix />
    </r:for>
    <r:if >
      <r:ttl />
      <r:invalidates>
        <r:rid />
      </r:invalidates>
    </r:if>
    <r:go>
      <r:via/>
    </r:go>
    <r:refId />
  </r:ref>
</r:referrals>
```

Description des éléments WS-Referral

Élément	Nombre d'occurrences	Description
`<r:referrals>`	Exactement un.	Racine du document.
`<r:ref>`	Zéro ou plus.	Spécifie une instruction de routage unique pour une URL.
`<r:for>`	Exactement un par élément `<r:ref>`.	Spécifie la portion de la requête SOAP de l'instruction de routage.
`<r:exact>`	Exactement un élément `<r:exact>` ou `<r:prefix>` par élément `<r:for>`.	Spécifie l'utilisation de la casse des caractères sur les URI.
`<r:prefix>`	Exactement un élément `<r:exact>` ou `<r:prefix>` par élément `<r:for>`.	Spécifie que tout URI commençant par le préfixe fourni doit être considéré comme éligible à l'exécution de l'instruction.
`<r:if>`	Exactement un par élément `<r:ref>`.	Spécifie un ensemble de conditions.
`<r:ttl>`	Zéro ou un par élément `<r:ref>`.	Spécifie la durée de validité de l'instruction.
`<r:invalidates>`	Zéro ou un par élément `<r:ref>`.	Spécifie l'instruction de routage qui est invalidée lorsque l'instruction en cours est valide.

Description des éléments WS-Referral *(suite)*

Élément	Nombre d'occurrences	Description
`<r:rid>`	Zéro ou un par élément `<r:invalidates>`.	L'identifiant unique de l'instruction invalidée par l'instruction en cours.
`<r:go>`	Exactement un par élément `<r:ref>`.	Spécifie la portion de reroutage de l'instruction.
`<r:via>`	Un ou plusieurs par élément `<r:go>`.	Spécifie l'URI de routage du message SOAP.
`<r:refId>`	Exactement un par élément `<r:ref>`.	Spécifie un identifiant unique pour l'instruction (GUID).

.NET MyServices

Disons-le tout de suite, le projet Hailstorm qui fut par la suite nommé .NET MyServices a été officiellement abandonné par Microsoft en avril 2002. Mais il est quand même intéressant d'en parler et cela pour deux raisons :

- d'abord, parce qu'il s'agissait d'une des pierres angulaires de la stratégie .NET qui s'appuyait entièrement sur les services Web ;

- ensuite, parce que les objectifs du projet et ses ambitions sont toujours d'actualité...

.NET MyServices visait à développer et à proposer toute une panoplie de services Web essentiels qui auraient dû devenir les fondations de toute application orientée Internet : depuis la gestion des authentifications avec Microsoft Passport jusqu'à la gestion d'une bibliothèque de documents personnels, en passant par celle des favoris, des préférences ou des e-mails, etc.

Vis-à-vis des entreprises, il s'agissait dans un premier temps de fournir des briques informatiques fondamentales, offrant un niveau fonctionnel de sécurité et de disponibilité élevé et qui pouvaient être rapidement mises en œuvre. Vis-à-vis des utilisateurs du Web, il s'agissait de faciliter l'usage d'Internet en centralisant toutes les informations personnelles autour d'un service unique, assurant la confidentialité et la sécurité de ces informations. Dans un second temps, ce dépôt de données centralisées représentait pour les entreprises une source d'informations marketing extraordinaire, même si en théorie, les données ne pouvaient être diffusées qu'avec le consentement de chaque utilisateur.

Pour garantir le succès de ce projet, il fallait assurer un déploiement rapide des services et Microsoft s'était lancé dans la recherche d'entreprises partenaires dans tous les domaines d'activité : depuis American Express jusqu'à Geocities, en passant par Amazon. Mais aucune ou trop peu de ces sociétés ne voulut conclure de partenariat et Microsoft dut se résoudre à mettre un terme au projet.

Il y a assurément deux raisons qui expliquent l'échec de .NET MyServices :

- la méfiance des utilisateurs qui auraient dû confier à une seule société la gestion de toutes leurs données personnelles ;

- la méfiance des entreprises partenaires qui auraient dû systématiquement passer par un tiers pour accéder aux données de leurs clients ou prospects.

Dans les deux cas, Microsoft n'a pas réussi à convaincre et à obtenir le niveau de confiance nécessaire. Mais qui aurait pu y arriver ? Sans doute personne, car les enjeux sont bien trop importants :

- authentifiez un utilisateur de manière certaine et vous pouvez garantir un paiement... ;

- identifiez un utilisateur le plus précisément possible et vous augmentez d'autant l'efficacité de votre offre commerciale, de votre campagne publicitaire…

Le projet .NET MyServices a donc vécu. Les besoins qu'il voulait satisfaire et les problèmes qu'il voulait résoudre demeurent. De nouvelles initiatives, plus ouvertes, avec éventuellement la participation d'organisations réellement indépendantes et, éventuellement, d'agences issues des pouvoirs publiques (surtout lorsqu'il s'agit de garantir l'identité des personnes physiques ou morales), pourraient faire l'affaire.

16

Les implémentations
sur le poste de travail

Dans ce chapitre, nous allons nous intéresser à l'implémentation des services Web sur le poste de travail au travers de quatre produits particulièrement représentatifs :

- Internet Explorer ;
- Mozilla (ou Netscape) ;
- Microsoft Office XP;
- Macromédia Flash MX.

Le service Web de Google nous a semblé être un bon exemple d'implémentation puisqu'il offre à la fois une méthode simple (doSpellingSuggestion) et une méthode plus complexe à traiter (doGoogleSearch) (voir le chapitre 10 pour un extrait du document WSDL).

Le service Web de Google

L'utilisation du service Web de Google est gratuite mais soumise à quelques conditions, puisque chaque utilisateur doit en premier lieu créer un compte spécifique (*http://www.google.com/apis*). La création de ce compte permet de disposer d'une clé de licence qui doit être ensuite utilisée dans toutes les méthodes de l'API du service.

Chacun des produits que nous allons présenter permet d'implémenter des applications sur le poste de travail, capables de mettre en œuvre une logique applicative d'agrégation de services Web.

Le *behavior* Internet Explorer

La fonction de *behavior* est une technologie propriétaire de Microsoft qui est apparue avec Internet Explorer 5.0 sous Windows. Elle permet d'ajouter des extensions DHTML à des éléments HTML standards, c'est-à-dire d'étendre le modèle objet de l'élément pour lui ajouter de nouvelles fonctionnalités. Ces nouvelles fonctionnalités sont alors disponibles pour les langages de *script* (VBScript ou JavaScript) et exécutées par le client. Un *behavior* peut être défini à l'aide d'un fichier de script HTML (HTC) ou à l'aide d'un composant binaire DHTML (Visual C++/ATL).

Le *behavior WebService* est donc une extension qui s'intègre dans une page HTML pour permettre à la page de consommer un service Web à l'aide des protocoles SOAP 1.1 et WSDL 1.1. Il s'agit bien d'une technologie cliente qui s'appuie uniquement sur les possibilités d'Internet Explorer :

- l'implémentation, c'est-à-dire les interactions avec cet élément, est codée en langage de script (JavaScript) ;

- les résultats des appels de méthodes sont traités par le biais d'événements ou de fonctions de *callback*.

Une fonction intéressante de ce *behavior* est la possibilité de traiter les appels de méthode en synchrone ou en asynchrone :

- en synchrone, l'interface est bloquée le temps de l'appel de méthode et du traitement du résultat ;

- en asynchrone, l'appel de méthode est traité en multitâche et l'interface est libérée. Cette fonction permet de construire des interfaces évoluées dans lesquelles les informations peuvent être actualisées indépendamment les unes des autres.

Le *behavior WebService* est encore en version béta 2 il est fourni sous forme d'un petit fichier `webservice.htc` de 51 Ko composé d'environ deux mille lignes de script.

Compatibilité Apple Mac

Ce *behavior*, comme beaucoup d'autres, ne fonctionne pas sur MacIntosh.

Utilisation du behavior WebService

Pour utiliser aisément le *behavior WebService*, il est d'abord nécessaire de copier en local le fichier HTC depuis le site de Microsoft : ceci permet d'éviter des problèmes liés aux contrôles de sécurité effectués sur les éléments *behavior*.

Site Microsoft (fichier HTC)

Voir *http://msdn.microsoft.com/downloads/samples/internet/behaviors/library/webservice/webservice.htc*.

Il faut ensuite l'attacher à la page HTML :

- Le fichier HTC est mis en oeuvre en utilisant un style `behavior` soit à l'aide de l'attribut `STYLE` d'un élément HTML, par le biais d'une feuille de style (CSS), soit par des méthodes de script. L'élément en question peut être au choix le `BODY` de la page, un `DIV` spécifique, etc.

- Il est aussi nécessaire de définir l'attribut ID qui permettra de référencer le service dans le code de script.

Exemple :

```
<html><head>
<style>
  WebServiceStyle {behavior:url('webservice.htc')}
</style></head>
<body>
  <!-- utilisation de l'attribut style-->
  <div id="service1" style="behavior:url(webservice.htc)"></div>
  <!-- utilisation d'une définition de style-->
  <div id="service2" class="WebServiceStyle"></div>
</body></html>
Ou encore :
<html><head>
<script language="JavaScript">
function init(){
  service1.style.behavior = "url('webservice.htc')";
  service2.addBehavior ("webservice.htc");
}
</script></head>
<body onload="init()">
  <div id="service1"></div>
  <div id="service2"></div>
</body></html>
```

Il n'y a a priori aucune raison de charger plusieurs *behaviors* dans la même page, puisqu'un seul suffit pour gérer plusieurs appels de méthodes de plusieurs services Web distincts.

Déclaration du service Web

La méthode useService(sWebServiceURL, sFriendlyName [,oUseOptions]) du *behavior* permet de déclarer le service Web que l'on souhaite utiliser :

- Le paramètre sWebServiceURL représente le chemin du fichier WSDL du service. Il peut s'agir aussi bien d'un fichier local que d'une URL.

- Le paramètre sFriendlyName permet d'identifier le service Web dans le code de script puisque plusieurs services Web peuvent être utilisés dans la même page.

Exemple :

```
service.useService("http://63.210.240.215/d2s/20011205/Add.asmx?WSDL", "WSAddition");
service.useService("http://api.google.com/GoogleSearch.wsdl.com ", "WSGoogle");
```

- Le dernier paramètre oUseOptions est optionnel et permet de définir des options de déclaration par le biais d'une occurrence d'objet useOptions, créée à partir de la méthode createUseOptions. Cet objet permet d'indiquer au *behavior* si les informations d'authentification doivent être maintenues pour toutes les connexions lorsque le service Web utilise le protocole SSL.

Exemple :

```
Var options = service.createUseOptions();
Options.reuseConnection = true;
service.useService("http://63.210.240.215/d2s/20011205/Add.asmx?WSDL", "WSAddition", options);
```

La déclaration du service peut déclencher un événement qui permet de traiter la suite des opérations et surtout de vérifier que cette étape s'est déroulée correctement. Pour déclencher cet événement, il suffit de déclarer une fonction de callback à l'aide de la propriété `onServiceAvailable`. Cet événement dispose de plusieurs propriétés :

- `ServiceAvailable`, qui indique si le fichier WSDL a été récupéré et correctement traité ;

- `ServiceURL`, qui est l'URL du service Web ;

- `UserName`, qui est l'identifiant utilisé pour désigner le service Web ;

- `WSDL`, qui est le document XML de description du service.

Exemple :

```
function loadService(){
  service.onServiceAvailable = serviceReady;
  service.useService("http://63.210.240.215/d2s/20011205/Add.asmx?WSDL", "WSAddition", options);
}
function serviceReady(){
  alert("Le service " + event.username + " est " + (event.serviceAvailable?"Ok":"Ko"));
}
```

Invocation d'une méthode de service Web

La méthode `callService([oCallHandler,] fo, oParam)` du service Web permet d'invoquer la méthode du service Web que l'on souhaite utiliser :

- Le paramètre `oCallHandler` est optionnel et permet de définir une fonction de callback qui permettra de traiter le résultat de l'appel.

- Le paramètre `fo` est soit le nom de la méthode exposée par le service Web, soit une occurrence d'objet `call` créée par la méthode `createCallOptions` et qui permet de définir précisément l'appel de la méthode.

- Le(s) paramètre(s) `oParam` est (sont) le(s) paramètre(s) attendu(s) par la méthode du service Web.

Le résultat de cette méthode dépend du mode d'invocation (voir la section « Traitement du résultat de l'appel ») :

- En mode synchrone, le résultat est celui de la méthode du service Web, c'est-à-dire une occurrence d'objet `result`.

- En mode asynchrone, le résultat est un entier qui identifie l'occurrence d'appel de la méthode.

Le mode d'invocation est par défaut asynchrone mais il peut être modifié à l'aide d'une occurrence d'objet `call`. Cet objet possède les propriétés suivantes :

- `Async`, un booléen qui permet de fixer le mode d'invocation synchrone ou asynchrone de la méthode ;

- `EndPoint`, une URL qui détermine le chemin du fichier WSDL du service Web ;

- `FuncName`, le nom de la méthode exposée par le service Web, cette propriété est la seule qui soit vraiment obligatoire ;

- `Params`, un tableau de paramètres de la méthode ;

- `Password`, le mot de passe d'authentification de la méthode ;

- `PortName`, le port TCP utilisé par la méthode ;

- `SOAPHeader`, un tableau d'en-têtes SOAP qui remplace celui qui est généré par le *behavior* ;

- `UserName`, le nom de l'utilisateur utilisé par l'authentification de la méthode.

Exemple :

```
var key = "alwmldk6bn80KJn6P"; // clé de licence Google
var callObj = service.createCallOptions();

// Appel synchrone du service de suggestion orthographique
service.useService("http://api.google.com/GoogleSearch.wsdl.com", "WSGoogle");
callObj.async = false;
callObj.funcName = "doSpellingSuggestion";
sResult = service.WSGoogle.callService(callObj,key,"Britney spirs");
// "Britney spirs" s'écrit "Britney spears"
alert("La bonne orthographe est " + sResult.value);
```

Traitement du résultat de l'appel

Nous avons vu que le mode d'invocation par défaut d'une méthode de service Web est asynchrone et que le résultat de la méthode `callService` est alors un entier qui identifie l'occurrence d'appel. Lorsque le *behavior* reçoit la réponse du service Web, il traite cette réponse de deux manières :

- Si la méthode `callService` définit une fonction de callback, alors cette fonction est appelée et le résultat est passé en paramètre de la fonction.

- Sinon, le *behavior* appelle l'événement `onResult` et le résultat est exposé par l'objet `event`.

Dans les deux cas, le résultat est une occurrence d'objet `result` qui possède les propriétés suivantes :

- `Error`, un booléen qui indique si le traitement de la méthode a entraîné des erreurs ;

- `Id`, un entier qui identifie l'occurrence d'appel de la méthode ;

- `Raw`, un fragment XML qui contient la réponse SOAP ;

- `SOAPHeader`, un tableau d'en-têtes SOAP ;

- `Value`, la valeur retournée par la méthode.

En cas d'erreur de traitement, l'objet `result` expose également une occurrence de l'objet `errorDetail` qui possède les propriétés suivantes :

- `Code`, un code d'erreur ;

- `Raw`, un fragment XML qui contient la réponse SOAP ;

- `String`, un message d'erreur.

L'exemple suivant montre comment traiter le résultat et les erreurs de résultat à l'aide d'une fonction de callback :

```
<!DOCTYPE HTML PUBLIC "-//W3C//DTD HTML 4.0 Transitionnal//FR">
<HTML><HEAD>
<STYLE>
  .t td{background-color:#3366cc;color:#ffffff;font-size:-1}
  div,td{color:#000}
  a:link{color:#00c}
  a:visited{color:#551a8b}
  a:active{color:#f00}
  .f{color:#6f6f6f;font-size:-1}
</STYLE>
<SCRIPT language="JavaScript">
var iCallId;
var key = " alwmldk6bn80KJn6P"; // clé de licence Google

function loadService(){
  btSearch.disabled = true;
  service.onServiceAvailable = serviceReady;
  service.useService("http://api.google.com/GoogleSearch.wsdl.com", "WSGoogle");
}
function serviceReady(){
  btSearch.disabled = ! event.serviceAvailable;
}
function doSearch(){
  iCallId = service.WSGoogle.callService(googleResult,"doGoogleSearch",
    key,txSearch.value, 0, 10, false, "", false, "", "", "");
}
function googleResult(result) {
  var str = ""
  if (result.error) {
    str += "Erreur !/n" & result.errorDetail.code;
    str += "/n" + result.errorDetail.string;
    str += "/n" + result.errorDetail.raw;
    resultat.innerHTML = "";
    resultat.innerText = str;
  } else {
    var val = result.value;
    var i = 0;
    str = "<table width=100% border=0 cellpadding=1 cellspacing=0 class='t'>"
    str += "<tr><td nowrap>Google a recherch&eacute; <b>" + val.searchQuery
      + "</b> sur le Web.</td>";
    str += "<td align=right nowrap><b>" + val.startIndex + "-" + val.endIndex
      + "</b> sur un total";
    str += (val.estimateIsExact? " ": " d'environ ")
      + val.estimatedTotalResultsCount + " r&eacute;ponses. ";
    str += "Recherche effectu&eacute;e en <b>" + val.searchTime
      + "</b> secondes.</td></tr></table>";
    str += "<div><p>";
    for (i = val.startIndex - 1; i < val.endIndex ; i++ ){
```

```
                var valElt = val.resultElements[i];
                str += "<a href='" + valElt.URL + "'>" + valElt.title + "</a><br>";
                str += valElt.snippet + "<br>"
                if (valElt.summary != ""){
                  str += "<span class=f>Description: </span>" + valElt.summary
                    + "<br>"
                  str += "<span class=f>Catégorie: </span>"
                    + valElt.directoryCategory.fullViewableName + "<br>"
                }
                str += "<font color=#008000>" + valElt.URL + " - " + valElt.cachedSize
                  + "</font>";
                str += "</p></div>"
            }
          resultat.innerHTML = str;
        }
      }
    }
    </SCRIPT></HEAD>
    <BODY onload="loadService()">
      <DIV id="service" style="behavior:url(webservice.htc)">
      <INPUT type="text" name="txSearch" size="20">
      <INPUT type="button" name="btSearch" value="Recherche Google"
        onclick="doSearch()">
      <DIV id="resultat" align="left"></DIV>
    </BODY></HTML>
```

Si nous voulons maintenant utiliser la solution événementielle, il suffit de réaliser quelques modifications mineures en commençant par l'invocation de la méthode du service qui ne comprend plus de fonction de callback en premier paramètre :

```
function doSearch(){
  iCallId = service.WSGoogle.callService("doGoogleSearch",key,
    txSearch.value, 0, 10, false, "", false, "", "", "");
}
```

Puis, il faut déclarer l'événement onresult et la fonction associée :

```
<DIV id="service" style="behavior:url(webservice.htc)" onresult="googleResult()">
```

Enfin, il faut modifier notre fonction de traitement des résultats puisque l'occurrence d'objet result n'est plus passée en paramètre mais est exposée par l'occurrence d'objet event :

```
function googleResult() {
var str = ""
  var result = event.result;
  if((result.error)&&(iCallID==result.id)){
  } else {
  }
}
```

Tout le reste demeure inchangé.

Services Web en ECMAScript avec Mozilla

La version 1.0 de Mozilla (et donc de son dérivé Netscape 7) introduit une nouvelle API (interface JavaScript) qui permet à un script d'invoquer un service Web en utilisant le protocole SOAP 1.1. La mise en œuvre de cette API est proche de celle du *behavior* Internet Explorer, et ce à plusieurs titres :

- Il s'agit bien d'une technologie pour un client SOAP/HTTP, qui peut être utilisée sur un poste de travail banalisé.
- L'API introduit une couche d'abstraction suffisante pour que le développeur n'ait pas à connaître en détail le protocole SOAP, ni à manipuler des documents XML.
- L'appel au service Web peut être réalisé de manière synchrone ou asynchrone.

En fait, la seule différence réelle entre ces deux implémentations touche à l'utilisation de WSDL. Contrairement à IE, la version actuelle de l'API de Mozilla ne sait pas utiliser la description WSDL du service Web. Le développeur doit donc « découvrir » lui-même le service et implémenter correctement le proxy, les méthodes et leurs paramètres. Une nouvelle version, qui devrait combler cette lacune et donc permettre de gagner en productivité, est en cours de développement.

Utilisation de l'API SOAP

L'API SOAP est implémentée dans le navigateur et donc immédiatement accessible par n'importe quel script. Son utilisation pose néanmoins des problèmes évidents de sécurité puisqu'une page pourrait faire appel à des services à l'insu de l'utilisateur. Il est donc nécessaire d'obtenir des droits spécifiques auprès du navigateur pour pouvoir l'exécuter (permission `"UniversalBrowserRead"`) comme le montre l'exemple suivant :

```
try {
  netscape.security.PrivilegeManager.enablePrivilege("UniversalBrowserRead");
} catch (e) {
  alert(e);
}
```

> **Localisation de l'acquisition du privilège**
> Le code ci-avant doit être exécuté dans la fonction même qui requiert ces privilèges.

L'obtention effective de ces droits peut être réalisée de deux manières :

- soit en utilisant un code JavaScript signé, ce qui sous-entend l'utilisation d'un certificat valide et délivré par une autorité de certification que l'utilisateur accepte ;
- soit en exécutant la page et le script en local.

Déclaration du service Web

Pour commencer, il est important de rappeler que la connaissance du document WSDL du service appelé est obligatoire : l'API de Mozilla ne sachant pas encore exploiter la description WSDL 1.1, c'est au développeur d'étudier ce document et d'en extraire les informations nécessaires à la mise en œuvre du client du service Web décrit.

Pour déclarer un service Web il est nécessaire de créer une nouvelle occurrence de l'objet SOAPCall et de préciser l'URI principal du service : cette adresse est fournie par l'élément service du document WSDL. Cet objet est au cœur des opérations puisqu'il permet de paramétrer le service, d'encoder le message et de l'envoyer.

Exemple :

```
var WSGoogle = new SOAPCall();
WSGoogle.transportURI = "http://api.google.com/search/beta2";
```

Déclaration d'une méthode de service Web

L'objet SOAPCall implémente l'interface ISOAPMessage qui définit la méthode encode. Comme son nom l'indique, cette méthode permet d'encoder un message SOAP, c'est-à-dire de constituer le message XML d'invocation d'une méthode du service avec ses arguments.

Cette méthode attend les paramètres suivants :

- aVersion, fixé à 0 pour SOAP 1.1 ;
- aMethodName, une chaîne de caractères qui est le nom de la méthode invoquée (null si le message n'est pas de type RPC mais de type document) ;
- ATargetObjectURI, une chaîne de caractères qui est l'espace de noms cible du service. Cet espace de noms est défini par l'attribut targetNamespace de l'élément Definitions du document WSDL (null si le message n'est pas de type RPC mais de type document) ;
- AHeaderBlockCount, la taille du tableau aHeaderBlocks ;
- AHeaderBlocks, un tableau de type ISOAPHeaderBlock (sinon null). Ce paramètre permet de spécifier des blocs d'en-têtes du message ;
- AParameterCount, la taille du tableau aParameters ;
- AParameters, un tableau de type ISOAPParameter (sinon null). Ce paramètre permet de spécifier les arguments de la méthode invoquée.

Exemple :

```
WSGoogle.encode(0, "doSpellingSuggestion", "urn:GoogleSearch", 0,
   null, parametres.length, parametres);
```

Les paramètres doivent être déclarés un par un en créant des occurrences d'objets SOAPParameter et en les plaçant dans un tableau JavaScript qui sera passé en argument de la méthode encode. Ces paramètres sont décrits dans le document WSDL sous l'élément message correspondant à la méthode invoquée. Dans l'exemple suivant, la méthode doSpellingSuggestion possède deux paramètres key et phrase :

```
<message name="doSpellingSuggestion">
  <part name="key" type="xsd:string" />
  <part name="phrase" type="xsd:string" />
</message>
```

Chaque définition de paramètre SOAPParameter doit au moins préciser deux attributs :

- Value, la valeur du paramètre ;
- Name, son nom tel que défini dans le document WSDL.

Une méthode plus rapide consiste à utiliser les paramètres du constructeur. L'exemple suivant crée une occurrence du paramètre key et lui affecte la valeur mykey :

```
var parametres = new Array() ;
parametres[0] = new SOAPParameter(mykey,"key");
```

Invocation synchrone d'une méthode de service Web

Une fois les paramètres déclarés et le message encodé, il ne reste plus qu'à invoquer la méthode, ce qui peut être réalisé de manière synchrone avec la méthode invoke() : dans ce cas, la méthode retourne le résultat du service Web comme contenu d'une occurrence d'objet SOAPResponse.

La gestion des erreurs doit faire face à deux types d'incidents :

- des problèmes techniques de « bas niveau » : dans ce cas, c'est la méthode elle-même qui peut échouer ;
- des erreurs d'un niveau plus fonctionnel, renvoyées par le service Web lui-même : ces erreurs sont décrites par un objet SOAPFault, lui-même accessible à partir de l'attribut fault de l'objet SOAPResponse.

L'objet SOAPFault possède les attributs suivants :

- element, l'élément DOM de l'erreur dans le message de réponse SOAP ;
- faultNamespaceURI, l'URI de l'espace de noms de l'erreur ;
- faultCode, le code d'erreur ;
- faultString, la description de l'erreur ;
- faultActor, l'acteur de l'erreur ;
- detail, l'élément DOM décrivant en détail l'erreur.

Exemple :

```
try{
   var oResult = WSGoogle.invoke();
} catch(e) {
   alert("Echec du service !");
   return;
}
if (oResult.fault != null)
   {
     alert(oResult.fault.faultString);
     return;
   }
```

Comme nous l'avons dit, le résultat de l'invocation de la méthode de service Web est renvoyé par un objet SOAPResponse qui implémente l'interface ISOAPMessage. Il possède également une méthode getParameters(), laquelle permet de traduire les paramètres de la méthode de service Web en retournant un tableau JavaScript d'objets SOAPParameter. Ces objets sont donc du même type que ceux que nous avons utilisés en entrée du service. Lorsque le résultat est simple, il est donc possible d'y accéder en utilisant directement l'attribut value d'un paramètre.

La méthode getParameters()attend les paramètres suivants :

- aDocumentStyle, qui renvoie true si l'invocation est de type document, false si elle est de type RPC ;
- aCount, un objet générique JavaScript Object() qui permet de récupérer le nombre de paramètres contenus dans le tableau.

L'exemple suivant illustre l'utilisation de la méthode doSpellingSuggestion de Google en mode synchrone :

```
function spellingSuggestion() {
  var parametres = new Array();
  parametres[0] = new SOAPParameter(mykey,"key");
  parametres[1] = new SOAPParameter("Britney spirs","phrase");

  try {
    netscape.security.PrivilegeManager.enablePrivilege("UniversalBrowserRead");
  } catch (e) {
    alert(e);
    return;
  }

  var WSGoogle = new SOAPCall();
  WSGoogle.transportURI = "http://api.google.com/search/beta2";
  WSGoogle.encode(0, "doSpellingSuggestion", "urn:GoogleSearch", 0,
    null, parametres.length, parametres);

  try {
    var oResult = WSGoogle.invoke();
  } catch(e) {
    alert("Echec du service !");
    return;
  }

  if (oResult.fault != null) {
    alert(oResult.fault.faultString);
    return;
  }

  parametres = oResult.getParameters(false,{});
  alert("La bonne orthographe est : " + parametres[0].value);
}
```

Invocation asynchrone d'une méthode de service Web

L'invocation asynchrone des méthodes de services Web est réalisée grâce à la méthode asyncInvoke() : cette méthode ne retourne aucun résultat puisque celui-ci est traité par une fonction de callback elle-même passée en paramètre de la méthode.

Exemple :

```
WSGoogle.asyncInvoke(googleResult);
```

La fonction de callback doit obligatoirement posséder trois paramètres :

- `reponse`, une occurrence d'objet `SOAPResponse` qui contient le message de réponse du service ;
- `appel`, une occurrence d'objet `SOAPCall` qui contient le message d'invocation du service ;
- `erreur`, un code d'erreur.

Le dernier paramètre permet de traiter les erreurs de « bas niveau » (comme les erreurs de transport) tandis que les erreurs retournées par le service sont décrites par un objet `SOAPFault`, lui-même accessible à partir de l'attribut `fault` de l'objet `SOAPResponse`.

Exemple :

```
function googleResult(reponse,appel,erreur)
{
  if (erreur != 0) {
    alert("Echec du service");
    return;
  }
  if (reponse.fault != null) {
    str += "Erreur !/n" & reponse.fault.faultCode;
    str += "/n" + reponse.fault.faultString;
    alert(str);
    return;
  }
}
```

Dans la section précédente, nous avons vu qu'il était possible d'accéder directement à une valeur retournée par le service grâce à l'attribut `value` d'un paramètre `SOAPParameter`. Cette technique s'avère néanmoins inadaptée lorsque le résultat du service contient des types complexes tels que des tableaux. Il est alors nécessaire de manipuler directement le corps du message XML à partir de l'attribut `element` du paramètre `SOAPParameter`. Évidemment, cette approche nécessite une bonne connaissance du format du message décrit dans le document WSDL.

L'exemple suivant illustre l'utilisation de la méthode `doGoogleSearch` de Google en mode asynchrone :

```
<!DOCTYPE HTML PUBLIC "-//W3C//DTD HTML 4.0 Transitionnal//FR">
<HTML><HEAD>
<STYLE>
  .t td{background-color:#3366cc;color:#ffffff;font-size:-1}
  div,td{color:#000}
  a:link{color:#00c}
  a:visited{color:#551a8b}
  a:active{color:#f00}
  .f{color:#6f6f6f;font-size:-1}
</STYLE>
<SCRIPT language="JavaScript">
var mykey = "alwmldk6bn8OKJn6P"; // clé de licence Google

function googleResult(response,call,error)
{
  if (error != 0) {
    alert("Echec du service"); return;
  }
```

```
    if (response.fault != null) {
      str += "Erreur !/n" & response.fault.faultCode;
      str += "/n" + response.fault.faultString;
      document.getElementById("resultatDiv").innerHTML = "";
      document.getElementById("resultatDiv").innerText = str;
      return;
    }

    var params = response.getParameters(false,{});
    var val = params[0].element;

    var sQuery = val.getElementsByTagName(
      "searchQuery").item(0).firstChild.nodeValue;
    var iStartIndex = val.getElementsByTagName(
      "startIndex").item(0).firstChild.nodeValue;
    var iEndIndex = val.getElementsByTagName(
      "endIndex").item(0).firstChild.nodeValue;
    var bEstimateIsExact = val.getElementsByTagName(
      "estimateIsExact").item(0).firstChild.nodeValue;
    var iEstimatedTotalResultsCount = val.getElementsByTagName(
      "estimatedTotalResultsCount").item(0).firstChild.nodeValue;
    var iSearchTime = val.getElementsByTagName(
      "searchTime").item(0).firstChild.nodeValue;
    var iStartIndex = val.getElementsByTagName(
      "startIndex").item(0).firstChild.nodeValue;
    var iEndIndex = val.getElementsByTagName(
      "endIndex").item(0).firstChild.nodeValue;

    var i = 0;
    var str = "<table width=100% border=0 cellpadding=1 cellspacing=0 class='t'>";
    str += "<tr><td nowrap>Google a recherch&eacute; <b>" + sQuery
      + "</b> sur le Web.</td>";
    str += "<td align=right nowrap><b>" + iStartIndex + "-" + iEndIndex
      + "</b> sur un total";
    str += (bEstimateIsExact? " ": " d'environ ") + iEstimatedTotalResultsCount
      + " r&eacute;ponses. ";
    str += "Recherche effectu&eacute;e en <b>" + iSearchTime
      + "</b> secondes.</td></tr></table>";
    str += "<div><p>";

    var valElt = val.getElementsByTagName("item");
    for (i = 1; i < valElt.length ; i++ ){
      var valEltItem = valElt[i];
      str += "<a href='" + valEltItem.getElementsByTagName(
        "URL").item(0).firstChild.nodeValue + "'>"
        + valEltItem.getElementsByTagName(
          "title").item(0).firstChild.nodeValue + "</a><br>";
      str += valEltItem.getElementsByTagName(
        "snippet").item(0).firstChild.nodeValue + "<br>";
      if (valEltItem.getElementsByTagName("summary").item(0).firstChild != null){
        str += "<span class=f>Description: </span>"
```

```
                + valEltItem.getElementsByTagName(
                    "summary").item(0).firstChild.nodeValue + "<br>";
            str += "<span class=f>Catégorie: </span>"
                + valEltItem.getElementsByTagName(
                    "fullViewableName").item(0).firstChild.nodeValue + "<br>";
        }
        str += "<font color=#008000>" + valEltItem.getElementsByTagName(
            "URL").item(0).firstChild.nodeValue + " - "
            + valEltItem.getElementsByTagName(
                "cachedSize").item(0).firstChild.nodeValue + "</font>";
        str += "</p></div><br>";
    }
    document.getElementById("resultatDiv").innerHTML = str;
}

function doSearch() {
    var parametres = new Array();
    parametres[0] = new SOAPParameter(mykey,"key");
    parametres[1] = new SOAPParameter(document.getElementById(
        "txSearch").value,"q");
    parametres[2] = new SOAPParameter(0,"start");
    parametres[3] = new SOAPParameter(10,"maxResults");
    parametres[4] = new SOAPParameter(false,"filter");
    parametres[5] = new SOAPParameter("","restrict");
    parametres[6] = new SOAPParameter(false,"safeSearch");
    parametres[7] = new SOAPParameter("","lr");
    parametres[8] = new SOAPParameter("","ie");
    parametres[9] = new SOAPParameter("","oe");

    try {
        netscape.security.PrivilegeManager.enablePrivilege("UniversalBrowserRead");
    } catch (e){
        str += "Erreur !/n" + e;
        resultat.innerHTML = "";
        resultat.innerText = str;
        return;
    }

    var WSGoogle = new SOAPCall();
    WSGoogle.transportURI = "http://api.google.com/search/beta2";
    WSGoogle.encode(0, "doGoogleSearch", "urn:GoogleSearch", 0,
        null, parametres.length, parametres);
    WSGoogle.asyncInvoke(googleResult);
}
</SCRIPT></HEAD>
<BODY>
    <INPUT type="text" id="txSearch" size="20">
    <INPUT type="button" name="btSearch"
        value="Recherche Google" onclick="doSearch();">
    <DIV id="resultatDiv" align="left"></DIV>
</BODY></HTML>
```

Utiliser Microsoft Office XP en tant que client SOAP

Le *Web Services Toolkit* pour Office XP permet d'intégrer les fonctions de découverte et d'intégration de services Web dans toute application VBA de MS Office XP (Excel, Word et PowerPoint). La version 2.0 du *toolkit* est compatible SOAP 3.0 (1.2).

MS Office, qui est le leader incontesté du marché des outils de bureautique, se retrouve ainsi directement connecté aux systèmes d'information des entreprises. Il permet donc à tout utilisateur de disposer dynamiquement des données actualisées de son entreprise et de les utiliser simplement dans des courriers, des tableaux ou des présentations. Les applications sont immenses, non seulement pour ce qui touche à la consultation des données, mais aussi pour leur mise à jour, puisque toute application Office pourrait également être utilisée en tant qu'interface de saisie. Il est par exemple possible d'utiliser Word comme éditeur HTML *Wysiwyg* pour mettre à jour le contenu éditorial d'un site intranet.

Le *Web Services Toolkit* pour Office XP est un des meilleurs exemples qui soient pour démontrer l'efficacité des services Web et l'intérêt stratégique qu'ils représentent pour les entreprises.

Découverte d'un service Web

La découverte d'un service Web est réalisée à partir de l'éditeur VBA de Office : le toolkit rajoute une entrée *Web Service Référence* dans le menu Outils qui fait apparaître une fenêtre de recherche et de découverte de services Web (voir figure 16-1). Deux méthodes de recherche sont disponibles :

- par le biais d'un serveur UDDI (par défaut, celui de Microsoft : *http://uddi.microsoft.com/inquire*), en soumettant des mots-clés et/ou des noms d'entreprises. Le caractère « % » est utilisé comme caractère générique ;

- en saisissant directement l'URL du service Web (par exemple : *http://api.google.com/GoogleSearch.wsdl*). Une fois le service trouvé, les méthodes publiées sont affichées et sélectionnables. Un bouton Tester permet même de les invoquer pour peu que les méthodes soient implémentées en HTTP-GET.

> **HTTP-GET**
>
> Les méthodes de service Web qui implémentent HTTP-GET peuvent être invoquées par une simple URL en passant les arguments de méthode en paramètre dans l'URL.

- La sélection du service et de ses méthodes déclenche la génération automatique du code VBA : c'est une démonstration « visuelle » de la puissance de l'approche de la technologie des services Web ! (voir figure 16-2)

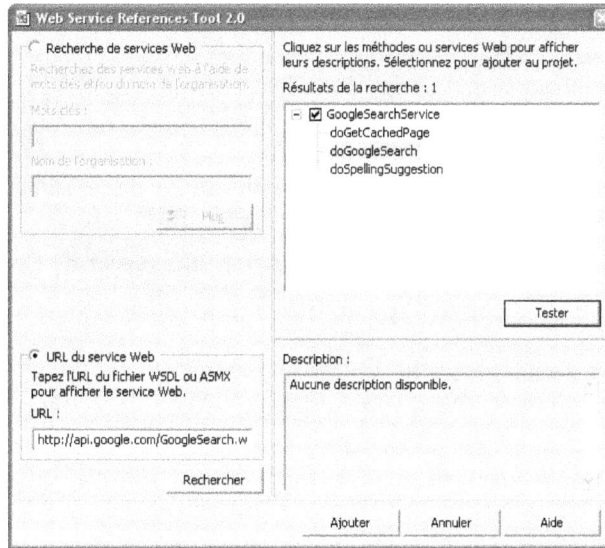

Figure 16-1

Recherche et découverte d'un service Web sous Office XP.

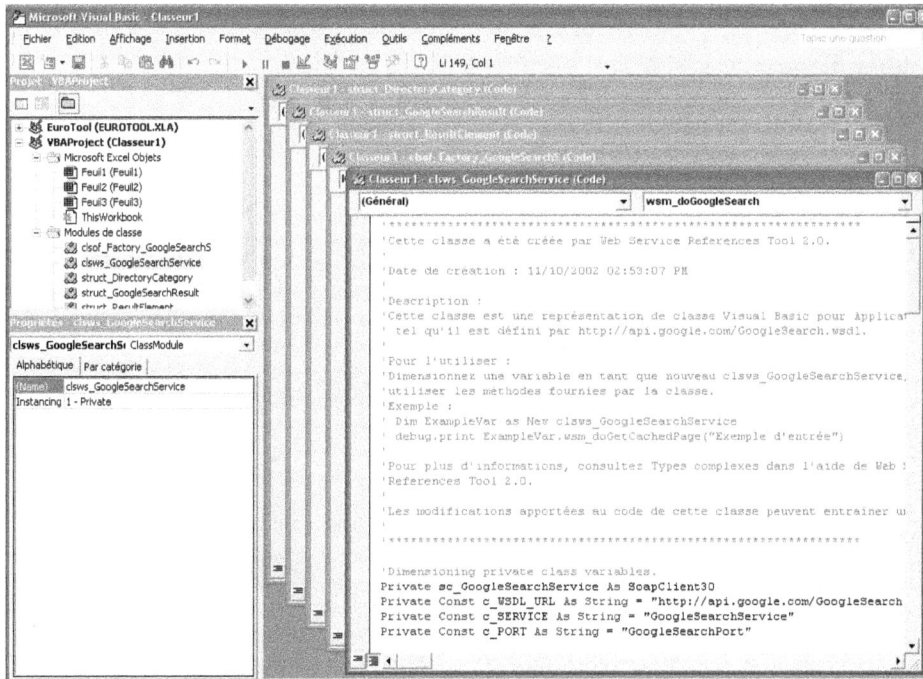

Figure 16-2

Génération automatique du code VBA du proxy.

Implémentation du service Web

Une fois le service Web découvert et référencé, le travail est assez simple : il faut d'abord créer une occurrence de la classe proxy générée par le toolkit (et préfixée par clsws_). Exemple :

```
Dim WSGoogle As New clsws_GoogleSearchService
```

Il ne reste plus ensuite qu'à invoquer les méthodes du service, tâche rendue d'autant plus facile que la fonction IntelliSense est mise en œuvre par l'éditeur VBA.

L'exemple suivant implémente la fonction de recherche du moteur de Google dont le résultat est illustré à la figure 16-3 :

```
' Suppression des tags HTML
Private Function ParseStr(strHTML As String) As String
  ParseStr = Replace(Replace(Replace(strHTML, "<br>", ""), "</b>", ""),
    "<b>", "")
End Function

' Initialisation de la feuille de résultat
Private Sub Init(aSheet As Worksheet)
  With aSheet
  .Range(.Cells(2, 1), .Cells(1000, 5)).Delete
  .Range(.Cells(2, 1), .Cells(1000, 5)).RowHeight = 12.75
  End With
End Sub

' Méthode principale
Public Function doGoogleSearch(query As String, aSheet As Worksheet)
  Dim str As String
  Dim i As Long
  Dim row As Long
  Dim aRange As Range

' Déclaration et instanciation de la classe proxy
  Dim WSGoogle As New clsws_GoogleSearchService
' Déclaration des types utilisateur
  Dim result As struct_GoogleSearchResult
  Dim valElt As struct_ResultElement

  If (query = "") Then Exit Function

' Appel de la méthode du moteur de recherche Google
' Le paramètre Key a été supprimé et remplacé par une constante dans le code
' du proxy.
  Set result = WSGoogle.wsm_doGoogleSearch(query, 1, 10, False, "", False,
    "", "", "")

' Mise en page des résultats contenus dans le type utilisateur result (structure)
Call Init(aSheet)

  With aSheet
```

```
    .Cells(2, 1).Value = "Google a cherché " & result.searchQuery & " sur le Web."
    str = result.startIndex - 1 & "-" & result.endIndex - 1 & " sur un total"
    str = str & IIf(result.estimateIsExact, " ", " d'environ ")
      & result.estimatedTotalResultsCount & " réponses. "
    str = str & "Recherche effectuée en " + CStr(result.searchTime) + " secondes."
    .Cells(2, 3).Value = str

    Set aRange = .Range(.Cells(2, 1), .Cells(2, 9))
    aRange.Interior.Color = vbBlue
    aRange.Font.Color = vbWhite
    aRange.Font.Size = aRange.Font.Size - 1

    row = 4
    If (UBound(result.resultElements) = 0) Then .Cells(row, 1).Value =
      "Aucune réponse": Exit Function

    For i = result.startIndex - 2 To result.endIndex - 2
      ' resultElements As Variant est un type complexe matrice
      ' qui contient des éléments de type struct_ResultElement
      Set valElt = result.resultElements(i)
      aSheet.Hyperlinks.Add aSheet.Cells(row, 1), valElt.URL, ,
        , ParseStr(valElt.title)
      .Range(.Cells(row, 1), .Cells(row, 2)).Merge True
      row = row + 1
      If (valElt.snippet <> "") Then
        .Cells(row, 1).Value = ParseStr(valElt.snippet)
        .Range(.Cells(row, 1), .Cells(row, 5)).Merge
        .Range(.Cells(row, 1), .Cells(row, 5)).WrapText = True
        row = row + 1
      End If

      If (valElt.summary <> "") Then
        .Cells(row, 1).Value = "Description: "
        .Cells(row, 1).Font.Color = RGB(204, 204, 204)
        .Cells(row, 2).Value = ParseStr(valElt.summary)
        .Cells(row + 1, 1).Value = "Catégorie: "
        .Cells(row + 1, 1).Font.Color = RGB(204, 204, 204)
        .Cells(row + 1, 2).Value
      ➥= ParseStr(valElt.directoryCategory.fullViewableName)
        row = row + 2
      End If
      .Cells(row, 1).Value = valElt.URL & " - " & valElt.cachedSize
      .Cells(row, 1).Font.Color = RGB(0, 128, 0)
      row = row + 2
    Next
    End With
End Function
```

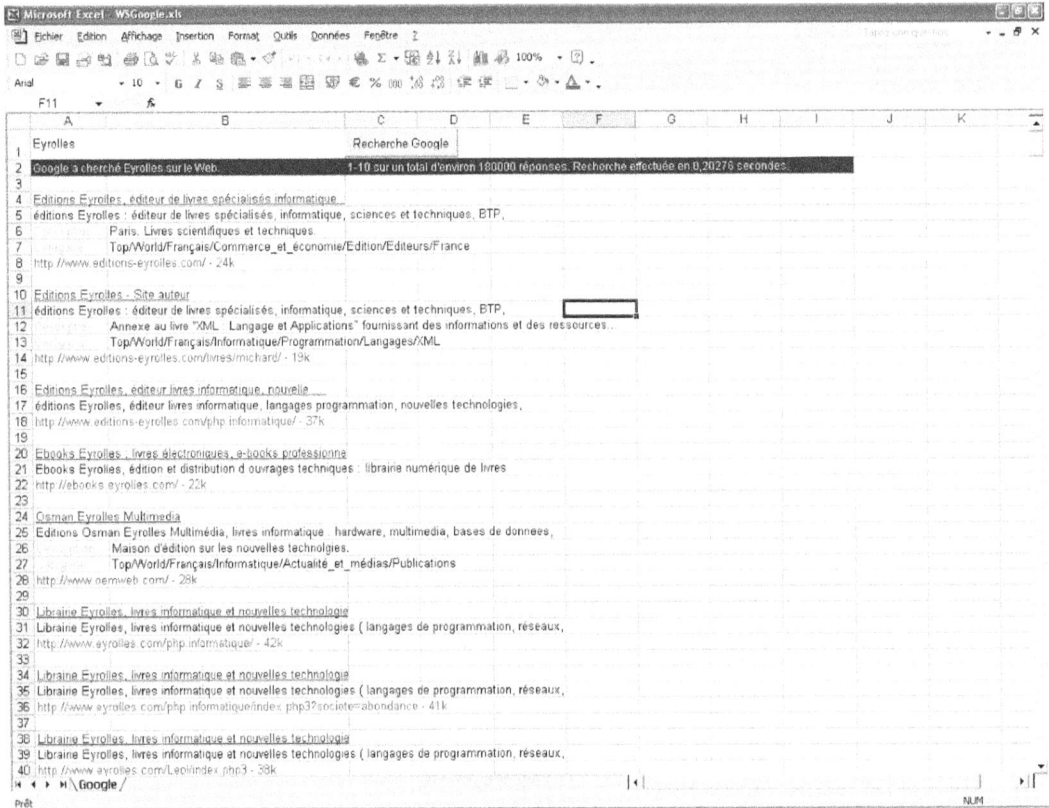

Figure 16-3

Service Web de Google sous Excel XP.

Description détaillée du Web Services Toolkit 2.0

Le toolkit ajoute une interface à l'éditeur VBA qui permet de simplifier la recherche et la découverte de services Web et de leurs méthodes. Une fois le service sélectionné, le travail de cette interface consiste dans un premier temps à ajouter au projet deux références importantes :

- vers le *parser* Microsoft XML v4 (MSXML4.dll) ;
- vers le client Microsoft SOAP Type Library 3.0 (MSSOAP30.dll).

Le toolkit crée ensuite automatiquement plusieurs modules de classe qui peuvent être de trois types :

- Un proxy service Web préfixé par `clssws_` (par exemple : `clsws_GoogleSearchService`). Il s'agit du point d'entrée du service et de ses méthodes.

- Des définitions de types utilisateur (structures) préfixés par `struct_` (par exemple : `struct_GoogleSearchResult`). Il s'agit de classes qui permettent de décrire en VBA des types d'objets complexes utilisés par le service Web.

- Une *object factory* préfixée par `clsof_Factory` (par exemple : `clsof_Factory_GoogleSearchS`) dont le rôle est de fournir l'interface entre les objets SOAP (un élément XML) et VBA (les structures décrites dans le point précédent) pour les types utilisateur.

Types complexes SOAP pris en charge par le toolkit

Préfixe	Description	Type de données VBA	
		En entrée	**En sortie**
any_	Variables XML	Occurrence de `MSXML2.IXMLDOMNodeList`	Idem
ar_	Matrices	Tableau de `string`	Tableau de `variant`
en_	Énumérations	`String`	Idem
obj_	Types définis par l'utilisateur	Occurrence de classe de type utilisateur (préfixe `struct`)	Idem

Il assure également la correspondance entre les types simples XML définis dans le schéma de WSDL et les types de données VBA.

Correspondance des types WSDL (SOAP) et VBA

Type Soap	Type SOAP Type Library 3.0	Visual Basic	Commentaire
AnyURI	VT_BSTR	String	
base64Binary	VT_ARRAY | VT_UI1	Byte()	
Boolean	VT_BOOL	Boolean	
Byte	VT_I2	Integer	Plage validée lors de la conversion.
Date	VT_DATE	Date	Heure réglée sur 00:00:00.
DateTime	VT_DATE	Date	
Decimal	VT_DECIMAL	Variant	
Double	VT_R8	Double	
Duration	VT_BSTR	String	Aucune validation ou conversion n'a été exécutée.
ENTITIES	VT_BSTR	String	Aucune validation ou conversion n'a été exécutée.
ENTITY	VT_BSTR	String	Aucune validation ou conversion n'a été exécutée.
Float	VT_R4	Single	
Gday	VT_BSTR	String	Aucune validation ou conversion n'a été exécutée.
Gmonth	VT_BSTR	String	Aucune validation ou conversion n'a été exécutée.
GmonthDay	VT_BSTR	String	Aucune validation ou conversion n'a été exécutée.
Gyear	VT_BSTR	String	Aucune validation ou conversion n'a été exécutée.
GyearMonth	VT_BSTR	String	Aucune validation ou conversion n'a été exécutée.

Correspondance des types WSDL (SOAP) et VBA *(suite)*

Type Soap	Type SOAP Type Library 3.0	Visual Basic	Commentaire
ID	VT_BSTR	String	Aucune validation ou conversion n'a été exécutée.
IDREF	VT_BSTR	String	Aucune validation ou conversion n'a été exécutée.
IDREFS	VT_BSTR	String	Aucune validation ou conversion n'a été exécutée.
Int	VT_I4	Long	
Integer	VT_DECIMAL	Variant	Plage validée lors de la conversion.
Language	VT_BSTR	String	Aucune validation ou conversion n'a été exécutée.
Long	VT_DECIMAL	Variant	Plage validée lors de la conversion.
Name	VT_BSTR	String	Aucune validation ou conversion n'a été exécutée.
NCName	VT_BSTR	String	Aucune validation ou conversion n'a été exécutée.
negativeInteger	VT_DECIMAL	Variant	Plage validée lors de la conversion.
NMTOKEN	VT_BSTR	String	Aucune validation ou conversion n'a été exécutée.
NMTOKENS	VT_BSTR	String	Aucune validation ou conversion n'a été exécutée.
nonNegativeInteger	VT_DECIMAL	Variant	Plage validée lors de la conversion.
nonPositiveInteger	VT_DECIMAL	Variant	Plage validée lors de la conversion.
normalizedString	VT_BSTR	String	
NOTATION	VT_BSTR	String	Aucune validation ou conversion n'a été exécutée.
PositiveInteger	VT_DECIMAL	Variant	Plage validée lors de la conversion.
Qname	VT_BSTR	String	Aucune validation ou conversion n'a été exécutée.
Short	VT_I2	Integer	
String	VT_BSTR	String	
Time	VT_DATE	Date	Date réglée sur le 30 décembre 1899.
Token	VT_BSTR	String	Aucune validation ou conversion n'a été exécutée.
UnsignedByte	VT_UI1	Byte	
UnsignedInt	VT_DECIMAL	Variant	Plage validée lors de la conversion.
UnsignedLong	VT_DECIMAL	Variant	Plage validée lors de la conversion.
UnsignedShort	VT_UI4	Long	Plage validée lors de la conversion.

Macromedia Flash

Macromedia Flash est un logiciel de poste de travail largement répandu sur le Web. L'intérêt de cette technologie est qu'elle permet de construire des interfaces graphiques particulièrement riches (elle est même considérée comme un véritable support d'expression artistique) sans se soucier des contraintes de compatibilité des navigateurs et des plates-formes.

Lorsque la version 5 de Flash est parue en 1999, on aurait pu penser que Macromedia prenait une longueur d'avance sur la concurrence car, alors que la technologie des services Web n'était pas encore mature, Flash permettait déjà de transmettre des documents XML via HTTP et de les traiter grâce à un parser intégré. Les interfaces Flash devenaient donc dynamiques et l'intérêt pour cette technologie grandissant.

Malheureusement, la dernière version MX (version 6) de Flash n'est pas aussi convaincante qu'on aurait pu l'espérer, en tout cas vis-à-vis des technologies de services Web : la raison tient du fait que pour des raisons de sécurité, un client Flash ne peut pas échanger de données, quelles qu'elles soient, avec un domaine qui n'est pas compatible avec le sien. En d'autres termes, si le client Flash a été chargé depuis le site *www.siteA.com*, il n'a pas le droit d'accéder aux données du site *www.siteB.com*, et qui dit échanger des données, dit en particulier consommer un service Web. Certes, cette mesure de précaution est fondée et du reste tous les clients, y compris Mozilla et Internet Explorer, l'appliquent. Mais protéger ne veut pas pour autant dire interdire car il existe des techniques permettant à un client d'accéder à un service Web en toute sécurité (voir les sections « Le *behavior* Internet Explorer » et « Utilisation de l'API SOAP » de Mozilla). Mais aucune d'entre elles n'est mise en œuvre par Flash, ce qui limite ou plutôt complexifie quelque peu l'implémentation.

Schéma d'implémentation d'un service Web

Comme bien souvent en informatique, il existe toujours une solution pour contourner les difficultés et Macromedia est parmi les premiers à expliquer comment Flash peut finalement accéder à n'importe quel service Web en toute sécurité : il suffit pour cela de créer un proxy sur le serveur. Le client Flash accède au proxy qui se trouve sur son propre domaine et le proxy consomme quant à lui le service Web distant (voir figure 16-4).

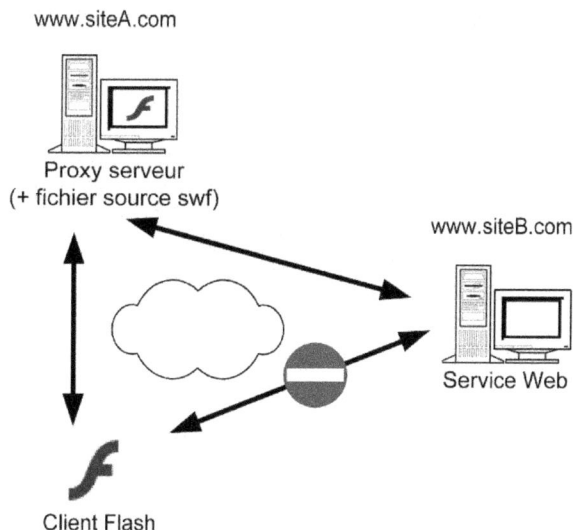

Figure 16-4

Schéma d'implémentation d'un service Web avec Macromedia Flash MX.

Le développement du proxy serveur peut être réalisé de différentes manières :

- en utilisant la méthode proposée par Macromedia, qui nécessite les licences Flash MX remoting et Cold Fusion MX ;

- en s'appuyant sur un des nombreux toolkits PHP, tel que le fameux NuSoap (voir : *http:// dietrich.ganx4.com/nusoap*), cette méthode offre le double avantage d'être simple et gratuite ;

- ou encore en utilisant Microsoft .Net, Java (JSP), etc.

En fait, toute technologie qui permet d'interroger un service Web et de retourner un résultat HTML ou XML au client Flash peut être utilisée.

Un bel exemple de réalisation est fourni par Bernhard Gaul dont le site permet de visualiser graphiquement la météo des aéroports du monde entier (voir : *http://www11.brinkster.com/bgx/webservices/weather.html*).

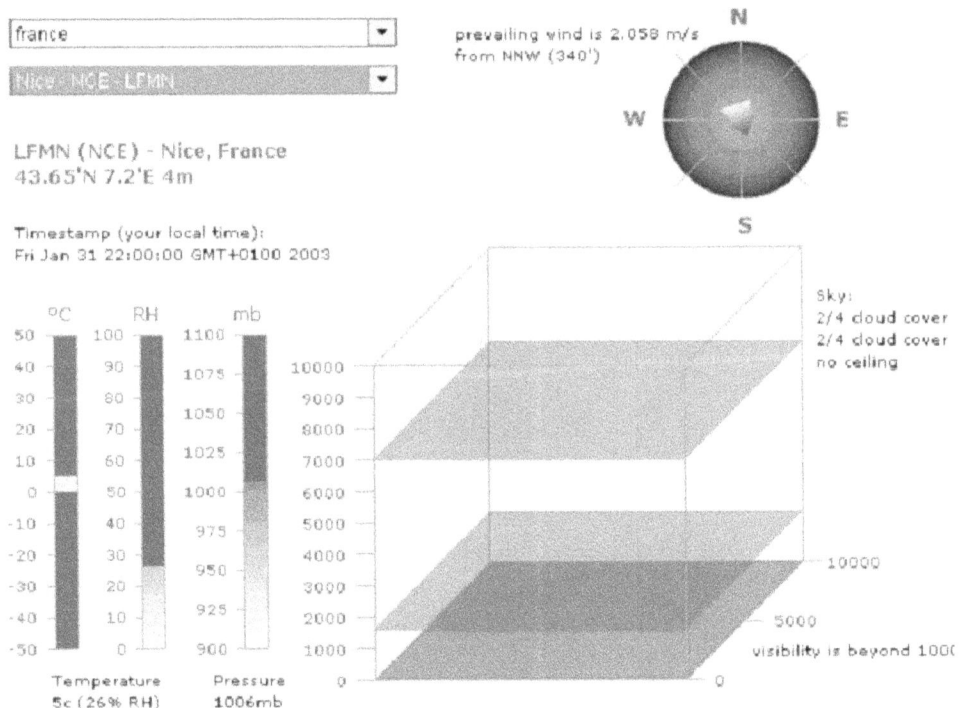

Figure 16-5

Exemple de client Flash interrogeant un service Web.

Le service Web original est fourni par CapeStudio sous le nom de GlobalWeather (voir : *http:// live.capescience.com/GlobalWeather/index.html*). La méthode utilisée pour permettre au client Flash d'accéder au service Web est en quelque sorte une agrégation de services puisque le proxy serveur est lui-même un service Web (voir : *http://www11.brinkster.com/bgx/webservices/weatherFlash.asmx*).

Le développement d'un tel serveur proxy est très rapide :

- L'assistant de MS .Net génère automatiquement un proxy vers le service Web GlobalWeather.

- Quelques lignes de code sont nécessaires pour implémenter la classe proxy et créer les méthodes d'interrogation du service Web. Puis, les méthodes sont elles-mêmes déclarées comme étant celles de l'interface d'un service Web :

```
[WebMethod]
public WeatherReport Get_Weather(string stationSelected){
  GlobalWeather aGlobalWeather = new GlobalWeather();
  WeatherReport aWReport = aGlobalWeather.getWeatherReport(stationSelected);

  return aWeatherReport;
}
```

Cet exemple est intéressant à un autre titre, car il illustre parfaitement la capacité des technologies de services Web à s'adapter à tous les environnements et à toutes les plates-formes. Observons en détail son fonctionnement en exécution :

1. L'utilisateur saisit sa demande à partir d'un client Flash qui la traduit en une simple commande GET HTTP envoyée au service Web .Net.

2. Le service Web .Net est lui-même un proxy qui traduit cette interrogation en un message SOAP envoyé au service Web Java GlobalWeather.

3. Le service Web GlobalWeather traite la demande et renvoie la réponse SOAP.

4. Le proxy .Net réceptionne le message SOAP et le désérialise pour transformer le document XML en un objet. Mais le proxy étant lui-même un service Web, ce même objet est à nouveau sérialisé en XML pour être envoyé dans un message SOAP au client Flash.

5. Le client Flash réceptionne le message SOAP et peut traiter la réponse.

Certes, ce n'est pas le chemin le plus court, et le jeu de sérialisations/désérialisations peut se révéler lourd, mais l'application Web décrite ci-avant n'utilise que des interfaces standardisées (les services Web) et son développement est extraordinairement rapide.

Conclusion

Le poste de travail est une cible particulièrement intéressante pour les technologies de services Web. On peut imaginer que, dans un futur proche, un nombre important d'applications seront bâties ou refondées à l'aide de technologies résultant de l'évolution et de l'industrialisation de ce que nous avons « démontré » dans ce chapitre.

La cible est particulièrement large :

- applications Web « grand public » ;
- interfaces graphiques évoluées et animées ;
- applications de gestion de contenu ;
- applications professionnelles de gestion ;
- ainsi que, sans doute, d'autres domaines non encore repérés à ce jour.

Applications Web grand public

Ce sont des applications Web à valeur ajoutée, développées avec les toolkits de services Web embarqués dans les navigateurs de dernière génération (MS IE 6, Netscape 7, Mozilla, etc.). Avec un coût de développement très contenu (nous en avons vu la démonstration), ces applications peuvent agréger intelligemment (statiquement et dynamiquement) des services Web de toute sorte et de toute origine. L'agrégation intelligente des services hétérogènes est un avantage compétitif évident pour les applications Web grand public. Par ailleurs, le poste de travail peut devenir un véritable « assistant intelligent » qui interagit, pour le compte de l'utilisateur, avec toutes sortes de services dispersés sur le Web.

Applications d'entreprise (étendue)

L'offre MS Office XP, couplée avec l'agrégation et la dissémination des services Web de l'entreprise, ouvre la voie à une nouvelle génération de systèmes de gestion.

La première caractéristique de ces nouveaux systèmes est qu'ils procèdent de l'intégration à valeur ajoutée des applications patrimoniales (*legacy systems*) plutôt que de la refonte de ces applications, et ceci :

- par transformation des applications patrimoniales en services Web sans changement de la logique et du code applicatif ;
- puis par agrégation et dissémination des services Web ainsi obtenus.

La deuxième caractéristique est que, à l'aide de la technologie de services Web d'Office XP, il est possible d'effacer la frontière entre applications bureautiques, donc conviviales, toujours disponibles, à haute productivité, et applications d'entreprise (*mainframe*, client-serveur, technologie Web), pas toujours confortables à manier.

Par exemple, l'interface éditoriale d'une application de gestion de contenu ou de gestion documentaire peut être tout simplement MS Word, connectée avec les serveurs de validation, de stockage et de mise en ligne des informations et des documents. L'interface utilisateur d'une application de gestion peut être le tableur MS Excel, lequel interagit avec les applications de comptabilité, de gestion des achats, de gestion de stock, de gestion de clientèle, etc. de l'entreprise. En faisant un pas de plus, le graphisme évolué et l'animation Flash (ou demain SVG) peuvent interagir avec les applications du *back office*.

L'utilisateur travaille dans son environnement bureautique habituel de haute productivité, valide et sauvegarde en toute sécurité les résultats de son travail sur les serveurs de l'entreprise. En outre, il peut toujours travailler en mode déconnecté, par importation préalable des données sur son poste, et se synchroniser avec les serveurs d'entreprise à des moments choisis. Ces nouvelles « interfaces » homme/machine bénéficient pour un coût pratiquement nul des qualités exceptionnelles de confort et d'ergonomie des outils bureautiques professionnels.

Avec la disponibilité des technologies de services Web, il est possible de procéder effectivement à une refonte, au moindre coût, non pas des applications mais du poste client et des interfaces homme/machine. Cette démarche va bien au-delà de l'approche courante de l'interaction par navigateur HTML, qui s'apparente plutôt aujourd'hui à un terminal passif (certes relativement chatoyant).

Il est maintenant possible d'envisager de nouveaux postes de travail capables d'agréger intelligemment, par le biais de nouvelles règles de gestion mises en œuvre localement, les informations et les traitements des applications patrimoniales. Ces nouveaux postes clients sont *riches* d'intelligence applicative, mais ils restent *légers*, car ils ne nécessitent aucune procédure d'installation lourde : les codes applicatifs peuvent être téléchargés et leur mise à jour est automatique (*live-update*).

Le retour sur investissement

L'agrégation à valeur ajoutée sur le poste de travail des applications patrimoniales, exposées en tant que services Web, apparaît comme la nouvelle frontière des applications grand public et professionnelles. Grâce à la technologie des services Web, le retour sur investissement est sans commune mesure avec ce que l'on a pu constater dans le passé, car ces nouvelles « applications » vont permettre de conjuguer la réutilisation massive des applications patrimoniales (et donc la préservation des investissements passés) avec la rapidité de développement au moindre coût apportée par ces nouveaux outils et environnements sur le poste de travail.

Le défi de l'interopérabilité

Les technologies de services Web ont pour objectif de permettre la réalisation de systèmes d'information répartis, aptes à fonctionner de concert avec les précédentes technologies qui ont rendu possible l'émergence du réseau Internet et de la plupart de ses applications actuelles.

Ces services Web font appel à un socle désormais bien établi de spécifications, à savoir SOAP, WSDL et UDDI dont les différentes implémentations ont mis en évidence plusieurs variations dans l'interprétation de ces spécifications. Ces variations induisent des difficultés d'interaction entre certaines de ces implémentations. Au fur et à mesure de l'arrivée sur le marché de nouvelles implémentations, réalisées à l'aide de langages de développement toujours plus différents les uns des autres, ou de nouveaux systèmes d'exploitation capables de prendre en charge ces technologies, ces difficultés sont devenues de plus en plus délicates à gérer et à prendre en compte.

Ce qui est en cause ici, c'est l'aptitude de toutes ces implémentations à communiquer entre elles, et donc, leur *interopérabilité*. C'est la raison pour laquelle les principaux acteurs dans le domaine de ces nouvelles technologies ont décidé de réagir et de se donner les moyens d'identifier les sources de discordance de manière à les publier dans un premier temps, puis à les prendre en compte dans les groupes de travail qui œuvrent à l'évolution des spécifications concernées.

Cette réaction s'est d'abord matérialisée par la mise en place de groupes informels multilatéraux d'acteurs majeurs disposant de plates-formes relativement répandues et souhaitant en mesurer l'interopérabilité avec d'autres implémentations, lors de confrontations improvisées appelées *Interoperability Rounds*.

Cependant, l'importance de cette question a poussé ces mêmes acteurs à aller plus loin et à décider, dans un second temps, de la mise en place d'une structure pérenne et permanente, en charge de promouvoir et de définir les moyens de vérifier cette interopérabilité entre des implémentations d'origines diverses.

Les tests d'interopérabilité SOAP

La première proposition en ce sens revient à Tony Hong de XMethods qui envoya un mail sur la liste SOAP Builders (voir la section Ressources à la fin de ce chapitre) fin janvier 2001, dans lequel il proposait la mise en place d'un laboratoire d'interopérabilité et de bancs d'essais de validation.

À cette époque, force était de constater que l'explosion soudaine du nombre d'implémentations du protocole SOAP portait en elle les germes de possibles dysfonctionnements et incompatibilités qui, sans action préventive, auraient pû mettre en danger les débuts prometteurs de ces nouvelles technologies.

En effet, les causes possibles de divergences étaient nombreuses. Parmi ces causes, citons :

• les implémentations partielles de la spécification : cette situation pouvait en effet conduire à l'impossibilité de traiter un document par l'une des extrémités de l'échange ;

• les différences d'interprétation de certains points de la spécification par les auteurs d'implémentations SOAP ;

• le manque de complétude et les non-dits dans les spécifications SOAP 1.1, qui laissaient effectivement le champ libre à des implémentations hétérogènes et donc parfois divergentes ;

• les difficultés dues à l'absence de prise en compte d'éléments optionnels de la spécification SOAP, notamment en matière d'encodage des données ;

• les anomalies et erreurs de codage des logiciels eux-mêmes.

C'est ce constat qui a constitué l'élément déclencheur de la création du groupe SOAP Builders.

Le groupe agit comme un forum de discussion autour des problèmes d'implémentation et d'interopérabilité pour tout ce qui touche au protocole de transport SOAP.

Cette communauté fonctionne essentiellement en ligne, par cycles qui se terminent en général par une confrontation directe entre les différentes implémentations. Ces différents cycles sont préparés lors de rencontres informelles entre les principaux intervenants. Ces rencontres se tiennent la plupart du temps en marge des principales manifestations, conférences et autres salons dédiés aux technologies XML et services Web. Quatre cycles (*rounds*) ont déjà eu lieu, en l'espace d'une période de plus d'une année.

La communauté s'est dotée de différents moyens qui lui ont permis de discuter, mettre au point et organiser ces différentes confrontations. Parmi ces supports, nous pouvons relever :

• la mailing-list qui constitue le lieu de convergence des acteurs de ce groupe ;

• une spécification des tests d'interopérabilité spécifique à chaque cycle ;

• un répertoire des points d'accès côté serveur pour chaque implémentation participante ;

• les liens vers les pages de présentation des résultats obtenus par chacune des implémentations.

Tous ces différents éléments sont bien entendu publics et peuvent être consultés par tous.

D'autres initiatives, dont l'objectif était de parvenir rapidement à une interopérabilité SOAP, ont vu le jour. Parmi elles, il faut citer l'idée de Dave Winer, proposée en mars 2001, d'organiser un « Interopathon ». Cette proposition, discutée à travers la liste Interopathon (voir la section Ressources à la fin de ce chapitre), s'appuyait sur un plan qui devait s'étaler sur une période de soixante jours (voir *http://www.soapware.org/interopathonPlan*). L'objectif de ce plan était de vérifier si la spécification SOAP 1.1 devait être rapidement remise en chantier ou non. Les tests prévus ne devaient porter que sur des implémentations SOAP sur HTTP. Cependant, suite à la difficulté d'obtenir un consensus rapide autour de ce plan, David Winer a préféré se retirer, laissant ainsi le champ libre à l'initiative SOAP Builders.

SOAP Builders Round I

Les préoccupations du début de l'année 2001 portaient essentiellement sur la partie « câblée » de SOAP et plus spécialement sur les messages et l'appel de procédures distantes (le mode RPC).

Les bancs d'essais du premier round d'observation ont été préparés par Keith Ballinger (Microsoft), Tony Hong (XMethods), et Paul Kulchenko (soaplite.com) avec l'aide des membres de la liste SOAP Builders.

La première confrontation, dénommée SOAP Builders Round I, s'est produite dans les locaux d'IBM à Raleigh Durham. Les résultats de ces premiers tests ont été présentés lors du salon NetWorld+Interop qui s'est tenu à Las Vegas du 8 au 10 mai 2001.

Les spécifications de ce premier test d'interopérabilité sont publiées sur le site de XMethods à l'adresse *http://www.xmethods.net/soapbuilders/proposal.html*. Comme on peut le voir, cette première série de tests ne nécessitait pas le support de WSDL côté serveur. Le document fournit également la liste des points d'accès des différentes implémentations utilisées côté serveur, ainsi que les adresses des résultats obtenus par les implémentations côté client.

Implémentations testées

Du côté serveur, les 26 implémentations suivantes ont participé à ce test : Active State (*http://www.activestate.com*) - technologie PerlEx, Apache 2.1 (*http://www.apache.org*) - technologie Java/Servlet, Dolphin Harbor (*http://www.dolphinharbor.org*) - technologie Smalltalk/Spray, EasySoap++ (*http://easysoap.sourceforge.net*) - technologie C++, eSoapServer (*http://www.embedding.net/eSOAP*) - technologie C++, Frontier 7.0b26 (*http://frontier.userland.com*) - scripting propriétaire, 4S4C 1.3 (*http://www.4s4c.com/4s4c*) - technologie C++/COM, GLUE (*http://www.themindelectric.com*) - technologie Java, IONA XMLBus (*http://www.iona.com/products/webserv-xmlbus.htm*) - technologie Java, HP SOAP (*http://www.hpmiddleware.com/SalSAPI.dll/SaServletEngine.class/products/hp_web_services/default.jsp*) - technologie Java, Kafka XSLT (*http://www.vbxml.com/soapworkshop/utilities/kafka/default.asp*) - technologie XSL, Microsoft ATL Server (*http://msdn.microsoft.com/library/default.asp?url=/library/en-us/vccore/html/vcconatlserver.asp*) - technologie C++/COM, Microsoft SOAP Toolkit 2.0 (*http://msdn.microsoft.com/library/default.asp?url=/library/en-us/soap/htm/kit_intro_19bj.asp*) - technologie Visual Basic/COM, Microsoft Framework .NET beta 2 (*http://msdn.microsoft.com/netframework*) - technologie .NET, Microsoft Framework .NET remoting (*http://msdn.microsoft.com/library/default.asp?url=/library/en-us/dndotnet/html/hawkremoting.asp*) - technologie .NET, OpenLink (*http://www.openlinksw.com*) - technologie C/C++(?), Phalanx (*http://www.phalanxsys.com*) - technologie Visual Basic, SilverStream (*http://www.silverstream.com/Website/app/en_US/ProductsLanding*) - technologie Java, SOAP4R (*http://www.jin.gr.jp/~nahi/Ruby/SOAP4R*) - scripting Ruby, SOAP::Lite (*http://www.soaplite.com*) - technologie Perl, SOAPx4 (*http://dietrich.ganx4.com/nusoap*) - technologie PHP, SoapRMI (*http://www.extreme.indiana.edu/xgws/xsoap*) - technologie Java, SQLData SOAP Server (*http://www.sqldata.com/Soap.htm*) - technologie C++, TclSOAP (*http://tclsoap.sourceforge.net/SOAP-CGI.html*) - technologie Tcl, White Mesa SOAP RPC (*http://www.whitemesa.com/wmsoapsvc_about.htm*) - technologie C++ et Zolera SOAP Infrastructure (ZSI) (*http://www.zolera.com/opensrc/zsi/zsi.html*) - technologie Python.

Ces 26 implémentations côté serveur ont été testées par 15 implémentations côté client et les résultats de ces tests sont référencés sur le site de XMethods à l'adresse suivante : *http://www.xmethods.net/ilab*. Malheureusement, une grande partie d'entre eux ne sont plus disponibles en ligne.

Il faut ici noter l'extrême diversité des implémentations testées, reflet de la versatilité du protocole SOAP :

- langages compilés ou à base de machine virtuelle : Java, Smalltalk, C++, Visual Basic ;
- langages de scripting : Perl, Tcl, Python, PHP, Ruby, XSL.

Cette première série de tests a consisté à réaliser un ensemble d'appels RPC, pour lesquels l'implémentation SOAP cliente invoque une méthode de type « echo » accompagnée d'un paramètre de type variable. L'implémentation serveur SOAP décode l'appel et renvoie une réponse de même type et valeur. Le résultat renvoyé est comparé à la requête initiale par le client qui statue ainsi sur la réussite ou l'échec du test.

Les types de données utilisés lors de ces tests étaient les suivants :

- chaîne de caractères ;
- nombres entiers ;
- nombres flottants ;
- structures ;
- objets temporels (« dateTime ») ;
- objets binaires (base 64) ;
- tableaux de chaînes de caractères ;
- tableaux de nombres entiers ;
- tableaux de nombres flottants ;
- tableaux de structures ;
- pas de types de retour (« void »).

La dernière section de ce chapitre, Ressources, donne un certain nombre de pointeurs vers les résultats obtenus par les différentes implémentations en lice.

Les principales anomalies relevées lors de cette confrontation initiale, ont été les suivantes :

- impossibilité d'analyser la marque de polarité (BOM : Byte Order Mark) Unicode (voir *http://www.unicode.org/glossary/index.html#byte_order_mark*) du flux de réponse émis par d'autres implémentations ;
- impossibilité de décoder des données lorsque le récepteur utilise une version de la spécification XML Schema (versions 1999, 2000 ou 2001) différente de celle utilisée par l'émetteur qui a réalisé l'encodage. Il faut rappeler que la spécification XML Schema n'était pas encore stabilisée au moment de la parution de la spécification SOAP ;
- en-têtes « SOAPAction » non entourés de guillemets comme le stipule la spécification SOAP, d'où des difficultés de prise en compte par les implémentations qui se fondent sur la présence des guillemets ;
- impossibilité de gérer le mécanisme de référencement id/href à l'intérieur des enveloppes SOAP reçues par certaines implémentations.

La liste complète des anomalies rencontrées par les différentes combinaisons logicielles testées est publiée sur le site de XMethods (voir *http://www.xmethods.net/soapbuilders/interop.html*).

SOAP « rpc/encoded » vs SOAP « document/literal »

L'un des problèmes d'interopérabilité, fréquemment rencontré par les développeurs qui cherchent à mettre en œuvre des services Web entre des clients et des serveurs écrits en technologie .NET et Java, provient de l'implémentation partielle de la spécification SOAP.

En effet, la plupart des implémentations SOAP ne prennent en charge que le style d'appel RPC, défini dans la section 7 de la spécification SOAP (« Using SOAP for RPC »), conjointement avec le type d'encodage défini dans la section 5 de cette même spécification (« SOAP Encoding »). Cette configuration, dite « rpc/encoded », est notamment prise en charge par défaut par la plupart des implémentations Java. Ceci n'est pas le cas du *framework* .NET qui, par défaut, prend en charge la configuration dite « document/literal ». D'autres rares implémentations supportent également ce second format de message SOAP : c'est le cas de IONA XMLBus (Java) ou PocketSOAP (Visual Basic) par exemple.

Fort heureusement, le *framework* .NET permet de modifier la nature du format de message SOAP et de passer d'un format « rpc/encoded » à un format « document/literal » et inversement de manière très simple. Il suffit pour cela de jouer avec les directives de service ou de méthode telles que [SoapRpcService], [SoapRpcMethod], [SoapDocumentService], [SoapDocumentMethod] ainsi que sur l'une des propriétés associées « Use=SoapBindingUse.Encoded » ou « Use=SoapBindingUse.Literal » (voir *.NET Framework Developer's Guide* : « Customizing SOAP Messages » à *http://msdn.microsoft.com/library/default.asp?url=/library/en-us/cpguide/html/cpconcustomizingsoapinaspnetwebserviceswebserviceclients.asp*).

L'arrivée d'implémentations complètes, qui prennent en charge les deux formats de message SOAP, associée à la prise en compte de cette subtilité dans la spécification WSDL, a permis de réduire cette source de divergence entre implémentations d'origines diverses.

SOAP Builders Round II

La seconde confrontation, dénommée SOAP Builders Round II, est préparée dès la fin du salon NetWorld+Interop de Las Vegas. Celle-ci voit les efforts des intervenants se porter sur les problèmes d'encodage et d'utilisation des en-têtes SOAP.

Cette confrontation se poursuit à l'heure actuelle. Elle est entièrement pratiquée en ligne et les résultats sont publiés au fur et à mesure de l'avancement des tests et centralisés sur le site de White Mesa Software (*http://www.whitemesa.com/interop.htm*). Les résultats de 37 implémentations côté serveur et 23 implémentations côté client sont disponibles à ce jour, toutes catégories de tests confondues.

Afin de faciliter le suivi des événements durant cette confrontation (inscription de nouveaux points d'accès côté serveur, publication de nouveaux résultats côté client, etc.), Simon Fell (PocketSOAP) a même été jusqu'à développer un service Web d'enregistrement et de notification (*http://www.pocketsoap.com/registration*). Ce service est accessible en ligne sur le site de SOAPClient (*http://www.soapclient.com/interop/simonregistry.html*).

Les tests pratiqués durant cette confrontation ont fait l'objet d'un classement en trois catégories appelées groupes A (ou base), B et C :

- groupe A : reprise des tests de type « echo » de la première rencontre SOAP Builders Round I, agrémentée de tests équivalents sur des types de données non pris en charge précédemment ;

- groupe B : tests d'appels de type RPC avec utilisation de paramètres multiples en entrée et en sortie et utilisation de types de données complexes ;

- groupe C : tests de prise en compte des en-têtes SOAP et utilisation des attributs `actor` et `mustUnderstand`.

Implémentations testées à ce jour

Aujourd'hui, 37 implémentations côté serveur et 23 implémentations côté client publient leurs points d'accès et les résultats obtenus. Certaines combinaisons ne sont pas disponibles du fait de l'arrivée plus tardive de quelques implémentations dans la communauté.

Du côté serveur, on peut noter les produits suivants : 4s4c 1.3 et 2.0 (*http://soap.4s4c.com*), Apache Axis et SOAP 2.2 (*http://xml.apache.org*), Microsoft ASP.NET, .NET Remoting, SOAP Toolkit 2.0 et 3.0 (*http://mssoapinterop.org*), Cape Clear CapeConnect (*http://interop.capeclear.com*), Delphi SOAP (*http://soap-server.borland.com/WebServices*), EasySoap++ (*http://easysoap.sourceforge.net*), eSOAP (*http://www.embedding.net/eSOAP*), gSOAP (*http://www.cs.fsu.edu/~engelen/soap.html*), Frontier (*http://frontier.userland.com*), Glue (*http://www.themindelectric.com*), Hewlett-Packard SOAP (*http://soap.bluestone.com/hpws*), IONA XMLBus (*http://interop.xmlbus.com:7002*), Kafka XSLT SOAP (*http://www.thoughtpost.com/content/kafka.aspx*), kSOAP (*http://ksoap.enhydra.org*), NuSOAP (*http://dietrich.ganx4.com/nusoap*), NuWave Technologies (*http://www.nuwavetech.com*), OpenLink Virtuoso (*http://www.openlinksw.com*), PEAR SOAP (*http://caraveo.com/soap_interop*), Phalanx (*http://www.phalanxsys.com*), SilverStream (*http://www.silverstream.com*), SIM (*http://www.simdb.com*), SOAP4R (*http://www.jin.gr.jp/~nahi/Ruby/SOAP4R*), SOAP:Lite (*http://www.soaplite.com*), Spheon JSOAP (*http://soap.fmui.de*), Spray 2001 (*http://www.dolphinharbor.org*), SQLData SOAP Server (*http://www.sqldata.com/Soap.htm*), Sun Microsystems (*http://java.sun.com/wsinterop/sb/index.html*), Cincom VisualWorks OpentalkSoap 1.0 (*http://www.cincomsmalltalk.com:8080/CincomSmalltalkWiki*), Systinet WASP Advanced 4.0 et WASP for C++ 4.0 (*http://soap.systinet.net/interop*), webMethods Integration Server (*http://www.webmethods.com*) et White Mesa SOAP Server (*http://www.whitemesa.com*).

Côté client, les implémentations suivantes sont utilisées : Apache Axis et SOAP 2.3 (*http://xml.apache.org*), Microsoft ASP.NET (*http://mssoapinterop.org*), EasySoap++ (*http://easysoap.sourceforge.net*), eSOAP (*http://www.embedding.net/eSOAP*), gSOAP (*http://www.cs.fsu.edu/~engelen/soap.html*), Glue (*http://www.themindelectric.com*), Hewlett-Packard SOAP (*http://soap.bluestone.com/hpws*), IONA XMLBus (*http://interop.xmlbus.com:7002*), kSOAP (*http://ksoap.enhydra.org*), OpenLink Virtuoso (*http://www.openlinksw.com*), PEAR SOAP (*http://caraveo.com/soap_interop*), PocketSOAP 1.1 (*http://www.pocketsoap.com/pocketsoap*), SILAB/TclSOAP (*http://tclsoap.sourceforge.net*), SIM (*http://www.simdb.com*), SOAP4R (*http://www.jin.gr.jp/~nahi/Ruby/SOAP4R*), Spheon JSOAP (*http://soap.fmui.de*), Spray (*http://www.dolphinharbor.org*), SQLData(*http://www.sqldata.com/Soap.htm*), Cincom VisualWorks OpentalkSoap 1.0 (*http://www.cincomsmalltalk.com:8080/CincomSmalltalkWiki*), Systinet WASP Advanced 4.0 et WASP for C++ 4.0 (*http://soap.systinet.net/interop*), White Mesa 2.7 (*http://www.whitemesa.com*) et Wingfoot 1.0 (*http://www.wingfoot.com*).

Les objectifs particuliers poursuivis lors de cette nouvelle campagne de tests sont :

- l'utilisation d'implémentations qui répondent à la spécification SOAP 1.1 ;

- la conformité des enveloppes (côtés client et serveur) à un document WSDL prédéfini ;

- la mise en œuvre de l'encodage tel que spécifié dans la section 5 de la spécification SOAP.

Cette seconde confrontation ne nécessite pas encore l'utilisation de la spécification WSDL. Les documents WSDL proposés le sont à titre documentaire et peuvent être publiés par les différentes implémentations.

Comme nous l'avons vu, ce cycle se poursuit encore à l'heure actuelle et de nouvelles implémentations apparaissent pour se confronter aux autres : par exemple, Fred Hartman a publié en juin 2002 les points d'accès de l'implémentation du serveur webMethods Integration Server version 4.6 (Service Pack 1). D'autres résultats obtenus par de nouvelles versions d'anciennes implémentations sont aussi publiés régulièrement, ainsi que des changements de points d'accès.

Les tests d'interopérabilité WSDL (et compléments SOAP)

SOAP Builders Round III

La troisième confrontation, SOAP Builders Round III, est dédiée à la manière dont la spécification WSDL est utilisée dans les différentes implémentations. En effet, peu après l'apparition du protocole SOAP, la nécessité de décrire les services Web échangés était devenue évidente et les principaux auteurs de SOAP s'attelèrent à la tâche.

Cette troisième confrontation, organisée dans les locaux de IONA Technologies avec la participation de Microsoft, s'est tenue les 27 et 28 février 2002 à Waltham dans l'état du Massachusetts.

Les principaux objectifs de cette confrontation étaient, pour chacune des implémentations, les suivants :

- générer les fichiers WSDL corrects en fonction de différents scénarios et être en mesure d'utiliser les fichiers générés par les autres implémentations ;
- consommer et réutiliser des fichiers WSDL imposés.

Le détail des différents tests pratiqués est publié sur le site de IONA (*http://www.xmlbus.com/interop/ WSDLInterop-0118.htm*). Le découpage en trois sous-groupes de tests D, E et F y est également présenté.

Implémentations testées

Les 18 implémentations suivantes ont participé à cette troisième confrontation (pour plus de détails, se reporter à *http://www.xmlbus.com/interop/Round_III_attendees.xls*) : Altova (XML Spy) (*http://www.xmlspy.com*) - technologie C/C++(?), BEA (*http://www.bea.com*) - technologie Java, Cape Clear (*http://www.capeclear.com*) - technologie Java, Dolphin Harbor (*http://www.dolphinharbor.org*) - technologie Smalltalk/Spray, IONA XMLBus (*http://www.iona.com*) - technologie Java, IBM/Apache (*http://www.ibm.com*) - technologie Java, Macromedia (*http://www.macromedia.com*) - technologie Java, Microsoft (*http://www.microsoft.com*) - technologie C++/COM/.NET, Mindreef (*http://www.mindreef.com*) - technologie C/C++(?), Oracle (*http://www.oracle.com*) - technologie Java, Phalanx (*http://www.phalanxsys.com*) - technologie Visual Basic, PocketSOAP (*http://www.pocketsoap.com*) - technologie C++/COM, Rogue Wave (*http://www.roguewave.com*) - technologie C++, Systinet (*http://www.systinet.com*) - technologie Java, The Mind Electric (*http://www.themindelectric.com*) - technologie Java, White Mesa (Lectrosonics) (*http://www.whitemesa.com*) - technologie C++, XMethods (*http://www.xmethods.com*) - technologie PHP(?) et Zolera Systems (*http://www.zolera.com*) - technologie Python.

Les résultats des tests obtenus par chaque implémentation sont publiés sur les sites respectifs des éditeurs. Quelques liens sont référencés à la fin du chapitre, dans la section Ressources).

Le site de White Mesa Software centralise l'ensemble des éléments (tests, résultats, points d'accès) associés à cette troisième confrontation (*http://www.whitemesa.net/r3/interop3.html*).

SOAP Builders Round IV

Une quatrième confrontation, SOAP Builders Round IV, a été mise en place et une réunion plénière s'est d'ores et déjà tenue dans les locaux des laboratoires d'IBM à San Jose, les 3 et 4 juin 2002.

D'après la première version des objectifs poursuivis (*roadmap*), publiés à l'issue de cette réunion préparatoire, des problèmes aussi divers que la gestion des erreurs, l'authentification, l'interopérabilité des schémas XML, les pièces jointes SOAP (SwA : SOAP with Attachments), la gestion de fichiers de type DataSet ou la gestion de collections devaient figurer au menu de cette confrontation.

Finalement, ces différents types de tests ont été regroupés en quatre catégories :

- groupe G : tests d'interopérabilité des implémentations sur les pièces jointes SOAP SwA (SOAP with Attachments) et DIME (Direct Internet Message Encapsulation) en styles « rpc/encoded » et « document/literal » ;
- groupe H : tests de gestion des erreurs en styles « rpc/encoded » et « document/literal » ;
- groupe I : tests WSDL/XSD.

Les tests initialement prévus, mais finalement non pris en compte dans cette quatrième confrontation, ont été reportés aux confrontations suivantes. La décision a été prise lors de la téléconférence de lancement (*kick-off*) de la confrontation qui s'est tenue le 10 septembre 2002 : les sujets Session, DataSet et Collection/Map sont reportés à la cinquième confrontation. Le traitement de l'authentification HTTP est finalement considéré comme hors sujet.

Une partie des tests a déjà été réalisée par certains des intervenants et les résultats sont publiés sur le site de White Mesa Software (voir l'adresse ci-après).

Le site de White Mesa Software centralise l'ensemble des éléments (tests, résultats, points d'accès) associés à cette quatrième confrontation (*http://www.whitemesa.net/r4/interop4.html*).

SOAP Builders Round V

Une cinquième confrontation, SOAP Builders Round V, est en préparation et une réunion plénière (*Face-to-Face Meeting*) s'est d'ores et déjà tenue dans les locaux de Sun Microsystems à Burlington (Massachussets), les 8 et 9 octobre 2002.

Les sociétés représentées lors de cette réunion étaient : BEA, Computer Associates, IBM, Lectrosonics (White Mesa), Macromedia, Microsoft, Mindreef, OpenLink, Oracle, Sonic Software, Sun Microsystems, Systinet et webMethods.

À l'issue de cette réunion, six groupes de tests ont été retenus :

- groupe 5.1 : reprise des tests de base de type « echo » des précédentes confrontations, augmentée de la prise en compte des types « built-in » de la spécification XML Schema non couverts par les tests antérieurs ;
- groupe 5.2 : utilisation de l'attribut `xsi:type` dans les messages SOAP ;
- groupe 5.3 : tests de messagerie SOAP asynchrone ;
- groupe 5.4 : gestion des erreurs HTTP ;
- groupe 5.5 : extension des types composés dans les schémas WSDL ;
- groupe 5.6 : intermédiaires SOAP (routage).

Ces tests se dérouleront lors de la prochaine réunion de préparation qui se tiendra fin février ou début mars 2003 dans les locaux de Microsoft à Redmond. Une autre réunion a été proposée par webMethods : celle-ci se déroulerait en juin 2003 dans les locaux de webMethods à Fairfax (Virginie).

Le site de Sun Microsystems centralise l'ensemble des éléments associés à la préparation de cette cinquième confrontation (*http://java.sun.com/wsinterop/sb/r5*). Les minutes de la dernière réunion sont notamment accessibles sur ce site (*http://java.sun.com/wsinterop/sb/r5/notes.html*).

Un nouveau site Web, SOAPBuilders.org, a été récemment mis en ligne par Glen Daniels de Macromedia (*http://www.soapbuilders.org*). Ce site devrait devenir le point d'entrée vers l'ensemble des sites de ressources disséminés sur le réseau Internet.

Les tests d'interopérabilité UDDI

La première proposition de tests d'interopérabilité revient à Anne Thomas Manes de Systinet qui, dans un mail envoyé sur la liste UDDI Builders (voir la section Ressources à la fin de ce chapitre) en février 2002, proposait également la mise en place d'un laboratoire d'interopérabilité et de bancs d'essais de validation, à l'image de ce qui avait été fait par Tony Hong de XMethods dans le cadre de la communauté SOAP Builders.

Anne Thomas Manes propose cette activité de tests « aux entreprises qui développent des serveurs d'annuaires UDDI et des librairies clientes ». Ces tests doivent permettre de valider des « clients UDDI par rapport à des serveurs UDDI qui sont différents de ceux pour lesquels ils ont été développés ».

La société Systinet propose, à l'adresse *http://soap.systinet.net/interop/uddi*, un banc d'essai UDDI. Ce banc d'essai est également décomposé en plusieurs cycles (*rounds*) de tests, eux-mêmes classés en groupes. Pour l'instant, deux cycles ont été définis :

- le cycle 0 comprend les tests les plus simples, classés en cinq groupes, et est destiné à vérifier que les serveurs et les clients UDDI communiquent sans erreurs (*http://soap.systinet.net/interop/uddi/rounds/round0/index.html*) ;

- le cycle 1 comporte les tests de base, classés en dix groupes, et a pour objectif de vérifier la bonne utilisation de l'ensemble des structures et caractéristiques UDDI (*http://soap.systinet.net/interop/uddi/rounds/round1/index.html*).

La société Systinet a mis en place différents moyens qui vont permettre aux membres de cette communauté de discuter, mettre au point et organiser ces différentes confrontations. Parmi ces supports, nous pouvons noter :

- la mailing-list qui constitue le lieu de convergence des acteurs de ce groupe ;

- une spécification des tests d'interopérabilité spécifique à chaque cycle.

Chaque participant doit fournir :

- un répertoire des points d'accès côté serveur pour chaque implémentation participante ;

- une page de présentation des résultats obtenus par chacune des implémentations.

Pour l'instant, cette initiative ne semble pas rencontrer d'écho. Il est vrai que l'on ne voit apparaître des implémentations d'annuaires UDDI privés que depuis peu. Systinet propose des points d'accès pour deux de ses produits (*http://soap.systinet.net/interop/uddi/productList.html*) :

• WASP UDDI 3.1 Standard ;

• WASP UDDI 3.0 Enterprise.

Les tests d'interopérabilité globaux

Très récemment, une nouvelle forme de tests d'interopérabilité est apparue. Il s'agit de tests qui simulent le fonctionnement d'une application complète, plus proche de la réalité rencontrée sur le terrain par les entreprises (*in the real world* comme disent parfois les Anglo-saxons).

Une première expérience a été mise en œuvre dernièrement, dont les résultats ont fait l'objet d'une démonstration lors de la conférence SIGS/101 XML Web Services One, qui s'est tenue du 4 au 7 juin 2002 à San Jose en Californie (*http://www.xmlconference.com/sanjose/index.asp*).

Encore une fois, c'est la société XMethods de Tony Hong qui s'est chargée de la logistique de cette opération. L'ensemble des ressources utilisées lors de cette démonstration sont regroupées sur une page dédiée du site de XMethods (*http://www.xmethods.net/idemo*).

Cette application, dénommée « idemo », met en jeu plusieurs acteurs qui interagissent dans le cadre d'une opération commerciale : un client, un fournisseur, un entrepôt et un établissement de crédit. Cette démonstration met en œuvre l'ensemble de la pile protocolaire SOAP, WSDL et UDDI.

Des sociétés telles que IBM, IONA Technologies, Microsoft et The Mind Electric ont implémenté cette démonstration et ont participé à sa présentation.

Cependant, l'amélioration très rapide des conditions de l'interopérabilité entre les différentes réalisations de ces éditeurs de logiciels, ainsi qu'entre les différentes spécifications utilisées dans ces logiciels, a fait naître le besoin de placer la barre plus haut et de placer la problématique de l'interopérabilité au niveau qui convient : celui d'une nouvelle autorité Internet en charge exclusive de ce contrôle de cohérence devenu vital pour la nouvelle génération d'Internet.

Le consortium industriel WS-I

L'organisation WS-I (Web Services Interoperability Organization) a été créée le 6 février 2002 (voir l'annonce Microsoft : *http://www.microsoft.com/presspass/press/2002/feb02/02-06InteropOrgPR.asp*), sur l'initiative d'IBM et de Microsoft.

Objectif de l'organisation

Cette organisation s'est donnée comme objectif de promouvoir l'interopérabilité des services Web entre les plates-formes, les applications et les langages de programmation. Elle répondra aux besoins des clients en fournissant des conseils, des recommandations et des outils de support destinés à produire des services Web interopérables.

Membres fondateurs

Aux côtés d'IBM et de Microsoft, à l'origine de cette initiative, les autres fondateurs sont : Accenture, BEA Systems, Fujitsu, Hewlett-Packard, Intel, Oracle et SAP.

Dès cette annonce, l'initiative est supportée par un grand nombre d'entreprises : Akamai Technologies, Autodesk, Borland, Business Objects, Cape Clear Software, Commerce One, CommerceQuest, Compaq, Corechange, Corillian, Daimler/Chrysler, Dassault Systèmes, J.D. Edwards, Epicentric, Epicor Software, ESRI, FileNET, Flamenco Networks, Ford Motor, FrontRange Solutions, Grand Central Networks, Groove Networks, IONA, Jamcracker, Kana, Loudcloud, Macromedia, McAfee.com, Onyx Software, Peregrine Systems, Pivotal, Plumtree Software, POSC.org, Qwest Communications, Rational Software, RealNames, Reed Elsevier, Reuters, Sabre Holdings, SAS Institute, Sybase, Toshiba TEC, United Airlines, Versata, VeriSign et webMethods.

Afin de vérifier cette interopérabilité entre implémentations, l'organisation WS-I fournira un ensemble d'outils de test et de vérification de la conformité de ces implémentations par rapport aux spécifications de base qui régissent les technologies de services Web : XML, SOAP, WSDL et UDDI.

De même, l'organisation WS-I suivra l'évolution des spécifications et des standards dans le domaine des services Web et dressera une roadmap architecturale qui établira les fonctionnalités qui devront être couvertes par de futures spécifications. L'organisation suivra ces évolutions et adaptera en conséquence ses outils de contrôle.

Simultanément à l'annonce de sa création, l'organisation WS-I s'est dotée d'un site Internet de référence (*http://www.ws-i.org*).

L'organisation n'a pas vocation à émettre des spécifications, des standards ou des normes. Son rôle consiste plutôt à s'assurer de la cohérence et de la bonne utilisation entre les productions, dans ces différents domaines, des organismes existants tels que le W3C, l'OASIS et l'IETF. Il n'est pas non plus dans les intentions de l'organisation WS-I d'émettre un certificat de compatibilité du style « compatible WS-I », similaire à l'étiquette « compatible J2EE » décernée par Sun Microsystems aux implémentations Java qui passent la batterie de tests de compatibilité associée.

Une tentative de contournement du W3C ?

D'aucuns ont vu, à travers cet acte de création d'une nouvelle entité de régulation du monde Internet, la volonté de certains groupes de faire pression sur le W3C, pour accélérer ses travaux relatifs à la standardisation des technologies de services Web, voire une tentative de supplanter le W3C dans ce domaine.

En effet, certains acteurs de ce monde technologique, qui se trouvent vraisemblablement parmi les initiateurs, considèrent que les travaux du W3C avancent trop lentement, voire que les ressources de cet organisme sont détournées au profit d'autres activités comme notamment tout ce qui touche à la notion de « Web sémantique » (*semantic Web*) : voir à ce sujet la section du site du W3C dédiée à ce domaine à l'adresse *http://www.w3.org/2001/sw* et le portail SemanticWeb.org à l'adresse *http://www.semanticweb.org*.

On peut aussi rappeler, dans ce contexte, la publication d'un document polémique, sous forme d'une lettre au Père Noël, rédigé en décembre dernier par Tim Ewald et Martin Gudgin de DevelopMentor et dont le principal message était : « Cher Père Noël, tout ce que nous voulons pour Noël est un groupe de travail WSDL » (*http://www.xml.com/pub/a/2001/12/19/wsdlwg.html*).

Organisation et groupes de travail

Le consortium WS-I a publié son organisation opérationnelle dès le 18 avril 2002, sous la forme de groupes de travail (annonce : *http://www.ws-i.org/docs/20020418wsipr.pdf*). À la date où nous écrivons ces lignes, la communauté de sociétés qui supportent l'organisation compte déjà cent membres.

Nouveaux membres supporters

La création du consortium WS-I a rapidement suscité un vif intérêt parmi les acteurs de ces nouvelles technologies, malgré un début de polémique autour de l'absence de Sun Microsystems dans le groupe des fondateurs de l'organisation.

À ces premiers fervents adeptes de la première heure se sont ajoutées de nombreuses entreprises et parmi celles-ci : 101communications, Actional, Agentis Software, Altova, Approva, Ascential Software, AT&T, Avinon, Bang Networks, Bowstreet, ContentGuard, Corel, Cyclone Commerce, Discrete Objects, E2open, Fox Island Partners, FullTilt Solutions, Geac Computer, HighJump Software, Hitachi, Hummingbird, iWay Software, Mediapps, Mercator Software, Metapa, Metaphorex, Micro Focus International, Mogul Technology, move3d Technology Design Consulting, NEON Systems, netIQ, Office of e-Envoy, Parasoft, Partnerware, Portera Systems, Procter & Gamble, Quovadx, SilverStream Software, Software AG, Sonic Software, Systinet, Talking Blocks, Tata Consultancy Services, TIBCO Software, Tryllian, Unisys, Versata, Vinsurance, Visuale, Vitria et WRQ.

Trois groupes de travail initiaux sont donc créés :

- Profil de base des services Web : ce groupe a pour mission d'établir un ensemble de spécifications (dont XML Schema, SOAP, WSDL et UDDI) qui constituent les fondations du développement des services Web. Le groupe doit formuler les recommandations d'usage des spécifications qui composent le profil de base.

- Applications de référence : le groupe doit produire des applications de référence de services Web de base. Ces applications permettront d'illustrer les meilleures manières de faire (*best practices*) en termes de développement et d'implémentation. Elles seront réalisées en utilisant différents langages et à l'aide de différents environnements de développement.

- Systèmes de tests et développement d'outils : ce groupe, dont la vocation est de développer un ensemble de tests de vérification de la conformité d'une implémentation avec les spécifications du profil de base et les recommandations émises par le premier groupe, doit permettre de disposer des moyens de s'assurer que l'objectif d'interopérabilité de services Web entre plates-formes, langages de programmation et applications est bien atteint.

Introduction du concept de profil

Ces groupes de travail ont maintenant débuté leur activité. Un premier document définit la notion de profil introduite lors de la précédente annonce de l'organisation. Celui-ci est disponible sur le site de WS-I à l'adresse *http://www.ws-i.org/docs/WS-I_Profiles.pdf*.

Définition du profil

Ce document fait le point sur les spécifications actuelles introduites dans le domaine des services Web. Celles-ci sont en faible nombre pour l'instant :

- SOAP 1.1 ;
- WSDL 1.1 ;

- UDDI 2.0 ;

- XML Schema 1.0.

Ce premier noyau de standards est susceptible d'être complété par d'autres spécifications et standards du fait des nombreuses fonctionnalités qui ne sont pas encore couvertes, parmi lesquelles l'organisation identifie les suivantes :

- l'extensibilité des messages ;

- l'attachement de pièces binaires ;

- le routage des messages ;

- la corrélation de messages ;

- l'acheminement garanti des messages ;

- les signatures digitales ;

- le chiffrement de documents XML ;

- la gestion de transactions ;

- les flux de processus ;

- l'inspection de services ;

- la découverte de services.

Cette liste de fonctionnalités avait déjà fait l'objet d'une précédente publication dans un document commun (*Position Paper*) produit par IBM et Microsoft lors de la réunion de l'atelier sur les services Web (*Workshop on Web Services*) organisé par le W3C, les 11 et 12 avril 2001 à San Jose en Californie : voir *http://www.w3.org/2001/03/WSWS-popa/paper51*.

La notion de profil permet donc de définir un ensemble de spécifications, nommément désignées et dont la version est explicitement précisée. Ceci permet de manier ces spécifications à travers un niveau de granularité plus important et mieux adapté à l'étude de l'interopérabilité. L'organisation vérifiera la compatibilité au niveau unitaire d'une spécification et au niveau d'un profil complet.

La définition d'un profil comportera également des documents de conventions et de recommandations d'usage, destinés à lever les ambiguïtés détectées dans l'étude des spécifications rattachées au profil. De la même manière, ces conventions et recommandations s'appliqueront à un niveau unitaire ou à l'ensemble des spécifications du profil. Ces éléments feront l'objet d'une communication aux différentes instances de standardisation et normalisation qui les contrôlent et l'organisation suivra les réactions et évolutions de ces organismes.

Le premier profil défini par l'organisation (WS-I Basic) désigne les spécifications suivantes :

- XML Schema 1.0 ;

- SOAP 1.1 ;

- WSDL 1.1 ;

- UDDI 2.0.

Les conventions et recommandations d'usage associées à ce profil seront développées et publiées ultérieurement par les différents groupes de travail du WS-I.

Le WS-I prévoit de mettre à disposition un premier ensemble d'outils pour fin 2002.

Version initiale du profil de base

Une première version de travail (*Working Draft*) du profil de base a été rendue publique, le 29 octobre 2002, par le groupe de travail en charge de cette définition, lors de la conférence *Gartner Group Application Integration and Web Services* de Chicago (voir annonce : *http://www.ws-i.org/docs/20021029wsipr.doc*).

La version 1.0 de ce document est accessible à l'adresse *http://www.ws-i.org/Profiles/Basic/2002-10/Basic-Profile-1.0-WGD.pdf*. La version définitive doit être publiée au début de l'année 2003. Les aspects suivants sont explorés :

- la messagerie ;

- la description d'un service ;

- la découverte d'un service ;

- la sécurité.

Ce document définit un ensemble de règles (*requirements*) à respecter et s'appuie sur le vocabulaire très largement utilisé de la RFC2119 (*Key words for use in RFCs to Indicate Requirement Levels* à l'adresse *http://www.ietf.org/rfc/rfc2119.txt*) de l'IETF. Les mots-clés MUST, MUST NOT, REQUIRED, SHALL, SHALL NOT, SHOULD, SHOULD NOT, RECOMMENDED, MAY et OPTIONAL sont donc largement utilisés pour décrire ces règles.

Les spécifications référencées pour définir les règles de la messagerie sont :

- Simple Object Access Protocol (SOAP) 1.1 : *http://www.w3.org/TR/SOAP* ;

- Extensible Markup Language (XML) 1.0 (Second Edition) : *http://www.w3.org/TR/REC-xml* ;

- RFC2616: Hypertext Transfer Protocol -- HTTP/1.1 : *http://www.ietf.org/rfc/rfc2616.txt* ;

- RFC2965: HTTP State Management Mechanism : *http://www.ietf.org/rfc/rfc2965.txt*.

Les règles pour la description d'un service sont régies par :

- Web Services Description Language (WSDL) 1.1 : *http://www.w3.org/TR/wsdl* ;

- XML Schema Part 1: Structures : *http://www.w3.org/TR/xmlschema-1* ;

- XML Schema Part 2: Datatypes : *http://www.w3.org/TR/xmlschema-2*.

Pour la découverte d'un service, les spécifications référencées sont les suivantes :

- UDDI Version 2.04 API, Published Specification, Dated 19 July 2002 : *http://uddi.org/pubs/ProgrammersAPI-V2.04-Published-20020719.pdf* ;

- UDDI Version 2.03 Data Structure Reference, Published Specification, Dated 19 July 2002 : *http://uddi.org/pubs/DataStructure-V2.03-Published-20020719.pdf* ;

- Version 2.0 UDDI XML Schema 2001 : *http://uddi.org/schema/uddi_v2.xsd* ;

- UDDI Version 2.03 Replication Specification, Published Specification, Dated 19 July 2002 : *http://uddi.org/pubs/Replication-V2.03-Published-20020719.pdf* ;

- Version 2.03 Replication XML Schema 2001 : *http://uddi.org/schema/uddi_v2replication.xsd* ;

- UDDI Version 2.03 XML Custody Schema : *http://uddi.org/schema/uddi_v2custody.xsd* ;

- UDDI Version 2.01 Operator's Specification, Published Specification, Dated 19 July 2002 : *http://uddi.org/pubs/Operators-V2.01-Published-20020719.pdf.*

Enfin, les spécifications référencées pour définir les règles de sécurité sont :

- RFC2818: HTTP Over TLS : *http://www.ietf.org/rfc/rfc2818.txt* ;

- RFC2246: The TLS Protocol Version 1.0 : *http://www.ietf.org/rfc/rfc2246.txt* ;

- The SSL Protocol Version 3.0 : *http://wp.netscape.com/eng/ssl3/draft302.txt* ;

- RFC2459: Internet X.509 Public Key Infrastructure Certificate and CRL Profile : *http://www.ietf.org/rfc/rfc2459.txt.*

Les impacts des règles énoncées dans cette première version du profil de base sont précisés dans les chapitres de la deuxième partie du livre qui traitent des technologies Services Web et des spécifications associées.

Mise à l'écart de l'encodage SOAP (section 5) ?

La première version du profil de base semble vouloir écarter le format « rpc/encoded ». Les auteurs utilisent une phrase ambiguë (sous la règle R1007) pour l'exprimer : « *For interoperability, literal XML is preferred.* » Curieusement, cette phrase n'utilise pas le vocabulaire très précis de la RFC2119. Comme le souligne Roger Jennings dans un article publié par la revue *XML & Web Services Magazine* (voir ci-dessous), le terme « *preferred* » utilisé relève de « l'euphémisme » et une expression telle que « *For interoperability, messages MUST NOT use the SOAP rpc/encoded message format* » aurait constitué « une représentation plus précise de la position du BPWG (Web Services Basic Profile Working Group) ».

Certains documents ou articles donnent des précisions sur ce problème :

- *The Argument Against SOAP Encoding* de Tim Ewald (Microsoft) : *http://msdn.microsoft.com/webservices/understanding/webservicebasics/default.aspx?pull=/library/en-us/dnsoap/html/argsoape.asp* ;

- *WS-I Draft Disallows rpc/encoded Format* de Roger Jennings (OakLeaf Systems) : *http://www.fawcette.com/xmlmag/2002_10/online/webservices_rjennings_10_21_02/default.asp.*

Cette manière alambiquée d'exprimer la mise à l'écart d'un format d'échange nécessite des éclaircissements. Elle va à l'encontre des efforts, menés depuis de nombreux mois par les animateurs du forum SOAP Builders, pour mettre au point des tests destinés à vérifier l'interopérabilité des diverses implémentations SOAP et notamment des tests basés sur le format « rpc/encoded ». Les principales implémentations du marché maîtrisent bien ce format : l'étude de cas présentée à la fin de cet ouvrage s'appuie essentiellement sur ce format et met en œuvre plusieurs implémentations SOAP avec succès.

Comme le note également Roger Jennings dans son article, le site XMethods référençait à mi-octobre 249 instances de services Web, dont 128 accessibles au format « rpc/encoded ». La conclusion qu'en tire Roger Jennings est que « si le ratio `rpc/encoded` sur `document/literal` constaté sur le site XMethods est représentatif de la pratique générale de développement des services Web, adopter le profil de base 1.0 du WS-I en tant que 'standard' d'interopérabilité aurait pour effet de stigmatiser plus de la moitié des instances actuelles de services Web, en les considérant comme non conformes et par inférence non interopérables. ».

Vers une interopérabilité généralisée

Comme nous venons de le voir, les principaux acteurs dans le domaine des technologies liées aux services Web se sont très vite préoccupés de s'assurer de l'interopérabilité de leurs produits et de l'évolution des spécifications dans un sens favorable à cette interopérabilité.

Cette préoccupation s'est tout d'abord manifestée du point de vue des implémentations avec la constitution de la communauté SOAP Builders et plus récemment UDDI Builders.

Mais conscients de la nécessité de prendre en compte cette problématique plus en amont de l'implémentation, c'est-à-dire au niveau des spécifications, les plus grands acteurs ont décidé de créer l'organisation WS-I dont le rôle essentiel est précisément de promouvoir et garantir cette interopérabilité, en bonne intelligence avec les gardiens du processus de spécification que sont, pour ne citer que les principaux, le W3C, l'IETF ou le consortium OASIS.

Cette prise de conscience était nécessaire. L'explosion des spécifications disponibles et des problématiques adressées par ces spécifications est impressionnante. La carte (*roadmap*) dressée par la communauté SOAP Builders donne une idée du chemin parcouru et du travail qu'il reste à fournir selon le point de vue des intervenants de cette communauté (voir *http://www.xmlbus.com/learn/roadmap.htm*).

Gageons que tous ces efforts conjoints permettront d'atteindre enfin cette interopérabilité que nous commençons à réellement entrevoir et à toucher du doigt, comme jamais auparavant.

Ressources

Différents sites de ressources se sont mis en place progressivement, afin de permettre aux utilisateurs de ces nouvelles technologies de vérifier l'avancement et la progression des plates-formes en matière d'interopérabilité. Les liens indiqués ci-dessous constituent une partie de ces ressources.

Sites Internet (points d'accès, tests et résultats)

- HP-SOAP Interoperability Test : *http://soap.bluestone.com/index.html*
- IONA Web Services Interoperability Forum : *http://www.xmlbus.com/interop*
- IONA Interop Utilities : *http://interop.xmlbus.com:7002*
- Jake's SOAP Journal : *http://jake.soapware.org*
- Microsoft MSDN XML Web Services Interoperability Resources : *http://msdn.microsoft.com/library/default.asp?url=/library/en-us/dnsvcinter/html/globalxmlwebsrvinterop.asp*
- Microsoft Soap Interop Server : *http://www.mssoapinterop.org*
- Microsoft Contribution to SOAP Version 1.2 Test Collection : *http://www.mssoapinterop.org/soap12/soap12-ms-tests.html*
- PocketSOAP Interop test results : *http://www.pocketsoap.com/weblog/soapInterop*
- SOAPBuilders.org : *http://www.soapbuilders.org*

- SOAP Builders Round I – Interoperability Lab « Round 1 » : *http://www.xmethods.net/ilab*
- SOAP Builders Round II – Interoperability Lab « Round 2 » : *http://www.whitemesa.com/interop.htm*
- SOAPBuilders Interoperability Lab « Round 2 » – Résultats implémentation Apache SOAP 2.2+ et Axis : *http://www.apache.org/~rubys/ApacheClientInterop.html*
- SOAPBuilders Interoperability Lab « Round 2 » – Résultats implémentation Sun Microsystems : *http://java.sun.com/wsinterop/sb/r2*
- SOAPBuilders Interoperability Lab « Round 2 » – Résultats implémentation Systinet WASP for Java et C++ : *http://soap.systinet.net/interop/soap/index.html*
- SOAPBuilders Interoperability Lab « Round 2 & 3 » – Résultats implémentation PocketSOAP : *http://www.pocketsoap.com/weblog/soapInterop*
- SOAP Builders Round III – Web Services Interoperability Testing : *http://www.whitemesa.com/r3/plan.html*
- SOAPBuilders Interoperability Lab « Round 3 » : *http://www.whitemesa.com/r3/interop3.html*
- SOAPBuilders Interoperability Lab « Round 3 » – Résultats implémentation Spray/Dolphin-Harbor : *http://www.dolphinharbor.org/spray/r3/index.html*
- SOAPBuilders Interoperability Lab « Round 3 » – Résultats implémentation IONA XMLBus : *http://interop.xmlbus.com:7002/interop3.html*
- SOAPBuilders Interoperability Lab « Round 3 » – Résultats implémentation IONA SQLData Systems : *http://www.soapclient.com/interop/interopresultd.html*
- SOAPBuilders Interoperability Lab « Round 3 » – Résultats implémentation Sun Microsystems : *http://java.sun.com/wsinterop/sb/r3*
- SOAPBuilders Interoperability Lab « Round 3 » – Résultats implémentation Systinet WASP for Java et C++ : *http://soap.systinet.net/interop/wsdl/index.html*
- SOAPBuilders Interoperability Lab « Round 4 » : *http://www.whitemesa.net/r4/interop4.html*
- SOAP Builders Round 5 @ Sun Microsystems : *http://java.sun.com/wsinterop/sb/r5*
- SOAPBuilders Interop Roadmap : *http://www.xmlbus.com/learn/roadmap.htm*
- SOAP Builders @ Sun Microsystems : *http://java.sun.com/wsinterop/sb*
- SQLData SOAP Interop Interface : *http://www.soapclient.com/interop/interop.html*
- Systinet UDDI Interop : *http://soap.systinet.net/interop/uddi/index.html*
- Userland Software Interopathon : *http://www.soapware.org/interopathonPlan*

Mailing-lists

- SOAP Builders : *http://groups.yahoo.com/group/soapbuilders ou soapbuilders@yahoogroups.com*
- UDDI Builders : *http://groups.yahoo.com/group/uddibuilders ou uddibuilders@yahoogroups.com*
- WSDL Issues : *http://groups.yahoo.com/group/wsdl ou wsdl@yahoogroups.com*
- Interopathon : *http://groups.yahoo.com/group/interopathon ou interopathon@yahoogroups.com*

Documents

- *Advancing SOAP interoperability - A look at community SOAP interoperability efforts*, Tony Hong, juin 2001 : *http://www-106.ibm.com/developerworks/webservices/library/ws-asio/?dwzone=webservices*

- *Designing Your Web Service for Maximum Interoperability*, Scott Seely, décembre 2001 : *http://msdn.microsoft.com/library/default.asp?url=/library/en-us/dn_voices_webservice/html/service12052001.asp*

- *Developing Microsoft .NET Web Service Clients for EJB Web Services with IBM WebSphere Studio Application Developer and the Microsoft .NET Framework SDK*, IBM : *http://www7b.software.ibm.com/wsdd/techjournal/0204_wosnick/wosnick.html*

- *Developing WebSphere Business Component Composer-based Web Services and Microsoft .NET Clients*, IBM : *http://www7b.software.ibm.com/wsdd/library/tutorials/0208_alhamwy/0208_alhamwy_reg.html*

- *First look at the WS-I Basic Profile 1.0*, IBM : *http://www-106.ibm.com/developerworks/library/ws-basic-prof.html*

- *How IBM WebSphere Studio Application Developer Compares with Microsoft Visual Studio .NET - Part 3: Interoperability*, IBM : *http://www7b.software.ibm.com/wsdd/techjournal/0207_kraft/kraft.html*

- *HOW TO: Integrate a .NET Client with an Apache SOAP 2.2 XML Web Service*, Microsoft : *http://support.microsoft.com/directory/article.asp?id=q307324&sd=msdn*

- *HOW TO: Integrate a SOAP Toolkit Client with an Apache SOAP 2.2 XML Web Service*, Microsoft : *http://support.microsoft.com/directory/article.asp?id=q307318&sd=msdn*

- *HOW TO: Integrate an Apache SOAP 2.2 Client with a SOAP Toolkit XML Web Service*, Microsoft : *http://support.microsoft.com/directory/article.asp?id=q307279&sd=msdn*

- *HOW TO: Integrate a PERL/SOAP Lite Client by Using a SOAP Toolkit or .NET XML Web Service*, Microsoft : *http://support.microsoft.com/directory/article.asp?id=q308438&sd=msdn*

- *HOW TO: Integrate an Apache SOAP 2.2 Client with a .NET XML Web Service*, Microsoft : *http://support.microsoft.com/directory/article.asp?id=q308466&sd=msdn*

- *Interoperability Testing*, Apache : *http://xml.apache.org/soap/docs/guide/interop.html*

- *Interoperability with Other SOAP Implementations*, Scott Seely, août 2001 : *http://msdn.microsoft.com/library/default.asp?url=/library/en-us/dn_voices_webservice/html/service08152001.asp*

- *Microsoft Contribution to SOAP Version 1.2 Test Collection*, Microsoft : *http://mssoapinterop.org/soap12/soap12-ms-tests.html*

- *SOAP Interoperability Issues*, Tony Hong : *http://www.xmethods.net/soapbuilders/interop.html*

- *SOAP Interoperability with Microsoft and Apache Toolkits - A step by step guide* : *http://www.perfectxml.com/articles/xml/soapguide.asp*

- *Publishing, Discovering, and Testing a Microsoft .NET-based Web Service using WebSphere Studio Application Developer* : *http://www7b.software.ibm.com/wsdd/techjournal/0202_lu/lu.html*

- *The Web services insider, Part 3: Apache and Microsoft -- playing nice together* : *http://www-106.ibm.com/developerworks/library/ws-ref3/?n-ws-5241*

- *To infinity and beyond - the quest for SOAP interoperability*, Sam Ruby, février 2002 : *http://radio.weblogs.com/0101679/stories/2002/02/01/toInfinityAndBeyondTheQuestForSoapInteroperability.html*

- *Web Services Framework for W3C Workshop on Web Services 11-12 April 2001, San Jose, CA USA*, Microsoft/IBM : *http://www.w3.org/2001/03/WSWS-popa/paper51*

- *Web Services: Interoperability Across Platforms, Applications, and Programming Languages –* Microsoft, février 2002 : *http://www.microsoft.com/net/business/ws-i.asp*

- *Web Services Interoperability and SOAP*, Keith Ballinger, mai 2001 : *http://msdn.microsoft.com/library/default.asp?url=/library/en-us/dnsoap/html/soapinteropbkgnd.asp*

- *Web Services Interoperability between the WebSphere and .Net platforms*, IBM developerWorks, août 2002 : *http://www-106.ibm.com/developerworks/webservices/library/i-wasnet*

- *The Web Services-Interoperability Organization Bylaws* : *http://xml.coverpages.org/WS-I-Bylaws20020218.pdf*

- *WSDL Issues List* : *http://wsdl.soapware.org*

L'infrastructure des services Web

18

Fiabilité des échanges

La gestion de l'échange fiable est un sujet d'une importance cruciale pour le développement et la diffusion de la technologie des services Web : il est impensable de pouvoir effectuer sur Internet, à grande échelle, dans le cadre de processus métier complexes, de véritables transactions administratives et commerciales entre agents logiciels répartis sans que les échanges entre ces agents soient gérés de façon fiable. Dans ce chapitre, nous allons présenter la problématique de la gestion de la fiabilité de l'échange, analyser ses enjeux et présenter deux solutions proposées actuellement.

Ce chapitre est le premier de la partie « Infrastructure des services Web ». Nous pensons que la fiabilité des échanges est la première, et peut-être la plus « fondamentale », des caractéristiques opérationnelles d'une infrastructure qui peut permettre la mise en œuvre de processus métier complexes et critiques entre applications réparties sur Internet. Il ne s'agit évidemment pas d'établir des comparaisons et des échelles d'importance avec les autres « services d'infrastructure » comme la gestion de la sécurité, la gestion des transactions et la gestion des processus métier. Mais il nous semble évident que la fiabilité des échanges est un service d'infrastructure essentiel, dont la disponibilité, par ailleurs, simplifie la mise en œuvre des autres services de « niveau » supérieur.

Une constatation s'impose : le sujet n'a pas encore reçu l'attention qu'il mérite de la part des acteurs engagés dans la technologie des services Web. Il est intéressant d'essayer d'analyser les causes de cet étrange « oubli », d'autant plus surprenant que le sujet, bien que complexe, ne présente pas véritablement de difficulté technique. Il faut rappeler que des solutions propriétaires de gestion de l'échange fiable dans les réseaux privés, locaux et étendus, sont opérationnelles depuis longtemps et ont même atteint un niveau élevé de maturité en termes de performance et de robustesse.

La fiabilité des échanges entre applications réparties est la cible aujourd'hui de nombreuses technologies « propriétaires », qui peuvent par ailleurs interagir avec les technologies de services Web et être utilisées par ces dernières. Nous pouvons citer :

• MQSeries, une technologie « historique » mise en œuvre dans le monde IBM, notamment des grands systèmes ; là aussi, il faut noter qu'IBM inclut MQSeries comme mécanisme de transport fiabilisé pour SOAP (dans WebSphere 5.0, voir *http://www-3.ibm.com/software/ts/mqseries/*) ;

- MSMQ, une technologie Microsoft, qui offre des services comparables à MQSeries, dans le monde des applications COM/DCOM (voir *http://www.microsoft.com/msmq/*) ;

- JMS (Java Message Service, voir *http://java.sun.com/products/jms/*), qui est une mise en œuvre d'une messagerie asynchrone fiable entre applications Java réparties, au-dessus du protocole de communication RMI. Une implémentation de JMS en tant que mécanisme de messagerie asynchrone et fiable entre applications et services Web a été introduite dans le moteur SOAP Axis 1.0, développé par la communauté Apache (voir *http://ws.apache.org/axis/*). Grâce à ce moteur, deux applications Java peuvent utiliser le modèle et l'API JMS pour s'échanger des messages en SOAP 1.1.

Ces technologies, qui traditionnellement relèvent de ce que l'on appelle les MOM (Message Oriented Middleware), sont utilisées couramment par les applications réparties intra-entreprise d'aujourd'hui. Elles introduisent un facteur de couplage fort, du point de vue technique et industriel, entre les applications qui les utilisent. D'autres technologies propriétaires sont utilisées également dans le monde proche de l'EDI.

Nous avons peut être là un début d'explication de l'étrange oubli dont la fiabilité des échanges est victime. La présence d'une offre importante d'outils propriétaires, conjuguée avec le fait que le champ d'application initial des technologies de services Web se trouve essentiellement à l'intérieur du système d'information étendu de l'entreprise (là où les besoins d'ouverture et d'interopérabilité ne sont pas absolus comme sur Internet), a peut-être freiné la prise de conscience de la nécessité de mettre en œuvre des protocoles d'échanges fiabilisés sur Internet. À ces explications s'ajoute un facteur historique et culturel : la communauté des développeurs de la technologie des services Web est issue de la mouvance « technologie des objets répartis », historiquement « rivale » de la mouvance MOM, et c'est cette dernière qui a accordé le plus d'attention au sujet de la fiabilité des échanges, et notamment à la gestion fiable de la messagerie asynchrone.

Ce chapitre présente avec quelques détails deux technologies d'infrastructure d'échanges fiables qui trouvent leur place dans le cadre de la technologie des services Web :

- La technologie *HTTPR* est un protocole de transport fiable mis en œuvre sur la base de HTTP 1.1. HTTPR ne fait pas partie, à proprement parler, de la famille des technologies de services Web, mais se situe plutôt au niveau des « bases » ou « fondations » des services Web. HTTPR est proposé par IBM et une implémentation est disponible pour démonstration (incluse dans un *support pack*).

- La technologie *WS-Reliability* est une extension de SOAP 1.1 qui permet de prendre en compte la fiabilité de l'échange de messages. Elle est proposée par Fujitsu Limited, Oracle Corp., Sonic Software Corp., Hitachi Ltd., NEC Corp. et Sun Microsystems. Il s'agit là d'une spécification extrêmement récente (9 janvier 2003). À la date de la rédaction de cet ouvrage, aucune implémentation de WS-Reliability n'est disponible.

Chacune de ces deux technologies est conçue pour l'interopérabilité et la compatibilité avec la technologie actuelle des services Web. La différence fondamentale est que le protocole HTTPR se situe au *niveau transport* et que son utilisation pour transporter des messages SOAP est transparente, tandis que WS-Reliability se situe au *niveau messagerie* : il s'agit d'une extension de SOAP, obtenue de façon standard par l'utilisation d'entrées de l'en-tête du message SOAP.

Le vrai problème est que ces technologies, qui aujourd'hui présentent les niveaux d'ouverture et d'interopérabilité nécessaires à la mise en œuvre de services Web et qui sont sans doute intéressantes et bien conçues, ne dépassent pas l'état de la démonstration (HTTPR) ou sont encore au niveau de spécifications « théoriques » (WS-Reliability). Mais surtout, ces technologies, que l'on peut considérer du niveau de l'infrastructure de base, au même titre que SOAP et WSDL, n'ont pas encore atteint les degrés de généralité et d'acceptation nécessaires pour leur mise en œuvre.

Pour leur part, IBM et Microsoft, dont l'activisme et la coopération ont permis la naissance et le développement de la technologie des services Web, ne sont pas encore vraiment rentrés dans le vif du sujet, sans doute retardés par des offres étoffées d'outils propriétaires performants (la technologie HTTPR d'IBM, que nous présentons dans ce chapitre, est présentée par ses auteurs mêmes comme une solution « minoritaire »).

Nous considérons que l'absence d'une solution standard pour la gestion de la fiabilité des échanges, correctement située dans l'architecture des technologies, constitue un frein important au développement et à la diffusion des services Web, au moins aussi important que le prétendu retard du développement d'autres services d'infrastructure considérés comme plus critiques tels que la sécurité, les transactions, les processus métier.

Ainsi se présente la situation à ce jour. Mais avant de présenter les solutions disponibles (à leur niveau de développement) et comparer leurs avantages et inconvénients, il est utile de mieux cerner le problème.

Les enjeux

Nous allons illustrer le problème au moyen d'un exemple simple. Nous imaginons que (le système de réservation de) l'agence de voyages My Travel Inc. doit effectuer une réservation auprès (du système de réservation) de la compagnie aérienne Your Aiways Ltd, et que cette fonction est mise en œuvre au moyen d'une requête/réponse SOAP 1.1, via une liaison SOAP/HTTP.

La situation est illustrée figure 18-1. L'application cliente et l'application serveur mettent en œuvre les codes applicatifs et, respectivement, le client et le serveur SOAP. Le client et le serveur HTTP jouent le rôle de composants dédiés à la communication.

La requête/réponse de réservation de place d'avion, vue par l'application cliente, apparaît comme un appel bloquant de procédure synchrone :

1. La ligne d'exécution de l'application cliente lance la requête et se met en attente de la réponse.

2. L'application serveur effectue le traitement complet de réservation, à la fin duquel la place est définitivement réservée, ou non réservée pour une raison « métier ».

Pour rendre l'exemple plus réaliste, nous considérons que le traitement de la réservation de la part du serveur est transactionnel (transaction implicite). Cela veut dire que, si une défaillance ou une erreur devait surgit pendant le traitement, celui-ci est annulé (*rollback*) et un compte rendu d'annulation est retourné au client. À l'inverse, si le traitement réussit et est confirmé (*commit*), le compte rendu de confirmation qui est retourné au client fait état de l'acceptation ou du refus de la réservation.

Nous distinguons donc, avec le traitement transactionnel, l'acceptation ou le refus de réservation (qui est une décision de niveau applicatif, prise par la transaction réussie et confirmée), de la confirmation ou annulation technique de la transaction (qui est du niveau de la gestion transactionnelle). Bien entendu, une place ne peut jamais être réservée par une transaction annulée !

Une réservation acceptée, qui est forcément effectuée par une transaction confirmée, est un état permanent et durable, qui ne pourrait éventuellement être changé que par une transaction compensatoire d'« annulation » applicative (à ne pas confondre avec l'annulation technique de la transaction).

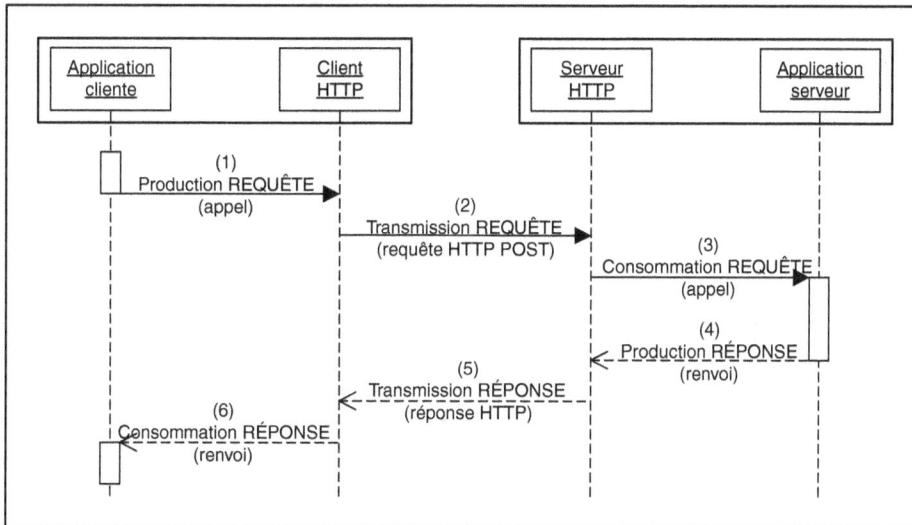

Figure 18-1

Requête/réponse bloquante et synchrone.

À partir de cet exemple, nous allons lister un certain nombre de cas de figure qui révèlent les problèmes liés à la fiabilité de l'échange, ou plutôt à son manque de fiabilité. Ces cas se produisent lors des dysfonctionnements de la transmission de la requête et/ou de la réponse, ou bien lors des défaillances du client et/ou du serveur. Les situations qui en résultent peuvent être généralement qualifiées de situations d'incertitude des agents sur l'issue des opérations, ou bien de situations d'oubli, après pannes franches, des traitements effectués ou ordonnancés.

Voici un échantillon des cas d'incertitude et d'oubli provoqués par ces défaillances :

- La requête a été transmise au serveur, mais le serveur peut avoir détecté un problème de connexion et décidé de ne pas effectuer le traitement. Le client, après dépassement du délai d'attente maximal (*timeout*), se trouve dans l'incertitude quant au sort de sa requête.

- Le serveur a reçu la requête, a commencé le traitement et est tombé en panne franche. Au redémarrage, la transaction est reprise, complétée et confirmée. Le serveur ne peut pas communiquer la confirmation de la transaction au client et ne pourra jamais le faire après redémarrage (car le client est sorti de l'attente du retour de l'invocation).

- Le serveur a reçu la requête et exécuté le traitement qui s'est terminé avec succès et a été confirmé. La réponse du serveur, avec le compte rendu de succès, est émise, mais ne parvient jamais au client à cause d'une défaillance de la connexion. Le serveur n'est pas en mesure de savoir si le client a reçu le compte rendu ou n'est pas en mesure de compenser la transaction. Le client, après dépassement du délai d'attente maximal (*timeout*), ne sait pas que la réservation de place a été effectuée.

- Le serveur a reçu la requête et a exécuté le traitement qui s'est terminé avec succès et a été confirmé. La réponse du serveur, avec le compte rendu de succès, est émise, mais elle ne parvient jamais au client à cause du dépassement du délai d'attente maximal (temps de latence trop important).

- Le client tombe en panne franche entre l'émission de la requête et la réception de la réponse. Après redémarrage, il a perdu toute information sur l'émission de la requête et il ne sait pas traiter l'éventuelle réponse (quel que soit le contenu de cette réponse) qu'il est susceptible de recevoir après redémarrage.

- Le serveur tombe en panne franche après réception de la requête mais avant le démarrage du traitement. Il ne traite donc pas la requête. Après redémarrage, le serveur a oublié le fait d'avoir reçu la requête et donc n'effectue aucune action conséquente. Le client, après dépassement du délai d'attente maximal, est dans une situation d'incertitude quant au traitement de sa requête.

- Le serveur reçoit la requête, effectue le traitement qui se termine avec succès (avec, par exemple, une réservation de place) et tombe en panne franche avant émission de la réponse. Après redémarrage, il a perdu toute information sur la transaction effectuée et sur la réponse à transmettre. Le client, après dépassement de délai d'attente maximal, est dans une situation d'incertitude par rapport au traitement de sa requête.

- Scénario « catastrophe » : le client émet la requête et tombe en panne franche ; le serveur reçoit la requête, effectue le traitement qui se termine avec succès (avec, par exemple, une réservation de place à la clef) et tombe en panne franche avant émission de la réponse. Après redémarrage, le serveur a perdu toute information sur la transaction effectuée et sur la réponse à transmettre. Après redémarrage, le client a perdu toute information sur la requête effectuée. La place reste réservée mais son existence est oubliée et elle ne sera revendiquée par personne.

Cette liste n'est pas exhaustive et peut être enrichie par d'autres variantes, qui diffèrent sur le moment (avant, pendant, après le transfert) et le lieu (le client, la connexion, le serveur) où les défaillances se produisent et sur la nature de ces défaillances.

En cas d'incertitude, la simple répétition de l'émission de la requête ou de la réponse n'est pas une solution en soi. Si la requête de réservation est transmise plusieurs fois, et si le serveur n'est pas capable de reconnaître les doublons, alors il effectuera plusieurs réservations de places pour une seule demande. À l'inverse, si le client reçoit plusieurs réponses et n'est pas capable de reconnaître les doublons, il pourra croire qu'il y a plusieurs réservations en conflit sur la même place, alors qu'il n'a eu que plusieurs comptes rendus de la même réservation.

La sémantique opérationnelle des échanges

La criticité de ces situations d'incertitude et d'oubli, et donc des exigences de fiabilité de l'échange, dépend également de la sémantique et de la pragmatique du message. Nous pouvons distinguer trois niveaux de criticité :

- Premier niveau : le message véhicule une simple interrogation (*query*), dont le traitement ne produit ni de transitions d'état ni d'effets de bord. En cas de doute sur le succès de la transmission, la logique applicative peut assurer la répétition de l'interrogation lors d'une nouvelle connexion (que l'on suppose possible à établir) jusqu'à l'obtention d'une réponse, qui peut être la première d'une série. Le seul inconvénient est le gaspillage de ressources de calcul et le verrouillage répété et long des données impliquées (dépendant du degré d'isolation transactionnelle de l'interrogation). L'interrogation est un cas typique d'opération idempotente, si elle n'est pas horodatée (lors de la recherche de données « à une certaine date »).

- Deuxième niveau : le message est déclencheur d'une *transition d'état* de l'application réceptrice et des ressources qu'elle gère. La situation est encore gérable par la logique applicative si l'opération est idempotente, mais une grande partie des applications transactionnelles de mise à jour ne le sont pas. Il faut donc que l'application émettrice puisse se synchroniser avec l'application réceptrice pour rétablir la vérité de la situation. La gestion applicative de ce type de synchronisation peut se révéler extraordinairement complexe.

- Troisième niveau : une variante du niveau de criticité précédent, encore plus difficile à traiter, prévoit le déclenchement d'actions sur l'environnement (*effets de bord*) de la part du récepteur en conséquence du traitement du message.

Si, au niveau de la simple interrogation, la situation peut être tenue sous contrôle relativement facilement, il est évident que la prise en compte de l'incertitude de l'oubli de la part de la logique applicative pour des traitements de deuxième ou troisième niveau, côté émetteur comme côté récepteur, se traduit par une augmentation très importante, voire insupportable, de la complexité des applications. Cette complexité excessive est due à l'imbrication inévitable d'une logique métier déjà complexe en elle-même (les règles de gestion qui régissent la réservation de places d'avion) avec la logique technique de prise en charge des défaillances réparties.

La bonne solution réside sans aucun doute dans la séparation des problèmes et donc dans la mise en œuvre d'une infrastructure d'échange fiable, capable de faire face aux défaillances de l'émetteur, du récepteur et du canal de transmission. Cependant, pour procéder ainsi, il est nécessaire de donner une définition précise de ce que l'on entend par *échange fiable*, et ensuite de décliner cette définition dans l'architecture générale des technologies de services Web.

L'échange fiable

La transmission de messages met en jeu un agent émetteur, un canal de transmission et un agent récepteur. Un mécanisme de transmission de messages *totalement fiable* est celui dans lequel :

- Chaque message est remis au récepteur *exactement une fois dans la séquence d'émission*, ou pas du tout. Dans le cas d'impossibilité avérée de remise du message, le mécanisme produit un compte rendu fiable, à l'intention de l'émetteur, de l'échec définitif de la remise.

- Les messages et les états d'émission (messages à émettre, messages émis, messages remis) sont *persistants* (ils résistent à la panne franche de l'émetteur) et *durables* (ils résistent aux défaillances partielles des dispositifs de persistance de l'émetteur).

- Les messages et les états de réception (message reçu, message consommé) sont persistants (ils résistent à la panne franche du récepteur) et durables (ils résistent aux défaillances partielles des dispositifs de persistance du récepteur).

L'affaiblissement de tout ou partie de ces contraintes est ainsi caractérisé :

- Protocole *partiellement fiable* : le message est remis *au moins une fois*, mais peut être remis plusieurs fois (*doublons*). Le protocole fiable suffit pour les messages idempotents.

- Protocole *partiellement fiable* : le message est remis *au plus une fois*, en évitant donc les doublons. Le protocole partiellement fiable est adapté aux messages non idempotents et non critiques.

- Protocole *non ordonné* : un protocole peut en même temps garantir la remise du message exactement une fois, et ne pas garantir la livraison dans la séquence d'émission.

L'émetteur, le canal et le récepteur sont tous concernés par la fiabilité de l'échange. Il s'agit de garantir :

- la fiabilité de la transmission, à savoir la prise en compte de la possibilité de défaillance temporaire du canal, défaillance qui n'est éventuellement pas détectée immédiatement, ni par l'émetteur ni par le récepteur ;

- la fiabilité des fonctions d'émission et de réception, à savoir la prise en compte de la possibilité de défaillance temporaire de l'émetteur et du récepteur.

Deux mécanismes de base assurent la mise en œuvre de l'échange fiable :

- Face aux défaillances temporaires du canal, la mise en œuvre de la répétition de l'émission de messages, couplée avec un mécanisme qui permet de gérer les doublons et, éventuellement, l'ordre temporel des messages. Le message est émis par l'émetteur autant de fois qu'il est nécessaire pour obtenir la certitude de sa remise au récepteur. Des mécanismes de prévention, de reconnaissance et de traitement des doublons et des messages hors séquence sont mis en œuvre.

- Face aux défaillances temporaires de l'émetteur et du récepteur, la prise en charge de la persistance des messages à l'émission et à la réception, couplée avec la gestion transactionnelle des états d'émission et de réception. Pour assurer, en plus de la persistance, la durabilité, à savoir un niveau de résistance aux défaillances des systèmes de sauvegarde, ceux-ci peuvent être redondants.

En résumé, les propriétés « fonctionnelles » d'un protocole d'échange fiable sont :

- la *garantie de livraison*, qui assure qu'un message identifié est livré, dans son intégrité, au moins une fois, ou bien qu'un compte rendu fiable d'impossibilité de livraison est retourné à l'expéditeur ;

- la *suppression des doublons*, qui assure qu'un message identifié ne sera jamais livré en double à son destinataire ;

- le *respect de la séquence*, qui assure qu'un groupe de messages produits par l'expéditeur dans une séquence temporelle (ordre total) sera livré dans la même séquence temporelle au destinataire (le respect de la séquence peut s'appliquer si et seulement si la garantie de livraison et la suppression des doublons sont assurés).

La *gestion des priorités* s'apparente à la gestion dynamique de la séquence des messages.

Les degrés de fiabilité, présentés dans le tableau suivant, sont obtenus par la combinaison de ces fonctions.

Degrés et fonctions de fiabilité de l'échange

Fonction Degré	Garantie de livraison	Suppression des doublons	Respect de la séquence
Partiellement fiable (au plus une fois)	NON	OUI	NON
Partiellement fiable (au moins une fois)	OUI	NON	NON
Fiable (exactement une fois)	OUI	OUI	NON
Totalement fiable (exactement une fois et en séquence)	OUI	OUI	OUI
Totalement fiable avec priorités (exactement une fois et en séquence dynamique)	OUI	OUI	OUI (gestion de la séquence dynamique)

Pour éviter tout malentendu, il faut rappeler que la notion de fiabilité des échanges est complètement relative : la terminologie employée, par exemple « échange totalement fiable » est conventionnelle. Lorsque nous citons des dysfonctionnements du réseau ou des pannes franches des agents, nous faisons référence à *des défaillances temporaires et récupérables dans un laps de temps raisonnable*. Les moyens et les astuces techniques présentés dans ce chapitre ne tiennent évidemment pas face à la destruction massive des équipements. Pour se protéger autant que l'on peut de ce type de risques, il faut mettre en œuvre des moyens physiques de protection des systèmes et des réseaux.

Un problème d'architecture de spécifications

Nous avons vu que la gestion de l'échange fiable n'est pas un problème nouveau et que les technologies capables de l'assurer dans un contexte « fermé » sont disponibles depuis longtemps. Il s'agit de technologies propriétaires, mises en œuvre couramment entre applications réparties sur un réseau local, qui impliquent un niveau de couplage fort entre les applications participant à l'échange.

Le problème nouveau posé par la technologie des services Web est celui de l'*interopérabilité* : l'échange fiable doit être obtenu entre applications faiblement couplées et par le biais d'un protocole ouvert, standard et indépendant des technologies de mise en œuvre, notamment des technologies qui assurent la persistance des messages et la gestion transactionnelle des états d'émission et de réception.

Par exemple, un agent émetteur fiable, dont les mécanismes de persistance des messages et de gestion transactionnelle des états sont implémentés en Java, doit pouvoir transmettre un message, par le biais d'un protocole d'échange fiable standard, à un agent récepteur fiable, dont les mêmes mécanismes sont implémentés en .NET.

Comme pour les autres technologies de services Web, ce résultat ne peut être obtenu que si les conditions suivantes sont réunies :

• Parution de spécifications, largement acceptées, d'un *protocole* d'échange fiable, c'est-à-dire d'un format d'échange et des règles de comportement des agents logiciels impliqués, et d'un *formalisme* pour décrire les engagements contractuels sur la fiabilité de l'échange des agents participants.

- Disponibilité concrète de plusieurs implémentations de ces spécifications, bâties sur des technologies hétérogènes et capables d'interopérer entre elles.

La technologie présentant les caractéristiques listées ci-avant n'est pas disponible à ce jour. Ce chapitre ne fait donc qu'une analyse théorique du problème et des solutions envisageables. Nous avons évoqué des raisons industrielles et commerciales qui peuvent expliquer ce retard. Ces raisons exceptées, il reste cependant un problème technologique qui n'a pas de solution évidente. Ce n'est pas un problème d'implémentation : il s'agit plutôt d'un *problème d'architecture de l'ensemble des technologies de services Web.*

La première difficulté que rencontre la spécification d'un protocole d'échange fiable interopérable réside dans ce que nous allons appeler le *problème du niveau d'accrochage du protocole.*

Les mécanismes qui assurent la gestion de l'échange fiable pour les services Web peuvent être mis en œuvre :

- *au niveau message* : au niveau du protocole de messagerie, par exemple, sous forme d'une extension « fiable » du protocole SOAP ;

- *au niveau transport* : au niveau des protocoles de transport, en mettant en œuvre une liaison standard entre SOAP et un protocole de transport « fiable ».

Dans le premier cas, ce sont l'émetteur et le récepteur SOAP qui prennent en charge la gestion de l'échange fiable en liaison avec plusieurs protocoles de transport, tandis que, dans le deuxième cas, cette gestion est déléguée aux composants qui gèrent le protocole de transport. Dans les deux circonstances, la formalisation des engagements contractuels des interlocuteurs de l'échange fiable doit être mise en œuvre par le biais d'une extension standard de WSDL.

Dans ce chapitre, nous allons présenter deux technologies, HTTPR et WS-Reliability, qui sont paradigmatiques par rapport aux approches de la gestion de l'échange fiable (voir figure 18-2), respectivement au niveau transport et au niveau message. Nous allons ensuite exposer les avantages et inconvénients de chacune des approches.

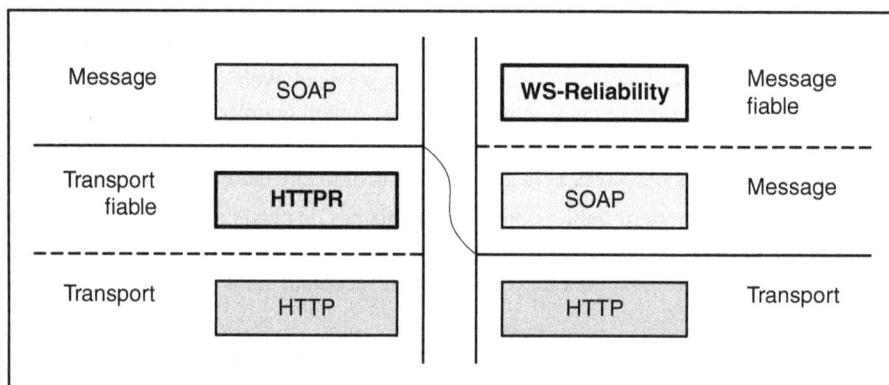

Figure 18-2

Deux approches de gestion de l'échange fiable.

HTTPR

HTTPR (Reliable Hypertext Transfer Protocol) est un *protocole de transport fiable* de messages mis en œuvre grâce à l'utilisation de HTTP comme protocole de transport. Il assure l'échange fiable des messages en présence de défaillances du canal de transmission et des agents logiciels qui participent à l'échange.

Le protocole HTTPR est constitué de deux spécifications complémentaires :

* la spécification du format des entités HTTPR emboîtées dans les requêtes et les réponses HTTP : les entités ainsi formées ont pour vocation de transporter les messages applicatifs et les métadonnées HTTPR ;

* la spécification d'un ensemble de règles de comportement des agents HTTPR et de traitement des entités HTTPR. La mise en œuvre de ces règles permet d'assurer tous les niveaux de fiabilité du message.

La spécification HTTPR est une spécification de protocole et par conséquent ne donne pas d'indication sur le modèle de conception et la technologie d'implémentation des composants logiciels HTTPR. En revanche, la spécification HTTPR établit des exigences techniques sur l'implémentation, dont voici les plus importantes :

* Les composants HTTPR doivent disposer d'une capacité de persistance de leurs états et des messages applicatifs qu'ils gèrent (pour la survie de ces informations à la panne franche de ces composants). Le protocole HTTPR spécifie quelles informations doivent persister et à quel moment il faut les rendre persistantes.

* Les agents HTTPR doivent disposer de la capacité de piloter le protocole HTTP sous-jacent, à savoir le client et le serveur HTTP, pour mettre en œuvre correctement les opérations de transfert et de synchronisation, même en cas de défaillance de la transmission.

Les relations entre HTTPR et HTTP

HTTPR est mis en œuvre directement sur le protocole HTTP. Tous les échanges HTTPR sont réalisés en utilisant le contenu des requêtes HTTP POST et des réponses corrélées.

Le protocole HTTP peut être étendu de façon standard par l'utilisation du HTTP Extension Framework (IETF - RFC2774). Les auteurs de HTTPR *ont explicitement exclu* cette voie car elle risque de limiter la diffusion du protocole, surtout au niveau des intermédiaires (proxy-serveurs, passerelles). C'est la raison pour laquelle HTTPR *n'est pas* une extension de HTTP au sens du HTTP Extension Framework.

En revanche, HTTPR emploie de façon standard le protocole HTTP : les entités HTTPR sont exclusivement véhiculées dans les *corps* des requêtes/réponses HTTP. Dans ce sens, HTTPR peut être vu comme un *protocole de niveau applicatif* qui utilise HTTP comme protocole de transport. Cela permet à une entité HTTPR d'être émise, reçue et acheminée par des agents HTTP (clients, serveurs et intermédiaires) standards. HTTPR est également indépendant du protocole de messagerie applicative qui l'emploie : un message applicatif est vu par HTTPR comme une chaîne d'octets non interprétée. HTTPR se situe donc comme un protocole intermédiaire entre HTTP et un protocole de messagerie comme SOAP.

> **Références**
>
> Trois versions des spécifications HTTPR ont été produites par l'équipe d'IBM (Andrew Banks, Jim Challenger, Paul Clarke, Doug Davis, Richard P King, Francis Parr, Karen Witting) :
>
> *HTTPR Specification – Draft proposal – Version 1.0 13th July 2001*
>
> *HTTPR Specification – Draft proposal – Version 1.1 2001-12-03*
>
> *HTTPR Specification – 01 Avril 2002 (http://www.ibm.com/developerworks/library/ws-httprspec/)*
>
> Une introduction au protocole est présentée dans l'article :
>
> « A Primer for HTTPR » - *An overview of the reliable HTTP protocol* - July 2001 - Updated April 2002
>
> (voir *http://www-106.ibm.com/developerworks/webservices/library/ws-phtt/*)
>
> Du code pour démonstration et évaluation est librement disponible en l'état avec le *support pack* (de la famille WebSphere MQ Family) *Transport of SOAP and JMS with WebSphere MQ and HTTPR*, publié le 14 avril 2002 (voir *http://www-3.ibm.com/software/ts/mqseries/txppacs/ma0r.html*)
>
> Le pack contient une démonstration du transport de messages SOAP par deux mécanismes de transport fiable :
>
> – WebSphere MQ (le nouveau nom pour MQSeries) ;
>
> – HTTPR.
>
> La démonstration peut être configurée pour tourner sur :
>
> – IBM Websphere Application Server (WAS) Enterprise Edition 4.0.2 ;
>
> – IBM Websphere Application Server Advanced 4.0 Single Server Edition ;
>
> – IBM Websphere "micro-edition" ;
>
> – Apache Tomcat 4.0.1

HTTP 1.1

HTTPR repose sur la version 1.1 de HTTP. De ce fait, il tire profit de toutes les fonctionnalités évoluées de cette version du protocole :

- SSL : HTTPR peut utiliser HTTPS (on l'appellera HTTPSR) de façon transparente ;
- connexion permanente (*keep-alive* par défaut) ;
- transfert par tranches (*chunked transfer encoding*) ;
- transfert en pipe-line (*pipelining*, à ne pas confondre avec l'envoi groupé, ou *boxcarrying*, qui est le fonctionnement par défaut de HTTPR) ;
- chaînes d'acheminement avec proxy-serveurs, passerelles.

Du fait de son indépendance du protocole de messagerie, HTTPR introduit le transfert groupé (par lots, *boxcarring*) de messages applicatifs comme fonctionnement standard. L'unité de transfert HTTPR n'est pas le message applicatif, mais une structure HTTPR (un lot) qui emboîte un groupe de messages applicatifs. Le transfert d'un lot composé d'un seul message applicatif est une décision de l'agent HTTPR, non une limite du protocole.

Le couplage du transfert groupé avec le codage par tranches donne un mécanisme extrêmement puissant, capable de transmettre de façon fiable des lots de messages applicatifs dont la taille est indéterminée à l'émission. Nous rappelons que le transfert par tranches HTTP est un mécanisme par lequel le contenu du corps HTTP est transféré par tranches successives, de taille connue et limitée, mais en nombre indéterminé, avec une convention pour marquer la dernière tranche (qui est vide et donc de longueur nulle). Ce mécanisme permet le transfert de contenus HTTP de taille indéterminée en début d'émission.

On peut transférer par tranches non seulement le lot des messages (en appliquant le mécanisme standard HTTP) mais aussi les messages eux-mêmes, pris distinctement : HTTPR réimplémente le même système de codage par tranches et peut l'appliquer sélectivement aux messages du lot (dont l'existence, rappelons-le, est inconnue à HTTP). Le processus de transfert par tranches HTTPR ne rentre pas en conflit avec son homologue HTTP.

Le couplage ultérieur avec le mécanisme de pipe-line HTTP 1.1, à savoir l'envoi successif de plusieurs requêtes HTTP sans attente de réponse, avec la garantie fournie par HTTP de réception des réponses dans le même ordre d'émission des requêtes, autorise théoriquement les usages les plus divers dans les applications les plus critiques, avec les plus hauts débits et les exigences les plus élevées de montée en puissance.

En résumé, HTTPR met en œuvre le transport fiable, en pipe-line, de lots de taille indéterminée à l'émission, composés de messages eux-mêmes de taille indéterminée, sur des chaînes d'acheminement formées de serveurs HTTP (proxy serveurs, passerelles, pare-feu, etc.) « purs » et/ou d'agents HTTPR.

Asymétrie d'HTTPR

L'utilisation d'HTTP comme protocole de transport impose l'asymétrie entre les participants à l'échange, c'est-à-dire entre le *client* et le *serveur* HTTPR, qui interagissent respectivement avec le client et le serveur HTTP. Cette asymétrie ne concerne que les rôles HTTPR et en aucun cas les rôles que les applications impliquées dans l'échange peuvent interpréter dans une relation de service.

Par ailleurs, le client et le serveur HTTPR jouent chacun les rôles d'*émetteur* et de *récepteur* de lots de messages. Les lots des messages peuvent être « poussés » (commande PUSH) du client vers le serveur et aussi « tirés » (commande PULL) du serveur vers le client.

L'asymétrie est inévitable en raison de l'utilisation d'HTTP et constitue le prix à payer pour bénéficier des avantages techniques listés dans la section précédente (qui sont pratiquement tous du fait de HTTP 1.1) ainsi que de l'énorme diffusion d'HTTP. La conséquence pratique de l'asymétrie est que l'*initiative* de l'interaction incombe toujours au client HTTPR. De ce fait, le pilotage de l'exécution du protocole est à la charge du client HTTPR, par l'émission de commandes HTTPR appropriées, véhiculées par des requêtes HTTP. Par exemple, il lui incombe de prendre l'initiative :

- de confirmer au serveur HTTPR la réception réussie des lots de messages « tirés » ;
- de resynchroniser les états du client et du serveur suite à des dysfonctionnements du réseau.

Dans la suite du chapitre, on parlera d'*interaction HTTPR* pour désigner le couple requête/réponse HTTP qui transporte les entités HTTPR. L'interaction HTTPR suit toujours le même schéma : le client HTTPR émet une requête HTTP POST standard qui véhicule une entité HTTPR contenant une commande HTTPR. Le serveur HTTPR émet alors la réponse corrélée standard qui transporte également une entité HTTPR. La figure 18-3 illustre le cas le plus simple, sans codage du transfert par tranches.

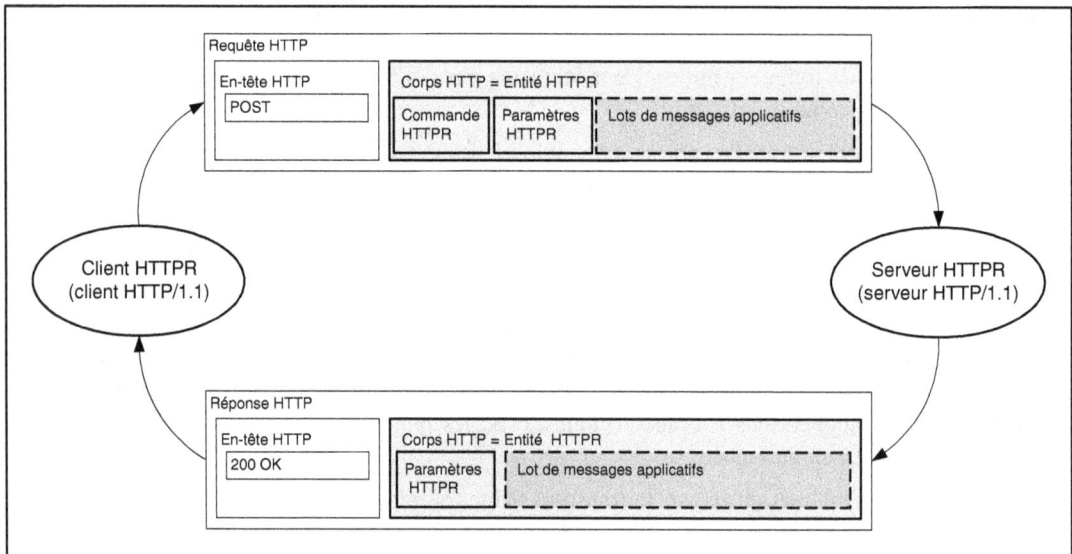

Figure 18-3

Interaction HTTPR.

Plus précisément, la *requête HTTPR* (entité HTTPR dans la requête HTTP) inclut :

- dans la partie « en-tête », la commande HTTPR accompagnée des informations complémentaires et de *status* sous forme de paramètres ;

- dans la partie « corps », si la commande implique le transfert de messages applicatifs, un lot de ces messages, éventuellement codé en tranches successives.

La *réponse HTTPR* (entité HTTPR dans la réponse HTTP) inclut :

- dans la partie en-tête, des informations de *status* et complémentaires ;

- dans la partie corps, si la commande contenue dans la requête implique le transfert de messages applicatifs, un lot de ces messages (qui peut être vide), éventuellement codé en tranches successives.

L'identification des serveurs et des canaux

Un agent HTTPR (client et serveur) est identifié, pour les besoins du protocole, par un URI ainsi constitué :

    httpr://host[:port]/ServiceName

L'application destinataire d'un message applicatif est identifiée par l'URI :

    httpr://host[:port]/ServiceName#Application

Un lot de message est transmis à un seul agent HTTPR. Chaque message applicatif du lot s'adresse à une application identifiée par un URI dont la partie `httpr://host[:port]/ServiceName` est l'URI de l'agent HTTPR.

Chaque interaction HTTPR est associée explicitement ou implicitement à un *canal HTTPR*. Un canal est identifié par la triple ordonnée :

[URI du client HTTPR, identifiant du canal, URI du serveur HTTPR]

À un canal est associée, à un moment donné, *une et une seule connexion TCP/IP*, et donc, dans la durée, une succession sans recouvrement temporel de connexions TCP/IP. Bien évidemment, un client et un serveur HTTPR peuvent interagir en même temps sur plusieurs canaux indépendants (et donc sur plusieurs connexions) et chaque canal peut servir plusieurs couples d'applications (qui, à leur tour, peuvent utiliser plusieurs canaux).

La notion *d'application destinataire*, identifiée par http://host[:port]/ServiceName#Application est très souple. Ainsi, il est tout à fait pensable de créer dynamiquement des « applications » volatiles. Par exemple, un service de gestion de comptes bancaires peut créer à la volée une application volatile pour chaque compte interrogé et manipulé par ses clients (avec, par exemple, le suffixe #Application en relation avec le numéro de compte). Un compte interrogé et manipulé sera traité comme une application volatile dotée d'un URI temporaire pour le temps de l'échange.

Les transactions et les agents HTTPR

L'opération de *remise d'un lot de messages applicatifs* est appelée *transaction* HTTPR. Ce terme est spécifique à HTTPR, même si la transaction HTTPR implique des transactions internes (au sens de la gestion transactionnelle) chez l'émetteur et le récepteur. La transaction HTTPR est un processus en trois étapes qui implique l'émetteur, le récepteur et le canal :

1. *préparation* du lot de messages, avec sauvegarde d'informations d'état de la part de l'émetteur HTTPR avant émission : cette sauvegarde est effectuée dans un cadre transactionnel ;

2. *transfert* du lot de messages, via une requête ou une réponse HTTP ;

3. *sauvegarde* après réception des messages du lot et des informations d'état de la part du récepteur HTTPR : cette sauvegarde est effectuée dans un cadre transactionnel.

Il est de la responsabilité de l'émetteur HTTPR d'attribuer à chaque transaction un identifiant unique dans le canal, transmis dans l'en-tête HTTPR de l'opération de transfert. L'identifiant de transaction HTTPR est un entier positif, compris entre 1 et $(2^{64} - 1)$ et généré dans l'ordre croissant de la séquence des entiers. La portée spatiale de l'identifiant est le canal et sa portée temporelle un intervalle de temps ouvert et fermé par des interactions HTTPR de synchronisation. Sur un canal, il y a donc deux séquences indépendantes (et numérotées indépendamment) de transactions HTTPR : la séquence client-à-serveur et la séquence serveur-à-client.

L'association entre un message et un identifiant de transaction HTTPR est dynamique et gérée par l'émetteur. Il est important de noter que ce qui est identifié par numérotation progressive est bien la transaction HTTPR et non l'ensemble de messages du lot qui lui est temporairement associé. Si un lot de messages associé à une transaction HTTPR n'est pas correctement transféré au récepteur HTTPR, par exemple en raison d'un dysfonctionnement de la connexion, celui-ci informe l'émetteur HTTPR que la transaction HTTPR est annulée. L'émetteur libérera les messages de leur association avec la transaction HTTPR annulée et formera un nouveau lot de messages à envoyer, pas forcément identique au premier, qu'il associera à une nouvelle transaction HTTPR dotée d'un nouvel identifiant.

Une transaction HTTPR peut réussir, échouer ou rester dans un état incertain. Elle réussit si les trois étapes du processus présenté ci-avant se déroulent avec succès. Elle est ensuite *confirmée* par le récepteur HTTPR, qui retourne l'acquittement avec le statut de la transaction HTTPR (« confirmée ») à l'émetteur, et enfin rend disponibles les messages reçus pour consommation par les applications destinataires.

Une transaction HTTPR échoue si la deuxième ou la troisième étape du processus échoue (si la première étape échoue, la transaction HTTPR n'est pas créée). En cas d'échec, le transfert du lot ne s'est pas déroulé correctement en raison de dysfonctionnements réseau, ou bien la transaction interne de sauvegarde des messages et de l'état du récepteur a échoué. La transaction HTTPR est *annulée* par le récepteur, qui retourne l'acquittement avec le statut de la transaction HTTPR (« annulée ») à l'émetteur. Les messages du lot doivent être transmis à nouveau dans le cadre d'une nouvelle transaction HTTPR.

Une transaction HTTPR est *mise en doute* par le récepteur lorsque celui-ci est dans l'incertitude quant à l'issue de la troisième étape du processus : la transaction interne de sauvegarde n'est ni confirmée ni annulée. Dans cette situation, due en principe à un dysfonctionnement grave du système de persistance du récepteur, le protocole HTTPR impose l'arrêt immédiat des échanges de messages et la synchronisation entre les agents jusqu'à élimination de l'incertitude.

La spécification HTTPR ne pose pas d'exigences relatives à la conception et à la réalisation des agents HTTPR. Elle n'impose notamment pas de contraintes :

• sur l'interface programmatique entre les applications et les agents HTTPR ;

• sur le protocole de messagerie qui utilise HTTPR comme protocole d'échange fiable ;

• sur l'implémentation des systèmes de persistance des états et des messages.

Le protocole de messagerie SOAP peut être mis en œuvre sur HTTPR de façon totalement transparente par une liaison standard SOAP/HTTPR. Le format et le contenu des messages SOAP ne sont pas affectés par le fait d'être transférés dans une entité HTTPR.

Le format de l'entité HTTPR

La requête et la réponse d'une interaction HTTPR sont transportées dans le corps de la requête HTTP POST et de la réponse HTTP corrélée. La structure générale du message HTTP qui véhicule une entité HTTPR est illustrée figure 18-4.

L'entité HTTPR (requête et réponse) est composée d'un en-tête, comprenant les paramètres HTTPR, et éventuellement d'un lot de messages (pour les requêtes PUSH et EXCHANGE ainsi que pour les réponses non vides PULL et EXCHANGE). L'entité HTTPR peut être codée pour le transfert par tranches, ce qui explique la présence à la fin du corps HTTP de la marque de terminaison (dernière tranche vide).

Chaque message est une structure autonome, avec un en-tête et un corps qui contient le message, comme une chaîne d'octets non interprétée.

Le lot de messages se termine par un *marqueur de fin*, (payload-disposition) qui a en outre la fonction d'indiquer si le lot est valide, à savoir si la transaction interne de préparation du transfert du lot et le début du transfert lui-même se sont correctement (ou incorrectement) déroulés.

Exemple

Dans l'exemple présenté figure 18-5, un message HTTP véhicule une requête PUSH HTTPR (non codée en tranches) avec un lot de messages composé d'un seul message SOAP.

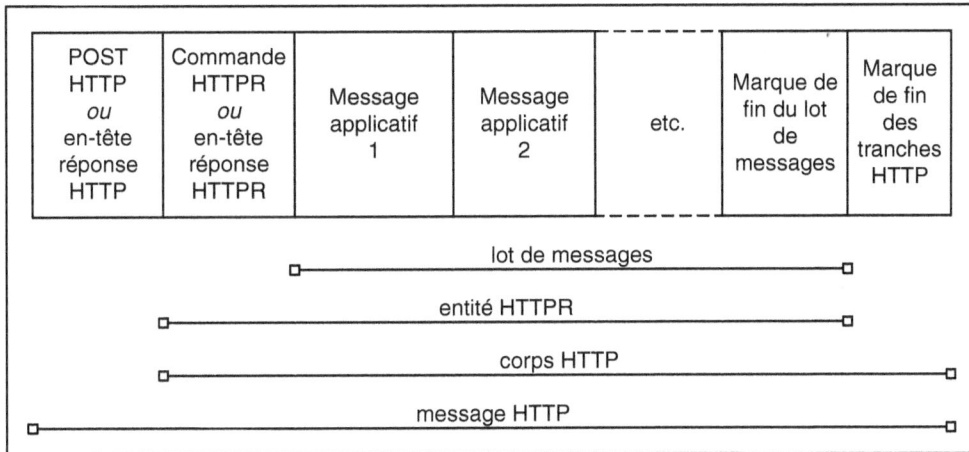

Figure 18-4

Format du message (requête et réponse) avec lot de messages.

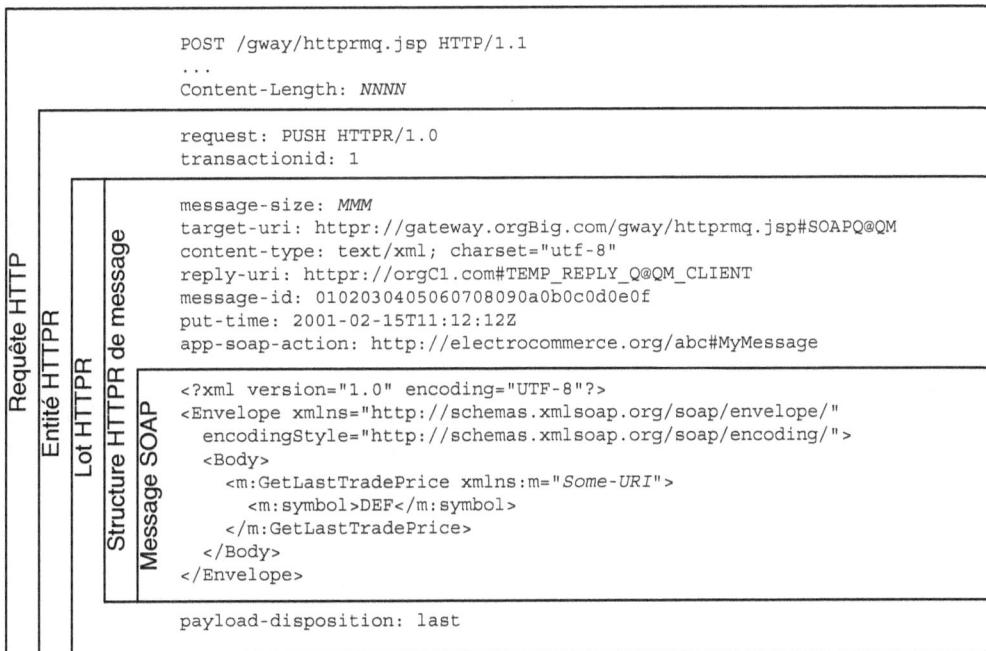

Figure 18-5

Message HTTP véhiculant un message SOAP via une entité HTTPR.

Les commandes HTTPR

Les commandes HTTPR sont au nombre de cinq, plus précisément :

- deux commandes de synchronisation : GET-RESPONDER-INFO, REPORT ;
- trois commandes de transfert de messages applicatifs : PUSH, PULL, EXCHANGE.

Les commandes HTTPR sont exclusivement transportées dans les requêtes HTTPR et donc sont toujours émises par le client HTTPR.

Chaque interaction HTTPR, en plus des informations nécessaires à la transmission de la commande et de son résultat, peut véhiculer des informations propres aux commandes émises dans des interactions antérieures.

GET-RESPONDER-INFO

L'interaction GET-RESPONDER-INFO est utilisée par le client HTTPR pour négocier avec le serveur HTTPR le « niveau de service ». La requête HTTPR communique le niveau de service que le client est capable d'assurer et qu'il demande au serveur, au moyen d'un vecteur de « capacités ». La réponse du serveur renvoie des valeurs de capacités réduites (jamais de valeurs augmentées). Il s'agit d'une « négociation » avec un échange, car la réponse du serveur ne peut être renégociée par la suite (dans le cadre de la même session).

L'interaction GET-RESPONDER-INFO constitue l'ouverture d'une *session* HTTPR, qui est active après la réponse du serveur et ouverte sur la base des valeurs corrigées par le serveur. La session peut être arrêtée (à tout moment) par le client au moyen d'une commande REPORT ou par le serveur par le biais de l'inclusion de l'en-tête HTTPR session:end dans la réponse de n'importe quelle interaction.

Gestion des sessions

HTTPR permet trois modes de fonctionnement de l'interaction entre le client et le serveur :

- le mode *sans session* ;
- le mode *session simple* ;
- le mode *session pipe-line*.

Mode sans session

L'ouverture préalable d'une session n'est pas indispensable aux interactions HTTPR, qui peuvent être effectuées directement sur le canal. Dans ce cas, les valeurs par défaut des capacités s'appliquent à chaque interaction, sauf si elles sont modifiées dans l'interaction même. La procédure de négociation décrite pour GET-RESPONDER-INFO s'applique, mais la portée spatiale et temporelle du résultat est limitée à l'interaction dans laquelle la négociation a lieu.

Le client HTTPR peut inclure un vecteur de capacités dans toute requête. Le serveur peut soit rejeter la commande par un retour d'erreur, soit l'exécuter avec des valeurs de capacités différentes et répondre avec ces nouvelles valeurs. Pour un certain nombre de capacités, cette négociation n'a pas de véritables conséquences à cause de sa portée limitée à l'interaction en cours.

Dans le mode sans session, les interactions sur un canal ont lieu sur une seule connexion TCP/IP ou bien sur une séquence temporelle de connexions TCP/IP successives sans recouvrement. Ces connexions ne peuvent pas être utilisées en mode pipe-line HTTP.

Mode session simple

Dans le mode session simple, le dialogue est toujours initialisé par le client via une commande GET-RESPONDER-INFO qui transporte un vecteur de capacités. Après réponse du serveur, susceptible de corriger certaines valeurs du vecteur, et jusqu'à l'arrêt de la session, la session est active.

La session est associée à un canal. Un canal est donc soit utilisé par une et une seule session, soit utilisé en mode sans session. Une session peut utiliser seulement un canal, qui à son tour fonctionne sur une connexion TCP/IP ou sur une séquence temporelle sans recouvrement de connexions TCP/IP. En mode session simple, comme en mode sans session, le pipe-line de messages n'est pas autorisé.

Mode session pipe-line

Il s'agit du mode de fonctionnement le plus sophistiqué. La longueur du train des messages (nombre maximal de messages présents en même temps dans le pipe-line) est négociée dans le vecteur de capacités.

Parfois, après une situation d'erreur, il est nécessaire d'arrêter une session et d'en ouvrir une nouvelle. Si, par exemple, il y a cinq requêtes PUSH dans le pipe-line client-à-serveur et que, pendant la remise du troisième lot, le serveur constate une défaillance de son système de persistance, il ferme de façon volontaire la session en posant le paramètre session:end dans la réponse. Il ne prendra plus en compte les requêtes successives qui se réclament de la session qu'il vient de fermer. Le client, à la réception de la troisième réponse, demande l'ouverture d'une nouvelle session sur le même canal avec GET-RESPONDER-INFO, et émet une commande REPORT afin de resynchroniser les états de réception et d'émission du client et du serveur.

Le vecteur des capacités

Le vecteur des capacités est un ensemble de paramètres qui déterminent le niveau de qualité de l'échange HTTPR dans une session ou une interaction HTTPR (mode sans session). Ces paramètres expriment des informations quantitatives (des tailles, des délais) et des informations qualitatives sur les fonctionnalités prises en charge par les serveurs. Les paramètres sont dotés de valeurs par défaut. Il n'y a pas de mémoire des capacités d'une session (ou d'une interaction) lors de l'ouverture des sessions suivantes sur le même ou sur un autre canal : ce sont les valeurs par défaut qui jouent en l'absence de déclarations explicites.

Tableau des capacités

Capacité	Description	Défaut
idle_session_interval	Le délai maximal (en secondes) de permanence de la session dans l'état inactif entre deux requêtes.	10 s
empty_batch_delay	Délai d'attente maximal (en millisecondes) de nouveaux messages dans la file de sortie vide du serveur au moment de la réception de la requête PULL, avant la construction de la réponse.	10 000 ms
max_latency	Délai maximal (en millisecondes) de remplissage d'un lot de messages lors de la réponse PULL. Le laps de temps est calculé à partir de l'inclusion du premier message dans le lot.	100 ms
max_wait_next	Délai maximal d'attente (en millisecondes) de nouveaux messages à inclure dans une réponse PULL à partir de l'inclusion du dernier.	100 ms

Tableau des capacités *(suite)*

Capacité	Description	Défaut
max_wait_batch	Délai maximal (en millisecondes) à disposition du serveur pour construire la réponse PULL à partir de la réception de la requête.	100 ms
maximum_message_size	La taille maximale du message applicatif.	100 000 000 octets
maximum_batch_size	Le nombre maximal de messages applicatifs compris dans un lot.	10 messages
maximum_pipeline_depth	Le nombre maximal de messages d'un train (pipe-line).	1 requête
flows	Les commandes de transfert de messages (PUSH, PULL, EXCHANGE) prises en charge par le client et le serveur.	PUSH + PULL + EXCHANGE
session_support	Les modes d'interaction : - SESSIONLESS (sans session), - SESSION (avec session). La session simple est spécifiée par la valeur SESSION et la valeur 1 pour le paramètre maximum_pipeline_depth. La session pipe-line affecte une valeur supérieure à 1 au paramètre maximum_pipeline_depth.	SESSIONLESS

PUSH

La requête HTTPR PUSH permet à un client HTTPR de transférer un lot de messages à un serveur HTTPR sur un canal choisi.

Le transfert est identifié par l'identifiant de transaction HTTPR qui est unique dans la portée du canal (pour les interactions sans session) ou de la session dans laquelle l'interaction PUSH à lieu.

La réponse véhicule un acquittement de la transaction HTTPR, avec les trois statuts possibles (« confirmée », « annulée », « mise en doute »).

Dans un pipe-line de PUSH, les transactions HTTPR confirmées peuvent ne pas être acquittées séparément. Le premier acquittement d'une transaction (quelle que soit l'issue) fait fonction d'acquittement avec statut « confirmée » des transactions précédentes qui n'avaient pas encore été acquittées. Cela veut dire aussi que la première transaction d'un pipe-line annulée ou mise en doute doit être immédiatement acquittée avec son statut.

La requête PUSH peut acheminer également l'acquittement et le résultat des transactions HTTPR des précédentes commandes PULL et EXCHANGE (transfert dans le sens serveur-à-client), si l'issue est la confirmation ou l'annulation.

En cas de mise en doute de la transaction serveur-à-client précédente, le client doit synchroniser les états via la commande REPORT. L'acquittement avec statut « mise en doute » est obligatoirement accompagné par la terminaison de la session et la décision d'arrêter l'échange de transactions sur le canal. Par la suite, le client démarre une nouvelle session et utilise la commande REPORT afin de se resynchroniser avec le serveur.

PULL

L'interaction HTTPR PULL permet à un client HTTPR de demander au serveur HTTPR la remise des messages par transfert d'un lot dans la réponse.

La requête peut véhiculer l'acquittement et le résultat de la dernière transaction HTTPR serveur-à-client (requêtes PULL ou EXCHANGE précédentes) si son statut est « confirmée » ou « annulée ». Comme pour la commande PUSH, en cas de session pipe-line, les transactions de numéro inférieur non encore acquittées sont acquittées automatiquement avec statut « confirmée » par le premier acquittement.

Si le statut de la dernière transaction est « mise en doute », le client doit utiliser la commande REPORT, qui arrête le flux et resynchronise les agents.

La réponse PULL véhicule un lot de messages avec un identifiant de transaction HTTPR généré par le serveur. Le lot peut, bien entendu, être vide si le serveur n'a pas de messages serveur-à-client à transférer. Dans ce cas, le serveur peut attendre la disponibilité de nouveaux messages applicatifs avant d'émettre la réponse HTTPR. Le jeu de délais maximaux, qui règlent cette attente, est établi par le vecteur de capacités en vigueur.

EXCHANGE

La commande EXCHANGE combine les comportements de PUSH et PULL dans la même interaction HTTPR. Elle permet par une seule et même interaction :

- de transférer un lot de messages dans le sens client-à-serveur avec un identifiant de transaction HTTPR dans la requête, ainsi que l'acquittement des transactions précédentes dans le sens inverse ;
- de transférer un lot de messages dans le sens serveur-à-client avec un identifiant de transaction HTTPR dans la réponse, ainsi que l'acquittement des transactions précédentes dans le sens inverse.

La requête et la réponse EXCHANGE transportent respectivement les paramètres des requêtes et des réponses PUSH et PULL.

Le protocole HTTPR ne gère pas de relation applicative entre les messages envoyés et les messages reçus dans une interaction EXCHANGE. En revanche, il peut être piloté par les composants qui gèrent le protocole des messages pour transporter dans l'interaction EXCHANGE une *requête/réponse applicative pseudo-synchrone* : la transaction client-à-serveur véhicule une requête et la transaction serveur-à-client véhicule la réponse corrélée.

REPORT

La commande HTTPR REPORT permet la synchronisation entre client et serveur.

La requête permet au client de communiquer au serveur l'identifiant de la dernière transaction HTTPR serveur-à-client acquittée, ainsi que l'identifiant de la dernière transaction HTTPR client-à-serveur émise.

La réponse communique au client l'identifiant de la dernière transaction HTTPR client-à-serveur acquittée et celui de la dernière transaction HTTPR serveur-à-client émise.

Du fait de la numérotation progressive des transactions sur le canal et dans la session (il s'agit en fait de deux numérotations indépendantes pour les directions de transfert client-à-serveur et serveur-à-client), l'identifiant de la dernière transaction émise est forcément supérieur ou égal à l'identifiant de la dernière transaction acquittée par le récepteur (pour une même direction de transfert et avant réinitialisation).

Après interaction REPORT :

- L'émetteur (client, serveur) considère que les transactions dont l'identifiant est inférieur ou égal à la dernière transaction acquittée sont à oublier.

- L'émetteur (client, serveur) considère que les transactions dont l'identifiant est supérieur à la dernière transaction confirmée et inférieur ou égal à la dernière transaction émise sont nulles et non avenues : les messages des lots impliqués doivent être mis à nouveau en attente de transfert. Ils pourront être réémis avec des transactions d'identifiants supérieurs à celui de la dernière transaction émise.

- Le récepteur (serveur, client) considère que les transactions dont l'identifiant est supérieur à la dernière acquittée et inférieur ou égal à la dernière émise sont nulles et non avenues (et doivent être rejetées si elles arrivent « en retard »). Les transactions acceptables qu'il recevra dans le futur devront impérativement posséder un identifiant supérieur à la dernière transaction émise.

La commande REPORT est utilisée chaque fois qu'il est nécessaire de resynchroniser le client et le serveur et notamment :

- suite à des situations d'incertitude dues aux défaillances de la connexion ou des systèmes de persistance des serveurs ;

- suite au redémarrage des serveurs après une panne franche (le serveur peut provoquer un REPORT par différents moyen, par exemple en déclarant le statut « mise en doute » d'une transaction reçue).

La commande REPORT peut également être utilisée pour réinitialiser (à 0) la numérotation des transactions sur le canal (lorsque l'on sait qu'il n'y a pas de transactions « en retard »).

Les transactions internes aux agents HTTPR

Nous avons vu que les agents HTTPR, qu'ils soient clients ou serveurs HTTPR, peuvent jouer les rôles d'émetteurs et récepteurs de lots de messages HTTPR.

Les états de l'émetteur HTTPR

L'émetteur HTTPR est responsable de la sauvegarde permanente et durable, sur son système de persistance, de tous les messages produits par les applications expéditrices qui n'ont pas encore été transférés aux applications destinataires ou qui sont liés à des transactions HTTPR non encore confirmées. Les messages qu'il gère sont dans trois états possibles (le graphe d'état est présenté figure 18-6) :

- *produit* : le message est produit par l'application expéditrice et en attente de transfert ;

- *émis* : le message a été transféré dans le cadre d'une transaction qui n'est pas encore acquittée (ou a été acquittée avec statut « mise en doute ») ;

- *remis* : le message a été transféré dans le cadre d'une transaction acquittée et confirmée (état final).

Le message revient à l'état « produit », à partir de l'état « émis », lorsque la transaction HTTPR à laquelle il est associé est annulée par le récepteur ou suite à une synchronisation (voir la commande REPORT).

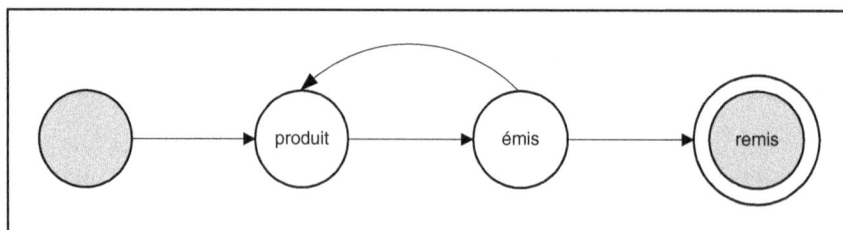

Figure 18-6

États des messages gérés par l'émetteur HTTPR.

Gestion des états d'émission

L'état de l'émetteur HTTPR, par rapport à un canal ou à une session, est décrit par les variables suivantes :

- l'identifiant de la dernière transaction HTTPR envoyée (initialisé à 0) ;
- les identifiants des transactions HTTPR envoyées et non encore acquittées ;
- les messages associés aux transactions HTTPR envoyées et non encore acquittées ;
- l'identifiant de la dernière transaction acquittée (initialisé à 0) ;
- le statut de la dernière transaction acquittée, avec comme valeurs possibles : « confirmée », « annulée », « mise en doute » (initialisé à « confirmée »).

L'émetteur attribue comme valeurs d'identifiant de transaction sur un canal des entiers positifs strictement croissants. Il n'est pas nécessaire que la séquence soit sans trous.

Émission d'un lot de messages

Pour dérouler une transaction HTTPR, l'émetteur, dans le cadre d'une transaction interne de préparation :

- génère un identifiant de transaction HTTPR, supérieur à la valeur de la dernière transaction envoyée ;
- constitue un lot de messages à l'état « produit », les passe à l'état « émis » et associe ce lot à l'identifiant de transaction.

Après sauvegarde de l'état et confirmation de la transaction interne, l'émetteur transfère le lot de messages via une requête ou réponse HTTP. Si, pour une raison quelconque, la transaction interne est annulée, le lot de messages n'est pas transféré.

En effet, le transfert du contenu de l'entité HTTPR via HTTP peut être en concurrence avec le déroulement de la transaction interne. En revanche, la transaction interne de préparation doit être complétée et confirmée *avant* émission de la marque de fin (payload-disposition) du lot HTTPR. Si la transaction interne est annulée, la marque de fin *doit* invalider le lot (payload-disposition: abort) et le récepteur *doit* annuler la transaction à la réception d'un lot invalide.

Réception de l'acquittement venant du récepteur

L'acquittement est accompagné du statut de la transaction chez le récepteur (« confirmée », « annulée », « mise en doute »).

Confirmation

En cas de confirmation, l'émetteur, dans le cadre d'une transaction interne de confirmation :

1. mémorise l'identifiant de la transaction comme identifiant de la dernière transaction acquittée ;
2. passe les messages associés à la transaction à l'état « remis » ;
3. sauvegarde tous les changements d'état en mémoire secondaire.

Annulation

En cas d'annulation, l'émetteur, dans le cadre d'une transaction interne d'annulation :

1. mémorise l'identifiant de la transaction comme identifiant de la dernière transaction acquittée ;
2. remet les messages associés à la transaction à l'état « produit » ;
3. sauvegarde tous les changements d'état en mémoire secondaire.

Mise en doute

En cas de mise en doute, la synchronisation avec le récepteur est nécessaire, accompagnée éventuellement par le démarrage d'une nouvelle session (voir les commandes REPORT et GET-RESPONDER-INFO).

Les états du récepteur HTTPR

Le récepteur HTTPR est responsable de la sauvegarde permanente et durable, dans son système de persistance, de tous les messages reçus par les transactions HTTPR confirmées, avant consommation par les applications destinataires.

Les messages qu'il gère sont dans les états suivants (voir figure 18-7) :

- *reçu* : le message est reçu dans le cadre d'une transaction confirmée et est sauvegardé ;
- *rejeté* : le message est reçu dans le cadre d'une transaction rejetée ou annulée ;
- *incertain* : le message est reçu dans le cadre d'une transaction mise en doute ;
- *consommé* : le message est consommé par l'application destinataire et se prépare à être « purgé ».

L'état du récepteur peut être représenté par les variables suivantes :

- l'identifiant de la dernière transaction HTTPR reçue (initialisé à 0) ;
- le statut de la dernière transaction HTTPR reçue (initialisé à « confirmée ») ;
- l'identifiant de la dernière transaction HTTPR envoyée par l'émetteur, qui lui a été communiqué par l'émetteur lors d'une interaction de synchronisation (initialisé à 0).

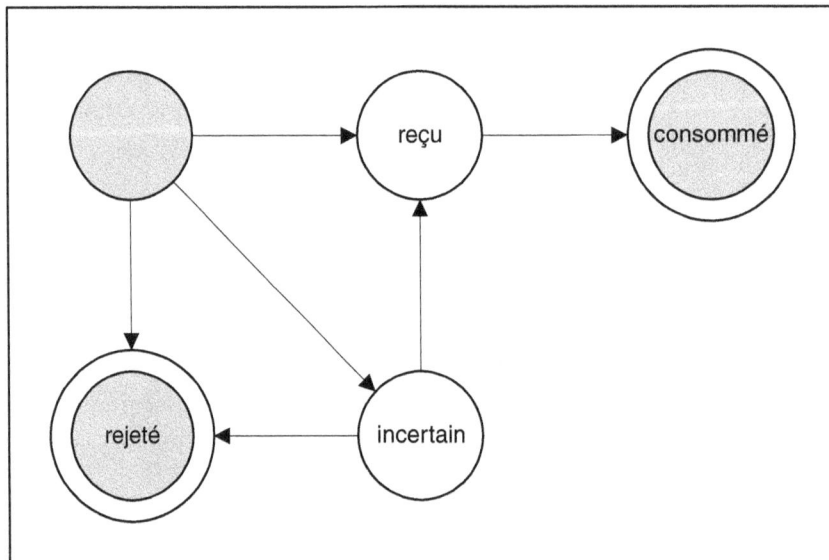

Figure 18-7

États des messages chez le récepteur HTTPR.

Il est important de noter que tout lot associé à un identifiant de transaction inférieur ou égal à la dernière transaction envoyée *doit* être rejeté (transaction « en retard »).

Réception d'un lot de messages

Le récepteur reçoit un lot de messages emboîté dans une entité HTTPR.

Confirmation

Si l'entité HTTPR est correctement et entièrement reçue et que sa marque de fin indique qu'elle est valide, alors le récepteur, dans le cadre d'une transaction interne de sauvegarde :

1. mémorise l'identifiant de la transaction comme identifiant de la dernière transaction reçue ;

2. affecte le statut de la dernière transaction reçue à « confirmée » ;

3. sauvegarde les messages à l'état « reçu » et les changements d'état en mémoire secondaire.

Après confirmation de la transaction interne de sauvegarde, l'acquittement et le statut de la transaction HTTPR sont retournés à l'émetteur.

Annulation

En revanche, en cas de réception d'un lot invalide, d'erreur de réception ou de défaillance de la sauvegarde, le récepteur rejette les messages, dans le cadre d'une transaction interne de rejet, et :

1. mémorise l'identifiant de la transaction comme identifiant de la dernière transaction reçue ;

2. passe le statut de la dernière transaction reçue à « annulée » ;

3. sauvegarde les changements d'état en mémoire secondaire.

Après confirmation de la transaction interne de rejet, l'acquittement et le statut de la transaction HTTPR sont retournés à l'émetteur.

Mise en doute

Dans des cas particuliers d'incertitude sur l'issue de la transaction interne de sauvegarde, le récepteur retourne un acquittement avec statut « mise en doute » pour la transaction. Ce retour arrête les échanges (nous sommes en présence d'une défaillance grave). La commande de synchronisation REPORT se charge par la suite de déterminer le résultat de la transaction (confirmation ou annulation).

Les relations entre HTTPR et le protocole de messagerie fiable

Quelles sont les relations entre les mécanismes mis en œuvre par HTTPR au niveau transport et les propriétés fonctionnelles (garantie de livraison, suppression des doublons, respect de la séquence) qui caractérisent les degrés de fiabilité de l'échange de messages, telles que nous les avons définie dans la section « L'échange fiable » ?

La *garantie de livraison* est une fonction réalisée par le fonctionnement de base d'HTTPR : tout message confié par un expéditeur à un émetteur HTTPR sera livré au moins une fois, ou bien HTTPR peut donner un compte rendu fiable de l'impossibilité de livraison. HTTPR permet également de gérer un délai d'expiration du message applicatif : l'utilisation de ce délai affaiblit évidemment la garantie de livraison, mais il la conserve car lorsque le délai expire sans que la transmission ait pu s'effectuer, l'agent peut retourner à l'application expéditrice un compte rendu fiable d'impossibilité de transmission.

La *suppression des doublons* est obtenue par l'astreinte de la part de l'application expéditrice et de l'application destinataire à une discipline particulière : elles doivent se limiter, respectivement, à confier les messages seulement une fois à l'émetteur HTTPR et à extraire les messages seulement une fois de la base du récepteur HTTPR, le fonctionnement standard du protocole se chargeant du reste. Cette discipline présuppose que les applications (ou le protocole de messagerie) savent gérer l'identité des messages et exécuter les opérations de sauvegarde dans la base de l'émetteur et d'extraction de la base du récepteur dans un cadre transactionnel. HTTPR permet de véhiculer un identifiant de message produit par l'application expéditrice comme métadonnée dans la structure du conteneur du message applicatif.

Le *respect de la séquence* est obtenu par la capacité des bases des messages de l'émetteur et du récepteur de gérer des files FIFO (*first in, first out*) pour traduire la séquence temporelle des messages en une liste ordonnée persistante, ainsi que par la capacité du protocole de garder l'ordre dans la transmission des lots des messages. Cela est en principe rendu possible par l'implémentation du système de sauvegarde des messages, mais ce n'est pas une exigence clairement exprimée dans la spécification HTTPR.

Si le respect de la séquence temporelle n'est pas une contrainte, il est avantageux d'utiliser entre deux applications plusieurs canaux en parallèle ou bien de gérer des *priorités* de messages (séquence dynamique des messages). Le protocole HTTPR pourra toujours assurer la livraison « exactement une fois ou pas du tout ».

Tableau (non exhaustif) des métadonnées dans le conteneur du message applicatif

class-of-service	Valeurs : datagram (au plus une fois), reliable (au moins une fois), assured (exactement une fois)
message-id	Identifiant du message fourni par l'application expéditrice
put-time	Date de « création » au format UTC
expiry	Délai d'expiration en secondes
priority	Valeur de type entier. Les agents HTTPR doivent produire leur meilleur effort pour transmettre les messages dans l'ordre de la priorité
correlation-id	Identifiant du message corrélé (exemple : la requête si le message est une réponse)

Degrés et fonctions de fiabilité de l'échange

Fonction / Degré	Garantie de livraison (fonctionnement de base du protocole)	Suppression des doublons (discipline applicative)	Respect de la séquence (discipline applicative + gestion de file HTTPR)
Partiellement fiable (au plus une fois) class-of-service: datagram	NON	OUI	NON
Partiellement fiable (au moins une fois) class-of-service: reliable	OUI	NON	NON
Fiable (exactement une fois) class-of-service: assured	OUI	OUI	NON

Degrés et fonctions de fiabilité de l'échange *(suite)*

Fonction / Degré	Garantie de livraison (fonctionnement de base du protocole)	Suppression des doublons (discipline applicative)	Respect de la séquence (discipline applicative + gestion de file HTTPR)
Totalement fiable (exactement une fois et en séquence) `class-of-service: assured`	OUI	OUI	OUI
Totalement fiable avec priorité (exactement une fois et en séquence dynamique) `class-of-service: assured`	OUI	OUI	OUI (avec utilisation de priority)

Quelques schémas d'applications d'HTTPR

Nous pouvons maintenant illustrer l'application d'HTTPR aux *styles d'échange SOAP*. Nous prendrons en considération le style *requête/réponse*, dans les variantes *synchrone* et *asynchrone* et le *message à sens unique*.

La requête/réponse pseudo-synchrone

SOAP 1.1 propose deux variantes du style d'échange requête/réponse : le style « RPC » et le style document. Les différences entre ces deux styles sont à rechercher dans le format du message et n'ont pas d'impact sur le sujet qui nous occupe. La spécification SOAP 1.1 ne spécifie rien quant au mode synchrone ou asynchrone d'exécution des échanges.

En revanche, la liaison SOAP/HTTP impose deux traits importants de la mise en œuvre du style requête/réponse :

- l'échange est synchrone, car il s'appuie sur le synchronisme de la requête/réponse HTTP ;

- la corrélation entre requête et réponse SOAP est assurée directement par le protocole de transport HTTP, et non par des annotations dans les en-têtes des messages eux-mêmes.

La requête/réponse synchrone SOAP sur la liaison HTTP est aujourd'hui le style le plus répandu pour les services Web, en termes d'implémentation dans les outils et d'utilisation dans les applications.

La quasi-totalité des applications accessibles par navigateur sur le Web (et naturellement candidates à la mise en œuvre en tant que services Web), ainsi qu'une grande partie des applications patrimoniales que les entreprises et les administrations ont intérêt à exposer comme des services Web, présentent aujourd'hui une interface programmatique synchrone de type appel de procédure. Ni ces applications existantes, ni les applications « clientes » potentielles ne sont conçues pour prendre en compte les dysfonctionnements et les défaillances qui peuvent surgir dans une architecture répartie et dont nous avons par ailleurs donné un aperçu en début de chapitre.

L'échange avec les applications Web accessibles par navigateur est piloté par les acteurs humains, qui sont généralement capables de faire face efficacement aux erreurs et aux défaillances, y compris parfois à celles qu'ils rencontrent pour la première fois. Une expérience même limitée de navigation sur le Web nous permet d'apprécier le nombre très élevé de situations d'erreur que nous rencontrons et que nous résolvons, parfois même sans que nous ne nous en rendions compte.

Le remplacement de l'acteur humain par un agent logiciel est possible si ce dernier est capable de traiter « automatiquement » au moins une partie de ces défaillances (les plus courantes) en laissant le traitement des autres défaillances à l'intervention « manuelle ».

Un marché potentiel important pour les infrastructures d'échange fiabilisé est donc celui des applications patrimoniales à interface synchrone. L'objectif est de mettre en œuvre un échange interapplications, sans pour autant devoir modifier en profondeur la logique applicative.

Nous allons vérifier la possibilité théorique de fiabiliser, avec HTTPR, l'échange avec ce type d'applications, sans être cependant obligé de modifier :

• le mode d'interaction par requête/réponse synchrone ;

• les messages SOAP tels qu'ils sont générés par les outils d'aujourd'hui : l'idée est que le même couple requête/réponse SOAP, qui est échangé aujourd'hui en mode non fiable sur le protocole HTTP « pur », puisse être échangé demain en mode totalement fiable sur HTTPR ;

• la logique applicative pour prendre en compte, au niveau application, les défaillances de l'échange.

Cela est tout à fait envisageable si une discipline appropriée et un pilotage pertinent des agents HTTPR (client et serveur) sont mis en œuvre.

Cette discipline peut se synthétiser ainsi : pour un couple d'applications (client et serveur) situé sur le même canal, les requêtes sont consommées par l'application serveur dans l'ordre de leur production par l'application cliente et la production d'une requête est toujours successive à la consommation de la réponse corrélée à la requête immédiatement précédente.

La première conséquence de cette discipline est que les lots HTTPR contiennent un et un seul message (requête ou réponse) pour chaque couple d'applications. En revanche, ils peuvent contenir autant de messages qu'il y a de couples d'applications actives sur le canal. Par simplification, dans la discussion qui suit nous allons considérer que les serveurs HTTPR travaillent pour un seul couple client/serveur et donc que les lots échangés sur le canal contiennent à chaque fois au plus un seul message.

La discipline énoncée ci-avant fait en sorte que le protocole de transport assure la corrélation des requêtes et des réponses, sans prévoir de mécanisme explicite de corrélation au niveau message.

Par ailleurs, nous pouvons imaginer que la ligne d'exécution de l'application cliente envoie la requête au moyen d'un appel de procédure, bloquant et synchrone, au client HTTPR et obtient la réponse corrélée par le retour d'appel.

Le graphe de séquence de la mise en œuvre du protocole synchrone est illustré figure 18-8. Les rectangles, présentés dans cette figure et dans les figures suivantes, doivent être interprétés de la façon suivante :

• Les rectangles blancs à bord noir encadrent les transactions internes aux agents HTTPR.

• Les rectangles gris encadrent des transactions « réparties » auxquelles participent ensemble l'application et l'agent HTTPR : les états conjoints de chaque couple (application cliente/client HTTPR et application serveur/serveur HTTPR) évoluent donc dans un cadre transactionnel.

Cette gestion transactionnelle peut être éventuellement mise en œuvre par un protocole de confirmation en deux étapes.

- Les autres actions du graphe, et notamment les transferts sur le réseau, ne sont pas gérées dans le cadre de transactions.

Mise en œuvre avec PUSH/PULL

La requête (REQUÊTE) est produite par l'application cliente et passée au client HTTPR en argument d'un appel de procédure. La ligne d'exécution de l'application se met en attente du retour de l'appel qui véhicule la réponse (RÉPONSE) comme résultat. Le client HTTPR exécute la transaction interne de sauvegarde de la requête.

Dès confirmation, la requête, en état « produit », est prête à faire l'objet d'un transfert fiable vers le serveur HTTPR. Le client HTTPR enchaîne avec la transaction de préparation du transfert de la requête via la commande PUSH. La requête est emboîtée dans un lot à un seul message doté d'un identifiant de transaction HTTPR et passe à l'état « émis ». Lorsque la transaction interne de préparation est confirmée, le client HTTPR émet une requête HTTPR PUSH contenant, avec la requête, l'acquittement de la réponse corrélée à la requête précédente.

Le serveur HTTPR reçoit la requête HTTPR valide sans constater de dysfonctionnements réseau. Dans le cadre d'une transaction interne, le serveur sauvegarde la requête dans son système de persistance à l'état « reçu », ainsi que l'état de la réponse précédente, qui ne peut être que « confirmée » : en effet, selon la discipline applicative fixée, une requête ne peut être transmise si la réponse corrélée à la requête immédiatement précédente n'est pas consommée. En cas d'erreur de réception de la réponse précédente, le client HTTPR émet la commande de synchronisation REPORT. À la confirmation de la transaction, la requête est sauvegardée dans l'état « reçu » et prête à être consommée par l'application serveur.

Le serveur HTTPR envoie la réponse HTTPR contenant l'acquittement de la requête avec statut « confirmée ». Lors de la réception de l'acquittement, le client HTTPR peut légitimement faire passer l'état de la requête d'« émis » à « remis » et le sauvegarder.

À cette étape, le serveur HTTPR et l'application serveur peuvent gérer dans le cadre d'une seule et unique transaction (éventuellement répartie avec confirmation en deux étapes) l'ensemble des opérations suivantes :

- le changement d'état de la requête, de l'état « reçu » à l'état « consommé » ;
- l'extraction de la requête (REQUÊTE) du système de persistance du serveur HTTPR pour l'application serveur ;
- l'exécution d'un traitement applicatif de nature transactionnelle (dans notre exemple, la réservation d'une place d'avion) avec mise à jour de la base de données métier ;
- la production de la réponse (RÉPONSE) ;
- la sauvegarde de la réponse dans le système de persistance du serveur HTTPR à l'état « produit ».

Cet ensemble d'opérations implique au moins l'existence de trois bases de données « logiques » : la base des requêtes, la base de données métier et la base des réponses. Si les bases logiques sont mises en œuvre sur des ressources physiques différentes et réparties, le protocole de confirmation en deux étapes s'impose.

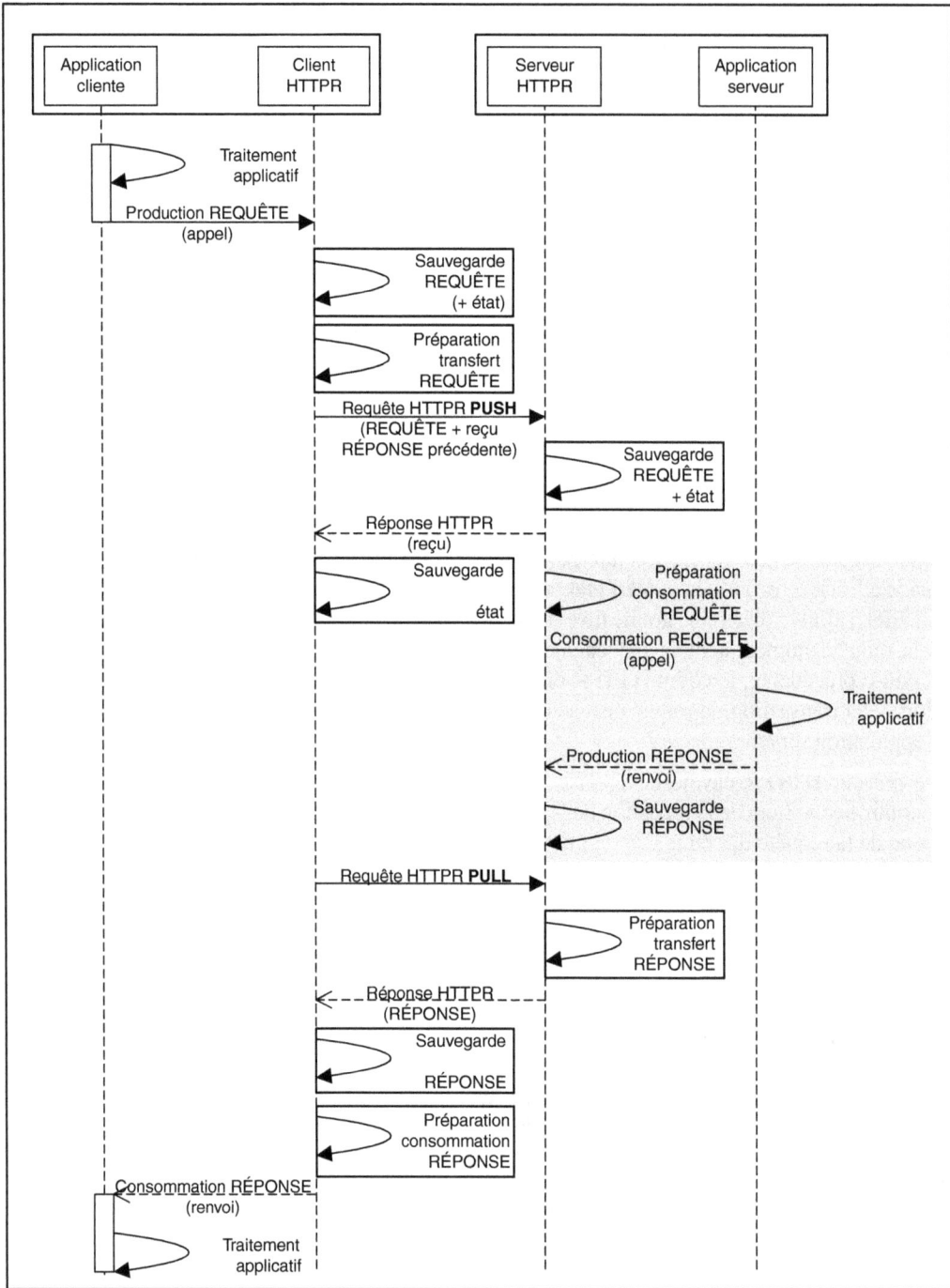

Figure 18-8

Requête/réponse pseudo-synchrone fiable avec HTTPR PUSH/PULL.

Il y a plusieurs avantages à exécuter l'ensemble de ces opérations dans le cadre d'une transaction :

- Si la transaction échoue pour une raison quelconque (par exemple : la base des réponses est pleine), elle est annulée et donc tout revient à l'état initial. La requête reste dans la file persistante à l'état « reçu » et la transaction va se redéclencher automatiquement. Nous rappelons qu'il est ici question d'un échec technique de la transaction et non d'un échec applicatif de la réservation de place (par exemple : l'avion est plein), qui peut être le résultat d'une transaction réussie et confirmée !

- Si le serveur (soit les deux composants : serveur HTTPR et application serveur) tombe en panne franche au milieu de la transaction, les procédures de redémarrage pourront restaurer un état correct avant exécution de la transaction et le système se retrouvera dans l'état initial.

Le retour de la réponse vers l'application cliente se passe selon les mêmes principes, la seule différence étant que l'initiative revient toujours, par construction du protocole, au client HTTPR (requête PULL). Cette différence peut amener à se poser la question du moment où le client HTTPR doit émettre la requête HTTPR PULL. Il s'agit d'une « fausse question » : en fait, le client HTTPR, dès lors qu'il a reçu la réponse à la requête HTTPR PUSH initiale et sauvegardé l'état de la requête (REQUÊTE), peut émettre immédiatement une requête HTTPR PULL, car il n'a plus rien à faire mis à part attendre la réponse (RÉPONSE) du serveur.

Par ailleurs, avec un réglage adapté des paramètres du *vecteur des capacités*, il est possible d'engendrer un comportement qui peut être décrit de la façon suivante : s'il n'y a pas de message (pour le canal) dans la file de sortie, le serveur HTTPR se met en attente indéfinie (le plus longtemps possible), mais dès qu'il y a un message (RÉPONSE), il renvoie au client immédiatement le lot constitué de ce seul message dans la réponse HTTPR. S'il y a dépassement du délai d'attente maximal, le serveur renvoie un lot vide (la réponse n'est pas arrivée), et le client émet immédiatement une requête PULL (ou plus simplement, la requête HTTP sort en *timeout* et le client l'émet à nouveau). Cette technique, dite de la « requête pendante » (*pending request*), est utilisée pour minimiser le *polling* et le trafic réseau lorsqu'un client HTTP est en attente d'information de la part du serveur.

L'acquittement de RÉPONSE de la part du client ne peut pas être obtenu de façon synchrone, en raison de la construction du protocole HTTPR, et le serveur HTTPR est donc dans un état d'incertitude qui ne peut être levé qu'à l'initiative du client HTTPR. Le fonctionnement « normal » est le suivant : la prochaine requête du client (qui peut être une commande de synchronisation s'il n'y a pas de requête applicative après un certain laps de temps) transporte l'acquittement et l'issue de la réponse précédente. En réalité, à cause de la discipline imposée, la simple réception de la requête PUSH suivante fonctionne comme un acquittement implicite non seulement de la réception réussie de la réponse précédente de la part du client HTTPR, mais aussi de la consommation de la réponse de la part de l'application cliente.

Les avantages de ce modèle pour l'application cliente sont que :

- le paradigme intuitif de la requête/réponse synchrone est conservé avec la gestion de la fiabilité des échanges ;

- la logique applicative n'est pas confrontée à la problématique de la fiabilité de l'échange.

L'avantage de ce modèle permet aux services distants (l'application serveur) de mettre en œuvre une gestion transactionnelle intégrée qui garantit la performance et la montée en charge. Il s'agit d'une mise en œuvre au niveau de l'infrastructure qui n'a que peu d'incidence sur la logique applicative.

La durée de verrouillage des ressources (les bases de données) est minimisée car le cadre transaction-nel ne comprend pas les échanges sur le réseau, dont le temps de latence est par définition imprédictible.

C'est à cause de l'interface pseudo-synchrone que l'application cliente *ne peut pas* travailler dans un cadre transactionnel, sauf si le cadre transactionnel synchrone est étendu à la totalité des traitements, par la mise en œuvre d'une véritable *transaction synchrone répartie*, avec protocole de confirmation en deux étapes. L'approche de la transaction synchrone répartie globale présente deux inconvénients majeurs :

• le couplage fort entre applications participantes induit par le protocole synchrone de confirmation en deux étapes (l'architecture globale a un niveau de fiabilité inférieur à celui du plus faible des participants) ;

• l'inclusion dans le cadre transactionnel des échanges réseau, dont le temps de latence est impré-dictible.

L'effet conjoint de ces deux inconvénients peut engendrer un délai très long de verrouillage des ressources critiques, avec tout ce qui s'ensuit en termes de performance.

L'architecture de la requête/réponse pseudo-synchrone fiable est malgré tout sensible à un certain nombre de défaillances. La première d'entre elles est la panne franche du client, entre la production de la requête et la consommation de la réponse. En l'absence d'une gestion transactionnelle, après redémarrage, l'application cliente a perdu toute information sur la requête qu'elle a émise et doit donc pouvoir se resynchroniser avec le client HTTPR et consommer une réponse qui ne correspond à aucune requête connue.

Par ailleurs, l'appel de la part de l'application cliente au client HTTPR est évidemment doté d'un délai d'attente de renvoi à ne pas dépasser. En cas de dépassement, il faut que l'application cliente puisse inspecter l'état de la requête/réponse en cours, ce qui entraîne une complexification de la logi-que applicative que la gestion de l'échange fiable veut justement éviter. On peut évidemment régler le délai d'attente à une valeur élevée, ce qui permet le rattrapage automatique par le protocole de la majorité des défaillances temporaires. Les cas qui restent peuvent être réglés par des procédures « manuelles » de réparation de ces situations. La possibilité d'inspection et d'intervention par des acteurs humains au niveau applicatif, via une interface homme/machine adéquate, est de toute façon indispensable à la mise en œuvre de ce type de système réparti.

Le message à sens unique

La mise en œuvre du style d'échange *message à sens unique* fiable est particulièrement simple et élégante avec HTTPR.

Dans le diagramme de séquence présenté figure 18-9, nous faisons l'hypothèse que l'application émettrice insère la production du message dans le contexte d'une unité de travail transactionnelle (la transaction ❶).

En effet, la gestion transactionnelle jointe à la gestion de l'échange fiable permet d'effectuer la jour-nalisation de l'acte avant même que l'acte ne soit accompli. Si la journalisation échoue, la transaction est annulée avec la sauvegarde du message dans la base de sortie. Si elle réussit, ainsi que les autres traitements applicatifs et la sauvegarde, alors le changement d'état est permanent et durable et l'effet de bord associé (la transmission du message) sera réalisé de façon totalement fiable (une fois et seulement une fois dans l'ordre, ou pas du tout).

En revanche, en raison de l'asynchronie du mécanisme, il est impossible de garantir le respect d'une contrainte temps réel, c'est-à-dire de garantir que la transmission du message sera effectuée dans un laps de temps établi à l'avance, même si cet effet peut être statistiquement obtenu par le réglage des performances.

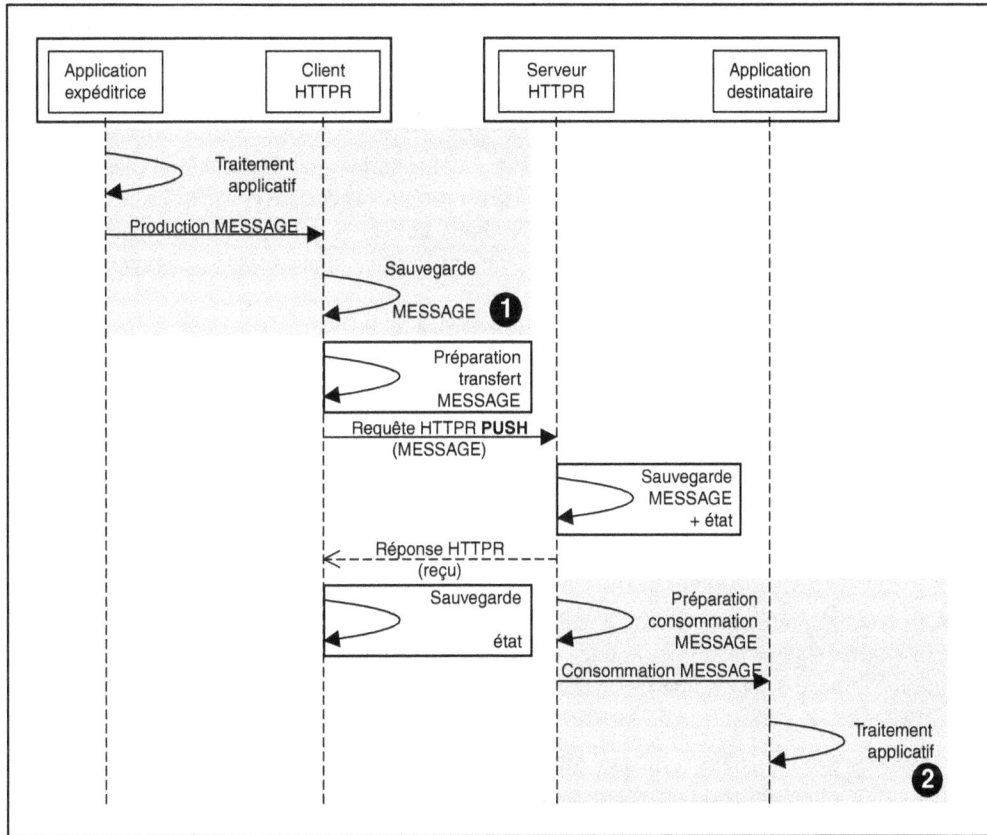

Figure 18-9

Message à sens unique fiable avec HTTPR.

Cette architecture garantit non seulement les conditions techniques du *succès* de l'acte de communication, c'est-à-dire le fait que le message est sauvegardé dans la file persistante du serveur HTTPR du récepteur et donc ordonnancé pour transmission, mais aussi les conditions techniques de sa *satisfaction*, c'est-à-dire le fait que les traitements, conséquences attendues de la réception de l'acte, sont effectivement exécutés. La transaction ❷ associe, dans un seul cadre transactionnel, la consommation du message et les traitements applicatifs déclenchés par cette consommation. Cela veut dire que, si ces traitements échouent, la transaction entière est annulée, le système revient à l'état avant consommation du message et l'exécution de la transaction est à nouveau ordonnancée. À partir du moment où le message est placé dans la file de sortie du client HTTPR, les conditions techniques du succès *et* de satisfaction de l'acte de communication associé sont accomplies. L'architecture d'échange illustrée figure 18-9 est totalement fiable et garantit que la séquence de consommation est identique à la séquence de production des messages.

La requête/réponse asynchrone

La figure 18-10 présente un schéma dans lequel les mécanismes illustrés dans le schéma du message à sens unique fiable sont étendus à la requête/réponse pour obtenir un style d'échange requête/réponse asynchrone fiable. Ce modèle résoud les problèmes de fiabilité qui persistent pour la requête/réponse synchrone et offre les avantages de performance des modèles asynchrones, comme la possibilité d'organisation des traitements par lots et en parallèle.

Nous allons présenter le modèle dans sa version la plus simple, où l'application cliente effectue les requêtes en séquence et où une nouvelle requête est toujours précédée par le traitement de la réponse à la requête immédiatement précédente. Nous allons utiliser ce schéma dans le même cas de figure que le schéma de la requête/réponse pseudo-synchrone, pour montrer les différences ayant trait à la fiabilité de l'échange.

Dans cet exemple, la commande EXCHANGE est utilisée à la place de la séquence PUSH/PULL. Le gain, qui peut être important dans les applications à haut débit, vient du fait qu'une seule requête HTTP est exécutée au lieu de deux par cycle de requête/réponse avec la séquence PUSH/PULL. Naturellement, si la réponse HTTPR transporte un lot de messages vides (elle est partie avant la production de la réponse de la part de l'application serveur), le client doit immédiatement poser une nouvelle requête HTTPR PULL.

La transaction ❶ réunit dans une unité de travail transactionnelle le traitement applicatif préalable à la requête, qui peut comprendre la mise à jour de la base de données métier, la production de la requête et la sauvegarde de la requête dans le système de persistance du client HTTPR.

La transaction ❷ réunit dans la même unité de travail la préparation à la consommation de la requête, son extraction du système de persistance du serveur, le traitement applicatif qui peut comporter des opérations de mise à jour de bases de données métier, la production de la réponse et sa sauvegarde dans le système de persistance du serveur HTTPR.

La transaction ❸ réunit dans la même unité de travail la préparation à la consommation de la réponse, son extraction du système de persistance du client ainsi que le post-traitement, qui peut comprendre la mise à jour de la base de données métier.

Entre ces transactions, les remises de messages sont gérées directement par HTTPR, toujours selon le même schéma :

1. entourer le transfert du message par des transactions internes de préparation du message chez l'émetteur et de sauvegarde du message chez le récepteur ;

2. retourner l'acquittement et le résultat de la remise à l'émetteur et le faire suivre par une transaction interne de consolidation du résultat chez l'émetteur.

La combinaison de la mise en œuvre de la gestion de l'échange fiable au niveau transport avec la mise en œuvre d'une gestion transactionnelle chez les applications cliente et serveur, intégrant les opérations en amont et en aval de sauvegarde et extraction des messages des systèmes de persistance HTTPR, permet la mise en œuvre d'un style d'échange requête/réponse entre applications réparties totalement fiable, avec comme seule modification de la logique applicative, l'encadrement transactionnel des traitements métier avec la gestion de la persistance des messages.

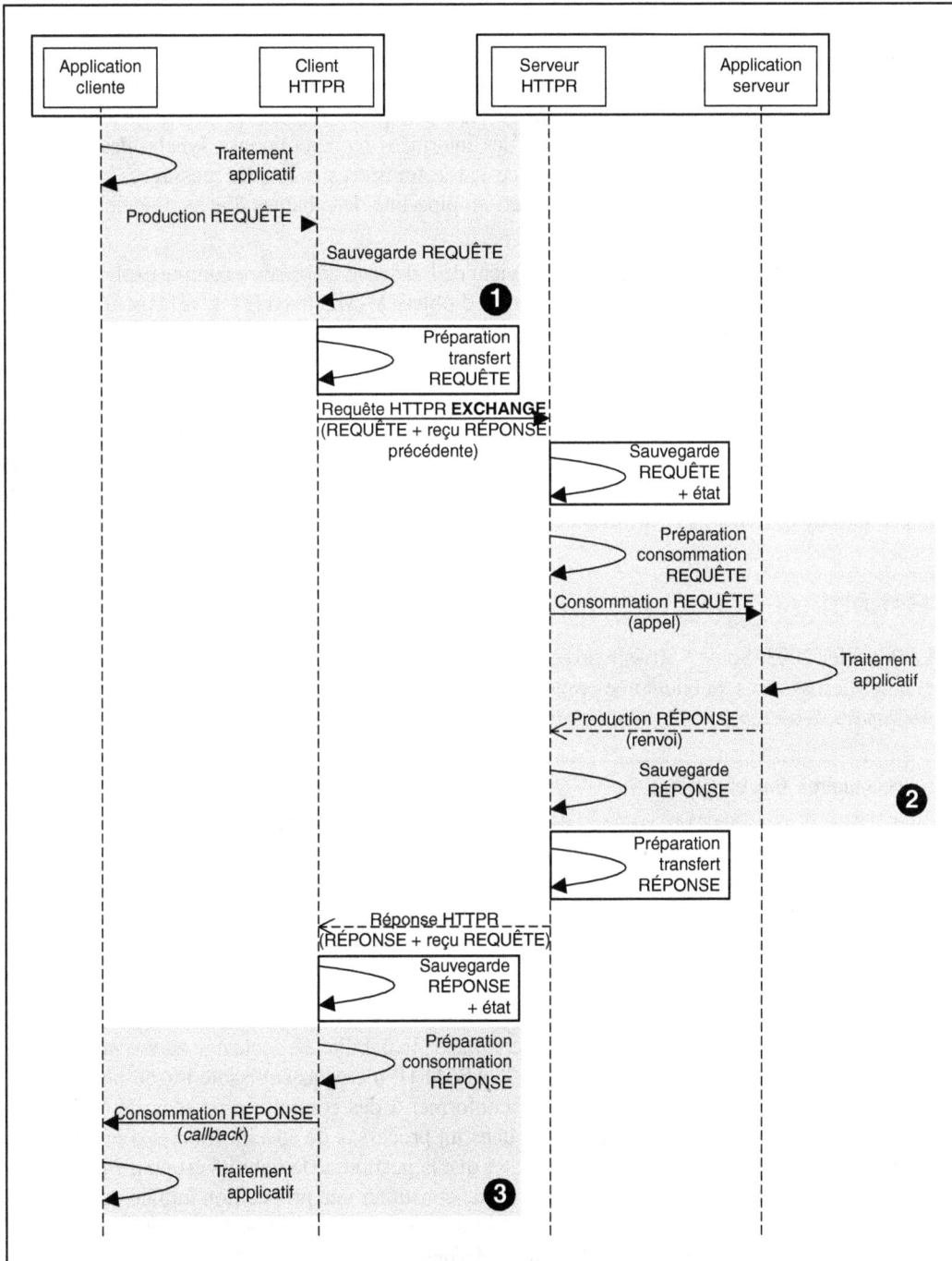

Figure 18-10

Requête/réponse asynchrone fiable avec HTTPR.

Conclusion

HTTPR est une approche virtuellement interopérable de gestion de l'échange fiable au niveau transport, qui peut être utilisée par les technologies de services Web. La prise en compte de la fiabilité au niveau transport permet la transparence vis-à-vis d'une partie importante des applications patrimoniales et des services Web qui présentent des interfaces requête/réponse synchrones. Elle permet également des optimisations de performance via le transfert par lots de messages, le transfert par tranches des lots et des messages, le transfert en pipe-line, les chaînes d'acheminement HTTP et la gestion de la sécurité avec SSL.

Une lacune importante dans cette approche vient de l'absence de prise en compte explicite des pièces jointes avec les messages SOAP. L'intégration d'objets MIME (`multipart/related`) ou DIME, qui permettrait la mise en œuvre respectivement de SOAP Messages with Attachments et WS-Attachment, n'est pas explicitement prévue par la spécification, même si l'intégration d'un message `multipart/related` dans une structure de message HTTPR devrait être possible.

Une approche comme HTTPR n'a de chances de s'imposer sur grande échelle que si elle est prise en main par un organisme comme l'IETF (Internet Engineering Task Force). Elle pourrait alors se transformer en une extension fiable du protocole HTTP, ce qui en même temps pourrait combler ses lacunes et permettrait ainsi une large diffusion et, à terme, sa banalisation.

WS-Reliability

Le 9 janvier 2003, Sonic Software, avec d'autres compagnies comme Fujitsu, Hitachi, NEC, Oracle et Sun Microsystems, publient une proposition de spécification de fiabilité : WS-Reliability 1.0 (*http://www.sonicsoftware.com/docs/ws_reliability.pdf*), qui repose sur une extension standard de SOAP 1.1.

Vocabulaires XML et préfixes

Par la suite, nous utiliserons les vocabulaires XML et préfixes suivants, tirés des exemples WS-Reliability :

– pour les éléments et attributs WS-Reliability : `http://schemas.fujitsu.com/rm` (préfixe RM) ;

– pour l'enveloppe SOAP 1.1 : `http://schemas.xmlsoap.org/soap/envelope/` (préfixe SOAP) ;

– pour XML Schema : `http://www.w3.org/2001/XMLSchema` (préfixe xsd).

Présentation générale

L'objectif de WS-Reliability est la prise en compte de la fiabilité de l'échange au *niveau message*. Le constat de départ est que la simple liaison SOAP/HTTP n'est pas suffisante lorsqu'un protocole de message au niveau applicatif doit aussi se conformer à des contraintes de sécurité et de fiabilité. Tandis que la sécurité est prise en compte dans un processus de spécification et d'implémentation bien établi (*WS-Security*), il faut bien constater que la gestion de la fiabilité est pour l'instant délaissée. L'ambition affichée de WS-Reliability est de constituer une proposition initiale qui permette de démarrer un processus de spécification et d'implémentation du même type que WS-Security. La spécification reprend en partie des travaux précédents, effectués dans le cadre de la spécification OASIS ebXML *Message Service*, et propose les modifications nécessaires à une intégration dans la technologie des services Web.

Portée de la spécification

La spécification est une extension standard de SOAP 1.1. Comme toute extension standard, elle se sert d'entrées de l'en-tête SOAP 1.1, ainsi que d'éléments à insérer dans le message d'erreur SOAP 1.1 (`SOAP:Fault/detail`).

La spécification ne couvre pas tous les aspects de la messagerie fiable. Notamment, elle ne donne pas de réponses aux questions suivantes :

• Il n'est pas nécessaire ni approprié d'imposer des contraintes de fiabilité de l'échange à toutes les applications et à tous les services Web. Ainsi, le contrat de service (à savoir un document WSDL) qui inclut l'utilisation du protocole fiable doit-il expliciter les éléments de qualité de service, non seulement qualitatifs, mais aussi quantitatifs (comme la taille maximale des bases de messages, la durée maximale du laps de temps consacré aux essais de transfert en cas de défaillance, etc.) ?

• Au-delà des caractéristiques spécifiques de la remise des messages (garantie de livraison, suppression des doublons, respect de la séquence), la fiabilité doit-elle définir les moyens de synchronisation et de négociation entre émetteur et récepteur (avec l'objectif qu'ils aient une vue partagée de l'état exact du processus de remise d'un message) ?

Les limites de la spécification ne découlent pas d'une attitude de principe des auteurs, mais plutôt d'un constat factuel. Ces points sont évoqués comme des questions ouvertes.

Fonctions du protocole de messagerie fiable

La spécification se situe au niveau message (SOAP) et porte uniquement sur le style d'échange *message à sens unique* (qui est appelé de façon un peu pompeuse « protocole de messagerie asynchrone »). Elle s'attaque à mettre en œuvre les trois propriétés fonctionnelles de la fiabilité de l'échange des messages (voir la section « L'échange fiable ») :

• la *garantie de livraison* ;

• la *suppression des doublons* ;

• le *respect de la séquence*.

Sujets non traités

Certains sujets sont volontairement exclus de la spécification :

• Le style d'échange requête/réponse : il s'agit d'une omission importante, qui est de toute évidence la conséquence de l'héritage des spécifications OASIS/ebXML Message Service. La mise en œuvre d'un style requête/réponse sur SOAP WS-Reliability demande soit une extension ultérieure de la spécification afin de prendre en compte la corrélation entre requête et réponse au niveau des identifiants de messages, soit un protocole applicatif qui garantit la séquence stricte des requêtes et l'interdiction d'émettre une nouvelle requête si la réponse à la requête précédente n'a pas été reçue.

• Les chaînes d'acheminement : les auteurs considèrent que le sujet doit être traité dans le cadre d'une synergie avec le développement de technologies spécifiques aux chaînes d'acheminement (WS-Routing ?).

• La sécurité : les auteurs déclarent que le sujet sera traité dans le futur en synergie avec le développement de technologies spécifiques (WS-Security ?).

Le modèle

Le graphe de séquence SOAP WS-Reliability est présenté figure 18-11.

L'application expéditrice produit un message à sens unique, qu'elle confie à l'émetteur SOAP WS-Reliability. Celui-ci sauvegarde d'abord le message dans son système de persistance puis le transmet au récepteur SOAP WS-Reliability, lequel sauvegarde le message dans son propre système de persistance après réception réussie. Ensuite, le récepteur transmet l'accusé de réception à l'émetteur, avec une référence à l'identifiant du message et rend le message disponible pour consommation par l'application destinataire. Après réception de l'accusé de réception, le message peut être purgé du système de persistance de l'émetteur. En revanche, il reste pour un laps de temps indéterminé dans le système de persistance du récepteur.

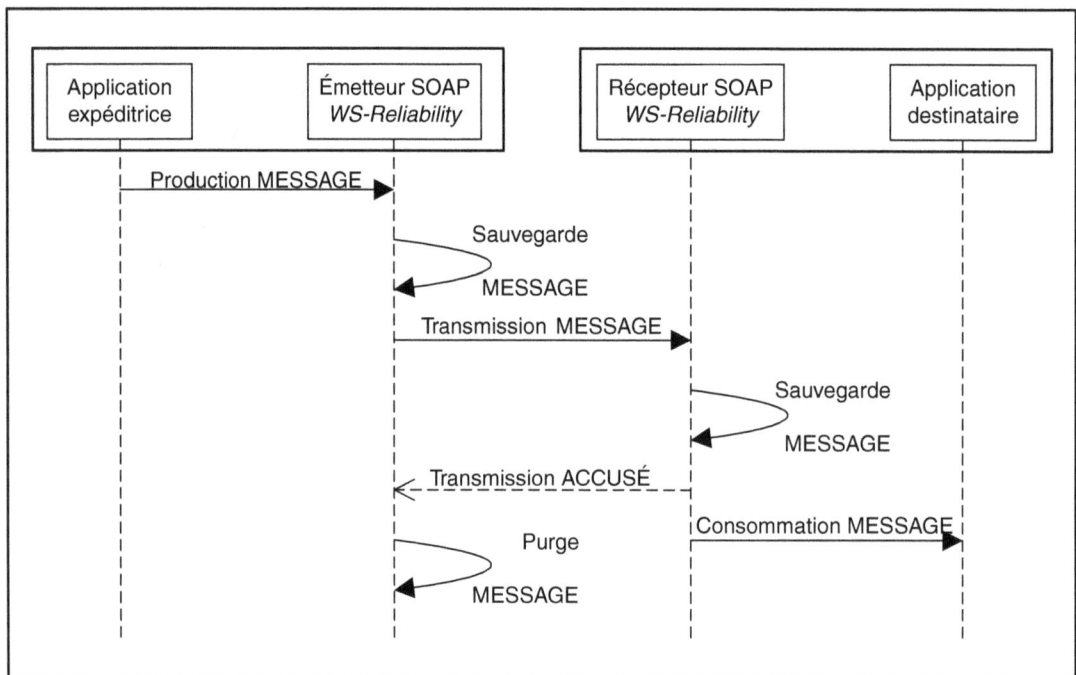

Figure 18-11

Modèle WS-Reliability.

La spécification précise un certain nombre de situations d'erreur, dans lesquelles le récepteur, après réception et analyse, transmet à l'émetteur, à la place de l'accusé de réception, un message d'erreur SOAP avec, outre le code d'erreur SOAP:Client, un code d'erreur WS-Reliability dans l'élément detail. Ces situations d'erreur se produisent lorsque le message est mal formé ou contient des erreurs de sémantique.

La répétition de l'envoi

Si l'émetteur SOAP WS-Reliability ne reçoit pas d'accusé de réception, il doit alors essayer de transmettre à nouveau le même message (identifié par la valeur de l'élément RM:MessageId), jusqu'à l'accomplissement d'une des conditions suivantes :

- obtention de l'accusé de réception ;
- atteinte du nombre maximal d'essais de transmission.

Si, après épuisement du nombre d'essais disponibles, l'émetteur n'obtient pas l'accusé de réception, il considère qu'il y a échec définitif de la transmission du message. Dans ce cas, l'émetteur doit retourner une erreur à l'application par un moyen de son choix (code de retour d'appel, levée d'une exception).

La persistance

L'émetteur SOAP WS-Reliability a la responsabilité de sauvegarder dans son système de persistance les messages que l'application expéditrice lui confie jusqu'à l'accomplissement d'une des conditions suivantes :

- l'obtention de l'accusé de réception pour les messages émis ;
- l'échec de tous les essais de transmission et le retour d'une erreur à l'application expéditrice ;
- le dépassement de la date d'expiration du message (RM:TimeToLive).

Le système de redémarrage, après panne franche de l'émetteur SOAP WS-Reliability, doit exploiter le système de persistance pour essayer de transmettre les messages non encore reçus par le récepteur et qui peuvent être émis.

Le récepteur doit sauvegarder les messages reçus dans son système de persistance pour un laps de temps indéterminé, afin de :

- les rendre disponibles à l'application destinataire même après panne franche ;
- pouvoir détecter les doublons.

La suppression des doublons

Le récepteur SOAP WS-Reliability doit rejeter (ne pas sauvegarder dans son système de persistance) les doublons de messages. Un doublon est un message ayant un identifiant (valeur de RM:MessageId) identique à celui d'un message déjà reçu.

Le respect de la séquence

WS-Reliability garantit que, pour un groupe de messages, la séquence de consommation par l'application destinataire suit la séquence de production de l'application expéditrice (voir figure 18-12).

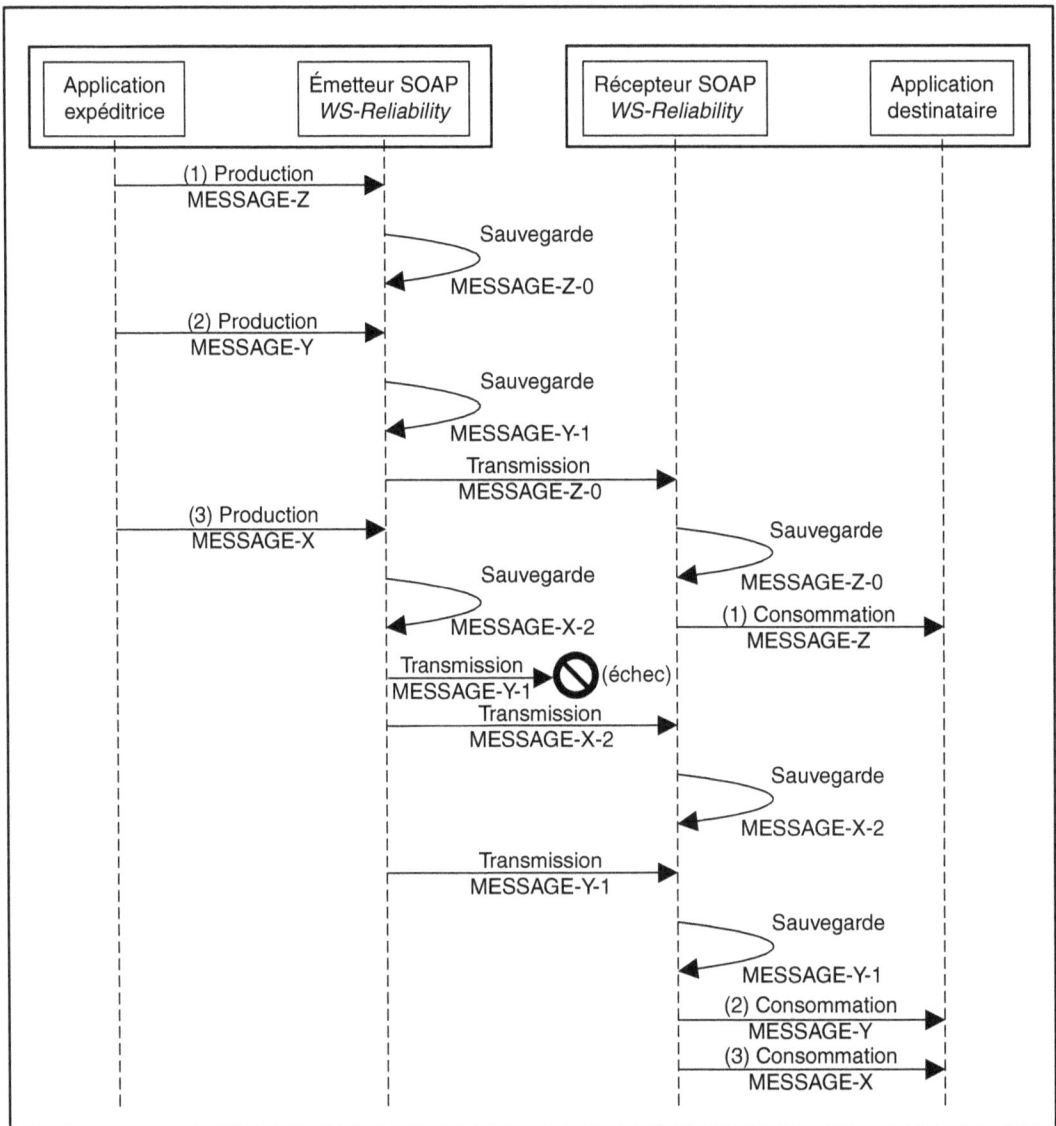

Figure 18-12

Respect de la séquence des messages.

La spécification préconise la mise en œuvre d'un mécanisme reposant sur deux principes :

- L'attribution aux messages du groupe d'un numéro de séquence progressif (à partir de 0, sans trous) cohérent avec l'ordre de production de la part de l'émetteur SOAP WS-Reliability.

- La capacité du récepteur SOAP WS-Reliability de reconstituer de façon incrémentale la séquence des messages du groupe sur la base de la numérotation, indépendamment de la date de réception.

Seuls les messages de la séquence reconstituée par incréments sont rendus disponibles pour l'application destinataire (avec rétention dans un espace temporaire des messages reçus hors séquence).

Les messages et leur structure

WS-Reliability propose trois structures SOAP pour trois types de messages :

- le message à sens unique (*Message*) ;
- l'accusé de réception (*Acknowledgment*) ;
- le message d'erreur (*Fault*).

Les structures sont présentées figure 18-13. La présence des éléments en gras est obligatoire, celle des éléments en pointillé est facultative. Un élément peut être obligatoire si son ascendant facultatif est présent.

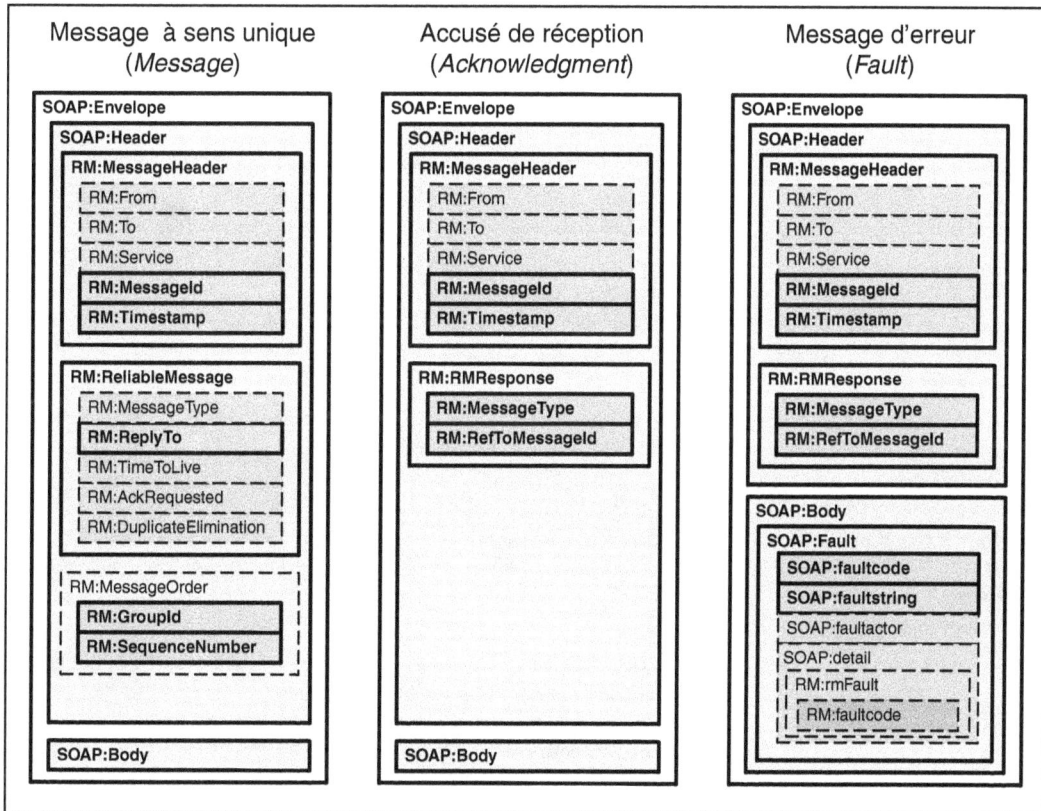

Figure 18-13

Structures des messages SOAP WS-Reliability.

Le tableau suivant décrit synthétiquement les éléments des messages SOAP WS-Reliability et leurs usages.

Éléments des messages SOAP WS-Reliability

RM:MessageHeader Entrée de l'en-tête SOAP. Obligatoire pour tout type de message. SOAP:mustUnderstand="1"	
RM:From	Optionnel, expéditeur du message, peut être un URI.
RM:To	Optionnel, expéditeur du message, peut être un URI.
RM:Service	Optionnel, nom du service, peut contenir un attribut type, URI par défaut.
RM:MessageId	Obligatoire, identifiant unique, conforme à MessageId (IETF - RFC2822).
RM:Timestamp	Obligatoire, date de génération de l'en-tête, de type xsd:dateTime.
RM:ReliableMessage Entrée de l'en-tête SOAP. Obligatoire pour le type *Message*. SOAP:mustUnderstand="1"	
RM:MessageType	Optionnel, valeur obligatoire : Message.
RM:ReplyTo	Obligatoire, URL de l'expéditeur (destinataire de l'accusé de réception ou du message d'erreur).
RM:TimeToLive	Optionnel, délai d'expiration de la validité du message, type xsd:dateTime, (UTC).
RM:AckRequested	Optionnel (élément vide), obligatoire pour garantir la livraison et l'ordre de séquencement des messages. Attribut synchronous, type xsd:boolean, valeur par défaut false. synchronous="true" : l'accusé de réception doit être retourné de façon synchrone. synchronous="false" : l'accusé de réception doit être retourné de façon asynchrone.
RM:DuplicateElimination	Optionnel (élément vide), obligatoire pour éliminer les doublons, obligatoire lorsqu'il faut garantir l'ordre de séquencement des messages.
RM:MessageOrder Entrée de l'en-tête SOAP. Obligatoire pour demander l'ordre de séquencement des messages. RM:ReliableMessage/RM:AckRequested et RM:ReliableMessage/RM:DuplicateElimination sont obligatoirement présents. SOAP:mustUnderstand="1"	
RM:GroupId	Obligatoire, identifiant global, de valeur conforme à MessageId (IETF - RFC2822). Identifiant du groupe de messages à garantie d'ordre. Attributs : removeAfter, optionnel, type xsd:dateTime (UTC), valeur par défaut *forever*, date d'expiration de la séquence ordonnée. status, optionnel, valeurs Start | Continue | End, valeur par défaut Continue, pour respectivement début, milieu et fin de séquence.
RM:SequenceNumber	Obligatoire, numéro de séquence, type xsd:unsignedLong. La valeur initiale est 0 et l'incrément est 1.

Éléments des messages SOAP WS-Reliability *(suite)*

`RM:RMResponse`
Entrée de l'en-tête SOAP.
Obligatoire pour accusé de réception (`Acknowledgment`) et message d'erreur (`Fault`).
`SOAP:mustUnderstand="1"`	

`RM:MessageType`	Obligatoire, valeurs : `Acknowledgment` | `Fault`.
`RM:RefToMessageId`	Obligatoire, référence au message corrélé, type MessageId (IETF - RFC2822).
`RM:RMFault` Déscendant direct de `SOAP:Fault/detail`. Optionnel : si présent, la valeur de `faultcode` est `SOAP:Client`.	

`RM:faultcode`	Obligatoire (si `RM:RMFault` est présent).
	Valeurs possibles :
	`RM:InvalidMessageHeader`
	`RM:InvalidMessageId`
	`RM:InvalidRefToMessageId`
	`RM:InvalidTimestamp`
	`RM:InvalidTimeToLive`
	`RM:InvalidReliableMessage`
	`RM:InvalidAckRequested`
	`RM:InvalidMessageOrder`

Le tableau suivant synthétise l'usage des éléments impliqués dans la définition des degrés de fiabilité.

Degrés de fiabilité et éléments du message

Fonction Degré	Garantie de livraison (`RM:AckRequested`)	Suppression des doublons (`RM:DuplicateElimination`)	Respect de la séquence (`RM:MessageOrder`)
Partiellement fiable (au plus une fois)	NON	OUI	NON
Partiellement fiable (au moins une fois)	OUI	NON	NON
Fiable (exactement une fois)	OUI	OUI	NON
Totalement fiable (exactement une fois et en séquence)	OUI	OUI	OUI
Totalement fiable avec priorité (exactement une fois et en séquence dynamique)	OUI	OUI	NON (pas de gestion de priorités)

Quelques exemples

Les exemples sont tirés directement de la spécification.

Message à sens unique SOAP WS-Reliability

```
<?xml version="1.0" encoding="UTF-8"?>
<SOAP:Envelope
  xmlns:SOAP="http://schemas.xmlsoap.org/soap/envelope/"
  SOAP:encodingStyle="http://schemas.xmlsoap.org/soap/encoding/">
  <SOAP:Header>
    <RM:MessageHeader xmlns:RM="http://schemas.fujitsu.com/rm"
      SOAP:mustUnderstand="1">
      <RM:From>requestor@anyuri.com</RM:From>
      <RM:To>responder@someuri.com</RM:To>
      <RM:Service>urn:services:ItemQuoteService</RM:Service>
      <RM:MessageId>20020907-12-34@anyuri.com</RM:MessageId>
      <RM:Timestamp>2002-09-07T10:19:07</RM:Timestamp>
    </RM:MessageHeader>
    <RM:ReliableMessage xmlns:RM="http://schemas.fujitsu.com/rm"
      SOAP:mustUnderstand="1">
      <RM:MessageType>Message</RM:MessageType>
      <RM:ReplyTo>http://server1.anyuri.com/service/</RM:ReplyTo>
      <RM:TimeToLive>2002-09-14T10:19:00</RM:TimeToLive>
      <RM:AckRequested SOAP:mustUnderstand="1" synchronous="false"/>
      <RM:DuplicateElimination/>
    </RM:ReliableMessage>
    <RM:MessageOrder xmlns:RM="http://schemas.fujitsu.com/rm"
      SOAP:mustUnderstand="1">
      <RM:GroupId status="Continue">020907-45261-0450@a.com</RM:GroupId>
      <RM:SequenceNumber>12</RM:SequenceNumber>
    </RM:MessageOrder>
  </SOAP:Header>
  <SOAP:Body>
    <gip:GetItemPrice xmlns:gip="Some-URI">
      <gip:itemnumber>product12345</gip:itemnumber>
    </gip:GetItemPrice>
  </SOAP:Body>
</SOAP:Envelope>
```

Accusé de réception SOAP WS-Reliability

```
<?xml version="1.0" encoding="UTF-8"?>
<SOAP:Envelope
  xmlns:SOAP="http://schemas.xmlsoap.org/soap/envelope/"
  SOAP:encodingStyle="http://schemas.xmlsoap.org/soap/encoding/">
  <SOAP:Header>
    <RM:MessageHeader xmlns:RM="http://schemas.fujitsu.com/rm"
      SOAP:mustUnderstand="1">
      <RM:From>responder@someuri.com</RM:From>
      <RM:To>requester@anyuri.com</RM:To>
      <RM:Service>urn:services:ItemFilingService</RM:Service>
```

```
            <RM:MessageId>20020907-045261-0450@someuri.com</RM:MessageId>
            <RM:Timestamp>2002-09-07T10:19:07</RM:Timestamp>
        </RM:MessageHeader>
        <RM:RMResponse xmlns:RM="http://schemas.fujitsu.com/rm"
          SOAP:mustUnderstand="1">
            <RM:MessageType>Acknowledgment</RM:MessageType>
            <RM:RefToMessageId>20020907-12-34@anyuri.com</RM:RefToMessageId>
        </RM:RMResponse>
    </SOAP:Header>
    <SOAP:Body>
    </SOAP:Body>
</SOAP:Envelope>
```

Message d'erreur SOAP WS-Reliability

```
<?xml version="1.0" encoding="UTF-8"?>
<SOAP:Envelope xmlns:SOAP="http://schemas.xmlsoap.org/soap/envelope/"
  SOAP:encodingStyle="http://schemas.xmlsoap.org/soap/encoding/">
  <SOAP:Header>
    <RM:MessageHeader xmlns:RM="http://schemas.fujitsu.com/rm"
      SOAP:mustUnderstand="1">
        <RM:MessageId>20020907-045261-0450@anyuri.com</RM:MessageId>
        <RM:Timestamp>2002-09-07T10:10:07</RM:Timestamp>
    </RM:MessageHeader>
    <RM:RMResponse xmlns:RM="http://schemas.fujitsu.com/rm"
      SOAP:mustUnderstand="1">
        <RM:MessageType>Fault</RM:MessageType>
        <RM:RefToMessageId>20020907-12-34@anyuri.com</RM:RefToMessageId>
    </RM:RMResponse>
  </SOAP:Header>
  <SOAP:Body>
    <SOAP:Fault>
        <faultcode>SOAP:Client</faultcode>
        <faultstring>Error in the Message Header sent from Server</faultstring>
        <detail>
          <RM:RMFault xmlns:RM="http://schemas.fujitsu.com/rm">
            <RM:faultcode>RM:InvalidMessageHeader</RM:faultcode>
          </RM:RMFault>
        </detail>
    </SOAP:Fault>
  </SOAP:Body>
</SOAP:Envelope>
```

La liaison SOAP WS-Reliability/HTTP

La spécification WS-Reliability définit la liaison avec le protocole de transport HTTP.

Le message à sens unique SOAP WS-Reliability, comme tout message SOAP, est toujours véhiculé par une requête HTTP POST.

Pour les accusés de réception et les messages d'erreur, deux modes de transport sont possibles :

- *Transport synchrone* : les accusés de réception et les messages d'erreur sont transportés dans le corps de la réponse HTTP corrélée à la requête HTTP qui a véhiculé le message à sens unique. Dans ce cas, le récepteur n'a besoin que d'un serveur HTTP.

- *Transport asynchrone* : les accusés de réception et les messages d'erreur sont transportés par des requêtes HTTP POST indépendantes. La réponse HTTP corrélée à la requête qui a acheminé le message à sens unique est vide, de même que la réponse HTTP corrélée à la requête qui a transporté l'accusé de réception ou le message d'erreur. La corrélation entre messages à sens unique et accusés de réception ou messages d'erreur est assurée exclusivement par les références aux identifiants des messages propres au protocole WS-Reliability.

Conclusion

La spécification WS-Reliability constitue de toute évidence une proposition initiale car elle présente beaucoup de lacunes. Des implémentations précoces seraient tentées de pallier ces insuffisances par ce que l'on appelle des choix d'implémentation, ce qui entraînerait des défauts majeurs d'interopérabilité. Le problème est que l'interopérabilité est le premier objectif d'une spécification d'infrastructure d'échange fiable.

Les lacunes les plus importantes sont :

- L'absence d'un protocole de synchronisation et de négociation entre les participants de l'échange : le protocole de synchronisation est une partie indispensable du protocole d'échange fiable, notamment pour résoudre les situations d'incertitude, qui se produisent surtout lors de dépassements des différents délais d'attente.

- L'absence d'une définition claire des éléments de qualité de service, et notamment des délais d'attente et d'oubli : comment définit-on le laps de temps pendant lequel le récepteur doit garder la trace des identifiants de messages pour la suppression des doublons ? Combien de temps faut-il garder les messages hors séquence ? La définition de ces caractéristiques de la qualité de service est indispensable pour pouvoir les publier en tant qu'éléments du contrat de service dans des documents WSDL, et pour en faire l'objet de négociation à l'exécution.

Mises à part ces lacunes, WS-Reliability est totalement liée au modèle de messagerie asynchrone, ce qui limite fortement sa cible potentielle. L'adoption d'un modèle de messagerie asynchrone demande aux applications qui présentent naturellement une interface synchrone des changements importants relatifs à la logique applicative.

Avantages et inconvénients des deux approches

La mise en œuvre d'un protocole d'échange fiable au niveau transport, comme HTTPR, fait en sorte que *le même message SOAP* qui est transmis aujourd'hui sur HTTP, puisse être transmis demain sur HTTPR. La gestion des erreurs reste encore cloisonnée : un message d'erreur SOAP est transmis par HTTPR comme tout autre message SOAP et une situation d'erreur HTTPR est traitée au niveau HTTPR. En conclusion, le message SOAP n'est pas affecté par la gestion de la fiabilité de son transport.

En revanche, la transmission du même message applicatif (le même corps SOAP) via WS-Reliability implique une modification de l'en-tête SOAP pour les besoins de gestion de l'échange fiable. Le traitement des erreurs fait en outre remonter des problèmes d'émission, de réception et de sauvegarde des messages au niveau SOAP (par l'intermédiaire des erreurs SOAP).

Par ailleurs, l'implémentation de l'échange fiable au niveau du protocole de messagerie présente un avantage réciproque : le protocole de messagerie fiable peut être mis en œuvre sur différents protocoles de transports, éventuellement non fiables. En revanche, il semble difficile et, en tout cas redondant et non performant, de mettre en œuvre la liaison d'un protocole de messagerie fiable comme WS-Reliability sur un protocole de transport fiable, sauf si la séparation de niveau entraîne un partage clair des responsabilités.

Du point de vue « fonctionnel », il faut noter qu'HTTPR offre la possibilité de gérer les priorités de messages mais ne pose pas d'exigences claires aux implémenteurs quant au respect de la séquence temporelle. À l'inverse, WS-Reliability couvre parfaitement le respect de la séquence, mais ne présente pas de mécanisme de gestion des priorités.

Un point important à considérer est la transmission groupée des messages (*boxcarring*). Nous savons que le protocole SOAP, qui doit rester simple comme son nom développé l'indique, ne traite pas la transmission groupée des messages. Cette limite, tout à fait justifiée pour garder la simplicité du protocole, reste en vigueur dans toute version fiabilisée du protocole SOAP qui, comme WS-Reliability, est mise en œuvre de la même façon qu'une extension SOAP (par l'utilisation des entrées de l'en-tête). WS-Reliability est donc par construction incapable de mettre en œuvre la transmission groupée, qui peut être une exigence importante d'applications critiques à haut débit d'échange et est particulièrement appropriée lors de l'utilisation de protocoles asynchrones.

Lorsque la gestion de l'échange fiable est assurée au niveau transport, comme pour HTTPR, cette contrainte saute d'elle-même, car l'unité de transmission au niveau transport n'est pas a priori le message SOAP individuel. Le protocole HTTPR gère la transmission groupée de lots de messages SOAP.

Un dernier point touche à la gestion de *pièces jointes* aux messages applicatifs, qui n'est explicitement prise en considération ni par HTTPR, ni par WS-Reliability. Il s'agit d'une omission importante : la possibilité d'associer à un message SOAP des objets de toute sorte sans opérer de changements de codage qui se révèlent extrêmement coûteux est une fonction fondamentale du protocole qui ne peut pas être sacrifiée à la fiabilité de l'échange.

Ainsi, il est difficile de trancher et de dire si un choix doit être effectué entre le protocole de transport (HTTPR) ou le protocole de message (WS-Reliability). Tout au plus peut-on se borner à émettre une considération générale selon laquelle faire descendre une fonction technique dans les couches basses d'une architecture produit toujours une amélioration de la fiabilité et la performance.

En conclusion, aucune des deux spécifications n'a encore atteint le niveau de maturité et d'acceptation nécessaire à une adoption large de ce type de technologie.

19

Gestion de la sécurité

Ce chapitre propose, dans une première partie, une présentation générale des technologies d'infrastructure de sécurité pour les services Web. Dans une deuxième partie, il complète la description de la plate-forme .NET (chapitre 15) avec la gestion de la sécurité (WSE ou Web Service Enhancements 1.0). Dans la troisième partie, les implémentations en Java et .NET disponibles aujourd'hui sont utilisées pour mettre en œuvre un cas d'utilisation simple, qui démontre également un niveau effectif d'interopérabilité entre ces implémentations.

Sur un réseau IP, deux applications réparties peuvent interagir aujourd'hui avec la garantie d'un niveau acceptable de sécurité de communication : la *confidentialité* des échanges, l'*intégrité* des messages et l'*authentification* des agents participants à l'échange sont gérés dans l'espace d'une *session sécurisée*, via l'utilisation de protocoles de sécurité comme SSL, TLS et éventuellement IPSEC (voir le chapitre 5).

Confidentialité, intégrité, authentification

Voici les définitions de ces trois notions :

– la confidentialité des échanges est la garantie qu'une tierce partie indélicate ne peut pas accéder au contenu des échanges ;

– l'intégrité des messages est la garantie que les messages ne sont pas modifiés, transformés ou corrompus, de façon accidentelle ou intentionnelle, sans que le récepteur ne s'en aperçoive ;

– l'authentification du message est la preuve de l'identité de l'expéditeur ;

– l'authentification des parties, en général, est la preuve de l'identité des parties (autres que l'expéditeur) impliquées dans l'échange.

L'identité d'une entité (un utilisateur, une application, une machine…) est un ensemble d'attributs (qui sont censés décrire l'entité en question) doté d'un identifiant.

Les propriétés de l'échange que nous venons de présenter peuvent être gérées sur une interaction ponctuelle entre deux agents, ou bien s'appliquer sur une séquence d'interactions (*session sécurisée*).

Les protocoles de sécurité SSL et TLS permettent d'effectuer aujourd'hui, à partir d'un navigateur Web et par le biais du protocole HTTP sécurisé, des transactions commerciales impliquant des paiements en ligne sur Internet. Dans la troisième partie de cet ouvrage, nous avons vu que les applications qui prennent en charge ces transactions accessibles sur un *site* Web peuvent aussi être dotées d'une interface de *service* Web avec un effort minimal, à l'aide des outils et des environnements de développement disponibles. Les services Web résultants présentent le même niveau de sécurité que les sites Web eux-mêmes : toutes choses égales par ailleurs, la technologie de transport que ces deux approches utilisent est la même, à savoir HTTP sécurisé.

Les technologies de sécurité que nous venons d'évoquer (HTTP, SSL, TLS…) permettent donc de construire un *contexte de sécurité* dans lequel la confidentialité de l'échange, l'intégrité des messages et l'authentification des agents sont garantis au niveau *transport* (voir figure 19-1).

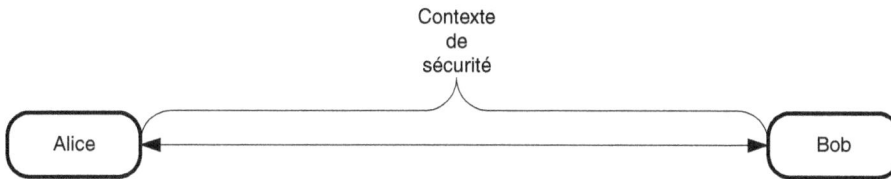

Contexte
de
sécurité

Alice ←————————————————————————→ Bob

Figure 19-1

Contexte de sécurité au niveau transport.

La gestion de la sécurité au niveau transport est certainement *nécessaire* aux architectures de services Web, mais est-elle *suffisante* pour mettre en œuvre des architectures orientées services complexes sur Internet ?

La réponse, en ce qui concerne la sécurité, est clairement négative, d'où l'attente justifiée des utilisateurs de technologies d'infrastructure spécialement conçues pour la gestion de la sécurité de services Web.

La gestion de la sécurité au niveau transport est bien suffisante dans les cas simples où un *site* Web transactionnel et sécurisé est doublé par un *service* Web. Nous nous trouvons dans la situation illustrée figure 19-1, dans laquelle les messages entre Alice et Bob (personnages fétiches des exemples d'architectures et de protocoles de sécurité, qui représentent deux applications réparties) sont chiffrés et leur intégrité ainsi que l'authentification des ports sont garanties par des mécanismes de signature.

La situation change si l'architecture demande qu'un ou plusieurs *intermédiaires* puissent se glisser entre Alice et Bob. Or, ces intermédiaires, ainsi que des tierces parties, sont nécessaires pour mettre en œuvre des architectures plus élaborées telles que :

- des architectures qui bénéficient de services d'infrastructure technique comme la fiabilité de l'échange (chapitre 18) ou la gestion de transactions (présentée chapitre 20) ;

- des architectures de processus métier interapplications, comme celles bâties selon le schéma « chaîne de responsabilité » (voir plus loin).

Dans une chaîne d'acheminement, un message est émis par l'expéditeur (Alice) à destination de Bob, et ce message transite par un intermédiaire (Carol). Cet intermédiaire peut évidemment lire le message, doit éventuellement en consommer une partie et/ou en produire une autre partie à l'intention de Bob. L'intermédiaire peut opérer au niveau *échange* (SOAP) : il lit le message, consomme les entrées de l'en-tête qui lui sont destinées et en produit d'autres à destination de Bob, sans jamais traiter le corps. L'intermédiaire peut ainsi opérer au niveau *application*, tout en respectant la discipline SOAP sur les chaînes d'acheminement (qui dicte que le corps du message ne peut pas être modifié par un intermédiaire).

Dans le cadre d'une chaîne d'acheminement, la mise en œuvre d'un contexte de sécurité au niveau transport ne permet de gérer la sécurité que selon un mode *point à point* (voir figure 19-2).

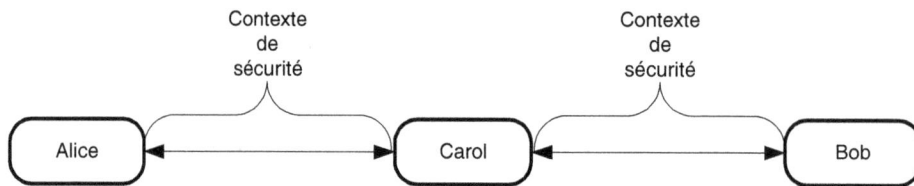

Figure 19-2

Sécurité point à point.

Un contexte de sécurité est établi entre Alice et l'intermédiaire Carol. Un autre contexte est établi entre Carol et Bob. Cette architecture ne résiste pas à une usurpation de l'identité de Carol de la part d'un intermédiaire indélicat, ni à une attaque réussie, qui se termine par la prise en main de Carol de la part d'un logiciel malveillant. Après une usurpation ou une attaque réussie, il est possible de procéder sans véritables obstacles à plusieurs atteintes graves de la sécurité :

• la violation de la confidentialité, par mise sous écoute des messages qui transitent, le traitement de ces messages restant celui qui était prévu pour Carol ;

• la violation de l'intégrité du message, par usurpation de l'identité de Carol et le remplacement pur et simple du message d'origine.

Ces opérations ne sont pas si difficiles à mener, surtout si les logiciels en présence, comme les *proxies* et les *skeletons*, sont conçus pour réagir automatiquement, en envoyant par exemple des accusés de réception signés, ou en déchiffrant des messages qui sont ensuite passés à des tiers en clair. Un certain nombre de règles générales de comportement sont mises en œuvre : ne jamais signer des messages arbitraires ou inconnus, ne jamais déchiffrer des messages arbitraires et passer le résultat à d'autres, ne pas utiliser le même algorithme pour le chiffrement et pour la signature. Il n'en reste pas moins que l'attaque réussie de l'intermédiaire ou l'usurpation de son identité est pratiquement imparable.

La mise en œuvre de chaînes d'acheminement pose en outre des exigences d'authentification de bout en bout : les interventions des intermédiaires sur les messages peuvent être signées, et le destinataire doit pouvoir valider les signatures de tous les intervenants.

En conclusion, la mise en œuvre d'architectures réparties, dans lesquelles les messages peuvent transiter sur des chaînes d'acheminement constituées de plusieurs intermédiaires, nécessite l'établissement d'un contexte de sécurité *de bout en bout*, c'est-à-dire du producteur/expéditeur au destinataire/consommateur, aux niveaux *échange* et *application* (voir figure 19-3).

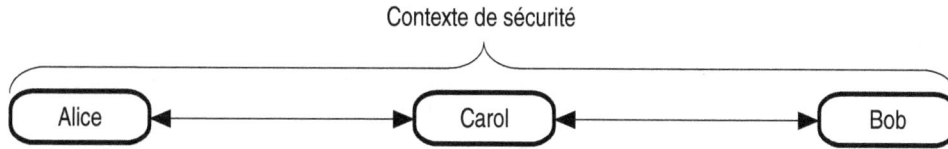

Figure 19-3

Sécurité de bout en bout.

Un exemple (voir figure 19-4) peut éclaircir cette problématique de la sécurité de bout en bout. Un expéditeur (application de gestion des achats) envoie un message qui véhicule une commande. Le message contient une entrée de l'en-tête avec un numéro de commande et la description de la commande dans le corps. L'expéditeur signe l'entrée de l'en-tête et le corps du message puis envoie le message par HTTPS (la confidentialité au niveau transport est acceptable).

Le message est reçu par l'application de gestion des commandes, qui vérifie et valide la signature, exécute le traitement applicatif, insère dans le message une entrée de l'en-tête avec un numéro de livraison, signe le numéro de commande et le numéro de livraison et, éventuellement, le corps et transmet le message à l'application de gestion des livraisons.

L'application de gestion des livraisons vérifie et valide les signatures et effectue le traitement applicatif d'ordonnancement de la livraison. Lorsque celle-ci est accomplie, le livreur en saisit le compte rendu et l'application l'ajoute au message (dans une entrée de l'en-tête), signe le numéro et le compte rendu et, éventuellement, le corps du message et transmet le message à l'application de gestion des factures. Cette dernière vérifie toutes les signatures, valide la chaîne de traitement de la commande et exécute le traitement applicatif qui déclenche l'émission de la facture.

Le modèle de ce processus métier est appelé « chaîne de responsabilité ». Dans le domaine des technologies des services Web, ce modèle peut faire un usage intensif des entrées de l'en-tête SOAP. Le corps du message, qui peut être une occurrence d'un document standardisé de type « commande », est signé plusieurs fois mais n'est jamais modifié. Ce modèle est bien adapté à des processus séquentiels pour lesquels la traçabilité technique et applicative ainsi que la non-répudiation sont des exigences importantes.

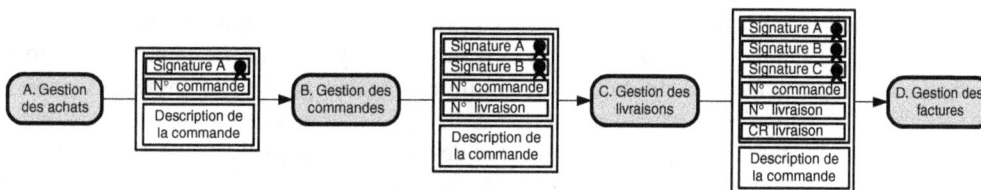

Figure 19-4

Chaîne de responsabilité.

Chaîne de responsabilité

À l'origine, la chaîne de responsabilité est un des modèles (*patterns*) de traitement présentés dans l'ouvrage de référence sur le sujet : E. Gamma, R. Helm, R. Johnson, J. Vissides, *Design Patterns: Micro-architectures for Reusable Object-oriented Software*, Addison Wesley, 1994.

En résumé, la gestion de la sécurité dans les architectures de services Web s'étale sur plusieurs niveaux de traitement (voir figure 19-5) :

- La confidentialité, l'intégrité et l'authentification du message point à point peuvent être traitées au niveau *transport.*

- Les mêmes propriétés du message peuvent être assurées de bout en bout par une gestion de la sécurité au niveau *échange.*

- La gestion générale de l'authentification de toutes les parties impliquées dans le processus métier (des participants à la chaîne d'acheminement et au-delà), ainsi que de leurs autorisations (droits et habilitations), ne peut être effectuée qu'au niveau *application.*

La technologie de sécurité de services Web en développement aujourd'hui se concentre au niveau échange, comme une extension standard de SOAP. Cependant, comme on le verra par la suite, une gestion standard générale des authentifications et des autorisations figure parmi les objectifs d'une deuxième phase de développement de la technologie.

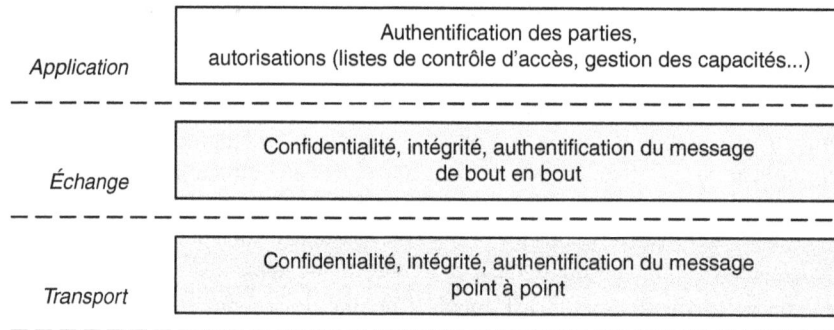

Figure 19-5

Gestion de la sécurité par niveaux.

Un obstacle important à la mise en œuvre d'un contexte de sécurité de bout en bout dans les processus qui impliquent des applications patrimoniales est la diversification et l'hétérogénéité des approches de sécurité. Alice peut utiliser comme mécanisme d'authentification une infrastructure à clé publique (X.509) tandis que Bob utilise un système à clé symétrique (exemple : Kerberos). Ils peuvent aussi implémenter des algorithmes de chiffrement et de signature différents. Il se pose donc un véritable problème d'interopérabilité au niveau de la gestion de la sécurité, dont la solution au moindre effort (en ce qui concerne la modification des applications participantes) nécessite la mise en œuvre d'espaces de confiance mutualisés et de tiers de confiance qui agissent comme intermédiaires. Il faut bien noter que l'interopérabilité au niveau des approches de sécurité est un problème d'une nature différente de celle du problème canonique des technologies des services Web, à savoir l'interopérabilité entre implémentations différentes de la même spécification.

En fait, l'interopérabilité doit être comprise au sens le plus large du terme : il ne s'agit pas seulement de faire coopérer des approches et des technologies de sécurité hétérogènes, mais aussi des applications qui ont, fonctionnellement, des exigences de sécurité très différentes comme :

- les applications patrimoniales d'entreprise ;

- les nouvelles applications et les nouveaux services Web ;

- les applications réparties dans les réseaux locaux d'entreprise, comme le travail de groupe, etc.

À terme, dans le cadre de la mise en œuvre d'architectures orientées services dynamiques, les participants doivent pouvoir exprimer leurs exigences de sécurité dans des clauses de leurs contrats de services et mettre en œuvre une véritable stratégie de sécurité. Cela implique, évidemment, que parmi les critères de choix dynamique d'un prestataire d'un service Web figurent en bonne place les garanties de sécurité qu'il offre.

X.509

Le protocole X.509 fait partie de l'ISO Authentication Framework, qui repose sur le chiffrement à clé publique. C'est un standard ITU (International Telecommunication Union ; voir *http://www.itu.int/rec/recommendation.asp?type=items&lang=e&parent=T-REC-X.509-200003-I*).

La spécification X.509 recommande RSA et SHA, mais d'autres algorithmes de chiffrement et fonctions de hachage peuvent être utilisés. La partie la plus importante de la norme X.509 est la structure des certificats à clé publique. Chaque utilisateur (acteur humain ou agent logiciel) possède un nom unique : une autorité de certification émet un certificat qui contient, entre autres, le nom et la clé publique de l'utilisateur.

Un certificat X.509 contient les données suivantes :

– un numéro de version (qui identifie le format du certificat) ;

– un numéro de certificat (propre à l'autorité de certification) ;

– l'identifiant de l'algorithme utilisé pour signer le certificat avec ses paramètres ;

– le nom de l'autorité de certification ;

– l'intervalle temporel de validité ;

– le nom du sujet certifié ;

– la clé publique du sujet certifié ;

– l'identifiant de l'algorithme de signature/vérification à utiliser avec la clé publique du sujet certifié et ses paramètres ;

– la signature de l'autorité de certification.

Si Alice veut communiquer avec Bob de façon sécurisée, elle doit d'abord obtenir le certificat de Bob et vérifier son authenticité. Si Alice et Bob font confiance à la même autorité de certification, la tâche peut être très simple : Alice vérifie la signature de l'autorité de certification au moyen de la clé publique de cette autorité qu'elle possède par ailleurs. Si Bob et Alice n'utilisent pas les services de la même autorité de certification, la tâche est plus complexe et consiste en pratique à parcourir un chemin de confiance, c'est-à-dire à remonter un arbre d'autorités de certification (les autorités de certification sont à leur tour certifiées par d'autres autorités de certification) jusqu'à la racine du sous-arbre qui contient les autorités de certification à qui Alice et Bob font confiance, et ensuite descendre la branche de l'arbre qui conduit à Bob.

Une fois obtenue de façon sûre la clé publique de Bob, Alice peut initier un protocole d'authentification avec Bob. X.509 utilise trois protocoles : *one-way*, *two-way* ou *three-way* (ce dernier protocole a comme avantage de ne pas utiliser de *timestamps* et donc de ne pas demander la synchronisation des horloges).

La complexité dans la gestion d'infrastructures à clé publique, dont X.509 constitue la norme principale, vient surtout de la gestion des certificats, qui doivent :

– être stockés de façon sûre ;

– pouvoir être révoqués de façon effective, avec prise d'effet immédiate (mais évidemment gardés dans la base pour la traçabilité et la non-répudiation) ;

– être stockés au-delà de la date d'expiration (toujours pour les mêmes raisons de traçabilité et de non-répudiation).

Kerberos

Kerberos est un protocole d'authentification conçu pour les réseaux TCP/IP qui repose sur un tiers de confiance (le service Kerberos). Kerberos fournit une authentification sûre et fiable dans le réseau qui permet à l'entité (acteur humain ou agent logiciel) l'accès à différents systèmes. Il est centré sur un algorithme de chiffrement à clé symétrique (l'algorithme DES est utilisé de manière non exclusive). Le principe de Kerberos est que le serveur partage une clé symétrique secrète avec ses clients et la connaissance de cette clé vaut identification du client.

Kerberos maintient une base de données des clients (acteurs humains et agents logiciels) et de leurs clés secrètes. Grâce à sa connaissance exclusive des clés secrètes, le serveur Kerberos peut construire des *authentifiers*, à savoir des messages prouvant l'identité d'un client auprès d'un autre, ainsi que des clés de session, qui permettent à deux clients de chiffrer les messages qu'ils s'échangent. La clé de session est détruite après usage. Une difficulté, qui limite l'usage généralisé de Kerberos, est que ce protocole demande la synchronisation des horloges des participants au protocole d'authentification.

Kerberos n'est pas dans le domaine public, mais le code du MIT est accessible et plusieurs implémentations sont disponibles. Il fait l'objet depuis septembre 1993 d'une RFC (IETF RFC1510 ; *http://www.ietf.org/rfc/rfc1510.txt*).

Les algorithmes les plus utilisés (voir aussi chapitre 5)

-DES : Data Encryption Standard est un algorithme de chiffrement à clé symétrique développé par IBM sur demande du NBS (National Bureau of Standards) des États-Unis en 1974 et publié par la suite. C'est un des algorithmes les plus utilisés.

National Bureau of Standards, NBS FIPS PUB 46, *Data Encryption Standard*, U.S. Department of Commerce, Jan 1977.

-RSA : (acronyme construit à partir des noms des auteurs Rivest, Shamir et Adleman) est un algorithme de chiffrement à clé asymétrique, publié en 1978, et très utilisé aujourd'hui. Pour donner une idée générale des performances, on considère que DES est cent fois plus performant que RSA en implémentation logicielle (mille fois en implémentation matérielle).

R.L. Rivest, A. Shamir, and L.M. Adelman, *A method for Obtaining Digital Signatures and Public-Key Cryptosystems*, Communications of the ACM, v. 21, n. 2, Feb 1978, pp. 120-126.

-SHA : Secure Hash Algorithm est un algorithme de hachage conçu par le NIST (National Institute of Standards and Technology) des États-Unis, en coopération avec la NSA (National Security Agency), à utiliser en couple avec un algorithme de chiffrement à clé asymétrique (notamment RSA).

National Institute of Standards and Technology, NIST FIPS PUB 180, *Secure Hash Standard*, U.S. Department of Commerce, May 1993.

-DSA : Digital Signature Algorithm est un algorithme de signature qui repose sur un algorithme de chiffrement à clé asymétrique, proposé par le NIST en 1991. Il est concurrent de RSA. Il utilise SHA pour le calcul du condensé (*digest*).

National Institute of Standards and Technology, NIST FIPS PUB 186, *Digital Signature Standard*, U.S. Department of Commerce, May 1994.

L'architecture et la roadmap de la sécurité pour les services Web

Les principes généraux du modèle d'infrastructure de la gestion de sécurité, adaptés à la mise en place à grande échelle d'architectures sécurisées de services Web peuvent être résumés ainsi :

• Les messages s'échangent sur la base d'un modèle général de *messagerie sécurisée* (au niveau échange). Ce modèle permet de mettre en œuvre la confidentialité et l'intégrité d'éléments du message de bout en bout. La confidentialité et l'intégrité doivent pouvoir être mises en œuvre de façon indépendante et factorisée (par exemple, pour ce qui touche les algorithmes et les clés de chiffrement et de signature) sur des parties du message. La gestion de l'intégrité et de la confidentialité au niveau transport doit pouvoir s'ajouter sans difficultés à la gestion de l'intégrité et de la confidentialité au niveau échange.

• Un agent logiciel destinataire d'un message peut exiger que le message qui arrive soit en mesure de véhiculer et de prouver un ensemble d'assertions (l'identité de l'envoyeur, la clé publique de l'envoyeur, les algorithmes de signature et de chiffrement, les droits, les habilitations, etc.). Si un message arrive sans les assertions demandées ou sans en apporter la preuve, ou bien si la vérification de ces assertions échoue, le récepteur peut ou doit ignorer ou rejeter le message. L'ensemble des assertions dont la preuve est exigée par le destinataire s'appelle *contrat de sécurité*. Les accréditations (preuves d'identité reposant sur la confiance dans une autorité de certification) font partie des assertions les plus souvent demandées.

• L'expéditeur peut envoyer des messages avec les preuves des assertions demandées par l'insertion dans le message d'objets appelés *jetons de sécurité*. Le message n'est plus seulement le moyen de transport d'un acte de communication, mais il transporte également la preuve que certaines conditions de réussite de l'acte de communication sont accomplies (en termes, par exemple, non exclusifs, d'éléments d'authentification et d'autorisation de l'expéditeur, par exemple). La preuve des assertions transmise à l'aide d'un jeton de sécurité (*security token*) repose sur la *confiance* : en fait, le destinataire n'a pas généralement de moyens directs d'authentifier, ni éventuellement de vérifier les droits et habilitations de l'expéditeur et cette vérification se fonde sur la confiance qu'il a en un *tiers de confiance* qui valide les revendications d'identité, des droits et des habilitations de l'expéditeur. Au-delà de l'authentification et des autorisations, le jeton de sécurité peut contenir un large spectre d'assertions.

• Lorsque l'expéditeur ne peut pas directement prouver les assertions demandées par le destinataire, il peut, directement ou via un agent délégué, essayer d'obtenir la preuve de ces assertions en demandant à un service Web, tiers de confiance spécialisé (*services de distribution de jetons de sécurité*), les jetons de sécurité dont il a besoin. Ces services Web peuvent également exhiber leur contrat de sécurité, le modèle étant récursif. Ces services tiers de confiance peuvent servir d'intermédiaires de confiance entre plusieurs domaines.

• Les implémentations concrètes du modèle doivent non seulement pouvoir prendre en compte des technologies existantes et utilisées, comme les infrastructures à clé publique X.509, les modèles d'authentification à clé symétrique comme Kerberos, les modèles centrés sur le condensé (*digest*) du mot de passe, les jetons *sim card*, les données bio-métriques, etc., mais aussi les « fédérer », à savoir permettre la mise en œuvre d'architectures réparties dans lesquelles, par exemple, des mécanismes d'authentification différents sont utilisés par les applications participantes et les intermédiaires tiers de confiance chargés de réaliser l'interopérabilité des différentes approches.

Les principes que l'on vient d'énoncer sont à la base de l'initiative prise, le 5 avril 2002, par IBM et Microsoft, avec le support de Verisign. Les trois éditeurs ont ainsi proposé conjointement :

• une roadmap pour la gestion de la sécurité des services Web ;

• la spécification WS-Security V.1.0.

Security in a Web Services World

La proposition de IBM et Microsoft, réalisée avec le concours de Verisign, se matérialise en deux documents publiés en avril 2002 :

IBM/Microsoft/Verisign, Web Services Security (WS-Security), Version 1.0, qui est le document de spécification d'un système de messagerie sécurisée (disponible à *http://www.verisign.com/wss/wss.pdf*).

IBM/Microsoft, Security in a Web Services World: A Proposed Architecture and Roadmap, Version 1.0, un *white paper* qui présente une vision générale de l'architecture de l'infrastructure de sécurité pour les services Web, dans laquelle la messagerie sécurisée n'est que la première « brique » (voir *http://www.verisign.com/wss/architecture-Roadmap.pdf*).

Cette proposition a été accueillie en termes élogieux par la plupart des analystes. La raison principale de cet accueil chaleureux doit être recherchée dans les objectifs ambitieux de la proposition :

- permettre la réutilisation de la plupart des approches et des technologies de sécurité existantes et déjà utilisées par les applications ;

- atteindre l'interopérabilité des différentes approches de sécurité.

Le haut niveau d'abstraction de la spécification (assertions, jetons de sécurité, contrat de sécurité) s'explique par cette volonté de réutilisation et d'interopérabilité, dans un cadre conceptuellement unifié, de technologies fort hétérogènes. Par exemple, X.509 et Kerberos reposent sur des principes complètement différents (clé asymétrique contre clé symétrique) : Kerberos est utilisé pour la sécurité des domaines Microsoft Windows 2000 et il est clair qu'il est dans l'intérêt des utilisateurs de ne pas changer de technologie de sécurité lors de la mise en place, dans les mêmes contextes (de réseaux d'entreprise), des architectures de services Web.

L'infrastructure de sécurité pour les services Web

Dans les architectures orientées services, bâties sur le socle technologique des services Web, les applications réparties interagissent entre elles exclusivement par échange de messages. L'objectif général qui vise à garantir la sécurité de bout en bout, se décline donc pour ces architectures en un nombre restreint d'objectifs plus spécifiques :

- la *confidentialité* du message de bout en bout ;

- l'*intégrité* du message de bout en bout ;

- la garantie de traitement du message par le destinataire seulement lorsque le message contient la preuve des revendications exprimées par l'expéditeur et demandées par le destinataire (*authentification*, *autorisation*).

Ces objectifs peuvent être atteints :

- par la spécification de langages de description, de formats de message et de protocoles normalisés comme extensions des technologies des services Web basiques ;

- par la mise en œuvre d'implémentations conformes aux spécifications sur des environnements techniques hétérogènes.

Les exigences opérationnelles et les technologies hétérogènes que nous avons évoquées impliquent que l'architecture de l'infrastructure de sécurité soit en même temps « générique », configurable et extensible. La solution retenue est un langage qui permet d'exprimer des assertions sous une forme générique sujet/prédicat, ces assertions pouvant être utilisées à des fins différentes.

L'élément essentiel du modèle est la notion de *revendication* : la revendication est une assertion sur une entité, émise par l'entité elle-même ou par une autre entité à qui on fait confiance. Les entités en question sont des acteurs humains ou organisationnels ou des agents logiciels.

Une revendication :

- est exigée par le destinataire d'un message : le destinataire exige une certaine revendication de la part de l'expéditeur ; en tant que telle, l'exigence fait partie du *contrat de sécurité* publié par le destinataire ;

- est exhibée, avec sa preuve, par l'expéditeur du message, lorsqu'il s'adresse au destinataire qui l'exige dans son contrat : elle est donc insérée dans un jeton de sécurité qui en fournit la preuve sur la base d'un mécanisme de confiance.

Le jeton de sécurité est un objet qui contient des revendications que l'expéditeur du message fournit au destinataire. Un jeton de sécurité peut être *signé* par le créateur du message.

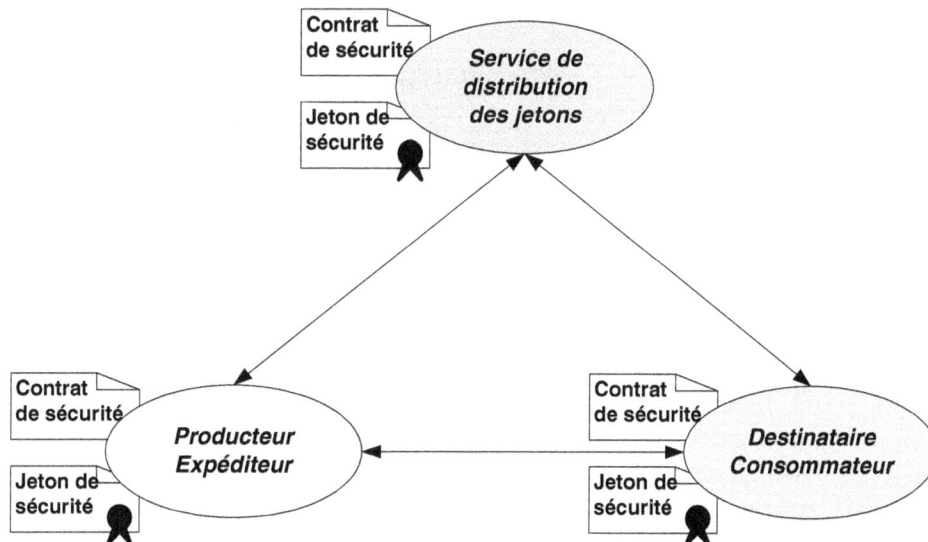

Figure 19-6

Architecture générale de sécurité.

Le modèle général de l'architecture comporte trois rôles (voir figure 19-6) :

- le rôle de producteur/expéditeur d'(une partie d')un message ;

- le rôle de destinataire/consommateur d'(une partie d')un message ;

- le rôle de tiers de confiance (distributeur de jetons de sécurité).

Le destinataire publie un contrat de sécurité. L'expéditeur insère dans le message, éventuellement chiffré et signé par lui-même, le jeton de sécurité contenant les revendications exigées par le contrat du destinataire. Ce jeton peut être obtenu auprès d'un tiers de confiance qui joue le rôle de service de distributeur de jetons de sécurité. Le service de distribution de jetons est un service Web, et, comme tel, publie un contrat de sécurité qui lui est propre. Le service de distribution des jetons peut aussi devoir s'authentifier auprès de ses interlocuteurs, ce qui peut donner lieu à une structure arborescente de services de distribution de jetons. Les jetons peuvent également être exhibés par le destinataire (si, par exemple, l'expéditeur exige l'authentification du destinataire).

L'architecture des spécifications de sécurité

La roadmap *Security in a Web Services World* présente une architecture de spécifications de sécurité par niveaux illustrée figure 19-7.

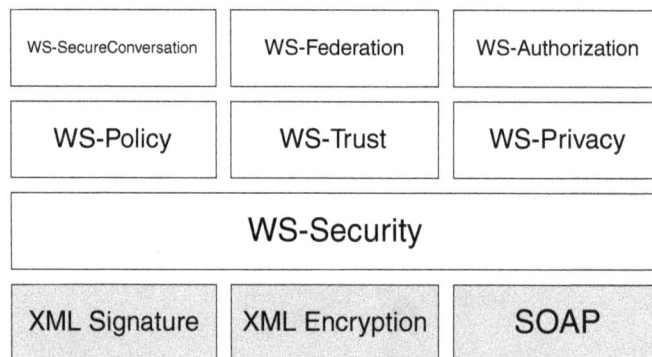

Figure 19-7

Architecture des spécifications de l'infrastructure de sécurité pour les services Web.

Les bases de l'architecture des spécifications sont les recommandations W3C XML Signature et XML Encryption (voir plus loin les sections respectives) et, bien évidemment, le protocole SOAP (la note W3C SOAP 1.1 et la recommandation candidate W3C SOAP 1.2). C'est une architecture des spécifications construite sur trois strates :

• la première strate comprend une spécification de *messagerie sécurisée* (WS-Security), qui met en œuvre l'intégrité et la confidentialité du message et fournit le mécanisme d'association de jetons de sécurité au message ;

• la deuxième strate, intermédiaire, comprend les spécifications WS-Policy (langage de définition d'engagements de sécurité), WS-Trust (un framework pour construire des modèles de confiance) et WS-Privacy (un modèle pour les assertions sur les préférences en termes de politique de discrétion et de confidentialité) ;

• la troisième strate comprend WS-SecureConversation (spécification de protocoles d'authentification réciproque et d'établissement des contextes de sécurité entre applications), WS-Federation (mécanismes de fédération d'espaces de confiance hétérogènes, par exemple X.509 et Kerberos) et WS-Authorization (spécification des protocoles d'autorisation).

La première strate : WS-Security

WS-Security est la spécification de la messagerie sécurisée : il s'agit d'une extension standard de SOAP par définition d'entrées de l'en-tête. La messagerie sécurisée permet la mise en œuvre de l'intégrité et de la confidentialité du message et fournit un mécanisme général pour associer des jetons de sécurité à un message SOAP.

L'intégrité des messages est mise en œuvre par l'utilisation conjointe d'XML Signature et des jetons de sécurité (qui peuvent contenir des clés publiques). Le mécanisme permet la signature multiple et conjointe de plusieurs acteurs. Le mécanisme est extensible et prend en charge des nouveaux formats de signature.

La confidentialité des messages est assurée par l'utilisation conjointe des mécanismes de chiffrement d'XML Encryption et des jetons de sécurité. La confidentialité ne peut s'appliquer qu'à des parties du message. Les mécanismes de chiffrement sont conçus de façon extensible, pour permettre la prise en charge d'autres technologies et processus de chiffrement.

La spécification WS-Security ne préconise pas de format de jeton de sécurité. En revanche, elle spécifie une méthode standard pour créer de nouveaux formats de jetons et un mécanisme de codage de jetons binaires.

La deuxième strate

Les spécifications de la strate intermédiaire (WS-Policy, WS-Trust et WS-Privacy) s'appuient directement sur WS-Security.

WS-Policy

Ce langage permet de spécifier le contrat de sécurité : il spécifie comment exprimer les exigences de sécurité du destinataire du message et les capacités de sécurité de l'expéditeur. La spécification est totalement extensible et ne limite ni les types d'exigences ni les capacités que l'on peut décrire. Néanmoins, la spécification fixe certains attributs essentiels pour exprimer les exigences de confidentialité, les formats de codage, les exigences en jetons de sécurité, les algorithmes pris en charge.

WS-Policy décrit un format générique qui permet d'exprimer directement ou par référence des exigences et des capacités dans un message SOAP, au-delà du domaine de la sécurité.

WS-Trust

WS-Trust spécifie le modèle des mécanismes pour établir des relations de confiance, soit directes, soit indirectes via les services d'intermédiation de tiers de confiance (services de distribution de jetons de sécurité). Le service de distribution de jetons de sécurité se fonde sur l'infrastructure de messagerie sécurisée WS-Security pour transmettre les jetons de sécurité de façon à assurer leur confidentialité et intégrité. La spécification définit comment plusieurs mécanismes d'établissement de la confiance peuvent être utilisés dans le cadre du modèle.

WS-Privacy

WS-Privacy est un langage de spécification de règles de discrétion et de confidentialité.

Portée de WS-Policy

Déjà, la roadmap *Security in a Web Services World* d'avril 2002, que nous sommes en train de résumer dans cette section, envisage pour WS-Policy un rôle au-delà de la spécification d'exigences et de capacités de sécurité.

La notion de *policy*, qu'on l'on peut traduire par « mesure », « règle » ou encore « principe » est bien adaptée pour énoncer des engagements (requis ou proposés) de service au sens large, et notamment les engagements de qualité de service. Dans le chapitre 3, nous avons défini la qualité de service comme un ensemble de propriétés *opérationnelles* (non fonctionnelles) du service : la performance, la fiabilité, la disponibilité, la continuité et aussi la sécurité. L'expression d'engagements (et de demandes d'engagement) de sécurité est absolument nécessaire pour faire fonctionner une infrastructure efficace : c'est la raison pour laquelle une spécification de ce type surgit d'une architecture de sécurité. Cela dit, les auteurs de la roadmap se rendent compte de la portée bien plus large d'une telle spécification.

Ces exigences de qualité, intégrées dans un document WSDL, constituent des clauses du contrat de service. Intégrées dans un message SOAP, elles font l'objet d'une négociation à l'exécution ; intégrées dans une entité UDDI, elles présentent les principes de qualité de service et de sécurité que l'entité met en œuvre et exige. La roadmap envisage une utilisation de WS-Policy au-delà du périmètre de sécurité, mais semble la cantonner à une extension de SOAP. L'extension éventuelle de WSDL pour la publication de clauses de sécurité semble négligée.

Les spécifications WS-Policy, parues en décembre 2002 (voir la remarque « Avancement de la roadmap Security in a Web Services World ») généralisent non seulement la notion de policy au-delà de la sécurité, mais définissent également le mécanisme d'inclusion, par valeur et/ou par référence, de policies dans les messages SOAP, les documents WSDL et les annuaires UDDI. Les spécifications WS-Policy constituent sans doute le framework pour la définition ultérieure d'exigences et de contraintes de qualité de service au sens large du terme.

Les organisations prestataires et clientes de services doivent pouvoir exprimer leurs règles de discrétion et de confidentialité et exiger qu'un message exhibe des revendications de conformité à ces règles de la part de l'expéditeur. Sur la base des outils spécifiés par WS-Security, WS-Trust et WS-Policy, les applications peuvent exprimer leurs engagements quant au respect de ces règles. La spécification décrit comment les règles de confidentialité et de discrétion WS-Privacy :

- sont emboîtées dans des éléments WS-Policy ;
- peuvent faire l'objet de revendications associées à des messages WS-Security ;
- interviennent dans les protocoles d'établissement de relations de confiance WS-Trust.

La troisième strate

La troisième strate permet la mise en œuvre de l'interopérabilité entre approches de sécurité hétérogènes (WS-SecureConversation, WS-Federation) et donne un cadre général de traitement des mécanismes d'autorisation pour les architectures de services Web (WS-Authorization).

WS-SecureConversation

La spécification WS-SecureConversation décrit comment le client et le prestataire d'un service Web peuvent s'authentifier mutuellement et établir dynamiquement des contextes de sécurité authentifiés. La spécification décrit notamment les protocoles destinés à établir à la volée des clés symétriques pour une seule interaction ou pour une session.

La spécification s'attaque également aux mécanismes d'échange de contextes de sécurité (un ensemble de revendications de sécurité avec les données associées) via l'utilisation de :

• l'échange de jetons de sécurité par WS-Security ;

• la création et la distribution des jetons de sécurité par WS-Trust ;

WS-SecureConversation utilise WS-Security : les messages des conversations sécurisées peuvent traverser plusieurs intermédiaires qui utilisent des protocoles de transport différents. WS-Secure-Conversation et WS-Security sont conçues pour permettre l'utilisation indépendante de mécanismes de sécurité au niveau transport, par exemple entre certains des nœuds de la chaîne d'acheminement, afin d'accroître la sécurité globale des architectures de services Web.

WS-Federation

WS-Federation spécifie, sur la base de WS-Security, WS-Policy, WS-Trust et WS-SecureConversation, comment il est possible de construire des espaces de confiance globaux, qui comprennent des approches de sécurité hétérogènes : par exemple, comment établir un contexte de sécurité commun entre applications qui utilisent Kerberos et X.509 comme mécanismes d'authentification. La spécification introduit un langage de description de règles de confiance (reposant sur WS-Policy) qui permet de bâtir des mécanismes de gestion des relations de confiance dans des environnements hétérogènes et qui permet donc concrètement d'effectuer l'authentification réciproque entre applications qui utilisent des approches de sécurité hétérogènes.

WS-Authorization

La spécification WS-Autorisation s'attaque à la standardisation d'un domaine (celui de l'autorisation) hautement complexe et qui est aujourd'hui traité au niveau applicatif avec des solutions ad hoc. Dans le contexte de la technologie des services Web, l'autorisation concerne spécifiquement les droits et habilitations d'une application cliente à l'accès aux prestations d'un service Web.

WS-Authorization décrit donc comment :

• spécifier et gérer des règles d'autorisation (toujours dans le cadre de WS-Policy) ;

• certifier les revendications d'autorisation (avec des jetons de sécurité WS-Trust) ;

• échanger ces revendications d'autorisation via WS-Security ;

• interpréter correctement ces revendications pour contrôler l'accès aux prestations de services.

La spécification permet des adaptations et des extensions du format et du langage des autorisations.

Le développement de l'infrastructure de sécurité des services Web

En juin 2002, IBM, Microsoft et Verisign manifestent la volonté de soumettre la spécification WS-Security à l'OASIS pour que cette organisation prenne en main le processus de standardisation de la spécification.

Baltimore Technologies, BEA Systems, Blockade Systems, Cisco Systems, Commerce One, Documentum, Entrust, Fujitsu, Intel Corporation, IONA, Netegrity, Novell, Oblix, OpenNetwork, Perficient, RSA Security, SAP AG, SeeBeyond, Sonic Software, Sun Microsystems, Systinet, TIBCO,

VeriSign, Vodafone, WebMethods, XML Global se déclarent disponibles et prêts à participer à l'effort de spécification et de normalisation dans le cadre d'un comité technique OASIS.

L'adhésion de Sun Microsystems à la démarche est particulièrement importante. En fait, Sun est le principal promoteur et membre fondateur, avec American Express, America Online, France Telecom, General Motors, Hewlett Packard, Master Card, Nokia, NTT DoCoMo, RSA Security, Sony et Vodaphone, du projet Liberty Alliance (voir *http://www.projectliberty.org*), lequel vise à produire des spécifications pour une infrastructure ouverte d'identification *single sign-on* (SSO) des internautes. Ce projet a encore comme objectif de contrer le projet MyService .NET de Microsoft, considéré comme propriétaire ou trop marqué par le *leadership* de l'éditeur de Redmond (voir le chapitre 15). La soumission du travail effectué par Liberty Alliance à OASIS est envisagée.

Par ailleurs, IBM, Microsoft et Verisign annoncent qu'ils continuent à développer les spécifications annoncées dans la roadmap *Security in a Web Services World* d'avril 2002.

Avancement de la roadmap Security in a Web Services World

IBM et Microsoft publient, avec Verisign, le 18 août 2002 un addendum à WS-Security :

– *IBM, Microsoft, Verisign, Web Services Security Addendum, Version 1.0* (voir *http://www.verisign.com/wss/WS-Security-Addendum.pdf*).

Ils publient le 18 décembre 2002, avec le concours de BEA et SAP, un ensemble conséquent de documents :

– *IBM, Microsoft, BEA, SAP, Web Services Policy Framework (WS-Policy), Version 1.0.* Ce document spécifie le modèle général et la syntaxe permettant de décrire et de communiquer via SOAP les policies d'un service Web (voir *http://www.verisign.com/wss/WS-Policy.pdf*).

– *IBM, Microsoft, BEA, SAP, Web Services Policy Attachment (WS-PolicyAttachment), Version 1.0.* Ce document définit le mécanisme qui permet d'associer des policies avec des éléments WSDL (types et portType) et des entités UDDI (voir *http://www.verisign.com/wss/WS-PolicyAttachment.pdf*).

– *IBM, Microsoft, BEA, SAP, Web Services Policy Assertion Language (WS-PolicyAssertion), Version 1.0.* Ce document définit un langage d'assertions de policies avec un certain nombre de types d'assertions prédéfinis sur le langage, le mécanisme d'encodage du texte, la version de spécification prise en charge... (voir *http://www.verisign.com/wss/WS-PolicyAssertions.pdf*).

Dans cet ensemble, l'autonomie de la spécification WS-Policy par rapport à la problématique de la sécurité est officiellement reconnue : WS-Policy devient un premier ensemble de spécifications « corrélées » qui ont une fonction « utilitaire » par rapport au corpus de sécurité mais dont la portée dépasse la gestion de la sécurité. À la même date, IBM, Microsoft et Verisign, rejoints par RSA Security, publient un ensemble de spécifications de l'infrastructure de sécurité en cohérence avec la roadmap :

– *IBM, Microsoft, RSA Security, Verisign, Web Services Security Policy Language (WS-SecurityPolicy), Version 1.0.* Il s'agit du module qui, dans l'architecture originelle des spécifications de l'infrastructure de sécurité, s'appelait WS-Policy. En fait, il s'agit des assertions de policies qui s'appliquent à WS-Security (voir *http://www.verisign.com/wss/WS-SecurityPolicy.pdf*).

– *IBM, Microsoft, RSA Security, Verisign, Web Services Trust Language (WS-Trust), Version 1.0.* Ce document présente la spécification des formats pour demander et émettre des jetons de sécurité et pour gérer des relations de confiance (voir *http://www.verisign.com/wss/WS-Trust.pdf*).

– *IBM, Microsoft, RSA Security, Verisign, Web Services Secure Conversation Language (WS-SecureConversation), Version 1.0.* Ce document est une spécification sur la base de WS-Security des formats et protocoles pour mettre en œuvre la communication sécurisée, le partage de contextes de sécurité avec prise en charge de clés symétriques de session (voir *http://www.verisign.com/wss/WS-SecureConversation.pdf*).

OASIS/Web Services Security Technical Committee (OASIS/WSS TC)

L'objectif explicite du Web Services Security (WSS) TC (*http://www.oasis-open.org/committees/tc_home.php?wg_abbrev=wss*) est de finaliser le travail relatif à l'infrastructure de base de sécurité des services Web (WS-Security), telle qu'elle est décrite dans la roadmap *Security in a Web Services World* et dont la première version est consignée dans WS-Security 1.0. Le travail du WSS TC est de bâtir les fondations techniques pour des services de sécurité de plus haut niveau (tels qu'ils sont décrits dans la roadmap) à définir dans d'autres spécifications. Il n'est pas dans la mission du WSS TC de développer la roadmap, qui n'est pas un document normatif du TC.

Les résultats (intermédiaires, à l'état de *draft*) des travaux du WSS TC sont présentés dans un document de spécification WSS-Core, dans l'axe de la normalisation de WS-Security, et des documents dits de « profil » :

OASIS, Web Services Security, SOAP Message Security, Working Draft 11 (3 mars 2003) : cette spécification propose un ensemble d'extensions SOAP destinées à mettre en œuvre l'intégrité et la confidentialité au niveau message (échange) et à associer au message des jetons de sécurité. L'ensemble de ces extensions est aussi appelé WSS-Core, pour Web Services Security Core Language (voir *http://www.oasis-open.org/committees/download.php/1043/WSS-SOAPMessageSecurity-11-0303.pdf*). La spécification s'appuie sur SOAP 1.2 (en état de *candidate recommandation*).

À cette spécification, le WSS TC associe un ensemble de documents définissant des « profils » de jetons de sécurité qui indiquent comment construire des jetons de sécurité suivant des approches spécifiques :

– *OASIS, Web Services Security Username Token Profile, Working Draft 2 (23 février 2003)* : cette spécification décrit la création et l'utilisation de jetons de sécurité WSS-Core qui identifient un acteur par son nom d'utilisateur et l'authentifient par un mot de passe, ou un autre secret partagé (voir *http://www.oasis-open.org/committees/wss/documents/WSS-Username-02-0223.pdf*).

– *OASIS, Web Services Security Kerberos Token Profile, Working Draft 03 (30 janvier 2003)* : cette spécification décrit l'utilisation des *tickets* et *authentifiers* Kerberos dans des jetons de sécurité WSS-Core (voir *http://www.oasis-open.org/committees/wss/documents/WSS-Kerberos-03.pdf*). Pour la technologie Kerberos, voir la remarque « Kerberos » dans la section introductive du présent chapitre.

– *OASIS, Web Services Security SAML Token Profile, Working Draft 06 (21 février 2003)* : cette spécification décrit comment intégrer les assertions SAML (Security Assertion Markp Language) dans les jetons de sécurité WSS-Core (voir *http://www.oasis-open.org/committees/wss/documents/WSS-SAML-06-changes.pdf*). La technologie SAML (Security Assertion Markup Language) est spécifiée par le comité technique OASIS Security Services (*http://www.oasis-open.org/committees/tc_home.php?wg_abbrev=security*) : il s'agit d'un framework XML dédié à l'échange d'informations d'authentification et d'autorisation, dont la version 1.0 est un standard OASIS depuis le 5 novembre 2002 (*http://www.oasis-open.org/committees/download.php/1383/oasis-sstc-saml-1.0-pdf.zip*).

– *OASIS, Web Services Security X509 Certificate Token Profile, Working Draft 03 (30 janvier 2003)* : cette spécification décrit comment intégrer des certificats X.509 dans les jetons de sécurité WSS-Core (voir *http://www.oasis-open.org/committees/wss/documents/WSS-X509-03.pdf*). Pour la technologie X.509, voir la remarque « X.509 » dans la section introductive du présent chapitre.

– *OASIS, Web Services Security XrML-Based Rights Expression Token Profile, Working Draft 03 (30 janvier 2003)* : cette spécification décrit comment intégrer les *licenses*, à savoir des revendications de propriété intellectuelle, en REL (Right Expression Language), lequel repose sur XrML (eXtensible rights Markup Language), dans les jetons de sécurité WSS-Core (voir *http://www.oasis-open.org/committees/wss/documents/WSS-XrML-03.pdf*). La technologie XrML (eXtensible rights Markup Language, *http://www.xrml.org*) est une proposition de la société Content-Guard Inc. qui a été soumise au groupe de travail MPEG (*http://mpeg.telecomitalialab.com/index.htm*) de l'ISO/IEC (International Organization for Standardization/International Electrotechnical Commission). XrML est utilisé dans ce contexte en tant que base pour MPEG-21 REL (Rigths Expression Language), qui, selon le plan affiché, est destiné à devenir un standard international courant 2003.

– OASIS, Web Services Security XCBF Token Profile, Working Draft 1.0 (25 novembre 2002) : cette spécification décrit comment intégrer des données biométriques au format XCBF (XML Commont Biometric Format) dans des jetons de sécurité WSS-Core (voir *http://www.oasis-open.org/committees/wss/documents/WSS-XCBF.pdf*). La technologie XCBF (XML Common Biometric Format) est en cours de spécification par le XCBF TC d'OASIS (*http://www.oasis-open.org/committees/tc_home.php?wg_abbrev=xcbf*). En fait, il s'agit de la traduction en XML de CBEFF (Common Biometric Exchange File Format), un standard du NIST (National Institute of Standards and Technology) américain (*http://www.itl.nist.gov/div895/isis/bc/cbeff*).

WSS-Core

La spécification WSS-Core fournit le mécanisme qui permet de protéger un message par chiffrement et/ou signature d'éléments du corps, de l'en-tête, de pièces jointes ou de toute combinaison de ces objets.

L'intégrité du message est obtenue par l'utilisation d'XML Signature avec les jetons de sécurité pour assurer que les messages sont reçus sans modification. Les mécanismes d'intégrité sont conçus pour prendre en charge plusieurs signatures, effectuées potentiellement par des intermédiaires dans une chaîne d'acheminement. Les mécanismes sont extensibles dans le sens où ils s'accommodent de plusieurs formats de signature.

La confidentialité d'un message est obtenue par l'utilisation conjointe d'XML Encryption en conjonction avec des jetons de sécurité. Les mécanismes de chiffrement sont conçus de façon à assurer des processus de chiffrement conduits indépendamment de la part de plusieurs nœuds/rôles SOAP.

La spécification définit la syntaxe et la sémantique des signatures dans les éléments `wsse:Security` et, à l'inverse, ne comprend aucun mécanisme de signature qui apparaît à l'extérieur des éléments `wsse:Security`.

Le destinataire du message *devrait* rejeter un message :

- avec une signature invalide ;
- avec des revendications invalides ;
- avec des revendications manquantes.

La spécification définit le mécanisme utilisé par l'expéditeur du message pour exprimer des revendications relatives à la sécurité par l'association d'un ou plusieurs jetons de sécurité au message. Un exemple typique de revendication de sécurité est la revendication d'identité de l'expéditeur.

Plusieurs profils (formats) de jetons de sécurité sont définis par des spécifications complémentaires (voir la remarque « OASIS/WEb Services Security Technical Committee (OASIS/WSS TC) » ci-dessus).

Vocabulaires XML et préfixes

Préfixe	Vocabulaire XML
wsse	http://schemas.xmlsoap.org/ws/2002/xx/secext
S	http://www.w3.org/2002/12/soap-envelope
ds	http://www.w3.org/2000/09/xmldsig#
xenc	http://www.w3.org/2001/04/xmlenc#
wsu	http://schemas.xmlsoap.org/ws/2002/xx/utility
xsd	http://www.w3.org/2001/XMLSchema

XML Signature

XML-Signature Syntax and Processing (en abrégé *XML Signature*), recommandation du W3C du 12 février 2002 (*http://www.w3.org/TR/xmldsig-core*), est une spécification du mécanisme qui permet de créer et de représenter en XML des signatures numériques qui s'appliquent à des objets hétérogènes, y compris des fragments XML.

Le pivot de la spécification est l'élément Signature, dont voici le gabarit :

```
<Signature [Id="xsd:ID"]>
  <SignedInfo>
    <CanonicalizationMethod Algorithm="xsd:anyURI"/>
    <SignatureMethod Algorithm="xsd:anyURI"/>
    (<Reference [URI="xsd:anyURI"]>
      [<Transforms>
        (<Transform Algorithm="xsd:anyURI"/>)+
      </Transforms>]
      <DigestMethod Algorithm="xsd:anyURI"/>
      <DigestValue>xsd:base64Binary</DigestValue>
    </Reference>)+
  </SignedInfo>
  <SignatureValue>xsd:base64Binary</SignatureValue>
  [<KeyInfo>…</KeyInfo>]
  (<Object>…</Object>)*
</Signature>
```

L'élément Signature inclut deux sous-éléments :

- SignedInfo, qui véhicule des informations sur la signature et l'objet signé ;
- SignatureValue, qui contient la chaîne d'octets résultat de la procédure de signature.

Il contient également d'autres éléments optionnels :

- KeyInfo, qui permet au destinataire d'obtenir la clé de validation de la signature ;
- Object, qui contient des informations accessoires, comme des timestamps, et éventuellement l'objet à signer (signature *enveloppante*).

La procédure de signature

Pour chaque objet à signer, la procédure est la suivante :

1. Application des éventuels algorithmes de transformation (qui seront indiqués dans Transforms) à l'objet (optionnel).

2. Calcul du condensé de l'objet (*digest*) par un algorithme de hachage (qui sera indiqué dans DigestMethod).

3. Création de l'élément Reference, incluant l'attribut d'identification URI (optionnel), les éventuels éléments, dans Transforms, qui désignent les algorithmes de transformation, l'élément Digest-Method qui indique l'algorithme de hachage et l'élément DigestValue dont la valeur, codée en base 64, est le condensé.

4. Création de l'élément SignedInfo avec les descendants SignatureMethod, Canonicalization-Method et Reference(s).

5. Application de l'algorithme de canonisation indiqué dans `CanonicalizationMethod` sur `SignedInfo`.

6. Application de l'algorithme de signature indiqué dans `SignatureMethod` sur le format canonique de `SignedInfo`. Le résultat, codé en base 64, est le contenu de l'élément `SignatureValue`.

7. Construction de l'élément `Signature`, qui comprend `SignedInfo`, `SignatureValue`, `KeyInfo` (si nécessaire) et `Object`(s) (si nécessaire).

Format canonique XML

Deux documents XML égaux du point de vue applicatif peuvent être « physiquement » différents et donc donner des résultats différents s'ils sont soumis à des procédures de signature ou de chiffrement. Dans le cadre de l'activité XML Signature, un groupe de travail conjoint IETF/W3C (*http://www.w3.org/Signature/Overview.html*) a spécifié un format « canonique » d'un document XML : l'application de la procédure de canonisation à deux documents égaux du point de vue applicatif mais physiquement différents donne le même format canonique.

Le groupe de travail a produit deux spécifications :

– *Canonical XML, Version 1.0*, recommandation du 15 mars 2001, accessible à *http://www.w3.org/TR/xml-c14n*, qui fait également l'objet de la IETF-RFC3076 (*http://www.ietf.org/rfc/rfc3076.txt*) ;

– *Exclusive XML Canonicalization, Version 1.0*, recommandation du 18 juillet 2002, accessible à *http://www.w3.org/TR/xml-exc-c14n*. Le format canonique exclusif permet de calculer un format canonique d'un fragment XML indépendamment du contexte du document englobant. Cet algorithme est préconisé pour les signatures dans WSS-Core.

La procédure de validation

1. Calcul du format canonique de `SignedInfo`, sur la base de l'algorithme indiqué dans `CanonicalizationMethod`.

2. Pour chaque `Reference` dans `SignedInfo` :

   – récupération de l'objet pour lequel il faut calculer le condensé ;

   – application de la fonction de hachage `Reference/DigestMethod` ;

   – comparaison de la valeur calculée, codée en base 64, avec la valeur présente dans `Reference/DigestValue` ; si les valeurs sont différentes, alors la validation échoue.

3. Obtention des informations sur la clé de validation d'une source extérieure ou de `KeyInfo`.

4. Application de l'algorithme de validation `SignedInfo/SignatureMethod` à `SignatureValue` par rapport à `SignedInfo` ; si l'algorithme échoue, la validation est en échec.

XML Encryption

XML Encryption Syntax and Processing (en abrégé *XML Encryption*), recommandation du W3C du 10 décembre 2002 (*http://www.w3.org/TR/xmlenc-core*), est une spécification d'un mécanisme de chiffrement d'objets et de représentation du résultat chiffré en XML. Les données chiffrables sont des *objets hétérogènes* (types MIME), des *éléments* XML ou des *contenus* (sous-éléments et/ou données caractères) d'éléments XML. Le résultat de la procédure de chiffrage est un élément XML qui contient ou qui référence les données chiffrées, en plus des informations sur le chiffrement.

Voici le gabarit des données chiffrées et des informations de chiffrage :

```
<EncryptedData [Id="xsd:ID"] [Type="xsd:anyURI"] [MimeType="xsd:string"]
  [Encoding="xsd:anyURI"]>
 [<EncryptionMethod Algorithm="xsd:anyURI">…</EncryptionMethod>]
 [<ds:KeyInfo>
   [<EncryptedKey [Id="xsd:ID"]>…</EncryptedKey>]
   [<AgreementMethod Algorithm="xsd:anyURI">…</AgreementMethod>]
   [<ds:KeyName>xsd:string</ds:KeyName>]
   [<ds:RetrievalMethod [URI="xsd:anyURI"]
     [Type="xsd:anyURI"]>…</ds:RetrievalMethod>]

   …
 </ds:KeyInfo>]
 <CipherData>
  (<CipherValue>xsd:base64Binary</CipherValue> |
   <CipherReference URI="xsd:anyURI">…</CipherReference>)
 </CipherData>
 [<EncryptionProperties>…</EncryptionProperties>]
</EncryptedData>
```

XML Encryption utilise des formats et des règles de traitement spécifiés dans XML Signature, comme ds:KeyInfo (les noms des éléments XML Signature sont qualifiés par les préfixes ds dans le gabarit). Les données chiffrées sont soit incluses par valeur (CipherValue), soit référencées (Cipher-Reference) dans EncryptedData. Des informations complémentaires sont hébergées dans Encryption-Properties. Pour chiffrer des clés, XML Encryption utilise l'élément EncryptedKey, qui présente le même gabarit qu'EncryptedData.

La procédure de chiffrement

1. Sélection de l'algorithme de chiffrement et de ses paramètres (à indiquer par la suite dans EncryptionMethod).

2. Identification et représentation de la clé de chiffrement :

   – construction de l'élément ds:KeyInfo adéquat à l'identification de la clé (par nom, par référence, etc.) ;

   – si la clé doit être chiffrée, construction de l'élément EncryptedKey (l'élément EncryptedKey est construit par l'application récursive de cette procédure).

3. Chiffrement des données :

   – si c'est un élément ou un contenu XML, le codage UTF-8 s'impose ;

   – si c'est un objet d'un autre type (y compris une clé), la sérialisation en une chaîne d'octets s'impose ;

   – chiffrage par l'utilisation de l'algorithme désigné par EncryptionMethod ;

   – annotation du type de donnée chiffrée (élément, contenu, autre en type MIME, dans les attributs EncryptedData/@Type et EncryptedData/@MimeType);

4. Construction de la structure `EncryptedData` ou `EncryptedKey` (réservé aux clés) :

   – si la donnée chiffrée est à insérer dans `CipherData`, elle doit être codée en base 64 comme contenu de `CipherValue` ;

   – sinon, (la donnée chiffrée est mémorisée ailleurs), construction de l'élément `CipherReference` avec l'URI de la donnée chiffrée.

5. Placement de l'élément `EncryptedData` ou `EncryptedKey` :

   – si la donnée chiffrée est de type élément ou contenu, elle va *remplacer* l'élément ou contenu en clair dans le document XML ;

   – sinon, l'application place l'élément à sa discrétion.

La procédure de déchiffrement

Pour chaque élément `EncryptedData` ou `EncryptedKey`, la procédure est la suivante :

1. Analyse et traitement de l'élément pour déterminer l'algorithme de chiffrement, ses paramètres et les informations `ds:KeyInfo`. Si des informations sont omises, l'application doit en disposer par ailleurs, sinon la procédure échoue.

2. Localisation de la clé de chiffrement à l'aide de `ds:KeyInfo` et de ses sous-éléments. Si la clé est chiffrée, application récursive de la procédure à l'élément `EncryptedKey` correspondant pour extraire la clé.

3. Déchiffrement des données chiffrées `CipherData` :

   – si les données chiffrées sont accessibles par valeur, le contenu de l'élément `CipherValue` est décodé base 64 ;

   – si les données chiffrées sont accessibles par référence, elles sont localisées grâce à l'utilisation des informations contenues dans `CipherReference` et elles sont récupérées ;

   – les données chiffrées sont déchiffrées avec l'application de l'algorithme, des paramètres et de la clé obtenus (pas 1 et 2).

4. Si les données sont de type élément ou contenu :

   – la chaîne en clair (pas 3) est interprétée comme contenant des données caractères codées UTF-8 ;

   – elle remplace l'élément `EncryptedData` avec l'élément ou le contenu représenté par les caractères codés UTF-8 ; si le document XML récepteur n'est pas codé UTF-8, le transcodage de la chaîne en clair s'impose.

5. Si les données sont d'un type différent d'élément ou de contenu :

   – la chaîne en clair est traitée selon les indications présentes dans `EncryptedData/@Type`, `EncryptedData/@MimeType` et `EncryptedData/@Encoding` ;

   – ce pas s'applique systématiquement à `EncryptedKey`.

L'entrée de l'en-tête Security

La gestion de la sécurité utilise le mécanisme standard d'extension du message SOAP : les entrées de l'en-tête. La gestion de la sécurité propose l'utilisation de l'entrée de l'en-tête `wsse:Security`.

Voici le gabarit d'une entrée de l'en-tête `wsse:Security` :

```
<S:Envelope>
  <S:Header>
    …
    <wsse:Security [S:role="xs:anyURI"] [S:mustUnderstand="xs:boolean"]>
      …
    </wsse:Security>
    …
  </S:Header>
  …
  <S:Body/>
</S:Envelope>
```

Les éléments et attributs du gabarit ont l'usage suivant :

- l'élément `/wsse:Security` est l'entrée de l'en-tête qui permet de transmettre des informations de sécurité à un récepteur désigné ;
- l'attribut `/wsse:Security/@S:role` désigne le consommateur de l'entrée de l'en-tête ; cet attribut est optionnel mais, dans un message, une seule entrée `wsse:Security` peut ne pas spécifier de rôle ;
- l'attribut `/wsse:Security/@S:mustUnderstand` rend la consommation de l'entrée de l'en-tête obligatoire ou facultative (par défaut) ; l'usage de cet attribut n'est pas clairement établi dans le draft, par rapport aux contraintes d'usage des éléments `wsse:Security` qui sont répertoriées ci-après.

L'élément `wsse:Security` est totalement extensible (en termes d'éléments et d'attributs descendants), ce qui permet d'intégrer par extension pratiquement toutes les approches de sécurité existantes ainsi que de nouvelles approches.

Il peut y avoir plusieurs éléments `wsse:Security` dans l'en-tête du message SOAP. L'intermédiaire d'une chaîne d'acheminement peut ajouter un ou plusieurs sous-éléments dans une en-tête qui lui est adressée ou un ou plusieurs éléments `wsse:Security` à destinations d'autres cibles.

Chaque élément `wsse:Security` d'un message SOAP est adressé à *un et un seul* nœud SOAP (destinataire ou intermédiaire) et chaque nœud peut être la cible d'*un seul* élément `wsse:Security`. Toutes les informations de sécurité pour un nœud spécifique doivent donc être concentrées dans une seule entrée `wsse:Security`. Par ailleurs, une entrée `wsse:Security` peut être lue par tout nœud de la chaîne d'acheminement, mais ne peut être supprimée que par le nœud destinataire.

La spécification WSS-Core préconise une stratégie dédiée à la construction d'un élément `wsse:Security` et à l'ajout à la volée de sous-éléments. Le principe est que les sous-éléments d'un élément `wsse:Security` devraient être ordonnés dans une séquence sans références en avant : la progression linéaire de l'analyse du contenu de `wsse:Security` de la part du destinataire coïncide avec la séquence des traitements de déchiffrement et de validation de signature qu'il doit effectuer. Ainsi, par exemple, l'élément qui véhicule une clé qui doit être utilisée pour validation de signature devrait précéder l'élément de description de la signature qui utilise la clé ou, pour une partie signée et ensuite chiffrée, l'élément décrivant le chiffrement doit précéder l'élément décrivant la signature.

Les jetons de sécurité

L'élément `wsse:Security` permet de véhiculer dans l'en-tête du message SOAP des informations de sécurité.

L'usage d'XML Signature et d'XML Encryption est obligatoire avec les jetons de sécurité. Cela ne veut pas dire que les jetons de sécurité doivent être nécessairement signés et/ou chiffrés, mais seulement que, s'ils le sont, ils doivent l'être en conformité avec les normes XML Signature et XML Encryption et les règles d'usage établies par la spécification WSS-Core.

La spécification WSS-Core n'indique pas si et comment la preuve d'une revendication doit être fournie. En revanche, elle établit comment associer la signature au jeton de sécurité comme validation de la revendication.

L'élément UsernameToken

L'élément `wsse:UsernameToken` est utilisé pour véhiculer un nom d'utilisateur. L'élément peut être introduit dans une entrée de l'en-tête `wsse:Security`.

En voici le gabarit :

```
<wsse:UsernameToken [wsu:Id="xsd:ID"] …>
  <wsse:Username [wsu:Id="xsd:ID"] …>wsse:AttributedString</wsse:Username>
  …
</wsse:UsernameToken>
```

Les usages des différents éléments et attributs sont décrits ainsi :

- l'élément /wsse:UsernameToken est le jeton de sécurité utilisé pour la revendication d'identité sur la base nom d'utilisateur/secret partagé ;
- l'attribut /wsse:UsernameToken/@wsu:Id est utilisé comme libellé du jeton de sécurité ;
- l'élément /wsse:UsernameToken/Username véhicule le nom de l'utilisateur ;
- l'attribut /wsse:UsernameToken/Username/@wsu:Id est utilisé comme libellé du nom d'utilisateur.

L'élément `wsse:UsernameToken` est totalement extensible (en termes d'éléments et d'attributs descendants), ce qui permet d'intégrer par extension toutes les approches d'identification/authentification de type *nom d'utilisateur/secret partagé* existantes ainsi que des nouvelles approches.

Les jetons de sécurité binaires

La spécification WSS-Core précise comment intégrer dans le message les jetons de sécurité binaires (par exemple, les certificats X.509 et les tickets Kerberos) via l'élément `wsse:BinarySecurityToken`.

En voici le gabarit :

```
<wsse:BinarySecurityToken [wsu:Id="xsd:ID"]
  EncodingType="xsd:QName"
  ValueType="xsd:QName" …>wsse:EncodedString</wsse:BinarySecurityToken>
```

Voici l'usage des différents attributs et éléments :

- l'élément /wsse:BinarySecurityToken est le conteneur du jeton binaire ;
- l'attribut /wsse:BinarySecurityToken/@wsu:Id est le libellé du jeton (optionnel) ;

- l'attribut `/wsse:BinarySecurityToken/@ValueType` est le libellé du type de données binaire encodés (par exemple `wsse:X509v3`, pour les certificats X.509 V3) ;

- l'attribut `/wsse:BinarySecurityToken/@EncodingType` est le format de codage des données binaires emboîtées dans le jeton (par exemple, `wsse:base64Binary`).

L'élément `wsse:BinarySecurityToken` est extensible par rapport aux attributs.

Les références aux jetons de sécurité

L'élément `wsse:SecurityTokenReference` permet d'effectuer, en couplage avec l'attribut `wsu:Id` de l'élément cible, l'inclusion par référence d'un jeton de sécurité. Utilisé, par exemple, comme descendant direct de `ds:KeyInfo` (XML Signature, XML Encryption), il permet d'atteindre le jeton de sécurité, utilisé pour la signature ou le chiffrement, qui est placé ailleurs.

```
<wsse:SecurityTokenReference [wsu:Id="xsd:ID"]…>
    <wsse:Reference URI="xsd:anyURI" [ValueType="xsd:QName"] …/>
</wsse:SecurityTokenReference>
```

Voici l'usage des différents attributs et éléments :

- l'élément `/wsse:SecurityTokenReference` fournit la référence au jeton de sécurité ;

- l'attribut `/wsse:SecurityTokenReference/@wsu:Id` est le libellé de la référence ;

L'élément `wsse:SecurityTokenReference` est totalement extensible (en termes d'attributs et d'éléments descendants).

La spécification définit trois types de référence :

- la référence directe ;

- l'identifiant de clé ;

- les autre types de références (pour traiter des cas particuliers).

Les références directes

Les références directes sont réalisées par l'élément `wsse:Reference` :

```
<wsse:SecurityTokenReference [wsu:Id="xsd:ID"]…>
<wsse:Reference URI="xsd:anyURI" [ValueType="xsd:QName"] …/>
</wsse:SecurityTokenReference>
```

Voici l'usage des différents attributs et éléments :

- l'élément `/wsse:SecurityTokenReference/wsse:Reference` est utilisé pour porter un URI qui permet de localiser le jeton de sécurité ;

- l'attribut `/wsse:SecurityTokenReference/wsse:Reference/@URI` est l'URI du jeton ;

- l'attribut `/wsse:SecurityTokenReference/wsse:Reference/@ValueType` indique le type du jeton binaire (optionnel).

L'élément `wsse:Reference` est extensible par rapport aux attributs.

Les identifiants de clé

En alternative de la référence directe, il est possible d'utiliser un identifiant binaire de clé.

En voici le gabarit :

```
<wsse:SecurityTokenReference …>
    <wsse:KeyIdentifier [wsu:Id="xsd:ID"]
        ValueType="xsd:QName"
        EncodingType="xsd:QName"…>wsse:EncodedString</wsse:KeyIdentifier>
    …
</wsse:SecurityTokenReference>
```

Voici maintenant l'usage des différents attributs et éléments :

- l'élément /SecurityTokenReference/KeyIdentifier est le conteneur de l'identifiant binaire de la clé ;
- l'attribut /SecurityTokenReference/KeyIdentifier/@wsu:Id est le libellé (optionnel) ;
- l'attribut /SecurityTokenReference/KeyIdentifier/@ValueType indique le type de jeton identifié ;
- l'attribut /SecurityTokenReference/KeyIdentifier/@EncodingType indique le format de codage de l'identifiant binaire (par exemple wsse:Base64Binary).

L'élément wsse:KeyIdentifier est extensible par rapport aux attributs.

La signature

La spécification WSS-Core impose l'usage d'XML Signature avec certaines limitations. L'objectif, pour la sécurité de bout en bout, est de permettre que plusieurs signatures avec différents formats puissent être intégrées au message.

Les signatures XML Signature (éléments ds:Signature) sont emboîtées dans des entrées d'en-tête wsse:Security. L'objet signé peut être un élément à l'intérieur de l'enveloppe SOAP ou une pièce jointe.

La spécification préconise l'utilisation de l'algorithme de calcul du format canonique Exclusive XML Canonicalization (qui est robuste par rapport à l'utilisation des espaces de noms et des noms qualifiés dans les fragments XML) et, pour les éléments qui sont signés avant chiffrement, de Decription Transformation for XML Signature.

La signature des jetons de sécurité

Il est parfois souhaitable, voire nécessaire, de signer des jetons de sécurité. XML Signature permet de référencer l'objet signé par une panoplie de moyens (URI, ID, expressions XPath), mais certains formats de jetons demandent d'autres techniques de référencement, qui sont prises en charge par wsse:SecurityTokenReference et qui permettent de référencer des jetons de tout format.

Pour pallier ce problème, la spécification WSS-Core définit une nouvelle technique de référence pour XML Signature : l'algorithme STR Dereference Transform (identifié par l'URI http://sche-mas.xmlsoap.org/2002/xx/STR-Transform). Lorsque dans un élément ds:Signature, l'objet cible (désigné par l'URI calculé à partir de son libellé wsu:Id, par exemple) est un wsse:SecurityTokenReference et l'algorithme de résolution de référence est bien http://schemas.xmlsoap.org/2002/xx/STR-Transform, alors le résultat de la résolution de référence est le jeton référencé par wsse:SecurityTokenReference et non l'élément lui-même.

La validation de la signature

La validation de la signature de la part du destinataire échoue si :

- la syntaxe de `wsse:Security` et `ds:Signature` n'est pas conforme ;
- la validation de la signature en conformité avec la spécification XML Signature échoue ;
- l'accréditation de l'expéditeur n'est pas acceptable par le destinataire (défaut de confiance).

Le chiffrement

La spécification WSS-Core permet le chiffrement de toute combinaison d'éléments de l'enveloppe et de pièces jointes, par clé symétrique et asymétrique, sur la base d'XML Encryption. La procédure de chiffrement comprend le chiffrement proprement dit et la génération d'éléments dans une entrée de l'en-tête `wsse:Security`.

Les éléments suivants, définis par XML Encryption, sont utilisés :

- l'élément `xenc:ReferenceList` peut être utilisé pour une liste générale d'éléments chiffrés ;
- les éléments chiffrés (ou leurs contenus) sont emboîtés dans des éléments `xenc:EncryptedData` ;
- les éléments chiffrés sont référencés au moyen d'éléments `xenc:DataReference` contenus dans `xenc:ReferenceList` ;
- les clés utilisées sont spécifiées par des éléments `ds:KeyInfo` dans les éléments `xenc:Encrypted-Data` ;

La transmission d'une clé symétrique

Une clé symétrique véhiculée dans le message peut être transportée par un élément `xenc:Encrypted-Key`. Il est recommandé de référencer cet élément par une liste `xenc:ReferenceList`, surtout si la clé doit être utilisée pour déchiffrer des éléments du message. Ce type de mécanisme est particulièrement utile lorsqu'une clé symétrique générée au hasard et chiffrée avec la clé publique du destinataire a été utilisée de la part de l'expéditeur pour chiffrer des portions du message.

Le chiffrement des pièces jointes

Le chiffrement de pièces jointes (en format MIME, voir chapitre 8) est géré par l'ajout d'éléments `xenc:EncryptedData`. Pour chaque pièce jointe chiffrée :

- un élément `xenc:EncryptedData` doit être ajouté (et éventuellement référencé par la liste `xenc:Refe-renceList`) ;
- le contenu de la pièce jointe est remplacé par la chaîne d'octets résultat du chiffrement ;
- le type `Content-Type` de la pièce MIME devient `application/octet-stream` ;
- le `Content-Type` original est stocké en tant que valeur de l'attribut `/xenc:EncryptedData/@MimeType` ;
- la pièce jointe est référencée par un URI de schéma `cid:` (dont la résolution donne la valeur de `Content-ID` de la pièce), contenu d'un élément `/xenc:EncryptedData/xenc:CipherReference`.

Les procédures

Un message SOAP chiffré doit être un message SOAP valide. Cela implique qu'il est interdit de chiffrer, avec les mécanismes spécifiés par WSS-Core, l'enveloppe, l'en-tête et le corps d'un message SOAP. En revanche, peuvent être chiffrés les descendants directs de l'en-tête, du corps et les pièces jointes.

La procédure de chiffrement

La spécification recommande des procédures de chiffrement. Par exemple, la procédure recommandée pour le chiffrement d'un élément du message SOAP est la suivante :

1. Création du message SOAP en clair.

2. Création d'une entrée de l'en-tête `wsse:Security`.

3. Création d'un élément `wsse:Security/xenc:ReferenceList`.

4. Création d'un élément « orphelin » vide `xenc:EncryptedData`.

5. Localisation dans le message et chiffrement de l'objet à chiffrer (élément, contenu d'un élément) en conformité avec les règles XML Encryption.

6. Remplacement de l'objet à chiffrer avec un élément `xenc:EncryptedData` avec en contenu la chaîne d'octets résultat du chiffrement.

7. Si le chiffrement repose sur un jeton de sécurité, insertion d'un élément `wsse:SecurityTokenReference` avec la référence dans l'élément `/xenc:EncryptedData/ds:KeyInfo`.

8. Création d'un élément `xenc:DataReference` avec une référence à l'élément `xenc:EncryptedData`.

9. Insertion de l'élément `xenc:DataReference` dans `wsse:Security/xenc:ReferenceList`.

La procédure de déchiffrement

La procédure de déchiffrement d'un élément du message SOAP peut être résumée ainsi :

1. Localisation de l'élément à déchiffrer `xenc:EncryptedData`, éventuellement à l'aide de `/wsse:Security/xenc:ReferenceList`.

2. Déchiffrement du contenu de `xenc:EncryptedData` en conformité avec les règles XML Encryption.

3. Remplacement de l'objet en clair à la place de `xenc:EncryptedData`.

La gestion de la sécurité avec WSE .NET

Les services Web développés avec le framework .NET s'appuient sur ASP.NET, lequel propose nativement les quelques mécanismes qui permettent d'assurer la sécurité au niveau transport pour les applications Web (voir chapitre 15) : les technologies SSL/TLS destinées à sécuriser le protocole HTTP. Ces mêmes mécanismes peuvent être utilisés pour sécuriser le transport des messages SOAP/HTTP, et donc pour obtenir une sécurité point à point.

Le Web Service Enhancements 1.0 (WSE) est une extension du framework .NET qui implémente la spécification WS-Security 1.0. Cette extension, en cohérence avec WS-Security, fournit trois fonctions principales pour sécuriser la transmission des messages SOAP dans des architectures plus complexes (sécurité de bout en bout) :

- l'intégration des informations d'accréditation dans le message SOAP, une technique qui permet d'authentifier l'émetteur quel que soit le chemin emprunté par le message ;

- l'utilisation de signatures afin de garantir l'intégrité du message ;

- le chiffrement qui permet d'assurer la confidentialité des informations transmises.

Nous allons exposer la mise en œuvre de ces trois fonctions de sécurité et illustrer la démarche par l'utilisation de l'exemple présenté dans le chapitre 15.

Implémentation WSE (voir chapitre 15) :

Les projets qui doivent accéder aux fonctionnalités de WSE doivent référencer l'espace de noms .NET `Microsoft.Web.Services`. Pour réaliser cela, il faut ajouter une référence au projet sur l'assemblage `Microsoft.Web.Services.dll`.

Pour qu'un émetteur puisse émettre des en-têtes SOAP WS-Security, il est nécessaire de modifier la classe proxy en la faisant hériter de `Microsoft.Web.Services.WebServicesClientProtocol`.

Si une application (récepteur WSE) est censée recevoir des messages possédant des extensions WSE (WS-Routing ou WS-Security), elle doit être configurée (`web.config`) de manière à pouvoir analyser et traiter ces extensions. Sans cette configuration, le récepteur déclenche une erreur puisqu'il est incapable de comprendre le message SOAP dans sa totalité.

À noter enfin qu'il existe un utilitaire de configuration pour WSE (*http://msdn.microsoft.com/webservices/building/ wse/default.aspx*) : il est accessible depuis Visual Studio.NET à partir du menu contextuel du projet situé dans l'explorateur de solutions et permet de réaliser la plupart des tâches de configuration de manière interactive (voir la section dédiée à l'interopérabilité Java/.NET en fin de chapitre).

La gestion des certificats X.509

WSE permet de gérer la sécurité sur la base des certificats X.509.

Rappelons qu'il est possible de se procurer un certificat X.509 :

- en s'adressant à une autorité de certification externe, telle que CertiNomis, filiale de La Poste (voir *http://www.certinomis.com*), la société Verisign (*http://www.verisign.com*) ou Thawte (*http://www.thawte.com*) ;

- en s'adressant à un service interne pouvant émettre des certificats (par exemple à partir d'un serveur d'entreprise Windows 2000 Server ou d'un serveur Apache) ; ces certificats peuvent être ou non signés par une autorité de certification.

Pour qu'un récepteur WSE puisse vérifier les certificats qu'il obtient ou qu'il reçoit, il doit obtenir ce que l'on appelle le *chemin d'accès de certification* d'une autorité de certification : cette information permet au système de vérifier tous les certificats qui ont été émis par cette autorité par la validation récursive des autorités jusqu'à une racine de confiance.

La localisation des certificats chez un agent WSE est paramétrable dans le fichier de configuration `web.config` au moyen de l'élément XML `X509`. Cet élément possède quatre attributs :

- `storeLocation` spécifie l'*entrepôt* dans lequel WSE recherche les certificats à envoyer ou à utiliser pour chiffrer des messages ou pour valider des signatures sur des messages reçus. Une application cliente fixe en général cet attribut à `CurrentUser` et un service Web à `LocalMachine` (valeur par défaut : `LocalMachine`).

- `verifyTrust` spécifie si WSE doit vérifier qu'un certificat reçu comme accréditation de l'envoyeur possède un chemin d'accès aboutissant à une autorité de certification racine de confiance (valeur par défaut : `true`).

- `allowTestRoot` spécifie si WSE doit modifier la procédure de vérification pour permettre l'approbation de certificats signés par une racine de confiance de test (valeur par défaut: `false`).

- `allowRevocationUrlRetrieval` spécifie si WSE doit accéder au réseau durant la procédure de vérification des révocations des certificats ou s'il doit s'appuyer sur le cache (valeur par défaut : `true`, c'est-à-dire accès réseau).

- `allowUrlRetrieval` spécifie si WSE doit accéder au réseau durant la procédure de construction des chemins d'accès des autorités de certification de confiance ou s'il doit s'appuyer sur le cache (valeur par défaut : `false`, c'est-à-dire pas d'accès réseau).

En plus des certificats (les siens et surtout ceux de ses interlocuteurs), un agent WSE doit gérer ses *clés privées*. L'accès à une clé privée est nécessaire lorsqu'un agent WSE doit signer un message sortant ou déchiffrer un message entrant. Normalement, seul le compte administrateur système ou celui du propriétaire du certificat dispose des droits d'accès (et sûrement pas le compte `ASPNET` de ASP.NET). Deux solutions sont donc possibles pour permettre cet accès :

- modifier le compte utilisé par défaut par ASP.NET (attribut `userName` de l'élément `processModel` du fichier `machine.config`) ;

- ou bien donner au compte `ASPNET` le droit d'accès complet aux fichiers contenant les clés (répertoire `C:\Documents and Settings\All Users\Application Data\Microsoft\Crypto\RSA\MachineKeys`).

L'authentification

WSE permet de gérer trois types (ou profils, selon la terminologie WSS-Core) de jetons de sécurité :

- les jetons de sécurité pour les certificats X.509 ;

- les jetons de sécurité pour les couples nom d'utilisateur/mot de passe ;

- des jetons binaires personnalisés pour des procédures d'accréditation spécifiques.

Quel que soit le type d'accréditation retenu, le principe de fonctionnement reste identique : la classe `SoapContext` de WSE permet d'accéder à l'entrée de l'en-tête `wsse:Security` du message SOAP grâce à sa propriété `Security`. Les jetons de sécurité sont stockés dans la collection `Tokens` de l'occurrence de la classe `Security`, valeur de la propriété. L'authentification de l'émetteur WSE passe donc par l'ajout dans cette collection d'un ou de plusieurs jetons de sécurité qui doivent être validés par le récepteur.

Les objets qui constituent cette collection dépendent du type d'accréditation mais héritent tous de la classe `SecurityToken` :

- la classe `UserNameToken` permet de gérer des jetons de type *nom d'utilisateur/mot de passe* (`wsse:UsernameToken`) ;

- la classe `X509SecurityToken` permet de gérer des certificats X.509, donc des jetons `wsse:Binary-SecurityToken` avec `wsse:X509v3` comme valeur de l'attribut `ValueType` ;

- la classe abstraite `BinarySecurityToken` permet de mettre en œuvre de nouveaux types de jetons binaires.

Espace de noms .NET `Microsoft.Web.Services.Security`

Les classes `Security`, `SecurityToken`, etc. font partie de l'espace de noms .NET `Microsoft.Web.Services.Security`.

L'authentification avec nom d'utilisateur/mot de passe

Pour s'authentifier auprès d'un récepteur WS-Security à l'aide d'un couple nom d'utilisateur/mot de passe, l'agent WSE doit donc créer un objet d'accréditation de type `UserNameToken` :

```
UsernameToken userToken = new UsernameToken
    ("MonLogin","MonPwd",PasswordOption.SendHashed);
```

Cet objet permet de gérer le mot de passe de trois manières :

- `PasswordOption.SendNone` : le mot de passe n'est pas transmis dans le message.

- `PasswordOption.SendHashed` : l'algorithme de hachage SHA1 est appliqué au mot de passe et le résultat est envoyé au récepteur WS-Security.

- `PasswordOption.SendPlainText` : le mot de passe est envoyé en clair, ce qui n'est envisageable que si le protocole SSL/TLS est utilisé au niveau transport.

Il suffit ensuite au client d'ajouter simplement le jeton de sécurité au message SOAP, comme le montre l'exemple suivant (voir le chapitre 15 pour la base de cet exemple) :

```
// Création des données d'accréditation
UsernameToken userToken = new UsernameToken
  ("MonLogin","MonPwd",PasswordOption.SendHashed);
// création de l'objet proxy
localhost.Macalculatrice myCalc = new localhost.Macalculatrice();
// récupération du contexte SOAP (WSE)
SoapContext requestContext = myCalc.RequestSoapContext;
// durée de vie du message = 1 mn
requestContext.Timestamp.Ttl = 60000;
// ajoute l'accréditation au message SOAP
requestContext.Security.Tokens.Add(userToken);
// appel de la méthode du service Web
int rc = myCalc.Addition(int.Parse (TextBox1.Text) ,
  int.Parse (TextBox2.Text) );
```

La prise en charge de ces données d'accréditation de la part d'un récepteur WSE est réalisée au moyen d'une classe qui implémente l'interface `IpasswordProvider` et fournit une méthode `GetPassword`.

La méthode `GetPassword` est systématiquement appelée par un récepteur WSE lorsqu'il détecte la présence d'un jeton de type nom d'utilisateur/mot de passe (`wsse:UserNameToken`). Elle lui permet de trouver le mot de passe associé au nom d'utilisateur et de le comparer à celui qui est transmis (soit en clair, soit en condensé par le biais d'une fonction de hachage). Évidemment, cette méthode peut faire appel à toutes sortes de techniques plus ou moins complexes pour obtenir ce résultat : base de données, Active Directory, etc. Exemple :

```
using System;
using Microsoft.Web.Services.Security;
using Microsoft.Web.Services;
namespace WSCalculatrice {
  // attribut de sécurité
  [SecurityPermission(SecurityAction.Demand,
  Flags=SecurityPermissionFlag.UnManagedCode)]

  public class PasswordProvider: IPasswordProvider{
    public PasswordProvider(){
    }
    // le mot de passe = le login
    public string GetPassword(UsernameToken userName){
      return userName.Username ;
    }
  }
}
```

> **Restriction d'accès de GetPassword**
>
> La méthode GetPassword est particulièrement critique et son accès doit donc être restreint. Le contrôle d'accès peut être réalisé à partir du contrôle de sécurité effectué par le CLR et configuré par le biais d'attributs, comme c'est le cas dans notre exemple.

Il est ensuite nécessaire d'indiquer au service Web l'assemblage dans lequel cette méthode est implémentée. L'exemple suivant est le fichier de configuration d'un service Web qui prend en charge des accréditations de type nom d'utilisateur/mot de passe : d'un côté, il déclare les extensions WSE et de l'autre, il localise la méthode GetPassword.

```
<?xml version="1.0" encoding="utf-8" ?>
<configuration>
  <configSections>
  <!-- définit la section microsoft.web.services -->
    <section name="microsoft.web.services"
      type="Microsoft.Web.Services.Configuration.WebServicesConfiguration,
      Microsoft.Web.Services, Version=1.0.0.0, Culture=neutral,
      PublicKeyToken=31bf3856ad364e35" />
  </configSections>
  <microsoft.web.services>
  <!-- définit où est implémentée la méthode GetPassword -->
    <security>
      <passwordProvider type="WSCalculatrice.PasswordProvider, WSCalculatrice"/>
    </security>
  </microsoft.web.services>
  <system.web>
  <!-- prise en charge de WSE -->
```

```
    <webServices>
      <soapExtensionTypes>
        <add type="Microsoft.Web.Services.WebServicesExtension,
          Microsoft.Web.Services,Version=1.0.0.0, Culture=neutral,
          PublicKeyToken=31bf3856ad364e35" priority="1" group="0"/>
      </soapExtensionTypes>
    </webServices>
  </system.web>
</configuration>
```

Ces deux seules actions de configuration suffisent pour que le service Web prenne en charge les accréditations et les valide. Mais il est cependant nécessaire d'ajouter quelques lignes de code supplémentaires, ne serait-ce que pour vérifier la présence obligatoire de ces accréditations. Soit dit en passant, ce code pourrait être généré automatiquement par les outils et les environnement de développement si cette exigence pouvait être déclarée de façon standard dans un document WSDL par un formalisme approprié (contrat de sécurité). Exemple :

```
SoapContext requestContext = HttpSoapContext.RequestContext;
// Vérifie que le contexte Soap existe
if (requestContext != null) {
  // accréditation de type login/mot de passe
  UsernameToken unToken = requestContext.Security as UsernameToken;
  If (unToken != null) {
    // vérifie l'accréditation
  }
}
```

L'authentification avec certificat X.509

Pour s'authentifier auprès d'un récepteur WS-Security à l'aide d'un certificat X.509, l'émetteur WSE doit créer un objet d'accréditation de type X509SecurityToken. Les certificats sont stockés dans des entrepôts. Pour obtenir un certificat, l'émetteur WSE doit accéder à un entrepôt en particulier, puis sélectionner un certificat parmi ceux qui s'y trouvent.

L'objet X509CertificateStore permet d'accéder à ces différents entrepôts grâce à deux méthodes en particulier :

• CurrentUserStore permet d'ouvrir un des entrepôts de l'utilisateur courant ;

• LocalMachineStore permet d'ouvrir un des entrepôts de la machine.

Ces deux méthodes attendent en paramètre le nom d'un entrepôt en particulier. Ce nom est fourni par cinq propriétés statiques de l'objet X509CertificateStore :

• CAStore référence l'entrepôt où sont stockés les certificats des autorités de certification racine auxquels on ne fait pas confiance directement, ou ceux de subordonnées, éditeurs de confiance, etc. qui font partie de la hiérarchie des chemins d'accès de certification.

• MyStore référence l'entrepôt où sont stockés les certificats qu'on utilise couramment (de l'utilisateur courant, de l'ordinateur, des services auxquels on accède, etc.).

- RootStore référence l'entrepôt où sont stockés les certificats des autorités de certification racine auxquels on fait directement confiance. Ces certificats sont *invérifiables* puisqu'ils sont au sommet de la hiérarchie.

- TrustStore référence l'entrepôt où sont stockés les certificats des autorités de certification ayant un rôle précis. Par exemple, une autorité qui délivre des certificats pour les e-mails et pour l'authentification, mais dont on n'accepte que les certificats d'e-mails, est placée ici. Si l'on veut accepter tout ce qui est émis par cette autorité, alors son certificat doit être placé dans RootStore.

- UnTrustedStore correspond à l'entrepôt où sont stockés les certificats non validés.

L'exemple suivant ouvre l'entrepôt personnel de l'utilisateur courant :

```
X509CertificateStore entrepot;
entrepot = X509CertificateStore.CurrentUserStore(X509CertificateStore.MyStore);
bool isOpen = entrepot.OpenRead();
```

Les certificats sont accessibles à partir de la collection Certificates de l'objet X509CertificateStore. Il est possible de les énumérer ou d'en rechercher un en particulier grâce à quatre méthodes :

- FindCertificateByHash permet de trouver un certificat à partir de son empreinte numérique (en général obtenu grâce à l'algorithme SHA1, voir les propriétés d'un certificat) ;

- FindCertificateByKeyIdentifier permet de trouver un certificat à partir de la clé publique de l'autorité de certification ;

- FindCertificateBySubjectName permet un certificat à partir du nom du sujet certifié ;

- FindCertificateBySubjectString permet de trouver un certificat à partir d'une partie du nom du sujet certifié.

Il suffit ensuite à l'émetteur d'ajouter simplement cet objet d'accréditation, emboîté dans un jeton de sécurité, au message SOAP, comme le montre l'exemple suivant (voir le chapitre 15 pour la base de cet exemple) :

```
// ouverture de l'entrepôt
X509CertificateStore entrepot;
entrepot = X509CertificateStore.CurrentUserStore(X509CertificateStore.MyStore);
bool isOpen = entrepot.OpenRead();
// récupération du premier certificat
X509Certificate certificat = (X509Certificate) entrepot.Certificates[0];
// Création des données d'accréditation
X509SecurityToken X509Token = new X509SecurityToken(certificat);
// création de l'objet proxy
localhost.Macalculatrice myCalc = new localhost.Macalculatrice();
// récupération du contexte Soap (WSE)
SoapContext requestContext = myCalc.RequestSoapContext;
// durée de vie du message = 1 mn
requestContext.Timestamp.Ttl = 60000;
// ajoute l'accréditation au message Soap
requestContext.Security.Tokens.Add(X509Token);
// appel de la méthode du service Web
int rc = myCalc.Addition(int.Parse (TextBox1.Text) ,
  int.Parse (TextBox2.Text) );
```

> **Espace de noms .NET** Microsoft.Web.Services.Security.X509
>
> Les classes X509CertificateStore, X509Certificate, etc. font partie de l'espace de noms .NET Micro-soft.Web.Services.Security.X509.

La prise en charge et la validation de l'authentification X.509 de la part du récepteur WSE sont réalisées par la configuration du récepteur pour qu'il puisse effectuer les contrôles de validité des certificats reçus auprès de chaque autorité de certification émettrice. Cette configuration se fait grâce à l'élément XML X509 du fichier web.config (voir la section « La gestion des certificats X.509 »).

Les valeurs par défaut de l'élément X509 sont généralement suffisantes pour que le récepteur WSE prenne en charge automatiquement les validations des accréditations X.509. Cependant, comme dans le cas précédent, il est quand même nécessaire d'ajouter quelques lignes de code supplémentaires ne serait-ce que pour vérifier la présence obligatoire d'un certificat (les considérations sur l'utilité d'un formalisme WSDL pour déclarer les exigences de sécurité et permettre la génération automatique de ce type de code s'appliquent évidemment aussi à la validation X.509). Exemple :

```
SoapContext requestContext = HttpSoapContext.RequestContext;
// Vérifie que le contexte Soap existe
if (requestContext != null) {
  // accréditation de type certificat X509
  X509SecurityToken unToken = requestContext.Security as X509SecurityToken;
  If (unToken != null) {
    // le contrôle est automatiquement réalisé par WSE
  }
}
```

La signature

WSE permet de gérer trois types de signatures, en cohérence avec la gestion de l'authentification :

- signature à clé asymétrique, les clés publiques étant gérées via les certificats X.509 ;
- signature par secret partagé, sur la base du couple nom d'utilisateur/un mot de passe ;
- mécanismes de signature spécifiques, programmés par le développeur WSE.

La signature (d'une partie) d'un message implique obligatoirement l'utilisation des données d'accréditation (les jetons de sécurité) que nous avons décrit dans la section précédente. Il s'agit donc de créer, en fonction de l'approche retenue :

- soit un objet X509SecurityToken ;
- soit un objet UserNameToken ;
- soit encore un objet (héritant de) BinarySecurityToken, qui implémente un mécanisme d'accréditation particulière.

Ensuite, il faut inscrire l'objet d'accréditation créé comme un jeton de sécurité dans l'en-tête du message SOAP (SoapContext.Security.Tokens). En ce qui concerne les certificats X509, il est nécessaire de vérifier que le certificat puisse être utilisé pour signer. La propriété SupportDigitalSignature de l'objet X509Certificate permet de s'en assurer.

Une fois cette étape réalisée, la signature du message consiste d'abord à créer un objet `Signature` en passant en paramètre du constructeur l'objet d'accréditation. Exemple :

```
Signature maSignature = new Signature(X509Token);
```

Il faut ensuite ajouter la signature comme élément `wsse:Signature` dans l'entrée de l'en-tête `wsse:Security` du message SOAP : l'objet `Security possède une collection Elements` destinée à recevoir des objets (interface `IsecurityElement`) comme les signatures ou les éléments de description du chiffrement.

L'exemple suivant ajoute une signature de type nom d'utilisateur/mot de passe :

```
// Création de la signature
Signature maSignature = new Signature(UsernameToken);
// enregistrement de la signature dans le message SOAP
requestContext.Security.Elements.Add(maSignature);
```

Côté récepteur WSE, le travail à accomplir a déjà été partiellement décrit dans la section précédente : une fois le récepteur WSE configuré pour recevoir et vérifier des données d'accréditation, il est prêt à valider les signatures présentes dans le message SOAP. Cette validation est réalisée automatiquement par WSE avant même que le code du service invoqué s'exécute.

La validation d'une signature réalisée à l'aide d'un certificat X.509 de la part d'un récepteur WSE est réalisée pratiquement automatiquement et sans paramétrage particulier. L'émetteur WS-Security signe le message à l'aide de sa clé privée ; le récepteur WSE extrait le certificat du message et vérifie la signature à l'aide de la clé publique fournie par le certificat : aucune configuration particulière n'est requise pour cette étape de vérification.

En revanche, le certificat lui-même peut être vérifié et WSE doit dans ce cas pouvoir accéder aux *chemin d'accès de certification* ainsi qu'aux certificats des autorités de certification racine de confiance (voir la section « La gestion des certificats X.509 »).

Lorsque la signature est réalisée à l'aide d'une accréditation de type nom d'utilisateur/mot de passe, il n'est évidemment pas nécessaire de transmettre de mot de passe (`PasswordOption.SendNone`), à condition bien sûr que le récepteur l'ait déjà (le `passwordProvider` du récepteur doit être capable de lui fournir).

Quels sont les éléments du message qu'il est possible de signer ? Par défaut, WSE signe le contenu de l'élément `Body` du message ainsi que les éléments d'en-tête `Created` et `Expires` (WS-Timestamp) et les éléments `Action`, `To`, `Id` et `From` (WS-Routing).

La propriété `SignatureOptions` de l'objet `Signature` permet à l'émetteur WSE de préciser quels éléments doivent être signés, et au récepteur WSE de localiser les parties signées, au moyen des valeurs d'une énumération :

- `IncludeNone` spécifie qu'aucune partie du message n'est signée ;
- `IncludePath` spécifie que l'élément `path` de l'en-tête de routage est signé ;
- `IncludePathAction` spécifie que le sous-élément `action` de l'élément `path` de l'en-tête de routage est signé ;
- `IncludePathFrom` spécifie que le sous-élément `from` de l'élément `path` de l'en-tête de routage est signé ;

- `IncludePathId` spécifie que le sous-élément `id` de l'élément `path` de l'en-tête de routage est signé ;
- `IncludePathTo` spécifie que le sous-élément `to` de l'élément `path` de l'en-tête de routage est signé ;
- `IncludeSoapBody` spécifie que le corps du message est signé ;
- `IncludeTimestamp` spécifie que la durée de vie du message est signée ;
- `IncludeTimestampCreated` spécifie que l'élément `wsu:Created` est signé ;
- `IncludeTimestampExpires` spécifie que l'élément `wsu:Expires` est signé.

Nous signalons (sans détailler) qu'il est aussi possible, par le même mécanisme, de signer et valider des entrées de l'en-tête.

L'exemple suivant montre comment tester si le corps du message est signé :

```
foreach (ISecurityElement securityElt in soapContext.Security.Elements) {
  if (securityElt is Signature) {
    Signature maSignature = securityElt as Signature;
    bool isSigned = ((maSignature.SignatureOptions &
      SignatureOptions.IncludeSoapBody) != 0);
  }
}
```

Le chiffrement

WSE permet de chiffrer les (parties des) messages SOAP en utilisant deux méthodes classiques :

- le chiffrement à clé asymétrique, qui consiste à utiliser une paire de clés publique/privée (comme le permettent les certificats X.509) ;
- le chiffrement à clé symétrique, qui consiste à utiliser un code secret connu de l'émetteur et du récepteur.

Par défaut, c'est le contenu exhaustif de l'élément `Body` du message qui est chiffré, mais il est évidemment possible de chiffrer n'importe quel élément du message. La seule exception concerne les éléments contenus dans l'entête `Security`.

Le chiffrement à clé asymétrique à l'aide d'un certificat X.509

Le chiffrement d'un document est réalisé par l'émetteur à l'aide de la clé publique du certificat X.509 du récepteur ; le déchiffrement est ensuite réalisé par le récepteur à l'aide de sa clé privée correspondant à la clé publique utilisée. Rappelons que cette méthode permet de chiffrer mais ne permet pas d'authentifier en même temps le producteur du document chiffré (cette authentification doit être accomplie par des moyens additionnels).

Il est donc nécessaire que l'émetteur WSE ait accès au certificat du récepteur WS-Security et que, à l'inverse, le récepteur WSE, en l'occurrence ASP.NET, ait les droits d'accès sur la clé privée correspondant à son propre certificat utilisé par l'émetteur WS-Security (ces deux problèmes sont résolus par une configuration appropriée des environnements WSE).

Pour l'émetteur WSE, le choix du certificat du récepteur WS-Security qu'il va utiliser pour chiffrer le message est inévitablement réalisé par le code applicatif. Pour le récepteur WSE, l'analyse du message chiffré, l'identification de son certificat utilisé par l'émetteur WS-Security, la recherche de la clé privée correspondante et finalement le déchiffrement sont réalisés automatiquement par le code WSE correctement paramétré.

Pour résumer :

- Les agents WS-Security doivent disposer des certificats des interlocuteurs respectifs pour pouvoir chiffrer les messages. Ils peuvent évidemment s'échanger les certificats respectifs et ce transfert peut être réalisé en effectuant un premier échange de messages signés, les certificats utilisés pour la signature étant ensuite utilisés pour chiffrer les messages suivants.

- L'émetteur WSE choisit le certificat du récepteur WS-Security qu'il veut utiliser pour chiffrer le message ; le certificat choisi doit pouvoir prendre en charge le chiffrement des données, la propriété SupportDataEncryption de l'objet X509Certificate permet de s'en assurer.

- Le fichier web.config (élément X509) doit être correctement configuré afin de permettre au récepteur WSE d'identifier parmi ses certificats celui qui est utilisé par l'émetteur WS-Security pour chiffrer le message.

- Le récepteur WSE doit avoir un droit d'accès système à la clé privée correspondant au certificat utilisé par l'émetteur WS-Security.

Voici un exemple d'obtention d'un certificat du récepteur WS-Security :

```
// ouverture du entrepôt
X509CertificateStore entrepot;
entrepot = X509CertificateStore.LocalMachineStore(X509CertificateStore.MyStore);
bool isOpen = entrepot.OpenRead();
// récupération du premier certificat
X509Certificate certificat = (X509Certificate) entrepot.Certificates[0];
// Création des données d'accréditation
X509SecurityToken X509Token = new X509SecurityToken(certificat);
// ajoute l'accréditation au message SOAP
requestContext.Security.Tokens.Add(X509Token);
```

Il suffit ensuite de créer un objet EncryptedData et de l'inclure dans l'objet Security comme nous l'avons fait pour les signatures. Cela va se traduire par l'inclusion de l'élément wsse:EncryptedData dans l'entrée de l'en-tête du message SOAP wsse:Security. Exemple :

```
EncryptedData cryptage = new EncryptedData (X509Token);
requestContext.Security.Elements.Add(cryptage);
```

Le chiffrement à clé symétrique

Le chiffrement à clé symétrique consiste à utiliser une seule clé secrète, connue par l'émetteur et le récepteur, pour chiffrer et déchiffrer le message.

La procédure de chiffrement d'un émetteur WSE doit comprendre la création d'un objet Encrypted-Data et l'inclusion de l'objet dans le message SOAP, ce qui doit être réalisé à l'aide de la même procédure que celle utilisée pour le chiffrement asymétrique. Exemple :

```
EncryptedData cryptage = new EncryptedData (maClé);
requestContext.Security.Elements.Add(cryptage);
```

WSE permet la création à la volée d'une clé symétrique. Pour chiffrer (des parties d') un message SOAP à l'aide de cette technique, il faut d'abord créer un objet EncryptionKey et lui affecter une chaîne de caractères qui sera utilisée par WSE pour générer la clé de chiffrement du message. Le framework .NET fournit un certain nombre de classes dans l'espace de noms .NET System.Security.Cryptography qui mettent en œuvre plusieurs algorithmes de génération de clés de chiffrement à partir d'un code secret partagé. L'exemple suivant montre la génération d'une clé symétrique à partir de l'algorithme Triple DES :

```
private EncryptionKey GetEncryptionKey(string identifiant,
                      byte[] keyBytes /* code secret */,
                      byte[] ivBytes /* vecteur Triple DES */)
{
SymmetricAlgorithm algo = new TripleDESCryptoServiceProvider();
// initialise Triple DES.
algo.Key = keyBytes;
algo.IV = ivBytes;
// génère la clé de cryptage
SymmetricEncryptionKey key = new SymmetricEncryptionKey(algo,algo.Key);
KeyInfoName keyName = new KeyInfoName();
keyName.Value = identifiant;
key.KeyInfo.AddClause(keyName);

return key;
}
```

Bien évidemment, la méthode qui génère la clé de cryptage doit être implémentée chez l'émetteur et le récepteur (secret partagé).

Un exemple d'interopérabilité en J2EE et .NET

Dans cette section, nous allons présenter, dans le cadre de WS-Security 1.0, l'utilisation des implémentations d'XML Signature pour signer des messages SOAP échangés entre applications J2EE et .NET. En fait, nous allons mettre en œuvre une double implémentation d'un service Web (en J2EE et en .NET) et l'implémentation d'un couple de clients (J2EE et .NET) capables d'invoquer indifféremment les deux implémentations du service.

La mise en œuvre de cet exemple s'appuie sur les produits suivants :

• Microsoft framework .NET 1.0 (*http://www.microsoft.com/netframework/default.asp*) ;

• Microsoft Web Services Enhancements (WSE) 1.0 for .NET (*http://msdn.microsoft.com/library/default.asp?url=/downloads/list/websrv.asp*) ;

• Java 2 Platform, Standard Edition (J2SE) 1.3.1 (*http://java.sun.com/j2se/1.3*) ;

• Apache Tomcat 4.0.6 (*http://jakarta.apache.org/builds/jakarta-tomcat-4.0/release*) ;

• IBM Web Services ToolKit (WSTK) 3.3.2 (*http://www.alphaworks.ibm.com/tech/webservicestoolkit*).

Cette mise en œuvre est dérivée des exemples présentés dans les produits Microsoft Web Services Enhancements (WSE) 1.0 for .NET et IBM Web Services ToolKit (WSTK) 3.3.2.

L'exemple illustré ici est constitué de services Web de cotation de valeurs boursières, écrits en langages C# et Java et invoqués alternativement par des clients de ce service, également rédigés en langages C# et Java. Chaque client utilise l'implémentation de WS-Security et XML Signature de la plate-forme sous-jacente afin de signer la requête d'invocation du service Web accédé et de garantir ainsi le fait que le contenu (non chiffré) du message n'a pas été altéré durant l'opération. Le message est signé à l'aide de la clé privée qui correspond à un certificat numérique X509 fourni par l'utilisateur du logiciel client.

Le niveau d'interopérabilité vérifié par l'exemple est la capacité, pour chacune des implémentations, de comprendre et de valider le message signé par l'autre.

Serveur .NET

Le code du serveur .NET peut être écrit à l'aide d'un éditeur de textes et compilé avec les outils du framework. Avec l'environnement de développement VisualStudio .NET, il faut créer un nouveau projet Visual C# de type « Service Web ASP.NET » nommé WSS-Signature par exemple. La classe par défaut Service1.asmx peut être renommée StockQuotationService.asmx.

Cette classe ne comporte qu'une seule méthode GetQuote exposée. Elle se présente ainsi :

```csharp
using Microsoft.Web.Services;
using Microsoft.Web.Services.Security;

using System;
using System.ComponentModel;
using System.Web.Services;
using System.Web.Services.Protocols;
using System.Xml;

namespace WSS_Signature {

  [WebService(Namespace="urn:WSS-Signature")]
  public class StockQuotationService : WebService {
    public StockQuotationService() {
      //CODEGEN: This call is required by the ASP.NET Web Services Designer
      InitializeComponent();
    }

    #region Component Designer generated code

    //Required by the Web Services Designer
    private IContainer components = null;

    /// <summary>
    /// Required method for Designer support - do not modify
    /// the contents of this method with the code editor.
    /// </summary>
    private void InitializeComponent() {
    }
```

```csharp
/// <summary>
/// Clean up any resources being used.
/// </summary>
protected override void Dispose( bool disposing ) {
  if(disposing && components != null) {
    components.Dispose();
  }
  base.Dispose(disposing);
}

#endregion

[WebMethod]
public float GetQuote(string symbol) {
  // Vérification de la présence du contexte SOAP.
  SoapContext requestContext = HttpSoapContext.RequestContext;
  if (requestContext == null) {
    throw new ApplicationException(
      "Seules les requêtes SOAP sont acceptées.");
  }
  // Vérification des informations de sécurité du contexte SOAP.
  if (!IsValid(requestContext)) {
    throw new SoapException(
      "Les informations de sécurité reçues sont incorrectes.",
      new XmlQualifiedName("Bad.Security", "urn:WSS-Signature"));
  }
  return 55.25F;
}

private bool IsValid(SoapContext context) {
  // Vérification de la présence d'un jeton de sécurité.
  if (context.Security.Tokens.Count == 0) {
    return false;
  }

  bool valid = false;
  // Recherche d'une signature valide.
  for (int i = 0;
    valid == false && i < context.Security.Elements.Count; i++) {
    Signature signature = context.Security.Elements[i] as Signature;
    // Signature utilisée pour signer le corps SOAP ?
    if (signature != null && (signature.SignatureOptions
      & SignatureOptions.IncludeSoapBody) != 0) {
      X509SecurityToken x509token = signature.SecurityToken
        as X509SecurityToken;
      if (x509token != null) {
        // Vérification des autorisations associées (ici, on considère que
```

```
                    // tous les accès sont permis, quel que soit le certificat utilisé).
                    valid = true;
                }
            }
        }
        return valid;
    }
  }
}
```

Pour pouvoir compiler la classe, il faut ajouter un assemblage aux références par défaut intégrées lors de la création du projet. Cet assemblage est disponible sous forme d'une DLL : Microsoft.Web.Services.dll (version 1.0.0.0). L'ajout est réalisé automatiquement lors de l'utilisation du menu de paramétrage de WSE (cliquer avec le bouton droit de la souris sur le projet WSS-Signature dans la fenêtre de l'explorateur de solution). Ce menu affiche l'écran présenté figure 19-8 :

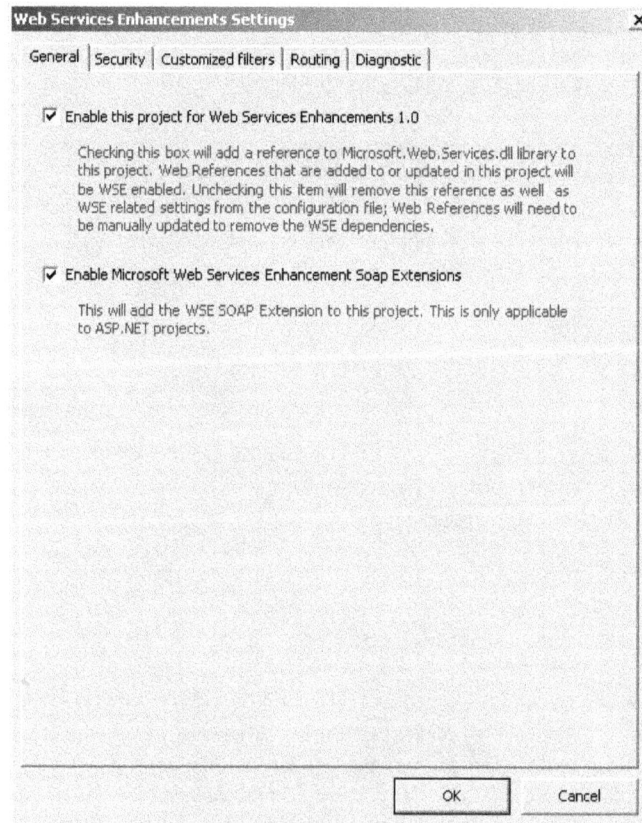

Figure 19-8

Écran de paramétrage de Microsoft Web Services Enhancements (WSE).

Dans cet écran, il faut cocher les deux choix présentés : le premier choix rend le projet compatible WSE et ajoute le nouvel assemblage et le second choix permet d'accéder aux extensions SOAP. Dans l'onglet Sécurité, il faut également décocher le choix Vérifier la confiance afin d'éviter le contrôle de la chaîne de certificats et de permettre ainsi l'utilisation de simples certificats X509 de test.

L'utilisation de cet écran modifie automatiquement le fichier Web.config du projet qui se présente ainsi :

```xml
<?xml version="1.0" encoding="utf-8"?>
<configuration>
  <configSections>
    <section
      name="microsoft.web.services"
      type="Microsoft.Web.Services.Configuration.WebServicesConfiguration,
      Microsoft.Web.Services, Version=1.0.0.0, Culture=neutral,
      PublicKeyToken=31bf3856ad364e35" />
  </configSections>
  <system.web>
    <compilation defaultLanguage="c#" debug="true" />
    <customErrors mode="RemoteOnly" />
    <authentication mode="Windows" />
    <trace enabled="false" requestLimit="10" pageOutput="false"
      traceMode="SortByTime" localOnly="true" />
    <sessionState mode="InProc" stateConnectionString="tcpip=127.0.0.1:42424"
      sqlConnectionString="data source=127.0.0.1;user id=sa;
      password=" cookieless="false" timeout="20" />
    <globalization requestEncoding="utf-8" responseEncoding="utf-8" />
    <webServices>
      <soapExtensionTypes>
        <add
          type="Microsoft.Web.Services.WebServicesExtension,
          Microsoft.Web.Services, Version=1.0.0.0, Culture=neutral,
          PublicKeyToken=31bf3856ad364e35" priority="1" group="0" />
      </soapExtensionTypes>
    </webServices>
  </system.web>
  <microsoft.web.services>
    <security>
      <x509 verifyTrust="false" />
    </security>
  </microsoft.web.services>
</configuration>
```

Par rapport au fichier de configuration standard, les éléments configSections, webServices et microsoft.web.services ont été ajoutés.

Au final, le projet serveur WSS-Signature se présente tel que l'illustre la figure 19-9 :

Figure 19-9

Projet serveur .NET WSS-Signature.

Client .NET

Le client .NET peut également être écrit à l'aide d'un éditeur de textes et compilé avec les outils du framework. Avec l'environnement de développement VisualStudio.NET, il faut créer un nouveau projet Visual C# de type « Application Console » nommé WSS-Signature-client par exemple. La classe par défaut Class1.cs peut être renommée Signer.cs.

Cette classe est chargée de l'invocation de la seule méthode GetQuote exposée par chacun des serveurs (.NET et Java). Elle se présente ainsi :

```
using Microsoft.Web.Services;
using Microsoft.Web.Services.Security;
using Microsoft.Web.Services.Security.X509;

using System;
using System.Text;
using System.Web.Services.Protocols;

namespace WSSSignature {

  class Signer {
    string symbol;
    string subjectName;
    string implementation;

    Signer(string[] args) {
      symbol = args[0];
      subjectName = args[1];
```

```
      implementation = null;
        if (args.Length == 3) {
          implementation = args[2];
        }
    }

    [STAThread]
    static void Main(string[] args) {
      Signer signer = null;
      try {
        signer = new Signer(args);
        if (signer.implementation == "WSE") {
          signer.SignWSE();
          return;
        }
        if (signer.implementation == "WSTK") {
          signer.SignWSTK();
          return;
        }
        signer.SignWSE();
        signer.SignWSTK();
      }
      catch (Exception e) {
        Console.WriteLine(e.StackTrace);
        Console.WriteLine("\nL'un des paramètres est incorrect ou absent.");
        return;
      }
    }

    private void SignWSE() {
      Console.WriteLine("\nSignature et invocation du service Web .NET...");

      // Création d'une instance du proxy-service WSE.
      ProxyWSE proxyWSE = new ProxyWSE();
      SoapContext requestContext = proxyWSE.RequestSoapContext;

      // Récupération du jeton de sécurité X509.
      X509SecurityToken token = GetSecurityToken(subjectName);
      if (token == null) {
        throw new ApplicationException("Pas de clé de signature trouvée.");
      }

      // Ajout de la signature à la requête SOAP.
      requestContext.Security.Tokens.Add(token);
      requestContext.Security.Elements.Add(new Signature(token));
      requestContext.Path.MustUnderstand = false;

      // Invocation du service Web .NET.
      Console.WriteLine("\nInvocation de : {0}", proxyWSE.Url);
      float value = proxyWSE.GetQuote(symbol);
```

```
    // Affichage du résultat de l'invocation.
    string message = string.Format("{0} : {1}", symbol, value);
    Console.WriteLine("Valeur de l'action {0}", message);
}

private void SignWSTK() {
    Console.WriteLine("\nSignature et invocation du service Web Java...");

    // Création d'une instance du proxy-service WSTK.
    ProxyWSTK proxyWSTK = new ProxyWSTK();
    SoapContext requestContext = proxyWSTK.RequestSoapContext;

    // Récupération du jeton de sécurité X509.
    X509SecurityToken token = GetSecurityToken(subjectName);
    if (token == null) {
        throw new ApplicationException("Pas de clé de signature trouvée.");
    }

    // Ajout de la signature à la requête SOAP.
    requestContext.Security.Tokens.Add(token);
    requestContext.Security.Elements.Add(new Signature(token));
    requestContext.Path.MustUnderstand = false;

    // Invocation du service Web Java.
    Console.WriteLine("\nInvocation de : {0}", proxyWSTK.Url);
    float value = proxyWSTK.getQuote(symbol);

    // Affichage du résultat de l'invocation.
    string message = string.Format("{0} : {1}", symbol, value);
    Console.WriteLine("Valeur de l'action {0}", message);
}

X509SecurityToken GetSecurityToken(string subjectName) {
    X509SecurityToken securityToken;

    // Ouverture de l'entrepôt de certificats de l'utilisateur.
    X509CertificateStore store = X509CertificateStore.CurrentUserStore(
        X509CertificateStore.MyStore);
    store.OpenRead();

    try {
        // Recherche du certificat sélectionné par l'utilisateur.
        X509Certificate certificate;
        X509CertificateCollection matchingCerts =
            store.FindCertificateBySubjectString(subjectName);
        if (matchingCerts.Count == 0) {
            throw new ApplicationException("Aucun certificat trouvé, associé au
                nom de l'objet passé en paramètre.");
        }
        else {
            certificate = matchingCerts[0];
        }
```

```
            // Le certificat est-il adéquat pour la signature numérique ?
            if (!certificate.SupportsDigitalSignature || certificate.Key == null){
              throw new ApplicationException(
                "Le certificat choisi ne supporte pas les signatures numériques
                ou ne dispose pas d'une clé privée.");
            }
            else {
              byte[] keyId = certificate.GetKeyIdentifier();
              Console.WriteLine("\nObjet du certificat choisi : {0}",
                certificate.GetName());
              Console.WriteLine("Identificateur de la clé    : {0}",
                Convert.ToBase64String(keyId));
              Console.WriteLine("Clé publique                : {0}",
                certificate.GetPublicKeyString());
              securityToken = new X509SecurityToken(certificate);
            }
          }
          finally {
            if (store != null) {
              store.Close();
            }
          }
          return securityToken;
      }
    }
  }
```

La classe `Signer.cs` nécessite deux paramètres (minimum) ou trois paramètres à l'exécution :

- Le premier paramètre (obligatoire) correspond au code de la valeur boursière (chaîne de caractères) dont on veut obtenir la cote : IBM ou MSFT, par exemple.

- Le second paramètre (obligatoire) est le nom de l'objet du certificat X509 à rechercher dans l'entrepôt de certificats de l'utilisateur (champ *Common Name* CN).

- Le troisième paramètre (facultatif) précise quel service Web invoquer : WSE signifie que le client doit s'adresser au serveur .NET, WSTK correspond au serveur Java et toute autre valeur (ou aucune valeur) provoque l'invocation successive des deux serveurs.

La classe `Signer.cs` fait appel aux services de deux proxy-services :

- La classe `ProxyWSE.cs` permet d'invoquer le serveur .NET. Elle s'obtient en ajoutant au projet une référence Web au service dont la description WSDL est accessible à l'adresse *http://localhost:80/WSS-Signature/StockQuotationService.asmx?WSDL*. Lorsque la référence a été intégrée au projet, il faut ajouter le fichier généré `Reference.cs` du sous-répertoire `Web References` au projet (menu `Ajouter` qui apparaît suite à un clic à l'aide du bouton droit de la souris sur le projet `WSS-Signature-Client` dans la fenêtre de l'explorateur de solution), puis le renommer en `ProxyWSE.cs`.

- La classe `ProxyWSTK.cs` autorise l'invocation du serveur Java. Elle est obtenue en ajoutant au projet une référence Web au service dont la description WSDL est accessible à l'adresse *http://localhost:8080/wstk/wss-signature/services/SignatureStockQuoteService?WSDL*. Lorsque la référence a été intégrée au projet, il faut ajouter le fichier généré `Reference.cs` du sous-répertoire `Web References` au projet, puis le renommer en `ProxyWSTK.cs`.

La classe `ProxyWSE.cs` se présente ainsi :

```
//-----------------------------------------------------------------------------
// <autogenerated>
//     This code was generated by a tool.
//     Runtime Version: 1.0.3705.209
//
//     Changes to this file may cause incorrect behavior and will be lost if
//     the code is regenerated.
// </autogenerated>
//-----------------------------------------------------------------------------
//
// This source code was auto-generated by Microsoft.VSDesigner, Version 1.0.3705.209.
//
namespace WSSSignature {
  using Microsoft.Web.Services;

  using System;
  using System.ComponentModel;
  using System.Diagnostics;
  using System.Web.Services;
  using System.Web.Services.Description;
  using System.Web.Services.Protocols;
  using System.Xml.Serialization;

  /// <remarks/>
  [DebuggerStepThroughAttribute()]
  [DesignerCategoryAttribute("code")]
  [WebServiceBindingAttribute(Name="StockQuotationServiceSoap",
    Namespace="urn:WSS-Signature")]
  public class ProxyWSE : WebServicesClientProtocol {

    /// <remarks/>
    public ProxyWSE() {
      this.Url =
        "http://localhost:80/WSS-Signature/StockQuotationService.asmx";
    }

    /// <remarks/>
    [SoapDocumentMethodAttribute("urn:WSS-Signature/GetQuote",
      RequestNamespace="urn:WSS-Signature",
      ResponseNamespace="urn:WSS-Signature", Use=SoapBindingUse.Literal,
      ParameterStyle=SoapParameterStyle.Wrapped)]
    public Single GetQuote(string symbol) {
```

```
            object[] results = this.Invoke("GetQuote", new object[] {symbol});
            return ((Single)(results[0]));
        }

        /// <remarks/>
        public IAsyncResult BeginGetQuote(string symbol, AsyncCallback callback,
            object asyncState) {
            return this.BeginInvoke("GetQuote",
                new object[] {symbol}, callback, asyncState);
        }

        /// <remarks/>
        public Single EndGetQuote(IAsyncResult asyncResult) {
            object[] results = this.EndInvoke(asyncResult);
            return ((Single)(results[0]));
        }
    }
}
```

L'espace de noms a été modifié et fixé à la valeur WSSSignature, de même que le nom de la classe et le constructeur ont été changés et alignés sur le nouveau nom de la classe (ProxyWSE).

La classe ProxyWSTK.cs se présente ainsi :

```
//------------------------------------------------------------------------------
// <autogenerated>
//     This code was generated by a tool.
//     Runtime Version: 1.0.3705.209
//
//     Changes to this file may cause incorrect behavior and will be lost if
//     the code is regenerated.
// </autogenerated>
//------------------------------------------------------------------------------
//
// This source code was auto-generated by Microsoft.VSDesigner, Version 1.0.3705.209.
//
namespace WSSSignature {
    using Microsoft.Web.Services;

    using System;
    using System.ComponentModel;
    using System.Diagnostics;
    using System.Web.Services;
    using System.Web.Services.Description;
    using System.Web.Services.Protocols;
    using System.Xml.Serialization;

    /// <remarks/>
    [DebuggerStepThroughAttribute()]
    [DesignerCategoryAttribute("code")]
    [WebServiceBindingAttribute(Name="SignatureStockQuoteServiceSoapBinding",
        Namespace=
```

```
            "http://localhost/wstk/wss-signature/services/SignatureStockQuoteService")]
    public class ProxyWSTK : WebServicesClientProtocol {

        /// <remarks/>
        public ProxyWSTK() {
            this.Url = "http://localhost:8080/wstk/wss-signature/services/
            ➥SignatureStockQuoteService";
        }

        /// <remarks/>
        [SoapRpcMethodAttribute("",
            RequestNamespace="http://localhost:8080/wstk/wss-signature/services/
            ➥SignatureStockQuoteService",
            ResponseNamespace="http://localhost/wstk/wss-signature/services/
            ➥SignatureStockQuoteService")]
        [return: SoapElementAttribute("getQuoteReturn")]
        public Single getQuote(string in0) {
            object[] results = this.Invoke("getQuote", new object[] {in0});
            return ((Single)(results[0]));
        }

        /// <remarks/>
        public IAsyncResult BegingetQuote(string in0, AsyncCallback callback,
            object asyncState) {
            return this.BeginInvoke("getQuote", new object[] {in0}, callback,
                asyncState);
        }

        /// <remarks/>
        public Single EndgetQuote(System.IAsyncResult asyncResult) {
            object[] results = this.EndInvoke(asyncResult);
            return ((Single)(results[0]));
        }
    }
}
```

L'espace de noms a aussi été modifié et fixé à la valeur WSSSignature, de même que le nom de la classe et le constructeur ont été changés et alignés sur le nouveau nom de la classe (ProxyWSTK).

Pour pouvoir compiler le projet, il faut également ajouter l'assemblage Microsoft.Web.Services.dll (version 1.0.0.0). L'ajout se fait automatiquement lorsque l'on utilise le menu de paramétrage de WSE (clic à l'aide du bouton droit de la souris sur le projet WSS-Signature-Client dans la fenêtre de l'explorateur de solution). Dans l'écran affiché (figure 19-8), il faut simplement cocher le premier choix, ce qui rend le projet compatible WSE et ajoute automatiquement le nouvel assemblage.

Au final le projet serveur WSS-Signature-Client se présente tel que l'illustre la figure 19-10 :

Figure 19-10

Projet client .NET WSS-Signature-Client.

Afin de fournir le second paramètre (le nom de l'objet du certificat X509 à rechercher dans l'entrepôt de certificats de l'utilisateur) nécessaire au fonctionnement de la classe Signer.cs, il faut disposer d'un tel certificat. Le framework .NET comporte deux outils (situés dans le répertoire C:\Program Files\Microsoft Visual Studio .NET\FrameworkSDK\Bin) qui permettent de gérer de tels certificats :

- certmgr.exe, un outil de gestion graphique des certificats (voir les paramètres d'utilisation de cet utilitaire à l'adresse *http://msdn.microsoft.com/library/default.asp?url=/library/en-us/cptools/html/cpgrfcertifica-temanagertoolcertmgrexe.asp*) ;

- makecert.exe, l'outil de création de certificats de test (voir les paramètres d'utilisation de cet utilitaire à l'adresse *http://msdn.microsoft.com/library/default.asp?url=/library/en-us/cptools/html/cpgrfcertificatecrea-tiontoolmakecertexe.asp*).

Cependant, selon la FAQ de l'aide du produit Web Services Enhancements de Microsoft, l'outil make-cert.exe de la version 1.0 du framework .NET n'est pas adapté à la création de certificats de test pouvant être utilisés pour la signature numérique. Pour mettre en œuvre cet outil, il faut disposer du framework 1.1. Une autre solution consiste à utiliser les services de certificats de Windows 2000 pour créer sa propre autorité (CA) capable de signer des certificats. Malheureusement, ces services ne sont disponibles que sur les versions Server de Windows 2000. La dernière solution, si l'on ne dispose pas d'un tel certificat acquis auprès d'une autorité commerciale, telle que VeriSign par exemple, consiste à télécharger un certificat de test à partir du site de l'une de ces sociétés. Un tel certificat (valable uniquement à des fins de test et d'évaluation) peut, par exemple, être obtenu gratuitement auprès de l'autorité de certification CertiNomis, filiale de La Poste (voir *http://www.certinomis.com*). Une fois télé-chargé, le certificat est visible dans le navigateur (Outils/Options Internet/onglet Contenu/bouton Certificats pour Internet Explorer 5.0 et plus). Il peut aussi être visualisé via la console MMC (Console/Ajouter/Supprimer un composant logiciel enfichable…/bouton Ajouter/choix Certificats).

Client et serveur Java

Le client et le serveur Java peuvent être écrits à l'aide d'un éditeur de textes et compilés avec les outils du SDK J2SE. Sous le répertoire C:\wstk-3.3\services\demos, il faut créer un nouveau sous-répertoire nommé wss-signature par exemple. Dans ce répertoire de projet, il faut créer quatre sous-répertoires :

- client, qui contient lui-même un sous-répertoire WSSSignature dans lequel sera installée la classe Signer.java, cliente du service Web ;

- common, qui contient l'entrepôt de certificats keystore.db de type JKS ;

- deployment, qui stocke les descripteurs de déploiement WSDD Axis (installation et désinstallation) ;

- webapp, qui contient un sous-répertoire WEB-INF, sous lequel se trouve le sous-répertoire classes dans lequel sera installée la classe d'implémentation du service Web StockQuotationService.java.

Le service Web Java est très simple. Voici le code de la classe correspondante StockQuotationSer-vice.java :

```java
public class StockQuotationService {
  public float getQuote(String symbol) throws Exception {
    return 55.25F;
  }
}
```

La classe du client Signer.java se présente ainsi :

```java
package WSSSignature;

import com.ibm.wstk.axis.client.WSTKService;
import com.ibm.wstk.WSTKConstants;

import java.net.URL;
import javax.xml.namespace.QName;
import javax.xml.rpc.ParameterMode;

import org.apache.axis.client.Service;
import org.apache.axis.client.Call;

public class Signer {

  String symbol;
  String implementation;

  public Signer(String[] args) {
    symbol = args[0];
    implementation = "ALL";
```

```java
    if (args.length == 2) {
      implementation = args[1];
    }
  }

  public static void main(String[] args) {
    Signer signer = null;
    try {
      signer = new Signer(args);
      if (signer.implementation.equals("WSE")) {
        signer.signWSE();
        return;
      }
      if (signer.implementation.equals("WSTK")) {
        signer.signWSTK();
        return;
      }
      signer.signWSE();
      signer.signWSTK();
    }
    catch (Exception e) {
      System.out.println("\nL'un des paramètres est incorrect ou absent.");
      return;
    }
  }

  private void signWSE() {
    // Installation du client en fonction du descripteur correspondant.
    String deploymentDirectory = new String(WSTKConstants.WSTK_HOME
      +"/services/demos/wss-signature/deployment");
    String clientWSDDFile = deploymentDirectory+"/deploy_client_WSE.wsdd";
    try {
      WSTKService.processWSDDFile(clientWSDDFile);
    }
    catch (Exception e) {
      System.out.println(e);
    }

    System.out.println("Signature et invocation du service Web .NET...");
    Float value = null;

    try {
      // Création d'une instance du service local.
      Service service = new Service();
      Call call = (Call) service.createCall();

      String accessPoint =
        "http://localhost:80/WSS-Signature/StockQuotationService.asmx";
      call.setTargetEndpointAddress(new URL(accessPoint));
```

```
      call.addParameter(new QName("urn:WSS-Signature", "symbol"),
        new QName("http://www.w3.org/2001/XMLSchema", "string"),
        String.class, ParameterMode.IN);
      call.setReturnType(new QName(
        "http://www.w3.org/2001/XMLSchema", "float"), float.class);
      call.setUseSOAPAction(true);
      call.setSOAPActionURI("urn:WSS-Signature/GetQuote");
      call.setOperationName(new QName("urn:WSS-Signature", "GetQuote"));

      // Invocation du service Web .NET.
      System.out.println("\nInvocation de : " + accessPoint);
      value = (Float)call.invoke( new Object[] {symbol});

      // Affichage du résultat de l'invocation.
      System.out.println("Valeur de l'action " + symbol + " : " + value);
    }
    catch (Exception e) {
      System.out.println(e);
    }

    // Désinstallation du client en fonction du descripteur correspondant.
    deploymentDirectory = new String(WSTKConstants.WSTK_HOME
      +"/services/demos/wss-signature/deployment");
    clientWSDDFile = deploymentDirectory+"/undeploy_client_WSE.wsdd";
    try {
      WSTKService.processWSDDFile(clientWSDDFile);
    }
    catch (Exception e) {
      System.out.println(e);
    }
}

private void signWSTK() {
  // Installation du client en fonction du descripteur correspondant.
  String deploymentDirectory = new String(WSTKConstants.WSTK_HOME
    +"/services/demos/wss-signature/deployment");
  String clientWSDDFile = deploymentDirectory+"/deploy_client_WSTK.wsdd";
  try {
    WSTKService.processWSDDFile(clientWSDDFile);
  }
  catch (Exception e) {
    System.out.println(e);
  }

  System.out.println("Signature et invocation du service Web Java...");
  Float value = null;

  try {
    // Création d'une instance du service local.
    Service service = new Service();
    Call call = (Call) service.createCall();
```

```
            String accessPoint = "http://localhost:8080/wstk/wss-signature/services/
            ➡SignatureStockQuoteService";
            call.setTargetEndpointAddress(new URL(accessPoint));

            call.addParameter(new QName("", "in0"),
              new QName("http://www.w3.org/2001/XMLSchema", "string"),
              String.class, ParameterMode.IN);
            call.setReturnType(new QName(
              "http://www.w3.org/2001/XMLSchema", "float"), float.class);
            call.setUseSOAPAction(true);
            call.setSOAPActionURI("");
            call.setOperationName(new QName("http://localhost:8080/wstk/wss-signature/services/
            ➡SignatureStockQuoteService", "getQuote"));

            // Invocation du service Web .NET.
            System.out.println("\nInvocation de : " + accessPoint);
            value = (Float)call.invoke( new Object[] {symbol});

            // Affichage du résultat de l'invocation.
            System.out.println("Valeur de l'action " + symbol + " : " + value);
          }
        catch (Exception e) {
          System.out.println(e);
          }

        // Désinstallation du client en fonction du descripteur correspondant.
        deploymentDirectory = new String(WSTKConstants.WSTK_HOME
          +"/services/demos/wss-signature/deployment");
        clientWSDDFile = deploymentDirectory+"/undeploy_client_WSTK.wsdd";
        try {
          WSTKService.processWSDDFile(clientWSDDFile);
          }
        catch (Exception e) {
          System.out.println(e);
          }
      }
    }
```

La classe `Signer.java` nécessite un paramètre (minimum) ou deux paramètres à l'exécution :

- Le premier paramètre (obligatoire) correspond au code de la valeur boursière (chaîne de caractères) dont on veut obtenir la cote : IBM ou MSFT, par exemple.

- Le deuxième paramètre (facultatif) précise le service Web à invoquer : WSE signifie que le client doit s'adresser au serveur .NET, WSTK correspond au serveur Java et toute autre valeur (ou aucune valeur) provoque l'invocation successive des deux serveurs.

Les descripteurs WSDD d'installation et de désinstallation Axis, utilisés par la classe `Signer.java`, sont au nombre de six :

- descripteur `deploy_client_WSE.wsdd` : le descripteur d'installation des handlers Axis côté client à destination du serveur .NET ;

- descripteur `deploy_client_WSTK.wsdd` : le descripteur d'installation des handlers Axis côté client à destination du serveur Java ;

- descripteur `deploy_server.wsdd` : le descripteur d'installation des handlers Axis et du serveur Java ;

- descripteur `undeploy_client_WSE.wsdd` : le descripteur de désinstallation des handlers Axis côté client vers le serveur .NET ;

- descripteur `undeploy_client_WSTK.wsdd` : le descripteur de désinstallation des handlers Axis du côté client vers le serveur Java ;

- descripteur `undeploy_server.wsdd` : le descripteur de désinstallation des handlers Axis et du serveur Java.

Les descripteurs de déploiement utilisent deux handlers d'origine IBM qui sont chargés de signer les messages SOAP en partance (vers le client ou le serveur) et de traiter les messages SOAP signés en réception (du client ou du serveur). La description des handlers référence un fichier de configuration au format XML qui permet de spécifier le comportement des handlers selon les besoins des échanges. Les deux fichiers de configuration sont localisés dans le même répertoire que celui des descripteurs de déploiement (`deployment`).

Le fichier de configuration `wssecurity-client.xml` est paramétré de la manière suivante :

```xml
<?xml version="1.0"?>
<clientbinding>
  <service-ref>
    <port-qname-binding>
      <ClientServiceConfig>
        <RequestSenderServiceConfig>
          <SigningParts>
            <Reference part="body"/>
            <Reference part="timestamp"/>
          </SigningParts>
          <AddCreatedTimestamp flag="true" expires="P1M"/>
        </RequestSenderServiceConfig>
        <ResponseReceiverServiceConfig>
          <RequiredSignedParts>
            <Reference part="body"/>
            <Reference part="timestamp"/>
          </RequiredSignedParts>
        </ResponseReceiverServiceConfig>
      </ClientServiceConfig>
      <ClientBindingConfig>
        <RequestSenderBindingConfig>
          <SigningKey>
            <KeyStore type="jks"
              path="C:/wstk-3.3/services/demos/wss-signature/common/keystore.db"
              storepass="wstkwse"/>
            <PrivateKey alias="user" keypass="wstkwse"/>
          </SigningKey>
```

```
        </RequestSenderBindingConfig>
        <ResponseReceiverBindingConfig>
          <TrustAnchorList>
            <TrustAnyCertificate/>
          </TrustAnchorList>
        </ResponseReceiverBindingConfig>
      </ClientBindingConfig>
    </port-qname-binding>
  </service-ref>
</clientbinding>
```

Ce fichier permet donc d'exprimer des directives au handler chargé de la signature des messages SOAP. Malheureusement, la documentation du WSTK est muette sur les possibilités de paramétrage offertes. Intuitivement, on peut voir qu'un timestamp doit être ajouté à l'en-tête de sécurité et que celui-ci ainsi que le corps du message SOAP doivent être signés. Le certificat à utiliser pour signer les messages est stocké dans un entrepôt identifié par l'élément KeyStore.

Le fichier de configuration wssecurity-server.xml se présente ainsi :

```
<?xml version="1.0" encoding="UTF-8"?>
<wsbinding>
  <ws-desc-binding>
    <pc-binding>
      <ServerServiceConfig>
        <RequestReceiverServiceConfig>
          <RequiredSignedParts>
            <Reference part="body"/>
            <Reference part="timestamp"/>
          </RequiredSignedParts>
        </RequestReceiverServiceConfig>
      </ServerServiceConfig>
      <ServerBindingConfig>
        <RequestReceiverBindingConfig>
          <TrustAnchorList>
            <TrustAnyCertificate/>
          </TrustAnchorList>
        </RequestReceiverBindingConfig>
        <ResponseSenderBindingConfig/>
      </ServerBindingConfig>
    </pc-binding>
  </ws-desc-binding>
</wsbinding>
```

Ici, le paramétrage s'adresse au handler en charge de la réception des messages SOAP signés. Celui-ci doit s'assurer que l'élément timestamp et le corps du message sont signés.

Pour bien comprendre le fonctionnement du sous-système de gestion des flux de Axis, et notamment les concepts de handler et de chaîne de handlers, le lecteur pourra se reporter à la section intitulée « Message Flow Subsystem » du guide d'architecture (voir *http://ws.apache.org/axis*).

Implémentations WS-Security utilisées par les handlers Axis

Le moteur d'exécution Axis d'Apache (voir *http://ws.apache.org/axis*) présente également un exemple de signature de message SOAP, via l'utilisation de handlers côté client et côté serveur. Cet exemple fait appel à l'implémentation d'XML Signature réalisée par la communauté Apache par l'intermédiaire du projet XML Security (voir *http://xml.apache.org/security*). Ce projet intègre déjà XML Signature et travaille à l'implémentation d'XML Encryption. Puis ce sera le tour d'XKMS.

En ce qui concerne l'usage de Axis par le WSTK d'IBM, l'implémentation WS Security utilisée est celle d'IBM alphaWorks : XML Security Suite (voir *http://www.alphaworks.ibm.com/tech/xmlsecuritysuite*). Cette implémentation prend en charge XML Signature et XML Encryption et prévoit l'intégration d'XACML.

Le descripteur `deploy_client_WSE.wsdd` définit ainsi le déploiement des handlers côté client vers le serveur .NET :

```
<deployment xmlns="http://xml.apache.org/axis/wsdd/"
  xmlns:java="http://xml.apache.org/axis/wsdd/providers/java">
  <handler name="log" type="java:org.apache.axis.handlers.LogHandler"/>
  <handler name="wssecurity-client-sender"
    type="java:com.ibm.wstk.axis.handlers.SecuritySender">
    <parameter name="configPath"
      value="services/demos/wss-signature/deployment/wssecurity-client.xml"/>
    <parameter name="printBefore" value="false"/>
    <parameter name="printAfter" value="false"/>
    <parameter name="logLevel" value=""/>
  </handler>
  <handler name="wssecurity-client-receiver"
    type="java:com.ibm.wstk.axis.handlers.SecurityReceiver">
    <parameter name="configPath"
      value="services/demos/wss-signature/deployment/wssecurity-client.xml"/>
    <parameter name="printBefore" value="false"/>
    <parameter name="printAfter" value="false"/>
    <parameter name="logLevel" value=""/>
  </handler>
  <service name="urn:WSS-Signature">
    <requestFlow>
      <handler type="log"/>
      <handler type="wssecurity-client-sender"/>
    </requestFlow>
    <responseFlow>
      <handler type="log"/>
      <!--handler type="wssecurity-client-receiver"/-->
    </responseFlow>
  </service>
</deployment>
```

Ici, le service nommé `urn:WSS-Signature` utilise trois handlers : le handler log est utilisé avant les handlers `wssecurity-client-sender` ou `wssecurity-client-receiver` (ce dernier n'est pas utilisé dans cet exemple), ce qui permet de visualiser le message SOAP, au moment du traitement par le handler.

Le handler `wssecurity-client-sender` référence la classe `com.ibm.wstk.axis.handlers.SecuritySender` d'origine IBM, chargée de signer les messages SOAP qui se présentent via le flux entrant du handler, en fonction des directives exprimées dans le fichier de configuration `configPath`.

Le descripteur `deploy_client_WSTK.wsdd` définit le déploiement des handlers côté client vers le serveur Java de la manière suivante :

```
<deployment xmlns="http://xml.apache.org/axis/wsdd/"
  xmlns:java="http://xml.apache.org/axis/wsdd/providers/java">
  <handler name="log" type="java:org.apache.axis.handlers.LogHandler"/>
  <handler name="wssecurity-client-sender"
    type="java:com.ibm.wstk.axis.handlers.SecuritySender">
    <parameter name="configPath"
      value="services/demos/wss-signature/deployment/wssecurity-client.xml"/>
    <parameter name="printBefore" value="false"/>
    <parameter name="printAfter" value="false"/>
    <parameter name="logLevel" value=""/>
  </handler>
  <handler name="wssecurity-client-receiver"
    type="java:com.ibm.wstk.axis.handlers.SecurityReceiver">
    <parameter name="configPath"
      value="services/demos/wss-signature/deployment/wssecurity-client.xml"/>
    <parameter name="printBefore" value="false"/>
    <parameter name="printAfter" value="false"/>
    <parameter name="logLevel" value=""/>
  </handler>
  <service name=
   "http://localhost:8080/wstk/wss-signature/services/SignatureStockQuoteService">
    <requestFlow>
      <handler type="log"/>
      <handler type="wssecurity-client-sender"/>
    </requestFlow>
    <responseFlow>
      <handler type="log"/>
      <!--handler type="wssecurity-client-receiver"/-->
    </responseFlow>
  </service>
</deployment>
```

Le descripteur `deploy_server.wsdd` définit le déploiement des handlers Axis côté serveur Java :

```
<deployment xmlns="http://xml.apache.org/axis/wsdd/"
  xmlns:java="http://xml.apache.org/axis/wsdd/providers/java">
  <handler name="log" type="java:org.apache.axis.handlers.LogHandler"/>
  <handler name="wssecurity-server-receiver"
    type="java:com.ibm.wstk.axis.handlers.SecurityReceiver">
    <parameter name="configPath"
      value="services/demos/wss-signature/deployment/wssecurity-server.xml"/>
    <parameter name="printBefore" value="false"/>
    <parameter name="printAfter" value="false"/>
    <parameter name="logLevel" value=""/>
  </handler>
```

```
  <handler name="wssecurity-server-sender"
    type="java:com.ibm.wstk.axis.handlers.SecuritySender">
    <parameter name="configPath"
      value="services/demos/wss-signature/deployment/wssecurity-server.xml"/>
    <parameter name="printBefore" value="false"/>
    <parameter name="printAfter" value="false"/>
    <parameter name="logLevel" value=""/>
  </handler>
  <service name="SignatureStockQuoteService" provider="java:RPC">
    <requestFlow>
      <handler type="log"/>
      <handler type="wssecurity-server-receiver"/>
    </requestFlow>
    <responseFlow>
      <handler type="log"/>
      <handler type="wssecurity-server-sender"/>
    </responseFlow>
    <parameter name="className" value="StockQuotationService"/>
    <parameter name="allowedMethods" value="getQuote"/>
  </service>
</deployment>
```

Le descripteur `undeploy_client_WSE.wsdd` définit la désinstallation des handlers côté client vers le serveur .NET :

```
<undeployment xmlns="http://xml.apache.org/axis/wsdd/"
  xmlns:java="http://xml.apache.org/axis/wsdd/providers/java">
  <handler name="wssecurity-sender"/>
  <service name="urn:WSS-Signature"/>
</undeployment>
```

Le descripteur `undeploy_client_WSTK.wsdd` définit la désinstallation des handlers côté client vers le serveur Java :

```
<undeployment xmlns="http://xml.apache.org/axis/wsdd/"
  xmlns:java="http://xml.apache.org/axis/wsdd/providers/java">
  <handler name="wssecurity-sender"/>
  <service name="http://localhost:8080/wstk/wss-signature-client/services/
  ➥SignatureStockQuoteService"/>
</undeployment>
```

Le descripteur `undeploy_server.wsdd` définit la désinstallation des handlers et du serveur Java :

```
<undeployment xmlns="http://xml.apache.org/axis/wsdd/"
  xmlns:java="http://xml.apache.org/axis/wsdd/providers/java">
  <handler name="wssecurity-server-receiver"/>
  <service name="SignatureStockQuoteService"/>
</undeployment>
```

L'infrastructure des services Web

QUATRIÈME PARTIE

Au final, le répertoire wss-signature, avant déploiement dans le serveur Tomcat, se présente tel que l'illustre la figure 19-11 :

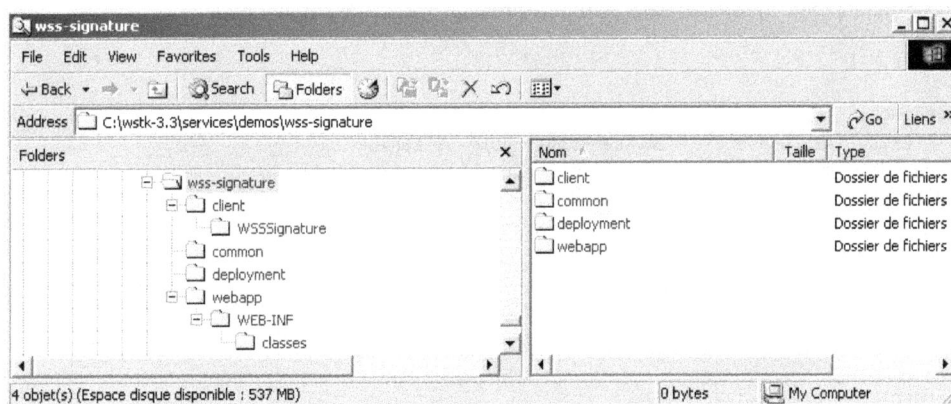

Figure 19-11

Répertoire client et serveur Java wss-signature.

Comme pour le client .NET, le client Java doit disposer, via le handler de signature des messages SOAP, d'un certificat X509 accessible à partir d'un entrepôt de clés Java (JKS ou Java Key Store). Pour cela, on peut créer un fichier de commande createKeyStore.bat dans le répertoire common.

Ce fichier active l'outil keytool du SDK J2SE afin de créer cet entrepôt et un certificat adéquat (il faut veiller à la cohérence entre les paramètres de la commande keytool et les paramètres enregistrés dans l'élément KeyStore du fichier de configuration wssecurity-client.xml). Le fichier de commande createKeyStore.bat se présente ainsi :

```
@echo off
set _JAVA_HOME=%JAVA_HOME%
set JAVA_HOME=C:/Jdk1.3.1-02

%JAVA_HOME%/bin/keytool -genkey -keystore keystore.db -storepass wstkwse
-keyalg rsa -dname "CN=nom.prenom@domaine.fr" -alias user -keypass wstkwse

set JAVA_HOME=%_JAVA_HOME%
set _JAVA_HOME=

pause
```

Le déploiement de l'exemple Java dans le serveur Tomcat est réalisé à l'aide de la commande wstk-config.bat située dans le répertoire C:\wstk-3.3\bin du WSTK. Cela a pour effet d'afficher un écran de configuration des services Web. Dans l'onglet Configure Services de cet écran, il faut cocher la case qui correspond au nouveau projet demos\wss-signature en maintenant les autres paramètres jusqu'à la fin de la configuration, ce qui provoque la génération d'un fichier wstk.jar qui est ensuite copié dans le répertoire C:\Tomcat_4.0.6\webapps de Tomcat. Puis il faut démarrer le serveur Tomcat, ce qui déclenche le déploiement automatique de l'application.

Il reste à déployer le serveur Java. Cela est réalisé par la commande suivante :

```
deploy deploy_server.wsdd
```

La commande `deploy`, située dans le répertoire `deployment`, est ainsi codée :

```
@echo off

setlocal
if exist "%WSTK_HOME%\bin\wstkenv.bat" goto wstkenvok
echo WSTK_HOME enviroment is not set correctly
goto done

:wstkenvok
call "%WSTK_HOME%\bin\wstkenv"
java -classpath %WSTK_CP%;"C:\Tomcat_4.0.6\webapps\wstk\WEB-INF\lib\axis.jar"
➡org.apache.axis.client.AdminClient %* -lhttp://localhost:8080/wstk/services/AdminService

:done
```

Une dernière manipulation est nécessaire. La commande `wstkconfig.bat` « oublie » de déployer les fichiers `log.jar` et `ibmjceprovider.jar` nécessaires au fonctionnement du service Web Java dans le répertoire `C:\Tomcat_4.0.6\webapps\wstk\WEB-INF\lib` de Tomcat. Il faut donc les copier manuellement à partir du répertoire `C:\wstk-3.3\lib` du WSTK, puis arrêter et redémarrer Tomcat pour prendre en compte ces changements.

Fonctionnement de l'exemple

Lorsque les applications sont déployées et paramétrées comme indiqué précédemment, nous pouvons procéder à l'exécution des différentes variantes de l'exemple.

L'invocation du service Web .NET à partir du client .NET s'effectue par la commande suivante :

```
Signer MSFT nom.prenom@domaine.fr WSE
```

Cela provoque l'affichage des informations suivantes :

```
Signature et invocation du service Web .NET...

Objet du certificat choisi : CN=nom.prenom@domaine.fr, E= nom.prenom@domaine.fr,
OID.2.5.4.5=39767443
Identificateur de la clé   : 9QqAs/j/HluET7yVAGvqDBP5vTE=
Clé publique               : 30818902818100DD8E680D5C5DE8FCA99DBE9AE2EF9E1D83F39
E70C313F2F1AD1F431367DA988DE9BFB0DCAV841753258D24FACC556582C9DE8B17A100FCA23B3F2
E4E8C6732EB437FA5A95F5D3A503E732B4DF3E2735A01A9ENJ14354662B4490F20B705AC55AD9B63
D3A433996E9703E421771EF8E1C0D25F4B16F921F2DSDE38054E65ADB350203010001

Invocation de : http://localhost:80/WSS-Signature/StockQuotationService.asmx
Valeur de l'action MSFT : 55,25
```

De même, l'invocation du service Web Java à partir du client .NET s'effectue ainsi :

```
Signer MSFT nom.prenom@domaine.fr WSTK
```

Les invocations successives des services Web .NET et Java à partir du client .NET sont obtenues par la commande :

```
Signer MSFT nom.prenom@domaine.fr
```

De la même manière, il est possible d'utiliser le client .NET à partir de l'application WSS-Signature-Client dans Visual Studio .NET. Pour cela, il suffit de modifier les propriétés du projet (cliquer avec le bouton droit de la souris sur le projet WSS-Signature-Client dans la fenêtre de l'explorateur de solution, puis sélectionner les propriétés de configuration et débogage), et d'ajouter les paramètres que nous venons de voir aux arguments de la ligne de commande.

De manière symétrique, l'invocation du service Web .NET à partir du client Java s'effectue, par exemple, par la commande suivante :

```
java -classpath %CLASSPATH% WSSSignature.Signer IBM WSE
```

Cela provoque l'affichage des informations suivantes :

```
Signature et invocation du service Web .NET...

Invocation de : http://localhost:80/WSS-Signature/StockQuotationService.asmx
Valeur de l'action IBM : 55.25
```

De même, l'invocation du service Web Java à partir du client Java s'effectue ainsi :

```
java -classpath %CLASSPATH% WSSSignature.Signer IBM WSTK
```

ou l'invocation successive des services Web .NET et Java à partir du client Java par la commande :

```
java -classpath %CLASSPATH% WSSSignature.Signer IBM
```

Exemple d'un message SOAP signé

Le message ci-après correspond à une requête du client Java vers le service Web .NET :

```
<?xml version="1.0" encoding="UTF-8"?>
<soapenv:Envelope
  xmlns:soapenv="http://schemas.xmlsoap.org/soap/envelope/"
  xmlns:xsd="http://www.w3.org/2001/XMLSchema"
  xmlns:xsi="http://www.w3.org/2001/XMLSchema-instance">
  <soapenv:Header>
    <wsse:Security
      soapenv:mustUnderstand="1"
      xmlns:wsse="http://schemas.xmlsoap.org/ws/2002/07/secext">
      <wsse:BinarySecurityToken
        EncodingType="wsse:Base64Binary" ValueType="wsse:X509v3"
        wsu:Id="wssecurity_binary_security_token_id_998331122190779727_1050175599789"
        xmlns:wsu="http://schemas.xmlsoap.org/ws/2002/07/utility">
MIICfjCCAecCBD6WzDAwDQYJKoZIhvcNAQEEBQAwgYUxCzAJBgNVBAYTAkZSMRYwFAYDVQQIEw1JbGUtZGUtRn
JhbmNlMQ4wDAYDVQQHEwVQYXJpczEYMBYGA1UEChMPbW9uT3JnYW5pc2F0aW9uMREwDwYDVQQLEwhtb25Vbml0ZTEhM
B8GA1UEAxMYbm9tLnByZW5vbUBtb25kb21haW5lLmZyMB4XDTAzMDQxMTE0MDc0NFoXDTAzMDcxMDE0MDc0NFowgYUx
CzAJBgNVBAYTAkZSMRYwFAYDVQQIEw1JbGUtZGUtRnJhbmNlMQ4wDAYDVQQHEwVQYXJpczEYMBYGA1UEChMPbW9uT3J
nYW5pc2F0aW9uMRECFwYDVQQLEwhtb25Vbml0ZTEhMB8GA1UEAxMYbm9tLnByZW5vbUBtb25kb21haW5lLmZyMIGfMA
```

OGCSqGSIb3DQEBAQUAA4GNADCBiQKBgQCoezJ6rOXG+09zIOG+sDOgQGVEdOSM3DImeDXncHTmodLaOIcAAskclKtcX
PnTYSOEOcS96d3zLuu6+hzo3z/uAvvg+YtrCr6KcoazrF1Q7m56BTOV8PGoeHCoDyuoEfvkZTYpdu8e/clvm/
oBOLL2dxxaO+L69kxiel6JuQLsQwIDAQABMAOGCSqGSIb3DQEBBAUAA4GBAFjF/MrfvWRJlT7OCT4qVwfVc43gciH/
s6SgXP1itow3WqK9vO6nwWLeXshvbwz4L3xPO1K/dihEqIkvOAqJj3Wi5G765PuFlPnKM2na1fYLNnRWWOyoqRhga
XGSB29PGFuxmHYJt/15hh/iIc61WsfKPOcajjrLoKDPK4fC4fVf
```
        </wsse:BinarySecurityToken>
        <Signature xmlns="http://www.w3.org/2000/09/xmldsig#">
          <SignedInfo>
            <CanonicalizationMethod Algorithm=
              "http://www.w3.org/2001/10/xml-exc-c14n#"/>
            <SignatureMethod Algorithm=
              "http://www.w3.org/2000/09/xmldsig#rsa-sha1"/>
            <Reference URI=
              "#wssecurity_body_id_8804114875168701414_1050175599658">
              <Transforms>
                <Transform Algorithm=
                  "http://www.w3.org/2001/10/xml-exc-c14n#"/>
              </Transforms>
              <DigestMethod Algorithm=
                "http://www.w3.org/2000/09/xmldsig#sha1"/>
              <DigestValue>
                c7B8UgTtOjmLRiMNZC754KxdOOI=
              </DigestValue>
            </Reference>
            <Reference URI="#tsc_5408438582690354645_1050175599638">
              <Transforms>
                <Transform Algorithm=
                  "http://www.w3.org/2001/10/xml-exc-c14n#"/>
              </Transforms>
              <DigestMethod Algorithm=
                "http://www.w3.org/2000/09/xmldsig#sha1"/>
              <DigestValue>
                6t3IKny91rddHBVRcTzORL5vleM=
              </DigestValue>
            </Reference>
            <Reference URI="#tse_6860873448026709957_1050175599638">
              <Transforms>
                <Transform Algorithm=
                  "http://www.w3.org/2001/10/xml-exc-c14n#"/>
              </Transforms>
              <DigestMethod Algorithm=
                "http://www.w3.org/2000/09/xmldsig#sha1"/>
              <DigestValue>
                2d20RMZsgsBH9WYMfkEQ6szz9ZU=
              </DigestValue>
            </Reference>
          </SignedInfo>
          <SignatureValue>
```
11XR3Y6rWXbAUf1CJtu7vVlnft6ZLMOOxZGpHoglkTn+o66LH9lqad+VPJkj59fvU4uzoN+mpGZ+pbsj7UAIF8ZFOh
ASkkd+/mciSbSDmOOYwGErkbFTG5bCGTQD/FbfwNcmBNDRltK3IifWHLedGd+dP3jV4gbkZqvK4zmXlko=

```
        </SignatureValue>
        <KeyInfo>
          <wsse:SecurityTokenReference>
            <wsse:Reference URI="#wssecurity_binary_security_token_id_9983311221907
            ➡79727_1050175599789"/>
          </wsse:SecurityTokenReference>
        </KeyInfo>
      </Signature>
    </wsse:Security>
    <wsu:Timestamp
      xmlns:wsu="http://schemas.xmlsoap.org/ws/2002/07/utility">
      <wsu:Created wsu:Id="tsc_5408438582690354645_1050175599638">
        2003-04-12T19:26:39Z
      </wsu:Created>
      <wsu:Expires wsu:Id="tse_6860873448026709957_1050175599638">
        2003-05-12T19:26:39Z
      </wsu:Expires>
    </wsu:Timestamp>
  </soapenv:Header>
  <soapenv:Body
    wsu:Id="wssecurity_body_id_8804114875168701414_1050175599658"
    xmlns:wsu="http://schemas.xmlsoap.org/ws/2002/07/utility">
    <ns1:GetQuote soapenv:encodingStyle=
      "http://schemas.xmlsoap.org/soap/encoding/"
      xmlns:ns1="urn:WSS-Signature">
      <ns1:symbol xsi:type="xsd:string">MSFT</ns1:symbol>
    </ns1:GetQuote>
  </soapenv:Body>
</soapenv:Envelope>
```

Dans ce message SOAP, la section WS-Security correspond à l'élément `wsse:Security`. Le destinataire du message doit impérativement (attribut `soapenv:mustUnderstand="1"`) traiter cette entrée d'entête de sécurité. Cet élément de sécurité est associé à un jeton de sécurité de type certificat X509v3 encodé en binaire base 64 (élément `wsse:BinarySecurityToken`), référencé par l'élément `KeyInfo`. L'élément `SignedInfo` décrit le contenu signé du message. L'algorithme utilisé pour signer le message repose sur une combinaison des algorithmes RSA et SHA1 (élément `SignatureMethod`). La signature comporte trois condensés (*digests*) correspondant à la signature de trois éléments du message SOAP : les éléments `soapenv:Body`, `wsu:Created` et `wsu:Expires`. Ces trois éléments correspondent à ceux qui sont signés par défaut par l'implémentation Web Services Enhancements de Microsoft : ce paramétrage de WSE peut être modifié par l'intermédiaire de la propriété `SignatureOptions` de la classe `Signature`. L'élément `wsu:Timestamp` est ajouté au message SOAP, comme le recommande la spécification WS-Security, afin d'éviter une attaque par interception et réinjection du message (*replay attack*).

Cet exemple illustre le surcoût en bande passante que génère l'utilisation de la signature numérique. Dans le cas présent, la taille de la requête HTTP est multipliée par un facteur proche de six.

Conclusion

Des technologies de sécurité disponibles depuis plusieurs années permettent la prise en charge de la sécurité point à point, au niveau transport, entre applications réparties sur Internet.

Les implémentations de l'infrastructure de sécurité des services Web disponibles aujourd'hui (compatibles WS-Security 1.0) permettent la prise en charge de la confidentialité et de l'intégrité des messages ainsi que l'authentification des interlocuteurs, avec un niveau satisfaisant d'interopérabilité entre J2EE et .NET.

Des architectures orientées services plus sophistiquées et dynamiques demandent des fonctions de l'infrastructure de sécurité qui sont encore partiellement ou imparfaitement définies et implémentées. Le processus de spécification et de normalisation en cours semble pouvoir garantir que la roadmap définie en avril 2002 sera respectée : des trois sujets d'infrastructure (fiabilité des échanges, gestion de la sécurité, gestion des transactions), la gestion de la sécurité est certainement le sujet le mieux loti en termes de consensus sur les objectifs et d'effort de spécification et d'implémentation.

La gestion de la sécurité dans les architectures orientées services sur Internet génère des besoins accrus en ce qui concerne l'architecture matérielle. Il est facile de constater que l'application des signatures et du chiffrement a comme résultat une augmentation importante de la taille des messages, qui dans certains cas peut se mesurer en un ordre de grandeur, voire plus. La demande en bande passante va augmenter en conséquence.

Ces mêmes procédures sont gourmandes en puissance de calcul : la prise en charge de la sécurité va transformer des applications de gestion, traditionnellement peu consommatrices de temps machine pur, en applications ayant des besoins importants pour l'exécution des fonctions de hachage, des procédures de signature et de validation, des procédures de chiffrement et déchiffrement, ainsi que des procédures accessoires de canonisation et de codage.

Une des réponses à la demande accrue de puissance du processeur est l'utilisation plus rationnelle de la puissance disponible et donc la mise en œuvre d'architectures de grilles d'ordinateurs, d'autant plus pertinentes que certaines tâches de traitement d'un message (comme la validation de plusieurs signatures indépendantes) peuvent être exécutées en parallèle.

Références

Documents

Dig Into WS-Security With the WSDK, September 20, 2002, Fawcette.com, Roger Jennings : *http:// www.fawcette.com/xmlmag/2002_09/online/webservices_rjennings_09_20_02*

JSR 105 – XML Digital Signature APIs : *http://jcp.org/en/jsr/detail?id=105*

JSR 106 – XML Digital Encryption APIs : *http://jcp.org/en/jsr/detail?id=106*

Web Services Enhancements 1.0 and Java Interoperability, Part 1, February 2003, Simon Guest : *http://msdn.microsoft.com/webservices/default.aspx?pull=/library/en-us/dnwebsrv/html/wsejavainterop.asp*

Web Services Security, January 2003, Mark O'Neill, McGraw-Hill Osborne Media, ISBN 0072224711 : *http://www.vordel.com/knowledgebase/book.html*

XML Key Management Specification (XKMS), W3C Note 30 March 2001 : *http://www.w3.org/TR/xkms*

Ressources

- IBM developerWorks Security Technology Zone : *http://www-106.ibm.com/developerworks/security*
- Microsoft (site WS-Security) : *http://msdn.microsoft.com/library/default.asp?url=/library/en-us/dnglobspec/html/wssecurspecindex.asp*
- OASIS XML – Security Services Technical Committee : *http://www.oasis-open.org/committees/tc_home.php?wg_abbrev=security*
- OASIS XML – Web Services Security Technical Committee : *http://www.oasis-open.org/committees/tc_home.php?wg_abbrev=wss*
- VeriSign : *http://www.verisign.com/spotlight/02/0219/index.html*
- W3C XML Encryption Working Group : *http://www.w3.org/Encryption/2001*
- W3C XML Key Management Working Group : *http://www.w3.org/2001/XKMS*
- W3C XML Signature Working Group : *http://www.w3.org/Signature*
- XML Cover Pages : *http://xml.coverpages.org/ws-security.html*
- XML Web Services Security Forum : *http://www.xwss.org/index.jsp*

Implémentations

- Apache XML Security : *http://xml.apache.org/security*
- Entrust Security Toolkit for Java : *http://www.entrust.com/authority/java/whatsnew.htm*
- IAIK XML Signature Library (IXSIL) : *http://jce.iaik.tugraz.at/products/04_ixsil/index.php*
- IBM alphaWorks XML Security Suite : *http://www.alphaworks.ibm.com/tech/xmlsecuritysuite*
- Microsoft WSE 1.0 (*Web Service Enhancements*) : *http://msdn.microsoft.com/webservices/building/wse/default.aspx*
- Newtelligence Web Service Extensions for ASP.NET 1.1 : *http://www.newtelligence.com/wsextensions*
- Phaos XML Security Suite : *http://phaos.com/products/category/xml.html*
- Quadrasis/Xtradyne SOAP Content Inspector (SCI) : *http://www.quadrasis.com/solutions/products/easi_product_packages/easi_soap.htm*
- Reactivity XML Firewall : *http://www.reactivity.com/product/index.html*
- Université de Pise - Gapxse : *http://gapxse.sourceforge.net*
- VeriSign TSIK (*Trust Service Integration Kit*) : *http://www.xmltrustcenter.org/developer/verisign/tsik/index.htm*
- Vordel VordelSecure 1.1 et 2.0 : *http://www.vordel.com/products/index.html*
- Westbridge XML Message Server : *http://www.westbridgetech.com/products.html*

20

La gestion des transactions

Nous avons défini la prestation de services comme l'ensemble des résultats des traitements effectués par une application (qui joue le rôle de prestataire) exploitables par une ou plusieurs applications (qui jouent le rôle de clients).

Les résultats d'une prestation peuvent appartenir à trois catégories :

- Les *informations* collectées, générées ou calculées par l'application prestataire : l'application prestataire met ces informations à disposition de l'application cliente. Cette catégorie comporte des prestations aussi disparates que le calcul mathématique intensif ou la recherche étendue sur des bases d'informations réparties.

- Les *transitions d'état* de l'application prestataire et des ressources qu'elle gère : ces transitions sont effectuées en couplage avec des traitements de contrôle et de calcul exécutés par l'application prestataire. La prestation réside dans l'exécution de ces traitements qui qualifient et accomplissent les transitions d'état, ainsi que dans la gestion des états eux-mêmes et de leurs propriétés comme la persistance. L'application prestataire gère les transitions d'état pour le compte de l'application cliente. Ainsi, un système de réservation aérienne effectue la réservation d'une place d'avion et gère la permanence de cette réservation.

- Les *actions sur l'environnement* effectuées par l'application prestataire pour le compte de l'application cliente : ces actions sont généralement déclenchées en tant qu'effets de bord de traitements de contrôle et de calcul, qui les qualifient et les préparent, en couplage avec des transitions d'état. Les interactions entre applications, c'est-à-dire les émissions/réceptions de messages, appartiennent à cette catégorie aussi bien que le pilotage de dispositifs périphériques pour obtenir, par exemple, l'impression d'un bordereau. L'application prestataire gère l'accomplissement de ces actions pour le compte de l'application cliente.

Généralement, la prestation de services est organisée en *unités de prestation*, résultats de *tâches* identifiées et dotées d'un cycle de vie. Une unité de prestation peut comprendre des résultats issus des trois catégories confondues. Par exemple, la réservation/achat du billet d'avion peut comporter une transition d'état avec permanence de l'état final (une place est réservée et le reste jusqu'à nouvel ordre), un effet de bord (un billet est imprimé) et la restitution d'informations (le numéro de la place).

La gestion d'état

Les tâches qui produisent les unités de prestation présentent en réalité trois niveaux de gestion d'état, qui correspondent directement aux trois catégories listées ci-avant :

- Les prestations *sans état* : la tâche correspondante ne produit aucune transition d'état. Rentrent dans cette catégorie les exemples cités de calcul intensif et de recherche sur des bases d'informations réparties et, en général, tout traitement dont le seul résultat est la restitution d'informations. La même occurrence de tâche peut être exécutée plusieurs fois de suite sans effets autres que des effets temporaires comme l'occupation et, éventuellement, le verrouillage de ressources de calcul, de mémoire et d'information. Lors de la répétition de la tâche, les informations livrées comme résultat de l'exécution peuvent rester invariantes, ce qui arrive lorsque l'on demande l'exécution d'un calcul avec les mêmes données et les mêmes paramètres. Les résultats de la tâche peuvent aussi varier au cours des répétitions, car si la tâche est sans état, l'application, elle, peut gérer des états qui évoluent (par exemple, la base de données de réservation des places d'avion) et l'interrogation est d'ailleurs effectuée pour obtenir l'état le plus « frais ».

- Les prestations *avec gestion d'état interne* : la tâche correspondante produit des transitions d'état directement gérées par les applications prestataires. En règle générale, l'accomplissement, plus d'une fois, d'une occurrence de la tâche produit des transitions d'état successives : l'état final n'est pas le même que celui qui est produit lorsque la tâche n'est exécutée qu'une seule fois (par exemple, lorsque l'on passe deux fois une écriture comptable qui correspond au retrait d'une somme d'argent d'un compte). Lorsque l'exécution répétée de la tâche produit le même résultat que la première fois, on dit que la tâche est *idempotente* : l'exécution répétée de la tâche ramène toujours au même état, qui est un point fixe. Un exemple de tâche idempotente est la suppression d'un fichier identifié de façon unique dans le temps et dans l'espace et dont l'identifiant n'est pas réutilisable : une deuxième tentative de suppression produit un message d'erreur et ne change pas l'état du système. Le propre de la tâche avec gestion d'état interne (qu'elle soit idempotente ou non) est qu'elle peut toujours, indépendamment de la complexité des traitements requis et si l'on a pris les précautions nécessaires, être *défaite*, c'est-à-dire que l'on peut toujours revenir à l'état précédent. Cela implique en général de défaire non seulement l'occurrence de la tâche en question, mais aussi toutes celles qui ont suivi et qui ont provoqué des transitions d'état depuis.

- Les prestations *avec gestion d'état de l'environnement* : la tâche correspondante produit des actions qui changent l'état de l'environnement, en cohérence avec une transition d'état interne. Les prestations utilisent parfois les effets de bord pour changer l'état de l'environnement. Lors de l'impression d'un billet avec réservation, le document produit n'est pas seulement un support d'information, il constitue également un *titre* qui donne certains droits et obligations à son possesseur. Par ailleurs, le changement de l'état de l'environnement est indépendant de l'action physique d'impression du billet (le « billet électronique », de plus en plus répandu, en est la preuve s'il en faut) : dans ce cas, le changement de l'état interne du système représente directement le changement d'état de l'environnement.

Le propre de l'état de l'environnement, du point de vue de l'application prestataire, est que, contrairement aux états internes, il est *irréversible*. Les états de l'environnement ne peuvent pas être *défaits* par l'application prestataire, mais ils peuvent parfois être *compensés*, ce qui signifie que l'application peut prendre des dispositions qui amènent le système global (les applications et l'environnement) à un état que l'on peut considérer proche de l'état auquel on veut revenir (les deux états ne sont jamais identiques). Par exemple, il est possible d'effectuer successivement à la réservation d'une place, l'annulation de cette réservation : on passe à un état dans lequel, comme dans l'état initial, cette place était libre et le voyageur sans réservation. La similitude s'arrête là : dans le laps de temps écoulé entre la réservation et l'annulation, l'avion s'est rempli, et certains voyageurs, qui veulent être certains de pouvoir voler, ne se sont pas mis en liste d'attente et se sont tournés vers une compagnie concurrente.

Les processus métier

Les unités de prestation peuvent être indépendantes, sans relation directe avec d'autres unités de prestation pourvues par la même application prestataire ou par d'autres. Elles sont aussi susceptibles de présenter des relations de dépendance logique et temporelle avec d'autres unités de prestation, relations organisées par ce que l'on appelle un processus métier (*business process*).

Un processus métier est le contexte et le moyen dans lequel on pratique l'agrégation de services : la prestation de services globale est la combinaison des prestations de services des applications participant au processus.

Un processus métier organise plusieurs applications qui exécutent chacune une ou plusieurs tâches et peut être décrit et analysé à l'aide de trois concepts clés : le concept de *coopération*, le concept de *coordination* et le concept de *communication*.

Pour que les unités de prestation, effectuées au cours du déroulement du processus métier, participent à la mise en œuvre d'une prestation de services globale, cohérente et exploitable par le client final, il faut qu'une forme de coopération dans l'exécution des tâches soit mise en place entre les applications participant au processus. Les cibles des résultats de certaines tâches peuvent ne pas être l'application « client final », cible de la prestation globale, mais d'autres applications qui utilisent ces résultats comme « matières premières » pour fournir leur propre prestation. Les applications impliquées dans un processus métier mettent donc en œuvre un *protocole de coopération*, qui permet d'inscrire les tâches qu'elles exécutent dans un réseau de dépendance logique et temporelle en vue d'un objectif global.

Généralement, pour obtenir une coopération efficace des applications participant à un processus métier, il faut mettre en œuvre une forme de *coordination*. Cette coordination peut être statiquement définie, à savoir être le résultat de l'exécution du *scénario* prédéterminé qui ordonne l'exécution des tâches, ou bien dynamique, c'est-à-dire obtenue via des consignes données à la volée par un ou plusieurs agents logiciels ou par des acteurs humains, qui jouent des rôles de coordinateurs du processus ou de certaines de ses parties, à l'aide de *protocoles de coordination*. L'exécution d'un scénario prédéterminé n'exclue pas la présence d'un ou plusieurs coordinateurs qui synchronisent l'exécution de tâches et donnent le tempo.

Dans les architectures faiblement couplées, les applications participant à un processus métier sont autonomes : les protocoles de coopération et de coordination ne peuvent pas être exécutés par la prise de contrôle directe des applications participantes, mais sont toujours mis en œuvre exclusivement par l'échange d'actes de communication entre ces applications autonomes et par l'acceptation de la part de ces applications de la sémantique et de la pragmatique de ces actes.

La coopération et la coordination des tâches d'un processus métier demandent impérativement la mise en place d'une forme de *communication* par échange de messages entre les applications participant au processus. Dans le cadre de la technologie de services Web, la *coopération* et la *coordination* d'applications réparties sont mises en œuvre exclusivement via des *protocoles de communication*. Les applications réparties coopèrent et se coordonnent en s'envoyant des messages, définis dans le cadre d'interfaces WSDL, sur un protocole de messagerie propre aux services Web (SOAP, HTTP/POST, etc.).

Un protocole de communication fixe la syntaxe, la sémantique et la pragmatique d'un ensemble de messages échangés entre agents logiciels. Dans le cadre des technologies de services Web, il s'agit de fixer :

- un ensemble d'*interactions* unitaires organisées dans des *interfaces*, consignées dans un document WSDL ;

- des *protocoles de conversation*, c'est-à-dire un échange « contractuel » d'interactions unitaires qui peut être représenté comme une machine à états finis, et donc comme une correspondance (état, interaction) à état ;

- un ensemble de règles de définition de la *sémantique* et de la *pragmatique* des interactions échangées dans le protocole.

Un exemple de processus métier, qui fait l'objet d'une étude de cas approfondie dans les chapitres 22, 23, 24, 25 et 26, est celui de l'organisation d'un voyage. La prestation globale de services résultat du processus est un ensemble cohérent d'unités de prestations comme la réservation de la place d'avion, la réservation de la chambre d'hôtel, la réservation de la voiture de location, etc. Ces unités de prestation sont les résultats de tâches exécutées par des applications réparties, qui mettent en place un protocole de coopération, pour éviter, par exemple, que la chambre d'hôtel ne soit réservée dans une localité différente de celle de la destination du voyage, ou que la voiture ne soit louée à partir du jour qui précède la date de d'arrivée. Le protocole de coopération n'est rien d'autre que l'échange des messages applicatifs entre les applications qui permet que l'exécution des tâches s'inscrive dans la poursuite d'un but cohérent.

Ces tâches doivent être également coordonnées à différents niveaux, pour éviter que la location de la chambre ne se fasse même lorsqu'il n'y a plus de place dans l'avion, ou lorsque l'application de réservation de places est en panne. Les protocoles de coordination de ces tâches se matérialisent par l'échange de messages « génériques » de coordination à plusieurs niveaux. La construction d'un voyage pertinent (qui répond au besoin exprimé), cohérent (dans lequel les différentes prestations forment un tout harmonieux) et effectif (qui correspond à la réalité de l'environnement) dépend des capacités des applications participantes mais aussi de la qualité des protocoles de coopération et de coordination mis en œuvre.

L'infrastructure de gestion de transactions

Une infrastructure de gestion de transactions fournit un service technique qui permet de gérer certaines propriétés opérationnelles des processus métier et des prestations qu'ils produisent.

Ces propriétés sont propres à la qualité de service des prestations individuelles et de la prestation globale et touchent essentiellement deux domaines :

- la *résistance aux défaillances*, qui doit être entendue comme la capacité des applications participantes à neutraliser, ou au moins à réduire, les conséquences de leurs défaillances temporaires aussi bien sur les prestations unitaires qu'elles pourvoient que sur la prestation globale ;

- la *gestion de la concurrence*, qui doit être entendue comme la capacité, de la part des applications participantes, de fournir des prestations de services pour plusieurs clients en même temps avec une gestion correcte des conflits d'allocation de ressources.

Les propriétés opérationnelles qui qualifient un processus métier comme une transaction sont généralement désignées par l'acronyme ACID (pour *atomicité*, *cohérence*, *isolation* et *durabilité*).

La propriété d'atomicité du processus assure que la prestation globale qu'il produit est assurée entièrement ou pas du tout, même en présence de défaillances temporaires des applications prestataires. Les états intermédiaires obtenus par l'exécution de la transaction sont transitoires et ne sont pas accessibles de l'extérieur de la transaction.

La propriété d'isolation du processus assure que la prestation globale qu'il produit est pourvue comme si elle était la seule prestation en cours de production, même en situation de concurrence avec d'autres prestations produites en même temps par les applications participantes. La propriété d'isolation assure aussi, réciproquement, que les états intermédiaires et finaux produits dans le déroulement de la transaction ne sont pas visibles avant un acte explicite de confirmation de la transaction.

La durabilité est la propriété du processus qui assure que les états produits par l'exécution du processus sont durables, ne peuvent être changés que par d'autres processus autorisés et sont capables de survivre aux défaillances temporaires des applications prestataires et de leurs supports de persistance.

La cohérence est la propriété du processus qui assure que son exécution fait évoluer les applications participantes et l'environnement d'états fonctionnellement corrects et cohérents entre eux à d'autres états tout autant fonctionnellement corrects et cohérents. Cette propriété est assurée avant tout par un modèle fonctionnel (les règles de gestion métier et le protocole de coopération) correct et bien implémenté. L'infrastructure de gestion des transactions garantit, dans une certaine mesure, que les états des applications participantes restent cohérents même en présence de défaillances et de concurrence dans la production des prestations.

Les infrastructures de gestion de transactions assurent normalement les propriétés d'atomicité, isolation et durabilité pour les prestations sans état ou avec gestion d'état interne. Ces propriétés ne peuvent être totalement garanties pour les transactions qui comprennent des effets de bord à cause du caractère irréversible de ces derniers et de la difficulté à gérer les défaillances des dispositifs qui accomplissent physiquement ces effets. Des techniques automatisées peuvent être employées, au moins pour détecter les défaillances des dispositifs qui exécutent les actions, mais l'intervention d'acteurs humains dans les situations de défaillance ne peut pas être exclue a priori.

Une transaction est un processus métier qui produit des transitions d'état qui ne deviennent durables et accessibles aux autres applications qu'après *achèvement* et, ensuite, *confirmation* du processus : avant l'étape de confirmation du processus, les transitions d'état sont confinées dans un espace de travail privé et ne sont pas effectives. Une transaction est donc soit exécutée correctement jusqu'au bout, soit *arrêtée*, pour diverses raisons, par exemple la défaillance d'une des applications participantes. Dans le premier cas, la transaction est dite *achevée* et les changements d'état peuvent devenir effectifs, publics et durables si la transaction est *confirmée*. Dans le deuxième cas, la transaction est arrêtée en échec.

Une transaction *arrêtée* en échec est *annulée* d'office : c'est comme si elle n'avait jamais eu lieu. En revanche, une transaction achevée peut être soit confirmée, et l'état qu'elle a produit devient effectif, durable et accessible, soit annulée, et dans ce cas aussi, tout se passe comme si elle n'avait jamais eu lieu.

La confirmation d'une transaction est un acte volontaire, qui normalement est du ressort de l'application qui pilote le protocole de coopération de la prestation globale produite par la transaction, et qui demande la mise en œuvre d'un protocole de coordination entre les applications participantes pour arriver à la confirmation ou à l'annulation de la transaction.

Un des protocoles de coordination les plus utilisés est le *protocole de confirmation en deux étapes*. Ce protocole distingue, après achèvement de la transaction, une première étape de *préparation* et une deuxième étape de *confirmation* (ou annulation) proprement dite. Pour être mis en œuvre, ce protocole nécessite qu'un agent logiciel, qui peut être l'une des applications participantes ou un agent spécialisé, joue le rôle de *coordinateur*. Au cours de la première étape, le coordinateur demande aux applications participantes de se préparer à la confirmation de la transaction. Chaque application participante répond au coordinateur qu'elle a achevé sa tâche avec succès, ou bien que sa tâche est arrêtée en échec. Si toutes les applications participantes ont achevé avec succès leurs tâches, le coordinateur leur demande de confirmer les changements d'état produits et la transaction est confirmée. Si une seule des tâches est arrêtée en échec, le coordinateur demande à toutes les applications participantes d'annuler les transitions d'état produites par leurs tâches et la transaction est annulée.

Les limites de la gestion transactionnelle

La gestion des transactions est un outil important pour la mise en œuvre de processus métier, mais il ne peut être utilisé qu'avec parcimonie. L'exécution de transactions implique un fonctionnement synchrone et un couplage fort entre les applications participant au processus.

La permanence et la durabilité des états des applications sont garanties par des ressources persistantes. La gestion des transactions implique que, pendant la durée de la transaction, les ressources qui gèrent les états sont verrouillées et ne sont pas accessibles en dehors de la transaction en cours. Cela pose deux problèmes majeurs, qui sont par ailleurs imbriqués :

- un problème de *viabilité* de l'approche des transactions, pour les processus métier longs ;
- un problème de *confiance* réciproque entre les applications et les agents logiciels impliqués.

La viabilité

La gestion des transactions est intéressante surtout parce qu'elle élimine le problème de la gestion au niveau applicatif des conditions d'erreur et de défaillance, techniques et éventuellement applicatives. Les problèmes de gestion de la cohérence des états applicatifs, suite à des défaillances techniques des applications participantes, sont résolus par l'annulation pure et simple de la transaction et par l'exécution d'une nouvelle tentative. Cette méthode radicale de résolution des problèmes est parfois employée dans certains systèmes lors de l'échec des règles applicatives, même si la solution d'un problème applicatif par annulation technique de la transaction n'est pas vraiment appropriée. Par exemple, il faut éviter de traiter la situation de manque de place dans l'avion par une annulation technique de la transaction de réservation : la solution correcte est une transaction confirmée qui restitue l'information de manque de place.

La gestion des transactions simplifie donc le développement des applications, mais elle n'est pas directement applicable à des processus métier longs. Un processus métier long est un processus informatique qui accompagne un scénario fonctionnel se déroulant dans l'environnement sur une longue période (par exemple : un cycle de vente, de la commande à la facturation, en passant par une livraison qui prend plusieurs jours). Dans ce cas, le verrouillage long de ressources critiques n'est tout simplement pas viable. En outre, l'expertise métier, confrontée à des situations d'erreur ou de défaillance dans les activités humaines, permet parfois de trouver des parades plus astucieuses que le retour en arrière suite à l'annulation et la répétition mécanique du processus à partir du début.

La confiance

Dans une transaction, la fiabilité et la performance du processus global sont inférieures à la fiabilité et la performance de la moins fiable et moins performante des applications participantes ! La période de verrouillage des ressources pour l'application la plus performante est dictée par la rapidité d'exécution de la moins performante ! Une application qui produit des échecs à répétition, et donc de nouveaux essais, pénalise les autres applications de niveau de fiabilité supérieur. L'état durable produit par la transaction est la combinaison cohérente et indissociable des états gérés par les applications participantes : si l'une des applications perd entièrement son état par une panne catastrophique de son système de persistance, l'état global est perdu, et sa reconstruction « manuelle » pénible.

Le problème de la confiance se pose également au sujet des agents logiciels qui jouent le rôle (délicat) de coordinateurs de transactions (nous verrons par la suite qu'il y a plusieurs niveaux de coordination et que les rôles peuvent être spécialisés). Concrètement, la zone de faiblesse du protocole de confirmation en deux étapes est justement la deuxième étape : entre la préparation de la confirmation et la confirmation ou l'annulation de la transaction, les applications participantes sont dans un état d'incertitude quant à l'issue de la transaction. Une panne franche longue du coordinateur dans la deuxième étape laisse les applications participantes dans une situation bloquée, dans laquelle les ressources restent verrouillées (et le déverrouillage de la situation demande une intervention manuelle d'un administrateur). Une panne franche d'une application participante dans la deuxième étape nécessite, après redémarrage, la resynchronisation avec le coordinateur pour connaître l'issue de la transaction. Le coordinateur doit être mis en œuvre par un agent logiciel sophistiqué et extrêmement fiable.

En conclusion, pour mettre en œuvre des transactions entre applications réparties contrôlées par des acteurs professionnels différents, il faut qu'une _confiance_ importante sur les _niveaux de qualité de service_ soit établie entre les participants. Attention, le terme « confiance » utilisé dans cette section dénote un concept différent de celui qui est propre au domaine de la gestion de la sécurité (chapitre 19). La confiance sur la qualité de service ne peut être engendrée que par deux moyens :

- des _accords privés_, à savoir une relation de partenariat entre les organisations parties prenantes du processus et une connaissance réciproque préexistante, couplées à des engagements sur les niveaux de qualité de service des agents logiciels et des applications ;

- des *engagements publics certifiés*, c'est-à-dire une publication des engagements de qualité de service dans les offres de contrats des services applicatifs et des services techniques de coordination, et un suivi de la tenue de ces engagements contractuels par des autorités de certification indépendantes.

La deuxième approche, plus générale, semble inévitable pour mettre en œuvre des transactions dont l'ensemble des participants et des coordinateurs est formé dynamiquement, dans un réseau de services Web sur Internet. C'est le cas de l'agence de voyages qui choisit dynamiquement ses partenaires pour l'organisation du voyage et, une fois les partenaires choisis, entre dans un processus métier transactionnel avec eux.

Pour atteindre ce niveau dans la technologie des services Web, il reste encore beaucoup de travail à accomplir car, à ce jour, aucun effort public de spécification de langage de description d'engagements de qualité de service Web n'a été entrepris.

Les activités

La coopération entre plusieurs applications dans un processus métier peut également se dérouler dans un cadre différent de celui de la gestion des transactions. Nous nommerons de manière conventionnelle un processus métier qui possède certaines propriétés différentes, voire opposées aux propriétés des transactions, une *activité*. Les activités son aussi appelées dans la littérature *transactions longues*, parfois par opposition aux *transactions atomiques,* qui sont les transactions décrites dans la section précédente.

La première différence entre une activité et une transaction est que les états des applications dans le déroulement de l'activité sont généralement accessibles, alors que les états des applications au cours de l'exécution d'une transaction sont privés, transitoires et non accessibles : seuls les états finaux deviennent effectifs, durables et accessibles et cela seulement après confirmation de la transaction.

Le propre d'un processus métier conçu comme une activité est qu'il peut être récursivement décomposé en tâches. Un outil fondamental pour décrire une activité est donc l'*arbre de décomposition de l'activité en tâches*, dont un exemple est illustré figure 20-9.

Le déroulement d'une activité est coordonné par un ou plusieurs coordinateurs. En effet, il est possible de définir un contexte de coordination et un coordinateur pour chaque nœud intermédiaire de l'arbre des tâches. Le contexte de coordination est dit *subordonné* à celui de la tâche mère et le coordinateur est appelé *coordinateur interposé* (entre le coordinateur de la tâche mère et les tâches filles).

Une tâche active, après démarrage, peut être achevée, arrêtée, close ou supprimée (la signification exacte de ces états sera précisée par la suite). Elle peut également être compensée par une tâche compensatoire qui a pour but d'effectuer un traitement dont le résultat s'apparente à ce qu'en comptabilité on appelle une contre-passation.

Les mondes des transactions et des activités ne sont pas séparés, au contraire : des groupes de tâches feuilles de l'arbre de décomposition peuvent être exécutés dans un cadre transactionnel. Si cette approche est appliquée systématiquement, le déroulement de l'activité passe par une succession d'états cohérents, persistants, accessibles, obtenue par une suite dynamique de transactions.

Les propriétés des activités sont synthétisées en termes de différences avec les propriétés des transactions dans le tableau comparatif qui suit.

Transactions et activités : Tableau comparatif

Transactions	Activités
Une transaction est atomique, isolée et durable. La succession d'états produits durant le déroulement de la transaction n'est pas signifiante, les états sont transitoires et ne sont pas accessibles de l'extérieur de la transaction. Ce qui compte est l'état initial (auquel on revient par annulation) ou l'état final (après confirmation). Ces deux états seulement sont effectifs, durables et accessibles de l'extérieur.	Une activité évolue par états intermédiaires effectifs, durables et accessibles. Les états intermédiaires et leur historique dans le déroulement de l'activité sont visibles de l'extérieur de l'activité et peuvent être très signifiants du point de vue métier. Par exemple, la perte de l'historique d'un processus de vente complexe peut être très dommageable pour la relation client.
Les transactions ont une structure plate : en ce qui concerne la confirmation/annulation, les tâches qui la composent sont toutes au même niveau, dans le sens qu'elles sont toutes confirmées ou sont toutes annulées. Une tâche composante ne peut être exécutée comme une tâche indépendante vis-à-vis du protocole de confirmation et, a fortiori, ne peut être décomposée en transactions indépendantes.	Les activités ont la structure imbriquée et récursive d'un arbre de décomposition des tâches. Une tâche peut être dynamiquement composée de plusieurs sous-tâches, avec des contextes de coordination et des coordinateurs propres, et ainsi de suite. Les feuilles de l'arbre de décomposition des tâches gagnent à être exécutées dans un cadre transactionnel, car dans ce cas le déroulement de l'activité est un enchaînement de transitions cohérentes et atomiques d'états durables et accessibles. La flexibilité de l'activité est améliorée par la disponibilité de tâches et, éventuellement, de transactions compénsatoires.
La partie finale du cycle de vie (préparation, confirmation ou annulation) d'une transaction est coordonnée par un coordonnateur unique. Le contexte de coordination d'une transaction est unique et sa portée est identique à celle de la transaction.	La partie finale du cycle de vie d'une tâche (terminaison, compensation, suppression) est coordonnée par un coordinateur. Le cycle de vie d'une sous-tâche peut être coordonné par un coordinateur interposé, différent du coordinateur de la tâche mère, et ainsi de suite.
La levée d'une d'exception au cours de l'exécution d'une tâche de la transaction, non récupérable par la tâche elle-même, conduit inévitablement à l'échec et à l'annulation de la transaction.	La levée d'une exception lors de l'exécution d'une sous-tâche peut être prise en compte par la tâche mère, laquelle peut passer le contrôle à une autre tâche prévue à cet effet.
La liste des participants à une transaction est figée jusqu'à la confirmation ou l'annulation de la transaction.	La liste des participants à une activité est dynamique. Les participants peuvent quitter l'activité à n'importe quel moment.
Une transaction est typiquement composée d'un ensemble de traitements qui ont peu d'interactions avec l'environnement extérieur.	Une activité est typiquement un processus informatique réparti qui peut avoir beaucoup d'interactions avec l'environnement car il accompagne un scénario fonctionnel qui se déroule dans l'environnement.
Une transaction est typiquement de courte durée, surtout pour éviter le verrouillage long de ressources critiques.	Une activité est typiquement de longue durée, car liée à des scénarios fonctionnels de longue durée.
La consommation de ressources informatiques de la part d'une transaction reste limitée.	La consommation de ressources informatiques de la part d'une activité peut devenir très importante. Par exemple, une activité peut mettre en œuvre un nombre important de transactions.

Les technologies de services Web appliquées aux transactions et activités

Une technologie d'infrastructure de services Web comme la gestion de transactions et d'activités se présente comme un ensemble de protocoles de communication entre agents logiciels. Les agents qui jouent un rôle spécifique dans le fonctionnement de l'infrastructure, tels les coordinateurs, sont définis comme des services tiers.

La spécification d'un protocole de coopération ou de coordination en tant que protocole de communication définit des exigences et des contraintes sur l'implémentation des agents qui interviennent dans l'exécution du protocole, mais elle ne constitue en aucun cas une spécification organique ou de conception de ces agents. Un ensemble d'agents implémentés sur des architectures et technologies logicielles hétérogènes, voire incompatibles, qui mettent en œuvre les interfaces, les protocoles de conversation et les règles de sémantique et pragmatique dictés par la spécification, forment ensemble un moteur réparti de gestion de transactions et d'activités.

Nous allons présenter deux technologies de services Web pour la gestion de transactions :

* *Business Transaction Protocol* (*BTP*).
* L'ensemble formé par *WS-Coordination* et *WS-Transaction*.

BTP est une technologie plus ancienne, qui a donné lieu à des implémentations dont certaines aujourd'hui ne sont plus disponibles. WS-Coordination et WS-Transaction, couplées avec le langage de description exécutable des processus métier BPEL (Business Process Execution Language) est une technologie soutenue par IBM, Microsoft et BEA, ce dernier étant à l'origine de BTP. Par ailleurs WS-Coordination et WS-Transaction reprennent l'approche BTP en la simplifiant. L'ajout du langage de *scripting* au processus métier BPEL permet également d'utiliser les technologies WS-Coordination et WS-Transaction à partir d'un niveau d'abstraction supérieure.

Nous allons décrire brièvement BTP dans la section qui suit. Les spécifications WS-Cooordination et WS-Transaction sont présentées en détail dans le reste du chapitre. BPEL, avec d'autres langages de scripting de processus métier, fait l'objet du chapitre 21, « Gestion des processus métier ».

Business Transaction Protocol

BTP (Business Transaction Protocol) est une spécification développée dans le cadre d'un comité technique OASIS (Organization for the Advancement of Structured Information Standards, voir *http:/ /oasis-open.org*). La première réunion du comité technique BTP a eu lieu le 13 mars 2001 et la spécification BTP 1.0 a été approuvée par le comité le 16 mai 2002. BEA a été l'un des promoteurs de l'initiative (*https://www.oasis-open.org/committees/business-transactions*), à laquelle ont participé Hewlett-Packard et Oracle, mais dans laquelle on note l'absence remarquée d'IBM et de Microsoft.

BTP est un protocole de communication qui permet de gérer des transactions et des activités exécutées par des applications réparties sur Internet.

La spécification est donc composée de :

* la définition d'un ensemble d'interactions unitaires organisées en interfaces entre les participants techniques et applicatifs à la mise en œuvre d'une transaction répartie ;

- la définition d'un ensemble de rôles pour les participants et notamment de rôles de coordination ;
- la définition de protocoles de conversation entre les coordinateurs et les applications participant à la transaction ;
- la définition de la sémantique et de la pragmatiques des messages échangés.

La spécification définit la liaison avec SOAP 1.1 et HTTP 1.1.

Les objectifs affichés de BTP sont :

- la définition d'un modèle de gestion de transactions pour des applications réparties sur Internet ;
- la coordination et la composition d'issues et de résultats fiables de tâches réparties en présence d'une infrastructure d'échange potentiellement non fiable ;
- la gestion du cycle de vie des transactions ;
- la prise en charge de transactions entre applications faiblement couplées qui communiquent entre elles de façon asynchrone ;
- la prise en charge de transactions « longues » ;
- la coordination d'interactions entre participants multiples ;
- la constitution d'un socle transactionnel pour la mise en œuvre de processus métier.

BTP distingue deux types de transactions :

- les transactions atomiques, ou *atomes BTP*, dont la définition est proche de celle de transaction proposée dans la première section de ce chapitre ;
- les transactions « métier » ou *cohésions BTP*, dont la définition est proche de celle d'*activité*.

Les atomes BTP

Le modèle des transactions atomiques ou atomes BTP est proche du modèle des transactions dans les systèmes fortement couplés, avec la différence importante que la contrainte d'isolation est en partie relâchée. Certains états intermédiaires ou non confirmés peuvent être rendus visibles sous la responsabilité de l'application qui les gère. Du point de vue technique, on peut dire que BTP n'exige pas des participants aux transactions le suivi strict de la règle de *verrouillage en deux phases* (qui demande que tous les verrous soient posés avant que le premier soit levé).

La fonction de coordination est assurée par un coordinateur, éventuellement secondé par des sous-coordinateurs, qui gèrent chacun un ensemble d'applications participantes.

L'exécution de l'atome BTP est *atomique* (tout ou rien) et son résultat reste *durable*.

Les cohésions BTP

Une cohésion BTP possède un ensemble de propriétés qui lui donnent une position intermédiaire entre les transactions et les activités telles que nous les avons définies. Une cohésion BTP peut être organisée en une structure arborescente de sous-cohésions, similaire à l'arbre de décomposition de l'activité.

Les cohésions BTP relâchent les propriétés d'atomicité, d'isolation et de durabilité des transactions :

- les résultats d'une cohésion BTP peuvent être organisés en sous-ensembles ;

- les états intermédiaires et non confirmés peuvent être visibles ;
- une partie des résultats peut être volatile (non durable).

Le niveau et le point de relâchement des contraintes est généralement négocié entre le coordinateur et les participants : de ce fait, le coordinateur d'une cohésion BTP joue un rôle beaucoup plus complexe que le coordinateur d'un atome BTP.

BTP ne contient pas de formalisme pour définir des conversations ni pour concevoir ou orchestrer des processus métier, mais se pose plutôt comme une technologie utilisable pour mettre en œuvre des langages de scénarios de processus métier.

Les implémentations

BTP est le premier effort de spécification dans le domaine de la gestion des transactions pour les services Web. Cet effort s'est concrétisé dans plusieurs implémentations. La première est le produit de Hewlett-Packard HP Web Services Transactions (HP WST). Ce produit a une valeur purement historique car, à cause d'un changement d'orientation de Hewlett-Packard, il n'est plus commercialisé ni disponible au téléchargement (depuis le 15 septembre 2002).

Collaxa (*http://www.collaxa.com*), qui, avec HP, a produit une des premières implémentations BTP, est ensuite « passée à la concurrence » et aujourd'hui Collaxa 2.0 est la première implémentation de l'ensemble BPEL/WS-Coordination/WS-Transaction.

Autres implémentations :

- Arjuna : Web Services Transactioning (WST), voir *http://www.arjuna.com/products/arjunawst/index.html* ;
- Choreology : Cohesions 1.0, voir *http://www.choreology.com* ;
- Expertlog : Oasis-BTP ObjectWeb implementation with JOTM 0.3 alpha, voir *http://alpha.experlog.com/xml/btp* ;
- SourceForge : voir *http://debian-sf.objectweb.org/projects/btp*.

Conclusion

La spécification BTP est riche mais relativement complexe. L'engagement de BEA, un initiateur de BTP, avec IBM et Microsoft sur les technologies de l'ensemble WS-Coordination, WS-Transaction et BPEL, laisse entendre que BTP doit être considéré comme une première expérience riche d'enseignements mais qui ne donnera pas lieu à des implémentations suivies.

WS-Coordination et WS-Transaction

L'ensemble formé par WS-Coordination et WS-Transaction permet la mise en œuvre de processus métier selon le modèle des transactions et des activités. Ces spécifications sont complémentaires à une troisième spécification, BPEL (Business Process Execution Language for Web Services), qui définit un langage pour l'écriture de scénarios : ces scénarios décrivent en fait le protocole de coopération applicative entre les tâches d'un processus métier. Les trois spécifications, dont les auteurs sont IBM, Microsoft et BEA, sont parues à quelques jours de distance (31 juillet 2002 et 9 août 2002).

La relation entre ces spécifications réside dans le fait que le moteur réparti d'exécution des scénarios mis en œuvre par les éditeurs (et avant tout par IBM, Microsoft et BEA) sur des environnements d'exécution hétérogènes s'appuie, pour les protocoles de coordination des transactions et des activités, sur WS-Coordination et WS-Transaction. Une description de BPEL est présentée chapitre 21, et le chapitre 25 illustre l'utilisation de BPEL, WS-Coordination et WS-Transaction dans une étude de cas.

Les références aux spécifications

Web Services Coordination (WS-Coordination) – 9 August 2002 :

– BEA : *http://dev2dev.bea.com/techtrack/ws-coordination.jsp* ;

– IBM : *http://www-106.ibm.com/developerworks/library/ws-coor* ;

– Microsoft : *http://msdn.microsoft.com/library/default.asp?url=/library/en-us/dnglobspec/html/wscoordspecindex.asp.*

Par la suite, on nommera ce document WS-Coordination.

Web Services Transaction (WS-Transaction) – 9 August 2002 :

– BEA : *http://dev2dev.bea.com/techtrack/ws-transaction.jsp* ;

– IBM : *http://www-106.ibm.com/developerworks/webservices/library/ws-transpec/* ;

– Microsoft : *http://msdn.microsoft.com/library/default.asp?url=/library/en-us/dnglobspec/html/ws-transaction.asp.*

Par la suite, on nommera :

– ce document dans son intégralité WS-Transaction ;

– la partie 1 de ce document (*Atomic Transaction*), WS-Transaction-AT ;

– la partie 2 de ce document (*Business Activity*), WS-Transaction-BA.

Schémas XSD et déclarations WSDL

WS-Coordination :

– *http://schemas.xmlsoap.org/ws/2002/08/wscoor/wscoor.xsd* ;

– *http://schemas.xmlsoap.org/ws/2002/08/wscoor/wscoor.wsdl.*

WS-Transaction-AT :

– *http://schemas.xmlsoap.org/ws/2002/08/wstx/wstx.xsd* ;

– *http://schemas.xmlsoap.org/ws/2002/08/wstx/wstx.wsdl.*

WS-Transaction-BA :

– *http://schemas.xmlsoap.org/ws/2002/08/wsba/wsba.xsd* ;

– *http://schemas.xmlsoap.org/ws/2002/08/wsba/wsba.wsdl.*

Un schéma avec des types et des structures d'appoint :

http://schemas.xmlsoap.org/ws/2002/07/utility/utility.xsd.

Les vocabulaires XML et les préfixes

Préfixe	Vocabulaire XML
wscoor	http://schemas.xmlsoap.org/ws/2002/08/wscoor
wstx	http://schemas.xmlsoap.org/ws/2002/08/wstx
wsba	http://schemas.xmlsoap.org/ws/2002/08/wsba
wsu	http://schemas.xmlsoap.org/ws/2002/07/utility
wsdl	http://schemas.xmlsoap.org/wsdl/
xsd	http://www.w3.org/2001/XMLSchema
SOAP-ENV	http://schemas.xmlsoap.org/soap/envelope/
ens	(Préfixe pour un vocabulaire XML applicatif utilisé dans les exemples)

> **BPEL**
>
> *Business Process Execution Language for Web Services, Version 1.0 - 31 July 2002 :* voir *http://www-106.ibm.com/developerworks/webservices/library/ws-bpel.*

L'architecture des spécifications

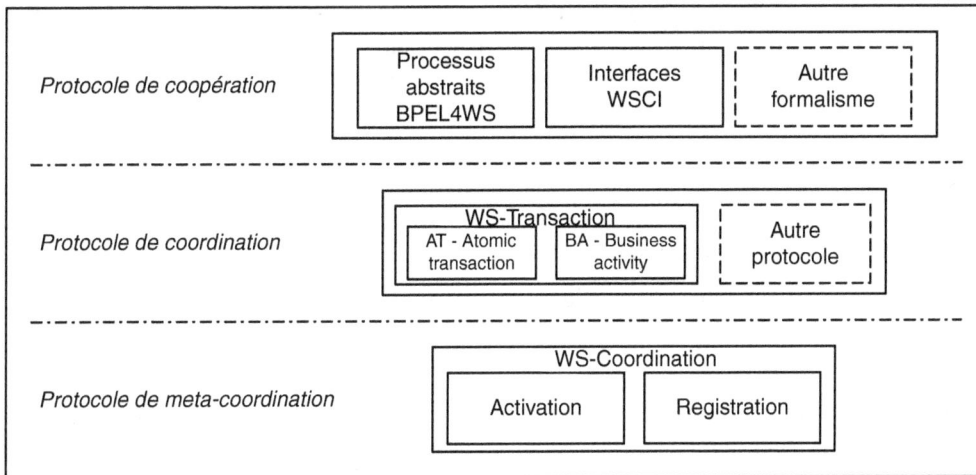

Figure 20-1

Architecture des protocoles de coordination et de coopération.

L'architecture générale des spécifications de l'ensemble WS-Coordination et WS-Transaction et de ses relations avec les protocoles de coopération applicatifs est illustrée figure 20-1.

WS-Coordination est un protocole de métacoordination dans le sens qu'il permet de fixer le cadre générique dans lequel un protocole de coordination spécifique peut se mettre en œuvre. Il est composé de deux sous-protocoles distincts (*activation* et *registration*), qui permettent respectivement de constituer un *contexte de coordination* pour tout protocole de coordination spécifique et, pour les applications intervenantes, de s'enregistrer dans le contexte de coordination.

Un contexte de coordination est utilisé par un protocole de coordination spécifique. WS-Transaction spécifie deux protocoles de coordination spécifiques, adaptées respectivement à la coordination des transactions et des activités (respectivement WS-Transaction-AT et WS-Transaction-BA). Par ailleurs, WS-Coordination peut être utilisé pour la mise en œuvre d'autres protocoles de coordination spécifiques, adaptés à d'autres utilisations.

Les protocoles de coordination WS-Transaction sont utilisés par les protocoles de coopération applicatifs. Par leur utilisation, la coopération des applications se déroule successivement dans le cadre de la gestion des transactions et dans celui de la gestion des activités.

Les protocoles de coopération applicatifs sont spécifiés au moyen de langages de description des processus métier. Ces langages sont présentés dans le chapitre 21, « Gestion des processus métier ».

Parmi ces langages, BPEL est celui qui utilise directement WS-Coordination et WS-Transaction (les trois spécifications font partie en réalité d'un ensemble qui a été défini de façon coordonnée), mais l'ensemble WS-Coordination/WS-Transaction pourrait être utilisé par d'autres langages.

La sécurité

Les spécifications WS-Coordination et WS-Transaction recommandent « fortement » l'utilisation de WS-Security pour garantir l'authentification des interlocuteurs et l'intégrité des messages échangés dans le cadre des protocoles de métacoordination (activation et registration) et de protocoles de coordination spécifiques. Notamment, l'utilisation extensive de la *signature* est recommandée, sur l'intégralité des messages, afin d'éviter la réutilisation frauduleuse de contextes de coordination et de parties des messages.

Les spécifications recommandent également aux développeurs d'apporter une attention particulière aux dangers d'attaque en saturation (*denial of service*) en direction notamment des prestataires de services de métacoordination et des coordinateurs.

Le chapitre 19 traite, de manière spécifique, de la gestion de la sécurité.

Le style d'échange

Tous les protocoles définis dans les spécifications WS-Coordination et WS-Transaction, c'est-à-dire les protocoles de métacoordination (activation et registration) et les protocoles de coordination spécifiques (coordination des transactions et coordination des activités), sont toujours définis au moyen d'un couple d'interfaces : une interface coordinateur et une interface participant.

Au lieu de proposer une seule interface pour le prestataire du service de coordination avec des interactions de type requête/réponse, la spécification formalise systématiquement un couple d'interfaces avec des messages à sens unique. Les différents protocoles se chargent, pour un coordinateur et un participant donné, de la corrélation entre la « requête » et la « réponse », en sachant que chaque message applicatif fait référence au contexte de coordination dans lequel il s'inscrit.

Cette approche permet d'étendre la notion de *rôle*. Le rôle d'un agent logiciel est défini par l'ensemble d'interfaces coordinateur et participant qu'il implémente. On verra que dans la gestion des activités, une application participante peut implémenter une interface coordinateur et jouer le rôle de coordinateur pour d'autres applications. À l'inverse, un coordinateur technique peut implémenter une interface participant d'un protocole de coordination et déléguer certaines activités de coordination à un autre coordinateur. L'approche par rôle offre une grande souplesse dans la mise en œuvre de l'architecture répartie.

La fiabilité de l'échange

La fiabilité de l'échange ne fait pas l'objet d'attention particulière dans les spécifications, sauf dans la spécification WS-Transaction-BA, qui pose les exigences et contraintes de conception pour l'implémentation du protocole de coordination d'activités (du côté coordinateur comme du côté participant) suivantes :

- Toutes les transitions d'état du protocole de coordination doivent être sauvegardées, avec l'état de l'application et les métadonnées de coordination.

- Tout message qui met en œuvre une requête logique doit être suivi par un accusé de réception.

- L'émetteur de la requête peut renvoyer son message de requête s'il ne reçoit pas le message de réponse après un délai d'attente qu'il fixe lui-même, indépendamment du fait qu'il ait reçu l'accusé de réception. Le répondeur doit être capable de reconnaître et de traiter les doublons.

Ces hypothèses de conception sont en fait des exigences sur la fiabilité de l'échange (transmission au moins une fois des messages, gestion des doublons, résistance aux pannes franches des interlocuteurs par persistance des états de l'échange). En revanche, il n'y a pas d'exigence particulière d'échange fiable pour le protocole de coordination des transactions (WS-Transaction-AT), sauf la gestion des doublons. Sur le rôle de la fiabilité de l'échange dans l'architecture des spécifications des services Web, le lecteur peut se reporter au chapitre 18.

Les protocoles de métacoordination

Nous avons vu que le protocole de métacoordination est composé de deux protocoles distincts :

- le protocole d'activation ;
- le protocole de registration.

Le protocole d'activation sert à constituer ce que l'on appelle le contexte de coordination, qui est ensuite utilisé par les applications pour s'y enregistrer, à l'aide du protocole de registration.

Le protocole d'activation

Pour fonctionner, le protocole d'activation demande l'implémentation de deux interfaces abstraites :

- l'interface coordinateur ;
- l'interface participant.

Voici d'abord, la définition des messages :

```
<wsdl:message name="CreateCoordinationContext">
  <wsdl:part name="parameters" element="wscoor:CreateCoordinationContext"/>
</wsdl:message>
<wsdl:message name="CreateCoordinationContextResponse">
  <wsdl:part name="parameters"
    element="wscoor:CreateCoordinationContextResponse"/>
</wsdl:message>
<wsdl:message name="Error">
  <wsdl:part name="parameters" element="wscoor:Error"/>
</wsdl:message>
```

L'interface coordinateur

```
<wsdl:portType name="ActivationCoordinatorPortType">
  <wsdl:operation name="CreateCoordinationContext">
    <wsdl:input message="wscoor:CreateCoordinationContext"/>
  </wsdl:operation>
</wsdl:portType>
```

Le type de l'élément `CreateCoordinationContext` est le suivant :

```xml
<xsd:complexType name="CreateCoordinationContextType">
  <xsd:sequence>
    <xsd:element name="ActivationService" type="wsu:PortReferenceType"/>
    <xsd:element ref="wsu:Expires" minOccurs="0"/>
    <xsd:element name="CurrentContext" type="wscoor:CoordinationContextType"
      minOccurs="0"/>
    <xsd:element name="RequesterReference" type="wsu:PortReferenceType"/>
    <xsd:element name="CoordinationType" type="xsd:anyURI"/>
    <xsd:any namespace="##any" processContents="lax" minOccurs="0"
      maxOccurs="unbounded"/>
  </xsd:sequence>
  <xsd:anyAttribute namespace="##other" processContents="lax"/>
</xsd:complexType>
<xsd:element name="CreateCoordinationContext"
  type="wscoor:CreateCoordinationContextType"/>
```

Le message `CreateCoordinationContext` est utilisé pour demander à un coordinateur, prestataire du service d'activation, la création et la restitution d'un contexte de coordination pour un protocole de coordination désigné. Le coordinateur prestataire du service d'activation n'est pas forcément celui qui va assumer le rôle de coordinateur pour le protocole de coordination spécifique.

Voici le gabarit du message :

```xml
<wscoor:CreateCoordinationContext>
  <wscoor:ActivationService>
    <wsu:Address>wsu:AttributedURI</wsu:Address>
  </wscoor:ActivationService>
  <wscoor:RequesterReference>
    <wsu:Address>wsu:AttributedURI</wsu:Address>
  </wscoor:RequesterReference>
  <wscoor:CoordinationType>xsd:anyURI</wscoor:CoordinationType>
  <wsu:Expires>wsu:AttributedDateTime</wsu:Expires>?
  <wscoor:CurrentContext>wscoor:CoordinationContextType</wscoor:CurrentContext>?
  <!-- extensibility elements and attributes ->
  …
</wscoor:CreateCoordinationContext>
```

Éléments de la demande de création d'un contexte de coordination

Élément	Description
`wscoor:ActivationService/wsu:Address`	Référence du port du coordinateur prestataire du service d'activation.
`wscoor:RequesterReference/wsu:Address`	Référence du port du participant client du service d'activation.
`wscoor:CoordinationType`	Identifiant (URI) du protocole de coordination (type de coordination) pour lequel le contexte de coordination demandé va être utilisé.
`wsu:Expires`	Optionnel. La date d'expiration du contexte créé.

Éléments de la demande de création d'un contexte de coordination *(suite)*

Élément	Description
`wscoor:CurrentContext`	Optionnel. Lorsqu'il n'est pas valorisé, le contexte de coordination créé suite à la demande de création est le contexte d'une nouvelle transaction ou activité (avec un nouvel identifiant). Lorsqu'il est valorisé, le contexte créé est un contexte subordonné au contexte courant et fait référence à la même transaction ou activité de ce contexte courant, avec un port de registration différent. Par ce biais, il est possible de créer une *hiérarchie de contextes* de coordination pour la même activité ou transaction.
L'élément d'extensibilité et ses attributs.	Il est prévu d'héberger des éléments d'extension qui véhiculent des informations spécifiques voire dépendantes des applications impliquées.

L'interface participant

```
<wsdl:portType name="ActivationRequesterPortType">
  <wsdl:operation name="CreateCoordinationContextResponse">
  <wsdl:input message="wscoor:CreateCoordinationContextResponse"/>
  </wsdl:operation>
  <wsdl:operation name="Error">
    <wsdl:input message="wscoor:Error"/>
  </wsdl:operation>
</wsdl:portType>
```

Voici le type de l'élément `CreateCoordinationContextResponse` :

```
<xsd:complexType name="CreateCoordinationContextResponseType">
  <xsd:sequence>
    <xsd:element name="RequesterReference" type="wsu:PortReferenceType"/>
    <xsd:element name="CoordinationContext"
      type="wscoor:CoordinationContextType" minOccurs="0"/>
    <xsd:any namespace="##other" processContents="lax" minOccurs="0"
      maxOccurs="unbounded"/>
  </xsd:sequence>
  <xsd:anyAttribute namespace="##other" processContents="lax"/>
</xsd:complexType>
<xsd:element name="CreateCoordinationContextResponse"
```

Le gabarit du message de réponse en cas de succès est le suivant :

```
<wscoor:CreateCoordinationContextResponse>
  <wscoor:RequesterReference>
    <wsu:Address>wsu:AttributedURI</wsu:Address>
  </wscoor:RequesterReference>
  <wscoor:CoordinationContext>
    <wsu:Identifier>wsu:AttributedURI</wsu:Identifier>
    <wscoor:CoordinationType>xsd:anyURI</wscoor:CoordinationType>
    <wscoor:RegistrationService>
      <wsu:Address>wsu:AttributedURI</wsu:Address>
    </wscoor:RegistrationService>
  </wscoor:CoordinationContext>
```

```
<!-- extensibility elements and attributes -->
...
</wscoor:CreateCoordinationContextResponse>
```

Éléments de la réponse à la demande de création de contexte de coordination

Élément	Description
wscoor:RequesterReference/wsu:Address	Référence du port du participant client du service d'activation.
wscoor:CoordinationContext	Le contexte de coordination créé par le coordinateur prestataire du service d'activation. Il sera présenté en détail dans la prochaine section.
L'élément d'extensibilité et ses attributs.	Il est prévu d'héberger des éléments d'extension qui véhiculent des informations spécifiques voire dépendantes des applications impliquées.

Le type d'Error est le suivant :

```
<xsd:complexType name="ErrorType">
  <xsd:sequence>
    <xsd:element name="TargetProtocolService" type="wsu:PortReferenceType"/>
    <xsd:element name="Errorcode" type="xsd:QName"/>
    <xsd:any namespace="##any" processContents="lax" minOccurs="0"
      maxOccurs="unbounded"/>
  </xsd:sequence>
</xsd:complexType>
<xsd:element name="Error" type="wscoor:ErrorType"/>
```

Voici le gabarit de la réponse en cas d'échec (erreur wscoor) :

```
<wscoor:Error>
  <wscoor:TargetProtocolService>
    <wsu:Address/>
  </wscoor:TargetProtocolService>
  <wscoor:Errorcode>wscoor:InvalidCreateParameters</wscoor:Errorcode>
  <!-- extensibility elements and attributes -->
  ...
</wscoor:Error>
```

Le code d'erreur wscoor:InvalidCreateParameters véhicule l'information selon laquelle les arguments de la demande de création d'un contexte de coordination sont invalides. wscoor:TargetProtocolService est utilisé pour les retours d'erreur du service de registration.

Le contexte de coordination

Le contexte de coordination CoordinationContext, créé à la demande via le message CreateCoordinationContext et récupéré dans le message CreateCoordinationContextResponse, est utilisé ensuite par l'application qui en fait la demande pour passer aux applications participantes les informations relatives à la coordination. Cet élément est placé comme entrée de l'en-tête SOAP de messages applicatifs.

En voici le schéma :

```
<xsd:element name="CoordinationContext" type="wscoor:CoordinationContextType"/>
```

```xsd
<xsd:complexType name="CoordinationContextType" abstract="false">
  <xsd:complexContent>
    <xsd:extension base="wsu:ContextType">
      <xsd:sequence>
        <xsd:element name="CoordinationType" type="xsd:anyURI"/>
        <xsd:element name="RegistrationService"
          type="wsu:PortReferenceType"/>
        <xsd:any namespace="##any" processContents="lax" minOccurs="0"
          maxOccurs="unbounded"/>
      </xsd:sequence>
    </xsd:extension>
  </xsd:complexContent>
</xsd:complexType>
```

Le contexte de coordination contient deux informations capitales pour la mise en œuvre concrète du protocole de coordination :

- Il fixe le protocole de coordination objet du contexte via l'élément CoordinationType.

- Il donne accès au coordinateur prestataire du service de registration (RegistrationService).

Le type wscoor:CoordinationContextType est une extension du type wsu:ContextType. Il est doté d'un identifiant et, éventuellement, d'une date d'expiration. La définition de ces éléments est dans le schéma « utilitaire » wsu, dont voici un extrait :

```xsd
<xsd:complexType name="ContextType" abstract="true">
  <xsd:sequence>
    <xsd:element ref="wsu:Expires" minOccurs="0"/>
    <xsd:element ref="wsu:Identifier"/>
  </xsd:sequence>
  <xsd:attributeGroup ref="wsu:commonAtts"/>
</xsd:complexType>
<xsd:attributeGroup name="commonAtts">
  <xsd:attribute ref="wsu:Id" use="optional"/>
  <xsd:anyAttribute namespace="##other" processContents="lax"/>
</xsd:attributeGroup>
<xsd:element name="Expires" type="wsu:AttributedDateTime"/>
<xsd:element name="Identifier" type="wsu:AttributedURI"/>
<xsd:complexType name="AttributedDateTime">
  <xsd:simpleContent>
    <xsd:extension base="xsd:string">
      <xsd:attribute name="ValueType" type="xsd:QName"/>
      <xsd:attributeGroup ref="wsu:commonAtts"/>
    </xsd:extension>
  </xsd:simpleContent>
</xsd:complexType>
<xsd:complexType name="AttributedURI">
  <xsd:simpleContent>
    <xsd:extension base="xsd:anyURI">
      <xsd:attributeGroup ref="wsu:commonAtts"/>
    </xsd:extension>
  </xsd:simpleContent>
```

```
</xsd:complexType
```

L'usage du contexte de coordination

Le contexte de coordination est ensuite propagé et rappelé, toujours comme entrée d'en-tête d'un message SOAP applicatif (par exemple, une requête qui entraîne des traitements exécutés dans le cadre du contexte de coordination).

Voici le gabarit d'une telle requête :

```
<SOAP-ENV:Envelope>
  <SOAP-ENV:Header>
    <wscoor:CoordinationContext>
      <wsu:Expires>wsu:AttributedDateTime</wsu:Expires>
      <wsu:Identifier>wsu:AttributedURI</wsu:Identifier>
      <wscoor:CoordinationType>xsd:anyURI</wscoor:CoordinationType>
      <wscoor:RegistrationService>
        <wsu:Address>wsu:PortReferenceType</wsu:Address>
      </wscoor:RegistrationService>
      <!-- extensibility elements and attributes -->

      ...
    </wscoor:CoordinationContext>

    ...
  </SOAP-ENV:Header>
  <SOAP-ENV:Body>

    ...
  </SOAP-ENV:Body>
</SOAP-ENV:Envelope>
```

Le protocole de registration

Comme pour le protocole d'activation, le protocole de registration est mis en œuvre à l'aide de deux interfaces :

- l'interface coordinateur ;
- l'interface participant.

Le protocole de registration donne la possibilité de distinguer, pour le coordinateur comme pour le participant, deux ports (quatre en tout) :

- un port qui gère le protocole de registration proprement dit (prestataire du service de registration) et qui est fourni par le coordinateur prestataire du service d'activation ;
- un port qui gère le protocole de coordination spécifique objet de l'enregistrement (coordinateur spécialisé).

Par ce truchement, il est donc possible de distinguer, à l'intérieur du coordinateur (dont l'architecture d'agrégation de services sera détaillée par la suite), le port en charge des registrations du port en charge des interactions propres au protocole spécifique de coordination. De même, une application qui participe au contexte de coordination pourra utiliser un port spécialisé pour dialoguer avec le coordinateur du protocole spécialisé différent du port qu'elle a utilisé pour s'enregistrer.

Voici la définition des messages :

```
<wsdl:message name="Register">
  <wsdl:part name="parameters" element="wscoor:Register"/>
</wsdl:message>
<wsdl:message name="RegisterResponse">
  <wsdl:part name="parameters" element="wscoor:RegisterResponse"/>
</wsdl:message>
<wsdl:message name="Error">
  <wsdl:part name="parameters" element="wscoor:Error"/>
</wsdl:message>
```

L'interface coordinateur

```
<wsdl:portType name="RegistrationCoordinatorPortType">
  <wsdl:operation name="Register">
    <wsdl:input message="wscoor:Register"/>
  </wsdl:operation>
</wsdl:portType>
```

Le type de Register est le suivant :

```
<xsd:complexType name="RegisterType">
  <xsd:sequence>
    <xsd:element name="RegistrationService" type="wsu:PortReferenceType"/>
    <xsd:element name="RequesterReference" type="wsu:PortReferenceType"/>
    <xsd:element name="ProtocolIdentifier" type="xsd:anyURI"/>
    <xsd:element name="ParticipantProtocolService"
      type="wsu:PortReferenceType"/>
    <xsd:any namespace="##any" processContents="lax" minOccurs="0"
      maxOccurs="unbounded"/>
  </xsd:sequence>
  <xsd:anyAttribute namespace="##other" processContents="lax"/>
</xsd:complexType>
<xsd:element name="Register" type="wscoor:RegisterType"/>
```

Voici le gabarit du message :

```
<wscoor:Register>
  <wscoor:RegistrationService>
   <wsu:Address>wsu:AttributedURI</wsu:Address>
  </wscoor:RegistrationService>
  <wscoor:RequesterReference>
   <wsu:Address>wsu:AttributedURI</wsu:Address>
  </wscoor:RequesterReference>
  <wscoor:ProtocolIdentifier>xsd:anyURI</wscoor:ProtocolIdentifier>
  <wscoor:ParticipantProtocolService>
   <wsu:Address>wsu:AttributedURI</wsu:Address>
  </wscoor:ParticipantProtocolService>
  <!-- extensibility elements and attributes -->
  ...
</wscoor:Register>
```

Éléments de la demande d'enregistrement

Elément	Description
`wscoor:RegistrationService`	Référence du port du coordinateur prestataire du service de registration.
`wscoor:RequesterReference`	Référence du port du participant client du service de registration.
`wscoor:ProtocolIdentifier`	Identifiant du protocole bilatéral de coordination auprès duquel le client s'enregistre. Pour la liste des identifiants des protocoles bilatéraux de WS-Transaction-AT et WS-Transaction-BA, voir les sections concernées.
`wscoor:ParticipantProtocolService`	Référence du port du participant à utiliser par le protocole de coordination spécifique.
L'élément d'extensibilité et ses attributs.	Il est prévu d'héberger des éléments d'extension qui véhiculent des informations spécifiques voire dépendantes des applications impliquées.

L'interface participant

```
<wsdl:portType name="RegistrationRequesterPortType">
  <wsdl:operation name="RegisterResponse">
    <wsdl:input message="wscoor:RegisterResponse"/>
  </wsdl:operation>
  <wsdl:operation name="Error">
    <wsdl:input message="wscoor:Error"/>
  </wsdl:operation>
</wsdl:portType>
```

Le type de `wscoor:RegisterResponse` est le suivant :

```
<xsd:complexType name="RegisterResponseType">
  <xsd:sequence>
    <xsd:element name="RequesterReference" type="wsu:PortReferenceType"/>
    <xsd:element name="CoordinatorProtocolService"
      type="wsu:PortReferenceType"/>
    <xsd:any namespace="##any" processContents="lax" minOccurs="0"
      maxOccurs="unbounded"/>
  </xsd:sequence>
  <xsd:anyAttribute namespace="##other" processContents="lax"/>
</xsd:complexType>
```

Voici le gabarit du message `wscoor:RegisterResponse` :

```
<wscoor:RegisterResponse>
  <wscoor:RequesterReference>
    <wsu:Address>wsu:AttributedURI</wsu:Address>
  </wscoor:RequesterReference>
  <wscoor:CoordinatorProtocolService>
    <wsu:Address>wsu:AttributedURI</wsu:Address>
  </wscoor:CoordinatorProtocolService>
  <!-- extensibility elements and attributes -->
  ...
</wscoor:RegisterResponse>
```

Éléments de la réponse à la demande d'enregistrement

Élément	Description
wscoor:RequesterReference	Référence du port du participant client du service de registration.
wscoor:CoordinatorProtocolService	Référence du port du coordinateur à utiliser par le protocole bilatéral de coordination spécifique.
L'élément d'extensibilité et ses attributs.	Il est prévu d'héberger des éléments d'extension qui véhiculent des informations spécifiques voire dépendantes des applications impliquées.

Le gabarit de la réponse en cas d'échec (erreur `wscoor`) est le suivant :

```
<wscoor:Error>
  <wscoor:TargetProtocolService>
    <wsu:Address>wsu:AttributedURI</wsu:Address>
  </wscoor:TargetProtocolService>
  <wscoor:Errorcode>xsd:QName</wscoor:Errorcode>
  <!-- extensibility elements and attributes -->
  …
</wscoor:Error>
```

Éléments du message d'erreur de registration

Élément	Description
wscoor:TargetProtocolService	La référence du port du coordinateur du protocole de coordination spécifique.
wscoor:Errorcode	Voir le tableau ci-après.
Les éléments d'extensibilité et leurs attributs.	Il est prévu d'héberger des éléments d'extension qui véhiculent des informations spécifiques voire dépendantes des applications impliquées.

Erreurs de registration

Code d'erreur	Description
wscoor:AlreadyRegistered	Le participant s'est déjà enregistré pour le même protocole de coordination sous le même identifiant de contexte de coordination.
wscoor:InvalidState	L'état du coordinateur prestataire du service de registration ne permet pas d'effectuer d'enregistrements.
wscoor:InvalidProtocol	Le protocole bilatéral de coordination spécifique n'est pas pris en charge.
wscoor:NoActivity	Le contexte de coordination n'existe pas.

Le rôle « générique » de coordinateur

Le rôle générique de coordinateur, est issu de la mise en œuvre conjointe :

- de l'interface coordinateur d'activation (WS-Coordination) : la mise en œuvre de ce service est optionnelle ;
- de l'interface coordinateur de registration (WS-Coordination) ;

- d'un nombre variable d'interfaces coordinateur de protocoles de coordination spécifiques (par exemple les protocoles de coordination des transactions et des activités définis dans WS-Transaction) ;

- d'un nombre variable d'interfaces participant des protocoles de métacoordination et de coordination qui lui permettent de déléguer des activités de coordination.

Un rôle de coordination minimaliste prend en charge l'interface coordinateur de registration et l'interface coordinateur d'un protocole de coordination spécifique.

Les protocoles de coordination spécifiques

La spécification WS-Transaction formalise deux protocoles de coordination :

- Le *protocole de coordination des transactions* (WS-Transaction-AT) : c'est le protocole de coordination des tâches dans le cadre d'une transaction. En fait, il s'agit de la formalisation du *protocole multilatéral de confirmation en deux étapes* en technologie de services Web.

- Le *protocole de coordination des activités* (WS-Transaction-BA) : il s'agit d'un protocole de coordination de tâches dans le cadre d'une activité. Le protocole prévoit explicitement l'usage d'activités de *gestion d'exceptions* et de *compensation*.

Ces deux protocoles peuvent être combinés : les tâches feuilles, dans un arbre de décomposition d'une activité, peuvent être exécutées dans le cadre de transactions.

Identifiants des protocoles de coordination spécifiques

L'identifiant (URI) du protocole de coordination des transactions WS-Transaction-AT est : `http://schemas.xmlsoap.org/ws/2002/08/wstx`.

L'identifiant (URI) du protocole de coordination des activités WS-Transaction-BA est : `http://schemas.xmlsoap.org/ws/2002/08/wsba`.

Le protocole de coordination des transactions

Tous les éléments qui servent à construire les messages du protocole de coordination WS-Transaction-AT sont de type `wstx:Notification`. En voici la définition dans le schéma XSD `wstx` :

```
<xsd:complexType name="Notification">
  <xsd:sequence>
    <xsd:element name="TargetProtocolService" type="wsu:PortReferenceType"/>
    <xsd:element name="SourceProtocolService" type="wsu:PortReferenceType"/>
    <xsd:any namespace="##other" processContents="lax" minOccurs="0"
      maxOccurs="unbounded"/>
  </xsd:sequence>
  <xsd:anyAttribute namespace="##other" processContents="lax"/>
</xsd:complexType>
```

L'approche utilisée par la spécification est très simple. Prenons, par exemple, le cas du message de confirmation (`wstx:Commit`).

Nous trouvons d'abord l'élément dans le schéma XSD `wstx` :

```
<xsd:element name="Commit" type="wstx:Notification"/>
```

Ensuite vient le message dans la déclaration WSDL `wstx` :

```
<wsdl:message name="Commit">
  <wsdl:part name="parameters" element="wstx:Commit"/>
</wsdl:message>
```

Puis vient l'opération, incluse dans l'interface participant du protocole de confirmation en deux étapes :

```
<wsdl:operation name="Commit">
  <wsdl:input message="wstx:Commit"/>
</wsdl:operation>
```

Le message SOAP qui véhicule dans le corps le message de coordination contient comme entrée de l'en-tête le contexte de coordination. Voici le gabarit du message :

```
<SOAP-ENV:Envelope>
  <SOAP-ENV:Header>
    <wscoor:CoordinationContext>
      <wsu:Expires>wsu:AttributedDateTime</wsu:Expires>
      <wsu:Identifier>wsu:AttributedURI</wsu:Identifier>
      <wscoor:CoordinationType>
        http://schemas.xmlsoap.org/ws/2002/08/wstx
      </wscoor:CoordinationType>
      <wscoor:RegistrationService>
        <wsu:Address>wsu:PortReferenceType1</wsu:Address>
      </wscoor:RegistrationService>
      <!-- extensibility elements and attributes -->
      …
    </wscoor:CoordinationContext>
    …
  </SOAP-ENV:Header>
  <SOAP-ENV:Body>
    <wstx:Commit>
      <wstx:TargetProtocolService>
        wsu:PortReferenceType2
      </wstx:TargetProtocolService>
      <wstx:SourceProtocolService>
        wsu:PortReferenceType3
      </wstx:SourceProtocolService>
    </wstx:Commit>
  </SOAP-ENV:Body>
</SOAP-ENV:Envelope>
```

Attention aux ports :

- le port *wsu:PortReferenceType1* est le port de registration du coordinateur ;
- le port *wsu:PortReferenceType2* est le port de coordination du participant ;
- le port *wsu:PortReferenceType3* est le port de coordination du coordinateur.

Les autres messages, opérations et interfaces spécifiés dans WS-Transaction sont tous définis en suivant l'approche que l'on vient de présenter dans cet exemple.

La spécification WS-Transaction-AT définit en fait cinq *protocoles bilatéraux de coordination*, formalisés chacun par un couple d'interfaces (une pour le coordinateur et une pour le participant) et un protocole de conversation formalisé par un graphe d'états. On peut regretter que le protocole de conversation ne soit pas formalisé dans un langage XML, alors que des formalismes de représentation de protocoles de conversation ont été proposés.

> **Formalisme XML pour définir des protocoles de conversation**
>
> Une spécification simple et élégante a été soumise par Hewlett-Packard avec la note :
>
> WSCL Web Services Conversation Language (WSCL) 1.0 - W3C Note 14 March 2002 (voir *http://www.w3.org/TR/wscl10*).

Le protocole multilatéral WS-Transaction-AT est mis en œuvre par la combinaison de protocoles bilatéraux entre le coordinateur et les participants au contexte de coordination. Un schéma comprenant plusieurs protocoles bilatéraux est illustré figure 20-8.

Les cinq protocoles bilatéraux sont :

- le protocole bilatéral de terminaison (*Completion*) ;
- le protocole bilatéral de terminaison avec acquittement (*CompletionWithAck*) ;
- le protocole bilatéral d'étape zéro (*PhaseZero*) ;
- le protocole bilatéral de confirmation en deux étapes (*2PC*) ;
- le protocole bilatéral de notification d'issue (*OutcomeNotification*).

Les identifiants des protocoles bilatéraux WS-Transaction-AT, à citer comme valeur de l'élément `wscoor:Register/wscoor:ProtocolIdentifier`, sont présentés dans le tableau suivant.

Tableau des identifiants des protocoles bilatéraux WS-Transaction-AT

Protocole	Identifiant
Terminaison	`http://schemas.xmlsoap.org/ws/2002/08/wstx/Completion`
Terminaison avec acquittement	`http://schemas.xmlsoap.org/ws/2002/08/wstx/CompletionWithAck`
Étape zéro	`http://schemas.xmlsoap.org/ws/2002/08/wstx/PhaseZero`
Confirmation en deux étapes	`http://schemas.xmlsoap.org/ws/2002/08/wstx/2PC`
Notification d'issue	`http://schemas.xmlsoap.org/ws/2002/08/wstx/OutcomeNotification`

Les diagrammes d'état que nous allons montrer dans les figures qui suivent sont simplifiés, car ils ne comprennent ni les états et messages d'erreur du protocole, ni les états de défaillance de l'échange.

Tous les graphes d'états des protocoles bilatéraux rentrent dans l'état *Active* dès l'enregistrement du participant auprès du coordinateur (`wscoor:Register`) avec identifiant du protocole bilatéral.

Le protocole bilatéral de terminaison

Le protocole bilatéral de terminaison est utilisé par une application (un participant) pour demander au coordinateur de confirmer ou annuler une transaction.

Voici l'interface coordinateur :

```
<wsdl:portType name="CompletionCoordinatorPortType">
  <wsdl:operation name="Commit">
    <wsdl:input message="wstx:Commit"/>
  </wsdl:operation>
  <wsdl:operation name="Rollback">
    <wsdl:input message="wstx:Rollback"/>
  </wsdl:operation>
  <wsdl:operation name="Unknown">
    <wsdl:input message="wstx:Unknown"/>
  </wsdl:operation>
  <wsdl:operation name="Error">
    <wsdl:input message="wstx:Error"/>
  </wsdl:operation>
</wsdl:portType>
```

Voici maintenant l'interface participant :

```
<wsdl:portType name="CompletionParticipantPortType">
  <wsdl:operation name="Committed">
    <wsdl:input message="wstx:Committed"/>
  </wsdl:operation>
  <wsdl:operation name="Aborted">
    <wsdl:input message="wstx:Aborted"/>
  </wsdl:operation>
  <wsdl:operation name="Error">
    <wsdl:input message="wstx:Error"/>
  </wsdl:operation>
</wsdl:portType>
```

Le diagramme d'état est présenté figure 20-2.

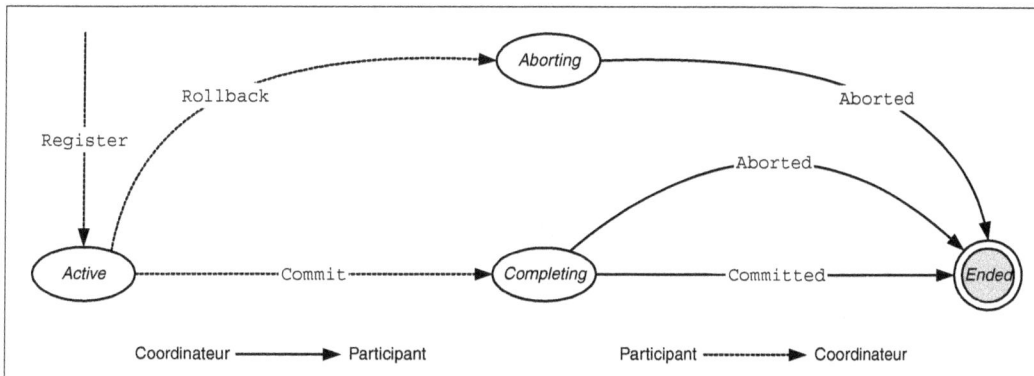

Figure 20-2

Protocole bilatéral de terminaison.

Le participant demande au coordinateur de confirmer (Commit) ou d'annuler (Rollback) une transaction. Le coordinateur répond avec une notification de confirmation (Committed) ou d'annulation (Aborted) de la transaction. La seule réponse possible à la demande d'annulation (Rollback) est la notification d'annulation (Aborted). Évidemment, le coordinateur peut répondre avec une notification d'annulation à une demande de confirmation, car, par exemple, la transaction est coordonnée par lui-même à l'aide d'un protocole de confirmation en deux étapes (voir plus loin la section consacrée à ce protocole) et une des applications participantes peut avoir notifié son arrêt en échec. Le coordinateur, après avoir libéré les ressources des participants par des demandes d'annulation, renvoie au demandeur une notification d'annulation (Aborted) de la transaction.

Le protocole bilatéral de terminaison avec acquittement

Le protocole de terminaison avec acquittement est une variante du protocole de terminaison que nous venons de présenter (voir figure 20-3), avec ajout de l'acquittement (Notified) à la notification de confirmation (Committed) ou d'annulation (Aborted) de la part du participant.

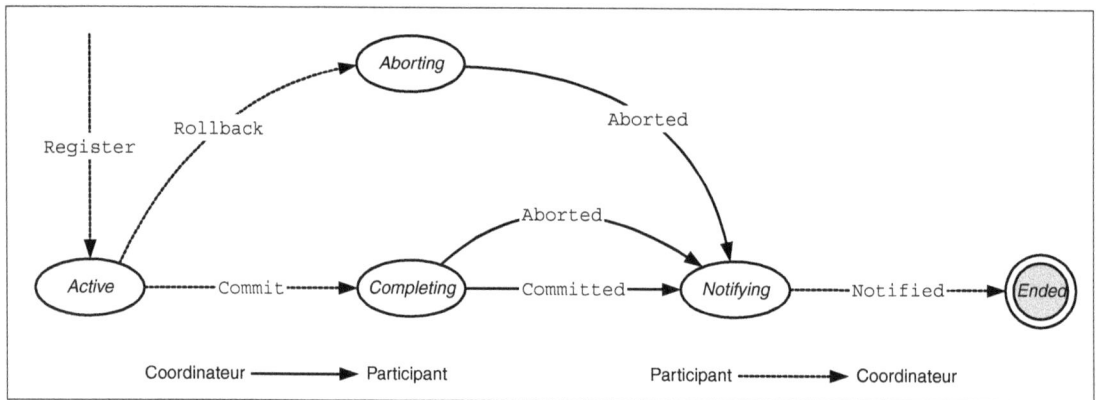

Figure 20-3

Protocole bilatéral de terminaison avec acquittement.

L'interface participant est identique à celle du protocole de terminaison « simple ». L'interface coordinateur est la même, si ce n'est qu'elle comporte en plus l'interaction Notified :

```
<wsdl:operation name="Notified">
  <wsdl:input message="wstx:Notified"/>
</wsdl:operation>
```

Le protocole bilatéral de confirmation en deux étapes

Le protocole bilatéral de confirmation en deux étapes permet à un coordinateur et à une application d'engager une conversation dans le cadre du protocole multilatéral qui permet à un ensemble d'applications de confirmer ou d'annuler une transaction répartie. Le diagramme d'état est présenté figure 20-4.

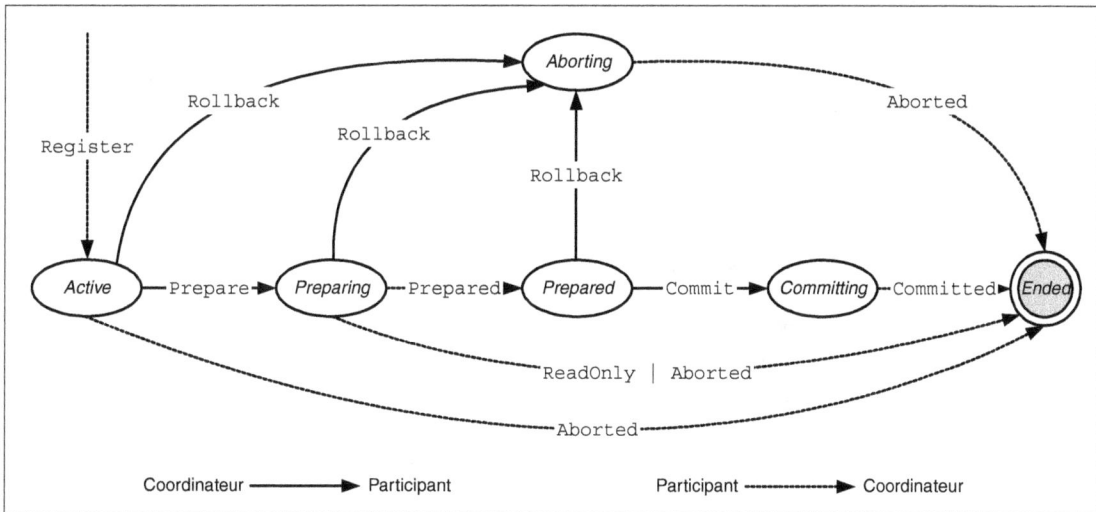

Figure 20-4

Protocole bilatéral de confirmation en deux étapes.

Voici l'interface participant :

```
<wsdl:portType name="2PCParticipantPortType">
  <wsdl:operation name="Prepare">
    <wsdl:input message="wstx:Prepare"/>
  </wsdl:operation>
  <wsdl:operation name="OnePhaseCommit">
    <wsdl:input message="wstx:OnePhaseCommit"/>
  </wsdl:operation>
  <wsdl:operation name="Commit">
    <wsdl:input message="wstx:Commit"/>
  </wsdl:operation>
  <wsdl:operation name="Rollback">
    <wsdl:input message="wstx:Rollback"/>
  </wsdl:operation>
  <wsdl:operation name="Notified">
    <wsdl:input message="wstx:Notified"/>
  </wsdl:operation>
  <wsdl:operation name="Unknown">
    <wsdl:input message="wstx:Unknown"/>
  </wsdl:operation>
```

```
    <wsdl:operation name="Error">
      <wsdl:input message="wstx:Error"/>
    </wsdl:operation>
  </wsdl:portType>
```

Et voici l'interface coordinateur :

```
<wsdl:portType name="2PCCoordinatorPortType">
  <wsdl:operation name="Prepared">
    <wsdl:input message="wstx:Prepared"/>
  </wsdl:operation>
  <wsdl:operation name="Aborted">
    <wsdl:input message="wstx:Aborted"/>
  </wsdl:operation>
  <wsdl:operation name="ReadOnly">
    <wsdl:input message="wstx:ReadOnly"/>
  </wsdl:operation>
  <wsdl:operation name="Committed">
    <wsdl:input message="wstx:Committed"/>
  </wsdl:operation>
  <wsdl:operation name="Unknown">
    <wsdl:input message="wstx:Unknown"/>
  </wsdl:operation>
  <wsdl:operation name="Replay">
    <wsdl:input message="wstx:Replay"/>
  </wsdl:operation>
  <wsdl:operation name="Error">
    <wsdl:input message="wstx:Error"/>
  </wsdl:operation>
</wsdl:portType>
```

La première étape

Le coordinateur demande au participant la préparation pour la confirmation (Prepare). Par ailleurs, le participant peut avoir signalé, de sa propre initiative, l'arrêt par échec de ses traitements (Aborted), ce qui amène le protocole à l'état final (*Ended*).

Le participant répond à la demande de préparation par :

- la notification de fin de préparation avec succès (Prepared) : la première étape du protocole est conclue, et le coordinateur peut entamer la deuxième étape ;

- la notification de l'échec du traitement (Aborted), ce qui amène le protocole à l'état final (*Ended*) ;

- la notification de la défection de la deuxième étape sans remise en cause de l'issue de la transaction (ReadOnly), car sa prestation est *sans état* (le participant n'a fait que fournir des informations aux autres participants de la transaction). Le participant peut donc quitter le contexte de coordination, qui continue à être actif avec les autres participants, et libérer les ressources qu'il a verrouillées. Cela amène le protocole à l'état final (*Ended*).

Le coordinateur peut également demander l'annulation (Rollback) pure et simple de la transaction en cours. Par ailleurs, il peut demander une annulation impromptue (Rollback) lorsque le participant est encore en phase de préparation (*Preparing*).

En tout état de cause, le participant répond à la demande d'annulation (Rollback) par une notification d'annulation (Aborted), même si la spécification considère explicitement que les participants et le coordinateur doivent adopter un *mode de fonctionnement pessimiste* : le manque d'informations sur une transaction équivaut à son échec (une transaction qui n'est pas explicitement confirmée dans un délai donné est considérée comme annulée, ou, si l'on veut, une transaction est « annulée » jusqu'à sa confirmation).

La deuxième étape

Le coordinateur, suite à la réponse Prepared, peut mettre en œuvre la deuxième étape du protocole, qui consiste à envoyer une demande de confirmation ou d'annulation à tous les participants. Il peut envoyer des demandes de confirmation (Commit) si et seulement s'il n'a reçu des participants que des Prepared ou des ReadOnly. Si un seul participant, dans le cours de la première étape, a notifié l'échec de son traitement (Aborted), il est obligé d'envoyer des demandes d'annulation (Rollback) à tous les participants en état *Prepared*.

Les participants de la deuxième étape sont obligés de répondre Committed à Commit et Aborted à Rollback.

L'hypothèse du mode de fonctionnement pessimiste conduit à un certain nombre d'optimisations dans l'implémentation du coordinateur et des participants :

- Le coordinateur peut remettre l'inscription dans son journal des informations sur la transaction jusqu'à la décision de confirmation.

- Un participant peut « oublier » la transaction après envoi d'Aborted ou de ReadOnly dans la première étape.

- Dans la deuxième étape, après avoir reçu au moins un Aborted, le coordinateur peut oublier la transaction tout de suite après avoir envoyé les Rollback à tous les participants. Il n'est pas obligé d'attendre les messages de réponse des participants.

- La décision, prise au début de la deuxième étape, de confirmer la transaction et donc d'envoyer des Commit aux participants en état *Prepared* oblige le coordinateur à garder la trace de la transaction jusqu'à la collecte complète des messages Committed de la part de tous les participants de la deuxième étape.

Le protocole en une étape

Lorsqu'il n'y a qu'un participant inscrit dans le contexte de coordination, le coordinateur peut adopter un protocole simplifié de confirmation en une étape (voir figure 20-5). Ce protocole sert pratiquement à déléguer au participant la décision de confirmation et d'annulation.

On peut remarquer que le graphe d'états est le même que celui du protocole de terminaison (voir figure 20-2), si ce n'est que les rôles dans les messages sont inversés.

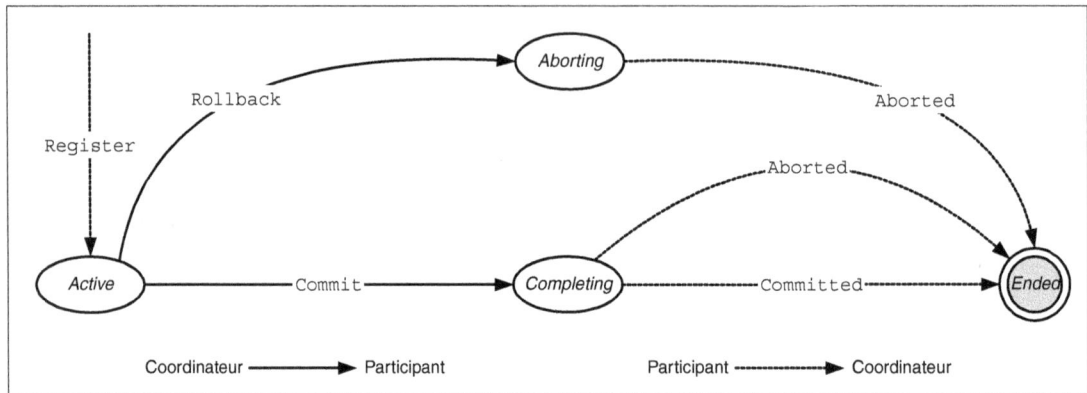

Figure 20-5

Protocole bilatéral de confirmation en une étape.

Le protocole bilatéral d'étape zéro

Le protocole bilatéral d'étape zéro (figure 20-6) est utilisé par le coordinateur pour notifier à un participant que le protocole de confirmation en deux étapes va démarrer. Les participants peuvent donc effectuer des traitements ancillaires comme des effets de bord, des sauvegardes ou l'écriture de journaux. Ce sont évidemment des actions qui doivent être exécutées quelle que soit l'issue de la transaction dans laquelle les participants interviennent.

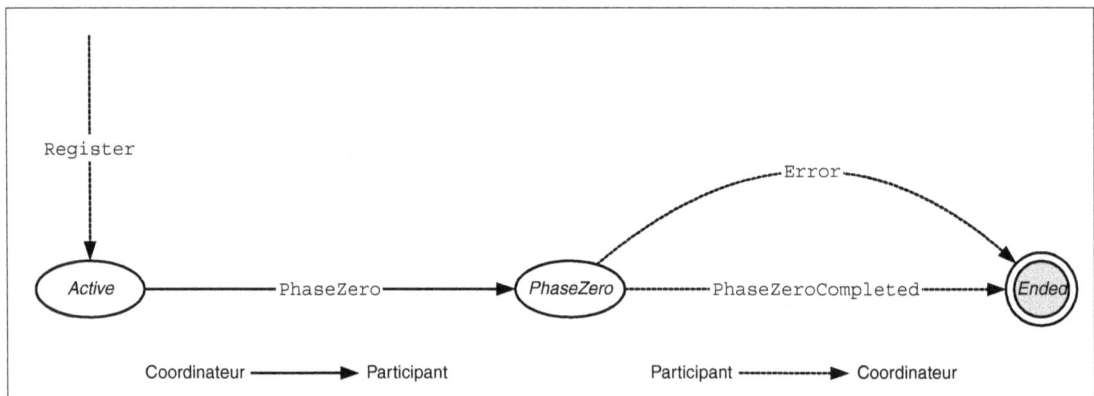

Figure 20-6

Protocole bilatéral d'étape zéro.

Le coordinateur notifie que l'étape zéro est ouverte (PhaseZero). Le participant répond avec une notification d'achèvement de l'étape (PhaseZeroCompleted). Si un des participants répond avec un message d'erreur (Error), le protocole de confirmation en deux étapes ne peut pas démarrer.

Le protocole bilatéral de notification d'issue

Le protocole bilatéral de notification d'issue (figure 20-7) est utilisé pour notifier à un participant la terminaison et l'issue (confirmation ou annulation) d'une transaction.

Le coordinateur envoie l'issue d'une transaction terminée (Committed ou Aborted). Le participant répond avec un acquittement (Notified). Le coordinateur doit garder trace de la transaction jusqu'à la réception de l'acquittement.

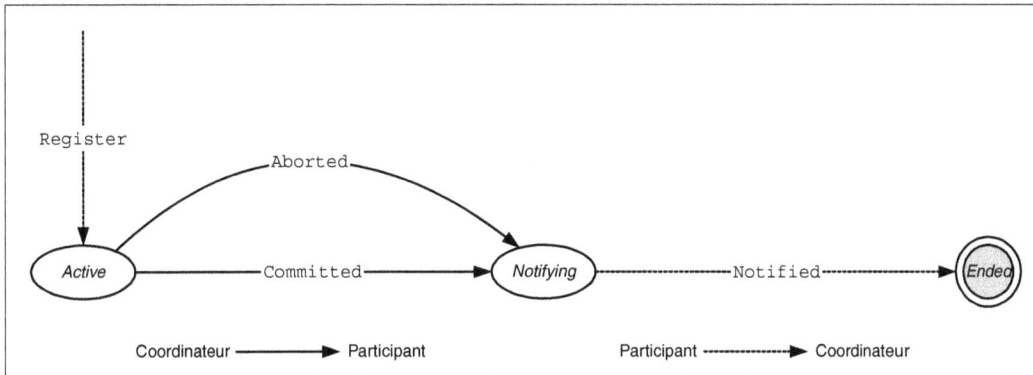

Figure 20-7

Protocole bilatéral de notification d'issue.

Les relations entre les protocoles

Dans le diagramme de séquence illustré figure 20-8, nous évoquons les relations entre le protocole de coopération applicatif et les différents protocoles de coordination technique.

Une application cliente se charge d'agréger les prestations de services de plusieurs applications prestataires. Pour ce faire, elle met en œuvre un protocole de coopération applicatif (❹) qui comporte un échange de messages applicatifs entre toutes les applications (entre l'application cliente et les applications prestataires, directement entre applications prestataires). Par exemple, les participants à l'organisation d'un voyage (agence de voyages, compagnie aérienne, chaîne hôtelière, loueur de voitures) s'échangent des messages applicatifs pour construire un paquet formé de réservations de places d'avion, de chambre d'hôtel et de voiture.

S'il n'y a pas d'exigence de qualité particulière sur le processus métier d'organisation du voyage (hypothèse d'école), le protocole de coopération tout seul peut suffire. En revanche, pour imposer des qualités transactionnelles au processus et à son résultat, deux conditions sont nécessaires :

- Les applications participantes doivent être en mesure d'exécuter les traitements définis dans le protocole de coopération dans un cadre transactionnel.

- Il est nécessaire de coordonner les activités des applications participantes par la mise en œuvre d'un protocole de conversation entre elles et un prestataire de services de coordination qui joue le rôle de coordinateur attitré.

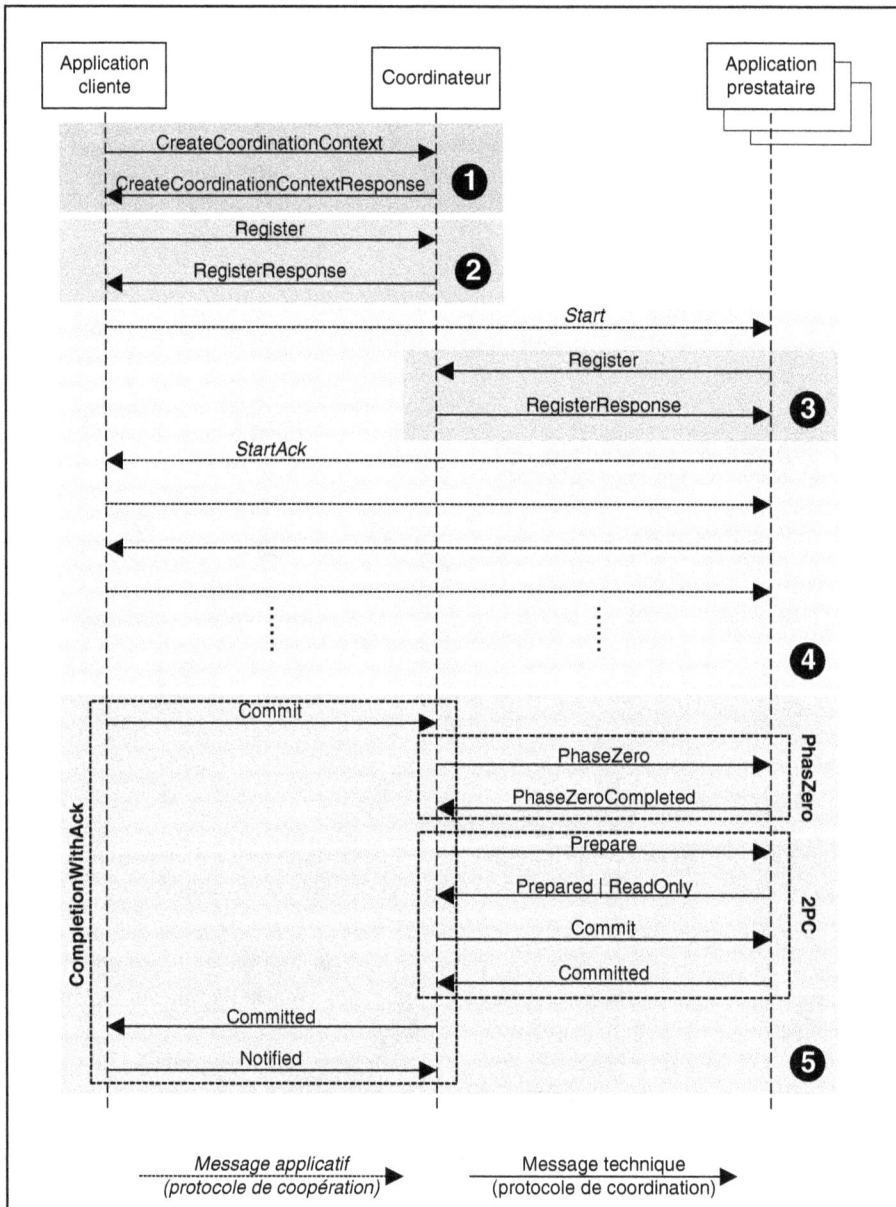

Figure 20-8

Protocoles de coordination et coopération d'une transaction.

La première condition est satisfaite par l'implémentation de moteurs transactionnels dans les applications participantes. Ces moteurs doivent être capables de garantir les propriétés transactionnelles (atomicité, isolation et durabilité) des traitements.

La coordination passe par la mise en œuvre de trois protocoles :

- le protocole d'activation (❶) WS-Coordination ;

- le protocole de registration (❷,❸) WS-Coordination ;

- le protocole multilatéral de gestion des transactions (❺) WS-Transaction-AT.

Les moteurs transactionnels des applications prestataires doivent mettre en œuvre les interfaces participant, pas forcément toutes mais au moins celle du protocole de registration et celle du protocole de confirmation en deux étapes (seule l'application cliente doit mettre en œuvre l'interface participant du protocole d'activation).

Le protocole d'activation (❶) est initialisé par l'application cliente (en fait, l'application qui se charge de l'agrégation de la prestation de services) qui demande au coordinateur de créer un contexte de coopération pour une nouvelle transaction (wscoor:CreateCoordinationContext), avec comme valeur de wscoor:CoordinationType, l'identifiant de WS-Transaction-AT, l'URI *http://sche-mas.xmlsoap.org/ws/2002/08/wstx*. La réponse wscoor:CreateCoordinationContextResponse véhicule l'identifiant du contexte de coordination qui fait office d'identifiant de la transaction.

L'application cliente s'enregistre auprès du coordinateur (❷) pour participer au protocole bilatéral de terminaison avec acquittement (CompletionWithAck) par l'échange wscoor:Register / wscoor:Register-Response. Ensuite, l'application cliente se charge de mettre en œuvre le protocole de coopération applicatif, à savoir d'invoquer les prestations de services des applications prestataires. Les interactions véhiculent toujours le contexte de coordination. La première de ces interactions (que nous avons appelée conventionnellement ens:Start) déclenche pour chaque application prestataire le protocole de registration (❸). Chaque application prestataire s'enregistre auprès du coordinateur dans le contexte de coordination de la transaction. Toutes les applications prestataires s'enregistrent pour participer au protocole de confirmation en deux étapes (2PC) et certaines pour participer au protocole d'étape zéro (PhaseZero). La réponse applicative après enregistrement ens:StartAck fait partie du protocole de coopération applicative.

Le diagramme évoque sans les nommer les échanges du protocole de coopération applicatif, qui pilotent un ensemble de traitements applicatifs répartis (❹). Nous supposons que le protocole de coopération se déroule avec succès et qu'il se termine par l'achèvement avec succès de la transaction : l'organisation du voyage est achevée et réussie (mais elle n'est pas encore confirmée). Pour garantir les propriétés transactionnelles de la prestation d'organisation du voyage, il faut dérouler le protocole multilatéral de coordination propre à la gestion transactionnelle (❺).

Ce protocole de coordination multilatéral met en œuvre entre les agents logiciels impliqués dans les trois des protocoles bilatéraux que nous avons décrits :

- le protocole de terminaison avec acquittement ;

- le protocole d'étape zéro ;

- le protocole de confirmation en deux étapes.

L'application cliente, après déroulement correct du protocole de coopération, au moins de son point de vue, lance la terminaison et la confirmation de la transaction par une demande au coordinateur (wstx:Commit) dans le cadre du protocole bilatéral de terminaison avec acquittement.

La tâche du coordinateur est donc d'interagir avec un certain nombre d'applications en vue d'obtenir la terminaison et, si possible, la confirmation de la transaction indiquée par le contexte de coordination passé par l'application cliente. Il constate, à l'examen du contexte de cette transaction, qu'il y a des applications enregistrées pour participer au protocole de confirmation en deux étapes. Avant de lancer la procédure, il constate également qu'un certain nombre de ces applications sont également enregistrées pour participer au protocole d'étape zéro.

Le coordinateur notifie à toutes les applications enregistrées que l'étape zéro est commencée (wstx:PhaseZero). Les applications participantes à l'étape zéro renvoient *toutes* la notification d'achèvement avec succès de l'étape (wstx:PhaseZeroCompleted). C'est la condition nécessaire pour passer au stade de préparation du protocole de confirmation en deux étapes. Si une seule des applications participantes répond avec wstx:Error, le coordinateur entame la procédure d'annulation de la transaction par l'envoi de wstx:RollBack à tous les participants au protocole de confirmation en deux étapes et par l'envoi de wstx:Aborted à l'application cliente, enregistrée pour le protocole de terminaison avec acquittement.

Nous considérons que l'étape zéro s'est achevée avec succès. Le coordinateur lance alors l'étape de préparation : il envoie wstx:Prepare à toutes les applications prestataires enregistrées au protocole de confirmation en deux étapes dans le contexte de la transaction. Les applications participantes renvoient *toutes* la notification d'achèvement avec succès de la première étape wstx:Prepared ou bien wstx:ReadOnly. Si une seule des applications prestataires participantes renvoie wstx:Aborted, le coordinateur entame la procédure d'annulation décrite dans le paragraphe précédent.

La première étape s'est terminée avec succès. Le coordinateur lance l'étape de confirmation : il envoie à toutes les applications qui ont répondu wstx:Prepared à la fin de la première étape le message wstx:Commit. Le propre du protocole de confirmation en deux étapes est que *toutes* les applications qui ont reçu wstx:Prepared *doivent* répondre wstx:Committed (éventuellement après redémarrage, suite à une panne franche). La transaction est alors achevée et confirmée.

Le coordinateur peut continuer le protocole de terminaison avec acquittement avec l'application cliente en lui envoyant le résultat de la transaction (wstx:Committed). Il reçoit ensuite l'acquittement (wstx:Notified).

Le protocole de coordination des activités

Le modèle de processus métier organisé par activités est un modèle hiérarchique obtenu par décomposition récursive d'une activité en tâches, les tâches étant exécutées par des applications réparties sur un réseau. Chaque nœud de l'arbre de décomposition des tâches est piloté par un coordinateur, dans le cadre d'un contexte de coordination. Le rôle de coordinateur, à tous les niveaux intermédiaires de l'arbre, peut être délégué à un agent logiciel indépendant ou bien directement pris en charge par l'application qui exécute la tâche mère (par implémentation des différentes interfaces coordinateur). Par simplicité et sans perte de généralité, nous supposons par la suite que les applications qui exécutent les tâches au niveau intermédiaire implémentent directement les différentes interfaces coordinateur nécessaires à la coordination de leurs sous-tâches.

Le modèle des activités exhibe les caractéristiques suivantes :

• Une application qui exécute une tâche, et ce à n'importe quel niveau intermédiaire de l'arborescence de décomposition, décide dynamiquement des tâches à déclencher parmi les tâches filles de la tâche qu'elle est en train d'exécuter.

- Une application, au cours de l'exécution d'une tâche, peut lever une exception qui peut être rattrapée par l'application qui exécute la tâche mère. Cette application peut déclencher une autre tâche fille de gestion d'exception, exécutée éventuellement par une troisième application.

- Une application qui exécute une tâche peut abandonner l'activité à tout moment et notifier sa défection à l'application exécutant la tâche mère.

- Une application, lorsqu'elle a achevé l'exécution d'une tâche, peut le signaler à l'application qui exécute la tâche mère et rester en attente d'instructions. L'application qui exécute la tâche mère peut décider de clore la tâche ou bien lui demander de déclencher un traitement dit de compensation, qui agit comme une contre-passation par rapport à la tâche terminée.

- Les tâches feuilles de l'arbre de décomposition peuvent s'exécuter dans le cadre d'une transaction. Dans ce cas, l'application qui exécute la tâche mère met en œuvre directement, ou délègue à un coordinateur spécialisé, les protocoles de coordination des transactions.

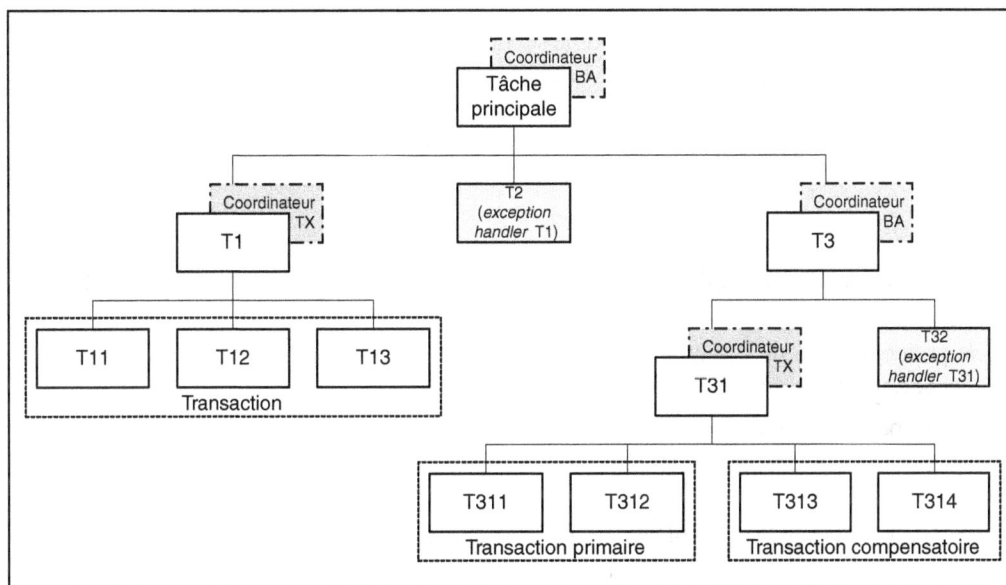

Figure 20-9

Arbre de décomposition d'une activité en tâches.

Un exemple d'arbre de décomposition d'une activité est présenté figure 20-9. L'application exécutant la tâche T1 pilote l'exécution des tâches T11, T12, T13 dans le cadre d'une transaction et met en œuvre, par coordinateur interposé (qu'elle peut implémenter directement), le protocole multilatéral de confirmation en deux étapes. Elle peut envoyer une exception à l'application qui exécute la tâche principale, et cette application peut ordonnancer l'exécution de T2, tâche de gestion des exceptions de T1 (par exemple, en cas d'échec de la transaction). L'application exécutant la tâche T31 pilote l'exécution des tâches T311 et T312 dans le contexte d'une transaction. Après exécution réussie et confirmée de la transaction (T311 et T312), T3 peut lui demander l'exécution de la transaction compensatoire (T313 et T314). T32 est le gestionnaire des exceptions de T31.

La création d'un contexte de coordination d'activité

Le contexte de coordination d'une activité est créé par un coordinateur prestataire du service d'activation selon le protocole d'activation standard WS-Coordination.

Le modèle des activités fait une utilisation poussée de l'élément `wscoor:CurrentContext` de `wscoor:CreateCoordinationContext` :

- Lorsque `wscoor:CurrentContext` ne contient aucune valeur, le contexte de coordination retourné par la réponse est celui d'une *activité nouvelle*.

- Lorsque `wscoor:CurrentContex` contient un contexte de coordination, ce contexte est celui de la tâche mère, et le contexte de coordination nouvellement créé représente toujours la même activité globale, mais la référence du port du coordinateur est celle du coordinateur interposé. Par exemple, dans la figure 20-9, le contexte de coordination créé pour coordonner la transaction T11/T12/T13 a le même identifiant que celui qui coordonne l'activité globale (celui-ci est passé comme valeur de `wscoor:CurrentContext` du message `wscoor:CreateCoordinationContext`) mais le coordinateur indiqué dans le nouveau contexte pour le service de registration (`wscoor:RegistrationService`) est le coordinateur interposé, utilisé par T1 pour coordonner la transaction.

- Les mécanismes standards d'extension permettent d'enrichir les contextes de coordination avec les informations complémentaires, par exemple de gestion de l'arbre des contextes de coordination.

Les protocoles bilatéraux

WS-Transaction-BA définit deux protocoles bilatéraux (entre coordinateur et participant) de coordination d'activité :

- le protocole bilatéral d'accord (*BusinessAgreement*), employé lorsque le participant sait détecter l'achèvement de sa contribution à l'activité en cours ;

- le protocole bilatéral d'accord avec terminaison (*BusinessAgreementWithComplete*), employé lorsque le participant est dépendant du coordinateur pour savoir si sa contribution à l'activité en cours est achevée.

Les identifiants des protocoles bilatéraux WS-Transaction-BA sont présentés dans le tableau suivant :

Tableau des identifiants des protocoles bilatéraux WS-Transaction-BA

Protocole	Identifiant
Accord	`http://schemas.xmlsoap.org/ws/2002/08/wsba/BusinessAgreement`
Accord avec term.	`http://schemas.xmlsoap.org/ws/2002/08/wsba/BusinessAgreementWithComplete`

Les protocoles bilatéraux WS-Transaction-BA sont définis de la même façon que les protocoles WS-Transaction-AT : par un couple d'interfaces (coordinateur, participant), un graphe d'états et des règles. Les diagrammes d'état que nous allons montrer dans les figures sont simplifiés, car ils ne comprennent ni les états et messages d'erreurs du protocole, ni les états de défaillance de l'échange.

Tous les messages définis dans les protocoles bilatéraux WS-Transaction-BA sont de type `wsba:Notification`, dont la définition est identique à `wstx:Notification` (voir la section « Le protocole de coordination des transactions »).

Tous les graphes d'états des protocoles bilatéraux rentrent dans l'état *Active* dès l'enregistrement du participant auprès du coordinateur (`wscoor:Register`) avec l'identifiant du protocole.

Le protocole bilatéral d'accord

Le protocole bilatéral d'accord permet à l'application qui exécute une tâche (qui, selon notre hypothèse simplificatrice, joue le rôle de coordinateur d'un contexte de coordination subordonné) de coordonner l'exécution d'une tâche fille. Le protocole est adapté au mode de fonctionnement dans lequel l'application participante (qui exécute la tâche fille) entre dans le contexte de coordination pour exécuter une tâche dont elle maîtrise la condition de terminaison. Une illustration du diagramme d'état du protocole bilatéral d'accord est présentée figure 20-10.

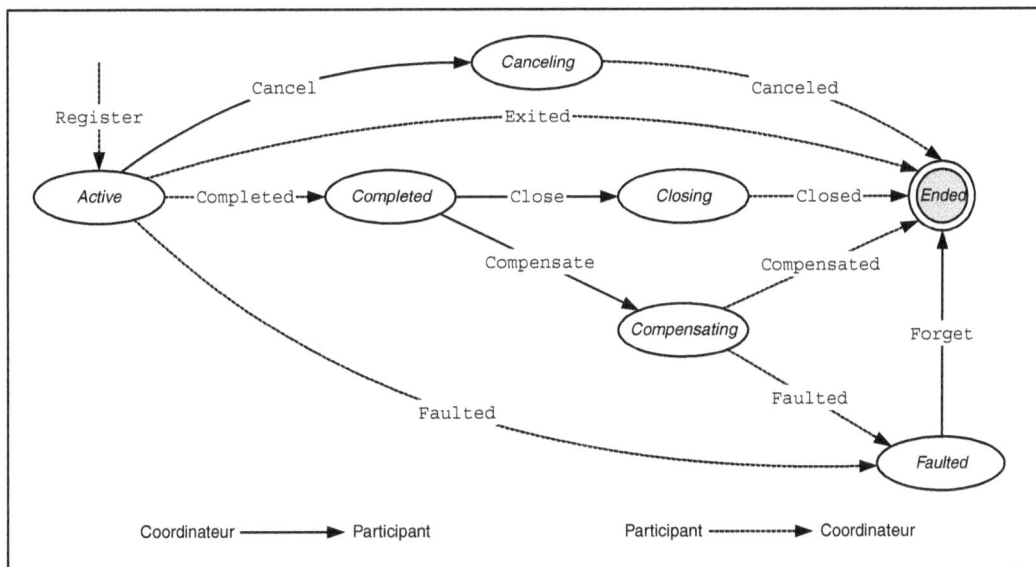

Figure 20-10

Protocole bilatéral d'accord.

Voici l'interface participant :

```
<wsdl:portType name="BusinessAgreementParticipantPortType">
  <wsdl:operation name="Cancel">
    <wsdl:input message="wsba:Cancel"/>
  </wsdl:operation>
  <wsdl:operation name="Close">
    <wsdl:input message="wsba:Close"/>
  </wsdl:operation>
  <wsdl:operation name="Compensate">
    <wsdl:input message="wsba:Compensate"/>
  </wsdl:operation>
```

```
   <wsdl:operation name="Forget">
     <wsdl:input message="wsba:Forget"/>
   </wsdl:operation>
   <wsdl:operation name="Unknown">
     <wsdl:input message="wsba:Unknown"/>
   </wsdl:operation>
   <wsdl:operation name="Error">
     <wsdl:input message="wsba:Error"/>
   </wsdl:operation>
 </wsdl:portType>
```

Et voici maintenant l'interface coordinateur :

```
<wsdl:portType name="BusinessAgreementCoordinatorPortType">
   <wsdl:operation name="Completed">
     <wsdl:input message="wsba:Completed"/>
   </wsdl:operation>
   <wsdl:operation name="Exited">
     <wsdl:input message="wsba:Exited"/>
   </wsdl:operation>
   <wsdl:operation name="Faulted">
     <wsdl:input message="wsba:Faulted"/>
   </wsdl:operation>
   <wsdl:operation name="Compensated">
     <wsdl:input message="wsba:Compensated"/>
   </wsdl:operation>
   <wsdl:operation name="Closed">
     <wsdl:input message="wsba:Closed"/>
   </wsdl:operation>
   <wsdl:operation name="Replay">
     <wsdl:input message="wsba:Replay"/>
   </wsdl:operation>
   <wsdl:operation name="Unknown">
     <wsdl:input message="wsba:Unknown"/>
   </wsdl:operation>
   <wsdl:operation name="Error">
     <wsdl:input message="wsba:Error"/>
   </wsdl:operation>
 </wsdl:portType>
```

L'application participante a reçu un message applicatif qui donne lieu à l'exécution d'une tâche dans le contexte de coordination indiqué dans l'en-tête du message. L'application participante s'enregistre dans le contexte de coordination dont l'identifiant du protocole est BusinessAgreement et se retrouve dans l'état *Active* du protocole bilatéral d'accord.

L'application participante a achevé l'exécution de la tâche. Lorsque la nature de la tâche ne demande pas la continuation de la participation à l'activité, l'application participante envoie un message Exited au coordinateur qui amène le protocole à l'état final (*Ended*) et sort du contexte de coordination. Un exemple de ce comportement est l'exécution d'une tâche ancillaire, comme l'inscription dans un journal d'un état applicatif.

En revanche, si la nature de la tâche demande que l'application participante reste dans le protocole et le contexte de coordination en attente d'instruction de la part du coordinateur, l'application participante envoie au coordinateur le message `Completed`.

Si le coordinateur considère que la contribution de l'application participante, dans le cadre de ce contexte de coordination, est terminée, il envoie le message `Close`. Le participant envoie en réponse un message `Closed` et termine sa participation au protocole et au contexte de coordination.

À l'inverse, le coordinateur peut demander à l'application participante l'exécution d'une tâche compensatoire de la tâche terminée avec succès. Dans ce cas, il envoie le message `Compensate`. Le participant exécute la tâche compensatoire et, lorsqu'elle se termine avec succès, envoie le message `Compensated`.

En cas de défaillance, lorsque l'exécution de la tâche primaire ou de la tâche compensatoire est en échec, le participant envoie le message `Faulted`. Le coordinateur envoie en réponse le message `Forget` qui clôt la participation de l'application au protocole et au contexte de coordination.

Le message `Faulted` peut contenir un élément `wsba:ExceptionElement`, dont la définition dans le schéma `wsba` est la suivante :

```xsd
<xsd:complexType name="ExceptionType">
  <xsd:sequence>
    <xsd:element name="TargetProtocolService" type="wsu:PortReferenceType"/>
    <xsd:element name="ExceptionIdentifier" type="xsd:string"/>
    <xsd:any namespace="##other" processContents="lax" minOccurs="0"
      maxOccurs="unbounded"/>
  </xsd:sequence>
  <xsd:anyAttribute namespace="##other" processContents="lax"/>
</xsd:complexType>
<xsd:element name="ExceptionElement" type="wsba:ExceptionType"/>
```

L'exception est traitée par une sous-tâche de la tâche mère exécutée par un gestionnaire d'exception.

Le coordinateur, au moment de l'exécution de la tâche primaire de la part du participant, lorsqu'il n'a pas encore été notifié de la terminaison réussie (`Completed`) ou de l'échec (`Faulted`) de la tâche, peut décider la suppression de la tâche. Il envoie alors le message `Cancel` au participant. Le participant est capable de supprimer la tâche, c'est-à-dire qu'il est capable de mettre en œuvre une procédure d'arrêt et de terminaison « propre ». À la fin de l'exécution de cette procédure, il envoie le message `Canceled` au coordinateur, et termine sa participation au protocole et au contexte de coordination.

La nature asynchrone et *full-duplex* (les messages `Completed` et `Cancel` peuvent se superposer) du protocole d'accord demande le traitement d'un certain nombre de situations de conflit :

- Conflit entre `Exited` et `Cancel` : le message `Exited` est gagnant (le protocole passe à l'état *Ended*) et le message `Cancel` est ignoré par le participant et oublié par le coordinateur.

- Conflit entre `Completed` et `Cancel` : le message `Completed` est gagnant (le protocole passe à l'état *Completed*) et le message `Cancel` est ignoré et oublié.

- Conflit entre `Faulted` et `Cancel` : le message `Faulted` est gagnant (le protocole passe à l'état *Faulted*) et le message `Cancel` est ignoré et oublié.

Il n'y a pas d'ambiguïté, car, selon le protocole :

- pour le coordinateur, le message reçu Exited | Completed | Faulted est une réponse erronée au message envoyé Cancel ;

- pour le participant, le message reçu Cancel est une réponse erronée au message envoyé Exited | Completed | Faulted.

Le protocole bilatéral d'accord avec terminaison

Le protocole bilatéral d'accord avec terminaison permet à l'application exécutant une tâche (qui, selon notre hypothèse simplificatrice, joue le rôle de coordinateur d'un contexte de coordination subordonné) de coordonner l'exécution d'une tâche fille. Le protocole est adapté au mode de fonctionnement dans lequel l'application participante (qui exécute la tâche fille) entre dans le contexte de coordination pour exécuter une succession a priori illimitée de traitements (voir figure 20-11).

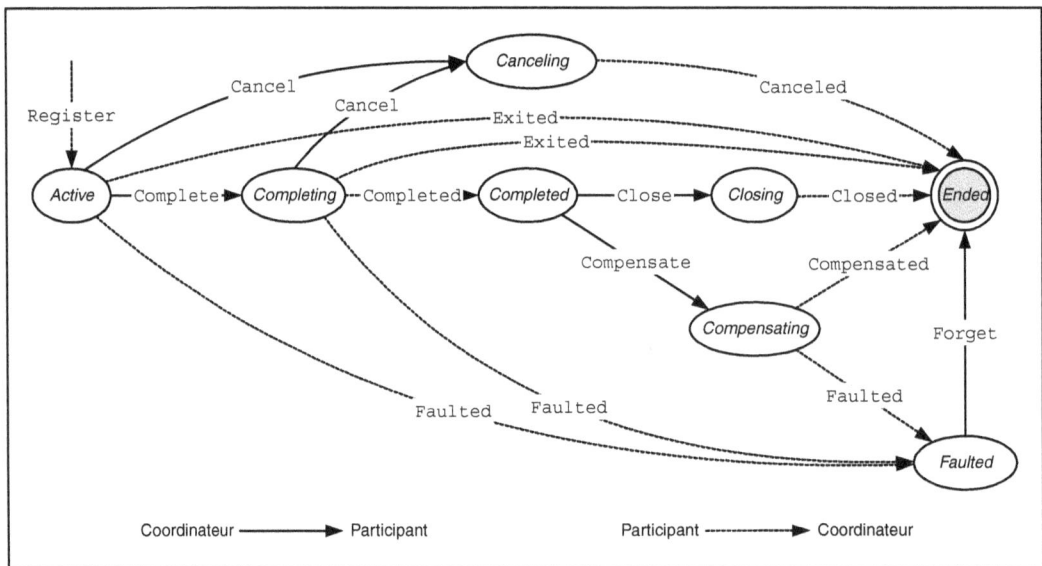

Figure 20-11

Protocole bilatéral d'accord avec terminaison.

Les interfaces sont les mêmes que celles du protocole bilatéral d'accord « simple », la seule différence étant que l'interface participant prend en plus en charge l'opération Complete :

```
<wsdl:operation name="Complete">
  <wsdl:input message="wsba:Complete"/>
</wsdl:operation>
```

La différence avec le protocole d'accord « simple » réside dans le fait que, si le participant ne fait pas défection au protocole et au contexte de coordination (Exited), il peut recevoir d'autres messages applicatifs qui donnent lieu à l'exécution d'autres traitements dans le même contexte de coordination, jusqu'à réception du message `Complete` de la part du coordinateur. À la réception de ce message, le participant met en œuvre les procédures d'arrêt de sa contribution à l'activité dans le contexte de coordination courant et envoie le message `Completed` au coordinateur. Le reste du protocole est identique au protocole d'accord « simple ».

Dans l'état *Completing*, les messages `Cancel`, `Exited` et `Faulted` amènent aux mêmes états que dans l'état *Active*, et les conflits entre `Cancel` d'un côté et `Exited`, `Completed` ou `Faulted` de l'autre sont réglés de la même façon.

Le pilotage d'une tâche transactionnelle

Nous allons décrire, à l'aide de la figure 20-12, l'exécution d'une transaction, pilotée au moyen du protocole multilatéral de coordination WS-Transaction-AT, dans une activité pilotée au moyen du protocole bilatéral d'accord WS-Transaction-BA.

Dans le cadre d'une activité (par exemple, celle dont le graphe de décomposition est illustré figure 20-9), l'application A reçoit un message applicatif `ens:Exec` (❶) qui provoque l'exécution de la tâche T31. Le message contient dans l'en-tête un contexte de coordination (ayant comme port de registration celui du coordinateur rattaché à T3) avec l'identifiant de WS-Transaction-BA (`http://schemas.xmlsoap.org/ws/2002/08/wsba`) comme valeur de `wscoor:CoordinationType`. L'application s'enregistre auprès du coordinateur indiqué pour participer au protocole bilatéral d'accord *Business-Agreement* (❷).

L'exécution de la tâche T31 demande la mise en œuvre d'une transaction distribuée composée des tâches T311 et T312, exécutées par les applications B_1 et B_2. L'application A demande à un autre coordinateur, qui va jouer le rôle de coordinateur interposé, la création d'un contexte de coordination subordonné avec comme valeur de `wscoor:CoordinationType`, l'identifiant de WS-Transaction-AT (`http://schemas.xmlsoap.org/ws/2002/08/wstx`). Dans le message de création, `wscoor:Current-Context` référence le contexte de coordination dans lequel A est enregistré (❸).

L'application A s'enregistre auprès du coordinateur interposé pour participer au protocole bilatéral de terminaison WS-Transaction-AT *Completion* (❹).

L'application A passe le contexte subordonné aux applications B_1 et B_2 dans les en-têtes des messages applicatifs (`ens:Start`) qui démarrent les traitements. Les applications B_1 et B_2 s'enregistrent auprès du coordinateur interposé pour participer au protocole bilatéral de confirmation en deux étapes WS-Transaction-AT *2PC* (❺).

Le déroulement de la transaction est identique à celui décrit dans la section « Relation entre les niveaux de protocoles » et illustré figure 20-8. Le protocole de coopération entre les applications se déroule (❻) correctement et le coordinateur interposé pilote le protocole de confirmation en deux étapes (❼).

Lors de la notification de la confirmation de la transaction (`wstx:Committed`), l'application A entame l'exécution du protocole d'accord WS-Transaction-BA *BusinessAgreement* avec son coordinateur (❽) par l'envoi du message `wsba:Completed`. Le coordinateur exécute le protocole d'accord dans le cas de clôture « normale » du protocole et du contexte de coordination principale.

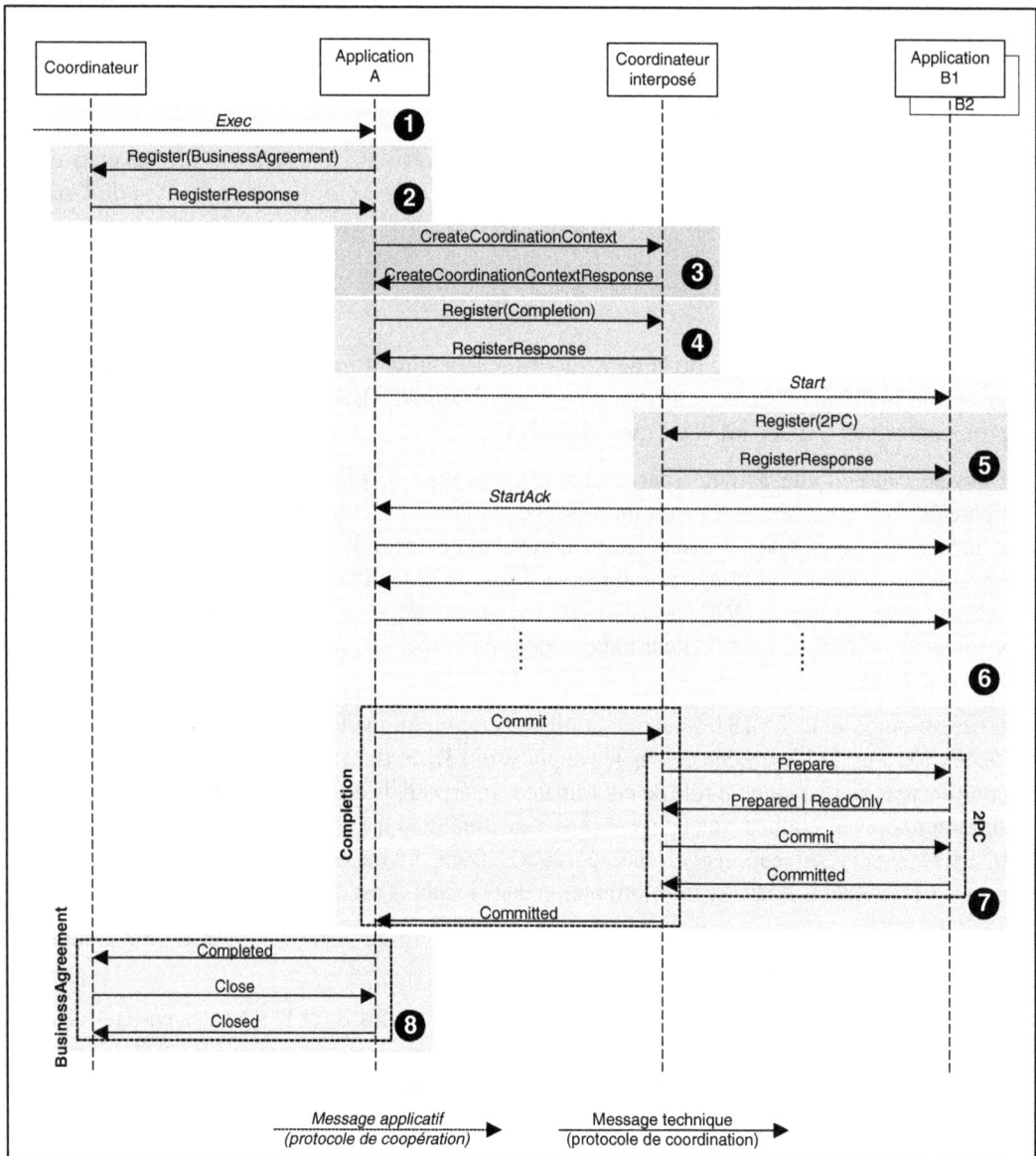

Figure 20-12

Activité qui gère une tâche transactionnelle achevée avec succès.

Examinons quelques cas d'issues différentes pour la tâche T31 (voir figure 20-9, ces cas ne sont pas directement représentés dans la figure 20-12) :

- L'application B₁ signale une situation d'échec de la tâche T311 via le message wstx:Aborted au coordinateur interposé, *avant* que celui-ci n'envoie le message wstx:Prepare. Le coordinateur interposé doit coordonner l'annulation de la transaction. Si l'application A s'était également enregistrée pour participer au protocole de notification de l'issue (*NotifiedOutcome*) auprès du coordinateur interposé, elle recevrait immédiatement la notification de l'annulation. Sinon, elle initie le protocole de confirmation en deux étapes et reçoit de la part du coordinateur interposé, comme réponse au message `wstx:Commit`, le message `wstx:Aborted`. L'application A envoie au coordinateur principal le message `wsba:Faulted` et celui-ci répond par `wsba:Forget`. La tâche T31 est « oubliée ». Le message `wsba:Faulted` contient un élément `wsba:ExceptionElement` et le coordinateur au niveau T3 ordonnance la tâche T32.

- Le coordinateur principal envoie le message `wsba:Cancel` à l'application A. Ce message est reçu *avant* qu'elle n'envoie le message `wstx:Commit` au coordinateur interposé. L'application A envoie le message `wstx:Rollback` au coordinateur interposé qui se charge d'annuler la transaction, en répercutant le `wstx:Rollback` aux applications B_1 et B_2. Le coordinateur interposé envoie `wstx:Aborted` à A, qui envoie `wsba:Canceled` à son coordinateur. La tâche T31 est supprimée.

- Le coordinateur principal envoie le message `wsba:Cancel` à l'application A. Ce message lui arrive *après* qu'elle ait initié le protocole d'achèvement avec le message `wstx:Commit`. Le coordinateur interposé envoie comme réponse `wstx:Aborted`, car il y a eu arrêt par échec de la tâche exécutée par B_2. L'application A peut retourner « par chance » au coordinateur principal `wsba:Canceled`. La tâche T31 est supprimée.

- Le coordinateur principal envoie le message `wsba:Cancel` à l'application A. Ce message lui arrive *après* qu'elle ait initié le protocole de terminaison avec le message `wstx:Commit`. Le coordinateur interposé envoie comme réponse `wstx:Committed`. En application de la règle de résolution de conflit de la spécification, A émet `wsba:Completed`, car la tâche T31 ne peut plus être supprimée, la transaction qu'elle pilote ayant été confirmée. Le coordinateur principal se replie sur la stratégie de contre-passation : il émet donc le message `wsba:Compensate`. L'application A « sait » bâtir une transaction compensatoire (T313 et T314) qui suit le même protocole de coordination que la transaction primaire (création d'un nouveau contexte de transaction, enregistrement des applications participantes auprès d'un coordinateur interposé, etc.). Si l'issue de la transaction compensatoire est `wstx:Committed`, l'application A envoie `wsba:Compensated` au coordinateur principal : la tâche T31 est « compensée ». Sinon (l'issue est `wstx:Aborted`), l'application A envoie `wsba:Faulted` avec une exception et le coordinateur répond avec `wsba:Forget`. La tâche T31 est oubliée et la tâche T32 de gestion des exceptions est ordonnancée.

Conclusion

La gestion de transactions et d'activités constitue l'infrastructure qui permet l'agrégation de services Web au moyen de processus métier à un niveau élevé de qualité de service.

WS-Coordination et WS-Transaction sont deux spécifications simples et bien construites. Elles ciblent les sujets clés, peuvent atteindre rapidement la maturité et donc faire l'objet d'implémentations fiables et performantes.

Une zone insuffisamment développée des technologies d'infrastructure des services Web reste la gestion de l'échange fiable, notamment en relation avec la gestion des transactions et des activités réparties. Il faut rappeler que les protocoles de coopération, ainsi que les protocoles de coordination comme WS-Coordination et WS-Transaction sont mis en œuvre exclusivement via des protocoles de communication entre agents logiciels autonomes. La fiabilité des communications est donc une exigence de base pour que la coopération et la coordination fonctionnent correctement. Nous avons vu que les spécifications WS-Coordination et WS-Transaction sont obligées dans certains cas de rappeler le sujet (qu'elles ne sont pas censées traiter directement) et même de prendre en charge à leur niveau des mécanismes de type « accusé de réception ».

La maturité et le niveau d'intégration de l'ensemble des technologies d'infrastructure, comprenant la gestion de l'échange fiable, la gestion de la sécurité, la gestion des transactions et des activités reste le facteur clé de l'essor des services Web.

L'amélioration de la productivité du développement de services Web passe par la disponibilité de formalismes de haut niveau pour l'agrégation des services et la mise en œuvre des processus métier (voir le chapitre 21, « Gestion des processus métier »). Mis à part le problème de la normalisation, qui ne touche d'ailleurs que les protocoles de coopération entre applications dans un processus (ce qui est appelé aujourd'hui *chorégraphie*), ces formalismes ne pourront être réellement utilisés pour mettre en œuvre des processus métier critiques seulement lorsque les technologies d'infrastructure (l'échange fiable, la sécurité, les transactions) atteindront les niveaux nécessaires de fiabilité et de performance.

21

Gestion des processus métier

L'émergence des technologies liées aux services Web a immanquablement réintroduit la problématique de la gestion des processus métier. En effet, la granularité d'un service Web peut être variable et couvrir un domaine très localisé (service convertisseur francs vers euros et euros vers francs, par exemple) ou très large (service d'annuaire UDDI). Un service Web peut aussi faire appel à d'autres services Web pour implémenter les fonctions qu'il est censé offrir : ce mécanisme d'agrégation de services peut d'ailleurs être utilisé sur plusieurs niveaux, à l'intérieur du service de niveau le plus externe. De même, il est possible d'enchaîner différents services Web pour aboutir à la mise en œuvre d'un processus métier partiel ou complet (comme passer un ordre d'achat de fournitures par exemple).

Les technologies existantes, SOAP, WSDL et UDDI, permettent de mettre en œuvre des services Web qui constituent autant d'unités élémentaires (« atomiques ») à l'intérieur de processus métier plus ou moins complexes. Cependant, ces technologies basiques sont insuffisantes pour prendre en compte et décrire les interactions entre toutes les unités élémentaires qui composent les processus à automatiser. Il est donc devenu indispensable de poursuivre dans le domaine de la normalisation des technologies afin d'être en mesure de décrire ces interactions entre services Web.

Nous avons traité dans les trois chapitres précédents les services d'infrastructure (fiabilité de l'échange, sécurité, transactions) qui mettent en œuvre le cadre technique dans lequel les interactions entre services Web d'une part, et avec leurs clients d'autre part, peuvent se dérouler dans le respect des exigences de qualité de service (fiabilité, disponibilité, sécurité, performance) qui s'imposent aux processus métier critiques. Ce chapitre explique comment décrire, de préférence au moyen d'un langage de haut niveau, les processus métier, et comment faire en sorte que cette description soit exécutable, à savoir prise en compte par un moteur d'exécution dans le cadre de l'infrastructure technique assurant la fiabilité, la sécurité et la gestion des transactions.

L'agrégation de services Web en processus métier est souvent décrite sous les termes de *conversation*, *chorégraphie* ou *orchestration* de services Web. Ces nouveaux termes rejoignent la notion de *workflow*, voire de workflow documentaire, appliquée aux processus de gestion opérationnelle ou aux processus de gestion de la documentation de l'entreprise. Les technologies de workflow ont été utilisées dans les architectures applicatives de type client/serveur notamment, et plus récemment dans les logiciels d'EAI (Enterprise Application Integration). Le W3C, qui a créé, en janvier 2003, le groupe de travail Web Services Choreography Working Group dédié à cette question, a retenu le terme de « chorégraphie » dans la charte de ce groupe (voir *http://www.w3.org/2003/01/wscwg-charter*).

La gestion « traditionnelle » des processus métier ou BPM (Business Process Management dans la littérature anglo-saxonne) couvre tous les aspects du cycle de vie des processus à l'intérieur de l'entreprise :

- la modélisation,
- le développement,
- le déploiement,
- l'exploitation,
- l'administration,
- le pilotage.

Une nouvelle forme d'architecture des processus métier interentreprises, portée par l'émergence des technologies XML, se situe à un point de confluence entre plusieurs modèles d'organisation antérieurs : l'EDI (Electronic Document Interchange ou échange de données informatisé), le B2B (Business to Business) et l'EAI. La transition entre ces différents modèles s'effectue d'ailleurs de manière très progressive, par hybridation technologique. La plupart des produits commerciaux qui prennent en charge ces anciens modèles ont intégré progressivement le langage XML, et depuis quelque temps commencent également à prendre en charge les technologies qui en dérivent, spécifiques aux services Web, telles que le protocole SOAP ou le langage de description de services Web WSDL.

Cette nouvelle forme d'architecture, conçue pour permettre le déploiement et l'interconnexion des systèmes d'information des entreprises à travers Internet, parfois nommée IAI (Internet Application Integration) par opposition à l'EAI, est plus justement nommée AOS (architecture orientée services ou SOA : Service Oriented Architecture, en anglais).

Cette nouvelle architecture efface la distinction conceptuelle entre processus métier intra-entreprises et interentreprises, distinction qui s'était traduite dans le passé par des gammes différentes d'outils logiciels souvent incompatibles entre eux. Cette distinction se transforme en une pure question de droits, d'habilitations et de contrôles d'accès aux ressources internes des entreprises participant au processus.

La conception et le développement de nouvelles architectures de ce type nécessitent, de la part de la communauté des acteurs qui prennent en charge les technologies de services Web, un nouvel effort important en termes de spécification. En effet, après avoir défini les éléments indispensables au développement de services Web unitaires que sont les spécifications SOAP, WSDL et UDDI, il devient impératif de formaliser la façon dont ces services Web peuvent être combinés entre eux, afin de proposer des processus métier complets et opérationnels de bout en bout.

Ces nouvelles spécifications devront même pouvoir prendre en compte de nouvelles problématiques telles que la sécurité des processus gérés, l'intégrité transactionnelle et le respect de clauses prédéfinies, contractuelles et de qualité de service.

Spécifications initiales

Le champ de la modélisation des processus métier se trouve brusquement placé sous les feux de la rampe depuis le début de l'année 2002. De nombreuses initiatives ont vu le jour, parmi lesquelles :

- WfMC (Workflow Management Coalition) : historiquement la plus ancienne et attachée au développement de standards dans le domaine du workflow (*http://www.wfmc.org*) ;

- BPMI (Business Process Management Initiative) : créée sous la houlette de la société Intalio (*http://www.intalio.com*) et à l'origine de la spécification BPML (*Business Process Modeling Language*) et BPQL (*Business Process Query Language*) ;

- WSCI (*Web Services Choreography Interface*) : initiative proposée par BEA, Intalio, SAP et Sun Microsystems pour prendre en compte la collaboration d'application à application qui s'est concrétisée par une note (8 août 2002) au W3C ;

- WSCL (*Web Services Conversation Language*) : spécification adressée le 14 mars 2002 par Hewlett-Packard au W3C, sous forme d'une note, et dont l'objectif consiste à décrire la séquence d'interactions possibles avec un service Web particulier ;

- WSFL (*Web Services Flow Language*) : il s'agit d'une proposition effectuée par IBM en matière de composition de services Web ;

- XLANG : extension de la spécification WSDL, créée par Microsoft et implémentée dans le produit BizTalk Server 2002 ;

- XPDL (*XML Pipeline Definition Language*) : spécification d'origine Sun Microsystems, soumise au W3C et enregistrée sous forme d'une note datée du 28 février 2002, dont la finalité consiste à décrire des relations de traitement entre ressources XML ;

- ebXML (Electronic Business using eXtensible Markup Language) : instituée à l'initiative d'un organisme des Nations Unies, l'UN/CEFACT (United Nations Centre for Trade Facilitation and Electronic Business) (voir *http://www.ebxml.org* et *http://www.unece.org/cefact*). Cette organisation propose la spécification BPSS (*Business Process Specification Schema*).

Toutes ces initiatives, dont certaines sont prises en charge par des produits commerciaux (Microsoft, Intalio, etc.), ne semblaient pas devoir aboutir rapidement à la mise à disposition d'implémentations utilisables à grande échelle. Nous sommes en fait en présence d'un recentrage des priorités et d'une réorganisation des activités, qui se sont encore récemment manifestés par l'annonce, effectuée par Microsoft et passée relativement inaperçue, de stopper l'activité de l'organisation BizTalk.org et de fermer le site Web le 19 juillet 2002 (l'ancien site Web *http://www.biztalk.org* redirige maintenant vers le site Microsoft dédié au produit BizTalk Server de Microsoft : *http://www.microsoft.com/biztalk*). Selon Microsoft, la raison officielle est que cette organisation, créée à l'origine pour susciter l'émergence et le développement des schémas XML, n'est plus nécessaire du fait de la banalisation d'XML et des schémas.

Cette décision illustre un changement majeur dans les priorités. On peut effectivement considérer que l'argument avancé par Microsoft, c'est-à-dire l'utilisation d'XML comme langage universel de représentation des données et des documents, est acquis : il suffit d'observer la floraison de vocabulaires XML métier apparus ces deux dernières années, ainsi que le nombre croissant d'organisations chargées de gérer et de faire évoluer ces référentiels. Ces schémas XML sont maintenant utilisés pour décrire et formaliser les échanges entre partenaires économiques et industriels. La priorité s'est déplacée aujourd'hui vers la description de la dynamique de ces échanges et de l'enchaînement des messages XML qui les supportent. Il ne s'agit plus maintenant de traiter de questions qui relèvent du *quoi* (l'objet de l'échange), mais plutôt des aspects qui concernent le *comment* (les conditions), le *quand* (l'ordonnancement) et le *qui* (les partenaires) de l'échange. C'est la raison pour laquelle le concept, déjà ancien, de processus métier s'est de nouveau trouvé au centre des préoccupations.

Outre les spécifications à vocation généraliste citées précédemment, il convient également de citer les travaux du consortium RosettaNet (voir *http://www.rosettanet.org*) dans le domaine des industries électroniques. Depuis février 1998, cette organisation s'est engagée dans la définition de vocabulaires XML spécifiques à ce secteur industriel, mais s'est également attachée à formaliser les processus métier en vigueur sous la forme de PIP (Partner Interface Processes). Il faut d'ailleurs signaler que ces processus modélisés sont publiés dans l'annuaire public UDDI. Les travaux de cette organisation sont souvent cités en exemple et sont largement implémentés. Ainsi, la société Intel a annoncé, dans un communiqué publié le 10 décembre 2002 (voir *http://www.rosettanet.org/RosettaNet/Rooms/DisplayPages/LayoutDoc?PressRelease=com.webridge.entity.Entity[OID[5F4F001CC0F5724680E959C962EF3BC2]]*), que plus de 10 % de ses commandes clients 2002 (plus de trois milliards de dollars, soit à peu près autant en euros), et de ses achats fournisseurs (plus de deux milliards de dollars, soit à peu près autant en euros), ont été réalisés grâce à l'usage de la technologie RosettaNet. Ces volumes représentent plus de trente mille transactions par mois, réalisées avec plus de quatre-vingt-dix clients et fournisseurs répartis dans dix-sept pays.

Fondement théorique des spécifications XLANG et BPML : π-calcul

Les langages XLANG et BPML font tous les deux appel aux principes du π-calcul (ou pi-calcul). Le π-calcul est un langage fonctionnel qui a été développé dans les années quatre-vingt-dix par Robin Milner (voir *http://move.to/mobility*). Il est utilisé pour décrire des systèmes de processus mobiles. Le π-calcul est également à la base de la sémantique d'un langage tel qu'Erlang, développé par la société Ericsson et utilisé dans le domaine des applications de télécommunication.

Nouvelles spécifications

Une annonce commune de BEA, IBM et Microsoft, dans le domaine du BPM (Business Process Management) effectuée durant l'été 2002 a introduit des changements importants. En effet, ces trois acteurs ont publié le 9 août 2002, simultanément sur leurs sites Web respectifs, un ensemble de trois nouvelles spécifications complémentaires destinées à prendre en compte la gestion de processus métier via les services Web (voir annonce IBM : *http://www-3.ibm.com/software/solutions/webservices/pr20020809.html*).

Les trois nouvelles spécifications sont :

• *WS-Coordination* (Web Services Coordination) est la spécification d'un métaprotocole de coordination entre applications qui est utilisé par des protocoles de coordination spécifiques. Elle prend en compte notamment les aspect d'activation et de registration des applications participantes à un contexte de coordination. WS-Coordination est présentée chapitre 20.

• *WS-Transaction* (Web Services Transaction) définit deux protocoles de coordination, adaptés à la mise en œuvre de transactions atomiques (*Atomic Transaction*) et d'activités métier (*Business Activity*). WS-Transaction est présentée chapitre 20.

- BPEL4WS (*Business Process Execution Language for Web Services*) remplace les précédentes spécifications XLANG de Microsoft et WSFL d'IBM. Elle définit un langage de description des modalités d'interaction de processus métier intra-entreprises (intranet) ou interentreprises (extranet, internet). Une fois ces processus définis, la coordination technique des applications, en vue d'assurer l'intégrité, la fiabilité et la sécurité du processus est assurée par les protocoles définis dans les deux autres spécifications WS-Coordination et WS-Transaction (la spécification WS-Security, présentée chapitre 19, est aussi appelée à contribution pour l'intégrité des messages).

Serveurs d'orchestration : futur des serveurs d'applications ?

Ces trois spécifications ont été produites et publiées par BEA, IBM et Microsoft. Il faut remarquer que ces trois entreprises dominent largement le marché des serveurs d'applications.

Cette annonce a été doublée dès le 12 août 2002, de la part d'IBM, par l'annonce de la publication simultanée d'une implémentation de référence de BPEL4WS sur le site d'alphaWorks : BPWS4J (Business Process Execution Language for Web Services Java Run Time) téléchargeable à l'adresse *http://www.alphaworks.ibm.com/tech/bpws4j*, d'une part, et par celle de la mise en ligne d'une nouvelle version du WSTK (Web Services Tool Kit), la version 3.2.1 qui intègre une démonstration de la mise en œuvre de ces trois nouvelles spécifications, également accessible sur le site d'IBM alphaWorks à l'adresse *http://www.alphaworks.ibm.com/tech/webservicestoolkit* (voir annonce : *http://www-3.ibm.com/software/solutions/webservices/pr20020812.html*).

Puis, c'est le tour de Microsoft d'annoncer, le 26 août 2002, la disponibilité d'une nouvelle boîte à outils, le WSDK (Web Services Development Kit), qui implémente dans un premier temps en version *preview*, les spécifications WS-Security, WS-Routing, WS-Attachments et DIME (voir annonce : *http://www.microsoft.com/presspass/press/2002/aug02/08-26wsdkpr.asp*). Cette boîte à outils, destinée à fournir aux développeurs des implémentations intermédiaires de nouvelles spécifications, entre les versions officielles du *framework* .NET ou de Visual Studio .NET, un peu à la manière du WSTK d'IBM, devrait prochainement inclure les implémentations des trois nouvelles spécifications liées à l'orchestration de services Web.

Effervescence dans le monde du BPM

Ces trois nouvelles spécifications ont provoqué une certaine effervescence dans le monde du BPM et ont introduit une certaine confusion car elles s'ajoutent aux spécifications préexistantes et présentent certains recouvrements avec celles-ci.

Parmi ces éléments de confusion, on peut noter les faits suivants :

- BEA et IBM sont membres de l'initiative BPMI, à l'origine de la spécification concurrente BPML.

- BEA est l'une des sociétés à l'origine de la spécification WSCI, sur laquelle s'appuie la version finale de BPML, publiée en juin 2002.

- Les spécifications WS-Transaction et WS-Coordination recouvrent partiellement les caractéristiques de la spécification BTP de l'OASIS, dont BEA est à l'origine.

À ce jour, les réactions ont été mitigées : le WfMC a pris acte de l'arrivée de la spécification BPEL4WS, mais considère que sa propre spécification Wf-XML est plus complète (voir *http://www.wfmc.org/pr/BPEL4WS.htm*). L'initiative BPMI, quant à elle, a publié, dès le 15 août, sa position dans un document (*Position Paper*) intitulé *BPML\BPEL4WS - A Convergence Path toward a Standard BPM Stack* (voir *http://www.bpmi.org/downloads/BPML-BPEL4WS.pdf*). Selon son opinion, l'organisation BPMI considère que BPML et BPEL4WS sont très similaires et que sa spécification BPML constitue un surensemble de BPEL4WS. Également dans le domaine voisin de la gestion de transactions, la société Choreology a annoncé, le 14 août 2002 (voir annonce : *http://www.choreology.com/news/140802_webservices.html*), la prise en charge future des spécifications WS-Transaction et WS-Coordination par son nouveau produit Cohesions 1.0 (voir *http://www.choreology.com/products/index.html*) qui prend déjà en charge la spécification BTP (Business Transaction Protocol).

Jeff Mischkinsky, de la société Oracle, inquiet de la multiplicité des propositions et de la tournure des événements, a demandé au W3C, en septembre 2002, de constituer un groupe de travail pour choisir l'une des spécifications comme référence ou de les combiner pour faire émerger un standard. Un vote sur cette proposition d'Oracle a été organisé lors d'une réunion du groupe de travail Web Services Architecture du W3C qui s'est tenue à Washington, le 12 septembre 2002. Ce vote, scindé en deux questions, a produit un résultat mitigé :

- à la première question, sur la nécessité d'agir dans le domaine de l'orchestration et de la chorégraphie, la réponse des intervenants a été positive à l'unanimité ;

- à la seconde question, sur le fait que ces actions soient entreprises dans le cadre du W3C, la réponse a été positive, sans être acquise à l'unanimité : seize voix pour, huit abstentions et une voix contre.

Selon certaines indiscrétions, deux des abstentions étaient des décisions de BEA et d'IBM, et le vote contre émanait de Microsoft. En fait, les auteurs des trois dernières spécifications (BPEL4WS, WS-Transaction et WS-Coordination) se sont opposés à envisager une telle perspective.

Cependant, le W3C a décidé, en septembre 2002, de créer le groupe de travail Web Services Choreography au sein de son activité Web Services (voir *http://www.w3.org/2002/ws*). Cette idée, déjà débattue au W3C avant l'été 2002, s'est finalement imposée, du fait de la précipitation des événements et malgré cette opposition de BEA, IBM et Microsoft. Le W3C a donc publié en conséquence une première proposition de charte de fonctionnement de ce nouveau groupe de travail (voir *http://www.w3.org/2002/ws/arch/2/09/chor-proposal.html*).

Cette charte prévoyait de fonder le travail de ce groupe sur la spécification WSDL 1.2, d'une part, et sur les spécifications BPSS, WSCL, BPEL4WS, BPML et WSCI, d'autre part.

L'agenda prévisionnel de ce nouveau groupe de travail du W3C était :

- septembre/octobre 2002 : création du groupe ;

- octobre 2002 : organisation d'un atelier ;

- mars 2003 : premier document (*draft*) de spécification ;

- novembre 2003 : recommandation finale ;

- juin 2004 : dissolution du groupe de travail.

Finalement, le groupe de travail Web Services Choreography a été créé en janvier 2003 et a publié sa charte définitive (voir *http://www.w3.org/2003/01/wscwg-charter*). Ce groupe de travail ne s'appuiera formellement que sur les spécifications WSDL 1.2 et WSCI.

Participants au groupe de travail Web Services Choreography du W3C

Les sociétés et organisations, dont des membres participent à ce groupe de travail, sont les suivantes : BEA, Choreology, Cisco, Computer Associates, DSTC Pty, EDS, Enigmatec, Fujitsu, Hewlett-Packard, Hitachi, Intalio, IONA Technologies, Novell, Oracle, Progress Software, SAP AG, SeeBeyond Technology, Software AG, Sun Microsystems, University of Maryland, webMethods et W.W Grainger.

Il faut remarquer l'absence notable de deux des trois initiateurs des spécifications BPEL4WS, WS-Transaction et WS-Coordination (IBM et Microsoft). Seul BEA a délégué un représentant auprès de ce groupe de travail. Selon une version intermédiaire de la charte du groupe de travail (novembre 2002), la spécification BPEL4WS aurait été prise en considération si elle avait fait l'objet d'une soumission au W3C entre-temps.

Le planning prévu montre un décalage global de trois à six mois, selon les tâches, par rapport à l'agenda prévisonnel (fin en décembre 2004).

Toute cette effervescence montre que nous sommes loin d'un accord unanime dans ce domaine. Il faut espérer que tous ces acteurs finiront par trouver un terrain d'entente, et que les synergies qu'ils pourront trouver permettront de dégager un consensus autour d'une spécification commune ou de plusieurs spécifications cohérentes entre elles. Il s'agit là d'un élément vital pour l'essor des technologies des services Web, en relation avec la gestion des transactions et la fiabilité des échanges.

Services Web, processus métier, orchestration et choréographie

Toutes ces initiatives ont pour objectif commun de proposer un langage de modélisation de processus métier. Il s'agit de décrire ces processus, leurs interfaces statiques et leurs comportements dynamiques, tout en restant indépendant de leurs implémentations par les applications participantes. La prise en charge et l'implémentation de ces langages de modélisation permettent ainsi de proposer aux entreprises des moteurs de gestion de processus métier, parfois appelés BPMS (Business Process Management System).

Processus métier

Un processus métier décrit des interactions entre des agents (personnes, services, organisations) et des systèmes d'information (logiciels, sous-systèmes). Les différentes entités qui interagissent dans un processus donné sont les participants de ce processus. Le processus métier est déterminé par un objectif précis : produire une facture d'achat de fournitures, éditer un catalogue électronique, etc. Il est à la fois collaboratif et transactionnel, et peut être composé d'activités automatisées aussi bien que manuelles.

Un processus métier, dans le domaine des services Web :

- repose sur la coopération entre applications participantes « faiblement couplées » ;
- peut être de courte durée (et mis en œuvre dans le cadre d'une transaction atomique) ou bien de longue durée (avec des états intermédiaires visibles) ;
- peut échouer partiellement, déclencher des situations d'exception et gérer des compensations ;
- peut être mis en œuvre par l'enchaînement de plusieurs transactions atomiques et/ou imbriquées.

Orchestration

L'orchestration définit les interactions entre les applications qui participent au processus métier et l'enchaînement de ces interactions. Les interactions sont décrites en termes de messages (envoyés et reçus) et de traitements métier associés à l'émission (préparation) ou à la réception (traitement) de ces messages.

L'orchestration est une description du processus du point de vue de l'une des entités participantes. Il existe donc autant d'orchestrations que de participants au processus. Par exemple, dans un système simple où n'interviennent que deux applications qui jouent respectivement les rôles de l'acheteur (*buyer*) et du vendeur (*seller*), nous sommes en présence de deux orchestrations différentes selon le point de vue dans lequel nous nous situons. Si l'on se place dans la perspective de l'acheteur, on peut considérer que l'on traite de l'orchestration d'un processus de gestion des achats. En revanche, si l'on se place dans la perspective du vendeur, on peut penser que l'on considère la situation de l'orchestration d'un processus de gestion des ventes.

L'orchestration est l'organisation des traitements et des échanges de messages du point de vue d'une application participant au processus métier.

Chorégraphie

Par ailleurs, pour que le système fonctionne, il est absolument nécessaire que les messages échangés entre les deux applications soient non seulement structurés de la même manière, mais de plus soient porteurs de la même sémantique. De même, l'enchaînement des échanges de messages doit être mis en œuvre de la même manière entre les deux orchestrations.

Ici, nous nous situons donc à un niveau de collaboration entre les participants de ces processus métier. Il s'agit plutôt de décrire une interface publique commune aux deux orchestrations. La chorégraphie permet d'exprimer la partition à jouer (les messages échangés et l'enchaînement des échanges) et la répartition des rôles (Qui envoie quel message ? Qui reçoit quel message ?) entre les participants de ces processus métier.

Le concept de chorégraphie peut être rapproché de la notion de *conversation* définie par Hewlett-Packard dans sa spécification WSCL (voir plus loin). En effet, une description de conversation est un document XML qui spécifie les messages échangés ainsi que l'enchaînement de ces échanges. Cette description exprime l'interaction entre applications du point de vue d'un seul des participants, généralement dans la perspective du fournisseur du service Web. Cependant, le modèle de la conversation peut être facilement réexprimé du point de vue réciproque du consommateur du service Web par une simple transposition des interactions de type réception ou réception-émission en émission ou émission-réception.

La chorégraphie est donc la description des échanges de messages et des enchaînements de ces échanges entre applications participantes au processus métier.

Positionnement des spécifications

À la lumière de la distinction orchestration/chorégraphie que nous venons de faire, il est possible de montrer le positionnement relatif des dernières spécifications proposées.

Positionnement des spécifications BPEL4WS, BPML et WSCI

Domaine	BPEL4WS	BPML-WSCI
Collaboration publique entre participants (chorégraphie)	Processus abstraits BPEL4WS	Interfaces WSCI
Implémentation privée des participants (orchestration)	Processus exécutables BPEL4WS	Processus BPML

L'objectif des technologies de services Web est l'interopérabilité entre applications dont les implémentations sont hétérogènes via la mise en œuvre de protocoles et de technologies d'échange et de communication standardisés. À la rigueur, des deux sujets appelés « chorégraphie » et « orchestration », seule la chorégraphie relève de la technologie des services Web. Cela ne réduit évidemment pas l'intérêt que l'on peut porter au deuxième sujet, à savoir un langage de pilotage de l'exécution d'applications complexes qui interagissent avec des services Web.

En fait, l'orchestration est la mise en œuvre d'un langage de *scripting* portable sur des plates-formes matérielles et logicielles hétérogènes. Ses avantages sont l'augmentation de la productivité dans le cycle de mise en œuvre d'applications complexes et l'indépendance des fournisseurs de plates-formes : c'est un domaine d'activité a priori indépendant des services Web. Le lien avec les technologies des services Web apparaît dès que l'orchestration d'un processus métier est implémentée sous forme d'un service Web qui peut être lui-même invoqué dans le contexte d'un autre processus métier dont le périmètre englobe le premier processus.

Certaines propositions de spécifications actuelles ainsi que les implémentations disponibles et à venir prennent en charge en même temps la chorégraphie et l'orchestration. Cette approche est absolument légitime en soi et s'explique en grande partie par le fait que les initiateurs de ces spécifications opèrent dans le secteur des serveurs d'applications et de moteurs de workflow, mais elle pose cependant deux problèmes majeurs, qui sont :

- une plus grande complexité des spécifications, avec une partie sur les protocoles de coopération entre participants et une autre sur la mise en œuvre du workflow ; en outre, la partie orchestration de la spécification doit en général tenir compte des approches et des systèmes patrimoniaux des auteurs de ces spécifications ;

- une plus grande lourdeur dans l'activité de test et de validation de l'interopérabilité, déjà suffisamment ardue (voir chapitre 17), si cette activité doit également couvrir la portabilité de l'orchestration.

Modélisation de la gestion des processus métier

Les règles d'orchestration des services Web sont formalisées via des documents XML (scénarios BPEL, par exemple), de même que leurs descriptions le sont par l'intermédiaire de documents WSDL.

Globalement, un système de gestion de processus métier peut être formalisé tel que le suggère la figure 21-1 :

Schématiquement, la cinématique de fonctionnement d'un tel système est la suivante :

1. Une application cliente a besoin d'invoquer le service Web 0 (WS0) pour son propre fonctionnement. Pour cela, elle invoque le moteur d'orchestration des services Web, éventuellement via l'utilisation d'une interface WSDL du service Web WS0.

2. Le moteur d'orchestration exploite un moteur de recherche de services Web pour retrouver la description du service Web WS0 ainsi que les règles d'orchestration correspondantes (déploiement local ou distant du service Web).

3. Le moteur de recherche récupère la description du service Web WS0. Normalement, il s'agit d'un document WSDL, mais cette description peut avoir un autre format, y compris un format XML. Cette recherche s'appuie sur les implémentations de systèmes de découverte de services Web de type UDDI, WSIL, etc.

4. Le moteur de recherche retrouve la description des règles d'orchestration associée au service Web WS0 dont la description a été précédemment récupérée. Cette description peut être formalisée par un document WSCL, par exemple. Les performances d'un tel moteur de recherche peuvent être améliorées par la mise en œuvre d'un système de cache, identique à celui décrit dans la convention d'appel de la spécification UDDI, par exemple.

5. Le moteur d'orchestration décrypte les règles d'orchestration associées au service Web WS0 et invoque les méthodes de l'interface de ce service selon les séquences d'interaction décrites. Dans notre exemple, le service Web WS0 a besoin d'utiliser (alternativement, successivement, en parallèle, par composition, etc.) les fonctions offertes par le service Web WS1. Dans ce cas, le moteur d'orchestration réitère les étapes 2, 3 et 4 pour ce service.

6. Voir étape 5. Les éléments descriptifs du service Web WS2 sont recherchés soit parce que la chorégraphie décrite par les règles d'orchestration du service Web WS0 l'exige, soit parce que les règles du service Web WS1 l'imposent (encapsulation).

7. Le moteur d'orchestration restitue à l'application cliente du service Web WS0 soit le résultat attendu suite à l'invocation de la fonction initiale, soit une exception, éventuellement remontée en cascade en fonction de la pile d'exécution du moteur.

Remarquons que ce schéma est très générique et qu'il ne fait en rien référence à des méthodes d'invocation synchrone ou asynchrone des services Web orchestrés. Le moteur d'orchestration doit être en mesure de prendre en charge, de manière interopérable, des systèmes de files d'attente de type JMS, MSMQ ou MQSeries par exemple, en attendant une infrastructure d'échanges fiable et asynchrone pour les services Web (voir le chapitre 18). De même, il n'est pas fait ici mention de gestion de transactions courtes ou longues, mais bien entendu, le moteur d'orchestration doit être capable de gérer les parties transactionnelles modélisées dans la chorégraphie d'ensemble.

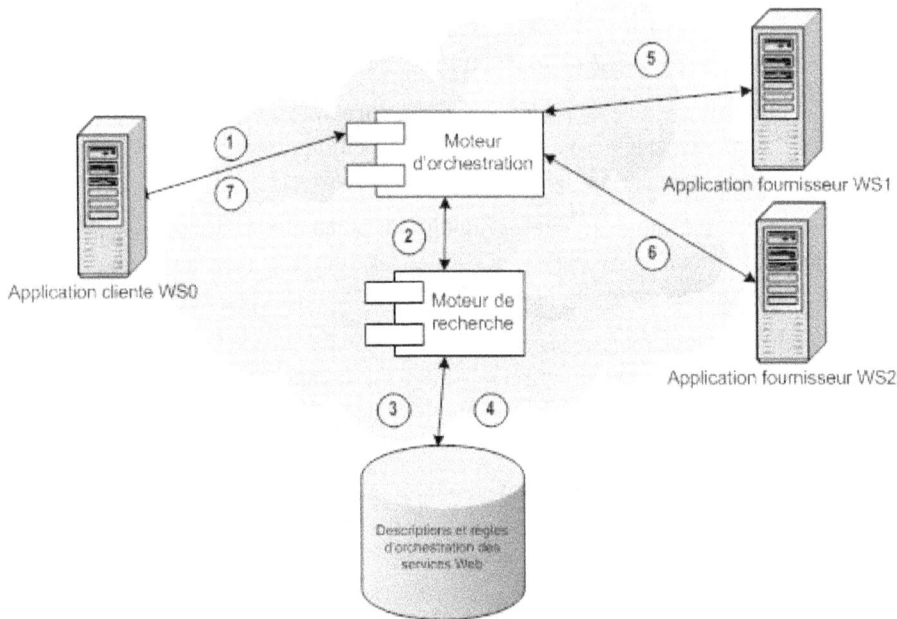

Figure 21-1

Schéma d'un système BPMS de type orchestration de services Web.

Principales spécifications en présence

Comme nous l'avons vu précédemment, un certain nombre de spécifications s'attachent à standardiser le comportement dynamique des services Web et à définir ce que sont les règles de l'orchestration, de la chorégraphie ou de la conversation selon la terminologie employée par ces référentiels.

Nous allons ici nous attarder sur les spécifications les plus récentes dans ce domaine. Nous n'entrerons cependant pas dans les détails de chacune de ces spécifications. En effet, comme nous l'avons vu précédemment, le domaine du BPM est actuellement en effervescence et extrêmement morcelé. De fait, aucune de ces spécifications ne détient pour l'instant une position dominante et les évolutions sont très rapides. Par ailleurs, nous n'aurions pu résumer en quelques pages la description de l'ensemble de ces spécifications. Enfin, il existe fort peu d'implémentations de ces spécifications, et lorsque celles-ci existent, elles demeurent relativement confidentielles. Il nous semble donc préférable de décrire brièvement les principales spécifications susceptibles d'influencer l'avenir immédiat de la normalisation dans ce domaine.

BPEL4WS

BPEL4WS (Business Process Execution Language for Web Services) constitue donc le dernier effort en matière de spécification dans le domaine de la gestion de processus métier. Cette spécification (parfois nommée BPEL) est appelée à remplacer les précédentes spécifications XLANG de Microsoft et WSFL d'IBM. Son objectif consiste à définir un langage de description du comportement de processus métier élaborés à partir de services Web. Cette nouvelle spécification étend le modèle d'interaction des services Web et ouvre ainsi la voie vers la gestion de transactions métier. La spécification BPEL4WS est associée à deux autres spécifications, WS-Coordination et WS-Transaction, en charge d'assurer la coordination et l'intégrité de ces processus métier. À l'heure de la rédaction de cet ouvrage, ces trois spécifications n'ont pas fait l'objet d'une soumission à un organisme de normalisation.

La spécification BPEL4WS définit ses propres espaces de noms, préfixés par bpws, slnk et sref. Elle fait également appel à des éléments des spécifications WSDL et XML Schema, dont elle référence les espaces de noms et s'appuie également sur la spécification XPath.

BPEL4WS décrit le comportement d'un processus métier en fonction des interactions entre ce processus et ses partenaires (*partners*). Ces interactions se réalisent via des interfaces de services Web. La structure de la relation au niveau de l'interface est encapsulée dans un lien de service (*service link*).

Le langage défini par BPEL4WS peut être utilisé de deux façons :

• soit pour modéliser un rôle dans un protocole de coopération métier via un *processus métier abstrait* : par exemple, dans les chapitres consacrés aux études de cas en fin d'ouvrage, le client et l'agence de voyages jouent deux rôles différents ;

• soit pour définir un *processus métier exécutable* : le langage spécifie un format d'exécution portable pour des processus métier qui s'appuient exclusivement sur des services Web et des données au format XML.

Le processus métier abstrait permet donc de modéliser et d'exposer l'interface publique d'un protocole de coopération métier. Ce mode d'utilisation de BPEL4WS insiste plutôt sur les aspects chorégraphiques du processus métier : définition des messages, ordonnancement des échanges, rôles des participants.

Le processus métier exécutable, obtenu par spécialisation du modèle abstrait, se focalise sur l'implémentation privée propre à chacun de ses participants. La problématique d'implémentation des traitements source ou cible des messages échangés, définis dans le modèle abstrait, relève du domaine privé de chacune des entreprises concernées.

Toutes les ressources externes, le processus lui-même et les partenaires de ce processus sont modélisés sous forme de services WSDL.

À l'instar de la spécification WSCL, BPEL4WS ne définit pas de quelle façon le processus métier sera déployé, ni quels seront les protocoles de communication ou les formats de message réellement mis en œuvre au moment de l'exécution. La spécification BPEL4WS s'en tient à des représentations de services WSDL abstraits.

Syntaxe d'un descripteur de processus

Le code suivant décrit la syntaxe générale d'une description de processus BPEL4WS :

```
<process name="ncname" targetNamespace="uri"
  queryLanguage="anyURI"?
  expressionLanguage="anyURI"?
  suppressJoinFailure="yes|no"?
```

```
   enableInstanceCompensation="yes|no"?
   abstractProcess="yes|no"?
   xmlns="http://schemas.xmlsoap.org/ws/2002/07/business-process/">
<partners>?
  <partner name="ncname" serviceLinkType="qname"
    myRole="ncname"? partnerRole="ncname"?>+
  </partner>
</partners>
<containers>?
  <container name="ncname" messageType="qname"?>
  </container>
</containers>
<correlationSets>?
  <correlationSet name="ncname" properties="qname-list"/>+
</correlationSets>
<faultHandlers>?
  <catch faultName="qname"? faultContainer="ncname"?>*
  activity
  </catch>
  <catchAll>?
    activity
  </catchAll>
</faultHandlers>
<compensationHandler>?
  activity
</compensationHandler>
activity
</process>
```

L'attribut queryLanguage définit l'URI du langage de requête XML utilisé pour la sélection de nœuds lors de diverses opérations (XPath 1.0 par défaut).

L'attribut expressionLanguage définit l'URI du langage de requête XML utilisé pour exprimer des expressions utilisées dans le processus (XPath 1.0 par défaut).

L'attribut suppressJoinFailure précise si l'exception de jointure (joinFailure) est supprimée pour toutes les activités (activities) du processus (no par défaut).

L'attribut enableInstanceCompensation précise si le processus peut être compensé en cas d'exception (no par défaut).

L'attribut abstractProcess indique si le processus décrit est abstrait ou exécutable (no par défaut, c'est-à-dire exécutable).

La collection des partenaires (partners) énumère les tiers qui interviennent durant le déroulement du processus. Ceux-ci sont modélisés sous forme de services Web.

La collection des conteneurs (containers) présente la liste des réceptacles de données mis en œuvre dans le processus, impérativement exprimés sous forme de messages WSDL. Ces conteneurs peuvent soit référencer des messages décrits dans des documents WSDL externes, soit directement intégrer des descriptions de messages WSDL (*inlining*). Ces messages sont échangés avec les partenaires, mais les conteneurs peuvent aussi conserver des données internes nécessaires au fonctionnement interne du processus.

La collection des ensembles de corrélation (`correlationSets`) est utilisée pour permettre les interactions asynchrones.

La collection des gestionnaires d'exceptions (`faultHandlers`) fournit les activités à exécuter en cas d'erreurs dans le fonctionnement du processus.

La collection des gestionnaires de compensations (`compensationHandlers`) décrit le code à exécuter en cas de compensation, c'est-à-dire lorsqu'il est nécessaire d'annuler une action déjà exécutée et terminée.

Les activités (`activities`) représentent les actions exécutées dans le cadre du processus métier modélisé. Les types d'activités sont présentés dans le tableau ci-après :

Tableau des types d'activités BPEL4WS

Activité	Description
`receive`	Mise en attente d'un message d'un partenaire.
`reply`	Envoi d'un message de réponse à un message reçu (par un `receive`) de la part d'un partenaire.
`invoke`	Envoi de message à sens unique ou d'une requête à un partenaire (invocation d'une opération définie dans l'interface WSDL du partenaire).
`assign`	Affectation de nouvelles valeurs aux données d'un conteneur (par `copy`).
`throw`	Génération d'une anomalie (`fault`).
`terminate`	Terminaison du processus.
`wait`	Mise en attente temporelle (sur un délai ou jusqu'à un instant donné).
`empty`	Activité vide (utile pour la synchronisation d'activités parallèles).
`sequence`	Bloc d'activités à exécuter en séquence.
`switch`	Sélection d'une activité à exécuter parmi un ensemble.
`while`	Boucle d'exécution d'une activité tant qu'une condition est vérifiée.
`pick`	Attente bloquante d'un message d'un partenaire ou de l'expiration d'un délai.
`flow`	Bloc d'activités à exécuter en parallèle.
`scope`	Définition d'une activité imbriquée à ses gestionnaires d'anomalie et de compensation.
`compensate`	Invocation d'une compensation sur une activité imbriquée (`scope`) qui a terminé son exécution normalement.

Lien avec les spécifications WS-Coordination et WS-Transaction

La spécification WS-Coordination décrit un framework extensible de construction de protocoles de coordination d'actions dans un environnement d'applications réparties (types de coordination). Les applications sont capables de se coordonner entre elles via l'utilisation d'un contexte de coordination géré sous le contrôle d'un service de coordination (*coordinator*) et de protocoles de coordination associés.

La spécification WS-Transaction décrit deux types particuliers de coordination : la transaction atomique AT (Atomic Transaction) et l'activité métier BA (Business Activity). Le type de coordination pour la transaction atomique est utilisé pour coordonner des activités de courte durée qui présentent une caractéristique de style « tout ou rien », sans états intermédiaires visibles. Le type de coordination activité métier est utilisé dans le cadre de la coordination de processus de longue durée, avec des états intermédiaires visibles, qui nécessitent la prise en compte et le traitement d'exceptions métier et l'accomplissement de tâches de compensation.

Ces deux spécifications sont utilisées dans le cadre de la prise en charge de transactions métier et sont décrites chapitre 20, « Gestion des transactions ». Le chapitre 26 « Architecture en processus métier (BPEL) » présente une variante de l'étude de cas dans laquelle la spécification BPEL4WS est mise en œuvre conjointement avec le type de coordination BA de WS-Transaction, via l'implémentation BPEL Orchestration Server de Collaxa.

Implémentations actuelles et à venir

Dans l'immédiat, des implémentations de la spécification BPEL4WS associée aux deux autres spécifications (WS-Coordination et WS-Transaction) sont déjà disponibles.

Nous avons vu qu'immédiatement après la publication de la disponibilité de ces nouvelles spécifications, IBM a annoncé, le 12 août 2002, une implémentation de référence de BPEL4WS nommée BPWS4J 1.0, téléchargeable à partir du site d'IBM alphaWorks (voir *http://www.alphaworks.ibm.com/tech/bpws4j*). Une nouvelle version 1.1 corrective a été publiée le 24 janvier 2003. Cette implémentation d'évaluation ne met pas en œuvre les spécifications WS-Coordination et WS-Transaction. En revanche, elle comporte un *plug-in* Eclipse qui peut être utilisé pour créer et éditer des scénarios BPEL.

De même, les dernières versions du WSTK (Web Services Tool Kit), depuis la version 3.2.1, intègrent des démonstrations de la mise en œuvre de ces trois nouvelles spécifications (voir *http://www.alphaworks.ibm.com/tech/webservicestoolkit)*.

Enfin, IBM prévoit la prise en charge de BPEL4WS dans ses plates-formes de production WebSphere à partir de la version 5.0. En effet, l'annonce de la sortie de WebSphere Studio Application Developer Integration Edition 5.0 aux États-Unis (voir *Software Announcement 203-034* du 4 février 2003 : *http://www.ibmlink.ibm.com/usalets&parms=H_203-034*) précise que la prise en charge de cette spécification dans l'environnement de développement, ainsi que dans le serveur d'applications J2EE WebSphere Application Server Enterprise 5.0, devrait être effective lors de la disponibilité des prochaines éditions de ces versions (voir la section « Statement of Direction - Business Process Execution Language for Web services »).

Le 17 février 2003, l'annonce de disponibilité générale des produits a été publiée (voir *http://www-916.ibm.com/press/prnews.nsf/jan/F56124BC7EE0413685256CD000540B0F)*. Ceux-ci sont disponibles depuis le 21 février. Les ressources pour le moteur d'exécution WebSphere Application Server Enterprise 5.0 sont accessibles à *http://www-3.ibm.com/software/webservers/appserv/enterprise*. Celles de WebSphere Studio Application Developer Integration Edition 5.0 peuvent être atteintes à *http://www-3.ibm.com/software/ad/studiointegration*.

Microsoft, de son côté, a annoncé un nouveau projet nommé Jupiter lors de la conférence MEC 2002 (Microsoft Exchange Conference) qui s'est tenue à Anaheim en Californie du 7 au 11 octobre 2002 (voir annonce : *http://www.microsoft.com/presspass/press/2002/oct02/10-08jupiterpr.asp)*. Le projet devrait s'étaler sur dix-huit mois pour offrir deux versions du produit final. L'objectif consiste à refondre et à intégrer la gamme des serveurs e-business actuels de Microsoft (BizTalk Server, Content Management Server et Commerce Server). Cette refondation sous forme de composants (*componentization*) s'accompagnera de l'incorporation de nouvelles fonctionnalités dont une gestion des processus métier qualifiée de « révolutionnaire », une meilleure prise en compte des technologies des services

Web XML et de BPEL4WS en particulier, et enfin, une meilleure assistance aux développeurs et aux analystes métier via une intégration supérieure aux produits Visual Studio .NET et Office.

La première version du produit final est prévue pour le deuxième semestre 2003 et intégrera les fonctions suivantes :

- l'automatisation des processus,
- le workflow,
- les technologies d'intégration,
- la prise en charge de BPEL4WS,
- l'assistance aux développeurs.

La version finale devrait sortir durant le premier semestre 2004. Elle ajoutera les caractéristiques suivantes à la version initiale :

- la gestion de contenu,
- les services de commerce,
- la gestion de catalogues,
- la gestion de campagnes,
- la gestion de sites,
- les outils d'analyse de sites,
- le ciblage de clientèle,
- la personnalisation,
- l'assistance aux analystes métier.

Quant à BEA, le troisième auteur de BPEL4WS, WS-Coordination et WS-Transaction, la société n'a annoncé aucune prise en charge de ces spécifications dans la version actuelle de son serveur d'applications J2EE (WebLogic 7.0 et 8.1). En revanche, selon une annonce effectuée par BEA le 13 décembre 2002, la prochaine plate-forme (nom de code « Gibraltar ») devrait les intégrer, aussi bien dans le serveur d'applications que dans l'environnement de développement Workshop (de même que la prise en charge du SDK J2EE 1.4).

Il faut également signaler le produit BPEL Orchestration Server 2.0 de Collaxa (voir *http:// www.collaxa.com*) qui implémente les spécifications BPEL4WS, WS-Coordination et WS-Transaction. Ce produit est le plus avancé à l'heure de la rédaction de ces lignes et pourrait bien constituer l'une des toutes premières implémentations commerciales disponibles. Il est toujours en phase de mise au point en mars 2003 et la version bêta 5 est annoncée. Ce serveur utilise la technologie J2EE nativement et peut donc accéder à toutes les ressources de cette plate-forme : services Web, files d'attente JMS, e-mails, connecteurs JCA, pages JSP… Les scénarios métier sont décrits sous la forme de fichiers `.jbpel` qui font appel à une métaphore similaire à celle des pages JSP. Ces fichiers sont en réalité des classes Java annotées (métadonnées codées selon une syntaxe de type XDoclet : voir *http://xdoclet.sourceforge.net*) qui, après compilation, se transforment en classes Java exécutables par la JVM. La version bêta 5 introduit également la prise en charge directe des scénarios XML (fichiers d'extension `.bpel`).

La société Momentum Software (voir *http://www.momentumsoftware.com*), établie à Austin (Texas), dispose également d'une implémentation de BPEL4WS opérationnelle sur la plate-forme .NET : ChoreoServer for .NET (voir *http://www.momentumsoftware.com/images/ChoreoServer.pdf*). Ce produit est destiné aux éditeurs indépendants (*ISV*) et aux revendeurs. Une version équivalente, portée sur la plate-forme J2EE, devrait apparaître courant 2003.

Choreology (voir *http://www.choreology.com*), éditeur du produit Cohesions 1.0 qui implémente la spécification BTP de l'OASIS, a annoncé le 14 août 2002 la prise en charge future des spécifications BPEL4WS, WS-Coordination et WS-Transaction par son produit Cohesions (voir *http://www.choreology.com/news/140802_webservices.html*).

La société Vergil Technology prévoit également l'intégration de la spécification BPEL4WS dans son produit Web Services Orchestration Suite (voir *http://www.vergiltech.com/vorchestration.htm*).

À l'heure de la rédaction de cet ouvrage, certains signes laissent à penser que les initiateurs de BPEL4WS travaillent à la publication d'une évolution de la spécification initiale. C'est vraisemblablement cette nouvelle version qui devrait être soumise à un organisme de standardisation (W3C ou OASIS ?) durant l'année 2003.

BPML

La spécification BPML (Business Process Modeling Language) est un métalangage de modélisation des processus métier dont le but est de fournir un modèle d'exécution pour les processus métier collaboratifs et transactionnels.

Cette spécification est menée par l'organisation BPMI (Business Process Management Initiative, voir *http://www.bpmi.org*) dont l'objectif est de standardiser la gestion des processus métier qui recouvrent de multiples applications et partenaires métier en intranet et sur Internet. Par rapport à ebXML, cette organisation se présente comme celle qui standardise l'implémentation des processus métier alors qu'ebXML standardise les interfaces publiques de ces processus.

Cette organisation a été créée en août 2000 sous l'impulsion de la société Intalio (*http://www.intalio.com*) par Aventail, Black Pearl, Blaze Software, Bowstreet, Cap Gemini Ernst & Young, Computer Sciences Corporation, Cyclone Commerce, DataChannel, Entricom, Ontology.Org, S1 Corporation, Versata, VerticalNet, Verve, et XMLFund (voir annonce : *http://www.intalio.com/news/releases/20000807.html*).

La version de travail initiale de la spécification a été publiée le 8 mars 2001. La version 1.0 a été validée et rendue publique le 26 juin 2002, après sept révisions de la version initiale (voir annonce : *http://www.intalio.com/news/releases/20020626BPML.html*). Celle-ci est disponible à l'adresse *http://www.bpmi.org/specifications.esp*.

La spécification BPML est complétée par la spécification BPQL (Business Process Query Language).

BPML est maintenant pris en charge par plus de cent quatre-vingt membres dont BEA Systems, IONA Technologies, IBM, Hewlett-Packard, Ilog, SAP, SilverStream, SUN Microsystems, Sybase, TIBCO, WebGain. Les entreprises qui soutiennent l'initiative BPMI proviennent de tous les horizons, que ce soit du monde du workflow, de l'EDI, du B2B ou de l'EAI.

Schématiquement, BPML divise un processus métier en trois parties :

- une interface publique de description du processus ;

- deux implémentations privées, propres à chacun des deux partenaires concernés.

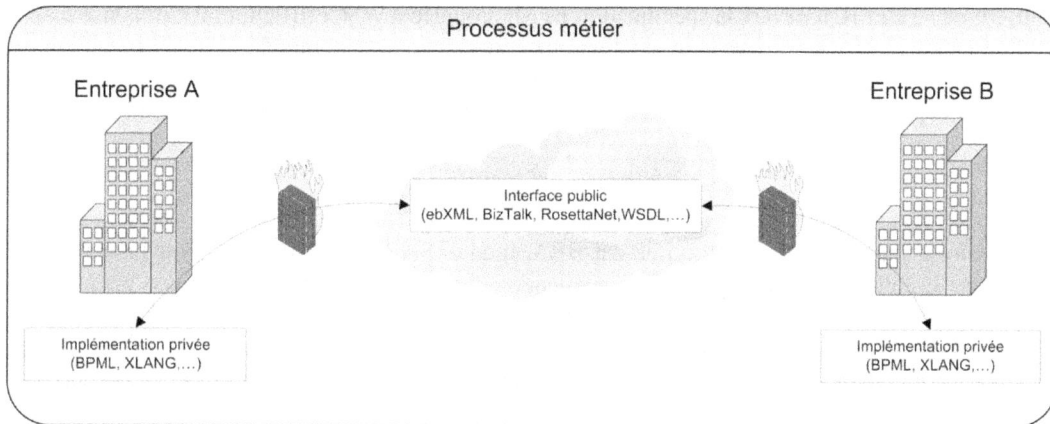

Figure 21-2

Interface publique et implémentations privées BPML.

L'interface publique est donc commune aux partenaires et peut être prise en charge par des protocoles tels qu'ebXML, BizTalk, RosettaNet ou WSDL.

Les implémentations privées peuvent reposer sur différentes spécifications, comme BPML ou XLANG par exemple.

La spécification BPML définit son propre espace de noms, préfixé par bpml. Elle fait également appel à des éléments des spécifications WSCI, WSDL et XML Schema, dont elle référence les espaces de noms et elle s'appuie également sur les spécifications XPath et XQuery.

La spécification est implémentée dans le serveur n3 d'Intalio qui se définit comme le premier *Business Process Management System* (voir *http://www.intalio.com/products/server/index.html*). La société Infosys Technologies a également développé un moteur BPML de démonstration : Choreo (voir *http://www.infosys.com/consulting/choreo.asp*). La société Computer Sciences Corporation (voir *http://www.csc.com*) a annoncé le 22 juillet 2002 qu'elle retenait la spécification BPML 1.0 comme élément de fondation de son architecture d'entreprise BPM e3 (voir annonce : *http://www.csc.com/newsandevents/news/1801.shtml*), référence de l'architecture e3 : *http://uk.country.csc.com/en/kl/9.shtml*). Le produit Integrator de Sterling Commerce incorpore aussi une implémentation de la spécification BPML, en plus du framework ebXML Messaging Service 2.0 (voir *http://www.sterlingcommerce.com/solutions/products/ebi/integrator/integrator.html*).

Outre la spécification BPML, les sociétés Popkin Software (*http://www.popkin.com*), Casewise (*http://www.casewise.com*) et Computer Sciences Corporation (*http://www.csc.com*) ont décidé, le 28 août 2002, de constituer un groupe de travail au sein de l'initiative BPMI dont l'objectif est de produire la spécification d'une notation standard dans le domaine de la gestion des processus métier (voir annonce : *http://www.popkin.com/newsandevents/press_releases/archive/8_28_2001.html*). Cette notation standard, nommée BPMN (*Business Process Modeling Notation*), constituera une notation graphique de BPML et pourra être utilisée dans des logiciels d'analyse, de conception et de description de processus métier.

L'initiative BPMI, à travers la spécification BPML couplée à WSCI, BPQL et BPMN, vise à couvrir l'ensemble du spectre du cycle de vie d'un processus métier : de la modélisation à l'exécution sur la plate-forme finale. Celle-ci, outre le support de Sun Microsystems, semble rencontrer un certain succès auprès d'acteurs importants tels que Computer Sciences Corporation ou Sterling Commerce.

WSCI

WSCI est une spécification proposée par BEA, Intalio, SAP et Sun Microsystems pour prendre en compte la collaboration d'application à application. La spécification BPML s'appuie sur WSCI (voir le tableau des espaces de noms de BPML). La spécification WSCI a été soumise au W3C sous forme d'une note datée du 8 août 2002 (voir *http://www.w3.org/TR/wsci*). Elle constitue la ressource principale, conjointement avec WSDL 1.2, pour les travaux du groupe de travail Web Services Choreography du W3C, créé en janvier 2003.

WSCI définit un langage de description des échanges collaboratifs entre services Web. Cette spécification concerne essentiellement les aspects liés à la chorégraphie des échanges. En revanche, elle ne traite pas les questions d'orchestration des processus métier. Elle ne décrit que le comportement du service que l'on peut observer de l'extérieur, ainsi que les règles d'interaction entre le service et son environnement.

Pour son propre fonctionnement, WSCI s'appuie sur les langages de description de services Web, et plus particulièrement sur WSDL 1.1.

La spécification WSCI définit son propre espace de noms, préfixé par `wsci`. Elle fait également appel à des éléments des spécifications WSDL et XML Schema, dont elle référence les espaces de noms, ainsi qu'à la spécification XPath.

La spécification WSCI est extensible : les extensions réalisées peuvent soit étendre la sémantique originelle de WSCI, soit étendre l'interface et les définitions du modèle sans en modifier la sémantique.

Le concept principal de WSCI est l'interface. Chacun des participants d'un processus métier doit définir son interface WSCI, c'est-à-dire le comportement de son service en termes de messages échangés avec les autres participants dans le cadre du déroulement du scénario associé au processus métier. Le comportement est exprimé par des dépendances temporelles et logiques entre les messages échangés. Un service Web peut exposer plusieurs interfaces qui prennent en charge différents scénarios.

Les messages échangés entre participants sont émis et/ou reçus par des activités. Ces activités sont soit atomiques, soit complexes. Dans ce dernier cas, elles sont composées, par récursivité, d'autres activités. Dans le cadre d'une liaison avec une description de service WSDL, une activité atomique qui traite un message correspond à l'exécution d'une opération. Les activités WSCI peuvent être exécutées en séquence, en parallèle, en boucle (structures de type `for-each`, `while` et `repeat-until`) ou conditionnées par l'évaluation d'expressions logiques ou l'occurrence d'un événement.

L'unité de base réutilisable d'une description WSCI est le processus qui définit une partie du comportement observé. Un processus est instancié :

- suite à la réception d'un ou plusieurs messages définis comme éléments déclencheurs ;
- sur appel externe du processus (visible de l'interface) ;
- sur appel interne du processus par l'implémentation du service (invisible de l'interface).

Les processus peuvent être définis et référencés soit au niveau de l'interface (processus « racines »), soit dans des activités complexes (processus « imbriqués »).

Chaque activité est définie et exécutée dans le cadre d'un et un seul contexte d'exécution. Ce contexte comprend un ensemble de déclarations accessibles à toutes les activités qui lui sont liées, une définition des événements exceptionnels et des comportements associés susceptibles de se produire durant l'exécution des activités et enfin les propriétés transactionnelles attachées au déroulement des activités. Ces contextes d'exécution peuvent être imbriqués : dans ce cas, la portée d'un contexte donné est limitée à son propre niveau et à celui de ses parents jusqu'à la racine par récursivité.

La spécification décrit également le concept de corrélation de messages, c'est-à-dire la manière dont la consistance sémantique des conversations dans lesquelles participe un service Web est maintenue. WSCI ne spécifie pas la manière d'implémenter la corrélation mais fournit le moyen de la modéliser et de l'exposer.

La déclaration de comportements exceptionnels est prévue et peut être définie au niveau d'un contexte d'exécution. Ces comportements peuvent survenir lors de la réception d'un message particulier, ou du fait de la levée d'une exception générée par l'implémentation du service ou la réception d'un message d'erreur WSDL (Fault), ou bien encore suite au déclenchement d'un *timeout*. Différents mécanismes de gestion de ces exceptions sont prévus selon le niveau du contexte d'exécution, y compris la possibilité de les récupérer (*recoverable exceptions*), c'est-à-dire de gérer une situation de défaillance partielle d'un processus.

La gestion de comportements transactionnels est également possible, via l'association d'un contexte à une transaction. La transaction peut déclarer des activités de compensation qui ne seront exécutées qu'en cas de succès de la transaction et de nécessité de la défaire (échec de l'un des services Web participants). Une transaction peut être soit atomique, soit imbriquée. Une transaction atomique ne peut être décomposée en sous-transactions, alors qu'une transaction imbriquée peut être décomposée en sous-transactions atomiques et/ou à nouveau imbriquées et ainsi de suite… En cas d'annulation d'une transaction imbriquée (*rollback*), les sous-transactions ouvertes courantes sont tout d'abord annulées (de manière récursive), puis les sous-transactions terminées avec succès sont compensées dans l'ordre inverse de terminaison.

WSCI définit par ailleurs la notion de modèle global. À l'instar d'une conversation WSCL (voir section suivante), une interface WSCI exprime les échanges de messages du point de vue d'un seul participant. Le modèle global permet de décrire une vue multiparticipant de l'ensemble des échanges de messages. Ce modèle est représenté par une collection d'interfaces des services participants et une collection de liens entre les opérations de ces services (sources et destinations de messages) définies par un langage de description de services tel que WSDL.

La spécification WSCI prévoit également la possibilité de réaliser des interactions avec des services Web dont les caractéristiques d'accès ne sont connues qu'au moment de l'exécution (points d'accès). Ceci est possible à travers la mise en œuvre du concept de participation dynamique. Cette caractéristique autorise ainsi l'usage de systèmes de recherche et de découverte de services Web tels que les annuaires UDDI, par exemple.

Enfin, en complément du document de la spécification, il faut signaler l'existence d'un éditeur d'interfaces WSCI développé par Sun Microsystems : le Sun ONE WSCI Editor (voir *http:// wwws.sun.com/software/xml/developers/wsci/download*).

WSCL

La spécification WSCL a été proposée en mai 2001 par une équipe de Hewlett-Packard (voir *http:// xml.coverpages.org/HP-WSCL10-200105.pdf*). Elle a été adressée au W3C le 4 février 2002, et enregistrée sous forme d'une note datée du 14 mars 2002 (voir *http://www.w3.org/TR/wscl10*).

La spécification avait été précédée par la publication, début 2001, de CDL (Conversation Definition Language), un format de description de conversations métier sous forme de schémas XML, issu de l'architecture e-Speak. Cette spécification initiale a constitué l'un des documents présentés (voir *http://www.w3.org/2001/03/WSWS-popa/paper20*) lors de l'atelier Workshop on Web services organisé par le W3C, les 11 et 12 avril 2001 à San Jose en Californie, et représentatifs de la position de Hewlett-Packard sur les sujets à prendre en compte par le W3C pour ses actions futures dans le domaine de la normalisation des services Web.

Le document *Service Framework Specification, Part I – Version 2.0* de l'architecture e-Speak (voir *http://www.hpl.hp.com/techreports/2001/HPL-2001-138.pdf*), publié le 7 juin 2001, illustre parfaitement le degré d'avancement des réflexions de Hewlett-Packard dans le domaine des technologies de services Web, acquis avant l'apparition des spécifications SOAP, WSDL et UDDI. Ce document montre notamment la position de CDL dans l'architecture e-Speak et permet de mieux comprendre son origine.

Conversations

La spécification WSCL offre un moyen de décrire des interfaces abstraites de services Web. Plus précisément, le langage spécifie :

- les « conversations » de niveau métier ;
- les processus pris en charge par les services Web.

Les descriptions de conversations sont des documents XML qui spécifient les messages échangés (eux-mêmes sous forme de documents XML), ainsi que l'enchaînement des échanges.

Cette spécification doit s'utiliser conjointement avec d'autres langages de description de services tels que WSDL. Son objectif est de fournir le moyen de décrire le comportement dynamique d'un service Web en s'appuyant sur sa définition d'interface statique, à travers une modélisation des séquences d'interactions et d'opérations valides pour cette interface. Ces modèles peuvent être ensuite exploités par des systèmes de gestion de processus métier ou de workflows pour les combiner avec d'autres modèles de conversations : c'est ce que l'on définit sous les vocables d'orchestration ou de chorégraphie de services Web.

WSCL permet donc de spécifier quels sont les documents XML échangés avec le service Web, ainsi que les séquences d'échanges de ces documents. Les conversations ainsi définies sont elles-mêmes exprimées sous la forme de documents XML qui peuvent ensuite aisément être exploités par des systèmes d'infrastructure de services Web, de même que par des outils de développement appropriés.

Structures du langage

Les principaux éléments définis par la spécification WSCL sont les suivants :

- les descriptions de types de documents (Document Type Descriptions) : elles précisent les types de documents XML (schémas) qu'un service peut émettre ou recevoir durant une conversation ;

- les interactions (Interactions) : celles-ci modélisent les actions d'une conversation sous la forme d'échanges de documents XML entre les divers participants à cette conversation ;

- les transitions (Transitions) : elles explicitent l'ordonnancement des interactions. La relation d'ordonnancement est décrite par l'interaction source, l'interaction cible, éventuellement associées au type de document transporté de la source à la cible ;

- la conversation (Conversation) : elle énumère les interactions et transactions qui en sont les constituants.

Les modèles d'interaction pris en charge par une conversation WSCL sont :

- l'émission (Send) : le service Web envoie un document à destination d'un autre participant ;

- la réception (Receive) : le service Web reçoit un document en provenance d'un autre participant ;

- l'émission-réception (SendReceive) : le service Web envoie un document à destination d'un autre participant et s'attend à recevoir un document en retour ;

- la réception-émission (ReceiveSend) : le service Web reçoit un document en provenance d'un autre participant et renvoie un document en retour ;

- l'interaction vide (Empty) : celle-ci ne met en œuvre aucun échange de documents. Son unique rôle consiste à décrire le début et la fin d'une conversation.

Une conversation est similaire à une interface publique, à la manière d'une interface WSDL, ou encore d'une description IDL Corba ou d'une classe interface dans un langage orienté objet tel que Java ou C#. Cependant, la faculté d'expression d'une conversation est supérieure car elle publie également l'ordonnancement possible des opérations décrites par l'interface.

La conversation du point de vue d'un des participants

Il faut ici remarquer que la définition d'une conversation exprime celle-ci du point de vue d'un seul des participants. Cette définition se place généralement dans la perspective du fournisseur du service Web et débute ainsi par une interaction de type réception ou réception-émission. Le modèle de la conversation peut être réexprimé du point de vue du consommateur du service Web.

Les documents pris en charge sont décrits uniquement par des schémas XML. La direction prise par rapport à l'interaction (document entrant ou sortant) est précisée par le nom de l'élément : un document entrant est modélisé par une étiquette InboundXMLDocument, tandis qu'un document sortant est spécifié par l'étiquette OutboundXMLDocument.

Utilisation des schémas

À la différence de WSDL, la spécification WSCL n'incorpore pas les schémas XML qui sont utilisés pour prendre en charge les échanges durant la conversation (*Business Payload*). La spécification des schémas XML est déléguée à des organismes différents, indépendants, responsables de la standardisation et de la normalisation de ces schémas dans divers secteurs économiques, industriels ou sociaux (horizontaux ou verticaux). WSCL se contente de référencer les schémas mis en œuvre dans la conversation (comme WSDL lorsque seule la balise import est utilisée).

La structure générale d'une conversation se présente comme suit :

```
<?xml version="1.0" encoding="UTF-8"?>
<Conversation name="NomDeLaConversation" initialInteraction="Debut"  finalInteraction="Fin" >
  <ConversationInteractions>
    <Interaction … />
    <Interaction … />

    …

  </ConversationInteractions>
  <ConversationTransitions>
    <Transition … />
    <Transition … />

    …

  </ConversationTransitions>
</Conversation>
```

Les interactions décrivent les échanges unitaires et les transitions représentent les branches du graphe qui lient les interactions entre elles pour donner le protocole de conversation. Une conversation porte obligatoirement les attributs :

- name : le nom de la conversation spécifiée (URI) ;

- initialInteraction : l'interaction qui déclenche la conversation ;

- finalInteraction : l'interaction par laquelle se termine la conversation.

La conversation définit ensuite deux collections d'éléments : la collection des interactions (Conversation-Interactions) et la collection des transitions (ConversationTransitions).

Combiner WSCL et WSDL

La spécification WSCL précise les formats de messages échangés (*payload*) ainsi que l'ordre dans lequel sont réalisés ces échanges. Elle ne spécifie rien en ce qui concerne les protocoles de communication mis en œuvre pour réaliser ces transferts de documents. Elle indique simplement que la liaison à un protocole de communication est soit déterminée par l'utilisation d'un framework particulier qui prend en charge l'implémentation de la conversation, soit par l'usage d'un langage de description de liaison spécifique tel que WSDL par exemple.

Les spécifications WSCL et WSDL sont en effet complémentaires. Le tableau suivant synthétise la correspondance des concepts manipulés par les deux spécifications.

Correspondances sémantiques entre WSDL et WSCL

Concepts		WSDL	WSCL
Interfaces abstraites	Chorégraphie	Hors du champ de la spécification	Transition
	Messages	Opération	Interaction
Liaisons protocolaires		Liaison	Hors du champ de la spécification
Services concrets		Service	Hors du champ de la spécification

Ce tableau de correspondances, issu du document de la spécification WSCL, illustre parfaitement la complémentarité qui existe entre les deux spécifications. Le concept charnière est celui de message, élément constitutif des interfaces abstraites de services Web. C'est le message (via l'opération pour WSDL et l'interaction pour WSCL) qui permet d'établir le lien entre les deux spécifications et d'accroître ainsi, par cette combinaison, la puissance d'expression de WSCL et WSDL. L'expression statique de l'interface publique d'un service Web, décrite au format WSDL, se trouve renforcée via la dimension dynamique introduite par les règles chorégraphiques modélisées en format WSCL.

La correspondance des concepts entre les deux spécifications est également prolongée, dans une certaine mesure, par une correspondance entre les éléments de syntaxes des deux langages.

Correspondances syntaxiques entre WSDL et WSCL

WSDL	WSCL
Port Type	Conversation

Opération :
   – `One-way`
   – `Request-response`
   – `Solicit-response`
   – `Notification`
	Interaction :
	   – `Receive`
	   – `ReceiveSend`
	   – `SendReceive`
	   – `Send`

`Input`	`InboundXMLDocument`
`Output, Fault`	`OutboundXMLDocument`
Message (types de données incorporés)	Attributs `hrefSchema` (types de données référencés)

Une fois établies ces correspondances, comment aller plus loin et combiner ces deux spécifications pour introduire une continuité entre la description de la conversation (WSCL) et la mise en œuvre des protocoles de communication susceptibles de permettre les échanges de documents (WSDL) ?

La spécification WSCL propose trois alternatives possibles :

• une mise en correspondance des éléments de la conversation décrite en WSCL avec les éléments descriptifs des liaisons aux protocoles utilisés dans la description WSDL ;

• l'ajout d'éléments de chorégraphie à une description de type de port WSDL. Ceux-ci sont ajoutés dans un document WSCL additionnel qui ne contient que la collection des transitions. Une mise en corrélation est ensuite réalisée entre l'attribut d'opération de type de port WSDL `nom` et l'attribut WSCL `href` des sous-éléments `SourceInteraction` et `DestinationInteraction`. L'élément `SourceInteractionCondition` référence, quant à lui, un message `output` ou `fault` de l'opération WSDL correspondante ;

• une mise en correspondance des éléments de la conversation WSCL avec les messages des opérations équivalentes dans un type de port.

WSFL

La spécification WSFL a été proposée en mai 2001 par une équipe d'IBM (voir *http://www-3.ibm.com/software/solutions/webservices/pdf/WSFL.pdf*). Cette spécification définit un langage de description de compositions de services Web. Plus précisément, le langage spécifie deux modèles de conception (*patterns*) :

- le pattern usage d'un ensemble de services Web dont le résultat décrit un processus métier (modèle de flux) ;
- le pattern interaction d'un ensemble de services Web dont le résultat décrit les interactions entre entités métier (modèle global).

Cette spécification s'appuie sur la spécification WSDL. Le document est présent, depuis la version 2.3, dans le Web Services Tool Kit publié sur le site d'IBM alphaWorks.

La spécification WSFL considère que toutes les activités qui participent à un processus métier sont des services Web. Elle définit un langage XML de description de compositions de services Web : toute composition de services Web, qu'il s'agisse d'un modèle de flux ou d'un modèle global, peut devenir à son tour, par récurrence, un composant d'une nouvelle composition de services Web.

Grâce à cette récursivité, la conception de processus métier peut être abordée sous deux angles : soit par une approche *bottom-up* qui, par agrégations et abstractions successives, permet de modéliser le processus complet, soit par l'approche *top-down* qui, via des raffinements successifs, assure la décomposition du processus modélisé en services Web unitaires agrégés.

Du fait de la publication récente de la spécification BPEL4WS, appelée à remplacer la spécification WSFL d'IBM, ainsi que la spécification XLANG de Microsoft, nous n'entrerons pas plus avant dans les détails de cette spécification.

XLANG

Microsoft dispose déjà de sa propre implémentation d'un langage de spécification de l'automatisation des processus métier fondés sur des services Web. Ce langage, nommé XLANG (prononcer « slang »), est déjà implémenté dans le serveur BizTalk disponible depuis début 2001 (voir *http://www.gotdotnet.com/team/xml_wsspecs/xlang-c/default.htm*). Il prend également appui sur la spécification WSDL (voir spécification *BizTalk Framework 2.0: Document and Message Specification* à l'adresse *http://www.microsoft.com/biztalk/techinfo/framwork20.asp*).

XLANG définit un langage de description du comportement individuel d'un service Web qui participe à un processus métier. Il décrit également comment combiner de tels services Web pour produire un processus métier multiparticipant.

Plus particulièrement, XLANG s'attache à prendre en compte les fonctionnalités suivantes :

- la construction de flux de contrôle séquentiels et parallèles,
- les transactions longues avec compensation,
- la corrélation de messages,
- la gestion des exceptions de traitement internes et externes,
- la description de comportement modulaires,

- la référence de service dynamique,

- les contrats multirôles.

La spécification XLANG définit son propre espace de noms, dont le préfixe `xlang` est associé à l'URI *http://schemas.microsoft.com/biztalk/xlang/*. Par ailleurs, elle fait appel aux spécifications WSDL (préfixe `wsdl`, associé à l'URI *http://schemas.xmlsoap.org/wsdl/*) et XML Schema (préfixe `xs`, associé à l'URI *http://www.w3.org/2001/XMLSch*ema).

De même que pour la spécification WSFL, du fait de la publication récente de la spécification BPEL4WS, appelée à remplacer cette spécification, ainsi que la spécification WSFL d'IBM, nous ne décrirons pas plus en détail cette spécification.

Vers une entreprise toujours plus étendue

L'apparition d'XML et le développement des technologies liées aux services Web vont à terme changer profondément le marché des logiciels de workflow et des systèmes d'EAI. L'automation des processus métier interentreprises était réalisée via l'utilisation de logiciels ou progiciels propriétaires souvent onéreux et nécessitant des adaptations plus ou moins importantes suivant le contexte. La principale difficulté, dans ces environnements orientés traitements, résidait dans le fait que l'implémentation interne de ces logiciels n'était généralement pas explicitement séparée de la description des protocoles externes mis en œuvre dans les échanges. Cette difficulté s'accroissait également en raison de la nature hétérogène des données échangées par ces traitements : informations propriétaires, incompatibles entre elles, données en provenance des systèmes applicatifs patrimoniaux (*legacy systems*) non documentées, formats des données incompatibles…

Par ailleurs, l'installation de tels systèmes d'intégration laissait souvent de larges parts du système d'information dans l'ombre, du fait des difficultés d'interaction entre systèmes hétérogènes propriétaires. C'est notamment pour cette raison que les éditeurs de logiciels d'EAI étaient contraints de développer de nombreux connecteurs ou adaptateurs afin de permettre à leurs plates-formes respectives de communiquer, de manière bilatérale, avec les principaux logiciels ou ERP du marché. C'est également pour cette raison que la communauté Java a décidé de promouvoir l'architecture JCA (Java Connector Architecture) afin de diminuer les coûts d'intégration des systèmes d'information.

Cependant, le déplacement des marchés vers Internet, la nécessité accrue de communication entre les systèmes d'information des acteurs économiques à travers les pare-feu, la nécessité de désenclaver ces mêmes systèmes d'information, le besoin de standardiser les formats de données échangées entre plates-formes intégrées ont fini par rencontrer, dans l'émergence des technologies des services Web, le support adéquat à une nouvelle évolution de l'entreprise ouverte : il s'agit maintenant de rendre les systèmes d'information des partenaires économiques interopérables à travers l'interaction de leurs applications via Internet (IAI).

Les technologies des services Web permettent d'organiser des processus métier interentreprises, tout en respectant les impératifs premiers d'indépendance et de sécurité des systèmes d'information de chacune des entreprises qui collaborent à ce processus. Cette faculté d'extension du champ de l'automatisation des processus métier en direction de systèmes d'information interconnectés via Internet est entièrement due à la banalisation du langage XML, maintenant intégré dans tous les composants des architectures logicielles : systèmes d'exploitation, bases de données, applications, environnements de développement, navigateurs…

L'examen des principales spécifications en lice, candidates au statut de futur standard dans le domaine de la gestion des processus métier, a mis aussi en évidence le rôle pivot que la spécification WSDL jouera également dans ce domaine. En effet, pratiquement toutes les spécifications s'appuient sur des descriptions de services Web au format WSDL. Certaines de ces spécifications prévoient même l'exposition du processus métier modélisé sous forme d'un document WSDL (BPEL4WS, par exemple).

Avec la mise au point d'un standard de gestion des processus métier, commencent enfin à apparaître les outils technologiques et méthodologiques qui permettront de mettre au point les logiciels et les infrastructures nécessaires pour atteindre ce que James Snell d'IBM appelle « le Web transactionnel », c'est-à-dire « une architecture du Web organisée de façon à échanger des informations entre applications de manière intelligente ».

Sites de référence et ressources

Dans le domaine de la gestion de processus métier, les ressources et références sont déjà très nombreuses du fait qu'il s'agit là d'un sujet qui est traité depuis plusieurs années. Nous avons regroupé ici des éléments d'information qui traitent de cette question d'un point de vue en rapport avec l'approche proposée par les technologies de services Web. Bien entendu, les produits cités, pour la plupart, n'implémentent pas encore les dernières spécifications que nous venons d'évoquer.

Documents

- *Business Process Management – What Do Web Services Have to Do with It ?*, Aberdeen Group : *http://www.aberdeen.com/ab_abstracts/2002/08/08020004.htm*

- *Worldwide Business Process Management Spending Forecast and Analysis (2001-2005)*, Aberdeen Group : *http://www.aberdeen.com/ab_company/hottopics/bpmspending/default.htm*

- *Business Process Management - Delivering on the promise*, Computer Sciences Corporation (CSC) Report : *http://www.cscresearchservices.com/foundation/library/reports02.asp*

- *e3 - Enabling the Process Managed Enterprise*, Computer Sciences Corporation (CSC) : *http://uk.country.csc.com/en/kl/uploads/9_1.pdf*

- *The Emergence of Business Process Management*, Computer Sciences Corporation (CSC) Report : *http://www.cscresearchservices.com/process/bpmreport*

- *Ten Pillars of Business Process Management*, EAI Journal – November 2001 : *http://www.eaijournal.com/PDF/BPMMcDaniel.pdf*

- *Workflow Patterns*, Eindhoven University of Technology/Department of Technology Management : *http://tmitwww.tm.tue.nl/research/patterns*

- *A new model for ebXML BPSS Multi-party Collaborations and Web Services Choreography*, Jean-Jacques Dubray : *http://www.ebpml.org/ebpml.doc*

- *A Novel Approach for Modeling Business Process Definitions*, Jean-Jacques Dubray : *http://www.ebpml.org/ebpml2.2.doc*

- *The Web Service Modeling Framework WSMF*, D. Fensel (Vrije Universiteit Amsterdam) & C. Bussler (Oracle Corporation) : *http://www.cs.vu.nl/~swws/download/wsmf.paper.pdf*

- *Conversations + Interfaces = Business Logic*, Hewlett-Packard Labs Technical Reports, HPL-2001-127 : *http://www.hpl.hp.com/techreports/2001/HPL-2001-127.html*

- *Transformational Interactions for P2P E-Commerce,* Hewlett-Packard Labs, HPL-2001-143 (R.1) : *http://www.hpl.hp.com/techreports/2001/HPL-2001-143R1.pdf*

- *Web services networks - Intermediaries that simplify inter-enterprise projects*, IBM developerWorks, October 2001 : *http://www-106.ibm.com/developerworks/library/ws-netwrk.html*

- *Automating business processes and transactions in Web services - An introduction to BPELWS, WS-Coordination, and WS-Transaction*, IBM developerWorks, August 2002: *http://www-106.ibm.com/developerworks/library/ws-autobp*

- IBM Systems Journal Vol 40, No. 1, 2001 – *Business-to-business integration with tpaML and a business-to-business protocol framework* : *http://researchweb.watson.ibm.com/journal/sj/401/dan.html*

- *New Developments in Web Services and E-commerce*, IBM Systems Journal Vol. 41, No. 2, 2002 : *http://researchweb.watson.ibm.com/journal/sj41-2.html*

- *Using Model-Driven Architecture to Develop Web Services*, IONA White Paper, April 2002 : *http://www.iona.com/archwebservice/WSMDA.pdf*

- *Middleware Evolution*, InfoWorld Analysis, Tom Yager, September 13, 2002 : *http://www.infoworld.com/articles/fe/xml/02/09/16/020916femiddle.xml*

- *Message Exchange Protocols for Web Services - for W3C Workshop on Web Services 11-12 April 2001, San Jose, CA - USA*, Microsoft, Satish Thatte, 2001: *http://www.w3.org/2001/03/WSWS-popa/paper39*

Ressources

- Collaxa Blog : *http://www.collaxa.com/news.blog.html*

- eAI Journal : *http://www.eaijournal.com*

- ebPML.org : *http://www.ebpml.org*

- Howard Smith, Gillian Taylor & Peter Fingar – Business Process Management Blog : *http://www.fairdene.com/processes*

- Jenz & Partner BPI Research : *http://www.bpiresearch.com*

- OASIS BizTalk XML Cover Pages : *http://xml.coverpages.org/biztalk.html*

- OASIS BPEL4WS XML Cover Pages : *http://xml.coverpages.org/bpel4ws.html*

- OASIS BPML XML Cover Pages : *http://xml.coverpages.org/bpml.html*

- OASIS tpaML XML Cover Pages : *http://xml.coverpages.org/tpa.html*

- OASIS WSCI XML Cover Pages : *http://xml.coverpages.org/wsci.html*

- OASIS WSCL XML Cover Pages : *http://xml.coverpages.org/wscl.html*

- OASIS WSFL XML Cover Pages : *http://xml.coverpages.org/wsfl.html*

- OASIS XLANG XML Cover Pages : *http://xml.coverpages.org/xlang.html*

Organisations

- BizTalk : *http://www.biztalk.org*
- BPMI (Business Process Management Initiative) : *http://www.bpmi.org*
- BPMG (Business Process Management Group) : *http://www.bpmg.org*
- ebXML (Electronic Business using eXtensible Markup Language) : *http://www.ebxml.org*
- RosettaNet : *http://www.rosettanet.org*
- WfMC (Workflow Management Coalition) : *http://www.wfmc.org*

Spécifications

- BPEL4WS (Business Process Execution Language for Web Services) – BEA : *http://dev2dev.bea.com/techtrack/BPEL4WS.jsp*
- BPEL4WS (Business Process Execution Language for Web Services) – IBM : *http://www-106.ibm.com/developerworks/library/ws-bpel*
- BPEL4WS (Business Process Execution Language for Web Services) – Microsoft : *http://msdn.microsoft.com/library/default.asp?url=/library/en-us/dnbiz2k2/html/bpel1-0.asp*
- BPML (Business Process Modeling Language) : *http://www.intalio.com/reg/downloads/specifications/BPML-1.0.zip*
- BPMN (Business Process Modeling Notation) : *http://www.intalio.com/reg/downloads/specifications/BPMN-0.9.zip*
- BPSS (Business Process Specification Schema) : *http://www.ebxml.org/specs/ebBPSS.pdf*
- tpaML (Trading Partner Agreement Markup Language) : *http://www-106.ibm.com/developerworks/xml/tpaml/tpaspec.pdf*
- WfMC Published Documents : *http://www.wfmc.org/standards/docs.htm*
- WS-Coordination (Web Services Coordination) – BEA : *http://dev2dev.bea.com/techtrack/ws-coordination.jsp*
- WS-Coordination (Web Services Coordination) – IBM : *http://www-106.ibm.com/developerworks/library/ws-coor*
- WS-Coordination (Web Services Coordination) – Microsoft : *http://msdn.microsoft.com/library/default.asp?url=/library/en-us/dnglobspec/html/wscoordspecindex.asp*
- WS-Transaction (Web Services Transaction) – BEA : *http://dev2dev.bea.com/techtrack/ws-transaction.jsp*
- WS-Transaction (Web Services Transaction) – IBM : *http://www-106.ibm.com/developerworks/webservices/library/ws-transpec*
- WS-Transaction (Web Services Transaction) – Microsoft : *http://msdn.microsoft.com/library/default.asp?url=/library/en-us/dnglobspec/html/ws-transaction.asp*
- WSCL (Web Services Conversation Language) : *http://www.w3.org/TR/wscl10*
- WSCI (Web Service Choreography Interface) – BEA : *http://dev2dev.bea.com/techtrack/wsci.jsp*

- WSCI (Web Service Choreography Interface) – Intalio : *http://www.intalio.com/reg/downloads/specifications/WSCI-1.0.zip*
- WSCI (Web Service Choreography Interface) – SAP : *http://ifr.sap.com/wsci*
- WSCI (Web Service Choreography Interface) – Sun Microsystems : *http://wwws.sun.com/software/xml/developers/wsci*
- WSFL (Web Services Flow Language) : *http://www-3.ibm.com/software/solutions/webservices/pdf/WSFL.pdf*
- XLANG : *http://www.gotdotnet.com/team/xml_wsspecs/xlang-c/default.htm*
- XPDL (XML Pipeline Definition Language) : *http://www.w3.org/TR/xml-pipeline*
- XPDL (XML Process Definition Language) : *http://www.wfmc.org/standards/docs/TC-1025_10_xpdl_102502.pdf*

Éditeurs

- Avinon : *http://www.avinon.com*
- Carnot : *http://www.carnot-usa.com*
- Choreology : *http://www.choreology.com*
- Collaxa : *http://www.collaxa.com*
- Exadel : *http://www.exadel.com*
- eXcelon : *http://www.exceloncorp.com*
- Fuego : *http://www.fuegotech.com*
- Genient : *http://www.genient.com*
- IBM : *http://www.ibm.com*
- Induslogic : *http://www.induslogic.com*
- Infravio : *http://www.infravio.com*
- Intalio : *http://www.intalio.com*
- Lombardi Software : *http://www.lombardisoftware.com*
- Microsoft : *http://www.microsoft.com*
- Momentum Software : *http://www.momentumsoftware.com*
- Q-Link Technologies : *http://www.qlinktech.com*
- RioLabs : *http://www.riolabs.com*
- Savvion : *http://www.savvion.com*
- Sterling Commerce : *http://www.sterlingcommerce.com*
- Vergil Technology : *http://www.vergiltech.com*
- WebV2 : *http://www.webv2.com*
- Zenaptix : *http://www.zenaptix.co.za*

Produits

- Avinon NetScenario Solutions : *http://www.avinon.com/products/overview.html*
- Carnot Process Engine : *http://www.carnot-usa.com/en/products/index.htm*
- Choreology Cohesions 1.0 : *http://www.choreology.com*
- Collaxa BPEL Orchestration Server : *http://www.collaxa.com/product.jsp*
- EXADEL Business Process Orchestration Engine : *http://www.exadel.com/products_products1.htm*
- eXcelon Business Process Manager : *http://www.exeloncorp.com/products/bpm*
- Fuego 4 : *http://www.fuego.com/products/software*
- Genient Composition Platform : *http://www.genient.com/products.html*
- IBM WebSphere Application Server Enterprise 5.0 : *http://www-3.ibm.com/software/webservers/appserv/enterprise*
- IBM WebSphere Studio Application Developer Integration Edition 5.0 : *http://www-3.ibm.com/software/ad/studiointegration.*
- Induslogic Xintegrate Web Services Edition : *http://www.induslogic.com/products/products3.html*
- Infravio Web Services Management System (WSMS) : *http://www.infravio.com/solutions/wsms.html*
- Intalio Products : *http://www.intalio.com/products/index.html*
- Lombardi Software TeamWorks : *http://www.lombardisoftware.com/products*
- Microsoft BizTalk Server 2002 : *http://www.microsoft.com/biztalk*
- Momentum Software ChoreoServer : *http://www.momentumsoftware.com/solutions/industrySolutions/ISV.shtml*
- Q-Link Business Process Management : *http://www.qlinktech.com/products_overview.html*
- RioLabs RioAssembly - Web Services Assembly Platform : *http://www.riolabs.com/product/index.shtml*
- Savvion BusinessManager : *http://www.savvion.com/products/enterprise.htm*
- Sterling Commerce Integrator : *http://www.sterlingcommerce.com/solutions/products/ebi/integrator/integrator.html*
- Vergil Technology Web Services Orchestration Suite : *http://www.vergiltech.com/vorchestration.htm*
- WebV2 Enterprise Solutions : *http://www.webv2.com/enterprisesolutionsf.html*
- Zenaptix Xeco : *http://www.zenaptix.co.za/architecture.htm*

Outils

- Computer Sciences Corporation e3 : *http://uk.country.csc.com/en/kl/9.shtml*
- IBM BPWS4J (Business Process Execution Language for Web Services Java Runtime) : *http://www.alphaworks.ibm.com/tech/bpws4j*
- IBM WSTK (Web Services ToolKit) : *http://www.alphaworks.ibm.com/tech/webservicestoolkit*
- Infosys Technologies Choreo : *http://www.infosys.com/consulting/choreo.asp*
- Sun ONE WSCI Editor : *http://wwws.sun.com/software/xml/developers/wsci/download*

Cinquième partie

Études de cas

22

Scénarios d'architectures – Implémentation des clients

Ce chapitre est le premier de la section consacrée aux études de cas. Plutôt que de présenter différentes situations qui n'ont pas de liens entre elles, nous avons choisi de ne présenter qu'une seule étude fonctionnelle, autour de laquelle nous allons pouvoir montrer différentes approches d'architecture et d'implémentation.

Cette section est organisée de la manière suivante :

- Chapitre 22 : ce chapitre introduit la problématique fonctionnelle qui constituera la trame sous-jacente des chapitres suivants. Chacune des variations autour du cas initial y sont décrites. Cette description fonctionnelle est accompagnée de la présentation de l'implémentation du client qui sera utilisée pour toutes les variantes de l'architecture et de l'implémentation des serveurs.

- Chapitre 23 : il illustre une première forme d'architecture statique dans laquelle la partie serveur est exclusivement implémentée en Java et en mode synchrone. Cette première réalisation est destinée à illustrer de manière didactique, de la conception jusqu'au déploiement, le développement d'un nouveau service Web et sa mise en œuvre dans un environnement simple.

- Chapitre 24 : il s'agit cette fois d'une architecture dynamique qui s'appuie sur la technologie UDDI dans laquelle la partie serveur est toujours implémentée en Java et en mode synchrone.

- Chapitre 25 : l'architecture est toujours dynamique et fait également appel à la technologie UDDI mais une partie de l'implémentation, toujours en mode synchrone, est réalisée à l'aide du *framework* .NET.

- Chapitre 26 : ce dernier chapitre de la section présente une autre implémentation du même service, dans une architecture statique, en mode asynchrone, et exprimée sous forme de processus métier en technologie BPEL4WS.

Les différents chapitres consacrés aux études de cas sont ainsi plutôt organisés autour d'un scénario évolutif en termes de fonctionnalités et de complexité. Il est donc conseillé, pour une meilleure compréhension, de lire ces chapitres dans l'ordre.

La description des produits utilisés et les modalités de paramétrage correspondantes sont décrites au début des chapitres 23, 24, 25 et 26. Les installations de produits sont cumulatives d'un scénario à l'autre. Les modifications éventuelles des paramétrages antérieurs ou des configurations (ajouts, retraits) sont signalées lorsque cela est nécessaire. Le tableau ci-après résume les caractéristiques des différents scénarios présentés dans les chapitres qui suivent :

Tableau résumé des caractéristiques des scénarios présentés

N° scénario	Caractéristique	Description
1 (chapitre 23)	Type d'architecture	Statique
	Style d'échange	RPC
	Style de codage	Encoded
	Nombre d'agents logiciels	5 (1 client + 4 serveurs SOAP)
	Spécifications mise en œuvre	SOAP + WSDL
	Nombre d'implémentations SOAP	1 Java + 1 JavaScript
	Technologie cliente	Windows 2000 Professional + IE 5.0 (et ultérieures)
	Technologie serveurs	Java (implémentation Windows)
2 (chapitre 24)	Type d'architecture	Dynamique
	Style d'échange	RPC
	Style de codage	Encoded
	Nombre d'agents logiciels	10 (1 client + 8 serveurs SOAP + 1 serveur UDDI)
	Spécifications mise en œuvre	SOAP + WSDL + UDDI
	Nombre d'implémentations SOAP	2 Java + 1 JavaScript
	Technologie cliente	Windows 2000 Professional + IE 5.0 (et ultérieures)
	Technologie serveurs	Java (implémentation Windows)
3 (chapitre 25)	Type d'architecture	Dynamique
	Style d'échange	RPC
	Style de codage	Encoded
	Nombre d'agents logiciels	10 (1 client + 8 serveurs SOAP + 1 serveur UDDI)
	Spécifications mise en œuvre	SOAP + WSDL + UDDI
	Nombre d'implémentations SOAP	2 Java + 1 C# + 1 JavaScript
	Technologie cliente	Windows 2000 Professional + IE 5.0 (et ultérieures)
	Technologie serveurs	Java (implémentation Windows) + .NET
4 (chapitre 26)	Type d'architecture	Statique
	Style d'échange	Document
	Style de codage	Litteral
	Nombre d'agents logiciels	5 (1 client + 4 serveurs BPEL)
	Spécifications mise en œuvre	SOAP + WSDL + BPEL4WS + WS-Transaction + WS-Coordination
	Nombre d'implémentations SOAP	1 Java + 1 JavaScript
	Technologie cliente	Windows 2000 Professional + IE 5.0 (et ultérieures)
	Technologie serveurs	Java (implémentation Windows)

Scénario n°1 (architecture statique – implémentation Java)

Un nouveau service est proposé par une agence de voyages souhaitant formaliser un processus de réservation de voyages qui existe déjà sous forme partiellement automatisée, mais qui exige encore un certain nombre d'enchaînements de tâches manuelles de la part de ses employés. Les objectifs sont :

• dans un premier temps, l'automation des tâches manuelles, actuellement exécutées par les employés de l'agence, en interaction avec les sites Web de réservation des différents partenaires métier impliqués dans le processus de réservation ;

• dans un second temps, la mise à disposition d'un service Web de réservation de voyages à destination des clients finaux de l'agence (prestataires de réservation, entreprises, etc.).

Avertissement

Le scénario présenté ici n'est qu'un prétexte dont l'objectif consiste à montrer l'usage possible de nouvelles technologies dans un cadre déterminé. Comme toujours dans ce type de situation, un tel exemple est loin d'être représentatif de la problématique métier du secteur économique auquel est « emprunté » le scénario envisagé. Ce scénario est donc implicitement simplificateur et, par construction, réducteur eu égard à la complexité des situations réelles rencontrées dans le domaine de la réservation de voyages.

Système existant

En premier lieu, la démarche consiste à analyser le système existant, à identifier les acteurs et les processus en cause, puis à définir et à concevoir le nouveau système de réservation en fonction des nouveaux objectifs.

Acteurs

Les différents acteurs concernés par le système d'information de l'agence de voyages SW-Voyages sont essentiellement ses partenaires métier actuels.

Ceux-ci, dans le cadre des différents accords de partenariat dans lesquels ils sont engagés, ont pris la décision commune de procéder à des adaptations de leurs systèmes d'information respectifs et notamment de rendre accessibles leurs systèmes de *back-office* dans un contexte extranet, au moyen de la publication d'interfaces de services Web normalisées.

L'agence de voyages : SW-Voyages

L'activité de l'agence est essentiellement tournée vers la réservation de voyages aériens, éventuellement complétée par des prestations de réservation de chambres d'hôtels et/ou de véhicules automobiles sur le lieu de destination du client.

La société dispose de son propre site Internet, accessible par ses clients finaux à l'adresse *http://www.sw-voyages.com:8080*. Ce site est principalement de nature institutionnelle et n'offre, à l'heure actuelle, aucun autre service à valeur ajoutée.

La centrale de réservation aérienne : SW-Air

Cette centrale de réservation constitue le partenaire principal de l'agence de voyages dans le processus global de son système de réservation.

Le service proposé par SW-Voyages comporte impérativement une réservation aérienne (voyage en aller simple ou aller-retour) issue des disponibilités des compagnies aériennes partenaires de SW-Air, et communiquées à SW-Voyages en fonction des caractéristiques du voyage souhaitées par le client.

Les services de la centrale de réservation sont déjà accessibles aux employés de SW-Voyages, à partir de l'interface Web du site extranet existant, lui-même accessible à l'adresse *http://www.sw-air.com:8080*.

Dans le cadre de ce partenariat, les deux sociétés ont convenu de rendre possible l'accès au système back-office de réservation de SW-Air, via une interface de service Web normalisée qui repose sur la spécification WSDL.

Ce second canal d'accès (service Web) s'ajoutera donc au premier canal d'accès (site Web). Celui-ci restera inchangé, hormis une adaptation pour brancher l'interface actuelle (IHM) sur la nouvelle interface de service Web du back-office.

La centrale de réservation hôtelière : SW-Hôtels

En complément de sa prestation principale de réservation aérienne, et sur option du client, l'agence de voyages propose également une prestation de réservation hôtelière sur le lieu de destination du voyage.

Cette prestation complémentaire s'appuie sur l'utilisation des services de la plate-forme de réservation hôtelière de la société SW-Hôtels.

Les services de la centrale de réservation sont également accessibles aux employés de SW-Voyages, à partir de l'interface Web du site extranet existant, lui-même accessible à l'adresse *http://www.sw-hotels.com:8080*.

De même, dans le cadre du partenariat entre SW-Voyages et SW-Hôtels, les deux sociétés ont décidé de rendre possible l'accès au système back-office de réservation de SW-Hôtels, via une interface normalisée de service Web reposant sur la spécification WSDL.

Ce second canal d'accès (le service Web) s'ajoutera donc au premier canal d'accès (le site Web), lequel restera inchangé.

La centrale de réservation automobile : SW-Voitures

À l'instar de la prestation de réservation hôtelière offerte par SW-Voyages, une prestation complémentaire de réservation automobile est offerte par l'agence de voyages.

Le lieu de réalisation de cette prestation est également le lieu de destination du voyage.

Pour ce faire, l'agence utilise les services de la centrale de réservation automobile SW-Voitures, capable de fournir les disponibilités offertes par les principales entreprises de location automobile.

Les services de cette centrale de réservation sont également accessibles aux employés de SW-Voyages, à partir de l'interface Web du site extranet existant, lui-même accessible à l'adresse *http://www.sw-voitures.com:8080*.

Comme pour les partenariats avec SW-Air et SW-Hôtels, les sociétés SW-Voyages et SW-Voitures ont pris la décision de permettre l'accès au système back-office de réservation de SW-Voitures, via une interface normalisée de service Web qui repose sur la spécification WSDL.

De la même manière, ce second canal d'accès (le service Web) viendra s'ajouter au premier canal d'accès (le site Web), lequel demeurera inchangé.

Nouveau système

En résumé, les principaux faits remarqués lors de l'étude de la situation du système existant, sont principalement :

- l'existence de sites Web déjà accessibles chez chacun des partenaires impliqués dans le processus étudié ;

- la présence de systèmes back-office enfouis dans les systèmes d'information respectifs de chacun des partenaires. Ces systèmes back-office sont déjà accessibles à partir des sites Web classiques (*front-office*) propres à chacun des partenaires.

Les nouvelles orientations prévues par les partenaires sont les suivantes :

- capitalisation des infrastructures Web actuellement déployées ;

- exposition des fonctions back-office enfouies via des interfaces normalisées de type WSDL, et ouverture d'un second canal d'accès (service Web) aux systèmes back-office ;

- maintien du premier canal d'accès (site Web) dans le cadre de certaines opérations manuelles et/ou correctives.

Implémentation

Le déploiement des composants applicatifs sur les plates-formes techniques de chacun des partenaires sera réalisé sous forme d'installation d'applications Web qui viendront s'ajouter aux applications existantes déjà disponibles.

Le détail des produits utilisés, des choix techniques et du paramétrage d'installation est décrit dans le chapitre suivant (voir la section « Implémentation » du chapitre 23).

L'arborescence des applications Web déployées dans le serveur d'applications Tomcat retenu (voir la section « Implémentation » du chapitre 23) est représentée figure 22-1.

Architecture générale

L'architecture globale du nouveau système de réservation peut ainsi être représentée de la manière illustrée en figure 22-2.

Sur ce schéma d'architecture générale, les quatre domaines associés aux différents partenaires de l'application de réservation sont figurés par les quatre serveurs d'applications Java (Tomcat 4.1.12). Ceux-ci communiquent entre eux, via Internet (matérialisé par le nuage), par l'intermédiaire du protocole SOAP sur HTTP.

De même, le poste client de l'agence de voyages (sous Internet Explorer 5.0, 5.5 ou 6.0) communique avec son serveur local en utilisant également le protocole SOAP sur HTTP, à travers la mise en œuvre d'un composant particulier propre à Microsoft : le comportement (*behavior*) WebService 1.0.1.1120. Ce composant, spécifique à l'environnement Internet Explorer (fichier `webservice.htc`) implémente le protocole SOAP en langage JavaScript. Par ailleurs, il prend en charge la spécification WSDL.

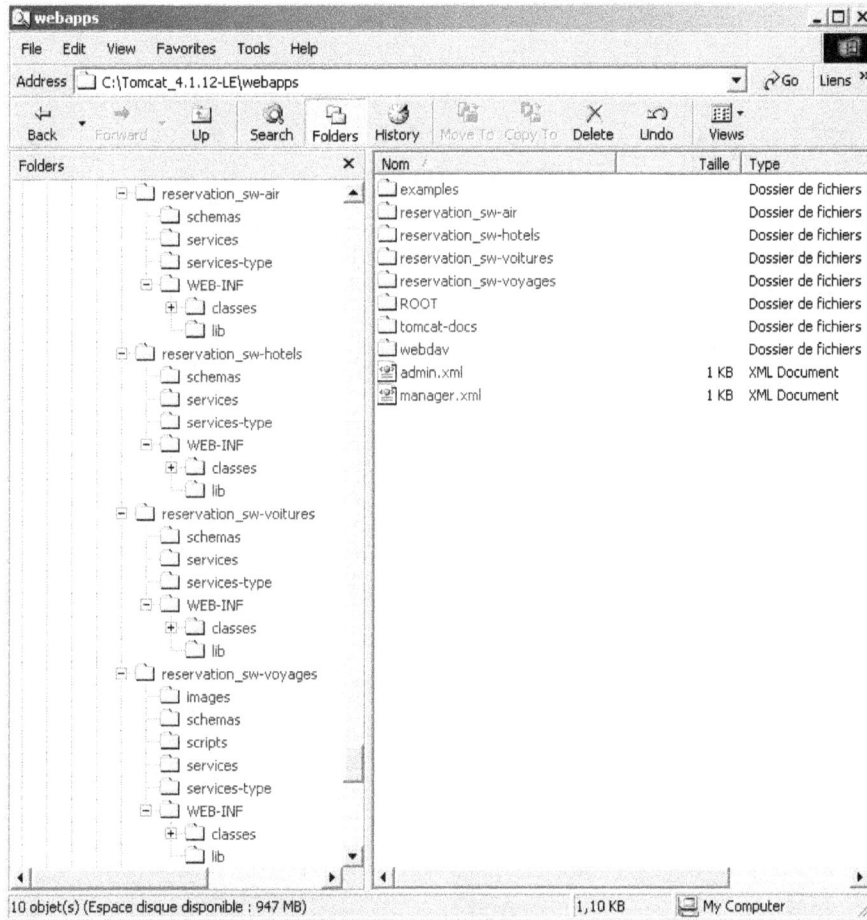

Figure 22-1

Arborescence des applications Web déployées dans le serveur Tomcat.

Il existe également une implémentation équivalente du protocole SOAP pour les dernières versions des navigateurs Netscape ou Mozilla. Le lecteur pourra se référer au chapitre 16 (« Les implémentations sur le poste de travail ») qui traite de ces possibilités. L'utilisation de ce composant n'est pas strictement nécessaire dans le cadre de notre maquette, mais permet d'illustrer la facilité d'utilisation du produit et la simplicité d'interaction qu'il autorise avec le serveur.

Les quatre serveurs exécutent l'application métier spécifique à chacune des entreprises concernées. Dans notre exemple, seule l'application accessible par le site Web de SW-Voyages est nouvelle et nous intéresse. Les autres applications existent déjà et les employés de la société SW-Voyages y accèdent via les sites Web respectifs des partenaires. La seule nouveauté réside donc dans la publication d'un document WSDL de description de l'interface de service Web pour chacune des applications de réservation des quatre partenaires.

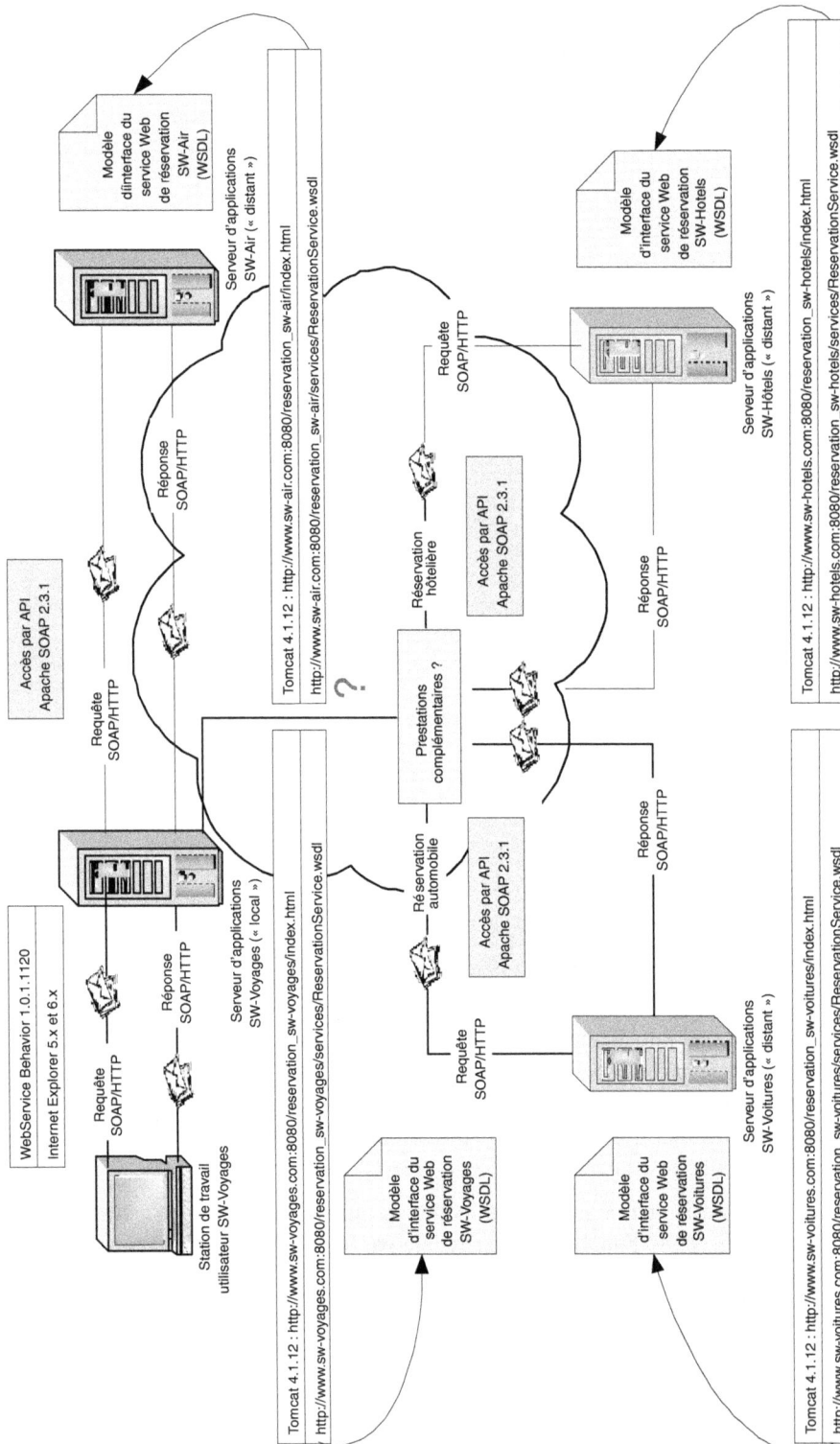

Figure 22-2

Architecture générale du nouveau système de réservation de SW-Voyages.

Cinématique des échanges

Le scénario peut être découpé en plusieurs phases :

- une première phase consiste à obtenir du client les caractéristiques du voyage qu'il souhaite effectuer, à communiquer aux partenaires du processus ces informations afin qu'ils puissent les enregistrer pour ensuite les exploiter ;

- la seconde phase a pour objectif de fournir les disponibilités offertes par les différents partenaires et à les afficher sur le poste de travail du client, de manière à ce qu'il puisse effectuer son choix ;

- la troisième phase vise à réaliser la réservation proprement dite en fonction des choix retenus par le client et des disponibilités réelles au moment de la demande de réservation.

Les échanges réalisés entre les quatre serveurs d'applications suivent la cinématique représentée figure 22-3.

Phase 1 : communication et enregistrement des caractéristiques du voyage

Les principales actions possibles, durant cette phase, sont les suivantes :

1. Demande de recherche de disponibilités : le client demande à l'agence ses disponibilités pour un voyage dont les caractéristiques sont enregistrées, via une nouvelle application Web, développée par SW-Voyages. Les principaux éléments d'information fournis par le client sont :

   - la localité de départ ;

   - la localité d'arrivée ;

   - la date de départ ;

   - la date de retour (si voyage en « aller-retour ») ;

   - le type de voyage (« aller-retour » ou « aller simple ») ;

   - le nombre de voyageurs ;

   - une option de réservation d'un véhicule (localité d'arrivée) ;

   - une option de réservation d'une chambre d'hôtel (localité d'arrivée).

2. Communication et enregistrement de la demande par SW-Air : le serveur d'applications de SW-Voyages communique la demande de disponibilités au serveur d'applications de la centrale de réservation SW-Air, lequel attribue un numéro de réservation à la demande de SW-Voyages et enregistre la demande et ses caractéristiques dans un registre local des réservations.

3. Restitution du numéro de réservation attribué par SW-Air : le serveur d'applications de SW-Air renvoie le numéro de réservation attribué à cette nouvelle demande au serveur d'applications de SW-Voyages.

4. Communication et enregistrement de la demande par SW-Voitures : de manière optionnelle, le serveur d'applications de SW-Voyages communique la demande de disponibilités au serveur d'applications de la centrale de réservation SW-Voitures, lequel attribue un numéro de réservation à la demande de SW-Voyages et enregistre la demande et ses caractéristiques dans un registre local des réservations.

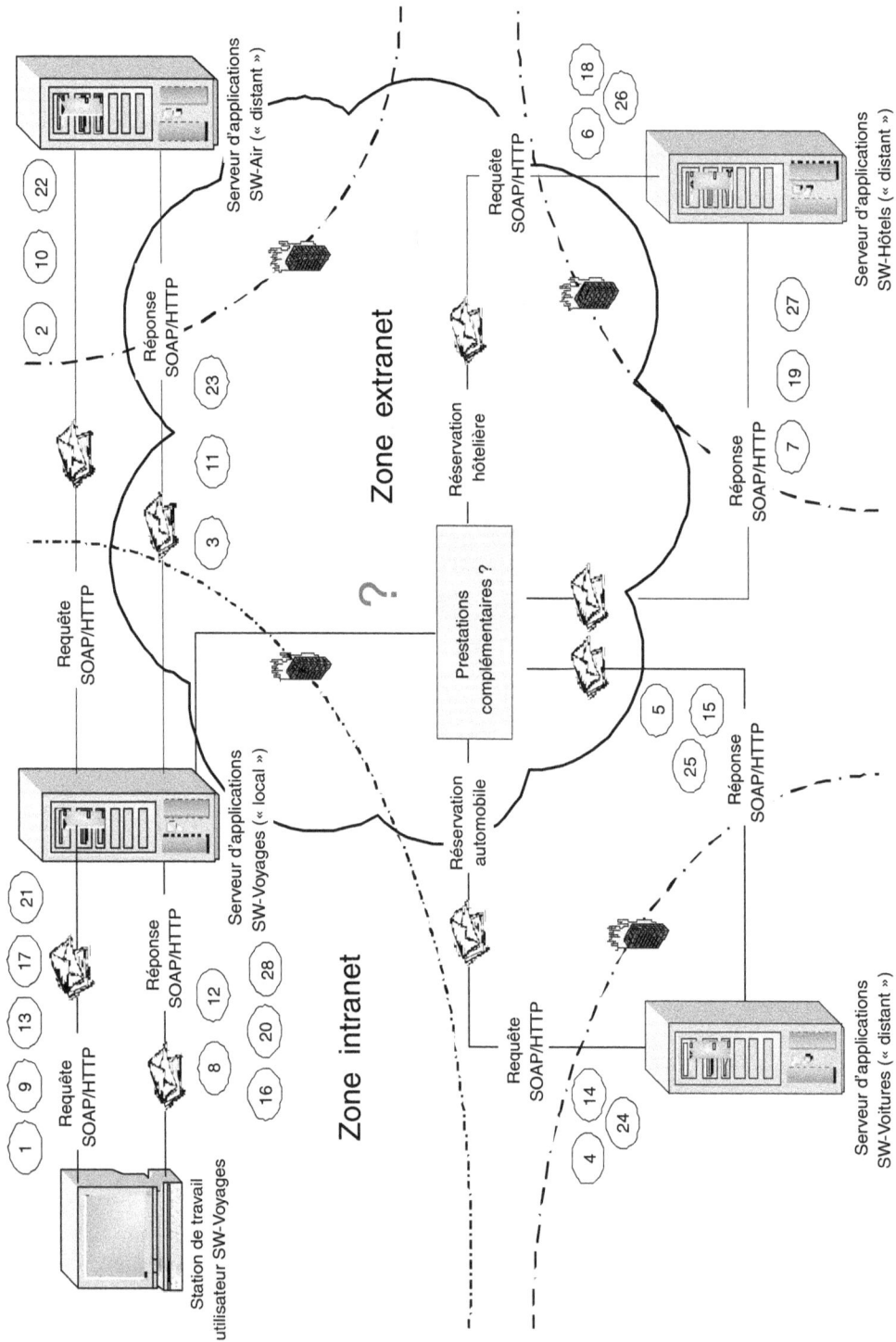

Figure 22-3

Cinématique des échanges entre partenaires du système de réservation de SW-Voyages.

5. Restitution du numéro de réservation attribué par SW-Voitures : le serveur d'applications de SW-Voitures renvoie le numéro de réservation attribué à cette nouvelle demande au serveur d'applications de SW-Voyages.

6. Communication et enregistrement de la demande par SW-Hôtels : suivant l'option retenue par le client, le serveur d'applications de SW-Voyages communique la demande de disponibilités au serveur d'applications de la centrale de réservation SW-Hôtels, lequel attribue un numéro de réservation à la demande de SW-Voyages et enregistre la demande et ses caractéristiques dans un registre local des réservations.

7. Restitution du numéro de réservation attribué par SW-Hôtels : le serveur d'applications de SW-Hôtels renvoie le numéro de réservation attribué à cette nouvelle demande au serveur d'applications de SW-Voyages.

8. Enregistrement de la demande par SW-Voyages : le serveur d'applications de SW-Voyages attribue un numéro de réservation à la demande du client et enregistre la demande dans un registre local des réservations. Cette réservation conserve les caractéristiques du voyage dont les disponibilités sont demandées par le client, ainsi que les différents numéros de réservation (identifiants) attribués par les partenaires concernés par la demande. Le numéro de réservation attribué par SW-Voyages est restitué à l'application Web cliente.

L'ensemble des actions réalisées dans cette première phase s'apparente à une opération concertée de synchronisation avant réservation, effectuée par les différents serveurs d'applications impliqués dans le processus.

Phase 2 : obtention et production des disponibilités de voyage

Au début de cette deuxième phase, tous les serveurs d'applications ont répondu présent à l'invite de l'application Web cliente : le serveur d'applications de SW-Voyages en charge de l'agrégation des services Web des partenaires, le serveur d'applications de SW-Air obligatoirement présent dans toutes les opérations de réservation, et les serveurs d'applications des centrales de réservation SW-Voitures et SW-Hôtels si le client a émis un souhait de réservation complémentaire d'un véhicule automobile ou d'une chambre d'hôtel sur le lieu de destination.

En cas d'indisponibilité de l'un des serveurs d'applications, le client final est notifié de l'indisponibilité temporaire du service de réservation (agrégé) et est invité à soumettre une nouvelle demande de recherche de disponibilités un peu plus tard.

À l'inverse, si la synchronisation des serveurs impliqués s'est bien passée, la deuxième phase peut être enclenchée. Pendant cette nouvelle phase, les traitements suivants sont entrepris :

9. Demande de production des disponibilités aériennes : l'application Web cliente demande à l'agence de voyages de produire ses disponibilités aériennes pour le voyage dont le numéro de réservation est fourni. Cette action a lieu immédiatement après les actions de la première phase, sans action particulière de la part de l'utilisateur.

10. Communication et production des disponibilités par SW-Air : le serveur d'applications de SW-Voyages demande au serveur d'applications de SW-Air de produire ses disponibilités de réservation aérienne en fonction des caractéristiques du voyage préalablement enregistrées pour la demande dont le numéro de réservation est fourni.

11. Restitution des disponibilités de SW-Air : le serveur d'applications de SW-Air renvoie au serveur d'applications de SW-Voyages la collection des disponibilités automobiles que la société est susceptible d'offrir en fonction des caractéristiques demandées.

12. Restitution des disponibilités aériennes : le serveur d'applications de SW-Voyages renvoie à l'application Web cliente la collection des disponibilités aériennes que la société est susceptible d'offrir en fonction des caractéristiques demandées et des disponibilités communiquées par le partenaire SW-Air.

13. Demande de production des disponibilités automobiles : sur choix optionnel du client, l'application Web cliente demande à l'agence de voyages de produire ses disponibilités automobiles pour le voyage dont le numéro de réservation est fourni. Cette action a lieu immédiatement après les actions de la première phase, sans action particulière de la part de l'utilisateur.

14. Communication et production des disponibilités par SW-Voitures : le serveur d'applications de SW-Voyages demande au serveur d'applications de SW-Voitures de produire ses disponibilités de réservation automobile en fonction des caractéristiques du voyage préalablement enregistrées pour la demande dont le numéro de réservation est fourni.

15. Restitution des disponibilités de SW-Voitures : le serveur d'applications de SW-Voitures renvoie au serveur d'applications de SW-Voyages la collection des disponibilités aériennes que la société est susceptible d'offrir en fonction des caractéristiques demandées.

16. Restitution des disponibilités automobiles : le serveur d'applications de SW-Voyages renvoie à l'application Web cliente la collection des disponibilités automobiles que la société est susceptible d'offrir en fonction des caractéristiques demandées et des disponibilités communiquées par le partenaire SW-Voitures.

17. Demande de production des disponibilités hôtelières : sur choix optionnel du client, l'application Web cliente demande à l'agence de voyages de produire ses disponibilités hôtelières pour le voyage dont le numéro de réservation est fourni. Cette action a lieu immédiatement après les actions de la première phase, sans action particulière de la part de l'utilisateur.

18. Communication et production des disponibilités par SW-Hôtels : le serveur d'applications de SW-Voyages demande au serveur d'applications de SW-Hôtels de produire ses disponibilités de réservation hôtelière en fonction des caractéristiques du voyage préalablement enregistrées pour la demande dont le numéro de réservation est fourni.

19. Restitution des disponibilités de SW-Hôtels : le serveur d'applications de SW-Hôtels renvoie au serveur d'applications de SW-Voyages la collection des disponibilités hôtelières que la société est susceptible d'offrir en fonction des caractéristiques demandées.

20. Restitution des disponibilités hôtelières : le serveur d'applications de SW-Voyages renvoie à l'application Web cliente la collection des disponibilités hôtelières que la société est susceptible d'offrir en fonction des caractéristiques demandées et des disponibilités communiquées par le partenaire SW-Hôtels.

Après la phase de synchronisation initiale entre partenaires, l'ensemble des actions réalisées durant cette deuxième phase correspond à une étape de préparation d'une réservation par les différents serveurs d'applications impliqués.

Phase 3 : choix des disponibilités de voyage et réservation

À l'issue de la deuxième phase, tous les serveurs d'applications concernés par la demande de disponibilité en cours ont renvoyé leurs possibilités de réservation au serveur d'applications de SW-Voyages en charge de l'agrégation des disponibilités et de la coordination du processus métier. Celles-ci ont été collectées et retournées à destination de l'application Web cliente qui est alors en mesure de les afficher sur le poste de travail de l'utilisateur final.

À ce stade, l'utilisateur peut soit annuler sa demande de réservation s'il n'est pas satisfait des possibilités proposées, soit effectuer les choix nécessaires parmi les disponibilités affichées et demander la réservation effective.

Pendant cette dernière phase, les traitements suivants sont entrepris :

21. Demande d'annulation ou de réservation des disponibilités choisies : l'application Web cliente demande à l'agence de voyages soit d'annuler la demande de réservation dont le numéro de réservation est fourni, soit de confirmer la demande de réservation dont le numéro de réservation est fourni, ainsi que les numéros de disponibilités aériennes (et éventuellement automobiles et/ou hôtelières) choisies. Cette action a lieu immédiatement après une action de l'utilisateur : l'utilisation du bouton `Annuler` ou `Réserver` de l'interface.

22. Communication des disponibilités choisies et réservation par SW-Air : le serveur d'applications de SW-Voyages demande au serveur d'applications de SW-Air soit d'annuler la demande de réservation dont le numéro de réservation est fourni, soit de confirmer la demande de réservation dont le numéro de réservation est fourni, accompagné des numéros des disponibilités aériennes choisies.

23. Restitution de la confirmation d'annulation ou de réservation de SW-Air : le serveur d'applications de SW-Air renvoie au serveur d'applications de SW-Voyages la confirmation de la demande d'annulation ou de réservation pour la demande de réservation concernée.

24. Communication des disponibilités choisies et réservation par SW-Voitures : le serveur d'applications de SW-Voyages demande au serveur d'applications de SW-Voitures soit d'annuler la demande de réservation dont le numéro de réservation est fourni, soit de confirmer la demande de réservation dont le numéro de réservation est fourni, ainsi que le numéro de la disponibilité automobile choisie.

25. Restitution de la confirmation d'annulation ou de réservation de SW-Voitures : le serveur d'applications de SW-Voitures renvoie au serveur d'applications de SW-Voyages la confirmation de la demande d'annulation ou de réservation pour la demande de réservation concernée.

26. Communication des disponibilités choisies et réservation par SW-Hôtels : le serveur d'applications de SW-Voyages demande au serveur d'applications de SW-Hôtels soit d'annuler la demande de réservation dont le numéro de réservation est fourni, soit de confirmer la demande de réservation dont le numéro de réservation est fourni, ainsi que le numéro de la disponibilité hôtelière choisie.

27. Restitution de la confirmation d'annulation ou de réservation de SW-Hôtels : le serveur d'applications de SW-Hôtels renvoie au serveur d'applications de SW-Voyages la confirmation de la demande d'annulation ou de réservation pour la demande de réservation concernée.

28. Confirmation de la demande d'annulation ou de réservation : le serveur d'applications de SW-Voyages renvoie à l'application Web cliente la confirmation de la demande d'annulation ou de réservation pour la demande de réservation concernée.

À l'issue de cette troisième phase, l'ensemble du processus métier de réservation a été complètement déroulé. Si l'utilisateur final a choisi de confirmer sa réservation, l'agence de voyages lui a communiqué le numéro de la réservation effectuée, à rappeler dans toute correspondance ultérieure. Chacun des quatre serveurs d'applications dispose des informations nécessaires au traitement effectif de la réservation par le système de back-office interne : transmission des caractéristiques de la réservation aux prestataires finaux (compagnies aériennes, chaînes hôtelières, etc.), émission des billets, de courriers de confirmation…

Démarche de développement

La démarche générale de développement du nouveau système de réservation peut être organisée de la manière suivante :

1. rédaction des classes d'interface Java des services de réservation, propres à chacun des quatre partenaires (classe `IReservationService.java`) : ces classes ne sont pas identiques car les quatre partenaires n'exposent pas forcément des traitements identiques ;

2. génération des fichiers de description des services Web (WSDL) à partir des classes d'interface Java (introspection) ;

3. génération (optionnelle) des squelettes d'implémentation (*skeleton*) des services Web à partir des fichiers de description des services Web (WSDL) générés ;

4. génération (optionnelle) des classes proxy-services Java à partir des fichiers de description des services Web (WSDL) générés ;

5. rédaction des classes Java d'implémentation des services Web : modification des classes de squelettes générées et écriture des classes de servitude associées ;

6. génération de clients de test des services Web produits à partir des fichiers de description des services Web (WSDL) générés ;

7. rédaction de l'application Web cliente.

La dernière étape (rédaction de l'application Web cliente) est traitée dans ce chapitre avant les six points précédents qui, eux, seront illustrés dans le chapitre suivant (application Web serveur), en contradiction apparente avec l'ordre préconisé ici. Le but est de faciliter la présentation de l'étude de cas et de permettre au lecteur de mieux appréhender le besoin fonctionnel et le fonctionnement de l'application Web avant de traiter la partie serveur.

Bien entendu, ces différentes étapes du processus commencent à être outillées, comme nous avons pu le voir dans les chapitres précédents, notamment ceux consacrés aux deux plates-formes majeures qui sont appelées à prendre une large part du marché relatif au développement des services Web (voir chapitre 14 « Les plates-formes Java » et chapitre 15 « La plate-forme .NET »).

Déjà, les acteurs principaux ont commencé à proposer de nouvelles versions d'environnements de développement tels que Sun ONE Studio de Sun Microsystems, WebSphere Studio Application Developer d'IBM et WebLogic Workshop de BEA pour le monde Java, ou Visual Studio.NET de Microsoft.

Pour ce premier scénario, nous nous sommes cependant contentés d'un éditeur de texte simple (voir Notepad, UltraEdit ou TextPad par exemple), associé au compilateur `Javac` issu du Java Development Kit (JDK) Standard Edition 1.4.1 de Sun Microsystems.

Développement

Le développement de la première génération du système de réservation est décrit selon deux points de vue : l'application Web de SW-Voyages (parties client et serveur) et les applications Web des partenaires (partie serveur seulement). Pour ce premier scénario, le développement de ces différentes parties est détaillé. En ce qui concerne les scénarios suivants, ceux-ci sont décrits par différence avec le présent scénario.

Application Web de SW-Voyages

L'arborescence de l'application Web de la société SW-Voyages (contexte `reservation_sw-voyages`) se présente donc telle que l'illustre la figure 22-4 :

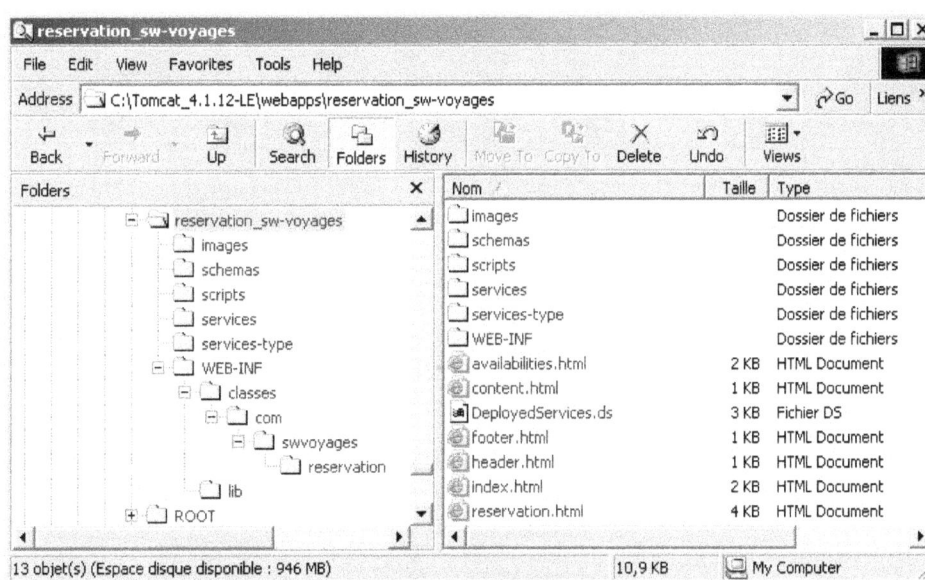

Figure 22-4

Arborescence de l'application Web de la société SW-Voyages.

L'application complète (partie cliente et partie serveur) est entièrement localisée dans le répertoire `{%TOMCAT_HOME%}\webapps\reservation_sw-voyages` du serveur Tomcat.

Partie cliente de l'application Web de SW-Voyages

L'application est conçue pour fonctionner dans un navigateur Microsoft Internet Explorer, capable d'exploiter des analyseurs syntaxiques XML et XSL. Elle se limite donc aux versions 5.0, 5.5 et 6.0 du navigateur.

L'application est également limitée du fait de l'utilisation du comportement WebService Behavior 1.0.1.1120 de Microsoft. Cette technologie ne fonctionne que dans les navigateurs de Microsoft. En contrepartie, ce comportement particulier permet au navigateur d'échanger des messages SOAP avec son serveur HTTP.

Cette partie est développée à l'aide des technologies suivantes :

- pages écrites en XHTML 1.0 ;
- styles rédigés en CSS level 1 (CSS1) ;
- scripts écrits en JavaScript 1.3.

Ces technologies ont été choisies car elles ne présentent aucune adhérence à la plate-forme Java : elles n'utilisent notamment pas de JavaServer Pages. De ce fait, cette partie cliente de l'application sera aisément portable vers une autre plate-forme, sans aucune modification (possibilité utilisée dans le troisième scénario).

La fenêtre initiale de l'application est représentée figure 22-5 :

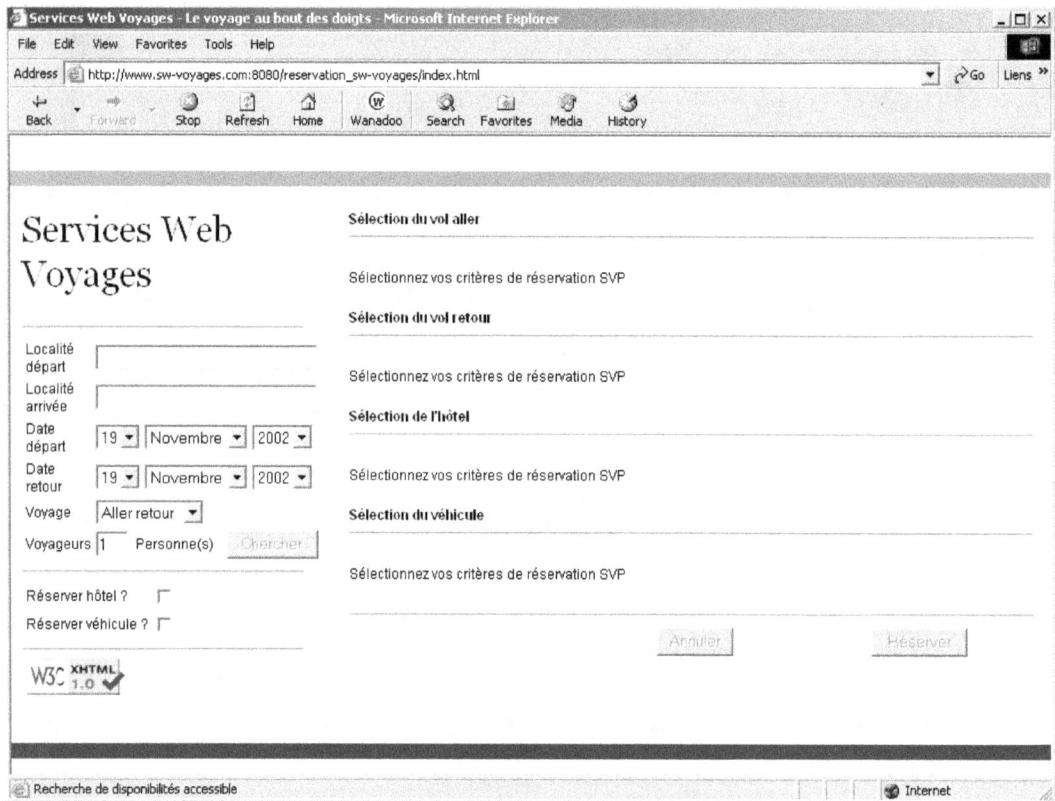

Figure 22-5

Fenêtre initiale de l'application Web cliente de la société SW-Voyages.

De manière schématique, l'utilisateur saisit les caractéristiques du voyage qu'il souhaite effectuer par l'intermédiaire des contrôles de la partie gauche de l'écran. Lorsque ses critères sont complets et valides, le bouton Chercher devient actif et son utilisation déclenche l'interrogation du serveur de l'agence de voyages, lequel interroge à son tour les serveurs des partenaires.

En retour, le serveur de l'agence de voyages récupère les disponibilités des partenaires en fonction des critères saisis par l'utilisateur, les renvoie au navigateur qui les met en forme et les présente à l'utilisateur sous forme de tableaux (voir champs Sélection du vol aller, Sélection du vol retour, Sélection de l'hôtel et Sélection du véhicule). Cela permet le déblocage des boutons Annuler et Réserver. L'utilisateur peut alors soit annuler sa recherche de disponibilités, soit choisir une ligne pour chacun des tableaux affichés, par l'intermédiaire d'un bouton radio, et demander la réservation des disponibilités sélectionnées.

Dans les deux cas, le serveur de l'agence de voyages communique la décision de l'utilisateur aux serveurs des partenaires qui enregistrent les choix de disponibilités effectués. En cas de réservation, le numéro de réservation attribué par le serveur de l'agence de voyages est communiqué au navigateur qui l'affiche à destination de l'utilisateur.

Après confirmation d'une réservation, la fenêtre de l'application Web de SW-Voyages se présente telle que l'illustre la figure 22-6 :

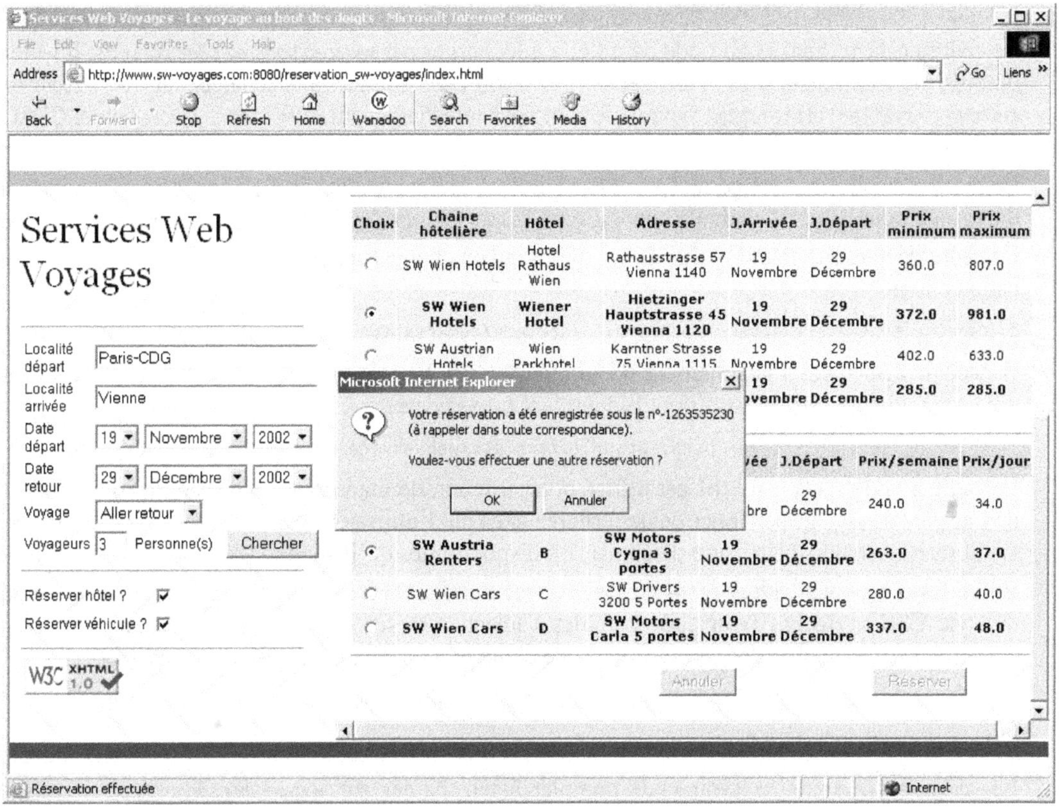

Figure 22-6

Fenêtre de l'application Web de SW-Voyages après réservation.

Utilisation des validateurs XHTML et CSS du W3C

Les éléments applicatifs clients ont été validés à l'aide des validateurs XHTML (voir *http://validator.w3.org*) et CSS (voir *http://jigsaw.w3.org/css-validator*) du W3C. Cependant, dans le cadre `reservation.html` détaillé plus loin dans ce chapitre, si on utilise l'événement `onbeforeunload` sur l'élément `body`, la page HTML n'est plus entièrement compatible avec la spécification W3C, car cet événement est un ajout de l'implémentation Microsoft. Mais il n'en demeure pas moins très utile : dans ce scénario, il est utilisé pour nettoyer le registre des réservations du serveur lorsque l'utilisateur quitte l'application de réservation.

Éléments graphiques XHTML et CSS

Les éléments applicatifs sont déployés à la racine de l'application Web, c'est-à-dire dans le répertoire `{%TOMCAT_HOME%}\webapps\reservation_sw-voyages`.

La page d'accueil `index.html` (voir code complet à télécharger sur *www.editions-eyrolles.com*) est découpée en trois cadres : `header.html` (voir code complet à télécharger sur *www.editions-eyrolles.com*), `content.html` (voir code complet à télécharger sur *www.editions-eyrolles.com*) et `footer.html` (voir code complet à télécharger sur *www.editions-eyrolles.com*).

Le cadre `content.html` (voir code complet à télécharger sur *www.editions-eyrolles.com*) est lui-même découpé en deux sous-cadres : `reservation.html` (voir code complet à télécharger sur *www.editions-eyrolles.com*) et `availabilities.html` (voir code complet à télécharger sur *www.editions-eyrolles.com*). C'est lui qui contient la partie utile de l'application.

Le cadre `reservation.html` permet à l'utilisateur final de l'application Web de saisir les caractéristiques du voyage pour lequel il souhaite connaître les disponibilités de l'agence de voyages.

Ce cadre déclare l'utilisation d'un script qui prend en charge toute la gestion dynamique de l'application cliente :

```
<script type="text/javascript" src="./scripts/reservation.js" ></script>
```

Il déclare également l'attachement du comportement WebService de Microsoft (fichier `webservice.htc`), via une balise `<div>` dont l'identifiant est `service` :

```
<div id="service" style="behavior:url(./scripts/webservice.htc)"></div>
```

Le cadre `availabilities.html` est utilisé pour afficher, de manière dynamique, les disponibilités de l'agence de voyages en fonction des critères fixés par l'utilisateur dans le cadre `reservation.html`. L'utilisateur est alors en mesure de choisir les disponibilités qu'il souhaite réserver.

Enfin, les deux sous-cadres `réservation.html` et `availabilities.html` font appel au même fichier de style CSS `style.css` (voir code complet à télécharger sur *www.editions-eyrolles.com*) pour ce qui concerne la présentation des écrans (voir code complet à télécharger sur *www.editions-eyrolles.com*).

Le fichier CSS est localisé dans le répertoire `{%TOMCAT_HOME%}\webapps\reservation_sw-voyages\scripts`.

Élément applicatif JavaScript

Le script `reservation.js` (voir code complet à télécharger sur *www.editions-eyrolles.com*) constitue l'élément le plus important de l'application Web sur le poste client (fichier localisé dans le répertoire `{%TOMCAT_HOME%}\webapps\reservation_sw-voyages\scripts`).

Ce script implémente tous les échanges en protocole SOAP entre le navigateur et le serveur d'applications de l'agence de voyages. Pour cela, il met en œuvre le comportement WebService de Microsoft, attaché au cadre `reservation.html` par l'intermédiaire d'une balise `<div>`.

Le comportement récupère la description de service WSDL dont l'URL est fournie par la variable RESERVATION_WSDL_URL, ce qui lui permet de découvrir l'adresse du point d'accès au service Web, puis d'initier les échanges avec le serveur.

Le script déclare l'utilisation du service Web ReservationService dont la description WSDL est située à l'adresse RESERVATION_WSDL_URL de la manière suivante :

```
service.useService(RESERVATION_WSDL_URL,"ReservationService");
```

Fonction search_onclick()

Le script effectue une demande de recherche de disponibilités via l'invocation de la méthode search exposée par le service Web ReservationService. Cette demande correspond à l'action n°1 décrite dans la cinématique des échanges (figure 22-3) :

```
try {
  service.ReservationService.callService(search_callback,"search",
    passengers.value, from.value, to.value, roundtrip.value,
    departure_day.value, departure_month.value, departure_year.value,
    arrival_day.value, arrival_month.value, arrival_year.value,
    document.all.hotel.checked, document.all.car.checked);
}
catch (e) {
  alert("erreur("+e.number+") : "+e.description);
}
}
```

Fonction search_callback(result)

La prise en charge (asynchrone par *callback*) de la réponse du serveur suite à l'invocation de la méthode search est réalisée par la fonction search_callback(result). Cette prise en charge correspond à la fin de l'action n°8 décrite dans la cinématique des échanges (figure 22-3).

La fonction enregistre tout d'abord le numéro de réservation communiqué par le serveur de SW-Voyages :

```
setReservationId(result.value);
```

Puis elle procède aussitôt à l'invocation des méthodes getAirAvailabilities, getCarAvailabilities et getHotelAvailabilities exposées par le service Web. Ces invocations correspondent aux actions n°9, 13 et 17 décrites dans la cinématique des échanges (figure 22-3) :

```
try {
  var service = parent.reservation.service.ReservationService;
  var reservationId = parent.reservation.getReservationId();
  service.callService(get_airAvailabilities_callback,
    "getAirAvailabilities",reservationId);
  if (document.all.hotel.checked) {
    service.callService(get_hotelAvailabilities_callback,
      "getHotelAvailabilities",reservationId);
  }
  if (document.all.car.checked) {
    service.callService(get_carAvailabilities_callback,
```

```
        "getCarAvailabilities",reservationId);
    }
  }
  catch (e) {
    alert("erreur("+e.number+") : "+e.description);
  }
```

Fonction get_airAvailabilities_callback(result)

La prise en charge (asynchrone par callback) de la réponse du serveur suite à l'invocation de la méthode `getAirAvailabilities` du service Web est traitée par la fonction `get_airAvailabilities_callback(result)`. Cette prise en charge correspond à la fin de l'action n°12 décrite dans la cinématique des échanges (figure 22-3). La fonction construit dynamiquement les tableaux de disponibilités aériennes du cadre `availabilities.html` (sélection des vols aller et retour), à partir de la désérialisation du tableau de disponibilités renvoyé par le serveur et récupéré de la manière suivante :

```
    var availabilities = result.raw.getElementsByTagName("item");
```

Fonction get_hotelAvailabilities_callback(result)

La prise en charge (asynchrone par callback) de la réponse du serveur suite à l'invocation de la méthode `getHotelAvailabilities` du service Web est traitée par la fonction `get_hotelAvailabilities_callback(result)`. Cette prise en charge correspond à la fin de l'action n°20 décrite dans la cinématique des échanges (figure 22-3). La fonction construit dynamiquement le tableau de disponibilités hôtelières du cadre `availabilities.html` (sélection de l'hôtel) à partir de la désérialisation du tableau de disponibilités renvoyé par le serveur. Les disponibilités hôtelières sont récupérées de la même manière que les disponibilités aériennes.

Fonction get_carAvailabilities_callback(result)

La prise en charge (asynchrone par callback) de la réponse du serveur suite à l'invocation de la méthode `getCarAvailabilities` du service Web est effectuée par la fonction `get_carAvailabilities_callback(result)`. Cette prise en charge correspond à la fin de l'action n°16 décrite dans la cinématique des échanges (figure 22-3). La fonction construit dynamiquement le tableau de disponibilités automobiles du cadre `availabilities.html` (sélection du véhicule) à partir de la désérialisation du tableau de disponibilités renvoyé par le serveur. Les disponibilités automobiles sont récupérées de la même manière que les disponibilités aériennes et hôtelières.

Fonction cancel_onclick()

La demande d'annulation de recherche de disponibilités est réalisée via l'invocation de la méthode `cancel` exposée par le service Web `ReservationService`. Cette demande correspond à l'action n°21 décrite dans la cinématique des échanges (figure 22-3) :

```
    try {
      parent.reservation.service.ReservationService.callService(
        cancel_callback,"cancel",parent.reservation.getReservationId());
    }
    catch (e) {
      alert("erreur("+e.number+") : "+e.description);
    }
```

Fonction cancel_callback(result)

La prise en charge (asynchrone par callback) de la réponse du serveur suite à l'invocation de la méthode `cancel` est traitée par la fonction `cancel_callback(result)`. Cette prise en charge correspond à la fin de l'action n°28 décrite dans la cinématique des échanges (figure 22-3) et annule le numéro de réservation courant :

```
setReservationId(null);
```

Fonction book_onclick()

La demande de réservation des disponibilités sélectionnées par l'utilisateur est opérée via l'invocation de la méthode `book` exposée par le service Web `ReservationService`. Cette demande correspond à l'action n°21 décrite dans la cinématique des échanges (figure 22-3) :

```
try {
  parent.reservation.service.ReservationService.callService(
    book_callback, "book", parent.reservation.getReservationId(),
    get_selectedChoice_id("departure_choice"),
    get_selectedChoice_id("arrival_choice"),
    get_selectedChoice_id("hotel_choice"),
    get_selectedChoice_id("car_choice"));
}
catch (e) {
  alert("erreur("+e.number+") : "+e.description);
}
```

Fonction book_callback(result)

La prise en charge (asynchrone par callback) de la réponse du serveur suite à l'invocation de la méthode `book` est gérée par la fonction `book_callback(result)`. Cette prise en charge correspond à la fin de l'action n°28 décrite dans la cinématique des échanges (figure 22-3). La fonction communique à l'utilisateur le numéro de réservation définitif et lui propose de réaliser une autre opération :

```
var more = window.confirm("Votre réservation a été enregistrée sous
  le n°"+parent.reservation.getReservationId()
  +"\n(à rappeler dans toute correspondance).\n\nVoulez-vous effectuer
  une autre réservation ?");
```

Fonction reservation_window_onunload()

Lorsque l'utilisateur décide de quitter l'application de réservation, cela provoque l'émission de l'événement `onunload` sur l'élément `body` du cadre `reservation.html`. Fonctionnellement, cela correspond à une demande d'annulation de la recherche de disponibilités en cours. Ceci est réalisé via l'invocation de la méthode `cancel` exposée par le service Web `ReservationService`. Cette demande correspond à l'action n°21 décrite dans la cinématique des échanges (figure 22-3) :

```
try {
  service.ReservationService.callService(
```

```
      cancel_callback,"cancel",getReservationId());
  }
  catch (e) {
    alert("erreur("+e.number+") : "+e.description);
  }
```

La prise en charge (asynchrone par callback) de la réponse du serveur suite à l'invocation de la méthode `cancel` est traitée par la fonction `cancel_callback(result)` vue précédemment.

Fonction soap_error(result)

Enfin, toutes les fonctions rappelées par callback du comportement WebService de Microsoft appellent une fonction générique `soap_error(result)` de détection et de signalisation des erreurs (techniques et/ou applicatives) remontées lors des échanges via le protocole SOAP. Cette fonction analyse le résultat de l'invocation et affiche un message d'erreur en cas d'anomalie :

```
function soap_error(result) {
  if (result.error) {
    var faultCode = result.errorDetail.code;
    var faultString = result.errorDetail.string;
    var errorString = faultCode + " - " + faultString;
    alert("A service error occurred : " + errorString);
    return true;
  }
  return false;
}
```

Partie serveur de l'application Web de SW-Voyages

L'implémentation de cette partie est traitée chapitre 23.

Applications Web des partenaires de SW-Voyages

Face au serveur d'applications de l'agence de voyages, chacun des partenaires de SW-Voyages dispose de sa propre application Web existante (partie cliente et partie serveur). Pour simplifier, nous postulons que la partie cliente existante reste inchangée et n'entre pas dans le cadre de ce scénario.

De fait, seule la partie serveur de l'application sera considérée, car elle va permettre d'illustrer la continuité de service entre le navigateur de l'utilisateur final et les serveurs d'applications des centrales de réservation, via le serveur de l'agence de voyages. Nous pouvons considérer que l'implémentation serveur présentée dans le chapitre suivant est une évolution du système existant.

Par ailleurs, l'implémentation de la centrale de réservation SW-Air constituera le seul exemple reproduit dans ce scénario. En effet, les implémentations des deux autres centrales de réservation SW-Hôtels et SW-Voitures sont calquées sur le même modèle et leur présentation n'apporterait pas de précisions supplémentaires.

L'arborescence de l'application Web de la société SW-Air (contexte `reservation_sw-air`) se présente donc telle que l'illustre la figure 22-7 :

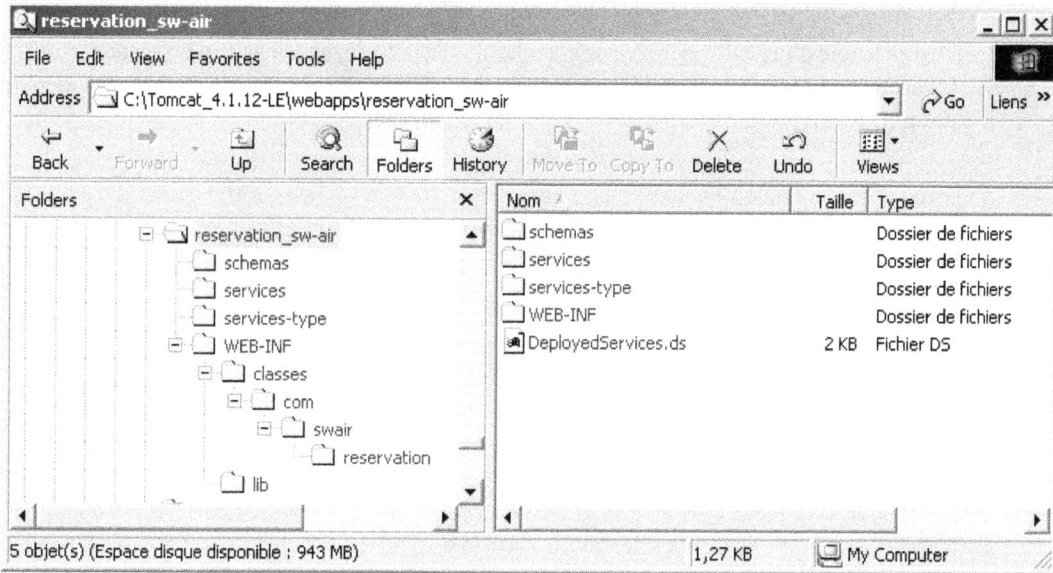

Figure 22-7

Arborescence de l'application Web de la société SW-Air.

L'application complète (partie cliente et partie serveur) est entièrement localisée dans le répertoire `{%TOMCAT_HOME%}\webapps\reservation_sw-air` du serveur Tomcat.

Partie cliente des applications Web des partenaires de SW-Voyages

Cette partie des applications n'est pas considérée (voir ci-avant).

Partie serveur des applications Web des partenaires de SW-Voyages

L'implémentation de cette partie est traitée chapitre 23.

Constat

À partir de ce premier scénario, entièrement réalisé sans outils de développement particuliers, nous avons :

- analysé, conçu, développé et déployé une application simple de réservation de voyages, capable de fédérer les capacités applicatives des systèmes d'information respectifs des quatre partenaires industriels concernés ;

- utilisé une implémentation Java du protocole de communication SOAP sur HTTP, enfouie dans un serveur d'applications partiellement J2EE (pas d'implémentation des spécifications EJB et JMS) et une implémentation JavaScript du protocole de communication SOAP sur HTTP incluse dans le comportement WebService de Microsoft ;

- illustré une démarche de développement adaptée à la réalisation d'une application Web destinée à fonctionner dans le cadre d'une architecture orientée services (AOS).

De cette première expérience, nous pouvons déjà tirer de nombreux enseignements :

- La mise en œuvre d'une telle architecture est relativement simple, et demande très peu de ressources : ici, le seul élément nouveau, introduit par rapport aux architectures Web d'aujourd'hui, est le moteur d'exécution SOAP.

- Les temps de réponse, contrairement à certaines idées reçues, sont proches de ceux que nous obtenons dans des applications Web classiques, et ce, même si les serveurs d'applications sont déployés sur des machines disséminées sur Internet.

- L'application de réservation est totalement indisponible si un seul des serveurs d'applications est momentanément indisponible, saturé ou en phase de maintenance. Il en est de même si l'un des serveurs souffre de conditions d'accès réseau exécrables. Dans le cadre de certaines applications, ce fonctionnement en mode synchrone devra pouvoir être remplacé par un mode asynchrone, à base de système de gestion de files d'attente, plus apte à prendre en charge ces problèmes d'indisponibilité temporaire.

- Si l'un des serveurs d'applications tombe en erreur après que d'autres serveurs ont confirmé leur réservation, le système d'information se retrouve dans un état instable. Le serveur d'applications de SW-Voyages, qui pilote l'agrégation de services, peut chercher à compenser l'anomalie en annulant la réservation auprès des serveurs qui avaient confirmé la réservation, mais sans assurance du résultat. Indubitablement, il manque ici un système de gestion de la transaction métier, soit synchrone (transaction courte avec confirmation en deux étapes), soit asynchrone (transaction longue avec système de compensation).

- L'enchaînement des appels de méthodes sur les implémentations des services Web est codé directement dans les programmes clients et l'invocation des méthodes est directe. Les scénarios d'appels ne sont pas décrits sous une forme externe interprétée au moment de l'exécution.

- Les adresses des documents WSDL des différents partenaires sont codées directement dans les programmes clients. Aucun changement de l'une de ces URL n'est possible sans recompilation. Il manque ici un mécanisme de recherche dynamique (*lookup*) de ces descriptions sur Internet.

Le deuxième scénario va permettre d'illustrer comment lever une partie des faiblesses de l'architecture statique synchrone.

Scénario n° 2 (architecture dynamique – implémentation Java)

La première version du service Web de l'agence de voyages nous a permis d'illustrer comment développer un service de réservation de voyages capable de s'appuyer sur une infrastructure Web existante.

La mise en œuvre de cette version initiale nous a révélé un certain nombre de faiblesses, parmi lesquelles :

- le codage statique des adresses de descriptions WSDL des services Web des différents partenaires de l'agence de voyages : ceci est très contraignant car le moindre changement dans le plan d'adressage de l'un des intervenants oblige tous ses partenaires à recompiler simultanément leurs applications clientes ;

- le schéma de partenariat relativement limité : celui-ci ne permet pas à l'agence de voyages de s'adresser à d'autres centrales de réservation que celles qui sont référencées de manière statique dans cette première implémentation de son service Web de réservation.

De même, ce premier scénario a mis en œuvre, outre l'implémentation de SOAP via le comportement WebService de Microsoft côté navigateur, une seule implémentation SOAP Java du côté serveur. Ceci pourrait laisser croire que la même implémentation SOAP est nécessaire à chacune des extrémités de la communication et que l'application cliente et l'application serveur sont contraintes de passer par là pour communiquer entre elles par l'intermédiaire de ce protocole. Mais il n'en est rien et les deuxième et troisième scénarios vont apporter un nouvel éclairage sur ce point.

Évolution

Depuis l'introduction de la première version de son service Web de réservation, l'agence de voyages SW-Voyages s'est fortement impliquée dans la formalisation et la modélisation, au niveau de sa branche d'activité économique, du domaine de la réservation de voyages. Cet effort s'est essentiellement traduit par la mise en place d'une organisation sectorielle en charge de cette standardisation : l'organisation SW-Tourisme-xml.org. Cette organisation s'est notamment attachée à normaliser un modèle de description abstraite de réservation d'un voyage.

Par ailleurs, les différents partenaires de SW-Voyages se sont appliqués à faire de même, dans leurs secteurs économiques respectifs. Ces efforts d'organisation se sont traduits par l'apparition de nouvelles organisations dans chacun de ces secteurs :

- SW-Aviation-xml.org dans le secteur du transport aérien ;

- SW-Automobilisme-xml.org dans le secteur de l'automobile ;

- SW-Hotellerie-xml.org dans le domaine de l'hôtellerie.

Bien entendu, ces quatre nouvelles organisations sont des organismes à but non lucratif, dont l'objectif est de promouvoir l'organisation, la standardisation et la réglementation des secteurs économiques correspondants.

Les quatre partenaires du système de réservation de l'agence de voyages SW-Voyages ont donc décidé de se conformer à ces changements intervenus dans leurs domaines respectifs, et ainsi de développer une seconde génération de ce système.

Nouveau système

En résumé, les principaux faits remarqués lors de l'étude de la situation du système existant, sont principalement :

- l'existence d'une première génération opérationnelle de services Web déjà disponibles chez chacun des partenaires impliqués dans le processus étudié ;

- l'émergence de nouveaux partenaires dans le paysage économique respectif de chacun des quatre partenaires commerciaux, et la nécessité de prendre en compte leurs recommandations en termes de standards et de réglementation.

Les orientations prévues par les partenaires dans le cadre du déploiement de la seconde génération des systèmes de réservation sont les suivantes :

- capitalisation sur les infrastructures Web déployées lors de la première phase de déploiement (voir la section « Scénario n°1 ») ;

- publication des implémentations des services de réservation de chacun des partenaires dans l'annuaire UDDI public, et référencement des descriptions de services de réservation abstraits, standardisés et publiés par les organisations sectorielles ;

- ouverture des systèmes de réservation des différents partenaires actuels vers la possibilité d'accueillir de nouveaux partenaires (clients ou fournisseurs).

Implémentation

Le déploiement des composants applicatifs sur les plates-formes techniques de chacun des partenaires est maintenu sous forme d'installation d'applications Web. En ce qui concerne les nouveaux partenaires (organisations sectorielles), le déploiement sera également réalisé sous cette forme.

Le détail des produits utilisés, des choix techniques et du paramétrage d'installation est décrit dans le chapitre 24 (voir la section « Implémentation »).

Architecture générale

L'architecture globale de la seconde génération du système de réservation peut être représentée comme en figure 22-8.

Sur ce schéma d'architecture générale, les quatre domaines associés aux différents partenaires commerciaux de l'application de réservation sont figurés par quatre serveurs d'applications Java (Tomcat 4.1.12). Ils sont rejoints par les quatre nouveaux domaines liés aux organisations sectorielles qui standardisent et réglementent les procédures de réservation dans leurs domaines de compétence respectifs. Ceux-ci sont également hébergés par quatre nouveaux serveurs d'applications Java sous Tomcat 4.1.12. Un neuvième serveur héberge un nœud d'annuaire UDDI. Ce dernier joue le rôle d'un nœud de l'annuaire public (UBR) ou interprofessionnel et est également un serveur Java (Glue Professional 3.0.1).

Tous ces serveurs communiquent, via Internet (matérialisé par le nuage), soit par l'intermédiaire du protocole SOAP sur HTTP (quatre serveurs commerciaux, plus le serveur UDDI), soit par le protocole HTTP directement (quatre serveurs organisationnels).

À l'image du premier scénario, le poste client de l'agence de voyages (sous Internet Explorer 5.0, 5.5 ou 6.0) est conservé et communique toujours avec son serveur local en utilisant le protocole SOAP sur HTTP via le comportement WebService 1.0.1.1120 de Microsoft.

Par rapport au premier scénario, nous utilisons ici une implémentation SOAP supplémentaire. En effet, le produit Glue Professional vient avec sa propre implémentation du protocole SOAP. Les quatre serveurs commerciaux communiquent toujours par l'intermédiaire de l'implémentation Apache SOAP 2.3.1. En revanche, le serveur de SW-Voyages dialogue avec le nœud de l'annuaire UDDI via l'implémentation Apache SOAP et ce dernier lui répond par le biais de l'implémentation SOAP de Glue.

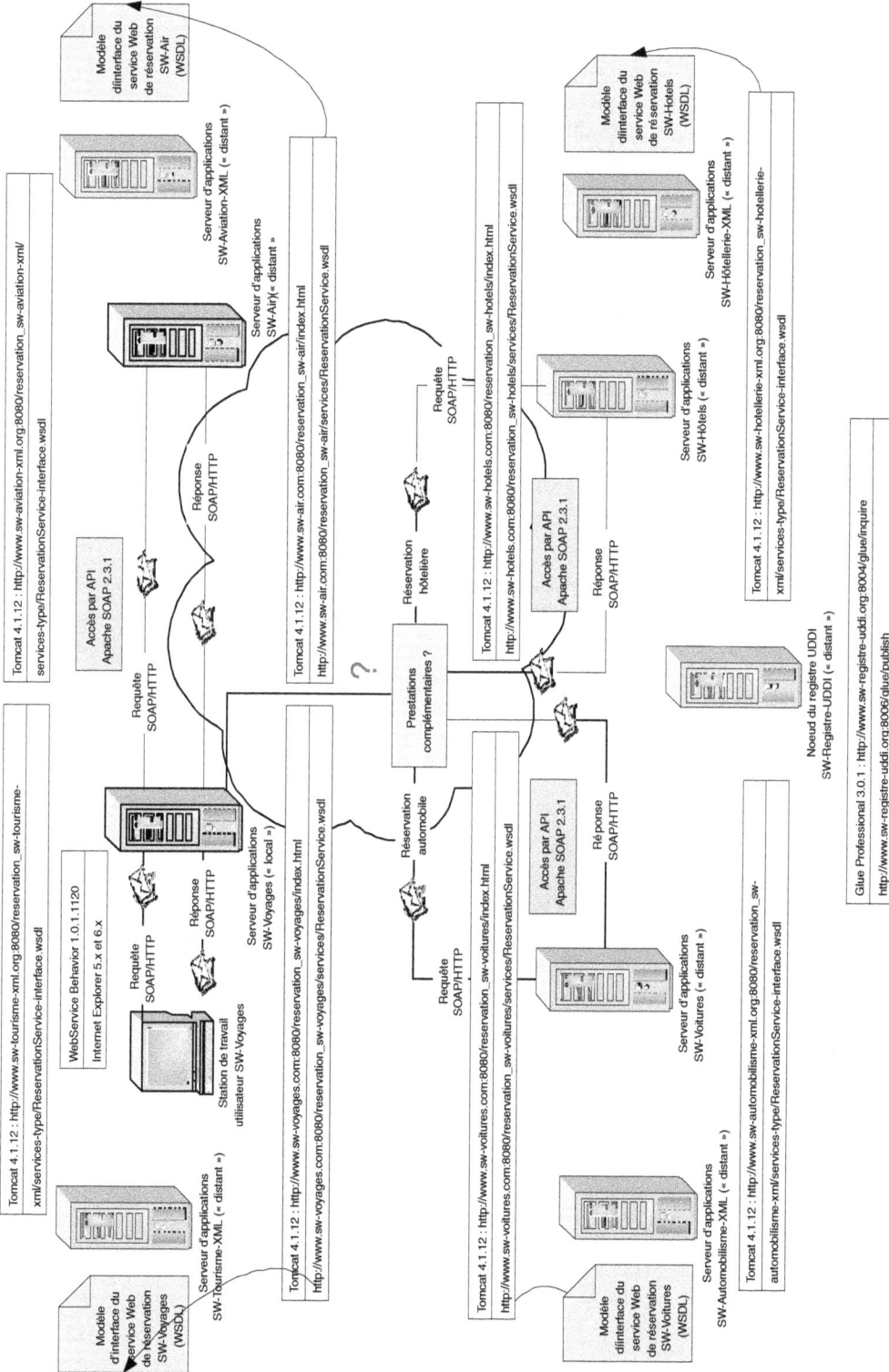

Figure 22-8

Architecture générale de la seconde génération du système de réservation de SW-Voyages.

Cinématique des échanges

Le scénario peut être découpé en plusieurs phases, avec une phase supplémentaire par rapport au premier scénario :

- Une première phase reprend partiellement la première phase du premier scénario : il s'agit d'obtenir du client les caractéristiques du voyage qu'il souhaite effectuer, puis de rechercher, via un annuaire UDDI, les descriptions de services abstraits publiées par les organisations sectorielles concernées, et enfin de retrouver les points d'accès des services des sociétés commerciales partenaires qui les implémentent.

- La deuxième phase équivaut en grande partie à la première phase du premier scénario : sa finalité consiste à communiquer aux sociétés commerciales partenaires localisées dans la première phase les informations fournies par le client afin qu'elles puissent les enregistrer pour ensuite les exploiter.

- La troisième phase correspond à la deuxième phase du premier scénario et a toujours pour objectif de fournir les disponibilités offertes par les différents partenaires et de les afficher sur le poste de travail du client de manière à ce qu'il puisse effectuer son choix.

- La quatrième phase est équivalente à la troisième phase du premier scénario : elle représente toujours la réalisation de la réservation proprement dite en fonction des choix retenus par le client et des disponibilités réelles au moment de la demande de réservation.

Les échanges réalisés entre les quatre serveurs d'applications des centrales de réservation et le nœud de l'annuaire UDDI suivent la cinématique décrite figure 22-9.

Les échanges avec les serveurs des organisations sectorielles ne sont pas figurés ici car ils se limitent à des accès (GET) par le protocole HTTP, via l'utilisation des balises d'import des fichiers de description des services Web par les implémentations WSDL.

Phase 1 : recherche des modèles et localisation des partenaires de réservation

Dans la liste des actions décrites ci-après :

- L'action n°1 consiste en une interaction du navigateur avec son serveur local (SW-Voyages).

- Les actions n°2 à n°7 représentent une suite d'interactions entre le serveur local (SW-Voyages) de l'agence et le nœud de l'annuaire UDDI (SW-Registre-UDDI), afin de retrouver le modèle abstrait de réservation aérienne (publié vers l'annuaire UDDI par l'organisation SW-Aviation-XML) et le point d'accès au service du partenaire qui l'implémente (publié vers l'annuaire UDDI par l'entreprise commerciale SW-Air).

- Les actions n°8 à n°13 constituent une suite d'interactions entre le serveur local (SW-Voyages) de l'agence et le nœud de l'annuaire UDDI (SW-Registre-UDDI) afin de retrouver le modèle abstrait de réservation automobile (publié par l'organisation SW-Automobilisme-XML) et le point d'accès au service du partenaire qui l'implémente (publié par l'entreprise commerciale SW-Voitures).

- Les actions n°14 à n°19 correspondent à une suite d'interactions entre le serveur local (SW-Voyages) de l'agence et le nœud de l'annuaire UDDI (SW-Registre-UDDI) effectuées afin de retrouver le modèle abstrait de réservation hôtelière (publié par l'organisation SW-Hôtellerie-XML) et le point d'accès au service du partenaire qui l'implémente (publié par l'entreprise commerciale SW-Hôtels).

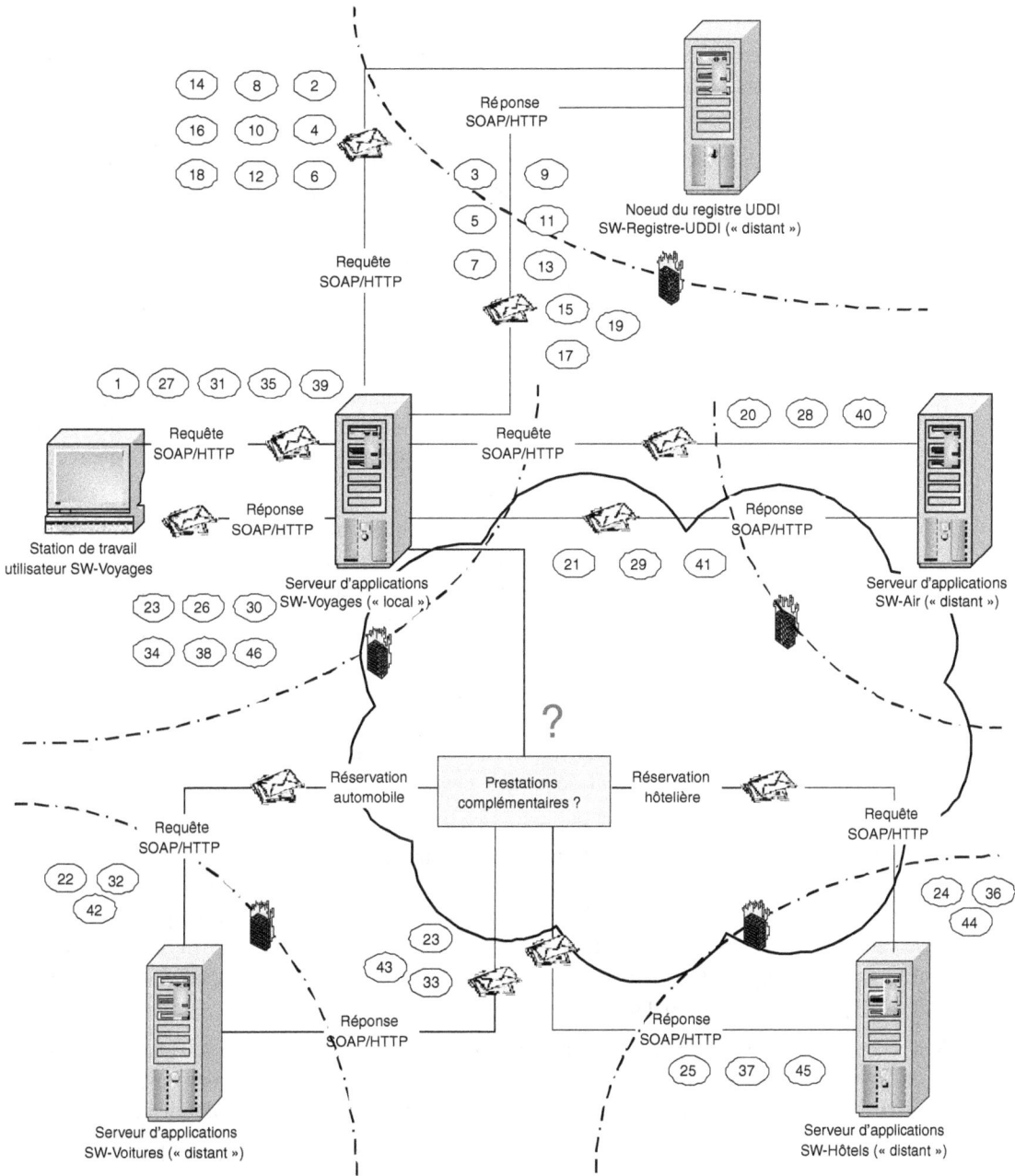

Figure 22-9

Cinématique des échanges entre partenaires du système de réservation de deuxième génération

Les principales actions possibles, durant cette phase, sont les suivantes :

1. Demande de recherche de disponibilités : le client demande à l'agence ses disponibilités pour un voyage dont les caractéristiques sont enregistrées via l'application Web existante de SW-Voyages (voir « Scénario n°1 »). Les éléments d'information fournis par le client sont inchangés.

2. Recherche du modèle de réservation aérienne via l'annuaire UDDI : le serveur d'applications de SW-Voyages recherche, par l'intermédiaire de l'annuaire UDDI, la description WSDL du service de réservation aérienne publié par l'organisation www.sw-aviation-xml.org.

3. Restitution par l'annuaire UDDI du modèle de réservation aérienne publié : le nœud de l'annuaire UDDI renvoie au serveur d'applications de SW-Voyages les structures de données qui décrivent le modèle de réservation aérienne recherché.

4. Recherche des sociétés commerciales du secteur de la réservation aérienne : à partir de l'identifiant du modèle de réservation aérienne renvoyé par l'annuaire UDDI, le serveur d'applications de SW-Voyages recherche, par l'intermédiaire de l'annuaire UDDI, l'ensemble des sociétés commerciales qui implémentent le service de réservation aérienne dont le modèle a été récupéré précédemment.

5. Restitution par l'annuaire UDDI des sociétés commerciales du secteur de la réservation aérienne : le nœud de l'annuaire UDDI renvoie au serveur d'applications de SW-Voyages les structures de données qui correspondent aux entités économiques fournissant un service qui implémente le modèle de réservation aérienne recherché.

6. Recherche du point d'accès au service de la centrale de réservation aérienne partenaire : à partir de l'identifiant du partenaire de réservation aérienne, récupéré parmi les structures de données renvoyées lors de l'action précédente, le serveur d'applications de SW-Voyages recherche, par l'intermédiaire de l'annuaire UDDI, le service ou l'ensemble des services et de leurs points d'accès associés qui implémente(nt) le modèle abstrait de réservation aérienne.

7. Restitution par l'annuaire UDDI du point d'accès au service de la centrale de réservation aérienne partenaire : le nœud de l'annuaire UDDI renvoie au serveur d'applications de SW-Voyages les structures de données qui correspondent au(x) service(s) implémentant le modèle de réservation aérienne recherché. Si plusieurs implémentations existent, la logique applicative du serveur d'applications de SW-Voyages détermine celle qui doit être utilisée en fonction de critères propres à l'application ou à un contrat de service passé entre les deux partenaires et récupère le point d'accès correspondant.

8. Recherche du modèle de réservation automobile via l'annuaire UDDI : le serveur d'applications de SW-Voyages recherche, par l'intermédiaire de l'annuaire UDDI, la description WSDL du service de réservation automobile publié par l'organisation www.sw-automobilisme-xml.org.

9. Restitution par l'annuaire UDDI du modèle de réservation automobile publié : le nœud de l'annuaire UDDI renvoie au serveur d'applications de SW-Voyages les structures de données qui décrivent le modèle de réservation automobile recherché.

10. Recherche des sociétés commerciales du secteur de la réservation automobile : à partir de l'identifiant du modèle de réservation automobile renvoyé par l'annuaire UDDI, le serveur d'applications de SW-Voyages recherche, par l'intermédiaire de l'annuaire UDDI, l'ensemble des sociétés

commerciales ou centrales de réservation qui implémentent le service de réservation automobile dont le modèle a été récupéré préalablement.

11. Restitution par l'annuaire UDDI des sociétés commerciales du secteur de la réservation automobile : le nœud de l'annuaire UDDI renvoie au serveur d'applications de SW-Voyages les structures de données qui correspondent aux entités économiques susceptibles d'offrir (au moins) un service qui implémente le modèle de réservation automobile recherché.

12. Recherche du point d'accès au service de la centrale de réservation automobile partenaire : à partir de l'identifiant du partenaire de réservation automobile, récupéré parmi les structures de données renvoyées lors de l'action précédente, le serveur d'applications de SW-Voyages recherche, par l'intermédiaire de l'annuaire UDDI, le service ou l'ensemble des services et de leurs points d'accès associés qui implémente(nt) le modèle abstrait de réservation automobile.

13. Restitution par l'annuaire UDDI du point d'accès au service de la centrale de réservation automobile partenaire : le nœud de l'annuaire UDDI renvoie au serveur d'applications de SW-Voyages les structures de données correspondant au(x) service(s) qui implémente(nt) le modèle de réservation automobile recherché. Comme dans le cas de la réservation aérienne, si plusieurs implémentations existent, la logique applicative du serveur d'applications de SW-Voyages détermine celle qui doit être utilisée en fonction de critères propres à l'application ou à un contrat de service passé entre les deux partenaires et récupère le point d'accès correspondant.

14. Recherche du modèle de réservation hôtelière via l'annuaire UDDI : le serveur d'applications de SW-Voyages recherche, par l'intermédiaire de l'annuaire UDDI, la description WSDL du service de réservation hôtelière, publié par l'organisation www.sw-hotellerie-xml.org.

15. Restitution par l'annuaire UDDI du modèle de réservation hôtelière publié : le nœud de l'annuaire UDDI renvoie au serveur d'applications de SW-Voyages les structures de données qui décrivent le modèle de réservation hôtelière recherché.

16. Recherche des sociétés commerciales du secteur de la réservation hôtelière : à partir de l'identifiant du modèle de réservation hôtelière renvoyé par l'annuaire UDDI, le serveur d'applications de SW-Voyages recherche, par l'intermédiaire de l'annuaire UDDI, l'ensemble des sociétés commerciales ou centrales de réservation qui implémentent le service de réservation hôtelière dont le modèle a été récupéré préalablement.

17. Restitution par l'annuaire UDDI des sociétés commerciales du secteur de la réservation hôtelière : le nœud de l'annuaire UDDI renvoie au serveur d'applications de SW-Voyages les structures de données qui correspondent aux entités économiques susceptibles d'offrir un service (au moins) qui implémente le modèle de réservation hôtelière recherché.

18. Recherche du point d'accès au service de la centrale de réservation hôtelière partenaire : à partir de l'identifiant du partenaire de réservation hôtelière, récupéré parmi les structures de données renvoyées lors de l'action précédente, le serveur d'applications de SW-Voyages recherche, par l'intermédiaire de l'annuaire UDDI, le service ou l'ensemble des services et de leurs points d'accès associés qui implémente(nt) le modèle abstrait de réservation hôtelière.

19. Restitution par l'annuaire UDDI du point d'accès au service de la centrale de réservation hôtelière partenaire : le nœud de l'annuaire UDDI renvoie au serveur d'applications de SW-Voyages les structures de données correspondant au(x) service(s) qui implémente(nt) le modèle de réservation hôtelière recherché. Si plusieurs implémentations existent, la logique applicative du

serveur d'applications de SW-Voyages détermine celle qui doit être utilisée en fonction de critères propres à l'application ou à un contrat de service passé entre les deux partenaires et récupère le point d'accès correspondant.

Cette première phase est donc presque entièrement nouvelle par rapport au premier scénario. En fait, seule la première action de l'utilisateur reste identique. Les dix-huit actions qui suivent sont totalement nouvelles, elles décrivent les tractations qui s'opèrent entre le serveur d'applications de l'agence de voyages et le nœud de l'annuaire UDDI dans le but de récupérer une collection d'adresses Internet (URL).

Ces adresses vont être ensuite utilisées par le serveur de l'agence de voyages, durant la deuxième phase décrite ci-après, pour poursuivre le dialogue du processus de réservation avec les serveurs des centrales de réservation, partenaires obligés de l'agence de voyages.

Phase 2 : communication et enregistrement des caractéristiques du voyage

Les actions de cette deuxième phase correspondent aux actions n° 2 à n°8 de la première phase du premier scénario (voir « Scénario n°1 »). Le contenu de ces actions reste inchangé. La correspondance des actions est rappelée ici pour mémoire.

20. Communication et enregistrement de la demande par SW-Air : voir section « Scénario n°1 », phase 1, action n°2.

21. Restitution du numéro de réservation attribué par SW-Air : voir section « Scénario n°1 », phase 1, action n°3.

22. Communication et enregistrement de la demande par SW-Voitures : voir section « Scénario n°1 », phase 1, action n°4.

23. Restitution du numéro de réservation attribué par SW-Voitures : voir section « Scénario n°1 », phase 1, action n°5.

24. Communication et enregistrement de la demande par SW-Hôtels : voir section « Scénario n°1 », phase 1, action n°6.

25. Restitution du numéro de réservation attribué par SW-Hôtels : voir section « Scénario n°1 », phase 1, action n°7.

26. Enregistrement de la demande par SW-Voyages : voir section « Scénario n°1 », phase 1, action n°8.

L'ensemble des actions réalisées dans cette deuxième phase s'apparente toujours à une opération concertée de synchronisation avant réservation, effectuée par les différents serveurs d'applications impliqués dans le processus. Dès le début de cette phase, les serveurs d'applications des organisations sectorielles, ainsi que le nœud de l'annuaire UDDI, ne jouent plus aucun rôle dans le processus global de réservation : les quatre partenaires commerciaux se sont localisés et peuvent commencer le processus de réservation proprement dit.

Phase 3 : obtention et production des disponibilités de voyage

Les actions de cette troisième phase correspondent aux actions n°9 à n°20 de la deuxième phase du premier scénario (voir la section « Scénario n°1 »). Le contenu de ces actions reste inchangé. La correspondance des actions est rappelée ici pour mémoire.

Au début de cette troisième phase, tous les serveurs d'applications ont répondu présent à l'invite de l'application Web cliente : le serveur d'applications de SW-Voyages en charge de l'agrégation des services Web des partenaires, le serveur d'applications de SW-Air obligatoirement présent dans toutes les opérations de réservation, les serveurs d'applications des sociétés SW-Voitures et SW-Hôtels si le client a émis un souhait de réservation complémentaire d'un véhicule ou d'une chambre d'hôtel sur le lieu de destination.

En cas d'indisponibilité de l'un des serveurs d'application, le client final est notifié de l'indisponibilité temporaire du service de réservation (agrégé) et il est invité à soumettre une nouvelle demande de recherche de disponibilités un peu plus tard. Cette stratégie est évidemment limitée : une seconde version de l'application pourrait repartir automatiquement à la recherche d'un autre prestataire de services dont le serveur est accessible, et demander à l'utilisateur de soumettre une nouvelle demande seulement en dernière instance. Nous touchons là le point sensible de la complexité de mise en œuvre d'applications qui utilisent dynamiquement des services Web : la stratégie de configuration dynamique de l'architecture est le résultat de la combinaison, d'une part, de l'application d'une logique fonctionnelle aussi sophistiquée que l'on veut (les critères métier du choix du partenaire et éventuellement de services concurrents), et d'autre part, d'une logique opérationnelle de prise en compte de la possibilité de défaillance partielle propre à toute architecture répartie.

À l'inverse, si la synchronisation des serveurs impliqués s'est bien passée, la troisième phase peut être enclenchée. Pendant cette nouvelle phase, les traitements suivants sont entrepris :

27. Demande de production des disponibilités aériennes : voir section « Scénario n°1 », phase 2, action n°9.

28. Communication et production des disponibilités par SW-Air : voir section « Scénario n°1 », phase 2, action n°10.

29. Restitution des disponibilités de SW-Air : voir section « Scénario n°1 », phase 2, action n°11.

30. Restitution des disponibilités aériennes : voir section « Scénario n°1 », phase 2, action n°12.

31. Demande de production des disponibilités automobiles : voir section « Scénario n°1 », phase 2, action n°13.

32. Communication et production des disponibilités par SW-Voitures : voir section « Scénario n°1 », phase 2, action n°14.

33. Restitution des disponibilités de SW-Voitures : voir section « Scénario n°1 », phase 2, action n°15.

34. Restitution des disponibilités automobiles : voir section « Scénario n°1 », phase 2, action n°16.

35. Demande de production des disponibilités hôtelières : voir section « Scénario n°1 », phase 2, action n°17.

36. Communication et production des disponibilités par SW-Hôtels : voir section « Scénario n°1 », phase 2, action n°18.

37. Restitution des disponibilités de SW-Hôtels : voir section « Scénario n°1 », phase 2, action n°19.

38. Restitution des disponibilités hôtelières : voir section « Scénario n°1 », phase 2, action n°20.

Après la phase de synchronisation initiale entre partenaires, l'ensemble des actions réalisées durant cette troisième phase correspond à une étape de préparation d'une réservation par les différents serveurs d'applications impliqués.

Phase 4 : choix des disponibilités de voyage et réservation

Les actions de cette quatrième phase correspondent aux actions n°21 à n°28 de la troisième phase du premier scénario (voir la section « Scénario n°1 »). Le contenu de ces actions reste inchangé. La correspondance des actions est rappelée ici pour mémoire.

À l'issue de la troisième phase, tous les serveurs d'applications concernés par la demande de disponibilités en cours ont renvoyé leurs possibilités de réservation au serveur d'applications de SW-Voyages, en charge de l'agrégation des disponibilités. Celles-ci ont été collectées et retournées à destination de l'application Web cliente qui est alors en mesure de les afficher sur le poste de travail de l'utilisateur final.

À ce stade, l'utilisateur peut, soit annuler sa demande de réservation s'il n'est pas satisfait des possibilités proposées, soit effectuer les choix nécessaires parmi les disponibilités affichées et demander la réservation effective.

Pendant cette dernière phase, les traitements suivants sont entrepris :

39. Demande d'annulation ou de réservation des disponibilités choisies : voir section« Scénario n°1 », phase 3, action n°21.

40. Communication des disponibilités choisies et réservation par SW-Air : voir section « Scénario n°1 », phase 3, action n°22.

41. Restitution de la confirmation d'annulation ou de réservation de SW-Air : voir section « Scénario n°1 », phase 3, action n°23.

42. Communication des disponibilités choisies et réservation par SW-Voitures : voir section « Scénario n°1 », phase 3, action n°24.

43. Restitution de la confirmation d'annulation ou de réservation de SW-Voitures : voir section « Scénario n°1 », phase 3, action n° 25.

44. Communication des disponibilités choisies et réservation par SW-Hôtels : voir section « Scénario n°1 », phase 3, action n°26.

45. Restitution de la confirmation d'annulation ou de réservation de SW-Hôtels : voir section « Scénario n°1 », phase 3, action n°27.

46. Confirmation de la demande d'annulation ou de réservation : voir section « Scénario n°1 », phase 3, action n°28.

Démarche de développement

La démarche générale de développement du nouveau système de réservation est presque identique à celle qui a été utilisée dans le premier scénario. Il faut cependant signaler un changement notable : les descriptions de services Web (WSDL) ne sont plus générées à partir d'une classe d'interface Java, mais au contraire précèdent le développement des classes d'interface. Ces descriptions de services Web sont rédigées et publiées par les organisations sectorielles et deviennent des éléments de spécification qui s'imposent aux entreprises de ces mêmes secteurs économiques.

Développement

Le développement de la deuxième génération du système de réservation introduit peu de changements par rapport à la première génération déployée. L'élément le plus impacté de la configuration est la partie serveur de l'application Web de SW-Voyages, laquelle doit implémenter l'usage d'un annuaire de services UDDI, associé à une stratégie de recherche et de localisation de ses partenaires.

Application Web de SW-Voyages

L'arborescence de l'application Web de la société SW-Voyages (contexte `reservation_sw-voyages`) reste identique à celle du premier scénario, à l'exception des répertoires `schemas` et `services-type` qui disparaissent au profit de l'application de l'organisation sectorielle SW-Tourisme-XML dont dépend l'agence de voyages.

Partie cliente de l'application Web de SW-Voyages

La partie cliente de l'application Web reste strictement identique à celle qui a été déployée dans le cadre du premier scénario. Les seuls changements introduits par cette seconde génération portent uniquement sur la partie serveur de l'application Web de SW-Voyages.

Partie serveur de l'application Web de SW-Voyages

L'implémentation de cette partie est traitée chapitre 24.

Applications Web des partenaires de SW-Voyages

Par rapport au premier scénario, les applications Web déployées par les partenaires sont inchangées et demeurent strictement identiques aux versions de la première génération.

Seuls les descripteurs de déploiement ont été modifiés pour tenir compte du changement de l'espace de noms associé aux types de données sérialisés passés sous le contrôle des organismes sectoriels (voir chapitre 24).

Le développement de la deuxième génération du service Web de réservation de SW-Voyages n'a donc qu'un impact extrêmement limité sur les systèmes d'information de ses partenaires.

Partie cliente des applications Web des partenaires de SW-Voyages

Cette partie des applications des partenaires n'est pas considérée. Pour simplifier, nous postulons que la partie cliente existante reste inchangée et n'entre pas dans le cadre de ce scénario.

Partie serveur des applications Web des partenaires de SW-Voyages

L'implémentation de ces parties est traitée chapitre 24.

Constat

À partir de ce deuxième scénario, également réalisé sans outils de développement particuliers, nous avons :

- analysé, conçu, développé et déployé une seconde génération de l'application simple de réservation de voyages illustrée dans le premier scénario, toujours capable de fédérer les capacités applicatives des systèmes d'information respectifs des quatre partenaires industriels concernés, qui intègre en outre les capacités de standardisation et d'organisation des organisations sectorielles auxquelles sont rattachés les partenaires industriels ;

- mis en œuvre une implémentation d'annuaire UDDI qui introduit une nouvelle implémentation Java du protocole de communication SOAP sur HTTP enfouie dans le moteur d'exécution du serveur Glue Professional : finalement, cette seconde maquette met en œuvre trois implémentations différentes du protocole SOAP (deux Java et une JavaScript) ;

- supprimé les adresses statiques des documents WSDL des différents partenaires codées directement dans les programmes clients de la première génération du système de réservation. Tout changement de l'une de ces URL est maintenant possible sans recompilation. Le mécanisme de recherche dynamique (*lookup*) de ces descriptions sur Internet a introduit une grande souplesse d'utilisation du logiciel pour l'ensemble des partenaires concernés, voire des possibilités d'ouverture vers de nouveaux partenaires.

De cette nouvelle expérience, nous pouvons déjà tirer de nombreux enseignements :

- La mise en œuvre d'une telle architecture reste relativement simple, et demande toujours très peu de ressources : ici, le seul élément nouveau, introduit par rapport à l'architecture présentée dans le premier scénario, est le serveur UDDI.

- Les temps de réponse demeurent tout à fait corrects par rapport à ceux obtenus dans le premier scénario : le surcoût introduit par la recherche des partenaires via l'annuaire UDDI ne se manifeste qu'à la première invocation de l'application Web (acquisition statique des points d'accès des partenaires commerciaux).

- Le remplacement d'une implémentation de service Web par une autre est totalement indolore et peut être réalisé de manière totalement transparente : on approche ainsi de l'objectif essentiel affiché par les architectures à base de composants, mais jamais réellement atteint jusqu'à présent.

Cependant, une partie des faiblesses relevées lors du premier scénario restent toujours présentes, à savoir :

- L'application de réservation reste totalement indisponible si un seul des serveurs d'applications est momentanément indisponible, saturé ou en phase de maintenance. Il en est de même si l'un des serveurs souffre de conditions d'accès réseau exécrables.

- Si l'un des serveurs d'applications tombe en erreur après que d'autres serveurs ont confirmé leur réservation, le système d'information se retrouve toujours dans un état instable.

- L'enchaînement des appels de méthodes sur les implémentations des services Web demeure codé directement dans les programmes clients et l'invocation des méthodes est toujours directe.

Scénario n°3 (architecture dynamique – implémentation .NET)

La seconde version du service Web de l'agence de voyages a montré comment mettre en œuvre une architecture dynamique qui s'appuie sur un annuaire de services UDDI. Cette nouvelle génération du système de réservation a permis d'éliminer le codage statique des adresses de descriptions WSDL des services Web des différents partenaires de l'agence de voyages. Il est maintenant possible d'étendre les partenariats vers d'autres acteurs qui respectent les standards édictés par les organisations professionnelles du secteur économique de SW-Voyages et de ses partenaires.

D'un point de vue technique, cette version du logiciel a également démontré que l'interopérabilité entre les différentes applications Web Java des partenaires pouvait être obtenue à l'aide de plusieurs implémentations SOAP : à celle d'Apache, utilisée dans la première génération du système, s'est ajoutée celle de The Mind Electric, mise en œuvre pour communiquer avec l'annuaire UDDI. Mais après tout, ceci ne change pas encore fondamentalement la situation car nous nous trouvons toujours dans un environnement homogène dans lequel les plates-formes technologiques employées s'appuient exclusivement sur des environnements Java.

Ce scénario va être l'occasion de montrer comment les technologies de services Web disposent du potentiel nécessaire pour permettre un changement drastique en termes d'implémentation du système de réservation sans impacter les systèmes d'information existants et les spécifications fonctionnelles du logiciel développé dans le cadre du scénario précédent.

Évolution

Depuis l'introduction de la seconde version de son service Web de réservation, l'agence de voyages SW-Voyages, déjà fortement engagée par ailleurs dans les technologies Microsoft pour le reste de son système d'information, a pris la décision stratégique de fonder toutes ses applications sur le socle technologique du framework .NET. Dans cette optique, elle a donc décidé de migrer son système de réservation actuel Java vers une implémentation en technologie .NET et de développer ainsi une troisième génération du logiciel.

Nouveau système

D'un point de vue fonctionnel, il n'y a aucun changement par rapport à la deuxième génération du système de réservation. Il s'agit essentiellement d'un changement de plate-forme technologique du seul point de vue de l'agence de voyages SW-Voyages.

En résumé, les principaux faits remarqués lors de l'étude de la situation du système existant sont principalement :

- l'existence d'une deuxième génération opérationnelle de services Web déjà disponibles chez chacun des partenaires impliqués dans le processus étudié ;
- la décision stratégique de l'agence de voyages de changer de technologie.

Les orientations prévues par les partenaires, dans le cadre du déploiement de la troisième génération des systèmes de réservation, sont les suivantes :

- capitalisation sur les infrastructures Web déployées lors de la deuxième phase de déploiement (voir la section « Scénario n°2 ») ;
- minimalisation des impacts du changement sur les systèmes déployés chez les partenaires de l'agence de voyages.

Implémentation

Le déploiement des composants applicatifs sur les plates-formes techniques de chacun des partenaires est maintenu sous forme d'installation d'applications Web.

Le détail des produits utilisés, des choix techniques et du paramétrage d'installation est décrit chapitre 25 (voir la section « Implémentation »).

Architecture générale

L'architecture globale de la troisième génération du système de réservation demeure inchangée (voir figure 22-8). Il convient juste de noter le remplacement du serveur Java Apache Tomcat de SW-Voyages par un serveur IIS 5.0 de Microsoft.

Cinématique des échanges

La cinématique décrite lors du scénario n°2 s'applique en tous points à celle qui sera mise en œuvre dans ce troisième scénario.

Démarche de développement

Dans le cadre d'un développement initial sur le framework .NET, la démarche générale de développement du nouveau système de réservation est strictement identique à celle qui a été utilisée dans le deuxième scénario. La seule différence réside dans le fait que les classes manipulées et générées sont des classes C# au lieu de classes Java.

Dans le cas présent, il s'agit de la reprise d'une implémentation Java antérieure et de sa transposition à l'identique en langage C#. Nous nous plaçons donc dans une optique de migration par portage du code existant d'une plate-forme technologique vers une autre plate-forme.

Migration de l'application Web de SW-Voyages vers le framework .NET

La migration de cette application Web sera effectuée par un portage manuel du contenu de l'application Java vers une application .NET. L'application .NET sera décomposée en deux projets :

- un premier projet de type application Web ASP.NET pour implémenter l'équivalent de la partie cliente de l'application Java ;
- un second projet de type service Web ASP.NET pour reprendre la partie serveur de l'application Java.

La gestion de ces deux projets sera prise en charge par l'environnement de développement Visual Studio.NET 7.0 de Microsoft (MSDE 2002), lequel s'appuie sur le framework .NET (version 1.0.3705). Le déploiement sera réalisé sur la version limitée du serveur IIS 5.0 de Microsoft, intégrée dans le système d'exploitation Windows 2000 Professional.

Développement

Le développement de la troisième génération du système de réservation n'impacte que la partie serveur de l'application Web de SW-Voyages. Les changements, par rapport à la deuxième génération du système, sont uniquement d'ordre technique et se révèlent très importants du fait de l'adoption d'une nouvelle plate-forme technique. En revanche, ils demeurent circonscrits au domaine de l'agence de voyages.

Application Web de SW-Voyages

L'arborescence de l'application Web de la société SW-Voyages (répertoire `reservation_sw-voyages`), en dépit du changement de plate-forme technologique, demeure très proche de celle du premier scénario, à l'exception des sous-répertoires `schemas` et `services-type` qui disparaissent au profit de l'application de l'organisation sectorielle SW-Tourisme-XML dont dépend l'agence de voyages (voir « Scénario n°2 »). Bien entendu, le sous-répertoire `WEB-INF` disparaît pour être repris dans le second projet de type service Web ASP.NET (partie serveur).

Partie cliente de l'application Web de SW-Voyages

Au final, le contenu de la fenêtre de l'explorateur de la solution ASP.NET SW-Voyages doit ressembler à celui illustré figure 22-10 :

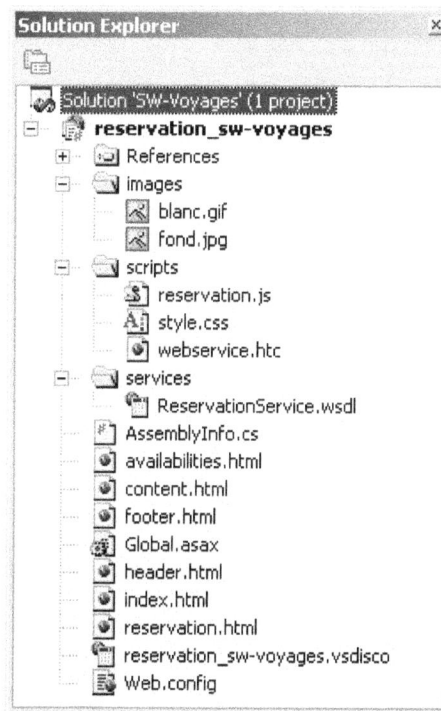

Figure 22-10

Arborescence de la solution ASP.NET SW-Voyages.

Partie serveur de l'application Web de SW-Voyages

L'implémentation de cette partie est traitée chapitre 25.

Le contenu de la fenêtre de l'explorateur de la solution ASP.NET SW-Voyages Reservation doit ressembler à celui présenté figure 22-11 :

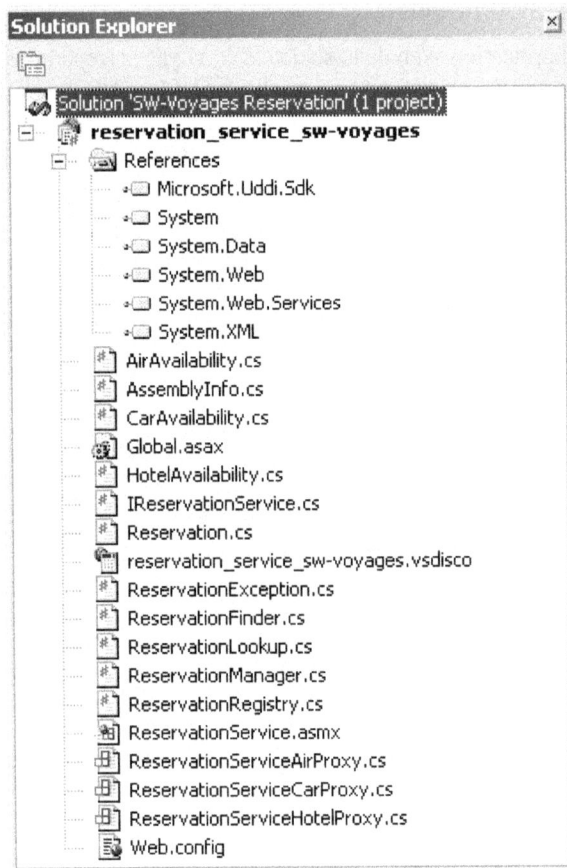

Figure 22-11

Arborescence de la solution ASP.NET SW-Voyages Reservation.

Applications Web des partenaires de SW-Voyages

Les applications Web Java des trois partenaires de l'agence de voyages restent inchangées. Le passage à la technologie Microsoft .NET, réalisé par SW-Voyages, ne les affecte en rien. L'urbanisme du système d'information global, mis au point lors de la deuxième génération du logiciel de réservation, est ainsi préservé.

Partie cliente des applications Web des partenaires de SW-Voyages

Cette partie des applications n'est pas considérée. Pour simplifier, nous postulons que les parties clientes existantes restent inchangées et n'entrent pas dans le cadre de ce scénario.

Partie serveur des applications Web des partenaires de SW-Voyages

L'implémentation de ces parties est traitée chapitre 25.

Constat

À partir de ce troisième scénario, également réalisé sans outils de développement particuliers, excepté l'environnement de développement Microsoft Visual Studio.NET, nous avons :

- transposé la deuxième génération de l'application simple de réservation de voyages (Java) illustrée dans le second scénario en une troisième génération de l'application opérationnelle dans l'environnement d'exécution .NET ;

- maintenu, sans modification, la fédération des capacités applicatives (Java) des systèmes d'information respectifs des quatre partenaires industriels concernés ;

- introduit une nouvelle plate-forme technologique (.NET) de manière non aggressive pour le système d'information existant de l'agence de voyages, notamment sans effet sur les systèmes d'information des partenaires de l'agence (sauf mise à jour des balises `soapAction`) ;

- conservé, sans modification, l'implémentation d'annuaire UDDI (Java), introduite dans le deuxième scénario : finalement, cette troisième maquette met en œuvre quatre implémentations différentes du protocole SOAP (deux Java, une C# et une JavaScript).

De cette nouvelle expérience, nous pouvons tirer les enseignements suivants :

- La mise en œuvre d'une telle architecture reste toujours relativement simple : le seul élément nouveau introduit par rapport à l'architecture présentée dans le deuxième scénario est la plate-forme .NET de Microsoft, associée au serveur HTTP IIS 5.0.

- Les temps de réponse restent équivalents à ceux que nous avons relevés dans le deuxième scénario.

- Le remplacement d'une implémentation de service Web par une autre, sans nécessiter de modification, est confirmé : même lorsque les plates-formes technologiques sont très différentes, l'interopérabilité permet de s'abstraire des contingences propres à ces environnements.

Cependant, les faiblesses observées dans le deuxième scénario restent toujours d'actualité et ne sont pas réglées par ce changement technologique.

Scénario n°4 (architecture en processus métier)

Le troisième scénario a illustré à quel point l'objectif principal des technologies de services Web, à savoir l'interopérabilité entre plates-formes hétérogènes, constitue d'ores et déjà une réalité tangible et opérationnelle. Cependant, ce type d'architecture synchrone ne permet pas de régler certaines difficultés constatées lors de la mise en œuvre de la première génération du système et qui demeurent d'actualité, après usage des deux générations suivantes. Les trois premiers scénarios n'ont pas apporté de solutions dans le domaine de la gestion fiable du système de réservation, de la prise en compte de défaillances partielles de l'un ou l'autre des partenaires et de la cohérence du système d'information global (transactions).

Ce dernier scénario est destiné à montrer une réponse possible à cette problématique, réponse indispensable pour permettre la mise en œuvre d'un système de gestion critique.

Évolution

Depuis l'introduction de la première version de son service Web de réservation, l'agence de voyages SW-Voyages a pu constater une baisse importante des activités manuelles liées au processus de réservation dans ses services. Cependant, une part significative de ces activités est induite par le nouveau système, essentiellement due à des procédures de réconciliation et de redressement avec les partenaires.

Ces procédures sont rendues nécessaires du fait des faiblesses déjà constatées et inhérentes à l'architecture technique. En effet, il a été établi qu'il manque un système de gestion des transactions métier, soit synchrone (transactions courtes avec validation à deux phases), soit asynchrone (transactions longues avec système de compensation). Un constat identique est établi du côté des partenaires de SW-Voyages.

Les quatre partenaires du système de réservation de l'agence de voyages SW-Voyages ont donc décidé de faire évoluer la version initiale par l'intégration d'un système de gestion transactionnelle fiable, tout en maintenant les fonctions existantes, et de développer ainsi une quatrième génération de ce système.

Ce dernier scénario représente en fait une évolution du premier scénario.

Nouveau système

En résumé, les principaux faits remarqués lors de l'étude de la situation du système existant sont principalement :

- l'existence d'une première génération opérationnelle de services Web déjà disponibles chez chacun des partenaires impliqués dans le processus étudié ;
- la présence d'un résidu d'activités manuelles qui ne sont pas en relation directe avec le cœur de l'activité de SW-Voyages et de ses partenaires.

Les orientations prévues par les partenaires, dans le contexte du déploiement de la quatrième génération des systèmes de réservation, sont les suivantes :

- capitalisation sur les infrastructures Web déployées lors de la première phase de déploiement (voir « Scénario n°1 ») ;
- intégration d'un système de gestion des processus métier fiable en mesure de garantir la cohérence des systèmes d'information des partenaires et de limiter aux cas extrêmes l'utilisation de procédures manuelles de réconciliation.

Implémentation

Le déploiement des composants applicatifs sur les plates-formes techniques de chacun des partenaires est maintenu sous forme d'installation d'applications Web.

Le détail des produits utilisés, des choix techniques et du paramétrage d'installation est décrit chapitre 26 (voir la section « Implémentation »).

Architecture générale

L'architecture globale de la première génération du système de réservation demeure inchangée (voir figure 22-2). Il convient juste de noter le remplacement du serveur Java Apache Tomcat de SW-Voyages et de ses partenaires par un serveur BPEL Orchestration Server de Collaxa. De même, l'implémentation SOAP utilisée n'est plus Apache SOAP 2.3.1 mais Apache Axis 1.0 (incorporée dans le serveur Collaxa). Pour la société SW-Voyages, le remplacement du serveur Java Apache Tomcat n'est que partiel et ne concerne que la partie serveur de l'application. En effet, la partie cliente (gestion du poste de travail), développée dans le cadre du premier scénario, est maintenue sur le serveur Tomcat (c'est un choix opéré afin de limiter les modifications entre les deux versions, et non une obligation).

Cinématique des échanges

La cinématique présentée lors du scénario n°1 s'applique en tous points à celle qui sera mise en œuvre dans ce quatrième scénario.

Démarche de développement

La démarche générale de développement du nouveau système de réservation peut être organisée de la manière suivante :

1. rédaction des schémas XML de description des documents contenus dans les messages SOAP échangés entre les quatre partenaires (fichiers d'extension .xsd) ;

2. génération des classes Java de représentation des schémas XML de description des documents d'interface des services de réservation (*binding* Java/XML) ;

3. rédaction des schémas de description des types de données complexes échangés lors des invocations des services de réservation, propres à chacun des quatre partenaires (fichiers d'extension .xsd) ;

4. génération des classes Java de représentation des schémas XML de description des types de données complexes renvoyés lors des invocations des services de réservation (*binding* Java/XML) ;

5. rédaction des scénarios BPEL des services de réservation, propres à chacun des quatre partenaires (fichiers d'extension .jbpel) ;

6. génération (optionnelle) des classes proxy-services Java à partir des fichiers de description des services Web (WSDL) des partenaires (les fichiers produits lors des étapes 7 et 8 pour les partenaires de SW-Voyages doivent avoir été générés à ce niveau pour pouvoir générer les classes proxy-services de SW-Voyages) ;

7. génération des classes Java exécutables à partir des scénarios BPEL des services de réservation ;

8. génération (automatique) des fichiers de description des services Web (WSDL) à partir des scénarios BPEL des services de réservation ;

9. génération (automatique) des clients de test des services Web produits à partir des fichiers de description des services Web (WSDL) générés ;

10. codage de l'application Web cliente.

Comme dans le premier scénario, le dernier point (codage de l'application Web cliente) est traité dans ce chapitre avant les neuf points précédents illustrés chapitre 26 (application Web serveur).

La démarche utilisée ici est légèrement différente de celle qui a été adoptée lors du premier scénario. Celle-ci était axée sur la description initiale de l'interface Java du service Web et sur une génération en cascade de divers éléments : description WSDL du service, classes de proxy-services Java, squelette d'implémentation Java.

Dans le cas présent, l'interface du service est décrite par les documents XML que le service est susceptible d'émettre et de recevoir lors de l'échange de messages SOAP, de même que sont décrites les structures de données métier gérées à travers ces échanges de documents (chorégraphie). La rédaction des scénarios BPEL trouve son équivalence dans la rédaction des classes d'implémentation du premier scénario. L'ensemble de ces documents est ensuite utilisé pour générer un certain nombre d'éléments : description WSDL du service, classes de proxy-services Java, classes de liaison (*binding*) Java/XML.

Développement

Le développement de la quatrième génération du système de réservation introduit des changements importants dans la structuration des applications Web des quatre partenaires. Si la partie cliente de l'application Web de SW-Voyages reste identique, malgré quelques modifications d'ordre technique dues à la mise en œuvre du style d'échange document avec le serveur, la partie serveur de chacune des quatre applications Web est complètement revue, essentiellement du fait de l'adoption du serveur BPEL Orchestration Server de Collaxa.

Application Web de SW-Voyages

L'arborescence de l'application Web (partie cliente de gestion du poste de travail) de la société SW-Voyages (contexte `reservation_sw-voyages`) reste identique à celle du premier scénario (figure 22-4), à l'exception des répertoires `schemas` et `services-type` qui ne sont plus utilisés. De même, les sous-répertoires `classes` et `lib` de `WEB-INF` ne sont plus utilisés car la partie serveur de l'application est maintenant hébergée par le serveur Collaxa.

L'arborescence de l'application Web (partie serveur applicatif) de la société SW-Voyages (répertoire `reservation_sw-voyages`) est très différente de celle du premier scénario et se présente donc telle que l'illustre la figure 22-12.

L'application Web (partie cliente de gestion du poste de travail) est entièrement localisée dans le répertoire `{%TOMCAT_HOME%}\webapps\reservation_sw-voyages` du serveur Tomcat.

L'application Web (partie serveur applicatif) est entièrement contenue dans le répertoire `{%COLLAXA_HOME%}\cxdk\samples\reservation_sw-voyages` du serveur Collaxa.

Partie cliente de l'application Web de SW-Voyages

La partie cliente de l'application Web reste strictement identique, d'un point de vue fonctionnel, à celle qui a été déployée lors du premier scénario.

Les seuls changements introduits par cette seconde génération se situent à un niveau technique dans le code JavaScript et touchent essentiellement la manière d'invoquer et de récupérer les résultats des services Web.

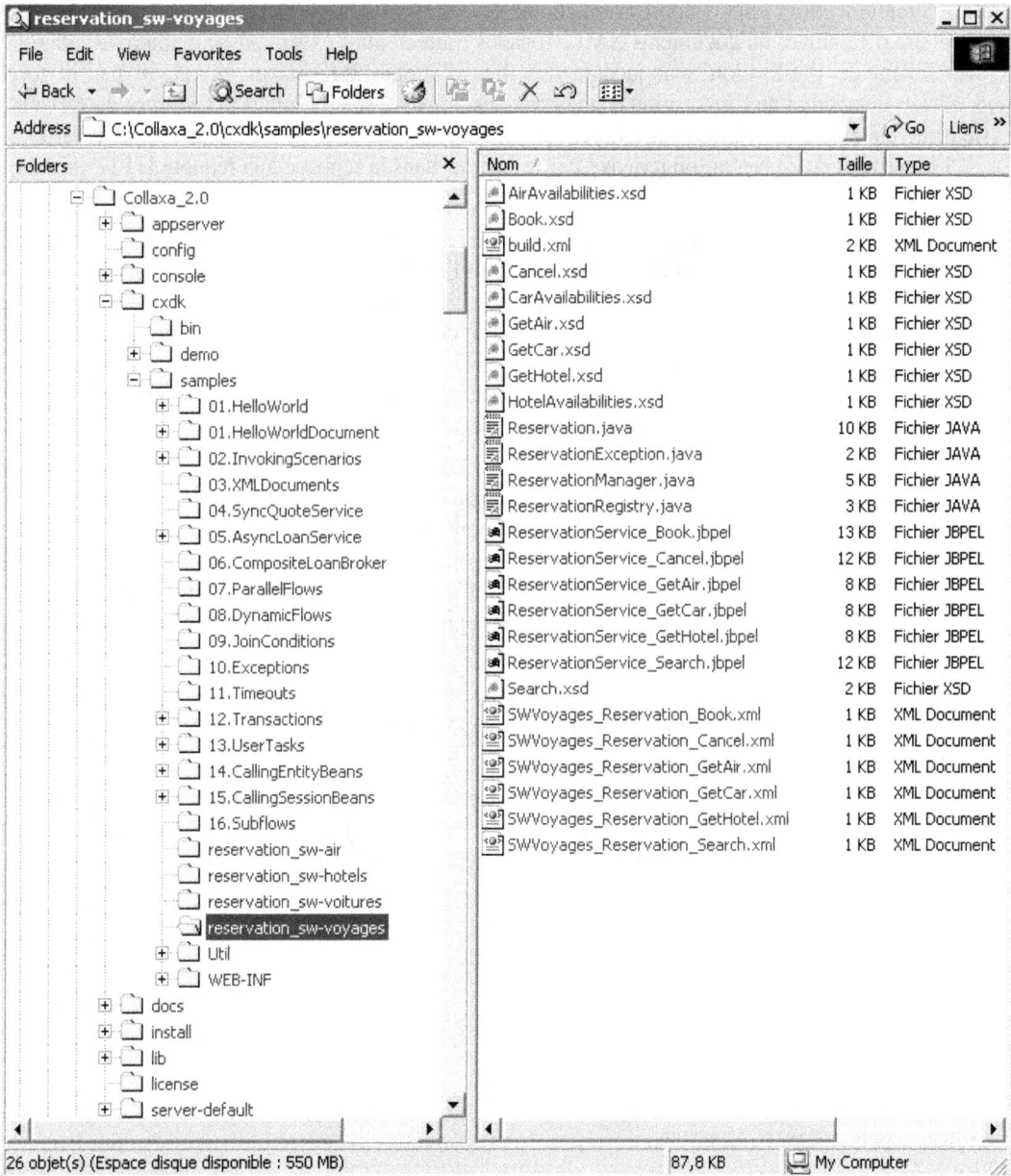

Figure 22-12

Arborescence de l'application Web de la société SW-Voyages (partie serveur).

Les communications entre l'application cliente et le serveur de SW-Voyages s'effectuent par l'intermédiaire d'échanges de documents XML. Tous les traitements s'exécutent de manière asynchrone et bénéficient de l'utilisation sous-jacente des files d'attente JMS mises en œuvre par le serveur Collaxa. Le résultat de l'invocation d'un service est renvoyé sur sollicitation (*polling*) du serveur par le poste client. La corrélation entre la requête initiale et le résultat de celle-ci est assurée par le biais de l'identifiant de conversation renvoyé par le serveur dans la réponse à la requête HTTP initiale.

C'est donc la prise en compte de la notion de conversation qui a nécessité ces adaptations du code JavaScript. Afin de ne pas compliquer ce quatrième scénario, nous n'avons pas été au-delà de ce périmètre. En effet, il conviendrait de pousser plus loin l'avantage offert par le fonctionnement en mode asynchrone, notamment en ajoutant une fonction de persistance locale de l'état de l'application et des conversations en cours avec le serveur (sauvegarde des identifiants des conversations). Cette extension de l'application cliente permettrait, en cas d'arrêt du poste de travail ou d'erreur de l'application, de pouvoir redémarrer celle-ci dans l'état où elle se trouvait au moment de la perturbation et de reprendre la(les) conversation(s) avec le serveur au point d'interruption.

Une autre adaptation a été rendue indispensable du fait de la structure de l'interface Java implémenté par tous les scénarios BPEL du serveur de Collaxa (voir la section « Développement » du chapitre 26). Cette particularité a nécessité l'éclatement de la classe `ReservationService.java` de la première génération du système de réservation (voir chapitre 23) en six scénarios BPEL, exposés sous la forme d'autant de services Web susceptibles d'être invoqués par des clients externes au serveur Collaxa. En fait, l'unique service Web de la première génération se transforme en six services Web dans cette nouvelle génération.

Le script `reservation.js` (voir code complet à télécharger sur *www.editions-eyrolles.com*) est toujours localisé dans le répertoire `{%TOMCAT_HOME%}\webapps\reservation_sw-voyages\scripts` de l'application cliente.

Par rapport à la version utilisée dans la première version de l'application (*www.editions-eyrolles.com*), le comportement récupère non plus une description de service WSDL (URL fournie par la variable `RESERVATION_WSDL_URL`) mais bien les six descriptions de services WSDL dont les URL sont fournies par les variables :

- `RESERVATION_SEARCH_WSDL_URL` ;
- `RESERVATION_GETAIR_WSDL_URL` ;
- `RESERVATION_GETHOTEL_WSDL_URL` ;
- `RESERVATION_GETCAR_WSDL_URL` ;
- `RESERVATION_BOOK_WSDL_URL` ;
- `RESERVATION_CANCEL_WSDL_URL`.

L'affectation initiale de la variable :

```
var RESERVATION_WSDL_URL = "http://www.sw-voyages.com:8080/reservation_sw-voyages/services/
ReservationService.wsdl";
```

est remplacée par :

```
var RESERVATION_SEARCH_WSDL_URL = "http://www.sw-voyages.com:8080/reservation_sw-voyages/
services/Reservation_Search.wsdl";
```

```
var RESERVATION_GETAIR_WSDL_URL = "http://www.sw-voyages.com:8080/reservation_sw-voyages/
➥services/Reservation_GetAir.wsdl";
var RESERVATION_GETHOTEL_WSDL_URL = "http://www.sw-voyages.com:8080/reservation_sw-voyages/
➥services/Reservation_GetHotel.wsdl";
var RESERVATION_GETCAR_WSDL_URL = "http://www.sw-voyages.com:8080/reservation_sw-voyages/
➥services/Reservation_GetCar.wsdl";
var RESERVATION_BOOK_WSDL_URL = "http://www.sw-voyages.com:8080/reservation_sw-voyages/
➥services/Reservation_Book.wsdl";
var RESERVATION_CANCEL_WSDL_URL = "http://www.sw-voyages.com:8080/reservation_sw-voyages/
➥services/Reservation_Cancel.wsdl";
```

De même, la déclaration initiale d'utilisation du service Web ReservationService (dont la description WSDL est située à l'adresse RESERVATION_WSDL_URL)

```
service.useService(RESERVATION_WSDL_URL,"ReservationService");
```

est remplacée par une déclaration d'utilisation de six services Web :

```
service.useService(RESERVATION_SEARCH_WSDL_URL,"ReservationSearch");
service.useService(RESERVATION_GETAIR_WSDL_URL,"ReservationGetAir");
service.useService(RESERVATION_GETHOTEL_WSDL_URL,"ReservationGetHotel");
service.useService(RESERVATION_GETCAR_WSDL_URL,"ReservationGetCar");
service.useService(RESERVATION_BOOK_WSDL_URL,"ReservationBook");
service.useService(RESERVATION_CANCEL_WSDL_URL,"ReservationCancel");
```

Fonction search_onclick()

Le script effectue une demande de recherche de disponibilités via l'invocation de la méthode initiateReservationService_Search exposée par le service Web ReservationSearch (voir code complet à télécharger sur *www.editions-eyrolles.com*). Cette demande correspond à l'action n°1 décrite dans la cinématique des échanges (figure 22-3) :

```
try {
  var nodes = "<passengers>"+passengers.value+"</passengers><from>"
    +from.value+"</from><to>"+to.value+"</to>";
  nodes += "<roundTrip>"+roundtrip.value+"</roundTrip><departureDay>"
    +departure_day.value+"</departureDay>";
  nodes += "<departureMonth>"+departure_month.value
    +"</departureMonth><departureYear>"
    +departure_year.value+"</departureYear>";
  nodes += "<arrivalDay>"+arrival_day.value+"</arrivalDay><arrivalMonth>"
    +arrival_month.value+"</arrivalMonth>";
  nodes += "<arrivalYear>"+arrival_year.value+"</arrivalYear><hotelRequested>"
    +document.all.hotel.checked+"</hotelRequested>";
  nodes += "<carRequested>"+document.all.car.checked+"</carRequested>";
  service.ReservationSearch.callService(search_callback,
    "initiateReservationService_Search",nodes);
}
catch (e) {
  alert("erreur("+e.number+") : "+e.description);
}
```

Fonction search_callback(result)

La récupération de la prise en compte par le serveur de l'invocation de la méthode initiateReservationService_Search est réalisée par la fonction search_callback(result).

La fonction arme une horloge (*timer*) chargée de déclencher une interrogation du serveur à intervalles réguliers (*polling*) afin de récupérer le résultat de la prise en charge de la demande de recherche. Cette horloge prend en paramètre de la fonction search_pollResult l'identifiant de la conversation renvoyé par l'invocation de la méthode (result.raw.text) et utilisé par le serveur pour établir le lien avec le résultat de la requête (corrélation). Le seuil de déclenchement de l'horloge est ici fixé arbitrairement à quatre secondes.

```
timer1ID=setInterval("search_pollResult('"+result.raw.text+"')", 4000);
```

Fonction search_pollResult(conversationID)

La récupération du résultat (asynchrone par polling et callback) de l'invocation de la méthode initiateReservationService_Search est réalisée par la fonction search_pollResult(conversationID) via l'invocation de la méthode pollReservationService_SearchResult exposée par le service Web ReservationSearch (voir code complet à télécharger sur *www.editions-eyrolles.com*). La requête HTTP envoyée au serveur comporte un en-tête SOAP ContinueHeader qui contient l'identifiant de la conversation initiée par la requête initiateReservationService_Search (corrélation) :

```
try {
  var call = new Object();
  call.funcName = "pollReservationService_SearchResult";
  call.SOAPHeader = new Array();
  var header = "<conversationID>";
  header += conversationID;
  header += "</conversationID>";
  call.SOAPHeader[0] = header;
  service.ReservationSearch.callService(search_pollResult_callback,call);
}
catch (e) {
  alert("erreur("+e.number+") : "+e.description);
}
```

Fonction search_pollResult_callback(result)

La récupération (asynchrone par polling et callback) de la réponse du serveur suite à l'invocation de la méthode pollReservationService_SearchResult est réalisée par la fonction search_pollResult_callback(result). Cette récupération correspond à la fin de l'action n°8 décrite dans la cinématique des échanges (figure 22-3).

Le résultat est filtré par l'intermédiaire de la fonction pending_request(result) chargée de vérifier si le serveur a fini de traiter la requête initiateReservationService_Search :

```
if (pending_request(result)==true) {
  window.status = "En attente de disponibilités...";
  return;
}
```

Si le serveur répond par une erreur HTTP 500 dont le corps SOAP contient un élément Fault et dont le message commence par la chaîne de caractères Request not finished, le traitement est interrompu et laisse l'horloge planifier une nouvelle invocation de la méthode pollReservationService_SearchResult.

Sinon, l'horloge est arrêtée et la fonction enregistre ensuite le numéro de réservation communiqué par le serveur de SW-Voyages :

```
setReservationId(result.value);
```

Puis elle procède aussitôt à l'invocation de la méthode initiateReservationService_GetAir du service Web ReservationGetAir, de la méthode initiateReservationService_GetHotel du service Web ReservationGetHotel et de la méthode initiateReservationService_GetCar du service Web ReservationGetCar. Ces invocations correspondent aux actions n^{os}9, 13 et 17 décrites dans la cinématique des échanges (figure 22-3) :

```
try {
  var service = parent.reservation.service.ReservationGetAir;
  var reservationId = parent.reservation.getReservationId();
  var node = "<reservationId>"+reservationId+"</reservationId>";
  service.callService(get_airAvailabilities_callback,
    "initiateReservationService_GetAir",node);
  if (document.all.hotel.checked) {
    service = parent.reservation.service.ReservationGetHotel;
    service.callService(get_hotelAvailabilities_callback,
      "initiateReservationService_GetHotel",node);
  }
  if (document.all.car.checked) {
    service = parent.reservation.service.ReservationGetCar;
    service.callService(get_carAvailabilities_callback,
      "initiateReservationService_GetCar",node);
  }
}
catch (e) {
  alert("erreur("+e.number+") : "+e.description);
}
```

Fonction get_airAvailabilities_callback(result)

La récupération de la prise en compte par le serveur de l'invocation de la méthode initiateReservationService_GetAir est réalisée par la fonction get_airAvailabilities_callback(result).

La fonction arme une horloge chargée de déclencher une interrogation du serveur à intervalles réguliers afin de récupérer le résultat de la prise en charge de la demande de récupération des disponibilités aériennes. Cette horloge prend en paramètre de la fonction get_airAvailabilities_pollResult l'identifiant de la conversation renvoyé par l'invocation de la méthode (result.raw.text). Le seuil de déclenchement de l'horloge est ici fixé arbitrairement à quatre secondes.

```
timer2ID=setInterval("get_airAvailabilities_pollResult('"+result.raw.text+"')", 4000);
```

Fonction get_airAvailabilities_pollResult(conversationID)

La récupération du résultat (asynchrone par polling et callback) de l'invocation de la méthode initiateReservationService_GetAir est réalisée par la fonction get_airAvailabilities_pollResult(conversationID) via l'invocation de la méthode pollReservationService_GetAirResult exposée par le service Web ReservationGetAir (voir code complet à télécharger sur *www.editions-eyrolles.com*). La requête HTTP envoyée au serveur comporte un en-tête SOAP ContinueHeader qui contient l'identifiant de la conversation initiée par la requête initiateReservationService_GetAir (corrélation) :

```
try {
  var call = new Object();
  call.funcName = "pollReservationService_GetAirResult";
  call.SOAPHeader = new Array();
  var header = "<conversationID>";
  header += conversationID;
  header += "</conversationID>";
  call.SOAPHeader[0] = header;
  service.ReservationGetAir.callService(
    get_airAvailabilities_pollResult_callback,call);
}
catch (e) {
  alert("erreur("+e.number+") : "+e.description);
}
```

Fonction get_airAvailabilities_pollResult_callback(result)

La récupération (asynchrone par polling et callback) de la réponse du serveur suite à l'invocation de la méthode pollReservationService_GetAirResult est réalisée par la fonction get_airAvailabilities_pollResult_callback(result). Cette récupération correspond à la fin de l'action n°12 décrite dans la cinématique des échanges (figure 22-3).

Le résultat est filtré par l'intermédiaire de la fonction pending_request(result) chargée de vérifier si le serveur a fini de traiter la requête initiateReservationService_GetAir :

```
if (pending_request(result)==true) {
  window.status = "En attente de disponibilités aériennes...";
  return;
}
```

Si le serveur répond par une erreur HTTP 500 (dont le corps SOAP contient un élément Fault et dont le message commence par la chaîne de caractères Request not finished), le traitement est interrompu et laisse l'horloge planifier une nouvelle invocation de la méthode pollReservationService_GetAirResult.

Sinon, l'horloge est arrêtée et la fonction construit dynamiquement les tableaux de disponibilités aériennes du cadre availabilities.html (sélection des vols aller et retour), à partir de la désérialisation du tableau de disponibilités renvoyé par le serveur et récupéré de la manière suivante :

```
var availabilities = result.raw.getElementsByTagName("item");
```

Fonction get_hotelAvailabilities_callback(result)

Cette fonction est identique (aux noms de méthodes et de fonctions près) à la fonction get_airAvailabilities_callback(result).

Fonction get_hotelAvailabilities_pollResult(conversationID)

Cette fonction est identique (aux noms de méthodes et de fonctions près) à la fonction get_airAvailabilities_pollResult(conversationID).

Elle réalise l'invocation de la méthode `pollReservationService_GetHotelResult` exposée par le service Web `ReservationGetHotel` (voir code complet à télécharger sur *www.editions-eyrolles.com*).

Fonction get_hotelAvailabilities_pollResult_callback(result)

Cette fonction est identique (aux noms de méthodes et de fonctions près) à la fonction `get_airAvailabilities_pollResult_callback(result)`.

Cette récupération de disponibilités correspond à la fin de l'action n°20 décrite dans la cinématique des échanges (figure 22-3).

Fonction get_carAvailabilities_callback(result)

Cette fonction est identique (aux noms de méthodes et de fonctions près) à la fonction `get_airAvailabilities_callback(result)`.

Fonction get_carAvailabilities_pollResult(conversationID)

Cette fonction est identique (aux noms de méthodes et de fonctions près) à la fonction `get_airAvailabilities_pollResult(conversationID)`.

Elle réalise l'invocation de la méthode `pollReservationService_GetCarResult` exposée par le service Web `ReservationGetCar` (voir code complet à télécharger sur *www.editions-eyrolles.com*).

Fonction get_carAvailabilities_pollResult_callback(result)

Cette fonction est identique (aux noms de méthodes et de fonctions près) à la fonction `get_airAvailabilities_pollResult_callback(result)`.

Cette récupération de disponibilités correspond à la fin de l'action n°16 décrite dans la cinématique des échanges (figure 22-3).

Fonction cancel_onclick()

La demande d'annulation de recherche de disponibilités est réalisée via l'invocation de la méthode `initiateReservationService_Cancel` exposée par le service Web `ReservationCancel`. Cette demande correspond à l'action n°21 décrite dans la cinématique des échanges (figure 22-3) :

```
try {
  var node = "<reservationId>"+parent.reservation.getReservationId()
    +"</reservationId>";
  parent.reservation.service.ReservationCancel.callService(
    cancel_callback,"initiateReservationService_Cancel",node);
}
catch (e) {
  alert("erreur("+e.number+") : "+e.description);
}
```

Fonction cancel_callback(result)

La récupération de la prise en compte par le serveur de l'invocation de la méthode `initiateReservationService_Cancel` est réalisée par la fonction `cancel_callback(result)`.

La fonction arme une horloge chargée de déclencher une interrogation du serveur à intervalles réguliers afin de récupérer le résultat de la prise en charge de la demande d'annulation de recherche des disponibilités automobiles. Cette horloge prend en paramètre de la fonction `cancel_pollResult` l'identifiant de la conversation renvoyé par l'invocation de la méthode (`result.raw.text`). Le seuil de déclenchement de l'horloge est toujours fixé arbitrairement à quatre secondes.

```
timer5ID=setInterval("cancel_pollResult('"+result.raw.text+"')", 4000);
```

Fonction cancel_pollResult(conversationID)

La récupération du résultat (asynchrone par polling et callback) de l'invocation de la méthode `initiateReservationService_Cancel` est réalisée par la fonction `cancel_pollResult(conversationID)` via l'invocation de la méthode `pollReservationService_CancelResult` exposée par le service Web `ReservationCancel` (voir code complet à télécharger sur *www.editions-eyrolles.com*). La requête HTTP envoyée au serveur comporte un en-tête SOAP `ContinueHeader` qui contient l'identifiant de la conversation initiée par la requête `initiateReservationService_Cancel` (corrélation) :

```
try {
  var call = new Object();
  call.funcName = " pollReservationService_CancelResult ";
  call.SOAPHeader = new Array();
  var header = "<conversationID>";
  header += conversationID;
  header += "</conversationID>";
  call.SOAPHeader[0] = header;
  parent.reservation.service.ReservationCancel.callService(
    cancel_pollResult_callback,call);
}
catch (e) {
  alert("erreur("+e.number+") : "+e.description);
}
```

Fonction cancel_pollResult_callback(result)

La récupération (asynchrone par polling et callback) de la réponse du serveur suite à l'invocation de la méthode `pollReservationService_CancelResult` est réalisée par la fonction `cancel_pollResult_callback(result)`. Cette récupération correspond à la fin de l'action n°28 décrite dans la cinématique des échanges (figure 22-3).

Le résultat est filtré par l'intermédiaire de la fonction `pending_request(result)` chargée de vérifier si le serveur a fini de traiter la requête `initiateReservationService_Cancel` :

```
if (pending_request(result)==true) {
  window.status = "En attente d'annulation de recherche de disponibilités...";
  return;
}
```

Si le serveur répond par une erreur HTTP 500, le traitement est arrêté et laisse l'horloge planifier une nouvelle invocation de la méthode `pollReservationService_CancelResult`.

Sinon, l'horloge est arrêtée et la fonction annule le numéro de réservation courant :

```
setReservationId(null);
```

Fonction book_onclick()

La demande de réservation des disponibilités sélectionnées par l'utilisateur est opérée via l'invocation de la méthode `initiateReservationService_Book` exposée par le service Web `ReservationBook`. Cette demande correspond à l'action n°21 décrite dans la cinématique des échanges (figure 22-3) :

```
try {
  var nodes = "<reservationId>"+parent.reservation.getReservationId()
    +"</reservationId>";
  nodes += "<departureChoice>"+get_selectedChoice_id("departure_choice")
    +"</departureChoice>";
  nodes += "<arrivalChoice>"+get_selectedChoice_id("arrival_choice")
    +"</arrivalChoice>";
  nodes += "<hotelChoice>"+get_selectedChoice_id("hotel_choice")
    +"</hotelChoice>";
  nodes += "<carChoice>"+get_selectedChoice_id("car_choice")+"</carChoice>";
  parent.reservation.service.ReservationBook.callService(
    book_callback,"initiateReservationService_Book",nodes);
}
catch (e) {
  alert("erreur("+e.number+") : "+e.description);
}
```

Fonction book_callback(result)

La récupération de la prise en compte par le serveur de l'invocation de la méthode `initiateReservationService_Book` est réalisée par la fonction `book_callback(result)`.

La fonction arme une horloge chargée de déclencher une interrogation du serveur à intervalles réguliers afin de récupérer le résultat de la prise en charge de la demande de récupération des disponibilités automobiles. Cette horloge prend en paramètre de la fonction `book_pollResult` l'identifiant de la conversation renvoyé par l'invocation de la méthode (`result.raw.text`). Le seuil de déclenchement de l'horloge est toujours fixé arbitrairement à quatre secondes.

```
timer6ID=setInterval("book_pollResult('"+result.raw.text+"')", 4000);
```

Fonction book_pollResult(conversationID)

La récupération du résultat (asynchrone par polling et callback) de l'invocation de la méthode `initiateReservationService_Book` est réalisée par la fonction `book_pollResult(conversationID)` via l'invocation de la méthode `pollReservationService_BookResult` exposée par le service Web `ReservationBook` (voir code complet à télécharger sur _www.editions-eyrolles.com_). La requête HTTP envoyée au serveur comporte un en-tête SOAP `ContinueHeader` qui contient l'identifiant de la conversation initiée par la requête `initiateReservationService_Book` (corrélation) :

```
try {
  var call = new Object();
  call.funcName = "pollReservationService_BookResult";
  call.SOAPHeader = new Array();
  var header = "<conversationID>";
  header += conversationID;
  header += "</conversationID>";
```

```
    call.SOAPHeader[0] = header;
    parent.reservation.service.ReservationBook.callService(
      book_pollResult_callback,call);
  }
catch (e) {
    alert("erreur("+e.number+") : "+e.description);
  }
```

Fonction book_pollResult_callback(result)

La récupération (asynchrone par polling et callback) de la réponse du serveur suite à l'invocation de la méthode pollReservationService_BookResult est réalisée par la fonction book_pollResult_callback(result). Cette récupération correspond à la fin de l'action n°28 décrite dans la cinématique des échanges (figure 22-3).

Le résultat est filtré par l'intermédiaire de la fonction pending_request(result) chargée de vérifier si le serveur a fini de traiter la requête initiateReservationService_Book :

```
  if (pending_request(result)==true) {
    window.status = "En attente de confirmation de réservation
      de disponibilités...";
    return;
  }
```

Si le serveur répond par une erreur HTTP 500, le traitement est interrompu et laisse l'horloge planifier une nouvelle invocation de la méthode pollReservationService_BookResult.

Sinon, l'horloge est arrêtée et la fonction communique à l'utilisateur le numéro de réservation définitif et lui propose de réaliser une autre opération :

```
  var more = window.confirm("Votre réservation a été enregistrée sous
    le n°"+parent.reservation.getReservationId()
    +"\n(à rappeler dans toute correspondance).\n\nVoulez-vous effectuer
    une autre réservation ?");
```

Fonction reservation_window_onunload()

Lorsque l'utilisateur décide de quitter l'application de réservation, cela provoque l'émission de l'événement onunload sur l'élément body du cadre reservation.html. Fonctionnellement, cela correspond à une demande d'annulation de la recherche de disponibilités en cours. Ceci est réalisé via l'invocation de la méthode initiateReservationService_Cancel exposée par le service Web ReservationCancel. Cette demande correspond à l'action n°21 décrite dans la cinématique des échanges (figure 22-3) :

```
  try {
    var node = "<reservationId>"+parent.reservation.getReservationId()
      +"</reservationId>";
    service.ReservationCancel.callService(cancel_callback,
      "initiateReservationService_Cancel",node);  }
  catch (e) {
    alert("erreur("+e.number+") : "+e.description);
  }
```

La prise en charge (asynchrone par polling) de la réponse du serveur suite à l'invocation de la méthode `initiateReservationService_Cancel` est traitée par la fonction `cancel_callback(result)` vue précédemment.

Fonction soap_error(result)

Enfin, toutes les fonctions rappelées par callback du comportement WebService de Microsoft appellent une fonction générique `soap_error(result)` de détection et de signalisation des erreurs (techniques et/ou applicatives) remontées lors des échanges via le protocole SOAP. Cette fonction analyse le résultat de l'invocation et affiche un message d'erreur en cas d'anomalie :

```
function soap_error(result) {
  if (result.error) {
    if (pending_request(result)==true) {
      return false;
    }
    var faultCode = result.errorDetail.code;
    var faultString = result.errorDetail.string;
    var errorString = faultCode + " - " + faultString;
    alert("A service error occurred : " + errorString);
    return true;
  }
  return false;
}
```

La fonction présente une légère différence par rapport à la version utilisée dans la première génération du système de réservation. Celle-ci est due au fait que le serveur Collaxa répond à une méthode de type `pollResult` par une erreur HTTP 500 dont le corps SOAP contient un élément `Fault` et dont le message commence par la chaîne de caractères `Request not finished` lorsque le traitement déclenché par la méthode de type `initiate` n'est pas terminé. Il ne s'agit donc pas d'une véritable erreur SOAP et il convient donc d'intercepter ces messages, ce qui est réalisé par la fonction `pending_request(result)`.

Fonction pending_request(result)

La fonction vérifie si l'erreur SOAP renvoyée par le serveur correspond en fait à une requête de type `initiate` dont le traitement est en cours par le serveur (voir ci-avant) :

```
function pending_request(result) {
  if (result.error) {
    var faultString = result.errorDetail.string;
    var faultCode = result.errorDetail.code;
    if ((faultCode=="ns1:Server.generalException" &&
      faultString.substring(0, 20)=="Request not finished") ||
      (faultString.length<20)) {
      return true;
    }
  }
  return false;
}
```

Différentiation entre requêtes pendantes et exceptions

Dans sa version actuelle (bêta 4), le serveur fait bien la différence entre les deux situations lorsque le processus appelant est déclenché via la console. Un processus en erreur est estampillé par une icône particulière. En revanche, s'il est déclenché de l'extérieur (à partir du navigateur par exemple), une exception renvoyée par la méthode `process` du scénario appelé est traduite comme une réponse à une requête pendante. Ce comportement ne permet pas au client de faire la distinction entre une situation d'erreur et un traitement en attente de résultat. Il devrait donc être modifié dans les prochaines versions du serveur Collaxa.

Exposition des scénarios sous forme de services Web

Les scénarios déployés sur un serveur Collaxa peuvent être invoqués de diverses manières. L'une d'entre elles consiste à utiliser l'interface de service Web associé à chacun d'entre eux. En effet, chaque scénario BPEL est exposé comme un service Web afin de pouvoir être invoqué via l'interface du serveur lui-même ou par un processus externe au serveur. L'interface WSDL est générée automatiquement lors de l'utilisation du compilateur de scénarios `bpelc` (voir la section « Construction et déploiement des scénarios » du chapitre 26). L'interface WSDL d'un scénario est accessible à partir de l'onglet `WSDL` de la console et est inclus dans le fichier `JAR` de déploiement du scénario. Depuis la version bêta 4 du serveur, l'interface est générée en trois versions :

- une version standard ;

- une version dite « non encapsulée » (*unwrapped*) destinée à un usage d'intégration dans des processus BPEL4WS ;

- une version WSDL 1.0 destinée à une intégration avec des applications BEA Workshop.

Afin d'invoquer les services Web qui représentent les scénarios BPEL de la partie serveur de l'application de SW-Voyages, il suffit d'utiliser les versions WSDL standards exposées automatiquement par le serveur lors du déploiement.

Normalement, dans le script `reservation.js` que nous venons de voir, les six variables :

- `RESERVATION_SEARCH_WSDL_URL` ;

- `RESERVATION_GETAIR_WSDL_URL` ;

- `RESERVATION_GETHOTEL_WSDL_URL` ;

- `RESERVATION_GETCAR_WSDL_URL` ;

- `RESERVATION_BOOK_WSDL_URL` ;

- `RESERVATION_CANCEL_WSDL_URL`

auraient dû pointer vers des URL du serveur Collaxa.

Cependant, nous avons dû contourner une petite difficulté introduite dans cette version bêta du produit, ce qui nous a amené à télécharger les fichiers WSDL standards du serveur Collaxa vers le répertoire `{%TOMCAT_HOME%}\webapps\reservation_sw-voyages\services`, puis à faire une légère adaptation dans ces descriptions WSDL et à les référencer par les six variables du script JavaScript.

Dans ce répertoire, le fichier `ReservationService.wsdl` mis en œuvre dans la première génération du système de SW-Voyages n'est donc plus utilisé. Il est remplacé par six nouveaux fichiers nommés (voir code complet à télécharger sur le site des éditions Eyrolles) :

- `Reservation_Book.wsdl` ;

- Reservation_Cancel.wsdl (voir code complet à télécharger sur le site des éditions Eyrolles) ;

- Reservation_GetAir.wsdl (voir code complet à télécharger sur le site des éditions Eyrolles) ;

- Reservation_GetCar.wsdl (voir code complet à télécharger sur le site des éditions Eyrolles) ;

- Reservation_GetHotel.wsdl (voir code complet à télécharger sur le site des éditions Eyrolles) ;

- Reservation_Search.wsdl (voir code complet à télécharger sur le site des éditions Eyrolles).

La modification réalisée dans ces six fichiers est du même type. Si l'on prend le fichier Reservation_Book.wsdl comme exemple, le message :

```
<message name="initiateSoapRequest">
  <part name="parameters" element="tns:initiateReservationService_Book"/>
</message>
```

doit être remplacé par :

```
<message name="initiateSoapRequest">
  <part name="parameters" element="tns:initiate"/>
</message>
```

De même, l'élément :

```
<element name="initiateReservationService_Book">
  <complexType>
    <sequence>
      <element name="xmlBookRequest" type="tns:BookRequest"/>
    </sequence>
  </complexType>
</element>
```

doit être renommé :

```
<element name="initiate">
  <complexType>
    <sequence>
      <element name="xmlBookRequest" type="tns:BookRequest"/>
    </sequence>
  </complexType>
</element>
```

Cette modification devient nécessaire car le serveur ne comprend pas le message qu'il reçoit du poste client si cet élément est nommé autrement qu'initiate. Lorsqu'une modification similaire est effectuée dans les six descriptions WSDL, tout rentre dans l'ordre. Cette limitation explique également la nécessité d'éclater la description WSDL unique des générations précédentes du système de réservation en six descriptions dans ce quatrième scénario (un seul message initiate possible par description WSDL).

Partie serveur de l'application Web de SW-Voyages

La majorité des changements introduits par cette quatrième génération porte sur la partie serveur de l'application Web de SW-Voyages. Ceux-ci sont très importants car ils correspondent à un portage de l'application existante sur une nouvelle plate-forme technique.

L'implémentation de cette partie est traitée chapitre 26.

Applications Web des partenaires de SW-Voyages

Comparées au premier scénario, les applications Web déployées par les partenaires sont également fortement modifiées par rapport aux versions de la première génération.

Ces modifications sont entièrement dues à la nécessité de porter les applications existantes sur un nouveau moteur d'exécution qui implémente le système de gestion transactionnelle, afin de permettre aux services Web des partenaires d'être enrôlés an tant que participants aux transactions coordonnées par le système de SW-Voyages.

Le développement de la quatrième génération du service Web de réservation de SW-Voyages a donc des effets importants sur les systèmes d'information de ses partenaires. Cela ne constitue, bien entendu, qu'une situation conjoncturelle, essentiellement imputable au fait que ces implémentations sont encore très rares et que les spécifications sous-jacentes (BPEL4WS, WS-Coordination et WS-Transaction) sont très récentes et ne font pas encore l'objet d'un consensus entre les principaux acteurs dans ce domaine.

Partie cliente des applications Web des partenaires de SW-Voyages

Cette partie de l'application n'est pas considérée. Pour simplifier, nous postulons que la partie cliente existante reste inchangée et n'entre pas dans le cadre de ce scénario.

Partie serveur des applications Web des partenaires de SW-Voyages

L'implémentation de cette partie est traitée chapitre 26.

Constat

À partir de ce quatrième scénario, réalisé à l'aide de la console et des utilitaires du serveur de Collaxa, nous avons :

- transposé la première génération de l'application de réservation de voyages (Java) illustrée dans le premier scénario en une quatrième génération de l'application, opérationnelle dans l'environnement d'exécution BPEL de Collaxa ;

- maintenu, mais au prix de modifications techniques (réécriture importante du code Java sans changements fonctionnels), la fédération des capacités applicatives des systèmes d'information respectifs des quatre partenaires industriels concernés ;

- introduit une nouvelle plate-forme technologique (Java) qui offre des capacités de gestion transactionnelle.

De cette nouvelle expérience, nous pouvons tirer les enseignements suivants :

- La mise en œuvre d'une telle architecture est un peu plus complexe que celle de la première génération, mais demeure encore relativement simple : celle-ci repose entièrement sur le serveur BPEL Orchestration Server, qui est en fait un moteur d'exécution SOAP doté de capacités supplémentaires (gestion de scenarios BPEL, de transactions, de files d'attentes…).

- Les temps de réponse sont supérieurs à ceux constatés dans les trois scenarios précédents (en mode synchrone). Ceci est vraisemblablement dû à différentes causes : la partie cliente peut être remaniée pour moins solliciter le serveur (polling moins agressif), le potentiel du serveur encore en développement peut certainement être amélioré (les performances entre les versions bêta 3 et bêta 4 ont été sensiblement améliorées).

- Le serveur propose une infrastrusture d'échange fiable fondée sur une gestion de files d'attente. Cette fonction d'infrastructure n'est pas pleinement exploitée dans ce premier exemple car, pour des raisons de maniabilité de la démonstration, les quatre agents logiciels applicatifs s'exécutent sur le même serveur Collaxa. La mise en œuvre de l'échange fiable est transparente, mais en même temps difficilement paramétrable (par exemple, le délai d'expiration de la permanence du message dans une file).

- Le maintien de la cohérence entre les systèmes d'information des partenaires est assuré par la gestion transactionnelle (WS-Coordination et WS-Transaction). Dans l'étude de cas, les scénarios pilotent des *business activities*. La gestion des situations d'exception est prise en compte sans entraîner la nécessité, pour le développeur applicatif, d'écrire un code complexe et difficile à tester ou maintenir. Si l'un des serveurs d'applications tombe en erreur après que d'autres serveurs ont confirmé leur réservation, le système d'information est maintenu dans un état stable. Le serveur d'applications de SW-Voyages, qui pilote l'agrégation de services, est en mesure de compenser l'anomalie en demandant l'annulation de la réservation auprès des serveurs qui avaient confirmé la réservation. Évidemment, ces caractéristiques ne sont pas réellement exploitées dans la mise en œuvre monoserveur Collaxa de l'étude de cas. Avec des modifications mineures, le lecteur qui dispose de ressources de calculs réparties peut faire tourner la démonstration sur un environnement multimachine et multiserveur.

Conclusion

À partir de cette étude de cas évolutive, nous avons :

- analysé, conçu, développé et déployé une nouvelle application de réservation de voyages, qui agrège, via Internet, des services offerts par les systèmes d'information des trois partenaires industriels de l'agence de voyages ;

- implémenté différentes variantes d'architectures techniques possibles : tout d'abord une architecture statique et synchrone (scénario n°1), puis une architecture dynamique toujours synchrone (scénarios n°s 2 et 3), qui exploite un annuaire UDDI et enfin une architecture statique mais asynchrone, structurée en processus métier (scénario n°4) ;

- exploité différentes plates-formes technologiques (Java et .NET), dont nous avons pu remarquer l'interchangeabilité totale dans le cadre de l'architecture répartie synchrone : seules quelques légères adaptations du client (gestion du poste de travail) ont été nécessaires ;

- mis en œuvre et vérifié l'interopérabilité de différentes implémentations du protocole de communication SOAP sur HTTP (jusqu'à quatre implémentations s'exécutant en simultané dans le scénario n°3) ;

- illustré une démarche de développement adaptée à la réalisation d'une application Web destinée à fonctionner dans le cadre d'une architecture orientée services (AOS).

Ces variations successives ont montré que les technologies de services Web sont déjà totalement opérationnelles dans le cadre d'architectures avec style d'échange RPC synchrone. L'interopérabilité entre environnements d'exécution et plates-formes technologiques hétérogènes est acquise. Ceci vient essentiellement du fait que les premiers développements réalisés par tous les éditeurs de produits ont été menés dans ce cadre.

Cependant, cette forme d'architecture peut se révéler insuffisante, notamment dans l'optique de la mise en œuvre d'applications Web qui fédèrent et agrègent des services offerts par plusieurs partenaires. La classe d'architecture dont le système de réservation de SW-Voyages est une maquette se place indubitablement dans cette catégorie.

Nous constatons pour cette catégorie l'insuffisance de l'infrastructure bâtie exclusivement sur les technologies de base (SOAP, WSDL et UDDI) et la nécessité de passer à un niveau supérieur. Il s'agit de disposer d'infrastructures qui assurent la fiabilité des échanges, notamment via l'utilisation de files d'attente et de communications reposant sur des échanges de documents en mode asynchrone. Ces applications ont également besoin de disposer d'un système de gestion de transactions (courtes ou longues) qui garantissent la cohérence entre les systèmes d'information des partenaires concernés par les processus métier implémentés. Enfin, ces échanges doivent pouvoir prendre place dans un contexte sécurisé.

Une partie de ces services d'infrastructure est prise en charge par les produits qui implémentent les spécifications BPEL4WS, WS-Coordination et WS-Transaction, comme le serveur BPEL de Collaxa par exemple (voir scénario n°4). Cependant, il existe encore très peu d'implémentations dans ce domaine et les développements de produits en cours qui se concrétiseront dans les mois à venir sont cruciaux. Par ailleurs, l'interopérabilité entre ces nouveaux produits devra également être démontrée : beaucoup de travail en perspective pour le WS-I !

Cette étude de cas fonctionnelle et les différentes variantes d'implémentation nous ont montré que contrairement à certaines idées reçues plus ou moins répandues, les possibilités offertes par les technologies de services Web sont déjà très importantes et de nombreuses implémentations peuvent d'ores et déjà être utilisées avec succès et sont opérationnelles dans des conditions normales d'exploitation : cela se vérifie notamment pour des applications dont l'objectif est de « doubler » un *site* Web existant (avec gestion dynamique de contenu ou gestion de transactions) par un *service* Web qui se présente comme un second canal d'accès et qui peut, à terme, reléguer le premier au traitement des situations d'erreur ou d'exception.

Il n'en reste pas moins vrai que la mise au point d'architectures complexes (dont l'étude de cas est une illustration), qui impliquent de nombreux partenaires dans le cadre de processus métier sophistiqués, nécessite encore quelques évolutions en termes de spécifications et du travail en matière de fiabilisation et d'industrialisation des implémentations. Ce processus d'évolution est déjà enclenché et les produits de cette nouvelle génération de plates-formes commencent à apparaître sur le marché. Il est vraisemblable que d'ici à quelques mois, le paysage dans ce domaine aura beaucoup changé et que, là aussi, nous disposerons de solutions solides, capables de prendre en charge des architectures de services Web de plus en plus élaborées.

23

Architecture statique – Implémentation des services Java

Le chapitre précédent a permis d'établir le cadre fonctionnel de l'étude de cas et de présenter l'implémentation cliente de l'application de réservation.

Ce chapitre va illustrer une première implémentation de la partie serveur du service de réservation, uniquement réalisée à l'aide de composants issus de la technologie Java.

Cette première génération du logiciel de réservation correspond au scénario n°1 présenté dans le chapitre 22.

Implémentation

Le déploiement des composants applicatifs sur les plates-formes techniques de chacun des partenaires sera réalisé sous forme d'installation d'applications Web qui viendront s'ajouter aux applications existantes déjà disponibles dans les systèmes d'information des partenaires.

Produits utilisés

Afin de simplifier la configuration nécessaire au fonctionnement de la maquette du nouveau système de réservation, un seul serveur Java (dans un premier temps) sera employé. Nous avons retenu le serveur Apache Tomcat 4.1.12 (projet « Jakarta »), mais bien entendu, les quatre serveurs utilisés dans le système auraient pu tout aussi bien être de type WebSphere 4.0 ou 5.0, ou encore WebLogic 6.1 ou 7.0, ou toute autre solution équivalente…

Apache Tomcat 4.1.12

Le serveur d'applications Apache Tomcat 4.1.12 peut être téléchargé à partir de l'adresse *http://jakarta.apache.org/builds/jakarta-tomcat-4.0/release/v4.1.12*. Plus particulièrement, le fichier d'installation binaire `jakarta-tomcat-4.1.12-LE-jdk14.zip` (version *lightweight*) peut être utilisé conjointement avec le SDK Standard Edition 1.4.1 de Sun Microsystems.

Dans la suite du chapitre, nous considérerons que le serveur d'applications est installé dans le répertoire `C:\Tomcat_4.1.12-LE`, sous Windows 2000 Professional par exemple, et ce répertoire sera désigné par la variable `{%TOMCAT_HOME%}`.

Variable d'environnement `CATALINA_HOME`

Si d'autres installations antérieures de Tomcat ont déjà été effectuées sur la machine utilisée, il est nécessaire de vérifier que la variable d'environnement du système `CATALINA_HOME` pointe sur le répertoire adéquat de Tomcat.

Sun Microsystems SDK Standard Edition 1.4.1

Le SDK Java 2 Standard Edition 1.4.1 FCS (First Customer Shipment) de Sun Microsystems est accessible à l'adresse *http://java.sun.com/j2se/1.4.1/index.html*. Le répertoire d'installation `C:\Jdk_1.4.1-SE` du SDK sera représenté par la variable `{%JAVA_HOME%}`.

Apache SOAP 2.3.1

En ce qui concerne le moteur d'exécution SOAP, nous avons sélectionné la dernière version stable de l'implémentation Apache SOAP (version 2.3.1) d'origine IBM. Là encore, nous aurions pu choisir d'autres implémentations Java du protocole SOAP, comme par exemple le moteur Apache Axis 1.0, destiné à succéder à celui que nous avons finalement choisi, ou bien l'implémentation de Hewlett-Packard HP-SOAP 2.0.1.

Le moteur d'exécution Apache SOAP 2.3.1 est accessible à *http://xml.apache.org/dist/soap/version-2.3.1*. Le répertoire d'installation `C:\Soap_2.3.1` du moteur d'exécution SOAP sera représenté par la variable `{%SOAP_HOME%}`.

Paquetages complémentaires de la distribution Apache SOAP 2.3.1

La distribution Apache SOAP 2.3.1 est incomplète. Pour pouvoir fonctionner, le moteur SOAP nécessite la présence du paquetage mail.jar de l'API JavaMail de Sun Microsystems et du paquetage activation.jar du Java-Beans Activation Framework de Sun Microsystems dans son *classpath*.

Sun Microsystems JavaMail 1.2

L'implémentation de l'API JavaMail est accessible à *http://java.sun.com/products/javamail/index.html*. La version 1.2 *release* a été utilisée ici. Le répertoire d'installation `C:\JavaMail_1.2` de l'implémentation sera représenté par la variable `{%MAIL_HOME%}`.

Sun Microsystems JavaBeans Activation Framework 1.0.2

L'implémentation de l'API JavaBeans Activation Framework est téléchargeable à l'adresse *http://java.sun.com/products/javabeans/glasgow/jaf.html*. Nous avons utilisé la version 1.0.2. Le répertoire d'installation C:\Jaf_1.0.2 du *framework* sera désigné par la variable {%JAF_HOME%}.

Apache Axis 1.0

Ce moteur d'exécution SOAP de la nouvelle génération Apache n'est pas utilisé dans cette étude pour son aptitude à gérer le protocole SOAP, mais simplement parce que cette distribution intègre le produit Web Services Description Language for Java Toolkit, via le paquetage WSDL4J d'origine IBM.

Cette boîte à outils constitue une implémentation Java, capable de représenter et manipuler des descriptions de services Web en format WSDL. Elle est susceptible de devenir l'implémentation de référence de la JSR 110 *Java APIs for WSDL* (voir *http://www.jcp.org/jsr/detail/110.jsp*).

Le produit WSDL4J est aussi disponible, en format source uniquement (CVS), sur le site Open Source Projects developerWorks d'IBM (voir *http://www-124.ibm.com/developerworks/projects/wsdl4j*), sous licence *Common Public License*.

Le moteur d'exécution Apache Axis 1.0 est accessible à *http://xml.apache.org/dist/axis/1_0*. Le répertoire d'installation C:\Axis_1.0 du moteur d'exécution Axis sera représenté par {%AXIS_HOME%}.

Microsoft behavior WebService 1.0.1.1120

Ce composant, propre à l'environnement Internet Explorer (fichier webservice.htc) implémente le protocole SOAP en langage JavaScript. De même, il prend en charge la spécification WSDL et peut prendre en compte des descriptions de services Web sous ce format.

Le fichier peut être directement téléchargé du site MSDN de Microsoft à l'adresse *http://msdn.microsoft.com/library/default.asp?url=/workshop/author/webservice/overview.asp*.

Paramétrage des produits

Afin de faire aboutir les requêtes HTTP adressées aux quatre domaines (www.sw-voyages.com, www.sw-air.com, www.sw-hotels.com et www.sw-voitures.com) sur l'unique serveur d'applications Web Tomcat, il est nécessaire d'effectuer deux réglages préalables :

- modifier le fichier Host du système d'exploitation en y ajoutant les lignes suivantes (fichier C:\winnt\system32\drivers\etc\hosts sous Windows 2000, par exemple) :

```
127.0.0.1     www.sw-voyages.com
127.0.0.1     www.sw-hotels.com
127.0.0.1     www.sw-air.com
127.0.0.1     www.sw-voitures.com
```

- modifier le fichier de configuration de Tomcat en y ajoutant autant d'hôtes virtuels que de nouveaux domaines pris en charge (fichier `{%TOMCAT_HOME%}\conf\server.xml` sous Windows 2000, par exemple) :

Définition de l'hôte virtuel `www.sw-voyages.com` :

```
<Host name="www.sw-voyages.com" appBase="webapps" unpackWARs="true">
  <Context path="/reservation_sw-voyages" docBase="reservation_sw-voyages"
    debug="0" reloadable="false" crossContext="false">
    <Logger className="org.apache.catalina.logger.FileLogger"
      prefix="reservation_sw-voyages_log." suffix=".txt" timestamp="true"/>
  </Context>
</Host>
```

Définition de l'hôte virtuel `www.sw-air.com` :

```
<Host name="www.sw-air.com" appBase="webapps" unpackWARs="true">
  <Context path="/reservation_sw-air" docBase="reservation_sw-air"
    debug="0" reloadable="false" crossContext="false">
    <Logger className="org.apache.catalina.logger.FileLogger"
      prefix="reservation_sw-air_log." suffix=".txt" timestamp="true"/>
  </Context>
</Host>
```

Définition de l'hôte virtuel `www.sw-hotels.com` :

```
<Host name="www.sw-hotels.com" appBase="webapps" unpackWARs="true">
  <Context path="/reservation_sw-hotels" docBase="reservation_sw-hotels"
    debug="0" reloadable="false" crossContext="false">
    <Logger className="org.apache.catalina.logger.FileLogger"
      prefix="reservation_sw-hotels_log." suffix=".txt" timestamp="true"/>
  </Context>
</Host>
```

Définition de l'hôte virtuel `www.sw-voitures.com` :

```
<Host name="www.sw-voitures.com" appBase="webapps" unpackWARs="true">
  <Context path="/reservation_sw-voitures" docBase="reservation_sw-voitures"
    debug="0" reloadable="false" crossContext="false">
    <Logger className="org.apache.catalina.logger.FileLogger"
      prefix="reservation_sw-voitures_log." suffix=".txt" timestamp="true"/>
  </Context>
</Host>
```

Par ailleurs, afin de pouvoir utiliser l'outil d'administration du moteur d'exécution Apache SOAP, il convient de déclarer son contexte dans l'hôte virtuel par défaut de Tomcat (`localhost`) de la manière qui suit :

```
<Context path="/soap" docBase="{%SOAP_HOME%}\webapps\soap"
  debug="0" reloadable="false" crossContext="false">
  <Logger className="org.apache.catalina.logger.FileLogger"
    prefix="soap_log." suffix=".txt" timestamp="true"/>
</Context>
```

Avant de pouvoir utiliser l'outil d'administration du moteur d'exécution Apache SOAP, il est nécessaire de réaliser quatre autres actions pour rendre le déploiement du moteur SOAP effectif :

1. créer un répertoire `lib` sous le répertoire `{%SOAP_HOME%}\webapps\soap\WEB-INF` ;

2. y copier le fichier `{%SOAP_HOME%}\lib\soap.jar` ;

3. y copier le fichier `{%MAIL_HOME%}\mail.jar` ;

4. y copier le fichier `{%JAF_HOME%}\activation.jar`.

Le déploiement des produits utilisés doit être poursuivi ainsi :

1. Déploiement du moteur d'exécution SOAP dans les quatre applications :

   – copier le fichier `{%SOAP_HOME%}\lib\soap.jar` dans le répertoire `{%TOMCAT_HOME%}\webapps\reservation_sw-air\WEB-INF\lib` ;

   – copier le fichier `{%SOAP_HOME%}\lib\soap.jar` dans le répertoire `{%TOMCAT_HOME%}\webapps\reservation_sw-hotels\WEB-INF\lib` ;

   – copier le fichier `{%SOAP_HOME%}\lib\soap.jar` dans le répertoire `{%TOMCAT_HOME%}\webapps\reservation_sw-voitures\WEB-INF\lib` ;

   – copier le fichier `{%SOAP_HOME%}\lib\soap.jar` dans le répertoire `{%TOMCAT_HOME%}\webapps\reservation_sw-voyages\WEB-INF\lib`.

2. Déploiement de l'implémentation JavaMail dans les quatre applications :

   – copier le fichier `{%MAIL_HOME%}\mail.jar` dans le répertoire `{%TOMCAT_HOME%}\webapps\reservation_sw-air\WEB-INF\lib` ;

   – copier le fichier `{%MAIL_HOME%}\mail.jar` dans le répertoire `{%TOMCAT_HOME%}\webapps\reservation_sw-hotels\WEB-INF\lib` ;

   – copier le fichier `{%MAIL_HOME%}\mail.jar` dans le répertoire `{%TOMCAT_HOME%}\webapps\reservation_sw-voitures\WEB-INF\lib` ;

   – copier le fichier `{%MAIL_HOME%}\mail.jar` dans le répertoire `{%TOMCAT_HOME%}\webapps\reservation_sw-voyages\WEB-INF\lib`.

3. Déploiement de l'implémentation JavaBeans Activation Framework dans les quatre applications :

   – copier le fichier `{%JAF_HOME%}\activation.jar` dans le répertoire `{%TOMCAT_HOME%}\webapps\reservation_sw-air\WEB-INF\lib` ;

   – copier le fichier `{%JAF_HOME%}\ activation.jar` dans le répertoire `{%TOMCAT_HOME%}\webapps\reservation_sw-hotels\WEB-INF\lib` ;

   – copier le fichier `{%JAF_HOME%}\ activation.jar` dans le répertoire `{%TOMCAT_HOME%}\webapps\reservation_sw-voitures\WEB-INF\lib` ;

   – copier le fichier `{%JAF_HOME%}\ activation.jar` dans le répertoire `{%TOMCAT_HOME%}\webapps\reservation_sw-voyages\WEB-INF\lib`.

4. Déploiement de l'implémentation Web Services Description Language for Java Toolkit dans l'application `reservation_sw-voyages` :

   copier le fichier `{%AXIS_HOME%}\lib\wsdl4j.jar` dans le répertoire `{%TOMCAT_HOME%}\webapps\reservation_sw-voyages\WEB-INF\lib`.

5. Déploiement du comportement WebService de Microsoft dans l'application `reservation_sw-voyages` :

copier le fichier `webservice.htc` téléchargé du site Microsoft dans le répertoire `{%TOMCAT_HOME%}\webapps\reservation_sw-voyages\scripts`.

L'arborescence des applications Web déployées dans le serveur d'applications Tomcat est représentée figure 23-1.

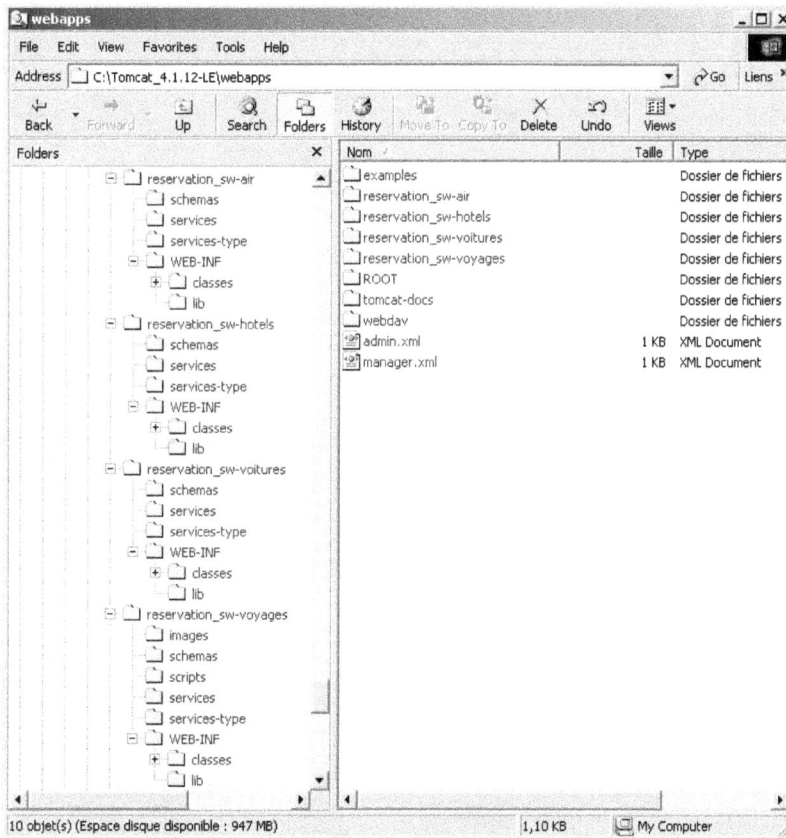

Figure 23-1

Arborescence des applications Web déployées dans le serveur Tomcat.

Enfin, sous le répertoire `WEB-INF` des quatre nouveaux domaines, un fichier `web.xml` dont le contenu est le suivant doit être ajouté :

```
<?xml version="1.0" encoding="ISO-8859-1"?>
<!DOCTYPE web-app
  PUBLIC "-//Sun Microsystems, Inc.//DTD Web Application 2.3//EN"
  "http://java.sun.com/dtd/web-app_2_3.dtd">
```

```
<web-app>
  <servlet>
    <servlet-name> rpcrouter </servlet-name>
    <servlet-class>
      org.apache.soap.server.http.RPCRouterServlet
    </servlet-class>
  </servlet>
  <servlet-mapping>
    <servlet-name> rpcrouter </servlet-name>
    <url-pattern> /servlet/rpcrouter/* </url-pattern>
  </servlet-mapping>
  <mime-mapping>
    <extension>xml</extension>
    <mime-type>text/xml</mime-type>
  </mime-mapping>
  <mime-mapping>
    <extension>xsd</extension>
    <mime-type>text/xml</mime-type>
  </mime-mapping>
  <mime-mapping>
    <extension>wsdl</extension>
    <mime-type>text/xml</mime-type>
  </mime-mapping>
</web-app>
```

Cet ajout permet au serveur Tomcat de servir correctement les requêtes HTTP pour les fichiers dont les extensions sont explicitement déclarées. Ce fichier doit être créé sous les répertoires :

- `{%TOMCAT_HOME%}\webapps\reservation_sw-air\WEB-INF` ;

- `{%TOMCAT_HOME%}\webapps\reservation_sw-hotels\WEB-INF` ;

- `{%TOMCAT_HOME%}\webapps\reservation_sw-voitures\WEB-INF` ;

- `{%TOMCAT_HOME%}\webapps\reservation_sw-voyages\WEB-INF`.

Pour l'application Web de SW-Voyages, il faut ajouter dans le fichier web.xml correspondant la prise en charge de l'extension htc propre au comportement WebService de Microsoft :

```
<mime-mapping>
  <extension>htc</extension>
  <mime-type>text/x-component</mime-type>
</mime-mapping>
```

Développement

Le développement du système de réservation, du côté serveur, nécessite le développement et le déploiement d'une nouvelle application Web, implémentée sous la forme d'un service Web, par chacun des quatre partenaires du système. Ce développement est réalisé selon la démarche exposée au chapitre 22 (voir Scénario n°1).

Application Web de SW-Voyages

L'arborescence de l'application Web de la société SW-Voyages (contexte `reservation_sw-voyages`) se présente donc telle que l'illustre la figure 23-2 :

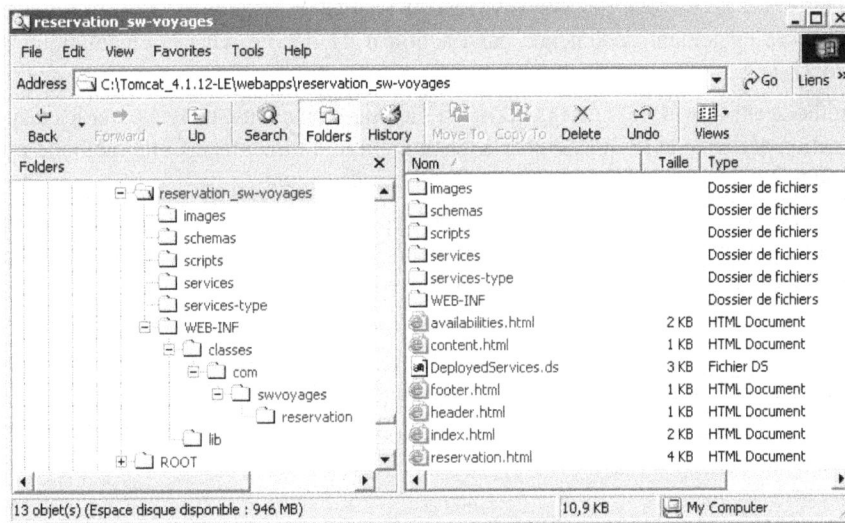

Figure 23-2

Arborescence de l'application Web de la société SW-Voyages.

L'application complète (partie cliente et partie serveur) est entièrement localisée dans le répertoire `{%TOMCAT_HOME%}\webapps\reservation_sw-voyages` du serveur Tomcat.

Partie serveur de l'application Web de SW-Voyages

La partie serveur de l'application Web de SW-Voyages est entièrement réalisée sous forme de classes Java. Elle ne fait pas appel à la technologie des *servlets* car l'utilisation du protocole HTTP est prise en charge directement par le *behavior* WebService de Microsoft.

Interface Java du service Web

Selon la démarche de développement décrite précédemment, la première étape consiste à définir et à rédiger la classe d'interface Java qui va permettre d'exposer le nouveau service de réservation mis en place par la centrale de réservation SW-Voyages (classe `IReservationService.java`, localisée dans le répertoire `{%TOMCAT_HOME%}\webapps\reservation_sw-voyages\WEB-INF\classes\com\swvoyages\reservation`). Cette classe (Téléchargez le code source sur www.editions-eyrolles.com) comporte l'ensemble des méthodes qui seront exposées et accessibles à la partie cliente de la nouvelle application Web de SW-Voyages, via le comportement WebService de Microsoft :

- La méthode `search` permet à la partie cliente de communiquer au serveur de SW-Voyages les caractéristiques du voyage souhaitées par l'utilisateur final. Cette méthode est activée dans l'action n°1 décrite dans la cinématique du processus (figure 22-3).

- La méthode book est utilisée pour confirmer au serveur de SW-Voyages le souhait de réservation de l'utilisateur final. Cette méthode est déclenchée par l'action n°21 décrite dans la cinématique du processus (figure 22-3).

- La méthode cancel constitue le pendant de la méthode book décrite précédemment. Elle est utilisée pour informer le serveur de SW-Voyages du souhait d'annulation de l'utilisateur final. Cette méthode est également déclenchée par l'action n°21 décrite dans la cinématique du processus (figure 22-3).

- La méthode getAirAvailabilities permet à l'application cliente de récupérer les disponibilités de réservation aérienne et de les afficher à destination de l'utilisateur. Cette méthode est activée par l'action n°9 décrite dans la cinématique du processus (figure 22-3).

- La méthode getCarAvailabilities permet à l'application cliente de récupérer les disponibilités de réservation automobile et de les afficher à destination de l'utilisateur. Cette méthode est activée par l'action n°13 décrite dans la cinématique du processus (figure 22-3).

- La méthode getHotelAvailabilities permet à l'application cliente de récupérer les disponibilités de réservation hôtelière et de les afficher à destination de l'utilisateur. Cette méthode est activée par l'action n°17 décrite dans la cinématique du processus (figure 22-3).

Cette classe d'interface Java définit ainsi six méthodes d'interface qui seront accessibles à travers le service Web qui l'encapsulera.

Génération de la description WSDL du service Web abstrait

À partir de cette classe d'interface, il est maintenant possible de générer le fichier de définition du service Web (WSDL) de réservation. Les possibilités des générateurs sont très variables : les plus frustres permettent de ne générer qu'un seul fichier, d'autres sont plus sophistiqués et offrent la possibilité de générer plusieurs fichiers distincts (point d'accès du service, description du service abstrait, description du schéma de données). Pour cet exemple, nous allons utiliser une description en fichiers distincts. Dans le cas présent, ces trois fichiers ont été rédigés et non pas générés par un outil.

La plupart des plates-formes de développement disposent d'un générateur de descriptions WSDL. Dans le cadre de ce scénario, nous n'en disposons pas car nous n'utilisons pas d'environnement de développement particulier. Des environnements tels que le WSTK d'IBM (outil java2wsdl), Glue de The Mind Electric (outil Java2WSDL) ou WASP Server for Java de Systinet (outil Java2WSDL), par exemple, peuvent être utilisés dans ce but.

La description du service abstrait de la centrale de réservation SW-Voyages (fichier ReservationSer-vice-interface.wsdl, localisé dans le répertoire {%TOMCAT_HOME%}\webapps\reservation_sw-voyages\services-type) est représentée dans le code source que vous pouvez télécharger sur www.editions-eyrolles.com.

On reconnaît dans ce fichier la description des messages échangés, le type de port unique qui décrit les six opérations associées aux six méthodes de l'interface Java précédente et enfin la liaison au protocole SOAP, le seul admis pour ce service de réservation.

Définition du schéma associé au service Web abstrait

Les structures de données nécessaires au fonctionnement de ce service sont importées via la référence au schéma de données correspondant (balise `import`). La description du schéma de données (fichier `ReservationService-interface.xsd`, localisé dans le répertoire `{%TOMCAT_HOME%}\webapps\ reservation_sw-voyages\schemas`) présente les éléments suivants (téléchargez le code source sur www.editions-eyrolles.com) :

- définition d'un tableau de disponibilités aériennes renvoyé par la méthode `getAirAvailabilities` (voir la liste des messages associés à cette méthode dans la description du service abstrait : fichier `ReservationService-interface.wsdl`) ;

- définition d'un élément du tableau de disponibilités aériennes renvoyé par la méthode `getAir-Availabilities` ;

- définition d'un tableau de disponibilités automobiles renvoyé par la méthode `getCarAvailabilities` (voir la liste des messages associés à cette méthode dans la description du service abstrait : fichier `ReservationService-interface.wsdl`) ;

- définition d'un élément du tableau de disponibilités automobiles renvoyé par la méthode `getCar-Availabilities` ;

- définition d'un tableau de disponibilités hôtelières renvoyé par la méthode `getHotelAvailabilities` (voir la liste des messages associés à cette méthode dans la description du service abstrait : fichier `ReservationService-interface.wsdl`) ;

- définition d'un élément du tableau de disponibilités hôtelières renvoyé par la méthode `getHotel-Availabilities`.

Description WSDL de l'implémentation du service Web

Il reste à décrire le point d'accès au service concret de réservation sur Internet, proposé par SW-Voyages. La description du point d'accès au service (fichier `ReservationService.wsdl`, localisé dans le répertoire `{%TOMCAT_HOME%}\webapps\reservation_sw-voyages\services`) se présente ainsi :

```
<?xml version="1.0" encoding="ISO-8859-1"?>
<definitions
  name="ReservationService"
  targetNamespace="http://www.sw-voyages.com:8080/reservation_sw-
  voyages/services/ReservationService"
  xmlns:tns="http://www.sw-voyages.com:8080/reservation_sw-
  voyages/services/ReservationService"
  xmlns:interface="http://www.sw-voyages.com:8080/reservation_sw-
    voyages/services-type/ReservationService-interface"
  xmlns:soap="http://schemas.xmlsoap.org/wsdl/soap/"
  xmlns="http://schemas.xmlsoap.org/wsdl/">

  <import namespace="http://www.sw-voyages.com:8080/reservation_sw-
    voyages/services-type/ReservationService-interface"
    location="http://www.sw-voyages.com:8080/reservation_sw-voyages/services-
      type/ReservationService-interface.wsdl"/>
```

```
  <service name="ReservationService">
    <port binding="interface:ReservationService" name="ReservationService">
      <soap:address
        location="http://www.sw-voyages.com:8080/reservation_sw-
          voyages/servlet/rpcrouter"/>
    </port>
  </service>
</definitions>
```

On reconnaît ici deux balises importantes : la balise `import` qui référence la description de service abstrait générée précédemment et la balise `service` qui fournit le point d'accès réel au service (attribut `location` de la balise `address`) accessible par le protocole SOAP.

Génération du squelette et implémentation du service Web

La définition WSDL du service Web de réservation est maintenant complète. À partir de cette définition, nous pouvons maintenant générer un squelette d'implémentation Java du service (*skeleton*) que nous pourrons ensuite compléter selon nos besoins. Ce squelette implémentera la classe d'interface Java définie au départ.

Cette classe d'implémentation du service Web (fichier `ReservationService.java`, localisé dans le répertoire `{%TOMCAT_HOME%}\webapps\reservation_sw-voyages\WEB-INF\classes\com\swvoyages\reservation` comporte les méthodes suivantes (téléchargez le code source sur www.editions-eyrolles.com) :

- `search` : invoque successivement les trois services Web afin d'obtenir la réponse des partenaires. L'invocation de cette méthode est le résultat de l'action n°1 décrite dans la cinématique des échanges (figure 22-3) et déclenchée par le script `reservation.js` présenté chapitre 22. Cette invocation provoque l'activation de la méthode équivalente à destination des implémentations des serveurs SW-Air, SW-Hôtels et SW-Voitures. Ces dernières invocations correspondent aux actions n°2, 4 et 6 décrites dans la cinématique des échanges. Les numéros de réservation, renvoyés par ces trois serveurs, sont ensuite enregistrés localement, ce qui correspond à la fin des actions n°3, 5 et 7.

- `book` : invoque successivement les trois services Web afin d'obtenir la réponse des partenaires. L'invocation de cette méthode est le résultat de l'action n°21 décrite dans la cinématique des échanges (figure 22-3) et déclenchée par le script `reservation.js`. Cette invocation provoque l'activation de la méthode équivalente à destination des implémentations des serveurs SW-Air, SW-Hôtels et SW-Voitures. Ces dernières invocations correspondent aux actions n°22, 24 et 26 décrites dans la cinématique des échanges. Les trois serveurs renvoient ensuite leurs réponses respectives, ce qui correspond à la fin des actions n°23, 25 et 27.

- `cancel` : invoque successivement les trois services Web afin d'obtenir la réponse des partenaires. L'invocation de cette méthode est le résultat de l'action n°21 décrite dans la cinématique des échanges (figure 22-3) et déclenchée par le script `reservation.js`. Cette invocation provoque l'activation de la méthode équivalente à destination des implémentations des serveurs SW-Air, SW-Hôtels et SW-Voitures. Ces dernières invocations correspondent aux actions n°22, 24 et 26 décrites dans la cinématique des échanges. Les trois serveurs renvoient ensuite leurs réponses respectives, ce qui correspond à la fin des actions n°23, 25 et 27.

- `getAirAvailabilities` : invoque le service Web du partenaire de réservation aérienne afin d'obtenir ses disponibilités. L'invocation de cette méthode est le résultat de l'action n°9 décrite dans la cinématique des échanges (figure 22-3) et déclenchée par le script `reservation.js`. Cette invocation provoque l'activation de la méthode équivalente à destination du serveur SW-Air qui correspond à l'action n°10 décrite dans la cinématique des échanges. Le serveur SW-Air renvoie ensuite ses disponibilités (action n°11), lesquelles sont enfin retournées au navigateur (action n°12).

- `getCarAvailabilities` : invoque le service Web du partenaire de réservation automobile afin d'obtenir ses disponibilités. L'invocation de cette méthode est le résultat de l'action n°13 décrite dans la cinématique des échanges (figure 22-3) et déclenchée par le script `reservation.js`. Cette invocation provoque l'activation de la méthode équivalente à destination du serveur SW-Voitures qui correspond à l'action n°14 décrite dans la cinématique des échanges. Le serveur SW-Voitures renvoie ensuite ses disponibilités (action n°15), lesquelles sont enfin retournées au navigateur (action n°16).

- `getHotelAvailabilities` : invoque le service Web du partenaire de réservation hôtelière afin d'obtenir ses disponibilités. L'invocation de cette méthode est le résultat de l'action n°17 décrite dans la cinématique des échanges (figure 22-3) et déclenchée par le script `reservation.js`. Cette invocation provoque l'activation de la méthode équivalente à destination du serveur SW-Hôtels qui correspond à l'action n°18 décrite dans la cinématique des échanges. Le serveur SW-Hôtels renvoie ensuite ses disponibilités (action n°19), lesquelles sont enfin retournées au navigateur (action n°20).

Par ailleurs, la classe d'implémentation du service Web présente des méthodes génériques particulières :

- `invoke` : il s'agit d'une méthode d'invocation générique du service Web d'un partenaire. La méthode encapsule les appels à l'API de l'implémentation Apache SOAP.

- `GetServiceAccessPoint` : cette méthode récupère l'URL du point d'accès au service Web d'un partenaire à partir de la description WSDL de son implémentation. La méthode fait appel à l'API WSDL4J d'IBM présente dans le produit Apache Axis.

- `getSchemaNamespace` : cette méthode est chargée de la récupération de l'espace de noms associé au service Web d'un partenaire à partir de la description WSDL de son implémentation. La méthode fait aussi appel à l'API WSDL4J d'IBM.

- `getServiceDefinition` : cette méthode a pour objet de récupérer la définition de service associée au service Web d'un partenaire à partir de la description WSDL de son implémentation. La méthode utilise également l'API WSDL4J d'IBM.

La méthode `getSOAPMappingRegistry` prend en charge la déclaration des *mappers* nécessaires à la conversion des types complexes `AirAvailability`, `CarAvailability` et `HotelAvailability`. Ceux-ci utilisent les services de sérialisation/désérialisation de la classe générique `BeanSerializer.java` présente dans l'implémentation Apache SOAP :

```
private synchronized SOAPMappingRegistry getSOAPMappingRegistry()
  throws ReservationException {
  if (smr==null) {
```

```
        smr = new SOAPMappingRegistry();
        BeanSerializer bs = new BeanSerializer();

        smr.mapTypes(Constants.NS_URI_SOAP_ENC,
          new QName(getAirSchemaNamespace(), "AirAvailability"),
          AirAvailability.class, bs, bs);
        smr.mapTypes(Constants.NS_URI_SOAP_ENC,
          new QName(getCarSchemaNamespace(), "CarAvailability"),
          CarAvailability.class, bs, bs);
        smr.mapTypes(Constants.NS_URI_SOAP_ENC,
          new QName(getHotelSchemaNamespace(), "HotelAvailability"),
          HotelAvailability.class, bs, bs);
      }
    return smr;
  }
```

Enfin, il faut noter la présence dans ce programme des URL des définitions WSDL des trois implémentations de services Web des partenaires qui seront utilisés pour mettre en œuvre le processus
métier de réservation de SW-Voyages. Ces URL sont référencées ici de manière statique, mais
pourraient être externalisées dans un fichier de configuration du service Web :

```
    /*
    * Point d'accès à la description WSDL du service de
    * réservation aérienne.
    */
    private static String AIR_SERVICE_WSDL_ACCESS_POINT = "http://www.sw-
    air.com:8080/reservation_sw-air/services/ReservationService.wsdl";

    /*
    * Point d'accès à la description WSDL du service de
    * réservation automobile.
    */
    private static String CAR_SERVICE_WSDL_ACCESS_POINT = "http://www.sw-
    voitures.com:8080/reservation_sw-voitures/services/ReservationService.wsdl";

    /*
    * Point d'accès à la description WSDL du service de
    * réservation hôtelière.
    */
    private static String HOTEL_SERVICE_WSDL_ACCESS_POINT = "http://www.sw-
    hotels.com:8080/reservation_sw-hotels/services/ReservationService.wsdl";
```

Déploiement du service Web

Une fois la classe d'implémentation du service Web écrite, il est nécessaire de la déployer à destination du moteur d'exécution Apache SOAP. Pour cela, il nous faut utiliser l'outil d'administration
fourni avec ce moteur, accessible à l'adresse *http://localhost:8080/soap/admin/index.html*. L'écran de saisie

des informations nécessaires au déploiement du service est affiché par un clic sur le bouton `Deploy`, visible figure 23-3.

Figure 23-3

Déploiement du service de réservation de la société SW-Voyages.

Les informations à saisir dans cet écran sont :

- l'identifiant du service : ici `urn:ReservationService`, c'est par cet identifiant que le moteur d'exécution SOAP fera le lien avec la classe d'implémentation du service ;
- la portée du service (`Request`, `Session` ou `Application`) : ici, la portée est l'application, c'est-à-dire que la classe sera instantiée une seule fois, lors de sa première invocation ;
- les noms des méthodes de la classe d'implémentation exposées (séparés par un caractère espace) : les méthodes `book`, `cancel`, `getAirAvailabilities`, `getCarAvailabilities`, `getHotelAvailabilities` et `search` qui sont exposées dans notre exemple ;
- le nom qualifié de la classe d'implémentation Java (invisible figure 23-3) : `com.swvoyages.reservation.ReservationService` ;

- le nombre de correspondances de types (*Type mappings*) utilisées par le service (invisible figure 23-3) : six correspondances utilisées au total (voir ci-après) ;

Trois correspondances de types Navigateur/serveur SW-Voyages

N°	Caractéristiques	Valeurs
	Type d'encodage	`SOAP`
	URI de l'espace de noms du type	`http://www.sw-voyages.com:8080/reservation_sw-voyages/schemas/ReservationService-schema`
	Nom de partie du schéma	`AirAvailability`
1	Nom qualifié de la classe Java associée à cette partie	`com.swvoyages.reservation.AirAvailability`
	Nom qualifié de la classe Java de sérialisation Java vers XML	`org.apache.soap.encoding.soapenc.BeanSerializer`
	Nom qualifié de la classe Java de désérialisation XML vers Java	`org.apache.soap.encoding.soapenc.BeanSerializer`
	Type d'encodage	`SOAP`
	URI de l'espace de noms du type	`http://www.sw-voyages.com:8080/reservation_sw-voyages/schemas/ReservationService-schema`
	Nom de partie du schéma	`CarAvailability`
2	Nom qualifié de la classe Java associée à cette partie	`com.swvoyages.reservation.CarAvailability`
	Nom qualifié de la classe Java de sérialisation Java vers XML	`org.apache.soap.encoding.soapenc.BeanSerializer`
	Nom qualifié de la classe Java de désérialisation XML vers Java	`org.apache.soap.encoding.soapenc.BeanSerializer`
	Type d'encodage	`SOAP`
	URI de l'espace de noms du type	`http://www.sw-voyages.com:8080/reservation_sw-voyages/schemas/ReservationService-schema`
	Nom de partie du schéma	`HotelAvailability`
3	Nom qualifié de la classe Java associée à cette partie	`com.swvoyages.reservation.HotelAvailability`
	Nom qualifié de la classe Java de sérialisation Java vers XML	`org.apache.soap.encoding.soapenc.BeanSerializer`
	Nom qualifié de la classe Java de désérialisation XML vers Java	`org.apache.soap.encoding.soapenc.BeanSerializer`

Trois correspondances de types serveur SW-Voyages/serveurs partenaires

N°	Caractéristiques	Valeurs
	Type d'encodage	SOAP
	URI de l'espace de noms du type	http://www.sw-air.com:8080/reservation_sw-air/schemas/ ReservationService-schema
	Nom de partie du schéma	AirAvailability
1	Nom qualifié de la classe Java associée à cette partie	com.swvoyages.reservation.AirAvailability
	Nom qualifié de la classe Java de sérialisation Java vers XML	org.apache.soap.encoding.soapenc.BeanSerializer
	Nom qualifié de la classe Java de désériali-sation XML vers Java	org.apache.soap.encoding.soapenc.BeanSerializer
	Type d'encodage	SOAP
	URI de l'espace de noms du type	http://www.sw-voitures.com:8080/reservation_sw-voitures/ schemas/ReservationService-schema
	Nom de partie du schéma	CarAvailability
2	Nom qualifié de la classe Java associée à cette partie	com.swvoyages.reservation.CarAvailability
	Nom qualifié de la classe Java de sérialisation Java vers XML	org.apache.soap.encoding.soapenc.BeanSerializer
	Nom qualifié de la classe Java de désérialisa-tion XML vers Java	org.apache.soap.encoding.soapenc.BeanSerializer
	Type d'encodage	SOAP
	URI de l'espace de noms du type	http://www.sw-hotels.com:8080/reservation_sw-hotels/ schemas/ReservationService-schema
	Nom de partie du schéma	HotelAvailability
3	Nom qualifié de la classe Java associée à cette partie	com.swvoyages.reservation.HotelAvailability
	Nom qualifié de la classe Java de sérialisation Java vers XML	org.apache.soap.encoding.soapenc.BeanSerializer
	Nom qualifié de la classe Java de désériali-sation XML vers Java	org.apache.soap.encoding.soapenc.BeanSerializer

Lorsque toutes ces informations nécessaires au déploiement du service de réservation ont été saisies, il suffit d'appuyer sur le bouton standard Deploy (invisible figure 23-3). Si le service est correctement déployé, le message « Service urn:ReservationService deployed. » apparaît dans la console.

Pour achever le déploiement, il ne nous reste plus qu'à copier le fichier de sérialisation Java DeployedServices.ds, généré par l'outil d'administration dans le répertoire {%SOAP_HOME%}\webapps\ soap, vers le répertoire racine de l'application Web de SW-Voyages, c'est-à-dire le répertoire {%TOMCAT_HOME%}\webapps\reservation_sw-voyages.

Précisions sur le paramétrage des deux tableaux de correspondances

Le type d'encodage peut prendre les valeurs SOAP ou XMI : ici, le protocole SOAP est utilisé.

L'URI de l'espace de noms du type : il s'agit de l'espace de noms auquel appartient le type sérialisé (soit celui du partenaire, soit celui de SW-Voyages).

Le nom de partie du schéma : c'est le nom du type sérialisé (nom spécifié dans le schéma).

Le nom qualifié de la classe Java : il s'agit du nom de classe qualifié Java correspondant au type du schéma.

Le nom qualifié de la classe Java de sérialisation Java vers XML : ici, la classe de sérialisation standard d'un bean, proposée par le moteur Apache SOAP, est utilisée.

Le nom qualifié de la classe Java de désérialisation XML vers Java : ici, la classe de désérialisation standard d'un bean, proposée par le moteur Apache SOAP, est utilisée.

Ceci a pour effet de placer ce descripteur de déploiement dans le classpath applicatif de l'application de réservation de SW-Voyages et de permettre ainsi au moteur d'exécution SOAP, déployé dans le répertoire des librairies {%TOMCAT_HOME%}\webapps\reservation_sw-voyages\WEB-INF\lib, de le charger.

Classes de support au service Web

La classe d'implémentation du service Web utilise quelques classes de servitude ou de support nécessaires à son fonctionnement. La plupart de ces classes implémentent des interfaces Java qui ne sont pas reproduites ici.

Classe ReservationManager.java

L'implémentation du service Web utilise les services d'un registre local des réservations qui conserve les informations des sessions ouvertes depuis l'ouverture du serveur d'applications (fichier ReservationManager.java). Cette classe étend la classe Hashtable du SDK (téléchargez le code source sur www.editions-eyrolles.com).

Ce registre local des réservations a donc pour objectif de maintenir une accessibilité immédiate aux réservations en cours durant la plage d'ouverture de l'application Web. Pour simplifier cette étude de cas, aucun système de gestion de la persistance des sessions et des réservations n'est mis en œuvre.

Classe Reservation.java

Une réservation (fichier Reservation.java) conserve les informations relatives à la demande de l'utilisateur (caractéristiques du voyage) d'une part, et les disponibilités aériennes, automobiles et hôtelières communiquées par les partenaires d'autre part (téléchargez le code source sur www.editions-eyrolles.com).

Classes AirAvailability.java, CarAvailability.java et HotelAvailability.java

Les disponibilités gérées par SW-Voyages peuvent être de trois types : aériennes (classe AirAvailability.java), automobiles (classe CarAvailability.java) et enfin hôtelières (classe HotelAvailability.java). Ces classes ont pour objectif de gérer les informations propres à une disponibilité en provenance d'un partenaire.

Seul le fichier source de la classe AirAvailability.java (téléchargez le code source sur www.editions-eyrolles.com) est reproduit ici : en effet, les deux autres classes manipulent des données de natures différentes, mais sont cependant construites sur le même modèle et leur présentation n'apporterait pas d'éléments nouveaux, nécessaires à une bonne compréhension du scénario.

Classe ReservationException.java

La dernière classe utilisée par l'ensemble des classes de servitude est une classe d'exception générique (`ReservationException.java`) mise en œuvre dans toutes les situations d'anomalies rencontrées durant le fonctionnement du service Web (téléchargez le code source sur www.editions-eyrolles.com).

Applications Web des partenaires de SW-Voyages

Face au serveur d'applications de l'agence de voyages, chacun des partenaires de SW-Voyages dispose de sa propre application Web existante (partie cliente et partie serveur). Pour simplifier, nous postulons que la partie cliente existante reste inchangée et n'entre pas dans le cadre de ce scénario.

De fait, seule la partie serveur de l'application sera considérée ici, car elle va permettre d'illustrer la continuité de service entre le navigateur de l'utilisateur final et les serveurs d'applications des centrales de réservation, via le serveur de l'agence de voyages. Nous pouvons considérer que l'implémentation serveur présentée ici est une évolution du système existant.

De même, l'implémentation de la centrale de réservation SW-Air constituera le seul exemple reproduit dans cette étude de cas. En effet, les implémentations des deux autres centrales de réservation SW-Hôtels et SW-Voitures sont calquées sur le même modèle et leur présentation n'apporterait pas de précisions supplémentaires.

L'arborescence de l'application Web de la société SW-Air (contexte `reservation_sw-air`) se présente donc telle que l'illustre la figure 23-4.

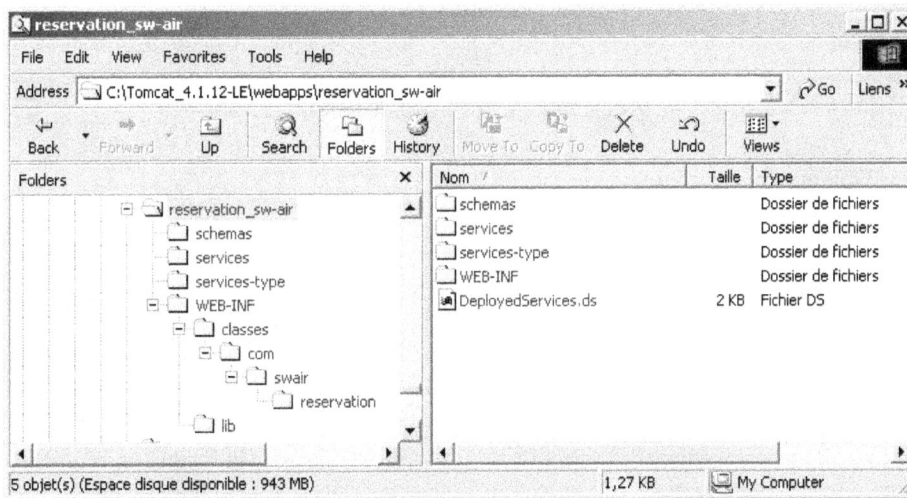

Figure 23-4
Arborescence de l'application Web de la société SW-Air.

L'application complète (partie cliente et partie serveur) est entièrement localisée dans le répertoire `{%TOMCAT_HOME%}\webapps\reservation_sw-air` du serveur Tomcat.

Partie serveur de l'application Web des partenaires de SW-Voyages

La partie serveur de l'application Web de SW-Air est entièrement réalisée sous forme de classes Java. Elle ne fait pas appel à la technologie des servlets car l'utilisation du protocole HTTP est prise en charge directement par l'implémentation SOAP Apache.

Interface Java du service Web

Il faut d'abord définir l'interface Java qui va permettre d'exposer le nouveau service de réservation mis en place par la société SW-Air (classe `IReservationService.java`, localisée dans le répertoire `{%TOMCAT_HOME%}\webapps\reservation_sw-air\WEB-INF\classes\com\swair\reservation`). Cette classe (téléchargez le code source sur www.editions-eyrolles.com) comporte l'ensemble des méthodes qui seront exposées et accessibles à la partie serveur de la nouvelle application Web de SW-Voyages, via l'implémentation Apache SOAP :

- La méthode `search` permet au serveur de SW-Voyages de communiquer au serveur de SW-Air les caractéristiques du voyage souhaitées par l'utilisateur final. Cette méthode est activée dans l'action n°2 décrite dans la cinématique du processus (figure 23-3).

- La méthode `book` est utilisée pour confirmer au serveur de SW-Air le souhait de réservation de l'utilisateur final. Cette méthode est déclenchée par l'action n°22 décrite dans la cinématique du processus (figure 23-3).

- La méthode `cancel` constitue le pendant de la méthode `book` décrite ci-dessus. Elle est utilisée pour informer le serveur de SW-Air du souhait d'annulation de l'utilisateur final. Cette méthode est également déclenchée par l'action n°22 décrite dans la cinématique du processus (figure 23-3).

- La méthode `getAirAvailabilities` permet au serveur SW-Voyages de récupérer les disponibilités de réservation aérienne et de les afficher à destination de l'utilisateur. Cette méthode est activée par l'action n°11 décrite dans la cinématique du processus (figure 23-3).

La classe d'interface Java définit ainsi quatre méthodes d'interface qui seront accessibles à travers le service Web qui l'encapsulera.

Génération de la description WSDL du service Web abstrait

À partir de cette classe d'interface, il est maintenant possible de générer le fichier de définition du service Web (WSDL) de réservation.

La description du service abstrait de la centrale de réservation SW-Air (fichier `ReservationService-interface.wsdl`, localisé dans le répertoire `{%TOMCAT_HOME%}\webapps\reservation_sw-air\services-type`) est effectuée dans le code source que vous pouvez télécharger sur www.editions-eyrolles.com.

On reconnaît dans ce fichier la description des messages échangés, le type de port unique qui décrit les quatre opérations associées aux quatre méthodes de l'interface Java précédente et enfin la liaison au protocole SOAP, le seul admis pour ce service de réservation.

Définition du schéma associé au service Web abstrait

Les structures de données nécessaires au fonctionnement de ce service sont importées, via la référence au schéma de données correspondant (balise `import`). La description du schéma de données (fichier `ReservationService-interface.xsd`, localisé dans le répertoire `{%TOMCAT_HOME%}\webapps\ reservation_sw-air\schemas`) présente les éléments suivants (téléchargez le code source sur www.editions-eyrolles.com) :

- définition d'un tableau de disponibilités aériennes renvoyé par la méthode `getAirAvailabilities` (voir la liste des messages associés à cette méthode dans la description du service abstrait : fichier `ReservationService-interface.wsdl`) ;

- définition d'un élément du tableau de disponibilités aériennes renvoyé par la méthode `getAirAvailabilities`.

Description WSDL de l'implémentation du service Web

Il reste à décrire le point d'accès au service concret de réservation sur Internet, proposé par SW-Air. La description du point d'accès au service (fichier `ReservationService.wsdl`, localisé dans le répertoire `{%TOMCAT_HOME%}\webapps\reservation_sw-air\services`) se présente ainsi :

```
<?xml version="1.0" encoding="ISO-8859-1"?>
<definitions
  name="ReservationService"
  targetNamespace="http://www.sw-air.com:8080/reservation_sw-
    air/services/ReservationService"
  xmlns:tns="http://www.sw-air.com:8080/reservation_sw-
    air/services/ReservationService"
  xmlns:interface="http://www.sw-air.com:8080/reservation_sw-air/services-
    type/ReservationService-interface"
  xmlns:soap="http://schemas.xmlsoap.org/wsdl/soap/"
  xmlns="http://schemas.xmlsoap.org/wsdl/">

  <import namespace="http://www.sw-air.com:8080/reservation_sw-air/services-
    type/ReservationService-interface"
    location="http://www.sw-air.com:8080/reservation_sw-air/services-
      type/ReservationService-interface.wsdl"/>

  <service name="ReservationService">
    <documentation>Accès au service de réservation de SW-Air.</documentation>
    <port binding="interface:ReservationService" name="ReservationService">
      <soap:address
        location="http://www.sw-air.com:8080/reservation_sw-
          air/servlet/rpcrouter"/>
    </port>
  </service>
</definitions>
```

On reconnaît ici deux balises importantes : la balise `import` qui référence la description de service abstrait que nous avons générée précédemment et la balise `service` qui fournit le point d'accès réel au service (attribut `location` de la balise `address`) accessible par le protocole SOAP.

Génération du squelette et l'implémentation du service Web

La définition WSDL du service Web de réservation est désormais complète. À partir de cette définition, nous pouvons maintenant générer un squelette d'implémentation Java du service (*skeleton*) que nous pourrons ensuite compléter selon nos besoins. Ce squelette implémentera la classe d'interface Java définie au départ.

Cette classe (fichier `ReservationService.java`, localisé dans le répertoire `{%TOMCAT_HOME%}\webapps\reservation_sw-air\WEB-INF\classes\com\swair\reservation`) implémente les méthodes suivantes (téléchargez le code source sur www.editions-eyrolles.com) :

- `search` : l'invocation de cette méthode est le résultat de l'action n°2 décrite dans la cinématique des échanges (figure 23-3) et déclenchée par le serveur de SW-Voyages. Le numéro de réservation attribué par le serveur de SW-Air est ensuite enregistré localement, puis restitué au serveur de SW-Voyages, ce qui correspond à l'action n°3.

- `book` : l'invocation de cette méthode est le résultat de l'action n°22 décrite dans la cinématique des échanges (figure 23-3) et déclenchée par le serveur de SW-Voyages. Le serveur de SW-Air communique alors sa réponse au serveur de SW-Voyages, ce qui correspond à l'action n°23.

- `cancel` : l'invocation de cette méthode est le résultat de l'action n°22 décrite dans la cinématique des échanges (figure 23-3) et déclenchée par le serveur de SW-Voyages. Le serveur de SW-Air communique alors sa réponse au serveur de SW-Voyages, ce qui correspond à l'action n°23.

- `getAirAvailabilities` : l'invocation de cette méthode est le résultat de l'action n°10 décrite dans la cinématique des échanges (figure 23-3) et déclenchée par le serveur de SW-Voyages. Le serveur SW-Air renvoie ses disponibilités (action n°11) au serveur de SW-Voyages.

Il faut noter ici que cette classe ne comporte que du code Java basique et n'utilise aucune librairie particulière associée de près ou de loin aux technologies de services Web. Ceci tient au fait que le moteur Apache SOAP est capable d'invoquer des méthodes de classes Java standards ou d'EJB existants sans aucune adaptation.

Déploiement du service Web

Une fois la classe d'implémentation du service Web écrite, il est nécessaire de la déployer à destination du moteur d'exécution Apache SOAP incorporé dans l'application Web de SW-Air. La procédure est identique à celle qui a déjà été mise en œuvre lors du déploiement du service Web de SW-Voyages.

Les informations à saisir dans l'écran d'administration écran sont :

- l'identifiant du service : ici `urn:ReservationService` ;

- la portée du service : la portée est l'application ;

- les noms des méthodes de la classe d'implémentation exposées (séparés par un caractère espace) : les méthodes `book`, `cancel`, `getAirAvailabilities` et `search` qui sont exposées dans notre exemple ;

- le nom qualifié de la classe d'implémentation Java : `com.swair.reservation.ReservationService` ;

- le nombre de correspondances de types (*Type mappings*) utilisées par le service : une correspondance utilisée au total (voir ci-après) ;

Correspondance de types serveur SW-Air/serveur SW-Voyages

N°	Caractéristiques	Valeurs
1	Type d'encodage	`SOAP`
	URI de l'espace de noms du type	`http://www.sw-air.com:8080/reservation_sw-air/sche-mas/ReservationService-schema`
	Nom de partie du schéma	`AirAvailability`
	Nom qualifié de la classe Java associée à cette partie	`com.swair.reservation.AirAvailability`
	Nom qualifié de la classe Java de sérialisation Java vers XML	`org.apache.soap.encoding.soapenc.BeanSerializer`
	Nom qualifié de la classe Java de désérialisation XML vers Java	`org.apache.soap.encoding.soapenc.BeanSerializer`

Pour achever le déploiement, il ne nous reste plus qu'à copier le fichier de sérialisation Java `DeployedSer-vices.ds`, généré par l'outil d'administration dans le répertoire `{%SOAP_HOME%}\webapps\soap`, vers le réper-toire racine de l'application Web de SW-Air, c'est-à-dire le répertoire `{%TOMCAT_HOME%}\webapps\reservation_sw-air`. Ceci a pour effet de placer ce descripteur de déploiement dans le classpath applicatif de l'application de réservation de SW-Air et de permettre ainsi au moteur d'exécution SOAP, déployé dans le répertoire des librairies `{%TOMCAT_HOME%}\webapps\reservation_sw-air\WEB-INF\lib`, de le charger.

Classes de support au service Web

La classe `ReservationManager.java` est strictement identique à celle de l'implémentation de SW-Voyages déjà détaillée précédemment. Il en est de même pour la classe d'exception générique `Reser-vationException.java`.

Classe Reservation.java

Une réservation (fichier `Reservation.java`) conserve les informations relatives à la demande de l'utilisateur (caractéristiques du voyage) d'une part, et les disponibilités aériennes communiquées à l'agence de voyages d'autre part. Son implémentation (téléchargez le code source sur www.editions-eyrolles.com) diffère quelque peu de celle de SW-Voyages.

Le *writer* utilisé dans le constructeur de la classe est simplement utilisé afin que le message imprimé par la méthode `status(int, int)` de la classe (confirmation d'annulation ou de réservation) appa-raisse correctement dans la fenêtre de *log* du serveur, notamment en ce qui concerne les lettres accentuées (utilisation du *codepage* 850 dans le flux de sortie).

La méthode `status(int, int)` a pour seul objet d'afficher dans la log du serveur Tomcat le résultat de l'activation du bouton `Annuler` ou `Réserver` dans l'interface utilisateur de l'application Web de SW-Voyages (confirmation d'annulation ou de réservation).

Dans un système plus proche de la réalité, la méthode `getAirAvailabilities()` doit soit utiliser une base de données des disponibilités, soit faire appel à un sous-système capable de calculer les disponi-bilités en fonction des critères fournis par l'utilisateur. Afin de simplifier le scénario, cette méthode renvoie des disponibilités codées de manière statique. Seule une requête, pour laquelle l'aéroport de départ est « Paris-CDG » et l'aéroport d'arrivée est « Vienne », est susceptible de renvoyer un résultat, toujours le même, quelles que soient les dates de départ et de retour ! Pour toute autre requête, les collections renvoyées sont vides.

Classe AirAvailability.java

Les seules disponibilités gérées par SW-Air sont aériennes (classe `AirAvailability.java`). Cette classe (téléchargez le code source sur www.editions-eyrolles.com) a pour objectif de gérer les informations propres à une disponibilité communiquée à destination de SW-Voyage.

Comme pour la classe de réservation, le writer utilisé dans le constructeur de la classe est simplement utilisé afin que le message imprimé par la méthode `status()` de la classe (confirmation d'annulation ou de réservation) apparaisse correctement dans la fenêtre de log du serveur.

La méthode `status()` a pour seul objet d'afficher dans la log du serveur Tomcat le résultat de l'activation du bouton `Annuler` ou `Réserver` dans l'interface utilisateur de l'application Web de SW-Voyages (confirmation d'annulation ou de réservation). La méthode agit en délégation pour le compte de la classe `Reservation.java`.

24

Architecture dynamique (UDDI) – Implémentation Java

Ce chapitre est le premier d'une partie composée de deux chapitres dédiée à la présentation d'une architecture de service dynamique. Cette implémentation s'appuie sur l'exploitation d'un annuaire UDDI pour découvrir à l'exécution les points d'accès des services de réservation des partenaires de SW-Voyages.

Cette deuxième génération du logiciel de réservation correspond au scénario numéro 2 présenté dans le chapitre 22.

L'implémentation du service Web de SW-Voyages fait toujours appel à la technologie Java.

Implémentation

Le déploiement des composants applicatifs sur les plates-formes techniques de chacun des partenaires est maintenu sous forme d'installation d'applications Web. Le déploiement des nouveaux partenaires (organisations sectorielles) doit également être réalisé sous cette forme.

Produits utilisés

Les produits utilisés dans ce deuxième scénario sont identiques à ceux qui ont été mis en œuvre dans le premier scénario.

À cette liste de produits, il convient cependant d'ajouter l'annuaire UDDI utilisé pour la publication et la recherche des descriptions de services de réservation abstraits, ainsi que les caractéristiques des services concrets qui implémentent ces descriptions de services abstraits.

Afin de nous libérer des contraintes fortes imposées par les opérateurs du conseil de l'UBR quant au nombre des entrées d'annuaire qui peuvent être créées par un compte de publication de premier niveau, nous n'allons pas utiliser les annuaires publics tenus par ces opérateurs.

De nombreuses implémentations d'annuaires UDDI privés sont aujourd'hui disponibles (voir le chapitre 12 « Publier un service »).

The Mind Electric GLUE Professional 3.1

Nous allons utiliser ici celle du produit Glue Professional de la société The Mind Electric qui a le mérite d'être très simple à utiliser en développement. En effet, la persistance des données n'est pas réalisée dans une base de données relationnelle, mais plus simplement sous la forme de fichiers XML stockés dans le système de fichiers du système d'exploitation.

Les fonctionnalités UDDI (client et serveur) de Glue Professional ne constituent qu'une partie du produit car Glue Professional est une plate-forme complète de développement, de déploiement et d'exécution de services Web. Nous n'utiliserons donc qu'une petite partie seulement du produit.

Le produit The Mind Electric Glue Professional peut être téléchargé à partir de l'adresse *http://www.themindelectric.net/download*. La version 3.1 du serveur, utilisée dans cet exemple, n'est plus disponible, car ce produit évolue très fréquemment pour intégrer de nouvelles fonctionnalités. Cependant, la plupart du temps, le code développé pour une version donnée reste valable tel quel pour une version plus récente.

Le répertoire d'installation `C:\electric` du moteur d'exécution de services Web Glue Professional sera représenté par la variable `{%GLUE_HOME%}`.

Paramétrage des produits

À l'instar du paramétrage des produits, réalisé dans le cadre du premier scénario, il est nécessaire de réaliser quelques modifications supplémentaires pour permettre le fonctionnement de cette seconde maquette.

Il faut notamment autoriser les requêtes HTTP adressées aux quatre nouveaux domaines (`www.sw-tourisme-xml.org`, `www.sw-aviation-xml.org`, `www.sw-hotellerie-xml.org` et `www.sw-automobilisme-xml.org`), ainsi qu'au domaine de l'annuaire UDDI (`www.sw-registre-uddi.org`), à aboutir sur l'unique serveur d'applications Web Tomcat (domaines des quatre organisations sectorielles) et sur le serveur Glue (domaine de l'annuaire UDDI), tous deux installés sur la même machine. Pour cela, il est nécessaire d'effectuer deux réglages préalables, complémentaires à ceux qui ont déjà été réalisés précédemment lors du déroulement du premier scénario :

1. Modifier le fichier Host du système d'exploitation en y ajoutant les lignes suivantes (fichier `C:\winnt\system32\drivers\etc\hosts` sous Windows 2000, par exemple) :

```
127.0.0.1     www.sw-tourisme-xml.org
127.0.0.1     www.sw-aviation-xml.org
127.0.0.1     www.sw-hotellerie-xml.org
127.0.0.1     www.sw-automobilisme-xml.org
127.0.0.1     www.sw-registre-uddi.org
```

2. Modifier le fichier de configuration de Tomcat en y ajoutant autant d'hôtes virtuels que de nouveaux domaines pris en charge, sauf celui de l'annuaire UDDI qui n'est pas intégré dans le serveur d'applications Tomcat (fichier `{%TOMCAT_HOME%}\conf\server.xml` sous Windows 2000, par exemple) :

Définition de l'hôte virtuel `www.sw-tourisme-xml.org` :

```
<Host name="www.sw-tourisme-xml.org" appBase="webapps" unpackWARs="true">
  <Context path="/reservation_sw-tourisme-xml"
    docBase="reservation_sw-tourisme-xml"
    debug="0" reloadable="false" crossContext="false">
    <Logger className="org.apache.catalina.logger.FileLogger"
      prefix="reservation_sw-tourisme-xml_log." suffix=".txt"
      timestamp="true"/>
  </Context>
</Host>
```

Définition de l'hôte virtuel `www.sw-aviation-xml.org` :

```
<Host name="www.sw-aviation-xml.org" appBase="webapps" unpackWARs="true">
  <Context path="/reservation_sw-aviation-xml"
    docBase="reservation_sw-aviation-xml"
    debug="0" reloadable="false" crossContext="false">
    <Logger className="org.apache.catalina.logger.FileLogger"
      prefix="reservation_sw-aviation-xml_log." suffix=".txt"
      timestamp="true"/>
  </Context>
</Host>
```

Définition de l'hôte virtuel `www.sw-hotellerie-xml.org` :

```
<Host name="www.sw-hotellerie-xml.org" appBase="webapps" unpackWARs="true">
  <Context path="/reservation_sw-hotellerie-xml"
    docBase="reservation_sw-hotellerie-xml"
    debug="0" reloadable="false" crossContext="false">
    <Logger className="org.apache.catalina.logger.FileLogger"
      prefix="reservation_sw-aviation-xml_log." suffix=".txt"
      timestamp="true"/>
  </Context>
</Host>
```

Définition de l'hôte virtuel `www.sw-automobilisme-xml.org` :

```
<Host name="www.sw-automobilisme-xml.org" appBase="webapps" unpackWARs="true">
  <Context path="/reservation_sw-automobilisme-xml"
    docBase="reservation_sw-automobilisme-xml"
    debug="0" reloadable="false" crossContext="false">
    <Logger className="org.apache.catalina.logger.FileLogger"
      prefix="reservation_sw-aviation-xml_log." suffix=".txt"
      timestamp="true"/>
  </Context>
</Host>
```

Les applications Web supplémentaires qui correspondent aux quatre domaines associés aux nouvelles organisations (www.sw-tourisme-xml.org, www.sw-aviation-xml.org, www.sw-hotellerie-xml.org et www.sw-automobilisme-xml.org) sont donc déployées dans le serveur d'applications Tomcat qui présente alors l'arborescence montrée figure 24-1 :

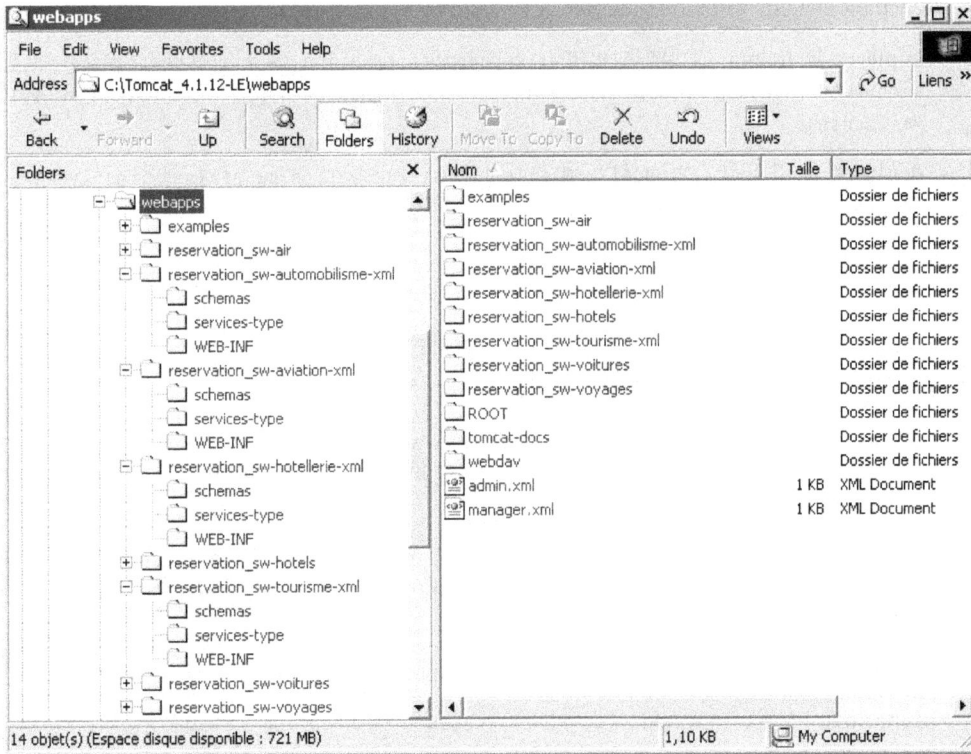

Figure 24-1

Arborescence des applications Web déployées dans le serveur Tomcat.

Les applications Web déployées pour chacune des quatre organisations sont réduites à la plus simple expression. Elles comportent uniquement trois répertoires :

- le répertoire schemas, qui comporte l'unique schéma des types de données utilisés par la description de service abstrait ;
- le répertoire services-type qui comprend la description de service abstrait au format WSDL ;
- le répertoire WEB-INF, qui héberge seulement le fichier web.xml imposé par la spécification *Servlets*.

Ces quatre applications ne renferment donc aucun code exécutable (pas de sous-répertoires classes et lib). Elles ne sont constituées que par du code descriptif. De manière symétrique, on peut noter que les répertoires schemas et services-type, déployés dans les quatre applications Web de chacune des sociétés commerciales lors du premier scénario, sont purement et simplement supprimés ici, au profit des quatre nouvelles applications.

Ce transfert est dû au fait que les services de réservation sont maintenant standardisés et que les référentiels correspondants passent sous le contrôle des organismes sectoriels.

Afin de rendre ce transfert effectif, il est nécessaire de redéployer les schémas et descriptions de services abstraits de la manière suivante :

1. Redéploiement du référentiel de SW-Air vers SW-Aviation-XML :

   – déplacer le fichier `{%TOMCAT_HOME%}\webapps\reservation_sw-air\schemas\ReservationService-interface.xsd` dans le répertoire `{%TOMCAT_HOME%}\webapps\reservation_sw-aviation-xml\schemas` ;

   – déplacer le fichier `{%TOMCAT_HOME%}\webapps\reservation_sw-air\services-type\ReservationService-interface.wsdl` dans le répertoire `{%TOMCAT_HOME%}\webapps\reservation_sw-aviation-xml\services-type` ;

   – supprimer le répertoire `{%TOMCAT_HOME%}\webapps\reservation_sw-air\schemas` ;

   – supprimer le répertoire `{%TOMCAT_HOME%}\webapps\reservation_sw-air\services-type`.

2. Redéploiement du référentiel de SW-Hôtels vers SW-Hotellerie-XML :

   – déplacer le fichier `{%TOMCAT_HOME%}\webapps\reservation_sw-hotels\schemas\ReservationService-interface.xsd` dans le répertoire `{%TOMCAT_HOME%}\webapps\reservation_sw-hotellerie-xml\schemas` ;

   – déplacer le fichier `{%TOMCAT_HOME%}\webapps\reservation_sw-hotels\services-type\ReservationService-interface.wsdl` dans le répertoire `{%TOMCAT_HOME%}\webapps\reservation_sw-hotellerie-xml\services-type` ;

   – supprimer le répertoire `{%TOMCAT_HOME%}\webapps\reservation_sw-hotels\schemas` ;

   – supprimer le répertoire `{%TOMCAT_HOME%}\webapps\reservation_sw-hotels\services-type`.

3. Redéploiement du référentiel de SW-Voitures vers SW-Automobilisme-XML :

   – déplacer le fichier `{%TOMCAT_HOME%}\webapps\reservation_sw-voitures\schemas\ReservationService-interface.xsd` dans le répertoire `{%TOMCAT_HOME%}\webapps\reservation_sw-automobilisme-xml\schemas` ;

   – déplacer le fichier `{%TOMCAT_HOME%}\webapps\reservation_sw-voitures\services-type\ReservationService-interface.wsdl` dans le répertoire `{%TOMCAT_HOME%}\webapps\reservation_sw-automobilisme-xml\services-type` ;

   – supprimer le répertoire `{%TOMCAT_HOME%}\webapps\reservation_sw-voitures\schemas` ;

   – supprimer le répertoire `{%TOMCAT_HOME%}\webapps\reservation_sw-voitures\services-type`.

4. Redéploiement du référentiel de SW-Voyages vers SW-Tourisme-XML :

   – déplacer le fichier `{%TOMCAT_HOME%}\webapps\reservation_sw-voyages\schemas\ReservationService-interface.xsd` dans le répertoire `{%TOMCAT_HOME%}\webapps\reservation_sw-tourisme-xml\schemas` ;

– déplacer le fichier `{%TOMCAT_HOME%}\webapps\reservation_sw-voyages\services-type\Reservation`
`vationService-interface.wsdl` dans le répertoire `{%TOMCAT_HOME%}\webapps\reservation_sw-`
`tourisme-xml\services-type` ;

– supprimer le répertoire `{%TOMCAT_HOME%}\webapps\reservation_sw-voyages\schemas` ;

– supprimer le répertoire `{%TOMCAT_HOME%}\webapps\reservation_sw-voyages\services-type`.

Pour finaliser ce transfert entre domaines, il faut encore adapter les espaces de noms des descriptions de services et des schémas. Pour cela, à l'aide d'un éditeur de texte, il faut modifier les fichiers correspondants de la façon suivante :

• Fichier `{%TOMCAT_HOME%}\webapps\reservation_sw-air\schemas\ReservationService-interface.xsd` :

– remplacer `targetNamespace="http://www.sw-air.com:8080/reservation_sw-air/schemas/`
`ReservationService-schema"` par `targetNamespace="http://www.sw-aviation-xml.org:8080/`
`reservation_sw-aviation-xml/schemas/ReservationService-schema"` ;

– remplacer `xmlns:tns="http://www.sw-air.com:8080/reservation_sw-air/schemas/Reserva`
`tionService-schema"` par `xmlns:tns="http://www.sw-aviation-xml.org:8080/`
`reservation_sw-aviation-xml/schemas/ReservationService-schema"`.

• Fichier `{%TOMCAT_HOME%}\webapps\reservation_sw-air\services-type\ReservationService-`
`interface.wsdl` :

– remplacer `targetNamespace="http://www.sw-air.com:8080/reservation_sw-air/services-`
`type/ReservationService-interface"` par `targetNamespace="http://www.sw-aviation-`
`xml.org:8080/reservation_sw-aviation-xml/services-type/ReservationService-inter`
`face"` ;

– remplacer `xmlns:tns="http://www.sw-air.com:8080/reservation_sw-air/services-type/`
`ReservationService-interface"` par `xmlns:tns="http://www.sw-aviation-xml.org:8080/`
`reservation_sw-aviation-xml/services-type/ReservationService-interface"` ;

– remplacer `xmlns:xsd1="http://www.sw-air.com:8080/reservation_sw-air/schemas/Reserva`
`tionService-schema"` par `xmlns:xsd1="http://www.sw-aviation-xml.org:8080/`
`reservation_sw-aviation-xml/schemas/ReservationService-schema"` ;

– remplacer `namespace="http://www.sw-air.com:8080/reservation_sw-air/schemas/Reserva`
`tionService-schema"` par `namespace="http://www.sw-aviation-xml.org:8080/`
`reservation_sw-aviation-xml/schemas/ReservationService-schema"` ;

– remplacer `location="http://www.sw-air.com:8080/reservation_sw-air/schemas/Reserva`
`tionService-interface.xsd"` par `location="http://www.sw-aviation-xml.org:8080/`
`reservation_sw-aviation-xml/schemas/ReservationService-interface.xsd"`.

Des modifications équivalentes doivent être réalisées dans les six autres fichiers redéployés selon le tableau des correspondances de noms suivant :

Correspondances des noms

Entités	Valeurs initiales	Valeurs finales
Hôtes	*http://www.sw-air.com:8080*	*http://www.sw-aviation-xml.org:8080*
	http://www.sw-hotels.com:8080	*http://www.sw-hotellerie-xml.org:8080*
	http://www.sw-voitures.com:8080	*http://www.sw-automobilisme-xml.org:8080*
	http://www.sw-voyages.com:8080	*http://www.sw-tourisme-xml.org:8080*
Contextes applicatifs	reservation_sw-air	reservation_sw-aviation-xml
	reservation_sw-hotels	reservation_sw-hotellerie-xml
	reservation_sw-voitures	reservation_sw-automobilisme-xml
	reservation_sw-voyages	reservation_sw-tourisme-xml

Ces modifications effectuées, il reste à modifier les descriptions WSDL des services concrets afin de refléter ces changements. Pour cela, il faut adapter les quatre fichiers concernés :

- Fichier {%TOMCAT_HOME%}\webapps\reservation_sw-air\services\ReservationService.wsdl :

  - remplacer xmlns:interface="http://www.sw-air.com:8080/reservation_sw-air/services-type/ReservationService-interface" par xmlns:interface="http://www.sw-aviation-xml.org:8080/reservation_sw-aviation-xml/services-type/ReservationService-interface" ;

  - remplacer namespace="http://www.sw-air.com:8080/reservation_sw-air/services-type/ReservationService-interface" par namespace="http://www.sw-aviation-xml.org:8080/reservation_sw-aviation-xml/services-type/ReservationService-interface" ;

  - remplacer location="http://www.sw-air.com:8080/reservation_sw-air/services-type/ReservationService-interface.wsdl" par location="http://www.sw-aviation-xml.org:8080/reservation_sw-aviation-xml/services-type/ReservationService-interface.wsdl".

- Fichier {%TOMCAT_HOME%}\webapps\reservation_sw-hotels\services\ReservationService.wsdl :

  - remplacer xmlns:interface="http://www.sw-hotels.com:8080/reservation_sw-hotels/services-type/ReservationService-interface" par xmlns:interface="http://www.sw-hotellerie-xml.org:8080/reservation_sw-hotellerie-xml/services-type/ReservationService-interface" ;

  - remplacer namespace="http://www.sw-hotels.com:8080/reservation_sw-hotels/services-type/ReservationService-interface" par namespace="http://www.sw-hotellerie-xml.org:8080/reservation_sw-hotellerie-xml/services-type/ReservationService-interface" ;

  - remplacer location="http://www.sw-hotels.com:8080/reservation_sw-hotels/services-type/ReservationService-interface.wsdl" par location="http://www.sw-hotellerie-xml.org:8080/reservation_sw-hotellerie-xml/services-type/ReservationService-interface.wsdl".

- Fichier {%TOMCAT_HOME%}\webapps\reservation_sw-voitures\services\ReservationService.wsdl :

  - remplacer xmlns:interface="http://www.sw-voitures.com:8080/reservation_sw-voitures/services-type/ReservationService-interface" par xmlns:interface="http://www.sw-automobilisme-xml.org:8080/reservation_sw-automobilisme-xml/services-type/ReservationService-interface" ;

  - remplacer namespace="http://www.sw-voitures.com:8080/reservation_sw-voitures/services-type/ReservationService-interface" par namespace="http://www.sw-automobilisme-xml.org:8080/reservation_sw-automobilisme-xml/services-type/ReservationService-interface" ;

  - remplacer location="http://www.sw-voitures.com:8080/reservation_sw-voitures/services-type/ReservationService-interface.wsdl" par location="http://www.sw-automobilisme-xml.org:8080/reservation_sw-automobilisme-xml/services-type/ReservationService-interface.wsdl".

- Fichier {%TOMCAT_HOME%}\webapps\reservation_sw-voyages\services\ReservationService.wsdl :

  - remplacer xmlns:interface="http://www.sw-voyages.com:8080/reservation_sw-voyages/services-type/ReservationService-interface" par xmlns:interface="http://www.sw-tourisme-xml.org:8080/reservation_sw-tourisme-xml/services-type/ReservationService-interface" ;

  - remplacer namespace="http://www.sw-voyages.com:8080/reservation_sw-voyages/services-type/ReservationService-interface" par namespace="http://www.sw-tourisme-xml.org:8080/reservation_sw-tourisme-xml/services-type/ReservationService-interface" ;

  - remplacer location="http://www.sw-voyages.com:8080/reservation_sw-voyages/services-type/ReservationService-interface.wsdl" par location="http://www.sw-tourisme-xml.org:8080/reservation_sw-tourisme-xml/services-type/ReservationService-interface.wsdl".

Enfin, sous le répertoire WEB-INF des quatre nouveaux domaines, un fichier web.xml dont le contenu est le suivant doit être ajouté :

```xml
<?xml version="1.0" encoding="ISO-8859-1"?>
<!DOCTYPE web-app
  PUBLIC "-//Sun Microsystems, Inc.//DTD Web Application 2.3//EN"
  "http://java.sun.com/dtd/web-app_2_3.dtd">
<web-app>
  <mime-mapping>
    <extension>xml</extension>
    <mime-type>text/xml</mime-type>
  </mime-mapping>
  <mime-mapping>
    <extension>xsd</extension>
    <mime-type>text/xml</mime-type>
  </mime-mapping>
  <mime-mapping>
    <extension>wsdl</extension>
    <mime-type>text/xml</mime-type>
  </mime-mapping>
</web-app>
```

Ce fichier doit être créé sous les répertoires :

- `{%TOMCAT_HOME%}\webapps\reservation_sw-automobilisme-xml\WEB-INF` ;

- `{%TOMCAT_HOME%}\webapps\reservation_sw-aviation-xml\WEB-INF` ;

- `{%TOMCAT_HOME%}\webapps\reservation_sw-hotellerie-xml\WEB-INF` ;

- `{%TOMCAT_HOME%}\webapps\reservation_sw-tourisme-xml\WEB-INF`.

À l'issue de ces redéploiements et des modifications de fichiers associées, les quatre nouveaux serveurs des organisations sectorielles sont déployés et prêts à démarrer. De même, les descriptions WSDL des points d'accès aux implémentations des quatre sociétés commerciales référencent maintenant les descriptions WSDL des services abstraits et les schémas associés dont les références sont détenues par les nouvelles organisations sectorielles. Ces nouvelles références annulent et remplacent les références propriétaires des quatre sociétés commerciales utilisées dans le premier scénario.

Un dernier changement, lié aux modifications des espaces de noms, doit être réalisé dans les descripteurs de déploiement des services Web des quatre partenaires commerciaux. En effet, ces descripteurs intègrent une référence à l'espace de noms des types sérialisés et désérialisés pour les besoins de fonctionnement de ces services Web. La procédure de modification est la suivante :

1. Utiliser l'outil d'administration fourni avec le moteur SOAP, accessible à l'URL *http://localhost:8080/soap/admin/index.html, selon la procédure déjà décrite dans le premier scénario (voir figure 23-3).*

2. Saisir dans cet écran les informations suivantes pour le descripteur de déploiement de l'application Web de SW-Voyages :

   - l'identifiant du service : `urn:ReservationService` ;

   - la portée du service : la portée est de niveau `application` ;

   - les noms des méthodes de la classe d'implémentation exposées (séparés par un caractère espace) : `book`, `cancel`, `search`, `getAirAvailabilities`, `getCarAvailabilities` et `getHotelAvailabilities` ;

   - le nom qualifié de la classe d'implémentation Java : `com.swvoyages.reservation.ReservationService` ;

   - le nombre de correspondances de types : six correspondances utilisées au total (voir les tableaux ci-après).

Trois correspondances de types Navigateur/serveur SW-Voyages (inchangé)

N°	Caractéristiques	Valeurs
	Type d'encodage	`SOAP`
	URI de l'espace de noms du type	`http://www.sw-voyages.com:8080/reservation_sw-voyages/` `schemas/ReservationService-schema`
	Nom de partie du schéma	`AirAvailability`
1	Nom qualifié de la classe Java associée à cette partie	`com.swvoyages.reservation.AirAvailability`
	Nom qualifié de la classe Java de sérialisation Java vers XML	`org.apache.soap.encoding.soapenc.BeanSerializer`
	Nom qualifié de la classe Java de désérialisation XML vers Java	`org.apache.soap.encoding.soapenc.BeanSerializer`

Trois correspondances de types Navigateur/serveur SW-Voyages (inchangé) *(suite)*

N°	Caractéristiques	Valeurs
	Type d'encodage	`SOAP`
	URI de l'espace de noms du type	`http://www.sw-voyages.com:8080/reservation_sw-voyages/ schemas/ReservationService-schema`
	Nom de partie du schéma	`CarAvailability`
2	Nom qualifié de la classe Java associée à cette partie	`com.swvoyages.reservation.CarAvailability`
	Nom qualifié de la classe Java de sérialisation Java vers XML	`org.apache.soap.encoding.soapenc.BeanSerializer`
	Nom qualifié de la classe Java de désérialisation XML vers Java	`org.apache.soap.encoding.soapenc.BeanSerializer`
	Type d'encodage	`SOAP`
	URI de l'espace de noms du type	`http://www.sw-voyages.com:8080/reservation_sw-voyages/ schemas/ReservationService-schema`
	Nom de partie du schéma	`HotelAvailability`
3	Nom qualifié de la classe Java associée à cette partie	`com.swvoyages.reservation.HotelAvailability`
	Nom qualifié de la classe Java de sérialisation Java vers XML	`org.apache.soap.encoding.soapenc.BeanSerializer`
	Nom qualifié de la classe Java de désérialisation XML vers Java	`org.apache.soap.encoding.soapenc.BeanSerializer`

Trois correspondances de types serveur SW-Voyages/serveurs partenaires (modifié)

N°	Caractéristiques	Valeurs
	Type d'encodage	`SOAP`
	URI de l'espace de noms du type	`http://www.sw-aviation-xml.org:8080/reservation_sw-avia-tion-xml/schemas/ReservationService-schema`
	Nom de partie du schéma	`AirAvailability`
1	Nom qualifié de la classe Java associée à cette partie	`com.swvoyages.reservation.AirAvailability`
	Nom qualifié de la classe Java de sérialisation Java vers XML	`org.apache.soap.encoding.soapenc.BeanSerializer`
	Nom qualifié de la classe Java de désérialisation XML vers Java	`org.apache.soap.encoding.soapenc.BeanSerializer`

Trois correspondances de types serveur SW-Voyages/serveurs partenaires (modifié) *(suite)*

N°	Caractéristiques	Valeurs
2	Type d'encodage	`SOAP`
	URI de l'espace de noms du type	`http://www.sw-automobilisme-xml.org:8080/reservation_sw-automobilisme-xml/schemas/ReservationService-schema`
	Nom de partie du schéma	`CarAvailability`
	Nom qualifié de la classe Java associée à cette partie	`com.swvoyages.reservation.CarAvailability`
	Nom qualifié de la classe Java de sérialisation Java vers XML	`org.apache.soap.encoding.soapenc.BeanSerializer`
	Nom qualifié de la classe Java de désérialisation XML vers Java	`org.apache.soap.encoding.soapenc.BeanSerializer`
3	Type d'encodage	`SOAP`
	URI de l'espace de noms du type	`http://www.sw-hotellerie-xml.org:8080/reservation_sw-hotellerie-xml/schemas/ReservationService-schema`
	Nom de partie du schéma	`HotelAvailability`
	Nom qualifié de la classe Java associée à cette partie	`com.swvoyages.reservation.HotelAvailability`
	Nom qualifié de la classe Java de sérialisation Java vers XML	`org.apache.soap.encoding.soapenc.BeanSerializer`
	Nom qualifié de la classe Java de désérialisation XML vers Java	`org.apache.soap.encoding.soapenc.BeanSerializer`

3. Après le déploiement, copier le fichier de déploiement Java `DeployedServices.ds`, généré par l'outil d'administration dans le répertoire `{%SOAP_HOME%}\webapps\soap`, vers le répertoire racine de l'application Web de SW-Voyages, c'est-à-dire le répertoire `{%TOMCAT_HOME%}\webapps\reservation_sw-voyages`.

La procédure de modification pour l'application Web de SW-Air est présentée ci-après. Elle n'est pas reproduite ici pour les applications de SW-Hôtels et SW-Voitures car elle est strictement identique à celle de SW-Air, aux transpositions de noms près (méthodes, classes d'implémentation et espaces de noms). La procédure qui s'applique est donc la suivante :

1. Utiliser l'outil d'administration fourni avec le moteur SOAP, comme pour SW-Voyages.

2. Saisir dans cet écran les informations suivantes pour le descripteur de déploiement de l'application Web de SW-Air:

   – l'identifiant du service : `urn:ReservationService` ;

   – la portée du service : la portée est de niveau `application` ;

   – les noms des méthodes de la classe d'implémentation exposées (séparés par un caractère espace) : `book`, `cancel`, `search` et `getAirAvailabilities` ;

   – le nom qualifié de la classe d'implémentation Java : `com.swair.reservation.ReservationService` ;

– le nombre de correspondances de types : une correspondance utilisée au total (voir le tableau ci-après) ;

Correspondance de types serveur SW-Air/serveur SW-Voyages

N°	Caractéristiques	Valeurs
1	Type d'encodage	`SOAP`
	URI de l'espace de noms du type	`http://www.sw-aviation-xml.org:8080/reservation_sw-aviation-xml/schemas/ReservationService-schema`
	Nom de partie du schéma	`AirAvailability`
	Nom qualifié de la classe Java associée à cette partie	`com.swair.reservation.AirAvailability`
	Nom qualifié de la classe Java de sérialisation Java vers XML	`org.apache.soap.encoding.soapenc.BeanSerializer`
	Nom qualifié de la classe Java de désérialisation XML vers Java	`org.apache.soap.encoding.soapenc.BeanSerializer`

3. Après le déploiement, copier le fichier de déploiement Java `DeployedServices.ds`, généré par l'outil d'administration dans le répertoire `{%SOAP_HOME%}\webapps\soap`, vers le répertoire racine de l'application Web de SW-Air, c'est-à-dire le répertoire `{%TOMCAT_HOME%}\webapps\reservation_sw-air`.

Développement

La cinématique des échanges entre les serveurs, décrite dans le chapitre 22 (voir la section « Scénario n°2 »), ne peut être déclenchée qu'après la réalisation d'un préalable important.

En effet, il est tout d'abord nécessaire que toutes les entités métier qui interviennent dans le processus de réservation se soient enregistrées dans l'annuaire UDDI, public ou privé (extranet), utilisé par les partenaires engagés dans le processus : les quatre sociétés commerciales (ou centrales de réservation), ainsi que les quatre organisations sectorielles.

Ensuite, les quatre organisations sectorielles doivent publier les caractéristiques des modèles abstraits de réservation (services types) qu'elles contrôlent à destination de l'annuaire UDDI afin que ceux-ci puissent être référencés par les services qui les implémentent.

Enfin, les quatre centrales de réservation doivent également publier les caractéristiques des services commerciaux de réservation qu'elles implémentent, sur la base des modèles abstraits de réservation préalablement publiés par les organisations sectorielles auxquelles elles sont rattachées.

Publication des modèles et services à destination de l'annuaire UDDI

La publication des modèles et implémentations de services de réservation à destination d'un annuaire UDDI peut être réalisée par deux moyens :

• soit par l'utilisation de l'interface applicative Web, généralement fournie avec l'implémentation du serveur UDDI ;

• soit par l'écriture de scripts qui s'appuient sur l'utilisation de l'API cliente de publication UDDI.

Dans ce deuxième scénario, nous allons nous placer dans la seconde hypothèse, ce qui va nous permettre de mettre en œuvre l'implémentation UDDI cliente de Glue Professional.

Pour cela, il est nécessaire de créer autant de sous-répertoires de scripts que de domaines dans le répertoire d'installation de Glue {%GLUE_HOME%}. À la suite de cette opération, l'arborescence du serveur Glue doit être similaire à celle représentée figure 24-2 :

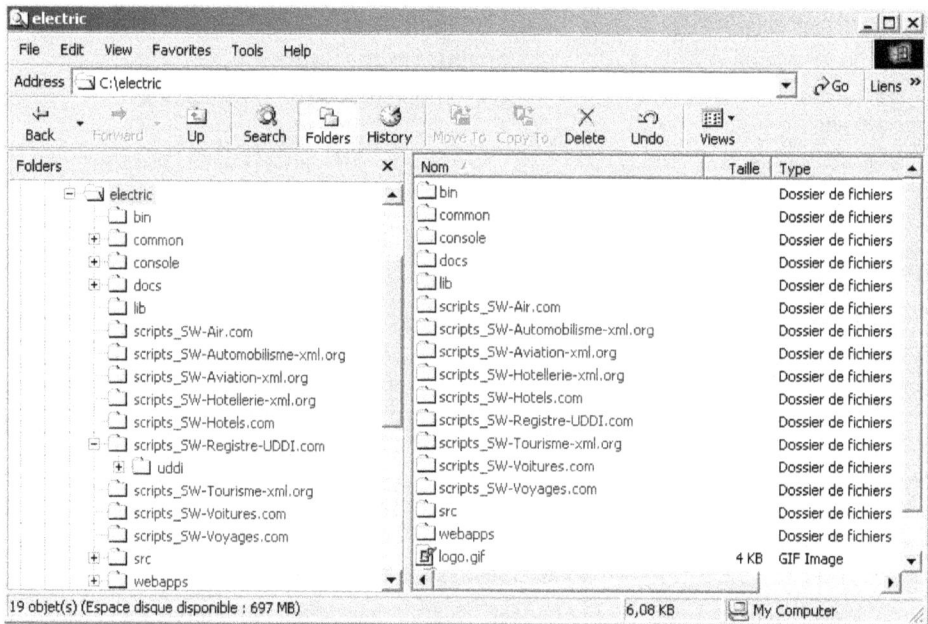

Figure 24-2

Arborescence du serveur Glue Professional.

Scripts de gestion du nœud serveur UDDI

Ces scripts sont stockés dans le répertoire {%GLUE_HOME%}\scripts_SW-Registre-UDDI.org et sont nécessaires à la gestion de l'annuaire UDDI lui-même.

Le script Server.java permet de démarrer le nœud UDDI :

```java
import electric.server.http.HTTP;
import electric.uddi.server.xml.UDDIServer;

public class Server {

  public static void main(String[] args) throws Exception {

    boolean delete = (args.length == 0 || args[ 0 ].equals("true"));
```

```
        // Démarrage du serveur HTTP de traitement des requêtes de recherche.
        HTTP.startup("http://www.sw-registre-uddi.org:8004/glue/inquire",
          "/inquire");

        // Démarrage du serveur HTTP de traitement des requêtes de publication
        (HTTPS optionnel).
        HTTP.startup("http://www.sw-registre-uddi.org:8006/glue/publish",
          "/publish");

        // Démarrage du serveur UDDI (si delete==true, destruction préalable du
        contenu de l'annuaire).
        UDDIServer server = new UDDIServer("inquire/uddi", "publish/uddi",
          "publish/admin", "./uddi", delete);
    }
  }
```

Ce script démarre donc deux serveurs HTTP prêts à servir des requêtes de consultation UDDI (port 8004) ou des requêtes de publication UDDI (port 8006), ici en mode non sécurisé, mais le protocole HTTPS peut être éventuellement utilisé.

Enfin, le serveur UDDI est démarré et publie les interfaces des services qu'il expose : `inquire/uddi` (API de consultation UDDI), `publish/uddi` (API de publication UDDI) et `publish/admin` (API d'administration du serveur).

Ce serveur est administré par un utilisateur qui doit être déclaré via l'API d'administration du serveur. C'est le rôle du script `Administrator.java`, fourni ci-après :

```java
import electric.uddi.admin.IAdmin;
import electric.uddi.admin.User;
import electric.registry.Registry;

public class Administrator {

  public static void main(String[] args) throws Exception {

    // Acquisition du lien avec l'interface d'administration du serveur UDDI.
    IAdmin admin = (IAdmin) Registry.bind(
      "http://www.sw-registre-uddi.org:8006/glue/publish/admin.wsdl",
      IAdmin.class);

    // Ajout d'un utilisateur.
    User user = new User();
    user.setName("uddi");
    user.setPassword("uddi");
    user.setPublish(true);
    user.setMaxBusinesses(10);
    user.setMaxTModels(10);
    user.setMaxServices(10);
    user.setMaxBindings(20);
    admin.saveUser(user);
```

```
    // Enregistrement de l'utilisateur.
    System.out.println("utilisateur enregistré\n" + user);
  }
}
```

Les deux scripts doivent être exécutés dans l'ordre qui suit :

1. Server.java ;

2. Administrator.java.

Publication du modèle de réservation aérienne

Ces scripts sont stockés dans le répertoire {%GLUE_HOME%}\scripts_SW-Aviation-xml.org et permettent de publier l'entité métier SW-Aviation-XML d'une part, et le modèle abstrait du service de réservation aérienne sw-aviation-xml-org:reservation d'autre part.

Le script BusinessEntity.java publie tout d'abord les coordonnées de l'entité SW-Aviation-XML :

```java
import electric.uddi.Address;
import electric.uddi.Business;
import electric.uddi.Category;
import electric.uddi.Contact;
import electric.uddi.Description;
import electric.uddi.Email;
import electric.uddi.IUDDI;
import electric.uddi.IUDDIConstants;
import electric.uddi.Phone;
import electric.uddi.UDDIException;
import electric.uddi.client.UDDIClient;

public class BusinessEntity {

  public static void main(String[] args) throws Exception {

    String businessEntityName = "SW-Aviation-XML";
```

Le code ci-après permet de récupérer les paramètres de connexion à l'annuaire UDDI choisi, à savoir l'URL de consultation, l'URL de publication et les coordonnées de l'utilisateur. Cette partie de code, identique dans tous les exemples de scripts qui suivent, sera omise dans les prochains scripts.

```java
    String inquireURL = "";
    String publishURL = "";
    String user = "";
    String password = "";

    // Récupération des paramètres de l'annuaire UDDI.
    if(args.length > 0) {
      inquireURL = args[0];
      publishURL = args[1];
      user = args[2];
      password = args[3];
    }
```

```
if (inquireURL.equals("")) {
  inquireURL = "http://www.sw-registre-uddi.org:8004/glue/inquire/uddi";
}
if (publishURL.equals("")) {
  publishURL = "http://www.sw-registre-uddi.org:8006/glue/publish/uddi";
}
if (user.equals("")) {
  user = "uddi";
}
if (password.equals("")) {
  password = "uddi";
}


// Instanciation du client UDDI.
IUDDI uddi = new UDDIClient(inquireURL, publishURL, user, password);


// Instanciation de l'entité métier.
Business business = new Business(businessEntityName);


// Instanciation d'un contact.
Contact contact = new Contact("Paul SW-Dupond");
contact.setUseType("Directeur");
contact.addDescription(new Description("Director SW-Aviation-XML", "en"));
contact.addDescription(new Description("Directeur SW-Aviation-XML", "fr"));


// Ajout d'une adresse mail.
Email email = new Email("pswdupond@sw-aviation-xml.org");
email.setUseType("not secure");
contact.addEmail(email);


// Ajout d'un numéro de téléphone.
Phone phone = new Phone("+ 33 9 99 99 99 98");
phone.setUseType("office number");
contact.addPhone(phone);


// Ajout d'une adresse.
String[] lines = new String[]{"2372, route de la Reine", "78000 Versailles",
"France"};
Address address = new Address(lines);
address.setUseType("siège social");
contact.addAddress(address);


// Affectation du contact à l'entité métier.
business.addContact(contact);


// Ajout des descriptions de l'entité métier.
Description description = new Description("The travel at your finger tips.",
  "en");
business.addDescription(description);
description = new Description("Le voyage au bout des doigts", "fr");
business.addDescription(description);
```

```
    // Catégorisation de l'entité métier en "Information" (NAICS).
    // (voir http://www.naics.com pour plus de details)
    // (voir http://www.census.gov/epcd/naics/naicscod.txt pour la liste des
      codes)
    Category naics = new Category("Information", "51");
    naics.setTModelKey(IUDDIConstants.UDDI_NAICS_UUID);
    business.addCategory(naics);

    // Catégorisation de l'entité métier en "Information Services and Data
      Processing Services" (NAICS).
    naics = new Category("Information Services and Data Processing Services",
      "514");
    naics.setTModelKey(IUDDIConstants.UDDI_NAICS_UUID);
    business.addCategory(naics);

    // Catégorisation de l'entité métier en "Data Processing Services" (NAICS).
    naics = new Category("Data Processing Services", "5142");
    naics.setTModelKey(IUDDIConstants.UDDI_NAICS_UUID);
    business.addCategory(naics);

    // Publication de l'entité métier.
    try {
      Business savedBusiness = uddi.saveBusiness(business);
      System.out.println("\nentité métier publiée\n" + savedBusiness);
    }
    catch (UDDIException e) {
      System.out.println("\nune exception " + e + " s'est produite : " +
        e.getDispositionReport());
    }
  }
}
```

La publication du modèle abstrait du service de réservation aérienne `sw-aviation-xml-org:reservation` est ensuite réalisée par le script `TemplateModel.java` :

```java
import electric.uddi.Category;
import electric.uddi.Description;
import electric.uddi.IUDDI;
import electric.uddi.IUDDIConstants;
import electric.uddi.Overview;
import electric.uddi.TModel;
import electric.uddi.UDDIException;
import electric.uddi.client.UDDIClient;

public class TemplateModel {

  public static void main(String[] args) throws Exception {

    String tModelName = "sw-aviation-xml-org:reservation";

    … acquisition paramètres de connexion à l'annuaire UDDI …
```

```
        // Instanciation du client UDDI.
        IUDDI uddi = new UDDIClient(inquireURL, publishURL, user, password);

        // Instanciation du service type de réservation.
        TModel tModel = new TModel(tModelName);

        // Catégorisation du service type en tant que spécification WSDL.
        Category category = new Category("uddi-org:types", "wsdlSpec");
        category.setTModelKey(IUDDIConstants.UDDI_TYPE_TAXONOMY_NAME_UUID);
        tModel.addCategory(category);

        // Catégorisation du service type en "On-Line Information Services" (NAICS).
        category = new Category("On-Line Information Services", "514191");
        category.setTModelKey(IUDDIConstants.UDDI_NAICS_UUID);
        tModel.addCategory(category);

        // Catégorisation du service type en "Internet and intranet software"
          (UNSPSC).
        category = new Category("Internet and intranet software", "431628");
        category.setTModelKey(IUDDIConstants.UDDI_UNSPSC_UUID);
        tModel.addCategory(category);

        // Ajout des descriptions du service type.
        Description description = new Description("Travel reservation service",
          "en");
        tModel.addDescription(description);
        description = new Description("Service de réservation de voyages", "fr");
        tModel.addDescription(description);

        // Affecte l'URL de résumé du service type.
        String url = "http://www.sw-aviation-xml.org:8080/reservation_sw-aviation-
          xml/services-type/ReservationService-interface.wsdl";
        description = new Description("Fichier de description WSDL du service de
          réservation de voyages.", "fr");
        Overview overview = new Overview(description, url);
        tModel.setOverview(overview);

        // Publication du service type.
        try {
          TModel savedTModel = uddi.saveTModel(tModel);
          System.out.println("\nservice type publié\n" + savedTModel);
        }
        catch (UDDIException e) {
          System.out.println("\nune exception " + e + " s'est produite : " +
            e.getDispositionReport());
        }
      }
    }
```

Les deux scripts peuvent être exécutés dans un ordre indifférent : BusinessEntity.java avant Templa-teModel.java ou l'inverse.

Le script `TemplateModel.java` doit être exécuté avant le script `BusinessService.java` de l'entité métier SW-Air car ce dernier a besoin de faire le lien avec le modèle abstrait publié ici.

Publication du point d'accès au service de réservation aérienne

Ces scripts sont stockés dans le répertoire `{%GLUE_HOME%}\scripts_SW-Air.com` et permettent de publier l'entité métier SW-Air d'une part, et l'implémentation du modèle abstrait du service de réservation aérienne `sw-aviation-xml-org:reservation` d'autre part.

Le script `BusinessEntity.java` publie tout d'abord les coordonnées de l'entité métier SW-Air :

```java
import electric.uddi.Address;
import electric.uddi.Business;
import electric.uddi.Category;
import electric.uddi.Contact;
import electric.uddi.Description;
import electric.uddi.Email;
import electric.uddi.IUDDI;
import electric.uddi.IUDDIConstants;
import electric.uddi.Phone;
import electric.uddi.UDDIException;
import electric.uddi.client.UDDIClient;

public class BusinessEntity {

  public static void main( String[] args ) throws Exception {

    String businessEntityName = "SW-Air";

    … acquisition paramètres de connexion à l'annuaire UDDI …

    // Instanciation du client UDDI.
    IUDDI uddi = new UDDIClient(inquireURL, publishURL, user, password);

    // Instanciation de l'entité métier.
    Business business = new Business(businessEntityName);

    // Instanciation d'un contact.
    Contact contact = new Contact("Pierre SW-Durant");
    contact.setUseType("PDG");
    contact.addDescription(new Description("CEO SW-Air", "en"));
    contact.addDescription(new Description("PDG SW-Air", "fr"));

    // Ajout d'une adresse mail.
    Email email = new Email("pswdurant@sw-air.com");
    email.setUseType("not secure");
    contact.addEmail(email);

    // Ajout d'un numéro de téléphone.
    Phone phone = new Phone("+ 33 9 99 99 99 97");
    phone.setUseType("office number");
```

```
      contact.addPhone(phone);

      // Ajout d'une adresse.
      String[] lines = new String[]{"2645, place des métiers", "69000 Lyon",
        "France"};
      Address address = new Address(lines);
      address.setUseType("siège social");
      contact.addAddress(address);

      // Affectation du contact à l'entité métier.
      business.addContact(contact);

      // Ajout des descriptions de l'entité métier.
      Description description = new Description("The travel at your finger tips.",
        "en");
      business.addDescription(description);
      description = new Description("Le voyage au bout des doigts", "fr");
      business.addDescription(description);

      // Catégorisation de l'entité métier en "Information" (NAICS).
      // (voir http://www.naics.com pour plus de details)
      // (voir http://www.census.gov/epcd/naics/naicscod.txt pour la liste des
        codes)
      Category naics = new Category("Information", "51");
      naics.setTModelKey(IUDDIConstants.UDDI_NAICS_UUID);
      business.addCategory(naics);

      // Catégorisation de l'entité métier en "Information Services and Data
        Processing Services" (NAICS).
      naics = new Category("Information Services and Data Processing Services",
        "514");
      naics.setTModelKey(IUDDIConstants.UDDI_NAICS_UUID);
      business.addCategory(naics);

      // Catégorisation de l'entité métier en "Data Processing Services" (NAICS).
      naics = new Category("Data Processing Services", "5142");
      naics.setTModelKey(IUDDIConstants.UDDI_NAICS_UUID);
      business.addCategory(naics);

      // Publication de l'entité métier.
      try {
        Business savedBusiness = uddi.saveBusiness(business);
        System.out.println("\nentité métier publiée\n" + savedBusiness);
      }
      catch (UDDIException e) {
        System.out.println("\nune exception " + e + " s'est produite : " +
          e.getDispositionReport());
      }
    }
  }
```

La publication de l'implémentation du modèle abstrait du service de réservation aérienne sw-aviation-xml-org:reservation est ensuite réalisée par l'intermédiaire du script BusinessService.java :

```java
import electric.uddi.AccessPoint;
import electric.uddi.Binding;
import electric.uddi.BusinessInfos;
import electric.uddi.Category;
import electric.uddi.Description;
import electric.uddi.IUDDI;
import electric.uddi.IUDDIConstants;
import electric.uddi.Service;
import electric.uddi.TModelInfos;
import electric.uddi.TModelInstance;
import electric.uddi.UDDIException;
import electric.uddi.client.UDDIClient;

public class BusinessService {

  public static void main(String[] args) throws Exception {

    String tModelName = "sw-aviation-xml-org:reservation";
    String businessEntityName = "SW-Air";

    … acquisition paramètres de connexion à l'annuaire UDDI …

    // Instanciation du client UDDI.
    IUDDI uddi = new UDDIClient(inquireURL, publishURL, user, password);

    // Recherche d'un service type dont le nom est spécifié.
    TModelInfos tModelInfos = uddi.findTModels(tModelName, null);

    // Affichage des informations de chaque service type trouvé.
    for(int i = 0; i < tModelInfos.list.length; i++) {
      System.out.println("tModelInfos " + i + " =\n" + tModelInfos.list[i]);
    }

    // Sélection de la clé du premier service type.
    String tModelKey = tModelInfos.list[0].getTModelKey();

    // Recherche de la clé de la première entité métier dont le nom est
      spécifié.
    BusinessInfos businessInfos = uddi.findBusinesses(businessEntityName, null);
    String businessKey = businessInfos.list[0].getBusinessKey();
    System.out.println("businessKey = " + businessKey + "\n");

    // Instanciation du service métier.
    Service service = new Service("Reservation");
    service.setBusinessKey(businessKey);

    // Instanciation d'une liaison pour une implémentation particulière
    // du service de réservation de SW-Voyages.
```

```
      Binding binding = new Binding();
      TModelInstance tModelInstance = new TModelInstance(tModelKey);
      binding.addTModelInstance(tModelInstance);
      Description description = new Description("Access point for the reservation
        service implementation", "en");
      binding.addDescription(description);
      description = new Description("Point d'accès vers l'implémentation du
        service de réservation", "fr");
      binding.addDescription(description);
      AccessPoint accessPoint = new AccessPoint(
        "http://www.sw-air.com:8080/reservation_sw-air/servlet/rpcrouter",
        "http");
      binding.setAccessPoint(accessPoint);

      // Ajout de la liaison au service métier.
      service.addBinding(binding);

      // Catégorisation du service métier en "On-Line Information Services"
        (NAICS).
      Category category = new Category("On-Line Information Services", "514191");
      category.setTModelKey(IUDDIConstants.UDDI_NAICS_UUID);
      service.addCategory(category);

      // Catégorisation du service métier en "Internet and intranet software"
        UNSPSC).
      category = new Category("Internet and intranet software", "431628");
      category.setTModelKey(IUDDIConstants.UDDI_UNSPSC_UUID);
      service.addCategory(category);

      // Ajout des descriptions du service métier.
      description = new Description("Link to the reservation service", "en");
      service.addDescription(description);
      description = new Description("Lien vers le service de réservation", "fr");
      service.addDescription(description);

      // Publication du service métier.
      try {
        Service savedService = uddi.saveService(service);
        System.out.println("\nservice métier publié\n" + savedService);
      }
      catch (UDDIException e) {
        System.out.println("\nune exception " + e + " s'est produite : " +
          e.getDispositionReport());
      }
    }
  }
```

Les deux scripts doivent être exécutés dans l'ordre qui suit :

1. BusinessEntity.java ;

2. BusinessService.java.

Le script `BusinessService.java` doit être exécuté après le script `TemplateModel.java` de l'entité métier `SW-Aviation-XML` car il fait le lien avec le modèle abstrait publié par cette entité.

Publication du modèle de réservation automobile

Ces scripts sont stockés dans le répertoire `{%GLUE_HOME%}\scripts_SW-Automobilisme-xml.org` et permettent de publier l'entité métier `SW-Automobilisme-XML` d'une part (script `BusinessEntity.java`), et le modèle abstrait du service de réservation automobile `sw-automobilisme-xml-org:reservation` d'autre part (script `TemplateModel.java`).

Les scripts ne sont pas reproduits ici car ils sont similaires à ceux du modèle de réservation aérienne et n'apportent pas d'information supplémentaire.

Seules les informations qui suivent nécessitent d'être rappelées, pour une bonne compréhension de la suite du chapitre :

- nom de l'entité métier : `SW-Automobilisme-XML` ;

- nom du modèle abstrait : `sw-automobilisme-xml-org:reservation` ;

- URL de la description WSDL du service : *http://www.sw-automobilisme-xml.org:8080/reservation_sw-auto-mobilisme-xml/services-type/ReservationService-interface.wsdl*.

Les deux scripts peuvent être exécutés dans un ordre indifférent : `BusinessEntity.java` avant `TemplateModel.java` ou l'inverse.

Le script `TemplateModel.java` doit être exécuté avant le script `BusinessService.java` de l'entité métier `SW-Voitures` car ce dernier a besoin de faire le lien avec le modèle abstrait publié ici.

Publication du point d'accès au service de réservation automobile

Ces scripts sont stockés dans le répertoire `{%GLUE_HOME%}\scripts_SW-Voitures.com` et permettent de publier l'entité métier `SW-Voitures` d'une part (script `BusinessEntity.java`), et l'implémentation du modèle abstrait du service de réservation automobile `sw-automobilisme-xml-org:reservation` d'autre part.

Les scripts ne sont pas reproduits ici car ils sont similaires à ceux du point d'accès au service de réservation aérienne.

Seules les informations qui suivent nécessitent d'être rappelées :

- nom de l'entité métier : `SW-Voitures` ;

- nom du modèle abstrait implémenté : `sw-automobilisme-xml-org:reservation` ;

- URL du point d'accès au service métier : *http://www.sw-voitures.com:8080/reservation_sw-voitures/servlet/rpcrouter*.

Les deux scripts doivent être exécutés dans l'ordre qui suit :

1. `BusinessEntity.java` ;

2. `BusinessService.java`.

Le script `BusinessService.java` doit être exécuté après le script `TemplateModel.java` de l'entité métier `SW-Automobilisme-XML` car il fait le lien avec le modèle abstrait publié par cette entité.

Publication du modèle de réservation hôtelière

Ces scripts sont stockés dans le répertoire `{%GLUE_HOME%}\scripts_SW-Hotellerie-xml.org` et permettent de publier l'entité métier `SW-Hotellerie-XML` d'une part (script `BusinessEntity.java`), et le modèle abstrait du service de réservation hôtelière `sw-hotellerie-xml-org:reservation` d'autre part (script `TemplateModel.java`).

Ces scripts ne sont pas reproduits ici car ils sont similaires à ceux du modèle de réservation aérienne et automobile et n'apportent pas d'information supplémentaire.

Seules les informations qui suivent nécessitent d'être rappelées, pour une bonne compréhension de la suite du chapitre :

- nom de l'entité métier : `SW-Hotellerie-XML` ;
- nom du modèle abstrait : `sw-hotellerie-xml-org:reservation` ;
- URL de la description WSDL du service : *http://www.sw-hotellerie-xml.org:8080/reservation_sw-hotellerie-xml/services-type/ReservationService-interface.wsdl*.

Les deux scripts peuvent être exécutés dans un ordre indifférent : `BusinessEntity.java` avant `TemplateModel.java` ou l'inverse.

Le script `TemplateModel.java` doit être exécuté avant le script `BusinessService.java` de l'entité métier `SW-Hotels` car ce dernier a besoin de faire le lien avec le modèle abstrait publié ici.

Publication du point d'accès au service de réservation hôtelière

Ces scripts sont stockés dans le répertoire `{%GLUE_HOME%}\scripts_SW-Hotels.com` et permettent de publier l'entité métier `SW-Hotels` d'une part (script `BusinessEntity.java`), et l'implémentation du modèle abstrait du service de réservation hôtelière `sw-hotellerie-xml-org:reservation` d'autre part.

Ces scripts ne sont pas reproduits ici car ils sont similaires à ceux du point d'accès au service de réservation aérienne ou au service de réservation automobile.

Seules les informations qui suivent nécessitent d'être rappelées :

- nom de l'entité métier : `SW-Hotels` ;
- nom du modèle abstrait implémenté : `sw-hotellerie-xml-org:reservation` ;
- URL du point d'accès au service métier : *http://www.sw-hotels.com:8080/reservation_sw-hotels/servlet/rpcrouter*.

Les deux scripts doivent être exécutés dans l'ordre qui suit :

1. `BusinessEntity.java` ;
2. `BusinessService.java`.

Le script `BusinessService.java` doit être exécuté après le script `TemplateModel.java` de l'entité métier `SW-Hotellerie-XML` car il fait le lien avec le modèle abstrait publié par cette entité.

Publication du modèle de réservation de voyage

Ces scripts sont stockés dans le répertoire `{%GLUE_HOME%}\scripts_SW-Tourisme-xml.org` et permettent de publier l'entité métier `SW-Tourisme-XML` d'une part (script `BusinessEntity.java`), et le modèle abstrait du service de réservation de voyage `sw-tourisme-xml-org:reservation` d'autre part (script `TemplateModel.java`).

Les scripts ne sont pas reproduits ici car ils sont similaires à ceux des modèles de réservation aérienne, automobile et hôtelière et n'apportent pas d'information supplémentaire.

Seules les informations qui suivent nécessitent d'être rappelées, pour une bonne compréhension de la suite du chapitre :

• nom de l'entité métier : `SW-Tourisme-XML` ;

• nom du modèle abstrait : `sw-tourisme-xml-org:reservation` ;

• URL de la description WSDL du service : *http://www.sw-tourisme-xml.org:8080/reservation_sw-tourisme-xml/services-type/ReservationService-interface.wsdl*

Les deux scripts peuvent être exécutés dans un ordre indifférent : `BusinessEntity.java` avant `TemplateModel.java` ou l'inverse.

Le script `TemplateModel.java` doit être exécuté avant le script `BusinessService.java` de l'entité métier `SW-Voyages` car ce dernier a besoin de faire le lien avec le modèle abstrait publié ici.

Publication du point d'accès au service de réservation de voyage

Ces scripts sont stockés dans le répertoire `{%GLUE_HOME%}\scripts_SW-Voyages.com` et permettent de publier l'entité métier `SW-Voyages` d'une part (script `BusinessEntity.java`), et l'implémentation du modèle abstrait du service de réservation hôtelière `sw-tourisme-xml-org:reservation` d'autre part.

Les scripts ne sont pas reproduits ici car ils sont similaires à ceux de publication du point d'accès aux services de réservation aérienne, automobile ou hôtelière.

Seules les informations qui suivent nécessitent d'être rappelées :

• nom de l'entité métier : `SW-Voyages` ;

• nom du modèle abstrait implémenté : `sw-tourisme-xml-org:reservation` ;

• URL du point d'accès au service : *http://www.sw-voyages.com:8080/reservation_sw-voyages/servlet/rpcrouter.*

Les deux scripts doivent être exécutés dans l'ordre qui suit :

1. `BusinessEntity.java` ;

2. `BusinessService.java`.

Le script `BusinessService.java` doit être exécuté après le script `TemplateModel.java` de l'entité métier `SW-Tourisme-XML` car il fait le lien avec le modèle abstrait publié par cette entité.

Application Web de SW-Voyages

L'arborescence de l'application Web de la société SW-Voyages (contexte `reservation_sw-voyages`) reste identique à celle du premier scénario, à l'exception des répertoires `schemas` et `services-type` qui ont disparu au profit de l'application de l'organisation sectorielle SW-Tourisme-XML dont dépend l'agence de voyages.

Partie serveur de l'application Web de SW-Voyages

Cette partie de l'application Web de SW-Voyages est la seule à être affectée par le passage à la seconde génération du système de réservation. Plus précisément, seule la classe d'implémentation du service Web (classe ReservationService.java) a subi des changements liés à la prise en compte de l'annuaire UDDI.

Classe ReservationService.java

Cette classe est essentiellement modifiée de manière à utiliser une nouvelle classe Reservation-Finder.java dont l'objectif consiste à implémenter la stratégie de recherche des partenaires de SW-Voyages dans le cadre du processus de réservation. La classe implémente toujours les méthodes suivantes (téléchargez le code source sur www.editions-eyrolles.com) :

- search : invoque successivement les trois services afin d'obtenir la réponse des partenaires. L'invocation de cette méthode est le résultat de l'action n°1 décrite dans la cinématique des échanges (figure 22-9) et déclenchée par le script reservation.js décrit dans le chapitre 22. Cette invocation provoque l'activation de la méthode équivalente à destination des implémentations des serveurs SW-Air, SW-Hôtels et SW-Voitures. Ces dernières invocations correspondent aux actions n°20, 22 et 24 décrites dans la cinématique des échanges. Les numéros de réservation, renvoyés par ces trois serveurs, sont ensuite enregistrés localement, ce qui correspond à la fin des actions n°21, 23 et 25.

- book : invoque successivement les trois services afin d'obtenir la réponse des partenaires. L'invocation de cette méthode est le résultat de l'action n°39 décrite dans la cinématique des échanges (figure 22-9) et déclenchée par le script reservation.js. Cette invocation provoque l'activation de la méthode équivalente à destination des implémentations des serveurs SW-Air, SW-Hôtels et SW-Voitures. Ces dernières invocations correspondent aux actions n°40, 42 et 44 décrites dans la cinématique des échanges. Les trois serveurs renvoient ensuite leurs réponses respectives, ce qui correspond à la fin des actions n°41, 43 et 45.

- cancel : invoque successivement les trois services afin d'obtenir la réponse des partenaires. L'invocation de cette méthode est le résultat de l'action n°39 décrite dans la cinématique des échanges (figure 22-9) et déclenchée par le script reservation.js. Cette invocation provoque l'activation de la méthode équivalente à destination des implémentations des serveurs SW-Air, SW-Hôtels et SW-Voitures. Ces dernières invocations correspondent aux actions n°40, 42 et 44 décrites dans la cinématique des échanges. Les trois serveurs renvoient ensuite leurs réponses respectives, ce qui correspond à la fin des actions n°41, 43 et 45.

- getAirAvailabilities : invoque le service du partenaire de réservation aérienne afin d'obtenir ses disponibilités. L'invocation de cette méthode est le résultat de l'action n°27 décrite dans la cinématique des échanges (figure 22-9) et déclenchée par le script reservation.js. Cette invocation provoque l'activation de la méthode équivalente à destination du serveur SW-Air qui correspond à l'action n°28 décrite dans la cinématique des échanges. Le serveur SW-Air renvoie ensuite ses disponibilités (action n°29), lesquelles sont enfin retournées au navigateur (action n°30).

- getCarAvailabilities : invoque le service du partenaire de réservation automobile afin d'obtenir ses disponibilités. L'invocation de cette méthode est le résultat de l'action n°31 décrite dans la cinématique des échanges (figure 22-9) et déclenchée par le script reservation.js. Cette invocation provoque l'activation de la méthode équivalente à destination du serveur SW-Voitures qui correspond à l'action n°32 décrite dans la cinématique des échanges. Le serveur SW-Voitures renvoie ensuite ses disponibilités (action n°33), lesquelles sont enfin retournées au navigateur (action n°34) :

- `getHotelAvailabilities` : invoque le service du partenaire de réservation hôtelière afin d'obtenir ses disponibilités. L'invocation de cette méthode est le résultat de l'action n°35 décrite dans la cinématique des échanges (figure 22-9) et déclenchée par le script `reservation.js`. Cette invocation provoque l'activation de la méthode équivalente à destination du serveur SW-Hôtels qui correspond à l'action n°36 décrite dans la cinématique des échanges. Le serveur SW-Hôtels renvoie ensuite ses disponibilités (action n°37), lesquelles sont enfin retournées au navigateur (action n°38) :

Par ailleurs, la classe d'implémentation du service Web présente toujours quelques méthodes génériques particulières :

- `invoke` : méthode d'invocation générique du service Web d'un partenaire. Cette méthode encapsule les appels à l'API de l'implémentation Apache SOAP.

- `getSchemaNamespace` : cette méthode est chargée de la récupération de l'espace de noms associé au service Web d'un partenaire à partir de la description WSDL de son implémentation. La méthode est légèrement modifiée par rapport à celle qui est décrite dans le premier scénario : en effet, la première version cherchait à récupérer la définition du premier import pour ensuite récupérer l'espace de noms du schéma. Ici, cela n'est pas nécessaire car la description WSDL dont l'adresse est passée en paramètre est une description abstraite auprès de laquelle il est possible de récupérer directement l'espace de noms (méthode `getNamespaceURI`). Cette méthode fait appel au paquetage WSDL4J d'IBM.

- `getServiceDefinition` : cette méthode a pour objet de récupérer la définition de service associée au service Web d'un partenaire à partir de la description WSDL de son implémentation. Cette méthode utilise également le paquetage WSDL4J d'IBM.

La méthode `getServiceAccessPoint` utilisée dans l'implémentation du premier scénario n'est plus nécessaire. En effet, cette information est maintenant récupérée directement auprès de l'annuaire UDDI par l'intermédiaire de la classe `ReservationFinder.java`.

Cette classe effectue les recherches nécessaires à l'aide de l'annuaire UDDI dont l'URL de l'API de recherche est codée directement dans la variable `UDDI_INQUIRE_URL` de la classe `ReservationService.java` :

```
/*
 * URL de l'annuaire UDDI de référence.
 */
private static String UDDI_INQUIRE_URL =
   "http://www.sw-registre-uddi.org:8004/glue/inquire/uddi";
```

La variable `UDDI_INQUIRE_URL` pourrait bien entendu être externalisée dans un fichier de configuration du service Web. Il en va de même pour les noms des trois modèles de services Web abstraits (aérien, automobile et hôtelier) à rechercher dans l'annuaire UDDI :

```
/*
 * Nom du service type de réservation aérienne.
 */
```

```
private static String AIR_TMODEL_NAME = "sw-aviation-xml-org:reservation";

/*
* Nom du service type de réservation automobile.
*/
private static String CAR_TMODEL_NAME = "sw-automobilisme-xml-org:reservation";

/*
* Nom du service type de réservation hôtelière.
*/
private static String HOTEL_TMODEL_NAME = "sw-hotellerie-xml-org:reservation";
```

L'acquisition des URL des points d'accès aux implémentations des partenaires et des espaces de noms correspondants est réalisée dans le constructeur de la classe `ReservationService.java`. Cette méthode implémente toutes les actions de liaison avec l'annuaire UDDI, c'est-à-dire les actions n°2 à n°19 décrites dans la cinématique des échanges (figure 22-9) :

```
/*
* Le constructeur du service de réservation. Récupère,
* via l'annuaire UDDI, les URL d'accès aux services
* de réservation des partenaires, ainsi que les espaces
* de noms associés aux schémas des services abstraits
* implémentés par les partenaires.
*/
public ReservationService() throws ReservationException {
  String[] parameters = getFinder().lookup(UDDI_INQUIRE_URL, AIR_TMODEL_NAME);
  setAirSchemaNamespace(getSchemaNamespace(parameters[0]));
  setAirServiceAccessPoint(parameters[1]);
  parameters = getFinder().lookup(UDDI_INQUIRE_URL, CAR_TMODEL_NAME);
  setCarSchemaNamespace(getSchemaNamespace(parameters[0]));
  setCarServiceAccessPoint(parameters[1]);
  parameters = getFinder().lookup(UDDI_INQUIRE_URL, HOTEL_TMODEL_NAME);
  setHotelSchemaNamespace(getSchemaNamespace(parameters[0]));
  setHotelServiceAccessPoint(parameters[1]);
}
```

Enfin, la méthode `getSOAPMappingRegistry` est toujours présente dans cette implémentation, elle prend en charge la déclaration des *mappers* nécessaires à la conversion des types complexes `AirAvailability`, `CarAvailability` et `HotelAvailability`. Ceux-ci utilisent les services de sérialisation/ désérialisation de la classe générique `BeanSerializer.java` présente dans l'implémentation Apache SOAP :

```
private synchronized SOAPMappingRegistry getSOAPMappingRegistry()
  throws ReservationException {
  if (smr==null) {
    smr = new SOAPMappingRegistry();
    BeanSerializer bs = new BeanSerializer();

    smr.mapTypes(Constants.NS_URI_SOAP_ENC,
      new QName(getAirSchemaNamespace(), "AirAvailability"),
      AirAvailability.class, bs, bs);
```

```
      smr.mapTypes(Constants.NS_URI_SOAP_ENC,
        new QName(getCarSchemaNamespace(), "CarAvailability"),
        CarAvailability.class, bs, bs);
      smr.mapTypes(Constants.NS_URI_SOAP_ENC,
        new QName(getHotelSchemaNamespace(), "HotelAvailability"),
        HotelAvailability.class, bs, bs);
    }
    return smr;
  }
```

Classe ReservationFinder.java

Cette nouvelle version du service Web Java de SW-Voyages ne recherche donc plus les URL des points d'accès aux implémentations des services Web des partenaires dans les fichiers de description WSDL associés à ces services.

Au lieu de cela, la recherche est réalisée par l'intermédiaire de l'annuaire UDDI dont l'adresse est référencée dans la variable statique UDDI_INQUIRE_URL. Toute la logique d'accès à cet annuaire est implémentée dans une nouvelle classe ReservationFinder.java. La classe d'implémentation du service Web fait appel à cette classe pour récupérer deux informations importantes (voir le constructeur de la classe ReservationService.java) :

- l'URL de la description WSDL du service type implémenté ;
- l'URL du point d'accès à l'implémentation d'un partenaire.

La classe ReservationFinder.java est la seule classe qui ait besoin d'implémenter l'API d'accès (en mode recherche uniquement) à l'annuaire UDDI du produit Glue.

La stratégie de recherche de partenaires implémentée pour notre exemple est minimale :

1. La classe recherche tout d'abord la collection des services types dont le nom est passé en paramètre :

   - sw-aviation-xml-org:reservation pour le modèle de la réservation aérienne (voir la variable AIR_TMODEL_NAME de la classe ReservationService.java) ;

   - sw-automobilisme-xml-org:reservation pour le modèle de la réservation automobile (voir la variable CAR_TMODEL_NAME de la classe ReservationService.java) ;

   - sw-hotellerie-xml-org:reservation pour le modèle de la réservation hôtelière (voir variable HOTEL_TMODEL_NAME de la classe ReservationService.java).

2. Parmi les services types trouvés, la classe en choisit un au hasard et recherche la collection des entités métier qui l'implémentent.

3. Parmi les entités métier trouvées, la classe en choisit une au hasard et recherche la collection des services métier de cette entité métier qui implémentent le service type sélectionné.

4. Parmi les services métier trouvés, la classe en choisit un au hasard et recherche la collection des liaisons de ce service métier qui implémentent le service type sélectionné.

5. Parmi les liaisons trouvées, la classe en choisit une au hasard et recherche le point d'accès correspondant, ainsi que la description WSDL du service type implémenté.

L'implémentation de la classe ReservationFinder.java est présentée dans le code source que vous pouvez télécharger sur www.editions-eyrolles.com.

Applications Web des partenaires de SW-Voyages

Par rapport au premier scénario, les applications Web déployées par les partenaires sont inchangées et demeurent strictement identiques aux versions de la première génération. Seuls les descripteurs de déploiement ont été modifiés pour refléter le changement de l'espace de noms associé aux types de données sérialisés passés sous le contrôle des organismes sectoriels.

Le développement de la deuxième génération du service Web de réservation de SW-Voyages n'aura donc eu qu'un impact extrêmement limité sur les systèmes d'information de ses partenaires.

Partie serveur de l'application Web des partenaires de SW-Voyages

Il n'y a aucun changement par rapport au premier scénario (voir précédemment).

Architecture dynamique (UDDI) – Implémentation .NET

Ce chapitre est le second de la partie consacrée à la présentation d'une architecture de service dynamique. Cette implémentation s'appuie toujours sur l'exploitation d'un annuaire UDDI pour découvrir à l'exécution les points d'accès des services de réservation des partenaires de SW-Voyages.

Conformément aux nouveaux choix technologiques de SW-Voyages, cette troisième génération du logiciel de réservation s'appuie maintenant sur la plate-forme technologique .NET de Microsoft.

Cette troisième génération du logiciel de réservation correspond au scénario n°3 présenté chapitre 22.

Implémentation

Le déploiement des composants applicatifs sur les plates-formes techniques de chacun des partenaires (commerciaux et organisations sectorielles) est maintenu sous forme d'installation d'applications Web : en technologie .NET pour SW-Voyages et Java pour ses partenaires (statu quo).

Produits utilisés

Les produits utilisés dans ce troisième scénario sont identiques à ceux qui ont été mis en œuvre dans le deuxième scénario.

À cette liste de produits utilisés, il convient cependant d'ajouter les produits spécifiques à la plate-forme de Microsoft qui remplace la plate-forme Java précédemment mise en œuvre par SW-Voyages :

- Internet Information Server 5.0 ;
- Visual Studio.NET 7.0 ;
- UDDI.NET SDK 1.76 bêta.

Microsoft Internet Information Server (IIS) 5.0

Le serveur HTTP de Microsoft est installé en standard dans tous les serveurs Windows 2000 (voir *http://www.microsoft.com/windows2000/technologies/web/default.asp*). Il est également disponible dans la version Windows 2000 Professional en nombre limité de connexions.

Le répertoire de publication des applications Web par défaut utilisé par IIS 5.0 est le répertoire `C:\Inetpub\wwwroot`.

Dans la suite de la migration vers la technologie Microsoft, ce répertoire d'installation des applications IIS sera désigné par la variable `{%INET_HOME%}`.

Microsoft Visual Studio.NET 7.0

Le Visual Studio.NET constitue la dernière évolution de l'atelier de développement de Microsoft. Cette nouvelle déclinaison, comme son nom l'indique, fonctionne de manière intégrée avec le *framework* .NET.

Cet environnement de développement n'est pas vraiment nécessaire pour réaliser le portage vers la technologie .NET et plus particulièrement vers le langage C#. Les outils présents dans le framework .NET, dont le compilateur `csc.exe`, auraient été suffisants. Cependant, cette plate-forme est utilisée ici du fait de son maniement très simple.

Les ressources relatives à ce produit sont accessibles à *http://msdn.microsoft.com/vstudio/default.asp*.

La version de l'environnement de développement utilisée ici est Visual Studio.NET 7.0 (MSDE 2002) et s'appuie sur le framework .NET en version 1.0.3705.

Par défaut, Visual Studio.NET installe les nouveaux projets dans le répertoire `C:\Documents and Settings\userId\Mes documents\Projets Visual Studio` (sous Windows 2000), où `userId` correspond au nom du compte utilisé pour ouvrir la session Windows.

Dans la suite de la migration vers la technologie Microsoft, le répertoire d'installation des projets Visual Studio.NET sera désigné par la variable `{%PNET_HOME%}`.

Microsoft UDDI.NET SDK 1.76 bêta

Le SDK UDDI.NET fournit une implémentation de l'API cliente UDDI. La version 1.76 bêta implémente la version 1.0 de la spécification UDDI.

Les ressources relatives à ce produit sont disponibles sur le site MSDN à l'adresse *http://msdn.microsoft.com/library/default.asp?url=/downloads/list/websrvuddi.asp*.

Paramétrage des produits

Après l'installation de ces trois produits, aucune adaptation particulière n'est nécessaire en termes de paramétrage des produits.

Développement

La cinématique des échanges entre les serveurs, décrite chapitre 22 (voir la section « Scénario n°2 »), est exactement identique à celle qui est mise en œuvre dans ce scénario.

Notons plus particulièrement que le déploiement des modèles et services du système de réservation à destination de l'annuaire UDDI, réalisé dans le chapitre précédent, demeure inchangé. Aucune modification des informations publiées ni, a fortiori, aucun redéploiement ne sont nécessaires.

Application Web de SW-Voyages

Du fait du changement d'environnement technologique décidé par la société SW-Voyages, cette application Web doit être entièrement remplacée : nous sommes dans une situation de migration par portage du code existant de la plate-forme Java vers la plate-forme .NET. Il s'agit plus précisément d'une refonte technologique (de Java/Tomcat à C#/.Net/IIS) qui laisse inchangé le comportement fonctionnel de l'application.

Migration de l'application Web de SW-Voyages vers le framework .NET

La migration de cette application Web sera effectuée manuellement par un portage du contenu de l'application Java vers une application .NET. Cette application .NET sera décomposée en deux projets :

- un premier projet de type application Web ASP.NET pour implémenter l'équivalent de la partie cliente de l'application Java ;
- un second projet de type service Web ASP.NET pour reprendre la partie serveur de l'application Java.

La gestion de ces deux projets sera prise en charge par l'environnement de développement Visual Studio.NET 7.0 de Microsoft (MSDE 2002), lequel s'appuie sur le framework .NET (version 1.0.3705). Le déploiement sera réalisé sur la version limitée du serveur IIS 5.0 de Microsoft, intégrée dans le système d'exploitation Windows 2000 Professional.

Utilisation de Windows 2000 Server

Pour réaliser des développements logiciels conséquents, il faut plutôt disposer d'une version serveur de Windows 2000. En effet, la limite maximale du nombre de connexions au serveur IIS est rapidement atteinte et se traduit par l'apparition de l'erreur HTTP 403.9. Cela nécessite alors un redémarrage du serveur IIS, ce qui, à la longue, devient fastidieux.

Migration de la partie cliente de l'application Web de SW-Voyages

Création de l'application Web dans Visual Studio.NET

La partie cliente est transposée dans une application Web ASP.NET. Cette nouvelle application est créée par le menu `File>New>Blank Solution…` de Visual Studio.NET. La boîte de dialogue présentée permet de saisir le nom de l'application (`SW-Voyages`) et le répertoire d'installation (`C:\Documents and`

`Settings\userId\Mes documents\Projets Visual Studio`, par exemple sous Windows 2000) de la nouvelle application .NET.

À partir de la fenêtre `Solution Explorer`, sélectionnez la nouvelle solution créée SW-Voyages et créer un nouveau projet par le menu `Add>New Project…`. Dans la boîte de dialogue présentée, sélectionnez ensuite un projet de type `Visual C# Projects`, puis le modèle `ASP.NET Web Application` et enfin saisissez l'URL d'accès au nouveau projet *http://localhost/reservation_sw-voyages*. Cela a pour effet de créer un sous-répertoire `reservation_sw-voyages` dans le répertoire `C:\Inetpub\wwwroot` du serveur IIS.

Dans l'explorateur de solution, sélectionnez alors le nouveau projet créé `reservation_sw-voyages` et créez de nouveaux dossiers via le menu `Add>New Folder` nommés `images`, `scripts` et `services`.

Duplication des ressources de l'application Java vers l'application .NET

À partir de l'application déployée dans le serveur d'applications Java, il faut ensuite dupliquer les ressources vers le répertoire du projet .NET, c'est-à-dire :

- copier `{%TOMCAT_HOME%}\webapps\reservation_sw-voyages\availabilities.html` vers `{%INET_HOME%}\reservation_sw-voyages\availabilities.html` ;

- copier `{%TOMCAT_HOME%}\webapps\reservation_sw-voyages\content.html` vers `{%INET_HOME%}\reservation_sw-voyages\content.html` ;

- copier `{%TOMCAT_HOME%}\webapps\reservation_sw-voyages\footer.html` vers `{%INET_HOME%}\reservation_sw-voyages\footer.html` ;

- copier `{%TOMCAT_HOME%}\webapps\reservation_sw-voyages\header.html` vers `{%INET_HOME%}\reservation_sw-voyages\header.html` ;

- copier `{%TOMCAT_HOME%}\webapps\reservation_sw-voyages\index.html` vers `{%INET_HOME%}\reservation_sw-voyages\index.html` ;

- copier `{%TOMCAT_HOME%}\webapps\reservation_sw-voyages\reservation.html` vers `{%INET_HOME%}\reservation_sw-voyages\reservation.html`.

Il faut également dupliquer les ressources des sous-répertoires Tomcat vers les sous-répertoires équivalents du projet .NET, c'est-à-dire :

- copier `{%TOMCAT_HOME%}\webapps\reservation_sw-voyages\images\blanc.gif` vers `{%INET_HOME%}\reservation_sw-voyages\images\blanc.gif` ;

- copier `{%TOMCAT_HOME%}\webapps\reservation_sw-voyages\images\fond.jpg` vers `{%INET_HOME%}\reservation_sw-voyages\images\fond.jpg` ;

- copier `{%TOMCAT_HOME%}\webapps\reservation_sw-voyages\scripts\reservation.js` vers `{%INET_HOME%}\reservation_sw-voyages\scripts\reservation.js` ;

- copier `{%TOMCAT_HOME%}\webapps\reservation_sw-voyages\scripts\style.css` vers `{%INET_HOME%}\reservation_sw-voyages\scripts\style.css` ;

- copier `{%TOMCAT_HOME%}\webapps\reservation_sw-voyages\scripts\webservice.htc` vers `{%INET_HOME%}\reservation_sw-voyages\scripts\webservice.htc` ;

- copier `{%TOMCAT_HOME%}\webapps\reservation_sw-voyages\services\ReservationService.wsdl` vers `{%INET_HOME%}\reservation_sw-voyages\services\ReservationService.wsdl`.

Intégration des ressources de l'application dans Visual Studio.NET

Après avoir dupliqué les ressources de l'application Web Java, il faut les intégrer dans le projet .NET.

Dans l'explorateur de solution, sélectionnez le projet `reservation_sw-voyages` et ajoutez-y les fichiers dupliqués par le menu contextuel `Add>Add Existing Item...`. Dans la boîte de dialogue, sélectionnez ensuite l'ensemble des fichiers précédemment dupliqués (`availabilities.html`, `content.html`, `footer.html`, `header.html`, `index.html` et `reservation.html`) afin de les ajouter en une seule fois.

Puis, faites de même avec les sous-répertoires `images`, `scripts` et `services` du projet `reservation_sw-voyages` (même commande par le menu contextuel de ces sous-répertoires : `Add>Add Existing Item...`).

Modification de l'adresse d'accès à la description WSDL dans le code JavaScript

Enfin, il ne reste plus qu'à modifier l'adresse de la description WSDL du service de réservation : pour cela, modifiez la variable JavaScript `RESERVATION_WSDL_URL` du fichier `{%INET_HOME%}\reservation_sw-voyages\scripts\reservation.js` en supprimant le port 8080 utilisé par l'implémentation Java :

```
var RESERVATION_WSDL_URL = "http://www.sw-voyages.com/reservation_sw-voyages/services/
➥ReservationService.wsdl";
```

Sauvegarde de l'application Web dans Visual Studio.NET

À ce stade, la transformation de la partie cliente de l'application Web Java en application Web .NET est terminée.

Il est possible de supprimer deux ressources inutilisées par l'application :

- dans l'explorateur de solution, sélectionnez le fichier `WebForm1.aspx` du projet `reservation_sw-voyages` et supprimez-le par le menu contextuel `Delete` (fichier généré par défaut à la création du projet et inutilisé dans cette étude de cas) ;

- dans l'explorateur de solution, sélectionnez le répertoire `Solution Items` de la solution `SW-Voyages` et supprimez-le via le menu contextuel `Remove` ;

Il ne reste plus qu'à sauvegarder l'application : à partir de la fenêtre `Solution Explorer`, sélectionnez la solution `SW-Voyages` et sauvegardez tout par le menu contextuel `Save All`.

Au final, le contenu de la fenêtre de l'explorateur de la solution `SW-Voyages` doit ressembler à celui illustré figure 25-1.

Test de l'application Web .NET

Afin de vérifier que tout fonctionne correctement, il suffit de tester l'application :

- soit directement à partir de l'environnement de développement ;

- soit hors de l'environnement de développement, à partir du navigateur Internet Explorer.

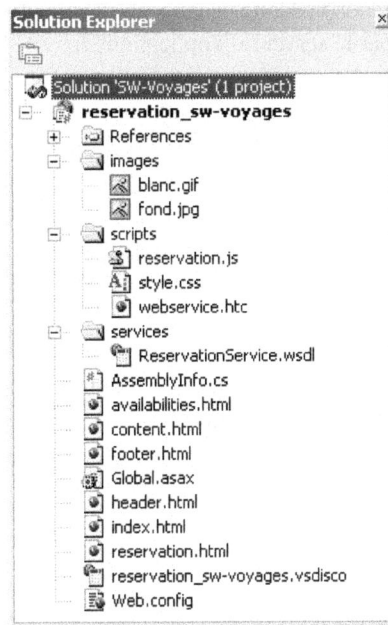

Figure 25-1
Arborescence de la solution ASP.NET SW-Voyages.

Voici la procédure à suivre pour tester directement à partir de l'environnement de développement :

1. Démarrez le serveur Tomcat pour utiliser la partie serveur de l'application Web Java.

2. Dans l'explorateur de solution, sélectionnez le fichier index.html du projet reservation_sw-voyages et sélectionnez-le en tant que page initiale de l'application par le menu contextuel Set As Start Page.

3. Lancez l'application par le menu Debug>Start Without Debugging : ceci a pour effet de lancer la construction de l'application (*build*), puis d'ouvrir une fenêtre du navigateur sur l'URL *http://localhost/reservation_sw-voyages/index.html*.

Voici maintenant la procédure à suivre pour tester directement à partir du navigateur :

1. Démarrez le serveur Tomcat pour utiliser la partie serveur de l'application Web Java.

2. À partir de la fenêtre Solution Explorer, sélectionnez la solution SW-Voyages et lancez la construction par le menu contextuel Build Solution.

3. Ouvrez une fenêtre du navigateur en la faisant pointer vers l'URL *http://www.sw-voyages.com/ reservation_sw-voyages/index.html* (attention : sans le port 8080 qui pointe vers la partie cliente de Tomcat).

Dans cette configuration, la partie cliente de l'application de réservation, servie par le serveur Web IIS de Microsoft, communique en protocole SOAP sur HTTP, avec la partie serveur de l'application, hébergée par le serveur Tomcat d'Apache.

À ce stade du portage, nous disposons donc de deux applications clientes capables d'exploiter simultanément les services offerts par le serveur d'applications Java de SW-Voyages :

- un client (déployé par un serveur) Java, issu du premier scénario ;

- un client (déployé par un serveur) .NET strictement équivalent, issu du portage.

Il faut remarquer que le code de la partie cliente de l'application Web est strictement identique entre la version déployée dans le serveur Java Tomcat lors du premier scénario et celle qui est maintenant installée dans le serveur IIS, à l'exception de l'adresse de la description WSDL du service de réservation utilisée dans le fichier JavaScript (changement du port 8080 de Tomcat vers le port 80 d'IIS).

Modifications du point d'accès au service et du client JavaScript (accès au service .NET)

Afin de préparer la partie cliente à fonctionner avec un partie serveur déployée sur le framework .NET, il est nécessaire d'effectuer deux modifications complémentaires :

1. Changez l'URL du point d'accès à l'implémentation en C# dans la description du service (fichier `{%INET_HOME%}\reservation_sw-voyages\services\ReservationService.wsdl`). La valeur de l'attribut `location` devient :

```
<service name="ReservationService">
  <port binding="interface:ReservationService" name="ReservationService">
    <soap:address
      location="http://www.sw-voyages.com/reservation_service_sw-
        voyages/ReservationService.asmx"/>
  </port>
</service>
```

2. Modifiez la récupération des disponibilités aériennes, automobiles ou hôtelières dans le code JavaScript de la partie cliente (fichier `{%INET_HOME%}\reservation_sw-voyages\script\reservation.js`) en remplaçant dans les fonctions `get_airAvailabilities_callback`, `get_carAvailabilities_callback` et `get_hotelAvailabilities_callback`, la ligne :

```
var availabilities = result.raw.getElementsByTagName("item");
```

par le code :

```
var availabilities = new Array();
var nodes = result.raw.parentNode.selectNodes("//Item/@href");
for (i = 0; i < nodes.length; i++) {
  var availability = result.raw.parentNode.selectSingleNode(
    "//*[@id='"+nodes[i].nodeValue.split("#")[1]+"']");
  availabilities[i] = availability;
}
```

Différence de sérialisation/désérialisation par défaut entre les frameworks Java et .NET

Cette dernière adaptation est indispensable du fait que la structure du document XML renvoyé par le service Web C# (sérialisation par défaut) fait appel aux mécanismes de référencement du style de codage SOAP 1.1 (liens id/href). Par exemple, l'invocation de la méthode getAirAvailabilities se traduit par une réponse SOAP de la forme :

```
HTTP/1.1 200 OK
Server: Microsoft-IIS/5.0
Date: Sat, 16 Nov 2002 14:59:48 GMT
Cache-Control: private, max-age=0
Content-Type: text/xml; charset=utf-8
Content-Length: 5231

<?xml version="1.0" encoding="utf-8"?>
<soap:Envelope
  xmlns:soap="http://schemas.xmlsoap.org/soap/envelope/"
  xmlns:soapenc=http://schemas.xmlsoap.org/soap/encoding/
  xmlns:tns="http://tempuri.org/"
  xmlns:types="http://tempuri.org/encodedTypes"
  xmlns:xsi="http://www.w3.org/2001/XMLSchema-instance"
  xmlns:xsd="http://www.w3.org/2001/XMLSchema">
<soap:Body soap:encodingStyle="http://schemas.xmlsoap.org/soap/encoding/">
<q1:getAirAvailabilitiesResponse xmlns:q1="urn:ReservationService">
  <return href="#id1" />
</q1:getAirAvailabilitiesResponse>
<soapenc:Array id="id1"
  xmlns:q2="http://www.sw-aviation-xml.org:8080/reservation_sw-aviation-
    xml/schemas/ReservationService-schema"
  soapenc:arrayType="q2:AirAvailability[6]">
  <Item href="#id2" />
  <Item href="#id3" />
  <Item href="#id4" />
  <Item href="#id5" />
  <Item href="#id6" />
  <Item href="#id7" />
</soapenc:Array>
<q3:AirAvailability id="id2" xsi:type="q3:AirAvailability"
  xmlns:q3="http://www.sw-aviation-xml.org:8080/reservation_sw-aviation-
    xml/schemas/ReservationService-schema">
  <id xsi:type="xsd:int">1951575647</id>
  <airCompany xsi:type="xsd:string">SW Luft Austria</airCompany>
  <flightNumber xsi:type="xsd:string">LA2365</flightNumber>
  <departureAirport xsi:type="xsd:string">Paris-CDG</departureAirport>
  <arrivalAirport xsi:type="xsd:string">Vienne</arrivalAirport>
  <departureHour xsi:type="xsd:string">07h15</departureHour>
  <arrivalHour xsi:type="xsd:string">09h15</arrivalHour>
  <direction xsi:type="xsd:boolean">true</direction>
  <price xsi:type="xsd:float">1240</price>
  <remoteId xsi:type="xsd:int">-1557482178</remoteId>
</q3:AirAvailability>
...
<q8:AirAvailability id="id7" xsi:type="q8:AirAvailability"
...
</q8:AirAvailability>
</soap:Body>
</soap:Envelope>
```

En revanche, le résultat de la même invocation renvoyé par l'implémentation Java se présente ainsi :

```
HTTP/1.1 200 OK
Content-Type: text/xml; charset=utf-8
Content-Length: 4337
Date: Sat, 16 Nov 2002 15:18:52 GMT
Server: Apache Coyote/1.0
Connection: close

<?xml version='1.0' encoding='UTF-8'?>
<SOAP-ENV:Envelope
  xmlns:SOAP-ENV="http://schemas.xmlsoap.org/soap/envelope/"
  xmlns:xsi="http://www.w3.org/2001/XMLSchema-instance"
  xmlns:xsd="http://www.w3.org/2001/XMLSchema">
<SOAP-ENV:Body>
<ns1:getAirAvailabilitiesResponse
  xmlns:ns1="urn:ReservationService"
  SOAP-ENV:encodingStyle="http://schemas.xmlsoap.org/soap/encoding/">
  <return
    xmlns:ns2="http://schemas.xmlsoap.org/soap/encoding/"
    xsi:type="ns2:Array"
    xmlns:ns3="http://www.sw-aviation-xml.org:8080/reservation_sw-aviation-
      xml/schemas/ReservationService-schema"
    ns2:arrayType="ns3:AirAvailability[6]">
    <item xsi:type="ns3:AirAvailability">
      <airCompany xsi:type="xsd:string">SW Luft Austria</airCompany>
      <arrivalAirport xsi:type="xsd:string">Vienne</arrivalAirport>
      <arrivalHour xsi:type="xsd:string">09h15</arrivalHour>
      <departureAirport xsi:type="xsd:string">Paris-CDG</departureAirport>
      <departureHour xsi:type="xsd:string">07h15</departureHour>
      <direction xsi:type="xsd:boolean">true</direction>
      <flightNumber xsi:type="xsd:string">LA2365</flightNumber>
      <id xsi:type="xsd:int">-134743094</id>
      <price xsi:type="xsd:float">1240.0</price>
      <remoteId xsi:type="xsd:int">-869333497</remoteId>
    </item>

    ...
    <item xsi:type="ns3:AirAvailability">

    ...
    </item>
  </return>
</ns1:getAirAvailabilitiesResponse>
</SOAP-ENV:Body>
</SOAP-ENV:Envelope>
```

Bien entendu, cette différence entre les implémentations Java et C# pourrait être gommée si nous n'utilisions pas la sérialisation standard offerte par l'un des frameworks, d'un côté ou de l'autre, et si nous développions une classe de sérialisation dont le résultat serait en phase avec celui qui est produit par l'autre framework. Ceci permettrait de compenser la petite modification effectuée précédemment dans le code de la partie cliente de l'application.

Cette modification est un exemple du type de problèmes d'interopérabilité qui peuvent surgir lors de l'utilisation du style de codage SOAP 1.1 : des options de codage valables (selon le style SOAP 1.1) mais différentes, pour des messages définis dans la même interface WSDL, ne sont pas totalement masquées au niveau technique et se répercutent au niveau applicatif.

Migration de la partie serveur de l'application Web de SW-Voyages

La partie serveur est transposée dans un *service Web* ASP.NET. Ce nouveau service est créé par le menu `File>New>Blank Solution…` de Visual Studio.NET. La boîte de dialogue présentée permet de saisir le nom de l'application (`SW-Voyages Reservation`) et le répertoire d'installation (`C:\Documents and Settings\userId\Mes documents\Projets Visual Studio`, par exemple sous Windows 2000) du nouveau service .NET.

À partir de la fenêtre `Solution Explorer`, sélectionnez la nouvelle solution créée `SW-Voyages Reservation` et créez un nouveau projet par le menu `Add>New Project…`. Dans la boîte de dialogue présentée, sélectionnez un projet de type `Visual C# Projects`, puis le modèle `ASP.NET Web Service` et enfin saisissez l'URL d'accès au nouveau projet *http://localhost/reservation_service_sw-voyages*. Ceci a pour effet de créer un sous-répertoire `reservation_service_sw-voyages` dans le répertoire `C:\Inetpub\wwwroot` du serveur IIS.

À partir de l'application déployée dans le serveur d'applications Java, il faut ensuite dupliquer les ressources vers le répertoire du projet .NET, c'est-à-dire copier les fichiers `{%TOMCAT_HOME%}\webapps\reservation_sw-voyages\WEB-INF\classes\com\swvoyages\reservation\*.java` (sauf le fichier `ReservationService.java`) en modifiant au passage l'extension vers `{%INET_HOME%}\reservation_service_sw-voyages\*.cs`.

Après avoir dupliqué les ressources de l'application Web Java, il faut les intégrer dans le projet .NET : dans l'explorateur de solution : sélectionnez pour cela le projet `reservation_service_sw-voyages` et ajoutez-y les fichiers dupliqués par le menu contextuel `Add>Add Existing Item…`. Dans la boîte de dialogue, sélectionnez l'ensemble des fichiers précédemment dupliqués (`AirAvailability.cs`, `CarAvailability.cs`, `HotelAvailability.cs`, `Reservation.cs`, `IReservationService.cs`, `ReservationException.cs`, `ReservationManager.cs` et `ReservationRegistry.cs`) afin de les ajouter en une seule fois.

Génération du squelette du service de réservation

En ce qui concerne la classe `ReservationService.java`, l'outil `wsdl.exe` du framework .NET permet de générer le squelette (*skeleton*) équivalent à partir de la description WSDL du service de réservation. Voici la procédure à suivre :

1. Renommez la classe `Service1.asmx` générée automatiquement par défaut lors de la création du projet en `ReservationService.asmx` : dans l'explorateur de solution, sélectionnez le fichier `Service1.asmx` du projet `reservation_service_sw-voyages` et renommez-le via le menu contextuel `Rename`.

2. Modifiez la directive `WebService` : à l'aide d'un éditeur texte (Notepad par exemple), modifiez le contenu du fichier `{%INET_HOME%}\reservation_service_sw-voyages\ReservationService.asmx` en remplaçant le nom de la classe généré initialement par :

```
<%@ WebService Language="c#" Codebehind="ReservationService.asmx.cs"
Class="com.swvoyages.reservation.ReservationService" %>
```

3. Modifiez le fichier `{%TOMCAT_HOME%}\webapps\reservation_sw-tourisme-xml\services-type\` `ReservationService-interface.wsdl` pour attribuer des valeurs aux attributs `soapAction` des balises `operation`, telles que :

```
…
<soap:operation soapAction="urn:ReservationService/cancel"/>
…
<soap:operation soapAction="urn:ReservationService/book"/>
…
<soap:operation soapAction="urn:ReservationService/getAirAvailabilities"/>
…
<soap:operation soapAction="urn:ReservationService/getCarAvailabilities"/>
…
<soap:operation soapAction="urn:ReservationService/getHotelAvailabilities"/>
…
<soap:operation soapAction="urn:ReservationService/search"/>
…
```

4. Démarrez le serveur Tomcat pour utiliser la partie serveur de l'application Web Java.

5. Générez le contenu du fichier `ReservationService.asmx.cs` (*Codebehind*), via une fenêtre d'invite de commandes, par la commande :

```
wsdl
/out:C:\Inetpub\wwwroot\reservation_service_sw-voyages\ReservationService.asmx.cs
/namespace:com.swvoyages.reservation
/server
http://www.sw-voyages.com:8080/reservation_sw-voyages/services/ReservationService.wsdl
```

Après intégration des fichiers d'origine Java dans le projet .NET, il faut réaliser le portage en syntaxe C# proprement dit. Ce transcodage peut être réalisé soit manuellement, soit à l'aide d'un outil spécialisé. Ici, cette opération sera réalisée manuellement car la syntaxe des deux langages est très proche et il est très simple de passer de l'un à l'autre et vice versa.

Avant de procéder au portage du code de la classe de service, il est possible de vérifier que l'implémentation de service minimale générée fonctionne correctement. Pour cela, il faut simplement :

1. supprimer les trois classes générées par défaut (`AirAvailability.cs`, `CarAvailability.cs` et `HotelAvailability.cs`) car celles-ci ont déjà été récupérées et renommées à partir de l'application Web Java ;

2. transformer la classe abstraite générée par défaut, en classe concrète ;

3. transformer les méthodes abstraites générées par défaut, en méthodes concrètes et les modifier de manière à renvoyer un résultat par défaut.

Vous pouvez télécharger le résultat de cette transformation sur www.editions-eyrolles.com.

Validation du service de réservation généré

Pour tester cet embryon de service, à partir de Visual Studio.NET, il est possible d'utiliser le menu `Debug>Start Without Debugging`, ce qui provoque la génération d'un client Web de test par introspection de la classe du service et invocation du service à l'adresse *http://localhost/reservation_service_sw-voyages/ReservationService.asmx*, comme le montre la figure 25-2 :

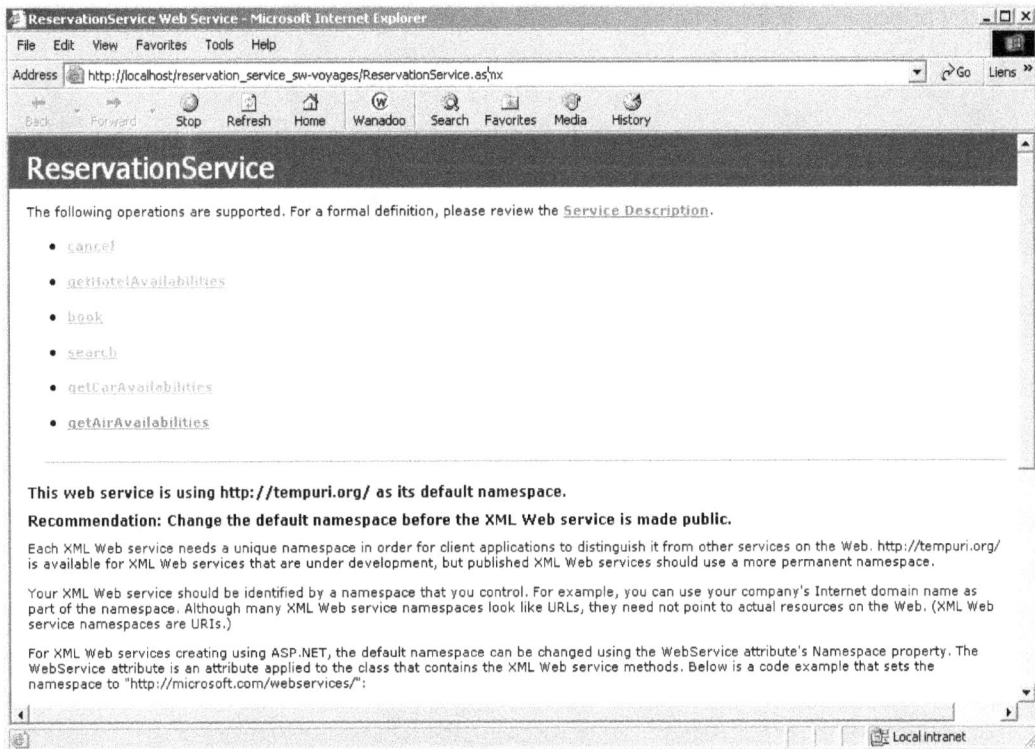

Figure 25-2

Client de test Web généré par Visual Studio.NET.

À partir de ce client de test, il est possible de tester isolément chaque méthode exposée et de vérifier ainsi que la génération du service s'est bien passée.

Il est possible de réaliser une vérification plus poussée en utilisant la partie cliente de l'application déjà précédemment transformée en application Web ASP.NET.

Au préalable, il est nécessaire de modifier le point d'accès du service dans la description WSDL du service de réservation, c'est-à-dire le fichier `{%INET_HOME%}\reservation_sw-voyages\services\ReservationService.wsdl`, en remplaçant l'adresse du service Java :

```
<soap:address location=
   "http://www.sw-voyages.com:8080/reservation_sw-voyages/servlet/rpcrouter">
```

par celle du nouveau service C# :

```
<soap:address location=
   "http://www.sw-voyages.com/reservation_service_sw-
   voyages/ReservationService.asmx"/>
```

Après avoir opéré cette modification, il suffit d'ouvrir un navigateur et de le faire pointer sur l'adresse *http://www.sw-voyages.com/reservation_sw-voyages/index.html*.

Après saisie des caractéristiques du voyage et demande de réservation, l'écran de l'application doit refléter une absence de disponibilités, comme le montre la figure 25-3 :

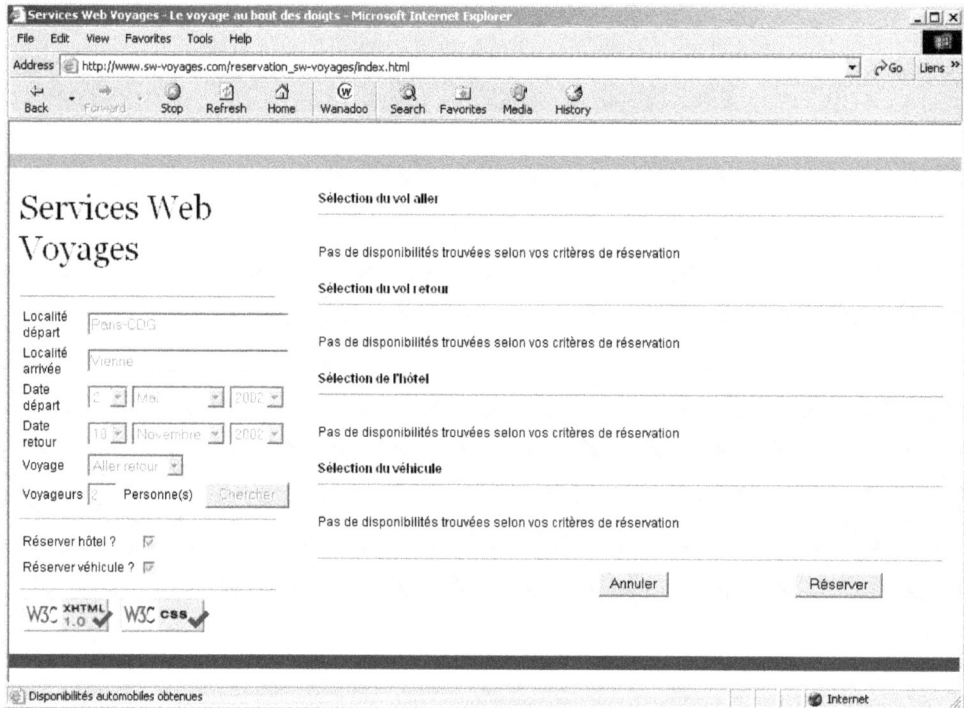

Figure 25-3

Vérification du service généré à partir de l'application Web ASP.NET.

Dès lors, nous sommes assurés de la continuité entre la partie cliente de l'application Web .NET et la partie serveur dont une partie a été portée à partir de l'implémentation Java et dont un noyau de service Web a été généré à partir de la description de service en format WSDL. Il ne reste plus ici qu'à finaliser ce noyau de service Web en le complétant par le portage de l'implémentation Java.

Génération des proxy-services de réservation

Afin de rendre l'architecture de l'implémentation C# plus souple, nous allons générer des proxy-services de réservation spécifiques à chacun des partenaires. L'outil `wsdl.exe` du framework .NET permet également de générer le proxy-service équivalent à partir de la description WSDL du service de réservation du partenaire.

Proxy-service de réservation automobile

Voici la démarche à suivre pour générer le proxy-service de réservation automobile :

1. Démarrez le serveur Tomcat pour utiliser la partie serveur de l'application Web Java.

2. Modifiez le fichier `{%TOMCAT_HOME%}\webapps\reservation_sw-automobilisme-xml\services-type\ReservationService-interface.wsdl` pour attribuer des valeurs aux attributs `soapAction` des balises `operation`, telles que :

```
...
<soap:operation soapAction="urn:ReservationService/cancel"/>
...
<soap:operation soapAction="urn:ReservationService/book"/>
...
<soap:operation soapAction="urn:ReservationService/getCarAvailabilities"/>
...
<soap:operation soapAction="urn:ReservationService/search"/>
...
```

3. Générez le contenu du fichier `ReservationServiceCarProxy.cs`, via une fenêtre d'invite de commandes, par la commande :

```
wsdl
/out:C:\Inetpub\wwwroot\reservation_service_sw-voyages\ReservationServi
ceCarProxy.cs
/namespace:com.swvoyages.reservation
http://www.sw-voitures.com:8080/reservation_sw-voitures/services/ReservationService.wsdl
```

Vous pouvez télécharger le fichier ainsi généré sur www.editions-eyrolles.com.

Référencement dynamique du service Web cible

La classe générée référence ici, à travers l'affectation de la variable `Url` par le constructeur de la classe, l'adresse *http://www.sw-voitures.com:8080/reservation_sw-voitures/servlet/rpcrouter* trouvée par l'analyseur syntaxique dans la spécification de service WSDL utilisée en paramètre de la commande `wsdl.exe`. Bien entendu, cette variable peut être modifiée dynamiquement pour permettre l'accès aux implémentations d'autres partenaires qui respectent la formalisation du service abstrait référencé par l'espace de noms de la classe (c'est-à-dire `http://www.sw-automobilisme-xml.org:8080/reservation_sw-automobilisme-xml/services-type/ReservationService-interface`). C'est cette possibilité qui ouvre la voie à l'ouverture du système de réservation de SW-Voyages à de nouveaux partenaires.

Proxy-service de réservation aérienne

Voici la démarche à suivre pour générer le proxy-service de réservation aérienne :

1. Démarrez le serveur Tomcat pour utiliser la partie serveur de l'application Web Java.

2. Modifiez le fichier `{%TOMCAT_HOME%}\webapps\reservation_sw-aviation-xml\services-type\ReservationService-interface.wsdl` pour attribuer des valeurs aux attributs `soapAction` des balises `operation`, telles que :

```
...
<soap:operation soapAction="urn:ReservationService/cancel"/>
```

```
...
<soap:operation soapAction="urn:ReservationService/book"/>
...
<soap:operation soapAction="urn:ReservationService/getAirAvailabilities"/>
...
<soap:operation soapAction="urn:ReservationService/search"/>
...
```

3. Générez le contenu du fichier `ReservationServiceAirProxy.cs`, via une fenêtre d'invite de commandes, par la commande :

```
wsdl
/out:C:\Inetpub\wwwroot\reservation_service_sw-voyages\ReservationServi
ceAirProxy.cs
/namespace:com.swvoyages.reservation
http://www.sw-air.com:8080/reservation_sw-air/services/ReservationService.wsdl
```

Le fichier issu de cette génération n'est pas présenté ici, car il présente très peu de différences avec celui décrit dans le cadre de la génération du proxy-service de réservation automobile : seuls l'URI du schéma et l'URL du point d'accès au service changent, et le code généré correspondant à la méthode `getAirAvailabilities` remplace le code équivalent généré pour la méthode `getCarAvailabilities`.

Proxy-service de réservation hôtelière

Voici la démarche à suivre pour la générer le proxy-service de réservation hôtelière :

1. Démarrez le serveur Tomcat pour utiliser la partie serveur de l'application Web Java.

2. Modifiez le fichier `{%TOMCAT_HOME%}\webapps\reservation_sw-hotellerie-xml\services-type\ReservationService-interface.wsdl` pour attribuer des valeurs aux attributs `soapAction` des balises `operation`, telles que :

```
...
<soap:operation soapAction="urn:ReservationService/cancel"/>
...
<soap:operation soapAction="urn:ReservationService/book"/>
...
<soap:operation soapAction="urn:ReservationService/getHotelAvailabilities"/>
...
<soap:operation soapAction="urn:ReservationService/search"/>
...
```

3. Générez le contenu du fichier `ReservationServiceHotelProxy.cs`, via une fenêtre d'invite de commandes, par la commande :

```
wsdl
/out:C:\Inetpub\wwwroot\reservation_service_sw-voyages\ReservationServi
ceHotelProxy.cs
/namespace:com.swvoyages.reservation
http://www.sw-hotels.com:8080/reservation_sw-hotels/services/ReservationService.wsdl
```

Le fichier issu de cette génération n'est pas non plus présenté ici car il présente très peu de différences avec celui décrit dans le cadre de la génération du proxy-service de réservation automobile : seuls l'URI du schéma et l'URL du point d'accès au service changent, et le code généré correspondant à la méthode getHotelAvailabilities remplace le code équivalent généré pour la méthode getCarAvailabilities.

Résultat du portage dans le squelette du service de réservation

Le code présenté ci-après constitue le résultat du portage de l'implémentation Java du service Web de réservation de SW-Voyages sur la base du squelette de service C# généré précédemment. Cette implémentation de troisième génération exploite les trois proxy-services (aérien, automobile et hôtelier) que nous venons de générer (voir code complet à télécharger sur www.editions-eyrolles.com).

La définition de la classe ReservationService.asmx.cs se présente ainsi :

```
[WebServiceBindingAttribute(Name="ReservationService",
  Namespace="http://www.sw-tourisme-xml.org:8080/reservation_sw-tourisme-
    xml/services-type/ReservationService-interface")]
[SoapIncludeAttribute(typeof(HotelAvailability))]
[SoapIncludeAttribute(typeof(CarAvailability))]
[SoapIncludeAttribute(typeof(AirAvailability))]
public class ReservationService : WebService, IReservationService {
}
```

Le constructeur de la classe réalise l'acquisition des trois instances de proxy-services de réservation et des URL des points d'accès correspondants, via l'annuaire UDDI :

```
public ReservationService() {
  if (finder==null) {
    String[] parameters = this.Finder.lookup(
      UDDI_INQUIRE_URL, AIR_TMODEL_NAME);
    this.AirProxy.Url = parameters [1];
    parameters = this.Finder.lookup(
      UDDI_INQUIRE_URL, CAR_TMODEL_NAME);
    this.CarProxy.Url = parameters [1];
    parameters = this.Finder.lookup(
      UDDI_INQUIRE_URL, HOTEL_TMODEL_NAME);
    this.HotelProxy.Url = parameters [1];
  }
}
```

La méthode cancel invoque successivement les trois proxy-services afin d'obtenir la réponse des partenaires. La définition de la méthode se présente de la manière suivante :

```
[WebMethodAttribute()]
[SoapRpcMethodAttribute("urn:ReservationService/cancel",
  RequestNamespace="urn:ReservationService",
  ResponseNamespace="urn:ReservationService")]
[return: SoapElementAttribute("return")]
public bool cancel(int arg0) {
}
```

La méthode book invoque successivement les trois proxy-services afin d'obtenir la réponse des partenaires. Voici sa définition :

```
[WebMethodAttribute()]
[SoapRpcMethodAttribute("urn:ReservationService/book",
  RequestNamespace="urn:ReservationService",
  ResponseNamespace="urn:ReservationService")]
[return: SoapElementAttribute("return")]
public bool book(int arg0, int arg1, int arg2, int arg3, int arg4) {
}
```

La méthode getAirAvailabilities invoque le proxy-service du partenaire de réservation aérienne afin d'obtenir ses disponibilités. Sa définition est la suivante :

```
[WebMethodAttribute()]
[SoapRpcMethodAttribute("urn:ReservationService/getAirAvailabilities",
  RequestNamespace="urn:ReservationService",
  ResponseNamespace="urn:ReservationService")]
[return: SoapElementAttribute("return")]
public AirAvailability[] getAirAvailabilities(int arg0) {
}
```

La méthode getCarAvailabilities invoque le proxy-service du partenaire de réservation automobile afin d'obtenir ses disponibilités. Voici sa définition :

```
[WebMethodAttribute()]
[SoapRpcMethodAttribute("urn:ReservationService/getCarAvailabilities",
  RequestNamespace="urn:ReservationService",
  ResponseNamespace="urn:ReservationService")]
[return: SoapElementAttribute("return")]
public CarAvailability[] getCarAvailabilities(int arg0) {
}
```

La méthode getHotelAvailabilities invoque le proxy-service du partenaire de réservation hôtelière afin d'obtenir ses disponibilités :

```
[WebMethodAttribute()]
[SoapRpcMethodAttribute("urn:ReservationService/getHotelAvailabilities",
  RequestNamespace="urn:ReservationService",
  ResponseNamespace="urn:ReservationService")]
[return: SoapElementAttribute("return")]
public HotelAvailability[] getHotelAvailabilities(int arg0) {
}
```

La méthode search invoque successivement les trois proxy-services afin d'obtenir la réponse des partenaires :

```
[WebMethodAttribute()]
[SoapRpcMethodAttribute("urn:ReservationService/search",
  RequestNamespace="urn:ReservationService",
  ResponseNamespace="urn:ReservationService")]
[return: SoapElementAttribute("return")]
public int search(int arg0, String arg1, String arg2, bool arg3, int arg4,
```

```
        int arg5, int arg6, int arg7, int arg8, int arg9, bool arg10, bool arg11)
    {

    }
```

Compacité du code et utilisation de proxy-services

L'implémentation en langage C# est plus compacte que celle que nous avons réalisée précédemment en Java. Cela tient au fait que, pour la version .NET, nous n'avons pas eu besoin de récupérer les espaces de noms associés aux schémas des types de données à sérialiser/désérialiser, c'est-à-dire les types `AirAvailability`, `CarAvailability` et `HotelAvailability` et les tableaux correspondants. Ces informations étaient nécessaires au bon fonctionnement de l'implémentation Apache SOAP mais ne le sont pas pour l'implémentation .NET. Cela nous a épargné l'utilisation de l'équivalent .NET de la librairie WSDL4J d'IBM.

Une autre raison explique la taille plus compacte de la classe C# : l'utilisation des proxy-services générés a permis de rendre le code de cette classe plus clair et moins prolixe (au prix cependant de la génération de trois classes supplémentaires). Cela n'est bien entendu pas une exclusivité du framework .NET et la grande majorité des environnements Java proposent cette fonctionnalité.

Résultat du portage des classes de support Java en C#

Les classes de servitude Java sont portées en langage C# par équivalence stricte. La plupart de ces classes implémentent des interfaces C# qui ne sont pas reproduites ici.

Le registre local des réservations (fichier `ReservationManager.cs`) étend également la classe `Hashtable.cs` du framework .NET (téléchargez le code source sur www.editions-eyrolles.com).

De même, la réservation (fichier `Reservation.cs`) présente peu de différences avec la version Java (téléchargez le code source sur www.editions-eyrolles.com).

Des classes de disponibilités, seule la classe `AirAvailability.cs` est reproduite ici (téléchargez le code source sur www.editions-eyrolles.com) : comme pour les versions Java, les classes `CarAvailability.cs` et `HotelAvailability.cs` sont construites sur le même modèle et leur présentation n'apporterait pas d'éléments nouveaux, nécessaires à une bonne compréhension du scénario.

On peut remarquer que la directive `SoapTypeAttribute` appliquée à la classe contient une partie des informations enregistrées dans le descripteur de déploiement du service Web Java :

```
[SoapTypeAttribute("AirAvailability",
    "http://www.sw-aviation-xml.org:8080/reservation_sw-aviation-
        xml/schemas/ReservationService-schema")]
```

Si l'on prend en compte cette directive et celles qui s'appliquent à la classe du service Web `ReservationService.asmx.cs` (directive `WebServiceBindingAttribute` et directive `SoapIncludeAttribute`), on dispose de l'ensemble des informations utilisées pour le déploiement Java, à l'exception de la classe de sérialisation/désérialisation par défaut qui n'est pas déclarée explicitement en C#.

La dernière classe utilisée par l'ensemble des classes de servitude C# est la classe d'exception générique (`ReservationException.cs`).

Celle-ci étend la classe `ApplicationException.cs` du framework .NET (téléchargez le code source sur www.editions-eyrolles.com).

La classe de recherche des URL des points d'accès aux implémentations des partenaires de SW-Voyages (fichier `ReservationFinder.cs`) implémente une politique de recherche des partenaires identique à celle qui a été utilisée dans la version Java.

Cette classe fait également appel à l'annuaire UDDI du serveur Glue (Java). L'API d'accès à l'annuaire est bien entendu différente. Celle qui est utilisée ici est celle de Microsoft : il s'agit de celle du SDK UDDI version 1.76 bêta.

Pour pouvoir utiliser la librairie UDDI dans l'environnement Visual Studio.NET, il faut tout d'abord se positionner dans l'explorateur de solution, sélectionner le sous-répertoire `References` du projet `reservation_service_sw-voyages` dans la solution `SW-Voyages Reservation` et demander l'ajout de références par le menu contextuel `Add Reference…`. Dans l'onglet .NET, il faut alors sélectionner le composant « Microsoft.UDDI.SDK » (version 1.76.2121.1) par le bouton `Select`, puis l'ajouter par le bouton `OK`.

La classe `ReservationFinder.cs` est la seule classe qui nécessite l'utilisation de l'API UDDI (téléchargez le code source sur www.editions-eyrolles.com).

On peut noter ici la remarquable similitude entre les implémentations Java Glue et C# Microsoft de l'API UDDI.

Applications Web des partenaires de SW-Voyages

Par rapport au deuxième scénario, les applications Web Java déployées dans le cadre de ce troisième scénario par les partenaires sont inchangées. Le passage à la technologie Microsoft .NET, opéré par SW-Voyages, ne nécessite aucune adaptation, ni aucun redéploiement de la part de ses partenaires.

Le développement de la troisième génération du service Web de réservation de SW-Voyages n'a donc eu aucun impact sur les systèmes d'information de ses partenaires.

Partie serveur de l'application Web des partenaires de SW-Voyages

Il n'y a aucun changement par rapport au deuxième scénario (voir ci-dessus).

Architecture
en processus métier (BPEL)

Ce chapitre présente une architecture de service statique dans laquelle l'implémentation du service de réservation de SW-Voyages est structurée sous forme de processus métier. Cette architecture exploite une implémentation des spécifications BPEL, WS-Coordination et WS-Transaction. Elle s'appuie sur l'usage du produit BPEL Orchestration Server de la société Collaxa.

Cette quatrième génération du logiciel de réservation correspond au scénario d'architecture n°4 présenté chapitre 22.

L'implémentation du service Web de SW-Voyages fait appel à la technologie Java utilisée par le produit de Collaxa.

Implémentation

Afin de pouvoir bénéficier des fonctionnalités transactionnelles du produit, il est impératif que les services de réservation des quatre partenaires reposent sur une implémentation des trois spécifications concernées. Cela implique la réécriture du service de SW-Voyages, mais également celle des services de ses trois partenaires.

Du fait de la publication encore très récente de ces spécifications, il n'existe pas encore d'implémentations opérationnelles. Le serveur de Collaxa est l'une des toutes premières disponibles dans ce domaine.

Afin de simplifier la mise en œuvre du scénario d'architecture, le déploiement des composants applicatifs de chacun des partenaires est réalisé dans une seule instance du serveur Collaxa, dans un format identique à celui des exemples présentés par le produit.

Produits utilisés

Du côté client (gestion du poste de travail), nous reprenons les produits mis en œuvre chapitre 23 (« Architecture statique – Implémentation des services Java »), c'est-à-dire le serveur Apache Tomcat 4.1.12 associé au SDK Standard Edition 1.4.1 de Sun Microsystems, et le *behavior* WebService 1.0.1.1120 de Microsoft. Le paramétrage effectué sur ces produits, notamment en ce qui concerne les noms de domaines, ne change pas dans le scénario d'architecture n°4.

En revanche, pour ce qui touche aux serveurs applicatifs, les produits utilisés dans les scénarios d'architecture n[os]1, 2 et 3 ne sont plus utilisés et sont remplacés par le seul serveur de Collaxa.

Apache Tomcat 4.1.12

Voir chapitre 23.

Collaxa BPEL Orchestration Server 2.0 bêta 4

Nous allons donc utiliser ici le produit BPEL Orchestration Server de la société Collaxa. Ce produit, actuellement disponible en version 2.0, en phase bêta 4, existe en plusieurs versions : Collaxa for BEA WebLogic (6.1 et 7.0) et *standalone* (serveurs HTTP Jetty et EJB JBoss). D'autres versions sont prévues : Collaxa for Sun ONE (7.0) et Collaxa for WebSphere. Pour cette implémentation, nous utiliserons la version standalone.

Le produit BPEL Orchestration Server peut être téléchargé en version d'évaluation à partir de l'adresse *http://www.collaxa.com/product.download.html*.

Le répertoire d'installation `C:\Collaxa_2.0` (répertoire modifié proposé à l'installation) du moteur d'exécution de scénarios BPEL Orchestration Server sera représenté par la variable `{%COLLAXA_HOME%}`.

Problèmes de stabilité

Les scénarios BPEL utilisés dans ce chapitre fonctionnent bien lorsqu'ils sont invoqués directement à l'intérieur de la console du serveur. En revanche, sauf si on ne demande qu'une réservation aérienne, ceux-ci ont beaucoup de mal à fonctionner lorsqu'ils sont invoqués à partir du navigateur Internet et de la partie cliente de l'application Web. Souvent, l'exécution des scénarios se termine par la levée d'une exception qui empêche le service de se terminer normalement et provoque le déclenchement des méthodes d'annulation ou de compensation des transactions (voir plus loin ces notions). Ces problèmes semblent dus à la perte aléatoire d'instances d'objets entre les différentes invocations des scénarios (perte des réservations enregistrées dans le singleton `ReservationManager` ou perte de données dans les réservations). Ces anomalies n'affectent le serveur que dans une configuration particulière (client implémenté dans un navigateur et interrogation du serveur par *polling*) et seront très certainement corrigées dans les prochaines versions du serveur.

Afin d'avoir une vue d'ensemble de ce produit, nous invitons le lecteur à consulter trois documents de présentation du serveur de Collaxa :

- une description générale du produit (*Product Tour*) accessible à partir de la page *http://www.collaxa.com/product.welcome.html* ;

- la prise en main rapide (*Quick Start*) téléchargeable à *http://www.collaxa.com/pdf/collaxa-bpel101.pdf* ;

- le guide développeur dont la dernière version peut être consultée à l'adresse *http://www.collaxa.com/ developer.download.dev20latest.html.pxml*.

Ce tour d'horizon est très intéressant dans la mesure où nous n'utilisons, dans ce scénario d'architecture n°4, qu'une faible partie des fonctionnalités du serveur de Collaxa. Un certain nombre de ces possibilités sont d'ailleurs illustrées via l'utilisation d'une console en ligne, similaire à celle utilisée plus loin dans ce chapitre, accessible à l'adresse *http://bpel.collaxa.com/BPELConsole*.

Microsoft behavior WebService 1.0.1.1120

Voir chapitre 23.

Sun Microsystems SDK Standard Edition 1.4.1

Voir chapitre 23.

Paramétrage du serveur Collaxa

Après installation du produit, aucun paramétrage particulier n'est nécessaire.

Les applications Web des quatre partenaires seront déployées comme les exemples de Collaxa, dans le répertoire `{%COLLAXA_HOME%}\cxdk\samples` :

- sous-répertoire `reservation_sw-voyages` pour SW-Voyages ;
- sous-répertoire `reservation_sw-air` pour SW-Air ;
- sous-répertoire `reservation_sw-hotels` pour SW-Hotels ;
- sous-répertoire `reservation_sw-voitures` pour SW-Voitures.

Une petite adaptation doit cependant être effectuée dans le fichier `{%COLLAXA_HOME%}\server-default\default.xml`. Il faut en effet remplacer l'URL du paramètre `soap-router-endpoint-url` :

```
<property name="soap-router-endpoint-url">http://mymachine:9700</property>
```

par la valeur :

```
<property name="soap-router-endpoint-url">http://www.sw-voyages.com:9700</property>
```

Cette modification permet d'aligner le domaine de la partie cliente avec celui du serveur de SW-Voyages. La présence de ce paramètre ne permet pas d'utiliser les trois autres domaines sur un seul serveur Collaxa comme cela a été réalisé dans les trois chapitres précédents avec le serveur Apache Tomcat. Nous nous contenterons donc, afin de minimiser la complexité de cette configuration, de faire cohabiter les applications des quatre partenaires dans un seul et unique serveur associé au domaine de SW-Voyages.

Développement

La cinématique des échanges entre les serveurs, décrite chapitre 22 (voir la section « Scénario n°1 »), dans le cadre d'une architecture statique (pas d'utilisation d'annuaire UDDI), est identique à celle mise en œuvre dans ce scénario d'architecture n°4.

Le moteur d'exécution de Collaxa utilise deux syntaxes pour la rédaction des scénarios BPEL : la syntaxe pure et une syntaxe hybride, avec un style qui utilise une métaphore similaire aux JavaServer Pages (JBPEL). Les scénarios JBPEL sont rédigés sous la forme de classes Java annotées qui sont ensuite compilées (par un compilateur de scénarios) dans un format Java standard cible. Nous avons choisi cette approche car elle permet au développeur de rester dans l'environnement Java pour la rédaction et la mise en œuvre des scénarios.

Ces classes Java étendent la classe abstraite `BPELScenario.java` qui n'expose qu'une seule méthode publique `process`, sans contraintes sur le type du(des) paramètre(s) de la méthode, ni sur le type de retour. Le compilateur de scénarios n'autorise pas la présence de plusieurs méthodes `process` de signatures différentes. Cette méthode publique est automatiquement exposée en tant qu'opération (au sens WSDL) d'un service Web et peut donc être invoquée via le protocole SOAP. Par ce moyen, il est donc possible de déclencher à distance l'activation d'un scénario BPEL déployé sur un serveur Collaxa. Cette contrainte d'interface nous oblige à reprendre la conception du service SW-Voyages des scénarios d'architecture n°s1 et 2 qui repose sur la classe `ReservationService.java`. En pratique, il est assez naturel d'« éclater » la classe initiale en autant de scénarios BPEL que de méthodes exposées dans l'interface : ainsi la classe `ReservationService.java` de SW-Voyages disparaît au profit de six scénarios BPEL (qui mettent en oeuvre les opérations `search`, `book`, `cancel`, `getAirAvailabilities`, `getCarAvailabilities` et `getHotelAvailabilities`) et chacune des classes des partenaires est remplacée par quatre scénarios BPEL (`search`, `book`, `cancel` et `getAirAvailabilities`, ou `getCarAvailabilities` ou encore `getHotelAvailabilities` selon le partenaire).

Orchestration du processus de réservation

Cette nouvelle structuration des services Web des quatre partenaires se décline donc, du point de vue de l'application cliente en l'invocation des six scénarios BPEL de SW-Voyages :

1. recherche de disponibilités ;

2. récupération des disponibilités aériennes ;

3. récupération (optionnelle) des disponibilités hôtelières ;

4. récupération (optionnelle) des disponibilités automobiles ;

5. annulation de recherche de disponibilités ;

6. réservation de disponibilités.

Le principe d'exécution des scénarios BPEL par le moteur Collaxa que nous avons choisi est *asynchrone* (l'exécution synchrone des scénarios BPEL est aussi possible). La requête d'invocation asynchrone d'un scénario BPEL (soapAction `initiate`) obtient en réponse un message d'accusé de réception. Ensuite, pour connaître l'issue et les résultats de l'exécution du scénario invoqué, deux mécanismes sont disponibles :

- *Polling* : l'application cliente émet périodiquement des interrogations sur l'état de l'exécution du scénario et le serveur Collaxa répond soit avec un message d'attente (« exécution en cours »), soit avec le résultat du traitement réussi, soit encore avec un message d'erreur. Ce mécanisme est destiné à l'usage des applications clientes qui n'ont qu'une capacité de *client SOAP* (la capacité à émettre des requêtes SOAP et à recevoir des réponses SOAP, emboîtées respectivement dans des requête et des réponses HTTP). Le client de notre étude de cas, qui s'exécute dans le navigateur Internet Explorer, appartient à cette catégorie d'applications.

- *Callback* : le serveur Collaxa émet, à la fin de l'exécution réussie du scénario BPEL, ou lors de la levée d'une exception qui interrompt l'exécution, un message SOAP (dans une requête HTTP) à l'intention de l'application qui a invoqué l'exécution du scénario BPEL. Ce mécanisme est viable pour des applications « clientes » qui ont une capacité de *serveur SOAP* (la capacité à recevoir des requêtes SOAP et à émettre des réponses SOAP) en plus de la capacité client, et qui doivent être conçues et implémentées pour pouvoir recevoir et traiter des messages de type callback. Le mécanisme de callback est utilisé de façon transparente pour le développeur dans l'interaction entre deux applications (éventuellement deux serveurs) Collaxa, lorsque, par exemple, l'exécution d'un scénario BPEL comporte l'invocation d'un autre scénario « subordonné » mis en œuvre par une autre application Collaxa. Dans ce cas, nous avons vu que le scénario appelant se met en attente de callback de la part du scénario appelé par une opération explicite (soapAction receiveResult). Ce mécanisme est utilisé dans la communication entre SW-Voyages et ses partenaires.

Les deux mécanismes de polling et callback nécessitent que l'invocation d'un scénario BPEL soit dotée d'un identifiant qui doit être rappelé ensuite dans les appels de polling et de callback. Le moteur Collaxa couple l'exécution asynchrone des scénarios avec :

- la gestion de la fiabilité de l'échange des messages centrée sur l'utilisation de files d'attente JMS sous-jacentes ;

- la gestion des activités et des transactions en conformité à la spécification WS-Transaction.

Il est intéressant de noter que le fonctionnement globalement asynchrone de l'architecture d'agrégation de services peut être masqué complètement à l'utilisateur final. C'est l'option pour laquelle nous avons opté, dans laquelle l'interface homme/machine mise en œuvre via le navigateur donne une visibilité pseudo-synchrone de l'exécution des services demandés au serveur SW-Voyages (voir la mise en œuvre du client chapitre 22).

Scénarios de recherche et de récupération de disponibilités

La cinématique générale de l'orchestration des scénarios de recherche et de récupération de disponibilités de réservation se présente telle que l'illustre la figure 26-1.

L'application cliente invoque tout d'abord le scénario BPEL de recherche de disponibilités de SW-Voyages SWVoyages_Reservation_Search (1) via l'émission d'un document xmlSearchRequest. Le scénario traite la demande par une invocation en parallèle des scénarios de recherche de disponibilités de SW-Air SWAir_Reservation_Search (2), de SW-Hôtels (optionnel) SWHotels_Reservation_Search (3) et de SW-Voitures (optionnel) SWVoitures_Reservation_Search (4).

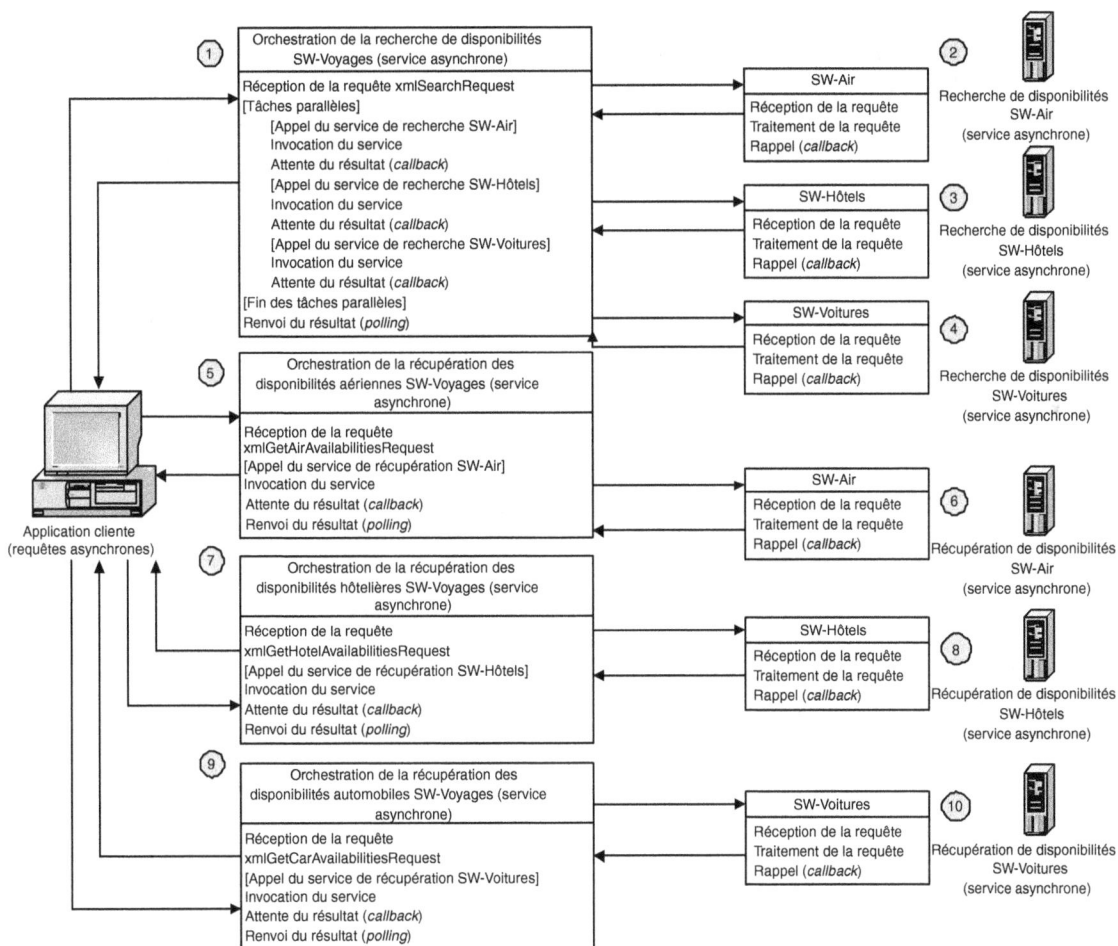

Figure 26-1

Cinématique de l'orchestration de la recherche et de la récupération des disponibilités.

Ces scénarios sont activés en parallèle et l'ordre de récupération des disponibilités est indifférent. L'exécution de ces quatre premiers scénarios se déroule de la façon suivante : si l'un des scénarios ne se termine pas correctement, les autres scénarios sont soit annulés (*canceled*) s'ils étaient en cours d'exécution, soit compensés (*compensated*) s'ils étaient terminés. La charge de codage des tâches d'annulation et de compensation qui ont un contenu métier incombe au développeur. Les quatre scénarios sont exécutés dans le cadre d'une activité métier (*business activity*) WS-Transaction.

Lorsque l'application cliente a récupéré son numéro de recherche de disponibilités, par sollicitation intermittente du serveur de SW-Voyages à l'aide de l'identifiant de conversation (corrélation) attribué lors de la requête initiale, celle-ci peut alors immédiatement invoquer les scénarios de récupération des disponibilités aériennes SWVoyages_Reservation_GetAir (5), hôtelières (optionnel) SWVoyages_Reservation_GetHotel (7) et automobiles (optionnel) SWVoyages_Reservation_GetCar (9) de SW-Voyages.

Ces invocations sont réalisées en parallèle par l'application cliente qui récupère ensuite les résultats selon le même principe que celui adopté pour la recherche (sollicitation intermittente du serveur via un identifiant de conversation). Chacun des scénarios de récupération de disponibilités de SW-Voyages invoque à son tour en arrière-plan le scénario correspondant du partenaire : le scénario SWAir_Reservation_Get (6) pour SW-Air, SWHotels_Reservation_Get (8) pour SW-Hôtels et SWVoitures_Reservation_Get (10) pour SW-Voitures. Les scénarios sont exécutés, deux à deux, dans le cadre de business activities WS-Transaction.

Scénarios d'annulation ou de confirmation de recherche de disponibilités

La cinématique générale de l'orchestration des scénarios d'annulation ou de confirmation de recherche de disponibilités de réservation se résume ainsi (figure 26-2) :

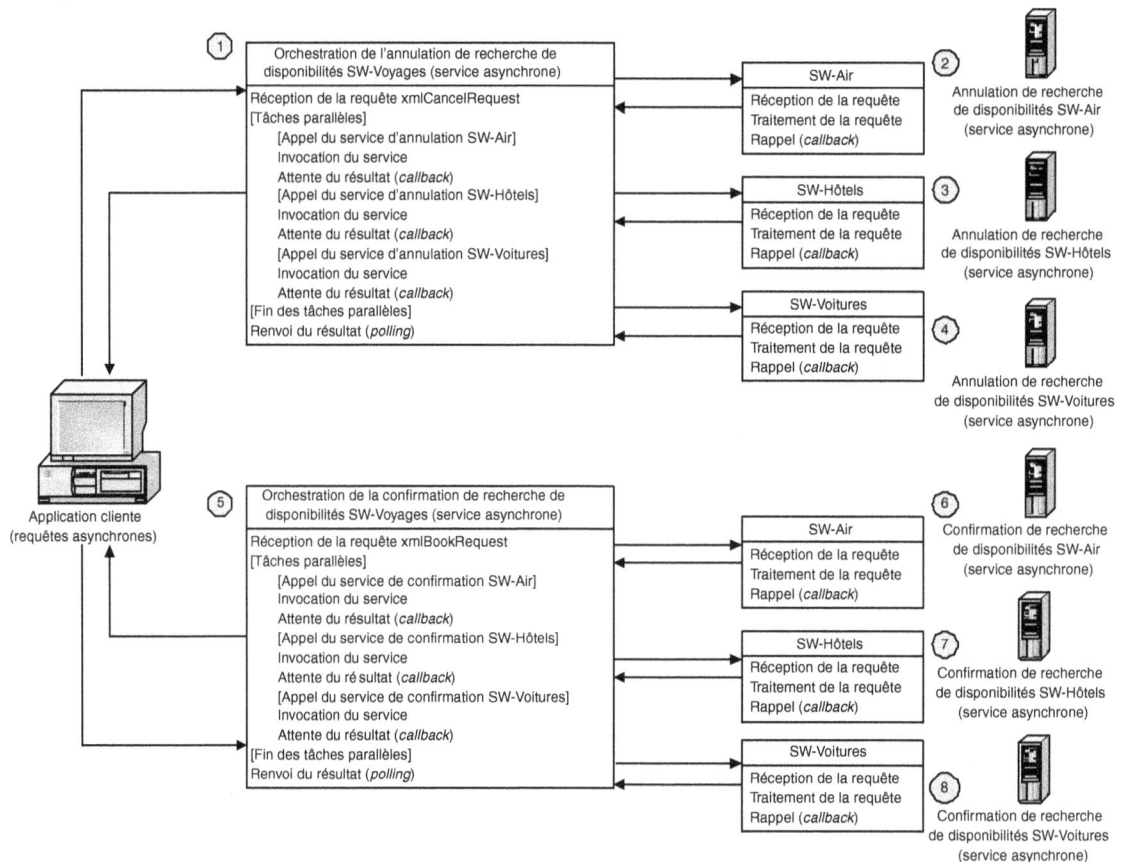

Figure 26-2

Cinématique de l'orchestration de l'annulation ou de la confirmation de recherche de disponibilités.

Lorsque l'utilisateur de l'application cliente a effectué ses choix parmi les disponibilités présentées, il peut soit demander une confirmation des disponibilités sélectionnées (réservation), soit annuler la recherche de disponibilités en cours pour éventuellement faire une autre recherche.

En cas d'annulation, l'application cliente invoque le scénario BPEL d'annulation de recherche de disponibilités `SWVoyages_Reservation_Cancel` (1) de SW-Voyages via l'émission d'un document `xmlCancelRequest`. Le scénario traite la demande par une invocation en parallèle des scénarios d'annulation de recherche de disponibilités `SWAir_Reservation_Cancel` (2) de SW-Air, `SWHotels_Reservation_Cancel` (3) de SW-Hôtels (optionnel) et `SWVoitures_Reservation_Cancel` (4) de SW-Voitures (optionnel). Comme lors de la recherche de disponibilités, ces scénarios sont activés en parallèle et l'ordre de récupération des résultats est indifférent. L'exécution de ces quatre scénarios, comme celle des scénarios de recherche de disponibilités, se déroule de la manière suivante : si l'un des scénarios ne se termine pas correctement, les autres scénarios sont soit annulés s'ils étaient en cours d'exécution, soit compensés s'ils étaient terminés. La charge de codage des tâches d'annulation et de compensation incombe au développeur. Les quatre scénarios sont exécutés dans le cadre d'une business activity WS-Transaction.

Pour la confirmation des disponibilités sélectionnées (réservation), l'application cliente invoque le scénario BPEL de confirmation de recherche de disponibilités `SWVoyages_Reservation_Book` (5) de SW-Voyages via l'émission d'un document `xmlBookRequest`. Le scénario traite la demande par une invocation en parallèle des scénarios de confirmation de recherche de disponibilités `SWAir_Reservation_Book` (6) de SW-Air, `SWHotels_Reservation_Book` (7) de SW-Hôtels (optionnel) et `SWVoitures_Reservation_Book` (8) de SW-Voitures (optionnel). Comme lors de la recherche et de l'annulation de recherche de disponibilités, ces scénarios sont activés en parallèle et l'ordre de récupération des résultats est indifférent. De même, l'exécution de ces quatre scénarios se déroule de la façon suivante : si l'un des scénarios ne se termine pas correctement, les autres scénarios sont soit annulés s'ils étaient en cours d'exécution, soit compensés s'ils étaient terminés. La charge de codage des tâches d'annulation et de compensation incombe toujours au développeur. Les quatre scénarios sont exécutés dans le cadre d'une activité métier WS-Transaction.

Application Web de SW-Voyages

L'arborescence de l'application Web de la société SW-Voyages (répertoire `reservation_sw-voyages`) est, bien entendu, différente de celle du scénario d'architecture n°1 et se présente maintenant telle que l'illustre la figure 26-3.

Cette arborescence comprend vingt-six fichiers :

- un fichier `build.xml` utilisé par l'utilitaire `cxant.bat`, version spécifique à Collaxa de l'utilitaire Ant de la communauté Apache, pour compiler l'application Web (répertoire `{%COLLAXA_HOME%}\ cxdk\bin`) ;

- six scénarios BPEL en format Java spécifique à Collaxa (fichiers d'extension `.jbpel`) ;

- six descripteurs de déploiement des scénarios correspondants (fichiers d'extension `.xml`) ;

- six schémas de description des documents d'invocation des scénarios de SW-Voyages (fichiers d'extension `.xsd`) ;

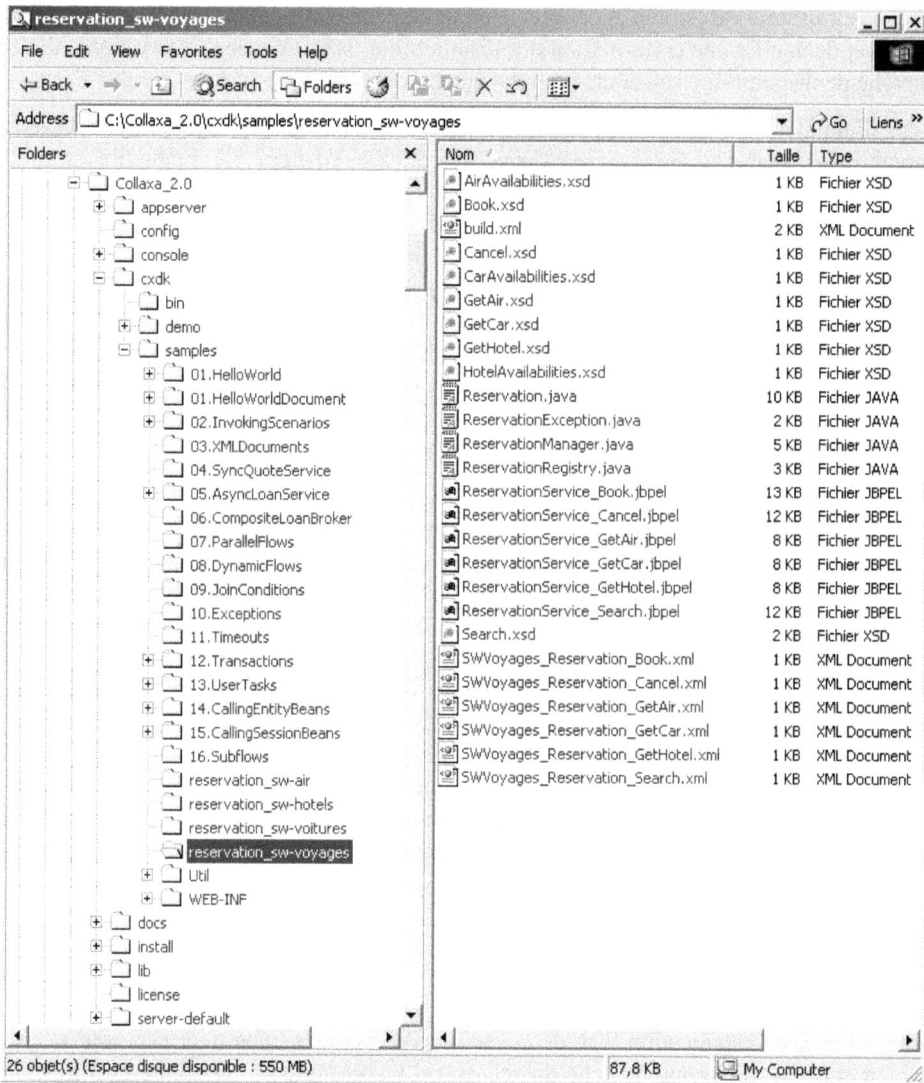

Figure 26-3

Arborescence de l'application Web de SW-Voyages.

- trois schémas de description des documents renvoyés par les méthodes de récupération des disponibilités (aériennes, hôtelières et automobiles) de SW-Voyages (fichiers d'extension .xsd) ;

- quatre classes Java de support aux scénarios de SW-Voyages (fichiers d'extension .java).

Dans la suite de ce chapitre, le répertoire qui contient cette arborescence, localisé à {%COLLAXA_HOME%}\ cxdk\samples\reservation_sw-voyages, est désigné par la variable {%SW-VOYAGES_HOME%}.

Partie serveur de l'application Web de SW-Voyages

La partie serveur de l'application Web de SW-Voyages est entièrement réalisée en technologie Java utilisée par le serveur BPEL Orchestration Server de Collaxa. Comme nous l'avons vu, l'architecture du produit nécessite une « décomposition » de la classe ReservationService.java du chapitre 23 en six scénarios BPEL :

- ReservationService_Search.jbpel : coordination d'une demande de recherche de disponibilités entre SW-Voyages et ses partenaires ;

- ReservationService_GetAir.jbpel : coordination de la récupération de disponibilités aériennes entre SW-Voyages et son partenaire SW-Air ;

- ReservationService_GetHotel.jbpel : coordination de la récupération de disponibilités hôtelières entre SW-Voyages et son partenaire SW-Hôtels ;

- ReservationService_GetCar.jbpel : coordination de la récupération de disponibilités automobiles entre SW-Voyages et son partenaire SW-Voitures ;

- ReservationService_Book.jbpel : coordination de la confirmation d'une demande de réservation de disponibilités entre SW-Voyages et ses partenaires ;

- ReservationService_Cancel.jbpel : coordination de l'annulation d'une demande de réservation de disponibilités entre SW-Voyages et ses partenaires.

Schémas XML des requêtes d'invocation

Chaque scénario est activé via l'émission d'un message SOAP qui transporte un document contenant les paramètres nécessaires à l'exécution du scénario. Le code qui suit est un exemple de message qui inclut un document xmlSearchRequest destiné à invoquer le scénario Reservation-Service_Search.jbpel :

```xml
<?xml version='1.0' encoding='utf-8'?>
<SOAP-ENV:Envelope …>
  <SOAP-ENV:Body>
    <initiate xmlns="http://swvoyages.samples.cxdn.com">
      <xmlSearchRequest>
        <passengers>1</passengers>
        <from>ParisCDG</from>
        <to>Vienne</to>
        <roundTrip>1</roundTrip>
        <departureDay>13</departureDay>
        <departureMonth>3</departureMonth>
        <departureYear>2003</departureYear>
        <arrivalDay>13</arrivalDay>
        <arrivalMonth>3</arrivalMonth>
        <arrivalYear>2003</arrivalYear>
        <hotelRequested>true</hotelRequested>
        <carRequested>false</carRequested>
      </xmlSearchRequest>
    </initiate>
  </SOAP-ENV:Body>
</SOAP-ENV:Envelope>
```

Ce message est emboîté dans une requête HTTP dont la réponse contient comme entrée de l'en-tête SOAP l'identifiant de la conversation qu'il faut rappeler lors du polling de récupération du résultat de la requête.

Voici les schémas XML des documents qui transportent les requêtes asynchrones à destination du serveur de SW-Voyages.

Schéma XML de la requête search

La requête de demande de recherche de disponibilités est ainsi rédigée (fichier {%SW-VOYAGES_HOME%}\ Search.xsd) :

```xml
<?xml version="1.0"?>
<schema targetNamespace="http://swvoyages.samples.cxdn.com"
  xmlns:tns="http://swvoyages.samples.cxdn.com"
  xmlns="http://www.w3.org/2001/XMLSchema">
  <element name="SearchRequest">
    <complexType>
      <all>
        <element name="passengers" type="int"/>
        <element name="from" type="string"/>
        <element name="to" type="string"/>
        <element name="roundTrip" type="boolean"/>
        <element name="departureDay" type="int"/>
        <element name="departureMonth" type="int"/>
        <element name="departureYear" type="int"/>
        <element name="arrivalDay" type="int"/>
        <element name="arrivalMonth" type="int"/>
        <element name="arrivalYear" type="int"/>
        <element name="hotelRequested" type="boolean"/>
        <element name="carRequested" type="boolean"/>
      </all>
    </complexType>
  </element>
  <element name="SearchFailure">
    <complexType>
      <element name="searchRequest" type="tns:SearchRequest" />
      <element name="message" type="string" />
    </complexType>
  </element>
</schema>
```

Schéma XML de la requête getAirAvailabilities

La requête de demande de récupération de disponibilités aériennes se décrit ainsi (fichier {%SW-VOYAGES_HOME%}\GetAir.xsd) :

```xml
<?xml version="1.0"?>
<schema targetNamespace="http://swvoyages.samples.cxdn.com"
  xmlns:tns="http://swvoyages.samples.cxdn.com"
  xmlns="http://www.w3.org/2001/XMLSchema">
  <element name="GetAirAvailabilitiesRequest">
```

```
        <complexType>
          <all>
            <element name="reservationId" type="int"/>
          </all>
        </complexType>
      </element>
      <element name="GetAirAvailabilitiesFailure">
        <complexType>
          <all>
            <element name="getAirAvailabilitiesRequest"
            type="tns:GetAirAvailabilitiesRequest" />
            <element name="message" type="string" />
          </all>
        </complexType>
      </element>
    </schema>
```

Schéma XML de la requête getHotelAvailabilities

La requête de demande de récupération de disponibilités hôtelières s'exprime de la manière suivante (fichier {%SW-VOYAGES_HOME%}\GetHotel.xsd) :

```
<?xml version="1.0"?>
<schema targetNamespace="http://swvoyages.samples.cxdn.com"
  xmlns:tns="http://swvoyages.samples.cxdn.com"
  xmlns="http://www.w3.org/2001/XMLSchema">
  <element name="GetHotelAvailabilitiesRequest">
    <complexType>
      <all>
        <element name="reservationId" type="int"/>
      </all>
    </complexType>
  </element>
  <element name="GetHotelAvailabilitiesFailure">
    <complexType>
      <all>
        <element name="getHotelAvailabilitiesRequest"
        type="tns:GetHotelAvailabilitiesRequest" />
        <element name="message" type="string" />
      </all>
    </complexType>
  </element>
</schema>
```

Schéma XML de la requête getCarAvailabilities

La requête de demande de récupération de disponibilités automobiles se présente ainsi (fichier {%SW-VOYAGES_HOME%}\GetCar.xsd) :

```
<?xml version="1.0"?>
<schema targetNamespace="http://swvoyages.samples.cxdn.com"
  xmlns:tns="http://swvoyages.samples.cxdn.com"
```

```
    xmlns="http://www.w3.org/2001/XMLSchema">
    <element name="GetCarAvailabilitiesRequest">
      <complexType>
        <all>
          <element name="reservationId" type="int"/>
        </all>
      </complexType>
    </element>
    <element name="GetCarAvailabilitiesFailure">
      <complexType>
        <all>
          <element name="getCarAvailabilitiesRequest"
          type="tns:GetCarAvailabilitiesRequest" />
          <element name="message" type="string" />
        </all>
      </complexType>
    </element>
</schema>
```

Schéma XML de la requête book

La requête de demande de réservation s'exprime de la manière suivante (fichier {%SW-VOYAGES_HOME%}\ Book.xsd) :

```
<?xml version="1.0"?>
<schema targetNamespace="http://swvoyages.samples.cxdn.com"
  xmlns:tns="http://swvoyages.samples.cxdn.com"
  xmlns="http://www.w3.org/2001/XMLSchema">
  <element name="BookRequest">
    <complexType>
      <all>
        <element name="reservationId" type="int"/>
        <element name="departureChoice" type="int"/>
        <element name="arrivalChoice" type="int"/>
        <element name="hotelChoice" type="int"/>
        <element name="carChoice" type="int"/>
      </all>
    </complexType>
  </element>
  <element name="BookFailure">
    <complexType>
      <all>
        <element name="bookRequest" type="tns:BookRequest" />
        <element name="message" type="string" />
      </all>
    </complexType>
  </element>
</schema>
```

Schéma XML de la requête cancel

La requête d'annulation de recherche de disponibilités est la suivante (fichier `{%SW-VOYAGES_HOME%}\`
`Cancel.xsd`) :

```xml
<?xml version="1.0"?>
<schema targetNamespace="http://swvoyages.samples.cxdn.com"
  xmlns:tns="http://swvoyages.samples.cxdn.com"
  xmlns="http://www.w3.org/2001/XMLSchema">
  <element name="CancelRequest">
    <complexType>
      <all>
        <element name="reservationId" type="int"/>
      </all>
    </complexType>
  </element>
  <element name="CancelFailure">
    <complexType>
      <all>
        <element name="cancelRequest" type="tns:CancelRequest" />
        <element name="message" type="string" />
      </all>
    </complexType>
  </element>
</schema>
```

Schéma XML des disponibilités aériennes, hôtelières et automobiles

Les trois scénarios de récupération de disponibilités renvoient des structures complexes de données.
Celles-ci sont également retournées à l'application cliente sous forme de documents :

- récupérés, sur demande de l'application cliente auprès du serveur (polling), dans la réponse
  HTTP ;

- expédiés, à destination de l'application cliente par le serveur (callback), dans la requête HTTP.

Ces disponibilités sont décrites par des schémas XML.

Schéma XML des disponibilités aériennes

Les disponibilités aériennes s'expriment de la manière suivante (fichier `{%SW-VOYAGES_HOME%}\`
`AirAvailabilities.xsd`) :

```xml
<?xml version="1.0"?>
<schema
  targetNamespace="http://swvoyages.samples.cxdn.com"
  xmlns:tns="http://swvoyages.samples.cxdn.com"
  xmlns="http://www.w3.org/2001/XMLSchema">
  <complexType name="ArrayOfAirAvailability">
    <sequence>
      <element ref="tns:AirAvailability" maxOccurs="unbounded"/>
    </sequence>
```

```
    </complexType>
    <complexType name="AirAvailability">
      <all>
        <element name="id" type="int"/>
        <element name="airCompany" nillable="true" type="string"/>
        <element name="flightNumber" nillable="true" type="string"/>
        <element name="departureAirport" nillable="true" type="string"/>
        <element name="arrivalAirport" nillable="true" type="string"/>
        <element name="departureHour" nillable="true" type="string"/>
        <element name="arrivalHour" nillable="true" type="string"/>
        <element name="direction" type="boolean"/>
        <element name="price" type="float"/>
        <element name="remoteId" type="int"/>
      </all>
    </complexType>
  </schema>
```

Schéma XML des disponibilités hôtelières

Les disponibilités hôtelières se représentent de la manière suivante (fichier {%SW-VOYAGES_HOME%}\ HotelAvailabilities.xsd) :

```
<?xml version="1.0"?>
<schema
  targetNamespace="http://swvoyages.samples.cxdn.com"
  xmlns:tns="http://swvoyages.samples.cxdn.com"
  xmlns="http://www.w3.org/2001/XMLSchema">
  <complexType name="ArrayOfHotelAvailability">
    <sequence>
      <element ref="tns:HotelAvailability" maxOccurs="unbounded"/>
    </sequence>
  </complexType>
  <complexType name="HotelAvailability">
    <all>
      <element name="id" type="int"/>
      <element name="hotelRentalCompany" nillable="true" type="string"/>
      <element name="hotelName" nillable="true" type="string"/>
      <element name="hotelLocation" nillable="true" type="string"/>
      <element name="higherPrice" type="float"/>
      <element name="lowerPrice" type="float"/>
      <element name="remoteId" type="int"/>
    </all>
  </complexType>
</schema>
```

Schéma XML des disponibilités automobiles

Les disponibilités automobiles sont représentées ainsi (fichier {%SW-VOYAGES_HOME%}\CarAvailabilities.xsd) :

```
<?xml version="1.0"?>
<schema
  targetNamespace="http://swvoyages.samples.cxdn.com"
```

```
    xmlns:tns="http://swvoyages.samples.cxdn.com"
    xmlns="http://www.w3.org/2001/XMLSchema">
    <complexType name="ArrayOfCarAvailability">
      <sequence>
        <element ref="tns:CarAvailability" maxOccurs="unbounded"/>
      </sequence>
    </complexType>
    <complexType name="CarAvailability">
      <all>
        <element name="id" type="int"/>
        <element name="carRentalCompany" nillable="true" type="string"/>
        <element name="carCategory" nillable="true" type="string"/>
        <element name="carModel" nillable="true" type="string"/>
        <element name="pricePerWeek" type="float"/>
        <element name="pricePerDay" type="float"/>
        <element name="remoteId" type="int"/>
      </all>
    </complexType>
  </schema>
```

Scénarios de gestion de réservation

Le service Web de SW-Voyages est mis en œuvre via six scénarios BPEL de gestion du processus de réservation.

Ces scénarios sont décrits sous forme de classes Java annotées par des balises d'orchestration. Ces balises représentent des métadonnées Java spécifiées au format commentaires JavaDoc selon la spécification JSR 175 (voir *http://www.jcp.org/en/jsr/detail?id=175*).

Balises d'orchestration

Les balises d'orchestration permettent d'exprimer :

- le fait qu'une méthode est asynchrone ;
- le niveau de parallélisme de l'exécution du scénario (flot et séquences) ;
- le fait qu'une méthode est transactionnelle.

Pour déclarer une méthode asynchrone, il suffit d'ajouter la ligne :

```
/** @ws-conversation:mode async */
```

dans les commentaires JavaDoc de la méthode. Par défaut, la valeur de `@ws-conversation:mode` est fixée à `sync` (méthode synchrone).

La gestion de processus parallèles est prise en charge via l'utilisation de quatre balises :

- la balise `flow` permet de définir un nombre fixe de séquences (branches parallèles), déterminé à la conception du scénario. Le flot se décrit ainsi :

```
/** @bpel:flow */
```

- la balise `sequence` décrit une branche à l'intérieur d'un flot de la manière suivante :

```
/** @bpel:sequence */
```

- un nombre variable de séquences, connu seulement à l'exécution, qui peut être exprimé ainsi :

```
/** @bpel:flowN */
```

- la jointure des branches dans les flots `flow` ou `flowN` est décrite par la balise `join`. Celle-ci permet de spécifier la condition de jointure sous forme d'une expression booléenne. Lorsque la condition est validée, les séquences pendantes sont annulées. La jointure se décrit ainsi :

```
/** @bpel:join */
```

La déclaration d'une méthode transactionnelle s'effectue en ajoutant la balise

```
/** @ws-transaction:attribute x */
```

où la valeur x peut être :

- `required` : la méthode doit être associée à une transaction. Si la méthode appelante est exécutée dans le cadre d'une transaction, la méthode appelée s'exécute dans le contexte de cette transaction. Sinon, le serveur d'orchestration crée une nouvelle transaction et associe la méthode à ce nouveau contexte.

- `requires-new` : le serveur d'orchestration doit toujours créer une nouvelle transaction pour cette méthode, même si le service ou la méthode appelante est déjà associé à une transaction.

- `mandatory` : la méthode doit toujours s'exécuter dans le contexte d'une transaction existante. Si ce n'est pas le cas, le serveur d'orchestration lève une exception `TransactionRequired-Exception`.

- `not-supported` (par défaut) : la méthode ne participe pas à une transaction. Si la méthode est exécutée dans un contexte de transaction, cette dernière est suspendue le temps de l'exécution de la méthode.

Parallèlement à la déclaration d'une méthode transactionnelle, il est possible de prendre en compte les changements d'état de la transaction en déclarant deux méthodes (optionnelles) qui, pour une méthode transactionnelle nommée `methode()` par exemple, seront nommées :

- `cancelMethode()` : cette méthode sera rappelée (callback) par le serveur d'orchestration si la transaction associée à la méthode `methode()` tombe en échec *durant* l'exécution de celle-ci.

- `compensateMethode()` : cette méthode sera rappelée (callback) par le serveur d'orchestration si la transaction associée à la méthode `methode()` tombe en échec *après* la fin d'exécution de celle-ci.

Ces deux méthodes sont bien entendu très utiles, notamment dans le cadre de transactions longues, où le changement d'état de la transaction peut intervenir dans un laps de temps plus ou moins long après l'invocation initiale de la méthode transactionnelle `methode()`. Ces méthodes sont optionnelles.

Les scénarios BPEL présentés ci-après illustrent des cas d'utilisation des balises d'orchestration et des méthodes de gestion des états des transactions.

Organisation des scénarios BPEL

Les scénarios des quatre partenaires sont organisés de manière à conserver des registres locaux cohérents entre eux. Afin de simplifier l'implémentation, nous avons évité de mettre en œuvre une persistance des registres en bases de données.

Du fait que la demande de réservation se termine par une suppression de la réservation du registre local d'un partenaire (choix technique effectué pour éviter l'accroissement de mémoire durant les tests), la gestion transactionnelle des opérations entre les quatre partenaires doit se traduire, que les scénarios se passent bien ou se terminent mal, par un niveau constant de 0 réservation en fin d'opération (fin matérialisée soit par une annulation de demande, soit par une demande de réservation, pour toute demande de recherche initiée).

Dans le cas présent, les méthodes `cancelMethode` et `compensateMethode` cherchent donc à maintenir la cohérence des registres de réservation des quatre partenaires par des actions d'annulation ou de recréation de réservation dans les registres en fonction de la nature de l'action précédente à annuler ou à compenser.

Par ailleurs, les méthodes de compensation et d'annulation utilisées ici sont très simplifiées : elles ne font pas appel à de « vraies » actions de compensation ou d'annulation « métier », mais plutôt à des actions exécutées dans une optique « technique » de cohérence du registre. En effet, un échec du scénario de réservation (scénario book) de l'un des partenaires, par exemple, devrait se traduire par l'arrêt des autres réservations en cours de traitement et par l'annulation applicative (compensation) des réservations déjà effectuées (scénario cancel).

Scénario de demande de recherche de disponibilités

Le scénario de demande de recherche de disponibilités (vous pouvez télécharger le code source sur le site www.editions-eyrolles.com) présente les particularités suivantes (fichier `{%SW-VOYAGES_HOME%}\ ReservationService_Search.jbpel`) :

- La méthode `process` est asynchrone (métadonnée `@ws-conversation:mode async`).

- La méthode `organizeSearch`, également asynchrone, est appelée par la méthode `process` et demande au serveur d'orchestration l'ouverture d'une nouvelle transaction (métadonnée `@ws-trans-action:attribute requires-new`) : chaque demande de recherche de disponibilités du client déclenche une nouvelle transaction métier. Les scénarios invoqués dans le cadre de cette méthode, dotés de capacités transactionnelles (*transaction aware*), sont automatiquement enrôlés en tant que participants à la transaction.

- La méthode `organizeSearch` décrit un flot (métadonnée `@bpel:flow`) de trois séquences parallèles (métadonnée `@bpel:sequence`) : chacune de ces branches est chargée de l'invocation asynchrone du scénario de demande de recherche de disponibilités des partenaires SW-Air, SW-Hôtels et SW-Voitures. La méthode ne se termine que lorsque les trois scénarios invoqués ont répondu (pas de condition de jointure). Le scénario de SW-Air est toujours invoqué. En revanche, les scénarios de SW-Hôtels et SW-Voitures ne sont invoqués que si le client a exprimé un souhait de réservation hôtelière et/ou automobile.

- La méthode asynchrone `cancelOrganizeSearch` est déclarée et susceptible d'être appelée par le serveur d'orchestration soit en cas d'erreur dans la méthode `organizeSearch`, soit en cas d'erreur dans les sous-transactions générées lors de l'invocation des scénarios des trois partenaires de SW-Voyages.

- Le scénario ne présente pas de méthode `compensateOrganizeSearch` car cela n'a pas de sens à ce niveau (scénario racine et processus appelant non transactionnel) : soit la méthode `process` (et les méthodes incluses) s'est bien terminée et le résultat est renvoyé au client, soit elle s'est mal passée et la méthode `cancelOrganizeSearch` a été déclenchée. Dans le cas où l'exception s'est produite durant où après l'invocation des scénarios de demande de recherche de disponibilités des partenaires, le serveur d'orchestration invoque les méthodes d'annulation ou de compensation de ces scénarios selon leur état d'exécution au moment de l'interruption.

Scénario de récupération des disponibilités aériennes

Le scénario de récupération des disponibilités aériennes (vous pouvez télécharger le code source sur le site www.editions-eyrolles.com) présente les particularités suivantes (fichier `{%SW-VOYAGES_HOME%}\ReservationService_GetAir.jbpel`) :

- La méthode `process` est asynchrone (métadonnée `@ws-conversation:mode async`).

- La méthode `organizeGetAvailabilities`, également asynchrone, est appelée par la méthode `process` et demande au serveur d'orchestration l'ouverture d'une nouvelle transaction (métadonnée `@ws-transaction:attribute requires-new`) : chaque demande de récupération de disponibilités aériennes du client déclenche une nouvelle transaction métier. Les scénarios invoqués dans le cadre de cette méthode, dotés de capacités transactionnelles, sont automatiquement enrôlés en tant que participants à la transaction.

- La méthode `organizeGetAvailabilities` décrit un flot (métadonnée `@bpel:flow`) d'une seule séquence (métadonnée `@bpel:sequence`) chargée de l'invocation asynchrone du scénario de demande de récupération de disponibilités aériennes du partenaire SW-Air. La méthode se termine lorsque le scénario de SW-Air (toujours invoqué) a renvoyé son résultat.

- La méthode asynchrone `cancelOrganizeGetAvailabilities` est déclarée et susceptible d'être appelée par le serveur d'orchestration soit en cas d'erreur dans la méthode `organizeGetAvailabilities`, soit en cas d'erreur dans la sous-transaction générée lors de l'invocation du scénario de SW-Air. Dans la cas présent, nous avons choisi une option radicale : une erreur de récupération des disponibilités se traduit par une suppression de la demande du registre local. Le client est alors contraint de soumettre une nouvelle demande de recherche de disponibilités.

- Le scénario ne présente pas de méthode `compensateOrganizeGetAvailabilities` car cela n'a pas plus de sens à ce niveau que pour le scénario précédent.

Scénario de récupération des disponibilités hôtelières

Le scénario de récupération des disponibilités hôtelières (vous pouvez télécharger le code source sur le site www.editions-eyrolles.com) offre des particularités strictement identiques à celles des scénarios de récupération des disponibilités aériennes et automobiles (fichier `{%SW-VOYAGES_HOME%}\ReservationService_GetHotel.jbpel`).

Scénario de récupération des disponibilités automobiles

Le scénario de récupération des disponibilités automobiles (vous pouvez télécharger le code source sur le site www.editions-eyrolles.com) présente des caractéristiques strictement identiques à celles du scénario de récupération des disponibilités aériennes (fichier `{%SW-VOYAGES_HOME%}\ReservationService_GetCar.jbpel`).

Il n'est invoqué par la partie cliente de l'application de réservation que si l'utilisateur final a exprimé un souhait de réservation automobile.

Scénario de réservation d'une demande de disponibilités

Le scénario de réservation d'une demande de disponibilités (vous pouvez télécharger le code source sur le site www.editions-eyrolles.com) présente les caractéristiques suivantes (fichier `{%SW-VOYAGES_HOME%}\ ReservationService_Book.jbpel`) :

- La méthode `process` est asynchrone (métadonnée `@ws-conversation:mode async`).

- La méthode `organizeBook`, également asynchrone, est appelée par la méthode `process` et demande au serveur d'orchestration l'ouverture d'une nouvelle transaction (métadonnée `@ws-transaction:attribute requires-new`) : chaque demande de réservation de disponibilités du client déclenche une nouvelle transaction métier. Les scénarios invoqués dans le cadre de cette méthode, dotés de capacités transactionnelles, sont automatiquement enrôlés en tant que participants à la transaction.

- La méthode `organizeBook` décrit un flot (métadonnée `@bpel:flow`) de trois séquences parallèles (métadonnée `@bpel:sequence`) : chacune de ces branches est chargée de l'invocation asynchrone du scénario de réservation d'une demande de disponibilités des partenaires SW-Air, SW-Hôtels et SW-Voitures. La méthode ne se termine que lorsque les trois scénarios invoqués ont répondu (pas de condition de jointure). Le scénario de SW-Air est toujours invoqué. En revanche, les scénarios de SW-Hôtels et SW-Voitures ne sont invoqués que si le client a exprimé un souhait de réservation hôtelière et/ou automobile lors de sa demande initiale.

- La méthode asynchrone `cancelOrganizeBook` est déclarée et susceptible d'être appelée par le serveur d'orchestration soit en cas d'erreur dans la méthode `organizeBook`, soit en cas d'erreur dans les sous-transactions générées lors de l'invocation des scénarios des trois partenaires de SW-Voyages.

- Le scénario ne présente pas de méthode `compensateOrganizeBook` car cela, comme dans les autres scénarios de SW-Voyages, n'a pas de sens à ce niveau.

Scénario d'annulation de recherche de disponibilités

Le scénario d'annulation de recherche de disponibilités (fichier `{%SW-VOYAGES_HOME%}\ ReservationService_Cancel.jbpel`) présente les particularités qui suivent (vous pouvez télécharger le code source sur le site www.editions-eyrolles.com) :

- La méthode `process` est asynchrone (métadonnée `@ws-conversation:mode async`).

- La méthode `organizeCancel`, également asynchrone, est appelée par la méthode `process` et demande au serveur d'orchestration l'ouverture d'une nouvelle transaction (métadonnée `@ws-transaction:attribute requires-new`) : chaque demande d'annulation de recherche de disponibilités du client déclenche une nouvelle transaction métier. Les scénarios invoqués dans le cadre de cette méthode, dotés de capacités transactionnelles, sont automatiquement enrôlés en tant que participants à la transaction.

- La méthode `organizeCancel` décrit un flot (métadonnée `@bpel:flow`) de trois séquences parallèles (métadonnée `@bpel:sequence`) : chacune de ces branches est chargée de l'invocation asynchrone du scénario d'annulation d'une demande de recherche de disponibilités des partenaires SW-Air, SW-Hôtels et SW-Voitures. La méthode ne se termine que lorsque les trois scénarios invoqués ont répondu (pas de condition de jointure). Le scénario de SW-Air est toujours invoqué. En revanche, les scénarios de SW-Hôtels et SW-Voitures ne sont invoqués que si le client a exprimé un souhait de réservation hôtelière et/ou automobile lors de sa demande initiale.

- La méthode asynchrone `cancelOrganizeCancel` est déclarée et susceptible d'être appelée par le serveur d'orchestration soit en cas d'erreur dans la méthode `organizeCancel` soit en cas d'erreur dans les sous-transactions générées lors de l'invocation des scénarios des trois partenaires de SW-Voyages.

- Le scénario ne présente pas de méthode `compensateOrganizeCancel` car cela, comme dans les autres scénarios de SW-Voyages, n'a pas de sens à ce niveau.

Descripteurs de déploiement des scénarios de gestion de réservation

Chacun des six scénarios de gestion de réservation est associé à un descripteur de déploiement au format XML. Ces descripteurs peuvent comporter certaines informations de paramétrage nécessaires au fonctionnement du scénario correspondant.

Le descripteur contient au minimum un élément `bpel-scenario src` dont la valeur représente le nom qualifié de la classe Java qui implémente de scénario.

Descripteur de déploiement du scénario de demande de recherche de disponibilités

Le descripteur de déploiement du scénario de demande de recherche de disponibilités (fichier `{%SW-VOYAGES_HOME%}\SWVoyages_Reservation_Search.xml`) se présente ainsi :

```xml
<?xml version="1.0" encoding="UTF-8"?>
<bpel-scenario src="com.cxdn.samples.swvoyages.ReservationService_Search">
<properties id="SW-Air_ReservationService">
  <property name="location">
    http://www.sw-voyages.com:9700/default/SWAir_Reservation_Search
  </property>
</properties>
<properties id="SW-Hotels_ReservationService">
  <property name="location">
    http://www.sw-voyages.com:9700/default/SWHotels_Reservation_Search
  </property>
</properties>
<properties id="SW-Voitures_ReservationService">
  <property name="location">
    http://www.sw-voyages.com:9700/default/SWVoitures_Reservation_Search
  </property>
</properties>
</bpel-scenario>
```

Descripteur de déploiement du scénario de récupération des disponibilités aériennes

Le descripteur de déploiement du scénario de récupération des disponibilités aériennes (fichier `{%SW-VOYAGES_HOME%}\SWVoyages_Reservation_GetAir.xml`) se présente de la manière suivante :

```xml
<?xml version="1.0" encoding="UTF-8"?>
<bpel-scenario src="com.cxdn.samples.swvoyages.ReservationService_GetAir">
<properties id="SW-Air_ReservationService">
```

```
    <property name="location">
      http://www.sw-voyages.com:9700/default/SWAir_Reservation_Get
    </property>
  </properties>
</bpel-scenario>
```

Descripteur de déploiement du scénario de récupération des disponibilités hôtelières

Le descripteur de déploiement du scénario de récupération des disponibilités hôtelières (fichier {%SW-VOYAGES_HOME%}\SWVoyages_Reservation_GetHotel.xml) se présente ainsi :

```
<?xml version="1.0" encoding="UTF-8"?>
<bpel-scenario src="com.cxdn.samples.swvoyages.ReservationService_GetHotel">
<properties id="SW-Hotels_ReservationService">
  <property name="location">
    http://www.sw-voyages.com:9700/default/SWHotels_Reservation_Get
  </property>
</properties>
</bpel-scenario>
```

Descripteur de déploiement du scénario de récupération des disponibilités automobiles

Le descripteur de déploiement du scénario de récupération des disponibilités automobiles (fichier {%SW-VOYAGES_HOME%}\SWVoyages_Reservation_GetCar.xml) contient les propriétés qui suivent :

```
<?xml version="1.0" encoding="UTF-8"?>
<bpel-scenario src="com.cxdn.samples.swvoyages.ReservationService_GetCar">
<properties id="SW-Voitures_ReservationService">
  <property name="location">
    http://www.sw-voyages.com:9700/default/SWVoitures_Reservation_Get
  </property>
</properties>
</bpel-scenario>
```

Descripteur de déploiement du scénario de réservation d'une demande de disponibilités

Le descripteur de déploiement du scénario de réservation d'une demande de disponibilités (fichier {%SW-VOYAGES_HOME%}\SWVoyages_Reservation_Book.xml) contient les propriétés qui suivent :

```
<?xml version="1.0" encoding="UTF-8"?>
<bpel-scenario src="com.cxdn.samples.swvoyages.ReservationService_Book">
<properties id="SW-Air_ReservationService">
  <property name="location">
    http://www.sw-voyages.com:9700/default/SWAir_Reservation_Book
  </property>
</properties>
<properties id="SW-Hotels_ReservationService">
  <property name="location">
    http://www.sw-voyages.com:9700/default/SWHotels_Reservation_Book
  </property>
</properties>
<properties id="SW-Voitures_ReservationService">
  <property name="location">
```

```
      http://www.sw-voyages.com:9700/default/SWVoitures_Reservation_Book
    </property>
  </properties>
</bpel-scenario>
```

Descripteur de déploiement du scénario d'annulation de recherche de disponibilités

Le descripteur de déploiement du scénario d'annulation de recherche de disponibilités (fichier {%SW-VOYAGES_HOME%}\SWVoyages_Reservation_Cancel.xml) se présente ainsi :

```
<?xml version="1.0" encoding="UTF-8"?>
<bpel-scenario src="com.cxdn.samples.swvoyages.ReservationService_Cancel">
<properties id="SW-Air_ReservationService">
  <property name="location">
    http://www.sw-voyages.com:9700/default/SWAir_Reservation_Cancel
  </property>
</properties>
<properties id="SW-Hotels_ReservationService">
  <property name="location">
    http://www.sw-voyages.com:9700/default/SWHotels_Reservation_Cancel
  </property>
</properties>
<properties id="SW-Voitures_ReservationService">
  <property name="location">
    http://www.sw-voyages.com:9700/default/SWVoitures_Reservation_Cancel
  </property>
</properties>
</bpel-scenario>
```

Architecture statique

L'architecture décrite ici est de type statique : les descripteurs de déploiement présentés comportent les adresses d'accès aux scénarios des partenaires de SW-Voyages, codées directement dans les descripteurs. Une transformation en architecture dynamique nécessiterait de pouvoir disposer d'une API de modification de ces descripteurs.

Classes de support aux scénarios

Les classes d'implémentation des scénarios utilisent les mêmes classes de servitude ou de support que celles utilisées chapitre 23. Celles-ci sont parfois légèrement modifiées pour des raisons inhérentes au fonctionnement du serveur Collaxa dans sa version actuelle.

Le paquetage de ces classes devient : com.cxdn.samples.swvoyages.reservation.

Classe ReservationManager.java

La classe d'implémentation d'un registre local des réservations (fichier {%SW-VOYAGES_HOME%}\ReservationManager.java), qui conserve les informations des sessions ouvertes depuis l'ouverture du serveur d'applications, demeure inchangée par rapport à la description effectuée chapitre 23. Cette classe étend la classe Hashtable du SDK (vous pouvez télécharger le code source sur le site www.editions-eyrolles.com).

La classe d'interface (fichier `{%SW-VOYAGES_HOME%}\ReservationRegistry.java`) n'est également pas modifiée.

Classe Reservation.java

La réservation (fichier `{%SW-VOYAGES_HOME%}\Reservation.java`) conserve les informations relatives à la demande de l'utilisateur (caractéristiques du voyage) d'une part, et les disponibilités aériennes, automobiles et hôtelières communiquées par les partenaires d'autre part : elle reste quasiment identique à la description faite chapitre 23 (vous pouvez télécharger le code source sur le site www.editions-eyrolles.com).

La classe est simplement modifiée pour importer les classes de disponibilités qui sont maintenant générées par l'environnement de développement de Collaxa (voir ci-après). La ligne d'importation ajoutée est :

```
import com.cxdn.samples.swvoyages.*;
```

Classes AirAvailability.java, CarAvailability.java et HotelAvailability.java

Les disponibilités gérées par SW-Voyages, aériennes (classe `AirAvailability.java`), automobiles (classe `CarAvailability.java`) ou hôtelières (classe `HotelAvailability.java`) sont maintenant générées automatiquement, à partir des schémas XML présentés précédemment lors de la construction et du déploiement des scénarios.

Classe ReservationException.java

La classe d'exception générique utilisée par l'ensemble des classes de servitude (fichier `{%SW-VOYAGES_HOME%}\ReservationException.java`) est simplifiée par rapport à celle utilisée chapitre 23. La variable `rootCause` de type `Throwable` ainsi que les méthodes associées sont supprimées car elles semblent poser un problème de sérialisation au moteur d'exécution (vous pouvez télécharger les codes source sur le site www.editions-eyrolles.com).

Construction et déploiement des scénarios

Collaxa utilise un utilitaire `cxant.bat`, similaire à l'utilitaire Ant de la communauté Apache, pour compiler l'application Web. Cet outil est localisé dans le répertoire `{%COLLAXA_HOME%}\cxdk\bin`. Il prédéfinit les tâches (au sens Ant) `bpelc`, `schemac` et `wsdlc` spécifiques à l'environnement Collaxa (voir ci-après).

L'utilitaire prend un fichier `build.xml` en paramètre (fichier `{%SW-VOYAGES_HOME%}\build.xml`). Ce fichier est en fait un descripteur de construction.

Celui de l'application Web de SW-Voyages se présente ainsi :

```xml
<?xml version="1.0"?>
<project name="ReservationService" default="main" basedir=".">
  <property name="deploy" value="true"/>
  <property name="rev" value="1.0"/>
  <property name="out" value="${CXHome}/server-default/classes"/>
  <target name="main">
    <schemac input="${basedir}/Book.xsd" out="${out}"/>
    <schemac input="${basedir}/Cancel.xsd" out="${out}"/>
```

```
        <schemac input="${basedir}/GetAir.xsd" out="${out}"/>
        <schemac input="${basedir}/GetCar.xsd" out="${out}"/>
        <schemac input="${basedir}/GetHotel.xsd" out="${out}"/>
        <schemac input="${basedir}/Search.xsd" out="${out}"/>
        <schemac input="${basedir}/AirAvailabilities.xsd" out="${out}"/>
        <schemac input="${basedir}/CarAvailabilities.xsd" out="${out}"/>
        <schemac input="${basedir}/HotelAvailabilities.xsd" out="${out}"/>
        <javac srcdir="${basedir}" destdir="${out}"  includes="*.java"/>
        <bpelc input="${basedir}/SWVoyages_Reservation_Book.xml"
          rev="${rev}" deploy="${deploy}"/>
        <bpelc input="${basedir}/SWVoyages_Reservation_Cancel.xml"
          rev="${rev}" deploy="${deploy}"/>
        <bpelc input="${basedir}/SWVoyages_Reservation_GetAir.xml"
          rev="${rev}" deploy="${deploy}"/>
        <bpelc input="${basedir}/SWVoyages_Reservation_GetCar.xml"
          rev="${rev}" deploy="${deploy}"/>
        <bpelc input="${basedir}/SWVoyages_Reservation_GetHotel.xml"
          rev="${rev}" deploy="${deploy}"/>
        <bpelc input="${basedir}/SWVoyages_Reservation_Search.xml"
          rev="${rev}" deploy="${deploy}"/>
    </target>
</project>
```

La construction de l'application Web est réalisée en quatre étapes :

1. génération, via l'utilitaire `schemac`, de classes de représentation Java à partir des six schémas XML de description des documents d'invocation des scénarios ;

2. génération, via l'utilitaire `schemac`, des classes de représentation Java correspondant aux trois schémas XML de description des disponibilités produites par ces scénarios ;

3. compilation, par le compilateur standard `javac`, des classes Java de servitude et de support utilisées par les scénarios BPEL ;

4. génération, via l'utilitaire `bpelc`, des classes Java exécutables à partir des six scénarios BPEL.

L'utilitaire `schemac` permet, à partir d'un schéma XML ou WSDL (incorporant un schéma XML), de générer et de compiler un ensemble de classes Java associées au document métier décrit. L'utilisation de cet outil, pour un type complexe, provoque la génération de plusieurs classes Java associées (voir son utilisation dans les scénarios) :

• une classe d'interface qui représente la structure du type ;

• une implémentation du schéma sous forme d'un gestionnaire de persistance et d'une classe de sérialisation/désérialisation (*marshaller* XML/SOAP) utilisée par l'infrastructure SOAP sous-jacente (Apache Axis 1.0) ;

• une classe de fabrication (*factory*) dédiée à la construction des instances de documents de ce type ;

• une classe d'exception associée à ce type ;

• une classe interne nécessaire au produit.

L'utilitaire bpelc permet, à partir d'un scénario BPEL ou d'un descripteur de déploiement BPEL, de générer et de compiler un ensemble de classes Java associées au scénario. En outre, il génère la description WSDL qui permet d'exposer le scénario et de l'invoquer comme un service Web, ainsi qu'une interface de délégation qui autorise une invocation du scénario à partir d'une JSP, d'un *servlet* ou d'une classe Java.

Il est possible de faire cohabiter plusieurs versions d'un même scénario dans l'environnement d'exécution Collaxa, via l'usage de l'attribut rev de la tâche bpelc : ici, l'attribut rev="${rev}" référence une propriété dont la valeur est fixée à 1.0 pour tous les scénarios.

L'attribut deploy de la tâche bpelc permet de préciser qu'après compilation, le scénario doit être déployé automatiquement dans le *container* d'exécution. C'est ici le cas et les fichiers .jar associés aux scénarios compilés seront donc déployés dans le répertoire {%COLLAXA_HOME%}\server-default\ scenarios, c'est-à-dire les fichiers suivants :

- bpel_SWVoyages_Reservation_Book_1.0.jar ;

- bpel_SWVoyages_Reservation_Cancel_1.0.jar ;

- bpel_SWVoyages_Reservation_GetAir_1.0.jar ;

- bpel_SWVoyages_Reservation_GetCar_1.0.jar ;

- bpel_SWVoyages_Reservation_GetHotel_1.0.jar ;

- bpel_SWVoyages_Reservation_Search_1.0.jar.

La construction de l'application est lancée, à partir d'une invite de commandes, et après s'être placée dans le répertoire {%SW-VOYAGES_HOME%}, par la commande :

```
C:\Collaxa_2.0\cxdk\bin\cxant
```

Test des scénarios BPEL

Après construction et déploiement des scénarios BPEL, il est possible de les tester un par un. Pour cela, il faut démarrer la console Collaxa. Celle-ci est accessible à partir d'un navigateur Internet, via l'URL *http://www.sw-voyages.com:9700/collaxa*. La console se présente telle que l'illustre la figure 26-4.

La console présente trois onglets principaux qui présentent :

- la liste des scénarios déployés : celle-ci affiche en haut de la page les instances de scénarios en cours d'exécution et en bas les instances terminées ;

- la liste anti-chronologique des instances de scénarios qui peut être filtrée selon divers critères dont le numéro d'instance, le modèle de scénario, la date de création, l'état de l'instance, etc. ;

- la liste chronologique des activités exécutées dans le cadre des instances de scénarios qui peut également être filtrée selon divers critères dont le type d'activité, l'état de l'activité, etc.

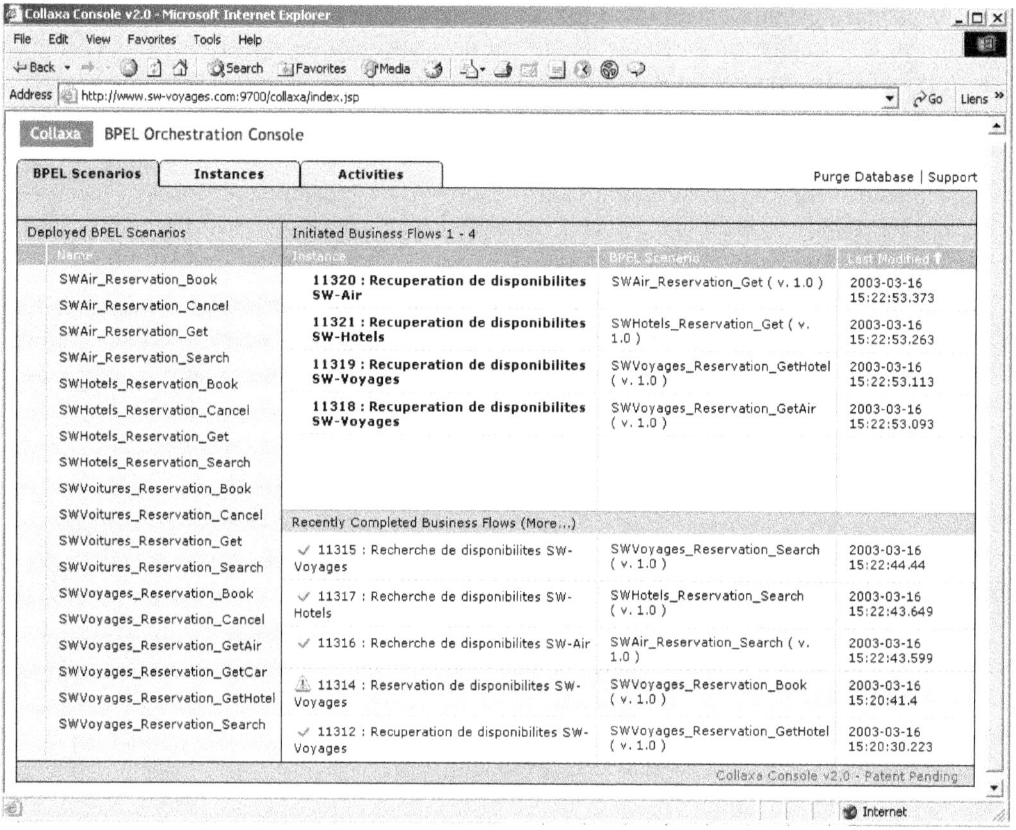

Figure 26-4

Console du serveur BPEL Orchestration Server de Collaxa.

L'écran figure 26-4 présente l'ensemble des scénarios (les six scénarios de SW-Voyages et les douze de SW-Air, SW-Hôtels et SW-Voitures présentés dans les sections qui suivent) développés dans le cadre de cette dernière génération du logiciel de réservation de SW-Voyages et ses partenaires. Cinq instances de scénarios sont terminées et quatre instances sont en cours d'exécution.

Pour tester un scénario, il suffit de cliquer sur le scénario choisi dans la partie gauche de l'écran. Cela a pour effet de faire apparaître un formulaire de saisie qui reflète le(s) paramètre(s) de la méthode process du scénario. Par exemple, un clic sur le scénario de recherche de disponibilités de SW-Voyages (le dernier de la liste) provoque l'affichage de l'écran présenté figure 26-5.

Cet écran présente quatre sous-onglets qui permettent d'afficher :

- le formulaire de saisie du(des) paramètre(s) du scénario ;

- les descriptions WSDL du scénario exposé comme un service Web ;

- le contenu du descripteur de déploiement du scénario ;

- le code source Java du scénario BPEL.

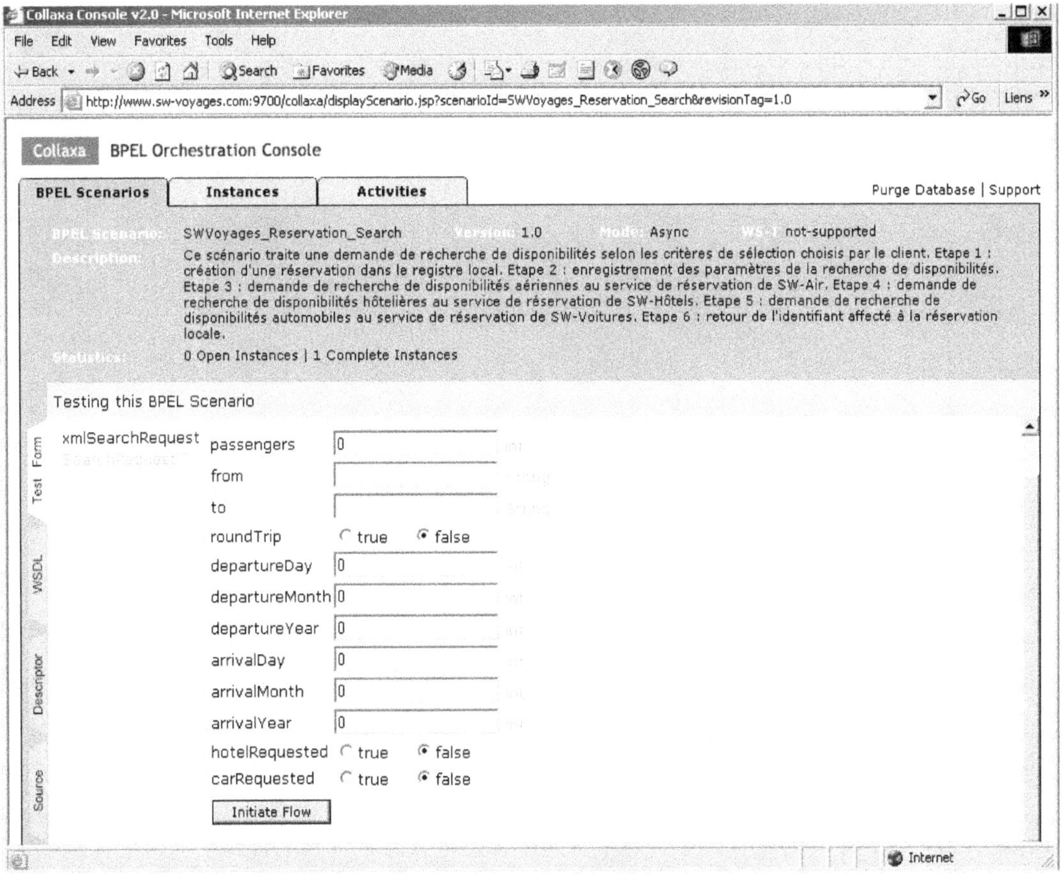

Figure 26-5

Formulaire de saisie des paramètres du scénario de recherche de disponibilités de SW-Voyages.

Ce dernier onglet affiche le code source Java (JBPEL) du scénario et dispose d'un commutateur qui permet d'afficher, par incrustation, le modèle BPEL4WS sous-jacent. Par exemple, une partie du code source du scénario de recherche de disponibilités est illustrée figure 26-6.

On reconnaît, dans cette portion de code, les balises scope, sequence, faultHandlers ou catch de la syntaxe BPEL4WS. À cette collection de balises ont été ajoutées des balises propres à une extension spécifique au serveur de Collaxa préfixée bpelx : cette syntaxe complémentaire fait notamment apparaître des balises exec et subflow. La balise exec est importante car elle permet de faire le lien avec un langage de programmation (ici Java) chargé d'implémenter les tâches décrites dans le scénario.

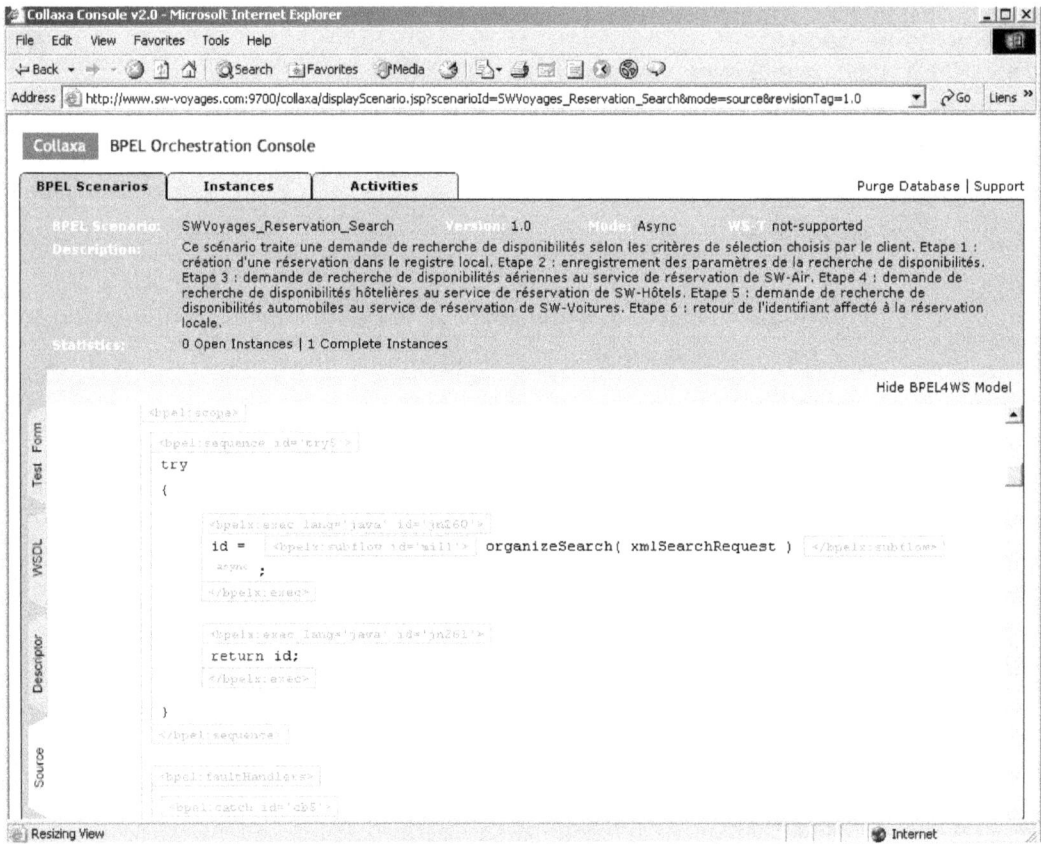

Figure 26-6

Correspondance JBPEL/BPEL4WS du scénario de recherche de disponibilités de SW-Voyages.

Le déclenchement du test du scénario, après saisie du(des) paramètre(s) du formulaire et utilisation du bouton Initiate Flow, provoque l'affichage d'un écran dans lequel il est possible de choisir entre la présentation visuelle du flot d'exécution, un écran d'affichage de la piste d'audit de l'instance générée ou un écran de vérification de l'instance (*debug*). L'affichage du flot présente un écran du même type que celui montré figure 26-7.

Cet écran comporte cinq onglets qui permettent :

- de visualiser le flot d'exécution de l'instance du scénario choisi ;
- d'inspecter la piste d'audit associée à l'instance (dates et heures de début et de fin des tâches, signalisation des transactions et des états associés, etc.) ;
- d'inspecter le code exécuté, la valeur des variables, etc. ;
- d'afficher la liste des activités associées à cette instance et en cours d'exécution ou d'attente ;
- de visualiser la liste des transactions et des participants à ces transactions, ainsi que l'état correspondant.

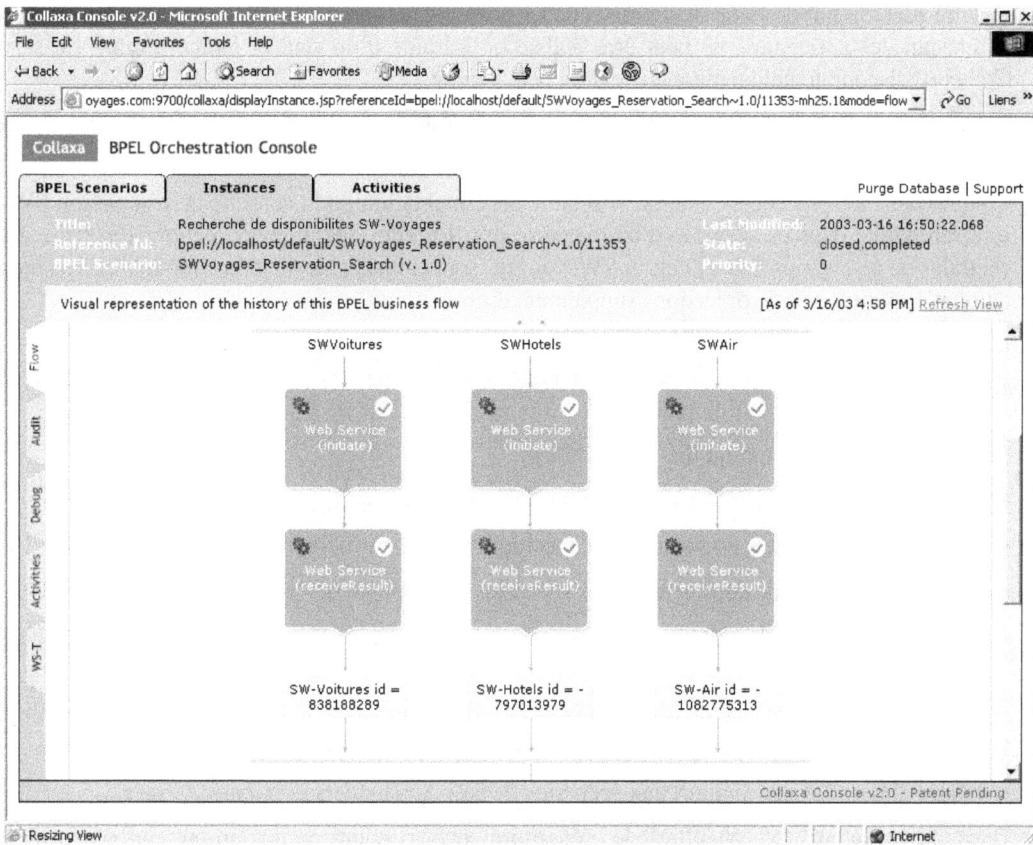

Figure 26-7

Représentation du flot d'exécution du scénario de recherche de disponibilités de SW-Voyages.

L'écran ci-avant affiche une portion de la représentation visuelle du flot du scénario de recherche de disponibilités de SW-Voyages, dans laquelle on peut voir le déclenchement en parallèle des scénarios transactionnels asynchrones de recherche de disponibilités des trois partenaires de SW-Voyages.

La console du serveur de Collaxa présente donc tous les outils nécessaires pour tester les scénarios BPEL de manière autonome (mode *standalone*). Bien entendu, les scénarios testés peuvent inclure des invocations synchrones ou asynchrones de services Web externes. Lorsque les tests sont jugés concluants, ceux-ci peuvent être poursuivis par l'intégration avec la partie cliente de l'application (voir la section « Scénario n°4 » du chapitre 22).

Applications Web des partenaires de SW-Voyages

Nous avons vu, en début de chapitre, que pour bénéficier des fonctionnalités transactionnelles du produit, il est impératif que les services de réservation des quatre partenaires reposent sur une implémentation des trois spécifications concernées (BPEL4WS, WS-Coordination et WS-Transaction).

D'autre part, du fait de l'état actuel de cette technologie, le déploiement des composants applicatifs de chacun des partenaires ne peut être réalisé qu'à l'aide d'un seul et même produit (le serveur Collaxa), disponible uniquement en version bêta.

Ces choix nous permettent notamment d'éviter des problèmes d'interopérabilité effective, domaine dans lequel tout reste à faire.

Comme dans les précédents chapitres, seule l'implémentation de la centrale de réservation SW-Air sera reproduite dans ce scénario d'architecture n°4. En effet, les implémentations des deux autres centrales de réservation SW-Hôtels et SW-Voitures sont calquées sur le même modèle et leur présentation n'apportera pas de précisions supplémentaires.

L'arborescence de l'application Web de la société SW-Air (répertoire `reservation_sw-air`) est, comme dans le cas de SW-Voyages, différente de celle du scénario d'architecture n°1 et se présente donc telle que l'illustre la figure 26-8.

Cette arborescence comprend dix-huit fichiers :

• un fichier `build.xml` utilisé par l'utilitaire `cxant.bat` pour compiler l'application Web ;

• quatre scénarios BPEL en format Java spécifique à Collaxa (fichiers d'extension `.jbpel`) ;

• quatre descripteurs de déploiement des scénarios correspondants (fichiers d'extension `.xml`) ;

• quatre schémas de description des documents d'invocation des scénarios de SW-Air (fichiers d'extension `.xsd`) ;

• un schéma de description du document renvoyé par la méthode de récupération des disponibilités aériennes de SW-Air (fichier d'extension `.xsd`) ;

• quatre classes Java de support aux scénarios de SW-Air (fichiers d'extension `.java`).

Dans la suite de ce chapitre, le répertoire qui contient cette arborescence, localisé à `{%COLLAXA_HOME%}\cxdk\samples\reservation_sw-air`, est désigné par la variable `{%SW-AIR_HOME%}`.

Partie serveur de l'application Web des partenaires de SW-Voyages

La partie serveur de l'application Web des partenaires de SW-Voyages est elle aussi entièrement réalisée en technologie Java utilisée par le serveur BPEL Orchestration Server de Collaxa. La classe `ReservationService.java` du chapitre 23 est remplacée par quatre scénarios BPEL :

• `ReservationService_Search.jbpel` : demande coordonnée de recherche des disponibilités aériennes de SW-Air ;

• `ReservationService_Get.jbpel` : récupération coordonnée des disponibilités aériennes de SW-Air ;

• `ReservationService_Book.jbpel` : confirmation coordonnée d'une demande de réservation des disponibilités aériennes de SW-Air ;

• `ReservationService_Cancel.jbpel` : annulation coordonnée d'une demande de réservation des disponibilités aériennes de SW-Air.

Ces scénarios représentent les éléments principaux de l'application du côté serveur.

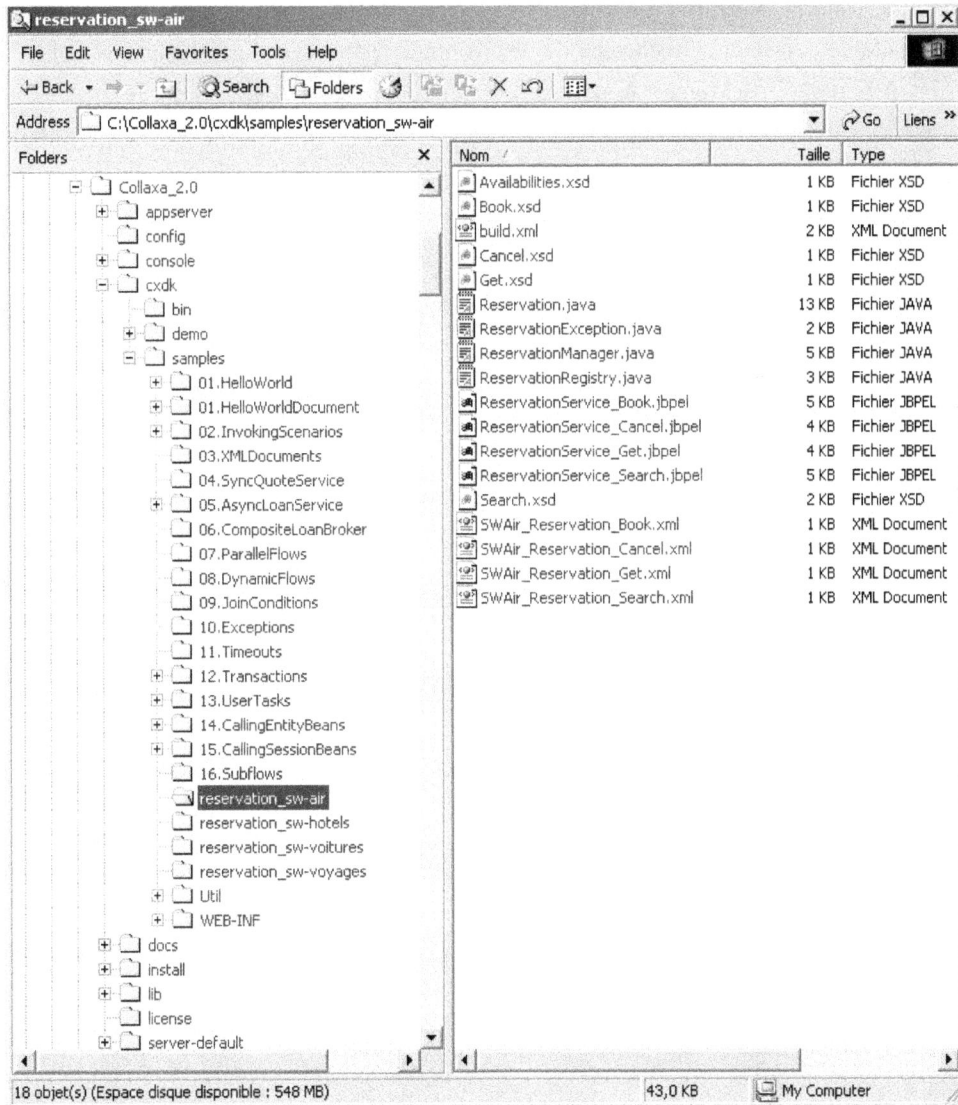

Figure 26-8

Arborescence de l'application Web de la société SW-Air.

Schémas XML des requêtes d'invocation

Chacun de ces scénarios est activé via l'émission d'un document correspondant qui contient les paramètres nécessaires au déclenchement du scénario. Ce document est décrit sous forme d'un schéma XML.

Schéma XML de la requête search

La requête de demande de recherche de disponibilités est ainsi rédigée (fichier {%SW-AIR_HOME%}\ Search.xsd) :

```xml
<?xml version="1.0"?>
<schema targetNamespace="http://samples.cxdn.com/swair/search"
  xmlns:tns="http://samples.cxdn.com/swair/search"
  xmlns="http://www.w3.org/2001/XMLSchema">
  <element name="SearchRequest">
    <complexType>
      <all>
        <element name="passengers" type="int"/>
        <element name="from" type="string"/>
        <element name="to" type="string"/>
        <element name="roundTrip" type="boolean"/>
        <element name="departureDay" type="int"/>
        <element name="departureMonth" type="int"/>
        <element name="departureYear" type="int"/>
        <element name="arrivalDay" type="int"/>
        <element name="arrivalMonth" type="int"/>
        <element name="arrivalYear" type="int"/>
        <element name="remoteId" type="int"/>
      </all>
    </complexType>
  </element>
  <element name="SearchFailure">
    <complexType>
      <all>
        <element name="searchRequest" type="tns:SearchRequest" />
        <element name="message" type="string" />
      </all>
    </complexType>
  </element>
</schema>
```

Schéma XML de la requête getAirAvailabilities

La requête de demande de récupération de disponibilités aériennes se décrit ainsi (fichier {%SW-AIR_HOME%}\Get.xsd) :

```xml
<?xml version="1.0"?>
<schema targetNamespace="http://samples.cxdn.com/swair/getavailabilities"
  xmlns:tns="http://samples.cxdn.com/swair/getavailabilities"
  xmlns="http://www.w3.org/2001/XMLSchema">
  <element name="GetAvailabilitiesRequest">
    <complexType>
      <all>
        <element name="reservationId" type="int"/>
      </all>
    </complexType>
  </element>
```

```
   <element name="GetAvailabilitiesFailure">
     <complexType>
       <all>
         <element name="getAvailabilitiesRequest"
         type="tns:GetAvailabilitiesRequest" />
         <element name="message" type="string" />
       </all>
     </complexType>
   </element>
 </schema>
```

Schéma XML de la requête book

La requête de demande de réservation s'exprime de la manière suivante (fichier {%SW-AIR_HOME%}\ Book.xsd) :

```
<?xml version="1.0"?>
<schema targetNamespace="http://samples.cxdn.com/swair/book"
  xmlns:tns="http://samples.cxdn.com/swair/book"
  xmlns="http://www.w3.org/2001/XMLSchema">
  <element name="BookRequest">
    <complexType>
      <all>
        <element name="reservationId" type="int"/>
        <element name="departureAvailabilityId" type="int"/>
        <element name="arrivalAvailabilityId" type="int"/>
      </all>
    </complexType>
  </element>
  <element name="BookFailure">
    <complexType>
      <all>
        <element name="bookRequest" type="tns:BookRequest" />
        <element name="message" type="string" />
      </all>
    </complexType>
  </element>
</schema>
```

Schéma XML de la requête cancel

La requête d'annulation de recherche de disponibilités est la suivante (fichier {%SW-AIR_HOME%}\ Cancel.xsd) :

```
<?xml version="1.0"?>
<schema targetNamespace="http://samples.cxdn.com/swair/cancel"
  xmlns:tns="http://samples.cxdn.com/swair/cancel"
  xmlns="http://www.w3.org/2001/XMLSchema">
  <element name="CancelRequest">
    <complexType>
      <all>
        <element name="reservationId" type="int"/>
```

```
        </all>
      </complexType>
    </element>
    <element name="CancelFailure">
      <complexType>
        <all>
          <element name="cancelRequest" type="tns:CancelRequest" />
          <element name="message" type="string" />
        </all>
      </complexType>
    </element>
  </schema>
```

Schéma XML des disponibilités aériennes

Le scénario de récupération des disponibilités aériennes renvoie une structure complexe de données. Celle-ci est retournée à l'application cliente sous forme d'un document formalisé par un schéma XML.

Les disponibilités aériennes s'expriment de la manière suivante (fichier `{%SW-AIR_HOME%}\Availabilities.xsd`) :

```
<?xml version="1.0"?>
<schema targetNamespace="http://samples.cxdn.com/swair"
  xmlns:tns="http://samples.cxdn.com/swair"
  xmlns="http://www.w3.org/2001/XMLSchema">
  <complexType name="ArrayOfAirAvailability">
    <sequence>
      <element ref="tns:AirAvailability" maxOccurs="unbounded"/>
    </sequence>
  </complexType>
  <complexType name="AirAvailability">
    <all>
      <element name="id" type="int"/>
      <element name="airCompany" nillable="true" type="string"/>
      <element name="flightNumber" nillable="true" type="string"/>
      <element name="departureAirport" nillable="true" type="string"/>
      <element name="arrivalAirport" nillable="true" type="string"/>
      <element name="departureHour" nillable="true" type="string"/>
      <element name="arrivalHour" nillable="true" type="string"/>
      <element name="direction" type="boolean"/>
      <element name="price" type="float"/>
      <element name="remoteId" type="int"/>
    </all>
  </complexType>
</schema>
```

Scénarios de gestion de réservation

L'application Web de SW-Air est décrite sous la forme de quatre scénarios BPEL de gestion de la réservation. Il en va de même pour les applications Web des partenaires SW-Hôtels et SW-Voitures qui ne sont pas reproduites ici.

Scénario de demande de recherche de disponibilités aériennes

Le scénario de demande de recherche de disponibilités aériennes (vous pouvez télécharger le code source sur le site www.editions-eyrolles.com) présente les caractéristiques qui suivent (fichier `{%SW-AIR_HOME%}\ReservationService_Search.jbpel`) :

- La méthode `process` est asynchrone (métadonnée `@ws-conversation:mode async`).

- La méthode `process` est toujours associée à une transaction (métadonnée `@ws-transaction:attribute required`). Si la méthode appelante est exécutée dans le cadre d'une transaction (ce qui est le cas de l'application de réservation de SW-Voyages), la méthode appelée s'exécute dans le contexte de cette transaction. Dans le cas contraire, le serveur d'orchestration crée une nouvelle transaction et associe la méthode à ce nouveau contexte. Chaque demande de recherche de disponibilités aériennes adressée à SW-Air s'exécute dans le contexte transactionnel de son client ou déclenche une nouvelle transaction métier interne à SW-Air. Le scénario, ainsi doté de capacités transactionnelles, est ici automatiquement enrôlé en tant que participant à la transaction initiée par le scénario appelant de SW-Voyages.

- La méthode asynchrone `cancelProcess` est déclarée et susceptible d'être appelée par le serveur d'orchestration en cas d'erreur durant le traitement de la méthode `process`.

- La méthode asynchrone `compensateProcess` est également décrite et pourra être appelée par le serveur d'orchestration lorsque le traitement de la méthode `process` se sera bien terminé mais qu'une erreur aura été remontée par l'un des participants à la transaction appelante initiée par SW-Voyages.

Scénario de récupération des disponibilités aériennes

Le scénario de récupération des disponibilités aériennes (vous pouvez télécharger le code source sur le site www.editions-eyrolles.com) présente les particularités suivantes (fichier `{%SW-AIR_HOME%}\ReservationService_Get.jbpel`) :

- La méthode `process` est asynchrone (métadonnée `@ws-conversation:mode async`).

- La méthode `process` est toujours associée à une transaction (métadonnée `@ws-transaction:attribute required`), comme dans le scénario de recherche de disponibilités. Chaque demande de récupération de disponibilités aériennes adressée à SW-Air s'exécute dans le contexte transactionnel de son client ou déclenche une nouvelle transaction métier interne à SW-Air. Le scénario est ici aussi automatiquement enrôlé en tant que participant à la transaction initiée par le scénario appelant de SW-Voyages.

- La méthode asynchrone `cancelProcess` est déclarée et susceptible d'être appelée par le serveur d'orchestration en cas d'erreur durant le traitement de la méthode `process`.

- La méthode asynchrone `compensateProcess` est également décrite et pourra être appelée par le serveur d'orchestration lorsque le traitement de la méthode `process` se sera bien terminé mais qu'une erreur aura été remontée par l'un des participants à la transaction appelante initiée par SW-Voyages.

Scénario de réservation d'une demande de disponibilités aériennes

Le scénario de demande de réservation de disponibilités aériennes (vous pouvez télécharger le code source sur le site www.editions-eyrolles.com) offre les caractéristiques suivantes (fichier `{%SW-AIR_HOME%}\ReservationService_Book.jbpel`) :

- La méthode `process` est asynchrone (métadonnée `@ws-conversation:mode async`).

- La méthode `process` est toujours associée à une transaction (métadonnée `@ws-transaction:attribute required`), comme dans le cas des deux scénarios précédents. Chaque réservation de demande de disponibilités aériennes adressée à SW-Air s'exécute dans le contexte transactionnel de son client ou déclenche une nouvelle transaction métier interne à SW-Air. Le scénario est ici automatiquement enrôlé en tant que participant à la transaction initiée par le scénario appelant de SW-Voyages.

- La méthode asynchrone `cancelProcess` est déclarée et susceptible d'être appelée par le serveur d'orchestration en cas d'erreur durant le traitement de la méthode `process`.

- La méthode asynchrone `compensateProcess` est également décrite et pourra être appelée par le serveur d'orchestration en cas d'erreur remontée par l'un des participants à la transaction appelante initiée par SW-Voyages.

Scénario d'annulation de recherche de disponibilités aériennes

Le scénario d'annulation de recherche de disponibilités aériennes (vous pouvez télécharger le code source sur le site www.editions-eyrolles.com) présente les particularités qui suivent (fichier `{%SW-AIR_HOME%}\ReservationService_Cancel.jbpel`) :

- La méthode `process` est asynchrone (métadonnée `@ws-conversation:mode async`).

- La méthode `process` est toujours associée à une transaction (métadonnée `@ws-transaction:attribute required`), comme dans les trois scénarios précédents. Chaque demande d'annulation de recherche de disponibilités aériennes adressée à SW-Air s'exécute dans le contexte transactionnel de son client ou déclenche une nouvelle transaction métier interne à SW-Air. Le scénario est ici automatiquement enrôlé en tant que participant à la transaction initiée par le scénario appelant de SW-Voyages.

- La méthode asynchrone `cancelProcess` est déclarée et susceptible d'être appelée par le serveur d'orchestration en cas d'erreur durant le traitement de la méthode `process`.

- La méthode asynchrone `compensateProcess` est décrite et pourra être appelée par le serveur d'orchestration en cas d'erreur remontée par l'un des participants à la transaction appelante initiée par SW-Voyages.

Descripteurs de déploiement des scénarios de gestion de réservation

Chacun des quatre scénarios de gestion de réservation est associé à un descripteur de déploiement correspondant au format XML. Dans le cas présent, ceux-ci sont réduits à leur plus simple expression car les scénarios décrits ne font pas appel à des services Web externes.

Descripteur de déploiement du scénario de demande de recherche de disponibilités aériennes

Le descripteur de déploiement du scénario de demande de recherche de disponibilités aériennes (fichier {%SW-AIR_HOME%}\SWAir_Reservation_Search.xml) se présente ainsi :

```
<?xml version="1.0" encoding="UTF-8"?>
  <bpel-scenario src="com.cxdn.samples.swair.ReservationService_Search">
</bpel-scenario>
```

Descripteur de déploiement du scénario de récupération des disponibilités aériennes

Le descripteur de déploiement du scénario de récupération des disponibilités aériennes (fichier {%SW-AIR_HOME%}\SWAir_Reservation_Get.xml) est le suivant :

```
<?xml version="1.0" encoding="UTF-8"?>
  <bpel-scenario src="com.cxdn.samples.swair.ReservationService_Get">
</bpel-scenario>
```

Descripteur de déploiement du scénario de réservation de disponibilités aériennes

Le descripteur de déploiement du scénario de réservation d'une demande de disponibilités aériennes (fichier {%SW-AIR_HOME%}\SWAir_Reservation_Book.xml) se présente de la manière suivante :

```
<?xml version="1.0" encoding="UTF-8"?>
  <bpel-scenario src="com.cxdn.samples.swair.ReservationService_Book">
</bpel-scenario>
```

Descripteur de déploiement du scénario d'annulation de recherche de disponibilités aériennes

Le descripteur de déploiement du scénario d'annulation de recherche de disponibilités aériennes (fichier {%SW-AIR_HOME%}\SWAir_Reservation_Cancel.xml) est codé de la manière qui suit :

```
<?xml version="1.0" encoding="UTF-8"?>
  <bpel-scenario src="com.cxdn.samples.swair.ReservationService_Cancel">
</bpel-scenario>
```

Classes de support aux scénarios

Les classes d'implémentation des scénarios utilisent, elles aussi, les mêmes classes de servitude ou de support que celles utilisées chapitre 23. Celles-ci sont parfois légèrement modifiées pour des raisons inhérentes au fonctionnement du serveur Collaxa dans sa version actuelle.

Le paquetage de ces classes devient com.cxdn.samples.swair.reservation.

Classe ReservationManager.java

La classe d'implémentation du registre local des réservations (fichier {%SW-AIR_HOME%}\Reservation-Manager.java) reste inchangée par rapport à la description faite chapitre 23. Cette classe est identique à celle de l'application Web de SW-Voyages (vous pouvez télécharger le code source sur le site www.editions-eyrolles.com).

La classe d'interface (fichier {%SW-AIR_HOME%}\ReservationRegistry.java) n'est également pas modifiée.

Classe Reservation.java

La réservation (fichier `{%SW-AIR_HOME%}\Reservation.java`) conserve les informations relatives à la demande de l'utilisateur (caractéristiques du voyage) d'une part, et les disponibilités aériennes communiquées par SW-Air à ses partenaires d'autre part : elle reste quasiment identique à la description du chapitre 23 (vous pouvez télécharger le code source sur le site www.editions-eyrolles.com).

La classe est simplement modifiée pour importer les classes de disponibilités qui sont maintenant générées par l'environnement de développement de Collaxa (voir ci-après). La ligne d'importation ajoutée est :

```
import com.cxdn.samples.swair.*;
```

Une autre modification est apportée par l'ajout des variables `departureAvailabilityId` et `arrival-AvailabilityId` utilisées pour permettre la compensation d'une exception dans le scénario d'annulation de demande de disponibilités et restaurer la réservation à son état initial (récupération des disponibilités sélectionnées par l'application cliente).

Classe AirAvailability.java

Les disponibilités aériennes gérées par SW-Air (classe `AirAvailability.java`) sont maintenant générées automatiquement, à partir du schéma XML présenté précédemment, lors de la construction et du déploiement des scénarios.

Classe ReservationException.java

La classe d'exception générique utilisée par l'ensemble des classes de servitude (fichier `{%SW-AIR_HOME%}\ReservationException.java`) est simplifiée par rapport à celle utilisée chapitre 23. Comme pour la classe équivalente utilisée par l'application Web de SW-Voyages, la variable `root-Cause` de type `Throwable`, ainsi que les méthodes associées, sont supprimées (vous pouvez télécharger les codes source sur le site www.editions-eyrolles.com).

Construction et déploiement des scénarios

L'utilitaire `cxant.bat` prend le fichier `build.xml` suivant (fichier `{%SW-AIR_HOME%}\build.xml`) en paramètre :

```xml
<?xml version="1.0"?>
<project name="ReservationService" default="main" basedir=".">
  <property name="deploy" value="true"/>
  <property name="rev" value="1.0"/>
  <property name="out" value="${CXHome}/server-default/classes"/>
  <target name="main">
    <schemac input="${basedir}/Book.xsd" out="${out}"/>
    <schemac input="${basedir}/Cancel.xsd" out="${out}"/>
    <schemac input="${basedir}/Get.xsd" out="${out}"/>
    <schemac input="${basedir}/Search.xsd" out="${out}"/>
    <schemac input="${basedir}/Availabilities.xsd" out="${out}"/>
    <javac srcdir="${basedir}" destdir="${out}" includes="*.java"/>
    <bpelc input="${basedir}/SWAir_Reservation_Book.xml"
      rev="${rev}" deploy="${deploy}"/>
    <bpelc input="${basedir}/SWAir_Reservation_Cancel.xml"
```

```
        rev="${rev}" deploy="${deploy}"/>
    <bpelc input="${basedir}/SWAir_Reservation_Get.xml"
      rev="${rev}" deploy="${deploy}"/>
    <bpelc input="${basedir}/SWAir_Reservation_Search.xml"
      rev="${rev}" deploy="${deploy}"/>
    <wsdlc input="${basedir}/ReservationService_Book.jbpel" out="${out}"/>
    <wsdlc input="${basedir}/ReservationService_Cancel.jbpel" out="${out}"/>
    <wsdlc input="${basedir}/ReservationService_Get.jbpel" out="${out}"/>
    <wsdlc input="${basedir}/ReservationService_Search.jbpel" out="${out}"/>
  </target>
</project>
```

La construction de l'application Web est réalisée en quatre étapes :

1. génération, via l'utilitaire `schemac`, de classes de représentation Java à partir des quatre schémas XML de description des documents d'invocation des scénarios ;

2. génération, via l'utilitaire `schemac`, des classes de représentation Java correspondant au schéma XML de description des disponibilités aériennes produites par l'un des scénarios ;

3. compilation, par le compilateur standard `javac`, des classes Java de servitude et de support utilisées par les scénarios BPEL ;

4. génération, via l'utilitaire `bpelc`, des classes Java exécutables à partir des quatre scénarios BPEL.

Après construction et déploiement de l'application Web, les fichiers `.jar`, associés aux scénarios compilés, sont déployés dans le répertoire `{%COLLAXA_HOME%}\server-default\scenarios` :

- `bpel_SWAir_Reservation_Book_1.0.jar` ;

- `bpel_SWAir_Reservation_Cancel_1.0.jar` ;

- `bpel_SWAir_Reservation_Get_1.0.jar` ;

- `bpel_SWAir_Reservation_Search_1.0.jar`.

La construction de l'application est lancée, à partir d'une invite de commandes, et après s'être placée dans le répertoire `{%SW-AIR_HOME%}`, par la commande :

```
C:\Collaxa_2.0\cxdk\bin\cxant
```

Ordre de construction des scénarios BPEL

Afin de simplifier le développement du scénario d'architecture n°4, un certain nombre de classes associées aux espaces de noms des partenaires de SW-Voyages, notamment celles qui concernent les structures de données complexes (disponibilités) ainsi que les documents d'invocation (requêtes), auraient dû être explicitement produites dans l'application Web de SW-Voyages (à partir de la description WSDL compilée des scénarios BPEL des partenaires).

Afin d'alléger cette présentation, cela n'a pas été réalisé et les classes de SW-Voyages qui ont besoin d'utiliser ces éléments référencent directement les classes des partenaires dans leurs propres répertoires.

Cela n'est bien entendu pas possible dans un cas réel où les scénarios BPEL des partenaires sont déployés dans des environnements disjoints. Cette facilité introduit cependant une contrainte dans l'ordre de construction des scénarios BPEL : ceux des partenaires SW-Air, SW-Hôtels et SW-Voitures sont indépendants et peuvent être compilés dans n'importe quel ordre, mais impérativement avant ceux de SW-Voyages.

Test des scénarios BPEL

Les tests des scénarios construits et déployés par SW-Air s'effectuent de la même manière que pour ceux de SW-Voyages (voir section « Test des scénarios BPEL » correspondante).

Ils sont toujours réalisés par l'intermédiaire de la console Collaxa, accessible à partir d'un navigateur Internet, via l'URL *http://www.sw-voyages.com:9700/collaxa*.

Conclusion

Les implémentations des scénarios d'architecture n^{os}1, 2 et 3 s'appuient sur des technologies et des produits complètement maîtrisés et fiables.

Il faut constater empiriquement que les spécifications, les technologies et les produits sur lesquels nous avons bâti la mise en œuvre du scénario d'architecture n°4 n'ont pas encore atteint le même niveau de maturité. Les infrastructures de fiabilité de l'échange et de gestion de transactions, ainsi que les langages de définition de scénarios sont encore dans un état qui nous permet seulement d'implémenter des maquettes ou, tout au plus, des prototypes. Mais il faut rappeler que les évolutions dans ce domaine sont rapides et que la situation change très vite à l'heure actuelle.

Sixième partie

Conclusion

Les services Web s'installent pour durer. Ils sont le résultat d'une *évolution* technologique majeure, et les bases d'une *révolution* organisationnelle et économique. Le changement est considérable : les services Web vont modifier en profondeur l'organisation du travail et les processus métier des organisations (entreprises, administrations, associations). En outre, ils vont changer les pratiques des professionnels de l'informatique.

Ce livre n'a évidemment pas la prétention de décrire et d'analyser ces changements socio-économiques. Mais, en guise de conclusion, il est intéressant et opportun d'esquisser une ébauche de l'évolution des pratiques de travail des informaticiens, que les technologies présentées dans cet ouvrage vont sans doute solliciter.

L'évolution technologique des services Web surgit de la convergence de plusieurs axes de développement (les protocoles Internet, le langage XML, la progression rapide de la puissance des machines et de la bande passante) vers un ensemble de technologies qui, n'ayant pas un contenu technique révolutionnaire à proprement parler, apportent un niveau de standardisation et d'interopérabilité sans précédent dans des domaines clé comme l'informatique de gestion.

À l'heure actuelle, la plupart des industries utilisatrices ne perçoivent pas encore les opportunités de changement que la disponibilité de cette technologie apporte. Les professionnels de l'informatique ont eux aussi des difficultés à percevoir la profondeur des transformations induites par l'adoption de la technologie des services Web dans le métier de leurs clients et, par conséquent, dans leur propre métier. Les services Web sont vus souvent comme « encore une autre technologie de middleware », un concurrent ou, au mieux, un successeur de CORBA et DCOM, une trouvaille technologique de Microsoft et IBM pour relancer la croissance et les investissements, qui apporte sans doute des avantages mais que l'on peut décider d'adopter ou non au gré de la stratégie purement technologique de l'organisation. Ce point de vue n'est pas simplement réducteur : il est tout bonnement erroné et nous allons essayer de montrer pourquoi.

En fait, au cœur de l'évolution technologique portée par les services Web, il y a la montée en puissance du concept de *service*, qui reste une notion encore mal appréhendée. Nous avons vu que les concepts de service et d'*architecture orientée services* sont théoriquement indépendants des technologies des services Web. L'exercice qui consiste à concevoir et à décrire un système informatique étendu sous forme d'une architecture orientée services, indépendamment de l'utilisation ou non des technologies des services Web, est sans doute très utile et bénéfique, car il correspond à une bonne préparation à son évolution en vue de son ouverture. Cependant, il n'est pas réaliste de penser que ces deux notions vont rester longtemps séparables, qu'on pourra mettre en œuvre des architectures orientées services au moyen de technologies autres que les services Web. Les technologies des services Web (SOAP, WSDL, etc.) vont devenir aussi universelles et omniprésentes que TCP/IP, HTTP, HTML, XML. Pour simplifier la discussion, nous allons considérer par la suite qu'il y a identité entre architectures orientées services et architectures de services Web et que les technologies des services Web sont le moyen d'élection pour mettre en œuvre des architectures orientées services.

En fait, il est peut-être intéressant de revenir sur la notion de service et de déceler dans cette notion les véritables innovations qu'elle comporte, cachées et un peu banalisées sans doute par la surcharge sémantique du terme « service », dont nous avons fait état dans l'introduction de cet ouvrage.

Les services

Un service *n'est pas* un logiciel. Un logiciel est une *implémentation* possible d'un service. Le même service peut être implémenté par des logiciels différents. On peut changer l'implémentation d'un service de façon transparente par rapport à son utilisation.

Un service *n'est pas* un processus informatique. Une occurrence d'un service est *localisée* par un port, qui permet d'accéder au processus qui réalise le service. Le même service peut être réalisé par plusieurs occurrences, localisées par des ports différents, lesquels permettent d'accéder à des processus différents qui exécutent des logiciels différents.

La notion de service est le produit d'une démarche d'abstraction par rapport au logiciel qui l'implémente, au processus qui l'exécute et au port qui le localise. Pourtant, le service reste un objet très concret et technique. La réalisation d'un service passe par des messages échangés, des transitions d'état et des actions que l'application cliente suppose assurés de la part de l'application prestataire du service. Les caractéristiques fonctionnelles, opérationnelles et d'interface d'un service sont consignées dans un *contrat*. Une occurrence d'un service est localisée par un *port*.

Ces considérations semblent quelque peu méthodologiques, et le lecteur peut se demander où nous voulons en venir. On comprend facilement leur portée pratique lorsque l'on en vient à examiner la notion d'architecture : une architecture de services *n'est pas* une architecture de composants logiciels.

Les informaticiens ont été habitués à raisonner depuis plusieurs années en termes de composants logiciels, avec des métaphores empruntées à l'industrie du bâtiment (!), et ont tendance à supposer implicitement l'identité service/composant. Pour beaucoup de concepteurs, un service Web est tout simplement une autre interface à un objet compilé. Il faut absolument éviter de tomber dans le piège qui consiste à considérer le modèle de l'architecture orientée services comme une simple extension ou évolution du modèle traditionnel d'architecture qui repose sur les objets et les composants. Cette approche conduit à l'application de recettes, relatives à la méthodologie de conception, de développement, de déploiement ainsi que de pratiques d'exploitation, propres aux architectures de composants logiciels. Le résultat revient souvent à la mise en œuvre d'architectures fortement couplées, synchrones et avec des interactions à faible granularité.

Un service *n'est pas* un composant logiciel. Un service peut être implémenté par un composant logiciel, mais, de façon générale, un composant peut être en mesure de pourvoir *plusieurs services modulaires*. La définition de modularité du service est intuitive, mais il n'est pas inutile de l'expliciter : un service est modulaire si, pour l'utiliser, non seulement il n'est pas nécessaire de connaître le logiciel qui l'implémente (ce qui est dans la définition même de service), mais il n'est pas nécessaire non plus de connaître les autres éventuels services que ce logiciel implémente. Tout ce dont les développeurs et les logiciels ont besoin pour utiliser le service est son contrat, le document WSDL de description du service en question.

C'est la notion de *dissémination* de services que nous avons évoquée chapitre 4 : une seule application intégrée (par exemple, un progiciel de gestion intégré) peut implémenter un ensemble de services modulaires. Le point essentiel est que le client d'un des services issus d'une démarche de dissémination bénéficie de la modularité du service sans que la question de la modularité de l'*implémentation* ne soit même posée. En informatique, on parle traditionnellement, à ce propos, de *boîte noire* et d'*information hiding*. Dans l'architecture orientée services, le découplage entre interface et implémentation est poussé aux extrêmes limites : un service est tout simplement un contrat, et une occurrence d'un service en exécution est tout simplement un port (dont l'adresse peut être connue dynamiquement).

L'agrégation de services

Un service peut être mis en œuvre par un seul composant, mais aussi par un logiciel issu de l'assemblage de plusieurs composants. L'architecture d'implémentation d'un service a l'avantage d'offrir la mise en œuvre du modèle de l'architecture par objets et composants logiciels (le plus abouti étant celui de l'OMG, Model Driven Architecture, accessible sur *http://www.omg.org/mda*). Mais l'approche service apporte une innovation de taille qui change fondamentalement la perspective sur l'architecture des processus et systèmes répartis : un service peut être *implémenté* par l'utilisation récursive d'autres services. C'est la notion d'*agrégation* de services, que nous avons introduite chapitre 4, et qui présente un caractère paradoxal et vertigineux :

- Elle permet de penser l'implémentation d'un service par composition d'autres services dont on ne connaît par l'implémentation !
- Elle permet de penser la réalisation du service au moyen de l'accès aux occurrences d'autres services dont on ne connaîtra la localisation qu'à l'exécution !

Le gain apporté par cette innovation, en termes de productivité de développement, de facilité de déploiement, de qualité d'exploitation et donc, globalement, de *maîtrise des coûts* est sans commune mesure. Son apport ne s'arrête pas là : cette innovation ouvre la voie à la créativité et à l'invention de nouveaux services à valeur ajoutée, par agrégation de services existants.

La notion d'agrégation fait monter le niveau de découplage entre service et implémentation. L'implémentation d'un service par agrégation d'autres services est transparente pour le client du service agrégeant : celui-ci ne connaît pas et n'a pas besoin de connaître l'éventuelle sophistication et complexité de l'implémentation du service en ce qui concerne l'agrégation d'autres services. Du point de vue du client du service agrégeant, celui-ci est un service *atomique*, parfaitement décrit par un contrat. Un service atomique peut être implémenté par *agrégation récursive* de services atomiques.

Comment mettre en œuvre l'agrégation de services ? Là aussi, il faut éviter de tomber dans le piège qui consiste à penser l'agrégation de services comme une extension de la composition d'objets ou comme un modèle récursif d'appel de procédure distante. L'avantage économique qu'apporte la démarche qui consiste à implémenter une entité (le service *agrégeant*) par agrégation d'autres entités (les services *agrégés*) dont on ne connaît pas l'implémentation nécessite en échange un modèle d'agrégation plus puissant.

L'agrégation de services se fait par la mise en œuvre de *processus métier*, c'est-à-dire d'un ensemble des protocoles de *coopération* et de *coordination* des services constituants. Il s'agit d'établir la coopération entre les services agrégés, à savoir la division du travail et l'échange d'informations nécessaires pour que les activités de ces services agrégés contribuent efficacement à la réalisation du service agrégeant. Il est également nécessaire de coordonner les services agrégés, à savoir de synchroniser les étapes de leurs activités. L'implémentation du service agrégeant organise la coopération et coordonne la réalisation des services agrégés, éventuellement en faisant appel à des services spécialisés de coordination auxquels elle délègue cette tâche, comme dans le cas de la gestion des transactions et des activités présenté chapitre 20.

Implémenter un service agrégeant revient à écrire un *scénario* d'un *processus métier* qui définit la coopération et la coordination des services agrégés.

L'outil de base pour l'agrégation de services est donc un langage de scénarios de processus métier. Parmi ces langages, que nous avons présentés chapitre 21, se dégage BPEL (Business Process Execution Language), proposé initialement par IBM et Microsoft (comme synthèse de leurs expériences précédentes), que nous avons appliqué à la mise en œuvre de l'étude de cas (chapitre 26). BPEL fait maintenant l'objet d'un processus de standardisation OASIS (WSBPEL, voir *http://www.oasis-open.org/ committees/tc_home.php?wg_abbrev=wsbpel*).

Dans BPEL, les primitives de contrôle du langage désignent les modes de combinaison des réalisations des services agrégés (la séquence, l'exécution parallèle, l'alternative, l'exécution en boucle, etc.), et la définition de conteneurs de données permet l'échange d'informations entre les services agrégés.

La démarche d'implémentation des processus métier par scénarios rappelle celle propre à la mise en œuvre de systèmes de *workflow* (normalisés par la Workflow Management Coalition, voir *http:// www.wfmc.org*). Là aussi, il faut faire attention à ne pas tomber dans le piège qui consiste à considérer un processus métier d'agrégation de services comme un workflow plus ou moins évolué. Les processus métier d'agrégation de services se distinguent sur deux points importants :

- Ils ont un caractère nativement et définitivement *récursif* et *réparti* : un service, qui apparaît comme un service atomique, est mis en œuvre par un scénario de processus métier d'agrégation de services répartis qui, à leur tour, sont mis en œuvre par des processus métier, et ainsi de suite, jusqu'aux services « simples », implémentés « en dur » par des codes logiciels.

- La coopération et la coordination des services, quel que soit le niveau d'agrégation, ne peuvent être obtenues qu'au moyen de *protocoles de communication par transmission de messages* (*protocoles de conversation*), mis en œuvre entre eux et avec le service agrégeant.

L'utilisation poussée de la démarche d'agrégation par scénarios conduit à des architectures d'applications dans lesquelles des « petits » composants logiciels implémentent des services « simples » qui sont récursivement agrégés via des scénarios. Grâce au découplage entre service et implémentation, on peut à tout moment remplacer l'implémentation d'un service agrégé sans changer le service agrégeant, et ce à n'importe quel niveau d'agrégation dans l'architecture.

La coopération et la coordination avec un service ne peuvent être obtenues qu'en engageant une conversation avec lui. Ainsi, il faut d'abord qu'il comprenne les messages unitaires qu'on lui adresse, qui doivent donc être définis dans son interface contractuelle WSDL, mais il est en outre nécessaire que l'échange de message obéisse à un *protocole de conversation*, qui est en fait une machine à états finis, et dont le déroulement permet d'établir en cours d'exécution l'avancement de la réalisation de la prestation du service.

Dans la conception d'une architecture orientée services, par rapport à des approches plus traditionnelles, l'attention se concentre donc sur l'agrégation par scénario de services et la définition de la conversation entre eux. Obtenir la coopération et la coordination de services agrégés pour implémenter un service agrégeant demande un niveau plus élevé d'abstraction dans la conception : il faut penser en termes de communication avec des entités dont on ne connaît pas l'implémentation.

Penser la relation entre occurrences de services en exécution en termes de communication pure implique que le concepteur fasse toujours la distinction entre *conditions de succès* de l'acte de communication véhiculé par le message (le message est bien formé, il est émis au bon moment par un émetteur dont l'identité est authentifiée, qui a les droits et les habilitations pour émettre le message et celui-ci parvient effectivement au récepteur) et *conditions de satisfaction* du même acte (le récepteur effectue les transitions d'état et les actions définies par le contrat comme conséquences de la réception d'un acte de communication qui satisfait ses conditions de succès). Nous avons vu que la séparation entre succès et satisfaction des actes de communication, propre à toute architecture répartie, est à l'origine de la complexité des architectures de services Web car elle demande la gestion des situations de défaillance et d'incertitude.

L'agrégation de services est donc pilotée par un scénario et mise en œuvre par un protocole de conversation généralement multilatéral (qui peut aussi tout simplement être implicitement défini par un ensemble de protocoles bilatéraux).

Le scénario et le protocole de conversation, que certains appellent aussi respectivement *orchestration* et *chorégraphie*, n'ont pas le même statut en termes de visibilité :

- Le scénario est un objet *privé* : il définit l'implémentation d'un service.

- Le protocole de conversation est un objet *public* : il fait partie, au même titre de la définition des messages unitaires, de la définition de la façon d'interagir avec un service, et donc de son interface.

Cette différence de statut est très importante et il faut en comprendre toutes les conséquences. Celles-ci touchent le domaine de la standardisation : en effet, le langage de définition de protocoles de conversation (de chorégraphies), doit être, au même titre que le langage de définition des interactions unitaires (WSDL), une technologie standard des services Web, interopérabilité oblige. En revanche, il n'est pas nécessaire que le langage de scénarios soit normalisé comme une technologie des services Web (les puristes pourraient même prétendre qu'il serait malvenu de la standardiser).

Entendons-nous, la standardisation d'un langage est toujours bienvenue. L'objectif technique d'un processus de standardisation d'un langage est la *portabilité* du code sur différentes plates-formes, au moins au niveau source. C'est un objectif très important, mais étranger au domaine des technologies des services Web, qui exigent l'interopérabilité des différentes implémentations, mais sont indifférentes à leur portabilité. Par ailleurs, tandis qu'il serait inopportun de devoir se confronter à plusieurs standards de chorégraphie, il est tout à fait concevable de disposer de plusieurs langages d'orchestration (on dispose bien de plusieurs langages de programmation) qui rivalisent en puissance et expressivité.

La première version de BPEL (1.0) prévoyait déjà la distinction entre scénario privé (orchestration) et protocole public (chorégraphie). Cette distinction n'était pas suffisamment bien définie, ce qui a entraîné la formation d'un groupe de travail au W3C axé sur la standardisation de la chorégraphie des services Web (*http://www.w3.org/2002/ws/chor*). Aujourd'hui, la nouvelle version BPEL (1.1) confiée à l'OASIS pour standardisation (comité WSBPEL) établit clairement la distinction entre chorégraphie publique et orchestration privée. Il y a donc superposition de deux initiatives de standardisation de la chorégraphie : l'histoire nous dira si, comme cela serait souhaitable, elles convergeront vers un seul standard.

Le scénario d'un processus métier est privé aussi dans le sens du *secret de fabrication*. Je conçois et je propose un service nouveau et novateur, mis en œuvre par une agrégation astucieuse de services qui, eux, sont éventuellement accessibles et connus par ailleurs. La valeur ajoutée est dans le scénario d'agrégation, qui peut soit rester un secret de fabrication, soit donner lieu à une publication dans le cadre d'un brevet en tant que procédé de fabrication du service. Cette dernière possibilité est très concrète et a donné lieu, aux États-Unis, à un engouement, très critiqué par ailleurs, pour les brevets de processus métier immatériels mis en œuvre par des programmes informatiques.

La question de l'infrastructure

Pour résumer, une architecture orientée services peut être définie et mise en œuvre, dans la technologie des services Web, par :

- un ensemble de définitions d'interfaces de services consignées dans des documents WSDL ;
- un ensemble de protocoles de conversation entre services en suivant le standard W3C/WSCI ou OASIS/BPEL ;
- un ensemble de scénarios de processus métier d'agrégation de services, en OASIS/BPEL ou autre formalisme, y compris par l'option de base qui consiste à coder le scénario comme un programme dans un langage de programmation doté des extensions aptes à l'échange avec les services Web.

Cela dit, pour que tout cela marche, et que l'on puisse véritablement procéder à la conception et à la mise en œuvre d'architectures sophistiquées par dissémination et agrégation de services indépendants et autonomes, d'autres conditions préalables doivent être vérifiées.

Il se pose d'abord une question d'infrastructure. SOAP, WSDL et UDDI constituent une infrastructure basique qui permet la mise en œuvre de services et d'architectures synchrones avec une sécurité point à point, sans exigences poussées de fiabilité, de sécurité ou de gestion transactionnelle. Cette base est en revanche insuffisante pour l'automation des processus métier critiques, qui est à terme la cible des technologies de services Web.

Nous avons vu que l'agrégation de services par coopération et coordination dans des processus métier repose exclusivement sur la possibilité de communiquer. La mise en œuvre de processus métiers critiques demande une communication fiable, sécurisée et transactionnelle et donc la disponibilité des trois technologies d'infrastructure que nous avons analysées dans la quatrième partie de cet ouvrage :

- l'infrastructure de gestion de fiabilité de l'échange ;
- l'infrastructure de gestion de la sécurité de bout en bout (confidentialité, intégrité, authentification, autorisation) ;
- l'infrastructure de gestion des transactions.

Nous avons vu (chapitre 19) que les travaux qui portent sur l'infrastructure de sécurité de bout en bout avancent sur une feuille de route bien tracée et sont pris en charge par l'OASIS (*http://www.oasis-open.org/committees/tc_home.php?wg_abbrev=wss*). Des implémentations interopérables de la confidentialité, de l'intégrité et de l'authentification des messages sont déjà disponibles.

La gestion des transactions est intimement mêlée à la gestion des processus métier (WS-Transaction et WS-Coordination, présentées chapitre 20, sont des spécifications ancillaires par rapport à BPEL) et semble pouvoir se consolider dans le groupe de travail OASIS/WSBPEL.

La gestion de la fiabilité de l'échange apparaît encore comme la moins bien lotie des technologies d'infrastructure. Curieusement, la prise de conscience du rôle fondamental joué par cette technologie dans des architectures comme celle des services Web, où tout repose sur la communication entre les entités composantes, a été assez tardive. Nous essayons dans le chapitre 18 de donner quelques explications à ce retard. La fiabilité de l'échange est restée traditionnellement trop liée à la messagerie asynchrone, alors que la question de l'asynchronisme est en fait indépendante de la question de la fiabilité de l'échange. La fiabilité, comme l'asynchronisme, peuvent être mis en œuvre à différents niveaux de communication : au niveau des traitements applicatifs, au niveau de l'échange des messages et au niveau des mécanismes de transport.

Par ailleurs, il est possible que la solution à terme de la fiabilisation des échanges SOAP soit à rechercher non dans l'extension de SOAP, mais dans la fiabilisation des protocoles de transport sousjacents. Aujourd'hui, un groupe de travail OASIS a pris en charge la standardisation de cette infrastructure (*http://www.oasis-open.org/committees/tc_home.php?wg_abbrev=wsrm*).

En conclusion, les trois chantiers d'infrastructure présentent des états d'avancement différents, mais sont à l'heure actuelle tous identifiés et menés par des organismes comme l'OASIS et le W3C, ce qui laisse espérer une bonne cohérence et une bonne interopérabilité des spécifications.

Par ailleurs, WS-I (*http://www.ws-i.org*), l'organisme dont l'objectif consiste à garantir l'interopérabilité des implémentations des technologies de services Web, poursuit son travail sur les technologies de base (SOAP, WSDL, UDDI) mais s'est attaqué également aux technologies d'infrastructure, en commençant par la sécurité, plus avancée en termes de définition et de réalisation des technologies, avec la création d'un groupe de travail spécialisé sur le thème (*http://www.ws-i.org/docs/20030401wsipr.htm*).

Le contrat de service

Le concepteur d'architectures de services Web peut donc disposer aujourd'hui :

- des technologies du noyau de base des services Web (SOAP, WSDL, UDDI) stables et aux implémentations interopérables ;

- des technologies d'infrastructure (fiabilité de l'échange, sécurité, transactions), avec une partie des fonctions définies et implémentées et des processus de standardisation dans un cadre établi et relativement cohérent (OASIS) ;

- un langage de description de scénarios de processus métier et des formalismes de définition de protocoles de conversation qui sont eux aussi en développement, avec des premières versions disponibles et opérationnelles.

Si l'on situe au mois de mars 1998, à la parution de XML-RPC, l'acte de naissance des technologies de services Web, nous pouvons affirmer que, après plus de cinq ans, ces technologies ont atteint une certaine maturité. Elles permettent aujourd'hui non seulement la rationalisation et le décloisonnement des systèmes d'information étendus des organisations, mais aussi la mise en œuvre de processus métier sur Internet.

Nous consacrons la dernière section de ce chapitre à quelques conseils pratiques aux architectes et concepteurs des services Web. Dans cette section, nous présentons, à partir d'une analyse des besoins par rapport à l'objectif de mise en œuvre d'architectures orientées services pour l'automation des processus métier critiques, ceux qui nous semblent devoir devenir les prochains chantiers technologiques.

Avant de nous engager dans cette présentation, il est intéressant de rappeler le niveau de puissance et d'expressivité *déjà* acquis par la notion de service telle qu'elle est prise en charge aujourd'hui par les technologies de services Web, à travers deux fonctionnalités populaires chez les inconditionnels de l'architecture « objet » :

- l'héritage multiple d'interfaces de services ;
- la création dynamique d'occurrences de services.

WSDL 1.1 permet déjà la réutilisation de documents par importation. Il est possible notamment de définir un service type (la définition des types des données et des types de ports) dans un document que l'on peut importer dans d'autres documents qui définissent les liaisons et les adresses des ports. WSDL 1.2 (en état de *working draft*, voir *http://www.w3.org/TR/wsdl12*) permet, en plus des mécanismes physiques d'inclusion et d'importation de documents (les deux se distinguent par le traitement des espaces de noms), le mécanisme logique d'extension d'interfaces par héritage multiple des types de ports (interfaces abstraites). Ce mécanisme permet la composition des interfaces et est particulièrement intéressant pour étendre, avec de nouvelles interfaces à des fonctions à valeur ajoutée, un service type ayant une définition standard par ailleurs.

La création dynamique d'occurrences de services est déjà possible aujourd'hui. L'idée est de s'approcher de la pratique, courante en conception orientée objets, qui consiste à créer dynamiquement des occurrences de classes. Par exemple, lors de l'interaction avec un service bancaire, une occurrence éphémère du service type « Compte bancaire », décrit par un document WSDL approprié, correspondant à mon compte bancaire, est créée à la volée, dotée d'un port dynamiquement attribué, pour une durée de vie correspondant à la durée de la « session » d'interaction avec cette occurrence.

Évidemment, ce type d'architecture, comme les architectures à objets distribués similaires, nécessite la prise en charge attentive du cycle de vie de l'occurrence éphémère du service, pour éviter que l'architecture soit polluée à l'exécution d'occurrences fantômes résiduelles. Ce style de conception tirera avantage des mécanismes de virtualisation et de gestion de cycle de vie des architectures en grille d'ordinateurs, via la mise en œuvre du service éphémère par un *grid service*, tel qu'il est défini dans l'Open Grid Services Infrastructure (*http://www.gridforum.org/ogsi-wg*).

Nous avons présenté dans la première partie de cet ouvrage le concept de *contrat* de service, à la base de l'architecture orientée services. Le contrat définit et décrit le service de façon indépendante de son implémentation. Lorsque nous disons qu'un document WSDL (Web Services Description Language) décrit un service, nous faisons en fait un raccourci : en réalité, un document WSDL décrit l'*interface* d'un service (et aussi une partie de son implémentation, c'est-à-dire l'implémentation de l'interface). Ce que le service fait, au-delà des échanges de messages, et la façon dont il le fait n'est pas formalisé dans le document WSDL.

En fait, deux éléments essentiels manquent à l'appel :

- la description des fonctions du service ;
- la description des caractéristiques opérationnelles (d'une occurrence) du service.

En l'état actuel de choses, aucune technologie de description formelle des fonctions et des caractéristiques opérationnelles d'un service n'est disponible. Il reste deux moyens d'approche pour l'utilisateur du service :

- la documentation accessible ;
- l'accès au code source d'une des implémentations du service.

Les limites de la première approche sont bien connues. Dans la pratique, la lecture de la documentation s'accompagne souvent de sessions de formation et d'échanges informels avec les concepteurs et les experts. Cela est viable au cas par cas, à l'intérieur de l'organisation et dans les partenariats bien établis, mais le problème de l'accès au bon niveau d'information pour le plus grand nombre d'utilisateurs reste ouvert. Dans un monde de services Web, il est également question de recherche et d'interprétation automatique de ce type d'information par des programmes d'indexation et de génération de *proxies* évolués.

La deuxième approche est viable pour les services internes à l'organisation, mais elle est interdite par définition lorsqu'il s'agit d'utiliser un service externe. Soit dit en passant, cette interdiction objective va forcer le changement d'habitudes bien ancrées comme la pratique de réutilisation du logiciel en mode « boîte transparente », qui consiste, pour le fournisseur, à définir insuffisamment, voire pas du tout, les interfaces car le code source est accessible et, pour l'utilisateur, à inspecter systématiquement le code source pour comprendre comment utiliser le logiciel.

La définition formelle des fonctions et des caractéristiques opérationnelles d'un service fait aussi office de spécification formelle du logiciel qui l'implémente. Les méthodes formelles de spécification sont (partiellement) utilisées dans des domaines sensibles (aéronautique, espace, défense), mais n'ont pas cours dans d'autres secteurs cibles privilégiés des architectures de services Web, comme l'informatique de gestion ou les application B2B, sauf quelques exceptions notables, comme le domaine relatif au langage objet Eiffel développé par Bertrand Meyer (voir Design by Contract sur *http://archive.eiffel.com/doc/manuals/technology/contract/page.html*).

Les méthodes et techniques de spécification formelle, comme Design by Contract, reposent sur la définition formelle des *préconditions* et des *postconditions* d'un traitement et sont applicables sur des microarchitectures de programme. Les appliquer aux services, pour obtenir une définition formelle de leurs fonctions qui soit utilisable par les implémenteurs aussi bien que par les utilisateurs, semble une voie prometteuse, mais il est certain que l'essentiel du travail reste à accomplir.

Le seul programme d'envergure qui avance dans ce domaine est celui mené par l'activité Semantic Web du W3C (voir *http://www.w3.org/2001/sw*), avec la formalisation d'un langage de description d'« ontologies » (OWL Web Ontology Language, voir *http://www.w3.org/TR/owl-features*) pour caractériser les ressources accessibles sur le Web. Par ailleurs, les industriels les plus actifs dans les technologies de services Web reprochent au W3C de consacrer trop d'énergie à cette activité, qui est parrainée directement par le directeur du W3C, Tim Berners-Lee. La définition d'un langage qui permet de rédiger des « ontologies », propres aux différents secteurs économiques, compréhensibles par programme, n'est qu'un premier pas, car ensuite il faudra concevoir et standardiser ces fameuses ontologies, avant de pouvoir les utiliser pour décrire formellement les fonctions des services Web.

Il faut donc s'accommoder à l'idée que la description fonctionnelle des services va rester dans le domaine de l'informel pendant un certain temps. Cette situation entraînera sans doute la standardisation d'un certain nombre de services métier de base : la sémantique d'un service métier standardisé et largement utilisé est facilement compréhensible même si elle n'est pas formellement définie. Un travail important dans ce domaine est celui conduit par l'OASIS autour d'UBL (Universal Business Language, voir *http://www.oasis-open.org/committees/tc_home.php?wg_abbrev=ubl*).

Si la définition formelle des fonctions du service n'est pas pour aujourd'hui, il est en revanche possible d'avancer rapidement dans le domaine de la description des caractéristiques opérationnelles du service.

Il faut éviter de tomber dans le piège qui consiste à considérer que la distinction entre contrat et implémentation du service correspond à la distinction traditionnelle entre analyse fonctionnelle et implémentation, entre le métier et la technique. Le paradoxe que représente l'implémentation d'un service au moyen d'autres services dont on ne connaît pas l'implémentation n'est maîtrisable sur grande échelle que si les services utilisés sont dotés, en plus des spécifications fonctionnelles et des spécifications d'interface (ces dernières étant les seules spécifications formelles à la date d'aujourd'hui), de spécifications opérationnelles. Ces spécifications opérationnelles caractérisent le comportement opérationnel d'un service d'un point de vue technique mais de façon indépendante de son implémentation et de sa localisation et sont donc d'une aide précieuse pour construire une architecture d'agrégation performante.

C'est là qu'entre en jeu la notion de *qualité* de service, que nous avons esquissée chapitre 3. Penser la qualité de service n'est rien d'autre que formaliser des caractéristiques opérationnelles (d'une occurrence) d'un service indépendamment de son implémentation et de sa localisation. C'est une révolution culturelle, dans des mondes, par exemple celui de l'informatique de gestion, qui considèrent souvent les caractéristiques opérationnelles d'un système en exécution non comme des spécifications à respecter par son implémentation, mais comme des contraintes inévitablement produites par les aléas de sa mise en œuvre.

Les habitudes disparaissent difficilement mais aujourd'hui on semble prendre le problème à l'envers et considérer le dimensionnement, la précision, la performance, l'accessibilité, la fiabilité, la disponibilité, la continuité d'un service, comme des propriétés que l'on mesure *après*, et donc comme un problème de *service management*, de surveillance et d'administration, d'où l'essor récent d'une offre variée d'outils accompagnée par la formation de l'immanquable comité technique OASIS (Web Services Distributed Management TC, *http://www.oasis-open.org/committees/tc_home.php?wg_abbrev=wsdm*), qui, pour l'instant, n'a pas encore produit de documents exploitables.

L'idée de gérer une occurrence de service comme une ressource est intéressante, mais le plus important, pour que cette occurrence puisse être impliquée aisément dans une architecture orientée services, est de définir formellement et de façon quantifiée ses caractéristiques opérationnelles. Par ailleurs, certaines de ces caractéristiques peuvent faire l'objet d'une négociation à l'exécution. À partir de l'expression formelle, en termes d'engagement, des caractéristiques opérationnelles du service, il sera possible de suivre par des outils d'administration et de surveillance la tenue de ces engagements.

Une partie des caractéristiques opérationnelles du service, comme les niveaux de fiabilité de l'échange, de sécurité et de gestion des transactions, sont exprimées par les formalismes développés dans le cadre de ces technologies d'infrastructure. Il reste que l'expression des autres caractéristiques, comme la performance, la disponibilité, etc., n'est pas formalisée aujourd'hui. Cela peut aller, par exemple, de l'engagement de disponibilité d'un service à des propriétés toutes simples, mais dont l'expression est très utile, comme le délai maximal d'attente (*timeout*) que l'on s'autorise dans une interaction. La spécification WS-Policy (*http://www.verisign.com/wss/WS-Policy.pdf*) définit un cadre général et un formalisme pour la définition de *policies*, règles qui peuvent être interprétées comme des engagements applicables, d'ailleurs, au prestataire comme au client du service. WS-Policy peut constituer la base d'une spécification du niveau de qualité de service qui peut être soit intégrée comme extension dans un document WSDL, soit intégrée dans l'en-tête d'un message SOAP et faire l'objet d'une négociation à l'exécution.

La pratique

Le point d'accrochage des technologies des services Web, pour les organisations qui n'ont pas encore franchi le pas, réside dans l'urbanisation du système d'information. L'occasion la plus favorable est le besoin de réutilisation d'une application d'entreprise (un système patrimonial, un progiciel de gestion intégré, une application client/serveur, une application Web) hors de son périmètre usuel d'utilisation. L'enjeu est donc de bâtir une interface de service Web pour cette application, sans changer ni ses fonctions, ni son implémentation.

Dans ce cas, l'application de la démarche de dissémination est très importante. Quelles que soient la taille et la complexité de l'application, il convient de définir les services les plus simples et les plus modulaires. Dans la conduite du projet, il faut suivre une approche de développement souple, avec des petites équipes, et donner énormément d'importance au test, qui doit être planifié et outillé (en termes d'environnement) au début du projet. Sauf si le besoin est clairement exprimé, il faut éviter la tentation de faire évoluer les fonctions ou de modifier l'implémentation de l'application.

Il est aussi conseillé de développer l'application cliente du nouveau service, si l'occasion se présente, comme un service Web, même si c'est une application directement exploitée par des utilisateurs. Si possible, cette application doit être développée en architecture d'agrégation de services, avec un scénario BPEL qui pilote l'accès à des services de base, les « internes » et ceux implémentés par l'application patrimoniale. L'interface utilisateur doit être développée comme une application sur le poste de travail qui permet d'accéder à un service Web : le chapitre 16 présente un ensemble non exhaustif de technologies sur le poste de travail (IE, Mozilla, Word XP, Excel XP, Flash) qui peuvent être utilisées pour développer une interface homme/machine évoluée à un service Web. Dans cette mouvance, il est tout à fait envisageable d'implémenter l'agrégation de plusieurs services Web directement par la programmation du poste de travail.

Ces techniques, ainsi que d'autres présentées chapitre 13, peuvent également être utilisées pour développer une interface homme/machine basique mais complète aux services Web issus de l'application patrimoniale. Cette interface est non seulement très utile dans les activités de test, mais aussi en exploitation, pour intervenir manuellement dans des situations d'erreur ou de défaillance de l'application cliente (pour passer, par exemple, des transactions compensatoires). Ce développement est évidemment superflu si l'application patrimoniale en question est déjà dotée d'une interface homme/machine qui permet d'effectuer ces mêmes opérations.

À l'occasion de cette première expérience, il faut saisir l'occasion de procéder à une analyse rapide du système d'information. Par ailleurs, l'annuaire UDDI privé, que l'on a mis en route à l'occasion de cette expérience (et nous conseillons de le faire même si, en pratique, une architecture quasi statique ferait l'affaire), peut être utilisé comme annuaire des applications d'entreprise dans leur état actuel (une application n'a pas besoin de devenir un service Web pour être enregistrée dans un annuaire UDDI !). L'annuaire UDDI privé peut devenir un excellent outil de support du recensement des applications qui constituent le système d'information.

À cette analyse rapide, il faut faire suivre la conception d'une architecture orientée services, au même niveau de granularité, pour le système d'information de l'organisation. Cette architecture devient un élément essentiel de l'évolution du plan directeur. L'architecture orientée services et l'annuaire des applications doivent être mis à jour régulièrement en enregistrant les changements.

Le travail de construction d'interfaces de services Web pour les applications patrimoniales peut suivre une logique opportuniste (au fur et à mesure des besoins de réutilisation des applications existantes) ou volontariste, selon la stratégie de l'organisation. Dans tous les cas, il faut ne pas avoir peur de l'hétérogénéité et suivre un modèle de « fédération » des logiciels. Avec l'introduction des services Web dans le système d'information, on sort de la tendance, propre aux années quatre-vingt-dix, des grands, longs et coûteux projets de progiciels intégrés. Les technologies des services Web vont probablement donner un coup de fouet au marché des composants, avec des composants dotés d'interfaces de services Web. Par ailleurs, dans des situations appropriées, le marché des composants peut devenir un pur marché de services : ce qui est commercialisé n'est pas un logiciel mais l'accès à un port.

Lorsque le portefeuille de services Web de l'entreprise, enregistré sur l'annuaire UDDI privé qui est tenu à jour soigneusement, devient fourni, il faut introduire deux problématiques corrélées :

- La question de la mise en œuvre par agrégation de nouveaux services Web et de nouvelles applications à valeur ajoutée pour l'organisation (il faut rappeler que toute nouvelle application pour l'utilisateur final peut être en fait un nouveau service Web, si l'on suit la discipline d'implémenter l'interface homme/machine comme un client de service Web sur le poste de travail).

- La publication, à l'extérieur de l'entreprise comme un service Web externe, soit d'un service Web interne déjà existant, qui pourrait intéresser les partenaires de l'organisation, soit d'un nouveau service, mis en œuvre par agrégation de services internes existants (ainsi qu'éventuellement d'autres services externes). Évidemment, cette publication ne peut survenir que lorsque les consignes de sécurité sont opérationnelles, ce qui peut correspondre à une action spécifique de mise en œuvre de fonctions de sécurité.

Cette étape est décisive, car, à partir de là, les services Web ne sont plus seulement une technologie informatique utile pour l'urbanisation et le décloisonnement du système d'information, mais deviennent le vecteur de changement des processus métier qui se déroulent à l'intérieur de l'organisation et entre l'organisation et ses partenaires, ainsi que le support d'une nouvelle offre de services. Cette transformation induit le fait que le pouvoir de planification et de décision du développement des services Web passe alors de la direction informatique aux spécialistes métier et à la direction générale.

Septième partie

Annexe

Description	Description	Description
Accréditation	Revendication qui porte sur l'identité d'une entité (authentification) impliquée dans un échange.	Credential
Activité	Traitement décomposé en un arbre de tâches, dont l'exécution est prise en charge par plusieurs agents logiciels répartis participant à un processus métier. L'exécution, réussie ou non, de chaque tâche amène le processus dans un état (intermédiaire ou final) visible de l'extérieur. Une activité met généralement en œuvre un processus métier « long ». Une activité est aussi appelée « transaction longue ».	Activity
Agent logiciel	Programme autonome qui est capable d'agir dans un environnement et dont le comportement tend à satisfaire des objectifs, en tenant compte des événements et des communications qu'il reçoit, à partir des informations, règles et ressources dont il dispose.	Software agent
Agrégation de services	Démarche de mise en œuvre (de la définition au déploiement) d'un service dont la prestation est le résultat de l'utilisation d'un ou plusieurs autres services.	Aggregation
Annuaire de services	Service qui gère une base d'information constituée d'un répertoire de fournisseurs de services, d'un référentiel d'offres (contrats) de service et d'un carnet d'adresses des points d'accès aux services.	Registry
Annulation (de transaction)	Action d'invalidation de la séquence de traitements représentée par une transaction, suite à une interruption. Les changements d'états produits par ces traitements sont annulés.	Rollback
Application orientée service	Application pouvant participer à une architecture orientée services. Une application orientée service peut interpréter plusieurs rôles de prestataire ou de client de plusieurs services.	Service Oriented Application

Description	Description	Description
Architecture à configuration dynamique	Par opposition à une architecture à configuration statique, les éléments constitutifs (agents logiciels répartis) d'une architecture à configuration dynamique se « découvrent » et instrumentent des relations de service à l'exécution. Dans une forme dégradée, ces éléments sont connus au moment du déploiement de l'architecture, mais sont capables de négocier les paramètres et les conditions de fonctionnement en début d'exécution.	Dynamic architecture
Architecture orientée services (AOS)	Architecture constituée d'un ensemble éventuellement dynamique d'applications logicielles réparties jouant les rôles de prestataires et clients de services. Toute application participante d'une AOS est une application orientée service.	Services Oriented Architecture (SOA)
Assertion	Enoncé de forme sujet/prédicat qui fait office de déclaration d'une propriété du sujet.	Assertion
Authentification	L'authentification d'un document (ou d'un message) est la preuve de l'identité du producteur du document. En général, l'authentification d'une partie (acteur humain ou agent logiciel) est la preuve de son identité. L'authentification est généralement obtenue par une signature (par clé privée), qui est vérifiable par une clé publique. Elle peut être aussi obtenue par le partage d'un secret.	Authentication
Autorité de certification	Entité capable d'émettre des certificats à laquelle on accorde un degré de confiance.	Certification authority
Certificat	Document qui atteste de l'identité d'une entité (acteur humain, agent logiciel…) et contient, entre autre, sa clé publique. Il est émis et signé par une autorité de certification.	Certificate
Chiffrement	Procédure qui consiste à encoder une chaîne d'octets (dite en clair) dans une autre chaîne (dite chiffrée), qui peut être décodée par une procédure de déchiffrement corrélée. La procédure de chiffrement utilise généralement des algorithmes basés sur une clé (symétrique ou publique).	Encryption
Chorégraphie (de processus métier)	Description du protocole public d'échange de messages et des enchaînements de ces échanges entre applications participantes au processus métier.	Choreography
Codage (style de)	Un style de codage de données utilisé dans un message est constitué d'un format de représentation des données et des procédures de traduction du format des données dans la mémoire vers la représentation codée (procédure d'encodage) et, à l'inverse, de la représentation codée vers la structure en mémoire (procédure de décodage). La représentation codée comprend un format pour les données atomiques et pour les structures de données, éventuellement en graphe (partagées et circulaires).	Encoding style
Compensation (transaction compensatoire)	Une transaction compensatoire est une transaction capable de défaire une partie des changements d'état produits par la confirmation d'une autre transaction. La mise en œuvre de transactions compensatoires est nécessaire pour diminuer les conséquences des erreurs humaines. Elles sont aussi utilisées dans la gestion asynchrone de transactions réparties, lorsqu'il faut interrompre une transaction globale (composée de plusieurs transactions réparties) et revenir à un état le plus proche de l'état initial. Dans ce cas, les transactions compensatoires, associées aux transactions réparties confirmées au moment de l'interruption, sont exécutées.	Compensation

Description	Description	Description
Condensé	Document obtenu à partir d'un autre document (ou d'un message) par l'application d'une fonction dite de hachage. Le condensé est généralement utilisé pour prouver l'intégrité d'un document et construire la signature.	Digest
Confidentialité	La confidentialité (d'une partie) d'un document (ou d'un message) est la garantie qu'une partie indélicate (acteur humain ou agent logiciel) ne peut pas accéder au contenu du document. La confidentialité est généralement obtenue par chiffrement du document.	Confidentiality
Confirmation (de transaction)	Action de validation de la séquence de traitements représentée par une transaction. Les changements d'états produits par ces traitements deviennent durables.	Commit
Connexion	Une connexion (logique) est établie entre deux systèmes lorsque chacun d'eux opère un contrôle de transmission des données. Un protocole ou un service orienté connexion est synonyme de transmission fiable. (Par exemple : TCP est un protocole orienté connexion)	Connection
Contrat de service	Document de description et de formalisation d'une relation de service, présentant les engagements entre un prestataire de service et ses clients, et éventuellement des tiers ou intermédiaires. Le contrat de service formalise les fonctions, l'interface et le niveau de qualité de service. Il décrit l'interface du service au niveau fonctionnel et implémentation.	Service agreement
Conversation	Une conversation implique au minimum deux agents logiciels. Elle consiste en un échange bidirectionnel de messages, en utilisant un format compréhensible par toutes les parties, selon des règles pré-établies (protocole de conversation) ou non (conversation libre).	Conversation
Corrélation	Relation entre messages échangés dans le cadre d'un protocole. Dans le cas le plus simple, relation entre le message de requête et celui de réponse dans le style d'échange requête/réponse. La corrélation entre requête et réponse peut être implicite lorsqu'elle est entretenue par un protocole synchrone. Elle est explicite lorsqu'elle est mise en œuvre par l'inscription dans le message de son propre identifiant et de l'identifiant du message corrélé.	Correlation
Cycle de mise en œuvre d'une relation de service	Décrit les différentes étapes qui jalonnent la vie d'une relation de service entre partenaires. Cette relation débute par une phase initiale d'information mutuelle, poursuivie par une étape de négociation qui s'achève normalement par la signature du contrat de service. La relation entre ensuite dans la phase d'instrumentation du contrat et se termine par l'étape d'exécution du contrat. Pendant l'exécution, les partenaires peuvent démarrer un nouveau cycle, et ainsi de suite (cycle à spirale).	Service relationship implementation cycle
Déchiffrement	Procédure inverse du chiffrement, qui consiste à appliquer un algorithme (de déchiffrement) à une chaîne d'octets chiffrée pour obtenir la chaîne en clair correspondante. Elle utilise le même algorithme que la procédure de chiffrement, basé sur une clé (symétrique ou privée).	Decryption
Décodage (procédure de)	Procédure inverse de l'encodage. Constitution d'une structure de données en mémoire à partir d'une représentation codée dans un message. Il comprend le décodage des formats des données atomiques et la constitution de structures de données en graphe à partir de la séquence d'octets du message (dé-sérialisation).	Encoding

Description	Description	Description
Découverte	Action de recherche et de localisation de l'implémentation d'un service selon des critères et des méthodes de recherche plus ou moins sophistiqués. La découverte d'un service peut être menée à partir de simples critères techniques (adresses connues…), et aller jusqu'à l'utilisation de critères métier via un annuaire de services (interfaces abstraites de services…).	Discovery
Degré de couplage d'une architecture répartie	Niveau de dépendance fonctionnelle, technologique et opérationnelle entre les éléments constitutifs d'une architecture répartie. Ce niveau évolue dans un continuum qui varie d'une architecture fortement couplée (exemple de couplage opérationnel : l'architecture n'est plus opérationnelle dès lors que l'un des constituants est hors service) à faiblement couplée (l'architecture est toujours opérationnelle, éventuellement en mode dégradé, même lorsqu'un ou plusieurs constituants ne sont plus en service).	Coupling degree
Délai d'attente maximum	Lorsqu'une application ou un système est dans l'attente d'un événement, le délai d'attente maximal indique la durée d'attente que l'application s'autorise avant de reprendre le contrôle de l'exécution sans que l'événement ne se soit produit.	Timeout
Dé-sérialisation	Procédure inverse de la sérialisation. Procédure de constitution d'une structure de données complexe en graphe à partir d'une séquence d'octets (de bits).	Deserialization
Dissémination de services	Démarche de mise en œuvre (de la définition au déploiement) de plusieurs services modulaires à partir d'une application intégrée.	Dissemination
Echange fiable	Une infrastructure d'échange totalement fiable permet la transmission de chaque message exactement une fois, dans la séquence d'émission, en assurant son intégrité ou retourne un compte-rendu crédible de l'impossibilité de la transmission. Des niveaux moins contraignants de fiabilité permettent la transmission exactement une fois mais éventuellement hors séquence, au moins une fois et au plus une fois.	Reliable messaging
Encodage (procédure d')	Constitution d'une représentation codée dans un message à partir d'une structure de données en mémoire. La procédure comprend la mise en œuvre d'un format de codage pour chaque type de donnée atomique (entier, flottant…) et la production d'une séquence d'octets en représentation de structures de données en graphe (sérialisation). Voir aussi décodage.	Decoding
Framework	Le sens le plus fréquemment utilisé désigne une structure (un cadre) dans laquelle une application informatique est conçue, développée et exécutée. Cette structure impose généralement un modèle (de conception, de développement, de déploiement, d'exécution) censé simplifier, assurer la cohérence et permettre une industrialisation poussée de la gestion du cycle de vie d'un logiciel (exemple : les *frameworks* J2EE et .NET).	Framework
Gestion de processus métier	Ensemble des opérations de mise en œuvre, déploiement, exploitation, pilotage et suivi de processus métier informatisés.	Business Process Management
Hachage (fonction de)	Fonction qui permet d'obtenir le condensé d'un document. La fonction possède comme propriété qu'une modification, même infime, du document d'origine se traduit par une modification appréciable du condensé.	Hashing

Description	Description	Description
Identité	L'identité d'une entité (un utilisateur, une application, une machine…) est un ensemble d'attributs (qui sont censés décrire l'entité en question) doté d'un identifiant.	Identity
Infrastructure à clé publique	Infrastructure qui permet d'authentifier des autorités de certification, à partir d'une racine de certification, à savoir d'une autorité de certification qui est authentifiée a priori. Cette infrastructure est fondée sur l'adoption de procédures de signature/vérification sur la base d'algorithmes à clés asymétriques (clé publique/clé privée).	Public Key Infrastructure (PKI)
Intégrité	L'intégrité d'un document (ou d'un message) est la garantie que celui-ci n'est pas modifié, transformé ou corrompu, de façon accidentelle ou intentionnelle, sans que le consommateur du document ne s'en aperçoive. L'intégrité est obtenue par différents moyens et notamment par l'association du document avec son condensé signé par le producteur du document.	Integrity
Interface	L'ensemble des actes de communication échangés entre deux applications réparties jouant les rôles de client et prestataire d'une relation de service. On distingue l'interface abstraite, qui décrit l'ensemble des messages que les applications s'échangent indépendamment des détails techniques de mise en œuvre de la communication, de l'interface concrète qui, à l'inverse, précise ces détails.	Interface
Interface de programmation d'application (API)	Une API désigne un jeu standard de procédures (programmation procédurale) ou de méthodes (programmation orientée objets) conçues pour permettre l'accès aux fonctions d'une application particulière (de « s'interfacer avec ») et normaliser ainsi le dialogue entre applications.	Application programming interface (API)
Interopérabilité	Propriété des interfaces d'échange (format de messages, protocoles d'échange…) de deux ou plusieurs agents logiciels mis en œuvre sur des bases technologiques et architecturales différentes, qui leur permet de s'échanger des données.	Interoperability
Jeton de sécurité	Objet numérique contenu dans un message qui rassemble des informations de sécurité à destination du récepteur du message, (relatives, par exemple, à la signature et/ou au chiffrement de parties du message). Un jeton de sécurité peut contenir des revendications de la part de l'émetteur du message et en général des assertions.	Security token
Liaison	Ensemble constitué d'une convention de codage du contenu des messages et des consignes d'utilisation d'un protocole de transport, qui s'applique à une interface abstraite. La liaison indique comment faire fonctionner une interface sur une infrastructure d'échange concrète.	Binding
Message	Unité élémentaire d'information échangée entre deux applications clientes et prestataire d'une relation de service. Chaque message est décrit dans l'interface abstraite d'un service.	Message
Métadonnée	Donnée qui décrit une autre donnée à laquelle elle est associée (préfixe grec *meta* : la succession, après, au-delà).	Metadata
Non-répudiation	La non-répudiation d'une action (par exemple, l'envoi d'un message) est la garantie que, une fois l'action accomplie, l'agent, ou une autre partie, ne soit pas en mesure de prétendre qu'elle n'a jamais été effectuée. La non-répudiation d'un échange est généralement obtenue par l'authentification et la journalisation de l'échange authentifié.	Non repudiation

Description	Description	Description
Orchestration (de processus métier)	Organisation des traitements et des échanges de messages du point de vue d'une application participante au processus métier (processus exécutable).	Orchestration
Processus métier	Activité issue de la collaboration de plusieurs acteurs humains et agents logiciels suivant un scénario imposé. Cette activité implique générale-ment la coopération des acteurs et agents (chacun accomplit des tâches pour atteindre un but commun), la communication (les acteurs et agents s'échangent des informations) et la coordination, qui est généralement établie dans le scénario mais peut aussi faire l'objet de décisions en temps réel prises par des acteurs ou agents jouant les rôles de coordon-nateurs. Dans une AOS, la coopération prend la forme d'échange de prestations de services et la communication passe par des interfaces de services.	Business process
Proxy	Préfixe générique anglais qui signifie « procuration », « représentant de ». Dans le domaine Internet, un serveur proxy (ou proxy-serveur) désigne une machine qui exécute des requêtes pour le compte d'autres machines (utilisation de plus en plus courante : voir aussi d'autres ter-mes techniques tels que proxy-objet, proxy-service… ou fonctionnels tels que proxy-dossier, proxy-contrat...). Le proxy d'un service Web est un code qui le « représente » en local chez le client du service et qui se charge de la communication avec le service.	Proxy
Qualité de service	Ensemble de propriétés d'un service (performance, fiabilité, disponibi-lité, continuité…) qui déterminent les caractéristiques opérationnelles (non fonctionnelles) de la prestation.	Quality of Service
Relation de service	Relation établie entre deux applications qui interprètent les rôles de client et de prestataire de service.	
Revendication	Assertion sur une entité (acteur humain ou agent logiciel), émise par l'entité elle-même ou par une autre entité à qui on fait confiance. La preuve de certaines revendications peut être exigée par le destinataire du message comme condition d'acceptation du message lui-même.	Claim
Sérialisation	Procédure de constitution d'une séquence d'octets (de bits) en représen-tation d'une structure de donnée en graphe. Voir aussi désérialisation.	Serialization
Service Web	Agent logiciel fournissant une prestation de service dont les termes sont décrits par un contrat de service au format WSDL. L'échange de messa-ges entre le service Web prestataire et le client est formalisé dans le document WSDL (interface) et mis en œuvre sur des protocoles comme SOAP, HTTP GET/POST et MIME (WSDL et SOAP sont des recomman-dations du W3C, HTTP et MIME constituent des RFC de l'IETF).	Web Service
Session	Maintien de l'échange entre deux systèmes au-delà de la durée d'un acte de communication, généralement par le biais d'un contexte de ses-sion, persistant ou non. La plupart du temps, la fin d'une session est déclenchée soit par une action volontaire, soit par l'expiration d'un délai d'attente (timeout).	Session
Signature	Procédure qui consiste à associer à (une partie d') un document ou mes-sage un autre document (la signature) qui atteste de l'identité du produc-teur du document. La signature est généralement obtenue par chiffrement du condensé d'un document avec la clé privée (du signa-taire). Dans ce cas, la vérification de la signature consiste à la déchiffrer à l'aide de la clé publique du signataire.	Signature

Description	Description	Description
Transaction	Ensemble de traitements, pris en charge éventuellement par plusieurs agents (transaction répartie), qui doit être exécuté comme un tout (tout ou rien), de façon isolée par rapport aux transactions concurrentes (verrouillage des ressources impliquées) et dont les effets en termes de changements d'état sont durables. Du point de vue d'un système d'information, il s'agit d'une unité logique d'exécution permettant de passer d'un état cohérent à un autre.	Transaction
Transaction atomique	Voir Transaction	Atomic transaction
Transaction longue	Voir Activité	Long transaction
Vérification (de signature)	Procédure inverse de la signature qui sert à vérifier l'identité du signataire du document. Si la signature est obtenue par l'application d'un algorithme de chiffrement avec une clé privée au condensé d'un document, la vérification consiste à appliquer l'algorithme de déchiffrement avec la clé publique et comparer le résultat avec un condensé nouvellement calculé.	Verification

Index

Symboles

.NET 454, 521, 629, 719, 730
  directive de méthode 629
  directive de service 629
  framework 629, 811, 841,
   876-877, 956-957
  librairie objet 542
  MyServices 534, 597

A

Accenture 635
accesseur 239, 242
  anonyme 243, 245
accessibilité 56
accord (protocole bilatéral d')
  avec terminaison
   Voir protocole 797
ACID 67, 763
ACL (Access Control List)
  Voir liste de contrôle d'accès 57
ACL (Agent Communication
  Language) 41
acte de communication 37
  conditions de satisfaction 40
  conditions de succès 39
  pragmatique 39
  sémantique 39
  syntaxe abstraite 38
Actional, SOAPswitch 528
activation (protocole d')
  Voir protocole
Active Server Pages
  Voir ASP
  Voir ASP.NET
activité 766, 767, 795
  métier 810, 980-982
Acumen Advanced Technologies
  446

AUDDI-Standard Edition 1.2
  446
Address Resolution Protocol
  Voir ARP 154
ADO.NET 552
AES (Advanced Encryption
  Standard) 148
agent rationnel 34
agrégation de services 68, 76, 96,
  761, 807, 831, 979
Alcatel 455
Allaire 299
Alliance E-Marketplace 345
AltoWeb 520, 525
  Application Platform 525
American Express 345
analyseur syntaxique
  Crimson 499
  Electric XML 520
  Project X 499
  Xalan 457, 459, 500, 524
  Xerces 457, 459, 500, 524, 526
  XML 191, 456, 854
  XML4J 500
  XSL 456, 854
Andersen Consulting 345
annuaire
  LDAP 446
  UDDI 116, 346, 348, 395, 397,
   425, 439, 446, 447, 500, 513,
   633, 826, 865, 867, 898, 925,
   955, 957, 973
  accès programmatique 350
  de production 350, 351, 354,
   397
  de référence 349
  de services 111, 344
  de test 350, 351
  intégrité référentielle 425

  privé 395, 459, 485, 509, 514,
   521, 936
  public 336, 344, 345, 352, 395,
   459, 514, 810, 865, 936
  réplication 348
  suppression 416
annulation (d'une transaction) 764
AOL 519
AOS (architecture orientée
  services) 19, 37, 53, 808, 862,
  898
Apache 336, 340, 457, 459, 498,
  499, 500, 501, 504, 524, 526,
  527, 730, 998
API
  DOM 502
  JavaBeans Activation
   Framework 903
  JavaMail 902
  JAXB 508
  JAXM 508, 516
  JAXP 503, 508
  JAXR 447, 508, 516
  JAX-RPC 1.0 508
  JNDI 520
  SAAJ 1.1 508
  SAX 502
  SOAP with Attachments 516
  UDDI
   Voir UDDI (API)
  WSDL4J 912
API SOAP de Mozilla 606
  déclaration d'un service Web
   606
  déclaration d'une méthode de
   service Web 607
  invocation asynchrone 609
  invocation synchrone 608

appel de procédure distante
  Voir RPC
application orientée service 23
arbre de décomposition
  (d'une activité) 766, 796
architecture 453
  asynchrone 841, 898
  choix 457
  client/serveur 23, 808
  COM/DCOM 457, 496
  connecteur JCA 526
  CORBA 457, 496, 515
  dynamique 841, 842, 898, 997
  EJB 496
  e-Speak 344, 498, 512, 827
  faiblement couplée 102
  fortement couplée 103
  grid computing 521, 526
  J2EE 457
  Jini 343, 344
  maître/esclave 23
  orientée services
    Voir AOS
  peer-to-peer 526
  statique 841, 842, 898, 975, 978
  Sun ONE 507
  synchrone 841, 898
  système d'information 526
Ariba 299, 345, 441, 444
Arjuna 770
ARP (Address Resolution
  Protocol) 154
ASP (Active Server Pages) 464,
  465, 467, 469
ASP.NET 550, 877, 957, 964
  architecture 552
  authentification 557, 578
  autorisation 559
  configuration 552
  contrôles de validation 567
  contrôles serveur 564
  diagnostic 560
  endossement de personnalité 559
  fonctionnement 550
  gestion d'états 554, 578
  Mobile Web Forms 569
  performances 552
  prise en charge
    multinavigateurs 563
  sécurité 557
  service Web 569
  Web Forms 560

ATG 506
atome BTP 769
atomicité (d'une transaction) 763
authentification 56, 693, 697, 701,
  720, 721
  par certificat 724
  par nom d'utilisateur/mot de
    passe 722
autonomic computing 125
autorisation 57, 697, 701
autorité de certification 58, 147

B

B2B (Business to Business) 345,
  808
base de données
  Cloudscape 523
  DB2 445, 523, 525
  Hypersonic SQL 445
  Oracle 446, 523, 525
  PostgreSQL 523
  SQL Server 523, 525
  Sybase 523, 525
Base64 132
BEA 299, 336, 505-507, 520, 525,
  632, 635, 707, 768, 770, 809-
  813, 822, 825, 853
  WebLogic Collaborate 516
behavior Internet Explorer 600
binding
  Voir liaison
BizTalk.org 809
Bluestone 516
BOM (Byte Order Mark)
  Voir Unicode marque de
    polarité
Borland 506, 525
Bowstreet 299, 345, 447, 519, 524
  Business Web Factory 524
  Portlet Factory for IBM
    WebSphere 524
boxcarrying
  Voir envoi groupé
BPEL (Business Process
  Execution Language for Web
  Services) 43, 77, 768, 770, 801
BPEL4WS (Business Process
  Execution Language for Web
  Services)
  Voir BPEL
BPM (Business Process
  Management) 810, 811

BPMI (Business Process
  Management Initiative) 809,
  811
BPML (Business Process
  Modeling Language) 43, 809,
  811
BPMN (Business Process
  Modeling Notation) 824
BPMS (Business Process
  Management System) 813
BPQL (Business Process Query
  Language) 809
BPSS (Business Process Modeling
  Specification Schema) 43, 809
BPWS4J (Business Process
  Execution Language for Web
  Services Java Run Time) 811,
  821
BTP (Business Transaction
  Protocol) 77, 768
business process
  Voir processus métier
Business to Business
  Voir B2B
Byte Order Mark
  Voir BOM

C

C# 548, 549, 731, 735, 739-740
CA (Certification Authority)
  Voir autorité de certification
Callscan 455
Canonical XML 711
Cape Clear 446, 457, 470, 471,
  501, 515, 519, 521
  Cape Clear 4 446-447, 521
  CapeConnect 457, 470, 521
  CapeScience 522
  CapeStudio 463, 470-471, 522
  UDDIDirect 447
Capstone 149
Cargill 345
carnet d'adresses 111
Casewise 824
CDL (Conversation Definition
  Language) 827
Certification Authority
  Voir autorité de certification
CertiNomis 720, 743
chaîne d'acheminement 50, 57,
  205, 694
chaîne de responsabilité 696

chiffrement 147, 712, 718-719, 728
  à clé asymétrique 728
  à clé symétrique 729
  des pièces jointes 718
Chili !Soft 507
chorégraphie 807-808, 812, 814-816, 883
Choreology 770, 812-813, 823
  Cohesions 1.0 812, 823
chunked transfer encoding
  Voir transfert par tranches
cipher
  Voir chiffrement
Cisco 506, 813
Clarus 345
clés 147
  privées 147
  publiques 147
  symétriques 147
CLI (Common Language Infrastructure) 455
CLR (Common Language Runtime) 536, 538-539, 541-542, 550
CLS (Common Language Specification) 537
cohérence (d'une transaction) 763
cohésion BTP 769
Cohesions 770
Collaxa 519, 524, 770, 822, 975, 1005
  BPEL Orchestration Server 822, 882, 897, 975, 984, 1005
  for BEA WebLogic 524, 976
  for IBM WebSphere 524, 976
  for Oracle9i 524
  for Sun ONE 524, 976
  Web Service Orchestration Server 524
COM (Component Object Model) 334, 458, 461-462, 464, 470
  COM/DCOM 458
  serveur 334
Commerce One 299, 345
CommerceQuest 345
Commission Européenne 371
communication (protocole de)
  Voir protocole
Compaq 299, 345, 455
compensation 766, 804, 980, 982, 992

composant
  COM
    Voir COM
  CORBA 461, 462, 470
  découplage 459
  EJB 461, 462, 471, 486
  Java 470
  logiciel 457
    production de 457-458
  modèle 496
Computer Associates 632, 813
Computer Sciences Corporation 824
  e3 824
condensé 700, 710-711, 723, 756
confidentialité 57, 693, 697, 701, 720
confirmation (d'une transaction) 763
confirmation en deux étapes (protocole bilatéral de)
  Voir protocole
confirmation en une étape (protocole bilatéral de)
  Voir protocole
connexion HTTP 134
  persistante 134, 141
  volatile 134
connexion permanente 657
ContentGuard 708
contexte de coordination 777
contrat
  de sécurité 700, 702
  de service 25, 26, 29, 53
  exécutable 106
  ferme 106
  négociable 106
  signé 107
  type 107
conversation 65, 807, 814, 827-828
  identifiant de 980 981, 985
  protocole
    Voir protocole
  cookies 135, 266
coopération
  Voir protocole
coordinateur 782
  d'une transaction 764-765
  interposé 766, 797
coordination
  application participante 810

protocole de
  Voir protocole
CORBA (Common Object Request Broker Architecture) 19, 84, 197, 283, 319, 446, 458, 516
Corel 455
couches réseau
  OSI 151
  TCP/IP 153
courtier 119
CPA (Collaboration Protocol Agreement) 53, 62
CPP (Collaborative Protocol Profile) 53, 62
CrossWorlds Software 345
CTS (Common Type System) 537

D

DARPA Agent Markup Language (DAML) 36, 41
DataChannel 299
datagramme 154
DCE (Distributed Computing Environment) 19, 283
DCOM (Distributed Component Object Model) 19, 84
déchiffrement 147, 713, 719
Decryption Transformation for XML Signature 717
degré de couplage (des applications) 104
Dell 345, 520
Département américain de l'énergie 527
DES (Data Encryption Standard) 148, 699, 730
Descartes 345
détail d'erreur SOAP 224, 688
Developmentor 506, 635
développement
  démarche 463, 853, 873, 882, 898
  environnement 459
  méthode 461-462
    approche bottom-up 461, 525, 831
    approche meet-in-the-middle 461
    approche top-down 461, 525, 831
  phase 463

digest
Voir condensé
DIME (Direct Internet Message
Encapsulation) 594, 632, 811
dimensionnement 55
Disco.exe (framework .NET) 591
disponibilité 56, 63
dissémination de services 98
DLL (Dynamic Link Library) 464
DNS (Domain Name Server) 332,
449
lookup 144
document XML 159, 160, 167,
337, 341, 344, 459, 815
bien formé 159
chiffrement 637
élément fils 161
élément frère 161
élément père 161
élément racine 161
extensible 161
valide 160
DOM (Document Object Model)
181
interfaces 183
Domain Name Server
Voir DNS
DOS (Denial of Service) 56
DotGNU 456
doublon 653
suppression 653, 671, 684, 688
droit d'accès 57
DSA (Digital Signature
Algorithm) 699
DSTC Pty 813
DTD (Document Type Definition)
160, 206
des schémas 172
Dun & Bradstreet 371
D-U-N-S Number 371
durabilité (d'une transaction) 763

E

EAI (Enterprise Application
Integration) 84, 454, 808, 832
ebXML (electronic business
XML) 30, 50, 53, 59, 62, 88,
809
Eclipse 459, 498, 500, 821
ECMA (European Computer
Manufacturers Association) 454
ECMA-334 454

ECMA-335 455
EDI (Electronic Document
Interchange) 84, 454, 808
EDS 506, 813
EJB (Enterprise JavaBeans) 456
spécification 470
Electron Economy 519
encoded
Voir style de codage
encoding style
Voir style de codage
Enigmatec 813
Enterprise JavaBeans
Voir EJB
en-tête SOAP 209
enveloppe SOAP 207
environnement de développement
453, 456
Forte for Java 522
JBuilder 525
Oracle9i JDeveloper 519
Sun ONE Studio 522, 525, 853
Visual Studio .NET 332, 339,
811, 877, 957
VisualAge for Java 503
WebSphere
Studio Application
Developer 332, 447, 503,
504, 821, 853
Studio Site Developer 447,
504
Studio Technology Preview
for Web services 503
Studio Workbench 503, 504
Workshop 822, 853
envoi groupé (des messages) 657,
692
Epicentric 299
Foundation Builder 528
Foundation Server 528
Ericsson 810
erreur SOAP 218, 222
espace de noms XML 206, 303,
307-308, 311-312, 320, 327,
463
déclaration 162, 467
par défaut 469
préfixe 162, 469
version 465
xmlns 162
espace de nom, .NET 543

e-Speak
Voir Hewlett Packard
étape zéro (protocole bilatéral d')
Voir protocole
ETSI (European
Telecommunications Standards
Institute) 156
Evans Data Corporation 454
exactitude 55
eXcelon 526
Exclusive XML Canonicalization
711, 717
Expertlog 770
eXtensible Markup Language
Voir XML
Extricity Software 345

F

fail over 65
FCL (Framework Class Library)
Voir .NET
fédération de services 23
fiabilité 60
des échanges 60, 72, 647
des serveurs 63
fonctionnelle 62
FIPA (Foundation for Intelligent
Physical Agents) 41
fonction de hachage 147
format
de message 300
HTML 461
MIME 300, 303, 330
URI 449
UUID 449
WSDL 300, 346
XML 300, 346, 446
Forte 507
Foundation for Intelligent
Physical Agents
Voir FIPA
framework
J2EE 460, 496
WSIF 340
framework .NET 336, 447, 455,
460, 496, 534, 535
assemblage 538, 578
attribut 540
code behind 561, 570, 578
déploiement 539
environnement d'exécution
527, 536
langage 537, 548
librairie objet 542

métadonnées 539, 541
sécurité 539
service Web 569
FTP (File Transfer Protocol) 324
Fujitsu 299, 345, 455, 526, 635,
681, 813
Interstage i-Flow 528

G

garantie de livraison d'un message
653, 670, 688
génération
assistant 463
client de test 490
code 462
directives 463
document WSDL 307, 470,
498, 520
formulaire de test 333
proxy-objet 463
proxy-service 308, 336-337,
462-463, 467
Gibraltar 822
Global Grid Forum 527
Globally Unique Identifier
Voir GUID
Globus 527
Globus Tutorial 527
groupe de travail OGSI-WG
527
OGSI Technology Preview
release 527
projet OGSA 527
Toolkit 527
Glue 457, 463
Google 303, 311, 314-315, 318,
320, 323-324, 327, 330
service Web 599
GotDotNet 336, 493, 495
Great Plains 345
grid computing
Voir grille d'ordinateur
grille d'ordinateurs 125
GUID (Globally Unique
Identifier) 349, 486

H

Hailstorm 534, 597
handshake protocol
Voir protocole de négociation

Hewlett-Packard 299, 341, 343-
344, 352, 353, 441, 443-444,
454-455, 457, 498-499, 506,
512, 516, 635, 768, 770, 809,
813, 814, 827
division HP Middleware 344,
443
e-Speak 512
HP Labs 344
HP Netaction 512
HP Open View 437
HP Process Manager 512
HP Registry Composer 445,
500
HP Total-e-Mobile 512
HP Total-e-Syndication 512
HP Total-e-Transactions 512
HP Web Services Platform 344,
512
HP Web Services Registry 2.0
445
Hitachi 526, 681, 813
HTML (HyperText Markup
Language) 84
HTTP (HyperText Transfer
Protocol) 49, 84, 85, 133, 193,
266, 324, 656, 690
code de retour 139
description d'un message 135
en-tête de type
entité 139
réponse 138
requête 137
général 137
GET 136, 141
POST 136
HTTPR (Reliable HTTP) 62, 648,
656
canal 660
émetteur 667
entité 661
EXCHANGE 666
GET-RESPONDER-INFO 663
PULL 665
PUSH 665
récepteur 669
REPORT 666
session 663
transaction 660

I

i2 345
IAB (Internet Architecture Board)
156

IAI (Internet Application
Integration) 454, 808
IANA (Internet Assigned
Numbers Authority) 156
IBM 299, 300, 332, 336, 340, 345,
349-350, 352-354, 360, 395,
397, 441, 443-447, 455-457,
460, 484, 497-502, 504, 506,
516, 524, 527, 627, 632, 634-
635, 637, 657, 706-707, 730,
770, 809-812, 821, 831, 853,
902-903, 912, 972
DB2 442
DB2/XML Extender for DB2
7.2 503
Domino Application Server
503
Domino Workflow 503
Knowledge Discovery System
503
LearningSpace 503
messagerie WebSphere MQ
525
MQSeries 503, 516, 647, 816
programme PartnerWorld for
Developers 503
programme Passport
Advantage 504
Sametime 503
site PartnerWorld for
Developers 504
Tivoli 503
WebSphere 442, 503
Voir aussi serveur
d'applications J2EE
WebSphere Business Integrator
503, 516
WebSphere Studio Application
Developer (WSAD) 498
WebSphere Studio Site
Developer (WSSD) 498
WebSphere UDDI Registry
445
IBM alphaWorks 354, 447, 498,
501-502, 811
Business Process Execution
Language for Web Services
Java Run Time - BPWS4J 505
Lotus Web Services
Enablement Kit 502
SOAP for Java 502
UDDI Registry 502

IBM alphaWorks *(suite)*
 Web Services ToolKit 498,
  502, 504, 909
 WebSphere SDK for Web
  Services 502, 504
 WSDL Toolkit 498
 XML and Web Services
  Development Environment
  498, 502
IBM developerWorks 354, 447
 Open Source Projects 903
ICANN (Internet Corporation for
 Assigned Names and
 Numbers) 156
ICMP (Internet Control Message
 Protocol) 154
IDEA (International Data
 Encryption Algorithm) 148
idempotence 60
identité 693
IDL 470
Idoox 445, 519, 522
 IdooXoap 522
 WASP 1.0 522
IESG (Internet Engineering
 Steering Group) 156
IETF (Internet Engineering Task
 Force) 156, 349, 446, 635
IIOP (Internet Inter-ORB
 Protocol) 195, 197, 283, 319
IMAP (Internet Mail Access
 Protocol) 144
Infosys Technologies 824
 Choreo 824
infrastructure commune de
 langages
 Voir CLI (Common Language
  Infrastructure)
Infravio, Web Services
 Management System 528
Inspire It 447
 UDDI Client 1.0 447
Instantis, SiteWand 528
instrumentation (d'un contrat de
 service) 110
Intalio 809, 813, 825
 n3 824
intégrité 58, 693, 697, 701, 720
Intel 299, 454, 455, 635, 810

IntelliSense 583
interface 37
 abstraite 37, 38
 concrète 37, 45
 implémentation 37
interKeel 506
Internet Capital Group 345
Internet Control Message Protocol
 Voir ICMP
Interopathon 626
interopérabilité 625
 banc d'essai 627
 confrontation 625
 cycle 626
 divergence 626
 laboratoire 626, 633
 résultat 626
 test 626, 629, 815
Interwoven 506, 523
IONA Technologies 299, 332,
 336, 446, 470, 500, 506, 515,
 519, 521, 631, 634, 813
 Orbix E2A Application Server
  Platform 515
 Orbix E2A Web Services
  Integration Platform 515
  Collaborate Enterprise
   Integrator Edition 516
  XMLBus Edition 332, 516
 Web Services Interoperability
  Forum 516
IOR (Internet Object Reference)
 197
IP (Internet Protocol) 332
iPlanet 507
IronFlare 518
IRTF (Internet Research Task
 Force) 157
ISAPI (Internet Server API) 464
 filtre 465
ISE 455
ISO (International Organization
 for Standardization) 349, 371
 comité ISO/IEC JTC 1 455
 comité JTC 1/SC 22 455
 normes 455
 projet ISO/IEC DIS 23270 455
 projet ISO/IEC DIS 23271 455
 standard ISO/IEC 11578
  1996 349

ISO/IEC (International
 Organization for
 Standardization/International
 Electrotechnical Commission)
 708
ISOC (Internet Society) 157
isolation (d'une transaction) 763

J

J2EE (Java 2 Enterprise Edition)
 457-458, 497, 512, 516, 521,
 635, 730
J2SE (Java 2, Standard Edition)
 499, 730, 743
Jacada, Integrator 528
Jamcracker 299
Java 454, 497, 499, 501-502, 521,
 629
 APIs WSDL (JWSDL) 506
 APIs XML
  XML Binding (JAXB) 506
  XML Messaging (JAXM) 506
  XML Parsing (JAXP) 499
  XML Processing (JAXP)
   506
  XML Registries (JAXR) 506
  XML RPC Calls (JAX/RPC)
   506
 environnement 461
 Java/COM 458
 Javadoc 460
JAX Pack 447, 508
JAX/RPC (Java API for XML
 Remote Procedure Calls) 506
JAXB (Java API for XML
 Binding) 456, 506
JAXM (Java API for XML
 Messaging) 506
JAXP (Java API for XML Parsing)
 499
JAXP (Java API for XML
 Processing) 456, 506
JAXR (Java API for XML
 Registries) 447, 506
JAX-RPC (Java API for XML
 Remote Procedure Calls) 456
JCA (Java Connector
 Architecture) 526, 832
JCP (Java Community Process)
 454, 456, 498, 499-500, 503

jeton de sécurité 700, 702, 715, 721, 756
   binaire 715, 721
Jini 19, 521
JMS (Java Message Service) 62, 502, 516, 648, 816
   file d'attente 319
JNDI (Java Naming and Directory Interface) 520
JSP (JavaServer Pages)
   librairie de balises 509, 517
   page 517
JSR (Java Specification Request) 499, 500, 506
   JSR031 506-507
   JSR063 506-507
   JSR067 506-507
   JSR093 506-507
   JSR101 506-507
   JSR109 506
   JSR110 506, 903
   JSR175 990
Jupiter 821
JVM (Java Virtual Machine) 520
JWSDL (Java APIs for WSDL) 506
JWSDP (Java Web Services Developer Pack) 447

K

KEA (Key Exchange Algorithm) 149
keep-alive
   Voir connexion permanente
Kerberos 699, 701, 708
Killdara, Vitiris 528
KQML (Knowledge Query Manipulation Language) 41

L

Laboratoire National Argonne 527
langage
   à balises (markup language) 159
   à machine virtuelle 628
   C 527
   C# 336, 337, 454-455, 463, 493, 842, 877, 956, 972
   C++ 466, 628
   CDL 344
   compilé 628

   de description de service 300
   de programmation 496
   de scripting 628
   Erlang 810
   interopérabilité 458
   Java 343, 354, 463, 499, 527, 628, 842, 972
    normalisation 505
   JavaScript 842, 845
   Perl 628
   PHP 628
   PL/SQL 519
   Python 628
   Ruby 628
   Smalltalk 628
   Tcl 628
   VBScript 493
   Visual Basic 469, 628
   WSDL 302, 344
   XML 345, 456, 496, 808-809
   XSL 628
LDAP (Lightweight Directory Access Protocol) 446, 507
Lectrosonics 632
legacy systems 453, 458, 832
liaison 48, 201, 265
   SOAP/HTTP 266
Liberty Alliance 529, 707
Linux, portage de .NET 455
liste de contrôle d'accès 57
literal
   Voir style de codage
livraison d'un message
   au moins une fois 653, 671, 688
   au plus une fois 653, 671, 688
   en séquence 652, 672, 684, 688
   exactement une fois 652, 671, 688
   par priorité 653, 672, 688
LLC (Logical Link Control) 151
Loudcloud 345

M

MAC (Medium Access Control) 151
machine.config 553
Macromedia 344, 506, 632, 633
   Flash 619, 620
Mail eXchanger
   Voir MX
managed code 537
manifest 538, 539

markup language
   Voir langage à balises (markup language)
match21 345
MD5 (Message Digest) 148
mean time
   to failure
    Voir MTTF
   to repair
    Voir MTTR
Mercator 523
Merrill Lynch & Co 345
message 152, 154
   à sens unique 265, 268
   corrélation de 980
   d'erreur 222
    SOAP 218-219, 269
   définition 45
   format 46
   styles d'échange 45
   one-way
    Voir message à sens unique
META Group 454
Microsoft 299-300, 332, 336, 345, 349-350, 352-353, 354, 360, 395, 397, 441, 444, 446, 454-455, 463, 470, 505, 627, 631-632, 633, 634, 635, 637, 639, 706-707, 730, 770, 809-812, 821, 831, 853, 857, 877, 955
   .Net Server Family 445
   BizTalk Server 345, 809, 821, 831
   Commerce Server 821
   Content Management Server 821
   Enterprise UDDI Services 445
   Internet Explorer 842, 845, 854, 865, 903
   Internet Information Server 5.0 955
   messagerie MQ 525
   MSDN 903, 956
   Office 822
   Office XP Web Services Toolkit 2.0 447
   SDK UDDI .NET 447, 955-956, 973
   SDK UDDI v1.5 for Visual Studio 6 447
   shared source license 455
   SOAP Toolkit 332, 463

Microsoft *(suite)*
Visual Studio 447
Visual Studio .NET 447, 535, 561, 564, 822, 955-956
WebService Behavior 600, 845, 854, 865, 903, 908, 976
MIME (Multipurpose Internet Mail Extensions) 132-133, 135, 144, 254, 300
Mindreef 632
modèle
d'implémentation 32, 53, 82
fonctionnel 34, 82
MOM (Message Oriented Middleware) 648
Momentum Software 823
ChoreoServer for .NET 823
Monash University 455
Mono 456
monoréférencée (donnée) 243
moteur d'exécution 454, 456, 470
Apache Axis 354, 398, 459, 500, 502, 504, 526, 527, 746, 749, 882, 902-903, 999
Apache SOAP 336, 354, 440, 502, 524, 526, 865, 882, 902
Glue Professional 865
Hewlett-Packard SOAP 354, 902
J2EE 336, 527
XML 446, 525
moteur d'orchestration 813, 816
Motorola 506
Mozilla
navigateur 846
Voir API SOAP de Mozilla
MSIL (Microsoft Intermediate Language) 537-538, 541
MSMQ (Microsoft Message Queuing) 648, 816
MTA (Mail Transfert Agent) 144
passerelle 144
serveur destinataire 144
serveur relais 144
MTTF (mean time to failure) 63
MTTR (mean time to repair) 63
MUA (Mail User Agent) 144
MX (Mail eXchanger) 144

N

NAICS (North American Industrial Classification System) 366, 438
namespaces
Voir espace de noms XML
Napster 526
NASA 527
NASSL (Network Accessible Service Specification Language) 300
National Center for Supercomputing Applications 527
Nations Unies 371, 809
NBS (National Bureau of Standards) 149
NEC 526, 681
négociation 110, 121
NetBeans 519, 522
Netcraft 495
NetDynamics 519
Netscape 455, 519
navigateur 846
Voir API SOAP de Mozilla
NetWare 516
New Era of Networks (NEON) 345
NeXT 519
NIST (National Institute of Standards and Technology) 149, 699, 709
nœud de communication 300-301, 315-316, 318, 331
non-répudiation 58
Nortel Networks 345
North American Industrial Classification System
Voir NAICS
notification
d'issue (protocole bilatéral de)
Voir protocole
des changements UDDI 449
Novell 446, 516, 518, 813
eDirectory 446
exteNd 517
exteNd Composer 517
jBroker 518
Nsure UDDI Server 446
Workbench 517

NSA (National Security Agency) 149, 699
NTT Communications 345, 349, 395, 441-444

O

O'Reilly Network 455
OakLeaf Systems 639
OASIS (Organization for the Advancement of Structured Information Standards) 30, 54, 59, 77, 87-88, 448-449, 635, 706, 708, 768, 811
comité technique UDDI specifications 449
ebXML 50
norme 458
standard 448, 449
ObjectWeb 770
objet
par référence 196
par valeur 198
Office XP
Voir Web Services Toolkit 2.0 pour Office XP
OGSA (Open Grid Services Architecture) 78, 125, 526, 527
OGSI (Open Grid Services Infrastructure) 527
OMA (Object Management Architecture) 19
OMG (Object Management Group) 19, 283
OMI (Open Management Interface) 78
Open Grid Services
Voir OGSA
Open Group 19
Open Source 354, 447, 455, 457, 459, 498, 500, 504
OpenLink 632
OpenWave 455
Oracle 299, 446, 506, 518, 526, 632, 635, 681, 768, 812-813
Dynamic Services Framework 518
Oracle Technology Network 518
Oracle9iAS Containers for J2EE 446
Oracle9iAS 446
Oracle9iAS UDDI Registry 446

ORB (Object Request Broker) 283
   Orbix 2000 470
   OrbixWeb 470
   VisiBroke 470
orchestration 807, 812, 814, 815
   balise (d') 990, 991
   invocation asynchrone 816
   invocation synchrone 816
   règles (d') 816
   serveur (d') 991
organisation
   professionnelle 344
   UDDI 514
   WS-I 504
organisme de normalisation 344, 448
OSF (Open Software Foundation) 283
OSI (Open System Interconnection - ISO/IEC 7498) 150

P

paquet 152
paquetage
   Java Web Services Development Pack (JWSDP) 456
   JAX Pack 456
   jUDDI 447
   SOAP4J 498, 500
   UDDI 2.0 504
   UDDI4J 353, 354, 397, 445, 447, 498, 500, 504
   WSDL4J 498, 500, 524, 903, 951, 972
   WSIL4J 340
   XML4J 499
pare-feu 832
parseur
   Voir analyseur syntaxique
Partner Interface Process
   Voir PIP
passerelle 134
Passport 557
patrimoine applicatif 453
   Voir aussi legacy systems récupération
peer-to-peer 23
PeopleSoft 516
performance 55
pi-calcul 810

pièce jointe 202, 253, 692
PIP (Partner Interface Process) 345, 810
pipe-line 657
pipelining
   Voir Transfert en pipe-line
place d'échange 123
place de marché 123, 345
plate-forme
   .NET 454, 459, 463, 533, 898, 955, 957
   Voir aussi framework .NET
   autonome 457
   choix 457
   e-Speak 344
   grille informatique orientée services 526
   IBM WSDK 504
   IBM WSTK 463, 504
   interopérabilité 453
   J2EE 454, 456, 497, 499
   J2SE 456
   Java 460, 499, 855, 898, 957
   logicielle 496
   matérielle 496
   part de marché 454
plate-forme d'exécution 459, 464, 470
   équilibrage de charge 527
   gestion de grappe de machines 527
   Glue Professional 926
   JRE 505
   Oracle9iAS Containers for J2EE 519
   reprise sur incident 527
plate-forme de déploiement 453
   de services Web 525, 526
   Glue Professional 926
   Oracle9iAS Containers for J2EE 519
plate-forme de développement
   Borland JBuilder 523
   de services Web 525
   Eclipse 523
   Glue Professional 926
   IBM WSAD 523
   JDK 505
   Sun ONE Studio 523
plate-forme de gestion
   collaborative 516
Platform 527

Plum Hall 455
pluriréférencée (donnée) 243
PocketSOAP 629
point d'accès 626, 627
PolarLake 519, 524
   Database Integrator 525
   Messaging Integrator 525
   plate-forme de déploiement 524
   Web Services Express 524
POP (Post Office Protocol) 144
Popkin Software 824
port 49
   TCP 155
PRISM (Publishing Requirements for Industry Standard Metadata) 36
processus 299
processus métier 42, 761, 807, 810, 813, 841, 881, 898, 975
   abstrait 818
   comportement dynamique 813
   exécutable 818
   gestion 458, 524
   implémentation privée 818
   intégration 345, 458
   interentreprises 832
   interface publique 814, 818, 823
   interface statique 813
   modélisation 809, 813
   participant 813
   PIP 345
   processus abstrait 43
   processus exécutable 43
profil de base WS-I 200
Progress Software 520, 526, 813
protocole
   bilatéral
      d'accord 798
         avec terminaison 801
      d'étape zéro 791, 794
      de confirmation en deux étapes 787, 794
      de confirmation en une étape 790
      de notification d'issue 792
      de terminaison 786, 794
         avec acquittement 787
   d'activation 774
   de communication 761

protocole *(suite)*
de confirmation en deux étapes 764, 794
de conversation 42, 762, 829
de coopération 761
de coordination 761, 772, 783, 810
des activités 795
des transactions 783
de négociation 148-149
d'enregistrement 148
de registration 779
de réseau 300
de transport 300, 626
abstraction 340
FTP 525
HTTP 525
JMS 340, 521
SMTP 525
SOAP 299, 320, 323, 340, 468
HTTP GET/POST 300, 303, 319, 330
HTTPR 656
HTTPS 348, 350-351, 398-399
IIOP 319
Java/RMI 319
RMI 343
SOAP 319, 346, 399, 440, 845, 865, 898, 978
listener 465
SOAP 1.1 300, 324
SSL 3.0 397
proxy 134, 580, 615, 617, 621-622
proxy-objet Java 343
proxy-service Java 343

Q

QP (Quoted-Printable) 132
qualité de service 51

R

RARP (Reverse Address Resolution Protocol) 154
Rational Software 345, 506
rationalité (principe de) 34
RC2 et RC4 148
RDF (Resource Description Framework) 36
RealNames 345

record protocol
Voir protocole d'enregistrement
Red Hat, portage de .NET 455
référentiel des contrats 111
registration (protocole de)
Voir protocole
répertoire des fournisseurs 111
respect de la séquence des messages 653, 671, 688
revendication 702
Reverse Address Resolution Protocol
Voir RARP
RFC (Request For Comments) 156
RFC1738 131
RFC2045 132
RFC2046 132
RFC2047 132
RFC2048 132
RFC2049 132
RFC2141 132
RFC2368 131
RFC2396 130
RFC2616 131, 133
RFC2717 131
RFC2774 136
RFC2821 143
RFC2822 144
RFC2965 134
RFC792 154
RFC826 154
RFC903 154
RFC-editor 157
RMI (Remote Method Invocation) 195, 283, 319
robustesse 59
Rogue Wave 299
RosettaNet 345, 810
Rotor 455
routage 152
routeur
Voir aussi chaîne d'acheminement
RPC (Remote Procedure Call) 23, 46-48, 193, 202, 265, 283, 316
appel 630
RSA 148, 698-699, 756
RSA Key Exchange 149
RSA Security 707

S

Sabre Holdings 345
SalCentral 460
salon
JavaOne 456, 507
NetWorld+Interop 516
SAML (Security Assertion Markup Language) 59, 708
SAP 299, 345, 349, 353, 395, 441-444, 449, 506, 516-517, 635, 707, 809, 813, 825
SAX (Simple API for XML) 191
scénario
BPEL 815, 821, 882, 885, 895, 976, 978, 991
JBPEL 978
SCL (SOAP Contract Language) 300
SDK (Software Developement Kit) 499
J2SE 499, 902, 976
SDL (Services Description Language) 300
Secure Hash Algorithm
Voir SHA-1
Secure Socket Layer
Voir SSL
sécurité 56, 146
de bout en bout 695
point à point 695
SeeBeyond Technology 813
serveur d'applications IIS 5.0 334, 336, 495, 877, 957
serveur d'applications J2EE 336, 457, 862
Apache Tomcat 336, 501, 525, 845, 865, 877, 882, 901, 902, 960, 976
Bluestone 499
Bluestone Sapphire/Web 512
Bluestone Total-e-Server 512
HP Application Server 512
iPlanet 470, 486
JBoss 976
Jetty 976
JRun 4.0 344
Oracle9i 518
Orbix E2A 336
Orion 518
part de marché 516
Tomcat/JBoss 525

WebLogic 336, 457, 470, 516, 524, 525, 822, 901
WebSphere 336, 445, 457, 470, 500, 502, 503, 516, 525
WebSphere Technology Preview 502, 503
serveur SMTP
Voir MTA (Mail Transfert Agent)
service 457, 458
  client 459, 461
  concepteur 459, 463
  consommateur 462
  contrat 457
  demandeur 459
  fournisseur 459, 461
  implémentation 463
  interface existante 461
  méthode 464
  nouvelle interface 461
  spécification 459
  stateful 65
  stateless 65
service Web 84, 300
  de deuxième génération 461
  de première génération 461
  invocation asynchrone 526, 1004
  invocation synchrone 1004
  liaison dynamique à l'exécution 462
  liaison dynamique à la construction 462
  liaison statique 462
  WebService Browser 493
  WsdlVerify 493
SHA (Secure Hash Algorithm) 698, 699, 722, 725, 756
SHA-1 148
Shinka Technologies 501, 515, 519
Siebel 516
signature 58, 147, 710, 717, 726, 730
  à clé asymétrique 726
  par secret partagé 726
SilverStream 506, 516, 518
  Application Server 517
  Composer 517
  Director 517
  eXtend 516
  jBroker 517

Workbench 517
skeleton 285
SKIPJACK 148
SLA (Service Level Agreement) 51
SMTP (Simple Mail Transfer Protocol) 143, 324
  commandes 145
  description d'un message 144
  transmission d'un message 144
sniffer 141
SOA (Service Oriented Architecture)
  Voir AOS
SOAP (Simple Object Access Protocol) 47, 48, 49, 54, 62, 85, 195, 299, 454, 459, 703
  attribut actor 630
  attribut d'encodage arrayType 311
  attribut mustUnderstand 630
  code d'erreur 222
  communauté 516
  corps 207, 218, 324
  décodage 628
  destinataire 204
  détail d'erreur 222
  document/literal 629
  émetteur 205
  encapsulation 50
  encodage 628, 629
  en-tête 207, 320, 324, 629-630
  enveloppe 208, 324, 628
  erreur 222
  expéditeur 204
    du message d'erreur 222
  gestion des erreurs 218
  libellé d'erreur 222
  messagerie asynchrone 632
  rpc/encoded 629, 639
  schéma d'encodage SOAP 1.1 311
  section 5 629-630, 639
  section 7 629
SOAP Toolkit 463
SOAPBuilders.org 626, 627, 629, 631-633
SOAPClient (site Web) 629
SoapContext 592
soaplite.com 627
SoapWare.org 454

socket 155
Software AG 813
Sonic Software 506, 520, 526, 632, 681
Sonic MQ 526
Sonic XQ 526
SourceForge 498, 770
spécification (références à la)
  BPEL4WS 505, 524, 812, 818, 842, 899, 975, 1004
  BPML 812, 824, 825
  BPSS 812
  BTP 524, 811, 812, 823
  CSS level 1 855
  cXML 345, 515
  Document Object Model Level 1 499
  ebXML 515
  EDI 515
  e-Speak 344
  Grid Service Specification 527
  HTTPR 498
  JavaScript 1.3 855
  JavaServer Pages 501
  JCP 499
  JMS 502
  RosettaNet 515
  SAML 516
  SAX 499
  Servlets 501
  Servlets 2.3 520
  SFS 344
  SOAP 341, 345, 498, 516, 518, 524, 525, 526, 527, 635, 808, 842, 899
  SOAP 1.1 502, 636
  SOAP with Attachments 508
  UDDI 309, 341, 347, 498, 516, 518, 525-526, 635, 808, 842, 899
  UDDI 1.0 352, 441, 447, 502
  UDDI 2.0 352, 372, 397, 441, 445-449, 502, 637
  UDDI 3.0 352, 445, 447-449
  UDDI 4.0 450
  W3C 499
  Wf-XML 811
  WSCI 812, 824
  WSCL 341, 812, 814
  WS-Coordination 505, 811, 820, 842, 899, 975, 1004

spécification (références à la)
(suite)
WSDL 300, 303, 341, 439, 498, 516, 518, 524, 525-527, 635, 808, 818, 824-825, 831-833, 842, 845, 899
WSDL 1.1 502, 636, 825
WSDL 1.2 812, 825
WSFL 498
WSIL 516, 527
WS-Inspection 527
WS-Reliability 526
WS-Security 498
WS-Transaction 505, 811, 820, 842, 899, 975, 1004
xCBL 515
XHTML 1.0 855
XML 1.0 499, 635
XML Namespaces 1.0 499
XML Schema 301, 308, 628, 818, 824-825, 832
XML Schema 1.0 312, 637
XML Schema 2001 501
XPath 818, 824, 825
XQuery 824
SpiritSoft, messagerie SpiritWave 525
SQL (Structured Query Language) 449
SSL (Secure Socket Layer) 146, 195, 694, 719
méthodes de chiffrement 148
présentation générale 147
protocole de négociation 149
Sterling Commerce 824-825
Integrator 824
STR Dereference Transform 717
structure SOAP 239, 246
stub 284
style d'échange 201, 265
document 842
message à sens unique 204, 265, 268, 677
requête/réponse 204
asynchrone 679
document 198, 204, 265
RPC 204, 265, 283, 290
synchrone 672
RPC 842, 898
style de codage 49, 201, 232
codé 263, 842
contenu codé 202

contenu littéral 202
encoded 233
littéral 232, 263, 842
SOAP 1.1 291, 294, 295
Sun Microsystems 343-345, 398, 447, 454-456, 470, 498-500, 505-506, 521-522, 526, 632-633, 636, 681, 707, 730, 809, 813, 825, 853, 902, 976
Sun ONE WSCI Editor 826
SwA (SOAP with Attachments) 632
Voir aussi pièce jointe
Sybase 506
système d'exploitation (références au)
FreeBSD 455, 456
Linux 456, 503, 507
Linux Red Hat 455, 504
Linux Red Hat 7.1 445
Linux Red Hat 7.2 470
Linux SuSE 7.1 445, 504
Mac OS X 456
Solaris 507
Solaris 2.6 470
Solaris 2.8 470
système de fichiers 926
Windows 456, 503, 507
Windows 2000 445, 464, 504, 842, 877, 902, 956-957
Windows 2000 Server 957
Windows 2000 SP1 464, 470
Windows 2000 SP2 470
Windows 98 464
Windows ME 464
Windows NT 502
Windows NT 4.0 445
Windows NT 4.0 SP6 464
Windows NT 4.0 SP6a 470
Windows XP 447, 455, 504
système d'information 454, 808, 813, 901
architecture 453, 457
connexion 454
découplage 459
extension 453
intégration 461
interconnexion 832
refonte globale 458
réparti 625
restructuration 461
urbanisation 454

Systinet 445-446, 457, 519, 522-523, 632-633
WASP Developer 445
WASP OEM Edition 523
WASP Server 445, 522, 909
WASP UDDI 4.5 445, 448

T

tableau
SOAP 313
Voir vecteur SOAP
XML Schema 313
tâche 766, 795
Talking Blocks, Web Services Management System 529
TCP/IP, couches 153
TCP/IP (Transmission Control Protocol/Internet Protocol) 154, 332
temps de latence 60
Tengah 516
terminaison (protocole bilatéral de), avec acquittement
Voir protocole
Thawte 720
The Mind Electric 445, 457, 463, 519-520, 634
Electric XML 520
Gaia 521, 526
Glue 501, 520, 909
Glue Professional 445, 865, 926, 973
Glue Standard 445
TIBCO Software 299, 345
messagerie RendezVous 525
tiers de confiance 58, 700
Tiger 456
TLP (Transport Layer Protocol) 146
méthodes de chiffrement 148
présentation générale 147
protocole de négociation 149
TLS (Transport Layer Security) 694, 719
trame 151, 153
transaction 66, 152, 759, 767
atomique 766, 810
centralisée 69
compensatoire 74
contexte de 991
courte 816, 881
explicite 70

imbriquée 72
implicite 69
longue 766, 816, 881
participant 992
répartie 73
transfert
de la conservation UDDI 449
de la propriété UDDI 449
en pipe-line 267
par tranches 268, 657
Triple DES
Voir DES
try on failure 64
tunnel 134
Two-phase commit
Voir confirmation en deux
étapes
typage des données 231, 303
dynamique 231, 236
statique 231
type de donnée
complexe 470
composite 245
simple 239

U

UBL (Universal Business
Language) 233
UBR (UDDI Business Registry)
345, 440, 443, 448
opérateur 441, 442
UDDI (API de publication) 349,
396-937
UDDI (API de recherche) 349,
354, 416, 436, 938
UDDI (Universal Description,
Discovery and Integration) 30,
49, 54, 86, 301, 345, 459, 498,
507, 816
accès à l'annuaire 348
administrateur UDDI 351, 395,
396-397, 442
assertion 397, 425-427, 429-
432, 434, 436
incomplète 435
validée 435
banc d'essai 633
Builders 633
canal d'accès 396
standard 439
client 633

communauté 352, 441, 448,
514
compte
administrateur 397
d'accès 396
convention d'appel 437
définition
d'implémentation de service
439-440
d'interface de service 439-440
implémentation 625
jeton d'authentification 396,
398-401, 403, 405, 409, 412-
413, 417-418, 420, 422-424,
426-427, 430, 435
librairie cliente 633
modèle
d'information 347
d'invocation 436
opérateur 395, 514
page
blanche 347
jaune 347
verte 347
pile d'interopérabilité 346
relation entre entités métier 427
réplication 449
serveur 633
taxonomie 415, 438
de catégorisation 408
Dun & Bradstreet 371-372,
438
GEO 366, 370-371, 404,
406, 408, 414, 438
IS0 3166 Geographic Taxo-
nomy 438
NAICS 366-367, 369-371,
404, 406, 408, 414, 438
ntis-gov:sic:1987 381
sec-gov:cik-key 381
standard 347
Thomas Register 372, 438
uddi-org:relationships 374
uddi-org:types 382, 416
UNSPSC 366, 368-370, 404,
406, 408, 414, 438
ws-i-org:conformsTo 408,
416
UDP (User Datagram Protocol)
154

UN/CEFACT (United Nations
Centre for Trade Facilitation
and Electronic Business) 809
Unicode
BOM 310
marque de polarité 628
University of Maryland 813
UNSPSC (Universal Standard
Products and Services
Classification) 366, 438
URI (Uniform Resource
Identifier) 84, 85, 324, 465
absolu 256
base 256
par défaut 258
composition 131
jeu de caractères 130
relatif 256
syntaxe 130
URL (Uniform Resource Locator)
336
URN (Uniform Resource Name)
132
UUID (Universal Unique
Identifier) 349, 358, 419, 449

V

validation (de signature) 711, 718
vecteur SOAP 239, 249
à plusieurs dimensions 251
creux 253
de vecteurs 251
transmis partiellement 252
Ventro 345
Vergil Technology 823
Web Services Orchestration
Suite 823
Verio 442
VeriSign 299, 345, 706-707, 720
verrouillage (d'une ressource) 765
en deux phases 769
Versata 345
VerticalNet 345
View State 555
Vitria 299
vocabulaire
métier 344
XML
Voir espace de noms XML

W

W.W Grainger 813
W3C (World Wide Web
  Consortium) 54, 87, 157, 200,
  300, 499, 505, 635, 808-809,
  812, 825, 827, 857
  activité Web Services 300
  atelier Workshop on Web
    services 827
  groupe de travail Web Services
    Architecture 812
    Choreography 812, 825
    Description 300
    XML Protocol 200
Web sémantique 635-636
Web Service Enhancements
  Voir WSE (Web Service
    Enhancements)
Web Services Conversation
  Language
  Voir WSCL
Web Services Description
  Language
  Voir WSDL
Web Services Interoperability 87
  Organization
  Voir WS-I
Web Services Invocation
  Framework
  Voir WSIF
Web Services Tool Kit
  Voir WSTK
Web Services Toolkit 2.0 pour
  Office XP 613
Web.config 553-554, 556, 558,
  560, 579, 591, 593, 595
WebGain 506
Web Matrix 561, 541, 575, 579,
  585
WebMethods 299, 345, 506, 632-
  633, 813
  Integration Server 631, 575,
    578, 585
WfMC (Workflow Management
  Coalition) 809, 811
Whistler 445
White Mesa 629, 631-632
workflow 808-809, 815, 832
  documentaire 808
WS-Attachments 594, 811
WS-Authorization 703, 706

WSCI (Web Services
  Choreography Interface) 43,
  809, 811, 825
WSCL (Web Services
  Conversation Language) 43,
  341, 809, 827
WS-Coordination 77, 768, 770,
  810-811
  Activation
    Voir activation (protocole de)
  Registration
    Voir registration (protocole de)
WSDC (Web Services
  Development Concepts) 461
WSDK (Web Services
  Development Kit) 811
WSDK (WebSphere SDK for Web
  Services) 504
WSDL (Web Services Description
  Language) 41, 49, 54, 85, 237
  balise import 307
  définition d'interface de service
    439
  description 461
    de service 463
  document 303, 341, 440, 459,
    460, 463, 469
  encodage UTF-16 466
  encodage UTF-8 466
  espace de noms 303
  exemple 303
  fichier 631
  format 463
  générer avec SOAP Toolkit 463
  générer par GotDotNet 493
  implémentation 625
  importation de fragment 307
  interaction
    à sens unique 315
    de type demande de réponse
      315
    de type notification 316
    de type requête/réponse 315
  lecture par un navigateur 493
  liaison 301, 317
    GET/POST 319, 330
    MIME 319, 330
    standard 319
  manipulation 500
  message 301, 313
  opération 301

port 301, 318
  alternatif 319
  processeur 310
  service 301, 318
  spécification 299
  style 325
    de codage SOAP 1.1 313
    document 314, 324, 326-327
    rpc 314, 317, 324, 326-327
  transformation 460
  type 301, 310
    de port 301, 314
  usage
    codé 291
    littéral 291
  vérification 336
WSDL.exe (framework .NET) 592
WSE (Web Services
  Enhancements) 719, 730
WSE 1.0 (Web Service
  Enhancements) 592
WS-Federation 703, 706
WSFL (Web Services Flow
  Language) 53, 809, 811, 831
WS-I (Web Services
  Interoperability Organization)
  54, 87, 200, 302, 313, 353, 634
  groupe de travail 636
  profil 636
    de base 637
  recommandation 309, 310,
    312, 314, 317-318, 324-326,
    328, 330, 408, 412, 416
WSIF (Web Services Invocation
  Framework) 340
WSIL (Web Services Inspection
  Language) 816
WS-Inspection 111
WSML (Web Services Meta
  Language) 464
WS-Policy 703-704, 707
WS-Privacy 703-704
WS-Referral 50
WS-Reliability 648, 681
  accusé de réception 686, 689
  liaison HTTP 690
  message à sens unique 686, 689
  message d'erreur 686, 690
WS-Routing 50, 595, 811
WSS (Web Services Security) 708
WSS-Core 708-709
WS-SecureConversation 703, 705

WS-Security 58, 89, 593, 700, 703-704, 773, 811
    roadmap 701, 703, 707
WSS-Kerberos 708
WSS-SAML 708
WSS-Username 708, 715, 722, 726
WSS-X509 708, 724, 726
WSS-XCBF 709
WSS-XrML 708
WST (Web Services Transactioning) 770
WSTK (Web Services Tool Kit) 354, 461, 463, 504, 730, 811, 831
WS-Transaction 77, 768, 770, 810, 811
    Atomic Transaction 772, 783
    2PC
        Voir confirmation en deux étapes
    Completion
        Voir terminaison
    CompletionWithAck
        Voir terminaison avec acquittement
    OutcomeNotification
        Voir notification d'issue
    PhaseZero
        Voir étape zéro
    Business Activity 772, 795
    BusinessAgreement
        Voir accord
    BusinessAgreementWith Complete
        Voir accord avec terminaison
WS-Trust 703, 704

X

X.509 698, 708, 720, 724, 728, 731
XCBF (XML Commont Biometric Format) 709
XDoclet 822
XIAM 519, 524
Ximian 456

X-KISS (XML Key Information Service Specification) 59
X-KMS (XML Key Management) 59
X-KRSS (XML Key Registration Service Specification) 59
XLANG 809, 811, 831
XLink (XML Linking Language) 163
    arc 163
        en ligne 163
        hors ligne 163
        tiers 163
    attributs 164
    base de liens 163
    élément liant 163
    lien 163
        étendu 163-164
        simple 163-164
    ressource 163
        d'arrivée 163
        de départ 163
        distante 163
        éloignée 164
        locale 163, 164
    syntaxe 164
XMethods 341, 460, 521, 526, 626-629, 633-634, 639
    XSpace 526
XML (eXtensible Markup Language) 84, 159, 193, 454, 459, 496, 499
    attribut 160-161
    balise 160, 161
    CDATA 161
    nommage des balises 161
    standardisation 499
XML Base 166
XML Encryption 59, 703, 711, 718
XML Global Technologies 299
XML Key Management
    Voir X-KMS
XML Namespace
    Voir espace de noms
XML Path Language
    Voir XPath

XML Schema 49, 85, 160, 171, 207, 465, 809
    annotation 178
    composant de déclaration 173
        attribut 173
        élément 174
    composant de définition 175
        liste de valeurs 177
        type simple 175
        union 177
    contrainte d'unicité 180
    déclaration globale 174
    déclaration locale 174
    définition de clé 181
    définition de types complexes 178
        groupe 179
        modèle de contenu 178
    dérivation 177
    élément de tête 174
    espace de noms 172
    facette 176
    groupe de substitution 174
    mécanisme d'inclusion 172
    particule 179
    type prédéfini 175
XML Schema Datatypes 49,237, 240
XML Signature 59, 703, 710, 712, 717, 730
XML-RPC 85, 193
XMLSolutions 299
XPath (XML Path Language) 167
    axe 168
    chemin absolu 168
    chemin relatif 168
    expression 167
    fonction prédéfinie 169
    marche 168
    prédicat 168
    syntaxe abrégée 171
    syntaxe longue 168
XPDL (XML Pipeline Definition Language) 809
XrML (eXtensible rights Markup Language) 708
XSL (eXtensible Stylesheet Language) 456
XSLT (XSL Transformations) 472

www.ingramcontent.com/pod-product-compliance
Lightning Source LLC
Chambersburg PA
CBHW080332220326
41598CB00030B/4487